云南元江国家级自然保护区
科学考察研究

杜　凡　王　娟　杨宇明　主编

西南林业大学
云南元江国家级自然保护区管护局
元江县林业和草原局

科学出版社
北京

内 容 简 介

云南元江国家级自然保护区（以下简称元江自然保护区）位于云南省中南部，面积22 378.9hm^2，主要保护对象是中国干热河谷最典型的河谷型萨王纳植被、较完整的山地常绿阔叶林和丰富的珍稀野生动植物资源，属于森林生态系统自然保护区。本书介绍了元江自然保护区的生物资源、旅游资源、重点保护动植物种类数量和现状，较完整地反映了元江自然保护区自然资源的情况。

本书适合自然保护区管理机构、自然保护区的工作人员，以及从事植物学、动物学、生物多样性研究的专家和相关大专院校学生参考。

审图号：玉溪S（2021）001号

图书在版编目（CIP）数据

云南元江国家级自然保护区科学考察研究/杜凡，王娟，杨宇明主编. —北京：科学出版社，2022.8
ISBN 978-7-03-069531-4

Ⅰ．①云… Ⅱ．①杜…②王…③杨… Ⅲ．①自然保护区–科学考察–研究–元江哈尼族彝族傣族自治县 Ⅳ．①S759.992.744

中国版本图书馆CIP数据核字（2021）第158683号

责任编辑：张会格 尚 册/责任校对：郑金红
责任印制：吴兆东/封面设计：刘新新

科 学 出 版 社 出版
北京东黄城根北街16号
邮政编码：100717
http://www.sciencep.com

北京建宏印刷有限公司 印刷
科学出版社发行 各地新华书店经销
*
2022年8月第 一 版 开本：889×1194 1/16
2022年8月第一次印刷 印张：31 插页：4
字数：1 066 000
定价：498.00元
（如有印装质量问题，我社负责调换）

《云南元江国家级自然保护区科学考察研究》
编 委 会

顾　　　问：陈宝昆　郭辉军　陈家福

编委会主任：谭　江　程小放　张春早　吴建勇
副 主 任：白宝龙　李和华　李寿琪　白宏伟　沈茂斌　杜乔红
委　　　员（按姓氏拼音为序）：

白永忠　白玉发　陈学进　陈永祥　方云峰　李茂彪　李永昌　卢　辉　陆树刚　马况顺
倪海浪　沙拔杰　田　昆　万海龙　王　超　王建皓　王四海　王映平　叶　文　周　远

主　　　编：杜　凡　王　娟　杨宇明
副 主 编：贝荣塔　石　明　周　伟　饶定齐　欧晓红　和世钧　陈永森
编　　　委（按姓氏拼音为序）：

白　波　白　峰　白岢峻　白谋者　白荣光　白守德　白永刚　白永文　白振华　陈　杰
陈娟娟　陈治秀　刀志刚　杜　磊　范　慧　范江平　方富光　方祥万　封建荣　冯　庆
付　蕾　何建勇　何树才　胡树华　胡跃成　黄　茜　黄　涛　黄　莹　黄永亮　姜　文
金　星　赖亚振　李　旭　李发文　李凤莲　李海山　李海涛　李连发　李仕代　李帅锋
李云东　李振学　李智财　刘　彪　刘菊丽　龙建辉　龙拉黑　龙顺昌　卢振龙　陆　梅
罗云云　苗云光　倪阿者　倪海浪　农昌武　普成高　秦瑞豪　舒万成　苏新辉　孙　瑞
孙玺文　唐发贵　唐骁南　王　奕　王瀚墨　王建军　王洁沙　王雪丽　王以静　王应祥
魏云峰　文贤继　许应辉　岩香甩　杨　桦　杨　群　杨保福　杨海平　杨华清　杨建平
杨巧琴　杨艳芬　杨玉华　杨玉三　叶　莲　张　庆　张明辉　张宇翔　赵保荣　赵灿繁
赵贵福　赵永霜　郑年华　钟福宝　周金祥　周昭敏　祝德发

统 校 稿 人：杜　凡　石　明　王建皓　李茂彪
摄影摄像者：杨宇明　周雪松　孙茂盛　吴建勇
制 图 者：周汝良　叶江霞　刘智军

序

我欣喜地看到又一部自然保护区综合科学考察专著——《云南元江国家级自然保护区科学考察研究》问世。尽管我国是世界上生物多样性最丰富的国家之一，但是庞大的人口和社会经济的快速发展，使我国的生物多样性受到了严重影响和威胁。自20世纪50年代以来，我国不断建立的众多各级自然保护区，对我国生物多样性的保护发挥了重要的、不可替代的作用。元江国家级自然保护区正是这样一个重要的和不可替代的自然保护区。

元江自然保护区地处云南中南部的哀牢山东坡及元江河谷，是东南亚热带与喜马拉雅-横断山区的过渡区，连接着中南半岛与滇中高原，在生物地理上属于古北界与东洋界及华南区与西南区的交汇带。纵贯南北的哀牢山山脉是云南东、西部重要的地理、气候、生物区系的分界线。哀牢山以东，决定生态系统主体的植被类型与我国东部地区相似，其优势种多为同属的地理替代种；哀牢山以西，则多接近于印度阿萨姆-上缅甸地区的类型。

得益于特殊的地理区位和自然环境，元江自然保护区拥有复杂的生态系统和生物区系。保护区植被类型多样，并以河谷型萨王纳植被为特色，其中以漆树科豆腐果为特征的半常绿季雨林是保护区干热河谷的特有植被类型，以锥连栎和滇榄仁为特征的干热河谷硬叶常绿阔叶林则是古地中海的残余植被类型。保护区物种多样性也极为丰富，已记录维管植物2379种，其中种子植物2155种、蕨类植物224种；保护区记录的脊椎动物达513种，包括哺乳类97种、鸟类258种、两栖类53种、爬行类71种、鱼类34种。保护区动植物区系的特有现象显著，如有中国及喜马拉雅-横断山区的特有哺乳类计32种、元江-红河水系的特有鱼类11种；有中国特有种子植物属7属、中国特有种子植物种667种，有云南火焰兰、希陶木等元江狭域特有植物24种。这一切都充分显示了本区域生物多样性的独特性和重要性。

西南林业大学于2006年联合云南省相关科研院所，承担并开展了元江省级自然保护区综合科学考察和总体规划编制的工作。基于充分调查所揭示的丰富的生物多样性本底及重要而不可替代的地位和价值，元江自然保护区于2012年由省级自然保护区晋升为国家级自然保护区。此后，西南林业大学又多次对该保护区进行了不同学科、项目、专题的专项调查。经历10余年的艰苦付出形成了这本沉甸甸的专著。该专著资料翔实、内容丰富，并有许多重要发现，系统反映了元江自然保护区的本底，分析和揭示了保护区的价值，对保护区的科学管理和建设具有重要的指导意义。

红河是重要的国际河流，哀牢山是红河流域重要的生态屏障，元江自然保护区森林植被和生态系统完好对红河下游跨境生态安全发挥着重要的作用。因此，该保护区不仅对保护我国罕见的河谷型萨王纳植被及珍稀濒危特有物种具有重要意义，还在维护红河流域的生态安全方面同样具有不可替代的地位。

绿水青山就是金山银山，而自然保护区正是绿水青山的重要组成部分，守护好自然保护区就是发展生物生产力。经过多年的探索和努力，云南自然保护区建设及生物多样性保护成效显著，绿水青山正成为彩云之南最靓丽的底色。但是对林业人来说，自然保护区建设和生物多样性保护事业依然任重而道远，让我们共同努力、再接再厉。我们坚信，在党和国家生态文明建设方针的指引下，在云南各级党政部门的领导下，再加上社会的共同努力，云南的明天山会更绿、水会更清、天会更蓝。

郭辉军

西南林业大学校长

2020年10月1日

前　言

云南元江国家级自然保护区位于云南省中南部玉溪市的元江哈尼族彝族傣族自治县境内，地理坐标23°19′12″～23°46′12″N，101°21′24″～102°21′12″E。元江自然保护区包括元江东岸片区和章巴－望乡台片区，面积22 378.9hm²。元江自然保护区是我国第一个干热河谷生态系统类型的自然保护区，主要保护干热河谷萨王纳植被、桫椤、元江苏铁、红花木莲、元江风车子和原始常绿阔叶林等元江特有植被类型及其他珍稀物种。

为全面掌握元江自然保护区生物多样性本底，为申报国家级自然保护区提供科学的决策依据，同时也为促进当地经济的可持续发展，在云南省林业厅的支持下，2006年2月，元江县人民政府与西南林业大学签署了开展元江自然保护区科学考察与总体规划的协议。随后，由西南林业大学、云南师范大学、云南大学、中国科学院昆明动物研究所、国家林业局昆明勘察设计院、云南林业调查规划院等单位的专家、学者组成了近百人参加的科考队伍，分为地质地貌、气候、土壤、植被、种子植物区系、蕨类植物、珍稀濒危保护植物、资源植物、哺乳类、鸟类、两栖爬行类、鱼类、昆虫、生物多样性评价、社会经济、民族历史文化、生态旅游、社会林业、保护区保护价值的综合评述、总体规划及相关的图表、录像和照片等专题组，深入元江自然保护区腹地，开展了为期一年多的综合科学考察和总体规划。

本次考察查清了元江自然保护区的生物资源、旅游资源、重点保护动植物种类数量和现状，较完整地反映了元江自然保护区自然资源的情况，为申报国家级自然保护区提供了科学依据，为保护区的规划、建设管理、科研生产和合理开发利用提供了坚实可靠的、科学的决策依据。

元江自然保护区地形高低悬殊，海拔350～2580m，高差达2230m，形成了不同的气候条件，孕育了丰富的生物多样性，发育了雨林、季雨林、常绿阔叶林、硬叶常绿阔叶林、落叶阔叶林、暖性针叶林、稀树灌木草丛、灌丛等8个植被型，包含12个植被亚型31个群系39个群丛。

考察表明，元江自然保护区物种多样性丰富，分布维管植物205科955属2379种；哺乳类9目29科70属97种；鸟类16目45科258种；两栖类2目8科23属53种；爬行类3目12科49属71种；鱼类4目9科30属34种。国家级珍稀保护植物有阴生桫椤、元江苏铁、红花木莲、水青树等16种，发现在云南省分布的植物新记录种10种，富有多种资源植物和特有植物。国家Ⅰ级重点保护野生哺乳动物有西黑冠长臂猿、灰叶猴、金钱豹、林麝、中国穿山甲等9种，国家Ⅱ级重点保护动物有黑熊、水獭、金猫等16种；国家Ⅰ级重点保护鸟类有绿孔雀、黑颈长尾雉，国家Ⅱ级重点保护鸟类有白鹇、原鸡等24种。国家Ⅰ级重点保护的爬行类有巨蜥、蟒蛇和鼋等3种，Ⅱ级重点保护的两栖爬行类有虎纹蛙、红瘰疣螈、山瑞鳖、大壁虎等4种。

如此丰富的生物多样性充分说明了元江自然保护区很值得保护。建设元江自然保护区，对保护该地区丰富的生物多样性和森林生态系统，对元江的水土保持、水源涵养，以及实现当地生态安全、经济繁荣、社会和谐与进步的目标具有十分重要的意义。

云南省林业厅、玉溪市委市政府高度重视此次综合科学考察工作，元江县委县政府、元江县林业局和元江自然保护区管理局在工作中给予了积极的配合和大力的支持。工作中还得到了元江县政府相关部门的大力协助。在此一并致谢！

由于时间和水平等原因，本次考察难免有不足之处，真诚地欢迎各位专家和同行批评指正。

陈宝昆

2008年9月

目　　录

第1章 保护区概况

1.1 保护区地理位置

云南元江国家级自然保护区位于云南省玉溪市元江哈尼族彝族傣族自治县（以下简称元江县）境内，地理坐标为23°19′12″～23°46′12″N，101°21′24″～102°21′12″E。保护区面积22 378.9hm²，分为2个片区，即元江东岸片区（以下简称江东片区）和章巴－望乡台片区（以下简称章巴片区）。

江东片区地处元江河谷东岸，包括元江河谷东岸低海拔区域，地理坐标：23°24′18″～23°45′42″N，101°51′46″～102°21′12″E，面积13 272.5hm²。

章巴片区地处哀牢山东坡山地，远离元江河谷，海拔较高，地理坐标：23°19′12″～23°25′34″N，101°53′27″～102°04′55″E，面积9106.4hm²。

1.2 保护区社会环境

1.2.1 元江县概况

元江县在行政上隶属于云南省玉溪市（地级市），位于云南省中南部，玉溪市南部。该县东与石屏县接壤，南与红河县相连，西与墨江哈尼族自治县（以下简称墨江县）毗邻，北紧靠新平彝族傣族自治县（以下简称新平县）。元江县人民政府驻澧江街道，距玉溪市政府所在地132km，距省会昆明220km。县境南北长64.5km，东西宽71.5km，总面积2858km²。

元江县辖5乡2镇3街道81个村（居）委会759个村（居）民小组，是一个多民族聚居的县。该县总人口22.3万人（2018年），少数民族人口占81.3%。其中哈尼族人口占总人口的42.29%，彝族占总人口的21.98%，傣族占总人口的12.14%，白族占总人口的3.1%。千人以上的民族还有拉祜族，百人以上的民族有壮族、苗族、回族，其他尚有瑶族、傈僳族、布依族等。傣族主要生活在河谷平坝区；哈尼族居于元江西岸的那诺、因远、羊街等乡镇的半山区；彝族则居于洼垤、青龙厂、龙潭等乡镇的山区。该县平均人口密度78.03人/km²，人口自然增长率3.15‰。

全县最高点海拔（阿波列山）2580m，最低点海拔（元江与小河底河交汇处）327m，相对高差达2253m。山区面积2766.54km²，占该县总面积的96.8%；坝区面积91.46km²（元江坝、甘庄坝、因远坝），占该县总面积的3.2%。

元江县地处低纬高原，属季风气候，冬夏半年各受两种不同的大气环流影响。冬半年（旱季，11月至次年4月）受北非及印度北部大陆的干暖气流和北方南下的干冷气流影响，空气干燥温暖，晴天多，日照充足，降水量少，蒸发量大。夏半年（雨季，5～10月）受印度洋西南暖湿气流和太平洋东南暖湿气流的影响，空气湿度大，降水量大，多阴寡照。元江县跨热带、亚热带、北温带、南温带、寒带5个气候类型，形成了"一山分四季，隔里不同天""山顶穿棉衣，山腰穿夹衣，山脚穿单衣"的独特现象。境内各地气候条件差异显著，因海拔不同，年平均气温12～24℃，最冷月平均气温7～17℃，最热月平均气温16～29℃，极端最低气温－7～－0.1℃，极端最高气温28～42.5℃，大于等于10℃的年积温4000～8700℃，无霜期200～364天，年平均降水量770～2400mm。全县立体气候特点突出，坝区（河谷区）属于热带气候区，常年无冬，终年无霜，年平均气温24.7℃，素有"天然温室"之美誉，盛产杧果、荔枝、香蕉、菠萝、芦荟、茉莉花等热带经济作物。

此外，元江县已查明的矿产资源有金、银、铜、钴、镍、石膏、蛇纹石等，其中镍矿蕴藏量约53.3万t，位居全国第二。

元江县地处昆曼国际大通道、楚河经济干线交汇处，泛亚铁路东线、中线在元江县境内交汇，昆曼国际高速公路穿境而过，是云南省通往东南亚国家国际大通道的必经之地，交通、区位优势突出。随着玉元（玉溪—元江）、元磨（元江—磨黑）、思小（思茅—小勐养）、元红（元江—红河）高速公路的相继通车，以及玉磨铁路、石红高速、云南省S35永金高速和通用机场的建设，将在境内形成玉磨铁路、G8511、G213、S35永金高速和通用机场"三纵一横一点"的交通路网，元江连接昆明、玉溪、思茅、西双版纳乃至东南亚的交通枢纽地位日益凸显。

1.2.2　保护区周边社区

元江自然保护区内无村庄和常住人口。保护区周边3km范围内涉及9个乡（镇、街道办事处），即甘庄街道办事处、红河街道办事处、澧江街道办事处、曼来镇、因远镇、羊街乡、洼垤乡、那诺乡、龙潭乡，计25个行政村（办事处）的68个自然村。保护区周边地区主要是以哈尼族、彝族、傣族、汉族为主的多民族聚居的典型山区、半山区，人均耕地0.18hm²。保护区周边社区农业以种植粮食作物和经济作物为主；工业企业以食品加工业及制造业、有色金属矿采业为主，工业产品主要以糖、面粉、水泥、电力为主。

保护区各保护点周边基本上都有县、乡、村、社公路通过，保护区各管护站道路已通，但连接保护点与公路之间的道路状况不甚理想，有的是"晴通雨阻"的简易砂石路，有的则是只能完全靠步行的山间小路。

周边乡镇和村均通乡村公路与程控电话、移动电话，目前，保护区管护局利用地方有线网及无线（移动、联通）网进行内外部联络比较方便。管护站与管护点、瞭望台等通信联系除利用地方有线电话网外，移动电话由于受信号覆盖面制约，通信联络较困难。

1.3　保护区历史沿革

1.3.1　保护区的建立

1. 建立县级自然保护区

元江自然保护区初建于1989年。1989年，元江县人民代表大会十届十六次会议审议通过了《元江哈尼族彝族傣族自治县自然资源保护区暂行条例》，将章巴老林、望乡台老林、新田老林、甘岔老林、南溪老林、磨房河、东峨大沟等保存较好的天然林区域分别划定为县级自然保护区，总面积15 652.4hm²。1999年，元江县人民政府决定将曼旦前山和普漂两片干热河谷区域划入自然保护区；元江县人民代表大会十三届十三次会议决定将上述自然资源保护区暂行条例修改并更名为《元江哈尼族彝族傣族自治县自然保护区管理办法》；将这几个县级自然保护区合并为"元江自然保护区"，保护区面积增至22 300hm²。

2. 晋升省级自然保护区

2000年，元江县林业局委托云南省林业调查规划院大理分院进行保护区综合科学考察，并于2001年申报省级自然保护区。2002年5月12日，云南省人民政府批复同意将元江自然保护区晋升为"元江省级自然保护区"（云政复〔2002〕48号）。保护区由章巴片、望乡台片、南溪片、甘岔片、新田片、曼旦前山片、普漂片共7片构成，总面积22 300hm²。

3. 晋升国家级自然保护区

2006年初，为晋升国家级自然保护区，元江县人民政府委托西南林业大学对保护区进行综合科学考察，形成了《云南元江自然保护区综合科学考察报告》，并编制了《云南元江自然保护区总体规划（2009—

2020)》。该规划中对元江自然保护区范围进行了3点主要调整。

其一，将保护区中零星、分散、面积较小的山地部分的南溪片、甘岔片、新田片等，调出保护区，作为重点公益林进行保护。

其二，把曼旦前山和普漂两片干热河谷沿着元江河谷相连接成为一个整体，并适当扩大干热河谷范围，将其称为江东片区，面积13 272.5hm²，加大对干热河谷生态系统的保护力度。

其三，把章巴片与望乡台片连接成一个片区，并适当扩大范围，将其称为章巴片区，面积9106.4hm²，其主要保护对象是常绿阔叶林森林生态系统。

2010年11月9日，云南省人民政府批复同意保护区范围调整（云政复〔2010〕48号）。调整后的元江自然保护区面积由22 300hm²增加为22 378.9hm²。

2009年2月，云南省人民政府致函国家林业局——《云南省人民政府关于将元江自然保护区晋升为国家级自然保护区的函》（云政函〔2009〕7号），启动了元江自然保护区晋升国家级自然保护区的程序。此后，按照相关程序要求，经过逐级申报和评审，2012年1月21日，国务院办公厅发布《国务院办公厅关于发布河北青崖寨等28处新建国家级自然保护区名单的通知》（国办发〔2012〕7号），批复云南元江省级自然保护区晋升为国家级自然保护区。保护区法定面积为22 378.9hm²。

1.3.2 保护区管理机构

2004年6月25日，元江县机构编制委员会批准设置云南元江省级自然保护区管理局（元机编发〔2004〕11号），设章巴、望乡台、普漂、曼旦前山、南溪、新田（甘岔）6个管理站；局机关内设办公室、计财股、保护股、项目办4个科室。该管理局人员编制为50名，从1989年组建的森林经济民警中队划入；设局长1名，副局长2名。2004年，根据玉编办〔2004〕133号和元机编发〔2004〕17号文，明确云南元江省级自然保护区管理局为行政执行和行政执法事业单位。2005年3月24日，元江县机构编制委员会批准云南元江省级自然保护区管理局机构升格为副科级（元机编发〔2005〕01号）。

2013年1月30日，元江县机构编制委员会同意将云南元江省级自然保护区管理局更名为云南元江国家级自然保护区管理局（元机编〔2013〕6号）。

2014年9月，元江县机构编制委员会批复设立章巴、望乡台、甘庄、漫林、普漂、咪哩、南溪共7个管理站，局机关设办公室、计划财务股、资源保护管理股、宣教股、科研所5个职能股室（所）；核定编制50名（元机编〔2014〕19号）。

2016年12月，根据云编〔2015〕49号、玉机编〔2016〕16号文件精神，设立云南元江国家级自然保护区管护局，为玉溪市林业局下属的正处级事业单位，核定事业编制36名，设局长1名（正处级），副局长2名（副处级）。该管护局内设机构4个（相当于正科级）：办公室、资源保护科、宣传教育和社区科、科研技术应用所；下设5个管护站（相当于正科级）：因远管护站、羊街管护站、甘庄管护站、红河管护站、澧江管护站；核定内设机构及管护站科级领导职位数9名。根据玉机编〔2017〕13号文件精神，玉溪市林业局所属事业单位云南元江国家级自然保护区管护局委托元江县人民政府管理。国家级自然保护区管护机构委托县级管理后，其科级干部任命、编制管理、人员管理、资产管理等职责由县级履行，市林业局主要负责对自然保护区的保护工作实施监督管理和业务指导。目前，云南元江国家级自然保护区管护局实有在职在编人员35名，其中女性3名，男性32名。其年龄结构：50岁及以上18名，40～49岁13名，30～39岁3名，30岁以下1名。其学历结构：本科及以上8名、大专21名、中专6名。

1.4 保护区类型和主要保护对象

依据中华人民共和国国家标准《自然保护区类型与级别划分原则》，根据元江自然保护区特征和主要保护对象，元江自然保护区属于"自然生态系统类别"的"河谷湿地生态系统类型"的自然保护区。

云南元江国家级自然保护区是以保护我国特有的河谷型热带稀树灌木草丛植被生态景观、南亚热带中山湿性常绿阔叶林森林生态系统和珍稀濒危特有动植物物种及其栖息地，同时以维护元江-红河流域跨境生态安全为主要保护管理目标的森林生态系统类型的自然保护区，其主要保护对象包括以下几种。

　　a. 元江河谷型稀树灌木草丛植被类型和干热河谷生态地理景观。

　　b. 哀牢山东坡保存面积大而结构完整，在云南中南部具有典型代表性的原始性南亚热带中山湿性常绿阔叶林、半湿润常绿阔叶林和古地中海残余分布的硬叶常绿阔叶林等森林生态系统。

　　c. 以桫椤 *Alsophila spinulosa*、元江苏铁 *Cycas parvulus*、水青树 *Tetracentron sinense*、元江素馨 *Jasminum yuanjiangense*、瘤果三宝木 *Trigonostemon tubreculatum* 和西黑冠长臂猿 *Nomascus concolor*、灰叶猴 *Trachypithecus phayrei*、蜂猴 *Nycticebus bengalensis*、倭蜂猴 *Nycticebus pygmaeus*、熊猴 *Macaca assamensis*、猕猴 *Macaca mulatta*、金钱豹 *Panthera pardus*、绿孔雀 *Pavo muticus*、白鹇 *Lophura nycthemera*、原鸡 *Gallus gallus* 等为代表的国家重点保护的珍稀濒危或特有动植物物种资源及其栖息地。

1.5　保护区土地与资源权属

　　保护区土地面积22 378.9hm^{2}中，集体林土地面积19 413.7hm^2，占86.75%；国有林土地面积2965.2hm^2，占13.25%。从土地利用类型看，林业用地面积21 619.8hm^2，占96.6%；非林业用地面积759.1hm^2，占3.4%。林业用地中，有林地面积10 625.2hm^2，占林业用地面积的49.2%；疏林地面积169.3hm^2，占林业用地面积的0.8%；灌木林地面积6880.2hm^2，占林业用地面积的31.8%；无立木林地面积635.3hm^2，占林业用地面积的2.9%；宜林地面积3309.8hm^2，占林业用地面积的15.3%。

　　保护区管辖的土地面积均已取得林权证书或者与林权所有者签订了60年的管护协议。近年来，元江自然保护区管护局对保护区内的集体林已采取如下管护措施。

　　a. 结合林权制度改革工作，云南元江省级保护局对保护区内的所有集体林地，县政府林业主管部门与保护区内涉及林地的68个村民小组签订了管护协议，即保护区内的集体林全部委托元江自然保护区管护局按自然保护区的相关管理办法进行管护。

　　b. 自然保护区集体林已全部纳入国家级（省级）重点公益林，相关的森林生态效益补偿资金及其他政策性补贴，分别按国家和云南省的相关政策规定兑付给相应的林权所有者，即受益对象为拥有该集体林林权的村民小组。

　　c. 为进一步加强对保护区的管理，管护局已聘请巡山护林员60人。同时，保护区管护局将集体林管护任务分解到管理站及管护人员，实行分片包干、责任到人。目前已形成保护区管护局、管护站、管护员三级管护体系，上下左右联动，管护成效显著。

第2章　地　质　地　貌

2.1　地　质　基　础

在热带半干燥气候条件下形成的稀树高草的萨王纳群落，本来在非洲大陆最典型，分布面积也广阔。而在自然条件不同于南半球的欧亚大陆，则极少见此类植被出现。然而，在我省元江哈尼族彝族自治县的元江谷地，因为具有特殊的环境条件，出现了一片类似稀树高草群落的自然景观，学者称它为半萨王纳群落。

为了加强该自然保护区的建设与保护好此类特异的自然与环境，就要全面了解该环境的形成与演化过程，了解其形成的基础条件。

2.1.1　地层

元江自然保护区及附近地区的地层较为复杂，但以时代古老的元古界地层为主，其次为下古生界、中生界地层及新生界的沉积物。

1．元古界（Pt1-2）

元古界地层是保护区附近出露的最古老的地层，它由下元古界哀牢山群和中元古界昆阳群组成，在全保护区均有分布，是保护区内最主要的和分布最广的一组地层。

（1）哀牢山群

下元古界小羊街组和阿龙组，分布于保护区西部的哀牢山的山地上（山麓带除外），呈北西—南东方向展布于哀牢山的山脊及东部的大片岭、谷中，由一套片麻岩、片岩、混合岩、角闪岩和石英岩等组成。在以变质岩为主体的岩层中，还有较分散的岩浆岩侵入体混入，大致在北侧以基性、超基性岩为主，南侧及元江东部则以酸性侵入岩占较大比例。

（2）昆阳群

昆阳群主要分布于保护区的东部外围山地，属中元古界，它分布不够集中、范围不大，在甘庄街道、龙潭乡、洼垤乡均有出露。它的组成岩石以板岩、千枚岩、大理岩等浅变质岩为主。

2．下古生界（Pz1）

该地层出露在哀牢山的中部和山体的西坡，为一套未分层和并层的下古生界地层，处于元古代地层上部，组成岩石为片岩、千枚岩和少量大理岩，它与下元古代地层有时相互穿插同时出现。

下古生界的中寒武统陡坡寺组与奥陶系的下奥陶统和中下泥盆统的地层在洼垤的东南部有小面积出露，因离保护区较远，影响不大。

3．中生界（T2-3 J2）

中生界的三叠系中上部、侏罗系中侏罗统地层在区内外分布较广，主要集中在哀牢山西侧及元江河谷东部的山地上，是保护区附近的另一重要地层。

（1）中三叠统（T2）

中三叠统主要分布在哀牢山西侧和元江东岸的甘庄街道、龙潭乡西部的近江岸部分，为一套以砂岩、页岩、泥岩为主，夹有少量碳酸岩相沉积的地层，在哀牢山西侧则为一套板岩、变质砂岩夹灰岩的浅变质地层，厚度较大。

（2）上三叠统（T3）

上三叠统下部称一碗水组，主要分布在哀牢山西部，为一套上细下粗的碎岩屑和灰岩沉积的地层。上部与中部区称为火把冲组，主要分布在元江东部，上部为灰黄色砂页岩，下部为黑色碳质泥页岩、石英砂岩，底部为砾岩。

（3）侏罗统（Tr-3）

该地层分上、中、下三统，保护区及附近均出露，但以下、中统为主，上统分布在离保护区较远的东部地区。

a. 下侏罗统（T1）：通称冯家河组，出露在元江东北部的近江边的山丘上，由棕红色、紫红色厚层块状泥岩、粉砂岩、长石、石英砂岩等组成，有时夹有绿色泥岩、泥灰岩，厚度由几十米到千余米不等。

b. 中侏罗统（T2）：在元江以东的称张河组，在哀牢山以西的称雅期组。张河组出露在甘庄街道、龙潭乡及东峨镇等东部的山丘上，由紫色泥岩夹灰白色砂岩和砂、泥岩夹泥灰岩等组成。雅期组多在保护区西北部的哀牢山山麓地带出露，由紫色砂岩和黄绿色泥岩夹灰岩、泥灰岩等组成，厚度几十米到1500余米不等。

c. 上侏罗统（T3）：在哀牢山以西出露的称坝注路组，在元江东北部出露的称妥甸组，它们的分布离保护区较远，由紫色泥岩、砂岩、夹角砾岩、泥灰岩等组成。

4. 新生界（N，Q）

保护区内的新生界地层主要包括上第三系与第四系沉积，主要分布在河谷、坝子及周围的坡地上。上第三系地层主要分布在元江坝及其中北部的阶地上，以砂泥岩、砾岩为主，夹碳质页岩、黏土质页岩及褐煤层，厚度不大。第四系沉积物在河谷坝区内为砂质黏土，以砂砾石层为主的冲积层、山麓、坡地上出现的为坡积物或残积物。

2.1.2 岩石

元江自然保护区及其附近地区所出露的岩石种类较多，三大岩石均有发现，且都有一定分布范围，大体上元江以西以正变质岩为主，夹有岩浆岩与沉积岩。元江以东则以沉积岩占优，变质岩也有一定的分布面积。

1. 岩浆岩

保护区内岩浆岩活动较为频繁，尤其是哀牢山地区受其影响更大，所形成的岩浆岩种类也较复杂，有超基性的超镁铁岩，基性的镁铁岩和酸性的侵入岩与喷出岩，岩浆岩体规模大都较小，呈岩株状，也有呈岩床状侵入的。岩浆侵入的时代基本上为燕山期和印支期，少量为华力西期和晋宁期。

2. 变质岩

保护区变质岩主要分布在哀牢山断裂与红河断裂的附近地带，受两大断裂的控制十分明显，具有区域变质与动力变质和混合岩化等特点，形成的岩石种类多、分布广。西部的哀牢山上，除山麓地带外，几乎全系由各类变质岩组成，它包括云母片岩——云母石英片岩类、黑云母片麻岩类、黑云变粒岩、混合岩类、角闪斜长片麻岩、角闪黑云斜长片麻岩等。在大面积的变质岩中，还常有岩浆岩侵入体与石英脉等穿插。东部山丘上的变质岩以浅变质岩为主，千枚岩、片岩占优势。

3. 沉积岩

沉积岩在保护区及其附近地区的分布较分散，多集中于东部山地并与岩浆岩、变质岩等相互穿插，在河谷与坝子内又被新生界地层所覆盖，出露的岩石以砂页岩、泥岩为主。另外，保护区及其附近地区还有碳酸岩类、砾岩、石英砂岩、细砂岩等出露。因岩石多为中生代的岩类，颜色紫红或杂色，多被称为红层。

2.1.3　构造

从大地构造单元的划分来看，保护区大体以红河深断裂为界，包括两个一级构造单元，西部为兰坪—思茅褶皱系的中间部分；东部则为扬子准地台的一部分，保护区正好处于两大一级单元的结合地带，使各构造单元的地质构造、岩浆活动、变质作用、沉积建造与沉积类型等都具有独特的特点。

过境的哀牢山深断裂与红河深断裂对保护区内构造影响较大，其他构造体系从保护区外通过，影响较小。

1. 哀牢山深断裂

哀牢山深断裂位于哀牢山深变质带西缘，走向为北西—南东方向，它是金沙江—哀牢山深断裂的一部分，为超岩石圈深大断裂系统，属逆冲断裂，于断裂旁侧发育有糜棱岩带，沿断裂有超基性岩、基性岩与酸性岩侵入，对两侧的沉积建造、岩浆活动、变质作用、构造演化等均具有影响并有控制作用。

2. 红河深断裂

红河深断裂呈西北—东南走向，在哀牢山深断裂以东与元江走向一致，类型为壳断裂，其南段为压扭性逆断裂，北段为张性正断裂，该断裂活动较久远，至新生代还在不断活动。其对断裂带及附近的岩浆活动、区域变质及沉积建造均有较大影响。断裂带附近有较宽的构造破碎带，也为红河各地的不断深切与拓宽创造了条件。

3. 哀牢山褶皱带

哀牢山褶皱带夹于红河深断裂与哀牢山深断裂之间，由下元古界哀牢山群组成，岩石为一套深变质岩。该构造经过长期构造变动，影响该区的变质作用、沉积及岩浆侵入等活动，也影响该区的地貌形态与环境演变。

综上所述，地质历史上的多次构造变动虽对这一地区的形成与演化有重大的影响，但至中生代末与新生界初的上新世时，随着云南古准平原面的出现，该地区同样也呈起伏不大、相对较和缓的局面。自第三纪中新世以后的喜山运动开始并渐入高潮阶段，以差异性不等量的升降和断裂运动的强烈活动为特征的运动，对保护区的影响巨大。其造成老断裂（哀牢山深断裂/红河深断裂）的复活、哀牢山与滇中红层高原的抬升，差异与不等量抬升也造成保护区内出现由北向南的倾斜及山地和高原，随着元江的不断加深、河床的切割，还造成保护区内山川相间、高差巨大的地貌格局。第四纪以来，新构造运动仍在不断进行，对元江的继续深切、两侧山体的不等量上升及对元江盆地的堆积与侵蚀、河流三级阶地的形成和高阶地的分割均有极大的影响。保护区及其附近的地震、滑坡、崩塌及泥石流的经常出现，也与新构造运动的活动有着直接的关系。

2.2　地　　貌

元江自然保护区内山川相间、山高谷深、高低悬殊，其地貌形态与地貌特征均有其独特性。

2.2.1　地貌特征

1. 西山东原深谷内嵌

保护区地貌格局的形成，受两深大断裂的控制非常明显，在新构造运动的影响下，中生代后期至第三纪早期所形成的准平原因抬升而解体，元江以西地区被不等量抬升为顶部平坦、两侧陡峻的哀牢山地，以东地区被抬升为顶部平坦和缓的滇中高原的一部分。河流沿红河断裂深切，形成元江深切峡谷。元江自然保护区核心部分为元江河谷的局部断陷宽谷段并兼有哀牢山和滇中高原的边缘山地，山缘夹峡谷是其重要的地貌特征。

2．强烈隆起的深切割中山

受近期地壳不断抬升的影响，不论西部的哀牢山，还是滇中高原边缘的侵蚀山地，都被抬升并成为耸立于元江河谷之上的高大山地。两侧山地山顶之海拔一般为1500～2000m，最高点海拔2580m。纵观元江谷地，谷底的海拔在500m以下，最低点仅327m，其相对高差超过2000m，一般山地也大于1000m，属于深切割的中山山地。这类山地不仅山体高大，且坡陡多悬崖峭壁，山势高大雄伟是其特色。

组成山地的岩石也存在着较大的差异，西部的哀牢山山地中的大多数高峰均由片麻岩、混合岩、片岩、千枚岩等变质岩组成。部分山地由岩浆岩——辉长岩、辉绿岩及花岗岩等组成，山麓及河谷的高低丘陵由沉积岩（砂岩、页岩、泥岩）及现代河床相堆积物组成，东侧的侵蚀山地大部分由沉积岩（砂岩、页岩、石灰岩及其他碎屑岩）组成，变质岩也有一定比重，岩浆岩组成的山地面积较小且多由小型侵入体构成。

3．地貌类型复杂、繁多

受岩石、构造变动、流水、重力等各种内外营力的影响，在境内发育成种类繁多的地貌形态，属于构造地貌范畴的有断块隆升山地、断陷盆地、隆升的红层高原、断块山、断层崖等，这类地貌属以内营力为主的地貌形态。受各类外营力而塑造成的地貌也较多，如河流切割而成的河谷、阶地、冲积扇、河漫滩、侵蚀丘陵、山地，重力作用形成的滑坡、崩塌、泥石流沟等，其他如风化作用所形成的风化壳，分布也广泛。

2.2.2　主要地貌类型

1．山地

在元江自然保护区及其附近地带的各类地貌中，山地是主要类型，也是影响最大的一类地貌形态。该保护区的山地属哀牢山东坡与滇中高原西侧的构造侵蚀山地，属变质岩、沉积岩和少量岩浆岩组成的中等切割到深切割的中山类型。山地平均海拔在1800～2000m，最高的主峰在元江西部，为哀牢山中段的阿波列山峰，海拔2580m，其他高于2000m的山峰较少（表2-1）。总体上看，多数元江外围的山地属于中山类型。近元江河谷的山地中海拔在1500m以上者多为低中山类型。江岸两侧的原阶地部分被分割成相对高度在200m或高于200m的低丘与高丘，保护区内的干热型萨王纳群落多出现在这些高丘上，而亚热带季风常绿阔叶林或中山湿性常绿阔叶林则多分布在元江两侧的山地上，尤其是西侧的哀牢山山地。

表2-1　元江自然保护区及附近海拔2000m以上主要山峰

编号	位置	山峰名	海拔/m	备注
1	羊街乡章巴水库西南	阿波列山	2580	西部变质岩山地
2	曼来镇南溪村西北	南溪老林	2401	西部变质岩山地
3	曼来镇阿龙甫西5km	老窝底山	2400	西部变质岩山地
4	龙潭乡大哨村西	大哨山	2400	东部沉积岩山地
5	曼来镇团田村东南	观音山	2398.6	西部变质岩山地
6	那诺乡那诺村西	沙波梁子	2392.5	西部变质岩山地
7	曼来镇平昌村西1km	昌平后山	2381	西部变质岩山地
8	羊街乡西南3km	小观音山	2358.9	西部变质岩山地
9	因远镇都贵村西6km	小黑山	2351	西部变质岩山地
10	因远镇都贵村西南5km	阿此屋堵山	2351	西部变质岩山地
11	因远镇都贵村西南14km	望乡台山	2330.9	西部变质岩山地
12	因远镇都贵村南7km	欧比鲁沙山	2327	西部变质岩山地
13	咪哩乡大新村北6km	大新老林	2321	西部变质岩山地

续表

编号	位置	山峰名	海拔/m	备注
14	曼来镇韩家寨东南	小老箐山	2315	西部变质岩山地
15	曼来镇团田村东南	大地坡梁子	2293	西部变质岩山地
16	甘庄街道假莫代村东	核桃树后山	2288.2	东部沉积岩山地
17	甘庄街道路通村东	黄茅领东	2282	东部沉积岩山地
18	曼来镇团田村东南	光山	2279	西部变质岩山地
19	那诺乡那诺村西南	章巴梁子	2283	西部变质岩山地
20	洼垤乡邑慈碑村东南	么佐山	2260	东部沉积岩山地

2．河谷与盆地

元江及其县内主要支流（清水河、南溪河、小河底河等）均流经保护区或其边缘，元江及其支流所塑造的与各类河谷有关的河谷微地貌，也是保护区的重要地貌形态。由于保护区内的坝子（盆地）均为宽谷的一种类型，故在本保护区内的河谷包括宽谷与峡谷两种类型。

（1）宽谷（盆地）

元江县境内无大型坝子，仅有小型断陷盆地和断陷侵蚀宽谷。盆地多在保护区外，保护区内以断陷侵蚀宽谷为主，以曼来镇、澧江街道及元江农场辖地的元江宽谷为最典型。宽谷形成的河谷坝也称元江坝（包括东峨坝），长18km，宽约4km，面积约75km^2，延展方向与元江一致呈北东南向。受西侧哀牢山断裂强烈隆升的影响，河谷坝子显著不对称，河床偏坝子东侧。在盆地西侧（右侧）除山体高大外，还有巨大的阶梯状断层崖，共有4级，分别为400m（高出元江水面）、300m、200～230m、120～150m，其下还有两级阶地，为侵蚀或基座阶地。盆地东侧（左侧），山体较矮，断层平台不明显，有阶地发育。

元江河床两侧除有小范围的河漫滩平原外（有的地方仅有浅滩、心滩、边滩），其河谷平原由巨大的冲洪积扇连接而成。近代右侧哀牢山上升幅度较大，也使右侧的冲洪积扇的规模较大，最宽处在县城附近，可达4km。冲洪积扇顶部最高处可高出水面120m，主要由大小不一的石砾及泥沙混合组成。受近期地壳继续上升的影响，洪积扇已被河流切开，上部还有重叠的小洪积锥。元江左侧也发育有冲洪积扇，只是规模较小，无右岸宏伟。

宽谷河段除在元江的一些地段上出现外，在元江县内的某些支流的下游部分也可发现，如清水河的下游、南溪河的下游，均有局部河段属于宽谷类型。

（2）峡谷

元江自然保护区乃至整个元江县，均是山地占绝对优势的地区，在山地内发育并流淌的河流，除少数河段因断陷或其他因素的影响，发育了宽谷河段外，其余均为峡谷型河段，这类河谷谷底狭窄，谷坡陡峭，河床宽仅几米至数十米，河床内的沉积物粗大，比降大、水流急、多急流或跌水，无河漫滩，偶尔有浅滩、心滩等出现，阶地不发育，规模不大，河谷横剖面多呈"V"字形，此类河谷一般称为峡谷，是河谷中的主要类型。河谷若溯源侵蚀时遇到断层线，在纵剖面上则出现落差较大的裂点；在横剖面上则出现陡崖或三角面，河谷呈嶂谷型。其中以小河底河、清水河峡谷最典型。

3．其他地貌形态

除了山地、河谷与盆地地貌，保护区内还存在由其他外营力作用塑造成的微地貌形态，较重要的有受风化作用与重力作用而形成的风化壳、崩塌、切沟、冲沟及泥石流；在石灰岩出露处，还有小型喀斯特地貌出现。总之，保护区及其邻近地区范围虽不大，但各类微地貌形态仍较为复杂。

2.2.3　地貌的形成与演化

元江自然保护区位于哀牢山与滇中高原的结合部位。该区在元古代以前本是海洋的一部分，元古代以后西部的哀牢山顶部及滇中高原的核心部分褶皱并隆为陆地，后又经历多次构造运动的挤压，产生岩石变质。进入古生代，早期的海相地层也经挤压而变质，中后期因地势升高，遭剥蚀而缺失。中生代期间，早中期地壳下降，尤其是东部更甚，其受到了海陆交替相或陆相的碎屑岩沉积，又受地壳变动的影响，产生了印支期和燕山期基性、中酸性岩浆岩的侵入体，也加大了周围岩石的变质程度。中生代后期至新生代初期的早第三纪，该保护区构造变动较为平静，剥蚀较强，气候炎热。当时除断陷而成的低洼地区沉积了老第三纪红色地层外，其他地区经强烈剥蚀，形成了起伏较和缓的准平原。第三纪中新世后，受喜马拉雅造山运动的强烈影响，哀牢山深断裂与红河深断裂复活并产生差异升降，同时随着云南高原的不断由北向南的掀升，河流侵蚀基准面的不断下降，加大了元江（红河）的下蚀和溯源侵蚀的活力。它除了不断加深元江河谷塑造成坡陡流急的大峡谷，还把元江断陷盆地改造成目前的宽谷型盆地，随着新构造运动的继续进行，河流又切开了原谷底的河漫滩平原，形成了沿河阶地。同时其也使得冲洪积扇群的形成与向谷底推进，还形成后期的小洪积锥叠加在大型冲洪积扇上的局面。

新构造运动的持续活动使得元江两侧的山地不断升高，而谷底河床随着深切而降低，使得元江宽谷（坝子）形成相对封闭的低洼环境，为形成干热的气候创造了条件，这也是半萨王纳植被生态环境的基础。

2.3　河流及地下水

元江自然保护区及其附近山地的地表水较丰富，虽然元江干流谷底干燥、降水略少，但上游来水及两侧山地上发育的溪流仍多，山地型河流众多。河流是保护区地表水的重要特点，除地表水丰富外，区内地下水也多、泉水多、泉水露头多，也是本区水文的又一特点。

2.3.1　河流

保护区均属红河（元江）水系，是由元江干流及发育于两侧山地上的众多河溪共同组成的水系与河流网。

1. 元江

元江上段又称礼社江、石羊江和漠沙江，河源在大理州境内，有东西两源。西源称巍山大西河，东源称弥度弥苴河。两河在南涧北部汇合向东与东南流，称为礼社江，再向西南流汇石羊江、绿汁江，又称为石羊江，进入新平县境内又称漠沙江，入元江县才称元江。下段在红河州境内呈西北—东南走向。在河口瑶族自治县南部流入越南老街，后从海防入北部湾。省内长692km，流域面积3.73万km²，在元江县境内长79.52km，流域面积2299km²，洪水期流量4300m³/t，枯水期流量4.1m³/t，平均流量177m³/t。洪枯变化大，这是山地季风型河流的显著特征。

元江支流众多，但多是流程较短的山地河溪，主要的有以下几条。

2. 清水河

清水河为元江的一级支流，是保护区及其附近区域内流程最长的支流之一。它源于区内的阿波列山与章巴老林，河流上源河道呈东南—西北向流动，中游汇支流磨刀河、瓦纳河后，改向东流，下游则变向东南，在元江县城东南的红桥农场的曼砂田附近汇入干流。全长68.2km，年平均流量7m³/t，洪水期流量390m³/t，枯水期流量0.54m³/t，流域面积455.9km²，重要支流有磨刀河、瓦纳河、小庙河、南掌河等。

3. 南溪河

南溪河为元江西岸的一级支流，源于哀牢山东坡的南溪老林和大风丫口，上源河段也呈东南—西北流向，至弓旦材附近，转向东北方向流动，过红光农场则与干流平行向东南流动，至元江鱼种站附近汇入元江。河长42.2km，流域面积252.6km²，洪水期流量274m³/t，枯水期流量0.32m³/t，其支流多、短小，不超过10km，较大的有养马河。

4．小河底河

小河底河为元江东岸的一级支流，源于峨山彝族自治县（以下简称峨山县）甸中乡狗头坡山南麓，箐头村东侧，离源地后称清香河，流至大巴格后改称化念河，汇甸河后称龟枢河、鲁昆河、摄科河，在小河底附近改称小河底河，在元江、石屏、红河三县交界处汇入元江。全长194km，在元江县境内长76.6km，虽河长大于西部诸支流，但其大部分河段为界河，又属峡谷型山地河流，流域面积较小，对保护区的影响不大，仅在下游河口附近影响较显著。其洪水期流量1400m³/t，枯水期流量1.7m³/t，它的支流众多，但多在上中游，不在元江县境内，较大的有马鹿汛河、邓耳小河等。

除以上几条大的支流外，元江自然保护区还有一些长度超过10km的一、二级支流（表2-2）。其他如南满河、南巴冲河、施堞河、邓耳小河、者嘎河、互纳河等，是接近10km河长的一、二级支流。

表2-2　元江自然保护区内及附近河长10km以上的河流

序号	河名	河长/km	最大流量/（m³/t）	最小流量/（m³/t）	流域面积/km²	水系
1	磨房河	20.4	80	0.15	49.1	元江二级支流
2	南昏河	46.3	150	0.60	551.0	元江一级支流
3	甘庄河	26.3	180	0.00	170.0	元江一级支流
4	板桥河	14.9	34	0.14	37.9	元江一级支流
5	岔河	17.2	18	3.00		元江二级支流
6	西拉河	38.0	27	2.00		元江一级支流
7	养马河	15.0	20	0.10		元江二级支流
8	马鹿汛河	11.0	15	1.00		元江二级支流
9	昆洒河	19.0	25	1.20		元江一级支流

2.3.2　地下水

元江谷地虽属于干热河谷，气温高，降水偏少，但两侧山地因地势高耸，山体上部降水仍较丰富，加上山顶附近植被覆盖度大，易于形成地下水，以变质岩与砂页岩为主的山地易于储水，也利于泉水的出露，故该区内的谷坡及沟边多泉水出露，出露的泉水中有温度低于20℃或当地平均气温的冷泉，也有温度较高的高、中温温泉。从含水层的性质划分，该区主要的是产于变质岩、岩浆岩等基岩中的裂隙泉，另外有产于碎屑岩类层中的裂隙空隙泉水，在部分地区还存在着产于碳酸岩类层间的喀斯特型泉水，其中以裂隙泉为主，但出水量较大的为喀斯特型泉水。

1．冷泉（低温普通泉水）

保护区及其附近的山地泉水特多，较大的低温普通泉水有以下几处。

（1）它克泉（龙潭）

它克泉位于甘庄街道它克村西500m，为产于碳酸岩地层中的喀斯特泉，当地称其为龙潭、冷泉，涌水量5L/s，水温低于20℃。它克泉涌出的水除农用外，其余流入小河底河。

（2）甘庄龙潭

甘庄龙潭位于甘庄坝东部边缘的石灰岩山地上，为喀斯特泉，涌水量8L/s，这是保护区附近最大的一处泉水，泉水最后汇入甘庄河并流入元江干流。

（3）龙潭

龙潭泉水出露于龙潭村附近，为冷泉，涌水量2L/s，产于石灰岩层中，也属喀斯特型泉水，涌出的泉水除农用外，流入小河底河。

（4）洼垤龙潭

洼垤龙潭泉水出产于洼垤村旁，为冷泉，涌水量2L/s，泉水最后也注入小河底河。

　　除了以上几处泉水，还有几处涌水量较大的泉水，如位于南昏青木里村的青木里龙潭，邑白村的邑都莫龙潭（涌水量2.5L/s），羊街乡东坝村的啥苦龙潭（涌水量1L/s），卡腊村东的卡腊龙潭（涌水量3L/s）。

　　2．温泉

　　受两组深大断裂过境的影响，保护区及其周边地区易形成地下热水，并且储量也很丰富，并有中、高温温泉出露。

　　（1）瓦纳热水矿（畹南温泉）

　　温水露头出露在咪哩乡东2km处的清水河旁的瓦纳村边。出露处海拔889m，属上升高温温泉，有两大出水孔，第一孔位置略高，水温93℃，涌水量8.9L/s，第二孔位置略下，水温88℃，涌水量6.1L/s。泉水中含有多种微量元素，属中碳酸钙钠型水，有治疗皮肤疾病的功效。

　　（2）西拉河温泉（西腊河温泉）

　　泉水出露在元江东岸支流西拉河岸边的高阶地上，从岩石空隙中流出，为低温和中温温泉，水温55～60℃，涌水量1L/s，为碳酸泉。

　　（3）曼撒田温泉（曼砂田温泉）

　　泉水出露在莫朗村外西北部的清水河畔，在电站上方300m处，为上升低温温泉，水温44℃，涌水量0.5L/s，为硫酸钙镁型温泉。

　　（4）曼林热水塘

　　曼林热水塘又名元江农场热水塘、江东热水塘、碧玉泉、温玉泉，出露于曼林村西北3km处的元江农场内。其产于元江的阶地，为上升泉、低温泉水，水温42℃，流量8.8L/s，历史上泉水孔较多，现逐渐减少，仅余2孔，涌水量也下降，泉水属于碳酸钙钠镁型，现供沐浴用。

　　元江自然保护区的核心地区干热缺水，但境内除元江干流外，还汇合了许多支流，不少支流的水量也较丰富，合理安排利用除解决生活及生产用水外，还可以积累用作发展热带作物及改善生态环境。从地下泉水的分布、出露情况看，较大的泉水多出现在海拔较低的河岸或阶地附近，其对河溪的水源补给，解决干热环境下的生活用水和农业灌溉用水，对保护区内的萨王纳群落的稳定演变均有重大影响，也可以供给坝内解决种植林木及果树、花卉的用水问题。

第3章 气　　候

3.1　气候特点及成因

元江自然保护区位于云南省中南部，地处谷地，海拔较低，与两侧山地的相对高差达1500～2000m，地形闭塞，又处于东南暖湿气流与西南暖湿气流的背风雨影部位，气流越过山脊后下沉绝热增温，产生焚风效应，加之闭塞的河谷地区辐射散热差，使其气候与省内其他保护区有所不同。

3.1.1　热——"长夏无冬"、气温高

以位于县城的元江气象站（元江站）为例，海拔394.6m，年平均气温23.7℃，最热月平均气温28.6℃，最冷月平均气温16.7℃，≥10℃活动积温8708.9℃，是我国大陆气温水平最高者，属北热带气候。

极端最高气温42.3℃（1958年4月26日、1966年5月1日），元江与长江流域的"三大火炉"重庆（42.2℃）、武汉（39.4℃）、南京（40.7℃）相当，被称为云南省的火炉。日最高气温≥30℃日数221天，元江为我国大陆上日数最多之地；日最高气温≥35℃日数83天；日最高气温≥40℃酷热日数在西南地区平均不足一天，一天以上之地仅局部出现，而元江有3.2天，为西南地区最多。

极端最低气温−0.1℃（1983年12月28日），没有出现日最低气温≤0℃的日数，终年无霜，是省内有名的"天然温室"。

按气候学上通常划分四季的标准——平均气温小于10℃为冬季，大于22℃为夏季，10～22℃为春秋季，元江自然保护区的特点是"长夏无冬，春秋相连"。夏季开始于3月31日，元江是我国大陆上夏季开始最早的地方，结束于10月22日，夏长日数206天，也是我国大陆上夏长日数最多的地方。

3.1.2　干——降水少、蒸发旺盛

元江自然保护区位于云南省少雨地区，元江站多年平均降水量805.1mm，一年中只有6月、7月、8月三个月的降水量在100mm以上，11月至次年4月的降水量仅155mm。蒸发量是组成一地水分平衡的重要指标，一般用水分充分供应情况下的最大蒸发能力即蒸发力（又称最大可能蒸发量）来表示，元江年蒸发力1566.2mm，处于全省的高值区。

干燥度（k）：干燥度是蒸发力与降水量之比，是表征某地干湿状况的重要指标。元江站年干燥度1.9，各月干燥度除8月等于1外，其他月均大于1（表3-1）。

表3-1　元江站年干燥度、月干燥度

| | 月份 | | | | | | | | | | | | 年干燥度 |
	1	2	3	4	5	6	7	8	9	10	11	12	
k	6.7	9.1	10.0	4.1	1.9	1.1	1.2	1.0	1.7	1.4	1.8	3.0	1.9

按云南省水分区划指标——年干燥度≤1.0为湿润区，1.0～1.5为半湿润区，1.5～3.5为半干旱区，元江属于半干旱区。

3.1.3　季风气候——干湿季分明

元江年降水量805.1mm，5～10月为雨季，降水集中，降水量占全年的81%，而且雨日多、日照少、湿

度大。11月至次年4月为干季，降水少、晴天多、日照充足、湿度小，干湿季的转换比较明显（表3-2）。

表3-2 代表站干湿季气候特征比较表

代表站	干湿季	降水量/mm	占全年比例/%	≥0.1mm降水日数/天	日照时数/h	相对湿度/%
元江	11月至次年4月	155.7	19	28	1267	66
	5～10月	649.4	81	85	1073	73
昆明	11月至次年4月	121.6	12	31	1435	67
	5～10月	913.7	88	106	1014	80
桂林	11月至次年4月	671.2	35	88.2	561.5	76
	5～10月	1229.1	65	87.0	1101.4	77

此外，元江自然保护区也具有我国西部型季风气候区即云南大部分地区所固有的气温年较差小、日较差大的特点（表3-3）。

表3-3 保护区与近纬度地区气温年较差、日较差比较 （单位：℃）

站名	元江	景谷	双江	耿马	开远	砚山	广东惠阳
纬度	23°36′N	23°30′N	23°28′N	23°33′N	23°42′N	23°37′N	23°05′N
年较差	11.9	11.6	11.5	11.6	11.5	12.4	15.2
日较差	11.3	13.3	14.0	13.1	11.4	9.9	—

3.1.4 气候垂直变化显著

元江县地势起伏大，海拔由最低点（元江与小河底河交汇处）327m上升到南部的阿波列山顶2580m，相差2253m。大部分地区的相对高差均在1000～2000m。在云南大致海拔升高1000m则气温下降5～7℃。因此保护区从山麓到山顶气温垂直变化很明显。大致上500～1000m属于北热带，长夏无冬，年平均气温在20℃以上，最冷月平均气温在15℃以上，≥10℃活动积温在7500℃以上，终年无霜。向上依次出现山地南亚热带、中亚热带、北亚热带；海拔2000m以上为温带，年平均气温小于14℃，最冷月平均气温小于6℃，≥10℃活动积温小于4200℃。

3.2 气候资源

3.2.1 光能资源

1. 日照时数

元江县年日照时数2200～2400h，在云南省内属高值区。日照百分率50%～60%，如元江站年日照时数2340h，平均日照百分率为53%。

保护区日照时数的季节变化与我国东部地区不同，最大值出现在春季，占全年的30%，最小值出现在夏、秋季，均占全年的22%，冬季占26%（表3-4）。

表3-4 代表站各季日照时数及比例

站名	春季		夏季		秋季		冬季		年日照时数/h
	日照时数/h	比例/%	日照时数/h	比例/%	日照时数/h	比例/%	日照时数/h	比例/%	
元江	705	30	513	22	513	22	609	26	2340
昆明	783	32	469	19	502	20	695	28	2449

注：百分比之和不为100%是因为有些数据进行过舍入修约。下同

从干湿季来看，11月至次年4月干季的日照时数1267h，占全年的54%，5～10月雨季的日照时数仅1073h左右，占全年的46%。干季的日照时数明显多于湿季。日照时数的年变化曲线基本上呈单峰型（图3-1），最大值出现在3月，达250.6h；最小值出现在6月，仅162.4h左右。

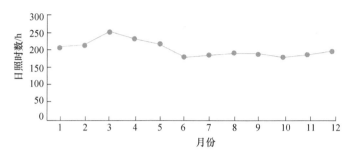

图3-1 元江日照时数年变化曲线图

2. 太阳总辐射

保护区太阳总辐射5000～5500MJ/m²，在全省属中等水平。5～10月湿季太阳总辐射多于11月至次年4月干季。太阳总辐射最大值出现在春季，约占全年的31%；最小值出现在冬季，约占全年的21%（表3-5）。这是因为春季不仅相对于冬季来说有较大的正午太阳高度角，而且相对于夏季有较好的大气透明度。

表3-5 元江各季太阳总辐射（MJ/m²）及比例

春季		夏季		秋季		冬季		雨季		干季	
辐射	比例	辐射	比例	辐射	比例	辐射	比例	辐射	比例	辐射	比例
1662	31%	1384	26%	1168	22%	1152	21%	2748	51%	2617	49%

3. 光合有效辐射

光合有效辐射即生理辐射，是指能被植物叶绿素吸收利用的可见光部分，约等于太阳总辐射量的47%±3%。

3.2.2 热量资源

热量资源是气候资源的主要表征，植被的类型和分布在很大程度上都是由热量条件决定的。总体而言，保护区热量资源十分丰富，下面分气温、界限温度和积温、无霜期三方面来叙述。

1. 气温

保护区所在的元江河谷，年平均气温20.0～24.0℃，是省内年平均气温最高的地区。受非地带性因素的影响，年平均气温等温线沿河谷呈树枝状向北延伸，东西两侧等温线密集，而且年平均气温的纬向分布被破坏，出现北边气温反比南边高的现象，如元江、河口同处元江河谷地带，元江比河口纬度高1°，海拔高260m，而元江年平均气温反而比河口高1.0℃（表3-6）。

表3-6 元江热量条件

纬度	海拔/m	年均温/℃	极端高温/℃	极端低温/℃	≥10℃积温/℃	≥10℃日数	霜期/天
23°36′N	396	23.7	42.3	−0.1	8 709	365	0

气温季节变化的一般特点是：夏季炎热，冬季温暖；春季升温迅速，秋季降温剧烈，春温显著高于秋温（表3-7）。极端最高气温42.3℃，出现在4月、5月，极端最低气温−0.1℃，出现在12月。

表3-7 元江站各季平均气温

海拔/m	春季气温/℃	夏季气温/℃	秋季气温/℃	冬季气温/℃
396	24.2	24.8	21.1	15.0

无四季之分是保护区气候的共同特点。大致海拔1000m以下的干热河谷,为"长夏无冬,春秋相连"型,最热月平均气温在22~25℃,最冷月平均气温在10℃以上,有天然温室之称;海拔1200~2000m的半山区,是冬夏短而春秋长,最热月平均气温在22℃以下,最冷月平均气温在8℃以上,属于"冬暖夏凉"的四季如春型;海拔2000m以上的山区,最热月平均气温15~20℃,最冷月平均气温不足4℃,属"长冬无夏,春秋相连"型。

气温年变化曲线呈单峰型,峰谷差值小,峰值出现在7月,平均气温28.6℃,谷值出现在1月,平均气温16.7℃(图3-2)。

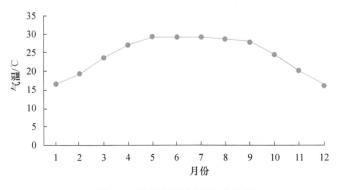

图3-2 元江气温年变化曲线图

气温日较差大,年平均气温日较差多在11.3℃。元江自然保护区日较差的季节变化与我国东部地区不同,我国东部地区的日较差以夏季为大,而保护区气温日较差春季最大,夏季最小;月平均气温日较差以干燥少云的3月最大,降水多的7月最小;以干湿季而论,干季各月的平均气温日较差大于雨季各月(表3-8)。

表3-8 元江各月平均气温日较差 (单位:℃)

月份	1月	2月	3月	4月	5月	6月	7月	8月	9月	10月	11月	12月
日较差	12.4	13.4	14.4	13.7	11.6	9.4	9.0	9.2	9.7	9.7	11.1	12.1

气温的年际变化较大,最暖年为1980年,年平均气温24.6℃,最冷年为1971年,年平均气温22.8℃,两者之差达1.8℃。

2．界限温度和积温

元江各界限温度持续日数和积温见表3-9。

表3-9 元江各界限温度持续日数和积温

≥0℃		≥10℃				≥18℃			
持续日数	积温/℃	初日	终日	持续日数	积温/℃	初日	终日	持续日数	积温/℃
365.3	8704			365.1	8709	2月19日	11月23日	278	7192

3．无霜期

元江坝区多年平均无霜期长达365天,多年平均霜日为0.7天,平均霜日最多年(1975年)为11天。半山区,如因远、甘庄街道、洼垤等地,多年平均无霜期260~300天。山区,如羊岔街、磨房河、阿波列山等地,多年平均无霜期210~230天。

3.2.3 水分资源

1. 降水

元江县年平均降水量为 770～2400mm。据 1954～1985 年的水文气象资料，元江河谷多年平均降水量 805mm，降水量最多年（1968 年）达 1211.3mm，最少年（1980 年）仅 516.8mm，年降水日数 113 天，在省内仅多于永仁县（106 天）、宾川县（94 天）、元谋县（91 天）。最长连续无降水日数 73 天。日降水量 ≥50mm 的暴雨日数 1.5 天，日最大降水量 109.4mm。

元江县降水量的多寡受地形影响较大，形成了以元江低热河谷为中心的少雨区和以哀牢山一带山区为中心的多雨区。如多雨的曼来镇的街子河、磨房河一带，年降水量高达 2200mm，其次是瓦纳村附近的山区及阿波列山一带，达 1400～1800mm。而少雨区的东部山区及河谷地带年降水量只有 600～800mm。降水量还随海拔、坡向不同而不同，总体上降水量随海拔的增加而增多，迎风坡多于背风坡。

元江雨季开始期通常为 5 月下旬，平均雨季结束期为 10 月上旬。一般称 5～10 月为雨季，降水集中，降水量 649.4mm，占全年的 81%，其中夏季 6 月、7 月、8 月三个月的降水量达 405.6mm，占全年的 50%；降水日数 85 天，占全年总降水日数的 75%。11 月至次年 4 月为干季，降水量仅 155.7mm，占全年的 19%，降水量最少的是冬季，仅 49.8mm，占全年的 6%，降水日数 28 天，占全年降雨日数的 25%。年度降水季节分配情况见表 3-10，月降水量分配状况见图 3-3。

表 3-10 元江站降水季节分配情况表

春季		夏季		秋季		冬季		雨季		干季	
降水量/mm	比例/%	降水量/mm	比例/%	降水量/mm	比例/%	降水量/mm	比例/%	降水量/mm	比例/%	降水量/mm	比例/%
153.8	19	405.6	50	195.9	24	49.8	6	649.4	81	155.7	19

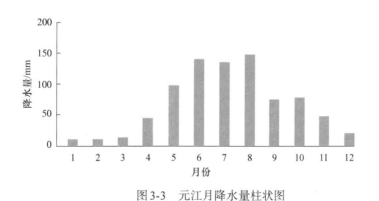

图 3-3 元江月降水量柱状图

2. 干湿状况

干燥度是表征一地干湿状况的指标，它是蒸发力与降水量之比。按照云南省水分资源区划指标：干燥度 ≤1.0 为湿润、1.0～1.5 为半湿润、1.5～3.5 为半干旱，保护区年干燥度 1.9，属于半干旱区。由表 3-11 可以看出各月干燥度均 ≥1.0。

表 3-11 元江站各月干燥度表

月份	1月	2月	3月	4月	5月	6月	7月	8月	9月	10月	11月	12月
干燥度	6.7	9.1	10.0	4.1	1.9	1.1	1.2	1.0	1.7	1.4	1.8	3.0

3.3 保护区气候小结

综上所述，元江自然保护区和云南大部分地区一样，具有四季不分明，干湿季分明，气温年较差小、日较差大的我国西部型季风的主要特点。

但是从干湿季分明、气候干热等特点看，元江坝区（河谷区）气候与热带干湿季（萨王纳）气候又比较相近，只是温度稍偏低，干季降水稍偏多（表3-12）。

表3-12 元江河谷气候与世界典型的萨王纳气候指标比较

比较的指标	世界典型的萨王纳气候	元江干热河谷气候
年总辐射量/[kcal/(年·cm²)]	140～190	128.0
年平均降水量/mm	1000～1500	805.1
雨季降水量/mm	>600	649.1
干季降水量/mm	<50	155.1
雨季降水量占全年比重/%	>75	81.0
年平均气温/℃	>24	23.7
最冷月平均气温/℃	13～18	16.7

注：1cal＝4.184J

在植被上，元江干热河谷区发育了典型的耐干热的植物区系和植被类型，群落外貌多为"稀树灌木草丛"状，即萨王纳植被。

第4章 土　　壤

4.1　土壤形成条件

土壤的形成受多种因素的影响，包括自然因素和人为因素。对于山地土壤来说，以自然因素为主，人为因素为辅。在自然因素中，母质是土壤形成的基质，而母质受岩石类型及其成岩条件的影响；地形是土壤形成的间接因子，即对水热的重新分配，由于不同的地形条件，温湿度条件不同，形成的土壤就会有差别；生物因子是最活跃的因子，对气候、土壤均有明显的反应，而生物因子对土壤肥力的形成有很大的贡献；气候因子是岩石风化形成母质，母质再进一步形成土壤的决定性因子，凡地带性土壤的分布均与气候带相关；时间因子影响土壤的历史进程。这些自然因素是相互联系、相互促进、相互制约的。自人类有能力大规模开发利用土壤资源以来，人为因素对土壤的形成是不容忽视的，尤其是对土壤低级分类单元的影响，如土属、土种及变种的影响。下面具体叙述元江自然保护区土壤形成的自然条件。

4.1.1　地形和母质

元江自然保护区位于滇南部的元江县境内，元江县经纬度为23°19′~23°55′N，101°39′~102°22′E，就地形而言，本区处于哀牢山脉和六诏山脉的末端。境内最高海拔2580m，最低海拔327m，相对高差达2253m，总体上属中山深切割地形。境内山高谷深，山势陡峻，地表崎岖不平，为狭长形河谷相嵌地貌。由于元江从西北向东南蜿蜒而行，山体大多数坡向为东北坡和西南坡，保护区内坡度大多在25°以上。

本区水系以元江为干流，其他支流有马底河、南溪河、清水河、者嘎河、昆洒河、南满河、南昏河、小河底河、甘庄河和西拉河等。

元江自然保护区内岩石的类型以片岩、片麻岩、千枚岩分布较广，也有砂岩、泥质岩、石灰岩、白云岩等分布。成土母质主要有冲积母质、洪积母质、湖积母质、坡积母质和残积母质等。

4.1.2　生物和气候条件

元江自然保护区具有4个气候区，即北热带、南亚热带、中亚热带和北亚热带气候区。

1．北热带气候区

北热带气候区海拔400~1000m，为干热河谷区。本区由于四周山体高大，阻挡西南季风和东南季风进入河谷区，焚风效应强烈，气候炎热异常。年均温23~25℃，≥10℃的年活动积温8000~9000℃。年降水量500~1200mm，5~10月为雨季，其降水量占全年降水量的80%。年蒸发量2300~3200mm，远大于年降水量，因而相对湿度小，气候燥热，旱象较严重。

2．南亚热带气候区

南亚热带气候区海拔1000~1400m，年均温18~20℃，≥10℃的年活动积温6500~7500℃，年降水量900mm，无霜期300~350天。

3．中亚热带气候区

中亚热带气候区海拔1400~2000m，年均温17.4℃，≥10℃的年活动积温6000~6500℃。年降水量

870～1600mm，5～10月为雨季，其降水量占全年降水量的80%。相对湿度约76%。

4．北亚热带气候区

北亚热带气候区海拔2000～2580m，年均温14.4℃，≥10℃的年活动积温5294.9℃。年降水量1580～1900mm，5～10月为雨季，其降水量占全年降水量的88.9%。年蒸发量1300～1700mm，小于年降水量。相对湿度约76%。气候冷凉，冬、春常下霜雪。

元江自然保护区的植被类型：海拔400～1000m段分布北热带稀树灌木草丛植被，常见植物有攀枝花、厚皮树、清香树、杧果、余甘子、扭黄茅、芸香草等；海拔1000～1400m段分布南亚热带森林植被，常见植物有思茅松、天干果、余甘子、虾子花、菅草等；海拔1400～2000m段分布中亚热带常绿阔叶林植被，常见植物有云南松、麻栎、栓皮栎、南烛、乌饭等；海拔2000～2580m段分布着北亚热带温凉湿润常绿阔叶林植被，常见植物有石栎、青冈、高山栲、南烛、杜鹃等。

4.2　土壤发生特征和分布规律

4.2.1　土壤发生特征

1．土层厚度

土层厚度是重要的土壤性能指标，土层深厚表明土壤水热条件好，矿物岩石风化速率快或保护得好，同时也说明土壤的基础条件好，有利于生长植物。元江自然保护区范围广，包括多个土壤类型，同一土壤类型其垂直分布或所处山体部位不同，土层厚度的差异都很大。在靠近河谷的低海拔地段，土层普遍较薄，易见母质层，石砾含量多，随着海拔的增加，土层不断加厚；到海拔1500～2000m，土层最厚，随着海拔增加，接近山脊，土层又变薄。这可能是因为山体上部多为残积母质，且气候偏冷。从土类来说，红壤土层最厚，黄棕壤、赤红壤次之，燥红壤再次之，石灰土最浅。一般来说，森林植被保护完好的红壤、黄棕壤的天然林下枯枝落叶层比较厚，土壤微生物的活动受到一定的限制，有机质层较厚。保护区大部分土壤都为中至薄层土，厚度20～50cm，天然土壤条件较差。元江自然保护区分布大量燥红壤，这类土壤土层薄，石砾含量多，由于缺乏水分，植被盖度低，有不少区域呈现裸露或半裸露状态，水土流失严重。保护区还有少量石灰土分布，该类土壤面积不大，且瘠薄。

2．土壤颜色

土壤颜色是土壤重要的形态特征之一，可作为判断和研究成土条件、成土过程、肥力特征及演变的依据，同时，也是土壤分类和命名的依据之一。它既反映土壤物质的组成和变化，又是成土过程的结果和外在表现。影响土壤颜色的主要因素有有机质、矿物质、水分、质地、生物活动等。如黑色与有机质含量有关；白色与石英石、高岭石、石灰石和水溶性盐有关；红色与土壤中含赤铁矿、排水状况有关；黄色与水合氧化铁、大气和土壤湿度有关；棕色与大多数土壤黏土矿物、多种颜色混杂有关；紫色与游离态的锰氧化物有关；蓝色与蓝铁矿、土壤滞水严重有关。保护区从低海拔到高海拔，土壤类型由南方土壤过渡为北方土壤，从地带性土壤来看，由铁铝土纲过渡到淋溶土纲。因此，土壤的表土层和心土层的颜色也不断发生变化，表土层颜色由灰→浅褐→灰黑→暗棕；心土层颜色由褐红→红→红黄→淡黄棕→黄棕。这说明低海拔地区土壤干燥、富含铁铝，随着海拔的升高，气温降低，水分增加，土壤脱硅富铝化作用减弱，有机质积累加快，土壤颜色发生变化。总的来看，土壤上层有机质积累丰富，土壤颜色深；下层为淀积层，表现为暗红、红、棕等颜色。

3．土壤水分和物理性质

土壤含水量的多少与区域年降水量的多少、降水频度的高低、年蒸发量的大小、雾日的多少及土壤本身的保水性能的强弱有关。本保护区在低海拔的河谷地段降水量少，蒸发量大，大气湿度小，基本上以典型的燥红壤为主；最多降水带集中在海拔2000m，即集中于红壤上部、黄棕壤土壤带上，因此，在这一地带土壤总体上比较潮湿,但并没有出现滞水现象。

本保护区燥红壤土层薄,石砾含量多,土壤干燥,表土呈粒状或团粒状结构,质地为砂壤、轻壤或中壤土,土壤通透性好,但保水性能差;赤红壤大多已开发为水田或旱作耕地,土壤质地较轻,多为砂壤土或轻壤土,核状或块状结构,土壤通透性稍差;红壤为本保护区主要土类,土壤结构多为块状或核状,质地为轻壤或中壤土,少数为重壤土,石砾含量少;黄棕壤在保护区中主要集中在少数山体的上部,以残积母质为主,土层厚度中等,质地仍以中壤土为主,砂壤、重壤土偶有出现;石灰土属非地带性土壤,石砾含量多,但就土壤质地而言,大多为重壤土或黏土,通透性差。

4.化学性质

土壤化学性质包括土壤酸碱性、土壤缓冲性、土壤溶液、土壤养分等方面。这里主要简述土壤酸度和土壤养分。土壤酸度包括活性酸度和潜性酸度,活性酸度用 pH 表示,潜性酸度又分为水解性酸度和交换性酸度。元江自然保护区土壤 pH 变幅大,在 5~8。红壤、黄棕壤 pH 多为 5~6,赤红壤 pH 为 6~7,而燥红壤、石灰土 pH 则为 7~8.5。从垂直分布来看,燥红壤、石灰土在河谷地段,红壤、黄棕壤则集中分布在海拔较高地区,且降水量大。由此可见,随着海拔的升高,土壤 pH 逐步降低。土壤潜性酸度是由土壤胶体所吸附的氢离子、铝离子引起的,本节用总酸度表示,即水解性酸度。总酸度同样变幅大,小的测不出,如 pH 在 8 以上便不易测得。本保护区土壤总酸度在 2~25me/100g[①]。

森林土壤养分主要来源于土壤有机质分解转化后贮存于土壤中的各种养分元素,也来源于矿物岩石的风化、溶解、分解等过程中矿质元素的释放。因此,森林土壤养分的高低主要取决于有机质分解的速度、有机质的组分和数量及养分淋失的状况。本保护区在红壤、黄棕壤地段由于降水丰富、热量条件较好,森林植被盖度大,枯枝落叶丰富,土壤微生物的活动比较旺盛,表层土壤有机质的积累与分解保持适度的水平,土壤有机质含量高,土壤全氮、水解氮量均维持在很高水平。相对来说,靠近河谷地段的燥红壤、赤红壤、石灰土有机质含量较低,全氮、水解氮量也较低。对于全磷、速效磷量则比较复杂,各种土类互有差异。而速效钾量则以低海拔的石灰土、燥红壤最高,而红壤、黄棕壤的速效钾量在降低。在同一土壤剖面上,表层土壤养分明显地高于下层。

4.2.2 土壤分类

土壤分类主要有两大方法,即土壤发生学分类方法、土壤诊断学分类方法,此外还有别的一些分类方法。我国目前沿用的土壤分类方法基本上以发生学分类方法为代表,尤其是森林土壤,几乎都套用发生学分类方法。我国土壤分类系统分为6级,即土纲、土类、亚类、土属、土种和变种。本保护区土壤分类采用发生学分类方法,被划分为4个土纲、5个土类、5个亚类(表4-1)。

表4-1 元江自然保护区土壤分类表

土纲	土类	亚类
铁铝土	赤红壤	赤红壤
	红壤	红壤
淋溶土	黄棕壤	山地黄棕壤
半淋溶土	燥红壤	燥红壤
初育土	石灰土	棕色石灰土

4.2.3 土壤分布规律

元江自然保护区垂直高差超过2100m,高海拔与低海拔之间存在明显的气候差异性。海拔1000m以下

---

① 1me/100g=10mmol/kg

的区域为干热河谷区，降水量小，蒸发量大，土壤干燥，土层薄，石砾含量较多；而在高海拔区域，受干热河谷气候影响小，具有地带性土壤特征。土壤类型垂直地带性分布主要有红壤和黄棕壤，以红壤为主，黄棕壤只见于少数海拔较高山体的上部。红壤与黄棕壤的分界线可确定为海拔2000m，红壤分布海拔1400～2000m，黄棕壤分布海拔2000～2580m，赤红壤分布海拔1000～1400m，燥红壤分布海拔400～1000m。同时，少量石灰土则镶嵌于低海拔的燥红壤区域内。保护区土壤类型随海拔的分布见表4-2。

表4-2　保护区土壤类型垂直分布表

土壤类型	海拔/m	植被群落类型
黄棕壤	2000～2580	以石栎、青冈、高山栲、杜鹃等为主的温凉湿润常绿落叶阔叶林
红壤	1400～2000	以云南松、麻栎、栓皮栎、南烛等为主的亚热带常绿阔叶林
赤红壤	1000～1400	以思茅松、天干果、余甘子、虾子花、菅草等为主的南亚热带稀树灌丛林
燥红壤	400～1000	以攀枝花、清香树、杧果、余甘子、扭黄茅、野香茅等为主的热带稀树灌丛
石灰土	400～1000	北热带稀树灌丛草坡

4.3　土壤类型及其特点

4.3.1　红壤

1. 形成条件及分布

元江自然保护区的红壤分布在海拔1400～2000m的地带。该区域气候温暖适宜，属亚热带气候型，年均温17.4℃，≥10℃的年活动积温6000～6500℃，年降水量870～1600mm，分布着以云南松、麻栎、栓皮栎、南烛、乌饭等为主的中亚热带常绿阔叶林。土壤表层有较厚的腐殖质层，全剖面呈红色。本保护区红壤的母质类型主要有片岩、片麻岩等的坡积物、残积物。这一区域植被保护完好，雨量充沛，土层深厚。

2. 形成特点

红壤的形成特点主要表现为成土过程具有明显的铁铝化作用，但红壤的形成要求相对简单，不如黄壤那样还需具备较多的降水量和雾日，全年相对湿度高，并进行氧化铁的水化和土壤潜育化过程。本保护区的红壤发育典型，土壤剖面构造包括暗或弱腐殖质表层及具铁铝特性的心土层，全剖面以红色调为主。红壤质地大都较轻，黏土矿物以高岭石、含水氧化物为主（氧化铁铝、氧化硅），黏粒硅铝率1.8～2.2，黏粒阳离子交换量16～24me/100g。强酸性土壤，盐基不饱和。

3. 基本理化性状

元江自然保护区的红壤只有一个亚类，即典型红壤亚类。红壤的土体构型一般为A_0-A_1-AB-B-C型。林内凋落物丰富，整个土层都较深厚，有的深达100cm，但局部地段土层较薄。现以羊街章巴水库后山土壤剖面（编号：11；23°21′58″N，102°03′01″E）为例，描述如下。

A_0层厚约5cm，由云南松等林木凋落物及残体构成，呈未腐或半腐状态。

A_1层厚约11cm，褐色，轻壤土，团粒结构，土壤湿度为稍润，松，根量40%。

AB层厚29cm，红褐色，中壤土，核状结构，土壤湿度为润，稍紧，根量30%。

B层厚超过45cm，黄红色，重壤土，块状结构，土壤湿度为潮，紧，根量20%。

红壤的主要理化性状见表4-3。

表4-3 红壤理化性状统计表

采样点	采样深度 / cm	质地	pH	有机质 /%	全氮 /%	全磷 /%	水解氮 / (mg/kg)	速效磷 / (mg/kg)	速效钾 / (mg/kg)
23°21′58″N, 102°03′01″E, 海拔1947m	A₁ 5～16	轻壤	4.66	13.68	0.39	0.09	559.46	0.737	103.84
	AB 16～45	中壤	5.06	3.80	0.13	0.06	207.14	0.174	45.51
	B 45～90	重壤	5.06	1.18	0.05	0.04	65.92	0.496	35.51
平均值	A₁	轻壤	4.92	9.71	0.31	0.13	353.45	1.672	320.17
	AB	轻壤	5.09	4.32	0.12	0.03	184.64	0.548	199.26
	B	中壤	5.21	1.57	0.06	0.03	63.27	0.305	118.94

从表4-3可见，红壤呈强酸性反应，淀积层土壤较黏重，表层土壤有机质含量、全氮量、水解氮量、速效钾量都很高，这说明红壤氮素储备量大；全磷量与速效磷量偏低。土壤淀积层中仍含有较高的养分，如有机质含量、水解氮量较高。若以本区红壤（平均值）与高黎贡山自然保护区的红壤相比，二者酸性接近，但高黎贡山红壤质地更黏重。本保护区红壤土表层的有机质含量、全氮量、水解氮量、速效钾量均比高黎贡山红壤高了一至数倍；两个保护区土壤的全磷量、速效磷量较接近（表4-4）。

表4-4 高黎贡山红壤化学性质

采样点	采样深度 /cm	质地	pH	有机质 /%	全氮 /%	全磷 /%	水解氮 / (mg/kg)	速效磷 / (mg/kg)	速效钾 / (mg/kg)
高黎贡山自然保护区*	0～17	黏壤	5.4	1.85	0.120	0.145	82.8	2.1	116.8
	17～70	黏壤	4.9	1.55	0.089	0.097	44.2	0.7	57.0
	70～140	黏壤	6.8	1.49	0.092	0.075	39.3	痕迹**	60.0

* 资料来源于《高黎贡山国家自然保护区》；** 痕迹表示极微量，达不到0.1

4.3.2 黄棕壤

1．形成条件及分布

黄棕壤是地带性的过渡土壤类型，在纬向上主要分布于北亚热带、暖温带，在垂向上位于红壤、黄壤之上，而又在棕壤之下。在元江自然保护区，黄棕壤的分布为海拔2000（2100）～2580m。年均温14.4℃，≥10℃的年活动积温约5294.9℃。年降水量1580～1900mm，5～10月为雨季，其降水量占全年的88.9%，终年温凉。本土类的主要植被为以石栎、青冈、高山栲、岗栎、南烛、杜鹃等为主的温凉湿润常绿落叶阔叶林。本保护区黄棕壤的母质类型主要有片岩、片麻岩等发育而成的坡积物、残积物。

2．形成特点

黄棕壤的形成过程中既有大量的有机质积累、盐基淋溶和黏化作用，又兼受硅铝化和铁铝化作用的影响。元江自然保护区黄棕壤带植被保护完好，降水量大，林内潮湿，全剖面以黄棕色调为主，表土层呈棕褐色，表土为暗腐殖质表层，心土具铁硅铝特性，黏土矿物主要有水云母、高岭石，黏粒硅铝率大于2.4。酸性反应，盐基不饱和。

3．基本理化性状

元江自然保护区的黄棕壤只有山地黄棕壤亚类。黄棕壤的土体构型一般为A₀-A₁-AB-B-C型。本保护区母岩多为片岩、片麻岩等。林内温凉，湿度较大，未腐烂的凋落物丰富，表土层薄，但整个土层在50cm以下，土壤潮湿。以羊岔街后山黄棕壤剖面（编号：6；23°39′17″N，101°45′26″E）为例，描述如下。

A₀层厚约3cm，主要由灌丛凋落物构成，多呈未腐状态，少量为半腐状态。

A₁层厚约23cm，黑褐色，轻壤土，团粒结构，土壤湿度为润，疏松，根量多。

AB层厚约12cm，棕褐色，轻壤土，块状或核状结构，土壤湿度为润，稍紧，根量多。

B层厚超过12cm，黄棕色，中壤土，块状结构，土壤湿度为潮，稍紧，根量少。

从表4-5可见，本保护区黄棕壤质地轻，土层薄，酸性反应。土壤全剖面有机质含量、全氮量、全磷量、水解氮量、速效钾量都很高，这说明黄棕壤森林环境好，植被保护完好，但速效磷量低。总之，本区黄棕壤的养分丰富而全面，土壤肥力高。与高黎贡山自然保护区的黄棕壤相比，本区黄棕壤（平均值），土壤有机质含量、水解氮量、速效钾量都高出许多，但全氮量、速效磷量二者接近。

表4-5　山地黄棕壤理化性状统计表

采样点	采样深度/cm	质地	pH	有机质/%	全氮/%	全磷/%	水解氮/（mg/kg）	速效磷/（mg/kg）	速效钾/（mg/kg）
元江自然保护区海拔2330m 23°39′17″N/101°45′26″E	A₁ 3～26	轻壤	5.38	18.88	0.61	0.20	533.60	0.708	134.65
	AB 26～38	轻壤	5.14	13.53	0.29	0.15	491.64	0.740	73.12
	B 38～50	中壤	5.08	5.50	0.11	0.09	214.38	3.438	89.89
元江自然保护区平均值	A₁	砂壤	5.11	17.06	0.52	0.20	565.82	0.970	137.92
	AB	轻壤	5.18	10.21	0.26	0.15	424.94	0.672	137.94
	B	轻壤	5.10	4.60	0.11	0.11	210.02	1.860	146.51
高黎贡山自然保护区*	6～24	沙粉	4.9	13.32	0.646	—	390.0	痕迹	82.1
	24～42	粉壤	5.0	6.72	0.271	—	223.8	痕迹	39.5
	42～80	粉壤	4.8	5.72	0.236	—	191.5	痕迹	28.8
	80～100	粉壤	5.0	1.32	0.052	—	51.9	痕迹	28.0

* 资料来源于《高黎贡山国家级自然保护区》；"—"表示无数据

4.3.3　赤红壤

1．形成条件及分布

赤红壤主要分布在南亚热带，海拔约1000m以下至砖红壤分布的上限，在云南南部分布的海拔稍高。元江自然保护区赤红壤的海拔为1000～1400m，年均温18～20℃，≥10℃的年活动积温6500～7500℃，年降水量900mm，无霜期300～350天。植被是以思茅松、天干果、余甘子、虾子花、菅草等为主的南亚热带稀树灌丛林。本土类分布区人为活动频繁，大多已开垦为耕地或成为荒山、荒地，植被损毁严重，盖度低，水土流失严重，土壤有机质含量较低。土壤母质类型主要有片麻岩、片岩、板岩、砂岩等。

2．形成特点

赤红壤形成的基本特点是土壤性状介于砖红壤与红壤之间，铁铝化作用比砖红壤稍弱，黏土矿物以高岭石为主，黏粒阳离子交换量5～16me/100g，黏粒硅铝率1.7～2.0，质地黏重。土层厚度中等，但表土层厚薄不一。土壤颜色偏黑色或黑褐色。由于人为扰动严重，土壤的发生层次不甚明确。

3．基本理化性状

赤红壤的土体构型一般为A₀-A₁-B-C型，土壤中沙性成分较多，土层较薄，全剖面赤黑色或赤褐色，质地多为砂壤、轻壤或中壤。现以羊街赤红壤剖面（编号：12；23°29′39″N，102°00′23″E）为例，描述如下。

A₀层厚约2cm，由矮灌丛凋落物及草本残体构成，多呈未腐状态。

A₁层厚约13cm，黑褐色，砂壤土，核状结构，土壤湿度为润，疏松，根量多。

B层厚约25cm，赤褐色，砂壤土，核状结构，土壤湿度为潮，稍紧，根量少。

元江自然保护区赤红壤只有赤红壤一个亚类，其理化特性见表4-6。本区赤红壤虽仍为酸性，但由于干热河谷的影响，土壤pH已接近中性土，土层厚度中等。土壤质地沙性成分重，质地轻；无论是表层还是淀积层，土壤有机质含量低，全氮量、全磷量、速效磷量也很低，只有水解氮量、速效钾量较高。

表4-6 赤红壤理化性状统计表

采样地点（海拔1161m）	采样深度/cm	质地	pH	有机质/%	全氮/%	全磷/%	水解氮/（mg/kg）	速效磷/（mg/kg）	速效钾/（mg/kg）
23°29′39″N 102°00′23″E	A_1 2～15	砂壤	6.40	3.50	0.15	0.06	188.52	1.069	216.51
	B 15～40	砂壤	6.09	2.71	0.17	0.06	152.88	0.540	159.25

4.3.4 燥红壤

1．形成条件及分布

燥红壤属半淋溶土纲，过去曾被称为热带稀树草原土、红褐色土、红棕色土等。燥红壤在我国多分布在海南岛西南部、云南南部的北热带、南亚热带谷地，山高谷深（相对高差在2000m以上），焚风效应显著，具有热量高、酷热期长、降水少、蒸发大、旱季长的气候特点。本保护区燥红壤发育的条件是：年均温23～25℃，≥10℃的年活动积温8000～9000℃。年降水量500～1200mm，5～10月为雨季，其降水量占全年的80%。年蒸发量2300～3200mm，大于年降水量的3倍以上。空气相对湿度低，气候燥热，旱象较严重。从垂直海拔方面，燥红壤分布在海拔1000m以下的河谷地区。燥红壤的植被类型为热带稀树灌丛。本区的植被主要有攀枝花、厚皮树、清香树、杧果、余甘子、扭黄茅、野香茅等，都是一些耐旱乔灌木或草本植物。

2．形成特点

燥红壤具有特殊的有机质积累过程，雨季时植物地上部分生长旺盛，旱季时有机质分解缓慢，有利于粗有机质的相对积累，土壤中含有较高的有机质。燥红壤的成土过程较弱，矿物风化程度低，脱硅富铝化作用不甚明显。黏粒中次生矿物以水云母为主，其次为高岭石、石英和蒙脱石。

3．基本理化性状

燥红壤的土体构型一般为A_0-A_1-B-C型，土壤中石砾含量多，土层厚薄不一，以薄层为主，全剖面红褐色或灰棕色，质地多为砂壤、轻壤或中壤土。现以本县境内元江上游的燥红壤剖面（编号：1；23°41′25″N，101°51′54″E）为例，描述如下。

A_0层厚约1cm，由草本残体构成，多呈未腐状态，但多数此层不明显。

A_1层厚约19cm，红褐色，砂壤土，核状结构，土壤湿度为稍湿，稍紧，根量少。

B层厚约23cm，褐红色，轻壤土，块状结构，土壤湿度为湿，紧，根量少。

由表4-7可见，本区燥红壤为弱酸性至中性或微碱性反应，全剖面有机质含量中等偏低，土壤速效钾量高，水解氮量次之，但全氮量、全磷量、速效磷量都比较缺乏。与海南岛东方县（现为东方市）的赤红壤比较，pH均为弱酸性，但元江自然保护区的燥红壤养分含量则较高，如土壤有机质含量、全氮量等都高许多。

表4-7 燥红壤理化性状统计表

采样地点（海拔797m）	采样深度/cm	质地	pH	有机质/%	全氮/%	全磷/%	水解氮/（mg/kg）	速效磷/（mg/kg）	速效钾/（mg/kg）
元江自然保护区：23°41′25″N 101°51′54″E	A_1 1～20	砂壤	6.33	2.24	0.10	0.05	143.90	0.561	345.79
	B 20～43	轻壤	6.07	0.65	0.06	0.05	43.03	0.431	96.89
元江自然保护区：表层平均值	A_1	中壤	7.72	5.12	0.21	0.12	215.00	0.558	419.94
海南岛东方县*	0～15	—	6.1	0.34	0.02	—	—	—	—
	15～40	—	6.2	0.21	0.01	—	—	—	—
	40～105	—	6.2	0.18	0.01	—	—	—	—

* 资料来源于东北林学院主编《土壤学》（下册）（1981年）；"—"表示没有数据

4.3.5 石灰土

1．形成条件及分布

石灰土是我国南方石灰岩山地的一类岩成土壤，属非地带性幼年土。在石灰岩风化过程中碳酸盐淋溶损失，由岩石中的杂质（水云母、蛭石等）与部分残留的石灰构成土体。但是，石灰土和其他母质一样，只要有足够长的时间，在当地的成土条件下就会发育成地带性土壤。而在石灰岩体裸露的地区，因有源源不断的石灰岩新风化物和崩解碎片，以及富含碳酸盐的地表水进入土体中，延缓了土壤中盐基的淋失而形成年幼的石灰土。在元江自然保护区的河谷地段，有小面积的石灰岩分布，为石灰土的形成准备了条件。

2．形成特点

石灰土含有石灰岩屑、游离碳酸钙或石灰结核，可形成碱性、中性或酸性土壤。其形成特点是：丰富的碳酸盐类岩石在适当降水条件下不断溶蚀、溶解或破碎，逐步地形成不连片的石砾含量较高的幼年土。石灰土可分为黑色石灰土、棕色石灰土、红色石灰土和黄色石灰土，这与石灰岩所处的气候环境条件有关。本区石灰土为棕色石灰土亚类。

3．基本理化性状

石灰土的土体构型一般为A_0-A_1-B-C型或A_0-AC-C型，土层薄，石砾含量多，许多石灰土没有明显的淋溶层和淀积层，而是直接为AC层。现以本县境内元江上游的石灰土剖面（编号：2；23°41′20″N，101°52′21″E，海拔734m）为例，描述如下。

A_0层厚约1cm，由草本残体构成，多呈未腐或半腐状态。

AC层厚约26cm，棕红色，轻黏土，核状结构，土壤潮湿，稍紧，根量少。

由表4-8可见，本区石灰土为弱碱性反应，质地黏重，剖面多为棕红色。全剖面有机质含量中等偏低，全氮量、水解氮量、速效钾量较高，但全磷量、速效磷量则比较低。

表4-8 石灰土理化性状统计表

采样点	采样深度/cm	质地	pH	有机质/%	全氮/%	全磷/%	水解氮/（mg/kg）	速效磷/（mg/kg）	速效钾/（mg/kg）
23°41′20″N/101°52′21″E	AC 1～27	轻黏	7.47	3.55	0.16	0.11	214.11	0.333	569.76
	平均值	中黏	7.96	3.02	0.13	0.11	164.72	1.678	846.85

4.4 保护区土壤小结

4.4.1 保护区土壤资源现状及其地位

土壤虽是自然的馈赠，人们似乎可以无偿地使用，但是土壤作为一种不可再生的自然资源，其利用程度是有限的。因此，在利用土壤资源的同时，要加以保护。要保护和管理好保护区，就必须花大力气保护土壤和植被。也可以这么说，没有土壤就没有森林植被，土壤在保护区中具有特殊的地位。元江自然保护区土壤主要包括红壤、黄棕壤、赤红壤、燥红壤和石灰土等，土壤类型不多，但各类土壤的理化特性都不一样，红壤、黄棕壤所处环境较好，大多数土层深厚，湿度大，土壤理化状况良好，十分适合森林植被的世代繁衍，应加大力度保护现有土壤资源；但赤红壤、燥红壤和石灰土的现状不容乐观，一是由元江河谷特殊的干热气候造成的，二是由人为不合理利用造成的。在这些土壤类型上水土流失、干旱化、石漠化现象有不同程度的表现。对此，我们必须高度重视，及时采取保护措施。

4.4.2 土壤保护的主要途径

导致土壤流失的两个主要自然因子是风和水。就本保护区而言，水是引起土壤丧失的关键因子，而水对土壤产生冲蚀能力的大小取决于地表径流的流速及流量，同时也取决于瞬时降水强度。土壤对水的抗蚀作用在于其吸水性及抗冲蚀性。土壤的流失又与人们的管理理念密切相关。从自然方面看，水土保持措施技术的要求是：①减少地表径流的数量，使降水尽量蓄于地表及渗入地下；②减少地表径流的速度；③增加土体的抗分散性，改善土壤结构；④改善地表状况，多吸水分；⑤改善水分作用的途径，减少无益的蒸发，增加用于植物制造有机物的蒸腾。但对于元江河谷燥红壤的保护尚需进一步研究，因为这一区域气候条件特殊，降水量少，蒸发量大，十分不利于植被的生长与恢复，应该采取更实用的技术措施。

保护好土壤的途径主要有两条：①加强领导，增加水土保持的宣传力度，提高民众保持水土的意识，尤其要加强水土保持科技教育，提高水土保持工作人员的技术素质；②发挥森林在水土保持中的作用。森林能大量吸收、调节地表径流和涵养水源，固持、改良土壤，改善小气候。林冠能截留降水，枯枝落叶及活地被物均能吸收或透过大量的水分，同时，林地土壤侵蚀模数小。因此，要保护土壤，从根本上要保护好现有的森林植被，乃至进行人工更新。也就是说，严禁在保护区内砍伐，并且不断扩大造林面积，绿化荒山荒地，加强退耕还林还草工作，使保护区始终维持在良性循环的状态。

4.4.3 对保护区土壤管理的建议

a. 尽快做好保护区的规划工作，明确保护区的核心区、缓冲区、实验区。加大资金投入，实行分类管理，严格执行国家和政府相关法律法规。

b. 掌握保护区的保护与开发利用两统筹的原则。在做好科学管理与保护的前提下，进行适度的土壤经营与利用，兼顾保护区群众的生产生活问题。

c. 重视保护区的荒山绿化工作。因为土壤是不可再生的自然资源，在岩石表层又极易流失，如果地表无一定盖度的植被，数年后森林土壤环境将不复存在。所以，即便不是保护区的核心地带，仍然需要十分重视荒山绿化工作。

d. 要禁止林下枯枝落叶的人为破坏。由于森林土壤依靠的是森林本身养分的自然归还这一途径，因此保证枯枝落叶的归还，也就保证了土壤肥力，保护了保护区及其生物多样性。

第5章 植 被

5.1 调 查 方 法

5.1.1 外业调查

2006年5月和10月，两次对元江自然保护区进行了累计50余天的野外调查。此后，于2008年、2010年、2012～2017年，多次对保护区进行植被调查和监测。在野外工作中，对保护区各区域的主要路线沿海拔自下而上进行了线路调查，记录沿线肉眼所及范围内的植被类型，勾绘在1∶5万的地形图上，以掌握沿途植被类型及其水平分布和垂直分布规律。

在线路调查的基础上，根据地形、海拔、坡向、坡位、土壤以及植物群落的结构等特征，采取典型选样方式设置方形样方，深入调查不同群落类型的物种组成、结构等，并据此确定保护区植被的群系等基本类型（单位）。

依据不同群落类型的植物种类的复杂程度，样方面积有所差异，森林类型的样方面积为900m²或500m²，灌木林及稀树灌木草丛等类型的样方面积为225m²或100m²。

对样方中胸径大于5cm的乔木植株进行每木调查，记录种名、胸径、高度、冠幅、坐标等因子。每个样方内按梅花形布局设5个面积为5m×5m的小样方，记录其中胸径≤5cm、高度大于1m植株的种类、株（丛）数、高度、冠幅等。每个样方内按梅花形布局设5个2m×2m的草本小样方，记录高度小于1m的植物，记录因子与灌木样方一致。此外，对样方中藤本和附生维管植物的种类及附生高度也作详细记录。

5.1.2 重要值计算

每个物种在群落中的生态重要性用其重要值反映。

　　　　a. 乔木层物种的重要值＝（相对株数＋相对显著度＋相对频度）/3

式中，相对株数为样方乔木层总株数除某个树种的株数的百分比。相对显著度为样方乔木层总株数胸高断面积之和除某个树种的胸高断面积之和的百分比。相对频度为该群落的样方数除某个树种出现的样方数。

　　　　b. 灌木层物种的重要值＝（相对盖度或相对株数＋相对频度）/2

式中，相对盖度为样方灌木层各物种盖度之和除某物种盖度的百分比。相对株数和相对频度的含义同上。

　　　　c. 草本层物种的重要值＝（相对盖度或相对株数＋相对频度）/2

式中，相对盖度、相对株数和相对频度的含义同上。

　　　　d. 层间植物物种的重要值＝（相对盖度或相对株数＋相对频度）/2

式中，相对盖度、相对株数和相对频度的含义同上。

如某植被类型仅调查了1个样方，其灌木层、草本层、层间植物不再计算重要值。

5.2 植被类型划分

5.2.1 植被分类的原则

按照《云南植被》（1987年），并参照《中国植被》（1980年）关于植被分类的原则和系统，根据调查结果，对元江自然保护区的各种植被群落进行分类。其植被型和植被亚型按照生态外貌的原则确定，植被亚型以下的单位按照群落主要组成成分确定。

5.2.2 植物群落的命名

1. 群系（群系组）的命名

群系（群系组）的命名采用群落中主要层次的优势种、建群种或优势种的拉丁名命名，前面加Form.（Formation的缩写）。

2. 群丛的命名

群丛的命名用各层的优势种的植物学名，并在前面加 Ass.（Association的缩写）表示。不同层次间的优势种用"+"联结，如同层有几个共优种（建群种），则用"-"联结。如果某层次的物种数量少，无明显优势种，则该层次不参与命名。

5.2.3 元江自然保护区的植被分类系统

按照上述原则和方法，将元江自然保护区的植被类型划分为8个植被型，包括12个植被亚型31个群系和39个群丛。元江自然保护区植被系统如表5-1所示。

表 5-1 元江自然保护区植被系统

植被型	植被亚型	群系	群丛
Ⅰ.雨林	1.山地雨林	1.粗穗石栎林	1.粗穗石栎林
		2.千果榄仁林	2.千果榄仁+茶条木林
Ⅱ.季雨林	2.半常绿季雨林	3.合欢-一担柴林	3.合欢-一担柴-灰毛浆果楝林
		4.厚皮树林	4.厚皮树-清香木林
		5.余甘子林	5.茶条木-余甘子林
			6.余甘子-厚皮树林
			7.余甘子-心叶木林
		6.豆腐果林	8.栓皮栎-豆腐果林
			9.心叶木-豆腐果林
Ⅲ.常绿阔叶林	3.季风常绿阔叶林	7.杯状栲林	10.杯状栲+红凉伞+疏穗求米草群丛
			11.杯状栲+亮毛杜鹃+叶下花群丛
		8.光叶石栎林	12.光叶石栎林
		9.网叶山胡椒林	13.母猪果-网叶山胡椒林
			14.南亚泡花树-网叶山胡椒林
		10.截头石栎林	15.截头石栎林
		11.红木荷林	16.红木荷+小花八角林
	4.半湿润常绿阔叶林	12.元江栲林	17.元江栲-刺栲-银木荷林
		13.香面叶林	18.香面叶-旱冬瓜+异花兔儿风林
		14.马缨花林	19.马缨花-杯状栲+姜花林
		15.短柄石栎林	20.短柄石栎+药囊花+微鳞楼梯草林
	5.中山湿性常绿阔叶林	16.野茶林	21.野茶林
		17.红花木莲林	22.红花木莲林
		18.硬斗石栎林	23.翅柄紫茎-硬斗石栎+光亮玉山竹林

植被型	植被亚型	群系	群丛
Ⅳ.硬叶常绿阔叶林	6.干热河谷硬叶常绿阔叶林	19.锥连栎林	24.锥连栎-余甘子-老人皮林
		20.滇榄仁林	25.滇榄仁-羊蹄甲+金发草林
Ⅴ.落叶阔叶林	7.栓皮栎林	21.栓皮栎林	26.栓皮栎-杨翠木林
			27.栓皮栎-思茅松林
	8.水青树林	22.水青树林	28.水青树林
Ⅵ.暖性针叶林	9.暖热性针叶林	23.思茅松林	29.思茅松+糙叶斑鸠菊林
	10.暖温性针叶林	24.云南松林	30.云南松-光叶石栎林
		25.云南油杉林	31.云南油杉-栓皮栎林
			32.云南油杉-红木荷林
Ⅶ.稀树灌木草丛	11.干热河谷稀树灌木草丛	26.厚皮树+疏序黄荆群落	33.厚皮树+疏序黄荆+扭黄茅群落
		27.酸豆+疏序黄荆群落	34.酸豆+疏序黄荆群落
		28.合欢-假杜鹃群落	35.合欢+假杜鹃+疏穗求米草群落
		29.心叶木-老人皮群落	36.心叶木+老人皮+麦穗茅根群落
Ⅷ.灌丛	12.干热河谷灌丛	30.霸王鞭-单刺仙人掌群落	37.霸王鞭-疏序黄荆+扭黄茅群落
			38.霸王鞭-厚皮树+扭黄茅群落
		31.华西小石积-霸王鞭群落	39.华西小石积-霸王鞭群落

5.3　元江自然保护区植被类型各论

5.3.1　雨林

1.山地雨林

山地雨林是雨林的山地类型，是热带山地垂直带上的植被类型。其基本特征是以热带植物为主，间有亚热带种类，外貌和结构具雨林特征。我国山地雨林主要分布在云南南部和海南岛。云南南部的山地雨林其下一般紧接季雨林或季节雨林，其上为季风常绿阔叶林。元江自然保护区的山地雨林主要分布在新田、莫朗和西拉河一带沟箐湿润生境，分为粗穗石栎林和千果榄仁林2个群系。

（1）粗穗石栎林（Form. *Lithocarpus elegans*）

保护区的粗穗石栎林主要分布于莫朗一带海拔1000～1300m的较湿润沟箐。群落种类组成丰富，在900m²的样方中，记录维管植物43种（表5-2）。

表5-2　粗穗石栎林样方表

样方号：59　面积：30m×30m　时间：2006.10.16　地点：莫朗　海拔：1030m　坡向：西坡　坡位：中部偏下　坡度：45°
土壤：砂壤　小地形：山凹处公路边，下边是沟箐　乔木层盖度：50%　灌木层盖度：40%　草本层盖度：40%
人为影响：放牧、采挖　调查人：李海涛、陈娟娟、王建军等

乔木层							
中文名	拉丁名	株数	高/m		胸径/cm		重要值/%	性状
			最高	平均	最粗	平均		
粗穗石栎	*Lithocarpus elegans*	16	15.5	7.5	18.0	12.6	37.4	常绿乔木
肉实树	*Sarcosperma arboreum*	5	8.5	6.9	9.0	6.5	18.6	常绿乔木
鸡嗉子榕	*Ficus semicordata*	3	7.0	5.0	15.5	11.2	9.8	常绿乔木
毛桐	*Mallotus barbatus*	8	8.0	5.8	12.0	9.0	9.3	常绿乔木

续表

中文名	拉丁名	株数	高/m 最高	高/m 平均	胸径/cm 最粗	胸径/cm 平均	重要值/%	性状
厚皮树	*Lannea coromandelica*	5	11.0	8.2	15.5	10.3	7.2	落叶乔木
火烧花	*Mayodendron igneum*	3	7.5	5.5	9.8	7.4	6.6	落叶乔木
余甘子	*Phyllanthus emblica*	9	5.5	5.0	17.3	9.7	5.8	落叶乔木
白花羊蹄甲	*Bauhinia variegata*	4	9.0	6.0	14.8	8.1	5.3	落叶乔木
合计	8种	53					100.0	

灌木层

中文名	拉丁名	盖度/%	高/m 最高	高/m 平均	性状
灰毛浆果楝	*Cipadessa cinerascens*	15	2.5	2.5	常绿灌木
中华地桃花	*Urena lobata* var. *chinensis*	5	0.5	0.4	常绿亚灌木
元江苏铁	*Cycas parvulus*	1	1.6	1.2	常绿灌木
腋球苎麻	*Boehmeria glomerulifera*	8	0.4	0.3	常绿灌木
绒毛千斤拔	*Flemingia grahamiana*	2	2.5	2.5	常绿灌木
白背黄花稔	*Sida rhombifolia*	3	0.5	0.4	常绿亚灌木
水丝麻	*Maoutia puya*	1	0.5	0.3	常绿灌木
滇川方竹	*Chimonobambusa ningnanica*	8	0.4	0.3	常绿灌木
刺天茄	*Solanum indicum*	0.5	0.5	0.4	常绿亚灌木
合计	9种				

草本层

中文名	拉丁名	盖度/m	高/m 最高	高/m 平均	性状
棕叶芦	*Thysanolaena maxima*	15	1.6	1.3	草本
疏穗求米草	*Oplismenus patens*	8	1.6	1.2	草本
紫茎泽兰	*Ageratina adenophora*	5	0.3	0.2	草本
石海椒	*Reinwardtia indica*	1	0.2	0.2	草本
飞机草	*Chromolaena odorata*	2	0.4	0.3	草本
聚花金足草	*Goldfussia glomerata*	3	0.4	0.2	草本
蕨状薹草	*Carex filicina*	3	0.4	0.2	草本
狭眼凤尾蕨	*Pteris biaurita*	2	1.5	1.2	草本
撕裂铁角蕨	*Asplenium laciniatum*	1	0.5	0.3	草本
栗柄金粉蕨	*Onychium lucidum*	2	0.3	0.2	草本
华南毛蕨	*Cyclosorus parasiticus*	3	0.2	0.1	草本
微毛野烟	*Lobelia seguinii* var. *doniana*	0.5	2.2	2.2	草本
羽芒菊	*Tridax procumbens*	0.3	0.2	0.1	草本
短瓣花	*Brachystemma calycinum*	0.2	0.6	0.4	草本
合计	14种				

层间植物

中文名	拉丁名	高/m	盖度/%	生活力	物候	性状
镰叶羊蹄甲	*Bauhinia carcinophylla*	2.3	2	优	花	木质藤本
密花葛	*Pueraria alopecuroides*	1.8	1	优	叶	木质藤本

中文名	拉丁名	高/m	盖度/%	生活力	物候	性状
穿鞘菝葜	*Smilax perfoliata*	1.2	1	优	果	木质藤本
滇南山牵牛	*Thunbergia fragrans* ssp. *lanceolata*	0.9	1	优	花	木质藤本
蛇藤	*Acacia pennata*	2.8	1	优	叶	木质藤本
美飞蛾藤	*Porana spectabilis*	1.7	1	优	叶	木质藤本
毛葡萄	*Vitis heyneana*	1.3	1	优	果	木质藤本
爬树龙	*Rhaphidophora decursiva*	2.4	1	优	叶	木质藤本
黑珠芽薯蓣	*Dioscorea melanophyma*	1.1	1	中	叶	草质藤本
裂叶铁线莲	*Clematis parviloba*	0.8	0.5	中	叶	木质藤本
河谷地不容	*Stephania intermedia*	0.6	0.5	中	叶	草质藤本
合计	11种					

乔木层有树种8种，盖度约50%，高度主要在5～16m，以粗穗石栎*Lithocarpus elegans*占优势，其他还有鸡嗉子榕*Ficus semicordata*、火烧花*Mayodendron igneum*、毛桐*Mallotus barbatus*、厚皮树*Lannea coromandelica*、余甘子*Phyllanthus emblica*、白花羊蹄甲*Bauhinia variegata*等。

灌木层高5m以下，盖度约40%，计9种。以灰毛浆果楝*Cipadessa cinerascens*占优势，其他为滇川方竹*Chimonobambusa ningnanica*、中华地桃花*Urena lobata* var. *chinensis*、腋球苎麻*Boehmeria glomerulifera*、绒毛千斤拔*Flemingia grahamiana*、白背黄花稔*Sida rhombifolia*、水丝麻*Maoutia puya*等。灌木层中还出现了元江特有种、国家Ⅰ级保护植物元江苏铁*Cycas parvulus*，但数量很少，零星分布。

草本层盖度约40%，种类14种，以棕叶芦*Thysanolaena maxima*占优势，其次为疏穗求米草*Oplismenus patens*和紫茎泽兰*Ageratina adenophora*。其他有石海椒*Reinwardtia indica*、飞机草*Chromolaena odorata*、聚花金足草*Goldfussia glomerata*、蕨状薹草*Carex filicina*、狭眼凤尾蕨*Pteris biaurita*、撕裂铁角蕨*Asplenium laciniatum*、微毛野烟*Lobelia seguinii* var. *doniana*和羽芒菊*Tridax procumbens*等。

层间植物较丰富，计11种，如爬树龙*Rhaphidophora decursiva*、黑珠芽薯蓣*Dioscorea melanophyma*、裂叶铁线莲*Clematis parviloba*、密花葛*Pueraria alopecuroides*、蛇藤*Acacia pennata*、美飞蛾藤*Porana spectabilis*、毛葡萄*Vitis heyneana*等；附生类型中以苔藓植物为主，厚达1cm，盖度约30%。

群落动态分析：群落生境较为湿润，热量充足。但灌木层样方中未发现乔木幼树或幼苗，且乔木层树种的高度普遍较低。群落分布海拔、优势种粗穗石栎及林下成分分析均表明，该群落的原生植被在很大程度上是山地雨林成分。群落受到严重人为干扰后群落中出现较多的落叶成分，特别是季雨林中常出现的落叶树种，如厚皮树等。在停止人为干扰后，群落可能朝着更加典型的山地雨林方向恢复。

（2）千果榄仁林（Form. *Terminalia myriocarpa*）

保护区的千果榄仁林分布于清水河，海拔1060～1140m的沟箐。其面积不大，仅一个群丛，即千果榄仁＋茶条木林（Ass. *Terminalia myriocarpa*＋*Delavaya yunnanensis*）。样方远离干热河谷，沟箐附近阴坡，生境湿润，热量充足。土壤为砖红壤。群落种类组成较丰富，在900m²的样方内，计维管植物114种（表5-3）。

表5-3 千果榄仁＋茶条木林样方表

样方号：47 面积：30m×30m 时间：2006.10.4 地点：清水河 海拔：1100m 坡向：西南坡 坡位：河谷 坡度：50°
土壤：砖红壤 生境：陡峭沟谷，有少量流水 乔木层盖度：65% 灌木层盖度：15% 草本层盖度：50%
人为影响：砍伐，样方上方100m是农田 调查人：杜凡、王娟、李帅锋、王雪丽、王建军、沈道勇、王长祺、王骞

中文名	拉丁名	株数	高/m		胸径/cm		重要值/%	性状
			最高	平均	最粗	平均		
				乔木层				
千果榄仁	*Terminalia myriocarpa*	4	40.0	35.0	45.0	38.0	25.7	常绿乔木
顶果树	*Acrocarpus fraxinifolius*	2	45.0	42.5	50.0	47.5	11.9	常绿乔木

续表

中文名	拉丁名	株数	高/m		胸径/cm		重要值/%	性状
			最高	平均	最粗	平均		
茶条木	*Delavaya yunnanensis*	38	5.5	3.8	15.0	5.5	18.7	常绿乔木
一担柴	*Colona floribunda*	29	13.0	10.5	23.0	15.0	10.2	落叶乔木
粗糠柴	*Mallotus philippensis*	8	11	6	15	8	6.4	常绿乔木
大果榕	*Ficus auriculata*	3	9	7	21	17	4.5	常绿乔木
常绿榆	*Ulmus lanceaefolia*	2	25	21	33	23	5.6	常绿乔木
肉实树	*Sarcosperma arboreum*	3	7	6	10	7	3.2	常绿乔木
秋枫	*Bischofia javanica*	2	18	12	28	21	5.1	常绿乔木
柔毛糙叶树	*Aphananthe aspera* var. *pubescens*	4	35	15	38	25	8.7	落叶乔木
合计	10种	95					100.0	

灌木层

分层	中文名	拉丁名	高/m	盖度/%	性状
灌木层	灰毛浆果楝	*Cipadessa cinerascens*	3	4	常绿灌木
	驳骨九节	*Psychotria prainii*	2.3	2	常绿灌木
	扭子果	*Ardisia virens*	2.1	2	常绿灌木
	密脉木	*Myrioneuron fabri*	1.8	2	常绿灌木
	云南桑	*Morus mongolica* var. *yunnanensis*	1.7	2	落叶灌木
	波叶新木姜子	*Neolitsea undulatifolia*	1.5	1	常绿灌木
	忍冬	*Lonicera japonica*	1.3	1	落叶灌木
	金珠柳	*Maesa montana*	1.1	1	常绿灌木
	元江苏铁	*Cycas parvulus*	1	1	常绿灌木
	盘叶柏那参	*Brassaiopsis fatsioides*	0.8	<1	常绿灌木
	柘树	*Cudrania tricuspidata*	0.6	<1	常绿灌木
	元江苎麻	*Boehmeria yuanjiangensis*	0.5	<1	常绿灌木
	小黄皮	*Clausena emarginata*	0.4	<1	常绿灌木
	毛黑果黄皮	*Clausena dunniana* var. *robusta*	0.3	<1	常绿灌木
	大叶拿身草	*Desmodium laxiflorum*	0.4	<1	常绿灌木
	岐序苎麻	*Boehmeria polyctachya*	0.4	<1	常绿灌木
	帚序苎麻	*Boehmeria zollingeriana*	0.4	<1	常绿灌木
	小叶臭黄皮	*Clausena excavata*	0.3	<1	常绿灌木
	苎麻一种	*Boehmeria* sp.	0.3	<1	常绿灌木
更新层	余甘子	*Phyllanthus emblica*	4	5	乔木幼树
	柔毛糙叶树	*Aphananthe aspera* var. *pubescens*	3.2	4	乔木幼树
	常绿榆	*Ulmus lanceaefolia*	2.9	4	乔木幼树
	粗糠柴	*Mallotus philippensis*	2.7	3	乔木幼树
	大果榕	*Ficus auriculata*	2.5	3	乔木幼树
	肉实树	*Sarcosperma arboreum*	2.4	3	乔木幼树
	四果野桐	*Mallotus tetracoccus*	2.3	3	乔木幼树
	白花羊蹄甲	*Bauhinia variegata*	2.2	3	乔木幼树
	毛桐	*Mallotus barbatus*	1.7	2	乔木幼树
	褐毛野桐	*Mallotus metcalfianus*	1.6	2	乔木幼树

分层	中文名	拉丁名	高/m	盖度/%	性状
更新层	岭罗麦	*Tarennoidea wallichii*	1.3	1	乔木幼树
	秋枫	*Bischofia javanica*	1	1	乔木幼树
	火烧花	*Mayodendron igneum*	1.5	1	乔木幼树
	突脉榕	*Ficus vasculosa*	1.3	1	乔木幼树
	云南木犀榄	*Olea yunnanensis*	1.2	1	乔木幼树
	普文楠	*Phoebe puwenensis*	1	<1	乔木幼树
	钟花樱桃	*Cerasus campanulata*	0.9	<1	乔木幼树
	滇润楠	*Machilus yunnanensis*	0.7	<1	乔木幼树
	滇新樟	*Neocinnamomum caudatum*	0.5	<1	乔木幼树
	黄心树	*Machilus bombycina*	0.4	<1	乔木幼树
	四瓣崖摩	*Amoora tetrapetala*	0.3	<1	乔木幼树
	白枪杆	*Fraxinus malacophylla*	0.2	<1	乔木幼树
合计		41种			

草本层

中文名	拉丁名	高/m	盖度/%	性状
魔芋	*Amorphophallus rivieri*	0.7	4.0	草本
棕叶芦	*Thysanolaena maxima*	0.5	4.0	草本
野芭蕉	*Musa wilsonii*	0.7	3.0	草本
凤尾蕨	*Pteris nervosa*	0.6	3.0	草本
紫茎泽兰	*Ageratina adenophora*	0.5	3.0	草本
疏穗求米草	*Oplismenus patens*	0.4	3.0	草本
飞机草	*Chromolaena odorata*	0.4	3.0	草本
轮叶黄精	*Polygonatum verticillatum*	0.6	2.0	草本
棕叶狗尾草	*Setaria palmifolia*	0.6	2.0	草本
浆果薹草	*Carex baccans*	0.5	2.0	草本
弓果黍	*Cyrtococcum patens*	0.4	2.0	草本
海芋	*Alocasia macrorrhiza*	0.4	2.0	草本
沿阶草	*Ophiopogon bodinieri*	0.3	2.0	草本
多序楼梯草	*Elatostema macintyrei*	0.3	2.0	草本
竹叶草	*Oplismenus compositus*	0.2	2.0	草本
圆瓣冷水花	*Pilea angulata*	0.2	2.0	草本
大叶沿阶草	*Ophiopogon latifolius*	0.6	1.0	草本
仙茅	*Curculigo orchioides*	0.6	1.0	草本
狭鳞鳞毛蕨	*Dryopteris stenolepis*	0.5	1.0	草本
套鞘薹草	*Carex maubertiana*	0.5	1.0	草本
滇南天门冬	*Asparagus subscandens*	0.4	1.0	草本
盾叶唐松草	*Thalictrum ichangense*	0.4	1.0	草本
玉凤花	*Habenaria* sp.	0.4	1.0	草本
山姜	*Alpinia japonica*	0.3	1.0	草本
蛇根草	*Ophiorrhiza mungos*	0.3	1.0	草本
江南卷柏	*Selaginella moellendorffii*	0.3	1.0	草本

续表

中文名	拉丁名	高 /m	盖度 /%	性状
馥芳艾纳香	*Blumea aromatica*	0.3	1.0	草本
聚花金足草	*Goldfussia glomerata*	0.3	1.0	草本
穿鞘花	*Amischotolype hispida*	0.3	1.0	草本
蒙自草胡椒	*Peperomia heyneana*	0.3	1.0	草本
爵床	*Rostellularia procumbens*	0.3	1.0	草本
四块瓦	*Chloranthus holostegius*	0.2	1.0	草本
狭眼凤尾蕨	*Pteris biaurita*	0.2	1.0	草本
大叶吊兰	*Chlorophytum malayense*	0.4	<1	草本
千里光	*Senecio scandens*	0.3	<1	草本
紫红砂仁	*Amomum purpureorubrum*	0.3	<1	草本
江南大将军	*Lobelia davidii*	0.3	<1	草本
盾蕨	*Neolepisorus ovatus*	0.2	<1	草本
长梗开口箭	*Tupistra longipedunculata*	0.2	<1	草本
半月形铁线蕨	*Adiantum philippense*	0.1	<1	草本
蓼一种	*Polygonum* sp.	0.1	<1	草本
地皮消	*Pararuellia delavayana*	0.1	<1	草本
披针新月蕨	*Pronephrium penangianum*	0.1	<1	草本
合计	43种			

层间植物

中文名	拉丁名	高 /m	盖度 /%
黏山药	*Dioscorea hemsleyi*	1.0	1
厚果鸡血藤	*Millettia pachycarpa*	1.5	1
藤漆	*Pegia nitida*	1.6	1
裂叶铁线莲	*Clematis parviloba*	1.2	1
心叶青藤	*Illigera cordata*	1.1	1
王瓜	*Trichosanthes cucumeroides*	1.4	0.5
参薯	*Dioscorea alata*	1.6	0.5
青藤仔	*Jasminum nervosum*	1.4	0.5
翅子藤	*Loeseneriella merrilliana*	2.0	0.5
叶苞银背藤	*Argyreia roxburghii*	1.4	0.5
多花铁线莲	*Clematis jingdungensis*	1.8	0.5
异叶薯蓣	*Dioscorea biformifolia*	1.5	0.5
蓝叶藤	*Marsdenia tinctoria*	2.2	0.5
单叶铁线莲	*Clematis henryi*	1.3	0.5
大果西畴崖爬藤	*Tetrastigma sichouense*	2.1	0.5
长柄胡椒	*Piper sylvaticum*	0.8	0.5
云南铁线莲	*Clematis yunnanensis*	1.3	0.5
买麻藤	*Gnetum montanum*	2.4	0.5
扁担藤	*Tetrastigma planicaule*	2.3	0.5
文山青紫葛	*Cissus wenshanensis*	1.4	0.5
镰叶羊蹄甲	*Bauhinia carcinophylla*	0.9	0.5

续表

中文名	拉丁名	高 /m	盖度 /%
乌泡子	*Rubus parkeri*	1.4	0.5
吊山桃	*Secamone sinica*	1.4	0.3
木藤蓼	*Fallopia aubertii*	2.5	0.3
云南羊蹄甲	*Bauhinia yunnanensis*	1.4	0.1
毛枝翼核果	*Ventilago calculata* var. *trichoclada*	2.1	0.3
合计	26种		

乔木层盖度约65%，树种10种。乔木上层高30～45m，胸径超过50cm，包括千果榄仁 *Terminalia myriocarpa* 和顶果树 *Acrocarpus fraxinifolius*，盖度约50%。乔木下层高5～13m，以茶条木 *Delavaya yunnanensis* 和一担柴 *Colona floribunda* 较突出，此外还有粗糠柴 *Mallotus philippensis*、大果榕 *Ficus auriculata*、常绿榆 *Ulmus lanceaefolia*、肉实树 *Sarcosperma arboreum* 等。

灌木层种类较多，计41种，盖度约15%。真正的灌木有灰毛浆果楝 *Cipadessa cinerascens*、驳骨九节 *Psychotria prainii*、扭子果 *Ardisia virens*、元江苏铁 *Cycas parvulus* 等。乔木幼树（更新层）以余甘子 *Phyllanthus emblica* 盖度最大，其他还有柔毛糙叶树 *Aphananthe aspera* var. *pubescens*、常绿榆 *Ulmus lanceaefolia*、肉实树 *Sarcosperma arboreum*、四果野桐 *Mallotus tetracoccus*、白花羊蹄甲 *Bauhinia variegata*、毛桐 *Mallotus barbatus*、四瓣崖摩 *Amoora tetrapetala*、黄心树 *Machilus bombycina*、滇新樟 *Neocinnamomum caudatum*、普文楠 *Phoebe puwenensis* 等。

草本层盖度约50%，种类计43种。以棕叶芦 *Thysanolaena maxima* 为优势，其他有海芋 *Alocasia macrorrhiza*、长梗开口箭 *Tupistra longipedunculata*、大叶吊兰 *Chlorophytum malayense*、四块瓦 *Chloranthus holostegius*、沿阶草 *Ophiopogon bodinieri*、浆果薹草 *Carex baccans*、蛇根草 *Ophiorrhiza mungos*、大叶沿阶草 *Ophiopogon latifolius*、轮叶黄精 *Polygonatum verticillatum*、山姜 *Alpinia japonica*、紫红砂仁 *Amomum purpureorubrum*、滇南天门冬 *Asparagus subscandens*、魔芋 *Amorphophallus rivieri* 等。

层间植物也十分丰富，计26种。常见翅子藤 *Loeseneriella merrilliana*、蓝叶藤 *Marsdenia tinctoria*、买麻藤 *Gnetum montanum*、扁担藤 *Tetrastigma planicaule*、黏山药 *Dioscorea hemsleyi*、大果西畴崖爬藤 *Tetrastigma sichouense* var. *megalocarpum*、心叶青藤 *Illigera cordata*、参薯 *Dioscorea alata*、厚果鸡血藤 *Millettia pachycarpa*、藤漆 *Pegia nitida*、多花铁线莲 *Clematis jingdungensis*、单叶铁线莲 *C. henryi*、文山青紫葛 *Cissus wenshanensis*。

群落动态分析：从调查样方看，乔木层树种较少，计10种，茶条木 *Delavaya yunnanensis* 和千果榄仁 *Terminalia myriocarpa* 是建群种，其次是顶果树 *Acrocarpus fraxinifolius* 和一担柴 *Colona floribunda*。而乔木幼树种类较多，有20种，但未见乔木层树种的幼苗。余甘子 *Phyllanthus emblica* 的盖度最大，柔毛糙叶树 *Aphananthe aspera* var. *pubescens*、常绿榆 *Ulmus lanceaefolia*、肉实树 *Sarcosperma arboreum*、四果野桐 *Mallotus tetracoccus* 等也较多，但对群落乔木层的改变不会有较大影响。

2. 山地雨林特征小结

a. 山地雨林在云南省自然分布的海拔是800～1000m，局部受逆温影响，可上升到1500～1800m（《云南植被》）。本保护区山地雨林分布的海拔1300～1700m，高于云南山地雨林普遍分布的海拔。一方面，在一定程度上受逆温影响，另一方面，该山地雨林分布于山体北坡，生境湿热，为山地雨林的形成提供了必要条件。

b. 由于群落处于元江县干热大气候的环境，湿度较一般山地雨林低，群落中山地雨林物种生长不好或成分降低，附生植物较少。

c. 保护区山地雨林中分布一定数量的季风常绿阔叶林成分，如光叶石栎、南亚泡花树等。同时，保护区山地雨林具备某些雨林的特征，如千果榄仁通常是季节雨林的标志种，而林下又出现海芋、密脉木、一担柴等季雨林成分。其成因主要是群落曾遭受到砍伐，在恢复过程中，由于群落所在海拔较低，下部接近河谷，环境热量较高，因此在群落中有部分季雨林的物种生长起来。

5.3.2 季雨林

季雨林是在具有明显干湿交替的热带季风气候条件下形成的森林植被。典型的季雨林区，年降水量达1500mm。群落旱季落叶，季相变化明显。林中藤本和草质性附生植物较丰富，但木本性的附生植物贫乏。云南的季雨林主要分布在滇南和滇西南海拔1000m以下的河谷盆地中央或宽谷口，或保水性极差的石质山地。季雨林可以分为常绿季雨林、半常绿季雨林和石灰山季雨林3个植被亚型。本保护区的季雨林只有半常绿季雨林一个植被亚型，它的形成主要与其小生境在旱季土壤水分缺乏有关。

半常绿季雨林是云南省热带北缘旱季较长地区的一类植被，其分布区与季节雨林交错，所不同的是其旱季土壤水分缺乏，生境干旱。因而上层乔木含有大量落叶成分，群落高度较低，一般不超过30m，层次明显，林内透光度大，草被不发达，以禾本科植物为主，老茎生花，藤本和阳生植物均很少等。较大面积和典型分布区在滇西南的耿马、沧源、孟连，滇西北的盈江、梁河、瑞丽、芒市及滇南各盆地中央，还有干热河谷的局部地段。

保护区的半常绿季雨林可分为4个群系，即合欢-一担柴林、厚皮树林、余甘子林和豆腐果林，含9个群丛。

（1）合欢-一担柴林（Form. *Albizia julibrissin-Colona floribunda*）

该类型分布于西拉河一带，只有一个群丛，即合欢-一担柴-灰毛浆果楝林（Ass. *Albizia julibrissin-Colona floribunda-Cipadessa cinerascens*）。该群丛分布海拔约1000m，地势较平坦而湿润（表5-4）。

表5-4 合欢-一担柴-灰毛浆果楝林样方表

样方号：42 面积：25m×20m 时间：2006.10.4 地点：西拉河 海拔：1000m 坡向：东 坡位：中上位 坡度：30°
大地形：西拉河上方山脊 小地形：样方位于山路上方，基本平坦 母岩：变质岩 土壤：砖红壤
地表特征：岩石裸露5%，枯枝落叶层薄，盖度70% 乔木层盖度：40% 灌木层盖度：30% 草本层盖度：20%
调查人：杜凡、王娟、沈道勇、苗云光、杜磊、陈娟娟、李帅锋、黄莹、叶莲、王雪丽

乔木层							
中文名	拉丁名	株数	高/m	胸径/cm	重要值/%	盖度/%	性状
合欢	*Albizia julibrissin*	11	14	15～30	18.8	10	落叶乔木
一担柴	*Colona floribunda*	27	8～11	5～10	17.2	8	落叶乔木
灰毛浆果楝	*Cipadessa cinerascens*	25	5～7	5～6.5	15.5	6	常绿乔木
粗糠柴	*Mallotus philippensis*	12	5～12	10～18	10.6	5	常绿乔木
余甘子	*Phyllanthus emblica*	19	5～8	5～10	9.9	3	常绿乔木
小黄皮	*Clausena emarginata*	10	5～6	6～13	8.8	3	常绿乔木
火绳树	*Eriolaena spectabilis*	6	6～10	4～15	8.0	3	落叶乔木
朴叶扁担杆	*Grewia celtidifolia*	7	5～6	5～8	7.3	2	常绿乔木
毛叶柿	*Diospyros mollifolia*	3	5～8	5～7	3.9	1	常绿乔木
合计	9种	120			100.0		

灌木层					
层次	中文名	拉丁名	高/m	盖度/%	性状
灌木层	印度鸡血藤	*Millettia pulchra*	0.04～1	3	乔木幼树
	假烟叶树	*Solanum verbascifolium*	1～2	2	落叶灌木
	火绳树	*Eriolaena spectabilis*	0.8～1.8	1	落叶灌木
	假地豆	*Desmodium heterocarpon*	0.6	1	常绿亚灌木

层次	中文名	拉丁名	高/m	盖度/%	性状
灌木层	矮坨坨	*Munronia henryi*	0.2	1	常绿亚灌木
	老人皮	*Polyalthia cerasoides*	0.3	2	乔木幼树
	大叶紫珠	*Callicarpa macrophylla*	3	2	落叶灌木
	越南叶下珠	*Phyllanthus cochinchinensis*	0.4	1	落叶灌木
	大叶山蚂蝗	*Desmodium gangeticum*	1.2	1	常绿亚灌木
	小黄皮	*Clausena emarginata*	0.05～0.6	1	常绿灌木
	牛角瓜	*Calotropis gigantea*	1～1.5	1	落叶灌木
	白饭树	*Flueggea virosa*	1	1	落叶灌木
	珠仔树	*Symplocos racemosa*	0.4	1	常绿灌木
	肾叶山蚂蝗	*Desmodium renifolium*	1.3	1	落叶亚灌木
	花叶鸡桑	*Morus australis* var. *inusitata*	1.3	1	落叶灌木
	有毛滇赤才	*Lepisanthes senegalensis*	1.7	1	常绿灌木
	酸苔菜	*Ardisia solanacea*	1.1	1	常绿灌木
更新层	土蜜树	*Bridelia tomentosa*	2	1	常绿乔木幼树
	三叶漆	*Terminthia paniculata*	2	1	常绿乔木幼树
	齿叶幌伞枫	*Heteropanax fragrans* var. *dentata*	0.2	1	常绿乔木幼树
	黄毛五月茶	*Antidesma fordii*	2.5	1	常绿乔木幼树
	豆腐果	*Buchanania latifolia*	0.3	1	落叶乔木幼树
	毛叶柿	*Diospyros mollifolia*	0.9	1	常绿乔木幼树
	厚皮树	*Lannea coromandelica*	0.6	1	落叶乔木幼树
	余甘子	*Phyllanthus emblica*	2	1	常绿乔木幼树
	清香木	*Pistacia weinmannifolia*	2.5	1	常绿乔木幼树
合计		26种			

草本层

中文名	拉丁名	高/m	盖度/%	性状
飞机草	*Chromolaena odorata*	0.5～1.2	5	草本
棕叶狗尾草	*Setaria palmifolia*	0.6～0.9	3	草本
弓果黍	*Cyrtococcum patens*	0.3	2	草本
心叶黄花稔	*Sida cordifolia*	0.5	1	草本
爵床	*Rostellularia procumbens*	0.3	1	草本
竹叶草	*Oplismenus compositus*	0.7	2	草本
饭包草	*Commelina benghalensis*	0.3	1	草本
孩儿草	*Rungia pectinata*	0.3	1	草本
沿阶草	*Ophiopogon bodinieri*	0.2	1	草本
地皮消	*Pararuellia delavayana*	0.2	0.5	草本
柳叶斑鸠菊	*Vernonia saligna*	1.1	1	草本
蔓出卷柏	*Selaginella davidii*	0.2	1	草本
半月形铁线蕨	*Adiantum philippense*	0.2	1	草本
筒轴茅	*Rottboellia cochinchinensis*	0.6	2	草本
凤尾蕨	*Pteris cretica* var. *nervsa*	0.5	2	草本
广防风	*Epimeredi indica*	0.6	1	草本

续表

中文名	拉丁名	高/m	盖度/%	性状
千里光	*Senecio scandens*	0.7	0.5	草本
密齿天门冬	*Asparagus meioclados*	0.4	0.2	草本
黄花白及	*Bletilla ochracea*	0.25	0.1	草本
四块瓦	*Chloranthus holostegius*	0.4	0.1	草本
大叶吊兰	*Chlorophytum malayense*	0.5	0.2	草本
长梗开口箭	*Tupistra longipedunculata*	0.4	0.2	草本
合计	22种			

层间植物				
中文名	拉丁名	株（丛）数	攀援高/m	性状
葛藤	*Pueraria lobata*	1	1.0	木质藤本
河谷地不容	*Stephania intermedia*	1	2.0	草质藤本
白粉藤	*Cissus repens*	1	0.5	木质藤本
毛鸡矢藤	*Paederia scandens* var. *tomentosa*	1	1.1	木质藤本
心叶青藤	*Illigera cordata*	1	0.15	木质藤本
三叶地锦	*Parthenocissus semicordata*	3	0.4~0.6	木质藤本
刺果藤	*Byttneria grandifolia*	1	0.6	木质藤本
古钩藤	*Cryptolepis buchananii*	1	2.0	木质藤本
锈毛弓果藤	*Toxocarpus fuscus*	1	1.0	木质藤本
大百部	*Stemona tuberosa*	1	1.1	草质藤本
牛皮消	*Cynanchum auriculatum*	1	0.8	草质藤本
粗齿铁线莲	*Clematis grandidentata*	3	0.4~1.0	木质藤本
老虎刺	*Pterolobium punctatum*	1	1.4	木质藤本
长托菝葜	*Smilax ferox*	1	0.2	木质藤本
云南海金沙	*Lygodium yunnanense*	1	2.0	草质藤本
合计	15种	19		

乔木层平均高10m，平均胸径10cm，盖度40%。乔木种类9种，分层不明显，最高的为合欢 *Albizia julibrissin*，达14m，胸径达30cm。重要值较大的是合欢和一担柴 *Colona floribunda*。落叶树种占多数。

灌木层平均高0.8m，盖度约30%，组成种类较多，计26种。以印度鸡血藤 *Millettia pulchra*、假烟叶树 *Solanum verbascifolium*、火绳树 *Eriolaena spectabilis* 等种类较常见。

草本层平均高0.7m，盖度20%，组成种类计22种。常见飞机草 *Chromolaena odorata*、棕叶狗尾草 *Setaria palmifolia*、弓果黍 *Cyrtococcum patens*、筒轴茅 *Rottboellia cochinchinensis*、竹叶草 *Oplismenus compositus*、长梗开口箭 *Tupistra longipedunculata*、大叶吊兰 *Chlorophytum malayense*、密齿天门冬 *Asparagus meioclados*、沿阶草 *Ophiopogon bodinieri*、柳叶斑鸠菊 *Vernonia saligna*、千里光 *Senecio scandens*、地皮消 *Pararuellia delavayana*、孩儿草 *Rungia pectinata*、爵床 *Rostellularia procumbens*，以及多种蕨类。

层间植物计15种，以藤本为主，如云南海金沙 *Lygodium yunnanense*、河谷地不容 *Stephania intermedia*、老虎刺 *Pterolobium punctatum*、毛鸡矢藤 *Paederia scandens* var. *tomentosa* 和大百部 *Stemona tuberosa*。附生植物不丰富，地衣少。

群落生境较湿润。虽然目前乔木层的树种较少，但灌木层和更新层物种丰富，今后将进入乔木层，而使乔木层树种有所增加。

（2）厚皮树林（Form. *Lannea coromandelica*）

群落分布于曼旦，只有一个群丛，即厚皮树-清香木林（Ass. *Lannea coromandelica-Pistacia weinmannifolia*)。样方物种多是耐旱、耐瘠薄的种类（表5-5 ）。

表5-5　厚皮树-清香木林样方表

样方号：02　面积：25m×20m　时间：2006.5.2　地点：曼旦　海拔：650m　坡向：东南　坡位：中山上部近山脊　坡度：18°
小地形：中山上部近山脊　母岩：砂岩　土壤：燥红壤　地表特征：岩石裸露30%　乔木层盖度：50%　灌木层盖度：40%
草本层盖度：30%　调查人：杜凡、王娟、李海涛、李帅锋、王雪丽、陈娟娟、黄莹、叶莲、孙玺雯

乔木层									
中文名	拉丁名	株数		高/m		胸径/cm		重要值/%	盖度/%	性状
		层高>5m	层高>10m	最高	平均	最粗	平均			
厚皮树	*Lannea coromandelica*	5	3	14	8.4	50	46.4	33.8	15	落叶乔木
清香木	*Pistacia weinmannifolia*	8	4	13	7.3	49	31.5	30.7	10	常绿乔木
心叶木	*Haldina cordifolia*	6	3	12	6.8	24.5	17.8	19.1	8	落叶乔木
豆腐果	*Buchanania latifolia*	4		7	7	15	15	5.8	7	落叶乔木
尖叶木犀榄	*Olea ferrugenea*	2		8	6	14.5	14.5	5.8	6	常绿乔木
老人皮	*Polyalthia cerasoides*	6		7	5	6	6	4.8	5	落叶乔木
合计	6种	31	10					100.0		

灌木层						
层次	中文名	拉丁名	高/m		盖度/%	性状
			最高	平均		
灌木层	大叶紫珠	*Callicarpa macrophylla*	3	2.5	30	落叶灌木
	心叶黄花稔	*Sida cordifolia*	0.7	0.5	5	常绿亚灌木
	长波叶山蚂蝗	*Desmodium sequax*	0.9	0.7	3	常绿灌木
	广西九里香	*Murraya kwangsiensis*	1.2	1.1	2	常绿灌木
	疏序黄荆	*Vitex negundo* f. *laxipaniculata*	1.5	1.3	5	落叶灌木
	假烟叶树	*Solanum verbascifolium*	1.8	1.5	2	落叶灌木
更新层	清香木	*Pistacia weinmannifolia*	2.2	1.4	1	常绿乔木幼树
	灰毛浆果楝	*Cipadessa cinerascens*	1.7	1.2	1	常绿乔木幼树
	老人皮	*Polyalthia cerasoides*	2.5	2	2	落叶乔木幼树
	待定一种		1.1	0.8	1	落叶乔木幼树
合计	10种					

草本层				
中文名	拉丁名	高/m	盖度/%	性状
荩草一种	*Arthraxon* sp.	0.5	10	多年生草本
孩儿草	*Rungia pectinata*	0.2	6	多年生草本
鞭叶铁线蕨	*Adiantum caudatum*	0.1~0.2	2	多年生草本
狗牙根	*Cynodon dactylon*	0.2	4	多年生草本
赛葵	*Malvastrum coromandelianun*	0.6	2	亚灌木
独穗飘拂草	*Fimbristylis ovata*	0.3	2	多年生草本
牛膝	*Achyranthes bidentata*	0.7	2	多年生草本
棕毛粉背蕨	*Aleuritopteris chrysophylla*	0.3	2	多年生草本
羽芒菊	*Tridax procumbens*	0.1	2	多年生草本
匙叶鼠麴草	*Gnaphalium pensylvanicum*	0.2	2	一年生草本
合计	10种			

续表

层间植物				
中文名	拉丁名	株（丛）数	攀援高/m	性状
苦绳	*Dregea sinensis*	1	0.5	木质藤本

注：层高>1m指高度大于等于1m且小于5m，>5m指高度大于等于5m且小于9m，余类推。下同

乔木层平均高10m，平均胸径25cm，盖度50%。最高者厚皮树 *Lannea coromandelica*，有14m，胸径达50cm。乔木层6个树种中漆树科种类就有3种，即厚皮树、清香木和豆腐果。其他如心叶木 *Haldina cordifolia*、尖叶木犀榄 *Olea ferrugenea*、老人皮 *Polyalthia cerasoides* 都是耐旱树种。

灌木层平均高1.5m，盖度40%，大叶紫珠 *Callicarpa macrophylla* 重要值达65%。其他物种如疏序黄荆 *Vitex negundo* f. *laxipaniculata* 等的数量和重要值都不大。

草本层平均高0.5m，盖度30%，以荩草一种 *Arthraxon* sp.、孩儿草 *Rungia pectinata*、鞭叶铁线蕨 *Adiantum caudatum*、狗牙根 *Cynodon dactylon*、羽芒菊 *Tridax procumbens* 和匙叶鼠麹草 *Gnaphalium pensylvanicum* 较多。

层间植物少，见萝藦科的苦绳 *Dregea sinensis*，高约0.5m。

更新层有清香木 *Pistacia weinmannifolia*、灰毛浆果楝 *Cipadessa cinerascens* 等。而清香木是乔木层中已经有的树种，因此今后乔木层的清香木将会有所增加。

（3）余甘子林（Form. *Phyllanthus emblica*）

元江自然保护区海拔1200m以下的河谷区普遍分布以余甘子为优势和特征的群落。依据伴生物种的差异，余甘子林可以进一步分为茶条木-余甘子林、余甘子-厚皮树林和余甘子-心叶木林3个类型（群丛）。

1）茶条木-余甘子林（Ass. *Delavaya yunnanensis-Phyllanthus emblica*）

茶条木-余甘子林主要分布于曼旦片区，样方海拔663m，坡度10°，燥红壤，土层厚不足25cm（表5-6）。

表5-6 茶条木-余甘子林样方表

样方号：01 面积：25m×20m 时间：2006.5.2 地点：曼旦 海拔：663m 坡向：北坡 坡位：中下位 坡度：10°
大地形：元江北坡 小地形：河谷一侧，微凹 母岩：千枚岩 土壤：燥红壤 地表特征：石砾含量40%
乔木层盖度：40% 灌木层盖度：25% 草本层盖度：60% 其他：人为影响突出
调查人：杜凡、王娟、李海涛、李帅锋、王雪丽、陈娟娟、黄莹、叶莲、孙玺雯

乔木层									
中文名	拉丁名	株数		高/m		胸径/cm		重要值/%	盖度/%	性状
		层高>5m	层高>10m	最高	平均	最粗	平均			
茶条木	*Delavaya yunnanensis*	17	5	13	8.1	18.5	11.0	52.0	20	常绿乔木
余甘子	*Phyllanthus emblica*	13	4	13	8.7	13	10.2	37.9	15	常绿乔木
豆腐果	*Buchanania latifolia*	4		7	6	18.6	18.6	10.1	5	落叶乔木
合计	3种	34	9					100.0		

灌木层							
层次	中文名	拉丁名	高/m		地径/cm		盖度/%	性状
			最高	平均	最高	平均		
灌木层	大叶紫珠	*Callicarpa macrophylla*	2.5	2	20	18.3	5	落叶灌木
	心叶黄花稔	*Sida cordifolia*	0.4	0.3	0.5	0.3	5	常绿亚灌木
	虾子花	*Woodfordia fruticosa*	1.5	1.2	25	15	3	落叶灌木
	疏序黄荆	*Vitex negundo* f. *laxipaniculata*	1.2	1	0.5	0.38	2	落叶灌木
	长波叶山蚂蝗	*Desmodium sequax*	0.6	0.5	1	0.65	2	常绿灌木
	矮坨坨	*Munronia henryi*	0.12	0.1	0.8	0.5	0.5	常绿亚灌木
	老人皮	*Polyalthia cerasoides*	0.11	0.1	0.5	0.35	3	落叶乔木幼树

续表

层次	中文名	拉丁名	高/m		地径/cm		盖度/%	性状
			最高	平均	最高	平均		
更新层	灰毛浆果楝	*Cipadessa cinerascens*	0.3	0.25	0.8	0.8	3	常绿灌木
	合欢	*Albizia julibrissin*	0.1	0.09	0.2	0.2	1	落叶乔木幼树
	茶条木	*Delavaya yunnanensis*	0.1	0.03	0.1	0.1	0.5	常绿乔木幼树
	清香木	*Pistacia weinmannifolia*	0.2	0.07	0.1	0.1	0.3	常绿乔木幼树
合计		11种						

草本层

中文名	拉丁名	高/m		地径/cm		盖度/%	生活型
		最高	平均	最高	平均		
飞机草	*Chromolaena odorata*	2.3	1.8	13	8	50	草本
旋蒴苣苔	*Boea hygrometrica*	0.1	0.1	5	5	1	草本
万寿竹	*Disporum cantoniense*	0.5	0.4	3	2	1	草本
狗牙根	*Cynodon dactylon*	0.3	0.3	1	1	3	草本
独穗飘拂草	*Fimbristylis ovata*	0.5	0.5	1	1	1	草本
土丁桂	*Evolvulus alsinoides*	0.4	0.4	0.5	0.5	0.2	草本
棕毛粉背蕨	*Aleuritopteris chrysophylla*	0.3	0.3	0.3	0.3	0.5	草本
淡竹叶	*Lophatherum gracile*	0.4	0.4	0.5	0.5	2	草本
小刺蕊草	*Pogostemon menthoides*	0.5	0.5	0.2	0.2	1	草本
合计	9种						

层间植物

中文名	拉丁名	株（丛）数	攀援高/m		基干粗/cm		性状
			最高	平均	最高	平均	
大叶白粉藤	*Cissus repanda*	7	2	1	12	8	木质藤本
古钩藤	*Cryptolepis buchananii*	5	1.2	0.9	13.5	8.5	木质藤本
南山藤	*Dregea volubilis*	9	1.5	0.4	2	1	木质藤本
合计	3种	21					

乔木层只有3个物种，平均高8m，平均胸径15cm，盖度40%。茶条木 *Delavaya yunnanensis* 与余甘子 *Phyllanthus emblica* 的高度相差不大，最高达到13m，平均高8.5m。豆腐果 *Buchanania latifolia* 高仅7m，但胸径最大，达18.6cm。

灌木层平均高1.6m，盖度25%。以大叶紫珠 *Callicarpa macrophylla*、心叶黄花稔 *Sida cordifolia* 较常见，前者高达2.5m。

草本层平均高0.5m，盖度约60%。飞机草 *Chromolaena odorata* 明显占优势，重要值达50%。其高度明显高于其他草本植物，最高达到2.3m，平均高1.8m。草本层的物种丰富度中等，但是均匀度低。

层间植物不多，计3种，即大叶白粉藤 *Cissus repanda*、古钩藤 *Cryptolepis buchananii* 和南山藤 *Dregea volubilis*。其攀援高度平均0.8m。基干最粗的是古钩藤 *Cryptolepis buchananii*，达13.5cm。而基干最细的南山藤 *Dregea volubilis*，平均粗1cm，最粗2cm。

群落更新层的物种较丰富，但由于受飞机草 *Chromolaena odorata* 的影响，要进入乔木层比较困难。

2）余甘子-厚皮树林（Ass. *Phyllanthus emblica-Lannea coromandelica*）

余甘子-厚皮树林分布于曼旦片区，海拔700～900m。土壤是燥红壤（表5-7）。

表5-7　余甘子-厚皮树林样方表

样方号：<u>36</u>　面积：<u>25m×20m</u>　时间：<u>2006.10.1</u>　地点：<u>曼旦片区</u>　海拔：<u>900m</u>　坡向：<u>西南</u>　坡位：<u>中位</u>　坡度：<u>10°</u>
大地形：<u>河谷上方</u>　小地形：<u>基本平地</u>　母岩：<u>石灰岩</u>　土壤：<u>燥红壤（薄）</u>　地表特征：<u>碎石30%</u>
乔木层盖度：<u>35%</u>　灌木层盖度：<u>20%</u>　草本层盖度：<u>55%</u>　其他：<u>放牧，曾经为耕地</u>
调查人：<u>杜凡、王娟、沈道勇、苗云光、杜磊、陈娟娟、李帅锋、黄莹、叶莲、王雪丽</u>

乔木层							
中文名	拉丁名	株数	高/m	胸径/cm	重要值/%	盖度/%	性状
余甘子	*Phyllanthus emblica*	16	6~8	8~10	37.9	15	常绿乔木
厚皮树	*Lannea coromandelica*	5	7~12	10~38	20.8	10	落叶乔木
心叶木	*Haldina cordifolia*	4	8~11	12~20	15.6	5	落叶乔木
豆腐果	*Buchanania latifolia*	6	5~6	9~14	10.5	5	落叶乔木
木棉	*Bombax malabaricum*	3	5~10	11~18	6.8	4	常绿乔木
三叶漆	*Terminthia paniculata*	6	5~8	5~7	5.2	3	常绿乔木
老人皮	*Polyalthia cerasoides*	4	5~6	5~6	3.2	2	落叶乔木
合计	7种	44			100.0		

灌木层					
层次	中文名	拉丁名	高/m	盖度/%	性状
灌木层	单叶拿身草	*Desmodium zonatum*	0.8	10	落叶灌木
	椭圆叶木蓝	*Indigofera cassoides*	0.8	3	落叶灌木
	白背黄花稔	*Sida rhombifolia*	0.1	3	常绿亚灌木
	黏毛黄花稔	*Sida mysorensis*	0.4	3	常绿亚灌木
	灰毛豆	*Tephrosia purpurea*	0.8	1	常绿亚灌木
更新层	三叶漆	*Terminthia paniculata*	4	8	乔木幼树
	朴叶扁担杆	*Grewia celtidifolia*	4	2	乔木幼树
	越南山矾	*Symplocos cochinchinensis*	3	2	乔木幼树
合计	8种				

草本层				
中文名	拉丁名	高/m	盖度/%	性状
飞机草	*Chromolaena odorata*	1.6	35	草本
竹叶草	*Oplismenus compositus*	0.7	5	草本
薄叶假耳草	*Neanotis hirsuta*	0.5	2	草本
九叶木蓝	*Indigofera linnaei*	0.5	1	草本
飞扬草	*Euphorbia hirta*	0.2	1	草本
尾稃草	*Urochloa reptans*	0.3	1	草本
白茅	*Imperata cylindrica* var. *major*	0.6	2	草本
黄花白及	*Bletilla ochracea*	0.2	0.1	草本
芸香草	*Cymbopogon distans*	0.1	3	草本
合计	9种			

层间植物			
中文名	拉丁名	攀援高/m	性状
翅果藤	*Myriopteron extensum*	1.5	木质藤本
火把花	*Colquhounia coccinea*	1	木质藤本

乔木层平均高8m，最高达12m，平均胸径20cm，盖度35%。优势种是余甘子*Phyllanthus emblica*和厚皮树。胸径最粗者是厚皮树*Lannea coromandelica*，达38cm。

灌木层平均高2m，盖度20%。单叶拿身草*Desmodium zonatum*占优势。最高的是乔木幼树三叶漆*Terminthia paniculata*和朴叶扁担杆*Grewia celtidifolia*，均高达4m。

草本层平均高0.7m，盖度55%。以飞机草*Chromolaena odorata*最突出，高达1.6m，重要值达到67.6%。其中禾本科的种类较多，有竹叶草*Oplismenus compositus*、尾稃草*Urochloa reptans*、白茅*Imperata cylindrica* var. *major*和芸香草*Cymbopogon distans*。

层间植物少，如翅果藤*Myriopteron extensum*和火把花*Colquhounia coccinea*，攀援高度1～1.5m。附生植物不丰富，只有少量地衣。

该群落生境水热条件较好，三叶漆*Terminthia paniculata*、朴叶扁担杆*Grewia celtidifolia*、越南山矾*Symplocos cochinchinensis*等的幼苗较多，几年后其幼树将高于草丛。飞机草为阳性植物，将因得不到足够的光照而衰退。但在立地条件较差，又经反复破坏、种源缺乏的情况下，飞机草能长时间存在。

3）余甘子-心叶木林（Ass. *Phyllanthus emblica-Haldina cordifolia*）

余甘子-心叶木林分布于曼旦片区，样方海拔600m，土壤是红壤（表5-8）。

表5-8 余甘子-心叶木林样方表

样方号：35 面积：30m×30m 时间：2006.10.1 地点：曼旦片区 海拔：600m 坡向：西坡 坡位：中下位 坡度：20°
小地形：红河上方西坡，样方有微小起伏 母岩：石灰岩 土壤：红壤（薄） 地表特征：岩石裸露25%，几无枯枝层
乔木层盖度：45% 灌木层盖度：30% 草本层盖度：50% 其他：1956年、1957年种过地，有砍柴、放牧活动
调查人：杜凡、王娟、王长其、王建军、陈娟娟、李帅锋、黄莹、叶莲、王雪丽

乔木层

中文名	拉丁名	株数 层高>5m	株数 层高>10m	高/m 最高	高/m 平均	胸径/cm 最粗	胸径/cm 平均	重要值/%	盖度/%	性状
余甘子	*Phyllanthus emblica*	17	3	12.0	8.7	12.2	8.7	28.9	15	常绿乔木
心叶木	*Haldina cordifolia*	8	10	11.5	10.3	22.3	9.6	25.7	10	落叶乔木
朴叶扁担杆	*Grewia celtidifolia*	5	4	13	11.0	19.1	14.2	16.4	10	常绿乔木
老人皮	*Polyalthia cerasoides*	8	2	13	9.6	12.7	9.3	15.4	5	落叶乔木
厚皮树	*Lannea coromandelica*	3	3	13	12.4	18.1	16.2	13.6	5	常绿乔木
合计	5种	41	22					100.0		

灌木层

层次	中文名	拉丁名	高/m 平均	高/m 最高	盖度/%	性状
	老人皮	*Polyalthia cerasoides*	2.3	4.5	10	乔木幼树
	黄花稔	*Sida acuta*	0.35	0.7	5	常绿亚灌木
	人叶山蚂蝗	*Desmodium gangeticum*	0.2	0.3	3	落叶亚灌木
	刺蒴麻	*Triumfetta rhomboidea*	0.2	0.3	1	落叶亚灌木
	白背黄花稔	*Sida rhombifolia*	0.15	0.4	1	常绿亚灌木
	拔毒散	*Sida szechuensis*	0.1	0.25	2	常绿亚灌木
灌木层	疏序黄荆	*Vitex negundo* f. *laxipaniculata*	0.6	1.1	5	落叶灌木
	灰毛浆果楝	Cipadessa cinerascens	0.1	0.15	2	常绿灌木
	单叶拿身草	*Desmodium zonatum*	0.1	0.3	1	落叶亚灌木
	七里香	*Buddleja asiatica*	0.6	0.6	2	常绿灌木
	华南小叶鸡血藤	*Millettia pulchra*	0.4	0.4	1	常绿灌木
	广西黑面神	*Breynia hyposauropa*	0.25	0.3	1	落叶灌木
	喀西茄	*Solanum khasiaanum*	0.5	0.7	0.5	落叶亚灌木

续表

层次	中文名	拉丁名	高/m 平均	高/m 最高	盖度/%	性状
	水茄	*Solanum torvum*	0.1	0.3	0.2	落叶亚灌木
	大叶紫珠	*Callicarpa macrophylla*	0.8	0.8	2	落叶灌木
	金合欢	*Acacia farnesiana*	0.6	0.6	0.3	落叶灌木
灌木层	虾子花	*Woodfordia fruticosa*	0.4	0.4	1	落叶灌木
	马桑溲疏	*Deutzia aspera*	0.3	0.3	0.3	落叶灌木
	长梗黄花稔	*Sida cordata*	0.2	0.4	1	常绿亚灌木
	心叶黄花稔	*Sida cordifolia*	0.2	0.3	1	常绿亚灌木
	余甘子	*Phyllanthus emblica*	1.8	4	3	乔木幼树
	香合欢	*Albizia odoratissima*	0.15	0.3	1	乔木幼树
	朴叶扁担杆	*Grewia celtidifolia*	0.6	0.8	3	乔木幼树
更新层	厚皮树	*Lannea coromandelica*	0.9	1.2	1	乔木幼树
	朴树	*Celtis sinensis*	0.5	0.7	1	乔木幼树
	合欢	*Albizia julibrissin*	0.2	0.3	0.5	乔木幼树
	黄毛五月茶	*Antidesma fordii*	0.1	0.1	0.1	乔木幼树
合计		27种				

草本层

中文名	拉丁名	高/m	盖度/%	性状
飞机草	*Chromolaena odorata*	0.1~2	30	草本
饭包草	*Commelina benghalensis*	0.05~0.3	2	草本
麦穗茅根	*Perotis hordeiformis*	0.1~0.2	3	草本
黄细心	*Boerhavia diffusa*	0.1~0.2	0.3	草本
多枝臂形草	*Brachiaria ramosa*	0.1~0.25	1	草本
耳草	*Hedyotis auricularia*	0.05~0.2	1	草本
白花苋	*Aerva sanguinolenta*	0.15~0.7	0.5	草本
弓果黍	*Cyrtococcum patens*	0.1~0.4	0.5	草本
皱果苋	*Amaranthus viridis*	0.4	0.1	草本
棕毛粉背蕨	*Aleuritopteris chrysophylla*	0.1	0.1	草本
毛旱蕨	*Pellaea trichophylla*	0.1	0.1	草本
叉枝斑鸠菊	*Vernonia divergens*	0.2~0.25	0.1	草本
黄花草	*Cleome viscosa*	0.08~0.2	0.1	草本
异序虎尾草	*Chloris anomala*	0.35~0.6	0.1	草本
竹叶草	*Oplismenus compositus*	0.3	0.1	草本
旋蒴苣苔	*Boea hygrometrica*	0.05	0.1	草本
合计	16种			

层间植物

中文名	拉丁名	攀援高/m	性状
翅果藤	*Myriopteron extensum*	0.8	木质藤本
古钩藤	*Cryptolepis buchananii*	0.1	木质藤本
土密藤	*Bridelia stipularis*	0.2	木质藤本
三叶地锦	*Parthenocissus semicordata*	0.7	木质藤本

续表

中文名	拉丁名	攀援高/m	性状
飞蛾藤一种	*Porana* sp.	0.3	木质藤本
南山藤	*Dregea volubilis*	0.3	木质藤本
圆叶西番莲	*Passiflora henryi*	0.1	木质藤本
合计	7种		

乔木层平均高10m，平均胸径10cm，盖度45%。余甘子*Phyllanthus emblica*和心叶木*Haldina cordifolia*占优势，重要值分别是28.9%和25.7%。最高的是厚皮树*Lannea coromandelic*，最粗的是心叶木*Haldina cordifolia*。

灌木层平均高0.6m，盖度30%。黄花稔*Sida acuta*和老人皮*Polyalthia cerasoides*占优势。最高的是老人皮*Polyalthia cerasoides*，高达4.5m。

草本层平均高0.3m，盖度50%。以飞机草*Chromolaena odorata*最突出，最高达2m。其他常见麦穗茅根*Perotis hordeiformis*、多枝臂形草*Brachiaria ramosa*、弓果黍*Cyrtococcum patens*、异序虎尾草*Chloris anomala*、竹叶草*Oplismenus compositus*、叉枝斑鸠菊*Vernonia divergens*、棕毛粉背蕨*Aleuritopteris chrysophylla*和毛旱蕨*Pellaea trichophylla*。

层间植物7种，而萝摩科占3种，分别是翅果藤*Myriopteron extensum*、古钩藤*Cryptolepis buchananii*和南山藤*Dregea volubilis*。攀援最高的是翅果藤*Myriopteron extensum*，达到0.8m。

树干附生少量地衣，盖度不足10%，地面无附生情况。

群落更新层物种较丰富，如余甘子、厚皮树、朴叶扁担杆，表明群落会朝良性方向发展。

（4）豆腐果林（Form. *Buchanania latifolia*）

豆腐果*Buchanania latifolia*是漆树科旱生乔木，果可食，成熟于最干旱的4～5月，所以又称为"天干果"。豆腐果是元江干热河谷的特征种。豆腐果林是元江干热河谷的特殊而重要的植被类型，包括两种类型（群丛），即栓皮栎-豆腐果林和心叶木-豆腐果林。

1）栓皮栎-豆腐果林（Ass. *Quercus variabilis-Buchanania latifolia*）

栓皮栎-豆腐果林分布于西拉河，样方海拔820m。土壤是燥红壤。物种以耐旱物种为主，计60种（表5-9）。

表5-9　栓皮栎-豆腐果林样方表

样方号：39　面积：25m×20m　时间：2006.10.3　地点：西拉河　海拔：820m　坡向：东北　坡位：中坡　坡度：35°
大地形：西拉河上方　小地形：样方起伏不平，中有山路地质　母岩：变质岩　土壤：燥红壤（薄）
地表特征：岩石裸露85%　乔木层盖度：40%　灌木层盖度：30%　草本层盖度：50%　其他：有砍柴、放牧等人为活动
调查人：杜凡、王娟、王长其、王建军、陈娟娟、李帅锋、黄莹、叶莲、王雪丽

乔木层							
中文名	拉丁名	株数	高/m	胸径/cm	重要值/%	盖度/%	性状
栓皮栎	*Quercus variabilis*	10	5～10	80	45.0	20	落叶乔木
豆腐果	*Buchanania latifolia*	8	5～8	14	31.8	15	落叶乔木
余甘子	*Phyllanthus emblica*	4	5～6	8	11.6	5	常绿乔木
香合欢	*Albizia odoratissima*	2	8	8	4.8	3	常绿乔木
心叶木	*Haldina cordifolia*	2	5～6	15	4.7	2	落叶乔木
朴叶扁担杆	*Grewia celtidifolia*	1	6	8	2.1	2	常绿乔木
合计	6种	27			100.0		

灌木层					
层次	中文名	拉丁名	高/m	盖度/%	性状
灌木层	椭圆叶木蓝	*Indigofera cassoides*	0.8	3	落叶灌木
	假木豆	*Dendrolobium triangulare*	1	1	常绿灌木

层次	中文名	拉丁名	高/m	盖度/%	性状
灌木层	红皮水锦树	*Wendlandia tinctoria* ssp. *intermedia*	2	1	常绿灌木
	虾子花	*Woodfordia fruticosa*	4	1	落叶灌木
	拔毒散	*Sida szechuensis*	0.8	1	常绿亚灌木
更新层	老人皮	*Polyalthia cerasoides*	4	1	乔木幼树
	锥连栎	*Quercus franchetii*	4	15	乔木幼树
	余甘子	*Phyllanthus emblica*	1~4	5	乔木幼树
	三叶漆	*Terminthia paniculata*	3	2	乔木幼树
	珠仔树	*Symplocos racemosa*	4.5	1	乔木幼树
	厚皮树	*Lannea coromandelica*	0.6	1	乔木幼树
	黄毛五月茶	*Antidesma fordii*	3	1	乔木幼树
	皱枣	*Ziziphus rugosa*	4	1	乔木幼树
	清香木	*Pistacia weinmannifolia*	3	1	乔木幼树
合计		14种			

草本层					
中文名		拉丁名	高/m	盖度/%	性状
飞机草		*Chromolaena odorata*	1.5	20	草本
东亚黄背草		*Themeda japonica*	1.5	10	草本
扭黄茅		*Heteropogon contortus*	0.7	5	草本
拟金茅		*Eulaliopsis binata*	0.7	3	草本
孔颖草		*Bothriochloa pertusa*	0.8	5	草本
黄花稔		*Sida acuta*	1.8	2	草本
地锦		*Euphorbia humifusa*	0.15	2	草本
白酒草		*Conyza japonica*	0.8	3	草本
球穗草		*Hackelochloa granularis*	0.5	4	草本
白羊草		*Bothriochloa ischaemum*	0.6	2	草本
纤花耳草		*Hedyotis tenelliflora*	0.3	2	草本
小白及		*Bletilla formosana*	0.4	2	草本
弓果黍		*Cyrtococcum patens*	0.5	2	草本
小花倒提壶		*Cynoglossum lanceolatum* ssp. *eulanceolatum*	0.4	2	草本
细柄草		*Capillipedium parviflorum*	0.8	2	草本
孩儿草		*Rungia pectinata*	0.5	1	草本
六棱菊		*Laggera alata*	0.6	1	草本
飞扬草		*Euphorbia hirta*	0.4	1	草本
翅托叶猪屎豆		*Crotalaria alata*	0.8	1	草本
竹叶草		*Oplismenus compositus*	0.6	1	草本
排钱金不换		*Polygala subopposita*	0.3	2	草本
羊耳菊		*Inula cappa*	1	2	草本
拟艾纳香		*Blumeopsis flava*	0.8	2	草本
小一点红		*Emilia prenanthoidea*	0.6	2	草本
糙叶斑鸠菊		*Vernonia aspera*	1.2	1	草本
仙茅		*Curculigo orchioides*	0.5	1	草本

中文名	拉丁名	高/m	盖度/%	性状
藿香蓟	*Ageratum conyzoides*	0.6	1	草本
梁子菜	*Erechtites hieracifolia*	0.5	1	草本
广防风	*Epimeredi indica*	1.2	1	草本
长萼猪屎豆	*Crotalaria calycina*	0.6	1	草本
毛旱蕨	*Pellaea trichophylla*	0.3	1	草本
狸尾豆	*Uraria lagopodioides*	0.4	1	草本
密齿天门冬	*Asparagus meioclados*	0.8	1	草本
合计	33种			

层间植物			
中文名	拉丁名	攀援高/m	性状
白粉藤	*Cissus repens*	0.1	木质藤本
古钩藤	*Cryptolepis buchananii*	0.09	木质藤本
苞叶藤	*Blinkworthia convolvuloides*	0.1	木质藤本
刺果藤	*Byttneria grandifolia*	0.7	木质藤本
长托菝葜	*Smilax ferox*	0.3	木质藤本
蔓草虫豆	*Cajanus scarabaeoides*	0.3	草质藤本
虫豆	*Cajanus crassus*	0.2	木质藤本
云南海金沙	*Lygodium yunnanense*	2	草质藤本
合计	8种		

乔木层平均高7m，盖度40%。优势种是栓皮栎*Quercus variabilis*和豆腐果*Buchanania latifolia*，重要值分别达45.0%和31.8%。最高者栓皮栎*Quercus variabilis*，高达10m，胸径达80cm。

灌木层平均高2.5m，盖度30%。锥连栎*Quercus franchetii*幼树优势度最大，重要值35.7%。最高者珠仔树*Symplocos racemosa*，高达4.5m。灌木层物种的丰富程度和分布的均匀程度都处于中等水平。

草本层平均高0.8m，盖度50%。以飞机草*Chromolaena odorata*和东亚黄背草*Themeda japonica*为优势，重要值分别是20.6%和10.6%，高达1.5m。其他常见种类有扭黄茅*Heteropogon contortus*、拟金茅*Eulaliopsis binata*、孔颖草*Bothriochloa pertusa*、球穗草*Hackelochloa granularis*、白羊草*Bothriochloa ischaemum*、弓果黍*Cyrtococcum patens*、细柄草*Capillipedium parviflorum*、竹叶草*Oplismenus compositus*、白酒草*Conyza japonica*、六棱菊*Laggera alata*、羊耳菊*Inula cappa*、拟艾纳香*Blumeopsis flava*、小一点红*Emilia prenanthoidea*、糙叶斑鸠菊*Vernonia aspera*、藿香蓟*Ageratum conyzoides*等。

层间植物8种，以木质藤本为主，草质藤本只有蔓草虫豆*Cajanus scarabaeoides*和云南海金沙*Lygodium yunnanense*。攀援最高的是云南海金沙*Lygodium yunnanense*，达到2m。

附生植物不丰富，只有附生于树干的少量地衣。

在灌木层中，乔木幼苗锥连栎*Quercus franchetii*占据绝对优势，而且更新层物种较多。群落今后将朝着良性的方向发展。

2）心叶木-豆腐果林（Ass. *Haldina cordifolia-Buchanania latifolia*）

心叶木-豆腐果林分布于元江农场六大队附近，样方海拔约750m。样方中共有50种维管植物（表5-10）。

表5-10　心叶木-豆腐果林样方表

样方号：<u>60</u>　面积：<u>25m×20m</u>　时间：<u>2006.10.8</u>　地点：<u>元江农场六大队，倮倮箐</u>　海拔：<u>750m</u>　坡向：<u>南</u>　坡位：<u>中下坡</u>　坡度：<u>25°</u>

大地形：<u>倮倮箐上方</u>　小地形：<u>地形有起伏</u>　母岩：<u>石灰岩</u>　土壤：<u>砖红壤</u>

地表特征：<u>岩石裸露1%，枯落物层厚3～5cm</u>　其他：<u>放牧</u>　乔木层盖度：<u>50%</u>　灌木层盖度：<u>35%</u>　草本层盖度：<u>60%</u>

调查人：<u>王长其、王建军、陈娟娟、李帅锋、黄莹、叶莲、王雪丽</u>

		株数		高/m		胸径/cm		重要值/%	盖度/%	性状
中文名	拉丁名	层高>5m	层高>10m	最高	平均	最粗	平均			
心叶木	*Haldina cordifolia*	11		10.0	7.2	20.0	14.4	63.4	25	落叶乔木
豆腐果	*Buchanania latifolia*	7		9.0	9.0	8.0	8.0	7.7	5	落叶乔木
清香木	*Pistacia weinmannifolia*	8	1	10.0	10.0	12.0	12.0	4.7	3	常绿乔木
白头树	*Garuga forrestii*	3	1	7.0	7.0	10.0	10.0	4.4	3	落叶乔木
杧果	*Mangifera indica*		1	12.0	12.0	8.0	8.0	4.1	3	常绿乔木
粗糠柴	*Mallotus philippensis*	6		6.0	6.0	8.0	8.0	4.1	3	常绿乔木
心叶蚬木	*Burretiodendron esquirolii*	3		6.0	6.0	8.0	8.0	4.1	3	落叶乔木
三叶漆	*Terminthia paniculata*	8	8	5.0	5.0	6.0	6.0	3.9	3	常绿乔木
余廿子	*Phyllanthus emblica*	9		6.0	6.0	3.5	3.5	3.6	2	常绿乔木
合计	9种	55	11					100.0		

灌木层

层次	中文名	拉丁名	高/m	盖度/%	性状
灌木层	大叶紫珠	*Callicarpa macrophylla*	3.5	20	落叶灌木
	灰毛浆果楝	*Cipadessa cinerascens*	7	5	常绿灌木
	多花醉鱼草	*Buddleja myriantha*	0.5	2.5	落叶灌木
	狭叶糯米团	*Gonostegia pentandra* var. *hypericifolia*	0.5	2.5	常绿半灌木
	矮坨坨	*Munronia henryi*	0.8	2.5	常绿亚灌木
	疏序黄荆	*Vitex negundo* f. *laxipaniculata*	0.2	2.5	落叶灌木
	棒果榕	*Ficus subincisa*	1.2	2.5	常绿灌木
	赤山蚂蝗	*Desmodium rubrum*	1	2.5	常绿亚灌木
更新层	小叶臭黄皮	*Clausena excavata*	4	2.5	常绿乔木幼树
合计	9种				

草本层

中文名	拉丁名	高/m	盖度/%	性状
飞机草	*Chromolaena odorata*	1.5	30	多年生草本
小刺蒴麻	*Triumfetta annua*	1.2	10	多年生草本
大叶石蝴蝶	*Petrocosmea grandifolia*	0.7	1	多年生草本
梁子菜	*Erechtites hieracifolia*	0.2	2	一年生草本
多脉莎草	*Cyperus diffusus*	0.8	2	多年生草本
棕叶芦	*Thysanolaena maxima*	0.2	1	多年生草本
柳叶菜	*Epilobium hirsutum*	0.7	1	多年生草本
弓果黍	*Cyrtococcum patens*	0.6	2	一年生草本
孩儿草	*Rungia pectinata*	0.8	1	一年生草本
竹叶草	*Oplismenus compositus*	0.3	1	多年生草本
长距玉凤花	*Habenaria davidii*	0.4	1	多年生草本
紫茎泽兰	*Ageratina adenophora*	0.5	1	多年生草本

续表

中文名	拉丁名	高/m	盖度/%	性状
艾纳香	*Blumea balsamifera*	0.4	1	多年生草本
广防风	*Epimeredi indica*	0.8	1	多年生草本
藿香蓟	*Ageratum conyzoides*	0.5	1	一年生草本
仙茅	*Curculigo orchioides*	0.4	1	多年生草本
露水草	*Cyanotis arachnoidea*	0.8	1	多年生草本
黄花蝴蝶草	*Torenia flava*	0.6	1	多年生草本
四孔草	*Cyanotis cristata*	0.3	1	多年生草本
山珠半夏	*Arisaema yunnanense*	0.4	1	多年生草本
小叶冷水花	*Pilea microphylla*	0.8	1	多年生草本
叶下珠	*Phyllanthus urinaria*	1.2	1	一年生草本
铁角蕨一种	*Asplenium* sp.	0.5	1	多年生草本
合计	23种			

层间植物			
中文名	拉丁名	攀援高/m	性状
垂头万代兰	*Vanda alpina*	0.1	附生兰
毛鸡矢藤	*Paederia scandens*	0.9	木质藤本
茅瓜	*Solena amplexicaulis*	0.1	草质藤本
小叶娃儿藤	*Tylophora tenuis*	0.7	木质藤本
古钩藤	*Cryptolepis buchananii*	0.3	木质藤本
云南鸡矢藤	*Paederia yunnanensis*	0.3	草质藤本
鹿藿	*Rhynchosia volubilis*	0.2	草质藤本
长托菝葜	*Smilax ferox*	0.8	木质藤本
云南海金沙	*Lygodium yunnanense*	0.6	草质藤本
合计	9种		

乔木层平均高7m，平均胸径10cm，盖度50%。以心叶木 *Haldina cordifolia* 为优势，重要值为63.4%。杜果 *Mangifera indica* 最高，高达12m，胸径最粗者为心叶木。漆树科物种计4种：豆腐果 *Buchanania latifolia*、清香木 *Pistacia weinmannifolia*、杜果 *Mangifera indica*、三叶漆 *Terminthia paniculata*；另外是大戟科树种，有粗糠柴 *Mallotus philippensis* 和余甘子 *Phyllanthus emblica*。

灌木层平均高2m，盖度35%。最高者为灰毛浆果楝 *Cipadessa cinerascens*，高达7m。大叶紫珠 *Callicarpa macrophylla* 占优势，重要值54.0%。

草本层平均高0.7m，盖度60%。飞机草 *Chromolaena odorata* 和小刺蒴麻 *Triumfetta annua* 占绝对优势，重要值分别是41.9%和30.8%，高达1.5m。其他有梁子菜 *Erechtites hieracifolia*、紫茎泽兰 *Ageratina adenophora*、艾纳香 *Blumea balsamifera*、藿香蓟 *Ageratum conyzoides*、棕叶芦 *Thysanolaena maxima*、竹叶草 *Oplismenus compositus*、弓果黍 *Cyrtococcum patens* 等。

层间植物有9种，常见毛鸡矢藤 *Paederia scandens*、云南鸡矢藤 *Paederia yunnanensis*、小叶娃儿藤 *Tylophora tenuis*、古钩藤 *Cryptolepis buchananii*、长托菝葜 *Smilax ferox*，攀援高为0.3～0.9m。附生植物有少量地衣和苔藓，附生高度0.5cm。

本群落受砍伐和放牧影响较严重，更新层的物种不丰富，仅见小叶臭黄皮 *Clausena excavata*。群落更新较困难，如果人为影响继续下去，可能还要退化。

5.3.3 常绿阔叶林

常绿阔叶林是中纬度亚热带区域的地带性森林，在北半球主要分布于中国的长江流域至珠江流域，至朝鲜半岛、日本列岛南部。其植物组成以壳斗科、山茶科、樟科和木兰科中常绿种类为主。林冠较整齐，缺少大型叶种类，革质叶和中小型叶的种类多，至少在群落乔木上层中缺乏羽状复叶的高大乔木类型，缺少大型藤本植物，缺少老茎生花、板根、花叶、滴水叶尖及种子植物附生现象（中国森林编辑委员会，2000）。

云南常绿阔叶林的分布遍及全省，垂直分布的上限可达海拔3800m。根据物种种类、结构和生态特点，云南的常绿阔叶林可划分为5个植被亚型，即季风常绿阔叶林、半湿润常绿阔叶林、中山湿性常绿阔叶林、苔藓常绿阔叶林和山顶苔藓矮林。

元江自然保护区河谷地带气候干热，发育干热河谷植被；海拔1000m以上，气候逐渐湿润，形成季风常绿阔叶林、半湿润常绿阔叶林和中山湿性常绿阔叶林3个植被亚型。

1. 季风常绿阔叶林

季风常绿阔叶林在南亚热带山地、季风气候条件下形成，是常绿阔叶林中分布纬度最南的偏热性类型，在中国主要分布在福建东部、广东、广西、云南和台湾西部（《植被生态学》，2001年），在云南主要分布于滇中南、滇西南和滇东南一带的低海拔地区。种类组成以壳斗科、樟科、山茶科的种类为主。其中，以栲属 *Castanopsis*、石栎属 *Lithocarpus*、木荷属 *Schima*、茶梨属 *Anneslea*、润楠属 *Machilus*、楠属 *Phoebe* 等种类为常见（《云南植被》，1987年）。

保护区的季风常绿阔叶林主要分布在章巴片，海拔1400～2150m。其分为5个群系，即杯状栲林、光叶石栎林、网叶山胡椒林、截头石栎林和红木荷林。

（1）杯状栲林（Form. *Castanopsis calathiformis*）

杯状栲是东南亚热带至云南南部热带山地的广布树种。其木材颜色浅、有光泽，是较好的用材树种，因而常被砍伐，少见大树。样方位于莫朗海拔1100～2000m的山坡中上部，坡度平缓，土壤多为砂岩所发育而成的棕壤。杯状栲林有2个群丛，即杯状栲＋红凉伞＋疏穗求米草群丛和杯状栲＋亮毛杜鹃＋叶下花群丛。

1）杯状栲＋红凉伞＋疏穗求米草群丛（Ass. *Castanopsis calathiformis*＋*Ardisia crenata* var. *bicolor* ＋ *Oplismenus patens*）

该群丛分布于莫朗，海拔1450～2000m。群落外貌深绿色，林冠浓密，浑圆波状，高约24m。群落组成丰富，其中木本植物达100余种，草本植物47种（表5-11）。

表5-11 杯状栲＋红凉伞＋疏穗求米草林

样方号 面积 时间 地点	66 500m² 2006.10.15 莫朗	67 500m² 2006.10.1 莫朗	69 500m² 2006.10.16 莫朗
GPS	23.50134°N,101.95476°E	23.50443°N,101.95982°E	23.51564°N,101.9719°E
海拔 坡向 坡位 坡度	1990m 北坡 上位 12°	1875m WE45° 中上位 22°	1480m WN10° 中位 25°
生境地形特点	山脊一侧偏上	半山	纳新嘎沟箐
母岩 土壤 地表特征	砂壤 枯枝落叶层厚3～8cm	砂壤 枯枝落叶层厚5～10cm	砂壤 枯枝落叶少
人为影响	挖药材、挖竹笋，偶有砍伐	偶有砍伐	偶有砍伐
盖度：乔木层 灌木层 草本层	60% 45% 55%	70% 30% 40%	60% 35% 45%
调查人	杜凡、李海涛、黄莹、杜磊	李帅峰、王建军、苗云光	李帅峰、黄莹、沈道勇

乔木层													
	样66				样67				样69				
中文名	株数	高/m		胸径/cm		株数	高/m		胸径/cm		株数	高/m		胸径/cm		重要值/%

中文名	株数	高/m 最高	高/m 平均	胸径/cm 最粗	胸径/cm 平均	株数	高/m 最高	高/m 平均	胸径/cm 最粗	胸径/cm 平均	株数	高/m 最高	高/m 平均	胸径/cm 最粗	胸径/cm 平均	重要值/%
杯状栲	50	24.0	16.3	45.0	26.8	10	15.0	14.0	85.0	59.0	35	12.0	12.0	24.0	24.0	41.7
多穗石栎	5	9.0	8.7	10.0	8.0	20	15.0	13.0	55.0	18.0	5	1.5	1.5	6.5	6.5	12.9
水红木	9	11.0	8.0	7.0	5.4	2	10.5	6.7	9.0	8.0						6.8

续表

中文名	样66					样67					样69					重要值/%
	株数	高/m		胸径/cm		株数	高/m		胸径/cm		株数	高/m		胸径/cm		
		最高	平均	最粗	平均		最高	平均	最粗	平均		最高	平均	最粗	平均	
香叶树						13	15.0	13.5	20.0	12.2						3.9
光叶石栎						3	11.0	9.1	17.0	11.9						3.0
多毛君迁子	1	7.0	7.0	6.0	6.0	2	14.0	13.6	13.5	11.5						2.8
厚轴茶	2	7.0	6.8	5.0	5.0	1	8.0	8.0	6.5	6.5						2.7
银木荷						8	11.0	8.9	16.0	9.8						2.7
华南石栎											9	9.5	9.5	8.5	8.5	2.6
旱冬瓜	1	16.0	16.0	48.0	48.0											2.0
元江栲	3	14.0	12.9	20.0	12.6											1.8
白菊木						1	16.0	16.0	33.0	33.0						1.6
散毛樱桃						1	15.0	15.0	33.0	33.0						1.6
多花含笑											3	12.0	12.0	10.5	10.5	1.6
马缨花	3	6.0	4.6	6.0	5.4											1.6
丝线吊芙蓉											2	8.5	8.5	7.5	7.5	1.5
四果野桐						1	15.0	15.0	20.0	20.0						1.4
香面叶	1	12.0	12.0	12.0	12.0											1.3
艾胶算盘子						1	12.0	12.0	6.0	6.0						1.3
毛杨梅	1	8.0	8.0	6.0	6.0											1.3
岗柃											1	7.5	7.5	5.0	5.0	1.3
江南越桔	1	4.0	4.0	5.0	5.0											1.3
假木荷												11.0	11.0	6.5	6.5	1.3
合计　23种	77					63					55					100.0

杯状栲 *Castanopsis calathiformis*、元江栲 *C. orthacantha*、多穗石栎 *Lithocarpus polystachyus*、光叶石栎 *L. mairei*、华南石栎 *L. fenestratus*、水红木 *Viburnum cylindricum*、香叶树 *Lindera communis*、香面叶 *L. caudata*、多毛君迁子 *Diospyros lotus*、厚轴茶 *Camellia crassicolumna*、银木荷 *Schima argentea*、旱冬瓜 *Alnus nepalensis*、白菊木 *Gochnatia decora*、散毛樱桃 *Cerasus patentipila*、多花含笑 *Michelia floribunda*、马缨花 *Rhododendron delavayi*、丝线吊芙蓉 *R. moulmainense*、四果野桐 *Mallotus tetracoccus*、艾胶算盘子 *Glochidion lanceolarium*、毛杨梅 *Myrica esculenta*、岗柃 *Eurya groffi*、江南越桔 *Vaccinium mandarinorum*、假木荷 *Craibiodendron stellatum*

灌木层

中文名	拉丁名	样66			样67			样69			重要值/%	性状
		高/m		盖度/%	高/m		盖度/%	高/m		盖度/%		
		最高	平均		最高	平均		最高	平均			
红凉伞	*Ardisia crenata* var. *bicolor*	0.8	0.4	0.4							17.4	常绿灌木
西南虎刺	*Damnacanthus tsaii*	0.5	0.5	0.5							8.3	常绿灌木
米饭花	*Lyonia ovalifolia*	2.8	1.8	0.4							6.6	常绿灌木
香面叶	*Lindera caudata*	0.5	0.3	0.1							4.6	乔木幼树
耳基冷水花	*Pilea auricularis*				0.2	0.2	0.1				4.6	常绿灌木
香叶树	*Lindera communis*				1.6	0.6	0.1				4.4	常绿灌木
朱砂根	*Ardisia crenata*				0.2	0.1	0.1				3.6	常绿灌木
攀茎耳草	*Hedyotis scandens*				0.1	0.1	0.1				3.2	常绿灌木
尖瓣瑞香	*Daphne acutiloba*	1.2	1.1	0.1	0.2	0.2	0.1				3.3	常绿灌木
罗浮柿	*Diospyros morrisiana*	1.2	1.2	0.1	0.4	0.3	0.1				3.3	乔木幼树

续表

中文名	拉丁名	样66			样67			样69			重要值/%	性状
		高/m		盖度/%	高/m		盖度/%	高/m		盖度/%		
		最高	平均		最高	平均		最高	平均			
广西黑面神	*Breynia hyposauropa*	0.2	0.2	0.1	0.5	0.1	0.1				3.0	常绿灌木
假朝天罐	*Osbeckia crinita*	0.5	0.4	0.2							3.0	常绿灌木
扭子果	*Ardisia virens*							1.4	1.4	0.1	2.1	常绿灌木
元江苎麻	*Boehmeria yuanjiangensis*				0.1	0.1	0.1				2.1	常绿灌木
元江杭子梢	*Campylotropis henryi*							0.3	0.3	0.1	2.0	常绿灌木
多花野牡丹	*Melastoma polyanthum*				1.2	0.7	0.1				1.9	常绿灌木
水红木	*Viburnum cylindricum*	0.2	0.2	0.1	0.1	0.1	0.1				1.8	常绿灌木
黔南木蓝	*Indigofera esquirolii*							0.6	0.6	0.1	1.7	常绿灌木
里白算盘子	*Glochidion triandrum*							0.8	0.8	0.1	1.5	常绿灌木
江南越桔	*Vaccinium mandarinorum*	1.2	1.2	0.1							1.5	常绿灌木
吊钟花	*Enkianthus quinqueflorus*							4.5	4.5	0.1	1.4	乔木幼树
宽叶千斤拔	*Flemingia latifoia*							0.4	0.4	0.1	1.3	常绿灌木
水锦树	*Wendlandia uvariifolia*							3.0	3.0	0.1	1.2	常绿灌木
灰毛泡	*Rubus irenaeus*				1.2	1.2	0.1				1.1	常绿灌木
金珠柳	*Maesa montana*							0.6	0.6	0.1	1.1	常绿灌木
长叶冠毛榕	*Ficus gasparriniana*							0.4	0.4	0.1	1.0	常绿灌木
镰叶冷水花	*Pilea semisessilis*				0.3	0.1	0.1				1.0	常绿灌木
阔叶杭子梢	*Campylotropis latifolia*							0.6	0.6	0.1	1.0	常绿灌木
厚皮香	*Ternstroemia gymnanthera*	0.1	0.1	0.1							1.0	乔木幼树
荷包山桂花	*Polygala arillata*	0.2	0.2	0.1							1.0	常绿灌木
大叶小檗	*Berberis ferdinandi-coburgii*	0.3	0.3	0.1							1.0	常绿灌木
白花槐	*Sophora albescens*	0.1	0.1	0.1							1.0	常绿灌木
蓝黑果荚迷	*Viburnum atrocyaneum*	0.3	0.3	0.1							0.9	常绿灌木
红丝线	*Lycianthes biflora*	0.3	0.3	0.1							0.9	常绿灌木
黄檀一种	*Dalbergia* sp.							1.1	1.1	0.1	0.9	常绿灌木
长柄臭牡丹	*Clerodendrum peii*				0.2	0.2	0.1				0.9	常绿灌木
岐序苎麻	*Boehmeria polyctachya*							0.2	0.2	0.1	0.9	常绿灌木
马缨花	*Rhododendron delavayi*	0.1	0.1	0.1							0.9	常绿灌木
毛果柃	*Eurya trichocarpa*	0.2	0.2	0.1							0.8	常绿灌木
赤山蚂蝗	*Desmodium rubrum*	0.1	0.1	0.1							0.8	常绿灌木
合计	40种										100.0	

更新层											
中文名	拉丁名	样66			样67			样69			重要值/%
		高/m		盖度/%	高/m		盖度/%	高/m		盖度/%	
		最高	平均		最高	平均		最高	平均		
米饭花	*Lyonia ovalifolia*	2.5	2.5	5							28.6
厚轴茶	*Camellia crassicolumna*				1.2	1.2	1				12.7
多穗石栎	*Lithocarpus polystachyus*	0.2	0.2	0.1	2.0	2.0	1				9.8
毛杨梅	*Myrica esculenta*	0.9	0.5	0.5							3.9

续表

中文名	拉丁名	样66 高/m 最高	平均	盖度/%	样67 高/m 最高	平均	盖度/%	样69 高/m 最高	平均	盖度/%	重要值/%
光叶石栎	*Lithocarpus mairei*	0.3	0.3	0.2	0.4	0.4	0.1				3.7
银木荷	*Schima argentea*	0.7	0.7	0.1	0.4	0.3	0.1				3.7
多毛君迁子	*Diospyros lotus*				0.7	0.5	0.1				3.1
网叶山胡椒	*Lindera metcalfiana*	0.2	0.1	0.1				1.6	1.6	0.1	3.3
云南柞栎	*Quercus dentata* var. *oxyloba*				0.2	0.2	0.1				2.5
团香果	*Lindera latifolia*	0.6	0.5	0.2							2.5
印度血桐	*Macaranga indica*							0.8	0.8	0.1	1.8
滨盐肤木	*Rhus chinensis*							0.6	0.6	0.1	1.8
杯状栲	*Castanopsis calathiformis*				0.7	0.7	0.1				1.7
瓜木	*Alangium platanifolium*	0.2	0.1	0.1							1.5
槭果黄杞	*Engelhardtia aceriflora*							0.6	0.6	0.1	1.5
南酸枣	*Choerospondias axillaris*							0.8	0.8	0.1	1.5
绒毛大沙叶	*Pavetta tomentosa*							0.5	0.5	0.1	1.5
云南黄杞	*Engelhardtia spicata*							2.8	2.8	0.1	1.4
云南油杉	*Keteleeria evelyniana*				0.5	0.5	0.1				1.3
粗毛水锦树	*Wendlandia tinctoria* ssp. *barbata*							1.8	1.8	0.1	1.3
茶梨	*Anneslea fragrans*							7.5	7.5	0.1	1.3
云南八角枫	*Alangium yunnanense*	0.2	0.2	0.1							1.2
滇青冈	*Cyclobalanopsis glaucoides*	0.2	0.2	0.1							1.2
云南木犀榄	*Olea yunnanensis*							1.6	1.6	0.1	1.2
山矾	*Symplocos sumuntia*	0.2	0.2	0.1							1.2
毛黑果黄皮	*Clausena dunniana* var. *robusta*							0.6	0.6	0.1	1.2
白檀	*Symplocos paniculata*	0.1	0.1	0.3							1.2
散毛樱桃	*Cerasus patentipila*							0.5	0.5	0.1	1.2
异叶天仙果	*Ficus heteromorpha*							0.6	0.6	0.1	1.2
合计	29种										100.0

草本层

中文名	拉丁名	样66 高/m 最高	平均	盖度/%	样67 高/m 最高	平均	盖度/%	样69 高/m 最高	平均	盖度/%	重要值/%
疏穗求米草	*Oplismenus patens*	0.5	0.2	2.4	0.3	0.2	0.4	0.6	0.6	0.2	38.0
紫茎泽兰	*Ageratina adenophora*	0.5	0.5	0.1	0.3	0.3	0.3	0.6	0.6	0.1	5.0
星毛繁缕	*Stellaria vestita*	0.2	0.1	0.1	0.2	0.2	0.1				4.6
长穗兔儿风	*Ainsliaea henryi*	0.4	0.4	0.1							4.2
姜花	*Hedychium coronarium*	0.4	0.2	0.1				0.3	0.3	0.1	3.7
疏叶蹄盖蕨	*Athyrium dissitifolium*	0.4	0.3	0.1	0.01	0.01	0.1	0.3	0.3		3.4
凤尾蕨	*Pteris nervosa*	0.5	0.5	0.1	0.4	0.3	0.1				2.5
四方蒿	*Elsholtzia blanda*				0.4	0.4	0.1	0.8	0.8	0.1	2.4

续表

中文名	拉丁名	样66 高/m 最高	样66 高/m 平均	样66 盖度/%	样67 高/m 最高	样67 高/m 平均	样67 盖度/%	样69 高/m 最高	样69 高/m 平均	样69 盖度/%	重要值/%
西南吊兰	*Chlorophytum nepalense*				0.3	0.3	0.1				2.3
松林蓼	*Polygonum pinetorum*	0.7	0.5	0.1				0.8	0.8	0.1	2.2
一把伞南星	*Arisaema erubescens*	0.4	0.3	0.1	0.3	0.3	0.1				1.9
沿阶草	*Ophiopogon bodinieri*	0.5	0.3	0.1							1.9
滇黄精	*Polygonatum kingianum*				0.2	1.0	0.1	0.4	0.4	0.1	1.8
羊齿天门冬	*Asparagus filicinus*				0.5	0.3	0.1				1.6
蕨状薹草	*Carex filicina*	0.2	0.2	0.1				0.6	0.6	0.1	1.6
豆瓣绿	*Peperomia tetraphyllum*	0.03	0.03	0.1							1.5
尾穗薹草	*Carex caudispicata*	0.3	0.3	0.1							1.5
南重楼	*Paris vietnamensis*				0.2	0.1	0.1				1.5
大头兔儿风	*Ainsliaea macrocephala*	0.2	0.2	0.1							1.4
斑鸠菊	*Vernonia esculenta*							0.4	0.4	0.1	1.3
大叶仙茅	*Curculigo capitulata*							0.6	0.6	0.1	1.3
山珠半夏	*Arisaema yunnanense*	0.2	0.1	0.1							1.2
扭瓦韦	*Lepisorus contortus*				0.3	0.2	0.1				1.1
酸膜叶蓼	*Polygonum lapathifolium*	1.1	1.1	0.1							1.0
大苞鸭跖草	*Commelina paludosa*	0.3	0.2	0.1							1.0
狭鳞鳞毛蕨	*Dryopteris stenolepis*	0.4	0.4	0.1							0.9
虎头兰	*Cymbidium hookerianum*							0.6	0.6	0.1	0.9
凋缨菊	*Camchaya loloana*							0.6	0.6	0.1	0.9
戟状蟹甲草	*Parasenecio hastiformis*	0.1	0.1	0.1							0.9
锯叶合耳菊	*Synotis nagensium*	0.2	0.2	0.1							0.8
竹叶草	*Oplismenus compositus*							0.8	0.8	0.1	0.8
密花合耳菊	*Synotis cappa*	0.2	0.2	0.1							0.8
异叶兔儿风	*Ainsliaea foliosa*	0.1	0.1	0.1							0.7
浆果苋	*Deeringia amaranthoides*							0.8	0.8	0.1	0.7
皱叶狗尾草	*Setaria plicata*	0.4	0.4	0.1							0.7
雪里见	*Arisaema rhizomatum*				0.2	0.2	0.1				0.7
短梗天门冬	*Asparagus lycopodineus*	0.1	0.1	0.1							0.7
见血青	*Liparis nervosa*	0.1	0.1	0.1							0.6
合计	38种										100.0

层间植物

中文名	拉丁名	样66 高/m 最高	样66 高/m 平均	样66 盖度%	样67 高/m 最高	样67 高/m 平均	样67 盖度/%	样69 高/m 最高	样69 高/m 平均	样69 盖度/%	重要值/%	性状
红肉牛奶菜	*Marsdenia carnea*				0.3	0.1	2.9				22.4	藤本
平叶酸藤子	*Embelia undulata*							6.5	6.5	1.5	7.8	藤本
穿鞘菝葜	*Smilax perfoliata*				2.5	1.2	0.6				7.4	藤本
头花银背藤	*Argyreia capitata*				1.6	1.6	1.3				6.6	藤本

续表

中文名	拉丁名	样66			样67			样69			重要值/%	性状
		高/m		盖度%	高/m		盖度/%	高/m		盖度/%		
		最高	平均		最高	平均		最高	平均			
撕裂铁角蕨	*Asplenium laciniatum*	0.1	0.1	0.2							3.7	附生
西南石韦	*Pyrrosia gralla*	0.1	0.1	0.1							3.3	附生
褐柄剑蕨	*Loxogramme duclouxii*	0.2	0.2	0.3							3.2	附生
大瓦韦	*Lepisorus macrosphaerus*	0.3	0.3	0.1							3	附生
巴豆藤	*Craspedolobium schochii*				0.3	0.1	0.1	2.5	2.5	0.1	2.6	藤本
细齿崖爬藤	*Tetrastigma napaulense*	0.1	0.1	0.1	0.2	0.1	0.1				2.5	藤本
扭瓦韦	*Lepisorus contortus*	0.03	0.1	0.1	0.1	0.1	0.1				2.5	附生
光叶薯蓣	*Dioscorea glabra*							0.5	0.5	0.1	2.3	藤本
黏山药	*Dioscorea hemsleyi*				1.6	0.9	0.1				2.1	藤本
胎生铁角蕨	*Asplenium indicum*	0.3	0.1	0.1							2.1	附生
宿枝小膜盖蕨	*Araiostegia hookeri*	0.1	0.1	0.1							2	附生
菝葜	*Smilax china*			0.1	0.5	0.5	0.1				1.9	藤本
小萼瓜馥木	*Fissistigma polyanthoides*			0.1				2.5	2.5	0.1	1.8	藤本
鲎豆	*Mucuna pruriens*			0.1				1.6	1.6	0.1	1.7	藤本
复瓣黄龙藤	*Schisandra plena*	2.5	2.5	0.2							1.6	藤本
鳞轴小膜盖蕨	*Araiostegia perdurans*	0.1	0.1	0.3							1.4	附生
防己叶菝葜	*Smilax menispermoidea*	0.2	0.1	0.1							1.4	藤本
丛林素馨	*Jasminum duclouxii*	3	1.4	0.3							1.2	藤本
云南赤瓟	*Thladiantha pustulata*							0.6	0.6	0.1	1.2	藤本
绞股蓝	*Gynostemma pentaphyllum*							0.6	0.6	0.1	1.1	藤本
鸡柏紫藤	*Elaeagnus loureirii*	0.3	0.3	0.1							1.1	藤本
华肖菝葜	*Heterosmilax chinensis*							0.6	0.6	0.1	1.1	藤本
醉魂藤	*Heterostemma alatum*				1	0.6	0.1				1	藤本
攀茎耳草	*Hedyotis scandens*			0.1				0.6	0.6	0.1	1	藤本
疏毛飞蛾藤	*Porana sinensis*	0.4	0.4	0.1							1	藤本
异形南五味子	*Kadsura heteroclita*				0.3	0.3	0.1				0.9	藤本
滇南马兜铃	*Aristolochia petelotii*							0.5	0.3	0.1	0.9	藤本
马甲菝葜	*Smilax lanceifolia*	0.3	0.3	0.1							0.9	藤本
蒙自拟水龙骨	*Polypodiastrum mengtzeense*	0.04	0.1	0.1							0.9	附生
鸡矢藤	*Paederia scandens*							1	1	0.1	0.9	藤本
马㼛儿	*Zehneria japonica*							0.1	0.1	0.1	0.9	藤本
滑叶藤	*Clematis fasciculiflora*							0.4	0.4	0.1	0.9	藤本
月叶西番莲	*Passiflora altebilobata*							0.3	0.3	0.1	0.9	藤本
多花铁线莲	*Clematis jingdungensis*				0.1	0.1	0.1				0.8	藤本
合计	38种										100.0	

乔木层盖度70%，高达24m，胸径达85cm，计23种，优势种为杯状栲*Castanopsis calathiformis*，重要值41.7%。伴生树种中水红木*Viburnum cylindricum*、香叶树*Lindera communis*、马缨花*Rhododendron* *delavayi*、丝线吊芙蓉 *Rhododendron moulmainense*、香面叶 *Lindera caudata* 和江南越桔 *Vaccinium mandarinorum* 的性状一般为灌木，但胸径已达5～20cm。

灌木层盖度45%，高度主要在0.2～2.8m，计40种，优势种是红凉伞 *Ardisia crenata* var. *bicolor*，重要值17.4%；其他有西南虎刺 *Damnacanthus tsaii*、元江杭子梢 *Campylotropis henryi*、黔南木蓝 *Indigofera esquirolii*、宽叶千斤拔 *Flemingia latifoia*、白花槐 *Sophora albescens* 等。

乔木幼树高度主要在0.1～3m，计29种，重要值较大的是米饭花 *Lyonia ovalifolia*（28.6%）、厚轴茶 *Camellia crassicolumna*（12.7%）、多穗石栎 *Lithocarpus polystachyus*（9.8%）。

草本层盖度48%，计38种，优势种为疏穗求米草 *Oplismenus patens*，重要值38.0%。其他还有大头兔儿风 *Ainsliaea macrocephala*、斑鸠菊 *Vernonia esculenta*、凋缨菊 *Camchaya loloana*、戟状蟹甲草 *Parasenecio hastiformis* 等。

层间植物丰富，盖度40%，计38种，优势种为红肉牛奶菜 *Marsdenia carnea*，重要值22.4%。附生植物主要是蕨类，如撕裂铁角蕨 *Asplenium laciniatum*、胎生铁角蕨 *A. indicum*、西南石韦 *Pyrrosia gralla*、褐柄剑蕨 *Loxogramme duclouxii*、大瓦韦 *Lepisorus macrosphaerus*、扭瓦韦 *L. contortus*、宿枝小膜盖蕨 *Araiostegia hookeri*、鳞轴小膜盖蕨 *A. perdurans*、蒙自拟水龙骨 *Polypodiastrum mengtzeense* 等。

2）杯状栲＋亮毛杜鹃＋叶下花群丛（Ass. *Castanopsis calathiformis*＋*Rhododendron microphyton*＋*Ainsliaea pertyoides*）

该群丛主要分布于莫朗海拔1620m的北坡。群落外貌深绿，林冠波状起伏，疏密不一，高约14m，盖度小。群落组成简单，木本植物有41种，草本植物21种，常绿乔木树种占优势，其中杯状栲在乔木层中占总株树的26%（表5-12）。

表5-12　杯状栲＋亮毛杜鹃＋叶下花群丛

样方号：68　面积：25m×20m　时间：2006.10.16　地点：莫朗　GPS：23.51336°N/101.97542°E　海拔：1620m　坡向：北坡

坡位：中上　坡度：20°　母质：砂岩　土壤：棕壤　地表特征：枯枝落叶层厚1～2cm，腐殖层厚4～7cm

乔木盖度：70%　灌木盖度：40%　草本盖度：30%　调查人：李帅峰、黄莹、王建军、苗云光

乔木层								
中文名	拉丁名	株数	高/m		胸径/cm		重要值/%	性状
			最高	平均	最粗	平均		
杯状栲	*Castanopsis calathiformis*	18	7.5	6.3	70.0	55.0	50	乔木
多花含笑	*Michelia floribunda*	8	14.0	11.8	23.0	23.0	9.8	乔木
红木荷	*Schima wallichii*	11	8.5	7.18	13.0	13.0	9.7	乔木
丝线吊芙蓉	*Rhododendron moulmainense*	10	12.0	10.1	10.5	10.5	8.3	灌木
光叶石栎	*Lithocarpus mairei*	7	11.0	9.3	13.0	13.0	6.2	乔木
多脉冬青	*Ilex polyneura*	2	13.0	11.0	40.0	40.0	4.5	乔木
吊钟花	*Enkianthus quinqueflorus*	5	6.5	5.5	5.5	5.5	3.8	乔木
云南油杉	*Keteleeria evelyniana*	1	13.0	11.0	45.0	45.0	2.6	乔木
米饭花	*Lyonia ovalifolia*	3	7.5	6.3	6.5	6.5	2.3	乔木
越南枫杨	*Ptercarya tonkinensis*	2	0.8	0.7	5.0	5.0	1.5	乔木
白背鹅掌柴	*Schefflera hypoleuca*	1	11.0	11.0	9.5	9.5	0.7	乔木
母猪果	*Helicia nilagirica*	1	7.6	6.4	5.0	5.0	0.6	乔木
合计	12种	69					100.0	

灌木层				
中文名	拉丁名	最高/m	平均高/m	盖度/%	性状
亮毛杜鹃	*Rhododendron microphyton*	1.4	1.0	10	常绿灌木
元江杭子梢	*Campylotropis henryi*	0.9	0.6	3	常绿灌木

中文名	拉丁名	最高/m	平均高/m	盖度/%	性状
黔南木蓝	*Indigofera esquirolii*	2.6	2.1	5	常绿灌木
截头石栎	*Lithocarpus truncatus*	2.5	1.8	8	乔木幼树
云南木犀榄	*Olea yunnanensis*	1.8	1.2	3	乔木幼树
岗柃	*Eurya groffii*	2.2	1.4	5	乔木幼树
银木荷	*Schima argentea*	2.5	1.1	5	乔木幼树
白背鹅掌柴	*Schefflera hypoleuca*	1.4	0.9	1	乔木幼树
滨盐肤木	*Rhus chinensis*	1.5	0.8	1	乔木幼树
合计	9种				

草本层					
中文名	拉丁名	最高/m	平均高/m	盖度/%	性状
叶下花	*Ainsliaea pertyoides*	0.3	0.2	17.16	草本
蕨状薹草	*Carex filicina*	0.4	0.3	2.70	草本
狗脊蕨	*Woodwardia japonica*	0.8	0.6	6.72	草本
皱叶狗尾草	*Setaria plicata*	0.6	0.3	0.84	草本
尖舌苣苔	*Rhynchoglossum obliquum*	0.3	0.2	0.90	草本
攀茎耳草	*Hedyotis scandens*	0.6	0.3	0.96	草本
疏叶蹄盖蕨	*Athyrium dissitifolium*	0.6	0.4	0.14	草本
山菅兰	*Dianella ensifolia*	0.5	0.3	0.60	草本
卷叶黄精	*Polygonatum cirrhifolium*	0.8	0.5	0.61	草本
锯叶合耳菊	*Synotis nagensium*	0.9	0.6	0.48	草本
沿阶草	*Ophiopogon bodinieri*	0.5	0.2	0.48	草本
芒萁	*Dicranopteris dichotoma*	0.5	0.4	0.45	草本
万寿竹	*Disporum cantoniense*	0.4	0.3	0.24	草本
滇黄精	*Polygonatum kingianum*	0.9	0.3	0.12	草本
羊耳菊	*Inula cappa*	1.0	0.8	0.24	草本
翅柄马蓝	*Pteracanthus alatus*	0.7	0.4	0.12	草本
大苞鸭跖草	*Commelina paludosa*	0.4	0.3	0.12	草本
小花姜花	*Hedychium sino-aureum*	0.5	0.3	0.06	草本
秀丽兔儿风	*Ainsliaea elegans*	0.1	0.1	0.02	草本
合计	19种				

层间植物					
中文名	拉丁名	最高/m	平均高/m	盖度/%	性状
扬子铁线莲	*Clematis ganpiniana*	1.6	1.6	6	藤本
平叶酸藤子	*Embelia undulata*	3.5	2.4	3	藤本
巴豆藤	*Craspedolobium schochii*	2.8	2.8	2	藤本
多腺悬钩子	*Rubus phoeniicolasius*	0.2	0.2	3	藤本
华肖菝葜	*Heterosmilax chinensis*	0.6	0.6	3	藤本
滑叶藤	*Clematis fasciculiflora*	0.2	0.2	1	藤本
小花五味子	*Schisandra micrantha*	0.1	0.1	1	藤本
鳞轴小膜盖蕨	*Araiostegia perdurans*	0.4	0.4	15	附生
合计	8种				

乔木层盖度70%，最高14m，胸径达70cm，计12种，优势种杯状栲Castanopsis calathiformis的重要值50%。伴生树种中丝线吊芙蓉Rhododendron moulmainense、吊钟花Enkianthus quinqueflorus和米饭花Lyonia ovalifolia的性状一般为灌木，但胸径已达5.5～10.5cm。

灌木层盖度40%，高度主要在0.6～2.6m，优势种为亮毛杜鹃Rhododendron microphyton、元江杭子梢Campylotropis henryi。伴生截头石栎Lithocarpus truncatus、云南木犀榄Olea yunnanensis、岗柃Eurya groffii、银木荷Schima argentea等乔木幼树。

草本层盖度30%，计19种，优势种为叶下花Ainsliaea pertyoides、蕨状薹草Carex filicina、狗脊蕨Woodwardia japonica。以百合科的物种居多，如滇黄精Polygonatum kingianum、山菅兰Dianella ensifolia、沿阶草Ophiopogon bodinieri等。

层间植物计8种，藤本植物的优势种是平叶酸藤子Embelia undulata，重要值76.8%；附生植物有鳞轴小膜盖蕨Araiostegia perdurans等。

群落动态分析　群落天然更新差，优势种的幼苗少，其他乔木幼树也较少。由于距离居民点近，受人为影响较大，立木不良，灌木层种类单一，草本层物种较多，如果不加以保护将有可能向灌丛转化。

杯状栲果实10～12月成熟，结实丰盛，种子易霉烂或被动物取食，所以林下实生苗少。但杯状栲有较强的萌生能力，一旦受到破坏，能再生矮林。如继续砍伐，将会退化为阳性的杂灌丛或草地。若加强保护，次生植被均可较快恢复成林。

（2）光叶石栎林（Form. *Lithocarpus mairei*）

光叶石栎林分布于新田一带。样方设置于山体北坡下部的沟箐上方，海拔约1680m，生境湿润，地形基本平坦，枯枝落叶层厚3～8cm，地衣覆盖度约25%，但苔藓植物少。群落的种类组成较为丰富，在500m²的样方内，调查到维管植物50科77属96种（表5-13）。

表5-13　光叶石栎群落样方表

样方号：62　面积：20m×25m　时间：2006.10.12　地点：新田　GPS：23.48085°N/101.81536°E　海拔：1680m
坡向：北坡　坡位：上位　坡度：35°　土壤：红壤　小地形：沟箐上部
乔木层盖度：60%　灌木层盖度：30%　草本层盖度：40%　人为影响：采药，放牧，几无砍伐
调查人：李帅锋、王雪丽、黄莹、陈维伟、王建军、沈道勇、苗云光、杜磊、王长祺、王骞

| | | | 高/m | | 胸径/cm | | | |
中文名	拉丁名	株数	最高	平均	最粗	平均	重要值/%	性状
			乔木层					
光叶石栎	*Lithocarpus mairei*	17	12.0	7.0	32.0	15.6	22.5	常绿乔木
南亚泡花树	*Meliosma arnottiana*	5	16.0	14.7	48.0	34.3	16.1	落叶乔木
岗柃	*Eurya groffii*	16	10.0	8.3	10.0	8.4	15.8	常绿乔木
桫椤	*Alsophila spinulosa*	6	6.5	5.0	23.0	14.1	8.7	常绿乔木
蜂房叶山胡椒	*Lindera foveolata*	6	9.0	7.5	11.5	9.5	5.9	常绿乔木
旱冬瓜	*Alnus nepalensis*	5	13.0	10.6	20.0	10.8	5.5	落叶乔木
泰梭罗	*Reevesia pubescens* var. *siamensis*	5	8.5	7.7	16.0	12.1	5.1	常绿乔木
杯状栲	*Castanopsis calathiformis*	3	8.0	7.6	18.0	12.8	3.8	常绿乔木
白穗石栎	*Lithocarpus leucostachyus*	5	7.0	6.1	11.0	8.6	3.7	常绿乔木
母猪果	*Helicia nilagirica*	2	7.6	7.2	12.0	10.8	3.7	常绿乔木
网叶山胡椒	*Lindera metcalfiana* var. *dictyophylla*	3	7.8	5.5	7.0	6.2	2.8	常绿乔木
围涎树	*Abarema clypearia*	1	12.0	12.0	14.0	14.0	1.6	常绿乔木
毛樱桃	*Cerasus tomentosa*	1	7.0	7.0	7.0	7.0	1.3	落叶乔木
高山八角枫	*Alangium alpinum*	1	5.5	5.5	6.5	6.5	1.2	落叶乔木
齿叶枇杷	*Eriobotrya serrata*	1	3.5	3.5	5.5	5.5	1.2	常绿乔木
构树	*Broussonetia papyrifera*	1	7.0	7.0	5.1	5.1	1.1	常绿乔木
合计	16种	78					100.0	

续表

灌木层						
分层	中文名	拉丁名	盖度/%	最高/m	平均高/m	性状
灌木层	薄叶杜茎山	*Maesa macilentoides*	5	2	0.7	常绿灌木
	光叶铁子	*Myrsine stolonifera*	4	2	1.5	常绿灌木
	广西黑面神	*Breynia hyposauropa*	3	2	1.8	常绿灌木
	粗叶榕	*Ficus hirta*	2	1.3	0.7	常绿灌木
	荷包山桂花	*Polygala arillata*	2	0.3	0.1	常绿灌木
	多花野牡丹	*Melastoma polyanthum*	2	0.5	0.3	常绿灌木
	云南楤木	*Aralia thomsonii*	1	3	3	落叶灌木
	狭叶红紫珠	*Callicarpa rubella* f. *angustata*	1	1	1	落叶灌木
	中华地桃花	*Urena lobata* var. *chinensis*	0.5	0.1	0.1	常绿灌木
更新层	岗柃	*Eurya groffii*	3	4	0.8	乔木幼树
	红木荷	*Schima wallichii*	2	5	2	乔木幼树
	桫椤	*Alsophila spinulosa*	2	2.5	2.3	乔木幼树
	网叶山胡椒	*Lindera metcalfiana* var. *dictyophylla*	2	3	1.4	乔木幼树
	母猪果	*Helicia nilagirica*	2	0.9	0.7	乔木幼树
	白穗石栎	*Lithocarpus leucostachyus*	2	1	0.6	乔木幼树
	高山栲	*Castanopsis delavayi*	2	1.3	0.7	乔木幼树
	野龙竹	*Dendrocalamus semiscandens*	2	4	3	乔木幼树
	茶梨	*Anneslea fragrans*	1	3	3	乔木幼树
	粗穗石栎	*Lithocarpus elegans*	1	3.5	2.8	乔木幼树
	南岭山矾	*Symplocos confusa*	1	0.2	0.2	乔木幼树
	杯状栲	*Castanopsis calathiformis*	1	1.2	1.2	乔木幼树
	毛樱桃	*Cerasus tomentosa*	1	1.5	1.1	乔木幼树
	髯毛八角枫	*Alangium barbatum*	1	0.4	0.4	乔木幼树
	窄叶青冈	*Cyclobalanopsis angustinii*	1	1.3	1.3	乔木幼树
	毛杨梅	*Myrica esculenta*	1	1.3	1.3	乔木幼树
	围涎树	*Abarema clypearia*	1	0.3	0.3	乔木幼树
	老人皮	*Polyalthia cerasoides*	0.5	0.2	0.2	乔木幼树
	云南八角枫	*Alangium yunnanense*	0.5	0.2	0.2	乔木幼树
合计		28种				

草本层					
中文名	拉丁名	盖度/%	最高/m	平均高/m	性状
疏穗求米草	*Oplismenus patens*	10	0.4	0.4	一年生草本
狗脊蕨	*Woodwardia japonica*	5	1.8	0.8	多年生草本
紫茎泽兰	*Ageratina adenophora*	8	1	0.4	多年生草本
粗毛鳞盖蕨	*Microlepia strigosa*	2	1.5	1.1	多年生草本
楮头红	*Sarcopyramis nepalensis*	0.5	0.3	0.2	多年生草本
蕨状薹草	*Carex filicina*	2	1.2	0.5	多年生草本
皱叶狗尾草	*Setaria plicata*	2	0.9	0.7	多年生草本
姜花	*Hedychium coronarium*	1	0.8	0.4	多年生草本
华西复叶耳蕨	*Arachniodes simulans*	1	0.6	0.5	多年生草本
边果鳞毛蕨	*Dryopteris marginata*	1	0.5	0.4	多年生草本

续表

中文名	拉丁名	盖度/%	最高/m	平均高/m	性状
下田菊	*Adenostemma lavenia*	1	0.4	0.2	多年生草本
线纹香茶菜	*Rabdosia lophanthoides*	1	0.3	0.2	多年生草本
小花姜花	*Hedychium sino-aureum*	1	0.5	0.4	多年生草本
芒萁	*Dicranopteris dichotoma*	1	0.8	0.4	多年生草本
糯米团	*Gonostegia hirta*	1	0.3	0.1	多年生草本
密花合耳菊	*Synotis cappa*	1	0.2	0.2	多年生草本
蔓出卷柏	*Selaginella davidii*	1	0	0	多年生草本
弓果黍	*Cyrtococcum patens*	1	0.4	0.3	一年生草本
沿阶草	*Ophiopogon bodinieri*	1	0.3	0.2	多年生草本
禾秆亮毛蕨	*Acystopteris tenuisecta*	1	0.4	0.3	多年生草本
疏叶蹄盖蕨	*Athyrium dissitifolium*	1	0.1	0.1	多年生草本
浆果薹草	*Carex baccans*	1	4	4	多年生草本
紫色姜	*Zingiber purpureum*	1	1	1.	多年生草本
红球姜	*Zingiber zerumbet*	1	0.7	0.5	多年生草本
小肉穗草	*Sarcopyramis bodinieri*	1	0.1	0.1	多年生草本
大叶凤仙花	*Impatiens apalophylla*	1	0.4	0.3	多年生草本
中华仙茅	*Curculigo sinensis*	1	0.9	0.8	多年生草本
万寿竹	*Disporum cantoniense*	1	0.2	0.2	多年生草本
赤胫散	*Polygonum runcinatum* var. *sinense*	1	0.2	0.1	多年生草本
锯叶合耳菊	*Synotis nagensium*	1	0.7	0.3	灌木状草本
锡金堇菜	*Viola sikkimensis*	0.1	0.2	0.1	多年生草本
光叶堇菜	*Viola hossei*	0.2	0.1	0.1	多年生草本
多叶重楼	*Paris polyphylla*	0.1	0.4	0.4	多年生草本
狭眼凤尾蕨	*Pteris biaurita*	1	0.4	0.4	多年生草本
镰叶冷水花	*Pilea semisessilis*	1	1.2	1.2	多年生草本
小叶楼梯草	*Elatostema parvum*	1	0.1	0.1	多年生草本
狭鳞鳞毛蕨	*Dryopteris stenolepis*	1	0.5	0.5	多年生草本
大苞鸭跖草	*Commelina paludosa*	1	0.1	0.1	多年生草本
匍匐堇菜	*Viola pilosa*	0.1	0.1	0.1	多年生草本
滇黄精	*Polygonatum kingianum*	0.1	0.2	0.2	多年生草本
卵裂黄鹌菜	*Youngia pseudosenecio*	0.2	0.2	0.2	一年生草本
山菅兰	*Dianella ensifolia*	0.5	0.5	0.5	多年生草本
合计	42种				

层间植物			
中文名	拉丁名	盖度/%	攀援高/m
菝葜	*Smilax china*	2	2
大果油麻藤	*Mucuna macrocarpa*	1	8
大花金钱豹	*Campanumoea javanica*	1	1
粉葛	*Pueraria lobata* var. *thomsonii*	1	3.5
南五味子	*Kadsura longipedunculata*	1	5
牛白藤	*Hedyotis hedyotidea*	1	1.5

续表

中文名	拉丁名	盖度/%	攀援高/m
岩穴藤菊	*Cissampelopsis spelaeicola*	1	5
光叶薯蓣	*Dioscorea glabra*	1	2
长梗绞股蓝	*Gynostemma longipes*	1	1.8
尖叶菝葜	*Smilax arisanensis*	1	2.6
马甲菝葜	*Smilax lanceifolia*	1	3.2
山莓	*Rubus corchorifolius*	1	2
细齿崖爬藤	*Tetrastigma napaulense*	1	4.5
黑珠芽薯蓣	*Dioscorea melanophyma*	1	1.6
未定名2种		1	0.2~0.5
合计	16种		

组成乔木层的树种计16种，78株，盖度60%，可分为两层。乔木上层平均高10m以上，最高16m，以光叶石栎 *Lithocarpus mairei* 占优势。其他还有南亚泡花树 *Meliosma arnottiana*、旱冬瓜 *Alnus nepalensis*、围涎树 *Abarema clypearia*，共11株。乔木下层高度主要在5~10m，主要是岗柃 *Eurya groffii*、桫椤 *Alsophila spinulosa*、蜂房叶山胡椒 *Lindera foveolata*、泰梭罗 *Reevesia pubescens* var. *siamensis*、杯状栲 *Castanopsis calathiformis*、白穗石栎 *Lithocarpus leucostachyus* 等。

灌木层平均高5m以下，盖度30%，种类丰富，计28种。该层由真正的灌木和乔木幼树构成。前者如薄叶杜茎山 *Maesa macilentoides*、光叶铁子 *Myrsine stolonifera*、广西黑面神 *Breynia hyposauropa*、粗叶榕 *Ficus hirta*、荷包山桂花 *Polygala arillata*、多花野牡丹 *Melastoma polyanthum*；后者如岗柃 *Eurya groffii*、红木荷 *Schima wallichii*、网叶山胡椒 *Lindera metcalfiana* var. *dictyophylla*、桫椤 *Alsophila spinulosa* 等较为常见。

样方共有桫椤8株，在20个5m×5m的小样方中出现频度为50%，高度为2.1~6.5m，最小地径为5cm，最大胸径23cm。

群落中有桫椤和野龙竹等种类，通常是山地雨林的特点之一，表明其生境较湿润。桫椤发育良好，乔木层中有6株，高度主要在3~6.5m，胸径主要在7~23cm，其按重要值排第4位。群落中出现了大量季风常绿阔叶林中的常见物种，如光叶石栎、南亚泡花树、岗柃等，表明群落处于山地雨林与季风常绿阔叶林的过渡地段。

草本植物的种类也很多，达42种，盖度约40%，高度主要在0.1~1.5m，以疏穗求米草 *Oplismenus patens* 和楮头红 *Sarcopyramis nepalensis* 占微弱的优势，还常见其他的如狗脊蕨 *Woodwardia japonica*、粗毛鳞盖蕨 *Microlepia strigosa*、蕨状薹草 *Carex filicina*、姜花 *Hedychium coronarium*、皱叶狗尾草 *Setaria plicata*、华西复叶耳蕨 *Arachniodes simulans*、边果鳞毛蕨 *Dryopteris marginata*、密花合耳菊 *Synotis cappa*、糯米团 *Gonostegia hirta*、芒萁 *Dicranopteris dichotoma* 等喜阴湿的种类。

层间植物发达，种类计16种，平均攀缘高度5m以上。其包括菝葜 *Smilax china*、大果油麻藤 *Mucuna macrocarpa*、大花金钱豹 *Campanumoea javanica*、粉葛 *Pueraria lobata* var. *thomsonii* 等（表5-13）。

群落动态分析　群落乔木层的优势树种为光叶石栎、南亚泡花树和岗柃。红木荷为更新层乔木幼树株数的首位。在群落演变中，红木荷有可能发展为群落乔木层中的优势种，与岗柃等物种改变群落的面貌。

（3）网叶山胡椒林（Form. *Lindera metcalfiana* var. *dictyophylla*）

该群系可进一步分为两个群丛，即母猪果-网叶山胡椒林和南亚泡花树-网叶山胡椒林。

1）母猪果-网叶山胡椒林（Ass. *Helicia nilagirica-Lindera metcalfiana* var. *dictyophylla*）

该群丛类型分布于新田一带，样方位于山体北坡的中上部，海拔1695m，距离下方沟箐约30m，生境湿润，样方地形基本平坦，土壤厚度40cm，枯枝落叶层厚3~8cm，地衣盖度约15%，苔藓类植物较少，盖度约10%，偶见伐桩。植物种类组成较丰富，在500m²的样方内，维管植物计49科74属91种。群落地处山地雨林与季风常绿阔叶林的过渡地段，出现母猪果 *Helicia nilagirica*、网叶山胡椒 *Lindera metcalfiana* var. *dictyophylla* 等季风常绿阔叶林成分，也存在部分山地雨林成分，如桫椤 *Alsophila spinulosa*、单叶常春木

Merrilliopanax listeri 等（表5-14）。

表5-14　母猪果－网叶山胡椒林样方表

样方号：64　面积：20m×25m　时间：2006.10.13　地点：新田　海拔：1695m　坡向：北坡　坡位：中上部　坡度：35°
土壤：赤红壤　小地形：沟箐上方垂直30m，无起伏　乔木层盖度：55%　灌木层盖度：40%　草本层盖度：30%
人为影响：偶有砍伐　调查人：李帅锋、王雪丽、黄莹、陈维伟、王建军、沈道勇、苗云光、杜磊、王长祺、王骞

			乔木层					
中文名	拉丁名	株数	高/m		胸径/cm		重要值/%	性状
			最高	平均	最粗	平均		
母猪果	*Helicia nilagirica*	18	15.0	12.5	55.0	17.9	20.7	常绿乔木
网叶山胡椒	*Lindera metcalfiana* var. *dictyophylla*	21	15.0	11.6	25.0	13.0	18.0	常绿乔木
桫椤	*Alsophila spinulosa*	10	8.5	7.0	25.0	18.9	13.9	常绿乔木
岗柃	*Eurya groffii*	16	9.6	7.8	10.0	7.0	12.4	常绿乔木
截头石栎	*Lithocarpus truncatus*	12	16.0	11.2	21.0	9.9	10.1	常绿乔木
南亚泡花树	*Meliosma arnottiana*	7	13.0	10.9	23.0	12.3	7.7	落叶乔木
尖叶桂樱	*Laurocerasus undulata*	6	12.0	10.7	15.0	10.5	4.9	常绿乔木
四果野桐	*Mallotus tetracoccus*	2	13.0	12.3	25.0	21.8	3.6	常绿乔木
短序鹅掌柴	*Schefflera bodinieri*	2	13.0	9.1	18.5	14.1	2.5	常绿乔木
杯状栲	*Castanopsis calathiformis*	2	16.0	13.9	14.0	10.6	2.2	常绿乔木
光叶石栎	*Lithocarpus mairei*	2	8.0	6.5	10.0	7.9	2.0	常绿乔木
单叶常春木	*Merrilliopanax listeri*	1	8.0	8.0	8.0	8.0	1.0	常绿乔木
茶梨	*Anneslea fragrans*	1	7.0	7.0	5.5	5.5	1.0	常绿乔木
合计	13种	100					100.0	

			灌木层			
分层	中文名	拉丁名	盖度/%	最高/m	平均高/m	性状
灌木层	伞形紫金牛	*Ardisia corymbifera*	6	1.3	0.9	常绿灌木
	薄叶杜茎山	*Maesa macilentoides*	5	1.6	0.3	常绿灌木
	粗叶榕	*Ficus hirta*	3	2	0.8	常绿灌木
	狭叶红紫珠	*Callicarpa rubella* f. *angustata*	3	2	1.1	常绿灌木
	荷包山桂花	*Polygala arillata*	2	1.5	1.2	常绿灌木
	异叶梁王茶	*Nothopanax davidii*	2	0.3	0.2	常绿灌木
	八蕊花	*Sporoxeia sciadophila*	1	0.1	0.1	常绿灌木
	绿叶冠毛榕	*Ficus gasparriniana* var. *viridescens*	1	0.9	0.7	常绿灌木
	深紫木蓝	*Indigofera atropurpurea*	1	0.6	0.6	常绿灌木
	三桠苦	*Euodia lepta*	1	0.2	0.2	常绿灌木
	九节一种	*Psychotria* sp.	1	0.1	0.1	常绿灌木
	多花野牡丹	*Melastoma polyanthum*	1	0.4	0.2	常绿灌木
	异叶天仙果	*Ficus heteromorpha*	1	0.4	0.4	常绿灌木
	长柄臭牡丹	*Clerodendrum peii*	1	2.5	2.5	常绿灌木
更新层	华南石栎	*Lithocarpus fenestratus*	3	1.4	0.3	乔木幼树
	油葫芦	*Pyrularia edulis*	1	4.5	3	乔木幼树
	杯状栲	*Castanopsis calathiformis*	2	2.2	0.8	乔木幼树
	截头石栎	*Lithocarpus truncatus*	1	1.6	0.8	乔木幼树
	桫椤	*Alsophila spinulosa*	1	2	2	乔木幼树

分层	中文名	拉丁名	盖度/%	最高/m	平均高/m	性状
	新木姜子	*Neolitsea aurata*	1	3.5	3.5	乔木幼树
	网叶山胡椒	*Lindera metcalfiana* var. *dictyophylla*	1	2.4	1.7	乔木幼树
	南亚泡花树	*Meliosma arnottiana*	1	3	2.3	乔木幼树
	栓皮栎	*Quercus variabilis*	1	2	1.4	乔木幼树
	粗穗石栎	*Lithocarpus elegans*	1	2.5	1.8	乔木幼树
	短序鹅掌柴	*Schefflera bodinieri*	1	2	1.8	乔木幼树
	短绢毛桂木	*Artocarpus petelotii*	1	0.8	0.7	乔木幼树
	七裂槭	*Acer heptalobun*	1	0.3	0.3	乔木幼树
更新层	母猪果	*Helicia nilagirica*	1	1.6	1.6	乔木幼树
	润楠	*Machilus pingii*	1	1.2	1.2	乔木幼树
	岗柃	*Eurya groffii*	1	1	1	乔木幼树
	窄叶青冈	*Cyclobalanopsis angustinii*	1	0.3	0.3	乔木幼树
	多穗石栎	*Lithocarpus polystachyus*	1	4	4	乔木幼树
	茶梨	*Anneslea fragrans*	1	0.3	0.3	乔木幼树
	围涎树	*Abarema clypearia*	1	1.2	1.2	乔木幼树
	光叶石栎	*Lithocarpus mairei*	1	0.2	0.2	乔木幼树
合计		35种				

草本层

中文名	拉丁名	盖度/%	最高/m	平均高/m	性状
姜花	*Hedychium coronarium*	5	1.6	1	草本
华西复叶耳蕨	*Arachniodes simulans*	4	1	0.6	草本
狗脊蕨	*Woodwardia japonica*	2	1	0.6	草本
疏穗求米草	*Oplismenus patens*	2	1	0.6	草本
蔓出卷柏	*Selaginella davidii*	1	0.1	0	草本
棕叶狗尾草	*Setaria palmifolia*	1	1.7	0.8	草本
芒萁	*Dicranopteris dichotoma*	1	0.3	0.2	草本
长托鳞盖蕨	*Microlepia firma*	1	0.4	0.3	草本
蕨状薹草	*Carex filicina*	1	0.8	0.6	草本
乌毛蕨	*Blechnum orientale*	1	1.2	1	草本
浆果薹草	*Carex baccans*	1	0.7	0.4	草本
禾秆亮毛蕨	*Acystopteris tenuisecta*	1	0.8	0.6	草本
如意草	*Viola hamiltoniana*	1	0.2	0.1	草本
多叶重楼	*Paris polyphylla*	1	2.2	0.9	草本
牛膝	*Achyranthes bidentata*	1	0.5	0.3	草本
石松	*Lycopodium japonicum*	1	0.1	0.1	草本
皱叶狗尾草	*Setaria plicata*	1	0.7	0.4	草本
毛柄短肠蕨	*Allantodia dilatata*	1	1.2	1	草本
边果鳞毛蕨	*Dryopteris marginata*	1	0.8	0.6	草本
碗蕨	*Dennstaedtia scabra*	1	0.5	0.4	草本
毛萼双蝴蝶	*Tripterospermum hirticalyx*	1	0.2	0.2	草本
大苞鸭跖草	*Commelina paludosa*	1	0.4	0.3	草本

中文名	拉丁名	盖度/%	最高/m	平均高/m	性状
镰叶冷水花	*Pilea semisessilis*	1	0.4	0.4	草本
圆苞金足草	Goldfussia pentstemonoides	1	0.6	0.6	草本
酸膜叶蓼	*Polygonum lapathifolium*	1	0.4	0.3	草本
紫茎泽兰	*Ageratina adenophora*	1	0.5	0.5	草本
蒙自草胡椒	*Peperomia heyneana*	0.1	0.1	0.1	草本
松林蓼	*Polygonum pinetorum*	0.3	0.3	0.3	草本
尾叶远志	*Polygala caudata*	0.1	0.4	0.3	草本
火炭母	*Polygonum chinense*	0.1	0.3	0.3	草本
四棱猪屎豆	*Crotalaria tetragona*	0.1	1	1	草本
滇黄精	*Polygonatum kingianum*	0.1	0.3	0.3	草本
合计	32种				

层间植物				
中文名	拉丁名	盖度/%	高/m	性状
扁担藤	*Tetrastigma planicaule*	1	4	木质藤本
参薯	*Dioscorea alata*	0.5	2	木质藤本
丛林素馨	*Jasminum duclouxii*	0.3	2.5	木质藤本
大果油麻藤	*Mucuna macrocarpa*	1	5	木质藤本
高粱泡	*Rubus lambertianu*	1	1.5	木质藤本
黑风藤	*Fissistigma polyanthum*	0.5	3	木质藤本
尖叶菝葜	*Smilax arisanensis*	1	3	木质藤本
金线草	*Rubia membranacea*	0.2	1	草质藤本
雅丽千金藤	*Stephania elegans*	0.2	2	草质藤本
小花五味子	*Schisandra micrantha*	2	0.5	木质藤本
帘子藤	*Pottsia laxiflora*	1.8	0.5	木质藤本
镰叶西番莲	*Passiflora wilsonii*	2.6	1	木质藤本
马甲菝葜	*Smilax lanceifolia*	2	0.5	木质藤本
毛叶胡椒	*Piper puberulilimbum*	2.5	0.5	附生藤本
疏松悬钩子	*Rubus laxus*	1.5	0.5	木质藤本
网脉葡萄	*Vitis wilsonae*	3	1	木质藤本
细齿崖爬藤	*Tetrastigma napaulense*	4	1	木质藤本
锈毛铁线莲	*Clematis leschenaultiana*	2.5	0.5	木质藤本
黑珠芽薯蓣	*Dioscorea melanophyma*	2	0.5	木质藤本
黧豆一种	*Mucuna* sp.	3	1	木质藤本
未定名2种		2	0.5	草质藤本
合计	22种			

样方中乔木树种有13种，100株，盖度约55%，可分为两层。乔木上层高度主要在10～20m，最高16m，以母猪果 *H. nilagirica* 和网叶山胡椒 *L. metcalfiana* var. *dictyophylla* 占微弱优势。其他还有截头石栎 *Lithocarpus truncatus*、南亚泡花树 *Meliosma arnottiana*、尖叶桂樱 *Laurocerasus undulata*、四果野桐 *Mallotus tetracoccus*、短序鹅掌柴 *Schefflera bodinieri*、杯状栲 *Castanopsis calathiformis* 等。

乔木下层高度主要在5～10m，主要有桫椤 *A. spinulosa*、岗柃 *Eurya groffii*、光叶石栎 *Lithocarpus mairei*、单叶常春木 *Merrilliopanax listeri*、茶梨 *Anneslea fragrans* 等。

　　灌木层平均高5m以下，盖度约40%，种类丰富，计35种，由灌木和乔木幼树构成。灌木有伞形紫金牛Ardisia corymbifera、薄叶杜茎山Maesa macilentoides、粗叶榕Ficus hirta、狭叶红紫珠Callicarpa rubella f. angustata、荷包山桂花Polygala arillata等；乔木幼树有华南石栎Lithocarpus fenestratus、油葫芦Pyrularia edulis、杯状栲C. calathiformis、截头石栎Lithocarpus truncatus、新木姜子Neolitsea aurata、网叶山胡椒L. metcalfiana var. dictyophylla等。

　　草本层的种类也多，达32种，盖度30%，高度主要在0.1~2.5m，以姜花Hedychium coronarium占优势，其他还常见华西复叶耳蕨Arachniodes simulans、狗脊蕨Woodwardia japonica、紫茎泽兰Ageratina adenophora、疏穗求米草Oplismenus patens、蔓出卷柏Selaginella davidii、棕叶狗尾草Setaria palmifolia、芒萁Dicranopteris dichotoma、蕨状薹草Carex filicina、长托鳞盖蕨Microlepia firma等。

　　层间植物发达，计22种，平均攀缘高度可达5m。常见扁担藤Tetrastigma planicaule、参薯Dioscorea alata、丛林素馨Jasminum duclouxii、大果油麻藤Mucuna macrocarpa、高粱泡Rubus lambertianu、黑风藤Fissistigma polyanthum、尖叶菝葜Smilax arisanensis等。

　　群落动态分析　群落乔木层优势树种为母猪果和网叶山胡椒。更新层中华南石栎、油葫芦、杯状栲、截头石栎等4种明显占优势。华南石栎不仅重要值在更新层中排第一，其株数也远远超过其他物种。虽然目前群落乔木层没有华南石栎这一成分，但华南石栎在更新层较多，今后可能成为乔木层的重要成分。

　　2）南亚泡花树－网叶山胡椒林（Ass. Meliosma arnottiana-Lindera metcalfiana var. dictyophylla）

　　该群丛分布于保护区新田，样方设置于山体北坡的中上部，坡度35°，海拔1650m，生境湿润，土壤为红壤，厚度约40cm，枯枝落叶层厚3~6cm，地衣盖度约15%，苔藓类盖度约15%，样方内偶见砍伐痕迹（表5-15）。

表5-15　南亚泡花树－网叶山胡椒群落样方表

样方号：63　面积：20m×25m　时间：2006.10.13　地点：新田　海拔：1650m　坡向：北坡　坡位：中上位　坡度：35°
土壤：红壤　小地形：沟箐底部，起伏较大　乔木层盖度：65%　灌木层盖度：40%　草本层盖度：30%　人为影响：偶有砍伐
调查人：李帅锋、王雪丽、黄莹、陈维伟、王建军、沈道勇、苗云光、杜磊、王长祺、王骞

			乔木层					
中文名	拉丁名	株数	高/m		胸径/cm		重要值/%	性状
			最高	平均	最粗	平均		
南亚泡花树	Meliosma arnottiana	16	16.0	13.1	35.0	18.6	20.6	落叶乔木
网叶山胡椒	Lindera metcalfiana var. dictyophylla	17	13.0	10.2	28.0	14.6	16.2	常绿乔木
四果野桐	Mallotus tetracoccus	12	16.0	13.2	25.0	15.2	12.9	常绿乔木
桫椤	Alsophila spinulosa	12	8.5	7.0	18.5	13.6	12.5	常绿乔木
母猪果	Helicia nilagirica	12	13.0	9.1	22.0	13.4	11.8	常绿乔木
截头石栎	Lithocarpus truncatus	9	12.0	9.6	25.0	10.5	8.2	常绿乔木
岗柃	Eurya groffii	8	9.0	8.1	8.5	6.2	6.1	常绿乔木
毛叶油丹	Alseodaphne andersonii	5	13.0	11.5	21.5	11.6	4.3	常绿乔木
尖叶桂樱	Laurocerasus undulata	2	4.5	3.8	20.0	16.5	2.6	常绿乔木
苹果榕	Ficus oligodon	3	7.0	4.2	6.0	5.8	2.2	常绿乔木
新木姜子	Neolitsea aurata	1	7.0	7.0	6.0	6.0	0.9	常绿乔木
光叶石栎	Lithocarpus mairei	1	3.5	3.5	6.0	6.0	0.9	常绿乔木
茶梨	Anneslea fragrans	1	4.0	4.0	5.0	5.0	0.8	常绿乔木
合计	13种	99					100.0	

		灌木层			
分层	中文名	拉丁名	盖度/%	最高/m	平均高/m	性状
灌木层	多花野牡丹	Melastoma polyanthum	3	2.3	0.5	常绿灌木
	伞形紫金牛	Ardisia corymbifera	3	1.3	0.8	常绿灌木

续表

分层	中文名	拉丁名	盖度/%	最高/m	平均高/m	性状
	荷包山桂花	*Polygala arillata*	1	0.4	0.4	常绿灌木
	薄叶杜茎山	*Maesa macilentoides*	1	1.5	0.9	常绿灌木
	女贞叶忍冬	*Lonicera ligustrina*	1	0.7	0.3	常绿灌木
	粗叶榕	*Ficus hirta*	1	1.2	1.2	常绿灌木
	异叶梁王茶	*Nothopanax davidii*	1	0.2	0.2	常绿灌木
灌木层	广西黑面神	*Breynia hyposauropa*	1	0.3	0.2	常绿灌木
	深紫木蓝	*Indigofera atropurpurea*	1	0.8	0.6	常绿灌木
	香港大沙叶	*Pavetta Hongkongensis*	1	0.3	0.2	常绿灌木
	绿叶冠毛榕	*Ficus gasparriniana* var. *viridescens*	1	0.7	0.6	常绿灌木
	叶底珠	*Flueggea suffruginea*	1	0.5	0.5	常绿灌木
	越南叶下珠	*Phyllanthus cochinchinensis*	1	0.1	0.1	常绿灌木
	茶梨	*Anneslea fragrans*	5	3.1	2.4	乔木幼树
	网叶山胡椒	*Lindera metcalfiana* var. *dictyophylla*	3	4	3.2	乔木幼树
	杯状栲	*Castanopsis calathiformis*	3	3	1.8	乔木幼树
	岗柃	*Eurya groffii*	3	1.5	0.5	乔木幼树
	截头石栎	*Lithocarpus truncatus*	2	1.2	0.8	乔木幼树
	白颜树	*Gironniera subaequalis*	2	0.5	0.4	乔木幼树
	母猪果	*Helicia nilagirica*	2	1.1	0.8	乔木幼树
	香面叶	*Lindera caudata*	2	3.5	0.5	乔木幼树
更新层	团香果	*Lindera latifolia*	1	1.3	0.3	乔木幼树
	多毛君迁子	*Diospyros lotus* var. *mollissima*	1	0.3	0.3	乔木幼树
	四果野桐	*Mallotus tetracoccus*	1	0.8	0.8	乔木幼树
	油葫芦	*Pyrularia edulis*	1	0.2	0.2	乔木幼树
	毛杨梅	*Myrica esculenta*	1	2.3	2.3	乔木幼树
	毛叶油丹	*Alseodaphne andersonii*	1	2	2	乔木幼树
	茶条木	*Delavaya yunnanensis*	1	0.3	0.2	乔木幼树
	苹果榕	*Ficus oligodon*	1	1	1	乔木幼树
	白穗石栎	*Lithocarpus leucostachyus*	1	0.5	0.5	乔木幼树
合计		30种				

草本层

中文名	拉丁名	盖度/%	最高/m	平均高/m	性状
姜花	*Hedychium coronarium*	5	2.5	1.1	草本
碗蕨	*Dennstaedtia scabra*	3	0.8	0.4	草本
毛柄短肠蕨	*Allantodia dilatata*	3	1.2	0.6	草本
疏穗求米草	*Oplismenus patens*	2	0.4	0.2	草本
蔓出卷柏	*Selaginella davidii*	2	0.5	0.3	草本
狗脊蕨	*Woodwardia japonica*	2	1	0.5	草本
浆果薹草	*Carex baccans*	2	0.6	0.3	草本
长托鳞盖蕨	*Microlepia firma*	2	0.7	0.4	草本
皱叶狗尾草	*Setaria plicata*	1	1.5	0.5	草本
如意草	*Viola hamiltoniana*	1	0.4	0.2	草本

中文名	拉丁名	盖度/%	最高/m	平均高/m	性状
石松	*Lycopodium japonicum*	1	0.2	0.1	草本
蕨状薹草	*Carex filicina*	1	1	0.5	草本
楮头红	*Sarcopyramis nepalensis*	1	0.2	0.2	草本
长羽耳蕨	*Polystichum longipinnulum*	2	0.5	0.5	草本
耳基冷水花	*Pilea auricularis*	1	0.3	0.2	草本
多叶重楼	*Paris polyphylla*	1	0.6	0.4	草本
粗毛鳞盖蕨	*Microlepia strigosa*	1	0.2	0.2	草本
沿阶草	*Ophiopogon bodinieri*	1	0.2	0.2	草本
朱药秋海棠	*Begonia purpureofolia*	1	0.6	0.6	草本
魔芋	*Amorphophallus rivieri*	1	0.8	0.4	草本
仙茅	*Curculigo orchioides*	1	0.2	0.2	草本
大苞鸭跖草	*Commelina paludosa*	1	0.7	0.7	草本
尾穗薹草	*Carex caudispicata*	1	0.5	0.5	草本
大叶仙茅	*Curculigo capitulata*	1	0.6	0.6	草本
万寿竹	*Disporum cantoniense*	1	0.2	0.2	草本
牛膝	*Achyranthes bidentata*	1	1.2	1	草本
堇菜凤仙花	*Impatiens violaeflora*	1	0.3	0.3	草本
紫花堇菜	*Viola grypoceras*	1	0.1	0.1	草本
硬毛火炭母	*Polygonum chinensw* var. *hispidum*	1	1.7	1.7	草本
滇黄精	*Polygonatum kingianum*	1	0.2	0.2	草本
酸膜叶蓼	*Polygonum lapathifolium*	1	0.2	0.2	草本
合计	31种				

层间植物

中文名	拉丁名	盖度/%	高/m	性状
抱茎菝葜	*Smilax ocreata*	1	3	木质藤本
扁担藤	*Tetrastigma planicaule*	1	6	木质藤本
参薯	*Dioscorea alata*	0.5	3.5	木质藤本
丛林素馨	*Jasminum duclouxii*	0.3	3	木质藤本
粗梗胡椒	*Piper macropodum*	0.5	4	附生藤本
簇花清风藤	*Sabia fasciculata*	1	3.5	木质藤本
独籽藤	*Celastrus monospermus*	0.6	4.5	木质藤本
高粱泡	*Rubus lambertianu*	1	2.5	木质藤本
葛藤	*Pueraria lobata*	1	5.5	木质藤本
黑风藤	*Fissistigma polyanthum*	2	3	木质藤本
尖叶菝葜	*Smilax arisanensis*	1	2	木质藤本
马甲菝葜	*Smilax lanceifolia*	0.5	3.5	木质藤本
毛叶胡椒	*Piper puberulilimbum*	0.5	2.8	附生藤本
密花豆	*Spatholobus suberectus*	1	4	木质藤本
攀茎耳草	*Hedyotis scandens*	0.3	2	木质藤本
疏松悬钩子	*Rubus laxus*	1	2.5	木质藤本
细齿崖爬藤	*Tetrastigma napaulense*	0.5	3.5	木质藤本

续表

中文名	拉丁名	盖度/%	高/m	性状
小花五味子	*Schisandra micrantha*	0.5	2.6	木质藤本
锈毛铁线莲	*Clematis leschenaultiana*	1	3.5	木质藤本
崖爬藤	*Tetrastigma obtectum*	1	4	木质藤本
黑珠芽薯蓣	*Dioscorea melanophyma*	1	2	木质藤本
黏山药	*Dioscorea hemsleyi*	0.5	3	木质藤本
黧豆一种	*Mucuna* sp.	0.5	1	木质藤本
掌叶悬钩子	*Rubus pentagonus*	0.5	1	木质藤本
未定名5种		0.2～0.5	3～5	附生草本
合计	29种			

群落的种类组成较为丰富，在500m²的样方内，计维管植物91种。

样方中乔木计13种，99株，盖度65%，可分为两层。乔木上层高度主要在10～20m，最高为16m，以南亚泡花树 *Meliosma arnottiana* 和网叶山胡椒 *Lindera metcalfiana* var. *dictyophylla* 占显著优势。其他还有四果野桐 *Mallotus tetracoccus*、母猪果 *Helicia nilagirica*、截头石栎 *Lithocarpus truncatus* 等，株数共33株。

乔木下层高度主要在5～10m，主要是桫椤 *Alsophila spinulosa*、岗柃 *Eurya groffii*、尖叶桂樱 *Laurocerasus undulata*、苹果榕 *Ficus oligodon*、新木姜子 *Neolitsea aurata* 等。

乔木层中重要值最大的南亚泡花树 *Meliosma arnottiana* 为季风常绿阔叶林中的常见代表物种，但樟科成分多、桫椤 *Alsophila spinulosa* 等树状蕨类及各种喜阴湿成分的出现又充分表明该群落隶属于山地雨林，由此说明该群落处于山地雨林与季节雨林的交接过渡地段。

灌木层平均高5m以下，盖度约40%，种类丰富，达30种，包括真正的灌木和乔木幼树。其中，灌木主要是多花野牡丹 *Melastoma polyanthum*、伞形紫金牛 *Ardisia corymbifera*、荷包山桂花 *Polygala arillata*、薄叶杜茎山 *Maesa macilentoides*、粗叶榕 *Ficus hirta* 等。乔木幼树主要是茶梨 *Anneslea fragrans*、网叶山胡椒 *Lindera metcalfiana* var. *dictyophylla*、岗柃 *Eurya groffii*、杯状栲 *Castanopsis calathiformis*、截头石栎 *Lithocarpus truncatus*、白颜树 *Gironniera subaequalis*、母猪果 *Helicia nilagirica* 等。

草本层的种类也很多，达31种，盖度30%，高度主要在0.1～2.5m，以姜花 *Hedychium coronarium* 占优势，其他还常见碗蕨 *Dennstaedtia scabra*、疏穗求米草 *Oplismenus patens*、毛柄短肠蕨 *Allantodia dilatata*、蔓出卷柏 *Selaginella davidii*、狗脊蕨 *Woodwardia japonica*、浆果薹草 *Carex baccans*、长托鳞盖蕨 *Microlepia firma*、皱叶狗尾草 *Setaria plicata*、如意草 *Viola hamiltoniana*、石松 *Lycopodium japonicum*、蕨状薹草 *Carex filicina*、楮头红 *Sarcopyramis nepalensis*、长羽耳蕨 *Polystichum longipinnulum*、耳基冷水花 *Pilea auricularis* 等喜阴湿的种类。

由于生境湿润，层间植物也很发达，计29种，平均攀缘高达6m以下。种类包括抱茎菝葜 *Smilax ocreata*、扁担藤 *Tetrastigma planicaule*、参薯 *Dioscorea alata*、丛林素馨 *Jasminum duclouxii*、粗梗胡椒 *Piper macropodum*、簇花清风藤 *Sabia fasciculata*、独籽藤 *Celastrus monospermus*、高粱泡 *Rubus lambertianu*、葛藤 *Pueraria lobata*、黑风藤 *Fissistigma polyanthum* 等。

（4）截头石栎林（Form. *Lithocarpus truncatus*）

此类森林见于章巴和新田。以设置于新田的样方为例，样方位于山体东南坡的下部，紧靠沟箐，海拔1791m，生境湿润，小地形基本平坦，土壤为棕壤，厚度约25cm，苔藓类植物少。缺乏附生植物。在500m²的样方内，调查到维管植物49种（表5-16）。

样方内乔木树种5种，共56株，盖度约85%。以截头石栎 *Lithocarpus truncatus* 和桫椤 *Alsophila spinulosa* 占绝对优势。桫椤13株，高达6m，平均胸径16cm，生长状况优良。

灌木层种类计18种，盖度约30%。其中，真正的灌木层包括薄叶杜茎山 *Maesa macilentoides*、倒卵叶紫麻 *Oreocnide obovata*、广西黑面神 *Breynia hyposauropa* 等。更新层由杯状栲 *Castanopsis calathiformis*、山地水东哥 *Saurauia napaulensis* var. *montana*、茶梨 *Anneslea fragrans*、岗柃 *Eurya groffii* 等。

表5-16 截头石栎林样方表

样方号：<u>61</u> 面积：<u>20m×25m</u> 时间：<u>2006.10.10</u> 地点：<u>新田</u> GPS：<u>23.48501°N/101.81802°E</u> 海拔：<u>1791m</u>
坡向：<u>东偏南30°</u> 坡位：<u>下位</u> 坡度：<u>35°</u> 土壤：<u>棕壤</u> 小地形：<u>沟箐</u> 人为影响：<u>放牧、采挖</u>
乔木层盖度：<u>85%</u> 灌木层盖度：<u>30%</u> 草本层盖度：<u>65%</u> 调查人：<u>李帅锋、王雪丽、黄莹、杜磊</u>

乔木层						
中文名	拉丁名	株数	均高/m	均粗/cm	重要值/%	性状
截头石栎	*Lithocarpus truncatus*	16	16.0	25.0	43.2	常绿乔木
桫椤	*Alsophila spinulosa*	13	6.0	16.0	35.4	常绿乔木
网叶山胡椒	*Lindera metcalfiana* var. *dictyophylla*	12	12.0	18.0	9.0	常绿乔木
油葫芦	*Pyrularia edulis*	8	8.5	15.0	7.8	常绿乔木
云南楤木	*Aralia thomsonii*	7	8.5	13.0	4.6	落叶乔木
合计	5种	56			100.0	

灌木层					
分层	中文名	拉丁名	高/m	盖度/%	性状
灌木层	薄叶杜茎山	*Maesa macilentoides*	1.2	40.0	常绿灌木
	倒卵叶紫麻	*Oreocnide obovata*	0.8	5.0	落叶灌木
	广西黑面神	*Breynia hyposauropa*	0.7	5.0	常绿灌木
	伞形紫金牛	*Ardisia corymbifera*	0.8	38.0	常绿灌木
	宿萼木	*Strophioblachia fimbricalyx*	0.8	15.0	落叶灌木
	越南异形木	*Allomorohia baviensis*	1.0	3.0	常绿灌木
	大叶斑鸠菊	*Vernonia veolkameriifolia*	0.6	12.0	常绿灌木
更新层	杯状栲	*Castanopsis calathiformis*	1.4	8.0	乔木幼树
	茶梨	*Anneslea fragrans*	1.2	8.0	乔木幼树
	山地水东哥	*Saurauia napaulensis* var. *montana*	1.1	6.0	乔木幼树
	岗柃	*Eurya groffii*	1.5	6.5	乔木幼树
	母猪果	*Helicia nilagirica*	1.7	5.5	乔木幼树
	截头石栎	*Lithocarpus truncatus*	1.4	6.0	乔木幼树
	南亚泡花树	*Meliosma arnottiana*	1.4	5.5	乔木幼树
	桫椤	*Alsophila spinulosa*	1.3	5.0	乔木幼树
	网叶山胡椒	*Lindera metcalfiana* var. *dictyophylla*	1.1	6.0	乔木幼树
	细毛润楠	*Machilus tenuipila*	1.1	5.0	乔木幼树
	窄叶石栎	*Lithocarpus confinis*	0.9	3.0	乔木幼树
合计	18种				

草本层				
中文名	拉丁名	高/m	盖度/%	性状
乌毛蕨	*Blechnum orientale*	0.9	38.0	多年生草本
狗脊蕨	*Woodwardia japonica*	0.6	35.0	多年生草本
堇菜凤仙花	*Impatiens violaeflora*	0.1	30.0	多年生草本
朱药秋海棠	*Begonia purpureofolia*	0.2	5.0	多年生草本
毛萼双蝴蝶	*Tripterospermum hirticalyx*	0.1	4.0	多年生草本
楮头红	*Sarcopyramis nepalensis*	0.1	6.0	多年生草本
蔓出卷柏	*Selaginella davidii*	0.0	30.0	多年生草本
蕨状薹草	*Carex filicina*	0.5	40.0	多年生草本

续表

中文名	拉丁名	高/m	盖度/%	性状
卷叶黄精	*Polygonatum cirrhifolium*	0.2	3.0	多年生草本
镰叶冷水花	*Pilea semisessilis*	0.1	25.0	多年生草本
长托鳞盖蕨	*Microlepia firma*	0.2	5.0	多年生草本
疏穗求米草	*Oplismenus patens*	0.3	42.0	一年生草本
戟叶蓼	*Polygonum thunbergii*	0.1	15.0	一年生草本
万寿竹	*Disporum cantoniense*	0.1	2.0	多年生草本
仙茅	*Curculigo orchioides*	0.1	1.5	多年生草本
碗蕨	*Dennstaedtia scabra*	0.1	8.0	多年生草本
滇高良姜	*Rhynchanthus beesianus*	0.3	10.0	多年生草本
山菅兰	*Dianella ensifolia*	0.1	7.5	多年生草本
合计	18种			

层间植物

中文名	拉丁名	高/m	盖度/%
长叶清风藤	*Sabia dielsii*	2.2	1
高粱泡	*Rubus lambertianu*	1.5	2
黑风藤	*Fissistigma polyanthum*	1.8	1
黑珠芽薯蓣	*Dioscorea melanophyma*	1.2	1
毛叶胡椒	*Piper puberulilimbum*	1.4	1
白牛藤	*Hedyotis hedyotidea*	1.3	2
喜马拉雅崖爬藤	*Tetrastigma rumicispermum*	2.5	3
攀茎耳草	*Hedyotis scandens*	1.3	1
黑老虎	*Kadsura coccinea*	4	1
马甲菝葜	*Smilax lanceifolia*	2	2
显脉密花豆	*Spatholobus roxburghii* var. *denudatus*	3	2
合计	11种		

草本层计18种，盖度约65%，包括乌毛蕨 *Blechnum orientale*、狗脊蕨 *Woodwardia japonica*、堇菜凤仙花 *Impatiens violaeflora*、朱药秋海棠 *Begonia purpureofolia*、毛萼双蝴蝶 *Tripterospermum hirticalyx*、楮头红 *Sarcopyramis nepalensis* 等。

层间植物包括长叶清风藤 *Sabia dielsii*、喜马拉雅崖爬藤 *Tetrastigma rumicispermum*、高粱泡 *Rubus lambertianu*、攀茎耳草 *Hedyotis scandens* 等11种。

（5）红木荷林（Form. *Schima wallichii*）

该类型主要分布在章巴望乡台一带海拔2000m的平缓山地。样方设在保护区海拔最高的阿波列山的中部的西坡面。其仅包括1个群丛，即红木荷＋小花八角枫（Ass. *Schima wallichii*＋*Illicium micranthum*）。

群落外貌颜色深绿，盖度达90%，植物生长好。样方中苔藓高度达20cm，盖度85%，厚度2cm，多种蕨类植物和兰科植物附生在乔木层树干上（表5-17）。

乔木层树种11种，盖度95%，高达18m，胸径最大的是红木荷，达100cm。可分为两层，乔木上层由红木荷、青冈、磷叶石栎 *Lithocarpus kontumensis* 等组成，重要值分别是26.7%、15.0%、13.3%；其他有小叶栲、金叶子 *Craibiodendron yunnanense*、八角枫 *Alangium chinensis* 伴生。乔木亚层由尖叶桂樱、厚皮香 *Ternstroemia gymnanthera*、新木姜子 *Neolitsea aurata*、云南瘿椒树 *Tapiscia yunnanensis* 和西南桦 *Betula alnoides* 构成。

表5-17 红木荷＋小花八角林样方调查表

样方号：14　面积：20m×25m　时间：2006.5.8　地点：章巴阿波列山　GPS：23°20′59.9″N/102°01′20.9″E

海拔：2150m　坡向：西坡　坡位：中部　坡度：40°　小地形：阿波列山中位，下有沟箐　地表特征：枯枝落叶层约6cm

乔木层盖度：95%　灌木层盖度：45%　草本层盖度：30%　人为影响：砍柴、放牧、采挖

调查人：杜凡、王娟、李海涛、李帅峰、孙玺雯、黄莹、陈娟娟、王雪丽、叶莲

乔木层								
中文名	拉丁名	株数	高/m		胸径/cm		重要值/%	性状
			最高	平均	最粗	平均		
红木荷	Schima wallichii	1	18	18	100	100	26.7	乔木
青冈	Cyclobalanopsis glauca	2	19	18.3	50	41.2	15.0	乔木
鳞叶石栎	Lithocarpus kontumensis	3	17	15.2	25	19.3	13.3	乔木
小叶栲	Castanopsis carlesii var. spinulosa	1	20	20	60	60	11.9	乔木
金叶子	Craibiodendron yunnanense	1	20	20	40	40	7.5	乔木
西南桦	Betula alnoides	1	19	19	35	35	6.4	乔木
八角枫	Alangium chinensis	1	12	12	15	15	4.1	乔木
尖叶桂樱	Laurocerasus undulata	1	6.5	6.5	14	14	4.0	乔木
云南瘿椒树	Tapiscia yunnanensis	1	7	7	11	11	3.8	乔木
厚皮香	Ternstroemia gymnanthera	1	6	6	8	8	3.7	乔木
新木姜子	Neolitsea aurata	1	5	5	5	5	3.6	乔木
合计	11种	14					100.0	

灌木层					
层次	中文名	拉丁名	高/m	盖度/%	性状
灌木层	小花八角	Illicium micranthum	1.2	10	常绿灌木
	假朝天罐	Osbeckia crinita	0.8	10	常绿灌木
	尖叶花椒	Zanthoxylum oxyphyllum	2.8	5	常绿灌木
	未知一种		0.8	3	常绿灌木
	尖萼金丝桃	Hypericum acmosepalum	0.2	2	常绿灌木
	大白花杜鹃	Rhododendron decorum	0.1	1	常绿灌木
更新层	硬斗石栎	Lithocarpus hancei	1.4	5	乔木幼树
	厚皮香	Ternstroemia gymnanthera	3.3	5	乔木幼树
	马蹄荷	Exbucklandia populnea	3.6	5	乔木幼树
	尖叶桂樱	Laurocerasus undulata	0.4	1	乔木幼树
	倒卵叶红淡比	Cleyera obovata	3.6	3	乔木幼树
	毛杨梅	Myrica esculenta	0.8	3	乔木幼树
	鳞叶石栎	Lithocarpus kontumensis	1.6	3	乔木幼树
	短序鹅掌柴	Schefflera bodinieri	0.7	2	乔木幼树
	扇叶槭	Acer flabellatum	0.1	2	落叶乔木幼树
	翅柄紫茎	Stewartia pteropetiolata	1.1	2	乔木幼树
	大叶鹅掌柴	Schefflera macrophylla	3.0	2	乔木幼树
合计	17种				

草本层				
中文名	拉丁名	高/m	盖度/%	性状
紫茎泽兰	Ageratina adenophora	0.6	15	草本
离轴红腺蕨	Diacalpe christensenae	0.5	8	草本
黑鳞耳蕨	Polystichum makinoi	0.3	5	草本

续表

中文名	拉丁名	高/m	盖度/%	性状
万寿竹	*Disporum cantoniense*	0.2	5	草本
无芒荩草	*Arthraxon submuticus*	0.7	3	草本
长茎星苞火绒草	*Leontopodium jacotianum* var. *minum*	0.1	2	草本
兰科一种	Orchidaceae sp.	0.2	2	草本
兰科一种	Orchidaceae sp.	0.2	2	草本
近蕨薹草	*Carex subfilicinoides*	0.2	2	草本
多苞冷水花	*Pilea bracteosa*	0.2	2	草本
无芒荩草	*Arthraxon submuticus*	0.2	2	草本
异花兔儿风	*Ainsliaea heterantha*	0.3	2	草本
细尾楼梯草	*Elatostema tenuicaudatum*	0.2	1	草本
大叶仙茅	*Curculigo capitulata*	0.5	1	草本
合计	14种			

层间植物

中文名	拉丁名	高/m	盖度/%	性状
苦皮藤	*Celastrus angulatus*	3.3	5	木质藤本
大叶酸藤子	*Embelia subcoriacea*	2.6	5	木质藤本
红苞树萝卜	*Agapetes rubrobracteata*	0.4	3	附生草本
景东山橙	*Melodinus khasianus*	1.3	3	木质藤本
狭叶崖爬藤	*Tetrastigma serrulatum*	0.9	3	草质藤本
小心叶薯	*Ipomoea obscura*	1.2	3	草质藤本
华肖菝葜	*Heterosmilax chinensis*	1.7	2	木质藤本
三叶野木瓜	*Stauntonia brunoiana*	1.1	2	木质藤本
华肖菝葜	*Heterosmilax chinensis*	0.1	1	木质藤本
丛林素馨	*Jasminum duclouxii*	1.4	1	木质藤本
贡山卷瓣兰	*Bulbophyllum gongshanense*	0.1	<1	附生草本
合计	11种			

　　灌木层平均高4m以下，计17种，盖度约45%。常见小花八角 *Illicium micranthum*；更新层种类丰富，有马蹄荷、厚皮香 *Ternstroemia gymnanthera*、倒卵叶红淡比 *Cleyera obovata*、硬斗石栎 *Lithocarpus hancei*、鳞叶石栎等。

　　草本层平均高80cm以下，计14种，盖度约30%。以紫茎泽兰占优势，单种盖度15%。此外离轴红腺蕨 *Diacalpe christensenae*、万寿竹 *Disporum cantoniense*、黑鳞耳蕨 *Polystichum makinoi*、无芒荩草 *Arthraxon submuticus*、细尾楼梯草 *Elatostema tenuicaudatum*、大叶仙茅 *Curculigo capitulata*、多苞冷水花 *Pilea bracteosa*、异花兔儿风 *Ainsliaea heterantha* 等也常见。

　　层间植物不甚发达，计11种，木质藤本粗3cm，常见苦皮藤 *Celastrus angulatu*、景东山橙 *Melodinus khasianus*、三叶野木瓜 *Stauntonia brunoiana*；草质藤本以狭叶崖爬藤 *Tetrastigma serrulatum*、小心叶薯 *Ipomoea obscura* 等较多；附生植物以苔藓植物为主，高可达20m，盖度约85%，此外红苞树萝卜 *Agapetes rubrobracteata*、贡山卷瓣兰 *Bulbophyllum gongshanense* 等附生植物也常见。

　　群落演替分析　元江自然保护区的红木荷＋小花八角林分布海拔达到2150m，面积不大，属于季风常绿阔叶林分布海拔偏高而湿润的类型，其中出现了半湿润常绿阔叶林或中山湿性常绿阔叶林的成分，如喜湿的大白花杜鹃 *Rhododendron decorum*、硬斗石栎、扇叶槭等。群落带有显著的次生性。近年来保护区加强管理，这些次生林逐渐由萌生灌丛恢复起来。群落物种丰富，可为季风常绿阔叶林群系的恢复研究提供依据。

群落更新层乔木幼树种类丰富，共计11种，以壳斗科种类最多，却未见优势种红木荷的幼苗，反映出群落很可能朝着以壳斗科植物为主的常绿阔叶林方向恢复。

2. 半湿润常绿阔叶林

半湿润常绿阔叶林是滇中高原的地带性植被，海拔1700～2500m，与整个高原面的起伏基本一致，下限可至1500m。在同一区域，半湿润常绿阔叶林分布的海拔比中山湿性常绿阔叶林的海拔低，生境更干燥，通常缺少明显附生的苔藓植物层，也缺少显著的竹子层片。其优势种主要是滇青冈、元江栲、黄毛青冈、高山栲、滇石栎。植物区系主要是东亚成分中的中国—喜马拉雅成分。由于长期人为利用，原始林不多见。

保护区半湿润常绿阔叶林主要分布于望乡台、莫朗和甘岔等地，海拔1900～2200m，由于距居民点较近，砍伐、放牧、开荒等人为影响较大。其主要有元江栲林、香面叶林、马缨花林和短柄石栎林4个类型（群系），分布零星，面积小。

（1）元江栲林（Form. *Castanopsis orthacantha*）

元江栲 *Castanopsis orthacantha* 是云贵高原特有种，向南延伸至无量山和哀牢山，向西至沧山西坡。分布海拔1600～2600m，个别达2800m。由于长期遭受人为干扰，多数地区元江栲林只剩下零星片段。保护区的元江栲林属于元江栲-刺栲-银木荷林（群丛）（Ass. *Castanopsis orthacantha-Castanopsis hystrix-Schima argentea*）。主要分布在章巴水库周边，海拔2001m，坡度30°。分布地约在50年前有村庄，村庄迁出后植被恢复较好。生境偏湿润，土层厚，土表多腐殖质，枯枝落叶厚15cm（表5-18）。

表5-18　元江栲-刺栲-银木荷群落样方表

样方号：83　面积：20m×25m　时间：2006.5.4　地点：章巴　GPS：23°40′27.8″N/101°45′21.6″E　海拔：2001m
坡向：北坡　坡位：上坡　坡度：30°　大地形：接近山头　小地形：水库周边　土壤：红壤　地表特征：枯枝落叶厚15cm
乔木层盖度：80%　灌木层盖度：40%　草本层盖度：15%　其他：附近于1960年前有村庄，村庄迁出后无人为破坏
调查人：杜凡、石明、李海涛、李帅锋

乔木层									
中文名	拉丁名	株数	高/m		胸径/cm		盖度/%	重要值/%	性状
			高度	平均	最粗	平均			
元江栲	*Castanopsis orthacantha*	24	26	18.4	37.5	21.4	43.5	26.24	常绿乔木
刺栲	*Castanopsis hystrix*	21	25	15.4	43.1	18.8	35.7	22.83	常绿乔木
银木荷	*Schima argentea*	19	16	10.0	21.9	9.2	6.8	14.22	常绿乔木
亮毛杜鹃	*Rhododendron microphyton*	14	6	4.0	8.3	5.8	1.7	10.01	乔木状
云南越桔	*Vaccinium duclouxii* var. *hirticaule*	14	7	5.2	13.2	7.1	2.7	8.15	常绿乔木
球花毛叶米饭花	*Lyonia villosa* var. *sphaerantha*	8	15	8.5	14.5	10.0	3.0	5.47	常绿乔木
三股筋香	*Lindera thomsonii*	2	20	16.1	18.0	16.0	1.8	2.26	常绿乔木
多脉冬青	*Ilex polyneura*	2	22	16.6	16.0	14.5	1.5	2.15	落叶乔木
椤木石楠	*Photinia davidsoniae*	2	9.5	8.8	13.0	12.5	1.1	1.47	常绿乔木
白檀	*Symplocos paniculata*	2	9	8.7	9.0	8.9	0.5	1.30	落叶乔木
大蕊野茉莉	*Styrax macrantha*	2	5.5	5.3	6.4	6.0	0.3	1.20	落叶乔木
西南桦	*Betula alnoides*	1	8	8.0	17.1	17.1	1.0	1.16	落叶乔木
毛杨梅	*Myrica esculenta*	1	5	5.0	9.0	9.0	0.3	0.92	常绿乔木
移依	*Docynia indica*	1	6	6.0	6.8	6.8	0.2	0.89	落叶乔木
毛叶柿	*Diospyros mollifolia*	1	6	6.0	5.8	5.8	0.1	0.87	常绿乔木
川梨	*Pyrus pashia*	1	6	6.0	5.0	5.0	0.1	0.86	落叶乔木
合计	16种	115						100.0	

续表

灌木层						
层次	中文名	拉丁名	最高 /m	平均高 /m	盖度 /%	性状
灌木层	亮毛杜鹃	*Rhododendron microphyton*	5	1.66	5	常绿灌木
	云南越桔	*Vaccinium duclouxii* var. *hirticaule*	6	2.08	3	常绿灌木
	丽江柃	*Eurya handel-mazzettii*	3.6	1.38	3	常绿灌木
	西南山茶	*Camellia pitardii*	2	1.47	2	常绿灌木
	金叶细枝柃	*Eurya loquaiana*	2.6	0.88	2	常绿灌木
	云南连蕊茶	*Camellia forrestii*	2.5	0.98	2	常绿灌木
	球花毛叶米饭花	*Lyonia villosa* var. *sphaerantha*	6.5	2.5	1.5	常绿灌木
	水红木	*Viburnum cylindricum*	1.8	1.8	1.5	常绿灌木
	朱砂根	*Ardisia crenata*	1	0.43	1.5	常绿灌木
	腾冲荚迷	*Viburnum tengyuehense*	0.5	0.5	1	常绿灌木
	云南凹脉柃	*Eurya cavinervis*	1.6	0.95	1	乔木幼树
	三股筋香	*Lindera thomsonii*	2.5	2.5	1	乔木幼树
	杯鄂忍冬	*Lonicera inconspicua*	0.03	0.03	1	常绿灌木
	荷包山桂花	*Polygala arillata*	0.25	0.25	1	常绿灌木
更新层	银木荷	*Schima argentea*	3	0.78	3	乔木幼树
	刺栲	*Castanopsis hystrix*	3	0.93	3	乔木幼树
	元江栲	*Castanopsis orthacantha*	3	1.95	1	乔木幼树
	椤木石楠	*Photinia davidsoniae*	1.3	0.53	1	乔木幼树
	香面叶	*Lindera caudata*	0.8	0.38	1	乔木幼树
	短序鹅掌柴	*Schefflera bodinieri*	0.4	0.21	1	乔木幼树
	翅柄紫茎	*Stewartia pteropetiolata*	1.4	1.4	1	乔木幼树
	大蕊野茉莉	*Styrax macrantha*	0.05	0.05	1	乔木幼树
	川梨	*Pyrus pashia*	0.5	0.5	1	乔木幼树
	厚皮香	*Ternstroemia gymnanthera*	0.3	0.18	1	乔木幼树
	贡山润楠	*Machilus gongshanensis*	1.3	1.3	0.2	乔木幼树
	云南山楂	*Crataegus scabrifolia*	0.8	0.8	0.2	乔木幼树
	云南樟	*Cinnamomum glanduliferum*	0.4	0.4	0.2	乔木幼树
合计		27种				

草本层					
中文名	拉丁名	最高 /m	平均高 /m	盖度 /%	性状
紫茎泽兰	*Ageratina adenophora*	0.5	0.4	3	草本
里白一种	*Hicriopteris* sp.	0.5	0.3	2	草本
凸脉苔草	*Arthraxon microphyllus*	0.1	0.1	1.5	草本
峨眉双蝴蝶	*Tripterospermum cordatum*	1.6	1.2	0.5	草本
窄叶火炭母	*Polygonum chinense* var. *paradoxum*	0.5	0.4	0.5	草本
西南草莓	*Fragaria moupinensis*	0.1	0.1	0.5	草本
竹叶草	*Oplismenus compositus*	0.1	0.1	0.5	草本
两歧飘拂草	*Fimbristylis dichotoma*	0.2	0.1	0.5	草本
碗蕨	*Dennstaedtia scabra*	0.4	0.3	0.5	草本
长径薹草	*Carex setigera*	0.3	0.3	0.5	草本
黑鳞耳蕨	*Polystichum makinoi*	0.6	0.6	0.5	草本

续表

中文名	拉丁名	最高/m	平均高/m	盖度/%	性状
疏叶蹄盖蕨	*Athyrium dissitifolium*	0.1	0.1	0.5	草本
匍匐风轮菜	*Clinopodium repens*	0.1	0.1	0.5	草本
石松	*Lycopodium japonicum*	0.1	0.1	0.5	草本
云南耳蕨	*Polystichum yunnanense*	0.3	0.3	0.5	草本
栗柄金粉蕨	*Onychium lucidum*	0.6	0.6	0.5	草本
心叶堇菜	*Viola concordifolia*	0.1	0.1	0.1	草本
毛堇菜	*Viola thomsonii*	0.1	0.1	0.1	草本
沿阶草	*Ophiopogon bodinieri*	0.2	0.2	0.1	草本
合计	19种				

层间植物					
中文名	拉丁名	最高/m	平均高/m	盖度/%	性状
滇缅崖豆藤	*Millettia dorwardi*	5	4.21	2	藤本
含羞草叶黄檀	*Dalbergia mimosoides*	5	2.53	2	藤本
尖叶菝葜	*Smilax arisanensis*	1.2	0.83	1	藤本
劲直菝葜	*Smilax rigida*	0.15	0.15	1	藤本
细木通	*Clematis subumbellata*	0.3	0.3	1	藤本
小叶菝葜	*Smilax microphylla*	0.8	0.8	0.5	藤本
崖爬藤	*Tetrastigma obtectum*	0.1	0.12	0.5	藤本
掌裂棕红悬钩子	*Rubus rufus* var. *palmatifidus*	3.5	2	0.5	藤本
云南铁箍散	*Schisandra henryi*	0.06	0.06	0.5	藤本
胡颓子幼苗一种	*Elaeagnus* sp.	0.15	0.11	0.5	藤本
鸡柏紫藤	*Elaeagnus loureirii*	0.8	0.43	0.5	藤本
丛林素馨	*Jasminum duclouxii*	1.1	0.34	0.5	藤本
大乌泡	*Rubus multibracteatus*	1.6	1.6	0.5	藤本
山莓	*Rubus corchorifolius*	7.5	2.32	0.5	藤本
齿萼悬钩子	*Rubus calycinus*	0.1	0.1	0.1	藤本
合计	15种				

乔木层盖度80%，植物计16种，115株，以常绿树种占绝对优势，高达26m，胸径基本未超过40cm。树干分枝较低，多萌生。元江栲数量最多，其次为刺栲*Castanopsis hystrix*，再次为银木荷*Schima argentea*。

灌木层盖度40%，高可达6.5m，物种计27种，由灌木和乔木幼树组成，如亮毛杜鹃*Rhododendron microphyton*、银木荷、刺栲、云南越桔*Vaccinium duclouxii* var. *hirticaule*、元江栲、香面叶*Lindera caudata*、椤木石楠*Photinia davidsoniae*、西南山茶*Camellia pitardii*、金叶细枝柃*Eurya loquaiana* var. *aureopunctata*、云南连蕊茶*Camellia forrestii*、短序鹅掌柴*Schefflera bodinieri*等。

草本层盖度15%，高达1.6m，物种计19种。常见紫茎泽兰*Ageratina adenophora*、峨眉双蝴蝶*Tripterospermum cordatum*、窄叶火炭母*Polygonum chinense* var. *paradoxum*、两歧飘拂草*Fimbristylis dichotoma*、碗蕨*Dennstaedtia scabra*、心叶堇菜*Viola concordifolia*等。

层间植物计15种，常见滇缅崖豆藤*Millettia dorwardi*、含羞草叶黄檀*Dalbergia mimosoides*、尖叶菝葜*Smilax arisanensis*、劲直菝葜*S. rigida*、小叶菝葜*S. microphylla*、细木通*Clematis subumbellata*、崖爬藤*Tetrastigma obtectum*、云南铁箍散*Schisandra henryi* var. *yunnanensis*、鸡柏紫藤*Elaeagnus loureirii*、掌裂棕红悬钩子*Rubus rufus* var. *palmatifidus*、大乌泡*R. multibracteatus*、山莓*R. corchorifolius*、齿萼悬钩子*R. calycinus*、丛林素馨*Jasminum duclouxii*等。

附生植物苔藓和地衣大部分位于5m以下的位置，各约占30%。

群落动态分析　本群落以元江栲为优势种，但样方中元江栲的幼苗仅14株，占更新幼苗数量的10.61%，说明元江栲更新不良。刺栲和银木荷是生长较快的树种，从胸径－株数对比图（图5-1）中可以看出，今后本群落将会演变成以元江栲、刺栲、银木荷为优势种的群落。

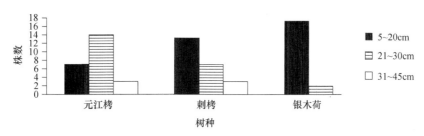

图5-1　乔木重要值在前三位的胸径－株数对比图

（2）香面叶林（Form. *Lindera caudata*）

该群系仅一种类型（群丛），即香面叶－旱冬瓜＋异花兔儿风林（Ass. *Lindera caudata-Alnus nepalensis*＋*Ainsliaea heterantha*），见于望乡台海拔1900～1950m。生境坡度陡。群落呈片状分布，集中在水库边和沟箐。群落此前遭到砍伐，进入了较多先锋树种，缺少壳斗科植物。由于邻近水库，生境较湿润，林下有桫椤 *Alsophila spinulosa* 出现（表5-19）。

表5-19　香面叶－旱冬瓜＋异花兔儿风林样方调查表

样方号：样22　面积：20m×25m　地点：望乡台　时间：2006.5.17　GPS：23°22′6.7″N/101°56′32.2″E　海拔：1944m
坡向：北坡　坡位：上坡近山脊　坡度：28°　小地形：水库边，坡陡　土壤：有砂石　地表特征：枯枝落叶层厚8cm
乔木层盖度：60%　灌木层盖度：50%　草本层盖度：15%　人为影响：放牧，砍伐
调查人：李海涛、李帅锋、陈娟娟、黄莺、王雪丽、叶莲、孙玺雯

			高/m		胸径/cm				
中文名	拉丁名	株数	最高	平均	最粗	平均	重要值/%	性状	物候
香面叶	*Lindera caudata*	113	14.0	10.1	16.0	7.0	56.9	常绿乔木	叶
旱冬瓜	*Alnus nepalensis*	10	16.0	12.7	55.0	32.0	34.2	落叶乔木	叶
滨盐肤木	*Rhus chinensis* var. *roxburghii*	6	9.0	7.0	10.0	6.6	2.9	落叶乔木	叶
多脉冬青	*Ilex polyneura*	3	11.0	9.7	14.0	11.8	2.3	常绿乔木	叶
毛杨梅	*Myrica esculenta*	3	8.5	7.0	7.0	5.9	1.4	常绿乔木	叶
球花毛叶米饭花	*Lyonia villosa* var. *sphaerantha*	2	12.0	9.3	5.5	5.3	0.9	落叶乔木	叶
未知一种		1	4.5	4.5	6.5	6.5	0.5	落叶乔木	叶
金平木姜子	*Litsea chinpingensis*	1	9.5	9.5	5.0	5.0	0.5	常绿乔木	叶
稀花八角枫	*Alangium chinense* ssp. *pauciflorum*	1	5.5	5.5	5.0	5.0	0.4	常绿乔木	叶
合计	9种	140					100.0		

乔木层

分层	中文名	拉丁名	最高/m	平均高/m	盖度/%	性状
	云南绣线梅	*Neillia serratisepala*	2	0.9	5	落叶灌木
	球花毛叶米饭花	*Lyonia villosa* var. *sphaerantha*	2.5	1.6	5	落叶灌木
灌木层	毛杨梅	*Myrica esculenta*	2.6	1.7	3	常绿灌木
	尖萼金丝桃	*Hypericum acmosepalum*	1.4	0.8	3	常绿灌木
	云南越桔	*Vaccinium duclouxii* var. *hirticaule*	2.5	1.4	3	常绿灌木
	大乌泡	*Rubus multibracteatus*	2.8	2.3	2	常绿灌木

灌木层

分层	中文名	拉丁名	最高 /m	平均高 /m	盖度 /%	性状
灌木层	景东楤木	*Aralia gintungensis*	4	3.8	1	落叶灌木
	假朝天罐	*Osbeckia crinita*	0.4	0.2	2	常绿灌木
	未知5		1.6	1.6	1	落叶灌木
	药囊花	*Cyphotheca montana*	1.3	1.2	1	常绿灌木
	朱砂根	*Ardisia crenata*	0.2	0.2	1	常绿灌木
更新层	香面叶	*Lindera caudata*	5.5	4.2	8	乔木幼树
	水红木	*Viburnum cylindricum*	5	2.62	5	乔木幼树
	华南毛柃	*Eurya ciliata*	1.7	1.02	5	乔木幼树
	云南泡花树	*Meliosma yunnanensis*	1.3	0.9	2	乔木幼树
	旱冬瓜	*Alnus nepalensis*	5	3.75	1	落叶幼树
	桫椤	*Alsophila spinulosa*	1.3	1.3	3	乔木幼树
	滨盐肤木	*Rhus chinensis* var. *roxburghii*	3.5	2.2	2	落叶幼树
	斜基叶柃	*Eurya obliquifolia*	1.3	1.3	2	乔木幼树
	金平木姜子	*Litsea chinpingensis*	2	2	2	乔木幼树
	尼泊尔野桐	*Mallotus nepalensis*	0.3	0.3	1	乔木幼树
	新木姜子	*Neolitsea aurata*	0.8	0.8	1	乔木幼树
合计	22种					

草本层

中文名	拉丁名	最高 /m	平均高 /m	盖度 /%	性状
异花兔儿风	*Ainsliaea heterantha*	0.2	0.1	2	草本
狗脊蕨	*Woodwardia japonica*	1	0.7	2	草本
两歧飘拂草	*Fimbristylis dichotoma*	0.5	0.4	1	草本
碗蕨	*Dennstaedtia scabra*	0.4	0.3	1	草本
星毛繁缕	*Stellaria vestita*	0.3	0.3	1	草本
淡竹叶	*Lophatherum gracile*	0.5	0.3	1	草本
毛轴蕨	*Pteridium revolutum*	0.8	0.4	1	草本
火炭母	*Polygonum chinense*	1.5	1.1	1	草本
蕨状薹草	*Carex filicina*	0.6	0.5	1	草本
峨眉双蝴蝶	*Tripterospermum cordatum*	1	0.4	1	草本
山葛薯	*Dioscorea chingii*	0.6	0.5	1	草本
一把伞南星	*Arisaema erubescens*	0.6	0.4	1	草本
紫茎泽兰	*Ageratina adenophora*	0.8	0.8	1	草本
疏穗求米草	*Oplismenus patens*	0.5	0.5	1	草本
红球姜	*Zingiber zerumbet*	0.3	0.2	0.5	草本
大果大戟	*Euphorbia wallichii*	1	0.8	0.1	草本
华南龙胆	*Gentiana loureirii*	0.3	0.1	0.2	草本
裸茎千里光	*Senecio nudicaulis*	1	1	0.2	草本
合计	18种				

层间植物

中文名	拉丁名	最高 /m	平均高 /m	盖度 /%	性状	物候
云南崖爬藤	*Tetrastigma yunnanense*	0.8	0.5	3	草质藤本	叶
丛林素馨	*Jasminum duclouxii*	1.7	1.1	1	草质藤本	叶

中文名	拉丁名	最高/m	平均高/m	盖度/%	性状	物候
多蕊肖菝葜	*Heterosmilax polyandra*	1	1	1	草质藤本	叶
红毛悬钩子	*Rubus pinfaensis*	0.4	0.4	1	木质藤本	叶
小花五味子	*Schisandra micrantha*	1.4	0.9	1	木质藤本	叶
红毛悬钩子	*Rubus pinfaensis*	1.8	1.8	1	木质藤本	果
尖叶菝葜	*Smilax arisanensis*	0.8	0.8	1	草质藤本	叶
合计	7种					

乔木层盖度约60%。中小径阶的林木偏多，计9种约140株。乔木上层高度主要在11～16m，优势种为香面叶和旱冬瓜，重要值分别为56.9%和34.2%；其他还有多脉冬青 *Ilex polyneura* 等。乔木下层高4.5～9m，常见滨盐肤木 *Rhus chinensis* var. *roxburghii*、毛杨梅 *Myrica esculenta*、球花毛叶米饭花 *Lyonia villosa* var. *sphaerantha*、金平木姜子 *Litsea chinpingensis*、稀花八角枫 *Alangium chinense* ssp. *pauciflorum* 等。

灌木层盖度50%，包括真正的灌木和高度不足5m的乔木幼树，计22种。真正的灌木高度主要在0.2～3m，常见云南绣线梅 *Neillia serratisepala*、尖萼金丝桃 *Hypericum acmosepalum*、云南越桔 *Vaccinium duclouxii* var. *hirticaule*、大乌泡 *Rubus multibracteatus*、景东楤木 *Aralia gintungensis*、假朝天罐 *Osbeckia crinita*、朱砂根 *Ardisia crenata* 等；乔木幼树有云南泡花树 *Meliosma yunnanensis*、尼泊尔野桐 *Mallotus nepalensis*、新木姜子 *Ardisia crenata*、香面叶、旱冬瓜、金平木姜子等。

草本层盖度15%，高度主要在0.2～1.5m，计18种。重要值前3位的是异花兔儿风、狗脊蕨 *Woodwardia japonica*、两歧飘拂草 *Fimbristylis dichotoma*，分别为17.9%、17.0%、14.3%。其他还有碗蕨 *Dennstaedtia scabra*、星毛繁缕 *Stellaria vestita*、淡竹叶 *Lophatherum gracile*、毛轴蕨 *Pteridium revolutum*、火炭母 *Polygonum chinense*、蕨状薹草 *Carex filicina*、峨眉双蝴蝶 *Tripterospermum cordatum*、山葛薯 *Dioscorea chingii*、一把伞南星 *Arisaema erubescens*、疏穗求米草 *Oplismenus patens*、紫茎泽兰 *Ageratina adenophora*、红球姜 *Zingiber zerumbet*、华南龙胆 *Gentiana loureirii*、裸茎千里光 *Senecio nudicaulis* 等。

层间植物计7种，高度主要在0.5～1.7m，数量最多的是云南崖爬藤 *Tetrastigma yunnanense*。也常见丛林素馨 *Jasminum duclouxii*、多蕊肖菝葜 *Heterosmilax polyandra*、尖叶菝葜 *Smilax arisanensis*、红毛悬钩子 *Rubus pinfaensis*、小花五味子 *Schisandra micrantha* 等。

香面叶林次生性强，但恢复较好。群落更新层中香面叶依旧有大量的幼苗，属于增长型，而旱冬瓜没有幼树，更新不良，处于衰退阶段（图5-2～图5-4）。林下其他种类的乔木幼树在数量上不足以对香面叶的优势地位产生影响，说明香面叶将继续占据优势地位，而旱冬瓜将不断减少。

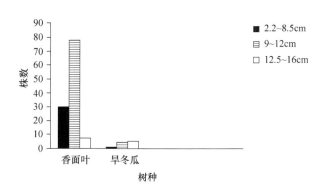

图5-2 样22乔木层中优势种胸径与株数对比图

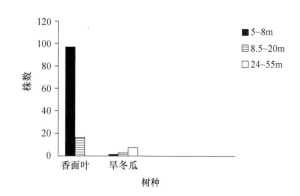

图5-3 样22乔木层中优势种树高与株数对比图

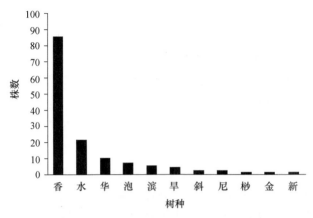

图5-4　样22灌木层中乔木幼树的株数图

香＝香面叶，水＝水红木，华＝华南毛枨，泡＝云南泡花树，滨＝滨盐肤木，旱＝旱冬瓜，
斜＝斜基叶枨，尼＝尼泊尔野桐，桫＝桫椤，金＝金平木姜子，新＝新木姜子

（3）马缨花林（Form. *Rhododendron delavayi*）

本群系调查到一个类型（群丛），即马缨花 - 杯状栲＋姜花林（Ass. *Rhododendron delavayi-Castanopsis calathiformis＋Hedychium coronarium*），见于莫朗山顶附近海拔2070m。样方地势比较缓平。苔藓附生高度达10cm，盖度60%，厚度2cm；还有多种蕨类植物附生在乔木层树干上（表5-20）。

表5-20　马缨花 - 杯状栲＋姜花林样方调查表

样方号：样65　面积：20m×25m　时间：2006.10.15　地点：莫朗　GPS：23.49874°N/101.95494°E　海拔：2070m
坡向：东偏北30°　坡位：上坡/坡度：12°　小地形：山顶坡缓　土壤：棕壤　地表特征：枯枝落叶层厚5cm
乔木层盖度：60%　灌木层盖度：50%　草本层盖度：20%　人为影响：轻微，偶有砍伐
调查人：李帅锋、陈娟娟、黄莺、王雪丽、叶莲、沈道永、王建军、苗云光、农昌武、岩香甩、杜磊

乔木层								
中文名	拉丁名	株数	高/m		胸径/cm		重要值/%	物候
			最高	平均	最粗	平均		
马缨花	*Rhododendron delavayi*	17	10.0	8.1	65.0	29.4	22.8	叶
杯状栲	*Castanopsis calathiformis*	37	13.0	9.6	28.0	10.6	21.1	果
光叶石栎	*Lithocarpus mairei*	27	15.0	11.3	30.0	13.6	20.2	叶
黄毛青冈	*Cyclobalanopsis delavayi*	17	15.0	10.5	45.0	19.0	16.7	叶
云南柞栎	*Quercus dentata* var. *oxyloba*	7	11.0	9.9	18.0	12.8	5.6	叶
滇青冈	*Cyclobalanopsis glaucoides*	6	10.0	9.5	16.0	13.5	4.0	叶
银木荷	*Schima argentea*	5	9.5	8.0	8.0	5.8	3.4	叶
米饭花	*Lyonia ovalifolia*	1	7.5	7.5	38.0	38.0	2.3	叶
毛杨梅	*Myrica esculenta*	2	7.0	7.0	5.5	5.5	1.2	叶
多脉冬青	*Ilex polyneura*	1	8.5	8.5	7.0	7.0	0.9	叶
厚皮香	*Ternstroemia gymnanthera*	1	7.0	7.0	6.5	6.5	0.9	叶
云南越桔	*Vaccinium duclouxii* var. *hirticaule*	1	3.5	3.5	6.0	6.0	0.9	叶
总计		12种　　122					100.0	

灌木层						
分层	中文名	拉丁名	最高/m	平均高/m	盖度/%	性状
灌木层	江南越桔	*Vaccinium mandarinorum*	3	0.9	5	常绿灌木
	柳叶金叶子	*Craibiodendron henryi*	2.5	1.7	4	常绿灌木

续表

分层	中文名	拉丁名	最高/m	平均高/m	盖度/%	性状
灌木层	云南含笑	*Michelia yunnanensis*	2.5	1.1	3	常绿灌木
	树斑鸠菊	*Vernonia arborea*	0.2	0.2	3	常绿灌木
	朱砂根	*Ardisia crenata*	0.3	0.3	2	常绿灌木
	红凉伞	*Ardisia crenata* var. *bicolor*	0.5	0.5	1	常绿灌木
	茸毛木蓝	*Indigofera stachyodes*	0.4	0.4	1	常绿灌木
	赤山蚂蝗	*Desmodium rubrum*	0.2	0.2	1	常绿灌木
更新层	银木荷	*Schima argentea*	3	1.4	15	乔木幼树
	光叶石栎	*Lithocarpus mairei*	1.4	0.9	5	乔木幼树
	毛果柃	*Eurya trichocarpa*	4	1.4	3	乔木幼树
	高山栲	*Castanopsis delavayi*	0.8	0.6	3	乔木幼树
	厚皮香	*Ternstroemia gymnanthera*	0.3	0.2	2	乔木幼树
	香面叶	*Lindera caudata*	1.6	0.7	2	乔木幼树
	小叶栲	*Castanopsis carlesii* var. *spinulosa*	1.8	1.7	2	乔木幼树
	滇青冈	*Cyclobalanopsis glaucoides*	0.3	0.2	2	乔木幼树
	多毛君迁子	*Diospyros lotus* var. *mollissima*	0.1	0.1	1.5	乔木幼树
	水红木	*Viburnum cylindricum*	0.4	0.4	1	乔木幼树
	多穗石栎	*Lithocarpus polystachyus*	1	1	1	乔木幼树
	云南油杉	*Keteleeria evelyniana*	0.3	0.3	1	乔木幼树
合计	20种					

草本层

中文名	拉丁名	最高/m	平均高/m	盖度/%	性状
姜花	*Hedychium coronarium*	0.9	0.2	3	多年生草本
紫柄假瘤蕨	*Phymatopteris crenatopinnata*	0.2	0.1	3	多年生草本
四方蒿	*Elsholtzia blanda*	1.3	0.9	2	多年生草本
毛轴蕨	*Pteridium revolutum*	0.9	0.6	2	多年生草本
蜜蜂花	*Melissa axillaris*	1.2	0.8	2	多年生草本
十字薹草	*Carex cruciata*	0.9	0.7	2	多年生草本
剪股颖	*Agrostis matsumurae*	0.8	0.7	2	多年生草本
野拔子	*Elsholtzia rugulosa*	1.1	0.8	2	多年生草本
紫茎泽兰	*Ageratina adenophora*	1.2	0.8	2	多年生草本
珠光香青	*Anaphalis margaritacea*	0.5	0.4	1	多年生草本
星毛繁缕	*Stellaria vestita*	0.2	0.2	0.5	一年生草本
石松	*Lycopodium japonicum*	0.2	0.2	0.3	匍匐草本
滇龙胆草	*Gentiana rigescens*	0.2	0.2	0.2	多年生草本
屏边叉柱兰	*Cheirostylis pingbianensis*	0.3	0.2	0.1	多年生草本
合计	14种				

层间植物

中文名	拉丁名	最高/m	平均高/m	盖度/%	性状
巴豆藤	*Craspedolobium schochii*	3	1.1	5	木质藤本
菝葜	*Smilax china*	1	0.3	2	草质藤本
三叶蝶豆	*Clitoria mariana*	0.5	0.3	2	木质藤本

中文名	拉丁名	最高/m	平均高/m	盖度/%	性状
丛林素馨	*Jasminum duclouxii*	0.4	0.2	1	草质藤本
牛白藤	*Hedyotis hedyotidea*	0.4	0.3	1	草质藤本
牛奶菜一种	*Marsdenia* sp.	0.1	0.1	1	草质藤本
西南石韦	*Pyrrosia gralla*	0.1	0.8	1	附生草本
扭瓦韦	*Lepisorus contortus*	0.1	0.1	1	附生草本
胎生铁角蕨	*Asplenium indicum*	0.2	0.1	1	附生草本
矮石斛	*Dendrobium bellatulum*	0.3	0.1	0.2	附生草本
合计	10种				

　　乔木层盖度60%，平均高15m，计12种，122株。乔木上层高度主要在12～15m，以马缨花 *Rhododendron delavayi*、杯状栲、光叶石栎 *Lithocarpus mairei*、黄毛青冈 *Cyclobalanopsis delavayi* 为主；马缨花十分显著，胸径可达65cm。乔木中层高度主要在8～11m，以云南柞栎 *Quercus dentata* var. *oxyloba*、多脉冬青 *Ilex polyneura*、马缨花、滇青冈 *Cyclobalanopsis glaucoides* 等为主。乔木下层高度主要在5～7.5m，以银木荷、米饭花 *Lyonia ovalifolia*、毛杨梅 *Myrica esculenta*、厚皮香 *Ternstroemia gymnanthera*、云南越桔 *Vaccinium duclouxii* var. *hirticaule* 等为主。乔木层中重要值前3位的是马缨花、杯状栲、光叶石栎，分别是22.8%、21.1%、20.2%。

　　灌木层盖度50%，高度主要在0.1～4m，计20种，包括真正的灌木和乔木幼树。前者约8种，如江南越桔 *Vaccinium mandarinorum*、柳叶金叶子 *Craibiodendron henryi*、云南含笑 *Michelia yunnanensis*、树斑鸠菊 *Vernonia arborea*、茸毛木蓝 *Indigofera stachyodes*、赤山蚂蝗 *Desmodium rubrum*、红凉伞 *Ardisia crenata* var. *bicolor* 等；乔木幼树较多，计125株，更新良好，有银木荷、光叶石栎、厚皮香、毛果柃 *Eurya trichocarpa*、高山栲 *Castanopsis delavayi*、香面叶、小叶栲 *Castanopsis carlesii* var. *spinulosa*、滇青冈 *Cyclobalanopsis glaucoides*、多毛君迁子 *Diospyros lotus* var. *mollissima*、水红木 *Viburnum cylindricum*、多穗石栎 *Lithocarpus polystachyu*、云南油杉 *Keteleeria evelyniana* 等。重要值最大的是银木荷 *Schima argentea*，为46.1%。

　　草本层盖度20%，高度主要在0.1～0.9m，计14种。重要值最大的是姜花，为41.7%。其他常见紫柄假瘤蕨 *Phymatopteris crenatopinnata*、四方蒿 *Elsholtzia blanda*、毛轴蕨 *Pteridium revolutum*、屏边叉柱兰 *Cheirostylis pingbianensis*、十字薹草 *Carex cruciata*、蜜蜂花 *Melissa axillaris*、剪股颖 *Agrostis matsumurae*、野拔子 *Elsholtzia rugulosa*、滇龙胆草 *Gentiana rigescens*、石松 *Lycopodium japonicum*、星毛繁缕 *Stellaria vestita*、珠光香青 *Anaphalis margaritacea*、紫茎泽兰 *Ageratina adenophora* 等。

　　层间植物计10种，高达3.0m。其中，附生植物有西南石韦 *Pyrrosia gralla*、扭瓦韦 *Lepisorus contortus*、矮石斛 *Dendrobium bellatulum*、胎生铁角蕨 *Asplenium indicum* 等；藤本植物有巴豆藤 *Craspedolobium schochii*、三叶蝶豆 *Clitoria mariana*、菝葜 *Smilax china*、丛林素馨 *Jasminum duclouxii*、牛白藤 *Hedyotis hedyotidea*、牛奶菜 *Marsdenia* sp. 等。

　　群落演替动态　现阶段本群落乔木层重要值位于前4位的种类分别为马缨花、杯状栲、光叶石栎、黄毛青冈（图5-5、图5-6）。更新层中银木荷和光叶石栎的数量很多（图5-7）。银木荷将在群落演变中成为乔木层的主要树种，而光叶石栎也将有很强的更新能力，光叶石栎在乔木层的优势地位不会发生大的变化。

　　（4）短柄石栎林（Form. *Lithocarpus fenestratus* var. *brachycarpus*）

　　短柄石栎林调查到一个类型（群丛），即短柄石栎+药囊花+微鳞楼梯草林（Ass. *Lithocarpus fenestratus* var. *brachycarpus*+*Cyphotheca montana*+*Elatostema minutifurfuraceum*），见于望乡台水库边几个大的沟箐中，海拔2000～2100m。群落中具有中山湿性常绿阔叶林的常见种，如翅柄紫茎等。但半湿润常绿阔叶林的物种较多，如香面叶、刺栲等，属于具有过度特征的半湿润常绿阔叶林（表5-21）。

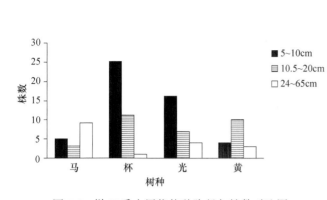

图5-5 样65乔木层优势种胸径与株数对比图
马=马缨花，杯=杯状栲，光=光叶石栎，黄=黄毛青冈

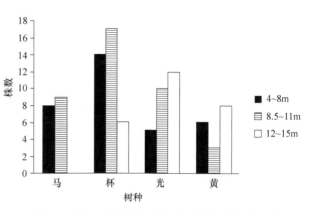

图5-6 样65乔木层中优势种树高与株数对比图
马=马缨花，杯=杯状栲，光=光叶石栎，黄=黄毛青冈

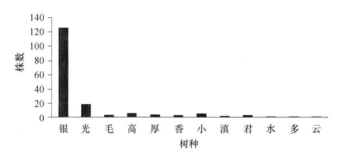

图5-7 样65灌木层乔木幼树的株数图
银=银木荷，光=光叶石栎，毛=毛果柯，高=高山栲，
厚=厚皮香，香=香面叶，小=小叶栲，滇=滇青冈，
君=多毛君迁子，水=水红木，多=多穗石栎，云=云南油杉

表5-21 短柄石栎＋药囊花＋微鳞楼梯草林样方调查表

样方号：样21 面积：20m×25m 时间：2006.5.16 地点：望乡台水库边 GPS：23.55964°N/101.84408°E 海拔：2045m
坡向：东北坡 坡位：上坡 坡度：33° 小地形：靠山脊上半部 土壤：棕壤 地表特征：枯枝落叶层厚5~10cm
乔木层盖度：75% 灌木层盖度：40% 草本层盖度：15% 人为影响：放牧、打猎
调查人：李海涛、李帅锋、陈娟娟、黄莺、王雪丽、叶莲、孙玺雯

乔木层							
中文名	拉丁名	株数	高/m		胸径/cm		重要值/%
			最高	平均	最粗	平均	
短柄石栎	*Lithocarpus fenestratus* var. *brachycarpus*	1	23.0	23.0	120.0	120.0	13.9
刺栲	*Castanopsis hystrix*	2	25.0	24.0	90.0	63.7	10.5
红花木莲	*Manglietia insignis*	6	20.0	16.2	33.0	18.1	10.3
毛叶米饭花	*Lyonia villosa*	3	28.0	26.0	59.0	43.4	10.2
壶斗石栎	*Lithocarpus echinophorus*	6	29.0	18.2	13.0	9.4	6.9
宿苞山矾	*Symplocos persistens*	6	18.0	13.2	18.0	11.5	6.0
翅柄紫茎	*Stewartia pteropetiolata*	4	22.0	20.0	30.0	16.9	6.0
青冈	*Cyclobalanopsis glauca*	2	27.0	26.2	50.0	45.3	6.0
瑞丽润楠	*Machilus shweliensis*	3	17.0	15.2	12.0	9.8	4.6
滇印杜英	*Elaeocarpus varunua*	1	22.0	22.0	42.0	42.0	3.3

中文名	拉丁名	株数	高 /m		胸径 /cm		重要值 /%
			最高	平均	最粗	平均	
新木姜子	*Neolitsea aurata*	2	15.0	14.6	8.0	6.7	2.6
厚皮香	*Ternstroemia gymnanthera*	2	4.5	4.2	5.8	5.5	2.6
多花含笑	*Michelia floribunda*	1	17.0	17.0	13.0	13.0	2.0
未知1		1	17.5	17.5	13.0	13.0	2.0
八角枫	*Alangium chinensis*	1	11.0	11.0	12.0	12.0	1.9
香面叶	*Lindera caudata*	1	8.0	8.0	7.5	7.5	1.9
长梗润楠	*Machilus longipedicellata*	1	6.0	6.0	6.5	6.5	1.9
黄心夜合	*Michelia martinii*	1	13.0	13.0	6.0	6.0	1.9
绒毛赤杨叶	*Alniphyllum fortunei* var. *hainanensis*	1	9.0	9.0	6.0	6.0	1.9
齿叶枇杷	*Eriobotrya serrata*	1	8.0	8.0	5.0	5.0	1.8
尾叶樟	*Cinnamomum caudiferum*	1	10.0	10.0	7.5	7.5	1.8
合计	21种	47					100.0

灌木层

分层	中文名	拉丁名	最高 /m	平均高 /m	盖度 /%	性状
灌木层	药囊花	*Cyphotheca montana*	1.2	0.8	5	灌木
	光亮玉山竹	*Yushania levigata*	1.5	0.8	3	灌木
	朱砂根	*Ardisia crenata*	1.2	0.7	2	灌木
	云南越桔	*Vaccinium duclouxii* var. *hirticaule*	2.4	2.1	2	灌木
	银灰杜鹃	*Rhododendron sidereum*	1.4	0.9	1	灌木
	金叶细枝柃	*Eurya loquaiana* var. *aureopunctata*	3.6	2.35	1	灌木
	纹果杜茎山	*Maesa atriata* var. *opaca*	0.3	0.3	0.5	灌木
	斜基叶柃	*Eurya obliquifolia*	0.8	0.8	0.5	灌木
更新层	宿苞山矾	*Symplocos persistens*	2.1	1.5	3	乔木幼树
	新木姜子	*Neolitsea aurata*	1.4	0.8	2	乔木幼树
	针齿铁仔	*Myrsine semiserrata*	1.8	1.2	2	乔木幼树
	刺栲	*Castanopsis hystrix*	0.8	0.4	2	乔木幼树
	黄心夜合	*Michelia martinii*	4.3	2.1	1	乔木幼树
	齿叶枇杷	*Eriobotrya serrata*	3.3	2.3	1	乔木幼树
	香面叶	*Lindera caudata*	1.5	0.8	1	乔木幼树
	大叶鼠刺	*Itea macrophylla*	2.2	1.2	1	乔木幼树
	短序鹅掌柴	*Schefflera bodinieri*	1	0.5	1	乔木幼树
	绒毛赤杨叶	*Alniphyllum fortunei* var. *hainanensis*	0.7	0.6	1	落叶乔木幼树
	木果石栎	*Lithocarpus xylocarpus*	3.1	3.1	2	乔木幼树
	翅柄紫茎	*Stewartia pteropetiolata*	2.2	2.2	1	乔木幼树
	硬斗石栎	*Lithocarpus hancei*	2.5	2.5	1	乔木幼树
	山柿子果	*Lindera longipedunculata*	1.2	1.2	1	乔木幼树
	岗柃	*Eurya groffii*	1.7	1.7	2	乔木幼树
	金平木姜子	*Litsea chinpingensis*	0.4	0.4	1	乔木幼树
	尖叶桂樱	*Laurocerasus undulata*	1.2	1.2	1	乔木幼树
	尾叶樟	*Cinnamomum caudiferum*	1.4	1.4	1	乔木幼树

续表

分层	中文名	拉丁名	最高/m	平均高/m	盖度/%	性状
更新层	稀花八角枫	*Alangium chinense* ssp. *pauciflorum*	0.5	0.5	0.5	乔木幼树
	短柄石栎	*Lithocarpus fenestratus* var. *brachycarpus*	0.4	0.4	0.5	落叶乔木幼树
	多花含笑	*Michelia floribunda*	0.7	0.7	0.5	乔木幼树
	厚皮香	*Ternstroemia gymnanthera*	2.2	2.2	0.5	乔木幼树
	西南樱桃	*Cerasus duclouxii*	1	1	0.5	落叶乔木幼树
	腺叶桂英	*Laurocerasus phaeosticta*	0.3	0.3	0.5	乔木幼树
合计		32种				

草本层

中文名	拉丁名	最高/m	平均高/m	盖度/%	性状	中文名
微鳞楼梯草	*Elatostema minutifurfuraceum*	0.5	0.3	3	多年生草本	叶
稀羽鳞毛蕨	*Dryopteris sparsa*	0.7	0.5	3	多年生草本	叶
糙毛囊薹草	*Carex hirtiutriculata*	0.7	0.5	2	多年生草本	花
狗脊蕨	*Woodwardia japonica*	0.6	0.5	2	多年生草本	叶
葡地蛇根草	*Ophiorrhiza vugosa*	0.3	0.2	1	匍匐草本	叶
异花兔儿风	*Ainsliaea heterantha*	0.1	0.1	1	多年生草本	花
印度型薹草	*Carex indicaeformis*	0.5	0.5	1	多年生草本	叶
疏穗求米草	*Oplismenus patens*	0.1	0.1	1	一年生草本	叶
稀子蕨	*Monachosorum henryi*	0.7	0.7	1	多年生草本	叶
毛柄短肠蕨	*Allantodia dilatata*	0.5	0.5	1	多年生草本	叶
合计	10种					

层间植物

中文名	拉丁名	最高/m	平均高/m	盖度/%	性状
云南崖爬藤	*Tetrastigma yunnanense*	3	1.5	0.8	草质藤本
藤一种		2	1.8	8	木质藤本
五叶瓜藤	*Holboellia fargesii*	2	1	0.8	木质藤本
丛林素馨	*Jasminum duclouxii*	1	0.5	1.9	木质藤本
红毛悬钩子	*Rubus pinfaensis*	1	0.3	3	藤状灌木
尖叶菝葜	*Smilax arisanensis*	1	0.5	0.5	木质藤本
菝葜一种	*Smilax* sp.	1	0.5	0.4	木质藤本
南川卫矛	*Euonymus bockii*	1	0.2	0.2	藤状灌木
荚蒾叶悬钩子	*Rubus viburnifolius*	1	0.4	0.4	藤状灌木
马钱叶菝葜	*Smilax lunglingensis*	1	0.8	0.8	木质藤本
滇缅崖豆藤	*Millettia dorwardi*	1	0.4	0.4	大型藤本
合计	11种				

乔木层盖度75%，高达29m，计21种47株。乔木上层高度主要在20～29m，常见短柄石栎、刺栲、毛叶米饭花 *Lyonia villosa*、青冈 *Cyclobalanopsis glauca*、滇印杜英 *Elaeocarpus varunua*、翅柄紫茎 *Stewartia pteropetiolata*、壶斗石栎 *Lithocarpus echinophorus* 等；乔木中层高度主要在10～18m，以红花木莲 *Manglietia insignis*、宿苞山矾 *Symplocos persistens*、瑞丽润楠 *Machilus shweliensis*、新木姜子 *Neolitsea aurata*、多花含笑 *Michelia floribunda*、黄心夜合 *M. martinii*、八角枫 *Alangium chinensis*、尾叶樟 *Cinnamomum caudiferum* 为主；乔木下层高度主要在5～9m，常见厚皮香 *Ternstroemia gymnanthera*、香面叶 *Lindera caudata*、长梗润楠、绒毛赤杨叶 *Alniphyllum fortunei* var. *hainanensis*、齿叶枇杷 *Eriobotrya serrata* 等。

灌木层盖度约40%，高度主要在1～4.5m，计32种，种类、数量较多。真正的灌木不多，常见药囊花、光亮玉山竹*Yushania levigata*、朱砂根*Ardisia crenata*、云南越桔*Vaccinium duclouxii* var. *hirticaule*、银灰杜鹃*Rhododendron sidereum*、纹果杜茎山*Maesa atriata* var. *opaca*等。乔木幼树较多，有宿苞山矾、新木姜子、刺栲、黄心夜合、齿叶枇杷、香面叶、绒毛赤杨叶、翅柄紫茎、尾叶樟、稀花八角枫、短柄石栎、多花含笑、大叶鼠刺*Itea macrophylla*、木果石栎*Lithocarpus xylocarpus*、硬斗石栎*Lithocarpus hancei*、山柿子果*Lindera longipedunculata*、岗柃*Eurya groffii*、金平木姜子*Litsea chinpingensis*、尖叶桂樱*Laurocerasus undulata*、厚皮香*Ternstroemia gymnanthera*、西南樱桃*Cerasus duclouxii*等。

草本层盖度15%，平均高0.7m，计10种。重要值前两位的是微鳞楼梯草和稀羽鳞毛蕨*Dryopteris sparsa*，分别为31.7%和28.3%。其他还有糙毛囊薹草*Carex hirtiutriculata*、狗脊蕨*Woodwardia japonica*、葡地蛇根草*Ophiorrhiza vugosa*、异花兔儿风*Ainsliaea heterantha*、印度型薹草*Carex indicaeformis*、疏穗求米草*Oplismenus patens*、稀子蕨*Monachosorum henryi*、毛柄短肠蕨*Allantodia dilatata*等。

层间植物平均高1.8m，计11种。常见云南崖爬藤*Tetrastigma yunnanense*、五叶瓜藤*Holboellia fargesii*、丛林素馨*Jasminum duclouxii*、尖叶菝葜*Smilax arisanensis*、马钱叶菝葜*S. lunglingensis*、滇缅崖豆藤*Millettia dorwardi*等。

群落演替动态 本群落乔木重要值前4位的种类分别是短柄石栎、刺栲、木莲、毛叶米饭花，优势地位不明显（图5-8、图5-9）。刺栲在更新层中占优势，其他种类不明显或不存在，所以，刺栲将在乔木层中继续保持优势。更新能力强的还有宿苞山矾、新木姜子、针齿铁仔3种（图5-10），在今后的演替过程中，它们将会在乔木中层或下层保持优势地位。

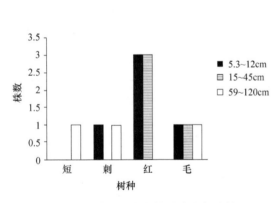

图5-8　样21乔木层中优势种胸径与株数图

短＝短柄石栎，刺＝刺栲，红＝红花木莲，毛＝毛叶米饭花

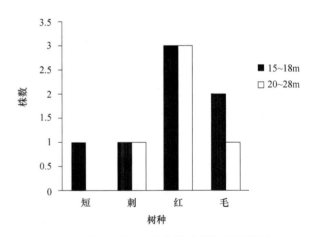

图5-9　样21乔木层中优势种树高与株数图

短＝短柄石栎，刺＝刺栲，红＝红花木莲，毛＝毛叶米饭花

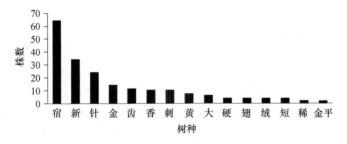

图5-10　样21灌木层中乔木幼树的株数图

宿＝宿苞山矾，新＝新木姜子，针＝针齿铁仔，金＝金叶细枝柃，齿＝齿叶枇杷，香＝香面叶，刺＝刺栲，黄＝黄心夜合，大＝大叶鼠刺，硬＝硬斗石栎，翅＝翅柄紫茎，绒＝绒毛赤杨叶，短＝短序鹅掌柴，稀＝稀花八角枫，金平＝金平木姜子

元江自然保护区的半湿润常绿阔叶林有以下特点。

a. 类型特殊。元江自然保护区的半湿润常绿阔叶林地处滇中高原的南部边缘，加之受元江干热河谷气候影响，群落物种组成复杂，既有中山湿性常绿阔叶林的成分，又有季风常绿阔叶林的成分，但是半湿润常绿阔叶林的种类更多，属非典型半湿润常绿阔叶林。

b. 类型多，面积小，次生林多。

c. 群落中保护物种多。半湿润常绿阔叶林有国家Ⅱ级保护植桫椤和水青树及省级保护植物长梗润楠。

d. 多为水源林。半湿润常绿阔叶林对水源林的保护和恢复有重要的意义。

3. 中山湿性常绿阔叶林

中山湿性常绿阔叶林主要分布在滇中高原南、北两侧的几条大山脉的中山地带，如哀牢山、无量山、镇康大雪山等，以及西部的高黎贡山等，通常出现于半湿润常绿阔叶林之上。特点为生境更加湿润，乔木层常以壳斗科石栎属和青冈属的种类为优势，此外，木兰科、樟科、山茶科、五加科、冬青科、金缕梅科、杜鹃花科等也是主要的组成部分。林中有一定的苔藓和地衣植物附生于树干、枝叶上，也有蕨类和种子植物的附生植物；林下通常有玉山竹或方竹成片出现（《云南植被》，1987年）。

元江自然保护区的中山湿性常绿阔叶林主要分布于元江章巴片，海拔2300~2580m，可进一步分为野茶林、红花木莲林和硬斗石栎林3个群系。

（1）野茶林（Form. *Camellia sinensis* var. *assamica*）

野茶林分布于南溪一带海拔2330~2380m的山头，呈小片分布。群落林相呈暗绿色。在面积为500m^{2}的样方中，有维管植物103种，隶属于56科79属。乔木最高的为硬斗石栎*Lithocarpus hancei*，达到20m，地表枯枝落叶层厚达5cm，苔藓地衣厚3cm，盖度60%，林中乔木树干上附生蕨类植物。群落可分为5层：乔木层2层、灌木层、草本层和层间植物（表5-22）。

表5-22 野茶林群落样方调查表

样方号：样4　面积：20m×25m　时间：2006.5.3　地点：南溪野茶园　GPS：23°36′26.5″N/101°44′11.4″E　海拔：2344m
坡向：东坡　坡位：下坡　坡度：30°　小地形：沟箐一侧，坡陡　土壤：黄红壤（厚）　地表特征：枯枝落叶层厚10cm
乔木层盖度：90%　灌木层盖度：50%　草本层盖度：20%　人为影响：采茶和砍柴
调查人：杜凡、王娟、李海涛、李帅锋、王雪丽、黄莺、陈娟娟、叶莲、孙玺雯、王建军、卢振龙、李明

乔木层							
中文名	拉丁名	株数	高/m		胸径/cm		重要值/%
			最高	平均	最粗	平均	
野茶	*Camellia sinensis* var. *assamica*	41	17.0	3.6	10.3	7.2	23.1
长毛楠	*Phoebe forrestii*	14	10.0	8.0	16.7	9.8	14.5
山矾	*Symplocos sumuntia*	13	16.5	9.2	27.5	13.0	13.2
四川新木姜子	*Neolitsea sutchuanensis*	12	15.0	11.1	25.0	11.3	11.8
瑞丽润楠	*Machilus shweliensis*	13	15.0	11.4	22.7	13.0	9.6
矩圆叶柃	*Eurya oblonga*	19	7.5	5.8	8.6	6.0	9.0
硬斗石栎	*Lithocarpus hancei*	7	20.0	14.3	23	14.4	8.5
短梗稠李	*Padus brachypoda*	2	15.5	15.2	27.6	21.8	3.8
斜基叶柃	*Eurya obliquifolia*	5	11.0	7.1	6.7	5.6	3.1
短梗新木姜子	*Neolitsea brevipes*	3	14.0	13.1	16.6	11.2	2.3
水红木	*Viburnum cylindricum*	1	6.5	4.1	10.1	13.0	1.1
总计	11种	130					100.0

灌木层						
分层	中文名	拉丁名	最高/m	平均高/m	盖度/%	性状
灌木层	斜基叶柃	*Eurya obliquifolia*	3	2.1	12	常绿灌木
	光亮玉山竹	*Yushania levigata*	1.5	1.2	5	常绿灌木

分层	中文名	拉丁名	最高/m	平均高/m	盖度/%	性状
灌木层	药囊花	*Cyphotheca montana*	0.8	0.6	2	常绿灌木
	尖萼金丝桃	*Hypericum acmosepalum*	1	0.5	3	常绿灌木
	尖瓣瑞香	*Daphne acutiloba*	0.3	0.3	3	常绿灌木
	密叶十大功劳	*Mahonia conferta*	0.4	0.5	2	常绿灌木
	朱砂根	*Ardisia crenata*	1.3	0.8	2	常绿灌木
	大花野茉莉	*Styrax grandiflora*	0.9	0.9	1	落叶灌木
	绿花桃叶珊瑚	*Aucuba chlorascens*	0.1	0.1	0.5	常绿灌木
	西南金丝梅	*Hypericum henryi*	0.9	0.9	0.5	常绿灌木
	塔蕾假卫矛	*Microtropis pyramidalis*	0.8	0.8	0.5	常绿灌木
	未知1		0.4	0.4	0.5	落叶灌木
	水红木	*Viburnum cylindricum*	0.6	0.6	0.5	常绿灌木
	荷包山桂花	*Polygala arillata*	0.6	0.6	0.5	常绿灌木
更新层	野茶	*Camellia sinensis* var. *assamica*	1.8	1.2	10	乔木幼树
	山矾	*Symplocos sumuntia*	1.8	1.3	5	乔木幼树
	四川新木姜子	*Neolitsea sutchuanensis*	0.3	0.2	4	乔木幼树
	冬青一种	*Ilex* sp.	0.5	0.4	3	乔木幼树
	云南樟	*Cinnamomum glanduliferum*	1.6	1.5	3	乔木幼树
	金平木姜子	*Litsea chinpingensis*	1.5	0.8	3	乔木幼树
	矩圆叶柃	*Eurya oblonga*	4	4	3	乔木幼树
	瑞丽润楠	*Machilus shweliensis*	0.3	0.3	2	乔木幼树
	尖叶桂樱	*Laurocerasus undulata*	0.5	0.5	1	乔木幼树
	硬斗石栎	*Lithocarpus hancei*	0.3	0.3	1	乔木幼树
	长毛楠	*Phoebe forrestii*	0.3	0.3	1	乔木幼树
	短梗新木姜子	*Neolitsea brevipes*	0.4	0.4	1	乔木幼树
	厚皮香	*Ternstroemia gymnanthera*	0.3	0.3	1	乔木幼树
	未知2		0.2	0.2	0.5	乔木幼树
	多花山矾	*Symplocos ramosissima*	0.2	0.2	0.5	乔木幼树
	齿叶枇杷	*Eriobotrya serrata*	0.2	0.2	0.5	乔木幼树
	新木姜子	*Neolitsea aurata*	0.2	0.2	2	乔木幼树
合计		31种				

草本层						
中文名	拉丁名	最高/m	平均高/m	盖度/%	性状
平卧蓼	*Polygonum strindbergii*	0.2	0.2	5	草本
紫茎泽兰	*Ageratina adenophora*	1	0.8	3	草本
星毛繁缕	*Stellaria vestita*	0.3	0.2	2	草本
小叶荩草	*Arthraxon lancifolius*	0.1	0.1	2	草本
凤尾蕨	*Pteris nervosa*	0.6	0.4	2	草本
凸脉荩草	*Arthraxon microphyllus*	0.5	0.4	2	草本
蓼一种	*Polygonum* sp.	0.1	0.1	1	草本
千里光	*Senecio scandens*	0.6	0.3	1	草本
茎花苎麻	*Boehmeria clidemioides*	0.7	0.5	1	草本

续表

中文名	拉丁名	最高 /m	平均高 /m	盖度 /%	性状
三叶委陵菜	Potentilla freyniana	0.3	0.2	1	草本
两歧飘拂草	Fimbristylis dichotoma	0.6	0.4	1	草本
鞭打绣球	Hemiphragma heterophyum	0.2	0.2	1	草本
无盖鳞毛蕨	Dryopteris scottii	0.5	0.4	1	草本
轴果蹄盖蕨	Athyrium epirachis	0.7	0.6	1	草本
中华天胡荽	Hydrocotyle burmanica ssp. chinensis	0.5	0.4	0.5	草本
毛堇菜	Viola thomsonii	0.3	0.3	0.5	草本
江南大将军	Lobelia davidii	0.7	0.7	0.5	草本
肉半边莲	Lobelia succulenta	0.3	0.3	0.5	草本
过路黄	Lysimachia christinae	0.6	0.5	0.2	草本
酢浆草	Oxalis corniculata	0.3	0.2	0.2	草本
蒙自凤仙花	Impatiens mengtzeana	0.5	0.4	0.2	草本
西南草莓	Fragaria moupinensis	0.1	0.1	0.2	草本
秀苞败酱	Patrinia speciosa	0.5	0.4	0.2	草本
香附子	Cyperus rotunolus	0.5	0.4	0.1	草本
堇菜	Viola verecunda	0.3	0.2	0.1	草本
西南新耳草	Neanotis wightiana	0.4	0.3	0.1	草本
楔叶囊瓣芹	Pternopetalum cuneifolim	0.5	0.3	0.1	草本
沼兰	Malaxis monophyllos	0.2	0.2	0.1	草本
唇形科一种	Labiatae sp.	0.6	0.4	0.1	草本
伞花老鹳草	Geranium umbelliforme	0.7	0.5	0.1	草本
毛轴蕨	Pteridium revolutum	0.6	0.5	0.1	草本
栗柄金粉蕨	Onychium lucidum	0.4	0.4	0.1	草本
锯叶合耳菊	Synotis nagensium	0.6	0.4	0.1	草本
血满草	sambucus adnaia	0.8	0.6	0.1	草本
大车前	Plantago major	0.3	0.3	0.1	草本
峨眉双蝴蝶	Tripterospermum cordatum	0.5	0.5	0.1	草本
戟状蟹甲草	Parasenecio hasfiformis	0.1	0.1	0.1	草本
鳞盖蕨属一种	Microlepia sp.	0.5	0.5	0.1	草本
尼泊尔酸模	Rumex nepalensis	0.4	0.4	0.1	草本
匍匐风轮菜	Clinopodium repens	0.5	0.4	0.1	草本
四回毛枝蕨	Leptorumohra quadripinnata	0.6	0.6	0.1	草本
万寿竹	Disporum cantoniense	0.4	0.4	0.1	草本
硬秆子草	Capillipedium assimile	0.9	0.9	0.1	草本
圆叶小堇菜	Viola rockiana	0.4	0.4	0.1	草本
黄鹌菜	Youngia japonica	0.5	0.5	0.1	草本
柔垂缬草	Valeriana flaccidissama	0.2	0.1	0.1	草本
合计	46种				

层间植物				
植物种类	拉丁名	高 /m	盖度 /%	性状
红茎猕猴桃	Actinidia rubricaulis	5.9	3	藤本
荚蒾叶悬钩子	Rubus viburnifolius	1	2	藤本

植物种类	拉丁名	高/m	盖度/%	性状
掌叶悬钩子	*Rubus pentagonus*	0.1	1	藤本
云南轮环藤	*Cyclea meeboldii*	6.4	1	藤本
狭叶崖爬藤	*Tetrastigma serrulatum*	1	1	藤本
木兰寄生	*Taxillus limprichtii*	1.3	1	藤本
尖叶菝葜	*Smilax arisanensis*	0.4	1	灌木
红毛悬钩子	*Rubus pinfaensis*	2	1	藤本
粗糙菝葜	*Smilax lebrunii*	0.2	1	藤本
丛林素馨	*Jasminum duclouxii*	0.8	1	藤本
云南清风藤	*Sabia yunnanensis*	1.6	0.5	藤本
小花五味子	*Schisandra micrantha*	2.4	0.5	藤本
山莓	*Rubus corchorifolius*	2	0.5	藤本
线梗拉拉藤	*Galium comari*	0.3	0.2	藤本
滇南天门冬	*Asparagus subscandens*	0.1	0.2	藤本
猪殃殃	*Galium aparine*	0.5	0.1	藤本
小红参	*Galium elegans*	0.5	0.1	藤本
珍珠榕	*Ficus sarmentosa* var. *henryi*	0.8	1	附生
友水龙骨	*Polypodiodes amoena*	0.1	0.3	附生
合计	19种			

乔木层盖度90%，最高20m，计11种。乔木上层高度主要在10～15m，以野茶为优势种，重要值达到23.1%，其他有硬斗石栎、短梗稠李*Padus brachypoda*、四川新木姜子*Neolitsea sutchuanensis*、短梗新木姜子*Neolitsea brevipes*等；乔木下层高度主要在5～7m，常见山矾*Symplocos sumuntia*、长毛楠*Phoebe forrestii*、矩圆叶柃*Eurya oblonga*等。

灌木层盖度50%，高达4m，计31种。常见斜基叶柃*Eurya obliquifolia*、药囊花*Cyphotheca montana*、光亮玉山竹*Yushania levigata*、尖瓣瑞香*Daphne acutiloba*、尖萼金丝桃*Hypericum acmosepalum*、密叶十大功劳*Mahonia conferta*、荷包山桂花*Polygala arillata*、绿花桃叶珊瑚*Aucuba chlorascens*、大花野茉莉*Styrax grandiflora*、塔蕾假卫矛*Microtropis pyramidalis*、西南金丝梅*Hypericum henryi*、朱砂根*Ardisia crenata*等。乔木幼树有齿叶枇杷*Eriobotrya serrata*、多花山矾*Symplocos ramosissima*、冬青一种*Ilex* sp.、厚皮香*Ternstroemia gymnanthera*、尖叶桂樱*Laurocerasus undulata*、金平木姜子*Litsea chinpingensis*、水红木*Viburnum cylindricum*、云南樟*Cinnamomum glanduliferum*等。

草本层盖度20%，高达1m，计46种。常见鞭打绣球*Hemiphragma heterophyum*、凤尾蕨*Pteris nervosa*、蒙自凤仙花*Impatiens mengtzeana*、过路黄*Lysimachia christinae*、戟状蟹甲草*Parasenecio hasfiformis*、江南大将军*Lobelia davidii*、堇菜*Viola verecunda*、茎花苎麻*Boehmeria clidemioides*、锯叶合耳菊*Synotis nagensium*、栗柄金粉蕨*Onychium lucidum*、两歧飘拂草*Fimbristylis dichotoma*、鳞盖蕨属一种*Microlepia* sp.、毛堇菜*Viola thomsonii*、平卧蓼*Polygonum strindbergii*、匍匐风轮菜*Clinopodium repens*、千里光*Senecio scandens*、柔垂缬草*Valeriana flaccidissama*、肉半边莲*Lobelia succulenta*、三叶委陵菜*Potentilla freyniana*、伞花老鹳草*Geranium umbelliforme*、四回毛枝蕨*Leptorumohra quadripinnata*、凸脉苔草*Arthraxon microphyllus*、万寿竹*Disporum cantoniense*、无盖鳞毛蕨*Dryopteris scottii*、西南草莓*Fragaria moupinensis*、西南新耳草*Neanotis wightiana*、硬秆子草*Capillipedium assimile*、圆叶小堇菜*Viola rockiana*、沼兰*Malaxis monophyllos*、中华天胡荽*Hydrocotyle burmanica* ssp. *chinensis*、轴果蹄盖蕨*Athyrium epirachis*、紫茎泽兰*Ageratina adenophora*、毛轴蕨*Pteridium revolutum*、黄鹌菜*Youngia japonica*等。

层间植物计19种，高达6.4m，常见珍珠榕*Ficus sarmentosa* var. *henryi*、红茎猕猴桃*Actinidia* *rubricaulis*、红毛悬钩子 *Rubus pinfaensis*、荚蒾叶悬钩子 *R. viburnifolius*、山莓 *R. corchorifolius*、掌叶悬钩子 *R. pentagonus*、小花五味子 *Schisandra micrantha*、云南轮环藤 *Cyclea meeboldii*、丛林素馨 *Jasminum duclouxii*、粗糙菝葜 *Smilax lebrunii*、滇南天门冬 *Asparagus subscandens*、尖叶菝葜 *Smilax arisanensis*、狭叶崖爬藤 *Tetrastigma serrulatum*、云南清风藤 *Sabia yunnanensis* 等。附生植物除苔藓外，还有寄生植物木兰寄生 *Taxillus limprichtii* 和附生蕨类友水龙骨 *Polypodiodes amoena*。

群落演替动态　乔木层重要值前4位的是野茶、长毛楠、山矾和四川新木姜子。由图5-11和图5-12可以看出，野茶和四川新木姜子的株数与胸径对比图呈增长型，所以两个物种在群落类型中有稳定增长的趋势，将继续保持优势地位；长毛楠和山矾在群落中保持稳定，在乔木层中有衰退的迹象。

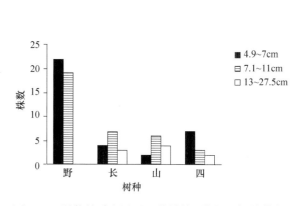

图5-11　野茶林乔木层重要值排前4位的植物株数与
胸径对比图

野＝野茶，长＝长毛楠，山＝山矾，四＝四川新木姜子

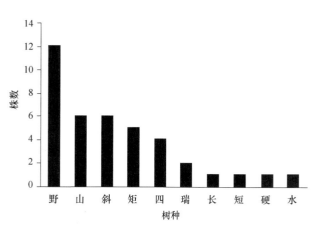

图5-12　样4灌木层中更新层乔木幼树株数图

野＝野茶，山＝山矾，斜＝斜基叶柃，矩＝矩圆叶柃，
四＝四川新木姜子，瑞＝瑞丽润楠，长＝长毛楠，
短＝短梗新木姜子，硬＝硬斗石栎，水＝水红木

（2）红花木莲林（Form. *Manglietia insignis*）

红花木莲是第三纪残留植物，为中国特有种。红花木莲林分布于章巴片，海拔2300～2500m。本群落分布海拔较高，离居民点远，植被保存完好，枯枝落叶层厚8cm，地衣苔藓盖度达90%。在面积1000m² 的2块样方中有维管植物75种（表5-23）。

表5-23　红花木莲林样方调查表

样方号　面积　时间　地点	样12　20m×25m　2006.5.8　章巴阿波列山	样18　20m×25m　2006.5.12　望乡台
GPS	23°20′44.0″N/102°01′41.9″E	23°22′53.5″N/101°54′41″E
海拔 坡向 坡位 坡度	2380m　西坡　中上位　28°	2313m　西南坡　上部20°
土壤特点 地表特征	土层厚　枯枝落叶层厚8cm	土层厚　枯枝落叶层厚5cm
生境地形特点　人为影响	坡中部　有轻微人为影响	山顶鞍部　周围有次生草丛
盖度：乔木层 灌木层 草本层	95%　85%　20%	85%　35%　15%
调查人	李海涛、李帅锋、黄莺、陈娟娟、王雪丽、叶莲、孙玺雯	

乔木层											
		样12					样18				
中文名	拉丁名	株数	高/m		胸径/cm		重要值 /%	株数	高/m		胸径/cm		重要值 /%
			最高	平均	最粗	平均			最高	平均	最粗	平均	
红花木莲	*Manglietia insignis*	10	25.0	17.3	50.7	32.6	16.8	6	13.0	10.4	41.0	34.6	50.0
硬斗石栎	*Lithocarpus hancei*	7	21.0	18.3	41.4	25.5	10.0						
短梗稠李	*Padus brachypoda*	7	21.0	16.8	37.5	24.7	9.8						
光叶石栎	*Lithocarpus mairei*	2	17.0	16.4	98.7	70.6	8.4						
矩叶栲	*Castanopsis oblonga*	1	30.0	30.0	110	110	8.1						

中文名	拉丁名	样12					样18				
		株数	高/m		胸径/cm		重要值/%	株数	高/m		胸径/cm		重要值/%
			最高	平均	最粗	平均			最高	平均	最粗	平均	

中文名	拉丁名	株数	最高	平均	最粗	平均	重要值/%	株数	最高	平均	最粗	平均	重要值/%
密果槭	*Acer kuomeii*	6	26.0	18.5	24.7	16.7	7.8	1	7.5	7.5	21	21.0	5.9
多果新木姜子	*Neolitsea polycarpa*	3	20.0	19.4	58.0	43.3	7.4						
山矾	*Symplocos sumuntia*	2	6.0	5.8	10.5	8.3	6.7						
白背鹅掌柴	*Schefflera hypoleuca*	4	13.0	10.5	21	17.4	6.4	1	5.0	5.0	6.5	6.5	4.7
锈毛木莲	*Manglietia rufibarbata*	3	25.0	21.8	40.0	28.5	5.6						
尖叶桂樱	*Laurocerasus undulata*	4	25.0	22.3	43.0	31.2	5.3						
云南连蕊茶	*Camellia forrestii*	2	4.5	4.3	5.2	5.2	2.9						
绿叶润楠	*Machilus viridis*	2	8.0	7.5	5.2	5.2	2.0						
岗柃	*Eurya groffii*	1	4.5	4.5	7.6	7.6	1.5						
乔木茵芋	*Skimmia arborescens*	1	4.7	4.7	5.2	5.2	1.3						
滇石栎	*Lithocarpus dealbatus*							1	13.0	13.0	85	85.0	27.4
油葫芦	*Pyrularia edulis*							1	8.0	8.0	30	30.0	7.4
短序鹅掌柴	*Schefflera bodinieri*							1	4.5	4.5	5.3	5.3	4.6
合计	18种	55					100.0	11					100.0

灌木层

中文名	拉丁名	样12					样18			性状
		株数	高/m		盖度/%	重要值/%	高/m		盖度/%	
			最高	平均			最高	平均		

中文名	拉丁名	株数	最高	平均	盖度/%	重要值/%	最高	平均	盖度/%	性状
光亮玉山竹	*Yushania levigata*	189	3.0	2.1	87.0	57.1				常绿灌木
假朝天罐	*Osbeckia crinita*	45	0.5	0.5	15.0	6.3				常绿灌木
朱砂根	*Ardisia crenata*	6	0.8	0.2	3.8	4.4	0.6	0.6	1.0	常绿灌木
樟叶越桔	*Vaccinium dunalianum*	11	0.2	0.1	3.0	4.0				常绿灌木
劲直菝葜	*Smilax rigida*	2	0.1	0.1	1.0	2.1				常绿灌木
银灰杜鹃	*Rhododendron sidereum*						1.3	1.3	3.0	常绿灌木
云南越桔	*Vaccinium duclouxii* var. *hirticaule*						1.1	1.1	3.0	常绿灌木
西南金丝梅	*Hypericum henryi*						0.8	0.8	2.0	常绿灌木
硬斗石栎	*Lithocarpus hancei*	6	0.5	0.3	2.0	3.5				乔木幼树
五裂槭	*Acer oliverianum*	4	0.3	0.2	3.0	3.3				乔木幼树
椤木石楠	*Photinia davidsoniae*	12	0.1	0.1	2.0	3.2				乔木幼树
山矾	*Symplocos sumuntia*	8	0.2	0.14	2.0	2.7				乔木幼树
尖叶桂樱	*Laurocerasus undulata*	6	0.2	0.17	2.0	2.5				乔木幼树
金平木姜子	*Litsea chinpingensis*	6	0.1	0.1	2.0	1.6				乔木幼树
厚皮香	*Ternstroemia gymnanthera*	1	0.7	0.7	<1.0	1.4	1.4	1.4	3.0	乔木幼树
红花木莲	*Manglietia insignis*	3	0.5	0.5	1.0	1.3				乔木幼树
乔木茵芋	*Skimmia arborescens*	2	0.2	0.2	<1.0	1.2				乔木幼树
白背鹅掌柴	*Schefflera hypoleuca*	1	1.9	1.9	<1.0	1.2				乔木幼树
川滇长尾槭	*Acer caudatum* var. *prattii*	2	0.2	0.2	<1.0	1.1				乔木幼树
齿叶枇杷	*Eriobotrya serrata*	1	0.1	0.1	<1.0	1.1				乔木幼树

续表

中文名	拉丁名	样12				样18			性状
		株数	高/m		盖度/%	重要值/%	高/m		盖度/%	
			最高	平均			最高	平均		
东方古柯	*Erythroxylum sinensis*	1	0.4	0.4	<1.0	1.0				乔木幼树
新木姜子	*Neolitsea aurata*	1	0.1	0.1	<1.0	1.0	1.1	1.1	1.0	乔木幼树
斜基叶柃	*Eurya obliquifolia*						2.8	2.8	5.0	乔木幼树
尾叶樟	*Cinnamomum caudiferum*						1.3	1.3	2.0	乔木幼树
矩圆叶柃	*Eurya oblonga*						1.8	1.8	3.0	乔木幼树
宿苞山矾	*Symplocos persistens*						2.3	2.3	5.0	乔木幼树
厚轴茶	*Camellia crassicolumna*						0.8	0.8	2.0	乔木幼树
细脉冬青	*Ilex venosa*						4.5	4.5	10.0	乔木幼树
合计	28种					100.0				

草本层

中文名	拉丁名	样12				样18			性状
		株数	高/m		盖度/%	重要值/%	高/m		盖度/%	
			最高	平均			最高	平均		
轴果蹄盖蕨	*Athyrium epirachis*	44	0.5	0.2	29.2	26.7				多年生草本
弯蕊开口箭	*Tupistra watti*	17	0.5	0.13	11.5	13.3	0.3	0.3	5.0	多年生草本
稀子蕨	*Monachosorum henryi*	14	0.5	0.4	9.7	9.2				多年生草本
蓼一种	*Polygonum* sp.	12	0.3	0.2	9.7	8.8				一年生草本
圆叶小堇菜	*Viola rockiana*	17	0.3	0.2	5.3	8.4				一年生草本
异花兔儿风	*Ainsliaea heterantha*	15	0.1	0.1	8.9	7.8				多年生草本
两歧飘拂草	*Fimbristylis dichotoma*	10	0.4	0.4	8.9	6.6				多年生草本
印度型薹草	*Carex indicaeformis*	1	0.4	0.4	8.9	4.6				多年生草本
蒙自蹄盖蕨	*Athyrium mengtzeense*	8	0.5	0.3	2.0	3.5				多年生草本
波纹蕗蕨	*Mecodium crispatum*	1	0.5	0.3	3.5	2.8				多年生草本
大果假瘤蕨	*Phymatopteris griffithiana*	2	0.3	0.3	<1.0	2.2				多年生草本
凤尾蕨	*Pteris nervosa*	2	0.3	0.3	<1.0	2.1				多年生草本
无芒荩草	*Arthraxon submuticus*	2	0.2	0.2	<1.0	2.1	0.4	0.4	2.0	一年生草本
多花沿阶草	*Ophiopogon tonkinensis*	1	0.1	0.1	<1.0	1.9				多年生草本
稀羽鳞毛蕨	*Dryopteris sparsa*						0.8	0.8	15.0	多年生草本
紫茎泽兰	*Ageratina adenophora*						0.9	0.9	5.0	多年生草本
星毛繁缕	*Stellaria vestita*						0.4	0.4	1.0	多年生草本
微鳞楼梯草	*Elatostema minutifurfuraceum*						0.3	0.3	2.0	多年生草本
大头兔儿风	*Ainsliaea macrocephala*						0.4	0.4	1.0	多年生草本
江南卷柏	*Selaginella moellendorffii*						0.4	0.4	3.0	多年生草本
西南草莓	*Fragaria moupinensis*						0.1	0.1	2.0	匍匐草本
蕨状薹草	*Carex filicina*						0.3	0.3	2.0	多年生草本
一把伞南星	*Arisaema erubescens*						0.8	0.8	1.0	一年生草本
窄叶火炭母	*Polygonum chinense* var. *paradoxum*						0.5	0.5	1.0	一年生草本
合计	24种	146				100.0				

		层间植物				
		样12		样18		
中文名	拉丁名	高/m	盖度/%	高/m	盖度/%	性状
云南崖爬藤	*Tetrastigma yunnanense*	2.8	2			藤本
丽江拉拉藤	*Galium forrestii*	0.6	0.5			藤本
常春卫矛	*Euonymus hederaceus.*	1.3	1			藤本
游藤卫矛	*Euonymus vagans*	2.5	1.5			藤本
丛林素馨	*Jasminum duclouxii*	2.1	2			藤本
台湾清风藤	*Sabia yunnanensis*	4.6	3			藤本
曲莲	*Hemsleya amabilis*			1	2	藤本
掌裂棕红悬钩子	*Rubus rufus* var. *palmatifidus*			1.4	5	藤本
白花树萝卜	*Agapetes manni*			0.8	2	附生灌木
香花崖豆藤	*Millettia dielsiana*			4.6	7	藤本
西南菝葜	*Smilax bockii*			1.6	3	藤本
白花贝母兰	*Coelogyne leucantha*			0.2	1	附生草本
合计		12种				

乔木层盖度90%，高度主要在4.5～30m，计18种66株。乔木上层高度主要在20～30m，常见红花木莲、硬斗石栎 *Lithocarpus hancei*、短梗稠李 *Padus brachypoda*、矩叶栲 *Castanopsis oblonga*、密果槭 *Acer kuomeii*、锈毛木莲 *Manglietia rufibarbata*、尖叶桂樱 *Laurocerasus undulata*、滇石栎 *Lithocarpus dealbatus* 等；乔木中层高10～19m，常见光叶石栎 *Lithocarpus mairei*、多果新木姜子 *Neolitsea polycarpa*、白背鹅掌柴 *Schefflera hypoleuca* 等3种；乔木下层高4.5～8m，常见山矾 *Symplocos sumuntia*、云南连蕊茶 *Camellia forrestii*、绿叶润楠 *Machilus viridis*、乔木茵芋 *Skimmia arborescens*、岗柃 *Eurya groffii*、油葫芦 *Pyrularia edulis*、短序鹅掌柴 *Schefflera bodinieri* 等。

灌木层盖度60%，高度主要在0.1～4.5m，计28种。真正的灌木有光亮玉山竹 *Yushania levigata*、假朝天罐 *Osbeckia crinita*、朱砂根 *Ardisia crenata*、樟叶越桔 *Vaccinium dunalianum*、劲直菝葜 *Smilax rigida*、银灰杜鹃 *Rhododendron sidereum*、西南金丝梅 *Hypericum henryi*、云南越桔 *Vaccinium duclouxii* var. *hirticaule* 等；乔木幼树有椤木石楠 *Photinia davidsoniae*、齿叶枇杷 *Eriobotrya serrata*、厚皮香 *Ternstroemia gymnanthera*、新木姜子 *Neolitsea aurata*、川滇长尾槭 *Acer caudatum* var. *prattii*、尾叶樟 *Cinnamomum caudiferum*、矩圆叶柃 *Eurya oblonga*、宿苞山矾 *Symplocos persistens*、厚轴茶 *Camellia crassicolumna*、细脉冬青 *Ilex venosa* 等。

草本层较稀疏，盖度约15%，高达0.9m，计24种。常见轴果蹄盖蕨 *Athyrium epirachis*、弯蕊开口箭 *Tupistra watti*、稀子蕨 *Monachosorum henryi*、圆叶小堇菜 *Viola rockiana*、异花兔儿风 *Ainsliaea heterantha*、两歧飘拂草 *Fimbristylis dichotoma*、印度型薹草 *Carex indicaeformis*、蒙自蹄盖蕨 *Athyrium mengtzeense*、波纹蕗蕨 *Mecodium crispatum*、大果假瘤蕨 *Phymatopteris griffithiana*、凤尾蕨 *Pteris nervosa*、无芒荩草 *Arthraxon submuticus*、多花沿阶草 *Ophiopogon tonkinensis*、稀羽鳞毛蕨 *Dryopteris sparsa*、紫茎泽兰 *Ageratina adenophora*、星毛繁缕 *Stellaria vestita*、微鳞楼梯草 *Elatostema minutifurfuraceum*、大头兔儿风 *Ainsliaea macrocephala*、江南卷柏 *Selaginella moellendorffii*、西南草莓 *Fragaria moupinensis*、蕨状薹草 *Carex filicina*、一把伞南星 *Arisaema erubescens*、窄叶火炭母 *Polygonum chinense* var. *paradoxum* 等。

层间植物12种，高达4.6m。种类有云南崖爬藤 *Tetrastigma yunnanense*、常春卫矛 *Euonymus hederaceus*、游藤卫矛 *Euonymus vagans*、丛林素馨 *Jasminum duclouxii*、台湾清风藤 *Sabia yunnanensis*、掌裂棕红悬钩子 *Rubus rufus* var. *palmatifidus*、香花崖豆藤 *Millettia dielsiana*、西南菝葜 *Smilax bockii*、曲莲 *Hemsleya amabilis*；附生植物有白花树萝卜、白花贝母兰 *Coelogyne leucantha* 等。

群落演替动态分析　　群落中乔木幼树的株数最多的是椤柘楠，其次是山矾、硬斗石栎、尖叶桂樱、金平木姜子、五裂槭、红花木莲、乔木茵芋、川滇长尾槭、白背鹅掌柴（图5-13、图5-14）。山矾和尖叶桂樱

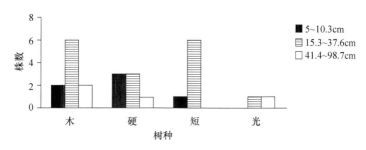

图5-13 样13乔木层重要值前4位的胸径与株数对比
木＝红花木莲，硬＝硬斗石栎，短＝短梗稠李，光＝光叶石栎

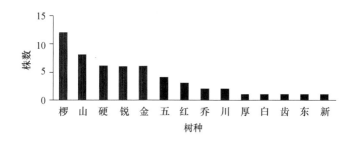

图5-14 样12更新层中乔木幼树株数图
椤＝椤木石楠，山＝山矾，硬＝硬斗石栎，锐＝尖叶桂樱，金＝金平木姜子，五＝五
裂槭，红＝红花木莲，乔＝乔木茵芋，川＝川滇长尾槭，厚＝厚皮香，白＝白背鹅掌
柴，齿＝齿叶枇杷，东＝东方古柯，新＝新木姜子

等属于小乔木，在中山湿性常绿阔叶林中常为乔木下层，很难进入乔木上层，所以保护区红花木莲＋硬斗石栎林是稳定群落。

（3）硬斗石栎林（Form. *Lithocarpus hancei*）

硬斗石栎林是元江自然保护区中山湿性常绿阔叶林的典型代表，保存比较完整。其只有1个群丛，即翅柄紫茎-硬斗石栎＋光亮玉山竹林。

翅柄紫茎-硬斗石栎＋光亮玉山竹林（Ass. *Stewartia pteropetiolata-Lithocarpus hancei*＋*Yushania levigata*）

该类型分布于章巴阿波列山海拔2250～2320m，是保存较好的原生林。组成群落的物种比较丰富，在总面积1000m²的2块样方中约有维管植物87种（表5-24）。

表5-24 翅柄紫茎-硬斗石栎＋光亮玉山竹林样方调查表

样方号 面积 时间 地点	样13 20m×25m 2006.5.8 章巴阿波列山	样16 20m×25m 2006.5.10 章巴阿波列山
GPS	23°20′44.0″N/102°01′41.9″E	23°20′48.6″N/102°0.1′51.3″E
海拔 坡向 坡位 坡度	2320m 西南坡 上位 25°	2285m 东坡 上坡 35°
土壤特点 地表特征	土层厚，枯枝落叶层厚10cm	土层厚，枯枝落叶层厚6cm
生境地形特点 人为影响	较平缓，样方下方有大岩石 砍伐少	沟箐一侧，坡陡 无人砍伐
盖度：乔木层 灌木层 草本层	95% 30% 20%	85% 35% 35%
调查人	李帅锋、李海涛、陈娟娟、黄莺、王雪丽、叶莲、孙玺雯、王建军、卢振龙	

乔木层										

		样13				样16				重要值/%
中文名	拉丁名	株数	高/m		胸径/cm		株数	高/m		胸径/cm	

中文名	拉丁名	株数	最高	平均	最粗	平均	株数	最高	平均	最粗	平均	重要值/%
翅柄紫茎	*Stewartia pteropetiolata*	3	24	23	75	52.4	4	30	22.6	75	45.3	10.9
贡山木荷	*Schima sericans*	2	30	28.5	45.5	38.8	3	27	23.6	72	51.8	8.9
硬斗石栎	*Lithocarpus hancei*	3	20	18.4	23	14.5	13	17	11.6	27.1	14.1	8.4
齿叶枇杷	*Eriobotrya serrata*	11	18	15.9	26.5	15.9	5	12	10.6	18	10.3	7.5
红花木莲	*Manglietia insignis*						1	27	27	100	100	6.5

续表

中文名	拉丁名	样13					样16					重要值/%
		株数	高/m		胸径/cm		株数	高/m		胸径/cm		
			最高	平均	最粗	平均		最高	平均	最粗	平均	
厚皮香	*Ternstroemia gymnanthera*	12	18	15.6	18	15.9						5.5
扇叶槭	*Acer flabellatum*						1	23	23	85	85	4.3
红河鹅掌柴	*Schefflera hoi*	4	17	17.3	17	12.6	3	8	7	5.5	5.2	3.9
斜基叶柃	*Eurya obliquifolia*	3	8	8.1	10	8.4	4	7	5	7	6.3	3.7
水青树	*Tetracentron sinense*						1	20	20	75	75	3.6
尾叶樟	*Cinnamomum caudiferum*	3	25	22.6	30	21.5	1	7	7	10	10	3.4
新木姜子	*Neolitsea aurata*	3	17	15.7	19.2	16.9	1	8	8	7.6	7.6	3.2
云南连蕊茶	*Camellia forrestii*	5	18	14.9	30.6	16						2.8
贡山润楠	*Machilus gongshanensis*						5	7	6.3	6.3	5.4	2.3
尖叶桂樱	*Laurocerasus undulata*						4	15	10.7	30	21.7	3.4
未知3							2	10	7	32	26	2.0
细毛润楠	*Machilus tenuipila*	3	18	17.2	18.2	14.7						1.9
茶色卫矛	*Euonymus theacolus*						1	27	27	40	40	1.8
金叶细枝柃	*Eurya loquaiana* var. *aureo-punctata*						2	20	18.4	19	13.9	1.6
簇叶新木姜子	*Neolitsea confertifolia*						2	8	7.6	18.3	13.5	1.5
多花含笑	*Michelia floribunda*						1	21	21	31.3	31.3	1.5
金平木姜子	*Litsea chinpingensis*	2	7	6.9	11.7	10.9						1.5
短序鹅掌柴	*Schefflera bodinieri*						2	9	8.1	9	8.5	1.4
滇越杜英	*Elaeocarpus poilanei*	1	10	10.2	18.6	18.6						1.4
未知1							1	18	18	22	22	1.3
疏齿栲	*Castanopsis remotidenticulata*						1	23	13	14.4	14.4	1.2
大花野茉莉	*Styrax grandiflora*						1	8	8	7	7	1.2
青冈	*Cyclobalanopsis glauca*						1	7	7	6	6	1.2
未知2							1	8	7.6	7.1	7.1	1.1
银灰杜鹃	*Rhododendron sidereum*	1	6.8	6.9	7	7						1.1
合计	32种	56					61					100.0

灌木层

中文名	拉丁名	样13		盖度/%	样16		盖度/%	重要值/%	性状
		高/m			高/m				
		最高	平均		最高	平均			
光亮玉山竹	*Yushania levigata*	3	2.6	10	3	2.3	5	22.4	常绿灌木
药囊花	*Cyphotheca montana*	0.3	0.3	5	0.3	0.3	1	9.7	常绿灌木
朱砂根	*Ardisia crenata*	0.2	0.1	1	1	0.3	0.5	8.6	常绿灌木
短梗新木姜子	*Neolitsea brevipes*				0.5	0.4	1	2.4	常绿灌木
尖瓣瑞香	*Daphne acutiloba*	0.5	0.5	1				1.8	常绿灌木
绿花桃叶珊瑚	*Aucuba chlorascens*				1	1	1	1.7	常绿灌木
常山	*Dichroa febrifuga*				1.2	1.2	2	1.6	常绿灌木
三花假卫矛	*Microtropis triflora*				0.5	0.4	0.5	1.2	常绿灌木
云南越桔	*Vaccinium duclouxii* var. *hirticaule*	1.2	0.7	2.5				1.2	常绿灌木

续表

中文名	拉丁名	样13 高/m 最高	样13 高/m 平均	样13 盖度/%	样16 高/m 最高	样16 高/m 平均	样16 盖度/%	重要值/%	性状
劲直菝葜	*Smilax rigida*	0.2	0.1	0.5				1.2	常绿灌木
茶色卫矛	*Euonymus theacolus*				0.3	0.3	0.5	0.8	常绿灌木
云南连蕊茶	*Camellia forrestii*				0.2	0.2	0.5	0.8	常绿灌木
马桑溲疏	*Deutzia aspera*	0.5	0.4	0.5				0.8	落叶灌木
茎花苎麻	*Boehmeria clidemioides*	0.4	0.4	0.5				0.8	常绿灌木
毛杨梅	*Myrica esculenta*	1.2	1.2	0.5				0.7	常绿灌木
密花树	*Rapanea neriifolia*	0.8	0.8	0.5				0.7	常绿灌木
厚皮香	*Ternstroemia gymnanthera*				0.2	0.2	1	0.8	乔木幼树
红河鹅掌柴	*Schefflera hoi*	1.2	0.8	2				6.8	乔木幼树
贡山润楠	*Machilus gongshanensis*				0.8	0.5	3	5.9	乔木幼树
齿叶枇杷	*Eriobotrya serrata*	0.2	0.1	3	1.9	0.7	1	5.2	乔木幼树
硬斗石栎	*Lithocarpus hancei*	2.5	1.7	4	3	2.1	1	4.5	乔木幼树
云南连蕊茶	*Camellia forrestii*	2.7	1.5	5	2.3	2.3	4	3.5	乔木幼树
木莲一种	*Manglietia* sp.	1.4	1.4	0.5	4	4	1	3.2	乔木幼树
斜基叶柃	*Eurya obliquifolia*				3	2.1	2	2.3	乔木幼树
腺柄山矾	*Symplocos adenopus*				2.2	2.2	2	1.7	乔木幼树
短序鹅掌柴	*Schefflera bodinieri*				1.1	1.1	1	1.7	乔木幼树
尾叶樟	*Cinnamomum caudiferum*				0.8	0.6	1	1.3	乔木幼树
扇叶槭	*Acer flabellatum*				0.1	0.1	1	1.2	乔木幼树
针齿铁仔	*Myrsine semiserrata*	1.2	0.8	0.5				1.1	乔木幼树
乔木茵芋	*Skimmia arborescens*	0.2	0.1	0.5				1.1	乔木幼树
簇叶新木姜子	*Neolitsea confertifolia*				1.2	0.9	0.3	1.0	乔木幼树
尖叶桂樱	*Laurocerasus undulata*				0.1	0.1	0.2	0.9	乔木幼树
新木姜子	*Neolitsea aurata*	3	1.6	0.5				0.8	乔木幼树
金平木姜子	*Litsea chinpingensis*	0.2	0.2	0.5				0.8	乔木幼树
合计	34种							100.0	

草本层

中文名	拉丁名	样13 高/m 最高	样13 高/m 平均	样13 盖度/%	样16 高/m 最高	样16 高/m 平均	样16 盖度/%	重要值/%
印度型薹草	*Carex indicaeformis*	0.7	0.4	8				19.9
轴果蹄盖蕨	*Athyrium epirachis*	0.3	0.2	3	0.8	0.6	5	18.2
桫椤鳞毛蕨	*Dryopteris cycadina*				0.6	0.4	5	10.4
弯蕊开口箭	*Tupistra watti*	0.2	0.1	1	0.3	0.2	2	8.4
多花沿阶草	*Ophiopogon tonkinensis*				0.2	0.1	2	7.1
四回毛枝蕨	*Leptorumohra quadripinnata*	0.5	0.4	3				6.3
沿阶草	*Ophiopogon bodinieri*	0.4	0.3	2				3.9
稀子蕨	*Monachosorum henryi*				0.3	0.2	4	2.6
两歧飘拂草	*Fimbristylis dichotoma*				0.3	0.2	1.5	2.3

续表

中文名	拉丁名	样13			样16			重要值 /%
		高/m		盖度/%	高/m		盖度/%	
		最高	平均		最高	平均		
凸脉荩草	*Arthraxon microphyllus*				0.2	0.1	3	2.3
微鳞楼梯草	*Elatostema minutifurfuraceum*				0.2	0.1	4	2.2
万寿竹	*Disporum cantoniense*				0.3	0.2	4	2.1
戟状蟹甲草	*Parasenecio hasfiformis*				0.2	0.1	3	2.1
异花兔儿风	*Ainsliaea heterantha*	0.1	0.1	2				1.9
一把伞南星	*Arisaema erubescens*				0.6	0.4	0.5	1.9
单花宝铎草	*Disporum uniflorum*				0.2	0.2	2	1.8
滇重楼	*Paris polyphylla* var. *yunnanensis*				0.4	0.3	2	1.7
红腺蕨	*Diacalpe aspidioies*	0.1	0.1	3				1.7
点乳冷水花	*Pilea glaberrima*				0.1	0.1	0.5	1.6
中华天胡荽	*Hydrocotyle burmanica* ssp. *chinensis*				0.1	0.1	0.5	1.6
合计	20种							100.0

层间植物

中文名	拉丁名	样13		样16		性状
		高/m	盖度/%	高/m	盖度/%	
云南崖爬藤	*Tetrastigma yunnanense*	4	3			草质藤本
狭叶崖爬藤	*Tetrastigma serrulatum*	2	1	1.5	2	草质藤本
细茎石斛	*Dendrobium moniliforme*	0.2	0.5	0.3	0.3	附生草本
西南菝葜	*Smilax bockii*	1.8	1	1.3	1.5	草质藤本
丛林素馨	*Jasminum duclouxii*	2.2	1	0.8	1	草质藤本
南五味子	*Kadsura longipedunculata*	4	1	7	1	木质藤本
扶芳藤	*Euonymus fortunei*	6	1	2	1	草质藤本
豆瓣绿	*Peperomia tetraphyllum*	0.1	1	0.1	1	附生草本
蒙自卫矛	*Euonymus mengtseanus*			5	1	草质藤本
树萝卜一种	*Agapetes* sp.			0.1	1	附生灌木
未知藤本一种				2	1	草质藤本
腺毛藤菊	*Cissampelopsis glandulosa*			0.3	0.5	草质藤本
圆锥悬钩子	*Rubus paniculatus*			1	1	木质藤本
珍珠榕	*Ficus sarmentosa* var. *henryi*			0.2	1	木质藤本
五风藤	*Holboellia latifolia*			10	1	木质藤本
合计	15种					

　　乔木层盖度85%～90%，高达30m，计32种117株。乔木上层高度主要在20～30m，以翅柄紫茎 *Stewartia pteropetiolata* 为优势种，其他常见贡山木荷 *Schima sericans*、尾叶樟 *Cinnamomum caudiferum*、红花木莲、扇叶槭 *Acer flabellatum*、水青树、茶色卫矛 *Euonymus theacolus*、疏齿栲 *Castanopsis remotidenticulat*、多花含笑 *Michelia floribunda* 等；乔木中层高度主要在10～19m，常见厚皮香 *Ternstroemia gymnanthera*、齿叶枇杷 *Eriobotrya serrata*、硬斗石栎、细毛润楠 *Machilus tenuipila*、滇越杜英 *Elaeocarpus poilanei*、新木姜子 *Neolitsea aurata*、红花木莲 *Manglietia insignis*、金叶细枝柃 *Eurya loquaiana* var. *aureopunctata*、尖叶桂樱 *Laurocerasus undulata* 等；乔木下层高度主要在5～9m，常见云南连蕊茶 *Camellia forrestii*、红河鹅掌柴 *Schefflera hoi*、金平木姜子 *Litsea chinpingensis*、斜基叶柃 *Eurya obliquifolia*、银灰杜鹃 *Rhododendron sidereum*、贡山润楠 *Machilus gongshanensis*、簇叶新木姜子 *Neolitsea confertifolia*、短序鹅掌柴 *Schefflera bodinieri*、大花野茉莉 *Styrax grandiflora*、青冈 *Cyclobalanopsis glauca* 等。群落中的水青树为国家Ⅱ级保护植物。

灌木层盖度 30%～35%，高度主要在 0.1～4m，计 34 种。优势种为光亮玉山竹和药囊花，其他常见劲直菝葜 *Smilax rigida*、朱砂根 *Ardisia crenata*、针齿铁仔 *Myrsine semiserrata*、密花树 *Rapanea neriifolia*、绿花桃叶珊瑚 *Aucuba chlorascens*、常山 *Dichroa febrifuga*、斜基叶枔、三花假卫矛 *Microtropis triflora*；乔木幼树较多，有木莲一种 *Manglietia* sp.、腺柄山矾 *Symplocos adenopus*、金平木姜子、乔木茵芋、新木姜子、齿叶枇杷、云南连蕊茶、硬斗石栎、红河鹅掌柴、贡山润楠、尾叶樟、簇叶新木姜子、短序鹅掌柴、尖叶桂樱、扇叶槭等。

草本层盖度 20%～35%，高达 0.8m，计 20 种。常见红腺蕨 *Diacalpe aspidioides*、四回毛枝蕨 *Leptorumohra quadripinnata*、弯蕊开口箭 *Tupistra watti*、沿阶草 *Ophiopogon bodinieri*、异花兔儿风 *Ainsliaea heterantha*、印度型薹草 *Carex indicaeformis*、轴果蹄盖蕨 *Athyrium epirachis*、桫椤鳞毛蕨 *Dryopteris cycadina*、稀子蕨 *Monachosorum henryi*、微鳞楼梯草 *Elatostema minutifurfuraceum*、万寿竹 *Disporum cantoniense*、多花沿阶草 *Ophiopogon tonkinensis*、凸脉苣草 *Arthraxon microphyllus*、两歧飘拂草 *Fimbristylis dichotoma*、戟状蟹甲草 *Parasenecio hasfiformis*、单花宝铎草 *Disporum uniflorum*、滇重楼 *Paris polyphylla* var. *yunnanensis*、一把伞南星 *Arisaema erubescens* 等。

层间植物高达 10m，计 15 种。常见狭叶崖爬藤 *Tetrastigma serrulatum*、西南菝葜 *Smilax bockii*、丛林素馨 *Jasminum duclouxii*、扶芳藤 *Euonymus fortunei*、蒙自卫矛 *Euonymus mengtseanus*、腺毛藤菊 *Cissampelopsis glandulosa*、云南崖爬藤 *Tetrastigma yunnanense*、南五味子 *Kadsura longipedunculata*、圆锥悬钩子 *Rubus paniculatus*、珍珠榕 *Ficus sarmentosa* var. *henryi*、五风藤 *Holboellia latifolia* 等；附生种类有细茎石斛、豆瓣绿 *Peperomia tetraphyllum*、树萝卜等。

群落演替动态分析　乔木层重要值前 4 位的物种为翅柄紫茎、贡山润楠、硬斗石栎和齿叶枇杷；齿叶枇杷幼树占绝对优势。在群落演替中，齿叶枇杷、贡山润楠和硬斗石栎将保持其优势种地位，翅柄紫茎几乎未见于更新层中，其他物种在乔木层不占优势（图 5-15～图 5-17）。

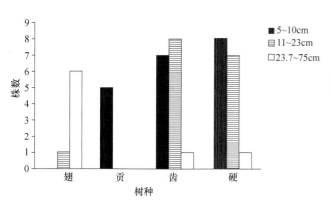

图 5-15　翅柄紫茎-硬斗石栎＋光亮玉山竹林胸径与株数
翅、贡、齿等均指每一个种的名字的第一个字，是作图系统生成的。
翅＝翅柄紫茎，贡＝贡山润楠，齿＝齿叶枇杷，硬＝硬斗石栎

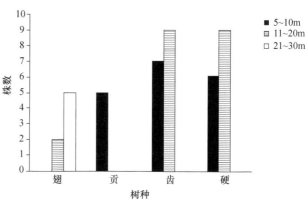

图 5-16　翅柄紫茎-硬斗石栎＋光亮玉山竹林树高与株数
翅、贡、齿等均指每一个种的名字的第一个字，是作图系统生成的。
翅＝翅柄紫茎，贡＝贡山润楠，齿＝齿叶枇杷，硬＝硬斗石栎

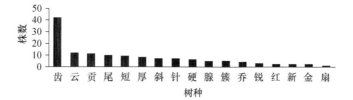

图 5-17　翅柄紫茎-硬斗石栎＋光亮玉山竹林灌木层更新层乔木幼树株数图
齿＝齿叶枇杷，云＝云南连蕊茶，贡＝贡山润楠，尾＝尾叶樟，短＝短序鹅掌柴，厚＝厚皮香，
斜＝斜基叶枔，针＝针齿铁仔，硬＝硬斗石栎，腺＝腺柄山矾，簇＝簇叶新木姜子，乔＝乔木
茵芋，锐＝尖叶桂樱，红＝红河鹅掌柴，新＝新木姜子，金＝金平木姜子，扇＝扇叶槭

5.3.4 硬叶常绿阔叶林

硬叶常绿阔叶林（简称硬叶栎林）是世界植被的重要类型，在我国西南地区、地中海沿岸、澳大利亚西南部、北美西南部、北非南部等地都有分布。其主要树种具有硬叶、常绿、多绒毛等旱化的典型特征，常以栎属 *Quercus*、木犀榄属 *Olea*、桉属 *Eucalyptus* 植物为主，反映了分布地气候在一定季节具有温暖干燥的特点（《云南植被》，1987年）。

中国的硬叶常绿阔叶林主要分布于亚热带西部和西南部青藏高原东南线及横断山脉地区，约从32°N的岷山南部起，南抵26°N左右的澜沧江、怒江的中游，东经约103°，往西止于中喜马拉雅山南侧的吉隆地区，见于川、滇、黔、藏4省（《中国森林》，2000年）。

云南的硬叶常绿阔叶林主要分布于滇西北、滇北的金沙江、澜沧江及怒江流域的高山峡谷地区。《云南植被》中，硬叶常绿阔叶林根据生态外貌和种类组成及生境的差异，划分出寒温山地硬叶常绿阔叶林和干热河谷硬叶常绿阔叶林2个植被亚型。寒温山地硬叶常绿阔叶林主要分布在2600～3300m的山地上。干热河谷硬叶常绿阔叶林主要分布于云南几大江河谷两侧海拔2600m以下的坡面，部分可分布至1000m或更低（《云南植被》，1987年）。

保护区的硬叶常绿阔叶林属于干热河谷硬叶常绿阔叶林（植被亚型）。生境气候干热，年平均气温12～24℃，最冷月平均气温7～17℃，最热月平均气温16～29℃，极端高温达到42℃以上，蒸发量为降水量的3倍多。这里是我国硬叶常绿阔叶林分布的最南和最低海拔区域。保护区的硬叶常绿阔叶林分布在西拉河、普漂、曼旦等河谷及其支流，海拔700～1000m，多呈小片状至散生状分布。群落结构简单，植株低矮，树干弯曲。其可分为两种类型，即锥连栎林和滇榄仁林。前者主要分布于西拉河和曼旦片区，海拔750～950m；后者分布于普漂片区，海拔约800m。

（1）锥连栎林（Form. *Quercus franchetii*）

保护区的锥连栎林（群系）包括锥连栎–余甘子–老人皮林（群丛）（Ass. *Quercus franchetii-Phyllanthus emblica-Polyalthia cerasoides*）。该群丛分布在西拉河及曼旦片区中山，海拔750～950m，多呈间断不连续的小块状分布，岩石风化突出，土壤为燥红壤，土层薄。

群落林冠略整齐，树干多弯曲，林木较稀疏，结构简单，物种较少。乔木层盖度45%～55%，平均高10m，最高14m，胸径最粗32cm，一般20cm或更小。以余甘子 *Phyllanthus emblica* 和锥连栎 *Quercus franchetii* 为优势种，重要值分别为19.84%和16.32%；其他有香合欢 *Albizia odoratissima*、豆腐果 *Buchanania latifolia*、珠仔树 *Symplocos racemosa*、心叶木 *Haldina cordifolia*、枣一种 *Ziziphus* sp.、朴叶扁担杆 *Grewia celtidifolia* 等。

灌木层不发达，盖度30%～40%，高度主要在1～4m，组成物种16种，多为耐干热的种类，重要值最大的是三叶漆 *Terminthia paniculata*（12.5%），其次是大叶紫珠 *Callicarpa macriphylla*（11.8%）。其他有老人皮 *Polyalthia cerasoides*、水锦树 *Wendlandia uvariifolia*、小叶臭黄皮 *Clausena excavata*、假木豆 *Dendrolobium triangulare*、黑面神 *Breynia fruticosa*、虾子花 *Woodfordia fruticosa*、白背黄花稔 *Sida rhombifolia*、地桃花 *Urena lobata*、心叶黄花稔 *Sida cordifolia*、拔毒散 *Sida szechuensis*、毛刺蒴麻 *Triumfetta tomentosa*、刺蒴麻 *T. rhomboidea*、肾叶山蚂蝗 *Desmodium renifolium*。

草本层盖度30%～60%，高达2m，计15种，重要值较大的是飞机草 *Chromolaena odorata*（20.7%）和扭黄茅 *Heteropogon contortus*（15.9%），其他有广防风 *Epimeredi indica*、疏穗求米草 *Oplismenus patens*、狸尾豆 *Uraria lagopodioides* 等耐旱种类，充分反映了林地干旱燥热的生境。

层间植物不发达，计11种，主要有多毛叶薯蓣 *Dioscorea decipiens*、鹿藿 *Rhynchosia volubilis*、苦郎藤 *Cissus assanica*、虫豆 *Cajanus crassus*、叶苞银背藤 *Argyreia roxburghii*、苞叶藤 *Blinkworthia convolvuloides*、古钩藤 *Cryptolepis buchananii*、心叶青藤 *Illigera cordata* 等，几无附生植物。

群落样方调查表见表5-25。

表5-25 锥连栎-余甘子-老人皮林样方调查表

样方号 面积 时间 地点	样40 20m×25m 2006.10.3 西拉河上方	样3 20m×25m 2006.5.2 曼旦
海拔 坡向 坡位 坡度	930m 东北 中上位 15°	750～780m 东 中上位 20°
母岩 土壤 地表特征	变质岩 燥红壤 枯枝落叶层厚1cm	砂岩风化 燥红壤,薄 枯枝落叶层薄
生境地形特点 人为影响	岩石裸露20% 样方上平下陡	靠山脊处 无人砍伐
盖度:乔木层 灌木层 草本层	45% 30% 30%	55% 40% 60%
调查人	杜凡、王娟、陈娟娟	杜凡、李海涛、叶莲

乔木层

中文名	拉丁名	样40 株数	样40 高/m 最高	样40 高/m 平均	样40 胸径/cm 最粗	样40 胸径/cm 平均	样3 株数	样3 高/m 最高	样3 高/m 平均	样3 胸径/cm 最粗	样3 胸径/cm 平均	重要值/%
余甘子	Phyllanthus emblica	46	9	8	12	8	8	6	5	7	6	19.84
锥连栎	Quercus franchetii	16	7	6	16	11	20	6	6	6	8	16.32
香合欢	Albizia odoratissima	2	14	11	32	16	4	10	9	16	15	11.31
毛叶黄杞	Engelhardtia colebrookeana	1	7.5	7.5	16	16						7.90
朴叶扁担杆	Grewia celtidifoli	3	11	10	16	14						7.13
豆腐果	Buchanania latifolia	7	9	8	12	10						6.11
心叶木	Haldina cordifolia	3	14	10	15	12						6.00
厚皮树	Lannea coromandelica						2	6	5	7	6	5.74
珠仔树	Symplocos racemosa	4	8	6.5	10	9						4.90
水锦树	Wendlandia uvariifolia	3	7	6	9	8						4.27
枣一种	Ziziphus sp.	3	10	7.5	8	7						3.94
清香木	Pistacia weinmannifolia						2	6	5	6	6	3.39
树头菜	Crateva unilocularis	2	5	4.5	6	5						3.15
合计	13种											100.00

灌木层

中文名	拉丁名	样40 盖度/%	样40 高/m 最高	样40 高/m 平均	样3 盖度/%	样3 高/m 最高	样3 高/m 平均	重要值/%	性状
大叶紫珠	Callicarpa macriphylla	6	4	3	5	3.5	2.2	11.8	常绿灌木
老人皮	Polyalthia cerasoides	4	0.4	0.25	3	3	1.6	9.1	乔木幼树
三叶漆	Terminthia paniculata	5	3	2.5	7	2.8	2.1	12.5	常绿灌木
小叶臭黄皮	Clausena excavata	4	2.5	1.3	6	3	1.7	11.1	常绿灌木
肾叶山蚂蝗	Desmodium renifolium	3	0.5	0.4	5	0.8	0.5	9.8	常绿灌木
假木豆	Dendrolobium triangulare				3	1.5	1.3	4.2	常绿灌木
白背黄花稔	Sida rhombifolia	2	0.6	0.5				3.5	常绿灌木
地桃花	Urena lobata	3	0.3	0.2	1	0.6	0.3	7.1	常绿灌木
心叶黄花稔	Sida cordifolia	1	0.4	0.35				2.8	常绿灌木
虾子花	Woodfordia fruticosa	3	0.3	0.3	4	1.2	0.8	9.1	落叶灌木
黑面神	Breynia fruticosa	1	1.5	1.1				2.8	常绿灌木
毛刺蒴麻	Triumfetta tomentosa	1	0.5	0.3				2.8	常绿灌木
刺蒴麻	Triumfetta rhomboidea				1	0.3	0.3	2.8	常绿灌木
灰色木蓝	Indigofera wightii				3	0.7	0.4	4.2	常绿灌木
长钩刺蒴麻	Triumfetta pilosa				1	0.5	0.3	2.8	常绿灌木
拔毒散	Sida szechuensis				2	0.4	0.4	3.5	常绿灌木
合计	16种							100.0	

续表

		草本层						
		样方40			样方3			
中文名	拉丁名	盖度/%	高/m		盖度/%	高/m		重要值/%
			最高	平均		最高	平均	
飞机草	*Chromolaena odorata*	10	2	1.3	20	2.2	1.4	20.7
广防风	*Epimeredi indica*				5	1	0.8	5.0
疏穗求米草	*Oplismenus patens*	3	0.4	0.3	5	0.5	0.3	9.0
扭黄茅	*Heteropogon contortus*	6	1	0.9	15	0.9	0.8	15.9
败酱耳草	*Hedyotis capituligera*				3	0.4	0.2	4.0
仙茅	*Curculigo orchioides*				1	0.3	0.2	2.9
狸尾豆	*Uraria lagopodioides*				3	0.4	0.3	4.0
纤花耳草	*Hedyotis tenelliflora*	3	0.3	0.2				4.0
小花倒提壶	*Cynoglossum lanceolatum* ssp. *eulanceolatum*	2	0.4	0.3	2	0.5	0.3	6.9
菊科一种	*Compositae* sp.	1	0.4	0.35				2.9
小白及	*Bletilla formosana*				1	0.3	0.2	2.9
酢浆草	*Oxalis corniculata*	3	0.2	0.1	1	0.1	0.1	6.9
六棱菊	*Laggera alata*	2	0.3	0.35				3.4
白酒草	*Conyza japonica*	1	0.4	0.3	6	0.4	0.2	8.5
头花猪屎豆	*Crotalaria mairei*	1	0.5	0.35				2.9
合计	15种	32			62			100.0

		层间植物				
		样方40		样方3		
中文名	拉丁名	盖度/%	高/m	盖度/%	高/m	性状
多毛叶薯蓣	*Dioscorea decipiens*			2	1.5	草质藤本
鹿藿	*Rhynchosia volubilis*	4	0.8			木质藤本
苦郎藤	*Cissus assanica*			2	0.9	木质藤本
虫豆	*Cajanus crassus*			2	0.8	木质藤本
叶苞银背藤	*Argyreia roxburghii* var. *ampla*	2	0.5	3	1.8	木质藤本
苞叶藤	*Blinkworthia convolvuloides*	1	0.4			木质藤本
古钩藤	*Cryptolepis buchananii*	2	1.7	1	0.6	木质藤本
心叶青藤	*Illigera cordata*	1	1.3			木质藤本
云南鸡矢藤	*Paederia yunnanensis*			1	0.6	木质藤本
长托菝葜	*Smilax ferox*	1	1.4			木质藤本
圆叶西番莲	*Passiflora henryi*			0.5	0.9	木质藤本
合计	11种					

注：百分比之和不为100%是因为数据进行过舍入修约。下同

群落动态分析　群落优势种为锥连栎*Quercus franchetii*和余甘子*Phyllanthus emblica*。群落中缺乏更新的乔木成分，只有老人皮*Polyalthia cerasoides*可长成小乔木。老人皮幼树高度均在0.5m以下，数量少，只有5株，与灌木层其他种类相比显得弱势且矮小，对群落的演变影响不大。更新层没有发现锥连栎*Quercus franchetii*和余甘子*Phyllanthus emblica*的幼苗，今后老人皮的数量会有所增加，但是由于立地条件等因素的限制，仅凭老人皮的数量增加还不足以改变群落类型。因此，今后该群落类型总体是稳定的。

（2）滇榄仁林（Form. *Terminalia franchetii*）

保护区的滇榄仁林（群系）面积不大，只有一个群丛，即滇榄仁-羊蹄甲＋金发草林（Ass. *Terminalia*

franchetii-Bauhinia spp.＋*Pogonatherum paniceum*）。其分布于普漂片区海拔800m附近，生境干燥，岩石较大面积裸露，土层薄。林冠不整齐，低矮，稀疏，种类组成较少，林层结构简单（表5-26）。

表5-26 滇榄仁-羊蹄甲＋金发草林样方调查表

样方号：<u>31</u> 面积：<u>20m×25m</u> 时间：<u>2006.9.30</u> 地点：<u>普漂</u> 海拔：<u>800m</u> 坡向：<u>西南</u> 坡位：<u>中位</u> 坡度：<u>35°</u>
大地形：<u>红河上方</u> 小地形：<u>水沟一侧，有一起伏</u> 母岩：<u>石灰岩</u> 土壤：<u>燥红壤</u> 地表特征：<u>岩石裸露80%，枯落物层盖度25%</u>
乔木层盖度：<u>60%</u> 灌木层盖度：<u>30%</u> 草本层盖度：<u>20%</u> 调查人：<u>杜凡、李海涛、叶莲、李明</u>

乔木层							
中文名	拉丁名	株数	高/m		胸径/cm		重要值/%
			最高	平均	最粗	平均	
滇榄仁	*Terminalia franchetii*	4	12	11	24	19	13.65
总状花羊蹄甲	*Bauhinia racemosa*	5	12	11	20	15	11.49
余甘子	*Phyllanthus emblica*	8	7	5.5	7	6	10.41
黄葛树	*Ficus virens* var. *sublanceotata*	1	12	12	19	19	10.08
老人皮	*Polyalthia cerasoides*	6	10	8	7	6	8.02
尖叶木犀榄	*Olea ferrugenea*	2	12	10	16	15	7.92
香合欢	*Albizia odoratissima*	4	14	12	14	11	7.74
豆果榕	*Ficus pisocarpa*	1	9	9	16	16	7.49
毛叶柿	*Diospyros mollifolia*	4	6	5	6	5.5	5.51
大青树	*Ficus hookeriana*	1	10	10	12	12	4.74
白头树	*Garuga forrestii*	2	8	7	8	7.5	3.78
栎叶枇杷	*Eriobotrya malipoensis*	1	8	8	10	10	3.65
杨翠木	*Pittosporum kerrii*	2	7	6	6	5.5	3.12
异序乌桕	*Sapium insigne*	1	6	6	7	7	2.40
合计	14种	42					100.00

灌木层					
中文名	拉丁名	最高/m	平均高/m	盖度/%	性状
思茅蒲桃	*Syzygium szemaoense*	0.7	0.7	2	乔木幼苗
鞍叶羊蹄甲	*Bauhinia brachycarpa*	2.5	1.7	15	常绿灌木
小黄皮	*Clausena emarginata*	1.8	0.8	10	常绿灌木
羽萼	*Colebrookea oppositifolia*	2	1.2	10	常绿灌木
灰毛浆果楝	*Cipadessa cinerascens*	2	1.5	10	常绿灌木
假杜鹃	*Barleria cristata*	0.8	0.5	5	落叶灌木
白皮乌口树	*Tarenna depauperata*	1.8	1.2	5	常绿灌木
假虎刺	*Carissa spinarum*	1	0.9	1	常绿灌木
密脉鹅掌柴	*Schefflera venulosa*	0.6	0.6	1	常绿灌木
广西九里香	*Murraya kwangsiensis*	0.6	0.6	1	常绿灌木
细梗美登木	*Maytenus graciliramula*	1.3	1.3	1	常绿灌木
瘤果三宝木	*Trigonostemon tuberculatum*	1.5	1.5	1	常绿灌木
感应草	*Biophytum sensitivum*	0.2	0.2	1	常绿亚灌木
虾子花	*Woodfordia fruticosa*	0.5	0.5	1	落叶灌木
刺桑	*Streblus illcifolius*	0.7	0.7	1	有刺常绿灌木
三叶漆	*Terminthia paniculata*	1	1	1	常绿灌木
合计	16种				

续表

草本层				
中文名	拉丁名	最高/m	平均高/m	盖度/%
金发草	*Pogonatherum paniceum*	1	0.75	10
白茅	*Imperata cylindrica* var. *major*	1	0.75	10
飞机草	*Chromolaena odorata*	1.5	1.15	5
紫茎泽兰	*Ageratina adenophora*	1.2	0.9	5
竹叶草	*Oplismenus compositus*	0.5	0.35	3
细柄草	*Capillipedium parviflorum*	0.4	0.3	1
蔗茅	*Erianthus rufipilus*	0.8	0.5	1
莎草一种	Cyperaceae sp.	0.4	0.3	1
铁线蕨	*Adiantum capillus-veneris*	0.4	0.3	1
伞形科一种	Umbelliferae sp.	0.5	0.35	1
蜈蚣蕨	*Pteris vitlata*	0.3	0.2	1
白花鬼针草	*Bidens pilosa* var. *radiata*	0.5	0.35	1
穗状香薷	*Elsholtzia stachyodes*	0.5	0.4	1
菊三七	*Gynura japonica*	0.5	0.4	1
金色狗尾草	*Setaria pumila*	0.4	0.35	1
爵床科一种	Acanthaceae sp.	0.3	0.2	1
藿香蓟	*Ageratum conyzoides*	0.5	0.35	1
茅叶荩草	*Arthraxon prionodes*	0.3	0.2	1
鳢肠	*Eclipta protrata*	0.4	0.3	1
合计	19种			

层间植物				
中文名	拉丁名	攀援高/m	盖度/%	性状
大百部	*Stemona tuberosa*	2	1	缠绕草本
防己叶菝葜	*Smilax menispermoidea*	1	2	木质藤本
托叶土蜜树	*Bridelia stipularis*	3	2	木质藤本
毛鸡矢藤	*Paederia scandens* var. *tomentosa*	2.5	1	藤本
长托菝葜	*Smilax ferox*	1.5	2	木质藤本
老虎刺	*Pterolobium punctatum*	1	2	藤本
假蓝叶藤	*Marsdenia pseudotinctoria*	1	1	藤本
野豇豆	*Vigna vexillata*	1	0.5	藤本
合计	8种			

　　乔木层盖度60%，组成物种计14种，最高14m，平均高10m，胸径最粗24cm。滇榄仁 *Terminalia francheti* 重要值最高，为13.65%，伴生总状花羊蹄甲 *Bauhinia racemosa*、余甘子 *Phyllanthus emblica*、黄葛树 *Ficus virens*、老人皮 *Polyalthia cerasoides*、尖叶木犀榄 *Olea ferrugenea*、香合欢 *Albizia odoratissima*、豆果榕 *Ficus pisocarpa*、毛叶柿 *Diospyros mollifolia*、大青树 *Ficus hookeriana*、白头树 *Garuga forrestii*、栎叶枇杷 *Eriobotrya malipoensis*、杨翠木 *Pittosporum kerrii*、异序乌桕 *Sapium insigne* 等。

　　灌木层盖度30%，平均高1.4m，以鞍叶羊蹄甲 *Bauhinia brachycarpa* 为主，乔木幼苗仅见思茅蒲桃 *Syzygium szemaoense*；真正的灌木有小黄皮 *Clausena emarginata*、刺桑 *Streblus illcifolius*、密脉鹅掌柴 *Schefflera venulosa*、广西九里香 *Murraya kwangsiensis*、灰毛浆果楝 *Cipadessa cinerascens*、羽萼 *Colebrookea oppositifolia*、细梗美登木 *Maytenus graciliramula*、瘤果三宝木 *Trigonostemon tuberculatum*、假杜鹃 *Barleria cristata*、白皮乌口树 *Tarenna depauperata*、感应草 *Biophytum sensitivum*、三叶漆 *Terminthia paniculata*、虾子

花 *Woodfordia fruticosa*、假虎刺 *Carissa spinarum* 等。

草本层盖度20%，最高1.5m，常见金发草 *Pogonatherum paniceum*、飞机草 *Chromolaena odorata*、白茅 *Imperata cylindrical* var. *major*、蔗茅 *Erianthus rufipilus*、细柄草 *Capillipedium parviflorum*、金色狗尾草 *Setaria pumila* 等耐旱种类，间有紫茎泽兰 *Ageratina adenophora*、竹叶草 *Oplismenus compositus*、白花鬼针草 *Bidens pilosa*、穗状香薷 *Elsholtzia stachyodes*、菊三七 *Gynura japonica*、藿香蓟 *Ageratum conyzoides*、茅叶荩草 *Arthraxon prionodes* 等。

层间植物很少，主要有大百部 *Stemona tuberosa*、防己叶菝葜 *Smilax menispermoidea*、托叶土蜜树 *Bridelia stipularis*、毛鸡矢藤 *Paederia scandens*、长托菝葜 *Smilax ferox*、老虎刺 *Pterolobium punctatum*、假蓝叶藤 *Marsdenia pseudotinctoria*、野豇豆 *Vigna vexillata*，几无附生种类，充分反映出了干热的旱生环境。

从乔木层物种组成可以看出该群落有季雨林的特征，但总体上仍归为干热河谷硬叶常绿阔叶林。群落优势种为滇榄仁 *Terminalia franchetii* 和总状花羊蹄甲 *Bauhinia racemosa*。更新层中有思茅蒲桃 *Syzygium szemaoense*、白皮乌口树 *Tarenna depauperata*、刺桑 *Streblus illcifolius* 和三叶漆 *Terminthia paniculata*，它们不仅数量少，而且不可能进入主林层，因此在群落演替中，它们不会改变群落类型。思茅蒲桃 *Syzygium szemaoense* 虽然为乔木，但数量稀少，在群落演替中对群落基本没有影响。

元江自然保护区为中国硬叶常绿阔叶林分布的最南部区域，其分布海拔也是我国硬叶常绿阔叶林分布的最低海拔区域。保护区硬叶常绿阔叶林的发现，扩大了我国硬叶常绿阔叶林群落的地理分布区域及分布海拔范围，在植被地理分布的研究上显示了其重要价值。

在元江自然保护区内发现了铁橡栎 *Quercus cocciferoides*，但是还未达到成林状态。铁橡栎林（Form. *Quercus cocciferoides*）也是干热河谷硬叶常绿阔叶林中的一个主要群落类型，由于受人为的长期干扰，一般以"铁橡栎萌生灌丛"（《云南植被》，1987年）为多见。在曼旦片区发现的铁橡栎 *Quercus cocciferoides* 在保护区建立后已得到很好的保护，目前高度最高已超过7m，今后将逐渐恢复成铁橡栎林。

5.3.5 落叶阔叶林

从全球看，落叶阔叶林广泛分布于北半球温带和亚热带地区。南半球的其他大陆的落叶阔叶林并不发育（中国森林编辑委员会，2000）。

中国是落叶阔叶林的主要分布区之一。其是我国暖温带的主要森林类型。其向南分布可到亚热带地区。在亚热带，落叶阔叶林群落的分布主要在常绿阔叶林上部的山地，其成为亚热带山地垂直带上的类型（《中国植被》，1980年）。

云南的落叶阔叶林分布广，见于滇中高原、滇西、滇西北、滇东南、滇东北各地的低山丘陵、中山及亚高山中下部，但面积不大，零星分布，多为次生林。

调查表明，元江自然保护区的落叶阔叶林有两种类型（群系），即栓皮栎林（Form. *Quercus variabilis*）和水青树林（Form. *Tetracentron sinense*），面积很小。

1. 栓皮栎林

元江自然保护区的栓皮栎林有栓皮栎-杨翠木林和栓皮栎-思茅松林2个群落类型（群丛）。

（1）栓皮栎-杨翠木林（Ass. *Quercus variabilis-Pittosporum kerrii*）

栓皮栎-杨翠木林主要分布于清水河。群落外貌葱郁，林冠尚整齐。种类较为丰富，在500m²样方中计114种（表5-27）。

乔木层盖度85%，高度主要在5～16m，计9种，22株。落叶乔木的株数占55%，有栓皮栎 *Quercus variabilis*、豆腐果 *Buchanania latifolia*、一担柴 *Colona floribunda*、蒙自合欢 *Albizia bracteata* 和厚皮树 *Lannea coromandelica*，以栓皮栎最具优势，重要值36.4%；常绿乔木株数占45%，有钝叶黄檀 *Dalbergia obtusifolia*、大叶石栎 *Lithocarpus megalophyllus*、粗糠柴 *Mallotus philippensis* 和杨翠木 *Pittosporum kerrii*。其中杨翠木的重要值为23.3%。

表5-27　栓皮栎-杨翠木林样方调查表

样方号：<u>45</u>　面积：<u>20m×25m</u>　时间：<u>2006.10.5</u>　地点：<u>清水河</u>　GPS：<u>23.53379°N/101.93421°E</u>　海拔：<u>1145m</u>
坡向：<u>东偏南60°</u>　坡位：<u>下位</u>　坡度：<u>45°</u>　土壤：<u>砂壤</u>，<u>厚15cm</u>　地表特征：<u>岩石裸露2%，枯落物层厚1cm</u>
生境特征：<u>样方中有小路，起伏大</u>　乔木层盖度：<u>85%</u>　灌木层盖度：<u>40%</u>　草本层盖度：<u>75%</u>　人为影响：<u>放牧，砍柴</u>
调查人：<u>杜凡、王娟、王雪丽、陈维伟、陈娟娟、李帅峰、叶莲、黄莹、农昌武、杜磊</u>

乔木层								
中文名	拉丁名	株数	高 /m		胸径 /cm		重要值 /%	性状
			最高	平均	最粗	平均		
栓皮栎	*Quercus variabilis*	4	16.0	12.8	50.0	31.7	36.4	落叶乔木
杨翠木	*Pittosporum kerrii*	5	14.0	11.8	24.0	18.7	23.3	常绿乔木
钝叶黄檀	*Dalbergia obtusifolia*	3	12.0	10.6	15.0	10.2	9.0	常绿乔木
豆腐果	*Buchanania latifolia*	3	7.0	5.5	12.0	9.3	8.6	落叶乔木
一担柴	*Colona floribunda*	3	9.0	7.4	10.0	8.2	8.2	落叶乔木
蒙自合欢	*Albizia bracteata*	1	16.0	16.0	25.0	25.0	6.5	落叶乔木
大叶石栎	*Lithocarpus megalophyllus*	1	10.0	10.0	10.0	10.0	3.0	常绿乔木
厚皮树	*Lannea coromandelica*	1	8.0	8.0	7.0	7.0	2.6	落叶乔木
粗糠柴	*Mallotus philippensis*	1	5.0	4.0	6.0	6.0	2.4	常绿乔木
合计	9种						100.0	

灌木层					
中文名	拉丁名	高 /m	株数	盖度 /%	重要值 /%	性状
水锦树一种	*Wendlandia* sp.	0.8	15	8	19.6	常绿灌木
光枝苎麻	*Boehmeria glomerulifera* var. *leioclada*	0.7	10	5	12.6	常绿灌木
刺蒴麻	*Triumfetta rhomboidea*	0.7	9	4	10.7	亚常绿灌木
密脉鹅掌柴	*Schefflera venulosa*	1.3	8	4	10.1	常绿灌木
西南虎刺	*Damnacanthus tsaii*	0.9	8	4	10.1	具刺常绿灌木
序叶苎麻	*Boehmeria clidemioides* var. *diffusa*	1.5	6	3	7.6	常绿灌木
盐肤木	*Rhus chinensis* var. *chinensis*	1.6	4	2	5.1	落叶常绿灌木
肾叶山蚂蝗	*Desmodium renifelium*	0.3	3	1	3.1	落叶亚灌木
中华地桃花	*Urena lobata* var. *chinensis*	1.6	2	1	2.5	常绿亚灌木
翅托叶猪屎豆	*Crotalaria alata*	1.2	2	1	2.5	常绿亚灌木
小叶臭黄皮	*Clausena excavata*	1.2	2	1	2.5	常绿灌木
岭罗麦	*Tarennoidea wallichii*	1.1	2	1	2.5	常绿灌木
毛果算盘子	*Glochidion eriocarpum*	0.4	2	1	2.5	常绿灌木
土蜜树	*Bridelia tomentosa*	0.1	2	1	2.5	常绿灌木
灰毛浆果楝	*Cipadessa cinerascens*	3.5	1	0.1	0.7	常绿灌木
毛黑果黄皮	*Clausena dunniana* var. *robusta*	3.0	1	0.1	0.7	常绿灌木
黑面神	*Breynia fruticosa*	2.5	1	0.1	0.7	常绿灌木
艾胶算盘子	*Glochidion lanceolarium*	1.6	1	0.1	0.7	常绿灌木
虾子花	*Woodfordia fruticosa*	1.0	1	0.1	0.7	落叶灌木
柘树	*Cudrania tricuspidata*	0.8	1	0.1	0.7	落叶灌木
苘麻叶扁担杆	*Grewia abutilifolia*	0.6	1	0.1	0.7	常绿灌木
密花树	*Rapanea neriifolia*	0.5	1	0.1	0.7	常绿灌木
合计	22种				100.0	

续表

更新层						
中文名	拉丁名	高 /m	株数	盖度 /%	重要值 /%	性状
余甘子	*Phyllanthus emblica*	3.0	18	8	31.6	乔木幼树
钝叶黄檀	*Dalbergia obtusifolia*	3.0	8	4	14.9	乔木幼树
火绳树	*Eriolaena spectabilis*	0.5	6	4	13.1	乔木幼树
珠仔树	*Symplocos racemosa*	3.0	5	3	10.3	乔木幼树
杨翠木	*Pittosporum kerrii*	1.0	5	3	10.3	乔木幼树
家麻树	*Sterculia pexa*	1.6	3	1	4.6	乔木幼树
大叶石栎	*Lithocarpus megalophyllus*	1.8	2	1	3.7	乔木幼树
齿叶枇杷	*Eriobotrya serrata*	1.0	2	1	3.7	乔木幼树
少花琼楠	*Beilschmiedia pauciflora*	4.5	1	0.1	1.1	乔木幼树
突脉榕	*Ficus vasculosa*	4.0	1	0.1	1.1	乔木幼树
毛桐	*Mallotus barbatus*	2.0	1	0.1	1.1	乔木幼树
糙叶树	*Aphananthe aspera*	1.0	1	0.1	1.1	乔木幼树
厚皮树	*Lannea coromandelica*	0.7	1	0.1	1.1	乔木幼树
黄毛五月茶	*Antidesma fordii*	0.6	1	0.1	1.1	乔木幼树
羽叶楸	*Stereospermum tetragonum*	0.5	1	0.1	1.1	乔木幼树
合计	15种				100.0	

草本层				
中文名	拉丁名	高 /m	盖度 /%	性状
飞机草	*Chromolaena odorata*	1.1	5	草本
浆果薹草	*Carex baccans*	0.8	5	草本
狭眼凤尾蕨	*Pteris biaurita*	0.6	5	草本
尾穗薹草	*Carex caudispicata*	0.4	5	草本
十字薹草	*Carex cruciata*	0.5	3	草本
金发草	*Pogonatherum paniceum*	0.4	3	草本
滇黄精	*Polygonatum kingianum*	0.4	3	草本
棕叶芦	*Thysanolaena maxima*	2.0	2	草本
五节芒	*Miscanthus floridulus*	1.8	2	草本
凤尾蕨	*Pteris nervosa*	0.8	2	草本
铁笎帚	*Bidens biternata*	0.7	2	草本
西南吊兰	*Chlorophytum nepalense*	0.6	2	草本
水鳖蕨	*Sinphropteris delavayi*	0.6	2	草本
山菅兰	*Dianella ensifolia*	0.6	2	草本
皱叶狗尾草	*Setaria plicata*	0.5	2	草本
弓果黍	*Cyrtococcum patens*	0.5	2	草本
长梗黄花稔	*Sida cordata*	0.5	2	草本
球穗草	*Hackelochloa granularis*	0.4	2	草本
二型鳞毛蕨	*Dryopteris cochleata*	0.4	2	草本
竹叶草	*Oplismenus compositus*	0.3	2	草本
菽麻	*Crotalaria juncea*	0.3	2	草本
糯米团	*Gonostegia hirta*	0.3	2	草本
大叶沿阶草	*Ophiopogon latifolius*	0.3	2	草本

中文名	拉丁名	高 /m	盖度 /%	性状
滇南羊耳菊	*Inula wissmanniana*	1.2	1	草本
羊耳菊	*Inula cappa*	1.1	1	草本
糙叶斑鸠菊	*Vernonia aspera*	0.8	1	草本
六棱菊	*Laggera alata*	0.7	1	草本
节节红	*Blumea fistulosa*	0.6	1	草本
广防风	*Epimeredi indica*	0.6	1	草本
莠狗尾草	*Setaria geniculata*	0.5	1	草本
野茼蒿	*Crassocephalum crepidioides*	0.4	1	草本
大果水竹叶	*Murdannia macrocarpa*	0.4	1	草本
头花猪屎豆	*Crotalaria mairei*	0.3	1	草本
排钱金不换	*Polygala subopposita*	0.2	1	草本
狸尾豆	*Uraria lagopodioides*	0.2	1	草本
仙茅	*Curculigo orchioides*	0.9	<1	草本
四块瓦	*Chloranthus holostegius*	0.5	<1	草本
鹅毛玉凤花	*Habenaria dentata*	0.5	<1	草本
玉凤花一种	*Habenaria* sp.	0.4	<1	草本
盾蕨	*Neolepisorus ovatus*	0.1	<1	草本
丝毛石蝴蝶	*Petrocosmea sericea*	0.05	<1	草本
合计	41种			

层间植物

中文名	拉丁名	高 /m	盖度 /%	性状
白粉藤	*Cissus repens*	1.4	2	草质藤本
心叶青藤	*Illigera cordata*	1.0	2	木质藤本
西南石韦	*Pyrrosia gralla*	0.1	1	附生草本
胎生铁角蕨	*Asplenium indicum*	0.1	1	附生草本
翅果藤	*Myriopteron extensum*	2.8	<1	木质藤本
古钩藤	*Cryptolepis buchananii*	2.6	<1	木质藤本
长托菝葜	*Smilax ferox*	2.4	<1	木质藤本
云南鸡矢藤	*Paederia yunnanensis*	2.1	<1	木质藤本
茎花崖爬藤	*Tetrastigma cauliflorum*	2.0	<1	草质藤本
参薯（四棱薯蓣）	*Dioscorea alata*	1.7	<1	草质藤本
木防己	*Cocculus orbiculatus*	1.6	<1	木质藤本
锈毛弓果藤	*Toxocarpus fuscus*	1.6	<1	木质藤本
大理素馨	*Jasminum seguinii*	1.5	<1	木质藤本
黏山药	*Dioscorea hemsleyi*	1.5	<1	草质藤本
镰叶羊蹄甲	*Bauhinia carcinophylla*	1.3	<1	木质藤本
叶苞银背藤	*Argyreia roxburghii* var. *ampla*	1.3	<1	攀缘藤本
黑珠芽薯蓣	*Dioscorea melanophyma*	1.2	<1	草质藤本
云南轮环藤	*Cyclea meeboldii*	1.1	<1	木质藤本
沧源赤瓟	*Thladiantha sessilifolia* var. *longipes*	1.0	<1	草质藤本
白叶藤	*Cryptolepis sinensis*	1.0	<1	木质藤本

续表

中文名	拉丁名	高/m	盖度/%	性状
尾丝钻柱兰	*Pelatantheria bicuspidata*	0.8	<1	附生草本
文山青紫葛	*Cissus wenshanensis*	0.8	<1	木质藤本
钮子瓜	*Zehneria maysorensis*	0.7	<1	攀缘藤本
厚萼铁线莲	*Clematis wissmanniana*	0.6	<1	木质藤本
滇南天门冬	*Asparagus subscandens*	0.6	<1	草质藤本
柳叶吊灯花	*Ceropegia salicifolia*	0.4	<1	草质藤本
千里光	*Senecio scandens*	0.3	<1	攀缘藤本
合计	27种			

　　灌木层盖度40%，平均高1.6m，计22种，共83株。以水锦树一种 *Wendlandia* sp.占优势，计15株，盖度8%；其他有光枝苎麻 *Boehmeria glomerulifera* var. *leioclada*、刺蒴麻 *Triumfetta rhomboidea*、密脉鹅掌柴 *Schefflera venulosa*、西南虎刺 *Damnacanthus tsaii*、序叶苎麻 *Boehmeria clidemioides* var. *diffusa* 等。

　　乔木幼树组成更新层，盖度22%，高度主要在0.5～4.5m，计15种，56株。以余甘子 *Phyllanthus emblica* 占优势，达18株，其他有钝叶黄檀 *Dalbergia obtusifolia*、火绳树 *Eriolaena spectabilis*、珠仔树 *Symplocos racemosa*、杨翠木 *Pittosporum kerrii* 等。

　　草本层盖度75%，高度主要在0.4～2m，共41种。常见狭眼凤尾蕨 *Pteris biaurita*、尾穗薹草 *Carex caudispicata* 和大叶沿阶草 *Carex baccans* 等。

　　层间植物有27种，高达2.8m，常见心叶青藤 *Illigera cordata*、白粉藤 *Cissus repens*、参薯（四棱薯蓣）*Dioscorea alata*、黏山药 *Dioscorea hemsleyi* 等，均为小型藤本。样方调查表见表5-27。

　　群落动态分析　群落乔木层中栓皮栎占主要地位，其次就是杨翠木和钝叶黄檀；灌木层中，乔木幼树占总株的一半以上，其中以余甘子、杨翠木、钝叶黄檀为多，没有栓皮栎幼树（图5-18）。今后栓皮栎在群落中的优势度会逐渐减弱，随着乔木幼苗的生长，会形成以杨翠木、钝叶黄檀为主的常绿季雨林。

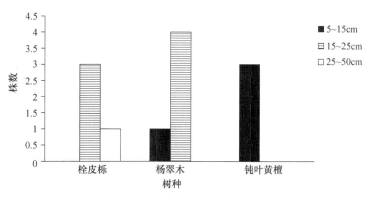

图5-18　乔木重要值前三位径阶-株数对比

　　（2）栓皮栎-思茅松林（Ass. *Quercus variabilis-Pinus kesiya* var. *lanbianensis*）

　　栓皮栎-思茅松林主要分布于清水河。样方中物种较少，在20m×25m的样方中仅有20个物种（表5-28）。

　　乔木层盖度60%，高10～11m，物种计4种，共17株。落叶乔木株数占71%，以栓皮栎 *Quercus variabilis* 和豆腐果 *Buchanania latifolia* 为主，栓皮栎重要值69.64%；常绿乔木株数占29%，有思茅松 *Pinus kesiya* var. *lanbianensis* 和珠仔树 *Symplocos racemosa*。思茅松重要值17.51%，仅次于栓皮栎。

　　灌木层盖度50%，主要有余甘子 *Phyllanthus emblica*、刺蒴麻 *Triumfetta rhomboidea*、毛果算盘子 *Glochidion eriocarpum* 和虾子花 *Woodfordia fruticosa*。

表5-28　栓皮栎－思茅松林样方调查表

样方号：<u>45</u>　面积：<u>20m×25m</u>　时间：<u>2006.10.5</u>　地点：<u>清水河</u>　GPS：<u>23.53485°N/101.93426°E</u>　海拔：<u>1162m</u>　坡向：<u>南坡</u>

坡位：<u>中位</u>　坡度：<u>40°</u>　生境特征：<u>地形起伏不平</u>　母岩、土壤特点、地表特征：<u>砂岩，几无土壤，岩石裸露90%</u>

乔木层盖度：<u>60%</u>　灌木层盖度：<u>50%</u>　草本层盖度：<u>40%</u>　附生：<u>地衣在树上盖度60%，地上无</u>　影响因素：<u>放牧、砍柴</u>

调查人：<u>杜凡、王娟、王雪丽、陈维伟、陈娟娟、李帅峰、叶莲、黄莹、农昌武、杜磊</u>

乔木层								
中文名	拉丁名	株数	高/m		胸径/cm		重要值/%	性状
			最高	平均	最粗	平均		
栓皮栎	*Quercus variabilis*	10	10.0	7.3	40.0	26.0	69.64	落叶乔木
思茅松	*Pinus kesiya* var. *lanbianensis*	4	10.0	9.1	20.0	16.5	17.51	常绿乔木
豆腐果	*Buchanania latifolia*	2	10.0	9.2	12.0	10.6	8.76	落叶乔木
珠仔树	*Symplocos racemosa*	1	11.0	11.0	10.0	10.0	4.09	常绿乔木
合计	4种						100.0	

灌木层				
中文名	拉丁名	高/m	盖度/%	性状
余甘子	*Phyllanthus emblica*	4.0	20	乔木幼树
刺蒴麻	*Triumfetta rhomboidea*	0.8	12	常绿亚灌木
虾子花	*Woodfordia fruticosa*	1.5	10	落叶灌木
毛果算盘子	*Glochidion eriocarpum*	1.2	10	常绿灌木
合计	4种			

草本层				
中文名	拉丁名	高/m	盖度/%	性状
扭黄茅	*Heteropogon contortus*	0.9	20	草本
飞机草	*Chromolaena odorata*	1.5	10	草本
野拔子	*Elsholtzia rugulosa*	0.8	5	草本
小刺蒴麻	*Triumfetta annua*	0.7	3	草本
弓果黍	*Cyrtococcum patens*	0.6	2	草本
小白酒草	*Conyza canadensis*	0.4	2	草本
六棱菊	*Laggera alata*	0.9	1	草本
刺芒野古草	*Arundinella setose*	0.7	1	草本
纤花耳草	*Hedyotis tenelliflora*	0.6	1	草本
头花猪屎豆	*Crotalaria mairei*	0.5	1	草本
大苞鸭跖草	*Commelina paludosa*	0.6	<1	草本
小一点红	*Emilia prenanthoidea*	0.5	<1	草本
合计	12种			

　　草本层盖度40%，主要有扭黄茅*Heteropogon contortus*、飞机草*Chromolaena odorata*、野拔子*Elsholtzia rugulosa*、小刺蒴麻*Triumfetta annua*、小白酒草*Conyza canadensis*、弓果黍*Cyrtococcum patens*、头花猪屎豆*Crotalaria mairei*、刺芒野古草*Arundinella setose*、纤花耳草*Hedyotis tenelliflora*、六棱菊*Laggera alata*、大苞鸭跖草*Commelina paludosa*和小一点红*Emilia prenanthoidea*等（表5-28）。

　　群落动态分析　本群落物种较少，栓皮栎在乔木层中占主要地位，其次是思茅松（图5-19）。若长期封禁，前者优势度会逐渐下降，后者可能取代栓皮栎成为乔木层的优势种；若当乔木层被采伐后，本群落将可能向草丛演替。

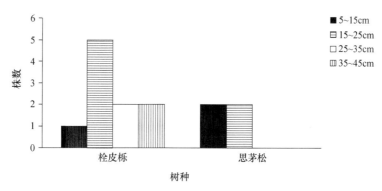

图 5-19 乔木重要值前二位径阶-株数对比

2. 水青树林

水青树为水青树科单种属高大落叶乔木，第三纪古老孑遗植物，国家Ⅱ级重点保护植物。其主要分布于我国陕西、甘肃、湖北、四川、贵州、云南等省，向西延伸至印度北部、缅甸北部、尼泊尔和不丹。水青树的木材无导管，对研究中国古代植物区系的演化、被子植物系统和起源具有重要的科学价值。

水青树在森林中通常仅零星分布，很少形成群落。元江自然保护区的水青树种群少，多呈点状零散分布。但是在望乡台及章巴海拔 2100m 以上局部区域形成了小面积水青树林群落片段，资源十分珍贵，划为水青树林群系（Form. *Tetracentron sinense*）。样方资料见表 5-29。

表 5-29 水青树林群落样方调查表

样方号 面积 时间 地点	样 17 20m×25m 2006.5.10 章巴	样 19 20m×25m 2006.5.13 望乡台
GPS		23°22′03.6″N/101°55′55.2″E
海拔 坡向 坡位 坡度	2280m 东坡 中上位 35°	2160m 东坡 中上位 50°
母岩 土壤 地表特征	砂岩 紫色土 枯落物层厚6cm	砂岩 紫色土 枯落物层厚4cm
生境地形特点	阿波列山东北面，鞍部，沟箐西侧	望乡台南侧，下方为废弃公路，大沟箐
人为影响	放牧	有人打猎，无人砍伐
盖度：乔木层 灌木层 草本层	60% 10% 70%	70% 50% 40%
调查人	杜凡、李海涛、叶莲、陈维伟	杜凡、李海涛、黄莹、李帅锋

乔木层

| 中文名 | 样 17 | | | | | 样 19 | | | | | 重要值/% | 性状 |
| | 株数 | 高/m | | 胸径/cm | | 株数 | 高/m | | 胸径/cm | | | |
		最高	平均	最粗	平均		最高	平均	最粗	平均		
水青树	4	30.0	21.8	80.0	38.8	4	17.0	12.1	32.0	18.5	63.2	落叶乔木
翅柄紫茎						2	18.0	16.3	27.0	22.0	15.0	常绿乔木
乔木茵芋						1	16.0	16.0	30.0	30.0	11.9	常绿乔木
簇叶新木姜子						1	15.0	15.0	13.0	13.0	9.9	常绿乔木
合计 4 种											100.0	

水青树 *Tetracentron sinense*、翅柄紫茎 *Stewartia pteropetiolata*、乔木茵芋 *Skimmia arborescens*、簇叶新木姜子 *Neolitsea confertifolia*

灌木层

| 中文名 | 拉丁名 | 样 17 | | 盖度/% | 样 19 | | 盖度/% | 重要值/% |
| | | 高/m | | | 高/m | | | |
		最高	平均		最高	平均		
	真正灌木							
滇川方竹	*Chimonobambusa ningnanica*				2.3	2.3	15	7.5
尖瓣瑞香	*Daphne acutiloba*				1.6	1.6	5	3.7
亮毛杜鹃	*Rhododendron microphyton*				1.4	1.4	5	3.7

续表

中文名	拉丁名	样17			样19			重要值/%
		高/m		盖度/%	高/m		盖度/%	
		最高	平均		最高	平均		
纹果杜茎山	*Maesa atriata* var. *opaca*				1.3	1.3	5	3.7
药囊花	*Cyphotheca montana*				0.9	0.9	5	3.7
朱砂根	*Ardisia crenata*	0.3	0.2	5				3.7
未定名					1.5	1.5	3	3.2
常山	*Dichroa febrifuga*				0.8	0.8	2	2.9
刺壳椒	*Zanthoxylum echinocarpum*				0.4	0.4	2	2.9
玉山竹一种	*Yushania* sp.	0.7	0.5	2				2.9
更新层								
斜基叶枻	*Eurya obliquifolia*	2.5	2.5	10	1.8	1.8	5	8.8
水青树	*Tetracentron sinense*				2.4	2.4	15	6.3
小花八角	*Illicium micranthum*	1.4	1.1	15				6.3
扇叶槭	*Acer flabellatum*	0.1	0.08		0.8	0.8	2	5.4
岗枻	*Eurya groffii*				1.6	1.6	5	3.7
宿苞山矾	*Symplocos persistens*				1.8	1.8	5	3.7
云南山香圆	*Turpinia cochinchinensis*				1.1	1.1	4	3.5
长梗润楠	*Machilus longipedicellata*				2.4	2.4	3	3.2
厚皮香	*Ternstroemia gymnanthera*				1.5	1.5	3	3.2
金叶细枝枻	*Eurya loquaiana* var. *aureopunctata*				1.1	1.1	3	3.2
腺叶木犀榄	*Olea glandulifera*				1.8	1.8	3	3.2
簇叶新木姜子	*Neolitsea confertifolia*	1.5	1	2				2.9
贡山润楠	*Machilus gongshanensis*	0.3	0.2	2				2.9
狭翅柏那参	*Brassaiopsis dumicola*				0.8	0.8	2	2.9
榕一种	*Ficus* sp.				1.1	1.1	2	2.9
合计	25种							100.0

草本层

中文名	拉丁名	样17			样19			重要值/%
		高/m		盖度/%	高/m		盖度/%	
		最高	平均		最高	平均		
蕨	*Pteridium aquilinum* var. *latiusculum*	0.7	0.4	50				17.66
弯蕊开口箭	*Tupistra watti*	0.25	0.15	2				5.63
滇重楼	*Paris polyphylla* var. *yunnanensis*	0.50	0.30	2				5.63
丛枝蓼	*Polygonum posumbu*				0.6	0.6	3	5.88
一把伞南星	*Arisaema erubescens*	0.70	0.40	2	0.6	0.6	2	11.26
点乳冷水花	*Pilea glaberrima*				0.4	0.4	35	13.90
瘤果冷水花	*Pilea dolichocarpa*				0.5	0.5	23	10.89
桫椤鳞毛蕨	*Dryopteris cycadina*				0.8	0.8	4	6.13
竹叶草	*Oplismenus compositus*				0.5	0.6	4	6.13
轴果蹄盖蕨	*Athyrium epirachis*				0.6	0.6	3	5.88
峨眉双蝴蝶	*Tripterospermum cordatum*				0.5	0.5	2	5.63
蓼一种	*Polygonum* sp.				0.5	0.5	1	5.38
合计	12种							100.0

续表

中文名	拉丁名	样17			样19			性状
		高/m		盖度/%	高/m		盖度/%	
		最高	平均		最高	平均		
狭叶崖爬藤	*Tetrastigma serrulatum*	5	3	5	0.9	0.9	12.5	草质藤本
圆锥悬钩子	*Rubus paniculatus*	4	3		1.4	1.4	12.5	木质藤本
丛林素馨	*Jasminum duclouxii*	2	1	1	0.8	0.8	2	草质藤本
长梗裂瓜	*Schizopepon longipes*	3	2	3				附生藤本
石豆兰一种	*Bulbophyllum* sp.	0.3	0.15	3				附生草本
西南拔葜	*Smilax bockii*	1.5	1	2				木质藤本
羊腰子	*Holboellia reticulata*				1.8	1.8	2	木质藤本
扶芳藤	*Euonymus fortunei*				0.6	0.6	2	草质藤本
多花铁线莲	*Clematis jingdungensis*				1.1	1.1	2	草质藤本
附生一种					0.3	0.3	2	附生草本
羊齿天门冬	*Asparagus filicinus*				0.6	0.6	2	草质藤本
掌裂棕红悬钩子	*Rubus rufus* var. *palmatifidus*				1.4	1.4	0.5	木质藤本
腺毛藤菊	*Cissampelopsis glandulosa*				0.4	0.4	0.5	草质藤本
竹叶子	*Streptolirion volubile*				0.4	0.4	0.5	草质藤本
合计	14种							

乔木层种类有4种，盖度60%～70%，高达30m，胸径达80cm。以水青树 *Tetracentron sinense*、翅柄紫茎 *Stewartia pteropetiolata* 为主，重要值分别为63.2%和15.0%。其他有乔木茵芋 *Skimmia arborescens*、簇叶新木姜子 *Neolitsea confertifolia*。林中生境湿润，地衣层发达，盖度约70%，厚度达到6cm。

灌木层种类有25种，盖度约50%，高度主要在0.4～2.4m。斜基叶枥 *Eurya obliquifolia* 重要值最大，达到8.8%。其他有玉山竹、滇川方竹 *Chimonobambusa ningnanica*、刺壳椒 *Zanthoxylum echinocarpum*、岗枥 *Eurya groffii*、尖瓣瑞香 *Daphne acutiloba*、长梗润楠 *Machilus longipedicellata*、宿苞山矾 *Symplocos persistens*、厚皮香 *Ternstroemia gymnanthera*、亮毛杜鹃 *Rhododendron microphyton*、狭翅柏那参 *Brassaiopsis dumicola*、云南山香圆 *Turpinia cochinchinensis*、扇叶槭 *Acer flabellatum*、金叶细枝枥 *Eurya loquaiana* var. *aureopunctata*、纹果杜茎山 *Maesa atriata* var. *opaca*、药囊花 *Cyphotheca montana*、常山 *Dichroa febrifuga*、腺叶木犀榄 *Olea glandulifera* 等。林下有水青树幼苗。

草本层计12种，盖度60%～70%，高度主要在0.4～1.2 m。常见丛枝蓼 *Polygonum posumbu*、一把伞南星 *Arisaema erubescens*、点乳冷水花 *Pilea glaberrima*、瘤果冷水花 *Pilea dolichocarpa*、桫椤鳞毛蕨 *Dryopteris cycadina*、竹叶草、轴果蹄盖蕨 *Athyrium epirachis*、蓼一种 *Polygonum* sp.、峨眉双蝴蝶 *Tripterospermum cordatum* 等。

层间植物计14种，藤本较为丰富，重要值最大的为狭叶崖爬藤 *Tetrastigma serrulatum*，达到17.81%，第二是圆锥悬钩子 *Rubus paniculatus*，为11.04%，第三是丛林素馨 *Jasminum duclouxii*，为9.55%；其他有羊腰子 *Holboellia reticulata*、掌裂棕红悬钩子 *Rubus rufus* var. *palmatifidus*、扶芳藤 *Euonymus fortunei*、腺毛藤菊 *Cissampelopsis glandulosa*、多花铁线莲 *Clematis jingdungensis* 等。附生植物少。

总的来说，元江自然保护区水青树量少，资源可贵，样方中出现高达30m、胸径80cm的水青树大乔木是罕见的。

5.3.6　暖性针叶林

云南大约有20多种暖性针叶树种，其中能够大面积成林的有云南松 *Pinus yunnananensis*、思茅松

P. kesiya var. *langbianensis*两种，能够小面积成林的有云南油杉*Keteleeria evelyniana*、翠柏*Calocedrus macrolepis*、华山松等。按分布区的热量水平，云南的暖性针叶林分为2种类型，即暖热性针叶林和暖温性针叶林。元江自然保护区有2种类型。

1. 暖热性针叶林

暖热性针叶林在云南南亚热带气候下发育，其分布范围大致是滇中南至滇南、滇东南、滇西南、滇西海拔800～1800m区域。其组成树种主要有思茅松、翠柏、鸡毛松、福建柏、粗榧等。元江自然保护区的暖热性针叶林类型只有思茅松林一种（群系）。

（1）思茅松林（Form. *Pinus kesiya* var. *lanbianensis*）

思茅松林分布于云南24°24′N以南，99°5′～102°E。无量山和哀牢山之间构成了海拔高1100～1600m的帚状高原面，成为思茅松林的集中分布区（《云南植被》）。元江县为思茅松林分布的北缘，保护区记录了一种类型（群丛），即思茅松＋糙叶斑鸠菊林（Ass. *Pinus kesiya* var. *lanbianensis*＋*Vernonia aspera*）。

以西拉河附近海拔1053～1070m的思茅松林样方为例，样方面积900m²，土壤厚度不足10cm，土夹石，岩石裸露1%。在这种生境里思茅松能不被其他的阔叶乔木树种所淘汰，能够形成稳定的以思茅松为优势的混交林。群落高度较低，最高者为思茅松，约13m，最粗近50cm（表5-30）。

表5-30　思茅松＋糙叶斑鸠菊林样方调查表

样方号：样2006-44　面积：30m×30m　时间：2006.10.4　地点：西拉河　GPS：101.92014°N/23.74792°E　海拔：1053～1070m
坡向：东坡　坡位：上位　坡度：20°　小地形：近山顶，较平坦，附近有山路
乔木层盖度：70%　灌木层盖度：30%　草本层盖度：80%
调查人：杜凡、王娟、李帅锋、王雪丽、黄莹、陈维伟、王建军、沈道勇、苗云光、杜磊、王长祺、王骞

乔木层								
中文名	拉丁名	株数			高/m		胸径/cm		重要值/%
		层高>1m	层高>5m	层高>9m	最高	平均	最粗	平均	
思茅松	*Pinus kesiya* var. *lanbianensis*	13	28	9	13.0	8.0	38	21	43.3
豆腐果	*Buchanania latifolia*		4	3	8.0	5.0	35	30.0	20.5
水锦树	*Wendlandia uvariifolia*	7	10		6.0	4.8	10	7.0	8.3
余甘子	*Phyllanthus emblica*	5	10		8.0	3.9	9	6.5	7.2
栓皮栎	*Quercus variabilis*		5	6	10.0	5.3	10	8.0	6.0
越南山矾	*Symplocos cochinchinensis*	3	7		5.8	4.8	6	5.8	5.0
锥连栎	*Quercus franchetii*		7		8.0	6.5	11	8.6	4.4
小黄皮	*Clausena emarginata*		1		5.5	5.0	10	10.0	2.3
厚皮树	*Lannea coromandelica*		1		5.0	5.0	5.3	5.3	1.0
杨翠木	*Pittosporum kerrii*			1	9.0	9.0	5.2	5.2	1.0
毛叶黄杞	*Engelhardtia colebrookiana*		1		5.2	5.2	5	5.0	1.0
合计	11种	28	74	19					100.0

灌木层				
中文名	拉丁名	最高/m	平均高/m	盖度/%	性状
香合欢	*Albizia odoratissima*	2.0	0.6	2.3	落叶乔木幼苗
豆腐果	*Buchanania latifolia*	1.8	0.9	2.3	乔木幼苗
余甘子	*Phyllanthus emblica*	2.5	1.1	1.9	乔木幼苗
三叶漆	*Terminthia paniculata*	0.5	0.2	0.8	常绿灌木
越南山矾	*Symplocos cochinchinensis*	1.0	1.0	1.5	乔木幼苗
红皮水锦树	*Wendlandia tinctoria*	3.5	0.8	2.7	乔木幼苗
火绳树	*Eriolaena spectabilis*	1.5	0.7	3.4	落叶乔木幼苗

续表

中文名	拉丁名	最高/m	平均高/m	盖度/%	性状
朴叶扁担杆	*Grewia celtidifolia*	1.2	0.4	1.9	落叶乔木幼苗
花叶鸡桑	*Morus australis* var. *inusitata*	1.5	0.8	1.5	落叶乔木幼苗
单叶拿身草	*Desmodium zonatum*	0.8	0.5	1.5	常绿灌木
排钱金不换	*Polygala subopposita*	0.8	0.3	1.2	常绿灌木
水丝麻	*Maoutia puya*	1.0	0.7	1.2	常绿灌木
虾子花	*Woodfordia fruticosa*	0.8	0.6	0.8	落叶灌木
地桃花	*Urena lobata*	0.8	0.5	0.8	常绿灌木
毛果算盘子	*Glochidion eriocarpum*	0.5	0.3	0.8	常绿灌木
白背黄花稔	*Sida rhombifolia*	0.2	0.1	0.4	常绿灌木
假地豆	*Desmodium heterocarpon*	0.1	0.1	0.4	常绿灌木
黄毛五月茶	*Antidesma fordii*	0.3	0.2	0.4	常绿灌木
椭圆叶木蓝	*Indigofera cassoides*	0.2	0.2	0.4	常绿灌木
合计	19种				

草本层

中文名	拉丁名	最高/m	平均高/m	盖度/%	性状
糙叶斑鸠菊	*Vernonia aspera*	0.5	0.35	15	草本
光高粱	*Sorghum nitidum*	0.6	0.30	10	草本
莠狗尾草	*Setaria geniculata*	0.5	0.15	8.0	草本
白酒草	*Conyza japonica*	0.4	0.20	5.0	草本
纤花耳草	*Hedyotis tenelliflora*	0.2	0.07	4.0	草本
十字薹草	*Carex cruciata*	0.5	0.20	7.0	草本
两歧飘拂草	*Fimbristylis dichotoma*	0.4	0.13	5.0	草本
刚毛马唐	*Digitaria setigera*	0.2	0.10	2.0	草本
杜氏翅茎草	*Pterygiella duclouxii*	0.2	0.04	1.5	草本
圆果雀稗	*Paspalum orbiculare*	0.2	0.15	0.7	草本
异序虎尾草	*Chloris anomala*	0.4	0.10	1.0	草本
屏边黄芩	*scutellaria pinbienensis*	0.3	0.15	0.9	草本
扭黄茅	*Heteropogon contortus*	0.7	0.65	1.5	草本
二型鳞毛蕨	*Dryopteris cochleata*	0.5	0.35	0.5	草本
棕叶芦	*Thysanolaena maxima*	1.5	0.90	8.0	草本
松叶西风芹	*Seseli yunnanense*	0.2	0.07	0.8	草本
球穗草	*Hackelochloa granularis*	0.5	0.35	1.2	草本
黑鳞珍珠茅	*Scleria hookeriana*	0.4	0.20	3.0	草本
小一点红	*Emilia prenanthoidea*	0.4	0.20	2.5	草本
套鞘薹草	*carex maubertiana*	0.7	0.30	0.5	草本
石芒草	*Arundinella nepalensis*	0.5	0.30	0.3	草本
刺芒野古草	*Arundinella setose*	0.5	0.15	0.1	草本
长萼猪屎豆	*Crotalaria calycina*	0.4	0.20	0.1	草本
败酱耳草	*Hedyotis capituligera*	0.3	0.10	0.2	草本
仙茅	*Curculigo orchioides*	0.2	0.07	4.0	草本
华须芒草	*Andropogon chinensis*	0.4	0.15	0.2	草本
合计	26种				

层间植物					
中文名	拉丁名	最高/m	平均高/m	盖度/%	性状
白粉藤	*Cissus repens*	2	1.5	2	藤本
多毛叶薯蓣	*Dioscorea decipiens*	3	1.8	0.5	藤本
长托菝葜	*Smilax ferox*	3	1.6	1	藤本
云南鸡矢藤	*Paederia yunnanensis*	2	0.9	1	藤本
淡红鹿藿	*Rhynchosia rufescens*	2	1.6	1	藤本
葛	*Pueraria lobata*	0.8	0.8	1	藤本
苞叶藤	*Blinkworthia convolvuloides*	0.9	0.9	1	藤本
厚萼铁线莲	*Clematis wissmanniana*	1.5	0.6	1	藤本
牛皮消	*Cynanchum auriculatum*	1.9	0.8	0.5	藤本
灰毛聚花白鹤藤	*Argyreia osyrensis* var. *cinerea*	2.5	1.3	1	藤本
茅瓜	*Solena amplexicaulis*	3.8	3.8	0.5	藤本
云南海金沙	*Lygodium yunnanense*	2.6	1.2	1	藤本
古钩藤	*Cryptolepis buchananii*	3	1.9	1	藤本
滇南天门冬	*Asparagus subscandens*	2.8	1.7	0.2	藤本
淡红鹿藿	*Rhynchosia rufescens*	1.9	1	1	藤本
合计	15种				

乔木层种类较多，在900m²的样方中，计11种。乔木层盖度70%，计121株，重要值最大的3个树种是思茅松、豆腐果和水锦树，依次为43.3%、20.5%和8.3%。其中思茅松50株。乔木上层树高度主要在8~12m，胸径35~50cm，共55株，盖度40%，思茅松达45株、豆腐果3株、栓皮栎6株、杨翠木1株；乔木下层高度主要在6~8m，共45株，盖度20%，常见豆腐果 *Buchanania latifolia*、水锦树 *Wendlandia uvariifolia*、余甘子 *Phyllanthus emblica*、栓皮栎 *Quercus variabilis*、越南山矾 *Symplocos cochinchinensis*、锥连栎 *Quercus franchetii*、小黄皮 *Clausena emarginata*、厚皮树 *Lannea coromandelica* 等。

灌木层高不足5m，种类较多，盖度约30%，优势种不显著，重要值较大的为红皮水锦树和香合欢 *Albizia odoratissima*，分别为10.1%和8.7%；其他有排钱金不换 *Polygala subopposita*、水丝麻 *Maoutia puya*、虾子花 *Woodfordia fruticosa*、地桃花 *Urena lobata*、三叶漆 *Terminthia paniculata*、白背黄花稔 *Sida rhombifolia*、毛果算盘子 *Glochidion eriocarpum*、假地豆 *Desmodium heterocarpon*、黄毛五月茶 *Antidesma fordii*、椭圆叶木蓝 *Indigofera cassoides*。

草本层浓密，盖度约80%，高达1.5m。重要值较大者糙叶斑鸠菊 *Vernonia aspera* 和光高粱 *Sorghum nitidum*，分别为52.8%和21.1%；其他有莠狗尾草 *Setaria geniculata*、白酒草 *Conyza japonica*、纤花耳草 *Hedyotis tenelliflora*、十字薹草 *Carex cruciata*、刚毛马唐 *Digitaria setigera*、杜氏翅茎草 *Pterygiella duclouxii*、圆果雀稗 *Paspalum orbiculare*、异序虎尾草 *Chloris anomala*、两歧飘拂草 *Fimbristylis dichotoma*、屏边黄芩 *scutellaria pinbienensis*、扭黄茅 *Heteropogon contortus*、二型鳞毛蕨 *Dryopteris cochleata*、棕叶芦 *Thysanolaena maxima*、松叶西风芹 *Seseli yunnanense*、球穗草 *Hackelochloa granularis*、黑鳞珍珠茅 *Scleria hookeriana*、小一点红 *Emilia prenanthoidea*、套鞘薹草 *Carex maubertiana*、石芒草 *Arundinella nepalensis*、刺芒野古草 *Arundinella setose*、长萼猪屎豆 *Crotalaria calycina*、败酱耳草 *Hedyotis capituligera*、仙茅 *Curculigo orchioides*、华须芒草 *Andropogon chinensis* 等。

层间植物计15种。以白粉藤较突出。其他有多毛叶薯蓣 *Dioscorea decipiens*、长托菝葜 *Smilax ferox*、云南鸡矢藤 *Paederia yunnanensis*、淡红鹿藿 *Rhynchosia rufescens*、葛 *Pueraria lobata*、苞叶藤 *Blinkworthia convolvuloides*、厚萼铁线莲 *Clematis wissmanniana*、牛皮消 *Cynanchum auriculatum*、灰毛聚花白鹤藤 *Argyreia osyrensis* var. *cinerea*、茅瓜 *Solena amplexicaulis*、云南海金沙 *Lygodium yunnanense*、古钩藤

Cryptolepis buchananii、滇南天门冬 *Asparagus subscandens*。

（2）思茅松群落动态分析

群落更新层中未出现思茅松幼苗，原因是思茅松为阳性树种，其更新需要足够的光照度，而整个群落郁闭度大，导致林内光线不足，因此思茅松难更新。在林缘有部分思茅松的更新幼树。所以该群落可能会因思茅松的更新速度慢而被其他更新较快的树种所替代，成为次优势树种。

2. 暖温性针叶林

暖温性针叶林主要分布于云南亚热带北部地区，以滇中高原山地为主，海拔为1500~2800m，干热河谷附近，如红河河谷、南盘江河谷和金沙江河谷，甚至下降到海拔1000m。云南的暖温性针叶林主要有云南松林和云南油杉林。

元江自然保护区的暖温性针叶林有2个群系，即云南松林（Form. *Pinus yunnanensis*）和云南油杉林（Form. *Keteleeria evelyniana*）。云南松群系只有一个群丛，即云南松-光叶石栎林；云南油杉群系分为2个群丛，即云南油杉-红木荷林和云南油杉-栓皮栎林。

（1）云南松林（Form. *Pinus yunnanensis*）

云南松林在滇中高原的山地分布极广，除云南中部、北部、西部、东部的大部分地区外，北边一直分布到四川的西昌、木里，东北分布到贵州的毕节、水城，东部延至广西的西部。其大致在23°~29°N、97°~106°30′E和海拔1500~2800m分布最集中。其分布区年均温13~19℃，最热月均温20~21℃，最冷月均温3~9℃，≥10℃的活动积温4000~5000℃。一般年降雨量800~1200mm。土壤主要是在砂岩、千枚岩、花岗岩及石灰岩上发育的山地红壤。土层多为厚度1m以下的薄、中层土。

保护区云南松林分布在海拔约1900m以上的局部区域，只调查到一种类型（群丛），即云南松-光叶石栎林（Ass. *Pinus yunnanensis-Lithocarpus mairei*）。以章巴附近样方为例，海拔1920m，坡度32.5°，地表枯枝落叶层厚8cm（表5-31）。

表5-31 云南松-光叶石栎林样方调查表

样方号：样2006-11　面积：20m×25m　时间：2006.5.7　地点：章巴　海拔：1920m　GPS：23°20′44.0″N/102°01′41.9″E
坡向：南坡　坡位：中部　坡度：32.5°　乔木层盖度：70%　灌木层盖度：60%　草本层盖度：10%
调查人：杜凡、王娟、李海涛、李帅锋、王雪丽、黄莹、孙玺雯、王建军

中文名	学名	乔木层							
		株数			高 /m		胸径 /cm		重要值 /%
		层高>5 m	层高>9 m	层高>15 m	最高	平均	最粗	平均	
云南松	*Pinus yunnanensis*	2	26	5	15	11.7	30	14.7	27.9
光叶石栎	*Lithocarpus mairei*	35	14		13	9.1	17	7.9	16.8
截头石栎	*Lithocarpus truncatus*	42	1		9	5.1	18	7.8	16.0
茶梨	*Anneslea fragrans*	10	1		9	5.3	20	6.7	10.0
栓皮栎	*Quercus variabilis*	7			8	6.0	12	9.4	7.2
毛杨梅	*Myrica esculenta*	5			8	5.8	9	6.7	7.8
银木荷	*Schima argentea*	1			6	6.0	9	9.0	4.9
青冈	*Cyclobalanopsis glauca*	2	2		13	10.1	10	9.0	2.6
香面叶	*Lindera caudata*	1			5	5.0	17	17.0	1.9
米饭花	*Lyonia ovalifolia*				4	3.7	6	5.7	1.9
云南油杉	*Keteleeria evelyniana*				2.5	2.5	9	9.0	1.7
岗柃	*Eurya groffii*				4.5	4.5	5	5.0	1.3
合计	12种	105	44	5					100.0

灌木层

中文名	拉丁名	株数	高/m 最高	高/m 平均	盖度/%	重要值/%	性状
毛杨梅	*Myrica esculenta*	24	3.0	1.3	15.0	31.4	乔木幼树
茶梨	*Anneslea fragrans*	10	1.5	1.4	10.0	15.4	乔木幼树
截头石栎	*Lithocarpus truncatus*	8	3.5	1.0	8.0	11.0	乔木幼树
栓皮栎	*Quercus variabilis*	5	1.3	0.7	6.0	7.4	乔木幼树
光叶石栎	*Lithocarpus mairei*	4	1.3	0.6	5.0	7.0	乔木幼树
多穗石栎	*Lithocarpus polystachyus*	3	0.3	0.3	6.5	5.6	乔木幼树
云南松	*Pinus yunnanensis*	2	0.4	0.2	4.0	5.5	乔木幼树
香面叶	*Lindera caudata*	4	1.1	0.6	1.5	5.4	乔木幼树
窄叶青冈	*Cyclobalanopsis angustinii*	3	0.5	0.3	2.0	4.3	乔木幼树
岗柃	*Eurya groffii*	2	2.5	1.6	2.0	4.3	常绿灌木
银灰杜鹃	*Rhododendron sidereum*	1	1.5	0.9	1.5	2.7	常绿灌木
合计	11种	66				100.0	

草本层

中文名	拉丁名	最高/m	平均高/m	盖度/%	性状
滇南羊耳菊	*Inula wissmanniana*	0.3	0.2	4.5	草本
匙叶鼠麹草	*Gnaphalium pensylvanicum*	0.3	0.3	3.5	草本
类芦	*Neyraudia reynaudiana*	2	1.5	3	高大草本
耳草	*Hedyotis auricularia*	0.2	0.2	2.0	草本
野拔子	*Elsholtzia rugulosa*	0.7	0.7	0.3	草本
合计	5种				

层间植物

中文名	拉丁名	株数	高/m	性状
巴豆藤	*Craspedolobium schochii*	40	4.10	木质藤本
光宿苞豆	*Shuteria involucrata* var. *glabrata*	1	0.75	草质藤本
菝葜	*Smilax china*	10	0.25	草质藤本
合计	3种			

群落结构较简单。灌木层有11种，重要值较大者毛杨梅*Myrica esculenta*、茶梨*Anneslea fragrans*，分别为31.4%、15.4%；草本层有5种，共510株，重要值较大者滇南羊耳菊*Inula wissmanniana*和匙叶鼠麹草*Gnaphalium pensylvanicum*，分别为0.7%和0.1%；层间植物有3种。

乔木层高为15m，盖度70%，在500m²的样方中计12种。最高和最粗者为云南松，胸径达30cm。重要值较大的三个树种是云南松*Pinus yunnanensis*、光叶石栎*Lithocarpus mairei*、截头石栎*Lithocarpus truncatus*，依次为27.9%、16.8%和16.0%。乔木可分为三层，上层高度主要在12~15m，胸径20~30cm，盖度30%，云南松15株，光叶石栎4株，截头石栎、茶梨*Anneslea fragrans*各1株；乔木中层高度主要在9~12m，盖度15%，常见云南松、光叶石栎等；乔木下层高度主要在5~9m，共137株，常见光叶石栎、截头石栎、茶梨、毛杨梅*Myrica esculenta*、栓皮栎*Quercus variabilis*、青冈*Cyclobalanopsis glauca*等。

灌木层高5m以下，种类计11种，盖度约60%，乔木幼树多，计9种63株，以毛杨梅为主；真正的灌木少，仅2种，共3株。

草本层稀疏，生长情况较差，高不超过100cm，盖度约10%。

层间植物不发达，仅巴豆藤*Craspedolobium schochii*、光宿苞豆*Shuteria involucrata* var. *glabrata*和菝葜*Smilax china*，数量分别为40株、1株和10株。

群落动态分析　本群落灌木层中的乔木幼树以毛杨梅、茶梨、截头石栎、栓皮栎和光叶石栎最为显著，高度主要在3～4m，很快可以进入乔木层，对群落的影响在以后的几年里将会有所表现。另外，因当地人常常砍大茎级的松树木质部树脂用于引火（俗称"砍明子"），容易致其死亡，降低了松树在群落中的优势度，对松林群落的演变有一定促进作用。

（2）云南油杉林（Form. *Keteleeria evelyniana*）

云南油杉是我国西部高原亚热带地区常见的常绿针叶树种，主要分布在云南及四川西南部和贵州西部，大致东到北盘江，西至澜沧江，南抵北回旧线附近的普洱、元江和开远，北到四川木里、九龙、石棉、汉源、马边一带。在云南，云南油杉林的分布与云南松的分布范围大致接近，常与云南松混生，或者与松、栎组成混交林；亦常见小片纯林。

元江自然保护区的云南油杉分布于海拔1100～1500m的曼旦和脊背山，调查到两个类型（群丛），即云南油杉-栓皮栎林和云南油杉-红木荷林，面积小，片段化零星分布。

1）云南油杉-栓皮栎林（Ass. *Keteleeria evelyniana-Quercus variabilis*）

云南油杉-栓皮栎林见于曼旦附近，海拔1300～1410m（表5-32）。

表5-32　云南油杉-栓皮栎林样方调查表

样方号：样2006-37　　面积：30m×30m　　时间：2006.10.2　地点：曼旦　　GPS：23.73464°N/101.87177°E　　海拔：1300m　坡向：东坡
坡位：上部　坡度：15°　小地形：山脊，右侧陡，左侧缓且湿润　乔木层盖度：70%　灌木层盖度：30%　草本层盖度：40%
调查人：杜凡、王娟、李帅锋、王雪丽、黄莹、陈维伟、王建军、沈道勇、苗云光、杜磊、王长祺、王骞

乔木层								
中文名	拉丁名	株数		高/m		胸径/cm		重要值/%
		层高>5m	层高>10m	最高	平均	最粗	平均	
云南油杉	*Keteleeria evelyniana*			11	8	12	11	13.9
栓皮栎	*Quercus variabilis*		8	12	12	13	13	12.1
锥连栎	*Quercus franchetii*		5	11.5	11.5	13	13	9.6
余甘子	*Phyllanthus emblica*	7		6	5.5	13	9	8.4
合欢	*Albizia julibrissin*		1	10	10	15	15	8.1
黄连木	*Pistacia chinensis*		5	9	9	11	11	8.1
假木荷	*Craibiodendron stellatum*	5		5	5	9	9	6.8
榕树	*Ficus microcarpa*		1	10	10	13	13	6.3
白菊木	*Gochnatia decora*	6		3	2	5	4.5	6.2
银柴	*Aporusa dioica*	3		8	3	10	10	5.7
云南松	*Pinus yunnanensis*		3	10	10	8	8	4.6
光叶石栎	*Lithocarpus mairei*	1		6	6	10	10	4.1
红木荷	*Schima wallichii*	2		5	5	8	8	3.7
栎叶枇杷	*Eriobotrya malipoensis*	1		4	4	7	7	2.4
合计	14种	25	23					100.0

灌木层					
中文名	拉丁名	最高/m	平均高/m	盖度/%	性状
三叶漆	*Terminthia paniculata*	2.2	0.98	10	常绿灌木
杨翠木	*Pittosporum kerrii*	4	2.5	5	常绿乔木幼树
艾胶算盘子	*Glochidion lanceolarium*	1.9	0.56	6	常绿灌木
密脉鹅掌柴	*Schefflera venulosa*	2	0.75	4	常绿灌木
毛刺蒴麻	*Triumfetta tomentosa*	1.0	0.55	2	常绿灌木
红皮水锦树	*Wendlandia tinctoria*	1.9	1.3	2	常绿灌木
灰毛浆果楝	*Cipadessa cinerascens*	1.5	0.7	5	常绿灌木

中文名	拉丁名	最高/m	平均高/m	盖度/%	性状
黄檀一种	*Dalbergia* sp.	2.5	1.05	0.8	常绿灌木
钩齿鼠李	*Rhamnus lamprophylla*	0.5	0.1	0.4	常绿灌木
细齿山芝麻	*Helicteres glabriuscula*	0.9	0.45	0.5	常绿灌木
刺蒴麻	*Triumfetta rhomboidea*	0.5	0.2	0.5	常绿灌木
小叶土蜜树	*Bridelia tomentosa* var. *microphylla*	3.5	1.8	0.1	常绿灌木
白花槐	*Sophora albescens*	2.5	2.5	0.1	落叶灌木
波叶梵天花	*Urena rependa*	0.5	0.30	0.3	常绿灌木
合计	14种				

草本层

中文名	拉丁名	最高/m	平均高/m	盖度/%	性状
羊耳菊	*Inula cappa*	0.6	0.35	10	草本
东亚黄背草	*Themeda japonica*	0.5	0.23	2	草本
宽叶兔儿风	*Ainsliaea latifolia*	0.3	0.17	3	草本
小白酒草	*Conyza canadensis*	0.3	0.20	4	草本
飞机草	*Chromolaena odorata*	0.7	0.12	0.5	草本
莠狗尾草	*Setaria geniculata*	0.4	0.37	0.1	草本
屏边黄芩	*scutellaria pinbienensis*	0.2	0.10	0.1	草本
姜花	*Hedychium coronarium*	0.8	0.6	0.6	草本
竹叶草	*Oplismenus compositus*	0.4	0.21	0.4	草本
密花合耳菊	*Synotis cappa*	0.6	0.40	0.5	草本
尖药花	*Aechmanthera tomentosa*	0.5	0.2	0.7	草本
小一点红	*Emilia prenanthoidea*	0.2	0.05	1	草本
扭黄茅	*Heteropogon contortus*	0.8	0.50	0.2	草本
二型鳞毛蕨	*Dryopteris cochleata*	0.3	0.09	0.5	草本
露水草	*Cyanotis arachnoidea*	0.2	0.06	0.6	草本
酢浆草	*Oxalis corniculata*	0.1	0.08	2	草本
鸢尾	*Iris tectorum*	0.5	0.19	0.3	草本
粒状马唐	*Digitaria abludens*	0.2	0.1	0.4	草本
紫茎泽兰	*Ageratina adenophora*	0.5	0.16	0.5	草本
沿阶草	*Ophiopogon bodinieri*	0.5	0.15	6	草本
刺芒野古草	*Arundinella setose*	0.3	0.13	8	草本
野拔子	*Elsholtzia rugulosa*	0.6	0.30	0.7	草本
排钱金不换	*Polygala subopposita*	0.2	0.11	0.1	草本
仙茅	*Curculigo orchioides*	0.2	0.06	0.2	草本
糙叶斑鸠菊	*Vernonia aspera*	0.6	0.40	0.4	草本
牡蒿	*Artemisia japonica*	0.3	0.20	0.2	草本
浆果薹草	*Carex baccans*	0.4	0.30	0.1	草本
白花鬼针草	*Bidens pilosa* var. *radiata*	0.4	0.20	0.1	草本
多花野牡丹	*Melastoma polyanthum*	0.6	0.40	0.1	草本
耳草	*Hedyotis auricularia*	0.4	0.27	0.1	草本
还阳参	*Crepis rigescens*	0.1	0.01	0.1	草本
合计	31种				

续表

层间植物				
中文名	拉丁名	盖度/%	高/m	性状
叶苞银背藤	*Argyreia roxburghii* var. *ampla*	3	2.0	木质藤本
长托菝葜	*Smilax ferox*	2	0.9	木质藤本
滇南天门冬	*Asparagus subscandens*	0.2	1.5	木质藤本
合计	3种			

乔木层树种计14种，最高者为栓皮栎，高约12m，最粗者合欢，近15cm。乔木层盖度70%，乔木上层高度主要在9～12m，胸径8～15cm，在900m²的样方中，计35株，包括栓皮栎 *Quercus variabilis*，锥连栎 *Quercus franchetii* 5株，云南松 *Pinus yunnanensis* 3株，黄连木 *Pistacia chinensis* 5株，合欢、榕树各1株；乔木下层高度主要在5～9m，胸径5～13cm，计18株，余甘子 *Phyllanthus emblica* 7株，假木荷 *Craibiodendron stellatum* 5株，红木荷 *Schima wallichii* 2株，银柴 *Aporusa dioica* 3株，光叶石栎 *Lithocarpus mairei* 1株。

灌木层高5m以下，盖度30%，有14种。重要值较大的为三叶漆 *Terminthia paniculata*、杨翠木 *Pittosporum kerrii*、艾胶算盘子 *Glochidion lanceolarium*，分别为16.4%、12.3%、9.8%。常见的还有密脉鹅掌柴 *Schefflera venulosa*、毛刺蒴麻 *Triumfetta tomentosa*、红皮水锦树 *Wendlandia tinctoria*、灰毛浆果楝 *Cipadessa cinerascens*、黄檀一种 *Dalbergia* sp.、钩齿鼠李 *Rhamnus lamprophylla*、细齿山芝麻 *Helicteres glabriuscula*、小叶土蜜树 *Bridelia tomentosa* var. *microphylla* 和白花槐 *Sophora albescens* 等。

草本层盖度40%，有31种，重要值较大的是羊耳菊 *Inula cappa*、东亚黄背草 *Themeda japonica*、莠狗尾草 *Setaria geniculata*，分别为44.4%、6.7%、2.7%。常见的还有宽叶兔儿风 *Ainsliaea latifolia*、小白酒草 *Conyza canadensis*、竹叶草 *Oplismenus compositus*、密花合耳菊 *Synotis cappa*、飞机草 *Chromolaena odorata*、沿阶草 *Ophiopogon bodinieri*、刺芒野古草 *Arundinella setose*、糙叶斑鸠菊 *Vernonia aspera*、屏边黄芩 *scutellaria pinbienensis*、姜花 *Hedychium coronarium* 等。

层间植物3种，即叶苞银背藤 *Argyreia roxburghii* var. *ampla*、滇南天门冬 *Asparagus subscandens*、长托菝葜 *Smilax ferox*。

群落动态分析　该群落是以云南油杉、栓皮栎为优势种，更新层中未出现这两种乔木幼树，在以后的群落演替中优势种的地位会受到极大的威胁，加上人为影响因素，可能将会导致群落的转变。

2）云南油杉-红木荷林（Ass. *Keteleeria evelyniana-Schima wallichii*）

云南油杉-红木荷林见于曼旦前山（表5-33）。

表5-33　云南油杉-红木荷林样方调查表

样方号：样2006-38　面积：30m×30m　时间：2006.10.2　地点：曼旦　GPS：23.73464°N/101.87177°E　海拔：1410m
坡向：东北　坡位：山顶　坡度：10°　小地形：山顶沟凹稍湿润　乔木层盖度：75%　灌木层盖度：50%　草本层盖度：5%
调查人：李帅锋、王雪丽、黄莹、陈维伟、王建军、沈道勇、苗云光、杜磊、王长祺、王骞

乔木层									
中文名	拉丁名	株数			高/m		胸径/cm		重要值/%
		层高>5m	层高>9m	层高>15m	最高	平均	最粗	平均	
云南油杉	*Keteleeria evelyniana*		16	7	18	16.5	60	45	49.4
红木荷	*Schima wallichii*	3	4		13	9	45	28.5	12.7
光叶石栎	*Lithocarpus mairei*	2	4		10	8	11	11	6.2
高山栲	*Castanopsis delavayi*		2		11	9	26	22	5.7
厚皮树	*Lannea coromandelica*		2		11	8.5	12	12	2.9
锥连栎	*Quercus franchetii*	2			8	5.5	12	12	2.9
茶梨	*Anneslea fragrans*	3			6	4.5	6	6	2.8
粗穗石栎	*Lithocarpus elegans*	2			7	4	10	10	2.6
越南山矾	*Symplocos cochinchinensis*	2			6	3.5	8	8	2.2

中文名	拉丁名	株数			高/m		胸径/cm		重要值/%
		层高＞5m	层高＞9m	层高＞15m	最高	平均	最粗	平均	
粗毛水锦树	*Wendlandia tinctoria* ssp. *barbata*	2			5	3	8	8	2.2
假木荷	*Craibiodendron stellatum*		1		13	13	12	12	2.0
齿叶黄杞	*Engelhardtia serrata*	2			5	3	5.5	5	1.9
余甘子	*Phyllanthus emblica*	1	1		5	2.5	5	5	1.9
云南松	*Pinu yunnanensis*		1		10	10	10	10	1.7
东南石栎	*Lithocarpus harlandii*	1			8	8	9	9	1.5
银柴	*Aporusa dioica*	1			5	5	8	8	1.4
合计	16种								100.0

灌木层

中文名	拉丁名	最高/m	平均高/m	盖度/%	性状
宽叶千斤拔	*Flemingia latifoia*	1.5	0.65	15	常绿灌木
米饭花	*Lyonia ovalifolia*	2	1.2	10	落叶灌木
艾胶算盘子	*Glochidion lanceolarium*	2	1.1	8	常绿灌木
光叶石栎	*Lithocarpus mairei*	1.5	0.4	7	常绿乔木幼树
野拔子	*Elsholtzia rugulosa*	0.5	0.2	5	常绿亚灌木
假朝天罐	*Osbeckia crinita*	0.3	0.15	3	常绿灌木
黄檀一种	*Dalbergia* sp.	1.4	0.6	4	常绿灌木
密花树	*Rapanea neriifolia*	2.5	0.9	3	常绿灌木
母猪果	*Helicia nilagirica*	0.5	0.2	4	常绿乔木幼树
合计	9种				

草本层

中文名	拉丁名	最高/m	平均高/m	盖度/%	性状
羊耳菊	*Inula cappa*	0.8	0.25	0.5	草本
心叶兔儿风	*Ainsliaea bonatii*	0.2	0.15	0.2	草本
莠狗尾草	*Setaria geniculata*	0.5	0.2	0.1	草本
竹叶草	*Oplismenus compositus*	0.3	0.09	0.4	草本
密花合耳菊	*Synotis cappa*	0.6	0.40	0.5	草本
沿阶草	*Ophiopogon bodinieri*	0.3	0.20	0.1	草本
刺芒野古草	*Arundinella setose*	0.4	0.30	0.1	草本
糙叶斑鸠菊	*Vernonia aspera*	0.4	0.2	0.1	草本
长茎沿阶草	*Ophiopogon chingii*	0.3	0.1	0.3	草本
碗蕨	*Dennstaedtia scabra*	0.4	0.20	0.5	草本
姜科一种	*Zingiberaceae* sp.	0.2	0.06	0.5	草本
紫背鹿衔草	*Murdannia divergens*	0.2	0.07	0.2	草本
蚕茧草	*Polygonum japonicum*	0.3	0.14	0.3	草本
山菅兰	*Dianella ensifolia*	0.4	0.15	0.01	草本
地盆草	*Scutellaria discolor* var. *hirta*	0.2	0.13	0.5	草本
尖叶沿阶草	*Ophiopogon aciformis*	0.2	0.10	0.3	草本
败酱耳草	*Hedyotis capituligera*	0.3	0.20	0.1	草本

续表

中文名	拉丁名	最高/m	平均高/m	盖度/%	性状
沿阶草一种	*Ophiopogon* sp.	0.4	0.30	0.2	草本
疏叶蹄盖蕨	*Athyrium dissitifolium*	0.4	0.20	0.2	草本
饭包草	*Commelina benghalensis*	0.2	0.08	0.4	草本
山珠半夏	*Arisaema yunnanense*	0.5	0.15	0.1	草本
卷叶黄精	*Polygonatum cirrhifolium*	0.2	0.09	0.01	草本
草黄薹草	*Carex stramentitia*	0.4	0.12	0.01	草本
铁铀草	*Teucrium quadrifarium*	0.4	0.20	0.02	草本
合计	24种				

层间植物

中文名	拉丁名	盖度/%	高/m	性状
巴豆藤	*Craspedolobium schochii*	3	3.5	木质藤本
华肖菝葜	*Heterosmilax chinensis*	2	1.5	木质藤本
宿苞豆	*Shuteria involucrata*	1	1.0	木质藤本
长叶吊灯花	*Ceropegia dolichophylla*	0.5	0.5	木质藤本
鲫鱼藤	*Secamone lanceolata*	1	1.0	木质藤本
牛白藤	*Hedyotis hedyotidea*	2	0.5	草质藤本
黏山药	*Dioscorea hemsleyi*	1	0.9	木质藤本
合计	7种			

乔木层树种计16种，盖度75%，云南油杉最高，约18m，最粗近60cm。乔木上层高度主要在15~18m，胸径45~60cm，计7株，盖度20%，全为云南油杉*Keteleeria evelyniana*。乔木中层高度主要在9~15m，胸径10~45cm，计31株，盖度40%，云南油杉16株，红木荷*Schima wallichii* 4株，高山栲*Castanopsis delavayi* 2株，假木荷*Craibiodendron stellatum* 1株，厚皮树*Lannea coromandelica* 2株，光叶石栎*Lithocarpus mairei* 4株，云南松*Pinu yunnanensis*、余甘子*Phyllanthus emblica*各1株。乔木下层高度主要在5~9m，胸径5~12cm，计21株，盖度15%，锥连栎*Quercus franchetii*占2株，粗穗石栎*Lithocarpus elegans*占2株，光叶石栎*Lithocarpus mairei*占2株，余甘子、云南松、银柴*Aporusa dioica*各1株，红木荷*Schima wallichii*、茶梨*Anneslea fragrans*各3株，越南山矾、粗毛水锦树*Wendlandia tinctoria* ssp. *barbata*和齿叶黄杞*Engelhardtia serrata*各2株。

灌木层高度不足5m，计9种，盖度约50%。常见宽叶千斤拔*Flemingia latifoia*、米饭花*Vaccinium laetum*、光叶石栎*Lithocarpus mairei*、艾胶算盘子*Glochidion lanceolarium*等。

草本层盖度约5%，计24种，常见心叶兔儿风*Ainsliaea bonatii*、长茎沿阶草*Ophiopogon chingii*等。

层间植物不太发达，计7种，多的是巴豆藤*Craspedolobium schochii*，高达3.5m。

群落动态分析 更新层中未出现云南油杉幼苗，今后群落中云南油杉的重要值会慢慢变小。

5.3.7 稀树灌木草丛

稀树灌木草丛是指在热带、亚热带干旱气候条件下，以草本为主，零星分布乔木和灌木的植物群落。其重要特征是以广泛分布于亚热带的多年生丛生禾草为主，一般较高大粗壮。除禾草外，其他草本种类、乔木种类、灌木种类都是当地次生林或次生灌丛中的种类，都具有喜阳耐旱特征，在耐土壤贫瘠、耐放牧、耐践踏、耐火烧、萌发力强等方面都有相似之处。稀树灌木草丛在国内主要分布于云南、四川、广西、贵州等省区的干热河谷地区，其植物种类绝大部分为热带或亚热带成分（《中国植被》，1980年）。

在云南，此类植被主要分布在亚热带南部各地河谷，如红河、藤条江、阿墨江、把边江、澜沧江、怒江及盘龙江等的中下游，大致海拔1200m以下的峡谷地区。其类型多样，其中乔木、灌木的盖度差异大。按照《云南植被》的分类系统，云南的稀树灌木草丛植被类型根据水分和热量的差异，划分为干热河谷稀树灌木草丛、热性稀树灌木草丛、暖热性稀树灌木草丛及温暖性稀树灌木草丛4个植被亚型。

元江自然保护区河谷气候炎热干燥，发育了典型的大面积的干热河谷稀树灌木草丛。

1. 干热河谷稀树灌木草丛

云南干热河谷稀树灌木草丛的外貌特征乃至形成原因，与非洲草原的萨王纳植被有许多相似之处。外貌特征是乔木层稀疏，盖度一般不超过30%，以耐干热的旱生落叶树种为主，乔木低矮、分枝低、树冠大；灌木层盖度小，一般不超过50%，有刺种类较多；草本层盖度大，可到90%以上。此类植被只分布于干热河谷环境，因此被称为河谷型萨王纳植被，是我国西南地区干热河谷的特殊植被类型。河谷型萨王纳植被虽然不茂密，但是对维持干热河谷的生态系统和生物多样性具有重要的价值。而且，这类植被具有许多古地中海或非洲干旱地区植被的成分，能够揭示我国西南地区河谷植被的演变及其与古地中海或非洲大陆植被的渊源，具有重要意义。

元江干热河谷是我国最典型的干热河谷类型，在此发育的河谷型萨王纳植被也是我国西南地区同类植被中最典型的类型。保护区的干热河谷稀树灌木草丛分布在曼旦、普漂、小河底等低海拔河谷区域。群落以草本为主，其盖度常达80%以上。灌木和乔木分散生长，树木之间的距离大，高度一般在10m以下（个别可达15m），树干粗壮而弯曲，树皮粗厚，树冠呈球形或伞形。

根据组成种类及群落结构的不同，保护区干热河谷稀树灌木草丛分为以下4个群系。

（1）厚皮树＋疏序黄荆群落（Form. *Lannea coromandelica*＋*Vitex negundo* f. *laxipaniculata*）

本群系只有1个群丛，即厚皮树＋疏序黄荆＋扭黄茅群落（Ass. *Lannea coromandelica*＋*Vitex negundo* f. *laxipaniculata*＋*Heteropogon contortus*）。该群落以耐干热的乔木树种厚皮树和耐干热的灌木疏序黄荆为特征。该群落见于普漂片区和小河底，海拔450～550m，土壤条件较差而且含砂砾较多。样方岩石裸露40%，共有40种植物（表5-34）。

表5-34　厚皮树＋疏序黄荆＋扭黄茅群落样方调查表

样方号　面积　时间　地点	6　15m×15m　2006.5.5　普漂老寨下2km	58　15m×15m　2006.10.8　小河底
海拔　坡向　坡位　坡度	400 m　南坡　坡底河谷　30°	446m　南偏西　中下　30°
母岩　土壤　地表特征	石灰岩裸露40%　燥红壤　干燥枯落物少	砂岩　燥红壤　碎石坡
人为影响	已搬迁村庄位于群落上方耕地边	红河水电站附近，放牧
盖度：乔木层　灌木层　草本层	20%　60%　85%	35%　60%　30%
调查人	杜凡、王雪丽、王建军、卢振龙、李明	杜凡、王娟、农昌武、王长琪、王骞

乔木层								
中文名	拉丁名	样6			样58			重要值/%	性状
		株数	高/m	胸径/cm	株数	高/m	胸径/cm		
厚皮树	*Lannea coromandelica*	5	3～8	20	3	5.5	18	55.4	落叶乔木
川楝	*Melia toosendan*				2	7.5	19	29.2	落叶乔木
心叶木	*Haldina cordifolia*				1	7	20	15.4	落叶乔木
合计	3种							100.0	

灌木层						
中文名	拉丁名	样6		样58		重要值/%	性状
		株（丛）数	高/m	株（丛）数	高/m		
疏序黄荆	*Vitex negundo* f. *laxipaniculata*	174	1.9	60	2.8	71.7	落叶灌木
茸毛木蓝	*Indigofera stachyodes*	1	0.5			2.4	常绿灌木
总状花羊蹄甲	*Bauhinia racemosa*	9	1.7			6.1	常绿灌木
余甘子	*Phyllanthus emblica*	1	0.6			2.5	落叶灌木
瘤果三宝木	*Trigonostemon tuberculatum*			3	1.6	8.9	常绿灌木

中文名	拉丁名	样6		样58		重要值/%	性状
		株（丛）数	高/m	株（丛）数	高/m		
老人皮	*Polyalthia cerasoides*			1	0.2	6.1	乔木幼树
黏毛黄花稔	*Sida mysorensis*			1	0.3	1.4	常绿亚灌木
磨盘草	*Abutilon indicum*			5	0.5	0.9	落叶亚灌木
合计	8种					100.0	

草本层

中文名	拉丁名	样6		样58		重要值/%	性状
		株（丛）数	高/m	株（丛）数	高/m		
扭黄茅	*Heteropogon contortus*	17	0.5	24	0.6	24.6	草本
鸭跖草	*Paspalum scrobiculatum*			33	0.5	15.2	草本
金毛裸蕨	*Gymnopteris vestita*			28	0.2	7.9	草本
露水草	*Cyanotis arachnoidea*			21	0.3	6.5	草本
江南卷柏	*Selaginella moellendorffii*	1	0.1	12	0.2	4.4	草本
耳草	*Hedyotis auricularia*			5	0.8	4.8	草本
黄细心	*Boerhavia diffusa*	4	0.1	4	0.2	4.2	草本
雾水阁	*Pouzozia zeylancia*			4	0.4	3	草本
叉序草	*Isoglossa colling*			3	0.5	2.9	草本
多枝臂形草	*Brachiaria ramosa*			3	0.4	2.4	草本
粉背蕨	*Aleuritopteris pseudofarinosa*	6	0.1			7.3	草本
疏穗野荞麦	*Fagopyrum caudatum*			2	0.4	2.3	草本
白花鬼针草	*Bidens Pilosa* var. *radiata*			1	0.7	2.3	草本
旋蒴苣苔	*Boea hygrometrica*	7	0.1			6.2	草本
土丁桂	*Evolvulus alsinoides*	3	0.1			3.9	草本
羽芒菊	*Tridax procumbens*			1	0.3	2.1	草本
合计	16种					100.0	

层间植物

中文名	拉丁名	样6		样58		性状
		株（丛）数	高/m	株（丛）数	高/m	
小叶鸡血藤	*Millettia microphylla*			19	2.5	木质藤本
虫豆	*Cajanus crassus*	26	0.2	3	0.6	木质藤本
小牵牛	*Jacquemontia paniculata*			5	0.6	草质藤本
元江羊蹄甲	*Bauhinia esquirolii*			2	0.4	木质藤本
大理素馨	*Jasminum seguinii*			1	0.6	木质藤本
绒毛蓝叶藤	*Marsdenia tinctoria* var. *tomentosa*			1	0.2	木质藤本
白蔓草虫豆	*Cajanus scarabaeoides* var. *argyrophllus*	18	0.3			木质藤本
美飞蛾藤	*Porana spectabilis*	8	2			木质藤本
圆叶西番莲	*Passiflora henryi*	2	0.7			木质藤本
鞍叶羊蹄甲	*Bauhinia brachycarpa*	18	1.5			木质藤本
南山藤	*Dregea volubilis*	1	0.1			木质藤本
头花银背藤	*Argyreia capitata*	4	0.1			木质藤本
丽子藤	*Dregea yunnanensis*	7	0.1			木质藤本
合计	13种					

乔木层平均高6m，平均胸径19cm，盖度20%～35%。由厚皮树Lannea coromandelica、川楝Melia toosendan和心叶木Haldina cordifolia构成，均为落叶乔木。厚皮树为优势种，其重要值为55.4%。

灌木层平均高1m，盖度60%，计8种，优势种疏序黄荆Vitex negundo f. laxipaniculata，重要值达71.7%。其他有茸毛木蓝Indigofera stachyodes、总状花羊蹄甲Bauhinia racemosa、余甘子Phyllanthus emblica、瘤果三宝木Trigonostemon tuberculatum、老人皮、黏毛黄花稔Sida mysorensis和磨盘草Abutilon indicum。

草本层高度主要在0.4～2m，盖度30%～85%，计16种，优势种扭黄茅Heteropogon contortus，重要值为24.6%。其他有鸭跖草Paspalum scrobiculatum、粉背蕨Aleuritopteris pseudofarinosa、旋蒴苣苔Boea hygrometrica、土丁桂Evolvulus alsinoides、黄细心Boerhavia diffusa、江南卷柏Selaginella moellendorffii、露水草Cyanotis arachnoidea、多枝臂形草Brachiaria ramosa、白花鬼针草Bidens pilosa var. radiata、羽芒菊Tridax procumbens等。

层间植物13种，常见白蔓草虫豆Cajanus scarabaeoides var. argyrophllus、虫豆Cajanus crassus、美飞蛾藤Porana spectabilis、头花银背藤Argyreia capitata、南山藤Dregea volubilis、丽子藤Dregea yunnanensis、小叶鸡血藤Millettia microphylla、元江羊蹄甲Bauhinia esquirolii；美飞蛾藤和鞍叶羊蹄甲Bauhinia brachycarpa都达到1.5m。

（2）酸豆＋疏序黄荆群落（Form. Tamarindus indica＋Vitex negundo f. laxipaniculata）

酸豆＋疏序黄荆群落见于普漂一带，海拔480～600m，面积较小。群落位于村子下方，受人为影响明显，结构简单。样方植物共18种（表5-35）。

表5-35 酸豆＋疏序黄荆群落样方调查表

样方号：9　面积：20m×25m　时间：2006.5.5　地点：普漂，废弃村子下方　海拔：500m　坡向：南坡　坡位：下位
坡度：25°～30°　大地形：河谷底　母岩：石灰岩　土壤：燥红壤　地表特征：石砾含量多，岩石裸露10%
乔木层盖度：5%　灌木层盖度：75%　草本层盖度：＜5%
调查人：杜凡、王娟、李海涛、李帅锋、陈娟娟、王雪丽、黄莹、叶莲、孙玺雯

乔木层						
中文名	拉丁名	株数	高/m	胸径/cm	重要值/%	性状
酸豆	Tamarindus indica	1	8	15	37.4	半常绿乔木
厚皮树	Lannea coromandelica	1	7	14	34.8	落叶乔木
白头树	Garuga forrestii	1	8	11	27.8	落叶乔木
合计	3种	3			100.0	

灌木层						
中文名	拉丁名	株（丛）数	高/m	盖度/%	重要值/%	性状
疏序黄荆	Vitex negundo f. laxipaniculata	42	4	40	32.3	落叶灌木
单刺仙人掌	Opuntia monacantha	20	2.5	15	27.0	肉质灌木
霸王鞭	Euphorbia royleana	23	4	5	19.3	肉质灌木
楹树	Albizia chinensis	25	3.5	5	15.6	落叶乔木幼树
白皮乌口树	Tarenna depauperata	1	2	5	4.5	乔木幼树
清香木	Pistacia weinmannifolia	1	2	3	1.3	乔木幼树
合计	6种	112			100.0	

草本层						
中文名	拉丁名	株（丛）数	高/m	盖度/%	重要值/%	性状
落地生根	Bryophyllum pinnatum	30	0.6	1	23.7	草本
旋蒴苣苔	Boea hygrometrica	25	0.1	1	20.8	草本
蕨状薹草	Carex filicina	18	0.1	1	16.9	草本
棕毛粉背蕨	Aleuritopteris chrysophylla	12	0.1	1	13.5	草本
牛膝	Achyranthes bidentata	1	0.3	0.5	7.4	草本

续表

中文名	拉丁名	株（丛）数	高/m	盖度/%	重要值/%	性状
狗牙根	*Cynodon dactylon*	1	0.1	0.5	7.4	草本
拟荆芥	*Nepeta cataria*	1	0.2	0.3	7.3	草本
龙舌兰	*Agave americana*	1	0.9	0.3	3.0	草本
合计	8种	89			100.0	

层间植物				
中文名	拉丁名	株（丛）数	攀援高/m	性状
搭棚藤	*Porana discifera*	1	2	木质藤本

乔木层平均高8m，平均胸径14cm，盖度5%。仅3个物种，即酸豆 *Tamarindus indica*、厚皮树 *Lannea coromandelica* 和白头树 *Garuga forrestii*。酸豆为半常绿乔木，厚皮树和白头树为落叶乔木。树高8～12m，胸径可达15cm以上。酸豆为优势树种，其重要值达到37.4%。

灌木层平均高2.5m，盖度75%，种类计6种。以疏序黄荆 *Vitex negundo* f. *laxipaniculata* 和楹树 *Albizia chinensis* 较高，达3.5m以上，疏序黄荆重要值为32.3%。其他常见单刺仙人掌 *Opuntia monacantha*、霸王鞭 *Euphorbia royleana*、白皮乌口树 *Tarenna depauperata* 和清香木 *Pistacia weinmannifolia*。

草本层高度主要在0.2～0.8m，盖度小于5%，计8种，优势种为落地生根和旋蒴苣苔 *Boea hygrometrica*，重要值分别为23.7%和20.8%；其他常见蕨状薹草 *Carex filicina*、棕毛粉背蕨 *Aleuritopteris chrysophylla*、牛膝 *Achyranthes bidentata*、狗牙根 *Cynodon dactylon* 等。

群落的层间植物少，有搭棚藤 *Porana discifera* 等，高约2m。

群落演替分析 本群落更新层中，有乔木幼树3种，楹树有25株，平均高3.5m，重要值占到15.6%，白皮乌口树和清香木的数量有限，对将来的群落格局不会造成大的影响。楹树是落叶乔木，在干热气候条件下很难成为该群落的优势种。所以在未来的演替中，该群落类型仍然较稳定。

（3）合欢＋假杜鹃群落（Form. *Albizia julibrissi*＋*Barleria cristata*）

合欢＋假杜鹃群落只有1个群丛，即合欢＋假杜鹃＋疏穗求米草群落（Ass. *Albizia julibrissi*＋*Barleria cristata*＋*Oplismenus patens*），见于西拉河海拔755m，西坡，气候干热，燥红壤。干季群落呈现一片枯黄景色，雨季后又重新返青而茵绿（表5-36）。

表5-36 合欢＋假杜鹃＋疏穗求米草群落样方调查表

样方号：41 面积：15m×15m 时间：2006.10.3 地点：西拉河 海拔：755m 坡向：西 坡位：下 坡度：30° 大地形：干沟边
小地形：阴郁林下 母岩：变质岩 土壤：燥红壤 乔木层盖度：5% 灌木层盖度：60% 草本层盖度：5%
调查人：杜凡、李帅锋、陈娟娟、王雪丽、黄莹、叶莲、王建军、农昌武、王长琪、王骞、岩香甩、沈道勇、杜磊

乔木层					
中文名	拉丁名	株数	高/m	胸径/cm	重要值/%	性状
合欢	*Albizia julibrissin*	3	6	10	37.7	落叶乔木
干果木	*Xerospermum bonii*	2	9	10	31.4	常绿乔木
白枪杆	*Fraxinus malacophylla*	3	6	8	30.9	落叶乔木
合计	3种	8			100.0	

灌木层			
中文名	拉丁名	高/m	盖度/%	性状
假杜鹃	*Barleria cristata*	1.0	10	常绿亚灌木
矮坨坨	*Munronia henryi*	0.2	3	常绿亚灌木
元江苏铁	*Cycas parvulus*	1.2	2	常绿灌木
霸王鞭	*Euphorbia royleana*	2	10	肉质灌木
元江杭子梢	*Campylotropis henryi*	1.2	2	常绿灌木

续表

中文名	拉丁名	高/m	盖度/%	性状
疏序黄荆	*Vitex negundo* f. *laxipaniculata*	2.5	10	落叶灌木
广西九里香	*Murraya kwangsiensis*	2	8	常绿灌木
野番豆	*Uraria clarkei*	1.5	1	常绿亚灌木
白皮乌口树	*Tarenna depauperata*	2	5	常绿灌木
小黄皮	*Clausena emarginata*	2	5	常绿灌木
老人皮	*Polyalthia cerasoides*	4	3	落叶乔木幼树
朴叶扁担杆	*Grewia celtidifolia*	1	3	落叶乔木幼树
刺桑	*Streblus illcifolius*	3	1	乔木幼树
毛叶柿	*Diospyros mollifolia*	3	1	乔木幼树
合计	14种			

草本层

中文名	拉丁名	高/m	盖度/%	性状
疏穗求米草	*Oplismenus patens*	0.5	3	草本
地皮消	*Pararuellia delavayana*	0.2	2	草本
感应草	*Biophytum sensitivum*	0.1	1	草本
合计	3种			

层间植物

中文名	拉丁名	攀援高/m	盖度/%	性状
网脉崖豆藤	*Callerya reticulate*	1	2	木质藤本
叶苞银背藤	*Argyreia roxburghii* var. *ampla*	0.2	2	木质藤本
大百部	*Stemona tuberosa*	1	0.5	草质藤本
白叶藤	*Cryptolepis sinensis*	0.9	1	木质藤本
刺果藤	*Byttneria grandifolia*	0.7	2	木质藤本
镰叶羊蹄甲	*Bauhinia carcinophylla*	0.6	2	木质藤本
勐海隔距兰	*Cleisostoma menghaiense*	0.3	0.1	附生草本
云南羊蹄甲	*Bauhinia yunnanensis*	0.8	0.5	木质藤本
合计	8种			

在225m² 的样方内有维管植物28种，隶属23科27属。

乔木层平均高8m，胸径8～10cm，盖度5%。计3个物种，以落叶树种为主，即合欢 *Albizia julibrissin*（重要值37.7%）和白枪杆 *Fraxinus malacophylla*；干果木 *Xerospermum boni* 为常绿乔木。

灌木层平均高2m，盖度约60%，计14种，假杜鹃 *Barleria cristata* 和矮坨坨 *Munronia henryi* 为优势种，重要值分别为15.1%和14.7%；其他有霸王鞭 *Euphorbia royleana*、疏序黄荆 *Vitex negundo* f. *laxipaniculata*、元江苏铁 *Cycas parvulus*、元江杭子梢 *Campylotropis henryi*、广西九里香 *Murraya kwangsiensis*，还有乔木幼树毛叶柿 *Diospyros mollifolia* 等。

草本层高度主要在0.2～1m，盖度小于5%。组成物种少，有地皮消 *Pararuellia delavayana*、疏穗求米草 *Oplismenus patens* 和感应草 *Biophytum sensitivum* 等。其中优势种为地皮消，重要值为41.7%。

层间植物有8种，以木质藤本为主，也有少量的草质藤本和附生植物，如大百部 *Stemona tuberosa*、勐海隔距兰 *Cleisostoma menghaiense* 等。附生地衣较多，盖度可达40%。

群落演替分析　本群落更新层中有朴叶扁担杆7株、刺桑3株、毛叶柿4株。朴叶扁担高0.5～1.3m，刺桑、毛叶柿高0.3m。朴叶扁担杆在乔木层中的重要值达到6.4%。仅凭朴叶扁担杆、刺桑和毛叶柿的数量增加还不足以改变群落类型。所以在今后的群落演替中，物种组成会有些变化，但群落结构不会发生大的改变。

（4）心叶木＋老人皮群落（Form. *Haldina cordifolia*＋*Polyalthia cerasoides*）

本群落只有1个群丛，即心叶木＋老人皮＋麦穗茅根群落（Ass. *Haldina cordifolia*＋*Polyalthia cerasoides*＋*Perotis hordeiformis*），分布于湿地冲海拔795m，曾受放牧、砍柴影响。岩石裸露，土壤含砂砾较多。林木稀疏，林内显得开阔明亮。干季群落呈枯黄色，雨季后又返青（表5-37）。

表5-37　心叶木＋老人皮＋麦穗茅根群落样方调查表

样方号：51　面积：20m×25m　时间：2006.10.4　地点：西拉河　海拔：795m　坡向：南　坡位：中上位　坡度：15°
大地形：红河上方西坡　小地形：阴郁林下　母岩：石灰岩　土壤：红壤　地表特征：岩石裸露75%
乔木层盖度：20%　灌木层盖度：45%　草本层盖度：85%
调查人：杜凡、王娟、李帅锋、叶莲、农昌武、王长琪、岩香甩、沈道勇、苗云光、杜磊

乔木层					
中文名	拉丁名	株数	高/m	盖度/%	重要值/%	性状
心叶木	*Haldina cordifolia*	15	4.5	15	53.9	落叶乔木
厚皮树	*Lannea coromandelica*	7	4.5	5	27.5	落叶乔木
总状花羊蹄甲	*Bauhinia racemosa*	9	2.8	3	18.6	落叶乔木
合计	3种	31			100.0	

灌木层					
中文名	拉丁名	株数	高/m	盖度/%	重要值/%	性状
肾叶山蚂蝗	*Desmodium renifolium*	5	0.6	8	14.3	常绿亚灌木
灰毛浆果楝	*Cipadessa cinerascens*	2	1.8	6	10.9	常绿灌木
叶下珠	*Phyllanthus urinaria*	5	0.2	5	7.5	常绿灌木
白背黄花稔	*Sida rhombifolia*	2	0.6	5	6.3	常绿亚灌木
小叶臭黄皮	*Clausena excavata*	1	0.8	4	4	常绿灌木
大叶山蚂蝗	*Desmodium gangeticum*	1	0.6	4	2	常绿亚灌木
华西小石积	*Osteomeles schwerinae*	1	3	3	2	常绿亚灌木
赤山蚂蝗	*Desmodium rubrum*	1	0.2	3	2	常绿亚灌木
心叶黄花稔	*Sida cordifolia*	1	0.2	2	1	常绿亚灌木
黏毛黄花稔	*Sida mysorensis*	11	0.6	1	1	常绿亚灌木
老人皮	*Polyalthia cerasoides*	21	3.2	5	20	乔木幼树
水锦树	*Wendlandia uvariifolia*	7	0.5	5	19.5	乔木幼树
三叶漆	*Terminthia paniculata*	2	0.8	3	7.5	乔木幼树
余甘子	*Phyllanthus emblica*	1	0.3	2	2	乔木幼树
合计	14种				100.0	

草本层					
中文名	拉丁名	株数	高/m	盖度/%	重要值/%	性状
麦穗茅根	*Perotis hordeiformis*	256	0.5	45	54.9	草本
扭黄茅	*Heteropogon contortus*	58	0.7	20	15.6	草本
独穗飘拂草	*Fimbristylis ovata*	20	0.2	10	9.8	草本
灰毛豆	*Tephrosia purpurea*	15	1.2	5	6.9	草本
飞扬草	*Euphorbia hirta*	5	0.3	5	4.8	草本
羽芒菊	*Tridax procumbens*	2	0.3	3	2.6	草本
假苜蓿	*Crotalaria medicaginea*	2	0.6	3	1.7	草本
土丁桂	*Evolvulus alsinoides*	3	0.4	2	1.3	草本
多枝臂形草	*Brachiaria ramosa*	1	0.2	2	1.2	草本

续表

中文名	拉丁名	株数	高/m	盖度/%	重要值/%	性状
仙茅	*Curculigo orchioides*	1	0.2	2	0.6	草本
毛旱蕨	*Pellaea trichophylla*	2	0.1	1	0.6	草本
合计	11种				100.0	

层间植物

中文名	拉丁名	株（丛）数	攀援高/m	盖度/%	性状
虫豆	*Cajanus crassus*	8	0.7		缠绕藤本
翅果藤	*Myriopteron extensum*	3	1.8		木质藤本
元江羊蹄甲	*Bauhinia esquirolii*	1	1.1		木质藤本
石山羊蹄甲	*Bauhinia comosa*	2	0.8		木质藤本
乳突果	*Adelostemma gracillimum*	1	0.1		小型藤本
贴生白粉藤	*Cissus adnata*	1	2.8		木质藤本
合计	6种				

乔木层盖度20%，最高4.5m。有3个物种，都是落叶种类。优势种为心叶木 *Haldina cordifolia*，重要值53.9%。其他有厚皮树 *Lannea coromandelica*、总状花羊蹄甲 *Bauhinia racemosa*。

灌木层高度主要在0.2～1.8m，盖度45%，计14种，以老人皮 *Polyalthia cerasoides* 为优势种，重要值20%，另外常见肾叶山蚂蝗 *Desmodium renifolium*、灰毛浆果楝 *Cipadessa cinerascens*、叶下珠 *Phyllanthus urinaria* 等。其中乔木幼树有水锦树 *Wendlandia uvariifolia*、三叶漆 *Terminthia paniculat* 和余甘子 *Phyllanthus emblica*。

草本层高度主要在0.2～1.2m，盖度85%，计11种，优势种麦穗茅根 *Perotis hordeiformis*，重要值54.9%，其他有扭黄茅、独穗飘拂草 *Fimbristylis ovata*、灰毛豆 *Tephrosia purpurea*、飞扬草 *Euphorbia hirta*、羽芒菊 *Tridax procumbens*、假苜蓿 *Crotalaria medicaginea* 等。

层间植物6种，如虫豆 *Cajanus crassus*、翅果藤 *Myriopteron extensum*、元江羊蹄甲 *Bauhinia esquirolii*、石山羊蹄甲 *Bauhinia comosa*、乳突果 *Adelostemma gracillimum* 和贴生白粉藤 *Cissus adnata*。

群落演替分析　本群落更新层中有乔木幼树水锦树7株、三叶漆2株和余甘子1株，平均高约0.5m。仅凭水锦树、三叶漆和余甘子的数量增加不足以改变群落类型。所以在未来的演替中，该群落类型仍然为心叶木＋老人皮＋麦穗茅根群落，只是在物种组成上会有一些变化。

2．元江自然保护区干热河谷稀树灌木草丛与其他群落类型比较

哀牢山东坡的干热河谷稀树灌木草丛带，分布海拔在900m以下，主要类型为豆腐果＋虾子花＋扭黄茅＋稀树灌木草丛和余甘子-土密树＋灰毛浆果楝稀树灌木草丛。哀牢山水系属元江-红河水系，海拔也与元江自然保护区相近，群落类型和本区的很相似。

怒江河谷稀树灌木草丛分布于海拔1100m以下。灌木主要有余甘子、火棘、美脉枣、灰毛浆果楝和云南黄杞等。草本主要有扭黄茅、绒毛山蚂蝗、孔颖草、五节芒、棕叶芦、毛果扁担杆等，高50cm以下，盖度60%～70%。

金沙江河谷稀树灌木草丛分布于海拔2800m以下，盖度20%～30%，高30～50cm。植物种类以白刺花、鞍叶羊蹄甲、小叶野丁香、头花香薷、岷江木蓝等常见。与元江自然保护区相比，生境更加干旱，植被稀疏，种类贫乏。植株多矮小、垫状、多刺、丛生，小叶被毛，形成特殊的形态变异。

澜沧江河谷糯扎渡自然保护区的稀树灌木草丛中的火绳树、虾子花、扭黄茅、飞机草群落分布于海拔900m以下。乔木层和灌木层的优势种分别为火绳树与虾子花，而元江自然保护区乔木层的优势种为心叶木、余甘子、厚皮树，灌木层的优势种为疏序黄荆、黄花稔、水锦树。两地草本层的优势种很相似，主要为飞机草和扭黄茅。

3. 元江自然保护区干热河谷稀树灌木草丛评价

元江自然保护区干热河谷稀树灌木草丛植物种类多为耐旱、耐干和耐火烧的种类，如厚皮树、清香木；灌木中多毛、小叶、厚叶、多刺等耐旱的生态特征明显，如元江羊蹄甲、老人皮等；草本中有如扭黄茅等，草丛生、低矮，一般为中草，高草在1m以下。

元江自然保护区干热河谷稀树灌木草丛群落类型较特别，一般干热河谷稀树灌木草丛中乔木层的盖度不超过20%，但是在元江自然保护区干热河谷稀树灌木草丛中，某些群落的乔木层盖度大于30%，但乔木层不高，一般都在10m以下，树冠呈球形或伞形，呈典型稀树灌木草丛特征，附生植物和藤本植物少，这是元江自然保护区干热河谷稀树灌木草丛与其他干热河谷稀树灌木草丛的不同之处。

元江的干热河谷植被是典型的河谷型萨王纳植被类型，是古老、珍稀的植被类型，更具有加强保护和发展的必要性。

5.3.8 灌丛

灌丛是指以灌木为主，乔木和草本植物不甚发育的较低矮而稳定的木本植被类型，其建群种多为中生性的、无明显主干、高度不超过5m的、簇生的性状，多具丛生和集簇生的结构与丛林状外貌，其盖度40%以上，地表裸露小于50%（《中国植被》，1980年）。灌丛的分布很广泛，从温带到热带，从海滨、河谷到5000m的高山都有。针对其形成原因，有的是在特殊条件下形成的原生类型，如在气候、土壤过于干燥或寒冷而不能形成森林的地区的荒漠灌丛或灌丛；有的则是在长期人为影响下形成的次生灌丛。所以灌丛的类型极其多样。在《云南植被》（1987年）中，灌丛作为植被型，其下划分为寒温灌丛、暖性石灰岩灌丛、干热河谷灌丛和热性河滩灌丛等5个植被亚型。

元江自然保护区气候干热，其灌丛属于干热河谷灌丛植被亚型。

1. 干热河谷灌丛

云南的干热河谷灌丛是在各地深陷河谷底部的干热生境中形成的一类非地带性植被类型，群落面积通常不大，但是低矮、稀疏、分枝低而呈丛状的外貌特征非常突出。元江自然保护区的干热河谷灌丛划为2个群系——霸王鞭-单刺仙人掌群落和华西小石积-霸王鞭群落。

（1）霸王鞭-单刺仙人掌群落（Form. *Euphorbia royleana-Opuntia monacantha*）

霸王鞭-单刺仙人掌群落：霸王鞭和单刺仙人掌都为肉质多刺的旱生植物，两者对生态条件的要求较接近，在元江河谷海拔400~1000m的山坡常见两者组合的自然植被类型。其又分为2个群丛：霸王鞭-疏序黄荆＋扭黄茅群落和霸王鞭-厚皮树＋扭黄茅群落。

1）霸王鞭-疏序黄荆＋扭黄茅群落（Ass. *Euphorbia royleana-Vitex negundo* f. *laxipaniculata*＋ *Heteropogon contortus*）

该群落主要分布在普漂片区，海拔400~800m，坡度≥30°，石灰岩红壤，土层薄。多呈连续的小片状分布。群落高3.5~6m，盖度50%~95%，组成物种计52种（表5-38）。

灌木上层高度主要在3~6m，霸王鞭呈树状，其他有高度不足5m呈灌木状的厚皮树 *Lannea coromandelica*、白头树 *Garuga forrestii*、厚壳树 *Ehretia acuminata*、灰布荆 *Vitex canescens*、家麻树 *Sterculia pexa*、老人皮 *Polyalthia cerasoides*、蒙自合欢 *Albizia bracteata*、朴树 *Celtis sinensis*、心叶木 *Haldina cordifolia* 等。

灌木下层高度主要在1.5~3m，盖度40%~60%。以霸王鞭、单刺仙人掌 *Opuntia monacantha*、疏序黄荆 *Vitex negundo* f. *laxipaniculata* 占优势，其他有老人皮、火绳树 *Eriolaena spectabilis*、清香木 *Pistacia weinmannifolia*、鞍叶羊蹄甲 *Bauhinia brachycarpa*、黑面神 *Breynia fruticosa*、小黄皮 *Clausena emarginata*、黄毛荆 *Vitex vestita*、假杜鹃 *Barleria cristat*、白皮乌口树 *Tarenna depauperata*、宿萼木 *Strophioblachia fimbricalyx*、元江素馨 *Jasminum yuanjiangense* 等。

表5-38　霸王鞭-疏序黄荆＋扭黄茅群落样方调查表

样方号　面积　时间	Y07　10m×10m　2006.5.5	Y32 10m×10m　2006.9.30	Y33 10m×10m　2006.9.30
海拔　地点	400m　普漂	750m　普漂	600m　普漂
坡向　坡位　坡度	南坡　下坡　55°	西南坡　中坡　50°～60°	西南坡　中下坡　30°
GPS			23.46556°N/102.19532°E
大地形	离红河较远	红河支流上方	红河支流上方
小地形	样方有起伏	沟箐边（无水）	样方有些起伏
母岩　土壤类型　厚度	石灰岩　红壤　薄	石灰岩　红壤　薄	石灰岩　红壤　薄
地表特征	岩石裸露70%	岩石裸露80%，枯落物25%	岩石裸露10%
调查人	李海涛、叶莲、孙玺雯	李海涛、叶莲、岩香甩	李海涛、李帅锋、孙玺雯
影响因素	放牧	放牧	放牧
盖度：灌木上层　灌木下层　草本层	7%　40%　20%	20%　60%　20%	20%　40%　30%

灌木上层

中文名	拉丁名	Y07		Y32		Y33		性状
		高/m	盖度/%	高/m	盖度/%	高/m	盖度/%	
霸王鞭	*Euphorbia royleana*	7	4	6	10	7	10	乔木状
厚皮树	*Lannea coromandelica*	5	2	5	3	4	3	落叶乔木
清香木	*Pistacia weinmannifolia*	5	2	4	3			常绿乔木
心叶木	*Haldina cordifolia*	3	2			4	3	落叶乔木
老人皮	*Polyalthia cerasoides*	3	2			3	3	落叶乔木
白头树	*Garuga forrestii*			3	2	3	3	落叶乔木
厚壳树	*Ehretia acuminata*			3	2			落叶乔木
灰布荆	*Vitex canescens*			3	2			落叶乔木
家麻树	*Sterculia pexa*			3	2			落叶乔木
朴树	*Celtis sinensis*			3	2			落叶乔木
蒙自合欢	*Albizia bracteata*					4	3	落叶乔木
合计	11种							

灌木下层

中文名	拉丁名	Y07		Y32		Y33		性状
		高/m	盖度/%	高/m	盖度/%	高/m	盖度/%	
霸王鞭	*Euphorbia royleana*	3	10	3	20	3	25	肉质灌木
单刺仙人掌	*Opuntia monacantha*							肉质灌木
老人皮	*Polyalthia cerasoides*	2.5	8			2	10	落叶乔木幼树
清香木	*Pistacia weinmannifolia*	1.5	5	2	10			乔木幼树
小黄皮	*Clausena emarginata*			3	2	3	3	常绿灌木
假杜鹃	*Barleria cristata*	2	5	1	5	2	10	落叶亚灌木
疏序黄荆	*Vitex negundo* f. *laxipaniculata*	1	5	1	5	1.5	5	落叶灌木
宿萼木	*Strophioblachia fimbricalyx*	2	5					落叶灌木
鞍叶羊蹄甲	*Bauhinia brachycarpa*	1	3	1.5	5			常绿灌木
白皮乌口树	*Tarenna depauperata*	1	3	1.2				常绿灌木
火绳树	*Eriolaena spectabilis*			1	5			落叶乔木幼树
黑面神	*Breynia fruticosa*			1	3			常绿灌木
黄毛荆	*Vitex vestita*			1	3			落叶灌木
元江素馨	*Jasminum yuanjiangense*			0.4	0.5			常绿灌木
合计	14种							

续表

		Y07		Y32		Y33		
中文名	拉丁名	高/m	盖度/%	高/m	盖度/%	高/m	盖度/%	性状

草本层

中文名	拉丁名	高/m	盖度/%	高/m	盖度/%	高/m	盖度/%	性状
扭黄茅	*Heteropogon contortus*	0.7	30	1	30	1	50	草本
叶下珠	*Phyllanthus urinaria*	1	20			1	3	草本
疏穗野荞麦	*Fagopyrum caudatum*			0.8	8			草本
竹节草	*Commelina diffusa*			0.5	5	0.7	3	草本
红毛旋蒴苣苔	*Paraboea rufesens*			0.2	5			草本
石蝴蝶	*Petrocosmea cluclaxii*			0.3	3			草本
穗状香薷	*Elsholtzia stachyodes*			0.8	3			草本
芸香草	*Cymbopogon distans*			0.5	3			草本
蔗茅	*Erianthus rufipilus*			1	3			草本
旱蕨	*Pellaea nitidula*			1.2	3			草本
波叶青牛胆	*Tinospora crispa*			0.8	3			草本
垫状卷柏	*Selaginella pulvinata*			1	5			草本
九叶木蓝	*Indigofera linnaei*					0.5	8	草本
飞扬草	*Euphorbia hirta*					0.5	5	草本
黄细心	*Boerhavia diffusa*					0.7	3	草本
香薷	*Elsholtzia ciliata*					0.5	3	草本
小牵牛	*Jacquemontia paniculata*					1	3	草本
土丁桂	*Evolvulus alsinoides*					0.8	2	草本
羽芒菊	*Tridax procumbens*					0.3	2	草本
合计	19种							

层间植物

中文名	拉丁名	高/m	盖度/%	高/m	盖度/%	高/m	盖度/%	性状
飞蛾藤一种	*Porana* sp.	1.5		1		1.5		木质藤本
相思子	*Abrus precatorius*	1.5						木质藤本
绒毛蓝叶藤	*Marsdenia tinctoria*			1				木质藤本
土密藤	*Bridelia stipularis*			1				木质藤本
假蓝叶藤	*Marsdenia pseudotinctoria*			1.5				木质藤本
蛇藤	*Acacia pennata*			1				木质藤本
黑珠芽薯蓣	*Dioscorea melanophyma*			1				草质藤本
翅果藤	*Myriopteron extensum*					1		木质藤本
虫豆	*Cajanus crassus*					1		缠绕藤本
台湾乳豆	*Galactia formosana*					1		草质藤本
小心叶薯	*Ipomoea obscura*					1		缠绕藤本
合计	11种							

　　草本层高度主要在0.7～1.2m，优势种扭黄茅*Heteropogon contortus*。其他有飞扬草*Euphorbia hirta*、黄细心*Boerhavia diffusa*、九叶木蓝*Indigofera linnaei*、石蝴蝶*Petrocosmea cluclaxii*、疏穗野荞麦*Fagopyrum caudatum*、穗状香薷*Elsholtzia stachyodes*、土丁桂*Evolvulus alsinoides*、香薷*Elsholtzia ciliata*、小牵牛*Jacquemontia paniculata*、叶下珠*Phyllanthus urinaria*、羽芒菊*Tridax procumbens*、芸香草*Cymbopogon distans*、蔗茅*Erianthus rufipilus*、竹节草*Commelina diffusa*等。

层间植物有翅果藤 *Myriopteron extensum*、虫豆 *Cajanus crassus*、飞蛾藤一种 *Porana* sp.、假蓝叶藤 *Marsdenia pseudotinctoria*、绒毛蓝叶藤 *Marsdenia tinctoria*、蛇藤 *Acacia pennata*、台湾乳豆 *Galactia formosana*、相思子 *Abrus precatorius*、小心叶薯 *Ipomoea obscura*、土密藤 *Bridelia stipularis*、黑珠芽薯蓣 *Dioscorea melanophyma* 等。

2）霸王鞭-厚皮树＋扭黄茅群落（Ass. *Euphorbia royleana-Lannea coromandelica*＋*Heteropogon contortus*）

该群落主要分布在普漂片区，海拔450～500m，靠近河谷，土壤为石灰岩燥红壤，土层薄。多呈间断不连续的小块状分布。群落物种计46种，明显分成灌木上层、灌木下层、草本层和层间植物4层（表5-39）。

表5-39　霸王鞭-厚皮树＋扭黄茅群落样方调查表

样方号　面积　时间　地点	Y08　15m×15m　2006.5.5　普漂	Y34　15m×15m　2006.9.30　普漂
海拔　坡向　坡位　坡度	490m　南坡　下位河谷附近　25°	470m　西偏南10°　下位河谷附近　10°
母岩　土壤　地表特征	石灰岩　燥红壤（薄）　石砾多较平整	石灰岩　燥红壤（薄）　岩石裸露25%
人为影响	过路、放牧	过路、放牧
盖度：灌木上层　灌木下层　草本层	20%　45%　80%	20%　35%　85%
调查人	杜凡、叶莲、孙玺雯、沈道勇	李海涛、叶莲、岩香甩、苗云光、杜磊

灌木上层

中文名	拉丁文	Y08		Y34		性状
		高/m	盖度/%	高/m	盖度/%	
厚皮树	*Lannea coromandelica*	2.2	3	2.2	10	落叶乔木
心叶木	*Haldina cordifolia*	2	3	2.3	5	落叶乔木
白头树	*Garuga forrestii*	2.5	5	2～7.5	5	落叶乔木
老人皮	*Polyalthia cerasoides*	2	2	2	10	落叶乔木
合计	4种					

灌木下层

中文名	拉丁文	Y08		Y34		性状
		高/m	盖度/%	高/m	盖度/%	
霸王鞭	*Euphorbia royleana*	1.4	20	1.5～3	30	肉质灌木
小叶臭黄皮	*Clausena excavata*	1.2	5			常绿灌木
假杜鹃	*Barleria cristata*	1	2			落叶亚灌木
茸毛木蓝	*Indigofera stachyodes*	1	5			常绿灌木
鞍叶羊蹄甲	*Bauhinia brachycarpa*	1	5			常绿灌木
白皮乌口树	*Tarenna depauperata*	1	5			常绿灌木
小黄皮	*Clausena emarginata*			1.2	10	常绿灌木
赤山蚂蝗	*Desmodium rubrum*			1.2	5	常绿亚灌木
刺蒴麻	*Triumfetta rhomboidea*			1	5	常绿亚灌木
金合欢	*Acacia farnesiana*			1	2	有刺落叶灌木
牛角瓜	*Calotropis gigantea*			1	2	落叶灌木
合计	11种					

草本层

中文名	拉丁文	Y08		Y34		性状
		高/m	盖度/%	高/m	盖度/%	
扭黄茅	*Heteropogon contortus*	1	15		40	草本
黄细心	*Boerhavia diffusa*	0.8	3	0.5	3	草本
黄珠子草	*Phyllanthus virgatus*	0.5	5	0.7	3	草本

续表

中文名	拉丁文	Y08		Y34		性状
		高 /m	盖度 /%	高 /m	盖度 /%	
土丁桂	*Evolvulus alsinoides*	0.3	1	0.4	4	草本
狗牙根	*Cynodon dactylon*	0.7	1			草本
多脉莎草	*Cyperus diffusus*	0.6	2			草本
毛果网籽草	*Dictyospermum scaberrimum*	0.7	1			草本
旋蒴苣苔	*Boea hygrometrica*	0.5	1			草本
叶下珠	*Phyllanthus urinaria*	0.5	0.5			草本
羽芒菊	*Tridax procumbens*	0.5	1			草本
落地生根	*Bryophyllum pinnatum*	0.4	2			草本
粉背蕨	*Aleuritopteris pseudofarinosa*	0.2	1			草本
垫状卷柏	*Selaginella pulvinata*	0.1	1			草本
三芒草	*Aristida adscensionis*			0.5	5	草本
野茄	*Solanum coagulans*			0.4	1	草本
黄花稔	*Sidaacuta Burm*			0.6	1	草本
多枝臂形草	*Brachiaria ramosa*			0.5	1	草本
黏毛黄花稔	*sida mysorensis*			0.5	2	草本
飞扬草	*Euphorbia hirta*			0.2	0.5	草本
异芒菊	*Blainvillea acmella*			0.3	3	草本
孔颖草	*Bothriochloa pertusa*			0.5	2	草本
牛膝	*Achyranthes bidentata*			0.4	0.2	草本
灰毛豆	*Tephrosia purpurea*			0.6	0.3	草本
合计	23 种					

			层间植物			
中文名	拉丁名	Y08		Y34		性状
		高 /m	盖度 /%	高 /m	盖度 /%	
虫豆	*Cajanus crassus*	0.5		0.5		缠绕藤本
匙羹藤	*Gymnena sylvestre*	0.5				木质藤本
光宿苞豆	*Shuteria involucrata*	0.3				草质藤本
丽子藤	*Dregea yunnanensis*	0.3				木质藤本
小花风车藤	*Hiptage minor*	0.3				木质藤本
美丽相思子	*Abrus pulchellus*	0.2				木质藤本
倒地铃	*Cardiospermum halicacabum*			0.5		草质藤本
飞蛾藤一种	*Porana* sp.			0.5		木质藤本
合计	8 种					

　　灌木上层高 2～2.5m，盖度 20%。主要树种是白头树 *Garuga forrestii*、厚皮树 *Lannea coromandelica*、心叶木 *Haldina cordifolia*、老人皮 *Polyalthia cerasoides*，低矮而树冠大。

　　灌木下层高度主要在 1～1.4m，盖度 35%～45%。以霸王鞭为优势种，其他常见金合欢 *Acacia farnesiana*、白皮乌口树 *Tarenna depauperata*、小叶臭黄皮 *Clausena excavata*、茸毛木蓝 *Indigofera stachyodes*、赤山蚂蝗 *Desmodium rubrum*、假杜鹃 *Barleria cristata*、刺蒴麻 *Triumfetta rhomboidea*、牛角瓜 *Calotropis gigantea*、鞍叶羊蹄甲 *Bauhinia brachycarpa*。

草本层平均高0.5m，盖度约60%。优势种扭黄茅*Heteropogon contortus*，盖度达40%，其他还有飞扬草*Euphorbia hirta*、狗牙根*Cynodon dactylon*、落地生根*Bryophyllum pinnatum*、异芒菊*Blainvillea acmella*、旋蒴苣苔*Boea hygrometrica*、牛膝*Achyranthes bidentata*、土丁桂*Evolvulus alsinoides*、毛果网籽草*Dictyospermum scaberrimum*、粉背蕨*Aleuritopteris pseudofarinosa*、黏毛黄花稔*sida mysorensis*、野茄*Solanum coagulans*、孔颖草*Bothriochloa pertusa*、羽芒菊*Tridax procumbens*、多脉莎草*Cyperus diffusus*、黄细心*Boerhavia diffusa*、灰毛豆*Tephrosia purpurea*、叶下珠*Phyllanthus urinaria*、黄珠子草*Phyllanthus virgatus*、多枝臂形草*Brachiaria ramosa*、三芒草*Aristida adscensionis*、黄花稔*Sida acuta*。

层间植物有光宿苞豆*Shuteria involucrata*、倒地铃*Cardiospermum halicacabum*、小花风车藤*Hiptage minor*、匙羹藤*Gymnema sylvestre*、飞蛾藤一种*Porana* sp.、虫豆*Cajanus crassus*、丽子藤*Dregea yunnanensis*、美丽相思子*Abrus pulchellus*。

（2）华西小石积-霸王鞭群落（Form. *Osteomeles schwerinae-Euphorbia royleana*）

该群落分布于湿地冲。样方有42种植物，110株（丛），隶属26科40属（表5-40）。

表5-40　华西小石积-霸王鞭群落样方调查表

样方号：<u>50</u>　面积：<u>15m×15m</u>　时间：<u>2006.10.7</u>　地点：<u>湿地冲</u>　海拔：<u>695m</u>　坡向：<u>东偏北10°</u>　坡位：<u>中部</u>　坡度：<u>15°</u>
小地形：<u>较平缓</u>　母岩：<u>石灰岩出露50%</u>　土壤：<u>红壤，厚8cm</u>　地表特征：<u>干燥</u>　其他：<u>放牧</u>
灌木层盖度：<u>60%</u>　草本层盖度：<u>20%</u>　调查人：<u>杜凡、李帅锋、沈道勇、苗云光、杜磊、陈娟娟</u>

灌木层				
中文名	拉丁名	高/m	盖度/%	性状
霸王鞭	*Euphorbia royleana*	1.6	10	肉质灌木
华西小石积	*Osteomeles schwerinae*	1～1.5	2	常绿灌木
虾子花	*Woodfordia fruticosa*	1.8	8	落叶灌木
三叶漆	*Terminthia paniculata*	0.8	4	常绿灌木
假杜鹃	*Barleria cristata*	0.6	3	落叶亚灌木
老人皮	*Polyalthia cerasoides*	3.6	1	落叶乔木幼树
假虎刺	*Carissa spinarum*	1.2	3	常绿灌木
厚叶美登木	*Maytenus orbiculatus*	0.6	2	常绿灌木
驳骨九节	*Psychotria prainii*	0.8	2	常绿灌木
小黄皮	*Clausena emarginata*	3.8	1	常绿灌木
白皮乌口树	*Tarenna depauperata*	2.5	2	常绿灌木
肾叶山蚂蟥	*Desmodium renifolium*	0.4	2	落叶亚灌木
土蜜树	*Bridelia tomentosa*	2.5	15	常绿乔木幼树
清香木	*Pistacia weinmannifolia*	1.5	1	常绿乔木幼树
厚皮树	*Lannea coromandelica*	3.6	1	落叶乔木幼树
朴叶扁担杆	*Grewia celtidifolia*	4	1	落叶乔木幼树
白枪杆	*Fraxinus malacophylla*	1.2	1	落叶乔木幼树
蒲桃一种	*Syzygium* sp.	0.2	1	常绿乔木幼树
心叶木	*Haldina cordifolia*	3.2	1	落叶乔木幼树
合欢	*Albizia julibrissin*	3.5	1	落叶乔木幼树
毛叶柿	*Diospyros mollifolia*	2.6	1	常绿乔木幼树
总状花羊蹄甲	*Bauhinia racemosa*	3.3	1	落叶乔木幼树
滇榄仁	*Terminalia franchetii*	3	1	落叶乔木幼树
滇厚朴	*Ehretia corylifolia*	1.6	1	落叶乔木幼树
合计	24种			

续表

草本层				
中文名	拉丁名	高/m	盖度/%	性状
孔颖草	*Bothriochloa pertusa*	0.6	12	多年生草本
地皮消	*Pararuellia delavayana*	0.3	2	多年生草本
黄珠子草	*Phyllanthus virgatus*	0.4	1	一年生草本
茅叶荩草	*Arthraxon prionodes*	0.8	2	多年生草本
屏边黄芩	*Scutellaria pinbienensis*	0.5	1	多年生草本
扭黄茅	*Heteropogon contortus*	0.8	1	多年生草本
云南链荚豆	*Alysicarpus monilifer*	0.2	1	多年生草本
三点金	*Desmodium trflorum*	0.4	1	多年生草本
长柱开口箭	*Tupistra grandistigma*	0.4	1	多年生草本
合计	9种			

层间植物				
中文名	拉丁名	株（丛）数	攀援高/m	性状
虫豆	*Cajanus crassus*	7	0.6	木质藤本
元江羊蹄甲	*Bauhinia esquirolii*	3	0.8	木质藤本
老虎刺	*Pterolobium punctatum*	2	0.9	木质藤本
美丽相思子	*Abrus pulchellus*	2	0.7	木质藤本
灰毛聚花白鹤藤	*Argyreia osyrensis* var. *cinerea*	1	3.5	木质藤本
大理素馨	*Jasminum seguinii*	1	1.8	木质藤本
绒毛蓝叶藤	*Marsdenia tinctoria* var. *tomentosa*	1	4.0	木质藤本
元江绞股蓝	*Gynostemma yuanjiangensis*	1	0.8	草质藤本
长托菝葜	*Smilax ferox*	2	1.0	藤状灌木
合计	9种			

灌木层高度主要在2～3m，盖度60%，以耐旱植物华西小石积*Osteomeles schwerinae*、霸王鞭*Euphorbia royleana*为主。其他还有土蜜树*Bridelia tomentosa*、三叶漆*Terminthia paniculata*、清香木*Pistacia weinmannifolia*、朴叶扁担杆*Grewia celtidifolia*、白皮乌口树*Tarenna depauperata*、驳骨九节*Psychotria prainii*等。

草本层平均高0.5m，盖度20%。常见孔颖草*Bothriochloa pertusa*、茅叶荩草*Arthraxon prionodes*、扭黄茅*Heteropogon contortus*、云南链荚豆*Alysicarpus monilifer*、三点金*Desmodium trflorum*等。

层间植物有元江羊蹄甲*Bauhinia esquirolii*、老虎刺*Pterolobium punctatum*、虫豆*Cajanus crassus*、美丽相思子*Abrus pulchellus*、绒毛蓝叶藤*Marsdenia tinctoria* var. *tomentosa*等。攀援高度不高，平均2m。

群落中乔木幼树较多。停止人为破坏后，群落会朝良性方向发展，当乔木层长起来后，因遮荫作用，土壤的干旱程度将有所改善，使更多的物种能出现在群落中。

2. 元江干热河谷灌丛群落小结

元江干热河谷肉质多刺灌丛植被是滇川三江（元江、怒江、金沙江）干热河谷萨王纳植被，与怒江、金沙江的有共同点，也有差异。它们都是河谷型萨王纳植被，从群落的外貌、结构、种类组成看，以元江干热河谷最为典型，更接近印度和非洲的萨王纳植被（表5-41）。

表5-41 元江干热河谷与印度和非洲的萨王纳植被比较

群落特征	元江干热河谷的萨王纳植被	印度和非洲的萨王纳植被
外貌	干热河谷稀疏散布的树群或灌丛	含稀疏散布的树群或独株乔木和构造极其不同的旱生灌丛
结构	以大戟科和仙人掌科植物为主的肉质多刺灌丛	以大戟科和仙人掌科植物为主的肉质多刺灌丛
种类组成	以耐旱、耐高温植物为主，如霸王鞭、金合欢等	以耐旱、耐高温植物为主，如多肉质植物和大戟科植物

肉质大戟属植物的分布中心是非洲，仙人掌科植物的分布中心是中南美洲，以肉质大戟属植物和仙人掌属植物为特征的肉质多刺灌丛从起源来说是古南大陆的干旱类型。

据考，在17世纪以前，这种群落在元江干热河谷没有记载。1826年编写的《元江州志》中首次记录了霸王鞭、仙人掌（朱华，1990）。几百年前元江河谷可能以森林植被为主，由于过度砍伐、放牧和火烧破坏，森林逐渐退化为稀树灌木草丛植被，环境也日趋干热化。在这种情况下，最初作为篱笆栽培的霸王鞭和仙人掌逸生，并得到了发展，形成了今天的肉质多刺灌丛自然植被状态。

元江的肉质多刺灌丛除特征种霸王鞭和单刺仙人掌外，其他种类都是周围稀疏灌木草丛的组成部分，在人类干扰日益严重、气候干热化日益加剧的恶性循环下，不仅成为稳定的植被，而且还在继续发展。

霸王鞭生长缓慢，主要靠营养繁殖，调查中很少看到霸王鞭的更新苗，即使在母株下它也是以营养体肉质茎节段来繁殖。该类群落多分布在岩石裸露且地段多陡峭处，对水土保持作用甚大，应加强保护。

5.4　植被分布规律

5.4.1　植被的水平分布

a. 元江自然保护区包括元江以东的江东片和元江以西的章巴片。江东片主要分布干热河谷特有的植被类型，如落叶季雨林、干热河谷硬叶常绿阔叶林、干热河谷稀树灌木草丛、肉质多刺灌丛等类型。章巴片海拔较高，植被以山地雨林、季风常绿阔叶林、半湿润常绿阔叶林和中山湿性常绿阔叶林为主。

b. 本区的水平地带性植被为低海拔的落叶季雨林。

c. 元江自然保护区的现状植被主要是干热河谷稀树灌木草丛，其是在长期以来干热河谷性的落叶季雨林遭到破坏之后形成的稳定的次生植被类型，也是中国同类植被中最典型的类型。

d. 从纬度上看，元江自然保护区是云南省干热河谷硬叶常绿阔叶林分布的最南部区域，有自身的特点，值得保护和关注。

5.4.2　植被的垂直分布

在保护区海拔350～2580m，自下而上依次出现8个植被型12个植被亚型（图5-20），即

海拔350～1000m：半常绿季雨林

海拔350～1100m：干热河谷灌丛和干热河谷稀树灌木草丛

海拔600～800m：干热河谷硬叶常绿阔叶林

海拔800～1500m：落叶阔叶林

海拔1000～1400m：山地雨林

海拔1000～2000m：暖性针叶林

海拔1400～2100m：季风常绿阔叶林

海拔2000～2200m：半湿润常绿阔叶林

海拔2300～2580m：中山湿性常绿阔叶林

上述植被类型是保护区植被垂直带谱的主要类型或特征类型，基本上成带状出现。各个植被的垂直带谱之间，在不同的地段会有一定程度的重叠和镶嵌。

干热河谷灌丛和干热河谷稀树灌木草丛占据的海拔范围最宽，达到750m，是保护区最主要的植被类型。

5.4.3　植被的演替规律

保护区的原生植被遭到持续砍伐、开荒种地、放牧或严重火烧之后，发生逆行演替。从野外调查到的情况看，植被的逆行演替主要有以下类型（图5-21）。

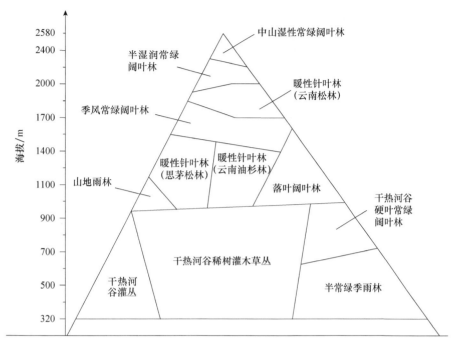

图 5-20　元江自然保护区植被类型垂直分布图

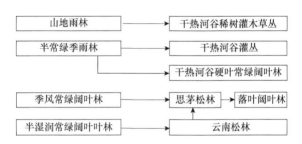

图 5-21　元江自然保护区植物群落逆行演替规律

　　保护区次生林中还保存着一定数量的原生群落的建群种类。因此，可以预料，加强封山育林等管理措施，上述逆行演替中的次生群落能够向原生群落的方向变化。

5.4.4　植被评价

　　a. 元江自然保护区位于中国境内红河流域南部的第一层面山，是我国通往中南半岛的重要国际河流——红河的直接汇水区域，其植被状况及保护的好坏对红河流域的水源涵养和保护具有直接作用。

　　b. 元江境内的干热河谷区是全国第二个高温中心，而元江自然保护区正好包括了最典型的干热河谷地段。本区河谷的典型植被——干热河谷稀树灌木草丛，从元江自然保护区开始，沿元江河谷往上 100km，是我国少有而特殊的河谷型萨王纳植被类型。植被虽不茂密，也受到不同程度的干扰而具有次生性质，但是这类植被是在干热河谷生境下长期形成的稳定或亚顶级的类型，对干热河谷的生态平衡和生物多样性维持具有重要意义。而且，这类植被具有许多古地中海或非洲干旱地区植被的成分，如漆树科的三叶漆 *Terminthia paniculata*、梧桐科的梅蓝 *Melhania hamiltoniana* 等。这类植被的存在，能够揭示我国西南地区河谷植被与古地中海或非洲大陆植被的渊源，对于我国西南地区干热河谷植被的形成、演变及恢复生态学的研究具有重要价值。

　　c. 除典型的河谷型萨王纳植被之外，元江自然保护区具有自海拔 350m 开始至 2580m 的完整的云南中南部完整植被垂直带谱。海拔自下而上，分布季雨林、干热河谷稀树灌木草丛（河谷型萨王纳植被）、干热河谷硬叶常绿阔叶林、山地雨林、季风常绿阔叶林、暖性针叶林、半湿润常绿阔叶林、中山湿性常绿阔叶林等植被类型。

　　d. 元江自然保护区具有独特的豆腐果林。保护区具有以漆树科旱生植物豆腐果 *Buchanania latifolia* 和三叶漆 *Terminthia paniculata* 为特征的干热河谷型植被，这是元江干热河谷区特有的植被类型，具有重要的研究价值和保护价值。

　　e. 硬叶常绿阔叶林是古地中海的残余植被类型。元江自然保护区的干热河谷硬叶常绿阔叶林是我国纬度最低、海拔最低的硬叶常绿阔叶林类型，它能在元江自然保护区内形成和保存下来，与元江河谷的特点有关，也与我国西南地区的地质历史演变有关。这对研究我国西南地区的地质历史变迁，以及古现代植物地理学、植被地理学的研究具有重要意义和价值。

第6章 种子植物

6.1 调 查 方 法

植物资源野外调查的时间和地点与植被调查相一致。采取线路调查和典型植物群落调查等方法，除了野外可以确定到种的一些常见种未采标本，只作记录之外，共采集6000余号植物标本，并进行鉴定。此外，查阅《中国植物志》和《云南植物志》等元江自然保护区分布的植物种类，作必要补充。

参照吴征镒院士针对中国植物区系分布区类型的系列文献，确定每一种植物的科、属和种的分布区类型。科的分布区类型用吴征镒院士2003年的《世界种子植物科的分布区类型系统》；属的分布区类型依照吴征镒等的《中国被子植物科属综论》《中国种子植物属的分布区类型》和《中国种子植物属的分布区类型（增订和勘误）》确定；种的分布区类型根据每个种的现代地理分布范围，确定其分布区类型。

依据上述方法，建立了包括物种中文名、拉丁名、所属科名、属名、用途、生境、性状、分布区、采集点、采集海拔、文献记录海拔、标本号及科、属、种的分布区类型等信息的元江种子植物数据库。植物名录按哈钦松系统排列。

6.2 种子植物的组成和特点

6.2.1 科、属、种的数量

保护区记录野生种子植物2155种（含种下等级），隶属于857属164科，其中裸子植物3科4属8种，被子植物161科853属2147种。被子植物中，双子叶植物141科688属1795种，单子叶植物20科165属352种（表6-1）。

表6-1 元江自然保护区种子植物科属种统计（1）

		科	属	种
裸子植物		3	4	8
被子植物		161	853	2147
	双子叶植物	141	688	1795
	单子叶植物	20	165	352
合计		164	857	2155

保护区种子植物科、属、种的数量分别占云南省种子植物科、属、种数量的62.36%、35.75%、16.17%（表6-2）；分别占我国种子植物科、属、种数量的48.52%、26.56%、8.81%。保护区裸子植物科、属、种的数量分别占云南省裸子植物科、属、种数量的27.27%、12.12%、10.39%；分别占我国裸子植物科、属、种数量的27.27%、6.15%、4.12%。保护区被子植物科、属、种的数量分别占云南省被子植物科、属、种数量的68.51%、36.08%、16.22%；分别占我国被子植物科、属、种数量的49.24%、26.97%、8.85%。可见，保护区植物多样性十分丰富。

表6-2　元江自然保护区种子植物科属种统计（2）

类别	科			属			种		
	数量	占云南比例/%	占全国比例/%	数量	占云南比例/%	占全国比例/%	数量	占云南比例/%	占全国比例/%
裸子植物	3	27.27	27.27	4	12.12	6.15	8	10.39	4.12
被子植物	161	68.51	49.24	853	36.08	26.97	2147	16.22	8.85
合计	164	62.36	48.52	857	35.75	26.56	2155	16.17	8.81

6.2.2　科的统计分析

1. 科的分布区类型分析

保护区种子植物164个科可分为11种分布区类型（表6-3）。其中，世界广布科45科，占总科数的27.44%。泛热带分布科62科，占总科数的37.80%，是最多的类型；北温带分布科22科，占总科数的13.41%；热带亚洲及热带美洲间断分布科11科，占总科数的6.71%；旧世界热带分布科4科，占总科数的2.44%；热带亚洲至热带大洋洲间断分布科5科，占总科数的3.05%；热带亚洲分布科4科，占总科数的2.44%；东亚及北美间断分布科6科，占总科数的3.66%；东亚分布科3科，占总科数的1.83%；没有中国特有科。

表6-3　元江自然保护区种子植物区系科分布区类型

科的分布区类型	科数	占总数比例/%
1 世界广布	45	27.44
2 泛热带分布	62	37.80
3 热带亚洲及热带美洲间断分布	11	6.71
4 旧世界热带分布	4	2.44
5 热带亚洲至热带大洋洲间断分布	5	3.05
6 热带亚洲至热带非洲分布	1	0.61
7 热带亚洲分布	4	2.44
热带分布科合计（2~7）	87	53.05
8 北温带分布	22	13.41
9 东亚及北美间断分布	6	3.66
12 地中海区、西亚至中亚分布	1	0.61
14 东亚分布	3	1.83
温带分布科合计（8~14）	32	19.51
总计	164	100.00

热带性质的科有87科，占总科数的53.05%，温带性质的科有32科，占总科数的19.51%。热带性质科与温带性质科之比为2.72∶1，表明保护区在科的水平上热带性非常明显。

保护区东亚分布的科有3科，即水青树科Tetracentraceae、猕猴桃科Actinidiaceae和十齿花科。水青树科和十齿花科是单型科，典型的第三纪孑遗植物，被誉为现存被子植物的活化石。

东亚及北美间断分布的科有6科，即木兰科Magnoliaceae、五味子科Schisandraceae、八角科Illiciaceae、三白草科Saururaceae、蓝果树科和鼠刺科Iteaceae。前4个为古老的科，说明保护区植物区系具有相当古老的历史。除此之外，很多古老的木本植物，如壳斗科Fagaceae、山茶科Theaceae等植物在保护区都有一定的数量，且为其森林群落的重要组成成分。

旧世界热带分布的科有4科，即海桐花科Pittosporaceae、芭蕉科Musaceae、海桑科Sonneratiaceae和八角枫科Alangiaceae。该类型起源于旧世界热带，主要分布于亚洲、非洲和大洋洲的热带地区，我国是其分布区的北缘。其中海桐花科、芭蕉科和海桑科是旧世界热带分布的特有科，表明保护区植物区系与热带有着不可分割的联系。

2. 科的数量统计分析

保护区含物种100种以上的科有2科，即蝶形花科Papilionaceae和菊科Compositae；含50～99种的科有6科，即禾本科Gramineae、大戟科Euphorbiaceae、兰科Orchidaceae、茜草科Rubiaceae、蔷薇科Rosaceae和唇形科Labiatae；含30～49种的科有9科，即樟科Lauraceae、荨麻科Urticaceae、桑科Moraceae、壳斗科Fagaceae、山茶科Theaceae、莎草科Cyperaceae、蓼科Polygonaceae、萝摩科Asclepiadaceae和葡萄科Vitaceae；含10～29种的科有41科，即爵床科Acanthaceae、百合科Liliaceae、姜科Zingiberaceae、毛茛科Ranunculaceae、五加科Araliaceae、旋花科Convolvulaceae、云实科Caesalpiniaceae、木犀科Oleaceae、卫矛科Celastraceae、紫金牛科Myrsinaceae、芸香科Rutaceae、杜鹃花科Ericaceae、葫芦科Cucurbitaceae、鼠李科Rhamnaceae、天南星科Araceae、马鞭草科Verbenaceae、苦苣苔科Gesneriaceae、锦葵科Malvaceae、菝葜科Smilacaceae、玄参科Scrophulariaceae、山矾科Symplocaceae、薯蓣科Dioscoreaceae、鸭跖草科Commelinaceae、伞形科Umbelliferae、梧桐科Sterculiaceae、椴树科Tiliaceae、忍冬科Caprifoliaceae、野牡丹科Melastomataceae、防己科Menispermaceae、含羞草科Mimosaceae、越桔科Vacciniaceae、漆树科Anacardiaceae、楝科Meliaceae、榆科Ulmaceae、胡椒科Piperaceae、夹竹桃科Apocynaceae、茄科Solanaceae、苋科Amaranthaceae、龙胆科Gentianaceae、木兰科Magnoliaceae、堇菜科Violaceae；含2～9种的科有76科，如石竹科Caryophyllaceae、无患子科Sapindaceae、紫葳科Bignoniaceae、紫草科Boraginaceae、桑寄生科Loranthaceae、番荔枝科Annonaceae、山柑科Capparaceae、清风藤科Sabiaceae、冬青科Aquifoliaceae、木通科Lardizabalaceae、五味子科Schisandraceae、槭树科Aceraceae、柿树科Ebenaceae等；只含1种的有30科，如大血藤科Sargentodoxaceae、三白草科Saururaceae、商陆科Phytolaccaceae、亚麻科Linaceae、雨久花科Pontederiaceae、海桑科Sonneratiaceae等。其中，真正的单型科有水青树科Tetracentraceae和十齿花科Dipentodontaceae 2个科（表6-4）。

表6-4 科的物种数量统计

含物种数范围	科数	占总科数比例/%	所含种数	占总种数比例/%	代表科
>100种	2	1.22	276	12.81	蝶形花科、菊科
50～99种	6	3.66	438	20.32	禾本科、大戟科等
30～49种	9	5.49	346	16.06	荨麻科、壳斗科等
10～29种	41	25.00	736	34.06	姜科、山矾科等
2～9种	76	46.34	329	15.17	冬青科、清风藤科等
1种	30	18.29	30	1.39	大血藤科、商陆科等
合计	164	100.00	2155	100.00	

保护区含30种及以上的17个科中，世界广布科有10科（蝶形花科、菊科、禾本科、兰科、茜草科、蔷薇科、唇形科、桑科、蓼科、莎草科），热带分布科有6科（大戟科、樟科、荨麻科、山茶科、葡萄科、萝摩科），温带分布科有1科（壳斗科）。对世界而言，物种数排名前4位的大科依次为菊科、兰科、蝶形花科和禾本科；我国为菊科、禾本科、蝶形花科和兰科；本保护区为蝶形花科、菊科、禾本科、兰科。

保护区含物种数超过20种（含）的科计34科，其中有14科属于世界广布科，13科为泛热带分布科，3科为热带亚洲至热带美洲间断分布科，1科为热带亚洲至热带大洋洲间断分布科，1科为热带亚洲至热带非洲分布科，另外2科为北温带分布科。

存在度的大小可以反映不同科、属在本区植物区系建成中的重要性。

存在度＝某地出现的该类群的次级分类群数÷全球该类群的次级分类群总数×100%。

由表6-5反映出，保护区种子植物含20种以上的34个大科，无论按属的存在度还是种的存在度，山茶科和壳斗科均始终占据前两位，表明它们在保护区植物区系组成和植被构成上具重要地位。从物种多少上看，大戟科和茜草科在物种组成上也充分表现出保护区的特点，虽然这两个科都是世界分布的大科，在保护区内分布的种多为热带性质的种，也反映了保护区植物区系的热带性质。

表6-5　元江自然保护区种子植物含20种以上大科的科及属的存在度

科名	当地属数/总属数	属的存在度	当地种数/总种数	种的存在度	分布区类型
山茶科 Theaceae	9/16	56.25	38/500	7.60	2
壳斗科 Fagaceae	4/8	50.00	43/900	4.78	8.4
葡萄科 Vitaceae	7/16	43.75	31/700	4.43	2
木犀科 Oleaceae	5/59	8.47	25/600	4.17	1
荨麻科 Urticaceae	11/45	24.44	47/1 200	3.92	2
桑科 Moraceae	6/37	16.22	44/1 200	3.67	1
五加科 Araliaceae	8/60	13.33	26/800	3.25	3
卫矛科 Celastraceae	6/60	10.00	24/850	2.82	2
蓼科 Polygonaceae	4/50	8.00	32/1 150	2.78	1
葫芦科 Cucurbitaceae	10/113	8.85	22/800	2.75	2
芸香科 Rutaceae	11/150	7.33	23/900	2.56	2
鼠李科 Rhamnaceae	9/58	15.52	22/900	2.44	1
紫金牛科 Myrsinaceae	5/35	14.29	24/1 000	2.40	2
樟科 Lauraceae	10/45	22.22	48/2 500	1.92	2
姜科 Zingiberaceae	8/50	16.00	28/1 600	1.75	5
蔷薇科 Rosaceae	20/125	16.00	60/3 500	1.71	1
大戟科 Euphorbiaceae	27/317	8.52	85/5 000	1.70	2
唇形科 Labiatae	29/220	13.18	57/3 500	1.63	1
旋花科 Convolvulaceae	12/55	21.82	25/1 600	1.56	1
萝藦科 Asclepiadaceae	15/1 180	1.27	31/2 200	1.41	2
杜鹃花科 Ericaceae	6/54	11.11	23/1 700	1.35	6.1
蝶形花科 Papilionaceae	42/440	9.55	149/12 000	1.24	1
茜草科 Rubiaceae	26/637	4.08	71/6 000	1.18	1
毛茛科 Ranunculaceae	5/59	8.47	28/2 500	1.12	1
天南星科 Araceae	11/115	9.57	21/2 000	1.05	2
苦苣苔科 Gesneriaceae	12/120	10.00	20/2 000	1.00	3
禾本科 Gramineae	63/900	7.00	92/10 000	0.92	1
爵床科 Acanthaceae	20/250	8.00	29/3 450	0.84	2
云实科 Caesalpiniaceae	7/162	4.32	25/3 000	0.83	2.2
百合科 Liliaceae	12/148	8.11	29/3 700	0.78	8
莎草科 Cyperaceae	12/104	11.54	32/5 000	0.64	1
马鞭草科 Verbenaceae	10/220	4.55	21/3 500	0.60	3
菊科 Compositae	57/1 000	5.70	127/30 000	0.42	1
兰科 Orchidaceae	35/700	5.00	73/20 000	0.37	1

6.2.3　优势科分析

元江自然保护区植被类型多样，有山地雨林、季风常绿阔叶林、半湿润常绿阔叶林、中山湿性常绿阔叶林、落叶阔叶林、针叶林和稀树灌木草丛等。面积最大的是中山湿性常绿阔叶林和稀树灌木草丛。从群落物种组成的优势度上看，壳斗科、山茶科、木兰科、杜鹃花科和松科是构成森林群落的主要成分，茜草科、漆树科、大戟科和蝶形花科则是构成稀树灌木草丛的主要成分，所以它们在保护区的区系组成上有着重要的意义，为本保护区植被构成的优势科。

壳斗科是亚热带植物区系的典型科，共有8属900余种，主要分布于北半球热带和亚热带地区。我国有6属300多种，分布几遍全国；云南有6属约150种；元江自然保护区有4属43种，壳斗科植物是构成保护区常绿阔叶林乔木层的主要成分之一。例如，杯状栲 *Castanopsis calathiformis* 和截头石栎 *Lithocarpus truncatus* 是构成季风常绿阔叶林的优势种，元江栲 *Castanopsis orthacantha* 是构成半湿润常绿阔叶林的优势种，硬斗石栎 *Lithocarpus hancei* 是构成中山湿性常绿阔叶林的优势种等。

山茶科也是亚热带植物区系的典型科，共有16属500多种，广泛分布于全球热带和亚热带地区，以亚洲最多。我国有10属300余种；云南有9属120种；保护区有9属38种，其中红木荷 *Schima wallichii* 是构成季风常绿阔叶林的优势种，翅柄紫茎 *Stewartia pteropetiolata* 和厚皮香 *Ternstroemia gymnanthera* 是构成中山湿性常绿阔叶林的优势种，另外还有多种柃木属 *Eurya* 和茶属 *Camellia* 的种类是构成常绿阔叶林灌木层的主要成分。

木兰科是被子植物的原始类群，共有16属300种，主要分布于北美、南美和亚洲东南部与南部热带、亚热带及温带地区，集中分布在亚洲的东南部。我国有11属120种；云南有12属65种；保护区有3属10种，木兰科植物是常绿阔叶林的重要伴生种。

杜鹃花科约54属1700种，广布于南、北半球的温带与北半球的亚寒带地区及热带高山。我国有15属550种，南北均产，以西南山区种类最为丰富；云南有10属277种；保护区有6属23种，杜鹃花科植物是构成保护区常绿阔叶林的主要优势种或伴生种，在山顶或近山顶构成成片的杜鹃林，以马缨花 *Rhododendron delavayi*、美丽马醉木 *Pieris formosa* 和锈叶杜鹃 *Rhododendron siderophyllum* 等为常见种类。

松科是裸子植物中分布最广的科，共10属230种，分布于全球温带地区，以北半球最多。我国有10属116种；云南有9属35种；保护区有2属4种，云南松 *Pinus yunnanensis* 和思茅松 *Pinus kesiya* var. *lanbianensis* 是构成针叶林的优势种，旱地油杉 *Keteleeria xerophila* 为元江河谷特有种。

茜草科约637属6000种，广布于全球热带、亚热带至北温带地区。我国有98属约676种，主要分布在西南部、南部和东南部；云南有72属365种；保护区有26属71种。本科植物也是构成稀树灌木草丛的优势种之一，如心叶木 *Haldina cordifolia* 是构成本区干热河谷稀树灌木草丛的优势种。

漆树科约60属600种，主产于全球热带、亚热带地区，延伸到北温带地区。我国有15属55种；云南有15属44种；保护区有9属12种，本科植物是构成稀树灌木草丛的乔木树种，如厚皮树 *Lannea coromandelica*、清香木 *Pistacia weinmannifolia*、豆腐果 *Buchanania latifolia* 等。

大戟科约317属5000种，主产于热带和亚热带地区。我国有70属460种，主要分布于西南和台湾；云南省有52属220种，主产于南部热带地区；保护区有27属85种，主产于海拔较低的河谷地带，本科植物是稀树灌木草丛的优势种。例如，霸王鞭 *Euphorbia royleana*、余甘子 *Phyllanthus emblica*、黑面神 *Breynia fruticosa* 等在稀树灌木草丛中占有绝对优势。

蝶形花科是世界性大科，约440属12 000种。我国有128属1372种，分布于南北各地；云南有96属530种；保护区有42属149种，本科是物种最多的科。本科在海拔较低的河谷地带最集中，以灌木、草本或藤本居多，一般在群落中优势度较低。其中椭圆叶木蓝（红花柴）*Indigofera cassoides* 是干热河谷的标志种。

以上这些特征科中，世界广布科是蝶形花科和茜草科，温带型的科是壳斗科、杜鹃花科、木兰科和松科，热带型的科有漆树科、大戟科和山茶科。

此外，保护区有禾本科63属92种，在河谷稀树灌木草丛中的黄茅 *Heteropogon contortus* 是构成该类型群落的主要物种，在原生植被破坏后得以大量发展。

6.2.4　属的统计分析

元江自然保护区内种子植物857属可以划分为14个分布类型19个变型（表6-6）。

表 6-6　元江自然保护区种子植物区系属分布区类型

分布区类型	属数	比例/%
1 世界分布	55	6.42
2 泛热带分布	186	21.70
2.1 热带亚洲–大洋洲和热带美洲分布	5	0.58
2.2 热带亚洲–热带非洲–热带美洲分布	12	1.40
3 热带亚洲及热带美洲间断分布	25	2.92
4 旧世界热带分布	77	8.98
4.1 热带亚洲、非洲和大洋洲间断或星散分布	10	1.17
5 热带亚洲至热带大洋洲分布	41	4.78
5.1 中国（西南）亚热带和新西兰间断分布	1	0.12
6 热带亚洲至热带非洲分布	51	5.95
6.1 华南、西南、印度和热带非洲分布	4	0.47
6.2 热带亚洲和东非或马达斯加间断分布	3	0.35
7 热带亚洲分布	125	14.59
7.1 爪哇（或苏门答腊），喜马拉雅间断和华南、西南分布	10	1.17
7.2 热带印度至华南分布	7	0.82
7.3 缅甸、泰国至华西南分布	10	1.17
7.4 越南至华南或西南分布	14	1.63
热带属小计（2～7.4）	581	67.79
8 北温带分布	59	6.88
8.4 北温带和南温带间断分布	17	1.98
8.5 欧亚和南美洲温带间断分布	2	0.23
8.6 地中海、东亚、新西兰和墨西哥–智利间断分布	1	0.12
9 东亚及北美间断分布	29	3.38
10 旧世界北温带分布	15	1.75
10.1 地中海区至西亚和东亚间断分布	5	0.58
10.2 地中海区和喜马拉雅间断分布	4	0.47
10.3 欧亚和南非分布	1	0.12
11 温带亚洲分布	5	0.58
12.3 地中海区至温带–热带亚洲，大洋洲和南美洲间断分布	2	0.23
14 东亚分布	31	3.62
14.1 中国–喜马拉雅分布	39	4.55
14.2 中国–日本分布	4	0.47
15 中国特有分布	7	0.82
温带属小计（8～15）	221	25.79
合计	857	100

（1）世界分布

世界分布属指遍布世界各大洲而没有特殊分布中心的属，或虽有一个或数个分布中心而包含世界分布种的属。保护区属于此类型的计55属，占总属数的6.42%，如铁线莲属 *Clematis*、毛茛属 *Ranunculus*、金鱼藻属 *Ceratophyllum*、荠属 *Capsella*、碎米荠属 *Cardamine*、蔊菜属 *Rorippa*、堇菜属 *Viola*、远志属 *Polygala*、繁缕属 *Stellaria*、蓼属 *Polygonum*、酸模属 *Rumex*、藜属 *Chenopodium*、苋属 *Amaranthus*、酢浆草属 *Oxalis*、

水苋属 *Ammannia*、狐尾藻属 *Myriophyllum*、金丝桃属 *Hypericum*、大戟属 *Euphorbia*、悬钩子属 *Rubus*、山蚂蝗属 *Desmodium*、卫矛属 *Euonymus*、鼠李属 *Rhamnus*、积雪草属 *Centella*、变豆菜属 *Sanicula*、拉拉藤属 *Galium*、蒿属 *Artemisia*、鬼针草属 *Bidens*、飞蓬属 *Erigeron*、鼠麹草属 *Gnaphalium*、千里光属 *Senecio*、苍耳属 *Xanthium*、龙胆属 *Gentiana*、珍珠菜属 *Lysimachia*、酸浆属 *Physalis*、茄属 *Solanum*、狸藻属 *Utricularia*、鼠尾草属 *Salvia*、黄芩属 *Scutellaria*、慈姑属 *Sagittaria*、眼子菜属 *Potamogeton*、茨藻属 *Najas*、浮萍属 *Lemna*、紫萍属 *Spirodela*、沼兰属 *Malaxis*、灯心草属 *Juncus*、薹草属 *Carex* 和莎草属 *Cyperus* 等。其中除鼠李属和远志属有些乔木外，其他多为草本或灌木。它们中的大多数种均广布世界各地。

（2）泛热带分布及其变型

泛热带分布类型指普遍分布于东、西两半球热带，或在全世界热带范围内有一个或数个分布中心，但在其他地区也有一些种类分布。保护区此类型有186属，占总属数的21.70%，位于各分布区类型之首，如榕属 *Ficus*、崖豆藤属 *Millettia*、苎麻属 *Boehmeria*、羊蹄甲属 *Bauhinia*、木蓝属 *Indigofera*、猪屎豆属 *Crotalaria*、薯蓣属 *Dioscorea*、菝葜属 *Smilax*、叶下珠属 *Phyllanthus* 和鹅掌柴属 *Schefflera* 等。

该分布区类型在保护区有两个变型，一是热带亚洲-大洋洲和热带美洲分布变型，含5属，如山矾属 *Symplocos*、冬青属 *Ilex*、山芝麻属 *Helicteres*、西番莲属 *Passiflora* 和牛奶菜属 *Marsdenia* 等；二是热带亚洲-热带非洲-热带美洲分布变型，含12属，如冷水花属 *Pilea*、凤仙花属 *Impatiens*、雾水葛属 *Pouzolzia*、厚皮香属 *Ternstroemia* 和桂樱属 *Laurocerasus* 等。

较多的泛热带属的出现表明保护区种子植物区系与泛热带各地区在历史上的渊源，也表明该区域种子植物区系在属级水平上的古老性。

（3）热带亚洲及热带美洲间断分布

该分布区类型指间断分布于美洲和亚洲的热带属，在东半球从亚洲可能延伸至澳大利亚东北部或西南太平洋岛屿，但它们的分布中心局限于亚洲和美洲热带地区。保护区内此类型具25属，占总属数的2.92%，如柃木属 *Eurya*、白珠树属 *Gaultheria*、樟属 *Cinnamomum*、木姜子属 *Litsea*、野茉莉属 *Styrax*、水东哥属 *Saurauia* 和泡花树属 *Meliosma* 等。该类型比重不大，但它们所含的种多为乔木或灌木，为该地区森林植被的重要组成部分。另外，仙人掌属 *Opuntia* 的单刺仙人掌 *Opuntia monacantha* 构成干热河谷肉质多刺灌丛的建群种。

（4）旧世界热带分布及其变型

旧世界热带分布属分布于亚洲、非洲和大洋洲热带地区及其邻近岛屿。保护区内77属，占总属数的8.98%，如野桐属 *Mallotus*、扁担杆属 *Grewia*、楼梯草属 *Elatostema*、杜茎山属 *Maesa*、千金藤属 *Stephania*、酸藤子属 *Embelia*、狸尾豆属 *Uraria*、五月茶属 *Antidesma* 和八角枫属 *Alangium* 等。

该分布区类型在保护区有一种变型，即是热带亚洲、非洲和大洋洲间断或星散分布。该变型共有10属，包括青牛胆属 *Tinospora*、五蕊寄生属 *Dendrophthoe*、黄皮属 *Clausena*、假虎刺属 *Carissa*、匙羹藤属 *Gymnena*、茜树属 *Aidia*、艾纳香属 *Blumea*、飞蛾藤属 *Porana*、爵床属 *Rostellularia* 等。

该类型起源于古南大陆，有很强的热带性，反映了保护区植物区系的热带性质和区系起源上的古老性。

（5）热带亚洲至热带大洋洲分布

该类型的分布区是旧世界热带分布区的东翼，其西端有时可达马达加斯加，但一般不及非洲大陆。保护区该类型有41属，占总属数的4.78%，如崖爬藤属 *Tetrastigma*、水锦树属 *Wendlandia*、银背藤属 *Argyreia*、新木姜子属 *Neolitsea*、姜属 *Zingiber*、杜英属 *Elaeocarpus*、守宫木属 *Sauropus*、山龙眼属 *Helicia*、梁王茶属 *Nothopanax* 和苏铁属 *Cycas* 等。该类型是古老的洲际分布型，亚洲和大洋洲有共同属的存在，标志着两大洲在地质史上曾有过陆块的连接，使两地的物种得以交流。

（6）热带亚洲至热带非洲分布及其变型

热带亚洲至热带非洲分布区指旧世界热带分布区的西翼，即从热带非洲至印度-马来西亚（特别是其西部）的属或也分布至斐济等南太平洋岛屿，但不见于澳大利亚大陆。保护区此类型有51属，占总属数的5.95%，如木豆属 *Cajanus*、香茶菜属 *Rabdosia*、木棉属 *Bombax*、海漆属 *Excoecaria*、豆腐柴属 *Premna*、玉叶金花属 *Mussaenda*、老虎刺属 *Pterolobium* 和牛角瓜属 *Calotropis* 等。

保护区内该分布区类型有两个变型，一是华南、西南、印度和热带非洲分布，有三叶漆属

Terminthia、南山藤属 Dregea、山黄菊属 Anisopappus 和崖角藤属 Rhaphidophora 等 4 属；另一变型是热带亚洲和东非或马达加斯加间断分布，有虾子花属 Woodfordia、蓝雪属 Plumbago、姜花属 Hedychium 等。

该类型属在保护区数量相对较少，表明保护区植物区系与旧世界热带的联系不多。

（7）热带亚洲分布及其变型

热带亚洲分布区是旧世界热带的中心部分，其分布范围包括印度、斯里兰卡、中南半岛、印度尼西亚、加里曼丹、菲律宾及新几内亚岛等，东面可到斐济等南太平洋岛屿，但不到澳大利亚大陆，其分布区的北缘达到我国西南、华南及台湾，甚至更北地区。这一类型主要是由古南大陆和古北大陆的南部起源的。保护区该类型的属有 125 属，占总属数的 14.59%，数量仅次于泛热带分布区类型，位居第二。典型的有一担柴属 Colona、排钱草属 Phyllodium、青冈属 Cyclobalanopsis、肉实树属 Sarcosperma、牡竹属 Dendrocalamus、金发草属 Pogonatherum 和虎皮楠属 Daphniphyllum 等。

该类型有 4 个变型，即：①爪哇（或苏门答腊），喜马拉雅间断和华南、西南分布，如木荷属 Schima、马蹄荷属 Exbucklandia 等 10 属；②热带印度至华南分布，如尖药花属 Aechmanthera、幌伞枫属 Heteropanax 等 7 属；③缅甸、泰国至华西南分布，如肋果茶属 Sladenia、猪腰豆属 Afgekia 等 10 属；④越南至华南或西南分布，如茶条木属 Delavaya、新樟属 Neocinnamomum 等 14 属。

这是我国热带植物区系中最丰富的类型，分布于热带亚热带森林的各个层次，是常绿阔叶林的重要组成部分，它们在保护区植物区系中占有非常重要的地位，表明本区植物区系与古南大陆联系紧密。

（8）北温带分布及其变型

北温带分布属指分布于欧洲、亚洲和北美洲温带地区的属，由于地理和历史的原因，有些属沿山脉向南延伸至热带山区，甚至远达南半球温带，但其原始类型或分布中心仍在北温带。保护区内此类型有 59 属，占总属数的 6.88%。其中有多种木本属，如荚蒾属 Viburnum、杜鹃属 Rhododendron、白蜡树属 Fraxinus、桦木属 Betula、盐肤木属 Rhus、樱属 Cerasus、栎属 Quercus、槭属 Acer、桑属 Morus、松属 Pinus 和榆属 Ulmus 等；也有丰富的草本属如狗筋蔓属 Cucubalus、谷蓼属 Circaea、香青属 Anaphalis、百合属 Lilium、天南星属 Arisaema、火绒草属 Leontopodium 等。

除正型外，保护区内有 3 个变型，一是北温带和南温带间断分布，共 17 属，如茜草属 Rubia 等；二是欧亚和南美洲温带间断分布，仅 2 属，火绒草属 Leontopodium 和看麦娘属 Alopecurus；三是地中海、东亚、新西兰和墨西哥-智利间断分布，仅有马桑属 Coriaria。

保护区此类型的属比重较大，说明北温带成分在保护区植被构成上占有一定的地位，在接近山顶的高海拔地带有杜鹃矮林，在中海拔地段有部分松林，但面积都不大，除此之外该类型的物种在群落的构成上并不占优势，并且草本物种多，表明保护区和北温带有联系，但其并非区系主体，受到北温带向南延伸区系的影响，同时，人为因素也是形成该现象的重要因素之一。

（9）东亚及北美间断分布

东亚及北美间断分布属指间断分布于东亚和北美洲温带及亚热带地区的属。保护区内属于此类型的有 29 属，占总属数的 3.38%，如木兰属 Magnolia、五味子属 Schisandra、石栎属 Lithocarpus、栲属 Castanopsis、八角属 Illicium、胡枝子属 Lespedeza、紫茎属 Stewartia 等。

该类型虽然在属的数量上不占优势，但其中有不少类群是构成保护区常绿阔叶林的重要成分，在保护区植物区系和群落上具有重要的地位。其中大部分类群是起源于第三纪古热带的古老类型（吴征镒，《中国植被》），在保护区的区系上具有重要意义。

（10）旧世界温带分布及其变型

旧世界温带分布属指广泛分布于欧洲、亚洲中高纬度的温带和寒温带，或有个别延伸至北非及亚洲-非洲热带山地或澳大利亚的属。此类型在保护区内共有 15 属，占总属数的 1.75%，如香薷属 Elsholtzia、桑寄生属 Loranthus、重楼属 Paris、苦苣菜属 Sonchus、旋覆花属 Inula、锦葵属 Malva 等。

保护区内该类型有 3 个变型，一是地中海区至西亚和东亚间断分布，有榉属 Zelkova、滇香薷属 Origanum 等 5 属；二是地中海区和喜马拉雅间断分布，有滇紫草属 Onosma、苇谷草属 Pentanema 等 4 属；三是欧亚和南非分布，仅有栓果菊属 Launaea。

　　该类型的属多为草本或小灌木，在群落中优势度低，表明本保护区植物温带性质微弱的特点。该类型具有北温带区系的一般特色，也兼有地中海和中亚植物区系的特色，具有第三纪古热带起源的背景（吴征镒，《中国植被》）。所以从另一侧面可以反映出该区域处于泛北极区系向古热带区系过渡的通道南端。

　　（11）温带亚洲分布

　　该类型分布属指分布局限于亚洲温带地区的属。保护区有5属，如杭子梢属 *Campylotropis*、枫杨属 *Ptercarya*、黄鹌菜属 *Youngia*、大油芒属 *Spodiopogon*，占总属数的0.58%。我国此类型的属不多，并且多是少型属或单型属，保护区杭子梢属种类达10种，其分区可达热带，也反映了本保护区植物区系温带性质不强的特征。

　　（12）地中海区至温带-热带亚洲，大洋洲和南美洲间断分布

　　地中海区指现代地中海周围至古地中海大部分地区。保护区属于此类型的有2属，占总属数的0.23%，即黄连木属 *Pistacia* 和木犀榄属 *Olea*。这是保护区数量最少的类型，但是却有着重要的意义，它们是稀树灌木草丛中的常见成分，前者是东亚成分，后者是和地中海有联系的硬叶成分，说明保护区植物区系和古地中海植物区系有微弱的联系，而在起源上更大程度与亚洲有关。

　　（13）东亚分布及其变型

　　东亚分布属指从东喜马拉雅一直分布到日本的一些属。其分布区向东北一般不超过俄罗斯境内的阿穆尔州，并从日本北部至萨哈林州，向西南不超过越南北部和喜马拉雅东部，向南最远达菲律宾、苏门答腊和爪哇，向西北一般以我国各类森林边界为界。保护区此类型有39属，共占总属数的4.55%，如兔儿风属 *Ainsliaea*、沿阶草属 *Ophiopogon*、猕猴桃属 *Actinidia*、红果树属 *Stranvaesia*、四照花属 *Dendrobenthamia*、双蝴蝶属 *Tripterospermum* 等。

　　此类型有2个变型，一是中国-喜马拉雅分布，有39属，如猫儿屎属 *Decaisnea*、沿阶草属 *Ophiopogon*、滇丁香属 *Luculia*、合耳菊属 *Synotis*、竹叶子属 *Streptolirion*、十齿花属 *Dipentodon*、水青树属 *Tetracentron* 等；二是中国-日本分布，有泡桐属 *Paulownia*、山桐子属 *Idesia*、万年青属 *Rohdea* 和山海棠属 *Tripterygium* 等4属。

　　这种分布格局表明保护区的温带成分以东亚植物区系为主，在更大程度上受到中国-喜马拉雅植物区系的影响。

　　（14）中国特有分布

　　中国特有分布属指仅分布于我国境内的以自然植物区为中心而分布界限不越出国境很远的属。保护区内属于此类型的属有7个，占总属数的0.82%。它们是希陶木属 *Tsaiodendron*、喜树属 *Camptotheca*、假贝母属 *Bolostemma*、药囊花属 *Cyphotheca*、牛筋条属 *Dichotomanthes*、瘿椒树属 *Tapiscia*、翅茎草属 *Pterygiella*。中国特有属将在特有性分析中详细阐述。

　　元江自然保护区世界分布属有55个，占总属数的6.42%；热带性质的属有581属，占总属数的67.79%；温带性质的属有221个，占总属数的25.79%。热带属与温带属的比为2.63∶1，其热带性比科级水平稍有下降，但相差不大，说明其植物区系具有明显的热带性。

　　热带分布的属中，泛热带类型比例最大，占总属数的23.69%，其次是热带亚洲类型，占总属数的19.37%，表明该区域植物区系与泛热带区系和热带亚洲区系联系密切。温带分布的属中，北温带类型所占比例最大，占总属数的9.22%；其次是东亚类型，占总属数的8.63%，东亚成分比科级水平有所提高，其中中国-喜马拉雅分布占有相当的分量。这种分布格局表明保护区的植物区系是热带起源，并向温带过渡的。

6.2.5　属的数量统计分析

　　元江自然保护区共有野生种子植物857属。占总属数比例最大的是单种属，而物种最多的则是少型属和中等属（表6-7），它们是保护区植物区系的主体。

表 6-7 元江自然保护区种子植物区系属的数量结构分析

类型	属数	占总属数比例/%	所含种数	占总种数比例/%	代表属
单种属（1种）	447	52.16	447	20.74	巴豆藤属、猫儿屎属等
少型属（2～5种）	333	38.86	960	44.55	千金藤属、狸尾豆属等
中等属（6～20种）	74	8.63	673	31.23	野桐属、大戟属等
多种属（>20种）	3	0.35	75	3.48	榕属、蓼属、悬钩子属
合计	857	100.00	2155	100.00	

其中含物种最多的属是榕属 *Ficus*，物种多达30种，其次是蓼属 *Polygonum*（24种）和悬钩子属 *Rubus*（21种），含17种的属有铁线莲属 *Clematis* 和菝葜属 *Smilax*，含16种的属有山蚂蝗属 *Desmodium*、薯蓣属 *Dioscorea*、石栎属 *Lithocarpus* 和山矾属 *Symplocos*，含5种以上的属有77个（表6-8）。

表 6-8 元江自然保护区种子植物区系含6种以上的属

属中文名	属拉丁名	分布区类型	种数	属中文名	属拉丁名	分布区类型	种数
榕属	*Ficus*	2	30	葛属	*Pueraria*	7	8
蓼属	*Polygonum*	1	24	水锦树属	*Wendlandia*	5	8
悬钩子属	*Rubus*	1	21	花椒属	*Zanthoxylum*	2	8
铁线莲属	*Clematis*	1	17	槭属	*Acer*	8	7
菝葜属	*Smilax*	2	17	合欢属	*Albizia*	4	7
山蚂蝗属	*Desmodium*	9	16	紫金牛属	*Ardisia*	2	7
薯蓣属	*Dioscorea*	2	16	南蛇藤属	*Celastrus*	2	7
石栎属	*Lithocarpus*	9	16	青冈属	*Cyclobalanopsis*	7	7
山矾属	*Symplocos*	2	16	黄檀属	*Dalbergia*	2	7
柃木属	*Eurya*	3	15	柿属	*Diospyros*	2	7
冷水花属	*Pilea*	2	15	楼梯草属	*Elatostema*	4	7
羊蹄甲属	*Bauhinia*	2	14	香薷属	*Elsholtzia*	10	7
崖爬藤属	*Tetrastigma*	5	14	耳草属	*Hedyotis*	2	7
毛蕊茶属	*Camellia*	7	13	牛奶菜属	*Marsdenia*	2	7
栲属	*Castanopsis*	9	13	玉叶金花属	*Mussaenda*	4	7
猪屎豆属	*Crotalaria*	2	13	栎属	*Quercus*	8	7
苎麻属	*Boehmeria*	2	12	白花槐属	*Sophora*	1	7
木蓝属	*Indigofera*	2	12	斑鸠菊属	*Vernonia*	2	7
素馨属	*Jasminum*	2	12	八角枫属	*Alangium*	4	6
叶下珠属	*Phyllanthus*	2	12	草寇属	*Alpinia*	4	6
兔儿风属	*Ainsliaea*	14	11	蒿属	*Artemisia*	8	6
薹草属	*Carex*	1	11	艾纳香属	*Blumea*	4	6
香面叶属	*Lindera*	7	11	醉鱼草属	*Buddleja*	2	6
杜鹃属	*Rhododendron*	8	11	石豆兰属	*Bulbophyllum*	2	6
鹅掌柴属	*Schefflera*	2	11	山柑属	*Capparis*	2	6
杭子梢属	*Campylotropis*	11	10	白粉藤属	*Cissus*	2	6
木姜子属	*Litsea*	3	10	石斛属	*Dendrobium*	7	6
崖豆藤属	*Millettia*	2	10	酸藤子属	*Embelia*	4	6
越桔属	*Vaccinium*	8.4	10	拉拉藤属	*Galium*	1	6

续表

属中文名	属拉丁名	分布区类型	种数	属中文名	属拉丁名	分布区类型	种数
堇菜属	*Viola*	1	10	玉凤花属	*Habenaria*	8	6
卫矛属	*Euonymus*	2	9	红姜花属	*Hedychium*	6.2	6
润楠属	*Machilus*	7	9	金丝桃属	*Hypericum*	1	6
野桐属	*Mallotus*	4	9	凤仙花属	*Impatiens*	2	6
胡椒属	*Piper*	2	9	飞蛾藤属	*Porana*	4.1	6
大戟属	*Euphorbia*	2	8	黄花稔属	*Sida*	2	6
算盘子属	*Glochidion*	2	8	茄属	*Solanum*	1	6
冬青属	*Ilex*	2	8	赤瓟属	*Thladiantha*	6	6
杜茎山属	*Maesa*	4	8	荚迷属	*Viburnum*	8	6
沿阶草属	*Ophiopogon*	14	8				

保护区单种属多，这与属的起源和分化有关。保护区内出现了447个仅含1种的属，占总属数的52.16%（表6-7）。保护区只含1种的属由两部分组成，一部分是单型属，即该属在世界范围内仅1种，在保护区内有45属（表6-8），占保护区单种的10.07%，占总属数的5.25%，其中，中国特有属有4属，其中药囊花属 *Cyphotheca montana* 和希陶木属 *Tsaiodendron* 为云南特有属；东亚分布18属，热带亚洲分布16属，北温带分布2属，热带亚洲至热带非洲分布仅1属，旧世界热带分布2属，旧世界北温带分布2属（表6-9）。如此多的热带亚洲成分的单型属表明了本区在起源上有热带亚洲的历史渊源；东亚分布成分又有很多，也表明了本区植物区系属于东亚植物区系。

表6-9　保护区内种子植物单型属列表

属中文名	属拉丁名	分布区类型	属中文名	属拉丁名	分布区类型
筒瓣兰属	*Anthogonium*	14.1	刺芋属	*Lasia*	7
水蔗草属	*Apluda*	4	鳞尾木属	*Lepionurus*	7
板蓝属	*Baphicacanthus*	7	米团花属	*Leucosceptrum*	9
拟艾纳香属	*Blumeopsis*	7	火烧花属	*Mayodendron*	7.3
短瓣花属	*Brachystemma*	14.1	甜菜树属	*Melientha*	7.4
南酸枣属	*Choerospondias*	14.1	水晶兰属	*Monotropa*	8
钟花草属	*Codonacanthus*	7.1	鹅肠菜属	*Myosoton*	10
羽萼属	*Colebrookea*	7.2	翅果藤属	*Myriopteron*	7
簇序属	*Craniotome*	14.1	千张纸属	*Oroxylum*	7
巴豆藤属	*Craspedolobium*	7.3	假野芝麻属	*Paralamium*	7.3
狗筋蔓属	*Cucubalus*	10	吉祥草属	*Reineckea*	14
药囊花属	*Cyphotheca*	15	石海椒属	*Reinwardtia*	14.1
鸭茅属	*Dactylis*	8	秋分草属	*Rhynchospermum*	14
猫儿屎属	*Decaisnea*	14.1	万年青属	*Rohdea*	14.2
茶条木属	*Delavaya*	7.4	大血藤属	*Sargentodoxa*	15
牛筋条属	*Dichotomanthes*	15	肋果茶属	*Sladenia*	7.3
十齿花属	*Dipentodon*	14.1	竹叶子属	*Streptolirion*	14.1
宽管花属	*Eurysolen*	7	酸豆属	*Tamarindus*	4
心叶木属	*Haldina*	7	水青树属	*Tetracentron*	14.1
鞭打绣球属	*Hemiphragma*	14.1	棕叶芦属	*Thysanolaena*	7

属中文名	属拉丁名	分布区类型	属中文名	属拉丁名	分布区类型
泥胡菜属	*Hemisteptia*	14	飞龙掌血属	*Toddalia*	6
蕺菜属	*Houttuynia*	14	希陶木属	*Tsaiodendron*	15
山桐子属	*Idesia*	14.2			

另一部分是本身含2个种以上的属，但是在保护区内只出现1种，称为地区性单种属。这一类在保护区内出现402属。其中，以泛热带分布（23.13%）、热带亚洲分布（22.14%）的较多（表6-10）。

表6-10　元江自然保护区地区性单种属分布区类型

分布区类型*	属数	占总单种属比例**/%	分布区类型*	属数	占总单种属比例**/%
1	16	3.98	8	31	7.71
2	93	23.13	9	16	3.98
3	17	4.23	10	13	3.23
4	34	8.46	11	2	0.50
5	22	5.47	14	30	7.46
6	35	8.71	15	4	1.00
7	89	22.14			
热带属合计	290	72.14	温带属合计	96	23.88

*分布区类型与表6-6同，**指地区性单种属

在这些地区性单种属中，有热带属290属，占该保护区热带属数的49.91%，其中杨桐属 *Adinandra*、三叶漆属 *Terminthia*、鸢尾兰属 *Oberonia*、琼楠属 *Beilschmiedia*、厚壳桂属 *Cryptocarya* 等热带性很强的属只含1种，表明本地区并不是它们的分布中心，更说明了保护区植物区系热带边缘的性质；温带分布的属有96个，占所有温带分布属的43.44%，如虎耳草属 *Saxifraga*、报春花属 *Priumla*、婆婆纳属 *Veronica*、异燕麦属 *Helictotrichon* 等北温带分布性质的属分布也仅有1种，表明了北温带成分的南延性。不论温带属还是热带属只含1种的属都近50%，表明保护区植物区系来源很广泛。

6.2.6　种的统计分析

科的统计分析可以初步明确区系性质和更为古老的区系联系，属的统计分析可以论证各大区域或大陆块间的地史联系，并可推断这些高级种系的起源轮廓，均具有不同层次的不可替代的意义。然而，通过种的分布区类型的研究，可以进一步确定一个具体植物区系的地带性质和地理起源。元江自然保护区有野生种子植物2155种，根据每个种的现代地理分布，参照吴征镒对属的分布区的划分方法，将其划分为15种类型（含变型）（表6-11）。

表6-11　元江自然保护区种子植物种的分布区类型

分布区类型	物种数	占总种数比例/%
1 世界分布	17	0.79
2 泛热带分布	61	2.83
3 热带亚洲、热带美洲间断分布	29	1.35
4 旧世界热带分布	40	1.86
5 热带亚洲至热带大洋洲分布	60	2.78
6 热带亚洲至热带非洲分布	49	2.27
7 热带亚洲分布	888	41.21

分布区类型	物种数	占总种数比例/%
15 中国特有分布热带种	289	13.41
热带种小计（2~7，15）	1416	65.71
8 北温带分布	43	2.00
9 东亚—北美分布	1	0.05
10 旧世界温带分布	24	1.11
11 温带亚洲分布	5	0.23
12 地中海区、西亚至中亚分布	2	0.09
14 东亚分布	269	12.48
15 中国特有分布温带种	378	17.54
温带种小计（8~15）	722	33.50
合计	2155	100.00

1. 世界分布

17种，占总种数的0.79%，如牛筋草 *Eleusine indica*、浮萍 *Lemna minor*、狗牙根 *Cynodon dactylon*、马鞭草 *Verbena officinalis*、鹅肠菜 *Myosoton aquaticum* 等。这些种类都是草本，通常是伴人植物，常出现在道旁、田间、林缘荒坡等人为影响较大的地方，不能准确反映其区系特点，但从另一方面反映出了保护区受人为因素影响的程度大。

2. 泛热带分布

61种，占总种数的2.83%，如黄茅 *Heteropogon contortus*、棕叶狗尾草 *Setaria palmifolia*、见血青 *Liparis nervosa*、豆瓣绿 *Peperomia tetraphyllum*、灰毛豆 *Tephrosia purpurea*、野豇豆 *Vigna vexillata*、三点金 *Desmodium trflorum* 等。这些种多为草本和小灌木，在常绿阔叶林、针叶林及硬叶阔叶林中不占优势，但在干热河谷稀树灌木草丛中较多见，表明了该保护区的热带性起源并不是全区性的，而是区域性的。

3. 热带亚洲、热带美洲间断分布

29种，占总种数的1.35%，如决明 *Cassia tora*、羽芒菊 *Tridax procumbens*、野甘草 *Scoparia dulcis*、叶下珠 *Phyllanthus urinaria*、水茄 *Solanum torvum*、单刺仙人掌 *Opuntia monacantha* 等。这些种类有一半以上分布在路旁、田边等人类活动较多的地方，多为外来种，如单刺仙人掌是构成肉刺灌丛（即肉质多刺灌丛）的主要物种，可能是逸生种类，表明保护区植物区系受到很大的人为影响，次生性强。

4. 旧世界热带分布

40种，占总种数的1.86%，如链荚豆 *Alysicarpus vaginalis*、小心叶薯 *Ipomoea obscura*、三数马唐 *Digitaria ternata*、单叶木蓝 *Indigofera linifolia*、两歧飘拂草 *Fimbristylis dichotoma*、帽儿瓜 *Mukia maderaspatana*、白茅 *Imperata cylindrica* var. *major* 等。它们较少分布于森林，多见于旷野，对保护区植被的构建影响并不大，表明了保护区的热带起源并不在旧世界热带中心，而是在边缘。

5. 热带亚洲至热带大洋洲分布

60种，占总种数的2.78%，如土密树 *Bridelia tomentosa*、鸡心藤 *Cissus kerrii*、青皮刺 *Capparis sepiaria*、粗糠柴 *Mallotus philippensis*、线叶猪屎豆 *Crotalaria linifolia*、水蔗草 *Apluda mutica*、糯米团 *Gonostegia hirta*、土丁桂 *Evolvulus alsinoides* 等。这些种类作为伴生物种分布在山谷林下或灌丛中，一般不是构成群落的主要物种，表明保护区植物区系在起源上的热带性来源和大洋洲有很大联系，但其并不是主要来源。

6. 热带亚洲至热带非洲分布

49种，占总种数的2.27%，如虾子花 *Woodfordia fruticosa*、元江田菁 *Sesbania sesban* var. *bicolor*、饭包草 *Commelina benghalensis*、落地生根 *Bryophyllum pinnatum*、多枝臂形草 *Brachiaria ramosa*、心叶黄花稔 *Sida cordifolia*、小鹿藿 *Rhynchosia minima* 等。这些种类多分布在林缘、路边和山坡草地，也有一些干热河谷的标志种，如虾子花（金振洲，2002），表明保护区河谷型萨王纳植被和非洲的典型的萨王纳植被有着或多或少的联系。

7. 热带亚洲分布

888种，占总种数的41.21%，该类型是种类最多的类型，包括乔木中的锥连栎 *Quercus franchetii*、毛杨梅 *Myrica esculenta*、多穗石栎 *Lithocarpus polystachyus*、截头石栎 *L. truncatus*、红花木莲 *Manglietia insignis*、银木荷 *Schima argentea*、老人皮 *Polyalthia cerasoides*、厚皮树 *Lannea coromandelica*、尖叶木犀榄 *Olea ferrugenea*、大果榕 *Ficus auriculata*、尖叶桂樱 *Laurocerasus undulata*、余甘子 *Phyllanthus emblica*、香叶树 *Lindera communis*、四果野桐 *Mallotus tetracoccus* 等；灌木中的细齿叶柃 *Eurya nitida*、茳芒决明 *Cassia sophera*、毛叶铁苋菜 *Acalypha mairei*、水柳 *Homonoia riparia*、宿萼木 *Strophioblachia fimbricalyx* 等；草本中的五节芒 *Miscanthus floridulus*、棕叶芦 *Thysanolaena maxima*、西南飘拂草 *Fimbristytis thomsonii*、杏叶茴芹 *Pimpinella candolleana*、薄叶玉凤花 *Habenaria austrosinensis*、柳叶斑鸠菊 *Vernonia saligna* 等；藤本植物中的厚果鸡血藤 *Millettia pachycarpa*、猪腰豆 *Afgekia filipes*、粉葛 *Pueraria lobata* var. *thomsonii*、白叶藤 *Cryptolepis sinensis*、异形南五味子 *Kadsura heteroclita*、三叶野木瓜 *Stauntonia brunoiana* 等；还有大叶南苏 *Rhaphidophora peepla*、小蓝万代兰 *Vanda coerulescens*、大花菟丝子 *Cuscuta reflexa*、冬凤兰 *Cymbidium dayanum*、五蕊寄生 *Dendrophthoe pentandra* 等附生或寄生的层间植物。

这一类型是本区森林群落的重要成分，贯穿于森林植被的各个层次，在属级水平上也有很大的数量，热带亚洲成分是构成保护区植物区系的主体，也是保护区区系起源的重要来源。

8. 北温带分布

43种，占总种数的2.00%，如香薷 *Elsholtzia ciliata*、三叶委陵菜 *Potentilla freyniana*、藿香 *Agastache rugosa*、拟荆芥 *Nepeta cataria*、沼兰 *Malaxis monophyllos*、大丁草 *Leibnitzia anadria*、龙牙草 *Agrimonia pilosa*、婆婆针 *Bidens bipinnata*、龙葵 *Solanum nigrum* 等。保护区内出现的此类型的物种大都是草本，并没有温带标志性的乔木出现，反映出保护区植物区系有由热带向温带过渡的性质。同时这些物种也有相当数量的种类分布于海拔较高的林下（如珠光香青 *Anaphalis margaritacea*），体现了温带物种向南延伸的性质。

9. 东亚－北美分布

仅1种，占总种数的0.05%，即山矾属的白檀 *Symplocos paniculata*。东亚和北美的物种交流主要是通过白令海峡地区，冰期西伯利亚大陆冰川的规模比北美小，植物区系迁移的方向主要是由东亚迁向北美（《植物区系地理》），表明保护区在冰期很少受到影响，和北美联系不大。

10. 旧世界温带分布

24种，占总种数的1.11%，如酸膜叶蓼 *Polygonum lapathifolium*、阴行草 *Siphonostegia chinensis*、戟叶蓼 *Polygonum thunbergii*、矮桃 *Lysimachia clethrocdes*、堇菜 *Viola verecunda*、泽泻 *Alisma plantago-aquatica*、鸭茅 *Dactylis glomerata* 等。该类型物种多为草本，并且是一些温带向南延伸的种类，且比例不大，表明保护区处于温带和热带的过渡区的边缘。

11. 温带亚洲分布

5种，占总种数的0.23%，即叶底珠 *Flueggea suffruginea*、地锦 *Euphorbia humifusa*、合欢 *Albizia julibrissin*、剪刀草 *Sagittaria trifolia* var. *angustifolia* 和天名精 *Carpesium abrotanoides*。该类型物种除合欢外都是草本或灌木，

并不占优势，表明了本区植物区系的热带性质。

12．地中海、西亚至中亚分布

2种，占总种数的0.09%，即野茄 *Solanum coagulans* 和芦竹 *Arundo donax*，均为草本。该类型的种类极少，表明本区植物区系的形成基本没有受到第三纪以后地质变化的影响，而属于古北大陆的南缘。

13．东亚分布

269种，占总种数的12.48%，该类型是保护区植物区系组成的重要成分之一。乔木树种有越南山核桃 *Carya tonkinentis*、滇石栎 *Lithocarpus dealbatus*、十齿花 *Dipentodon sinicus*、木果石栎 *Lithocarpus xylocarpus*、云南泡花树 *Meliosma yunnanensis*、清香木 *Pistacia weinmannifolia*、乔木茵芋 *Skimmia arborescens*、尼泊尔野桐 *Mallotus nepalensis*、榉树 *Zelkova serrata* 和水青树 *Tetracentron sinense* 等，许多种为本区常绿阔叶林的重要组成部分，表明保护区植物区系属于东亚植物区系的一个组成部分。在255种中有157种是中国-喜马拉雅分布变型，也说明了本区域植物区系和喜马拉雅植物区系联系密切。

14．中国特有分布

667种，占总种数的30.95%，该类型是保护区内区系的重要成分。其根据现代分布格局可划分为以下分布区亚型（表6-12）。

表6-12　元江自然保护区种子植物中国特有种分布区亚型

分布区亚型[*]	种数	比例/%
15（1）保护区特有	24	3.60
15（2）保护区与云南共有[*]	193	28.94
a. 云南全省	11	1.65
b. 滇中高原	18	2.70
c. 滇东南	58	8.70
d. 滇南、滇西南	92	13.79
e. 滇西、滇西北横断山脉	10	1.50
f. 滇西北、滇东南	4	0.60
15（3）保护区与中国其他地区共有	450	67.47
a. 西南片（四川、贵州、西藏）	176	26.24
b. 南方和西南片（华中、华东、华南、四川、贵州、西藏）	171	25.64
c. 南方片（华中、华南、华东）	55	8.40
d. 南、北方片（中国南北方均有）	48	7.20
总计	667	100.00

＊参照彭华（1997）对无量山植物区系的划分

（1）保护区特有种

计24种。如狭叶柏那参 *Brassaiopsis angustifolia*、元江风车子 *Combretum yuankiangense*、元江山柑 *Capparis wui*、云南芙蓉 *Hibiscus yunnanensis* 等；另有3种是本次考察或近年来发现的新种，如瘤果三宝木 *Trigonostemon tuberculatum*、希陶木 *Tsaiodendron dioicum*、元江海漆 *Excoecaria yuanjiangensis*。如此多的保护区特有种，足以显示该区在中国植物区系中的重要性及保护价值。

（2）保护区与云南共有种

计193种，占保护区中国特有成分的28.94%，表明保护区与云南植物区系联系紧密。参照彭华（1997）对无量山植物区系的划分原则，保护区与云南共有成分又可分为以下变型，分述如下。

a）与滇南、滇西南共有种：92种，最多，占保护区中国特有种的13.79%，如樟科的李榄琼楠

Beilschmiedia linocieroides、毛茛科的厚萼铁线莲 *Clematis wissmanniana*、防己科的景东千金藤 *Stephania chingtungensis*、胡椒科的黄花胡椒 *Piper flaviflorum*、山龙眼科的林地山龙眼 *Helicia silvicola*、山茶科的斜基叶柃 *Eurya obliquifolia*、卫矛科的蒙自卫矛 *Euonymus mengtseanus*、五加科的云南幌伞枫 *Heteropanax yunnanensis*、松科的旱地油杉 *Keteleeria xerophila* 等。其中有相当一部分是元江和澜沧江流域相似的物种，说明了保护区植物区系在起源上和这些地区有联系。

b）与滇东南共有种：58种，居第二，占保护区中国特有种的8.70%，如五加科的文山鹅掌柴 *Schefflera fengii*、樟科的斑果厚壳桂 *Cryptocarya maculata* 和蜂房叶山胡椒 *Lindera foveolata*、壳斗科的疏齿栲 *Castanopsis remotidenticulata*、卫矛科的大果沟瓣 *Glyptopetalum reticulinerve*、省沽油科的云南银鹊树 *Tapiscia yunnanensis*、苦苣苔科的丝毛石蝴蝶 *Petrocosmea sericea*、菝葜科的密刺菝葜 *Smilax densibarbata* 等。这一成分中大部分是乔木或灌木，在群落中优势度较大，影响保护区的植被特性，显示出保护区与滇东南古特有中心的联系，表明保护区植物区系的古老性。

c）与滇中高原区共有种：18种，占保护区中国特有种的2.70%。乔木树种有异蕊柳 *Salix heteromera*、白穗石栎 *Lithocarpus leucostachyus*、光叶石栎 *L. mairei*、云南柞栎 *Quercus dentata* var. *oxyloba* 等；灌木有白花滇山茶 *Camellia reticulata* f. *albescens*、马钱叶菝葜 *Smilax lunglingensis* 等，多分布在保护区海拔较高的地带，乔木树种在群落中具有一定的优势，灌木种类并不占优势。

d）与滇西、滇西北横断山脉共有种：10种，占保护区中国特有种的1.50%，如长圆荚迷 *Viburnum oblongum*、大叶石蝴蝶 *Petrocosmea grandifolia*、丽江牛皮消 *Cynanchum likiangense*、毛堇菜 *Viola thomsonii*、散毛樱桃 *Cerasus patentipila*、黄毛萼葛 *Pueraria calycina*、腺毛藤菊 *Cissampelopsis glandulosa* 等。本类型的物种多为草本，在群落中量不大，但也表明保护区在植物区系上与横断山脉地区有联系，处于横断山脉地区的一侧。

e）与滇西北、滇东南共有种：4种，即多毛心叶青藤 *Illigera cordata* var. *mollissima*、云南绣线梅 *Neillia serratisepala*、绿花桃叶珊瑚 *Aucuba chlorascens*、蒙自飞蛾藤 *Porana dinetoide*，占保护区中国特有种的0.60%，表明保护区处于两大特有中心的联系通道上。

f）与云南全省共有种：11种，占保护区中国特有种的1.65%，如金钩如意草 *Corydalis taliensis*、蒙自凤仙花 *Impatiens mengtzeana*、石椒草 *Boenninghausenia sessilicarpa*、多花醉鱼草 *Buddleja myriantha*、异序虎尾草 *Chloris anomala* 等。

（3）保护区与中国其他地区共有种

保护区与中国其他地区共有的中国特有种共450种，占保护区中国特有种的67.47%，分为以下变型。

a）与西南片共有种：175种，占保护区中国特有种的26.24%，如滇青冈 *Cyclobalanopsis glaucoides*、窄叶石栎 *Lithocarpus confinis*、元江栲 *Castanopsis orthacantha*、西南杭子梢 *Campylotropis delavayi*、西南虎刺 *Damnacanthus tsaii*、牛筋条 *Dichotomanthes tristaniaecarpa*、云南山黑豆 *Dumasia yunnanensis*、滇润楠 *Machilus yunnanensis*、云南木犀榄 *Olea yunnanensis*、云贵叶下珠 *Phyllanthus franchetianus*、滇厚朴 *Ehretia corylifolia*、山玉兰 *Magnolia delavayi*、云南含笑 *Michelia yunnanensis*、云南清风藤 *Sabia yunnanensis*、丽江铁苋菜 *Acalypha schneideriana*、滇巴豆 *Croton yunnanensis*、多脉水东哥 *Saurauia polyneura* 等。

b）与南方和西南片共有种：171种，占保护区中国特有种的25.64%，如云南松 *Pinus yunnanensis*、毛叶鼠李 *Rhamnus henryi*、江南大将军 *Lobelia davidii*、四川山矾 *Symplocos setchuensis*、宽叶巴豆 *Croton euryphyllus*、穗序鹅掌柴 *Schefflera delavayi*、长叶冠毛榕 *Ficus gasparriniana* var. *esquirolii*、毛叶木姜子 *Litsea mollis*、朴树 *Celtis sinensis*、银叶山黄麻 *Trema nitida*、蒙自合欢 *Albizia bracteata*、滇榄仁 *Terminalia franchetii*、白楠 *Phoebe neurantha*、南五味子 *Kadsura longipedunculata*、硬斗石栎 *Lithocarpus hancei*、窄叶青冈 *Cyclobalanopsis angustinii*、心叶蚬木 *Burretiodendron esquirolii* 等。

c）与南方片共有种：56种，占保护区中国特有种的8.40%，如黄背越桔 *Vaccinium iteophyllum*、岭南青冈 *Cyclobalanopsis championii*、海南鹿角藤 *Chonemorpha splendens*、黄花夹竹桃 *Thevetia peruviana*、海南龙船花 *Ixora hainanensis*、中华仙茅 *Curculigo sinensis*、华南小叶鸡血藤 *Millettia pulchra* var. *chinensis*、滇桂木莲 *Manglietia forrestii*、大叶山矾 *Symplocos grandis*、海南羊蹄甲 *Bauhinia hainanensis* 等。

d）与南、北方片共有种：48种，占保护区中国特有种的7.20%，如岩桑 *Morus mongolica*、毛黑壳楠

Lindera megaphylla f. *trichoclada*、卵裂黄鹌菜 *Youngia pseudosenecio*、刺鼠李 *Rhamnus dumetorum*、异叶天仙果 *Ficus heteromorpha*、君迁子 *Diospyros lotus*、过路黄 *Lysimachia christinae* 等。

　　分析表明，保护区与中国其他地区共有种中保护区和南方片及西南片与南方和西南片共有成分较多达402种，占该类型450种的89.33%，表明了保护区植物区系在种级水平上起源于西南地区，同时也受到南部地区的影响。其中与南方片共有的物种多分布于热带、亚热带地区，应归于热带成分中。南方和西南片成分中也有一些分布于热区的物种，所以应把这些物种也归于热带性质的物种中。

　　元江自然保护区植物区系中，中国特有种（30.95%）、热带亚洲分布种（41.21%）和东亚分布种（12.48%）是保护区种子植物区系的主要成分，共1824种，占总种数的84.64%。

　　在中国特有种里，保护区与华南共有的各物种及元江保护区特有种和保护区与滇南、滇西南和滇东南共有的物种，都带有较强的热带性。总体来看，保护区内热带性质的种有1416种，占总种数65.71%，温带性质的种有722种，占总种数33.50%。热带成分与温带成分的比约为2:1，热带成分多于温带成分，种级的比例比科、属级又有所下降。这表明在山地条件下，有一定数量的热带成分退出，而一定量温带的种类得以形成和迁入。除中国特有种以外，多数温带性质的种为东亚成分及其变型，其中以中国-喜马拉雅成分分布最多，在一定程度上为保护区属东亚植物区、中国-喜马拉雅森林植物亚区提供了证据。绝大部分热带性质的种为热带亚洲分布类型，显示出该区域植物区系成分的古老性。

6.2.7　植物区系特有性分析

　　特有类群的形成反映了一个地区植物区系的特殊性，从时间上看，特有类群往往表现出演化、子遗或系统分化的状态；在空间上，对特有类群的分析加上地质历史、古生物资料等，是说明该地区植物区系性质的有力证据（彭华 1997）。因此，对元江自然保护区种子植物特有现象的分析，对了解该地区植物区系的组成、性质和特点，以及发生和演变等方面都是十分重要的。

　　1．特有科分析

　　元江自然保护区内没有中国特有科出现。有水青树科、猕猴桃科和十齿花科等3个东亚特有科，占全部东亚特有科的17.65%，较高比例的东亚特有科表明保护区为东亚植物区的一部分，其地质史与整个东亚的一致性，与东亚植物区系的发端密切相关。

　　水青树科因其原始的木质部、具有蓇葖果等特征而曾被置于木兰科。该科仅存1属1种，即水青树 *Tetracentren cinense*，为国家Ⅱ级保护植物，分布的西界在尼泊尔，东界在我国湖南西部和湖北西部，北界在陕西南部和甘肃南部，南界则达贵州和云南西南部，为东亚西翼中国-喜马拉雅的特有类型。在保护区内分布区有两个（章巴和望乡台），分布在海拔2100～2385m的沟箐、路边。

　　猕猴桃科有2属58种，保护区只有猕猴桃属 *Actinidia* 一属，该属为典型的东亚分布属，绝大多数产于我国，保护区内有4种，分别为山羊桃 *Actinidia callosa*、红茎猕猴桃 *Actinidia rubricaulis*、薄叶猕猴桃 *Actinidia leptophylla*、蒙自猕猴桃 *Actinidia henryi*。

　　十齿花科是单型科，仅有1属1种，即十齿花 *Dipentodon sinicus*，是国家Ⅱ级重点保护野生植物，分布于西藏、贵州和广西西部。在保护区内有两个分布点（章巴和望乡台），分布在海拔2100～2300m的沟边或疏林。

　　2．特有属分析

　　我国幅员辽阔，被子植物物种在空间分布方面表现出极大的多样性，在植物区系方面特有现象十分明显。据最新统计，中国被子植物特有属有243属（应俊生，《中国种子植物特有属》，1994年）。元江自然保护区有中国特有属7属，占全部中国特有属的2.88%，分别是希陶木属 *Tsaiodendron*、喜树属 *Camptotheca*、药囊花属 *Cyphotheca*、瘿椒树属 *Tapiscia*、假贝母属 *Bolostemma*、牛筋条属 *Dichotomanthes* 和翅茎草属 *Pterygiella*。

　　（1）希陶木属

　　大戟科灌木，单种属，仅希陶木 *Tsaiodendron dioicum* 1种，为近年来在保护区普漂一带发现的保护区狭域特有属，分布于海拔340～800m的干热河谷稀树灌木草丛。

（2）喜树属

蓝果树科大乔木，中国特有属，含2种。其中喜树 *Camptotheca acuminata* 为重要用材树种、绿化树种和药用植物，国家Ⅱ级重点保护野生植物，零星分布于我国南方地区，野生种群接近灭绝。通常所见的喜树是人工栽培于公路边的行道树或庭院绿化树。保护区的野生喜树见于鲁业冲海拔650～900m的湿润沟箐中，有野生种群300余株，胸径最大者接近2.7m，堪称"喜树王"。

（3）药囊花属

野牡丹科，单属种，仅药囊花 *Cyphotheca montana* 1种，为云南特有属。在保护区内的章巴老林里，其分布于海拔2200～2400m的沟箐、密林、路边和小河边。元江流域正在其分布带上，元江自然保护区是该属在云南省的分布中心之一。

（4）瘿椒树属

省沽油科，本属有3种，主要分布于云南、四川、贵州、湖南、湖北、浙江、安徽、江西、河南、广西、福建、陕西。保护区有云南瘿椒树 *Tapiscia yunnanensis*，见于章巴片海拔2150m的山地。

（5）假贝母属

葫芦科，本属有3种，分布于云南、四川、贵州、山东、山西、甘肃、河南、陕西、湖北、湖南和河北，属于在我国分布较广的广义中国特有属。保护区出现一种，即刺儿瓜 *Bolbostemma biglandulosum*，见于西拉河海拔750m的林缘。刺儿瓜是云南特有种，分布于滇南。

（6）牛筋条属

蔷薇科，本属为单种属，仅一种，即牛筋条 *Dichotomanthes tristaniaecarpa*，分布于云南和四川。该属在云南省主要分布在滇东北、滇东南、滇西、滇西北和滇中南。保护区常见。

（7）翅茎草属

玄参科，本属有4种，主要分布于云南、四川和广西。保护区内出现一种，即杜氏翅茎草 *Pterygiella duclouxii*，分布在曼旦和西拉河一带海拔1050～1100m的灌丛或疏林。杜氏翅茎草在云南省主要分布在滇东南、滇西和滇中南。

中国种子植物特有属在云南境内有两大生物多样性中心：滇西北特有中心和滇东南特有中心，这两个中心的成因有很大的差异，前者是以生态成因为主的新特有中心，后者是以历史成因为主的古特有中心。由表6-13可知，保护区与滇西北中心共有1属，与滇东南中心共有6属，与两地共有1属。总的说来，保护区种子植物特有属的联系与滇东南特有中心更为密切，表明保护区处在这两个特有中心的过渡地带，带有很强的古特有起源的性质，也表明了保护区的种子植物区系起源偏向滇东南热带中心。

表6-13　元江自然保护区中国特有属和云南两大生物多样性中心的联系

属名（保护区种数/总种数）	滇西北中心	滇东南中心	分布范围
药囊花属（1/1）		共有	云南
瘿椒树属（1/3）		共有	云南、四川、贵州、湖南、湖北、浙江、安徽、江西、河南、广西、福建、陕西
假贝母属（1/3）			云南、四川、贵州、山东、山西、甘肃、河南、陕西、湖北、湖南和河北
牛筋条属（1/1）	共有	共有	云南和四川
翅茎草属（1/4）		共有	云南、四川和广西
希陶木属（1/1）		共有	云南（仅元江）
喜树属（1/1）		共有	我国南方

3．特有种分析

保护区特有种有24种，占保护区内中国特有种的3.60%。其中有10种是此前文献资料中已经记载过的，另外14种是本次考察或近年发现的。如此多的保护区特有种，足以显示出该保护区在中国植物区系中的重要性，表明了保护区野生种子植物的保护价值。

保护区与云南省共有的种子植物有193种，占保护区中国特有种的28.94%，表明保护区与云南植物区系具紧密联系。与滇南、滇西南和滇东南共有种150种，占保护区与云南共有种的77.72%，表明了保护区植物区系属于马来植物亚系的一部分；保护区内还有与滇东南、滇西北共有成分，表明了保护区植物区系处于滇东南、滇西北两大特有中心的交汇地带，偏向于古特有中心。

保护区与中国其他地区共有的中国特有种共450种，占保护区中国特有种的67.47%。其中与南方片、南方和西南片及西南片共有成分最多，占中国特有种89.33%，表明了保护区植物区系在种级水平上起源于西南地区，同时也受到南部地区的影响。

6.3　区系平衡点

在较高山体某一海拔段上，热带和温带两大区系成分的数量基本相等，即各自分别占50%的海拔点，称为区系平衡点（floristic equilibrium point，FEP）。由于自然历史条件，特别是以气温为主导因素的气候条件的历史性变迁，该点也会相应地变化。它的升降可以指示植物区系成分的历史性变化。

表6-14　元江自然保护区各海拔段热带、温带属统计

海拔/m	热带属数	占热、温带属总数比例/%	温带属数	占热、温带属总数比例/%
320~400	64	96.97	2	3.03
400~500	141	94.00	9	6.00
500~600	166	93.79	11	6.21
600~700	230	89.49	27	10.51
700~800	268	88.45	35	11.55
800~900	266	87.21	39	12.79
900~1000	275	84.88	49	15.12
1000~1100	288	83.00	59	17.00
1100~1200	257	80.56	62	19.44
1200~1300	219	79.06	58	20.94
1300~1400	202	77.10	60	22.90
1400~1500	222	76.55	68	23.45
1500~1600	198	75.86	63	24.14
1600~1700	241	70.47	101	29.53
1700~1800	207	66.99	102	33.01
1800~1900	204	65.18	109	34.82
1900~2000	202	62.35	122	37.65
2000~2100	180	59.60	122	40.40
2100~2200	142	55.25	115	44.75
2200~2300	113	53.30	99	46.70
2300~2400	98	53.26	86	46.74
2400以上	49	48.51	52	51.49

表6-14统计了热带属和温带属在各海拔段的分布比例。从表6-14和图6-1中可以看出属的这两大区系成分在保护区随海拔的增高发生着较显著的变化，热带性质的属比例逐步降低，而温带属的相应比例却递增。

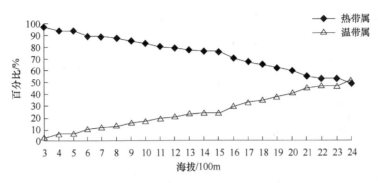

图6-1　属的两大基本成分百分比随海拔的变化

6.4　与相邻或类似地区植物区系的比较

为了进一步认识元江自然保护区种子植物区系的性质，与海拔段和生境等相似的小黑山自然保护区进行比较。小黑山自然保护区位于云南西部高黎贡山南端，龙陵县境内，24°15′～24°51′N、90°34′～99°11′E，海拔660～3001m，面积16 012.8hm²。

6.4.1　数量结构的比较

由表6-15可知，元江自然保护区种子植物的科和种的数量略少于小黑山自然保护区，而属的数量却在后者之上，表明本保护区属的存在度总体上高于小黑山自然保护区。这与两地区所处的地理位置有关，小黑山位于横断山脉生物多样性中心，而元江处于滇东南和滇西北的过渡地带，种和科数量均偏少，元江又有大面积的干热河谷，地带性的属偏多，从而出现此现象。

表6-15　元江自然保护区种子植物与小黑山自然保护区数量结构比较

类别	科			属			种		
	数量	占云南比例/%	占全国比例/%	数量	占云南比例/%	占全国比例/%	数量	占云南比例/%	占全国比例/%
元江	164	62.36	48.52	857	35.75	26.56	2155	16.17	8.81
小黑山*	170	64.64	50.30	787	32.87	24.42	2174	16.47	8.98

*王玉兵. 2004. 小黑山自然保护区种子植物区系研究. 西南林学院硕士学位论文.

6.4.2　属的分布式样比较

在属级水平上元江自然保护区比小黑山自然保护区的热带属多，温带属则较少（表6-16）。热带成分中，泛热带成分比小黑山多，热带亚洲成分也较之为多，说明保护区植物区系比小黑山热带性强，热带亚洲性质也比小黑山强；温带成分中，两区都是北温带和东亚分布成分较多，东亚成分中，占绝对优势的都是东亚－喜马拉雅成分，说明二者同属于东亚植物区系的中国－喜马拉雅亚系。

表6-16　元江与小黑山两个自然保护区属的分布式样比较

分布区类型	属数		占所有属比例/%	
	元江	小黑山	元江	小黑山
1 世界分布	55	51	6.42	6.48
2 泛热带分布	203	155	23.69	19.7
3 东亚及热带美洲间断分布	25	19	2.92	2.41
4 旧世界热带分布	87	81	10.15	10.29

续表

分布区类型	属数		占所有属比例/%	
	元江	小黑山	元江	小黑山
5 热带亚洲至热带大洋洲分布	42	33	4.90	4.19
6 热带亚洲至热带非洲分布	58	56	6.77	7.12
7 热带亚洲分布	166	162	19.37	20.58
热带属小计（2~7）	581	506	67.80	64.29
8 北温带分布	79	88	9.22	11.18
9 东亚及北美间断分布	29	33	3.38	4.19
10 旧世界北温带分布	25	21	2.92	2.67
11 温带亚洲分布	4	3	0.47	0.38
12 地中海区、西亚至中亚分布	2	2	0.23	0.25
14 东亚分布	74	77	8.63	9.78
15 中国特有分布	8	6	0.93	0.76
温带属小计（8~15）	221	230	25.78	29.21
合计	857	787	100.00	100.00

6.4.3　种的分布式样比较

在种级水平上，两区域的区系组成的主体都是热带亚洲成分、东亚成分和中国特有成分。元江自然保护区种的热带成分较高，占保护区总种数的65.71%，高于小黑山的59.98%（表6-17），说明保护区具有明显的热带性。虽然本区比小黑山的总种数量少，但其中泛热带成分和旧世界热带成分及热带亚洲成分明显多于小黑山，表明本区域要比小黑山的热带性强；在温带成分中，北温带分布类型多于小黑山，而东亚分布明显少于小黑山，反映了本区域比小黑山距离横断山脉生物多样性中心地带更远，更靠近滇东南的古特有中心，也反映了本区域的特殊的河谷地带和干热性的特点；东亚及北美间断分布成分、温带亚洲分布成分和地中海区、西亚至中亚分布成分都很低，表明了两地区的区系形成受冰川时期的影响都很小。

表6-17　元江与小黑山两个自然保护区种的分布式样比较

分布区类型	种数		占所有种比例/%	
	元江	小黑山	元江	小黑山
1 世界分布	17	17	0.79	0.78
2 泛热带分布	61	39	2.83	1.79
3 热带亚洲、热带美洲间断分布	29	18	1.35	0.83
4 旧世界热带分布	40	11	1.86	0.51
5 热带亚洲至热带大洋洲分布	60	47	2.78	2.16
6 热带亚洲至热带非洲分布	49	32	2.27	1.47
7 热带亚洲分布	888	743	41.21	34.18
15 中国特有分布热带种	289	414	13.41	19.04
热带种小计（2~7，15）	1 416	1 304	65.71	59.98
8 北温带分布	43	16	2.00	0.74
9 东亚及北美间断分布	1	2	0.05	0.09
10 旧世界北温带分布	24	16	1.11	0.74
11 温带亚洲分布	5	7	0.23	0.32
12 地中海区、西亚至中亚分布	2	1	0.09	0.05
14 东亚分布	269	447	12.48	20.56

分布区类型	种数		占所有种比例/%	
	元江	小黑山	元江	小黑山
15 中国特有分布温带种	378	364	17.54	16.74
温带种小计（8～15）	722	853	33.50	39.24
合计	2155	2174	100.00	100.00

从两保护区中国特有种的分布区式样可以看出（表6-18），与云南共有的成分中，元江与滇东南共有成分比小黑山多，表明了本区域与滇东南区系的相似性更大，与滇西北（包括e、f）共有的成分却少于小黑山，反映了本区域距离横断山脉更远的事实；与中国其他地区共有的成分中，与南方和西南（包括a、b、c）共有成分在两地区都是最多的，表明两区域区系起源都属于华西南，同时又受到南方片区系影响；两地区与中国南北方均有的种最少，反映了二者都处于生物多样性突出的地区，特有现象明显。

表6-18　中国特有种的分布区亚型

分布区亚型	种数		占保护区中国特有种所有种比例/%	
	元江	小黑山	元江	小黑山
15（1）保护区特有	24	8	3.60	1.03
15（2）保护区与云南共有	193	347	28.94	44.60
a 云南大部	11	44	1.65	5.66
b 滇中高原	18	21	2.70	2.70
c 滇东南	58	25	8.70	3.21
d 滇南、滇西南	92	200	13.79	25.71
e 滇西、滇西北横断山脉	10	57	1.50	7.33
f 滇西北、滇东南	4	0	0.60	0
15（3）保护区与中国其他地区共有	450	423	67.47	54.37
a 西南片（四川、贵州、西藏）	176	150	26.39	19.28
b 南方和西南（华中、华东、华南、四川、贵州、西藏）	171	46	25.64	5.91
c 南方片（华中、华南、华东）	55	181	8.25	23.26
d 南、北方片（中国南北方均有）	48	46	7.20	5.91
总计	667	778	100.00	100.00

6.5　元江自然保护区种子植物区系的基本特点

6.5.1　区系的组成

调查表明，元江自然保护区共有野生种子植物164科857属2155种。其植物区系的地理成分复杂、联系广泛。保护区164个科可划分为11种分布区类型，857个属可划分为14个分布类型19个变型，2155个种可划分为15种类型（含变型），其中667个中国特有种可划分为3个亚型和10个变型。保护区与热带区系的联系以泛热带成分和热带亚洲成分为主，与温带的联系以东亚成分为主，在云南与滇南、滇西南及滇东南关系密切，在全国南方与西南地区关系密切，在东亚地区与中国-喜马拉雅地区最接近。

6.5.2　区系的性质

通过对科、属、种水平的分析可知，元江自然保护区种子植物区系属于热带性质。

在科级水平上，热带科有87科，占总科数的53.05%，温带科有32科，占总科数的19.51%，热带科与温带科之比为2.72∶1，有明显的热带性质。在属级水平上，热带属有581属，占总属数的67.79%，温带属有221属，占总属数的25.79%，热带属与温带属的比为2.63∶1。在种级水平上，热带种有1416种，占总种数65.71%，温带种有722种，占总种数33.50%，热带种与温带种的比为1.96∶1，热带性质的种占优势，反映了植物区系明显的热带性。

6.5.3　区系的来源

分析表明，热带亚洲种、中国特有种和东亚特有种是保护区种子植物区系的三大来源。

保护区热带亚洲分布及其变型有166属，占总属数的19.37%，这一分布类型的种有888种，占总种数的41.21%，表明热带亚洲成分是本区种子植物区系的重要来源之一。

保护区有中国特有属7属，占总属数0.82%，有中国特有种667种，占总种数的30.95%，其中又有热带性质种289种。虽然保护区内有大量热带成分出现，但缺乏典型的热带科、属、种，如龙脑香科、四数木科的物种，表明保护区仍不是典型的热带区系，而是东亚植物区系的一部分。

保护区东亚分布及其变型的属有74属，占总属数的8.63%。这一类型的种有269种，占总种数的12.48%，显示出东亚成分是保护区种子植物区系的重要来源之一。

6.5.4　区系的地位

根据以上对元江自然保护区种子植物区系的分析，可以确定其区系的地位。保护区有水青树科、猕猴桃科和十齿花科3个东亚特有科。

东亚分布及其变型的属有74属。其中39属为中国-喜马拉雅变型，4属为中国-日本变型，为该区域属东亚植物区中国-喜马拉雅森林植物亚区提供了有力的证据。中国特有属7属，也表现出保护区植物区系起源上的古老性。

在种级水平上，东亚分布的种和中国特有种有936种，占总种数43.43%。东亚类型中，以中国-喜马拉雅变型为主；而中国特有种中，以云南特有和西南地区特有种占主体，说明本区属于东亚植物区中国-喜马拉雅植物亚区的一部分。

保护区热带亚洲成分也占有很突出的地位，如热带亚洲分布及其变型的属有166属，占总属数的19.37%；热带亚洲分布及其变型的种有888种，占总种数的41.21%。但保护区缺乏典型热带科，说明保护区处于古热带植物区向东亚植物区过渡的交汇地带。

6.5.5　区系的特有现象

保护区植物区系的特有现象显著。保护区有东亚特有科3科，占全部东亚特有科的17.65%；中国特有属7属，占整个中国特有属的3.29%；中国特有种667种，占保护区总种数的30.95%；云南特有种193种，占保护区中国特有种的28.94%；本区特有种（狭域特有种）24种，占保护区中国特有种的3.60%。另外，国内仅见于本保护区的种有7种。这些数据足以显示保护区的保护价值。

6.5.6　云南新记录种

本次考察中发现10种云南新记录种，它们是蔷薇科的多腺悬钩子 *Rubus phoeniicolasius*、光叶蔷薇 *Rosa wichuraiana*、太平莓 *Rubus pacificus*，蝶形花科的木蓝 *Indigofera tinctoria*、赤山蚂蝗 *Desmodium rubrum*，菊科的白背蒲儿根 *Sinosenecio latouchei*、樟科的簇叶新木姜子 *Neolitsea confertifolia*、卫矛科的茶色卫矛 *Euonymus theacolus*、山茶科的倒卵叶红淡比 *Cleyera obovata*、粟米草科的星毛粟米草 *Mollugo lotoides*。

第7章 蕨类植物

7.1 蕨类植物的区系组成

据野外考察记录及文献资料记载，元江自然保护区蕨类植物计41科98属224种，分别占全国63科231属2600种的65.1%、42.4%和8.6%。其中，含10种以上的科有10个科，种类最多的科依次为鳞毛蕨科Dryopteridaceae、水龙骨科Polypodiaceae、蹄盖蕨科Athyriaceae、凤尾蕨科Pteridaceae、金星蕨科Thelypteridaceae和铁角蕨科Aspleniaceae，这6个科的种类共达131种，占总种数（224种）的58.5%。含7种以上的属有7个属，较大属为鳞毛蕨属Dryopteris、凤尾蕨属Pteris、耳蕨属Polystichum、铁角蕨属Asplenium、蹄盖蕨属Athyrium、卷柏属Selaginella和短肠蕨属Allantodia，这7个属的种类计75种，占总种数的33.5%（表7-1）。

表7-1　元江自然保护区蕨类植物中较大的科和较大的属

较大的科	种数	较大的属	种数
鳞毛蕨科 Dryopteridaceae	40	鳞毛蕨属 Dryopteris	16
水龙骨科 Polypodiaceae	31	凤尾蕨属 Pteris	14
蹄盖蕨科 Athyriaceae	22	耳蕨属 Polystichum	11
凤尾蕨科 Pteridaceae	14	铁角蕨属 Asplenium	10
金星蕨科 Thelypteridaceae	13	蹄盖蕨属 Athyrium	9
铁角蕨科 Aspleniaceae	11	卷柏属 Selaginella	8
		短肠蕨属 Allantodia	7
总计	131	总计	75

7.2 蕨类植物的区系成分

元江自然保护区的蕨类植物属的地理成分可以划分为13种类型（表7-2），种的地理成分可以划分为13种类型（表7-3）。

表7-2　元江自然保护区蕨类植物属的分布区类型

分布区类型	属数	占总属数比例/%
1 世界分布	18	—
2 泛热带分布	28	35.00
3 旧大陆热带分布	8	10.00
4 热带亚洲和热带美洲分布	0	0.00
5 热带亚洲至热带大洋洲分布	2	2.50
6 热带亚洲至热带非洲分布	9	11.25
7 热带亚洲分布	4	5.00
8 北温带分布	4	5.00
9 东亚和北美间断分布	1	1.25

续表

分布区类型	属数	占总属数比例/%
10 旧大陆温带分布	1	1.25
11 温带亚洲分布	0	0.00
12 东亚分布	（23）	（28.75）
12-1 东亚广布	8	10.00
12-2 中国-喜马拉雅分布	13	16.25
12-3 中国-日本分布	2	2.50
13 中国特有分布	0	0.00
合计	98	100.00

表 7-3　元江自然保护区蕨类植物种的分布区类型

分布区类型	种数	占总种数比例/%
1 世界分布	4	—
2 泛热带分布	6	2.73
3 旧大陆热带分布	7	3.18
4 热带亚洲和热带美洲分布	0	0.00
5 热带亚洲至热带大洋洲分布	7	3.18
6 热带亚洲至热带非洲分布	5	2.27
7 热带亚洲分布	69	31.36
8 北温带分布	0	0.00
9 东亚和北美间断分布	0	0.00
10 旧大陆温带分布	0	0.00
11 温带亚洲分布	1	0.45
12 东亚分布	（100）	（45.45）
12-1 东亚广布	30	13.64
12-2 中国-喜马拉雅分布	63	28.64
12-3 中国-日本分布	7	3.18
13 中国特有分布	25	11.36
合计	224	100.00

　　世界分布是指亚洲、欧洲、非洲、大洋洲和美洲均有分布，该分布区类型无特殊的分布中心或有一个或数个分布中心。保护区蕨类植物属于该分布区类型的属有石杉属 *Huperzia*、扁枝石松属 *Diphasiastrum*、石松属 *Lycopodium*、卷柏属 *Selaginella*、假阴地蕨属 *Botrypus*、膜蕨属 *Hymenophyllum*、蕨属 *Pteridium*、粉背蕨属 *Aleuritopteris*、旱蕨属 *Pellaea*、铁线蕨属 *Adiantum*、蹄盖蕨属 *Athyrium*、铁角蕨属 *Asplenium*、狗脊蕨属 *Woodwardia*、鳞毛蕨属 *Dryopteris*、耳蕨属 *Polysticum*、舌蕨属 *Elaphoglossum*、石韦属 *Pyrrosia* 和剑蕨属 *Loxogramme*。

　　泛热带分布属是指亚洲、非洲、大洋洲和美洲的热带、亚热带均有分布的属，该分布区类型通常有一个或数个分布中心，尽管个别种类可分布到温带，但属的分布中心仍在热带和亚热带地区。保护区蕨类植物属于该分布区类型的属有灯笼草属 *Palhinhaea*、瘤足蕨属 *Plagiogyria*、里白属 *Diplopterygium*、海金沙属 *Lygodium*、蔛蕨属 *Mecodium*、瓶蕨属 *Trichomanes*、木杪椤属 *Alsophila*、碗蕨属 *Dennstaedtia*、鳞始蕨属 *Lindsaea*、乌蕨属 *Stenoloma*、姬蕨属 *Hypolepis*、凤尾蕨属 *Pteris*、栗蕨属 *Histiopteris*、黑心蕨属 *Doryopteris*、金粉蕨属 *Onychium*、凤了蕨属 *Coniogramme*、书带蕨属 *Vittaria*、短肠蕨属 *Allantodia*、金星蕨属 *Parathelypteris*、假毛蕨属 *Pseudocyclosorus*、毛蕨属 *Cyclosorus*、乌毛蕨属 *Blechnum*、复叶耳蕨属

Arachniodes、三叉蕨属 *Tectaria*、实蕨属 *Bolbitis*、肾蕨属 *Nephrolepis* 和条蕨属 *Oleandra*。

旧大陆热带分布属是指仅分布于亚洲、非洲和大洋洲的热带与亚热带地区的属，该分布区类型在美洲大陆无分布，但可分布到太平洋岛屿。保护区蕨类植物属于该分布区类型的属有芒萁属 *Dicranopteris*、假脉蕨属 *Crepidomanes*、鳞盖蕨属 *Microlepia*、介蕨属 *Dryoathyrium*、阴石蕨属 *Humata*、锯蕨属 *Micropolypodium*、线蕨属 *Colysis* 和瘤蕨属 *Phymatosorus*。

热带亚洲至热带大洋洲分布属是指仅分布于亚洲和大洋洲的热带与亚热带地区的属。保护区蕨类植物属于该分布区类型的属有拟水龙骨属 *Polypodiastrum*、槲蕨属 *Drynaria* 等。

热带亚洲和热带非洲分布属指仅分布于亚洲和非洲的热带与亚热带地区的属。保护区蕨类植物属于该分布区类型的属有车前蕨属 *Antrophyum*、角蕨属 *Cornopteris*、肿足蕨属 *Hypodematium*、贯众属 *Cyrtomium*、肉刺蕨属 *Nothoperanema*、轴脉蕨属 *Ctenitopsis*、盾蕨属 *Neolepisorus*、瓦韦属 *Lepisorus* 和星蕨属 *Microsorum*。

热带亚洲分布属指仅分布于亚洲的热带和亚热带地区的属。保护区蕨类植物属于该分布区类型的属有藤石松属 *Lycopodiastrum*、新月蕨属 *Pronephrium*、刺蕨属 *Egenolfia*、大膜盖蕨属 *Leucostegia* 等。

北温带分布属是指仅分布于亚洲、欧洲和北美洲的温带地区的属。保护区蕨类植物属于该分布区类型的属有木贼属 *Equisetum*、阴地蕨属 *Sceptridium*、紫萁属 *Osmunda* 和卵果蕨属 *Phegopteris*。

东亚和北美间断分布属是指仅分布于东亚和北美的亚热带与温带地区的属。保护区蕨类植物属于该分布区类型的属有蛾眉蕨属 *Lunathyrium*。

旧大陆温带分布属指仅分布于亚洲、欧洲、非洲和大洋洲的亚热带与温带地区的属。保护区蕨类植物属于该分布区类型的属有金毛裸蕨属 *Paragymnopteris*。

东亚分布包括东亚广布、中国-喜马拉雅分布、中国-日本分布三种类型。东亚广布是指从喜马拉雅地区经中国至日本分布的类型，保护区蕨类植物属于东亚广布的属有稀子蕨属 *Monachosorum*、假蹄盖蕨属 *Athyriopsis*、亮毛蕨属 *Acystopteris*、紫柄蕨属 *Pseudophegopteris*、钩毛蕨属 *Cyclogramma*、水龙骨属 *Polypodiodes* 和假瘤蕨属 *Phymatopteris*。保护区蕨类植物属于中国-喜马拉雅分布的属有拟鳞毛蕨属 *Kuniwatzukia*、红腺蕨属 *Diacalpe*、方杆蕨属 *Glaphylopteridopsis*、水鳖蕨属 *Sinephropteris*、柄盖蕨属 *Peranema*、鱼鳞蕨属 *Acrophorus*、轴鳞蕨属 *Dryopsis*、小膜盖蕨属 *Araiostegia*、雨蕨属 *Gymnogrammitis*、节肢蕨属 *Arthromeris*、骨牌蕨属 *Lepidogrammitis*、篦齿蕨属 *Metapolypodium* 和毛鳞蕨属 *Tricholepidium* 等。保护区蕨类植物属于中国-日本分布的属有毛枝蕨属 *Leptorumohra* 和鳞果星蕨属 *Leptomicrosorium* 等。

从表7-2可以看出，元江自然保护区蕨类植物区系属的地理成分以泛热带分布和东亚分布较多，分别占总数的35%和28.75%。在东亚分布中，中国-喜马拉雅分布（16.25%）明显多于中国-日本分布（2.5%）。可见，保护区蕨类植物区系属于热带亚热带性质的区系。

保护区蕨类植物世界分布的种有蛇足石杉 *Huperzia serrata*、扁枝石松 *Diphasiastrum complanatum*、蕨 *Pteridium aquilinum* var. *latiusculum*、铁线蕨 *Adiantum capillus-veneris* 等4种。

属于泛热带分布的种有垂穗石松 *Palhinhaea cernua*、姬蕨 *Hypolepis punctata*、栗蕨 *Histiopteris incisa*、狭眼凤尾蕨 *Pteris biaurita*、齿牙毛蕨 *Cyclosorus dentatus*、肾蕨 *Nephrolepis auriculata* 等6种。

属于旧大陆热带分布的种有鳞始蕨 *Lindsaea odorata*、乌蕨 *Sphenomeris chinensis*、蜈蚣蕨 *Pteris vittata*、半月形铁线蕨 *Adiantum philippense*、倒挂铁角蕨 *Asplenium normale*、变异铁角蕨 *A. varians*、肉刺蕨 *Nothoperanema squamisetum* 等7种。

属于热带亚洲至热带大洋洲分布的种有缘毛卷柏 *Selaginella ciliaris*、海金沙 *Lygodium japonicum*、剑叶凤尾蕨 *Pteris ensiformis*、禾秆亮毛蕨 *Acystopteris tenuisecta*、毛柄短肠蕨 *Allantodia dilatata*、毛轴假蹄盖蕨 *Athyriopsis petersenii*、干旱毛蕨 *Cyclosorus aridus* 等7种。

属于热带亚洲至热带非洲分布的种有介蕨 *Dryoathyrium boryanum*、肿足蕨 *Hypodematium crenatum*、半边铁角蕨 *Asplenium unilaterale*、大齿三叉蕨 *Tectaria dubia*、盾蕨 *Neolepisorus ovatus* 等5种。

属于热带亚洲分布的种有藤石松 *Lycopodiastrum casuarinoides*、江南卷柏 *Selaginella moellendorffii*、笔管草 *Equisetum debile*、绒毛假阴地蕨 *Botrypus lanuginosus*、薄叶阴地蕨 *Sceptridium daucifolium*、滇西瘤足蕨 *Plagiogyria communis*、芒萁 *Dicranopteris pedata*、翅柄假脉蕨 *Crepidomanes latealatum*、华东

膜蕨 *Hymenophyllum barbatum*、波纹蔟蕨 *Mecodium crispatum*、小果蔟蕨 *M.microsorum*、扁苞蔟蕨 *M. paniculiflorum*、多花蔟蕨 *M. polyanthos*、瓶蕨 *Trichomanes auriculatum*、稀子蕨 *Monachosorum henryi*、长托鳞盖蕨 *Microlepia firma*、虎克鳞盖蕨 *Microlepia hookeriana*、边缘鳞盖蕨 *M. marginata*、阔叶鳞盖蕨 *M. platyphylla*、粗毛鳞盖蕨 *M. strigosa*、毛轴蕨 *Pteridium revolutum*、多羽尾蕨 *Pteris decrescens*、傅氏凤尾蕨 *P. fauriei*、三轴凤尾蕨 *P. longipes*、阔叶凤尾蕨 *P. esquirolii*、有刺凤尾蕨 *P. setulosa-costulata*、棕毛粉背蕨 *Aleuritopteris rufa*、戟叶黑心蕨 *Doryopteris ludens*、栗柄金粉蕨 *Onychium lucidum*、鞭叶铁线蕨 *Adiantum caudatum*、普通铁线蕨 *A. edgewarthii*、假鞭叶铁线蕨 *A. malesianum*、深绿短肠蕨 *Allantodia viridissima*、宿蹄盖蕨 *Athyrium anisopterum*、疏叶蹄盖蕨 *A. dissitifolium*、黑叶角蕨 *Cornopteris opaca*、拟鳞毛蕨 *Kuniwatsukia cuspidate*、耳羽钩毛蕨 *Cyclogramma aruiculata*、华南毛蕨 *Cyclosorus parasiticus*、方秆蕨 *Glaphylopteridopsis erubescens*、长根金星蕨 *Parathelypteris beddomei*、假毛蕨 *Pseudocyclosorus tylodes*、紫柄蕨 *Pseudophegopteris pyrrhorachis*、云贵紫柄蕨 *Pseudophegopteris yunkweiensis*、切边铁角蕨 *Asplenium excisum*、长叶铁角蕨 *A. prolongatum*、东方乌毛蕨 *Blechnum orientale*、红腺蕨 *Diacalpe aspidioides*、东亚柄盖蕨 *Peranema cyatheoides* var. *luzonicum*、清秀复叶耳蕨 *Arachniodes spectabilis*、贯众 *Cyrtomium fortunei*、暗鳞鳞毛蕨 *Dryopteris atrata*、二型鳞毛蕨 *D. cochleata*、长羽芽孢耳蕨 *Polystichum attenuatum*、长羽耳蕨 *P. longipinnulum*、毛叶轴脉蕨 *Ctenitopsis devexa*、多羽实蕨 *Bolbitis angustipinna*、长叶实蕨 *B. heteroclita*、中华刺蕨 *Egenolfia sinensis*、大膜盖蕨 *Leucostegia immersa*、节肢蕨 *Arthromeris lehmannii*、滇线蕨 *Colysis pentaphylla*、篦齿蕨 *Metapolypodium manmeiense*、江南星蕨 *Microsorum fortunei*、膜叶星蕨 *M. membranaceum*、光亮瘤蕨 *Phymatosorus cuspidatus*、三出假瘤蕨 *Phymatopteris trisecta*、斑点毛鳞蕨 *Tricholepidium maculosum* 等 69 种。

属于温带亚洲分布的种仅有紫萁 *Osmunda japonica*。

属于东亚广布的种有石松 *Lycopodium japonicum*、兖州卷柏 *Selaginella involvens*、披散问荆 *Equisetum diffusum*、阴地蕨 *Sceptridium ternatum*、桫椤 *Alsophila spinulosa*、碗蕨 *Dennstaedtia scabra*、溪边凤尾蕨 *Pteris excelsa*、凤尾蕨 *P. nervosa*、西南凤尾蕨 *P. wallichiana*、旱蕨 *Pellaea nitidula*、普通凤丫蕨 *Coniogramme intermedia*、书带蕨 *Vittaria flexuosa*、红苞蹄盖蕨 *Athyrium nakanoi*、华东蹄盖蕨 *A. niponicum*、软刺蹄盖蕨 *A. strigillosum*、剑叶铁角蕨 *Asplenium ensiforme*、胎生铁角蕨 *A. indicum*、细裂铁角蕨 *A. tenuiforium*、顶芽狗脊蕨 *Woodwardia unigemmata*、鱼鳞蕨 *Acrophorus stipellatus*、刺齿贯众 *Cyrtomium caryotideum*、尖羽贯众 *C. hookerianum*、大叶贯众 *C. macrophyllum*、无盖鳞毛蕨 *Dryopteris scottii*、稀羽鳞毛蕨 *D. sparsa*、大羽鳞毛蕨 *D. wallichiana*、黑鳞耳蕨 *Polystichum makinoi*、蒙自拟水龙骨 *Polypodiastrum mengtzeense*、石韦 *Pyrrosia lingua*、褐柄剑蕨 *Loxogramme duclouxii* 等 30 种。

属于中国-喜马拉雅分布的种有软骨耳蕨 *Polystichum nepalense*、裸果耳蕨 *P. nudisorum*、半育耳蕨 *P. semifertile*、顶囊轴鳞蕨 *Dryopsis apiciflora*、舌蕨 *Elaphoglossum conforme*、高山条蕨 *Oleandra wallichii*、缩枝小膜盖蕨 *Ariostegia hookeri*、长片小膜盖蕨 *A. pseudocystopteris*、雨蕨 *Gymnogrammitis dareiformis*、多羽节肢蕨 *Arthromeris mairei*、单行节肢蕨 *A. wallichiana*、骨排蕨 *Lepidogrammitis rostrata*、滇鳞果星蕨 *Lepidomicrosorium hymenodes*、二色瓦韦 *Lepisorus bicolor*、扭瓦韦 *L. contortus*、带叶瓦韦 *L. loriformis*、大瓦韦 *L. macrosphaerus*、棕鳞瓦韦 *L. scolopendrium*、紫柄假瘤蕨 *Phymatopteris crenatopinnata*、黑鳞假瘤蕨 *P. ebenipes*、大果假瘤蕨 *P. griffithiana*、尖裂假瘤蕨 *P. oxyloba*、喙叶假瘤蕨 *P. rhynchophylla*、尾尖假瘤蕨 *P. stewartii*、友水龙骨 *Polypodiodes amoena*、栗柄水龙骨 *P. microhizoma*、川滇槲蕨 *Drynaria delavayi*、石莲姜槲蕨 *Drynaria propinqua*、锡金锯蕨 *Micropolypodium sikkimensis*、中华剑蕨 *Loxogramme chinensis*、印度卷柏 *Selaginella indica*、粉背瘤足蕨 *Plagiogyria media*、大里白 *Diplopterygium gigantium*、紫轴凤尾蕨 *Pteris aspericaulis*、白边粉背蕨 *Aleuritopteris albo-marginata*、直角凤丫蕨 *Coniogramme procera*、金毛裸蕨 *Paragymnopteris vestita*、长柄车前蕨 *Antrophyum obovatum*、带状书带蕨 *Vittaria doniana*、褐色短肠蕨 *Allantodia himalayensis*、篦齿短肠蕨 *A. hirsuteps*、密果短肠蕨 *A. spectabilis*、芽孢蹄盖蕨 *Athyrium clarkei*、红色新月蕨 *Pronephrium lakhimpurense*、披针新月蕨 *P. penangianum*、西南假毛蕨 *Pseudocyclosorus esquirolii*、大盖铁角蕨 *Asplenium bullatum*、撕裂铁角蕨 *A. laciniatum*、水鳖蕨 *Sinephropteris delavayi*、细裂复叶耳蕨 *Arachniodes coniifolia*、高大复叶耳蕨 *A. gigantea*、华西复叶耳蕨 *A. simulans*、假边果鳞毛蕨

Dryopteris caroli-hopei、金冠鳞毛蕨*D. chrysocoma*、联合鳞毛蕨*D. conjugata*、硬果鳞毛蕨*D. fructuosa*、粗齿鳞毛蕨*D. juxtaposita*、黑鳞鳞毛蕨*D. lepidopoda*、边果鳞毛蕨*D. marginata*、狭鳞鳞毛蕨*D. stenolepis*、有盖肉刺蕨*Nothoperanema handersonii*、鸡足山耳蕨*Polystichum jizhushanense*、长鳞耳蕨*P. longipaleatum*等63种。

属于中国-日本分布的种有柄鳞短肠蕨*Allantodia kawakamii*、轴果蹄盖蕨*Athyrium epirachis*、延羽卵果蕨*Phegopteris decursive-pinnata*、异羽复叶耳蕨*Arachniodes simplicior*、桫椤鳞毛蕨*Dryopteris cycadina*、四回毛枝蕨*Leptorumohra quadripinnata*、失盖耳蕨*Polystichum grandifrons*等7种。

属于中国特有分布的种有块茎卷柏*Selaginella chryocaulis*、蔓出卷柏*S. davidii*、异穗卷柏*S. heterostachys*、澜沧卷柏*S. gebareriana*、云南里白*Diplopterygium yunnanensis*、云南海金沙*Lygodium yunnanensis*、长叶蕗蕨*Mecodium longissimum*、裸叶粉背蕨*Aleuritopteris duclouxii*、粉背蕨*A. pseudofarinosa*、毛旱蕨*Pellaea trichophylla*、假密果短肠蕨*Allantodia multicaudata*、二回疏叶蹄盖蕨*Athyrium dissitifolium* var. *funebre*、蒙自蹄盖蕨*A. mengtzeense*、昆明蛾眉蕨*Lunathyrium dolosum*、离轴红腺蕨*Diacalpe christensenae*、凸背鳞毛蕨*Dryotperis pseudovaria*、红褐鳞毛蕨*D. rubrobrunnea*、棕鳞肉刺蕨*Nothoperanema diacalpioides*、毛发耳蕨*Polystichum crinigerum*、假半育耳蕨*P. oreodoxa*、鳞轴小膜盖蕨*Ariostegia perdurans*、半圆盖阴石蕨*Humata platylepis*、江生瓦韦*Lepisorus confluens*、耿马假瘤蕨*Phymatopteris connexa*、西南石韦*Pyrrosia gralla*等25种。

从表7-3可以看出，元江自然保护区蕨类植物区系种的地理成分以东亚分布和热带亚洲分布的成分较多，分别占总数的45.45%和31.36%。在东亚分布中，中国-喜马拉雅分布（29.09%）亦明显多于中国-日本分布（2.73%）。元江自然保护区蕨类植物区系属于东亚植物区系的主体部分，其区系与喜马拉雅地区的联系最密切。

7.3　蕨类植物的区系特点

综上所述，元江自然保护区蕨类植物区系具有如下特点。

a. 元江自然保护区的蕨类植物区系是中国蕨类植物区系的重要组成部分，该蕨类植物区系共有41科98属224种，分别占全国63科231属2600种的65.1%，42.2%和8.6%。

b. 元江自然保护区的蕨类植物区系中，最大的科为鳞毛蕨科Dryopteridaceae、水龙骨科Polypodiaceae、蹄盖蕨科Athyriaceae、凤尾蕨科Pteridaceae、金星蕨科Thelypteridaceae和铁角蕨科Aspleniaceae，这6个科的种类共达131种，占总种数（224种）的58.48%，最大属为鳞毛蕨属*Dryopteris*、凤尾蕨属*Pteris*、耳蕨属*Polystichum*、铁角蕨属*Asplenium*、蹄盖蕨属*Athyrium*、卷柏属*Selaginella*和短肠蕨属*Allantodia*，这7个属的种类共达75种，占总种数（224种）的33.48%。

c. 元江自然保护区蕨类植物区系属于热带亚热带性质的区系。元江自然保护区蕨类植物属的地理成分以泛热带分布和东亚分布较多，分别占总数的35%和28.75%。保护区蕨类植物种的地理成分以东亚分布和热带亚洲分布的成分较多，分别占总数的45.45%和31.36%。

d. 元江自然保护区蕨类植物区系属于东亚植物区系的主体部分，其区系与喜马拉雅地区的联系最密切。元江自然保护区蕨类植物区系属、种的地理成分均以东亚分布为主。在东亚成分中，属的中国-喜马拉雅分布（16.25%）明显多于中国-日本分布（2.5%），种的中国-喜马拉雅分布（29.09%）亦明显多于中国-日本分布（2.73%）。

云南元江自然保护区蕨类植物名录附后。

第8章 珍稀濒危保护植物

8.1 珍稀濒危保护植物概述

地球历史长达46亿年，在经历了漫长的进化后，现今地球上生存着500万~1000万种生物。物种形成和物种灭绝本是生物进化中的自然现象，两者的速率总体是平衡的。但是，随着人类社会对地球生物资源掠夺式的利用的加剧，这种平衡遭到了破坏，物种灭绝的速度不断加快，动植物资源正在以前所未有的速度丧失。据世界自然保护联盟（IUCN）的估计，目前，全世界有2.5万~3万种植物正面临灭绝。以高等动物中的鸟类和兽类为例，自1600年至1800年的200年间，其灭绝了25种，而从1800年至1950年的150年间则灭绝了78种。高等植物每年灭绝200种左右，如果再加上其他物种，目前世界上大致每天就要灭绝一个物种。另据分析，在今后30~40年中，全球将有5万~6万种植物受到不同程度的威胁或处于濒危境地。我国高等植物处于濒危和临近濒危的种类为4000~5000种，占我国高等植物种数的15%~20%，这一比例超过世界的平均水平。

野生动植物是世界自然遗产。物种一旦灭绝，就不可再生。在已经灭绝和行将灭绝的物种中，有许多尚未被认知，它们可能携带新的食物、药物、化学原料、病虫害的捕杀物及建筑材料和燃料等的基因资源。因此，物种灭绝对整个地球的生态系统带来的危害和威胁及对人类社会发展带来的损失与影响是难以预料及挽回的。如何全力拯救珍稀濒危物种，是摆在人类面前的一个刻不容缓的紧迫任务。

生物多样性的保护问题多年来得到国际及我国政府的高度重视。我国是国际上重要的《生物多样性公约》和《濒危野生动植物种国际贸易公约》（CITES）的最早缔约国之一，承担着生物多样性保护的义务。1984年9月20日，我国政府颁布了《中华人民共和国森林法》；1988年11月8日颁布了《中华人民共和国野生动物保护法》；1996年9月30日又颁布了《中华人民共和国野生植物保护条例》，将森林资源保护、野生动植物保护纳入到法治轨道。

珍稀濒危保护植物从不同的角度可分为多种类型，本文的珍稀濒危保护植物包括《国家重点保护野生植物名录（第一批）》（1999年）、《云南省第一批省级重点保护野生植物名录》、极小种群植物、世界自然保护联盟濒危物种红色名录（IUCN红色名录）、CITES附录植物、国家珍贵树种和云南省珍贵树种等。

8.1.1 国家重点保护野生植物

中华人民共和国《国家重点保护野生植物名录（第一批）》于1999年8月4日由国务院批准并由国家林业局和农业部发布，自1999年9月9日起施行。该名录计246种另8类（2科6属所有种，约60种）254种类（类），包括国家Ⅰ级重点保护区48种及3属［水韭属所有种（我国5种）、苏铁属所有种（我国18种）、红豆杉属所有种（我国3种及3变种）］；国家Ⅱ级重点保护植物208种，5科属［桫椤科所有种（我国2属14种）、蚌壳蕨科所有种（我国1属2种）、水蕨属所有种（我国2种）、黄杉属所有种（我国5种）、榧属所有种（我国4种及4变种）］。

8.1.2 云南省重点保护野生植物

云南省政府于1989年颁布了《云南省第一批省级重点保护野生植物名录》，计218种，包括云南省Ⅰ级重点保护植物5种，云南省Ⅱ级重点保护植物54种，云南省Ⅲ级重点保护植物159种。

8.1.3　IUCN红色名录

世界自然保护联盟（International Union for Conservation of Nature），简称IUCN，是全球性非营利环保机构，也是自然环境保护与可持续发展领域唯一作为联合国大会永久观察员的国际组织。1948年其在法国成立，总部位于瑞士格朗。目前其有160多个国家的200多个国家会员和政府机构会员、1000多个非政府机构会员；超过16 000名学者个人会员加入专家委员会。IUCN从1980年起就在中国开展工作，1996年中国政府加入IUCN，中国成为国家会员。2003年成立中国联络处，2012年设立IUCN中国代表处。

世界自然保护联盟濒危物种红色名录（IUCN Red List of Threatened Species，或称IUCN红色名录）是根据严格准则评估数以千计物种及亚种的绝种风险所编制而成的，于1963年开始编制，被认为是生物多样性状况最具权威的标准。IUCN物种保护级别分为9类，根据物种个体数量的下降速度、地理分布、群族分散程度等准则分类，物种保护级别被分为9类，最高级别是绝灭（EX），其次是野外绝灭（EW），极危（CR）、濒危（EN）和易危（VU）3个级别统称"受威胁"，其他顺次是近危（NT）、无危（LC）、数据缺乏（DD）、未评估（NE）。

绝灭（extinct，EX）：如果没有理由怀疑一分类单元的最后一个个体已经死亡，即认为该分类单元已经绝灭。

野外绝灭（extinct in the wild，EW）：如果已知一分类单元只生活在栽培、圈养条件下或者只作为自然化种群（或种群）生活在远离其过去的栖息地时，即认为该分类单元属于野外绝灭。

极危（critically endangered，CR）：当一分类单元的野生种群面临即将绝灭的概率非常高，该分类单元即列为极危。

濒危（endangered，EN）：当一分类单元未达到极危标准，但是其野生种群在不久的将来面临绝灭的概率很高，该分类单元即列为濒危。

易危（vulnerable，VU）：当一分类单元未达到极危或者濒危标准，但是在未来一段时间后，其野生种群面临绝灭的概率较高，该分类单元即列为易危。

近危（near threatened，NT）：当一分类单元未达到极危、濒危或者易危标准，但是在未来一段时间后，接近符合或可能符合受威胁等级，该分类单元即列为近危。

无危（least concern，LC）：当一分类单元被评估为未达到极危、濒危、易危或者近危标准，该分类单元即列为无危。广泛分布和种类丰富的分类单元都属于该等级。

数据缺乏（data deficient，DD）：如果没有足够的资料来直接或者间接地根据一分类单元的分布或种群状况来评估其绝灭的危险程度时，即认为该分类单元属于数据缺乏。数据缺乏不属于受威胁等级。列在该等级的分类单元需要更多的信息资料，而且通过进一步的研究可以将其划分到适当的等级中。

未评估（not evaluated，NE）：如果一分类单元未经应用本标准进行评估，则可将该分类单元列为未评估。

8.1.4　CITES附录植物

CITES是华盛顿公约的别称。华盛顿公约全称为《濒危野生动植物种国际贸易公约》（以下简称《公约》），于1973年6月21日在美国首府华盛顿签署。这是一项在控制国际贸易、保护野生动植物方面具有权威、影响广泛的国际公约，其宗旨是通过物种分级及许可证制度，对国际上野生动植物及其产品、制成品的进出口实行全面控制和管理，以促进各国保护和合理开发野生动植物资源。

《公约》将其管辖的物种分为3类，分别列入3个附录中，并采取不同的管理办法。附录Ⅰ包括所有受到和可能受到贸易影响而有灭绝危险的物种，附录Ⅱ包括所有目前虽未濒临灭绝，但如对其贸易不严加管理，就可能变成有灭绝危险的物种，附录Ⅲ包括成员国认为在其管辖范围内，应该进行管理以防止或限制开发利用，而需要其他成员国合作控制的物种。

我国于1980年12月参加该《公约》，对《公约》附录涉及的野生动植物种负有保护管理责任。

8.1.5　极小种群物种

极小种群野生植物（plant species with extremely small populations，PSESP）指分布地域狭窄或呈间断分布，由自身因素或长期受到外界因素胁迫干扰，使种群退化和数量持续减少，种群及个体数量已经低于稳定存活界限的最小可生存种群（minimum viable population，MVP），一般是处于濒临灭绝的野生植物。2003年，云南省率先提出了需要优先保护的"极小种群物种"概念，2005年编制了《云南省特有野生动植物极小种群保护工程项目建议书》《云南生物多样性保护工程规划》《云南省极小种群物种拯救保护规划纲要》《云南省极小种群物种拯救保护紧急行动计划》等。2008年，国家林业局编制了《全国极小种群野生植物拯救保护实施方案》。2012年5月，国家林业局下发了《全国极小种群野生植物拯救保护工程规划（2011—2015年）》〔林规发（2012）52号〕，该规划确定了120种极小种群植物。这些标志着我国已将极小种群野生植物保护作为一项"国家工程"进行推动。此后，极小种群物种保护工作在全国各省份迅速展开。

8.1.6　珍贵树种

1992年10月，林业部发布了《关于保护珍贵树种的通知》并重新修订了《国家珍贵树种名录》，将珍贵树种分为Ⅱ级：Ⅰ级37种；Ⅱ级95种。

8.2　珍稀濒危保护植物类别

8.2.1　国家重点保护野生植物

按1999年国务院颁布的《国家重点保护野生植物名录（第一批）》统计，元江自然保护区分布国家重点保护野生植物13种，隶属于11科11属。其中，属于国家Ⅰ级的2种，属于国家Ⅱ级的11种（表8-1）。

表8-1　元江自然保护区国家重点保护野生植物

序号	中文名	拉丁名	级别	性状	多度	分布点	海拔/m
1	元江苏铁	*Cycas parvula*	国Ⅰ/CⅡ	灌木	少见	西拉河、乌布鲁山、南巴冲、鲁业冲	755～1300
2	云南苏铁	*Cycas siamensis*	国Ⅰ/CⅡ	灌木	少见	鲁业冲、南巴冲	840～1130
3	水青树	*Tetracentron sinense*	国Ⅱ	乔木	罕见	章巴、乌布鲁水库、望乡台	2100～2285
4	金荞麦	*Fagopyrum dibotrys*	国Ⅱ	草本	常见	章巴、乌布鲁水库	1840
5	千果榄仁	*Terminalia myriocarpa*	国Ⅱ	乔木	罕见	清水河	1020～1100
6	心叶蚬木	*Burretiodendron esquirolii*	国Ⅱ/VU	乔木	少见	小竹箐、曼旦	450～750
7	榉树	*Zelkova serrata*	国Ⅱ	乔木	少见	莫朗	1450
8	十齿花	*Dipentodon sinicus*	国Ⅱ	乔木	少见	章巴、乌布鲁水库、望乡台	2100～2300
9	红椿	*Toona ciliata*	国Ⅱ	乔木	常见	鲁业冲	602～1600
10	毛红椿	*Toona ciliata* var. *pubescens*	国Ⅱ	乔木	常见	鲁业冲、南巴冲	600～900
11	喜树	*Camptotheca acuminata*	国Ⅱ	乔木	少见	鲁业冲	600～870
12	金毛狗	*Cibotium barometz*	国Ⅱ	草本	罕见	章巴片区磨刀河	1360～1500
13	桫椤	*Alsophila spinulosa*	国Ⅱ	灌木	少见	章巴片区	1510～1830

注：国Ⅰ，国家Ⅰ级重点保护野生物种，余类推；CⅡ，CITES附录Ⅱ物种；VU，IUCN易危物种。下同

1．元江苏铁 *Cycas parvulus*

苏铁科，苏铁属，国家Ⅰ级重点保护野生植物，CITES附录Ⅱ物种。

灌木；高达1.5m，胸径15～30cm。分布于云南省元江流域的元江、红河、石屏及建水，中国特有种。在保护区内见于西拉河、乌布鲁山、南巴冲、鲁业冲等地，海拔755～1300m的林中或灌丛中，数量稀少。影响因素主要是采挖和生境退化。

2．云南苏铁 Cycas siamensis

苏铁科，苏铁属，国家Ⅰ级重点保护野生植物，CITES附录Ⅱ物种。

灌木；高达1.8m，基部显著膨大呈盘状。分布于芒市、勐海、镇康、思茅、澜沧、小勐养、景洪、勐腊、河口等地；缅甸、泰国、越南也有分布。保护区内零星生于鲁业冲、南巴冲，海拔840～1130m的林下或沟底空旷处，数量稀少。威胁因素主要是生境退化。

3．水青树 Tetracentron sinense

水青树科，水青树属，稀有，国家Ⅱ级重点保护野生植物。

落叶乔木，高可达30m，胸径超过1m。木材可制家具；树姿较好，可供观赏。分布于滇西北、滇东北、龙陵、凤庆、景东、文山、金平等地；甘肃、陕西、湖北、湖南、四川、贵州等省；尼泊尔、缅甸北部、越南亦有。保护区内见于章巴、乌布鲁水库、望乡台，海拔2100～2285m的沟谷杂木林林缘，罕见。威胁因素主要是放牧和生境退化。

4．金荞麦 Fagopyrum dibotrys

蓼科，荞麦属，国家Ⅱ级重点保护野生植物。

多年生草本。根状茎木质化，茎直立，嫩茎叶可食用。我国广布；国外见于印度、尼泊尔、克什米尔地区、越南、泰国。保护区内生于章巴、乌布鲁水库；海拔约1840m的路边、沟边、林缘、荒坡，数量较多，常见，根系正常。人为影响不大。

5．千果榄仁 Terminalia myriocarpa

使君子科，榄仁树属，国家Ⅱ级重点保护野生植物。

常绿乔木，高达40m，胸径可超过2m，常具板根。分布于云南省西南部、南部、东南部；广西和西藏东南部；印度东北部、缅甸北部、马来西亚、泰国、老挝、越南北部有分布。保护区内见于清水河，海拔1020～1100m的山地雨林；数量少。影响因素主要是砍伐和生境缩小。

6．心叶蚬木 Burretiodendron esquirolii

椴树科，蚬木属，又称柄翅果，国家Ⅱ级重点保护野生植物，IUCN易危物种。

落叶乔木，高超过20m，胸径可达60cm，用材树种。分布于弥勒、元江、石屏、金平、屏边；贵州、广西；为中国特有树种。保护区内见于小竹箐、曼旦，数量少，零星分布于海拔450～750m的湿润沟箐边。

7．榉树 Zelkova serrata

榆科，榉属，国家Ⅱ级重点保护野生植物。

高大落叶乔木，高达40m，胸径超过1m，著名用材树种，优良家具木材。产于辽宁、陕西、甘肃、山东、江苏、安徽、浙江、江西、湖南、湖北、广东、福建、台湾；日本、朝鲜。保护区内生于莫朗附近，海拔约1450m的石灰岩山地、河谷、溪边疏林中，数量少。影响因素主要是砍伐做家具或大板。

8．十齿花 Dipentodon sinicus

十齿花科，十齿花属，稀有，国家Ⅱ级重点保护野生植物。

单种属植物，落叶小乔木，高3～11m。分布于贡山、福贡、泸水、龙陵、腾冲、金平、屏边、蒙自、元江、彝良；西藏、贵州、广西西部；印度东北部、缅甸。保护区内见于章巴、乌布鲁水库、望乡台，海拔2100～2300m的沟边、疏林中，数量稀少。人为影响小。

9．红椿 *Toona ciliata* var. *ciliate*

楝科，椿属，国家Ⅱ级重点保护野生植物。

高大乔木，优质用材树种。分布于云南中部、西部、西北部，四川、贵州、江西、广西、广东；喜马拉雅山脉西北坡、印度东部、孟加拉国经缅甸、泰国、我国华南至新几内亚岛、大洋洲东部。保护区内见于鲁业冲，海拔602～1600m的林缘、林内或溪旁、沟谷中，数量少，更新正常，大树罕见。影响因素主要是砍伐。

10．毛红椿 *Toona ciliata* var. *pubescens*

楝科，椿属，国家Ⅱ级重点保护野生植物。

高大乔木，为红椿的变种，材质优良。分布于云南中部、西部、西北部，四川、贵州、广东、江西；印度、中南半岛、马来西亚、印度尼西亚均有分布。在保护区内见于鲁业冲、南巴冲，海拔600～900m的林内或溪旁，数量少，更新正常。影响因素主要是砍伐。

11．喜树 *Camptotheca acuminate*

蓝果树科，喜树属，国家Ⅱ级重点保护野生植物。

高大落叶乔木，重要用材树种、绿化树种和药用植物。零星分布于景洪、思茅、景东、漾濞、峨山、新平、富宁、广南；台湾、福建、江西、湖南、湖北、四川、贵州、广西、广东、江南各省。野生种群接近灭绝。通常所见的喜树是人工栽培于公路边的行道树或庭院绿化树。

保护区野生喜树见于鲁业冲海拔600～870m的湿润沟箐中，数量300余株。其最大一株地径达2.7m，堪称"喜树王"，可惜在保护区建立前，被盗伐，仅留下伐桩。人为影响因素主要是少量砍伐及生境退化，因分布于河边，多数更新幼苗被每年的洪水冲走，保留下来的较少。

12．金毛狗 *Cibotium barometz*

蚌壳蕨科，金毛狗属，多年生高大草本，国家Ⅱ级重点保护野生植物。

根状茎粗壮，直径4～10cm，横卧，因密生金黄色长柔毛而得名。分布于亚洲大部分地区；我国长江以南大部分省份、台湾；越南、印度东北部、泰国、缅甸、马来西亚、印度尼西亚、日本。保护区内见于章巴片区磨刀河，海拔1360～1500m的林缘，数量少。影响因素主要是生境退化、生境缩小。

13．桫椤 *Alsophila spinulosa*

桫椤科，桫椤属，濒危，国家Ⅱ级重点保护野生植物。

桫椤是世界上最古老的、幸存至今的少数乔木状蕨类之一，高可达6m以上，茎干不分枝，大型3回羽状复叶集生于茎干顶部；叶柄两侧具刺。分布于福建、台湾、广东、海南、香港、广西、云南、重庆、四川；日本、越南、柬埔寨、泰国、缅甸、孟加拉国、不丹、尼泊尔和印度。保护区仅见于章巴片区，生于海拔1510～1830m的湿润常绿阔叶林及林缘；数量少。影响因素主要是生境退化。

8.2.2　云南省重点保护野生植物

1989年2月，云南省政府公布了《云南省第一批省级重点保护野生植物名录》（云政发［1989］110号文），计218种。其中，Ⅰ级5种、Ⅱ级55种、Ⅲ级158种。

元江自然保护区分布云南省省级重点保护野生植物13种（表8-2），隶属于10科11属，占云南省省级重点保护野生植物（218种）的5.96%；其中云南省Ⅱ级重点保护野生植物3种，占云南省Ⅱ级重点保护植物（55种）的5.45%，云南省Ⅲ级重点保护植物10种，占云南省Ⅲ级重点保护植物（158种）的6.33%。

表8-2　元江自然保护区云南省重点保护植物

序号	中文名	拉丁名	级别	性状	多度	分布点	海拔/m
1	中华刺蕨	*Egenolfia sinensis*	省Ⅱ	附生	少见	章巴	1610~2065
2	高盆樱桃	*Cerasus cerasoides*	省Ⅱ	乔木	常见	章巴	1400~2100
3	定心藤	*Mappianthus iodoides*	省Ⅱ	藤本	少见	磨刀河、阿木山	1700~1750
4	少花琼楠	*Beilschmiedia pauciflora*	省Ⅲ	乔木	少见	望乡台	2100
5	长梗润楠	*Machilus longipedicellata*	省Ⅲ	乔木	少见	望乡台	2045~2160
6	润楠	*Machilus pingii*	省Ⅲ	乔木	少见	阿木山、章巴、乌布鲁水库、南溪	1630~2285
7	细毛润楠	*Machilus tenuipila*	省Ⅲ	乔木	少见	章巴、乌布鲁水库、阿木山	1695~2200
8	紫金龙	*Dactylicapnos scandens*	省Ⅲ	藤本	少见	章巴、乌布鲁水库	2200
9	元江风车子	*Combretum yuankiangense*	省Ⅲ	藤本	少见	鲁业冲、南巴冲、西拉河	680~1020
10	梅蓝	*Melhania hamiltoniana*	省Ⅲ	灌木	少见	元江河谷至普漂江边	400~600
11	大叶虎皮楠	*Daphniphyllum majus*	省Ⅲ	乔木	少见	章巴、乌布鲁水库	1950
12	厚果鸡血藤	*Millettia pachycarpa*	省Ⅲ	藤本	常见	西拉河、鲁业冲、南巴冲、葫芦塘、乌布鲁山、望乡台	700~1545
13	云南崖摩	*Amoora yunnanensis*	省Ⅲ	乔木	少见	曼旦	950~1050

注：省Ⅱ，云南省Ⅱ级重点保护野生物种，余类推。下同

1. 中华刺蕨 *Egenolfia sinensis*

刺蕨科，刺蕨属，云南省Ⅱ级重点保护野生植物。

根状茎横走。叶近生，不育叶叶柄长15~30cm，近顶部叶轴上面有一大芽胞能着地生根。分布于云南、贵州；印度、孟加拉国、越南、柬埔寨、缅甸、泰国、印度尼西亚等。保护区内见于章巴，海拔1610~2065m的密林中常附生于树干基部或岩石上；数量少。人为影响小。

2. 高盆樱桃 *Cerasus cerasoides*

蔷薇科，樱属，云南省Ⅱ级重点保护野生植物。

落叶乔木，高4~10m。花期11月至次年1月，是冬季开花的少数乔木树种，因而又称冬樱花，其开花量大，先花后叶，格外醒目，目前已经作为园林树种大量应用。野生于云南各地；西藏南部；克什米尔地区、尼泊尔、印度、不丹、缅甸北部也有。保护区内见于章巴海拔1400~2100m的山坡疏林、路边；数量较多。影响因素主要是采挖，但是本种易于更新，人为影响因素对本种影响不大。

3. 定心藤 *Mappianthus iodoides*

茶茱萸科，定心藤属，云南省Ⅱ级重点保护野生植物。

木质藤本，叶对生，具卷须；核果味甜可食，故又名甜果藤。分布于滇南及滇东南。生于海拔800~1800m的疏林、灌丛。我国福建、广东、广西、湖南、贵州，以及越南北部有分布。在保护区内见于磨刀河、阿木山海拔1700~1750m的季风常绿阔叶林，数量少。影响因素主要是生境退化和生境缩小。

4. 少花琼楠 *Beilschmiedia pauciflora*

樟科，琼楠属，云南省Ⅲ级重点保护野生植物。

常绿乔木，枝条粗壮，幼枝多少被短柔毛。顶芽细小，被短柔毛。叶近对生或互生。分布于云南南部，云南特有树种。在保护区内见于望乡台海拔2100m的阔叶林；数量少。受人为影响小。

5. 长梗润楠 *Machilus longipedicellata*

樟科，润楠属，云南省Ⅲ级重点保护野生植物。

高大常绿乔木，高可达30m，胸径近1m。分布于云南中部至西北部；四川西南部也有；中国特有。在保护区内见于望乡台海拔2045～2160m的沟谷杂木林；数量较少。受人为影响小。

6．润楠 *Machilus pingii*

樟科，润楠属，云南省Ⅲ级重点保护野生植物。

高大常绿乔木，胸径可达70cm。分布于云南东南部；四川也有；中国特有。在保护区内见于阿木山、章巴、乌布鲁水库、南溪等地海拔1630～2285m的常绿阔叶林；数量少。受人为影响小。

7．细毛润楠 *Machilus tenuipila*

樟科，润楠属，云南省Ⅲ级重点保护野生植物。

常绿乔木，高8～20m。分布于云南南部和西南部；云南特有。保护区内见于章巴、乌布鲁水库、阿木山海拔1695～2200m的森林或灌丛；数量少。受人为影响小。

8．紫金龙 *Dactylicapnos scandens*

紫堇科，紫金龙属，云南省Ⅲ级重点保护野生植物。

多年生柔嫩草质藤本；根粗壮，粗达5cm，可入药。花期7～10月，果期9～12月。除滇东北和西双版纳外，云南全省分布；省外见于广西西部和西藏东南部；国外见于不丹、尼泊尔、印度阿萨姆、缅甸中部与中南半岛东部。保护区内见于章巴、乌布鲁水库海拔2200m的林缘，少见。影响因素主要是采挖。

9．元江风车子 *Combretum yuankiangense*

使君子科，风车子属，云南省Ⅲ级重点保护野生植物。

木质藤本。叶对生，稀轮生。果期11月。仅分布于元江县，为元江狭域特有植物。在保护区内见于鲁业冲、南巴冲、西拉河海拔680～1020m的湿润生境；数量少。影响因素主要是生境退化和生境缩小。

10．梅蓝 *Melhania hamiltoniana*

梧桐科，梅蓝属，云南省Ⅲ级重点保护野生植物。

小灌木，高约1m；全株密被短柔毛。国内仅分布于元江干热河谷；国外记录于印度。保护区内见于元江河谷至普漂江边海拔400～600m的稀树灌木草丛；数量较多。影响因素主要是生境退化和生境缩小。

11．大叶虎皮楠 *Daphniphyllum majus*

虎皮楠科，虎皮楠属，云南省Ⅲ级重点保护野生植物。

常绿乔木，高达20m，著名用材树种，木材花纹如虎皮状而得名；小枝灰褐色，具凸起皮孔。花期5月，果期11～12月。分布于云南南部、东南部；缅甸、泰国和越南北部。在保护区内见于章巴、乌布鲁水库海拔约1950m的常绿阔叶林中，数量少。受人为影响小。

12．厚果鸡血藤 *Millettia pachycarpa*

蝶形花科，崖豆藤属，云南省Ⅲ级重点保护野生植物。

大型木质藤本，又称为冲天子。嫩枝密被黄色绒毛。荚果肿胀，长圆形，长5～23cm，宽4～5cm，密布浅黄色疣状斑点，果瓣木质，甚厚，迟裂，有种子1～5枚。花期4～6月，果期6～11月。除滇西北高山以外的云南各地有分布；西藏、贵州、四川、广西、广东、湖南、江西、浙江、福建、台湾；缅甸、泰国、越南、老挝、孟加拉国、印度、尼泊尔、不丹。保护区内见于西拉河、鲁业冲、南巴冲、葫芦塘、乌布鲁山、望乡台等地，海拔700～1545m的林缘、灌丛，常见。受人为影响小。

13．云南崖摩 *Amoora yunnanensis*

楝科，崖摩属，云南省Ⅲ级重点保护野生植物。

高等常绿乔木,高30m;小枝幼部有黄色鳞片。蒴果倒卵状球形,长1.5~2cm,顶端下凹,基部常狭缩,宿萼碟状,展开;果皮革质,开裂。种子2~3枚,围以红色的假种皮。花期3~5月和7~9月。分布于滇西南、滇南和滇东南;广西;中国特有。保护区内见于曼旦海拔950~1050m的山地雨林;数量少。影响因素主要是生境退化和生境缩小。

8.2.3　IUCN受威胁植物

按照国际惯例,IUCN受威胁植物指IUCN红色名录中的极危物种、濒危物种及易危物种三类。经查2017年更新的IUCN红色名录,元江自然保护区分布IUCN受威胁植物共计10种。其中极危1种、濒危4种、渐危5种(表8-3)。

表8-3　元江自然保护区IUCN受威胁植物统计

序号	中文名	拉丁名	级别	性状	多度	分布点	海拔/m
1	云南翅子树	*Pterospermum yunnanense*	CR	乔木	罕见	施垤新村	650~800
2	山玉兰	*Magnolia delavayi*	EN	乔木	少见	莫朗	1700~1800
3	四裂算盘子	*Glochidion ellipticum*	EN	乔木	少见	鲁业冲	857
4	石楠	*Photinia serratifolia*	EN	乔木	少见	莫朗	1200
5	云南幌伞枫	*Heteropanax yunnanensis*	EN	乔木	少见	葫芦塘、干塘梁子	860~970
6	密叶十大功劳	*Mahonia conferta*	VU	灌木	少见	老窝底山	2300
7	心叶蚬木	*Burretiodendron esquirolii*	VU	乔木	少见	小竹箐、曼旦	450~750
8	滇山茶	*Camellia reticulata* f. *reticulata*	VU	灌木	少见	南溪	2000~2200
9	碧绿米仔兰	*Aglaia perviridis*	VU	乔木	少见	西拉河	800~1200
10	雷打果	*Melodinus yunnanensis*	VU	藤本	少见	章巴、乌布鲁山	1750~1900

注:CR,IUCN极危物种;EN,IUCN濒危物种。下同

1.云南翅子树 *Pterospermum yunnanense*

梧桐科,翅子树属,IUCN极危植物。

小乔木,高5~10m,叶革质,二型,掌状5深裂,长16cm,裂片长条形,长11cm,基部心形或斜心形,花未见。蒴果卵状椭圆形,种子具翅,连翅长2.8cm;翅膜质,褐色,顶端钝。云南特有植物,分布于云南南部。在保护区内见于施垤新村海拔650~800m的石灰岩山坡上,数量少,罕见。影响因素是生境退化和缩小。

2.山玉兰 *Magnolia delavayi*

木兰科,玉兰属,IUCN濒危植物。

常绿乔木;胸径可达80cm;叶片厚革质,卵形,长20~32cm,宽7~20cm;花大,浅绿色;聚合果卵状长圆体形,长9~20cm;花期4~6月,果期8~10月。云南广布;四川、贵州、西藏;中国特有。在保护区内见于莫朗海拔1700~1800m的石灰岩林缘,数量稀少。影响因素主要是生境退化和生境缩小。

3.四裂算盘子 *Glochidion ellipticum*

大戟科,算盘子属,IUCN濒危植物。

常绿乔木;枝和叶无毛。叶片纸质或近革质,宽椭圆形、卵形至披针形。蒴果扁球状,直径6~8mm,高2~3mm,通常4室;种子半圆球形,红色。分布于河口、麻栗坡、思茅、景洪、勐腊、勐海、景东、临沧、沧源、耿马、盈江、双江;贵州、广西、台湾;印度、缅甸、泰国、越南。保护区内见于鲁业冲海拔857m的季雨林,少见。影响因素主要是生境退化和生境缩小。

4．石楠 *Photinia serratifolia*

蔷薇科，石楠属，IUCN 濒危植物。

常绿乔木；枝幼时褐色或红褐色，老时灰褐色，无毛；复伞房花序顶生，直径10～16cm；果实球形，直径3～6mm，红色，后变为褐紫色；种子2枚；花期4～5月，果期10月。分布于云南各地；四川、贵州、广西、广东、湖南、湖北、江西、福建、安徽、浙江、江苏、陕西、河南、甘肃、台湾；印度南部、日本、印度尼西亚。保护区内见于莫朗海拔1200m的常绿栎林、灌丛中，数量较少。影响因素主要是生境退化和生境缩小。

5．云南幌伞枫 *Heteropanax yunnanensis*

五加科，幌伞枫属，IUCN 濒危植物。

常绿乔木。叶为大型二回羽状复叶；花序长20～25cm，密被锈色绒毛；果扁球形，直径6～7mm，厚约1.5mm，宿存花柱2，离生，下弯。花期11月，果期5月。分布于云南西南部；云南特有。保护区内见于葫芦塘、干塘梁子海拔860～970m的林中，数量少。影响因素主要是采挖做绿化树，以及生境退化和生境缩小。

6．密叶十大功劳 *Mahonia conferta*

小檗科，十大功劳属，IUCN 易危植物。

常绿灌木。羽状复叶长15～25cm，具有21～41枚小叶，排列成密集的覆瓦状。小叶边缘每边具2～3枚刺状牙齿。花黄色，总状花序多枚簇生，长达10～16cm；果窄椭圆形，长约8mm，直径4～5mm，顶端具明显的宿存花柱，被微白粉。花、果期8～12月。分布于金平、龙陵、新平、元阳；云南特有。保护区内见于老窝底山海拔2300m的山坡沟箐，数量少见。影响因素主要是采挖、生境退化和生境缩小。

7．心叶蚬木（柄翅果）*Burretiodendron esquirolii*

椴树科，蚬木属，IUCN 易危植物，同时也是国家Ⅱ级重点保护野生植物。基本情况见前述。

8．滇山茶 *Camellia reticulata* f. *reticulata*

山茶科，山茶属，IUCN 易危植物。

常绿小乔木；幼枝粗壮，被柔毛或变无毛，淡棕色。叶革质，具光泽。花腋生或近顶生，单生或2（～3）朵簇生，鲜红色，直径6～8(～10)cm；蒴果球形或扁球形，直径4～7cm，3室，每室有种子1～2枚，果皮厚6～10mm。花期1～2月，果期9～10月。云南广布；四川、贵州也有；中国特有。在保护区内见于南溪海拔2000～2200m的常绿阔叶林；数量少。影响因素主要是采摘花果，但是影响较小。

9．碧绿米仔兰 *Aglaia perviridis*

楝科，米仔兰属，IUCN 易危植物。

常绿乔木；小枝暗灰色，有苍黄色小皮孔。羽状复叶长约30cm；小叶9～13枚，互生。浆果长圆形、肾状，黄褐色，长达3.8cm，宽2cm，下垂；内有肾形种子1枚，假种皮肉质、污黄色。花期3～5月，果9～12月成熟。分布于滇南及滇东南；印度。保护区内见于西拉河海拔800～1200m的山地雨林，数量少，更新不良。影响因素主要是生境退化和生境缩小。

10．雷打果 *Melodinus yunnanensis*

夹竹桃科，山橙属，IUCN 易危植物。

木质藤本，具乳汁。小枝、叶背和叶柄在幼时被秕状鳞片，老渐脱落。叶纸质，对生；侧脉每边10～15条。聚伞花序伞形状，顶生和腋生；浆果圆球状，直径10.5cm；花期5月，果期8月。分布于建水、屏边、蒙自、元江；云南特有。保护区内见于章巴、乌布鲁山海拔1750～1900m的山地潮湿密林中；数量少。影响因素主要是生境退化或消失，但是影响不大。

8.2.4 《濒危野生动植物种国际贸易公约》(CITES)附录植物

按照2016年修订的《濒危野生动植物种国际贸易公约》(*Convention on International Trade in Endangered Species of Wild Fauna and Flora*，CITES)附录，元江自然保护区分布81种受到该公约保护的植物。其中，附录 I 的2种，附录 II 的79种。其中蕨类植物1种，裸子植物2种，被子植物78种。被子植物中以兰科植物的种类最多，达到73种（表8-4）。

表8-4 元江自然保护区《濒危野生动植物种国际贸易保护公约》保护植物统计

序号	中文名	拉丁名	性状	级别	多度	分布点	海拔/m
1	元江苏铁	*Cycas parvula*	灌木	国 I /C II	少见	西拉河、乌布鲁山、南巴冲、鲁业冲	755～1300
2	云南苏铁	*Cycas siamensis*	灌木	国 I /C II	少见	鲁业冲、南巴冲	840～1130
3	巨瓣兜兰	*Paphiopedilum bellatulum*	附生	C I	少见	施垤新村	1010～1100
4	云南火焰兰	*Renanthera imschootiana*	附生	C I	罕见	曼旦、脊背山	950～1000
5	缅甸黄檀	*Dalbergia burmanica*	乔木	C II	少见	鲁业冲、南巴冲	980～1080
6	含羞草叶黄檀	*Dalbergia mimosoides*	藤本	C II	常见	红石崖、南四冲水库	2000～2300
7	钝叶黄檀	*Dalbergia obtusifolia*	乔木	C II	常见	鲁业冲、南巴冲、西拉河	650～1145
8	斜叶黄檀	*Dalbergia pinnata*	乔木	C II	常见	普漂、曼旦	400～750
9	多体蕊黄檀	*Dalbergia polyadelpha*	乔木	C II	常见	曼旦	1200～1350
10	滇黔黄檀	*Dalbergia yunnanensis*	藤本	C II	常见	望乡台	2010
11	多花脆兰	*Acampe rigida*	草本	C II	少见	红石崖、寒及冲	940～1060
12	一柱齿唇兰	*Anoectochilus tortus*	草本	C II	少见	章巴、乌布鲁山	1700～1900
13	筒瓣兰	*Anthogonium gracile*	草本	C II	少见	阿木山	1750
14	竹叶兰	*Arundina graminifolia*	附生	C II	少见	望乡台	1450
15	小白及	*Bletilla formosana*	地生	C II	少见	普漂、曼旦、西拉河	820～1500
16	黄花白及	*Bletilla ochracea*	地生	C II	少见	西拉河、施垤新村	600～1000
17	赤唇石豆兰	*Bulbophyllum affine*	附生	C II	少见	南巴冲	980
18	梳帽卷瓣兰	*Bulbophyllum andersonii*	附生	C II	少见	大竹箐	1680
19	贡山卷瓣兰	*Bulbophyllum gongshanens*	附生	C II	少见	章巴、乌布鲁水库	2350～2530
20	密花石豆兰	*Bulbophyllum odoratissimum*	附生	C II	少见	小竹箐	2300
21	麦穗石豆兰	*Bulbophyllum orientale*	附生	C II	少见	章巴、乌布鲁水库、南溪	2000～2200
22	伞花卷瓣兰	*Bulbophyllum umbellatum*	附生	C II	少见	乌布鲁山	2570
23	泽泻虾脊兰	*Calanthe alismaefolia*	地生	C II	少见	章巴、乌布鲁水库	2450～2560
24	棒距虾脊兰	*Calanthe clavata*	草本	C II	少见	乌布鲁水库	2200
25	叉唇虾脊兰	*Calanthe hancockii*	草本	C II	少见	阿木山	2290
26	叉枝牛角兰	*Ceratostylis himalaica*	附生	C II	少见	磨刀河	2260
27	屏边叉柱兰	*Cheirostylis pingbianensis*	地生	C II	少见	乌布鲁山	1700～2070
28	金唇兰	*Chrysoglossum ornatum*	附生	C II	少见	南四冲	1000
29	长帽隔距兰	*Cleisostoma longiopeculatu*	附生	C II	罕见	西拉河、鲁业冲	760～850
30	勐海隔距兰	*Cleisostoma menghaiense*	附生	C II	少见	西拉河	755
31	隔距兰	*Cleisostoma sagittiforme*	附生	C II	少见	鲁业冲	682
32	白花贝母兰	*Coelogyne leucantha*	附生	C II	少见	章巴、乌布鲁水库	2100～2460
33	长柄贝母兰	*Coelogyne longipes*	附生	C II	少见	阿波列山	1860

续表

序号	中文名	拉丁名	性状	级别	多度	分布点	海拔/m
34	禾叶贝母兰	*Coelogyne viscosa*	附生	C II	少见	章巴梁子	2350
35	硬叶兰	*Cymbidium bicolor* ssp. *obtusum*	附生	C II	少见	普漂、葫芦塘	880~1020
36	冬凤兰	*Cymbidium dayanum*	附生	C II	少见	西拉河	800
37	长叶兰	*Cymbidium erythraeum*	附生	C II	少见	曼旦	1200~1400
38	虎头兰	*Cymbidium hookerianum*	附生	C II	少见	乌布鲁山、望乡台	1860~2020
39	兔耳兰	*Cymbidium lancifolium*	草本	C II	少见	寒及冲	920
40	矮石斛	*Dendrobium bellatulum*	附生	C II	少见	乌布鲁山、阿木山	1450~2070
41	束花石斛	*Dendrobium chrysanthum*	附生	C II	少见	弯水沟	890
42	美花石斛	*Dendrobium loddigesii*	附生	C II	少见	西拉河、鲁业冲、南巴冲	650~1100
43	细茎石斛	*Dendrobium moniliforme*	附生	C II	少见	章巴、乌布鲁水库	2220~2295
44	梳唇石斛	*Dendrobium strongylanthum*	附生	C II	少见	南溪	1890~2070
45	黑毛石斛	*Dendrobium williamsonii*	附生	C II	少见	南溪	1950~2100
46	虎舌兰	*Epipogium roseum*	腐生	C II	少见	大竹箐	2380
47	足茎毛兰	*Eria coronaria*	附生	C II	少见	小竹箐	1950
48	指叶毛兰	*Eria pannea*	附生	C II	常见	弯水沟	860
49	鹅白毛兰	*Eria stricta*	附生	C II	少见	乌布鲁山	2320
50	地宝兰	*Geodorum densiflorum*	草本	C II	少见	普漂、曼旦	450~550
51	长苞斑叶兰	*Goodyera prainii*	草本	C II	少见	莫朗	1700~1800
52	小斑叶兰	*Goodyera repens*	草本	C II	少见	乌布鲁水库	2210
53	绒叶斑叶兰	*Goodyera velutina*	草本	C II	少见	阿木山	2490
54	薄叶玉凤花	*Habenaria austrosinensis*	草本	C II	少见	鲁业冲、南巴冲	920~1010
55	长距玉凤花	*Habenaria davidii*	草本	C II	少见	大竹箐	750
56	鹅毛玉凤花	*Habenaria dentata*	草本	C II	少见	鲁业冲、南巴冲、西拉河、乌布鲁山	800~1200
57	齿片玉凤花	*Habenaria finetiana*	草本	C II	少见	曼旦	1200
58	宽药隔玉凤花	*Habenaria limprichtii*	草本	C II	少见	曼旦	1300
59	南方玉凤花	*Habenaria malintana*	草本	C II	少见	鲁业冲、南巴冲、曼旦	1110~1250
60	见血青	*Liparis nervosa*	草本	C II	少见	乌布鲁山	1400~1990
61	香花羊耳蒜	*Liparis odorata*	草本	C II	少见	施垤新村	750~900
62	长茎羊耳蒜	*Liparis viridiflora*	附生	C II	少见	鲁业冲、南巴冲、乌布鲁山	1100~1400
63	血叶兰	*Ludisia discolor*	草本	C II	少见	曼旦	1100~1300
64	长叶钗子股	*Luisia zollingeri*	附生	C II	常见	西拉河	850~950
65	沼兰	*Malaxis monophyllos*	草本	C II	少见	望乡台	2000
66	毛叶芋兰	*Nervilia plicata*	草本	C II	少见	西拉河	780~1050
67	剑叶鸢尾兰	*Oberonia ensiformis*	附生	C II	少见	干塘梁子	900
68	棒叶鸢尾兰	*Oberonia myosurus*	附生	C II	少见	鲁业冲、南巴冲	1030~1100
69	狭叶耳唇兰	*Otochilus fuscus*	附生	C II	常见	磨刀河	1880
70	尾丝钻柱兰	*Pelatantheria bicuspidata*	附生	C II	少见	鲁业冲、南巴冲	1145~1160
71	钻柱兰	*Pelatantheria rivesii*	附生	C II	少见	西拉河	650
72	大花阔蕊兰	*Peristylus constrictus*	草本	C II	少见	阿波列山	2290
73	阔蕊兰	*Peristylus goodyeroides*	草本	C II	常见	章巴梁子	2410

序号	中文名	拉丁名	性状	级别	多度	分布点	海拔/m
74	缘毛鸟足兰	*Satyrium ciliatum*	草本	C II	罕见	章巴、乌布鲁水库、南溪	2000～2200
75	绶草	*Spiranthes sinensis*	草本	C II	少见	章巴、乌布鲁水库、南溪	2200～2300
76	阔叶带唇兰	*Tainia latifolia*	草本	C II	常见	南溪	1870
77	垂头万代兰	*Vanda alpina*	附生	C II	少见	大竹箐	750
78	白柱万代兰	*Vanda brunnea*	附生	C II	少见	脊背山	960
79	小蓝万代兰	*Vanda coerulescens*	附生	C II	常见	曼旦、西拉河	780～1080
80	矮美万代兰	*Vanda pumila*	附生	省 II/C II	少见	西拉河	880
81	白肋线柱兰	*Zeuxine goodyeroides*	草本	C II	少见	乌布鲁山	1700～1800

注：国 I，国家 I 级重点保护野生植物；C I，CITES附录 I；C II，CITES附录 II。

8.2.5　极小种群植物

按照《云南省极小种群物种拯救保护规划纲要（2010—2020年）》、《云南省极小种群物种拯救保护紧急行动计划（2010—2015年）》、《云南省生物多样性保护工程规划》（2008年）、《全国极小种群野生植物拯救保护工程规划（2011—2015年）》〔林规发（2012）52号〕，元江自然保护区分布极小种群植物——旱地油杉。

旱地油杉 *Keteleeria xerophila*，松科，油杉属，濒危。乔木，高达20m，胸径90cm；叶条形，长3～8.2cm，宽2～3cm，果圆柱形，长7～11cm，直径3.5～4cm，鳞背拱凸，苞鳞带状，种子连翅长约2cm。在本保护区内生于脊背山，海拔850～1200m，红河上游河谷地带或干燥阳坡中。产于新平、红河中上游河谷地带或干燥阳坡。材质坚实，为干热河谷少有的造林树种。由于分布海拔低，热区土地开发导致生境缩小，加之以往砍伐严重，已处于濒危状态。在保护区内见于乌布鲁山、脊背山，海拔800～1150m的山地，零星分布，更新能力差。

8.2.6　珍贵树种

1．国家珍贵树种

1992年10月8日，林业部向全国林业部门下发了《林业部关于保护珍贵树种的通知》（林护字〔1992〕56号）。通知就进一步加强国家珍贵树种资源的保护做出了明确规定和要求，并同时发布了《国家珍贵树种名录（第一批）》。该名录对1975年农林部（75）农林（林）字第120号《关于保护、开展和合理利用珍贵树种的通知》中颁布的珍贵树种名录进行修订后形成。《国家珍贵树种名录（第一批）》中，确定国家一级珍贵树种37种，国家二级珍贵树种95种，共132种。

根据《国家珍贵树种名录（第一批）》，元江自然保护区分布国家珍贵树种5种（表8-5）。

表8-5　元江自然保护区国家珍贵树种统计

序号	中文名	拉丁名	级别	性状	多度	分布点	海拔/m
1	水青树	*Tetracentron sinense*	二级	乔木	罕见	章巴、乌布鲁水库、望乡台	2100～2285
2	野茶树（普洱茶）	*Camellia sinensis* var. *assamica*	二级	乔木	少见	南溪	2200～2340
3	麻楝	*Chukrasia tabularis*	二级	乔木	少见	鲁业冲、南巴冲	1020
4	红椿	*Toona ciliata*	二级	乔木	常见	鲁业冲	602～1600
5	榉树（榉木）	*Zelkova serrata*	二级	乔木	少见	莫朗	1450

其中，水青树、红椿和榉木同属于国家重点保护野生植物，它们在保护区的情况如前述。野茶树（普洱茶）和麻楝的情况如下。

（1）野茶树（普洱茶）*Camellia sinensis* O. Kuntze var. *assamica* Kitamura

山茶科，山茶属，乔木。野茶树是极为重要的资源植物。分布于云南的河口、金平、元阳、绿春、元江、思茅、勐腊、景洪、勐海、澜沧、耿马、双江、临沧、景东、凤庆、龙陵、芒市；广西南部、广东南部、海南；越南、老挝、泰国、缅甸也有分布。

野茶树（普洱茶）是我国和东南亚国家传统上栽培与饮用的"茶"的野生种，野生种源在云南各地森林中多有分布，一般被称为"野茶"、森林茶、古树茶等。栽培种源的利用历史已经十分悠久，普洱茶是云南茶产区重要的经济支柱。近30年来，野茶树在产区各地被广泛采摘、加工利用，而且其茶叶产品的价格高居不下。

元江自然保护区的野茶树主要分布于南溪一带，海拔2200~2340m的山头、中山湿性常绿阔叶林中或林缘，呈小面积分布。保护区的野茶树胸径普遍超过50cm，高度5~8m，生长良好。影响因素主要是过度采摘，每年开春以后，便不断有人采摘，地面采和爬到树上摘等情况都存在，对古茶树的生长有显著影响。

（2）麻楝 *Chukrasia tabularis* A. Juss.

楝科，麻楝属，乔木，优质用材树种。分布于滇南、滇东南；西藏、广西、广东；印度、斯里兰卡及中南半岛、加里曼丹岛。

在保护区内见于鲁业冲、南巴冲，海拔1020m的季雨林、疏林，数量不多。影响因素主要是生境退化和生境缩小。

2. 云南省珍贵树种

1995年9月27日，云南省第八届人民代表大会常务委员会第十六次会议通过《云南省珍贵树种保护条例》和《云南省珍贵树种名录（第一批）》，包括21种（类）。依此，保护区分布云南省珍贵树种4种（表8-6）。其中元江苏铁、云南苏铁和千果榄仁同时属于国家重点保护野生植物，不再赘述。滇润楠情况如下。

表8-6　元江自然保护区云南省珍贵树种

序号	中文名	拉丁名	级别	性状	多度	分布点	海拔/m
1	元江苏铁	*Cycas parvula*	省级	灌木	少见	西拉河、乌布鲁山、南巴冲、鲁业冲	755~1300
2	云南苏铁	*Cycas siamensis*	省级	灌木	少见	鲁业冲、南巴冲	840~1130
3	千果榄仁	*Terminalia myriocarpa*	省级	乔木	罕见	清水河	1020~1100
4	滇润楠	*Machilus yunnanensis*	省级	乔木	少见	西拉河、鲁业冲	767~1100

滇润楠 *Machilus yunnanensis* Lec.，樟科，润楠属，常绿乔木，优质用材树种。分布于滇中、滇西北、滇西；广西、四川；为中国特有树种。在保护区内见于西拉河、鲁业冲等地海拔767~1100m的湿润森林中，数量不多。影响因素主要是生境退化和生境缩小。

8.2.7　新种和狭域特有植物

元江河谷深陷，四周被高大山体阻隔，元江自然保护区发育了我国最典型的干热河谷，并与周边山地产生地理和生态隔离。而长期地理和生态隔离的结果是演化形成了较多的元江河谷狭域特有植物。以往《云南植物志》、《中国植物志》、*Flora of China* 等记录，仅分布于元江的狭域特有植物20种，而自2006年的科学考察开始，又先后发现4个元江河谷特有的植物新属、新种。这些仅发现于元江的特有植物，是元江自然保护区的重要资源，与元江河谷地质历史演变关系密切，因而具有重要的研究价值。元江河谷的特有植物，有的已经被列为国家级或云南省级保护植物，更多的尚未受到关注。本文记录于此，以供了解和进一步研究参考。已经在前面的保护植物中介绍过的种如梅蓝、元江风车子等，不再赘述。

1. 近年发现的新属、新种

近年来，先后在元江自然保护区内发现、发表并建立了被子植物1个新属和3个新种。具体内容介绍如下。

（1）新属——希陶木属和新种——希陶木

希陶木 *Tsaiodendron dioicum* Y. H. Tan, Z Zhou et B. J. Gu 是近年来发现于元江河谷的大戟科新种，隶属于大戟科新属——希陶木属 *Tsaiodendron* Y. H. Tan, Z Zhou et B. J. Gu。

希陶木模式标本采自元江自然保护区普漂区，于2017年确定并建立大戟科新属——希陶木属及大戟科新种——希陶木。该成果发表于国际重要植物学期刊《林奈学会植物学报》（*Botanical Journal of the Linnean Society*，184：167-184，2017）。

研究发现，希陶木属在10.42个百万年前与同科的白大凤属 *Cladogynos* 分离，其时间正好与哀牢山的隆升、红河河谷开始深切、干热气候随之在这里形成的时间吻合。因此，希陶木的形成可能与此地质历史事件对其祖先类群的隔离有关。另外，与希陶木亲缘关系较近的另一个属——头花巴豆属是非洲-亚洲间断分布的属。大量证据表明，元江干热河谷植被具有明显的非洲亲缘。

希陶木仅分布于元江县南部干热河谷普漂至小河底一带，海拔340～800m，为元江河谷狭域特有植物。植株半落叶，高1～3m，丛状。野外种群数量较多，更新正常。影响因素主要是生境退化和缩小。

（2）新种——瘤果三宝木 *Trigonostemon tuberculatum* F. Du et J. He

2006年，元江自然保护区科考中采到其标本。经反复研究，确定其为大戟科 Euphorbiaceae 三宝木属 *Trigonostemon* 的新种，于2010年发表于 *Kew Bulletin*（vol. 65：111-113）。灌木，因聚伞花序腋生，子房、果实密被瘤状凸起，种子外包裹着疑似假种皮的绿色海绵状组织等特征而区别于三宝木属的其他种。瘤果三宝木集中分布于保护区普漂一带干热河谷灌丛，海拔400～800m，保护区其他区域如小河底、西拉河等地也有零星分布，但数量少。

瘤果三宝木丛生状，高1～3m，分布狭窄，野外基本未发现其实生苗，但有根蘖现象。育苗实验发现其种子生活力低。在野外其主要繁殖方式为营养繁殖（根蘖），与其野外无实生苗相关。

目前，元江国家级自然保护区管护局已实施了瘤果三宝木监测项目，希望通过长期监测，掌握其种群动态，为保护好这一珍稀的狭域特有植物提供科学依据。

（3）新种——元江海漆 *Excoecaria yuanjiangensis* F. Du et Y. M. Lv

元江海漆于2006年在元江自然保护区科考中，发现于西拉河海拔约650m的湿润沟箐中。经过长达10年的标本采集和形态学研究，确定为大戟科海漆属新种，发表在《西南林业大学学报》（2018年，第38卷第2期）。

常绿灌木至小乔木，全株无毛。叶近对生，薄革质，长9～14cm，宽3～4cm；边缘具不明显的疏浅锯齿；侧脉10对或更多，弧曲上升，细脉不明显；叶柄长7～10mm，近顶端处具3～5个腺体。花单性，雌雄同序，花序长达6.5cm，花密集着生。雄花：花梗长约1mm；苞片着生于花序轴上，阔三角形，长宽各约2mm，基部腹面两侧各具1腺体，每苞片内有1朵花；小苞片2，着生于花梗基部，狭三角形，长约2mm，基部两侧各具1腺体；花萼3，披针形，长1.5mm，宽0.5mm，其基部常具腺体；雄蕊3，分离，花丝略长于花药。雌花：1～4朵生于花序基部，花梗极短，果后伸长至1cm；萼片3，阔三角形，长约1mm，宽约0.8mm；子房卵形；花柱3，分离，顶端外卷。蒴果截面三角形，直径约1.2cm，果瓣具棱，显著凸起。全年开花。

新种元江海漆与 *E. acerifolia* Didr. 相近，不同点在于新种叶常绿、近对生、薄革质，叶柄较长，托叶阔三角形；花序粗且长，花着生密集，苞片顶端急尖，腺体位于腹面基部；花药肾形；果棱显著凸起。

其仅分布于元江河谷，见于西拉河一带湿润沟箐边，海拔650～800m，数量少。影响因素主要是生境退化和缩小。

2. 其他狭域特有植物

（1）云南火焰兰 *Renanthera imschootiana* Rolfe

兰科、火焰兰属附生植物。《中国物种红色名录》的极危物种。

茎长达1m。叶革质，长圆形，呈二列排列。花序腋生，花序轴长达1m，总状花序或圆锥花序具多数花；花开展；花瓣黄色带红色斑点，狭匙形，长2cm，宽4mm，先端钝而增厚并且密被红色斑点，具3条主脉；唇瓣3裂；侧裂片红色，直立，三角形，长3mm，超出蕊柱之上，先端锐尖，基部具2条上缘不整齐的膜质褶片；中裂片卵形，长4.5cm，宽3mm，先端锐尖，深红色，反卷，基部具3个肉瘤状凸起物；距黄色带红色末端，长2mm，末端钝；蕊柱深红色，圆柱形，长4mm。花期4月，果期7月。

其特产于元江。20世纪50年代采到过1份标本，采集地记录为元江河谷海拔500m处。此后未再发现过。2014年4月，在进行保护区植物资源监测时，在海拔约1000m的疏林中再次发现云南火焰兰，约10余株。此后连续3年跟踪观察，发现其开花正常，但结实较少，基本见不到自然更新的幼苗。因此，云南火焰兰种群稀少的原因首先是结实少，其次是种子萌发为幼苗的量很少。

（2）狭叶柏那参（狭叶罗伞）*Brassaiopsis angustifolia* Feng

五加科、罗伞属灌木。中国科学院昆明植物研究所武素功先生于1958年初在元江小竹箐采到标本，由冯国楣在1979年建立新种［云南植物志（第二卷）：471，1979］。其具有花序侧生于无叶老枝（茎花）、花序休眠等特征，与同属其他种有显著区别，在五加科中也极为特殊，是研究五加科系统学的重要材料。近60年来，没有任何相关研究的报道，是未被关注、知之甚少但形态特别的狭域特有种。

2006年项目组在进行元江自然保护区科考时，再次发现狭叶罗伞。

灌木；枝幼时被锈色绒毛，后无毛，节上有刺。单叶，掌状分裂；叶柄长9～25cm；托叶刺状，与叶柄基部合生；裂片狭长披针形，长13～24cm，宽1.8～2.5cm，两侧的常歪斜，边缘有细锯齿，上面无毛，下面疏被星状绒毛，侧脉12～21对。花序为3～4个伞形花序排列成总状或窄圆锥状，侧生于老枝上，长约8cm，苞片呈卵形；伞形花序直径约2cm；总花梗长1.5～2cm，被锈色绒毛；花梗长约7mm；小苞片披针形，长2～3mm，被毛；花萼长2mm，有5齿，齿三角形；花瓣5，三角形，长3mm，反折，无毛；雄蕊5，花丝长4mm；子房2室，花柱合生为短柱状，长约1mm，花盘平凸，有8～10棱。果未见。花期11月。

其分布于甘岔一带海拔2100～2250m的湿润常绿阔叶林下，生境湿润，数量约150余株，开花结实正常，但是林下基本未见实生苗。花期长达3年及自然更新不良可能是狭叶柏那参种群数量稀少的主要原因。

（3）元江蚬木（元江柄翅果）*Burretiodendron kydiifolium* Hsu et Zhuge

椴树科、柄翅果属乔木。20世纪80年代中期在元江县城附近采到元江蚬木标本，1990年确定为新种，发表于 *Journal of the Arnold Arboretum*（vol. 71）。

半常绿或落叶乔木。叶纸质，近圆形，长7～15cm，宽7～13cm，先端具宽急尖头，基部广心形，边缘全缘或上部有时具三角状小裂片，上面无毛，下面幼时被极短微绒毛，后变秃净，被亮黄色粉末，基出脉7～9条，侧脉3对；叶柄长3.5～10cm，纤细。花单性，雌雄异株或同株；雄花3～7朵排成腋生总状或圆锥状花序；雌花单生，稀2～3朵呈总状排列；小苞片3，卵形，两面被星状绒毛，紧抱花蕾，花期脱落；萼片窄椭圆形，长6～8mm，宽2～2.5mm，外面密被星状柔毛，里面无毛，无腺体；花瓣宽倒卵形或扇形，先端啮蚀状，基部楔形，长约6mm，宽5mm，无明显爪；雄蕊25～30，花药长约2mm；退化雄蕊5，条形，较可育雄蕊长；子房密被亮黄色粉末，无柄，具5棱。蒴果椭圆形，长3～4cm，直径1.5～2.5cm，先端钝尖。花期4月，果期5～6月。

其仅分布于元江干热河谷，为元江河谷狭域特有植物，见于普漂、施垤新村等地，海拔450～750m的落叶季雨林或稀树灌木草丛，数量较多，种群结构合理，开花结实正常，但是林下基本未见自然更新幼苗。自然更新不良是其种群数量难以扩展的重要原因。

（4）元江素馨 *Jasminum yuanjiangense* P. Y. Bai

木犀科、素馨属灌木，元江河谷狭域特有植物。1985年建立新种，发表于《云南植物研究》（*Acta Bot. Yunnan*，7）。

小枝近圆柱形。单叶对生或3叶轮生，纸质或薄革质，倒卵形、稀椭圆形或近圆形，长1～1.5cm，宽0.7～1cm，先端微凹或圆钝，具短尖头，基部楔形，上面绿色，下面淡绿色，除上面中脉基部有时被微柔毛外，其余两面无毛，侧脉1～2对，有时仅最下方1对侧脉稍明显而成三出脉；叶柄长0.5～3mm，密被短柔毛，中部具关节。花单生或2～3朵排成聚伞花序，着生于小枝顶端；苞片锥状线形，长1.5～5mm；花梗长1～2mm，无毛或被微柔毛；花极香；花萼钟状，无毛，萼管长1.5～2mm，裂片5～6枚，锥形，长2～3.5mm；花冠白色，花冠管纤细，长1.8～2.3cm，直径约2mm，裂片5～7枚，长1.2～1.5cm，先端渐尖。果双生或其中1枚心皮不育而成单生，呈紫黑色，果片椭圆形，长1～1.5cm，直径8～9mm。果期11月至翌年5月。

其分布于普漂、南巴冲海拔450～750m的河谷灌丛；元江、元阳数量较多，龄级结构合理，开花结实正常，林下有少量实生苗，实生苗在林下树丛中可见。影响因素主要是生境退化和生境缩小。

（5）云南芙蓉 *Hibiscus yunnanensis* S. Y. Hu

锦葵科、木槿属亚灌木。新种发表于1955年（*Fl. China Family*，153：56，Pl. 20-5，1955）。

多年生亚灌木，全株被粗伏毛状绒毛；小枝纤细，圆柱形，密被粗伏毛状绒毛。叶卵形，不分裂，茎下部的叶长约10cm，宽7～9cm，先端钝或渐尖，基部心形，茎上部的叶长2.5～6cm，先端渐尖，基部圆形，边缘具粗锯齿，主脉5条；叶柄长2～6cm；托叶小，早落。花单生于小枝端叶腋间，或排列成聚伞花序状，花梗长6～28mm；小苞片10，线形，长6～10mm，基部合生；花萼浅杯形，长约1cm，直径约1cm，裂片5枚，三角形，长约为萼片的1/2；花黄色，内面基部紫红色，钟形，直径约2.5cm，花瓣倒卵形，长约1.5cm；雄蕊柱长约8mm。蒴果近圆球形，直径约1.2cm，具5角棱的翅，顶端凸尖，被长硬毛；宿存萼叶状，长约2cm，宽约1cm；种子肾形，无毛，具腺状乳突。花期7～8月。

其仅分布于元江河谷，为元江河谷狭域特有植物，见于曼旦、西拉河，海拔600～700m的干热河谷灌丛或耕地边。开花结实正常，种群数量少。影响因素主要是生境退化和生境缩小。

（6）长帽隔距兰 *Cleisostoma longiopeculatum* Z. H. Tsi

兰科、隔距兰属附生植物。新种发表于《广西植物》（1995年，第15卷第2期）。

茎直立，不分枝。叶二列而斜立，常4～5枚，密生，长约7cm，宽约5mm，呈V字形对折，基部具1个关节，其下扩大为抱茎而宿存的叶鞘。花序侧生，不分枝，总状花序疏生数朵花；花梗和子房长约6mm；花开展，稍肉质，中萼片近匙形或斜倒卵形，长约4mm，宽约2mm，先端锐尖，具3条不明显的脉，侧脉较短；侧萼片相似于中萼片，先端钝；花瓣长圆形，长3.5mm，宽1.3mm，先端钝，具3条脉，两侧的脉较短；唇瓣3裂，侧裂片近直立，三角形，中部以上变狭，前侧边缘多少向内弯（折）；中裂片较厚，三角形，先端钝；距近角状，长约4mm，先端钝，具隔膜，内面背壁上方的胼胝体T字形3裂；胼胝体长约等于上部的宽，侧裂片近狭三角形，中裂片狭长圆形，基部稍2裂并且被细乳突状毛；蕊柱长约1.5mm，向上扩大；蕊喙2裂，伸出蕊柱之外；药帽前端伸长，长约2mm，先端平截；花粉团梨形，具棒状的黏盘柄和近圆形而厚的小黏盘。花期6月。

长帽隔距兰作为元江河谷狭域特有植物，仅分布于元江河谷，见于西拉河、鲁业冲，附生于海拔760～850m的季雨林树干上，数量少。濒危原因主要是生境退化和生境缩小。

（7）矩叶栲 *Castanopsis oblonga* Y. C. Hsu et H. W. Jen

壳斗科、栲属乔木。新种发表于1975年的《植物分类学报》（*Acta Phytotax. Sin.*，13（4）：19. Pl. 6, f. 3.，1975）。

嫩叶背面沿叶脉被疏柔毛。叶卵形，阔或狭长椭圆形，或披针形，长6～9cm，宽2～3.5cm，顶部渐狭长尖或弯向一侧的尾状，钝头，基部阔楔形或短尖，两侧对称，叶缘有疏离的钝或锐裂齿，或全缘，厚纸质，干后硬而脆，中脉在叶面平坦或微凹陷，但近基部的一段通常微凸起，侧脉每边10～14条，在近叶缘附近常有分枝，干后在叶面隐约可见或不显，支脉甚纤细，有时不显，两面无毛，嫩叶叶背红棕色，成长叶棕灰色，有紧实蜡鳞层；叶柄长6～10mm。果序长5～10cm，果序轴粗2～4mm；壳斗阔倒卵形，连刺直径约30mm，刺长4～7mm，在基部合生并连生成短的刺环，或全部离生并均匀散生，壳壁明显或尚清晰可见，幼嫩壳斗的刺除上半部棕黄色无毛外，其余被灰色微柔毛，成熟壳斗干后暗灰褐色；坚果阔圆锥形，长与宽几乎相等，直径10～18mm，被疏伏毛，果脐在坚果的底部，直径8～14mm。果期10～11月。

元江特有植物，仅分布于元江县山地，见于南溪海拔2000～2200m的沟谷密林中，是半湿润常绿阔叶林中的重要伴生乔木。数量较多，种群结构正常。

（8）点叶柿 *Diospyros punctilimba* C. Y. Wu ex Wu et Li

柿树科、柿属乔木。1965年建立新种（云南热带亚热带植物区系研究报告，1：16，1965）。

乔木；幼枝有棱，密生锈色柔毛。叶革质，椭圆形，长2.5～8cm，宽1.5～3.5cm，先端短渐尖，基部楔形至近圆形，边缘内卷，两面无毛，下面密生透明腺点，并凹陷成小穴；中脉在上面下陷，在下面凸起，侧脉每边10～20条，在上面不明显，在下面凸起，细网脉在两面凸起；叶柄长3～6mm，腹凹背凸。果序有果1～2个，着生在1年生枝条上。果球形，直径达2cm，幼时绿色，初时密被锈色绒毛，后近于无毛；

宿存萼盘状，4裂，两面密被锈色绒毛；果柄粗壮，长约5mm，直径约3mm，密被锈色细绒毛；苞片细小，卵圆状三角形，密被锈色绒毛。果期5月。

其仅分布于元江县湿润河谷林中，见于滑石板一带海拔580～700m的季雨林林缘，数量稀少，罕见。受威胁因素主要是生境退化和生境缩小。

（9）元江山柑 *Capparis wui* B. S. Sun

白花菜科、山柑属藤本。山柑新种发表于1964年（植物分类学报，9：109，1964）。

木质藤本。新枝密被锈色平展短柔毛；刺长1～2mm。叶椭圆形，长3～7.5cm，宽2～4cm，顶端急尖或近圆形，少有微缺，基部浅心形，幼时两面密被短柔毛，后渐稀疏，背面被毛宿存，中脉表面平或微凹，背面凸起，侧脉5～7对，网状脉两面均不明显；叶柄长1～3mm。花白色，在花枝上部单出腋生及在花枝顶上2～4朵花集生成伞房状花序；花梗长1.5～2.5cm，密被锈色平展短柔毛；萼片长8～9mm，花后短期宿存；花瓣近相等，长圆状倒卵形，顶端圆形，长1～1.2cm，中部以上膜质透明，无毛，以下质地较厚，密被白色绒毛；雄蕊38～41，花丝丝状，长约3cm；雌蕊柄长3～4cm，丝状，无毛，果时木化增粗，直径2～3mm；子房椭圆形，长约3mm，直径约1.5mm，无毛，花柱与柱头不分明，1室，胎座4，胚珠多数。果椭圆形，长约3cm，直径约18mm，顶端有短喙，表面粗糙，干后灰色。花期3月，果期8～9月。

其仅分布于元江河谷，见于普漂、鲁业冲、南巴冲海拔400～1010m的干热河谷灌丛中，数量较多。

（10）矮生长蒴苣苔 *Didymocarpus nanophyton* C. Y. Wu ex H. W. Li

苦苣苔科、长蒴苣苔属草本。新种发表于1983年（*Bull. Bot. Res.*，3（2）：32，1983）。

多年生草本。茎高2.5～7cm，密被黄褐色柔毛。基生叶不存在，茎生叶1～2对；叶片斜卵形至斜长圆形，长2.5～4.5cm，宽1.5～3cm，顶端微尖或钝，基部圆形或宽楔形，不相等，边缘有小齿或小重齿，叶面及下面沿脉上被短柔毛，其他部分无毛或有疏柔毛，侧脉每侧7～8条，两面明显；叶柄长0.2～3cm，被与茎相同的毛。聚伞花序在果期长达8cm，生于茎上部叶腋，具梗；花序梗长4～5cm，与花梗均被短腺毛；苞片及小苞片均对生，圆卵形，长约2.5mm，脱落；花梗长4～6mm。花萼在果期宿存，宽约4mm，外面有小瘤状凸起，二唇形，分裂至中部，上唇3浅裂，裂片卵状三角形，下唇2浅裂，裂片长卵形。蒴果线形，长约3cm，宽1.5mm，稍镰状弯曲，疏被短柔毛。

其仅分布于元江县山地，见于阿木山，海拔1650～1750m的沟谷潮湿石上，数量较少。

8.3 珍稀濒危保护植物的垂直分布特点

元江自然保护区珍稀濒危保护植物（简称保护区重要植物）包括国家重点保护野生植物15种，云南省重点保护野生植物13种，极小种群植物1种，IUCN受威胁植物11种，CITES附录植物81种，国家和云南省珍贵树种6种。去除重复后，计119种。

元江自然保护区是典型干热河谷自然保护区。保护区海拔从350m（普漂片）到2580m（章巴观音山），高差达2230m。从最低海拔350m开始，以垂直升高200m为一个海拔段，将保护区海拔梯度划分为11段，统计每个海拔段出现的珍稀濒危保护植物（简称保护区重要植物）（表8-7）。由图8-1可以看出，元江自然保护区重要植物数量随海拔的变化呈现出双峰型特点。

表8-7 保护区各海拔段分布的主要植物一览表

海拔/m	物种数	物种清单
350～550	4	心叶蚬木、梅蓝、斜叶黄檀、地宝兰
551～750	14	喜树、红椿、毛红椿、心叶蚬木、厚果鸡血藤、元江风车子、梅蓝、云南翅子树、黄花白及、美花石斛、钝叶黄檀、斜叶黄檀、钻柱兰、隔距兰
751～950	35	元江苏铁、云南苏铁、喜树、红椿、毛红椿、矮美万代兰、厚果鸡血藤、元江风车子、旱地油杉、云南翅子树、云南幌伞枫、四裂算盘子、碧绿米仔兰、小白及、鹅毛玉凤花、黄花白及、美花石斛、钝叶黄檀、毛叶芋兰、小蓝万代兰、硬叶兰、薄叶玉凤花、多花脆兰、香花羊耳蒜、长距玉凤花、垂头万代兰、勐海隔距兰、长帽隔距兰、冬凤兰、长叶钗子股、指叶毛兰、束花石斛、剑叶鸢尾兰、兔耳兰、滇润楠

续表

海拔/m	物种数	物种清单
951~1150	32	元江苏铁、云南苏铁、巨瓣兜兰、千果榄仁、厚果鸡血藤、元江风车子、云南崖摩、旱地油杉、云南幌伞枫、碧绿米仔兰、云南火焰兰、小白及、长茎羊耳蒜、鹅毛玉凤花、血叶兰、南方玉凤花、黄花白及、美花石斛、钝叶黄檀、毛叶芋兰、小蓝万代兰、硬叶兰、薄叶玉凤花、多花脆兰、白柱万代兰、缅甸黄檀、赤唇石豆兰、金唇兰、棒叶鸢尾兰、尾丝钻柱兰、滇润楠、麻楝
1151~1350	13	元江苏铁、厚果鸡血藤、石楠、碧绿米仔兰、小白及、长茎羊耳蒜、多体蕊黄檀、长叶兰、鹅毛玉凤花、血叶兰、南方玉凤花、齿片玉凤花、宽药隔玉凤花
1351~1550	12	桫椤、金毛狗、榉树、高盆樱桃、厚果鸡血藤、见血青、矮石斛、小白及、长茎羊耳蒜、多体蕊黄檀、长叶兰、竹叶兰
1551~1750	14	桫椤、高盆樱桃、中华刺蕨、定心藤、润楠、细毛润楠、山玉兰、见血青、矮石斛、屏边叉柱兰、长苞斑叶兰、白肋线柱兰、一柱齿唇兰、梳帽卷瓣兰
1751~1950	21	桫椤、金荞麦、高盆樱桃、中华刺蕨、润楠、细毛润楠、大叶虎皮楠、山玉兰、雷打果、见血青、矮石斛、屏边叉柱兰、虎头兰、梳唇石斛、长苞斑叶兰、白肋线柱兰、一柱齿唇兰、筒瓣兰、长柄贝母兰、阔叶带唇兰、狭叶耳唇兰
1951~2150	23	水青树、十齿花、高盆樱桃、中华刺蕨、润楠、细毛润楠、大叶虎皮楠、长梗润楠、少花琼楠、滇山茶、见血青、矮石斛、屏边叉柱兰、虎头兰、梳唇石斛、黑毛石斛、足茎毛兰、麦穗石豆兰、缘毛鸟足兰、含羞草叶黄檀、沼兰、滇黔黄檀、白花贝母兰
2151~2350	20	十齿花、润楠、细毛润楠、紫金龙、滇山茶、密叶十大功劳、麦穗石豆兰、缘毛鸟足兰、含羞草叶黄檀、白花贝母兰、绶草、棒距虾脊兰、小斑叶兰、细茎石斛、叉枝牛角兰、叉唇虾脊兰、大花阔蕊兰、密花石豆兰、鹅白毛兰、贡山卷瓣兰
2351~2580	8	白花贝母兰、贡山卷瓣兰、禾叶贝母兰、虎舌兰、阔蕊兰、泽泻虾脊兰、绒叶斑叶兰、伞花卷瓣兰

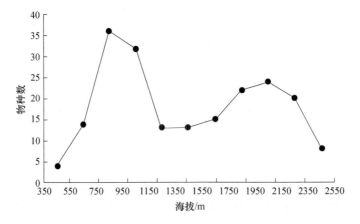

图8-1　保护区重要植物数量随海拔高度的变化

在海拔550m以下干热河谷区域，重要植物的种类很少，仅4种；随着海拔上升，重要植物的种类迅速增加，在海拔751~1150m，重要物种的种类最丰富，达到67种，出现第一个丰富度峰值；以后，随海拔上升重要物种的种类迅速减少，在海拔1151~1350m，重要物种的种类降低到13种；海拔1751m以后，重要物种的种类又再次增加，在海拔1951~2150m，重要物种的种类升高到23种，达到第二个丰富度峰值；此后，海拔2351m以上，重要植物的种类又降低到8种。因此，元江自然保护区重要物种较少的区域是最低海拔河谷区和最高海拔的山头区域，以及1151~1750m的区域；重要物种最丰富的区域是海拔751~1150m，及海拔1751~2350m的中山区域。

保护区最低海拔350~550m区域的干热河谷区，植被以稀树灌木草丛和热性灌丛为主，分布4种重要植物，包括国家Ⅱ级重点保护植物心叶蚬木，云南省Ⅲ级重点保护植物梅蓝，2种CITES附录Ⅱ植物：斜叶黄檀和地宝兰。

海拔551~750m区域，依然属于干热河谷区，主要植被类型有稀树灌木草丛、热性灌丛，局部沟箐存在少量季雨林。该区域分布14种重要植物，包括4种国家Ⅱ级重点保护植物：喜树、红椿、毛红椿、心叶蚬木；3种云南省重点保护植物：厚果鸡血藤、元江风车子、梅蓝；1种IUCN极危植物：云南翅子树；6种

CITES 附录 II 植物：黄花白及、美花石斛、钝叶黄檀、斜叶黄檀、钻柱兰、隔距兰。

海拔 751～950m 区域，生境从干热河谷逐渐转向湿润，植被类型主要有稀树灌木草丛、热性灌丛和季雨林。该区域分布 35 种重要植物，包括 5 种国家 I 级、II 级重点保护植物：元江苏铁、云南苏铁、喜树、红椿、毛红椿；2 种云南省重点保护植物：厚果鸡血藤和元江风车子；1 种极小种群植物：旱地油杉；4 种 IUCN 受威胁植物：云南翅子树、云南幌伞枫、四裂算盘子和碧绿米仔兰；22 种 CITES 附录 II 植物：小白及、鹅毛玉凤花、黄花白及、美花石斛、钝叶黄檀、毛叶芋兰、小蓝万代兰、矮美万代兰、硬叶兰、薄叶玉凤花、多花脆兰、香花羊耳蒜、长距玉凤花、垂头万代兰、勐海隔距兰、长帽隔距兰、冬凤兰、长叶钗子股、指叶毛兰、束花石斛、剑叶鸢尾兰和兔耳兰；1 种云南省珍贵树种，即滇润楠。

海拔 951～1150m 区域，生境逐渐湿润、热量较高，植被类型主要是季雨林和山地雨林，受人为影响较大。该区域分布 32 种重要植物，包括 4 种国家 I 级、II 级重点保护植物元江苏铁、云南苏铁、巨瓣兜兰和千果榄仁；3 种云南省重点保护植物：厚果鸡血藤、元江风车子和云南崖摩；1 种极小种群植物：旱地油杉；2 种 IUCN 受威胁植物：云南幌伞枫、碧绿米仔兰；20 种 CITES 附录 II 植物：云南火焰兰、小白及、长茎羊耳蒜、鹅毛玉凤花、血叶兰、南方玉凤花、黄花白及、美花石斛、钝叶黄檀、毛叶芋兰、小蓝万代兰、硬叶兰、薄叶玉凤花、多花脆兰、白柱万代兰、缅甸黄檀、赤唇石豆兰、金唇兰、棒叶鸢尾兰和尾丝钻柱兰；2 种云南省珍贵树种：滇润楠和麻楝。

海拔 1151～1350m 区域，生境较湿润、热量较高，植被类型主要是山地雨林和季风常绿阔叶林，受人为影响较大。该区域分布 13 种重要植物，包括 1 种国家 I 级重点保护植物：元江苏铁；1 种云南省重点保护植物：厚果鸡血藤；2 种 IUCN 受威胁植物：石楠、碧绿米仔兰；9 种 CITES 附录 II 植物：小白及、长茎羊耳蒜、多体蕊黄檀、长叶兰、鹅毛玉凤花、血叶兰、南方玉凤花、齿片玉凤花、宽药隔玉凤花。

海拔 1351～1550m 区域，生境较湿润、热量充足，植被类型主要是季风常绿阔叶林，受人为影响较大。该区域分布 12 种重要植物，包括 3 种国家 II 级重点保护植物：桫椤、金毛狗和榉树；2 种云南省重点保护植物：高盆樱桃和厚果鸡血藤；7 种 CITES 附录 II 植物：见血青、矮石斛、小白及、长茎羊耳蒜、多体蕊黄檀、长叶兰和竹叶兰。

海拔 1551～1750m 区域，生境较湿润、热量充足，植被类型主要是季风常绿阔叶林，受人为影响较大。该区域分布 14 种重要植物，包括 1 种国家 II 级重点保护植物：桫椤；5 种云南省重点保护植物：高盆樱桃、中华刺蕨、定心藤、润楠、细毛润楠；1 种 IUCN 受威胁植物：山玉兰；7 种 CITES 附录 II 植物：见血青、矮石斛、屏边叉柱兰、长苞斑叶兰、白肋线柱兰、一柱齿唇兰和梳帽卷瓣兰。

海拔 1751～1950m 区域，生境较湿润、热量充足，植被类型主要是季风常绿阔叶林，受人为影响较大。该区域分布 21 种重要植物，包括 2 种国家 II 级重点保护植物：桫椤、金荞麦；4 种云南省重点保护植物：高盆樱桃、中华刺蕨、润楠、细毛润楠；3 种 IUCN 受威胁植物：大叶虎皮楠、山玉兰和雷打果；12 种 CITES 附录 II 植物：见血青、矮石斛、屏边叉柱兰、虎头兰、梳唇石斛、长苞斑叶兰、白肋线柱兰、一柱齿唇兰、筒瓣兰、长柄贝母兰、阔叶带唇兰、狭叶耳唇兰。

海拔 1951～2150m 区域，生境湿润、热量逐渐降低，植被类型主要是季风常绿阔叶林和半湿润常绿阔叶林。该区域分布 23 种重要植物，包括 2 种国家 II 级重点保护植物：水青树和十齿花；4 种云南省重点保护植物：高盆樱桃、中华刺蕨、润楠、细毛润楠；4 种 IUCN 受威胁植物大叶虎皮楠、长梗润楠、少花琼楠和滇山茶；13 种 CITES 附录 II 植物：见血青、矮石斛、屏边叉柱兰、虎头兰、梳唇石斛、黑毛石斛、足茎毛兰、麦穗石豆兰、缘毛鸟足兰、含羞草叶黄檀、沼兰、滇黔黄檀和白花贝母兰。

海拔 2151～2350m 区域，生境湿润、热量逐渐降低，植被类型以半湿润常绿阔叶林和中山湿性常绿阔叶林为主。该区域分布 20 种重要植物，包括 1 种国家 II 级重点保护植物：十齿花；3 种云南省重点保护植物：润楠、细毛润楠和紫金龙；2 种 IUCN 受威胁植物：滇山茶和密叶十大功劳；14 种 CITES 附录 II 植物：麦穗石豆兰、缘毛鸟足兰、含羞草叶黄檀、白花贝母兰、绶草、棒距虾脊兰、小斑叶兰、细茎石斛、叉枝牛角兰、叉唇虾脊兰、大花阔蕊兰、密花石豆兰、鹅白毛兰、贡山卷瓣兰。

海拔 2351～2580m 区域，是保护区最高海拔范围，生境湿润、气温降低，植被类型属于中山湿性常绿阔叶林，面积变得较小。该区域分布 8 种重要植物，均为 CITES 附录 II 植物，即白花贝母兰、贡山卷瓣兰、禾叶贝母兰、虎舌兰、阔蕊兰、泽泻虾脊兰、绒叶斑叶兰和伞花卷瓣兰。

第9章 资源植物

野生资源植物是指对人们有用的野生植物的总称。随着人类社会的不断发展，人们对资源的需求越来越多，要求也越来越高、越来越多样化。长期以来，由于肆意滥用，野生资源植物遭到了严重的破坏，这不仅威胁着自然生态环境，也威胁着人类的生存和发展。因此，对野生资源植物进行研究，可以更科学、合理地对其进行保护和开发利用，这对自然生态环境的保护及人类的生存和发展具有重要意义，关乎着人类社会的长远发展。近年来，人们对野生资源植物的研究越来越多、越来越深入，已经逐步在调查、标本采集及分类学研究的基础上进行单种专项研究与开发利用。这对于人类更好地进行野生资源植物的保护和开发利用起着重要的促进作用。

元江自然保护区面积大，海拔落差大，具有多种气候类型特征，形成了多种不同的生境，生长着多种不同的野生资源植物。从标本采集鉴定及植物分类学方向研究元江自然保护区的资源植物，得出保护区内资源植物的基本状况及其特征，并提出相应的保护和开发利用的建议，为元江自然保护区资源植物的保护和开发利用提供决策依据，也为更深入的研究作铺垫。这可以更好地促进保护区资源植物的保护和开发利用工作的科学化、合理化，也促进保护区内资源植物的永续利用，实现资源的可持续发展。本次研究主要针对的是元江自然保护区内的维管植物，是元江自然保护区植物调查研究的一个子项目，为保护区申请国家级自然保护区提供辅助材料。

9.1 元江自然保护区资源植物状况

元江自然保护区拥有维管植物2300余种，属于资源植物的有1100余种。元江自然保护区内维管资源植物数量多，在保护区内所有维管植物中占有较大比重（表9-1）。

根据资源用途，将保护区内的资源植物分为药用资源植物、观赏资源植物、水果资源植物、蔬菜资源植物、淀粉资源植物、油脂资源植物、香料资源植物、蜜源资源植物、色素资源植物、木材资源植物、纤维资源植物、鞣料资源植物、树脂树胶资源植物、经济昆虫寄主资源植物、有毒资源植物及其他资源植物，共16种类型。其中，药用资源植物最多，在资源植物总数中及在保护区植物总数中所占的比重都相当大，占有绝对优势，其次是观赏资源植物和油脂资源植物，其他类型的资源植物较少（表9-2）。

表9-1 元江自然保护区内资源植物数量及其在植物总数中的比重

植物资源	科	属	种
总植物数量	205	955	2379
资源植物数量	161	629	1128
资源植物占植物总数的比重/%	87.98	72.55	52.08

表9-2 元江自然保护区内各类野生资源植物占总资源植物的比重

资源类别	野生资源植物数量			占总野生资源植物的比重			占总野生植物的比重		
	科数	属数	种数	科比重/%	属比重/%	种比重/%	科比重/%	属比重/%	种比重/%
药用资源植物	146	521	858	90.68	82.83	76.06	79.78	60.09	40.38
观赏资源植物	82	151	192	50.93	24.01	17.02	44.81	17.42	9.04
水果资源植物	45	65	101	27.95	10.33	8.95	24.59	7.50	4.75
蔬菜资源植物	47	83	96	29.19	13.20	8.51	25.68	9.57	4.52
淀粉资源植物	28	45	60	17.39	7.15	5.32	15.30	5.19	2.82
油脂资源植物	59	123	171	36.65	19.55	15.16	32.24	14.19	8.05

资源类别	野生资源植物数量			占总野生资源植物的比重			占总野生植物的比重		
	科数	属数	种数	科比重/%	属比重/%	种比重/%	科比重/%	属比重/%	种比重/%
香料资源植物	21	44	61	13.04	7.00	5.41	11.48	5.07	2.87
蜜源资源植物	11	14	29	6.83	2.23	2.57	6.01	1.61	1.36
色素资源植物	16	17	18	9.94	2.70	1.60	8.74	1.96	0.85
木材资源植物	33	53	64	20.50	8.43	5.67	18.03	6.11	3.01
纤维资源植物	33	77	112	20.50	12.24	9.93	18.03	8.88	5.27
鞣料资源植物	30	48	70	18.63	7.63	6.21	16.39	5.54	3.29
树脂树胶资源植物	23	29	32	14.29	4.61	2.84	12.57	3.34	1.51
经济昆虫寄主资源植物	10	13	22	5.59	2.07	1.95	4.92	1.50	1.04
有毒资源植物	49	92	118	30.43	14.63	10.46	26.78	10.61	5.55
其他资源植物	17	21	25	10.56	3.34	2.22	9.29	2.42	1.18

注：由于许多科、属或种在不同类型中均有，故各类种数之和不等于总数（科数161，属数629，种数1128）

9.1.1　药用资源植物

药用资源植物是指含有药用成分、具有医疗价值、可以作为植物性药物开发利用的资源植物。药用资源植物是保健事业和制药工业的主要物质来源。

1. 药用资源植物数量分析

元江自然保护区内拥有药用资源植物146科521属858种。其中种子植物136科505个属838种；蕨类植物10科16属20种。药用资源植物占有相当大的比重（表9-3），在保护区资源植物中占有绝对优势。

表9-3　元江自然保护区内药用资源植物的比重及其与云南省和全国药用植物资源比较

类别	科	属	种
保护区内药用资源植物	146	521	858
保护区内资源植物	161	629	1 128
保护区内植物	183	867	2 125
云南省药用资源植物	254	1 739	5 988
全国药用资源植物	271	2 118	11 817
保护区内药用资源植物占保护区资源植物的比重/%	90.68	82.83	76.06
保护区内药用资源植物占保护区植物的比重/%	79.78	60.09	40.38
保护区内药用资源植物占云南省药用资源植物的比重/%	57.48	29.96	14.33
保护区内药用资源植物占全国药用资源植物的比重/%	53.87	24.60	7.26

保护区药用资源植物中，含种数超过20种的科有6科，分别为蝶形花科Papilionaceae 55种、菊科Compositae 49种、唇形科Labiatae 29种、禾本科Gramineae 25种、大戟科Euphorbiaceae 23种、萝摩科Asclepiadaceae 22种；含16～20种的有5科，分别为茜草科Rubiaceae、荨麻科Urticaceae、马鞭草科Verbenaceae、姜科Zingiberaceae、百合科Liliaceae；含11～15种的科有15科，如蓼科Polygonaceae、云实科Caesalpiniaceae、锦葵科Malvaceae、旋花科Convolvulaceae、紫金牛科Myrsinaceae等；含6～10种的科有19科，如鸭跖草科Commelinaceae、兰科Orchidaceae、杜鹃花科Ericaceae、含羞草科Mimosaceae、漆树科Anacardiaceae等；含2～5种的科最多，有57科，如紫草科Boraginaceae、榆科Ulmaceae、山矾科Symplocaceae、卫矛科Celastraceae、五加科Araliaceae；只含1种的科有40科，如报春花科Primulaceae、木棉科Bombacaceae、百部科Stemonaceae、桃金娘科Myrtaceae、猕猴桃科Actinidiaceae等（表9-4）。

表9-4　元江自然保护区内药用资源植物含有不同种数的科数统计

项目	1种	2～5种	6～10种	11～15种	16～20种	超过20种
科数	42	59	19	15	5	6
所占比重/%	28.78	40.41	13.01	10.27	3.42	4.11

从属上看，以单种属居多，有352属，如蒿属*Artemisia*、牵牛属*Merremia*、槐属*Sophora*、弓果藤属*Toxocarpus*、地皮消属*Pararuellia*等；含2～5种的属有157属，如黄芩属*Scutellaria*、杭子梢属*Campylotropis*、木蓝属*Indigofera*、山矾属*Symplocos*、叶下珠属*Phyllanthus*等；超过5种的属有12属，分别是菝葜属*Smilax* 12种、蓼属*Polygonum* 9种、薯蓣属*Dioscorea* 9种、猪屎豆属*Crotalaria* 8种、合欢属*Albizia* 6种、黄花稔属*Sida* 6种、茄属*Solanum* 6种、山茶属*Camellia* 6种、素馨属*Jasminum* 6种、铁线莲属*Clematis* 6种、香薷属*Elsholtzia* 6种和苎麻属*Boehmeria* 6种，各类数量及比重见表9-5。由此说明保护区内药用资源植物不仅有丰富的科和属数量，而且有明显优势的科和属。

表9-5　元江自然保护区内药用资源植物含有不同种数的属数统计

属含种数	属数	所占比重/%
单种	352	67.56
2～5种	157	30.13
超过5种	12	2.31

2. 药用资源植物药用部位的分析

根据其药用部位，保护区内的药用资源植物可以分为全草类、根类、茎类（包括茎、根茎、根状茎、块茎、藤、藤茎等）、叶类（包括枝、叶等）、花类（包括花、总苞、花蕾等）、果类（包括果肉、果壳及果表附属物等）、种子类、皮类（树皮、茎皮、根皮、内皮、韧皮、果皮等）和其他（包括胶、脂、浆、油、髓、苗、笋、芽、松节等）等9类（表9-6）。其中全草类和根类所占比重较大，之后依次为叶类、茎类、皮类、果类、花类、种子类、其他。在采集利用全草类、根类、茎干类及皮类药用植物过程中对植物的伤害较大，大量采集利用野生种不利于物种的保存和永续利用，对此应该严格控制。

表9-6　元江自然保护区内不同药用部位的药用资源植物统计

类别	全草类	根类	茎类	叶类	花类	果类	种子类	皮类	其他
种数	357	255	142	172	43	74	34	94	24
所占比重/%	41.61	29.72	16.55	20.05	5.01	8.62	3.96	10.96	2.80

注：一些种有多个不同的药用部位，分别归入几个类型中，故各类之和不等于总药用资源植物种数

3. 药用资源植物的性状分析

根据植物性状，保护区内的药用资源植物可分为乔木类、灌木类、草本类和藤本类。草本类数量最大，其次分别为灌木类、藤本类，乔木类最少（表9-7）。

表9-7　保护区内各种植物性状的药用资源植物统计

类别	乔木类	灌木类	草本类	藤本类
种数	115	243	374	126
所占比重/%	13.40	28.32	43.59	14.69

4. 保护区内被《中华人民共和国药典》收录的药用资源植物

保护区内被《中华人民共和国药典》（2015年版）收录的药用植物计65种，分别是香叶树*Lindera communis*、蕺菜*Houttuynia cordata*、马齿苋*Portulaca oleracea*、金荞麦*Fagopyrum dibotrys*、虎杖*Reynoutria japonica*、何首乌*P. multiflorum*、红蓼*P. orientale*、商陆*Phytolacca acinosa*、土牛膝*Achyranthes aspera*、青葙*Celosia argentea*、木鳖子*Momordica cochinchinensis*、余甘子*Phyllanthus emblica*、常山*Dichroa febrifuga*、龙牙草*Agrimonia pilos*、决明*Cassia tora*、金合欢*Acacia farnesiana*、刀豆*Canavalis gladiata*、粉葛*Pueraria* *lobata* var. *thomsonii*、密花豆 *Spatholobus suberectus*、构树 *Broussonetia papyrifera*、枣 *Ziziphus jujuba*、川楝 *Melia toosendan*、南酸枣 *Choerospondias axillaris*、盐肤木 *Rhus chinensi*、青荚叶 *Helwingia japonica*、山茱萸 *Macrocapium chinense*、积雪草 *Centella asiatica*、密蒙花 *Buddleja officinalis*、白薇 *Cryptolepis atratum*、徐长卿 *Cynanchum paniculatum*、菰腺忍冬 *Lonicera hypoglauca*、忍冬 *L. japonica*、毛梗豨莶 *Siegesbeckia glabrescens*、豨莶 *S. orientalis*、苍耳 *Xanthium sibiricum*、滇龙胆草 *Gentiana rigescens*、过路黄 *Lysimachia christinae*、洋金花 *Datura metel*、牵牛 *Pharbitis nil*、马鞭草 *Verbena officinalis*、益母草 *Leonarus heterpphyllus*、薄荷 *Mentha haplocalyx*、朱砂根 *Ardisia crenata*、大血藤 *Sargentodoxa cuneata*、泽泻 *Alisma plantago-aquatica*、郁金 *Curcuma aromatica*、姜黄 *C. longa*、莪术 *C. zedoaria*、芦荟 *Aloe vera* var. *chinensis*、百合 *Lilium brownii*、麦冬 *Ophiopogon japonicus*、滇黄精 *Polygonatum kingianum*、七叶一枝花 *Paris polyphylla* var. *chinensis*、滇重楼 *P. polyphylla* var. *yunnanensis*、菝葜 *Smilax china*、土茯苓 *S. glabra*、石菖蒲 *Acorus tatarinowii*、一把伞南星 *Arisaema erubescens*、仙茅 *Curculigo orchioides*、灯心草 *Juncus effusus*、薏苡 *Coix lachryma-jobi*、淡竹叶 *Lophatherum gracile* 和狗脊 *Woodwardia japonica* 等。这些药用资源植物具有重要价值，在保护区内具有一定的种量，应积极进行引种、规模栽培，进行合理的开发利用将会产生不小的效益。

9.1.2　观赏资源植物

观赏资源植物是一类具有特殊形态，可供人们观赏娱乐、培养情趣、陶冶情操的资源植物。在保护区内观赏资源植物共 192 种。其中种子植物 182 种；蕨类植物 10 种。保护区内的观赏资源植物的数量在资源植物总数中的比重仅次于药用资源植物。

1. 观赏资源植物的观赏部位分析

根据其观赏部位，保护区内的观赏资源植物可分为观花类、观茎叶类和观果类，从表 9-8 中可见，观花类所占比重最大，占一半以上，也是观赏价值较高的一类，其他类也有一定的数量，说明保护区内的观赏资源植物比较丰富，而且观赏价值较高。

表 9-8　按观赏部位划分的各类观赏资源植物及其所占比重

类别	科	属	种
观花类观赏资源植物	55	101	127
观茎叶类观赏资源植物	36	52	54
观果类观赏资源植物	11	16	16
总观赏资源植物	82	151	192
观花类观赏资源植的比重 /%	67.07	66.89	66.15
观茎叶类观赏资源植物的比重 /%	43.90	34.44	28.13
观果类观赏资源植物的比重 /%	13.41	10.60	8.33

2. 观赏资源植物的植物性状分析

根据植物性状，保护区内的观赏资源植物可分为乔木类（27 科 40 属 47 种）、灌木类（27 科 38 属 50 种）、草本类（38 科 63 属 78 种）、藤本类（11 科 16 属 17 种）。表 9-9 显示，草本类所占的比重最大，其次分别为灌木类、乔木类和藤本类（表 9-9）。

表 9-9　保护区内各种植物性状的观赏资源植物统计

类别	科	属	种
乔木类观赏资源植物	27	40	47
灌木类观赏资源植物	27	38	50
草本类观赏资源植物	38	63	78

续表

类别	科	属	种
藤本类观赏资源植物	11	16	17
观赏资源植物总数	82	151	192
乔木类观赏资源植物占观赏资源植物总数的比重/%	32.93	26.49	24.48
灌木类观赏资源植物占观赏资源植物总数比重/%	32.93	25.17	26.04
草本类观赏资源植物占观赏资源植物总数的比重/%	46.34	41.72	40.63
藤本类观赏资源植物种数占观赏资源植物总数的比重/%	13.41	10.60	8.85

9.1.3　水果资源植物

水果资源植物是一类能提供给人们食用的鲜、干果品和作为饮料、食品等加工原料的野生资源植物。元江自然保护区内有水果资源植物101种。依照植物性状，其可分为乔木类52种、灌木类26种、藤本类21种、草本类2种。保护区内重要的水果资源有杧果 *Mangifera indica*、酸豆 *Tamarindus indica*、余甘子、毛杨梅 *Myrica rubra* 等。这些植物的果实大多可制取果汁饮料，如枣 *Ziziphus jujuba*、杨梅、酸豆、毛樱桃 *Cerasus tomentosa*、杧果等的果实已成为制取果汁饮料的重要原料，故其也可称为饮料资源植物。

9.1.4　蔬菜资源植物

蔬菜资源植物是指一类能够提供给人们烹调食用的资源植物。元江自然保护区内拥有各种蔬菜资源植物96种。从植物性状来看，草本类占绝对优势，达58种，乔木类13种、灌木类6种、藤本类19种。依照食用部位，其可分为苗类（笋和苗）21种、叶类14种、茎叶类35种、花类10种、根类8种、茎类8种、果类（果和荚）13种、种子类2种。一些种有多个部位可作蔬菜食用，如白茅 *Imperata cylindrica* var. *major* 的嫩芽、根茎、花苞均可作蔬菜；苍耳的嫩茎叶、果实、种子均可作蔬菜等，因此在多个种类中均有统计。野菜深受人们欢迎，可创造不小的经济价值。但是，传统上蔬菜资源植物主要是直接采用野生种，而且有许多是食用其苗、根或全株，这对资源的破坏很大，会逐渐减少其数量，甚至会导致灭绝。因此，要加强管护，将开发力度控制在资源能承受的范围之内。

9.1.5　淀粉资源植物

淀粉资源植物是指体内含有淀粉，可供人们食用或作为工业原料的一类资源植物。元江自然保护区内拥有各种淀粉资源植物60种。其中种子植物59种，蕨类植物1种。依照植物性状，保护区内的淀粉资源植物可分为草本类（22种）、乔木类（20种）、灌木类（11种）、藤本类（7种），草本类较多。依照含淀粉部位的不同，保护区内的淀粉资源植物可分为种子类（35种）、果类（13种）、茎类（7种）、根类（5种），种子类最多。在保护区内，淀粉含量较高的淀粉资源植物有高山栲 *Castanopsis delavayi*、粉葛、木薯 *Manihot esculenta*、黏山药 *Dioscorea hemsleyi*、山土瓜 *Merremia hungaiensis*、薏苡、狗脊等。

9.1.6　油脂资源植物

油脂资源植物是指体内含有油脂，可供人们食用或作为工业原料的资源植物。元江自然保护区内拥有各种油脂资源植物171种。依照植物性状，保护区内的油脂资源植物可分为乔木类（93种）、灌木类（32种）、草本类（29种）、藤本类（17种），其中，乔木类占优势。在保护区内，含油率较高的油脂资源植物主要有云南樟 *Cinnamomum glanduliferum*、油茶 *Camellia oleifera*、南五味子 *Kadsura longipedunculata*、橄榄 *Canarium album* 等。保护区内的油脂资源植物中，许多种类含油量都较高，有一定的开发潜力，在加强保护的同时，应积极引进资金和技术，进行人工引种培育，加以开发利用将带来不少的经济收入。

9.1.7　香料资源植物

　　香料资源植物是指体内含有芳香油，可以提取香精、香料，用于制作调味剂、饮料、糖果、糕点、化妆品、香皂、牙膏等的资源植物。元江自然保护区内拥有各种香料资源植物61种。依照含芳香油的部位，保护区内的香料资源植物可分为叶类（30种）、果类（13种）、茎类（12种）、花类（11种）、全株类（9种）、根类（5种）、皮类（3种），其中，有一些种的多个部位均含芳香油，如三股筋香 Lindera thomsonii 的枝、叶、果皮均含有芳香油；南五味子的茎、叶、果实均含有芳香油等，因此在各类中均归入统计。依照植物性状，保护区内的香料资源植物可分为草本类（31种）、乔木类（15种）、灌木类（13种）、藤本类（2种），草本类最多。芳香油含量较高的有三股筋香、元江花椒 Zanthoxylum yuanjiangense、地檀香 Gaultheria forrestii、马蹄香 Valeriana jatamansi、藿香蓟 Ageratum conyzoides、艾纳香 Blumea balsamifera、蜜蜂花 Melissa axillaris、香附子 Cyperus rotunolus、垂序香茅 Cymbopogon pendulus 等。香料资源植物中有一些是利用其根部、全草或幼苗，如果进行大量的野外采集和利用，容易造成资源破坏，不利于资源的永续利用和发展。

9.1.8　蜜源资源植物

　　蜜源资源植物是指能够提供花蜜、蜜露、花粉，作为蜜蜂的蜜源或人们制作人工蜜的原料的野生资源植物。元江自然保护区有蜜源资源植物29种。其中乔木14种、灌木13种、藤本1种、草本1种。在保护区内比较优良的蜜源资源植物有山合欢 Albizia kalkora、密蒙花、百合花杜鹃 Rhododendron liliiflorum、白花树 Styrax tonkinensis、白刺花 Sophora davidii、大蕊野茉莉 Styrax macrantha、槐 Sophora japonica 等。

9.1.9　色素资源植物

　　色素资源植物是指体内含有丰富的天然色素，可以提取用于各种食品、饮料添加剂及染料的资源植物。保护区内有各种色素资源植物18种，分别是可提取南酸枣果皮色素的南酸枣；可提取木棉花红色素的木棉 Bombax malabaricum；可提取仙人掌色素的单刺仙人掌 Opuntia monacantha；可提取决明子红色素的决明；可提取牵牛花色素的牵牛；可提取密蒙花黄碱素的密蒙花；可提取构树果红色素的构树；可提取杨梅色素的杨梅；可提取蓝靛染料的木蓝 Indigofera tinctoria；可提取商陆色素的商陆（大麻菜）；可提取松树皮色素的思茅松 Pinus kesiya var. lanbianensis 和云南松 P. yunnanensis；可提取虎杖色素的虎杖；可提取辣椒红色素和辣椒橙色素的小米辣 Capsicum frutescens；可提取茶棕色素、茶黄色素、茶绿色素和茶红色素的茶 Camellia sinensis；可提取苎麻绿色素的苎麻 Boehmeria nivea；可提取姜黄色素的姜黄等。依照植物性状，保护区内的色素资源植物可分为乔木类（7种）、灌木类（7种）、草本类（4种）；依照利用部位，保护区内的色素资源植物可分为果类（6种）、茎叶类（4种）、花类（4种）、树皮类（2种）、根类（1种）、种子类（1种）。色素在人们的生活中具有重要的用途，是人类色彩的来源。

9.1.10　木材资源植物

　　木材在人们的生产、生活中起着非常重要的作用。建筑业、军工业、板业、纺织业、家具、土木工程、农具等方面都离不开木材。在元江自然保护区内，木材资源植物共64种。主要的木材资源植物有麻栎 Quercus acutissima、黄连木 Pistacia chinensis、思茅松、椤木石楠 Photinia davidsoniae、西南桦 Betula alnoides 等。保护区内的木材资源植物大多数数量少，分布不集中，只有思茅松、云南松、红花木莲 Manglietia insignis 数量相对较多，分布较集中，可形成优势群落。

9.1.11　纤维资源植物

纤维资源植物是指体内含有大量纤维组织，可供制作绳索、包装用品、编织用品、纺织用品、纸张等的资源植物。元江自然保护区内有各种纤维资源植物33科77属112种。多数纤维资源植物是利用其茎皮及树干。依照植物性状，保护区内的纤维资源植物可分为乔木类（45种）、灌木类（32种）、草本类（19种）、藤本类（16种），其中，乔木类最多。保护区内的纤维资源植物主要分布在椴树科Tiliaceae、梧桐科Sterculiaceae、锦葵科Malvaceae、荨麻科Urticaceae、禾本科Gramineae等科中，主要的纤维资源植物有刺蒴麻 *Triumfetta rhomboidea*、火索麻 *Helicteres isora*、家麻树 *Sterculia pexa*、美丽芙蓉 *Hibiscus indicus*、苎麻、紫麻 *Oreocnide frutescens*、水丝麻 *Maoutia puya*、苦绳 *Dregea sinensis*、南山藤 *D. volubilis*、芦竹 *Arundo donax*、斑茅 *Saccharum arundinaceum* 等。纤维资源植物多是利用其树皮、树干乃至全株，且在保护区内分布不集中，数量少，若直接采集利用野生种，对物种的保存与发展很不利。

9.1.12　鞣料资源植物

鞣料资源植物是指含有丰富单宁，可供制作鞣皮剂、锅炉除垢剂、泥浆减水剂、胶黏剂、涂料、选矿抑制剂、污水处理剂、电池电极添加剂、医药制品、食品保鲜剂等的资源植物。元江自然保护区内有鞣料资源植物70种。依照利用部位，其可分为皮类（55种）、叶类（17种）、壳斗类（12种）、根类（6种）、茎类（5种）、果类（3种），皮类最多，有一些种可利用多个部位，如马桑 *Coriaria nepalensis* 的茎皮、根皮、叶均可利用；麻栎的壳斗、叶、茎皮均可利用。依照植物性状，其可分为乔木类（48种）、灌木类（12种）、草本类（6种）、藤本类（4种），乔木类居多。资源量较大的是高山栲、瓦山栲 *Castanopsis ceratacantha*、刺栲 *C. hystrix*、元江栲 *C. orthacantha*、青冈 *Cyclobalanopsis glauca*、大叶石栎 *Lithocarpus megalophyllus*、云南柞栎 *Quercus dentata* var. *oxyloba*、栓皮栎 *Q. variabilis*、蒙自合欢 *Albizia bracteata*、楹树 *A. chinensis*、合欢 *A. julibrissin*、山合欢、毛叶合欢 *A. mollis*、余甘子、乌桕 *Sapium sebiferm*、构树、柘树 *Cudrania tricuspidata* 等。

9.1.13　树脂树胶资源植物

树脂树胶资源植物是指体内含有胶质或脂质，可作为医药、印刷、纺织、水彩颜料、造纸、肥皂、制漆、电器、橡胶等工业原料的资源植物。元江自然保护区内有各种树脂树胶资源植物32种。树胶类27种，如是潺槁木姜子 *Litsea gltuinosa*、围涎树 *Abarema clypearia*、金合欢、榕树 *Ficus microcarpa*、铜钱树 *Paliurus hemsleyanus*、大血藤等；树脂类5种，分别是清香木 *Pistacia weinmannifolia*、野漆 *Toxicodendron succedaneum*、橄榄、思茅松和云南松。依照植物性状，其可分为乔木类（20种）、灌木类（6种）、草本类（3种）、藤本类（3种），以乔木类居多。

9.1.14　经济昆虫寄主资源植物

经济昆虫寄主资源植物是指为经济昆虫提供生活栖息场所的植物。元江自然保护区拥有经济昆虫寄主资源植物共10科13属22种。其中紫胶虫寄主植物19种，如金合欢、蒙自合欢、楹树、合欢、毛叶合欢、香合欢 *Albizia odoratissima*、一担柴 *Colona floribunda*、钝叶黄檀 *Dalbergia obtusifolia*、多体蕊黄檀 *D. polyadelpha*、滇黔黄檀 *D. yunnanensis*、毛叶黄杞 *Engelhardtia colebrookeana*、火绳树 *Eriolaena spectabilis*、大果榕 *Ficus auriculata*、苹果榕 *F. oligodon*、聚果榕 *F. racemosa*、黄葛树 *F. virens* var. *sublanceotata*、大叶千斤拔 *Flemingia macrophylla*、粗糠柴 *Mallotus philippensis* 和杧果；五倍子虫瘿寄主资源植物2种，即盐肤木和野漆；白蜡虫寄主植物一种，即小蜡 *Ligustrum sinense*。

9.1.15　有毒资源植物

有毒资源植物是指对人类和家畜等能产生毒害作用的野生植物。有毒资源植物的毒素对人类的生产、生活及科学的进步都有着重要的作用，人们生产生活中所用的药物、杀虫剂、灭菌剂等的成分多数是从有毒资源植物中提取的。此外，有毒资源植物中的许多毒素在生物学和医学上有着重要作用，如蓖麻毒素对蛋白质生化合成影响的研究对于了解细胞变异作用有重要价值，还是抗癌"导弹毒素"的组成部分。保护区内有野生有毒资源植物 118 种。依照有毒部位，其可分为全株有毒（41 种）、叶有毒（34 种）、根有毒（18 种）、茎有毒（18 种）、皮有毒（14 种）、果有毒（11 种）、种子有毒（16 种）、树液有毒（5 种）。依照植物性状，其可分为乔木类（26 种）、灌木类（32 种）、草本类（42 种）、藤本类（18 种）。其中，毒性较大的有相思子 *Abrus precatorius*、美丽相思子 *A. pulchellus*、曼陀罗 *Datura stramonium*、昆明山海棠 *Tripterygium hypoglaucum*、大白花杜鹃 *Rhododendron decorum*、海芋 *Alocasia macrorrhiza*、金叶子 *Craibiodendron yunnanense* 等，容易引起中毒的有野漆、大百部 *Stemona tuberosa*、乌桕、苍耳、黄花夹竹桃 *Thevetia peruviana*、一把伞南星等。

9.1.16　其他资源植物

其他资源植物主要有甜味剂资源植物、饮料资源植物和防污净化资源植物，因为它们数量少，所以一起合并为其他资源植物。

甜味剂资源植物是指一类含有能赋予食品甜味的糖苷、多肽、糖醇或变味蛋白等甜味物质的野生植物。甜味剂是人们生活所需要的重要物质，对于人们生活水平的改善有着重要作用。在元江自然保护区内拥有的甜味剂资源植物有常山、光叶蔷薇 *Rosa wichuraiana*、掌叶悬钩子 *Rubus pentagonus* 和野甘草 *Scoparia dulcis* 4 种。

饮料资源植物是指能作为饮料制取原料的资源植物。用果类制取饮料的在水果资源植物部分已有介绍，故在这里不再列入。除果类之外，元江自然保护区内其他的饮料资源植物有 10 种，分别是掌叶悬钩子、普洱茶 *Camellia sinensis* var. *assamica*、茶、黄连木、牛白藤 *Hedyotis hedyotidea*、绞股蓝 *Gynostemma pentaphyllum*、高粱泡 *Rubus lambertianu*、多腺悬钩子 *R. phoeniicolasius*、太平莓 *R. pacificus* 和芦荟。这些资源植物有良好的开发利用前景，如甜茶的主要原料之一的掌叶悬钩子 *R. pentagonus*、优良的饮料原料绞股蓝等，芦荟 *Aloe vera* var. *chinensis* 也是制取饮料的良好原料，且在保护区内已被人们引种并规模栽培。

防污净化资源植物是指能吸收水中或空气中的有害气体而净化环境或对周围环境中的某些有害成分敏感而发生病变从而起到监测环境的作用的植物。在元江自然保护区内拥有防污净化资源植物 12 种，分别是净化水的浮萍 *Lemna minor* 和金鱼藻 *Ceratophyllum demersum*，净化空气的合欢、构树、泡桐 *Paulownia fortunei*、厚皮香 *Ternstroemia gymnanthera*、蜘蛛抱蛋 *Aspidistra elatior* 和牵牛 8 种；以及环境监测植物土荆芥 *Chenopodium ambrosioides*、益母草、金荞麦和繁缕 *Stellaria media* 等 4 种。

9.2　元江自然保护区资源植物的特点

9.2.1　类型多、数量大、药用资源植物突出

元江自然保护区内蕴藏着丰富的资源植物，各种资源植物共 1128 种，隶属 161 科 629 属，分属于 16 种不同的资源植物类型，即药用资源植物、观赏资源植物、水果资源植物、蔬菜资源植物、淀粉资源植物、油脂资源植物、香料资源植物、蜜源资源植物、色素资源植物、木材资源植物、纤维资源植物、鞣料资源植物、树脂树胶资源植物、经济昆虫寄主资源植物、有毒资源植物和其他资源植物。其中，药用资源植物最突出，在保护区所有的资源植物及所有的野生植物中所占的比重都相当大，占有绝对优势，其次是观赏资源植物和油脂资源植物，其他的相对较少。

9.2.2　重要的资源植物较突出

在元江自然保护区内有许多重要的资源植物，如属于珍稀濒危保护植物的资源植物、属于特有种的资源植物、具有多种用途的资源植物及在保护区内作为重点开发利用的资源植物等，都是重要的资源植物。比较重要的资源植物有余甘子、红花木莲、元江苏铁 *Cycas parvulus*、云南苏铁 *C. siamensis*、桫椤 *Alsophila spinulosa*、构树、酸豆、杜果、各种热带花卉及野生蔬菜等。余甘子既是药用植物，又是水果资源，是高价值的资源植物；红花木莲是优良的观赏植物和木材资源植物，在保护区内具有一定的贮量；元江苏铁和云南苏铁也是良好的观赏植物、国家Ⅰ级重点保护植物，其种子含有淀粉可以食用，髓部也可作蔬菜；桫椤是国家Ⅱ级重点保护植物，其树形优美，是良好的观赏植物，具有重要价值；构树的根可作药用，其茎皮可作制取纤维和鞣料的原料，果实可以食用、药用、炼油、提取色素和作观赏用，叶可作为制取鞣料的原料，全株均有利用价值，具有很高的价值；酸豆、杜果、各种热带花卉及野生蔬菜等相关产业已经成为元江的重要经济产业，由此可见其重要性。

9.2.3　具有垂直性分布规律

元江自然保护区面积较大，山势陡峻、沟谷纵横，海拔落差大，不同的海拔段形成不同的气候类型，土壤也各有差异。随着海拔的变化形成了不同的生境，各种生境中所生长的资源植物也各有差别。因而，保护区内的资源植物随着海拔的变化呈现出垂直性分布规律。

9.2.4　优势科明显

在保护区内的所有资源植物中，有一些科中的属或种所占的比重比较大，它们是保护区资源植物的主要构成部分。在这些科中，以蝶形花科、菊科、禾本科、大戟科及唇形科的属量和种量较大，优势较明显。表9-10列举了30个占主要优势的科及其所含的属数和种数，以及其在资源植物总数中的比重。这些科占所有资源植物中科的比重为18.63%，而其属比重和种比重分别为52.94%和59.84%。在这些科中，科与属比值为0.09，科与种比值为0.04，均比较小。这些科数量很少，但是所包含的属和种数却比较多，说明这些科在所有的资源植物中具有优势地位，是保护区资源植物的主要构成科（表9-10）。

表9-10　资源植物30个占主要优势的科所含属、种数及其所占的比重

科名	各优势科的属、种数量		占总资源植物属、种数的比重	
	属数	种数	属比重 /%	种比重 /%
蝶形花科 Papilionaceae	32	71	5.09	6.29
菊科 Compositae	34	57	5.41	5.05
禾本科 Gramineae	32	39	5.09	3.46
大戟科 Euphorbiaceae	21	38	3.34	3.37
唇形科 Labiatae	22	36	3.50	3.19
蔷薇科 Rosaceae	14	26	2.23	2.30
茜草科 Rubiaceae	13	24	2.07	2.13
萝摩科 Asclepiadaceae	14	23	2.23	2.04
壳斗科 Fagaceae	4	23	0.64	2.04
樟科 Lauraceae	7	23	1.11	2.04
荨麻科 Urticaceae	10	22	1.59	1.95
百合科 Liliaceae	11	19	1.75	1.68

续表

科名	各优势科的属、种数量		占总资源植物属、种数的比重	
	属数	种数	属比重/%	种比重/%
杜鹃花科 Ericaceae	6	21	0.95	1.86
姜科 Zingiberaceae	7	19	1.11	1.68
马鞭草科 Verbenaceae	10	18	1.59	1.60
兰科 Orchidaceae	11	17	1.75	1.51
桑科 Moraceae	3	16	0.48	1.42
锦葵科 Malvaceae	8	16	1.27	1.42
芸香科 Rutaceae	7	15	1.11	1.33
山茶科 Theaceae	6	15	0.95	1.33
紫金牛科 Myrsinaceae	5	15	0.79	1.33
木犀科 Oleaceae	4	15	0.64	1.33
菝葜科 Smilacaceae	2	14	0.32	1.24
旋花科 Convolvulaceae	10	14	1.59	1.24
云实科 Caesalpiniaceae	5	14	0.79	1.24
天南星科 Araceae	8	13	1.27	1.15
梧桐科 Sterculiaceae	8	14	1.27	1.24
含羞草科 Mimosaceae	5	13	0.79	1.15
蓼科 Polygonaceae	3	13	0.48	1.15
爵床科 Acanthaceae	11	12	1.75	1.06
总计	333	675	52.94	59.84

9.2.5　草本类资源植物占优势

从植物性状上看，资源植物中草本类最多，有454种，其次分别为乔木类263种、灌木类246种、藤本类165种。草本类资源植物大多生命力强、更新快，而且开发利用见效快，是较容易进行开发利用且经济效益较好的资源植物。元江自然保护区内拥有丰富的草本类资源植物，在做好保护的前提下，进行科学、合理的开发利用所产生的价值将很巨大。而其他类资源植物也占有一定的比重。这说明了元江自然保护区内资源植物的丰富性及可开发性和重要价值性。各类所占的比重见表9-11。

表9-11　元江自然保护区内资源植物各种植物性状分析对比

	草本类	乔木类	灌木类	腾本类
种数	454	263	246	165
所占比重/%	40.25	23.32	21.81	14.62

9.2.6　种质资源丰富

任何一种植物都有其自身不同于其他植物的遗传特性，因而不同的植物形成了不同的种质。元江自然保护区的物种非常丰富，本身就是一个巨大的种质资源库，可以为人们引种繁育及科学研究等提供丰富的种质材料来源。

9.3 元江自然保护区资源植物的分析

9.3.1 重要资源植物分析

元江自然保护区的资源植物中有许多重要的资源植物，如属于珍稀保护植物的种、属于特有的种，具有多种用途的种等均是重要的资源植物。

1. 资源植物中的珍稀保护植物分析

在保护区的资源植物中，重要的珍稀保护植物有33科52属75种，在所有的资源植物中具有一定的比重（表9-12）。这些珍稀保护植物在保护区内分布较散，数量不是很多，是保护区重点保护的植物，要特别以保护为主，并积极开展人工引种培育，这样可以使其数量增加的同时，其价值得以更好地挖掘，从而保障物种的生存及永续利用。在这些珍稀保护资源植物中，被列入《中国物种红色名录》的有57种；被列入CITES附录的有8种；被列入IUCN红色名录的有10种；被列入《国家重点保护野生植物名录（第一批）》的有9种；被列入《国家珍贵树种名录》的有2种；被列入《云南省第一批省级重点保护野生植物名录》的有6种；被列入《云南省珍贵树种名录（第一批）》的有4种。

表9-12 保护区内的资源植物中的珍稀保护植物数量及其所占比重

类别	科	属	种
资源植物中的珍稀保护植物数量	33	52	75
在资源植物总数中的比重/%	20.50	8.27	6.65

2. 资源植物中的特有种分析

保护区资源植物中特有种共46种。其中，中国特有种26种，云南特有种20种。各类数量及其所占的比重见表9-13。这些野生特有资源植物的特有性就表明其自身的重要性，再加上它们又是资源植物，其重要性就更加显著。保护区内的野生特有资源植物多数并未得到良好的开发利用，其价值并未被很好地发掘。对于这些野生特有资源植物，在做好重点保护的同时，积极开展人工繁育，扩大其数量，形成规模生产，并将其转化成产品投入市场，将产生巨大的经济效益。

表9-13 保护区内的资源植物中的特有种数量及其所占比重

特有类型	保护区内资源植物中的特有种			占保护区内资源植物总数的比重		
	科数	属数	种数	科比重/%	属比重/%	种比重/%
中国特有	19	25	26	11.80	3.97	2.30
云南特有	17	20	20	10.56	3.18	1.77
总计	36	45	46	22.36	7.15	4.07

3. 多用途资源植物分析

在保护区内，许多种资源植物具有多种用途，属于多种类型的资源植物。具有多种用途的资源植物有479种，占到42.47%（表9-14）。

表9-14 保护区内资源植物用途数量统计

项目	单用途种	多用途种		
		2~5种	5种以上（含5种）	总计
各类的种数	649	432	47	479
占总资源植物的比重/%	57.53	38.30	4.17	42.47

用途较多的资源植物有：构树具有药用、观赏、水果、野菜、油脂、色素、木材、鞣料、纤维、净化空气10种资源用途；槐具有蜜源、色素、香料、水果、野菜、木材、树胶、纤维、有毒9种资源用途；云南松具有鞣料、色素、木材、树脂、纤维、香料、油脂、药用8种资源用途；决明具有色素、树胶、纤维、油脂、野菜、药用、有毒7种资源用途；思茅松具有木材、鞣料、色素、树脂、香料、油脂、药用7种资源用途；木棉具有观赏、色素、木材、纤维、油脂、野菜、药用7种资源用途；南酸枣具有水果、鞣料、色素、树胶、油脂、药用6种资源用途；杨梅具有淀粉、水果、木材、鞣料、色素、树胶、药用7种资源用途；马桑具有观赏、水果、油脂、木材、鞣料、药用、有毒7种资源用途；山合欢具有蜜源、油脂、鞣料、木材、纤维、药用、有毒7种资源用途；合欢具有药用、观赏、鞣料、野菜、油料、木材、净化空气7种资源用途等。这些资源植物的用途多样性具有重要的开发利用价值。利用先进的科学手段，全面深入地对它们进行研究利用，充分发挥其各种用途，使它们产生更大的价值，这将在一定程度上扩大资源利用的丰富性，减少资源的浪费，起到合理节约利用野生资源的作用。

此外，在保护区内还有其他许多重要的资源植物，如杧果、酸豆、兰花类和百合类等野生热带花卉、水果及许多野生蔬菜等的相关产业已经成为当地的著名产业，带来了不小的经济效益，已成为当地的重要产业。

9.3.2 垂直性分布特性分析

元江自然保护区山势陡峻，沟谷纵横，海拔范围350~2580m，垂直梯度大。随海拔变化，形成了4种不同的气候类型，植被类型也各有差异，所分布的资源植物不同，因而呈现出垂直性分布规律。

海拔1000m以下区域为典型干热河谷，气温高，蒸发强烈，湿度小，具有北热带气候特征。该区域主要分布着稀树灌丛草坡、落叶阔叶林及沟谷季雨林等植被类型。该区域内分布的资源植物有霸王鞭 *Euphorbia royleana*、聚果榕、翅果藤 *Myriopteron extensum*、黄茅 *Heteropogon contortus*、虫豆 *Cajanus crassus*、刺蒴麻、龙葵 *Solanum nigrum*、海芋等，共482种。

海拔1000~1300m的地势较陡峭，气温有所降低，湿度大，具有南亚热带气候特征。植被类型主要是混交林和灌丛等。该区域分布的资源植物有地皮消 *Pararuellia delavayana*、藤漆 *Pegia nitida*、滇润楠 *Machilus yunnanensis*、思茅松、阴行草 *Siphonostegia chinensis*、买麻藤 *Gnetum montanum*、莪术、砂仁 *Amomum villosum* 等，共295种。

海拔1300~2000m的区域气温稍低，湿度稍高，具有中亚热带气候特征。该区域主要分布云南松和栎类等的针阔混交林或常绿阔叶林等植被类型。该区域内分布的资源植物有云南松、多穗石栎 *Lithocarpus polystachyus*、菝葜、团香果 *Lindera latifolia*、旱冬瓜 *Alnus nepalensis*、水红木 *Viburnum cylindricum*、岗柃 *Eurya groffii* 等，共484种。

海拔2000m以上的区域气温冷凉，湿度大，风大，雾多，具有北亚热带气候特征。植被主要是常绿阔叶林。该区域分布的资源植物有亮毛杜鹃 *Rhododendron microphyton*、打碗花 *Calystegia hederacea*、西南山茶 *Camellia pitardii*、八角枫 *Alangium chinensis*、朱砂根等，共364种。

从图9-1可见，海拔1300~2000m的区域分布的资源植物种数最多，其次是海拔1000m以下的区域，之后是海拔2000m以上的区域和海拔1000~1300m的区域。资源植物数量随着海拔的上升先有一定幅度的下

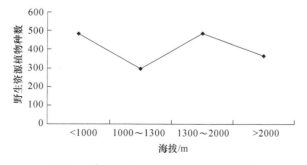

图9-1 资源植物种数随海拔的变化特点

降，然后到一定海拔又回升，之后又慢慢下降。海拔1000m以下的区域是典型干热河谷，保护区所占的面积最大，该区主要分布耐干热性的资源植物，其种数较多；海拔1000～1300m的区域受人的生产活动影响大，保护区在该区的面积较小，故该区域分布的资源植物较少；海拔1300～2000m的区域受人为影响程度降低，保护区在该区域的面积也较大，分布的资源植物最多；而海拔2000m以上的区域接近山顶，保护区在该区域的面积最小，所分布的资源植物种数也逐渐减少。

9.3.3 保护和开发利用现状分析

1．保护现状分析

元江自然保护区已经建成多年，当地有关部门已经建立了专门的保护管理机构，已形成了管护队伍。保护区内要保护的区域已经被严格区划出来，而且各个区域均派有专门的管理人员。保护区内多数植被均得以较好的保护存留，其内的野生资源植物也得到了保护管理。但是，在保护的过程中也存在着许多问题。例如，在保护区内调查期间，经常遇见一些当地农民在保护区内采集野生资源植物，所采集的量并不少。这不仅使被采集的种受到威胁，还殃及周边的其他植物，且被采集过的地方环境破坏较为严重。此外，在一些片区还有较多的牲畜活动，保护区内的野生资源植物受到的机械损伤也很严重。还有重要的一点是，在调查的过程中发现，保护区的一些管护人员保护意识较低，他们对保护区的认识及对自身的工作职责认识不够。这对于保护区野生资源植物的保护很不利。究其原因主要有：当地人的意识落后；市场许多不良现象使得一些人贪图小利而肆意破坏；管护人员工资低，积极性不高，管护力度不够；宣传和教育力度欠缺，相关的政策法规不能得到良好的贯彻、落实；对野生资源植物未形成良好的开发利用机制，当地人未得到应有的利益。这些状况均有待改善。

2．开发利用现状分析

元江县对资源植物的开发利用取得了一定效益，如杧果产业、酸角产业、芦荟产业、热带花卉产业及一些野菜产业等已成为当地的重要产业，元江县成立了多家热带水果及热带花卉的研发公司，还有许多农场，较好地利用了当地的特色资源，这对于保护区内资源植物的开发利用有着重要的促进作用。但是，这些产业多集中在传统产业或外引产业，真正研究开发保护区内的资源植物的产业还较少。而且在开发利用过程中，能参与其中、获得利益的人较少，能进行合理、有效的开发利用的人也不多。多数资源植物是被当地农民直接从保护区内挖采并出售，效益较低，而且对资源破坏较大。以下是保护区内各类资源植物的开发利用现状及分析。

（1）药用资源植物开发利用现状分析

目前，保护区药用资源植物的开发利用多是一些农民直接到保护区内采挖，做一些加工自己用，或直接拿到市场上出售，又或栽培在自家院内备用。对药用资源植物的开发利用没有形成良好的开发利用的产业机制，保护区内的药用资源植物的价值还未得到充分挖掘。

（2）观赏资源植物开发利用现状分析

在保护区内，得以较好开发利用的观赏资源植物主要是热带花卉和街道园林绿化树种，如兰花类、百合类、苏铁类等。其他类的观赏资源植物较少被开发利用。在对观赏资源植物的利用过程中还存在许多问题，因市场上的炒作，一些观赏资源植物尤其是兰花类，价格波动很大，市场很混乱，许多人为了眼前利益，到保护区内乱挖乱采，造成了不小的破坏，这对资源的保护和开发利用很不利。

（3）水果资源植物开发利用现状分析

在元江自然保护区开发利用较多的水果资源主要是亚热带、热带水果类，如杧果、杨梅、酸豆等。其中杧果和酸豆是保护区内开发利用较好的水果资源。当地已经建成万亩杧果园，其加工业也在不断崛起，在当地还有一年一度的"杧果节"，带来了不小的效益；酸豆的开发利用也较好，其利用方式主要是直接作为水果或加工成酸角汁，形成了较好的产业链。其他类水果资源的利用相对较少一些，但也在逐步地发展之中，具有不错的前景。

（4）野菜资源植物开发利用现状分析

在元江自然保护区内，人们对野菜资源植物的利用比较多，野菜已经成为当地的一大特色。比较常见的有芦荟、树头菜 *Crateva unilocularis*、酸苔菜 *Ardisia solanacea*、蛇藤（羽叶金合欢，俗称臭菜）*Acacia pennata*、翅果藤、延叶珍珠菜 *Lysimachia decurrens* 等，已经成为当地餐桌上的特色菜。其中，芦荟已经被人们大量栽种，蛇藤（羽叶金合欢）等也有一定数量的人工种植。但大多都是直接采用野生种，造成了一些破坏，尤其是根、苗类的，若过度采集将会产生严重后果。

（5）淀粉资源植物开发利用现状分析

元江自然保护区内淀粉资源植物的利用较为零散，多是一些农民从山上采集，做一些简单加工，自己食用或拿到市场上出售，所带来的经济效益很低。但是，对于元江自然保护区内的淀粉资源植物的相关科学研究正在进行中。

（6）油脂资源植物开发利用现状分析

在元江自然保护区内，开发利用较多的油脂资源植物主要是油茶，其已被引种栽培，带来了一定的经济效益。而其他的利用相对较少。

（7）香料资源植物开发利用现状分析

在元江自然保护区内，香料资源植物的开发利用比较简单、零散，并没有好的开发利用机构，未开发成好的产品。多是当地农民采集后简单加工以食用或作为芳香剂，少数拿到市场上出售。

（8）蜜源资源植物开发利用现状分析

蜜源资源植物多是一些养蜂户有一些利用，还有就是当地农民采集花粉制作花蜜等，自己食用或拿到市场上零售，并没有好的开发利用的相关产业。

（9）色素资源植物开发利用现状分析

在元江自然保护区内，人们对于色素资源植物的开发利用多是在民间，主要用于食物染色，以制作各种颜色的食物；或是家庭作坊用于布料染色等。

（10）木材资源植物开发利用现状分析

由于利用木材对林分的破坏很大，而保护区以保护为主，不能作为木材林进行经营，只能从保护区内采集种子等种质资源在保护区外进行人工培育利用。在保护区内人们对木材资源植物的利用较少，多是当地农民砍伐利用小径材或挖取幼苗引种。

（11）纤维资源植物开发利用现状分析

元江县现已建成面积为 2000hm^2 的纤维板原料林基地，而且有关部门已经制定了相关政策，大力扶持相关企业的发展，这对于元江自然保护区内纤维资源植物的开发利用有着重要的促进作用。但需要加强对保护区内部分纤维资源植物的引种培育工作，以充分发挥保护区内纤维资源植物的价值。保护区内对纤维资源植物的其他利用多是在民间用于制作绳索等。

（12）鞣料资源植物开发利用现状分析

目前，在元江自然保护区内人们对鞣料资源植物的开发利用比较少，或几乎没有利用，并未形成相关产业。

（13）树脂树胶资源植物开发利用现状分析

树脂树胶资源植物在保护区内的开发利用并未形成产业，多是在民间有一些利用，而且利用方式比较粗放，如用松脂引火、照明或用作涂料等。

（14）经济昆虫寄主资源植物开发利用现状分析

这一类资源的相关产业在保护区内还未真正发展起来。

（15）有毒资源植物开发利用现状分析

由于其自身的毒害作用，以及开发利用所要求的技术较高，目前在元江自然保护区内人们对于有毒资源植物的开发利用很少。

（16）其他资源植物开发利用现状分析

其他类资源植物中饮料资源植物是开发利用较多的一类，如茶类，其他的较少有利用。

总之，在元江自然保护区内，人们开发利用较好的资源植物是观赏资源植物、水果资源植物、蔬菜资源植物等，这些形成了相关的产业并得以不断良好的发展，但主要的都是亚热带、热带性的资源植物，种类相对较少。而纤维资源植物的相关产业正在逐步发展。其他类的开发利用状况较差，并未形成良好的开发利用产业，多是当地农民零散的利用，所带来的效益很低。

9.4　对元江自然保护区资源植物保护和开发利用的建议

元江自然保护区内蕴藏着丰富的野生资源植物，对于人们的生产、生活有着重要的作用。但在保护和开发利用过程中存在着许多问题，产生了许多不良后果，如此下去对保护区内的野生资源植物很不利。因此，有必要改进和加强对保护区的保护与开发利用工作。就此，提出以下建议。

9.4.1　制定更合理、有效的保护和开发利用的政策制度

要使保护区的保护和开发利用工作更加有效，就要制定出更加合理、有效的政策制度。只有更加行之有效的政策制度，才能使保护和开发利用更加协调，才能更加有序地进行保护和开发利用。

9.4.2　结合保护区实际情况，做好保护区的归类划分

保护区已经规划成多个片区，需进一步进行归类划分，划分出严禁开发利用区域、可适当进行开发利用区域、可较大程度开发利用区域等，对不能开发的片区严格监护，禁止有任何的破坏；对可以进行开发的片区制定相应的开发利用方式和强度，并严格执行。此外，保护区还可依据用途进行划分，如重要科研区域、种质采集区域及其他用途区域等。

9.4.3　完善、健全管护部门和队伍

人是管理的主体，要对保护区的保护和开发过程进行管理，就要建立高能力、高效率的管理部门，建立健全优秀的管理队伍，从而保障保护和开发利用的政策制度得以良好的执行，使保护区内野生资源植物的保护和开发利用在好的环境下进行，促进其合理性和有效性。这是保障资源长远发展和永续利用的关键。

9.4.4　以保护为主，积极开展人工引种繁育

保护区的首要任务就是要保护好其区域内的所有野生资源植物，以保持植物的多样性，使物种得以良好的保存和发展，从而为人类源源不断地提供生产、生活所需的物质资源，所以应该在做好保护的同时，积极开展人工引种繁育，充分利用保护区野生资源植物所提供的丰富的种质资源，充分发挥野生资源植物的价值。

9.4.5　引进资金和技术，提高资源植物的开发利用水平

资金和技术是对野生资源植物进行更好开发利用的重要条件，因此要积极引进资金和先进的技术，提高开发利用水平，对保护区内的野生资源植物进行科学合理的开发利用，使保护区内野生资源植物得以更好地开发利用。

9.4.6　采用多样化经营方式，发展集约化生产

保护区内有多种野生资源植物，应结合科学的发展趋势、市场动态、各种野生资源植物本身的状况等进行分类开发利用，采用多样化经营方式，全面、合理、有效地开发利用。并发展集约化生产，建立相应

的开发基地，实现产、供、销一体化生产方式，促使保护区内的野生资源植物得以更好地开发利用。

9.4.7　加强宣传，调动当地人保护和开发的积极性

保护区内的野生资源植物首先就是供给当地人开发利用，与当地人们息息相关。因此，要做好宣传工作，让当地人积极地参与保护和开发，使当地人在获得更多利益的同时，也更加积极地参与保护区内野生资源植物的保护工作。这将使保护区野生资源植物的保护与开发的管理工作更加有序、更加容易。

9.5　结论、前景及展望

9.5.1　结论

元江自然保护区面积大，山势陡峻，沟谷纵横，海拔落差大，具有多种气候类型特征，形成了多种不同的生境，分布着不同的植被及多种不同的野生资源植物，具有资源类型多、数量大的特点。保护区内有各种野生资源植物1000余种，可分为药用资源植物、观赏资源植物、水果资源植物、蔬菜资源植物、淀粉资源植物、油脂资源植物、香料资源植物、蜜源资源植物、色素资源植物、木材资源植物、纤维资源植物、鞣料资源植物、树脂树胶资源植物、经济昆虫寄主资源植物、有毒资源植物、其他资源植物等16种资源类型。其中药用资源植物占优势、重要野生资源植物突出、呈垂直分布规律、具有优势科现象、草本类野生资源植物居多、种质资源丰富。目前，在元江自然保护区内，人们在保护和开发利用过程中存在着许多盲目性与不合理性，造成了许多破坏，构成了一定的威胁。有关部门应该加强对野生资源植物的保护，同时积极引进资金和技术进行合理的开发利用。在不破坏其生态环境的同时，最大限度地发挥野生资源植物的功能。

9.5.2　前景及展望

随着社会的不断发展，人们对资源的需求越来越多，因此有更多的人关注野生资源植物。元江自然保护区内有着丰富的野生资源植物，具有良好的生态效益和巨大的开发潜力。目前，保护区更加受到重视，保护和开发利用工作效率在不断提升。现在保护区内在一些野生资源植物的开发利用上已经取得良好的效益，随着市场的不断开放、扩大，科学技术的飞跃发展，将会有更多的资金及先进技术不断地被引入，保护区内的野生资源植物将会在得到良好保护的同时，得以更好地进行科学、合理的开发利用，从而使其更好地发挥其生态效益、经济效益和社会效益，使保护区内的野生资源植物得以永续利用。

第10章 哺 乳 类

元江自然保护区已记录到哺乳动物9目29科70属97种，在云南以至全国自然保护区系统中，哺乳动物多样性较为丰富。其2/3的科为世界温带的广布科，主要分布在喜马拉雅-横断山区的麝科也主要栖息在温性和寒温性亚高山森林地带；亚洲和非洲的热带-亚热带科（10科）占科总数的1/3，显示了本地区哺乳动物科级分布型具温凉性的特征。在70属中，以亚洲热带或亚热带起源并在南中国分布的有19属，占保护区属数的27.14%，但数量最多的是以热带亚洲起源并分布在我国华南的典型热带性属，计20属，占保护区属数的28.57%，两者占保护区属数的55.71%，显示出元江自然保护区哺乳动物属级水平上的热带、亚热带的特色。97种哺乳动物可分为6种分布型、38种分布亚型，其中热带亚洲-华南分布型的种类（32种）超过南中国分布型种类（31种）而占优势，另有一定数量的中国特有分布型，该分布型占保护区种总数的15.46%。分析表明，元江自然保护区典型的热带亚洲-华南分布型哺乳类占优势，这一地区应为中国动物地理区划中的华南区，其中印支鼯、倭蜂猴、黑长臂猿、长颌带狸、印支松鼠和橙喉长吻松鼠是印度支那北部动物区系的特有种，长颌带狸属甚至是特有属，这一地区许多多型种的亚种也与印度支那北部的亚种一致，说明这一地区是印度支那北部动物区系向北的延续，它与北侧的滇中（无量山、哀牢山）和以南的印度支那北部在华南区内共同构成了一个与西双版纳和滇西不同的动物区系与动物地理亚区。元江地区是这个区系和动物地理亚区南北动物汇通的走廊；保护区分布国家重点保护、云南省重点保护和CITES附录Ⅰ、附录Ⅱ的哺乳动物27种。其中，国家Ⅰ级重点保护野生哺乳动物有西黑冠长臂猿、灰叶猴、蜂猴、倭蜂猴、熊猴、金钱豹、云豹、林麝和中国穿山甲等9种；国家Ⅱ级重点保护野生哺乳动物有黑熊、水獭、金猫、中华鬣羚、川西斑羚、斑灵狸、水鹿、猕猴、短尾猴、豺、青鼬、小爪水獭、江獭、大灵猫、小灵猫等15种，而黑熊、水獭、金猫、中华鬣羚、川西斑羚、斑灵狸等6种被CITES列为附录Ⅰ物种。另外，尚有云南省Ⅱ级重点保护野生哺乳动物1种，未被列为国家重点保护野生动物，但它被CITES列为附录Ⅱ物种。元江自然保护区的国家重点保护及CITES附录Ⅰ和附录Ⅱ物种数与云南保护哺乳动物最丰富的国家级自然保护区比较，是最多的保护区之一。

10.1 概 况

关于本地区哺乳动物的调查，1985年以前基本是空白的。1985～1998年，中国科学院昆明动物研究所曾数次在元江县开展热区动物调查和热带水果害兽防治，采获200余号标本；2003～2005年曾3次到元江流域进行热带果蝠的调查，采获400余号果蝠和蝙蝠标本；2005年10～11月在元江进行保护区哺乳动物本底调查，采获200余号小型哺乳类标本。对大中型哺乳动物，主要是访问调查：每到一处，访问老猎人、林场管护员、村干部和村民、水库老职工、林业局与自然保护区有关人员等。根据被访问者的描述，再出示动物照片进行确证和甄别，核实其分布点和种类。本报告基于上述的考察资料和相关文献整理。

10.2 哺乳类的物种多样性

10.2.1 哺乳类的分类单元统计

根据历次考察结果及对相关资料的整理，元江自然保护区已记录哺乳动物9目29科70属97种（附表1），分别占全国哺乳动物（王应祥，2003）的69.23%、52.73%、29.78%、15.98%；占云南哺乳动物的90.90%、75.00%、48.61%和31.70%；元江自然保护区面积223.789km²，仅占云南国土面积（39.4万km²）

的0.57‰，但其物种数接近甚至超过我国其他一些省区全省的哺乳动物种类，如浙江约99种、安徽约96种、黑龙江约97种、辽宁约74种、山西约71种、宁夏约73种，仅较邻近省区少，如四川约219种（王酉之和胡锦矗，1999）、贵州约138种、广西约133种、西藏约126种。

元江自然保护区也是哺乳动物物种多样性非常丰富的自然保护区之一（表10-1），在科、属或种的水平上，比大多数国家级自然保护区少，与南滚河自然保护区和白马雪山自然保护区相近似，而比文山、大围山和昭通乌蒙山自然保护区多。

表10-1　元江自然保护区与云南哺乳类物种多样性丰富的自然保护区的比较[*]

自然保护区	级别	面积/万hm²	目	科	属	种	占云南种数比例/%	占全国种数比例/%	引用资料
高黎贡山	国家级	40.52	9	31	91	144	47.06	23.72	王应祥等，2002a
西双版纳	国家级	38.18	10	29	90	129	42.16	21.25	王应祥等，2001
无量山	国家级	3.10	9	30	78	123	40.20	20.26	蒋学龙等，2002
永德大雪山	国家级	1.45	9	28	83	117	38.24	19.28	蒋学龙等，2002
哀牢山	国家级	5.36	9	29	74	113	36.93	18.62	蒋学龙，2000
金平分水岭	国家级	4.20	9	29	81	106	34.64	17.46	王应祥等，2002a
盈江铜壁关	省级	7.32	10	28	72	101	33.01	16.64	屈文政等，2006
绿春黄连山	国家级	1.39	9	24	68	100	32.68	16.47	王应祥等，1999
白马雪山	国家级	28.16	9	29	69	98	32.03	16.14	王应祥等，2001
南滚河	国家级	0.70	10	30	75	98	32.03	16.14	王应祥等，2001
元江	国家级	2.23	9	29	70	97	31.70	15.98	本文
昭通乌蒙山	国家级	2.62	9	28	70	93	30.39	15.32	王应祥等，2007
文山	国家级	2.69	9	29	60	86	28.10	14.17	王应祥等，2002a
大围山	国家级	1.54	9	24	56	82	26.80	13.51	西南林学院，1999

[*] 云南种数306种，中国种数607种（王应祥，2003）

10.2.2　哺乳类组成

1．目的组成

元江自然保护区的哺乳动物中，以啮齿目的种数最多，达28种，占保护区哺乳类物种数的28.87%；其次是食肉目（21种）、翼手目（19种），其种数分别占保护区哺乳类物种数的21.65%和19.59%；这3个目的种数占保护区哺乳动物种数的70.10%，可见，它们在元江自然保护区哺乳动物组成中起重要作用；另外，食虫目（11种）、偶蹄目（8种）和灵长目（7种），其种数分别占保护区哺乳类物种数的11.34%、8.25%和7.22%，3个目的种数占保护区哺乳类物种数的26.81%；物种数最少的是攀鼩目、鳞甲目和兔形目，分别有1属1种，3个目的种数仅占保护区哺乳类物种数的3.09%。

2．科的组成

在元江自然保护区哺乳动物的29个科中，最大的科是鼠科（6属12种），这个科的种占元江自然保护区哺乳动物总种数的12.37%；其次是蝙蝠科（6属10种）、鼬科（7属8种）、松鼠科（4属7种）、鼩鼱科（5属6种），这4个科的种占元江自然保护区总种数的31.96%；这5个科的种占元江自然保护区哺乳动物种数的44.33%，在元江自然保护区哺乳动物区系组成中起着重要作用；4～5种的6科：灵猫科（5属5种）、鼯鼠科（3属5种）、猫科（4属4种）、菊头蝠科（1属4种）、鹿科（3属4种）和猴科（2属4种），占保护区哺乳动物种数的26.80%；2～3种的8个科：狐蝠科（2属3种）、鼹科（2属3种）、豪猪科（2属2种）、牛科（2属2种）、犬科（2属2种）、猬科（2属2种）、懒猴科（1属2种）和蹄蝠科（1属2种），其种数占保护区哺乳动物总种数的18.56%；其余的10科（树鼩科、长臂猿科、鲮鲤科、熊科、獴科、猪科、麝科、仓鼠科、竹鼠科、兔科）在元江自然保护区均以单属种形式出现，它们的种数仅占总种数的10.31%。

3．属的组成

元江自然保护区现有哺乳动物70属，其较大的属是家鼠属*Rattus*和菊头蝠属*Rhinolophus*，各有4种；其次是鼯鼠属*Petaurista*、猕猴属*Macaca*、长吻松鼠属*Dremomys*，各有3种；含2种的有麝鼩属*Crocidura*、犬蝠属*Cynopterus*、蹄蝠属*Hipposideyos*、鼠耳蝠属*Myotis*、伏翼属*Pipistrellus*、黄蝠属*Scotophilus*、蜂猴属*Nycticebus*、鼬属*Mustela*、麂属*Muntiacus*、丽松鼠属*Callosciurus*、姬鼠属*Apodemus*、小鼠属*Mus*和白腹鼠属*Niviventer*等13属；只有1种的属有毛猬属*Hylomys*、鼩猬属*Neotetracus*、黑齿鼩鼱属*Blarmella*、微尾鼩属*Anourosorex*、水鼩属*Chimmarogale*、臭鼩属*Suncus*、白尾鼹属*Parascaptor*、树鼩属*Tupaia*、棕果蝠属*Roudettus*、南蝠属*Ia*、扁颅蝠属*Tylonycternis*、长翼蝠属*Miniopterus*、脊眉叶猴属*Trachypithesus*、黑冠长臂猿属*Nomascus*、鲮鲤属*Manis*、黑熊属*Selenarctos*、貂属*Martes*、猪獾属*Arctonyx*、鼬獾属*Nelogale*、水獭属*Lutra*、江獭属*Lutrogale*、小爪水獭属*Aonyx*、大灵猫属*Viverra*、小灵猫属*Viverricula*、果子狸属*Paguma*、长颌带狸属*Chroyogale*、獴属*Herpestes*、豹猫属*Prionailurus*、金猫属*Catopuma*、云豹属*Neofelis*、豹属*Panthera*、猪属*Sus*、麝属*Moschus*、毛冠鹿属*Elaphodus*、水鹿属*Rusa*、鬣羚属*Capricornis*、斑羚属*Naemorhaedus*、花松鼠属*Timiops*、岩松鼠属*Sciurotamias*、毛耳飞鼠属*Belomys*、黑白飞鼠属*Hylopetes*、绒鼠属*Eothenomys*、白腹巨鼠属*Leopoldamys*、硕鼠属*Berylmys*、竹鼠属*Rhizomys*、豪猪属*Hysrtix*、扫尾豪猪属*Atherurus*和兔属*Lepus*等52属，占元江自然保护区哺乳动物属数的74.29%；其中毛猬属、鼩猬属、微尾鼩属、白尾鼹属、南蝠属、豺属、黑熊属、猪獾属、江獭属、小爪水獭属、小灵猫属、果子狸属、长颌带狸属、云豹属、毛冠鹿属、毛耳飞鼠属等16属是单型属，占总属数的22.86%。

10.3 哺乳类分布型

分析动物分布型有助于确定一个地区动物分布的地带性特征和地理起源，进而探讨该地区的动物区系特征和动物地理区域分化。动物分布型可以从科、属、种各分类单元进行分析，元江自然保护区哺乳动物的分布型如下。

10.3.1 科分布型

根据现生哺乳动物的分布，元江自然保护区29科的哺乳动物分布型可分为以下几种类型。

1．广布型

a．世界各大洲（热带、亚热带、温带和寒带）分布　蝙蝠科Vespertilionidae、鼬科Mustelidae、鼠科Muridae、犬科Canidae、猫科Felidae和兔科Leporidae。其中犬科、猫科和兔科不分布到澳洲。

b．全北区（北非、欧洲、亚洲和北美洲）分布　鼩鼱科Soricidae、仓鼠科Cricetidae、牛科Bovidae和松鼠科Sciuridae。

c．旧大陆（欧洲-亚洲-非洲）（亚热带、温带）分布　菊头蝠科Rhinolophidae（可延伸至澳大利亚北部）。

d．旧大陆（热带、亚热带和温带）分布　猬科Erinaceidae、猪科Suidae和豪猪科Hystricidae。

e．全北区（亚热带、温带）分布　鼹科Talpidae。

f．欧洲-亚洲-北美洲（热带、亚热带、温带）分布　鹿科Cervidae和熊科Ursidae。

g．亚洲（热带、温带）至北美分布　鼯鼠科Pteromyidae。

2．亚洲-非洲（热带、亚热带）分布型

a．亚洲-非洲（热带、亚热带）分布　狐蝠科Pteropidae、蹄蝠科Hipposideridae、懒猴科Lorisidae、猴科Cercopithecidae、灵猫科Viverridae、獴科Herpestidae、鲮鲤科Manidae和竹鼠科Rhizomyidae。

b．亚洲（热带、亚热带）分布　树鼩科 Tupaiidae。

c．东南亚热带分布　长臂猿科 Hylobatidae。

3．喜马拉雅 - 中国 - 东北亚分布型

麝科 Moschidae。

保护区 29 科哺乳动物中，主要分布于亚热带、温带的洲际广布科有蝙蝠科、鼩鼱科、菊头蝠科、猬科、鼹科、鹿科、鼯鼠科等 18 科，占总科数的 62.07%；而热带 - 亚热带的分布科有狐蝠科、蹄蝠科、树鼩科、懒猴科、猴科、鲮鲤科、灵猫科、獴科和竹鼠科等 10 科，占总科数的 34.48%；仅有 1 科——麝科主要分布在喜马拉雅 - 横断山区，其中原麝向北延伸分布到俄罗斯的远东地区及安徽麝向东分布于安徽。从科的地带性分布可以看出：2/3 的科的大部分分布在欧洲、亚洲、非洲和美洲的温带地区，为广布科，主要分布在喜马拉雅 - 横断山区的麝科也主要栖息在温性和寒温性亚高山森林地带，而亚洲和非洲的热带 - 亚热带科约占科总数的 1/3，显示出本地区哺乳动物科级区系具温凉性的特征。

10.3.2　属分布型

元江自然保护区 70 属哺乳动物的分布型可分为如下几种类型（表 10-2）。

表 10-2　元江自然保护区哺乳动物属的分布型及其区系从属

分布型	属数		区系从属
（1）广布型	6		广布属
• 世界广布		2	（6 属，占属数的 8.57%）
• 全北区分布		2	
• 全北区 - 澳洲北部分布		1	
• 全北区 - 新热带区间断分布		1	
（2）北非 - 欧洲 - 亚洲 - 北美分布型	8		动物界际共有属（8 属，占属数的 11.43%）
• 欧洲 - 亚洲（延伸至热带）- 北美分布		3	古北界、东洋界、北美界共有属
• 欧洲 - 非洲 - 亚洲分布		5	古北界、东洋界、埃塞俄比亚界共有属
（3）欧洲 - 亚洲（温带、亚热带）分布型	1	1	古北界属（占属数的 1.43%）
（4）北非 - 亚洲（热带、亚热带、温带）分布型	1		东洋界、古北界共有属
• 北非 - 南亚 - 东南亚 - 南中国 - 华北分布		1	（7 属，占属数的 10.00%）
（5）亚洲（热带、亚热带、温带）分布型	13		
• 南亚 - 东南亚 - 中国 - 东北亚分布		2	
• 东南亚 - 喜马拉雅 - 中国 - 东北亚 - 日本分布		1	
• 东南亚 - 喜马拉雅 - 南中国 - 东北亚分布		4	
• 南中国 - 喜马拉雅 - 东北亚分布		1	
• 南中国 - 喜马拉雅 - 东北亚 - 日本分布		1	
• 印度支那 - 喜马拉雅 - 中国 - 东北亚 - 日本分布		2	
• 东南亚 - 喜马拉雅 - 中国南部 - 华北分布		1	
• 中国西南 - 华北特有分布		1	
（6）非洲、亚洲（热带、亚热带）- 南中国分布型	19		东洋界南中国亚热带型属
• 热带非洲 - 南亚 - 东南亚 - 南中国分布		1	（19 种，占属数的 27.14%）
• 南亚 - 东南亚 - 南中国 - 喜马拉雅分布		3	
• 南亚 - 东南亚 - 南中国分布		1	
• 东南亚 - 南中国 - 喜马拉雅分布		9	
• 热带东南亚 - 南中国 - 缅甸分布		1	
• 南中国 - 缅甸 - 阿萨姆分布		2	
• 南中国特有分布		2	

续表

分布型	属数	区系从属
（7）非洲–亚洲–华南（热带）分布型	20	东洋界华南热带型属
• 非洲–亚洲（热带、亚热带）–华南分布	6	（20属，占属数的28.57%）
• 热带亚洲–华南分布	2	
• 热带亚洲–云南–喜马拉雅分布	1	
• 东南亚–华南–喜马拉雅–阿富汗分布	1	
• 印度支那–华南–尼泊尔东部分布	1	
• 东南亚–华南–阿萨姆分布	3	
• 东南亚–印度支那–云南南部分布	2	
• 印度支那–华南–尼泊尔东部分布	1	
• 印度支那–云南南部–阿萨姆分布	1	
• 云南中、南部–海南岛–印度支那北部分布	1	
• 云南南部–印度支那北部–特有分布	1	
（8）中国西南横断山区特有分布型	2　2	横断山区特有属（占属数的2.86%）

1．广布型

a．世界广布　鼠耳蝠属 *Myotis* 和家鼠属 *Rattus*。
b．全北区分布　豹属 *Panthera* 和水獭属 *Lutra*。
c．全北区–澳洲北部分布　伏翼属 *Pipistrellus*。
d．全北区、新热带区间断分布　鼬属 *Mustela*。

2．北非–欧洲–亚洲–北美分布型

a．欧洲–亚洲（延伸至热带）–北美分布　貂属 *Martes*、狐属 *Vulpes* 和兔属 *Lepus*。
b．欧洲–非洲–亚洲分布　麝鼩属 *Crocidura*、小鼠属 *Mus*、菊头蝠属 *Rhinolophus* 和长翼蝠属 *Miniopterus*（后两属向南可延伸至澳大利亚北部）、野猪属 *Sus*（在非洲仅分布于非洲西北部）。

3．欧洲–亚洲（温带、亚热带）分布型　姬鼠属 *Apodemus*。

4．北非–亚洲（热带、亚热带、温带）分布型

北非–南亚–东南亚–南中国–华北分布　猕猴属 *Macaca*。

5．亚洲（热带、亚热带、温带）分布型

a．南亚–东南亚–中国–东北亚分布　豺属 *Cuon* 和豹猫属 *Prionailurus*。
b．东南亚–喜马拉雅–中国–东北亚–日本分布　鬣羚属 *Capricornis*。
c．东南亚–喜马拉雅–南中国–东北亚分布　白腹鼠属 *Niviventer*、水鼩属 *Chimarrogale*、斑羚属 *Naemorhedus*、鼯鼠属 *Petaurista*。
d．南中国–喜马拉雅–东北亚分布　麝属 *Moschus*。
e．南中国–喜马拉雅–东北亚–日本分布　貉属 *Nyctereutes*。
f．印度支那–喜马拉雅–中国–东北亚–日本分布　东方鼹属 *Euroscaptor*、黑熊属 *Selenarctos*。
g．东南亚–喜马拉雅–中国南部–华北分布　果子狸属 *Paguma*。
h．中国西南–华北特有分布　岩松鼠属 *Sciurotamias*。

6．非洲、亚洲（热带、亚热带）–南中国分布型

这一分布型主要分布在印度、斯里兰卡、缅甸、泰国、中南半岛、印度尼西亚、加里曼丹岛、菲律宾和南中国（西南、华南、华中），其分布区的东缘往往到达台湾，北到长江流域。

a. 热带非洲-南亚-东南亚-南中国分布　獴属 *Herpestes*。

b. 南亚-东南亚-南中国-喜马拉雅分布　水鹿属 *Rusa*、小灵猫属 *Viverricula*、麂属 *Muntiacus*。

c. 南亚-东南亚-南中国分布　鲮鲤属 *Manis*。

d. 东南亚-南中国-喜马拉雅分布　猪獾属 *Arctonyx*、大灵猫属 *Viverra*、金猫属 *Catopuma*、云豹属 *Neofelis*、丽松鼠属 *Callosciurus*、长吻松鼠属 *Dremomys*、花松鼠属 *Tamiops*、硕鼠属 *Berylmys* 和白腹巨鼠属 *Leopoldamys*。

e. 热带东南亚-南中国-缅甸分布　鼬獾属 *Melogale*。

f. 南中国-缅甸-阿萨姆分布　微尾鼩属 *Anoruosorex* 和南蝠属 *Ia*。

g. 南中国特有分布　缺齿鼩鼱属 *Chodsigoa*、毛冠鹿属 *Elaphodus*、绒鼠属 *Eothenomys*。

7. 非洲-亚洲-华南（热带）分布型

a. 亚洲、非洲（热带、亚热带）-华南分布　棕果蝠属 *Rousettus*、蹄蝠属 *Hipposideros*、黄蝠属 *Scotophilus*、小爪水獭属 *Aonyx*、扫尾豪猪属 *Atherurus* 和豪猪属 *Hystrix*。

b. 热带亚洲-华南分布　犬蝠属 *Cynopterus*、扁颅蝠属 *Tylonycteris*。

c. 热带亚洲-云南-喜马拉雅分布　江獭属 *Lutrogale*。

d. 东南亚-华南-喜马拉雅-阿富汗分布　黑白飞鼠属 *Hylopetes*。

e. 印度支那-华南-尼泊尔东部分布　斑灵狸属 *Prionodon*。

f. 东南亚-华南-阿萨姆分布　树鼩属 *Tupaia*、脊眉叶猴属 *Trachypithecus* 和竹鼠属 *Rhizomys*。

g. 东南亚-印度支那-云南南部分布　蜂猴属 *Nycticebus*、毛猬属 *Hylomys*。

h. 印度支那-华南-尼泊尔东部分布　毛耳飞鼠属 *Belpmy*。

i. 印度支那-云南南部-阿萨姆分布　白尾鼹属 *Parascaptor*。

j. 云南中、南部-海南岛-印度支那北部分布　黑冠长臂猿属 *Nomascus*。

k. 云南南部-印度支那北部-特有分布　长颌带狸属 *Chrotogale*。

8. 中国西南横断山区特有分布型

中国西南横断山区特有分布型　鼩猬属 *Neotetracus*、黑齿鼩鼱属 *Blarinella*。

由此可以看出，元江自然保护区的哺乳动物70属中，分布广的世界性属和几个大洲间的共有属有15属，占保护区总属数的21.43%，其中，姬鼠属主要分布于欧亚大陆的温带和亚热带，为古北界的特有属；有14属（猕猴属、豺属、豹猫属、鬣羚属、白腹鼠属、水鼩属、斑羚、鼯鼠属、麝属、貉属、东方鼹属、黑熊属、果子狸属和岩松鼠属）可能起源于亚洲热带或亚热带，主要分布在南中国（西南、华南和华中），部分延伸分布到中国华北、东北以至日本，这部分属占保护区属总数的20.00%；而最多的是以热带亚洲起源在中国只分布在华南的亚洲典型热带性属，如毛猬属、白尾鼹属、树鼩属、棕果蝠属、犬蝠属、扁颅蝠属、蹄蝠属、黄蝠属、蜂猴属、脊眉叶猴属、黑冠长臂猿属、江獭属、小爪水獭属、斑灵狸属、长颌带狸属、黑白飞鼠属、毛耳飞鼠属、豪猪属、扫尾豪猪属和竹鼠属等20属，占保护区总属数的28.57%；以亚洲热带或亚热带起源的属而在南中国分布的有獴属、水鹿属、小灵猫属、麂属、鲮鲤属、猪獾属、大灵猫属、金猫属、云豹属、丽松鼠属、长吻松鼠属、花松鼠属、硕鼠属、白腹巨鼠属、鼬獾属、微尾鼩属、南蝠属、毛冠鹿属、绒鼠属等19属，占保护区总属数的27.14%；另有两属（鼩猬属、黑齿鼩鼱属）为横断山区的特有属，它们可以向南延伸分布到越南北部。这说明，在哺乳动物的属级水平上，元江自然保护区的热带或亚热带属已占总属数的55.71%，显示了元江自然保护区哺乳动物属级水平上的热带、亚热带的特色。

10.3.3　种的分布型

保护区的97种哺乳类动物，据其地理分布特征，主要有下列几种类型（表10-3）。

表10-3 元江自然保护区哺乳类物种分布型和区系从属

分布型	种数	区系从属
（1）世界或洲际分布型	3	广布种（3种，3.09%）
（2）北非-欧洲-亚洲-北美北温带、寒带分布型	5	古北界种（5种，占种数的5.15%）
• 欧、亚大陆和非洲北部分布	3	
• 欧洲-亚洲（温带）分布	1	
• 中亚、中国至东北亚（亚洲温带）分布	1	
（3）亚洲（热带-亚热带-温带）分布型	11	古北界-东洋界共有种（11种，占种数的11.34%）
• 热带亚洲至远东分布	3	
• 东南亚-中南半岛-喜马拉雅-南中国至华北分布	1	
• 印度半岛-喜马拉雅-印度支那-南中国-华北分布	1	
• 阿富汗-喜马拉雅-印度支那-南中国-日本分布	3	
• 喜马拉雅-印度支那-中国西南部-华北分布	1	
• 印度支那北部-南中国至东北分布	1	
• 南中国-东北亚（朝鲜、日本）分布	1	
（4）非洲、亚洲（热带-亚热带）分布型	31	东洋界种（78种，占80.41%）其中：华南、华中、西南共有种（31种，占种数的31.96%）
• 热带非洲-热带亚洲-华南-华中分布	1	
• 热带亚洲-南中国分布	4	
• 南洋群岛-南中国-喜马拉雅分布	4	
• 马来半岛-中国（华南、西南）-喜马拉雅分布	1	
• 马来半岛-中国（华南、西南）-阿萨姆分布	6	
• 中南半岛-南中国-喜马拉雅分布	2	
• 印度支那-南中国-喜马拉雅分布	1	
• 印度支那-中国（西南部）-喜马拉雅分布	2	
• 南中国-缅甸东北部-喜马拉雅东部分布	7	
• 南中国-印度支那北部-阿萨姆分布	3	
（5）热带亚洲分布型	32	华南区种（32种，占种数的32.99%）
• 热带亚洲-华南分布	5	
• 热带亚洲-云南-缅甸-喜马拉雅分布	2	
• 热带南亚-中南半岛-华南分布	1	
• 热带东南亚-云南南部-缅甸分布	2	
• 热带东南亚-云南南部-阿萨姆-孟加拉分布	1	
• 热带东南亚-华南-缅甸-喜马拉雅分布	3	
• 马来半岛-华南-阿萨姆分布	7	
• 华南-印度支那-阿萨姆-喜马拉雅分布	2	
• 印度支那-云南南部-阿萨姆分布	3	
• 云南南部至印度支那北部分布	5	
• 云南南部-广西西南部至印度支那北部分布	1	
（6）中国特有分布型	15	中国特有种（15种，占种数的15.46%）
• 西南-华北特有分布	2	
• 南中国特有分布	4	
• 横断山特有分布	3	
• 横断山区-印度支那北部特有分布	3	
• 横断山-云贵高原特有分布	1	
• 云南-贵州特有分布	1	
• 云南南部-福建特有分布	1	

1. 世界或洲际分布型

该类型包括广布世界各地的小家鼠 *Mus musculus* 及埃塞俄比亚界、古北界与东洋界三大动物地理界的广布种野猪 *Sus scrofa* 和金钱豹 *Panthera pardus*。

2. 北非－欧洲－亚洲－北美北温带、寒带分布型

a. 欧、亚大陆和非洲北部分布　有暗褐菊头蝠 *Rhinolophus ferrumequinum*、赤狐 *Vulpes vulpes*、水獭 *Lutra lutra* 等 3 种。

b. 欧洲－亚洲（温带）分布　褐家鼠 *Rattus norvegicus*。

c. 中亚、中国至东北亚（亚洲温带）分布　黄鼬 *Mustela sibirica*。

3. 亚洲（热带－亚热带－温带）分布型

这一分布型从南亚、东南亚热带经中国西南部、南部、华中、华北一直分布到东北亚的西伯利亚、朝鲜和日本的古北界、东洋界的泛布种，多数亚种分布在东洋界，可能是亚洲热带或亚热带起源。

a. 热带亚洲至远东分布　豺 *Cuon alpinus*、青鼬 *Martes flavigula* 和豹猫 *Prionalurus bengalensis*。

b. 东南亚－中南半岛－喜马拉雅－南中国至华北分布　果子狸 *Paguma larvata*。

c. 印度半岛－喜马拉雅－印度支那－南中国－华北分布　猕猴 *Macaca mulatta*。

d. 阿富汗－喜马拉雅－印度支那－中国－日本分布　黑熊 *Selenarctos thibetanus*、黄胸鼠 *Rattus taneumi* 和亚洲长翼蝠 *Miniopterus fuliginosus*。

e. 喜马拉雅－印度支那－中国西南部－华北分布　喜马拉雅水駍 *Chimmarogale himalayicus*。

f. 印度支那北部－南中国至东北分布　社鼠 *Niviventer confucianus*。

g. 南中国－东北亚（朝鲜、日本）分布　东亚伏翼 *Pipistrellus abramus*。

4. 非洲、亚洲（热带－亚热带）分布型

这一分布型主要指热带亚洲起源的种，它们大多分布在亚洲南部（南亚、东南亚）的热带和南亚热带，在我国多数为华南区的代表种，有部分种可向北延伸到长江流域。

a. 热带非洲－热带亚洲－华南－华中分布　大臭駍 *Suncus murinus*。

b. 热带亚洲－南中国分布　计有小灵猫 *Viverricula indica*、赤麂 *Muntiacus vaginalis*、水鹿 *Rusa unicolor* 和东亚屋顶鼠 *Rattus brunneusculus*。

c. 南洋群岛－南中国－喜马拉雅分布　灰麝駍 *Crocodura attenuata*、间型菊头蝠 *Rhinolophus affinis*、金猫 *Catopuma temmincki*、白腹巨鼠 *Leopoldamys edwardsi* 4 种。

d. 马来半岛－中国（华南、西南）－喜马拉雅分布　皮氏菊头蝠 *Rhinolophus pearsoni*。

e. 马来半岛－中国（华南、西南）－阿萨姆分布　这一类群从马来半岛向北分布到横断山区，向西到雅鲁藏布江大转弯，向东至我国华南、华中诸省。它们可能是中南半岛或我国南部起源，包括猪獾 *Arctonyx collaris*、大灵猫 *Viverra zibetha*、云豹 *Neofelis nebulosa*、赤腹松鼠 *Callosciurus erythraeus*、大足鼠 *Rattus nitidus* 和扫尾豪猪 *Atherurus macrourus*。

f. 中南半岛－南中国－喜马拉雅分布　大马蹄蝠 *Hipposideros armiger* 和刺毛鼠 *Niviventer fulvescens*。

g. 印度支那－南中国－喜马拉雅分布　黑白飞鼠 *Hylopetes alboniger*。

h. 印度支那－中国（西南部）－喜马拉雅分布　斑灵狸 *Prionodon pardicolor* 和锡金小鼠 *Mus pahari*。

i. 南中国－缅甸东北部－喜马拉雅东部分布　这一类群主要分布于我国东部长江以南的华南、华中和西南，部分超出中国边境延伸分布到印度支那北部、缅甸东北部和尼泊尔东部，有微尾駍 *Anouroscarex squamipes*、中华菊头蝠 *Rhinolophus sinicus*、中国穿山甲 *Manis pentadactyla*、食蟹獴 *Herpestes urva*、中华鬣羚 *Capricornis milneedwardsii*、川西斑羚 *Naemorhaedus griseus* 和中国豪猪 *Hystrix hodgsoni*。

j. 南中国－印度支那北部－阿萨姆分布　有南蝠 *Ia io*、鼬獾 *Melogale moschata* 和珀氏长吻松鼠 *Dremomys pernyi*。

5．热带亚洲分布型

a．热带亚洲-华南分布　　犬蝠 Cynopterus sphinx、短耳犬蝠 Cynopterus brachyctis、小蹄蝠 Hipposideros Pomona、小黄蝠 Scotophilus kuhlii 和扁颅蝠 Tylonycteris pachypus。

b．热带亚洲-云南-缅甸-喜马拉雅分布　　爪哇伏翼 Pipistrellus javanicus（可延伸分布到阿富汗东部）和江獭 Lutrogale perspicillata。

c．热带南亚-中南半岛-华南分布　　大黄蝠 Scotophilus heathii。

d．热带东南亚-云南南部-缅甸分布　　毛猬 Hylomys 和白斑小鼯鼠 Petaurista elegans。

e．热带东南亚-云南南部-阿萨姆-孟加拉分布　　蜂猴 Nycticebus bengalensis。

f．热带东南亚-华南-缅甸-喜马拉雅分布　　棕果蝠 Rousettus leschenaulti、高颅鼠耳蝠 Myotis siligorensis 和纹鼬 Mustela strigidorsa。

g．马来半岛-华南-阿萨姆分布　　北树鼩 Tupaia belangeri、短尾猴 Macaca arctoides、小爪水獭 Aonyx cinerea、红颊长吻松鼠 Dremomys rufigenis、霜背大鼯鼠 Petaurista philippensis、青毛硕鼠 Berylmys bowersii 和银星竹鼠 Rhizomys pruinosus（向西仅分布到缅甸东部）。

h．华南-印度支那-阿萨姆-喜马拉雅分布　　熊猴 Macaca assamensis 和毛耳飞鼠 Belpmys pearsonii。

i．印度支那-云南南部-阿萨姆分布　　印支小麝鼩 Crocodura indochinensis、白尾鼹 Parascaptor leucurus 和灰叶猴 Trachypithecus phayrei。

j．云南南部至印度支那北部分布　　印支鼹 Euroscaptor oarvidens、倭蜂猴 Nycticebus pygmaeus、长颌带狸 Chrotogale owstoni、印支松鼠 Callosciurus inconstans 和橙喉长吻松鼠 Dremomys gularis。

k．云南南部-广西西南部至印度支那北部分布　　黑冠长臂猿 Nomascus concolor。

6．中国特有分布型

a．西南-华北特有分布　　大足鼠耳蝠 Myotis ricketti 和隐纹花鼠 Tamiops swinhoei。

b．南中国特有分布　　毛冠鹿 Elaphodus cephalophus、小麂 Muntiacus reevesi、红白鼯鼠 Petaurista alborufus 和中华姬鼠 Apodemus draco。

c．横断山特有分布　　灰黑齿鼩鼱 Blarinella griselda、大绒鼠 Eothenomys miletus 和澜沧江姬鼠 Apodemus ilex，它们是横断山哺乳动物区系的典型代表。

d．横断山区-印度支那北部特有分布　　鼩猬 Neotetracus sinensis、长吻鼹 Euroscapter longirostris 和林麝 Muschus berezovskii。

e．横断山-云贵高原特有分布　　白喉岩松鼠 Sciurotamias foreesti。

f．云南-贵州特有分布　　云南兔 Lepus comus。

g．云南南部-福建特有分布　　毛须鼠耳蝠 Myotis hirsutus。

从表10-3可以看出：在元江自然保护区现生哺乳动物97种中，世界或洲际的广布种有小家鼠、野猪和金钱豹3种，只占保护区种数的3.09%；北非-欧洲-亚洲-北美北温带、寒带分布型有暗褐菊头蝠、赤狐、黄鼬、水獭和褐家鼠等5种，占保护区种数的5.15%；亚洲（热带-亚热带-温带）分布型有11种（亚洲长翼蝠、喜马拉雅水鼩、东亚伏翼、猕猴、豺、黑熊、青鼬、果子狸、豹猫、黄胸鼠和社鼠）；最多的是热带亚洲分布型有毛猬、印支小麝鼩、白尾鼹、印支鼹、棕果蝠、犬蝠、短耳犬蝠、小蹄蝠、爪哇伏翼、小黄蝠、扁颅蝠、大黄蝠、高颅鼠耳蝠、北树鼩、蜂猴、倭蜂猴、灰叶猴、熊猴、短尾猴、黑冠长臂猿、纹鼬、小爪水獭、江獭、长颌带狸、红颊长吻松鼠、印支松鼠、橙喉长吻松鼠、毛耳飞鼠、白斑小鼯鼠、霜背大鼯鼠、青毛硕鼠和银星竹鼠等32种，占保护区种总数的32.99%），其中印支鼹、倭蜂猴、黑冠长臂猿、长颌带狸、印支松鼠和橙喉长吻松鼠为印度支那北部和云南南部的特有种，可能起源于亚、非热带或亚热带。非洲、亚洲（热带-亚热带）分布型有微尾鼩、大臭鼩、灰麝鼩、间型菊头蝠、中华菊头蝠、皮氏菊头蝠、大马蹄蝠、南蝠、中国穿山甲、猪獾、鼬獾、大灵猫、小灵猫、斑灵狸、食蟹獴、金猫、云豹、赤麂、水鹿、中华鬣羚、川西斑羚、赤腹松鼠、珀氏长吻松鼠、黑白飞鼠、锡金小鼠、东亚屋顶鼠、大足鼠、刺毛鼠、白腹巨鼠、扫尾豪猪和中国豪猪等31种（其中，大臭鼩为热带非洲-热带亚洲-华南-华中分布），占保护区种数的31.96%；另有鼩猬、灰黑齿鼩鼩、长吻鼹、大足鼠耳蝠、毛须鼠耳蝠、毛冠鹿、小麂、林麝、白喉岩松鼠、隐纹花鼠、红白鼯鼠、大绒鼠、澜沧江姬鼠、中华姬鼠和云南兔等15种为中国特有种，占保护区种总数的15.46%，其中鼩猬、林麝可延伸分布到越南北部，大足鼠耳蝠和隐纹花鼠可向北分布到华北，毛冠鹿、小麂、红白鼯鼠和中华姬鼠分布于南中国，其余主要分布于横断山区和云南。从上述分析可以看出：元江自然保护区的非洲、亚洲（热带－亚热带）分布型种类已占优势，热带亚洲分布型是保护区的核心类群，另有一定数量的中国特有分布型。

10.3.4　连贯云南南部北热带雨林－云南中部南亚热带湿性季风常绿阔叶林的动物走廊

元江自然保护区南部正跨在北回归线上，位置夹于越南北部－云南南部北热带和云南中部无量山－哀牢山之间，许多云南或横断山区与越南北部都有的特有种如鼩猬、印支小麝鼩、蜂猴、倭蜂猴、灰叶猴、熊猴、西黑冠长臂猿、林麝、橙喉长吻松鼠和隐纹花鼠等分布于南北两端而呈间断分布。虽然元江河谷由于焚风作用热带植被已大部消失，但中低山仍保存有较好的南亚热带湿性季风常绿阔叶林，这一保护区成了延续云南南部北热带雨林－云南中部南亚热带湿性季风常绿阔叶林的森林动物走廊。

10.4　哺乳类及其区系特点

从元江自然保护区哺乳类物种分布型和区系从属表（表10-3）可以看出，元江自然保护区哺乳动物的区系比较复杂多样和特殊，有如下特点。

元江自然保护区97种哺乳动物中，广布于欧、亚、非和北美的种仅有3种，仅占保护区种总数的3.09%；古北界种5种，占全区种数的5.15%；古北界－东洋界共有种11种，占种数的11.34%；除上述19种（占19.59%）外，其余78种（占全区种数的80.41%）均为东洋界种，说明本保护区的动物区系主要为东洋界动物区系；在东洋界的78种中，西南区（横断山区和云南）的特有种10种，占全区种数的10.31%；最多的是广布于亚洲热带、亚热带的种有36种（包括4种仅分布于南中国的特有种：毛冠鹿、小麂、红白鼯鼠和中华姬鼠），占全区种数的37.11%，这些种的多数除广布于南亚、东南亚热带、亚热带外，在中国主要分布于南中国（华南、西南和华中），是南中国的代表种；其中少数种的分布区略超出中国国境，大多数亚种或居群都分布在中国境内，在动物区系属性上与分布区局限在中国境内的特有种相似，我们把它们也看作是南中国的特有种；而分布于热带亚洲，在中国仅分布于华南地区的华南种有32种，占全区种数的32.99%，其中印支鼹、毛须鼠耳蝠、倭蜂猴、西黑冠长臂猿、长颌带狸、印支松鼠和橙喉长吻松鼠为云南南部和印度支那北部的特有种。这充分说明，元江自然保护区的哺乳动物区系是以南中国的物种稍多，具有丰富热带特色的哺乳动物区系。

10.5　动物地理区划

关于元江地区的动物地理区划，郑作新和张荣祖（1959）把云南全境都划为东洋界（印度－马来亚界）中南亚界的西南区和华南区；吴征镒等（2003）以东亚植物区系中有上百个特有属和科，提出喜马拉雅－中国南部到日本为一个区别于古北界和东洋界的新界，即东亚植物界。元江地区属于这一新界中的喜马拉雅－中国亚界。在郑作新和张荣祖（1959）的系统中，西南区和华南区的分界从滇东南起基本沿北回归线北缘至蒙自向西北延至景东和德宏州南部，元江属于华南区；后来，张荣祖和赵肯堂（1978）、张荣祖（1979）对中国动物地理区划进行修改，把华南区和西南区的分界线在云南南部划在北回归线以南，元江属于西南区的西南山地亚区；马世来和王应祥（1988）认为，许多典型的热带种类如长臂猿、蜂猴、灰叶猴、椰子狸、霜背大鼯鼠等可以从中南半岛热带一直延伸分布到云南中部的无量山、哀牢山，而且在无量山和哀牢山区的中低山区，华南区种类明显多于西南区，所以华南区和西南区在云南南部与中部的分界线应向北移，分界线应是蒙自－个旧－石屏－扬武到新平哀牢山和景东无量山，这条分界线基本是长臂猿、蜂猴、灰叶猴、霜背大鼯鼠、绿孔雀、斑犀鸟在云南中部的北界；依据郑作新和张荣祖（1959）、张荣祖（1978，1979）与马世来和王应祥等（1988）的观点，把云南南部－云南中部至云南西部腾冲一线以南、以西都划入华南区，元江属华南区。

关于云南南部和云南西部华南区的次一级（亚区）的分化，张荣祖等（1978，1979）认为云南的华南区仅有一个亚区，即滇南山地亚区；Udvnrdy（1975）和马敬能等（1996）将其列为云南热带。但是彭燕章等（1987）根据大量云南鸟兽调查的资料，发现滇南元江流域以东、滇南西双版纳和滇西怒江以西（德宏州和腾冲）其鸟兽区系明显不同，其相异程度远大于我国东部亚区一级的区系分化（特别是特有属、种和亚种的替代），滇西明显有许多喜马拉雅－横断山区低海拔的种类和缅北、阿萨姆的热带、亚热带种类；西双版纳特有属种甚少，但泰国－马来西亚的热带种甚多；而滇中无量山、哀牢山、滇南红河州、滇东南文山州、广西西南部和贵州西南部的鸟兽区系则与越南北部区系相似，认为云南华南区的亚区不能简单地统归入一个亚区（滇南山地亚区），而应再分化为3个亚区：滇西缅北亚区、滇南泰国亚区和滇越桂亚区，后者有许多其他亚区所没有的特有属种，如哺乳动物中的西黑冠长臂猿、倭蜂猴、橙喉长吻松鼠、印支松鼠、长颌带狸、印支鼩等。

10.6　元江自然保护区的珍稀保护哺乳类

经调查，元江自然保护区中被国内外列为保护对象的野生哺乳动物有27种（表10-4），约占国家重点保护野生哺乳动物总种数（151种）（王应祥等，2007）的17.88%。国家Ⅰ级重点保护的有西黑冠长臂猿、灰叶猴、蜂猴、倭蜂猴、熊猴、金钱豹、云豹、林麝和中国穿山甲等9种。其中，中国穿山甲虽在中国和CITES中仍然被列为国家Ⅱ级重点保护野生动物或附录Ⅱ物种，但因过度捕杀利用，资源数量剧烈下降，CITES从2000年起，已把国际上所有穿山甲进出口贸易额限定为零。按照CITES的规定，国际进出口贸易额限定为零的物种均按附录Ⅰ物种进行管理。国家Ⅱ级重点保护的有黑熊、水獭、金猫、中华鬣羚、川西斑羚、斑灵狸、水鹿、猕猴、短尾猴、豺、青鼬、小爪水獭、江獭、大灵猫、小灵猫等15种，占国家重点保护野生哺乳动物总种数（151种）的9.93%。其中黑熊、水獭、金猫、中华鬣羚、川西斑羚、斑灵狸等6种被CITES列为附录Ⅰ物种，禁止进行国际贸易。毛冠鹿是云南省Ⅱ级重点保护野生哺乳动物；北树鼩和豹猫未被列入《国家重点保护野生动物名录》，但它们被CITES列为附录Ⅱ物种，豹猫的指名亚种（在中国，分布于云－贵地区）甚至被列入附录Ⅰ。元江自然保护区的国家重点保护及CITES附录Ⅰ和附录Ⅱ物种数与云南保护哺乳动物最丰富的国家级自然保护区比较，也是最多的保护区之一。

表10-4　元江自然保护区国家重点保护哺乳类名录

	中文名	拉丁名	国家级		省级		CITES	
			Ⅰ	Ⅱ	Ⅰ	Ⅱ	Ⅰ	Ⅱ
1	西黑冠长臂猿	*Nomascus concolor*	●		●		●	
2	灰叶猴	*Trachypithecus phayrei*	●		●			▲
3	蜂猴	*Nycticebus bengalensis*	●		●			▲
4	倭蜂猴	*Nycticebus pygmaeus*	●		●			▲
5	熊猴	*Macaca assamensis*	●		●			▲
6	金钱豹	*Panthera pardus*	●		●		●	
7	云豹	*Neofelis nebulosa*	●		●		●	
8	林麝	*Moschus berezovskii*	●		●			▲
9	中国穿山甲*	*Manis pentadactyla*	●*	▲	●*	▲	●*	▲
10	黑熊	*Selenarctos thibetanus*		▲		▲	●	
11	水獭	*Lutra lutra*		▲		▲	●	
12	金猫	*Catopuma temmincki*		▲		▲	●	
13	中华鬣羚	*Capricornis milneedwardsii*		▲		▲	●	
14	川西斑羚	*Naemorhedus griseus*		▲		▲	●	
15	斑灵狸	*Prionodon pardicolor*		▲		▲	●	
16	水鹿	*Rusa chaus*		▲		▲		
17	猕猴	*Macaca mulatta*		▲		▲		▲
18	短尾猴	*Macaca arctoidae*		▲		▲		▲
19	豺	*Coun alpinus pallas*		▲		▲		▲

	中文名	拉丁名	国家级		省级		CITES	
			I	II	I	II	I	II
20	青鼬	*Martes flavigula*		▲		▲		
21	小爪水獭	*Aonyx cinerea*		▲		▲		▲
22	江獭	*Lutrogale perspicillata*		▲		▲		▲
23	大灵猫	*Viverra zibetha*		▲		▲		
24	小灵猫	*Viverricula indica*		▲		▲		
25	豹猫	*Prionailurus bengalensis*						▲
26	毛冠鹿	*Elaphodus cephalophus*				▲		
27	北树鼩	*Tupaia belangeri*						▲

* CITES 的国际进出口贸易额为零，按附录 I 物种进行管理

● 表示特有分布；▲表示一般分布

10.7　元江自然保护区哺乳类的保护价值

元江自然保护区哺乳类有如下保护价值。

10.7.1　保护众多的珍稀濒危动物

元江自然保护区有27种国家、云南省和CITES的重点保护哺乳动物，占中国重点保护野生哺乳动物总种数的17.88%，在云南保护哺乳动物最丰富的国家级自然保护区中，是保护种数最多的几个保护区之一。其中许多是濒危种，在本保护区数量已经非常稀少或近乎绝迹，如西黑冠长臂猿、灰叶猴、倭蜂猴、金钱豹、金猫等，特别需要保护。

10.7.2　保护这一保护区丰富的哺乳类物种多样性、分布类型多样性和特有动物

本保护区哺乳动物种类及分布类型较多，具有印度支那北部热带特色的森林哺乳动物区系特征。在中国南部具有较大的保护价值和意义。

10.7.3　本区是多个动物区系的交汇带

元江自然保护区是云贵高原与滇西横断山系向南延伸的地带，又是华南区热带与西南区亚热带以至温带动物的交汇地，在我国动物地理区划中有重要作用和价值。

10.7.4　元江自然保护区是北回归线的重要动物廊道

元江自然保护区是我国北回归线上为数不多的几个自然保护区之一，以其典型的干热高温峡谷生物区系为特征而区别于其他自然保护区，而且夹于越南北部-云南南部北热带和云南中部无量山-哀牢山中山湿性季风常绿阔叶林之间，是连贯云南南部北热带雨林-云南中部南亚热带湿性季风常绿阔叶林的森林动物走廊。元江自然保护区的存在使许多横断山区或越南北部间断分布的特有种如鼩猬、印支小麝鼩、蜂猴、倭蜂猴、灰叶猴、熊猴、西黑冠长臂猿、林麝、橙喉长吻松鼠和隐纹花鼠等得以相互延续，在动物分布上有独特的保护意义和价值。

10.8　珍稀、濒危哺乳类简记

（1）西黑冠长臂猿 *Nomascus concolor*（Harlan，1826）

西黑冠长臂猿又名黑长臂猿，成年雄性通体亮黑色，头顶具簇状冠毛；成年雌性主要为灰黄色，头顶具一黑毛斑，耳部有黑毛，胸腹部很少有淡黑色。长臂猿每天清晨都会"晨鸣"，每次历时20～40s。西黑冠长臂猿主要分布于云南南部、西南部、中南部和广西西南部，少量分布于越南北部。在元江自然保护区，其主要分布在普漂、章巴和乌布鲁，数量已很少，接近绝迹。西黑冠长臂猿在云南的分布已被分隔成3片：滇南（绿春、红河和金平）、滇中（无量山和哀牢山）、滇西南（永德大雪山和耿马大青山）。滇中和滇西南被澜沧江所分隔，滇南和滇中被人类开发比较多的墨江、个旧、蒙自、建水、石屏、峨山等所隔断。而处于滇南和滇中之间的元江自然保护区的西黑冠长臂猿正好延续了该种群分布的连续性。长臂猿科是东南亚热带的特有科，在灵长类的系统发育中，比猴类更接近人类。西黑冠长臂猿是长臂猿中最古老、最原始的种，在长臂猿的系统发育和进化中有重要意义。西黑冠长臂猿为高度濒危物种，是国家Ⅰ级重点保护野生动物、CITES附录Ⅰ物种。

（2）灰叶猴 *Trachypithecus phayrei*（Elliot，1909）

本种通体浅青灰色，尾长接近于体长，口唇部有白斑，一般呈20～30只的小群活动，完全树栖。20世纪90年代末曾在普漂、乌布鲁等地发现，其数量少，近于绝迹。灰叶猴为中南半岛中北部的特有种，在云南仅分布于云南南部和西部，数量稀少，系濒危物种，为国家Ⅰ级重点保护野生动物，CITES附录Ⅱ物种。

（3）蜂猴 *Nycticebus bengalensis*（Lacepede，1800）

1♀，体重1020g，体长334mm，尾长21mm，后足长75mm，耳长23mm；颅全长63.5mm，口盖长21.5mm，上齿列长23.8mm。

蜂猴俗称懒猴，为懒猴科中最大的一种，成年体重一般800～1400g。头、颈部通常为白色，颈背和肩中央常有一条较宽的棕褐色脊纹。蜂猴行动缓慢，主要为夜间活动，喜食带甜味的浆果，也喜食蜂蜜和昆虫。蜂猴多栖于海拔较低的北热带雨林和南亚热带湿性常绿阔叶林中，在元江自然保护区有一定数量，系国家Ⅰ级重点保护野生动物。

（4）倭蜂猴 *Nyticebus pygmaeus*（Bonhote，1907）

倭蜂猴又叫小懒猴，是懒猴科中个体最较小的种，体长约等于蜂猴的一半，体重300～450g。与蜂猴的区别在于体小，颈部和面部不白而像体背一样呈棕橙色，上颌第二臼齿在齿列中最大或与第一上臼齿等大。倭蜂猴为印度支那的特有种，仅分布于越南和云南南部，2003年曾在元江发现，元江电视台对此作过报道。倭蜂猴分布区狭窄，数量不多，系濒危物种，为国家Ⅰ级重点保护野生动物。

（5）熊猴 *Macaca assamensis*（Osgood，1932）

熊猴尾长为体长的30%～65%，头顶毛放射状形成毛旋，雄性的阴茎龟头短而尖，通体橄榄黄灰色。关于云南南部及其邻近地区（包括元江）熊猴的亚种划分，曾有不同意见：Osgood（1932）依据越南北部熊猴的尾较短（230mm）将其订为 *M. a. coolidgei*。这一亚种为印度支那地区的特有亚种。元江地区的熊猴数量不多，估计不足100只。熊猴为国家Ⅰ级重点保护野生动物，CITES列其为附录Ⅱ物种。

（6）猕猴 *Macaca mulatta*（Kloss，1917）

猕猴是保护区常见的猴类，群众称之为黄猴。它的尾长与体长的比例与熊猴相似，而不同在于臀部比肩部毛色要亮，多黄棕色，肩部浅而多灰。头顶毛不呈放射状，雄性的阴茎龟头短而钝。

猕猴是重要的医学实验动物，可供医学实验和生产疫苗，亦可出口，有较大的经济价值。但目前保护区资源数量不多，应加强保护。猕猴为国家Ⅱ级重点保护野生动物。

（7）短尾猴 *Macaca arctoides*（Geoffroy，1831）

短尾猴俗称红面猴、大青猴、桩尾猴，以尾极短（仅为体长的3%～10%，呈短桩状），成体多为暗褐黑色，成年面部多有红色而得名，是猕猴属中个体较大的猴类，常被民间称为"野人"。其采食低矮的灌木，遇险多沿林下逃遁，常呈数十只的大群。估计在本保护区有5～6群，200～300只。其为国家Ⅱ级重点保护野生动物。

（8）金钱豹 *Panthera pardus*（Meyer，1794）

金钱豹又名豹子、文豹。头小尾长，四肢短健，毛被底色黄色、满布空心的黑色铜色环斑。20世纪90年代到西双版纳等地考察，路过元江，曾在当地毛皮收购站见过皮张。在本次保护区调查中，访问当地老猎民和林业站护林员，他们反映其在保护区原始林区尚有分布，但数量非常稀少，有的林区已多年不见。金钱豹虽在国内外分布较广，但已高度濒危，趋于绝迹。其为国家 I 级重点保护野生动物，CITES 附录 I 物种。

（9）云豹 *Neofelis nebulosa*（Griffith，1821）

云豹又名龟纹豹和小草豹，比金钱豹略小，全身黄褐色，体背侧有对称的深色大型云形斑，周缘黑色，中心暗黄色，状若龟背斑饰，故有龟纹豹之称。云豹是元江自然保护区林区数量较多的大型食肉类。以林区有蹄类（如麂类、毛冠鹿等）、啮齿类和兔形类为主要食物。其为国家 I 级重点保护野生动物，CITES 附录 I 物种。

（10）中国穿山甲 *Manis pentadactyla*（Hodgson，1836）

中国穿山甲属国家 II 级重点保护野生动物，CITES 附录 II 物种。甲片是常用的中药材，加之其作为野味而大量被猎杀，过度利用使其成为高度易危物种。CITES 已从 2000 年起把所有穿山甲的进出口贸易限额定为零，凡进出口贸易限额定为零的物种，CITES 规定各成员国都按附录 I 物种进行管理。

（11）黑熊 *Selenarctos thibetanus*（G. Cuvier，1823）

1♀，体重 82kg，体长 1450mm，尾长 52mm，后足长 195mm，耳长 137mm；颅全长 245.0mm，口盖长 122.2mm，颧宽 175.5mm，上齿列长 90.1mm。

黑熊俗称老熊，粗大而笨重，毛被丰厚而蓬松，躯体亮黑色，但下颌一般淡灰棕色，胸斑为细窄的星月形，灰白色。黑熊为本地林区的大型兽类，现在在林区比较常见，有时到山区耕地上盗食作物。

（12）金猫 *Catopuma temmincki*（Vigores et Horsfield）

金猫是较大型的猫科动物，其大小似云豹，因色型不同，俗称红椿豹、芝麻豹和狸豹。红椿豹全身亮红色，芝麻豹暗褐灰色而在毛上具微小的芝麻斑点，狸豹（花金锚）全身具较大的中空暗色环斑。这些过去曾被认为是不同亚种，现发现在同一地区 3 种色型均能出现，属色型变异。金猫以多种啮齿类、兔形类、中小型有蹄类为食，在本地区数量极少，高度濒危。其为 CITES 附录 I 物种，国家 II 级重点保护野生动物。

（13）林麝 *Moschus berezovskii*（Wang et Li，1993）

林麝又名獐子或香獐。体背暗褐棕色，臀部深，几为褐黑色，耳背棕褐色，耳壳白色，颈下有两条纵行灰白色条纹，麝毛较粗而中空，基部弯曲。其主要栖于海拔 1000m 以上的季风常绿阔叶林。麝是名贵中药材——麝香的原动物。成年雄性动物香腺的分泌物（麝香）是我国中药和中成药丸、散、酊剂中的重要成分。由于过度猎捕、割取香囊取麝香，野生林麝已成为濒危物种，元江自然保护区内的林麝数量不多，很少在林区见到。林麝为国家 I 级重点保护野生动物。

（14）鼩猬 *Neotetracus sinensis*（Wang et Li，1982）

2♂♂，3♀♀，体重 28（25～35）g，体长 105（94～136）mm，尾长 64（55～72）mm，后足长 23（21～25）mm，耳长 15（12～18）mm；颅全长 31.7（28.9～34.0）mm，基长 28.4（25.6～31.0）mm，脑颅宽 13.1（12.3～13.7）mm，上齿列长 16.3（14.7～17.3）mm。

鼩猬是我国横断山区的特有属、种，主要分布在四川（西部、西南部），云南和贵州西北部，沿云南中部向南延伸分布到越南北部。在食虫目猬科中，鼩猬隶属于毛猬亚科 Hylomyinae，体形似鼩鼱，毛不特化成中空的棘刺状，是猬科中的孑遗、原始类群。鼩猬已有 4 亚种的分化，本保护区的鼩猬与云南西部、中部和南部的 *Neotetracus sinensis hypolineatus* 一致。鼩猬为稀有种，在本地区数量不多。

（15）北树鼩 *Tupaia belanger*（Thomas，1914）

3♂♂,1♀，体重 130（107～150）g，体长 172（160～185）mm，尾长 161（158～164）mm，后足 42.5（41～44）mm，耳长 11.4（10.0～12.0）mm；颅全长 50.3（47.6～58.2）mm，颧宽 24.3（24.0～24.5）mm，后头宽 18.8（18.5～19.1）mm，白齿外宽 16.5（15.4～17.0）mm，上齿列长 24.9（24.6～25.3）mm。

腰臀部毛色深浓，橄榄褐黑色。腹部毛色比云贵高原的标本深。此亚种为云南东南部的特有亚种。北树鼩主要分布于马来半岛以北的缅甸、印度阿萨姆、泰国、印度支那及我国的云南、广西和海南岛，本地区是北树鼩分布的东北缘地带，其在本地区是边缘分布，数量不多。

树鼩现已为医学实验动物，用于替代灵长类用于医学动物实验。我国未将其列入《国家重点保护野生动物名录》，但从 2000 年起，CITES 已把树鼩科（Tupaiidae）所有种列为附录 II 物种。

10.9　元江自然保护区哺乳类名录

元江自然保护区哺乳动物名录见附表1。

附表1　元江自然保护区哺乳类名录

分类群	广布 东洋界泛界分布种	南中 国分布	华中 区分布	华南 广布种	滇西 山地	滇南 山地	滇越 桂黔	闽广 沿海	海南	台湾 区特有种	西南 广布种	喜马 拉雅	缅北 贡区	横断 山区	川西 平原	云贵 高原	秦岭 山地	中国 特有种	古北 界东洋界共有种	青藏 高原区	蒙新 荒漠区	华北 区	东北 区	资源 现状
I. 食虫目 Eulipotyphla																								
一、猬科 Erinaceidae																								
1. 毛猬 *Hylomys suillus*				●	▲	▲																		R
(1) *H. s. microtinus*							◎																	
2. 鼩猬 *Neotetracus sinensis*					▲	▲					▲	▲	▲	▲	▲	▲	▲							R
(1) *N. s. hypolineatus*				◎		◎																		
二、鼩鼱科 Soricidae																								
3. 灰黑齿鼩鼱 *Blarinella griselda*			▲	▲	▲						▲	▲	▲	▲	▲	▲	▲							C
4. 微尾鼩 *Anourosorex squamipes*				▲	▲	▲					▲	▲	▲	▲	▲	◎								M
(1) *A. s. squamipes*				◎	◎	◎					◎	◎	◎	◎										
5. 喜马拉雅水鼩 *Chimmarogale himalayicus*		▲		▲	▲						▲	▲	▲	▲	▲	▲	▲					▲		C
(1) *C. h. himalayicus*				◎								◎												
6. 大臭鼩 *Suncus murinus*	●			▲	▲	▲	▲	▲	▲		▲	▲	▲	▲										C
(1) *S. m. murinus*				▲	▲	▲	▲	▲				▲	▲	▲										
7. 灰麝鼩 *Crocidura attenuata*				●	▲	▲	▲	◎		▲	◎	▲	◎	◎	◎	◎								C
(1) *C. a. attenuata*					◎	◎	◎																	
8. 印支小麝鼩 *Crocidura indochinensis*				●	▲	▲	▲	▲	▲		▲			▲										C
三、鼹科 Talpidae																								
9. 白尾鼹 *Parascaptor leucurus*				●	▲						▲	▲	▲			▲								R
10. 长吻鼹 *Euroscaptor longirostris*					▲	▲			●		▲	▲	▲	▲	▲	▲	▲							R

续表

分类群	广布种	东洋界广泛分布	华中南中国分布	华中区分布	华南广布	滇西山地	滇南山地	滇越桂黔	闽广沿海	海南	台湾区特有种	西南广布	喜马拉雅	缅北贡区	横断山区	川西平原	云贵高原	秦岭山地	中国特有种	古北、东洋界共有种	青藏高原区	蒙新荒漠区	华北区	东北区	资源现状
11. 印支鼹 *Euroscaptor parvidens*																									
II. 攀鼩目 Scandwntia																									
四、树鼩科 Tupaiidae																									
12. 北树鼩 *Tupaia belangeri*					●	▲		▲	▲	▲				▲			▲								C
(1) *T. b. yunalis*						◎		◎						◎			◎								
III. 翼手目 Chiroptera																									
五、狐蝠科 Pteropidae																									
13. 棕果蝠 *Rousettus leschenaulti*				▲	▲	▲	▲	▲	▲	▲															C
(1) *R. l. leschenaulti*				▲	▲	▲	▲	▲	▲	▲															
14. 犬蝠 *Cynopterus sphinx*				▲	▲	▲	▲	▲	▲	▲															C
(1) *C. s. anggulatus*																									
15. 短耳犬蝠 *Cynopterus brachyctis*					▲			▲	▲	▲				▲											C
(1) *C. b. hoffeti*																									
六、菊头蝠科 Rhinolophidae																									
16. 同型菊头蝠 *Rhinolophus affinis*	●	▲	▲		▲	▲		▲	▲	▲		▲		▲	▲	▲	▲	▲							C
(1) *R. a. himalayanus*						◎		◎						◎	◎	◎	◎								
17. 暗褐菊头蝠 *Rhinolophus ferrumequinum*		●	▲			▲		▲	▲			▲	▲	▲	▲	▲	▲	▲					▲	▲	C
(1) *R. f. tragatus*			▲		◎			◎	▲				▲		◎	▲	◎								
18. 中华菊头蝠 *Rhinolophus sinicus*		●			▲	▲	▲	▲	▲	▲		▲		▲	▲	▲	▲	▲							C
19. 皮氏菊头蝠 *Rhinolophus pearsoni*					▲	▲	▲	▲	▲	▲		▲	▲	▲	▲	▲	▲	▲							C
(1) *R. p. pearsoni*					◎	◎		◎				◎	◎	◎	◎	◎	◎								
七、蹄蝠科 Hipposideridae																									
20. 大马蹄蝠 *Hipposideros armiger*	●		▲		▲	▲	▲	▲	▲	▲		▲	▲	▲	▲	▲	▲	▲							C

续表

分类群	广布种 东洋界泛界分布	东洋界 华中南中国分布区分布	华中区分布	华南区 华南广布	滇西山地	滇南山地	滇南桂黔	闽广沿海	海南	台湾区特有种	西南区 西南广布	喜马拉雅	缅北贡区	横断山区	川西平原	云贵高原	秦岭山地	中国特有种	古北界、东洋界共有种	青藏高原区	蒙新荒漠区	华北区	东北区	资源现状
(1) *H. a. armiger*				○	○	○							○	○	○	○								
21. 小蹄蝠 *Hipposideros pomona*	●			▲	▲		▲	▲																C
八、蝙蝠科 Vespertilionidae																								
22. 高额鼠耳蝠 *Myotis siligorensis*	●			▲	▲		▲	▲	▲							○								C
(1) *M. s. alticarniatus*																								
23. 毛须鼠耳蝠 *Myotis hirsutus*		●		▲	▲	▲	▲	▲							▲	▲						◄		C
24. 大足鼠耳蝠 *Myotis ricketti*			▲	▲	▲	▲	▲	▲					▲	▲	▲	▲						◄		C
25. 东亚伏翼 *Pipistrellus abramus*	●			▲	▲	▲	▲	▲	▲							▲								C
26. 爪哇伏翼 *Pipistrellus javanicus*	●			▲	▲	▲	▲	▲																C
27. 南蝠 *Ia io*			●	▲	▲	▲	▲	▲	▲				▲	▲	▲	▲								C
28. 小黄蝠 *Scotophilus kuhlii*				●	○	▲	▲	▲	▲															C
(1) *S. k. gairdneri*				●	▲	▲	▲																	
29. 大黄蝠 *Scotophilus heathii*	●			▲	▲	▲	▲	▲	▲															C
(1) *S. h. belangeri*				▲	◎	◎	◎					◎	◎	○	◎									
30. 扁颅蝠 *Tylonycteris pachypus*	●			▲	▲	▲	▲	▲	▲															C
(1) *T. p. fulvidus*				▲	◎	◎	◎																	
31. 亚洲长翼蝠 *Miniopterus fuliginosus*	●			▲	▲	▲	▲	▲	▲	▲	▲	▲	▲	▲	▲	▲	▲		●			◄		M
IV. 灵长目 Primates																								
九、懒猴科 Lorisidae																								
32. 蜂猴 *Nycticebus bengalensis*	●			▲	▲	▲	▲									▲								E
(1) *N. b. chinensis*					◎	◎	◎									○								
33. 倭蜂猴 *Nycticebus pygmaeus*						●																		E
十、猴科 Cercopithecidae																								
34. 猕猴 *Macaca mulatta*	●	▲			▲	▲	▲	▲	▲			▲	▲	▲	▲	▲	▲					◄		R

续表

分类群	广布种·东洋界泛界分布	南中国分布	华中区分布	华南广布	滇西山地	滇南山地	滇越桂黔	闽广沿海	海南	台湾区特有种	西南广布	喜马拉雅	缅北贡区	横断山区	川西平原	云贵高原	秦岭山地	中国特有种	古北、东洋界共有种	青藏高原区	蒙新荒漠区	华北区	东北区	资源现状
											东洋界										古北界			
（1）M. m. siamica					◎	◎	◎																	
35. 熊猴 Macaca assamensis			▲	●	▲	▲	▲					▲	▲											R
（1）M. a. coolidgei					◎							▲												R
36. 短尾猴 Macaca arctoides			▲	●	▲	▲	▲	▲					▲											R
37. 灰叶猴 Trachypithecus phayrei			▲	●	▲	▲	▲																	E
（1）T. p. crepusculus					◎	◎	◎																	
十一、长臂猿科 Hylobatidae																								
38. 西黑冠长臂猿 Nomascus concolor			▲	●	▲	▲	▲	▲																E
（1）N. c. concolor							◎																	
V. 鳞甲目 Pholidota																								
十二、鲮鲤科 Manidae																								
39. 中国穿山甲 Manis pentadactyla	●		▲	▲	▲	▲	▲	▲	▲	▲		▲	▲	▲	▲	▲								V
（1）M. p. auritus		◎		◎	◎	◎	◎	◎		◎		◎		◎	◎	◎								
VI. 食肉目 Carnivora																								
十三、犬科 Canidae																								
40. 赤狐 Vulpes vulpes				▲	▲	▲		▲	▲	▲		▲	▲	▲	▲	▲			●					V
（1）V. v. hoole					◎		◎									◎								
41. 豺 Cuon alpinus			▲	▲	▲	▲	▲							▲	▲	▲	▲		●					E
（1）C. a. adustus				◎	◎	◎	◎									◎								
十四、熊科 Ursidae																								
42. 黑熊 Selenarctos thibetanus			▲	▲	▲	▲	▲	▲	▲	▲		▲	▲	▲	▲	▲	▲		●			▲	▲	V
（1）S. t. thibetanus					◎		◎									◎								
十五、鼬科 Mustelidae																								
43. 青鼬 Martes flavigula			▲	▲	▲		▲	▲	▲	▲		▲	▲	▲	▲	▲	▲		●					C

续表

分类群	广布种	东洋界泛布	南中国分布	华中区分布	华南广布	滇西山地	滇南山地	滇桂黔	闽广沿海	海南	台湾区特有种	西南广布	喜马拉雅	缅马贡区	横断山区	川西平原	云贵高原	秦岭山地	中国特有种	古北界东洋界共有种	青藏高原区	蒙新荒漠区	华北区	东北区	资源现状
（1）*M. f. flavigula*						▲	▲	▲	▲	▲	▲					▲	▲	▲					▲	▲	
44. 黄鼬 *Mustela sibirica*				▲		▲	▲	▲	▲	▲	▲					▲	▲	▲		●			▲	▲	M
45. 纹鼬 *Mustela strigidorsa*					▲	▲	▲	▲		▲	▲														R
46. 鼬獾 *Melogale moschata*			●	▲		▲	▲	▲	▲	▲	▲					▲	▲	▲						▲	M
（1）*M. m. taxilla*								○																	
47. 猪獾 *Arctonyx collaris*		●		▲		▲	▲	▲	▲	▲	▲					▲	▲								C
（1）*A. c. dictator*		●				○	○	○	○																C
48. 水獭 *Lutra lutra*	●			▲		▲	▲	▲	▲	▲	▲			▲		▲	▲	▲							V
（1）*L. l. nair*						○	▲	○																	V
49. 江獭 *Lutrogale perspicillata*				▲	▲	▲	▲	▲	▲	▲	▲			▲	▲										V
50. 小爪水獭 *Aonyx cinerea*		●		▲	▲	▲	▲	▲	▲	▲	▲			▲	▲										V
十六、灵猫科 Viverridae																							▲		C
51. 大灵猫 *Viverra zibetha*				▲	▲	▲	▲	▲	▲	▲	▲			▲	▲										V
（1）*V. z. surdaster*						○	○	○	○																V
52. 小灵猫 *Viverricula indica*		●		▲	▲	▲	▲	▲	▲	▲	▲			▲	▲	▲	▲								V
（1）*V. i. thai*						○	○	○	○																V
53. 斑灵狸 *Prionodon pardicolor*		●		▲		▲	▲	▲	▲	▲	▲	●	▲	▲	▲	▲	▲	▲							V
54. 果子狸 *Paguma larvata*		●		▲		○	▲	▲	▲	▲	▲					▲	▲	▲							C
（1）*P. l. intrudens*					●	○	○	●	○						○										
55. 长颔带狸 *Chrotogale owstoni*						▲	▲	▲	▲																C
十七、獴科 Herpestidae																									
56. 食蟹獴 *Herpestes nrva*		●		▲		▲	▲	▲	▲	▲	▲		▲		▲	▲	▲	▲							C
十八、猫科 Felidae																									
57. 豹猫 *Prionailurus bengalensis*				▲		▲	▲	▲	▲	▲	▲		▲		▲	▲	▲	▲							M
（1）*P. b. bengalensis*						○	○	○																	

续表

分类群	广布种				东洋界													中国特有种	古北、东洋界共有种	古北界				资源现状
	东洋界广布	南中国分布	华中区分布	华南广布	华南区					台湾区特有种	西南区									青藏高原区	蒙新荒漠区	华北区	东北区	
					滇西山地	滇南山地	滇越桂黔	闽广沿海	海南	西南广布/喜马拉雅	缅北贡区	横断山区	川西平原	云贵高原	秦岭山地									
58. 金猫 Catopuma temmicki	●		▲		▲	▲	▲	▲	▲	▲	▲	▲	▲	▲	▲								E
59. 云豹 Neofelis nebulosa	●		▲		▲	▲	▲	▲	▲	▲	▲	▲	▲	▲	▲							▲	E
(1) N. n. nebulosa					◎	◎	◎	◎	◎	◎	◎	◎	◎	◎	◎								
60. 金钱豹 Panthera pardus	●		▲		▲	▲	▲	▲	▲	▲	▲	▲	▲	▲	▲							▲	Et
(1) P. p. fusca					◎	◎	◎	◎	◎	◎	◎	◎	◎	◎	◎								
VII. 偶蹄目 Artiodactyla																							
十九、猪科 Suidae																							
61. 野猪 Sus scrofa		●	▲		▲	▲	▲	▲	▲	▲	▲	▲	▲	▲	▲		●					▲	E
(1) S. s. jubatus					◎	◎																	
二十、麝科 Moschidae																							
62. 林麝 Moschus berezovskii		●	▲		▲		▲			▲		▲	▲	▲	▲								E
(1) M. b. caobangis					◎	◎																	
二十一、鹿科 Cervidae																							
63. 毛冠鹿 Elaphodus cephalophus		●	▲		▲	▲	▲	▲	▲	▲	▲	▲	▲	▲	▲								C
(1) E. c. cephalophus					◎							◎		◎	◎								
64. 赤麂 Muntiacus vaginalis				●	▲	▲	▲	▲	▲	▲	▲	▲	▲	▲	▲								C
(1) M. v. yunnanensis					◎							◎		◎									
65. 小麂 Muntiacus reevesi		●	▲		▲	▲	▲	▲	▲	▲	▲	▲	▲	▲	▲								C
(1) M. r. yunnanensis					◎	◎	◎	◎						◎									
66. 水鹿 Rusa unicolor	●				▲	▲	▲	◎	▲	▲	▲	▲	▲	▲	▲								C
(1) R. u. equina					◎	◎	◎	◎															
二十二、牛科 Bovidae																							
67. 中华鬣羚 Capricornis milneedwardsii		●	▲		▲	▲	▲	▲	▲	▲	▲	▲	▲	▲	▲								V

续表

分类群	东洋界			东洋界 华南区							东洋界 西南区							中国特有种	古北界、东洋界共有种	古北界				资源现状
	东洋界泛布	南中国分布国分布	华中区分布	华南广布	滇西山地	滇南山地	滇桂黔	闽广沿海	海南	台湾区特有种	西南广布	喜马拉雅	缅北高贡区	横断山区	川西平原	云贵高原	秦岭山地			青藏高原区	蒙新荒漠区	华北区	东北区	
68.川西斑羚 Nemorhaedus griseus		●	▲				▲	▲				▲	▲	▲	▲	▲	▲							E
Ⅷ. 啮齿目 Rodentia																								
二十三. 松鼠科 Sciuridae																								
69.赤腹松鼠 Callosciurus erythraeus	●				▲	▲	▲	▲		▲		▲	▲	▲	▲	▲	▲							M
(1) C. e. hendeei																								
70.印支松鼠 Callosciurus inconstans				▲			▲																	C
71.隐纹花松鼠 Tamiops swinhoei				▲	▲	▲	▲	▲	●			▲	▲	▲	▲	▲	▲					▲		C
(1) T. s. olivaceus						◎	◎																	
72.橙喉长吻松鼠 Dremomys gularis		●		▲		●							▲											R
73.红颊长吻松鼠 Dremomys rufigenis				▲	▲	▲	▲	▲					▲											C
(1) D. r. orinatus							◎	◎																
74.珀氏长吻松鼠 Dremomys pernyi			▲		▲	▲	▲	▲			▲	▲	▲	▲	▲	▲	▲							C
(1) D. p. flavior							◎																	
75.白喉岩松鼠 Sciurotamias forresti				▲	▲	▲	▲	▲	●							▲								V
二十四. 鼯鼠科 Pteromyidae																								
76.毛耳飞鼠 Belomys pearsonii				●	▲	▲	▲	▲	▲	▲	▲	▲												R
(1) B. p. blandus				▲	▲	▲																		
77.白斑小鼯鼠 Petaurista elegans	●			▲	◎	◎	◎																	R
(1) P. e. marica																								
78.霜背大鼯鼠 Petaurista philippensis	●			▲	▲	▲	▲	▲	▲	▲														C

续表

| 分类群 | 广布种 | 东洋界 | | | | | | | | | | | | | | | | | 中国特有种 | 古北界、东洋界共有种 | 古北界 | | | | 资源现状 |
| | 东洋界泛界分布 | 华中南国分布 | 华中区分布 | 华南区 | | | | | | | 西南区 | | | | | | | | | 青藏高原区 | 蒙新荒漠区 | 华北区 | 东北区 | |
				华南广布	滇西山地	滇南山地	滇越桂黔	闽广沿海	海南	台湾区特有种	西南广布	喜马拉雅	缅北贡区	横断山区	川西平原	云贵高原	秦岭山地							
（1）*P. p. lylei*					◎																				
79. 红白鼯鼠 *Petaurista alborufus*		●	▲		◎				▲	▲	▲		▲	▲	▲	▲	▲								C
（1）*P. a. alborufus*			◎		◎	◎	◎	◎					◎		◎	◎	◎								
80. 黑白飞鼠 *Hylopetes alboniger*		▲	▲		▲	▲	▲	▲	▲	▲		▲	▲		▲	▲									C
（1）*H. a. orinus*			◎		◎	◎	◎	◎	◎	◎		◎	◎			◎	◎								
二十五、仓鼠科 Cricetidae																									
81. 大绒鼠 *Eothenomys miletus*			▲		▲	▲			▲			●	▲	▲	▲	▲	▲	▲							C
二十六、鼠科 Muridae																									
82. 中华姬鼠 *Apodemus draco*			▲		▲	▲	▲	▲				●		▲	▲	▲	▲	▲					▲		C
83. 澜沧江姬鼠 *Apodemus ilex*					▲		▲					●			▲	▲		▲	●						C
84. 东亚屋顶鼠 *Rattus brunneusculus*		▲			▲			▲			▲		▲	▲	▲	▲	▲								C
（1）*R. b. sladeni*			◎		◎								▲												
85. 黄胸鼠 *Rattus tanezumi*	●		▲	▲	▲	▲	▲	▲	▲	▲	▲	▲	▲	▲	▲	▲	▲	▲				▲	▲	▲	C
（1）*R. t. flavpectus*					◎	◎	◎	◎	◎	◎	◎														
86. 大足鼠 *Rattus nitidus*			▲	▲	▲	▲	▲	▲	▲	▲	▲	▲	▲		▲	▲	▲	▲							C
87. 褐家鼠 *Rattus norvegicus*	●		▲	▲	▲	▲	▲	▲	▲	▲	▲	▲	◎		▲	▲	▲						▲	▲	C
（1）*R. n. socer*			▲		▲	◎	▲	▲	▲																
88. 社鼠 *Niviventer confucianus*			▲	▲	▲	▲	▲	▲	▲	▲		▲	▲	▲	▲	▲	▲		▲				▲		C
（1）*N. c. confucianus*			◎		◎	◎	◎							◎											
89. 刺毛鼠 *Niviventer fulvescens*			▲	▲	▲	▲	▲	▲	▲	▲		▲	▲	▲	▲	▲	▲								C
（1）*N. f. fulvescens*					◎	◎	◎	◎				◎	◎												
90. 白腹巨鼠 *Leopoldamys edwardsi*	●		▲		▲	▲	▲	▲	▲	▲		▲	▲	▲	▲	▲	▲								C
（1）*L. e. milleti*					◎																				
91. 青毛硕鼠 *Berylmys bowersii*		▲		▲	▲	▲	▲	▲	▲				▲			▲									C

续表

分类群	广布种	东洋界广布	南中国分布	华中区分布	华南区·华南广布	滇西山地	滇南山地	滇越桂黔	闽广沿海	海南	台湾区特有种	西南区·西南广布	喜马拉雅	缅北贡区	横断山区	川西平原	云贵高原	秦岭山地	中国特有种	古北、东洋界共有种	青藏高原区	蒙新荒漠区	华北区	东北区	资源现状
92. 小家鼠 *Mus musculus*	●			▲	▲	▲	▲	▲	▲	▲	▲	▲	▲	▲	▲	▲	▲	▲					▲	▲	C
(1) *M. m. castaneus*						◎	◎	◎	◎	◎	◎														C
93. 锡金小鼠 *Mus pahari*					▲	▲	▲	▲					▲	▲	▲	▲									C
(1) *M. p. gairdneri*						◎		◎	◎	◎															
二十七、竹鼠科 Rhizomyidae																									
94. 银星竹鼠 *Rhizomys pruinosus*				▲	▲	▲	▲	▲	▲					▲											C
(1) *R. p. senex*						◎	◎	◎																	
二十八、豪猪科 Hystricidae																									
95. 扫尾豪猪 *Atherurus macrourus*					▲	▲	▲	▲	▲	▲	▲	▲		▲	▲										C
(1) *A. m. macrourus*						◎	◎	◎						◎	◎		◎								
96. 中国豪猪 *Hystrix hodgsoni*			●			▲	▲						▲	▲	▲	▲	▲	▲							C
(1) *H. h. subcristata*						◎	◎						◎		◎	◎	◎	◎							
IX. 兔形目 Lagomorpha																									
二十九、兔科 Leporidae																									
97. 云南兔 *Lepus comus*						▲	▲					▲		▲			▲		●						C
(1) *L. c. peni*						◎	◎										◎	◎							C

注：●表示特有分布，▲表示一般分布，◎表示亚种分布；Ex表示绝迹，E表示濒危，V表示易危，R表示稀有，C表示常见，M表示较多。

第11章 鸟 类

经本次调查，元江自然保护区记录鸟类258种，隶属17目45科（另4亚科）。其中留鸟179种（含亚种，下同）、夏候鸟24种、冬候鸟51种、旅鸟4种。在保护区繁殖的203种鸟中，古北种3种，东洋种155种，繁殖区域广布东洋界和古北界的有45种。保护区的鸟类区系以东洋种鸟类占优势，并具有明显的滇南山地亚区的鸟类特征。该地区也是一些物种不同亚种的混交区。这与元江自然保护区所处的地理位置有密切关系。保护区内干热河谷稀树灌木草丛中分布鸟类137种，常绿阔叶林中分布鸟类169种，针阔混交林中分布鸟类有108种，农田村镇中分布鸟类117种，水域沼泽湿地中分布鸟类59种。保护区分布国家Ⅰ级重点保护鸟类绿孔雀，分布国家Ⅱ级重点保护鸟类22种。

11.1 概 况

根据中国科学院昆明动物研究所的标本、有关文献记载及调查访问，元江自然保护区共记录鸟类258种（附表2），隶属于16目45科（另4亚科）。其中，常年居留于当地的鸟类称留鸟，计179种和亚种，占记录鸟类种和亚种数的69.4%；仅春末夏初迁至该地区，夏末秋初迁离的鸟类称夏候鸟，计24种，占9.3%；秋末冬初由北方迁飞至此越冬，称冬候鸟，计51种，占19.8%；有4种仅在迁徙途中路过此地，称为旅鸟，占1.6%。所以，元江自然保护区的鸟类以留鸟占优势。

11.2 区系特征分析

元江自然保护区鸟类的区系成分，按在该保护区繁殖的鸟类（包括留鸟、夏候鸟）种数进行统计。留鸟179种，夏候鸟24种，共计203种，占保护区鸟类的78.7%。依《中国鸟类区系纲要》，对保护区的繁殖鸟类进行区系从属的划分。主要繁殖区域在古北界的种称古北种，计3种，占保护区繁殖鸟类的1.5%；主要繁殖区域在东洋界的种称东洋种，计155种，占76.4%；繁殖区域广布东洋界和古北界的种称广布种，计45种，占22.2%。

本保护区属于东洋界华南区滇南山地亚区，邻近华中区的西部山地亚区、西南区的西南山地亚区。根据杨岚和杨晓君（2005）的划分，本保护区元江以西属于华南区滇南山地亚区滇西南山地小区，元江以东属于滇东南山地小区，表明本保护区为多个生物地区亚区和小区的交接地带。为了进一步探讨元江自然保护区鸟类区系成分的特殊性，对所录的155种东洋区鸟类，进行了Ⅱ级区（亚区）的区系成分比较。所选的亚区为滇南山地亚区及与该亚区相邻的西南区西南山地亚区、华中区的西部山地亚区、华南区的闽广沿海亚区。主要分布于滇南山地亚区的有4种，占所录东洋种的2.6%，包括绿孔雀 *Pavo muticus*、绿喉蜂虎 *Merops orientalis*、纹胸啄木鸟 *Dendrocopos atratus*、褐喉沙燕 *Riparia paludicola*；有72种在4个亚区均有分布，占所录东洋种的46.5%；有10个种分布在西南山地亚区、闽广沿海亚区和滇南山地亚区，占所录东洋种的6.5%；有12种在西南山地亚区、西部山地亚区和滇南山地亚区均有分布，占所录东洋种的7.7%；有21种分布于西部山地亚区、闽广沿海亚区和滇南山地亚区，占所录东洋种的13.5%；有21种在西南山地亚区和滇南山地亚区均有分布，占所录东洋种的13.5%；有7种分布于闽广沿海亚区和滇南山地亚区，占所录东洋种的4.5%；有3种分布于西部山地亚区和滇南山地亚区，占所录东洋种的1.9%；有4种分布于西南山地亚区和西部山地亚区，占所录东洋种的2.6%。灰头椋鸟 *Sturnus malabaricus* 仅分布于西南山地亚区，占所录东洋种的0.6%。

由云南自然地理的变迁，特别是喜马拉雅造山运动中掸邦–马来亚板块的位移，使元江（红河）河谷成为一条区系地理学上具有重要意义的分界线。元江（红河）河谷的东、西两侧的区系成分有着明显的差异。但是，本保护区位于该地理分界线的中央，元江河谷东西两边的成分均有分布，成分相当混杂。主要分布于西南区或更北的一些物种可沿山脊向南延伸分布至该区，包括一些分布于西南区的特有物种，如主要分布于横断山区的黑头金翅雀 *Carduelis ambigua*；主要分布于喜马拉雅横断山区的点斑林鸽 *Columba hodgsonii*、灰头鹦鹉 *Psittacula himalayana*、灰背伯劳 *Lanius tephronotus*、蓝额红尾鸲 *Phoenicurus frontalis*、纹喉凤鹛 *Yuhina gularis*、橙斑翅柳莺 *Phylloscopus pulcher*、棕腹仙鹟 *Niltava sundara*；主要分布于喜马拉雅中部及南部的黄颈凤鹛 *Yuhina flavicollis*；分布于喜马拉雅山以东地区的棕胸竹鸡 *Bambusicola fytchii*、赤胸啄木鸟 *Dendrocopos cathpharius*、火尾希鹛 *Minla ignotincta*、棕肛凤鹛 *Yuhina occipitalis*、棕褐短翅莺 *Bradypterus luteoventris*；分布于西南山地的棕头雀鹛 *Alcippe ruficapilla*、白领凤鹛 *Yuhina diademata*；主要分布于中国西南部的白腹锦鸡 *Chrysolophus amherstiae*、滇鳾 *Sitta yunnanensis* 等。

一些热带物种沿河谷向北延伸至保护区河谷，包括一些分布于中南半岛的热带物种，如分布于旧热带的家八哥 *Acridotheres tristis*，分布于东南亚的栗背伯劳 *Lanius collurioides*，分布于中南半岛的巨鳾 *Sitt magna*，主要分布于中南半岛的黑头奇鹛 *Heterophasia melanoleuca* 等。

分布于中国中部、南部及中南半岛北部的（普通）八哥 *Acridotheres cristatellus* 也在该保护区有分布。

该地区也是一些物种不同亚种的混交区，一些物种的不同亚种在此区域杂交，形成了许多杂交的居间类群。例如，星头啄木鸟 *Dendrocopos canicapillus* 的 *omissus* 亚种和 *obscurus* 亚种、棕颈钩嘴鹛 *Pomatorhinus ruficollis* 的 *similis* 亚种和 *reconditus* 亚种、红翅鵙鹛 *Pteruthius flaviscapis* 的 *yunnanensis* 亚种和 *ricketti* 亚种在该区域混交，形成居间类群。

综上所述，元江自然保护区的鸟类区系以东洋种鸟类占优势，并具有明显的滇南山地亚区的鸟类特征。同时，也有其他一些亚区的物种延伸分布至该区。该地区也是一些物种不同亚种的混交区。这与元江自然保护区所处的地理位置有密切关系。

11.3 生境和分布

元江自然保护区地处典型的干热河谷区，四周较高的山地具有保存较好的南亚热带季风常绿阔叶林，并分布部分针阔混交林等。元江自然保护区鸟类栖息活动的生境大致分为干热河谷稀树灌木草丛、常绿阔叶林、针阔混交林、农田村镇和水域沼泽湿地五大类型。

干热河谷稀树灌木草丛中分布鸟类 137 种，没有狭域分布的种类，多分布于开阔的生境类型中。代表种类有黑翅鸢 *Elanus caeruleus*、[黑]鸢 *Milvus migrans*、普通鵟 *Buteo buteo*、蛇雕 *Spilornis cheela*、红隼 *Falco tinnunculus*、鹌鹑 *Coturnix coturnix*、珠颈斑鸠 *Streptopelia chinensis*、鵰鸮 *Bubo bubo*、普通夜鹰 *Caprimulgus indicus*、白腰雨燕 *Apus pacificus*、小白腰雨燕 *A. affinis*、栗喉蜂虎 *Merops philippinus*、绿喉蜂虎 *M. orientalis*、棕胸佛法僧 *Coracias benghalensis*、戴胜 *Upupa epops*、小云雀 *Alauda gulgula*、山鹡鸰 *Dendronanthus indicus*、红尾伯劳 *Lanius cristatus*、栗背伯劳 *L. collurioides*、喉石即鸟 *Saxicola torquata*、白斑黑石即鸟 *S. caprata*、斑鸫 *Turdus naumanni*、白颊噪鹛 *Garrulax sannio*、树麻雀 *Passer montanus*、白腰文鸟 *Lonchura striata*、斑文鸟 *L. punctulata*、灰头鹀 *Emberiza spodocephala*、灰眉岩鹀 *E. cia*、栗耳鹀 *E. fucata* 等。

常绿阔叶林中分布鸟类 171 种。其中，某些物种也同时分布于其他生境类型中，特别是分布于混交林中。但是有部分鸟类仅狭域分布于常绿阔叶林中，代表物种有绿背金鸠 *Chalcophaps indica*、绿嘴地鹃 *Phaenicophaeus tristis*、红头咬鹃 *Harpactes erythrocephalus*、冠斑犀鸟 *Anthracoceros coronatus*、大拟啄木鸟 *Megalaima virens*、白喉短翅鸫 *Brachypteryx leucophrys*、蓝歌鸲 *Luscinia cyane*、白尾蓝地鸲 *Cinclidium leucurum*、灰背燕尾 *Enicurus schistaceus*、小鳞[胸]鹪鹛 *Pnoepyga pusilla*、黑领噪鹛 *Garrulax pectoralis*、红头噪鹛 *G. erythrocephalus*、银耳相思鸟 *Leiothrix argentauris*、红翅鵙鹛 *Pteruthius flaviscapis*、栗耳凤鹛 *Yuhina castaniceps*、白腹凤鹛 *Y. zantholeuca*、点胸鸦雀 *Paradoxornis guttaticollis*、冕柳莺 *Phylloscopus coronatus*、栗头鹟莺 *Seicercus castaniceps*、金头缝叶莺 *Orthotomus cucullatus*、黑喉山鹪莺 *Prinia atrogularis*、棕腹仙鹟 *Niltava sundara*、山蓝仙鹟 *Niltava banyumas* 等。

针阔混交林中分布鸟类 108 种，除巨鳾 *Sitta magna* 主要分布于针阔混交林中外，在本生境中分布的其余鸟类也见于其他生境中。但是，有部分森林种类仅见于常绿阔叶林和针阔混交林等森林类型生境中，代表种类有凤头蜂鹰 *Pernis ptilorhynchus*、白鹇 *Lophura nycthemera*、白腹锦鸡 *Chrysolophus amherstiae*、楔尾绿鸠 *Treron sphenura*、点斑林鸽 *Columba hodgsonii*、翠金鹃 *Chalcites maculatus*、乌鹃 *Curniculus lugubris*、红角鸮 *Otus scops*、领角鸮 *C. bakkamoena*、领鸺鹠 *Claucidium brodiei*、大斑啄木鸟 *Cendrocopos major*、纹胸啄木鸟 *Dendrocopos atratus*、星头啄木鸟 *D. canicapillus*、大鹃鵙 *Coracina novaehollandiae*、粉红山椒鸟 *Pericrocotus roseus*、短嘴山椒鸟 *Pericrocotus brevirostris*、橙腹叶鹎 *Chloropsis hardwickei*、灰树鹊 *Dendrocitta formosae*、栗腹矶鸫 *Monticola rufiventris*、虎斑地鸫 *Zoothera dauma*、黑胸鸫 *Turdus dissimilis*、赤尾噪鹛 *Garrulax milnei*、棕头雀鹛 *Alcippe ruficapilla*、褐头雀鹛 *A. cinereiceps*、黑头奇鹛 *Heterophasia melanoleuca*、纹喉凤鹛 *Yuhina gularis*、白领凤鹛 *Y. diademata*、棕肛凤鹛 *Y. occipitalis*、棕褐短翅莺 *Bradypterus luteoventris*、橙斑翅柳莺 *Phylloscopus pulcher*、白斑尾柳莺 *P. davisoni*、白喉扇尾鹟 *Rhipidura albicollis*、滇䴓 *Sitta yunnanensis*、普通䴓 *S. europaea*、高山旋木雀 *Certhia himalayana* 等。

在农田村镇中分布鸟类117种，同稀树灌木草丛一样，本生境中没有狭域分布的种类，所有的种类都可见于其他的生境类型中。

在水域沼泽湿地中分布鸟类59种。由于元江及其他一些溪流流经保护区，加之河谷地带种植水稻，因此尽管保护区内无大型的开阔水体，仍有一些湿地鸟类分布于保护区的湿地及其邻近地区。代表物种有苍鹭 *Ardea cinerea*、池鹭 *Ardeola bacchus*、大白鹭 *Egretta alba*、白鹭 *E. garzetta*、中白鹭 *E. intermedia*、黑冠夜鹭 *Nycticorax nycticorax*、黄斑苇鸦 *Ixobrychus sinensis*、栗苇鸦 *I. cinnamomeus*、蓝胸秧鸡 *Rallus striatus*、红胸田鸡 *Porzana fusca*、白胸苦恶鸟 *Amaurornis phoenicurus*、董鸡 *Gallicrex cinerea*、灰头麦鸡 *Vanellus cinereus*、白腰草鹬 *Tringa ochropus*、矶鹬 *T. hypoleucos*、针尾沙锥 *Capella stenura*、扇尾沙锥 *C. gallinago*、红嘴鸥 *Larus ridibundus*、冠鱼狗 *Ceryle lugubris*、斑鱼狗 *C. rudis*、普通翠鸟 *Alcedo atthis*、白胸翡翠 *Halcyon smyrnensis*、蓝翡翠 *H. pileata*、褐喉沙燕 *Riparia paludicola*、黄头鹡鸰 *Motacilla citreola*、粉红胸鹨 *Anthus roseatus*、褐河乌 *Cinclusii pallasii*、蓝短翅鸫 *Brachypteryx montana*、红尾水鸲 *Rhyacornis fuliginosus*、小燕尾 *Enicurus scouleri*、灰背燕尾 *E. schistaceus*、白冠燕尾 *Enicurus leschenaultia*、白顶溪鸲 *Chaimarrornis leucocephalus*、沼泽大尾莺 *Megalurus palustris*、东方大苇莺 *Acrocephalus orientalis*、纯翅［稻田］苇莺 *A. concinens*、厚嘴苇莺 *A. aedon* 等。

11.4 重要保护鸟类

在元江自然保护区分布的258种鸟类中，绿孔雀为国家Ⅰ级重点保护鸟类，国家Ⅱ级重点保护鸟类有24种。22种被列入CITES附录Ⅱ，2种被列入CITES附录Ⅲ（表11-1）。

表11-1 元江自然保护区的重要保护鸟类名录

种名	国家保护级别		CITES		
	Ⅰ级	Ⅱ级	附录Ⅰ	附录Ⅱ	附录Ⅲ
1. 大白鹭 *Egretta alba*					Ⅲ
2. 白鹭 *Egretta garzetta*					Ⅲ
3. 黑翅鸢 *Elanus caeruleus*		Ⅱ		Ⅱ	
4. 凤头蜂鹰 *Pernis ptilorhynchus*		Ⅱ		Ⅱ	
5. ［黑］鸢 *Milvus migrans*		Ⅱ		Ⅱ	
6. 雀鹰 *Accipiter nisus*		Ⅱ		Ⅱ	
7. 松雀鹰 *Accipiter virgatus*		Ⅱ		Ⅱ	
8. 普通鵟 *Buteo buteo*		Ⅱ		Ⅱ	
9. 鹊鹞 *Circus melanoleucos*		Ⅱ		Ⅱ	
10. 蛇雕 *Spilornis cheela*		Ⅱ		Ⅱ	

续表

种名	国家保护级别		CITES		
	Ⅰ 级	Ⅱ 级	附录Ⅰ	附录Ⅱ	附录Ⅲ
11. 白腿小隼 *Microhierax melanoleucos*		Ⅱ		Ⅱ	
12. 红隼 *Falco tinnunculus*		Ⅱ		Ⅱ	
13. 白鹇 *Lophura nycthemera*		Ⅱ			
14. 原鸡 *Gallus gallus*		Ⅱ			
15. 白腹锦鸡 *Chrysolophus amherstiae*		Ⅱ			
16. 绿孔雀 *Pavo muticus*	Ⅰ			Ⅱ	
17. 楔尾绿鸠 *Treron sphenura*		Ⅱ			
18. 灰头鹦鹉 *Psittacula himalayana*		Ⅱ		Ⅱ	
19. 小鸦鹃 *Centropus toulou*		Ⅱ			
20. 红角鸮 *Otus scops*		Ⅱ		Ⅱ	
21. 领角鸮 *Otus bakkamoena*		Ⅱ		Ⅱ	
22. 雕鸮 *Bubo bubo*		Ⅱ		Ⅱ	
23. 领鸺鹠 *Glaucidium brodiei*		Ⅱ		Ⅱ	
24. 斑头鸺鹠 *Glaucidium cuculoides*		Ⅱ		Ⅱ	
25. 鹰鸮 *Ninox scutulata*		Ⅱ		Ⅱ	
26. 绿喉蜂虎 *Merops orientalis*		Ⅱ			
27. 冠斑犀鸟 *Anthracoceros coronatus*		Ⅱ		Ⅱ	
28. 画眉 *Garrulax canorus*				Ⅱ	
29. 银耳相思鸟 *Leiothrix argentauris*				Ⅱ	
30. 红嘴相思鸟 *Leiothrix lutea*				Ⅱ	

现将重要保护鸟类分述如下。

1. 大白鹭 *Egretta alba*

体形大，通体白色。嘴裂超过眼睛之后，脚及脚趾黑色，嘴在繁殖期黑色，非繁殖期黄色。常见单个或结小群活动于开阔的水稻田、池塘及河流的浅水区和岸边，晚上在高大的乔木或竹林中与其他鹭科鸟类结群过夜，觅食小鱼、虾、蛙及大型昆虫等。其被列入CITES附录Ⅲ。

2. 白鹭 *Egretta garzetta*

体形较大白鹭小，通体白色。嘴及脚黑色，脚趾黄色。习性与大白鹭相似，常见单个或结小群活动于开阔湿地，晚上在高大的乔木或竹林中与其他鹭科鸟类结大群过夜，觅食小鱼、虾、蛙及大型昆虫等。其被列入CITES附录Ⅲ。

3. 黑翅鸢 *Elanus caeruleus*

上体灰色，翅上小覆羽亮黑色，形成明显的翅上黑斑。下体白色。常见单个活动于开阔的田坝区，栖息在电杆和树木顶端，或翱翔天空。捕食青蛙、老鼠和昆虫。其为国家Ⅱ级重点保护鸟类，被列入CITES附录Ⅱ。

4. 凤头蜂鹰 *Pernis ptilorhynchus*

尾圆形；羽色多变，上体黑褐色，下体棕色、白色或黑褐色；初级飞羽内翈基部白色，形成翅下显著白斑。尾羽具横斑。栖息于阔叶林或针阔混交林中，常见单个或成对活动。主要捕食蜜蜂、胡蜂等蜂类的成虫和幼虫，也食蜂蜜和蜂蜡及其他昆虫。其为国家Ⅱ级重点保护鸟类，被列入CITES附录Ⅱ。

5. ［黑］鸢 *Milvus migrans*

体羽主要呈黑褐色；飞羽基部白色，形成翅下明显斑块，飞翔时尤为显著；尾呈叉状。常单个栖息于高大的树木顶部、电杆顶端或建筑物顶部突出处。在空中盘旋时常发出尖锐的哨音；视觉敏锐，俯视地面，一旦发现猎物，俯冲直下，抓获猎物之后迅速腾空飞去。其为国家Ⅱ级重点保护鸟类，被列入CITES附录Ⅱ。

6. 雀鹰 *Accipiter nisus*

上体暗褐色，下体白色，颏、喉散布褐色纤细纵纹，无显著的中央喉纹；下体余部满布棕褐色或棕红色波形横斑。栖息于农田、林缘和居民区，常见单个栖息于树木顶端或电杆顶部等突出物上。捕食小鸟和昆虫。其为国家Ⅱ级重点保护鸟类，被列入CITES附录Ⅱ。

7. 松雀鹰 *Accipiter virgatus*

外形与雀鹰相似，但喉部无横纹，而具一显著的黑褐色中央喉纹，伸达至胸部。栖息于山地森林区，多见单个活动，捕食小动物。其为国家Ⅱ级重点保护鸟类，被列入CITES附录Ⅱ。

8. 普通鵟 *Buteo buteo*

羽色变化较大，有多种色型；但体形较小；翅长不及400mm（♂）或440mm（♀）；跗下部裸露，不被羽至趾基。栖息于山区、田坝区或城市的乔木树、建筑物的突出部位，多见单个行动。在空中飞翔，伺机捕食野兔、鼠类、小鸟、蛇、蜥蜴和蛙类。其为国家Ⅱ级重点保护鸟类，被列入CITES附录Ⅱ。

9. 鹊鹞 *Circus melanoleucos*

雄鸟体羽主要呈亮黑色；翅上具灰白色块斑，尾上覆羽和腹部纯白色，形似喜鹊花斑，故称"鹊鹞"。雌鸟上体暗褐色，尾上覆羽白色而具棕褐色斑纹，下体棕褐色。栖息于开阔河谷地带的田坝区，常见单个活动，觅食昆虫、青蛙及小型爬行动物，也捕食小型鸟类和鼠类。其为国家Ⅱ级重点保护鸟类，被列入CITES附录Ⅱ。

10. 蛇雕 *Spilornis cheela*

后枕部具短形冠羽；头顶黑色，上体几纯暗褐色；下体淡褐色，满布暗褐色横纹，腹部具白色点斑；尾羽表面主要呈黑褐色，近端具1道宽阔的淡褐色带斑。栖息于林区，也见于林缘、田坝区的乔木树上。常见单个独栖于高树枝头或翱翔于空中，捕食蛇类及其他爬行动物，也捕食小型兽类和鸟类。其为国家Ⅱ级重点保护鸟类，被列入CITES附录Ⅱ。

11. 白腿小隼 *Microhierax melanoleucos*

上体黑色，下体白色；颏、喉和下腹及覆腿羽无锈红色渲染，后颈无白色领斑。栖息于亚热带常绿阔叶林中，有时也见在林缘、耕地边的灌丛上栖息，常见单个或两个一起活动。捕食小型兽类、鸟类及大型昆虫。其为国家Ⅱ级重点保护鸟类，被列入CITES附录Ⅱ。

12. 红隼 *Falco tinnunculus*

雄鸟头顶至后颈灰色，并具黑色条纹；背羽砖红色，布有黑色粗斑；尾羽青灰色，具宽阔的黑色次端斑及棕白色端缘，外侧尾羽较中央尾羽短甚，呈凸尾型。雌鸟上体砖红色，头顶满布黑色纵纹，背具黑色横斑，爪黑色。雌雄鸟胸和腹均淡棕黄色，具黑色纵纹和点斑。多见在稀树灌丛、田坝等上空飞翔，或在高树枝头和电线上停息，以昆虫、两栖类、小型爬行类、小型鸟类和小型哺乳类为食。其为国家Ⅱ级重点保护鸟类，被列入CITES附录Ⅱ。

13．白鹇 *Lophura nycthemera*

雄鸟冠羽蓝黑色；脸部裸露呈绯红色；上体白色而密布黑色斜纹；尾长，大都白色；下体黑色，脚均赤红色。雌鸟枕冠近黑色，上体橄榄褐色，密布棕色细小斑点，下体浅棕白色，杂褐色点斑，胸腹部浅棕色或棕白色而具褐色或黑褐色"V"形斑。栖息于多种森林中。非繁殖季节常见结小群活动于林下。草食性，也吃少量昆虫。巢筑在地面凹陷处，一般在阴暗的阔叶林内悬崖附近或混交林林下草丛中。其为国家Ⅱ级重点保护鸟类。

14．原鸡 *Gallus gallus*

体形与土著家鸡相似而稍小，全长42～71cm。雄鸟头顶具红色锯齿缘肉冠；上体大都红色和亮橙红色；尾羽黑色，中央两枚尾羽较长而向下弯曲；下体黑色。雌鸟上体大都黑褐色，上背黄色而满布黑色纵纹；后颈和颈侧羽缘金黄色；胸棕色；腹浅棕色。栖息于热带及南亚热带多种生境中。除繁殖期外，常结成3～5只的小群，亦见10～20只的群体。夜间常上树栖息。一般晨昏出来觅食，或与村寨附近家鸡混群觅食。杂食性。家鸡由原鸡驯养而成，故原鸡在养禽学上很有研究价值。其为国家Ⅱ级重点保护鸟类。

15．白腹锦鸡 *Chrysolophus amherstiae*

雄鸟头顶、背、胸等金属翠绿色；枕冠紫红色；翎领白色羽片中央横纹和羽缘墨绿色；下背至腰黄色，尾上覆羽白色，有红及黑色羽缘，尾长而具墨绿色斜形带斑和云石状花纹，翅覆羽暗蓝色，羽缘黑色，飞羽暗褐色，腹部纯白色。雌鸟上体、胸部和尾部满布棕黄色与黑褐色相间的横斑与细纹；腹淡棕白色；跗蹠和趾蓝灰色。林栖雉类。非繁殖季节多10余只结群活动。草食性，也吃部分昆虫。营巢于地面，呈圆形或椭圆形的浅坑状。其为国家Ⅱ级重点保护动物。

16．绿孔雀 *Pavo muticus*

绿孔雀是我国野生雉类中体形最大的种类，体羽主要呈翠蓝绿色。雄鸟头顶具一簇直立的冠羽，下背具闪耀紫辉的铜钱状花斑；尾上覆羽特别发达，长可达1m以上，羽端有一闪耀蓝色和翠绿色相嵌的眼状斑，形成华丽的尾屏；尾羽黑褐色，形短而隐于尾屏下；初级覆羽和初级飞羽棕黄色。雌鸟与雄鸟相似，但无尾屏。绿孔雀是热带、亚热带地区的林栖雉类，栖息于海拔2000m以下的低山丘陵及河谷地带。性杂食。其为国家Ⅰ级重点保护鸟类，被列入CITES附录Ⅱ。

17．楔尾绿鸠 *Treron sphenura*

尾呈楔形，最外侧两对尾羽具黑色次端斑；通体绿色，雄鸟背及翅上有暗栗色羽区；前头和胸沾橙棕色。雌鸟与雄鸟相似，但背及翅上无暗栗色羽区，前头和胸为黄绿色。多单个、成对或数只集群活动于山区阔叶林或针阔混交林中，早晨常见在有野果的大树上采食，食物以植物的果实为主。繁殖期约始于4月。其为国家Ⅱ级重点保护鸟类。

18．灰头鹦鹉 *Psittacula himalayana*

头部灰色，喉黑色，身体余部绿色。春夏季节多单只或成对活动于森林或稀树阔叶林中，秋冬季节则结群活动，觅食各种野果、种子。其为国家Ⅱ级重点保护鸟类，被列入CITES附录Ⅱ。

19．小鸦鹃 *Centropus toulou*

全长33～38cm，与褐翅鸦鹃相似，但翅长在190mm以下；翅下覆羽红褐色或栗红色。常见在山坡、山谷间灌草丛茂密处或茂密的竹林中活动。性机警羞怯，多单只或成对活动，很少到空旷处或隐蔽条件差的地方。以各种昆虫或其他小动物为食。其为国家Ⅱ级重点保护鸟类。

20．红角鸮 *Otus scops*

后枕两侧有耳羽簇，竖起时十分显著。一般有褐色和棕栗色两个色型，后颈无显著的皮黄色领斑；眉纹白色，下体具宽阔的黑色纵纹。栖息于靠近水源的河谷森林中，多见在阔叶树上活动。白天潜伏林中，匿藏于枝叶茂密处，不甚活动，也不甚鸣叫，直到夜间才出来活动。食物主要为昆虫。其为国家Ⅱ级重点保护鸟类。

21．领角鸮 *Otus bakkamoena*

面盘不显著，耳羽簇发达。后颈具一显著的淡黄色领斑；上体羽毛灰褐色或沙褐色，并杂有暗褐色虫蠹状斑纹和黑色羽干纹；前额及眉纹浅皮黄色或近白色；下体灰白色，具浅褐色虫蠹状斑纹及黑褐色羽干纹。其为夜行性鸮类，白天躲藏于树冠浓密枝叶间或其他阴暗的地方，自黄昏至黎明前为其活动时间，经常能听到不断的叫声。食物多为昆虫，也吃鼠类及小鸟等动物。其为国家Ⅱ级重点保护鸟类，被列入CITES附录Ⅱ。

22．雕鸮 *Bubo bubo*

面盘和皱领不甚明显，头顶两侧具明显的羽突，形似双耳，似猫头，故俗称为"猫头鹰"。体羽大都黄褐色，上体满布黑褐色块斑，喉斑白色。夜行性鸟类，白天一般在密林中栖息，黄昏时飞出觅食，拂晓后又返回栖息地，夜间也见于农耕地带及居民点附近的高树上。主要以鼠类为食。其为国家Ⅱ级重点保护鸟类，CITES附录Ⅱ物种。

23．领鸺鹠 *Glaucidium brodiei*

小型鸮类。面盘不显著。羽色有褐色型和棕色型两个色型。后颈具棕黄色或皮黄色领斑；上体暗褐色具皮黄色横斑或呈棕红色而具黑褐色横斑；颏、下喉纯白色，上喉具一杂有白色点斑的暗褐色或棕红色横斑，并一直延伸至颈侧；胸与上体同色，但中央纯白色；腹部白色，具暗褐色或棕红色纵纹。多见于针阔混交林和常绿阔叶林中。此种鸺鹠不怕阳光，白天也活动觅食，飞行时常急促地拍打翅膀，然后作一段滑翔。栖息时常常从一侧到另一侧摆动尾羽。晚上常通宵达旦地鸣叫，白天也能听到其叫声。食物以昆虫为主，有时也食鼠类及小鸟。其为国家Ⅱ级重点保护鸟类，被列入CITES附录Ⅱ。

24．斑头鸺鹠 *Glaucidium cuculoides*

面盘不显著。与领鸺鹠相似，但体形较大，体长20cm以上。后颈无领斑；上体暗褐色或棕褐色，具皮黄色或棕黄色横斑；飞羽和尾羽暗褐色，具黄白色横斑；颏白色；喉具白斑；胸部褐色或棕褐色，具黄白色横斑；腹白色，具褐色或棕褐色纵纹。多栖息于耕作地边和居民点的乔木树上、乔木林中，多单个活动，白天也见其活动，夜晚鸣叫频繁，叫声十分洪亮。食性较广，包括昆虫、蛙类、蜥蜴类、小鸟及小型哺乳类。其为国家Ⅱ级重点保护鸟类，被列入CITES附录Ⅱ。

25．鹰鸮 *Ninox scutulata*

体形中等，似鹰，体长约30cm。无显著的面盘；上体暗棕褐色，尾羽具黑色横斑；喉及前额浅灰白色，羽缘浅棕黄色；下体余部白色，胸具棕褐色纵纹，腹具宽阔的红褐色斑块，并形成不完整的横斑。多栖息于森林中，也见于有高大树木的农田及灌丛地区，多栖息于靠近水源的林中。以昆虫为食，也食蛙类、蜥蜴、小鸟、鼠类等。其为国家Ⅱ级重点保护鸟类，CITES附录Ⅱ物种。

26．绿喉蜂虎 *Merops orientalis*

体形较小；头顶至上背浅棕黄色，体羽余部主要呈草绿色；颏、喉蓝绿色；具黑色胸带；中央尾羽特别延长。多见单个或数只结群活动于山坡稀树草丛及灌丛中，有时也在坝区的草丛上空飞捕昆虫。食物几乎全为昆虫。其为国家Ⅱ级重点保护鸟类。

27．冠斑犀鸟 *Anthracoceros coronatus*

除腹部呈白色外，通体黑色，飞羽（除三级飞羽）和尾羽（除中央尾羽）具宽阔白色端斑；嘴及盔突象牙黄色，盔突前端突出，形成单角状，且具一大块黑斑。常见于林中的高树上，结成小群活动，为杂食性鸟类。筑巢于大树树干的树洞中，当雌鸟开始坐巢孵卵时，雄鸟用泥将洞口封住，仅留一小条缝隙，供雄鸟给雌鸟和幼鸟喂食用。待幼鸟完全长成时，雌鸟才带着幼鸟破洞而出。其为国家Ⅱ级重点保护鸟类，被列入CITES附录Ⅱ。

28．画眉 *Garrulax canorus*

眼圈白色，并由眼上方向后延伸，形成长的眼后纹，犹如蛾眉状，故有"画眉"鸟之称。通体橄榄黄褐色，头及上胸具暗褐色羽干纹，腹部中央灰色。栖息于低山丘陵地带，在森林、灌草丛、竹林中活动觅食。繁殖期多单个或成对活动，非繁殖期结小群活动。杂食性，嗜食昆虫。画眉雄鸟鸣叫声委婉动听而响亮，善于鸣唱和好斗，是我国传统的笼养观赏鸟。其被列入CITES附录Ⅱ。

29．银耳相思鸟 *Leiothrix argentauris*

嘴黄色，头顶亮黑色，耳羽银灰色，上体灰绿色，具明显的红色、黄色翅斑，尾上覆羽和尾下覆羽朱红色（♂）或橙黄色（♀），喉橙黄色并渲染红色，胸至后颈橙黄色，腹部绿色，腹部两胁黄绿色。栖息于山地常绿阔叶林、竹林、灌丛，多几只或十几只结群活动，活泼好动，很少静栖。鸣声响亮而娓娓动听，性杂食。巢筑于灌丛或稠密的植物丛中的地上。其为中国传统的笼养观赏鸟之一，被列入CITES附录Ⅱ。

30．红嘴相思鸟 *Leiothrix lutea*

嘴鲜红，眼周淡黄色。前额和头顶橄榄绿褐色，背和肩羽灰绿色。翅和尾羽黑色，飞羽外缘黄色和红色，形成翅斑。尾上覆羽较长，呈灰绿褐色，具白色端缘。喉部黄色，胸橙红色，腹淡黄白色。尾下覆羽浅黄色。多见在常绿阔叶林、灌丛、竹林等的林下灌丛中活动觅食，数十只结群在枝叶丛中跳跃穿梭，繁殖季节雄鸟常在灌木顶上，抖动翅膀鸣唱，鸣声悦耳。性杂食。巢筑于灌丛或竹林中。其为中国传统的笼养观赏鸟之一，被列入CITES附录Ⅱ。

11.5　小　　结

由于地处生物地理分区的分界线上，元江自然保护区的鸟类区系成分混杂，是开展生物地理学研究的重要场所。区系的形成和演化往往需要数以百万年计，保护本地区的鸟类资源将保护鸟类未来的演化潜能，有助于保护鸟类的演化。

保护区的干热河谷生境较为特殊，尽管没有狭域性分布于该生境类型的鸟类，但是许多生活在热带开阔地区的鸟类也分布于该生境，成为中国境内较为独特的分布类群。

该地区分布25种国家重点保护鸟类，24种被列入《濒危野生动植物种国际贸易公约》附录中，对保护珍稀物种具有重要的作用。

11.6　元江自然保护区鸟类名录

元江自然保护区鸟类名录见附表2。

附表2　元江自然保护区鸟类名录

目、科、种、亚种名称	生境分布					居留情况	区系从属					
	干热河谷稀树灌木草丛	常绿阔叶林	针阔混交林	农田村镇	水域沼泽湿地		古北种	东洋种				广布种
								西南山地亚区	西部山地亚区	闽广沿海亚区	滇南山地亚区	

Ⅰ．鸊鷉目 PODICIPEDIFORMES

1）鸊鷉科 Podicipedidae

续表

目、科、种、亚种名称	干热河谷稀树灌木草丛	常绿阔叶林	针阔混交林	农田村镇	水域沼泽湿地	居留情况	古北种	西南山地亚区	西部山地亚区	闽广沿海亚区	滇南山地亚区	广布种
1. 小鸊鷉 *Tachybaptus ruficollis*					+							+
（1）*T. r. poggei*						R						
Ⅱ. 鹳形目 CICONIIFORMES												
2）鹭科 Ardeidae												
2. 苍鹭 *Ardea cinerea*					+							
（1）*A. c. jouyi*						W						
3. 绿鹭 *Butorides striatus*					+				+	+	+	
（1）*B. s. actophilus*						R						
4. 池鹭 *Ardeola bacchus*					+	R		+	+	+	+	
5. 大白鹭 *Egretta alba*					+							
（1）*E. a. alba*						W						
6. 白鹭 *Egretta garzetta*					+			+	+	+	+	
（1）*E. g. garzetta*						R						
7. 中白鹭 *Egretta intermedia*					+				+	+	+	
（1）*E. i. intermedia*						R						
8. 黑冠夜鹭 *Nycticorax nycticorax*					+							+
（1）*N. n. nycticorax*						R						
9. 黄斑苇鳽 *Ixobrychus sinensis*					+	R			+	+	+	
10. 栗苇鳽 *Ixobrychus cinnamomeus*					+	S		+	+	+	+	
11. 大麻鳽 *Botaurus stellaris*					+							
（1）*B. s. stellaris*						W						
Ⅲ. 隼形目 FALCONIFORMES												
3）鹰科 Accipitridae												
12. 黑翅鸢 *Elanus caeruleus*	+			+	+			+			+	
（1）*E. c. vociferus*						R						
13. 凤头蜂鹰 *Pernis ptilorhynchus*		+	+									
（1）*P. p. orientalis*						W						
14. ［黑］鸢 *Milvus migrans*	+			+								
（1）*M. m. lineatus*						W						
15. 雀鹰 *Accipiter nisus*	+			+								
（1）*A. n. nisosimilis*						W						
16. 松雀鹰 *Accipiter virgatus*	+	+	+									+
（1）*A. v. affinis*						R						
17. 普通鵟 *Buteo buteo*	+			+								
（1）*B. b. japonicus*						W						
18. 鹞鹞 *Circus melanoleucos*			+	+		W						
19. 蛇雕 *Spilornis cheela*	+								+	+	+	

续表

目、科、种、亚种名称	生境分布					居留情况	区系从属					
	干热河谷稀树灌木草丛	常绿阔叶林	针阔混交林	农田村镇	水域沼泽湿地		古北种	东洋种				广布种
								西南山地亚区	西部山地亚区	闽广沿海亚区	滇南山地亚区	
（1）S. p. burmanicus						R						
4）隼科 Falconidae												
20. 白腿小隼 Microhierax melanoleucos		+		+		R			+	+	+	
21. 红隼 Falco tinnunculus	+			+								+
（1）F. t. interstinctus						R						
Ⅳ. 鸡形目 GALLIFORMES												
5）雉科 Pheasianidae												
22. 中华鹧鸪 Francolinus pintadeanus	+	+				R			+	+	+	
23. 鹌鹑 Coturnix coturnix	+			+								
（1）C. c. japonica						W						
24. 棕胸竹鸡 Bambusicola fytchii	+	+	+					+			+	
（1）B. f. fytchii						R						
25. 白鹇 Lophura nycthemera		+	+			R			+	+	+	+
（1）L. n. beaulieui						R						
26. 原鸡 Gallus gallus	+	+								+	+	
（1）G. g. jabouillei						R						
27. 环颈雉 Phasianus colchicus	+	+	+	+								+
（1）P. c. elegans						R						
28. 白腹锦鸡 Chrysolophus amherstiae		+	+			R		+	+		+	
29. 绿孔雀 Pavo muticus		+	+	+							+	
（1）P. m. imperator						R						
Ⅴ. 鹤形目 GRUIFORMES												
6）三趾鹑科 Turnicidae												
30. 黄脚三趾鹑 Turnix tanki		+	+	+								
（1）T. t. blanfordii						W						
7）秧鸡科 Rallidae												
31. 蓝胸秧鸡 Rallus striatus					+				+	+	+	
（1）R. s. gularis						S						
32. 红胸田鸡 Porzana fusca					+				+	+	+	
（1）P. f. bakeri						R						
33. 白胸苦恶鸟 Amaurornis phoenicurus					+				+	+	+	
（1）A. p. chinensis						R						
34. 董鸡 Gallicrex cinerea					+	S						+
35. 黑水鸡 Gallinula chloropus					+							+
（1）G. c. indica						R						
Ⅵ. 鸻形目 CHARADRIIFORMES												
8）鸻科 Charadriidae												

续表

目、科、种、亚种名称	生境分布					居留情况	区系从属					
	干热河谷稀树灌木草丛	常绿阔叶林	针阔混交林	农田村镇	水域沼泽湿地		古北种	东洋种				广布种
								西南山地亚区	西部山地亚区	闽广沿海亚区	滇南山地亚区	
36. 灰头麦鸡 *Vanellus cinereus*					+	W						
37. 金斑鸻 *Pluvialis dominica*					+							
（1） *P. d. fulva*						W						
38. 长嘴鸻 *Charadrius placidus*					+	W						
39. 金眶鸻 *Charadrius dubius*					+							+
（1） *C. d. jerdoni*						R						
9）鹬科 Scolopacidae												
40. 白腰草鹬 *Tringa ochropus*					+	W						
41. 林鹬 *Tringa glareola*					+	W						
42. 矶鹬 *Tringa hypoleucos*					+	W						
43. 针尾沙锥 *Capella stenura*					+	W						
44. 扇尾沙锥 *Gapella gallinago*					+							
（1） *C. g. gallinago*						W						
45. 丘鹬 *Scolopax rusticola*		+			+							
（1） *S. r. rusticola*						W						
Ⅶ. 鸥形目 LARIFORMES												
10）鸥科 Laridae												
46. 红嘴鸥 *Larus ridibundus*					+	W						
Ⅷ. 鸽形目 COLUMBIFORMES												
11）鸠鸽科 Columbidae												
47. 楔尾绿鸠 *Treron sphenura*		+	+					+			+	
（1） *T. s. sphenura*						R						
48. 点斑林鸽 *Columba hodgsonii*		+	+			R		+			+	
49. 山斑鸠 *Streptopelia orientalis*	+	+	+	+								+
（1） *S. o. orientalis*						R						
50. 珠颈斑鸠 *Streptopelia chinensis*	+			+				+	+	+	+	
（1） *S. c. tigrina*						R						
51. 火斑鸠 *Oenopopelia tranquebarica*	+		+	+								+
（1） *O. t. humilis*						R						
52. 绿背金鸠 *Chalcophaps indica*		+								+	+	
（1） *C. i. indica*						R						
Ⅸ. 鹦形目 PSITACIFORMES												
12）鹦鹉科 Psittacidae												
53. 灰头鹦鹉 *Psittacula himalayana*	+	+	+					+			+	
（1） *P. h. finschii*						R						
Ⅹ. 鹃形目 CUCULIFORMES												
13）杜鹃科 Cuculidae												

续表

目、科、种、亚种名称	生境分布					居留情况	区系从属					
	干热河谷稀树灌木草丛	常绿阔叶林	针阔混交林	农田村镇	水域沼泽湿地		古北种	东洋种				广布种
								西南山地亚区	西部山地亚区	闽广沿海亚区	滇南山地亚区	
54. 红翅凤头鹃 Clamator coromandus	+	+				S			+	+	+	
55. 鹰鹃 Cuculus sparverioides	+	+		+				+	+	+	+	
（1） C. s. sparverioides						S						
56. 四声杜鹃 Cuculus micropterus		+		+								+
（1） C. m. micropterus						S						
57. 大杜鹃 Cuculus canorus	+	+	+	+								+
（1） C. c. bakeri						S						
58. 中杜鹃 Cuculus saturatus	+	+										+
（1） C. s. saturatus						S						
59. 小杜鹃 Cuculus poliocephalus	+	+										+
（1） C. p. poliocephalus						S						
60. 八声杜鹃 Cuculus merulinus	+	+		+				+		+	+	
（1） C. m. querulus						S						
61. 翠金鹃 Chalcites maculatus		+	+			S		+	+		+	
62. 乌鹃 Surniculus lugubris		+	+					+	+	+	+	
（1） S. l. dicruroides						S						
63. 噪鹃 Eudynamys scolopacea	+	+		+				+	+	+	+	
（1） F. s. chinensis						S						
64. 绿嘴地鹃 Phaenicophaeus tristis		+						+		+	+	
（1） P. t. saliens						R						
65. 小鸦鹃 Centropus toulou	+	+		+				+	+	+	+	
（1） C. t. bengalensis						R						
Ⅺ. 鸮形目 STRIGIFORMES												
14） 鸱鸮科 Strigidae												
66. 红角鸮 Otus scops		+	+									+
（1） O. s. malayanus						R						
67. 领角鸮 Otus bakkamoena		+	+									+
（1） O. b. erythrocampe						R						
68. 雕鸮 Bubo bubo	+			+								+
（1） B. b. kiautschensis						R						
69. 领鸺鹠 Glaucidium brodiei		+	+					+	+	+	+	
（1） G. b. brodiei						R						
70. 斑头鸺鹠 Glaucidium cuculoides	+	+		+				+	+	+	+	
（1） G. c. rufescens						R						
71. 鹰鸮 Ninox scutulata		+		+				+	+	+	+	
（1） N. s. burmanica						R						
Ⅻ. 夜鹰目 CAPRIMULGIFORMES												

续表

目、科、种、亚种名称	干热河谷稀树灌木草丛	常绿阔叶林	针阔混交林	农田村镇	水域沼泽湿地	居留情况	古北种	西南山地亚区	西部山地亚区	闽广沿海亚区	滇南山地亚区	广布种
15）夜鹰科 Caprimulgidae												
72. 普通夜鹰 Caprimulgus indicus	+	+		+								+
（1）C. i. jotaka						R						
XIII. 雨燕目 APODIFORMES												
16）雨燕科 Apodidae												
73. 白腰雨燕 Apus pacificus	+			+								+
（1）A. p. kanoi						S						
74. 小白腰雨燕 Apus affinis	+			+				+	+	+	+	
（1）A. a. subfurcatus						S						
XIV. 咬鹃目 TROGONIFORMES												
17）咬鹃科 Trogonidae												
75. 红头咬鹃 Harpactes erythrocephalus		+							+	+	+	
（1）H. e. erythrocephalus						R						
XV. 佛法僧目 CORACIIFORMES												
18）翠鸟科 Alcedinidae												
76. 冠鱼狗 Ceryle lugubris					+				+	+	+	
（1）C. l. guttulata						R						
77. 斑鱼狗 Ceryle rudis					+				+	+	+	
（1）C. r. leucomelanura						R						
78. 普通翠鸟 Alcedo atthis	+				+							+
（1）A. a. bengalensis						R						
79. 白胸翡翠 Halcyon smyrnensis	+				+				+	+	+	
（1）H. s. perpulchra						R						
80. 蓝翡翠 Halcyon pileata					+		R					+
19）蜂虎科 Meropidae												
81. 栗喉蜂虎 Merops philippinus	+			+				+		+	+	
（1）M. p. philippinus						R						
82. 绿喉蜂虎 Merops orientalis	+			+							+	
（1）M. o. ferrugeiceps						R						
20）佛法僧科 Coraciidae												
83. 棕胸佛法僧 Coracias benghalensis	+			+				+			+	
（1）C. b. affinis						R						
84. 三宝鸟 Eurystomus orientalis	+			+				+	+	+	+	
（1）E. o. calonyx						R						
21）戴胜科 Upupidae												
85. 戴胜 Upupa epops	+			+								+
（1）U. e. longirostris						R						

续表

目、科、种、亚种名称	生境分布					居留情况	区系从属					
	干热河谷稀树灌木草丛	常绿阔叶林	针阔混交林	农田村镇	水域沼泽湿地		古北种	东洋种				广布种
								西南山地亚区	西部山地亚区	闽广沿海亚区	滇南山地亚区	
22）犀鸟科 Bucerotidae												
86. 冠斑犀鸟 Anthracoceros coronatus		+								+	+	
（1）A. c. albirostris						R						
XVI. 鴷形目 PICIFORMES												
23）须鴷科 Capitonidae												
87. 大拟啄木鸟 Megalaima virens		+						+	+	+	+	
（1）M. v. virens						R						
88. 蓝喉拟啄木鸟 Megalaima asiatica	+	+						+			+	
（1）M. a. davisoni						R						
89. 赤胸拟啄木鸟 Megalaima haemacephala	+	+						+			+	
（1）M. h. indica						R						
24）啄木鸟科 Picidae												
90. 蚁鴷 Jynx torquilla	+	+	+									
（1）J. t. chinensis						W						
91. 姬啄木鸟 Picumnus innominatus	+	+	+					+	+	+	+	
（1）P. i. malayorum						R						
92. 黑枕绿啄木鸟 Picus canus	+	+	+									+
（1）P. c. sordidior						R						
93. 大斑啄木鸟 Dendrocopos major		+	+									+
（1）D. m. stresemanni						R						
94. 赤胸啄木鸟 Dendrocopos cathpharius	+	+	+					+	+			
（1）D. c. tenebrosus						R						
95. 棕腹啄木鸟 Dendrocopos hyperythrus	+	+	+									
（1）D. h. subrufinus						W						
96. 纹胸啄木鸟 Dendrocopos atratus		+	+			R					+	
97. 星头啄木鸟 Dendrocopos canicapillus		+	+									+
（1）D. c. omissus × obscurus						R						
98. 黄嘴噪啄木鸟 Blythipicus pyrrhotis	+	+	+					+	+	+	+	
（1）B. p. pyrrhotis						R						
XVII. 雀形目 PASSERIFORMES												
25）百灵科 Alaudidae												
99. 小云雀 Alauda gulgula	+			+				+	+	+	+	
（1）A. g. vernayi						R						
26）燕科 Hirundinidae												
100. 褐喉沙燕 Riparia paludicola					+						+	
（1）R. p. chinensis						R						

续表

目、科、种、亚种名称	生境分布					居留情况	区系从属					
	干热河谷稀树灌木草丛	常绿阔叶林	针阔混交林	农田村镇	水域沼泽湿地		古北种	东洋种				广布种
								西南山地亚区	西部山地亚区	闽广沿海亚区	滇南山地亚区	
101. 家燕 *Hirundo rustica*	+		+	+								+
（1）*H. r. gutturalis*						S						
102. 金腰燕 *Hirundo daurica*	+		+	+								+
（1）*H. d. japonica*						S						
27）鹡鸰科 Motacillidae												
103. 山鹡鸰 *Dendronanthus indicus*	+			+		S	+					
104. 黄鹡鸰 *Motacilla flava*	+			+	+							
（1）*M. f. angarensis*						M						
105. 黄头鹡鸰 *Motacilla citreola*				+	+							
（1）*M. c. citreola*						W						
106. 灰鹡鸰 *Motacilla cinerea*	+			+	+							
（1）*M. c. robusta*						W						
107. 白鹡鸰 *Motacilla alba*	+			+	+			+				
（1）*M. a. alboides*						R						
108. 田鹨 *Anthus novaeseelandiae*	+			+	+							
（1）*A. n. richardi*						W						
109. 树鹨 *Anthusi hodgsoni*		+	+	+								+
（1）*A. h. yunnanensis*						S						
110. 粉红胸鹨 *Anthus roseatus*				+	+	R						+
28）山椒鸟科 Campephagidae												
111. 大鹃鵙 *Coracina novaehollandiae*		+	+					+			+	
（1）*C. n. siamensis*						R						
112. 暗灰鹃鵙 *Coracina melaschistos*	+	+	+	+				+	+	+	+	
（1）*C. m. avensis*						R						
113. 粉红山椒鸟 *Pericrocotus roseus*		+	+					+	+	+	+	
（1）*P. r. roseus*						S						
114. 灰喉山椒鸟 *Pericrocotus solaris*		+	+	+					+	+	+	
（1）*P. s. solaris*						R						
115. 长尾山椒鸟 *Pericrocotus ethologus*	+	+	+					+			+	
（1）*P. e. ethologus*						R						
116. 短嘴山椒鸟 *Pericrocotus brevirostris*		+	+					+	+	+	+	
（1）*P. b. anthoides*						S						
29）鹎科 Pycnontidae												
117. 凤头雀嘴鹎 *Spizixos canifrons*	+	+	+	+		R		+			+	
118. 红耳鹎 *Pycnonotus jocosus*	+	+		+						+	+	
（1）*P. j. monticola*						R						
119. 黄臀鹎 *Pycnonotu xanthorrhous*	+	+	+	+				+	+			

续表

目、科、种、亚种名称	生境分布					居留情况	区系从属					
	干热河谷稀树灌木草丛	常绿阔叶林	针阔混交林	农田村镇	水域沼泽湿地		古北种	东洋种				广布种
								西南山地亚区	西部山地亚区	闽广沿海亚区	滇南山地亚区	
（1）*P. x. xanthorrhous*						R						
120. 白喉红臀鹎 *Pycnonotus aurigaster*	+	+		+				+	+	+	+	
（1）*P. a. latouchei*						R						
121. 绿翅短脚鹎 *Hypsipetes mcclellandii*	+	+	+					+	+	+	+	
（1）*H. m. similis*						R						
122. 黑［短脚］鹎 *Hypsipetes madagascariensis*	+	+	+					+	+	+	+	
（1）*H. m. concolor*						R						
30）和平鸟科 Irenidae												
123. 橙腹叶鹎 *Chloropsis hardwickei*		+	+					+	+	+	+	
（1）*C. h. hardwickei*						R						
31）伯劳科 Laniidae												
124. 红尾伯劳（褐伯劳）*Lanius cristatus*	+			+								
（1）*L. c. cristatus*						W						
125. 栗背伯劳 *Lanius collurioides*	+			+						+	+	
（1）*L. c. collurioides*						R						
126. 棕背伯劳 *Lanius schach*	+			+				+	+	+	+	
（1）*L. s. tricolor*						R						
127. 灰背伯劳 *Lanius tephronotus*	+	+	+	+				+	+		+	
（1）*L. t. tephronotus*						R						
32）黄鹂科 Oriolidae												
128. 黑枕黄鹂 *Oriolus chinensis*	+	+	+									+
（1）*O. c. tenuirostris*						R						
33）卷尾科 Dicruridae												
129. 黑卷尾 *Dicrurus macrocercus*	+	+		+				+	+	+	+	
（1）*D. m. cathoecus*						R						
130. 灰卷尾 *Dicrurus leucophaeus*	+	+	+									+
（1）*D. l. hopwoodi*						S						
131. 发冠卷尾 *Dicrurus hottentottus*	+	+						+	+	+	+	
（1）*D. h. brevirostris*						S						
34）椋鸟科 Sturnidae												
132. 灰头椋鸟 *Sturnus malabaricus*	+	+		+				+				
（1）*S. m. nemoricolus*						R						
133. 家八哥 *Acridotheres tristis*				+				+			+	
（1）*A. t. tristis*						R						
134.（普通）八哥 *Acridotheres cristatellus*	+	+		+						+	+	
（1）*A. c. cristatellus*						R						

续表

目、科、种、亚种名称	生境分布					居留情况	区系从属					
	干热河谷稀树灌木草丛	常绿阔叶林	针阔混交林	农田村镇	水域沼泽湿地		古北种	东洋种				广布种
								西南山地亚区	西部山地亚区	闽广沿海亚区	滇南山地亚区	
35）鸦科 Corvidae												
135. 红嘴蓝鹊 *Urocissa erythrorhyncha*	+	+	+	+								+
（1）*U. e. erythrorhyncha*						R						
136. 喜鹊 *Pica pica*	+			+								+
（1）*P. p. sericea*						R						
137. 灰树鹊 *Dendrocitta formosae*		+	+					+	+	+	+	
（1）*D. f. himalayensis*						R						
138. 大嘴乌鸦 *Corvus macrorhynchos*	+	+	+	+								+
（1）*C. m. colonorum*						R						
36）河乌科 Cinclidae												
139. 褐河乌 *Cinclusii pallasii*	+				+							+
（1）*C. p. pallasii*						R						
37）鹟科 Muscicapidae												
（a）鸫亚科 Turdinae												
140. 白喉短翅鸫 *Brachypteryx leucophrys*		+						+	+	+	+	
（1）*B. l. carolinae*						R						
141. 蓝短翅鸫 *Brachypteryx montana*			+					+	+	+	+	
（1）*B. m. cruralis*						R						
142. 红点颏 *Luscinia calliope*	+			+		W						
143. 蓝点颏 *Luscinia svecica*	+			+								
（1）*L. s. svecica*						W						
144. 蓝歌鸲 *Luscinia cyane*		+										
（1）*L. c. cyane*						W						
145. 红胁蓝尾鸲 *Tarsiger cyanurus*	+	+	+									
（1）*T. c. rufilatus*						W						
146. 鹊鸲 *Copsychus saularis*	+	+		+	+			+	+	+	+	
（1）*C. s. prosthopellus*						R						
147. 蓝额红尾鸲 *Phoenicurus frontalis*	+	+	+	+		R		+	+		+	
148. 北红尾鸲 *Phoenicurus auroreus*	+	+	+	+								
（1）*P. a. leucopterus*						W						
149. 红尾水鸲 *Rhyacornis fuliginosus*	+	+	+		+							+
（1）*R. f. fuliginosus*						R						
150. 白腹短翅鸲 *Hodgsonius phoenicuroides*	+	+	+					+	+		+	
（1）*H. p. ichangensis*						R						
151. 白尾蓝地鸲 *Cinclidium leucurum*		+						+	+	+	+	
（1）*C. l. leucurum*						R						

续表

目、科、种、亚种名称	生境分布					居留情况	区系从属					广布种
	干热河谷稀树灌木草丛	常绿阔叶林	针阔混交林	农田村镇	水域沼泽湿地		古北种	东洋种				
								西南山地亚区	西部山地亚区	闽广沿海亚区	滇南山地亚区	
152. 小燕尾 *Enicurus scouleri*	+	+	+		+	R		+	+	+	+	
153. 灰背燕尾 *Enicurus schistaceus*		+			+	R		+	+	+	+	
154. 白冠燕尾 *Enicurus leschenaulti*	+	+	+		+			+	+	+	+	
（1）*E. l. sinensis*						R						
155. 黑喉石即鸟 *Saxicola torquata*	+			+								+
（1）*S. t. przewalskii*						R						
156. 白斑黑石即鸟 *Saxicola caprata*	+			+				+			+	
（1）*S. c. burmanica*						R						
157. 灰林即鸟 *Saxicola ferrea*	+	+	+	+		R		+	+	+	+	
158. 白顶溪鸲 *Chaimarrornis leucocephalus*	+	+	+		+	W						
159. 栗腹矶鸫 *Monticola rufiventris*		+	+			R		+	+	+	+	
160. 蓝矶鸫 *Monticola solitarius*	+			+								+
（1）*M. s. pandoo*						R						
161. 紫啸鸫 *Myiophoneus caeruleus*		+	+	+	+			+	+	+	+	
（1）*M. c. eugenei*						R						
162. 虎斑地鸫 *Zoothera dauma*		+	+									
（1）*Z. d. aurea*						W						
163. 黑胸鸫 *Turdus dissimilis*		+	+			R		+	+	+	+	
164. 乌鸫 *Turdus merula*	+			+								+
（1）*T. m. mandarinus*						R						
165. 白眉鸫 *Turdus obscurus*		+	+	+	+	W						
166. 斑鸫 *Turdus naumanni*	+			+								
（1）*T. n. eunomus*						W						
（b）画鹛亚科 Timaliinae												
167. 斑胸钩嘴鹛 *Pomatorhinus erythrocnemis*	+	+	+	+				+	+	+	+	
（1）*P. e. odicus*						R						
168. 棕颈钩嘴鹛 *Pomatorhinus ruficollis*	+	+						+	+	+	+	
（1）*P. r. similis*						R						
169. 小鳞［胸］鹪鹛 *Pnoepyga pusilla*		+						+	+	+	+	
（1）*P. p. pusilla*						R						
170. 红头穗鹛 *Stachyris ruficeps*	+	+	+	+				+	+	+	+	
（1）*S. r. davidi*						R						
171. 矛纹草鹛 *Babax lanceolatus*	+	+	+					+	+	+	+	
（1）*B. l. lanceolatus*						R						
172. 黑领噪鹛 *Garrulax pectoralis*		+							+	+	+	

续表

目、科、种、亚种名称	生境分布					居留情况	区系从属					
	干热河谷稀树灌木草丛	常绿阔叶林	针阔混交林	农田村镇	水域沼泽湿地		古北种	东洋种				广布种
								西南山地亚区	西部山地亚区	闽广沿海亚区	滇南山地亚区	
（1）G. p. pingi						R						
173. 灰翅噪鹛 Garrulax cineraceus	+	+	+					+	+	+	+	
（1）G. c. strenuus						R						
174. 画眉 Garrulax canorus	+	+	+					+	+	+	+	
（1）G. c. canorus						R						
175. 白颊噪鹛 Garrulax sannio	+			+				+	+	+	+	
（1）G. s. comis						R						
176. 红头噪鹛 Garralux erythrocephalus		+						+			+	
（1）G. e. ailaoshannensis						R						
177. 赤尾噪鹛 Garrulax milnei		+	+						+	+	+	
（1）G. m. sharpei						R						
178. 银耳相思鸟 Leiothrix argentauris		+							+		+	
（1）L. a. rubrogularis						R						
179. 红嘴相思鸟 Leiothrix lutea	+	+							+	+	+	
（1）L. l. kwangtungensis						R						
180. 红翅鵙鹛 Pteruthius flaviscapis		+						+	+	+	+	
（1）P. f. yunnanensis × ricketti						R						
181. 蓝翅希鹛 Minla cyanuroptera		+	+	+				+	+	+	+	
（1）M. c. wingatei						R						
182. 火尾希鹛 Minla ignotincta	+	+						+	+		+	
（1）M. i. jerdoni						R						
183. 棕头雀鹛 Alcippe ruficapilla		+	+					+	+		+	
（1）A. r. sordidior						R						
184. 褐头雀鹛 Alcippe cinereiceps		+	+					+	+		+	
（1）A. c. manipurensi						R						
185. 褐胁雀鹛 Alcippe dubia	+	+	+	+					+		+	
（1）A. d. genestieri						R						
186. 灰眶雀鹛 Alcippe morrisonia	+	+	+					+	+	+	+	
（1）A. m. schaefferi						R						
187. 黑头奇鹛 Heterophasia melanoleuca		+	+					+	+		+	
（1）H. m. desgodinsi						R						
188. 栗耳凤鹛 Yuhina castaniceps		+						+	+	+	+	
（1）Y. c. torqueola						R						
189. 黄颈凤鹛 Yuhina flavicollis	+	+						+				
（1）Y. f. rouxi						R						
190. 纹喉凤鹛 Yuhina gularis		+	+					+			+	
（1）Y. g. gularis						R						

续表

续表

目、科、种、亚种名称	生境分布					居留情况	区系从属					
	干热河谷稀树灌木草丛	常绿阔叶林	针阔混交林	农田村镇	水域沼泽湿地		古北种	东洋种				广布种
								西南山地亚区	西部山地亚区	闽广沿海亚区	滇南山地亚区	
191. 白领凤鹛 Yuhina diademata		+	+			R		+	+		+	
192. 棕肛凤鹛 Yuhina occipitalis		+	+					+			+	
（1）Y. o. obscurior						R						
193. 白腹凤鹛 Yuhina zantholeuca		+						+		+	+	
（1）Y. z. zantholeuca						R						
194. 点胸鸦雀 Paradoxornis guttaticollis		+				R		+	+	+	+	
195. 棕翅缘鸦雀 Paradoxornis webbianus	+	+	+	+								+
（1）P. w. syunnanensis						R						
（c）莺亚科 Sylviinae												
196. 棕褐短翅莺 Bradypterus luteoventris		+	+					+	+	+	+	
（1）B. l. luteoventris						R						
197. 沼泽大尾莺 Megalurus palustris				+	+				+	+	+	
（1）M. p. toklao						R						
198. 东方大苇莺 Acrocephalus orientalis					+	M						
199. 纯翅［稻田］苇莺 Acrocephalus concinens				+	+							
（1）A. c. concinens						W						
200. 厚嘴苇莺 Acrocephalus aedon				+	+							
（1）A. a. aedon						M						
201. 棕腹柳莺 Phylloscopus subaffinis	+	+	+									
（1）P. s. subaffinis						W						
202. 褐柳莺 Phylloscopus fuscatus	+	+	+	+								
（1）P. f. fuscatus						W						
203. 橙斑翅柳莺 Phylloscopus pulcher		+	+					+	+			
（1）P. p. pulcher						R						
204. 黄眉柳莺 Phylloscopus inornatus	+	+	+	+								
（1）P. i. inornatus						W						
205. 黄腰柳莺 Phylloscopus proregulus		+	+	+								
（1）P. p. proregulus						W						
206. 暗绿柳莺 Phylloscopus trochiloides	+	+	+	+								
（1）P. t. obscuratus						W						
207. 冕柳莺 Phylloscopus coronatus		+				M						
208. 冠纹柳莺 Phylloscopus reguloides	+	+	+					+	+	+	+	
（1）P. r. claudiae						R						
209. 白斑尾柳莺 Phylloscopus davisoni		+	+					+	+	+	+	
（1）P. d. davisoni						R						
210. 栗头鹟莺 Seicercus castaniceps		+						+	+	+	+	

续表

目、科、种、亚种名称	生境分布					居留情况	区系从属					
	干热河谷稀树灌木草丛	常绿阔叶林	针阔混交林	农田村镇	水域沼泽湿地		古北种	东洋种				广布种
								西南山地亚区	西部山地亚区	闽广沿海亚区	滇南山地亚区	
（1）S. c. castaniceps						R						
211. 金眶鹟莺 Seicercus burkii	+	+	+	+				+	+	+	+	
（1）S. b. distinctus						R						
212. 金头缝叶莺 Orthotomus cucullatus		+								+	+	
（1）O. c. coronatus						R						
213. 长尾缝叶莺 Orthotomus sutorius	+	+		+						+	+	
（1）O. s. inexpectatus						R						
214. 棕扇尾莺 Cisticola juncidis	+	+		+	+							+
（1）C. j. tinnabulans						R						
215. 灰胸鹪莺 Prinia hodgsonii		+		+	+				+		+	
（1）P. h. confusa						R						
216. 褐头鹪莺 Prinia subflava	+	+		+				+	+	+	+	
（1）P. s. extensicauda						R						
217. 褐山鹪莺 Prinia polychroa		+		+				+	+		+	
（1）P. p. yunnanensis						R						
218. 黑喉山鹪莺 Prinia atrogularis		+						+		+	+	
（1）P. a. superciliaris						R						
（d）鹟亚科 Muscicapinae												
219. 红喉［姬］鹟 Ficedula parva		+	+	+								
（1）F. p. albicilla						W						
220. 橙胸［姬］鹟 Ficedula strophiata	+	+	+					+	+		+	
（1）F. s. strophiata						R						
221. 小斑［姬］鹟 Ficedula westermanni		+		+				+		+	+	
（1）F. w. australorientis						S						
222. 棕腹仙鹟 Niltava sundara		+						+	+		+	
（1）N. s. denotata						R						
223. 山蓝仙鹟 Niltava banyumas		+						+		+	+	
（1）N. b. whitei						R						
224. 北灰鹟 Museicapa dauurica	+	+	+									
（1）M. d. dauurica						W						
225. 铜蓝鹟 Muscicapa thalassina	+	+	+					+	+	+	+	
（1）M. t. thalassina						R						
226. 方尾鹟 Culicicapa ceylonensis	+	+						+	+	+	+	
（1）C. c. calochrysea						R						
227. 白喉扇尾鹟 Rhipidura albicollis		+	+					+	+	+	+	
（1）R. a. celsa						R						
38）山雀科 Paridae												

续表

目、科、种、亚种名称	生境分布					居留情况	区系从属					
	干热河谷稀树灌木草丛	常绿阔叶林	针阔混交林	农田村镇	水域沼泽湿地		古北种	东洋种				广布种
								西南山地亚区	西部山地亚区	闽广沿海亚区	滇南山地亚区	
228. 大山雀 Parus major	+	+	+	+								+
（1）P. m. subtibetanus						R						
229. 绿背山雀 Parus monticolus	+	+	+	+				+	+		+	
（1）P. m. yunnanensis						R						
230. 黄颊山雀 Parus spilonotus		+	+	+				+	+	+	+	
（1）P. s. rex						R						
231. 红头长尾山雀 Aegithalos concinnus	+	+	+	+				+	+	+	+	
（1）A. c. talifuensis						R						
39）鸭科 Sittidae												
232. 绒额鸭 Sitta frontalis		+		+					+	+	+	
（1）S. f. frontalis						R						
233. 巨鸭 Sitta magna			+					+			+	
（1）S. m. ligea						R						
234. 滇鸭 Sitta yunnanensis		+	+			R		+			+	
235. 普通鸭 Sitta europaea		+	+									+
（1）S. e. montium						R						
40）旋木雀科 Certhiidae												
236. 高山旋木雀 Certhia himalayana		+	+					+	+			
（1）C. h. yunnanensis						R						
41）啄花鸟科 Dicaeidae												
237. 纯色啄花鸟 Dicaeum concolor	+	+						+		+	+	
（1）D. c. olivaceum						R						
238. 红胸啄花鸟 Dicaeum ignipectus	+	+						+	+	+	+	
（1）D. i. ignipectus						R						
42）太阳鸟科 Nectariniidae												
239. 黑胸太阳鸟 Aethopyga saturata		+		+				+		+	+	
（1）A. s. petersi						R						
240. 黄腰太阳鸟 Aethopyga siparaja	+			+				+			+	
（1）A. s. seheriae						R						
241. 蓝喉太阳鸟 Aethopyga gouldiae	+	+	+					+	+	+	+	
（1）A. g. dabryii						R						
43）绣眼鸟科 Zosteropidae												
242. 暗绿绣眼鸟 Zosterops japonica	+	+	+	+				+	+	+	+	
（1）Z. j. simplex						R						
243. 红胁绣眼鸟 Zosterops erythropleura	+	+	+	+		W						
244. 灰腹绣眼鸟 Zosterops palpebrosa		+	+	+				+			+	
（1）Z. p. joannae						R						

续表

目、科、种、亚种名称	生境分布					居留情况	区系从属					广布种
	干热河谷稀树灌木草丛	常绿阔叶林	针阔混交林	农田村镇	水域沼泽湿地		古北种	东洋种				
								西南山地亚区	西部山地亚区	闽广沿海亚区	滇南山地亚区	
44）文鸟科 Ploceidae												
245. 树麻雀 *Passer montanus*	+			+								+
（1）*P. m. malaccensis*						R						
246. 山麻雀 *Passer rutilans*	+	+	+	+								+
（1）*P. r. intensior*						R						
247. 白腰文鸟 *Lonchura striata*	+			+				+	+	+	+	
（1）*L. s. subsquamicollis*						R						
248. 斑文鸟 *Lonchura punctulata*	+			+				+	+	+	+	
（1）*L. p. yunnanensis*						R						
45）雀科 Fringillidae												
249. 黑头金翅雀 *Carduelis ambigua*	+	+	+	+				+		+	+	
（1）*C. a. ambigua*						R						
250. 朱雀 *Carpodacus erythrinus*	+	+	+									
（1）*C. e. roseatus*						W						
251. 黑尾蜡嘴雀 *Eophona migratoria*		+	+	+								
（1）*E. m. sowerbyi*						W						
252. 栗鹀 *Emberiza rutila*		+		+		W						
253. 黄胸鹀 *Emberiza aureola*				+								
（1）*E. a. aureola*						W						
254. 灰头鹀 *Emberiza spodocephala*	+			+								
（1）*E. s. sordida*						W						
255. 灰眉岩鹀 *Emberiza cia*	+			+			+					
（1）*E. c. yunnanensis*						R						
256. 栗耳鹀 *Emberiza fucata*	+			+								
（1）*E. f. arcuata*						W						
257. 小鹀 *Emberiza pusilla*	+	+	+	+		W						
258. 凤头鹀 *Melophus lathami*	+	+		+		R		+	+	+	+	

注：在居留情况栏中，"R"代表留鸟，"S"代表夏候鸟，"W"代表冬候鸟，"M"代表旅鸟；"+"代表具有（属于）这种属性。

第12章 两栖爬行类

元江县地处云南中南部，是热带北缘与云贵高原的交汇区，其北面与属南亚热带气候的滇中高原相接，其中，西北面与滇中南中山亚区的哀牢山和无量山相近，为哀牢山脉的延伸部分，东北面经过云南高原而与滇东南岩溶中山亚区相对；南面均为热带地区，其中，南面是金平、绿春、江城及西双版纳，东部经云南文山达广西南部。从地理上，元江自然保护区包含两个片区，分别是哀牢山余脉部分和元江干热河谷部分。哀牢山余脉部分主要位于山体的顶部，处于哀牢山和黄连山之间，是哀牢山和黄连山两个国家级自然保护区之间的连接带与过渡带，也是两个国家级自然保护区之间的走廊带，以及物种南北迁移的通道，因此在物种组成上兼有南北两地的成分。元江河谷是非常典型的热带干热河谷，与金沙江、澜沧江等的干热河谷在气候类型和植被类型上都明显不同，动植物种类组成也不一样。

元江地区由于受东南季风的影响，气温高、雨量多、湿度大，并且由于地形复杂，境内的气候也各有不同，海拔1000m以下属热带北缘气候，1000m以上为南亚热带气候，还有2000m以上的温带气候，因此，具有多种气候类型和生境，有利于物种的生存、演化和发展。

元江地区陆地发育的地质年代非常古老，为前寒武纪的古越北地块，二叠纪有过火山运动，第三纪喜马拉雅运动时形成大围山地垒，在第四纪期间没有经受冰川的侵袭。因此，古老的地质历史和优越的现代自然环境，使其孕育了一些古老的野生动物种类，并使它们一直延续演化至今，加上随后（主要是第三纪和第四纪）周围地区物种的自然扩散与迁徙，使之形成起源古老、种类丰富、类型多样和组成复杂的两栖爬行动物区系。然而，关于元江地区的两栖爬行动物的调查较少，零星而不系统，所以掌握的资料不多，需要进行比较详细的调查，以便更好地进行保护和发展规划。

12.1 调查内容和方法

12.1.1 调查内容

调查两栖爬行动物的物种组成和分布，并进行区系分析；确定保护区内濒危和重要两栖爬行动物的种类、分布及相对数量；给出两栖爬行动物名录和珍稀濒危两栖爬行动物的分布图；进行保护价值和重要性分析。

12.1.2 调查时间及安排

选择该区两栖爬行动物活动最为活跃的6月底至7月底进行野外实地调查。此时为绝大多数两栖类进行繁殖活动的时间，又是爬行动物尤其是蛇类进行觅食、繁育等活动的最佳时间。而对于少数冬季进行繁殖的高海拔蛙类，我们一方面已从以往对邻近地区的调查中有所了解，另一方面也从此次实地调查中通过观察蝌蚪的情况进行确认。

日常调查时间的确定：根据两栖爬行动物的活动习性，白天中午和下午主要以调查爬行动物（尤其是蜥蜴类和游蛇类）与有尾两栖类（由于有尾两栖类不鸣叫，又常在水底活动，而夜间在水中视线不好），傍晚和夜间主要调查毒蛇类与部分水蛇类及无尾两栖类。

12.2　调查结果与分析

12.2.1　调查结果及区系成分分析

元江地区尚未进行过系统的两栖爬行动物调查，以往资料零星分散。通过此次调查，记录保护区两栖类53种，隶属于2目8科23属；爬行类71种，隶属于3目12科49属（附表3），物种多样性非常丰富。

区系分析表明，保护区两栖爬行物种以东洋界西南区（SW）成分为主，计84种，占67.7%，其中包括云南特有种31种，占25.0%；华南区（S）成分23种，占18.5%；华南区（S）和华中区（M）共有种3种，占2.4%；西南区（SW）和华中区（M）共有种1种，占0.8%；没有华中区独有成分；西南区、华南区和华中区共有成分（W）14种，占11.3%。可见，保护区内西南区的物种与西南区、华南区和华中区共有的物种成分较多，华中区或华南区独有的物种成分比较少（附表3）。

元江自然保护区两栖爬行动物丰富度高，原因与其所处的特殊地理位置和复杂的自然条件有关。哀牢山部分地处青藏高原、横断山和云南高原等自然地理区域的结合部，其山体高大，垂直带分化明显，自然条件复杂多样，南北并列的山川有利于南北物种的交流和聚集。植物区系的研究表明，本区处在中国－喜马拉雅森林植物中的云南高原地区、横断山脉地区和滇、缅、泰地区的交错过渡地带，热带植物和亚热带植物非常丰富。地质历史上其受第四纪冰川的影响甚小，保存了不少珍贵稀有的植物种类。动物区系也与植物区系类似，动物区系的组成和存在实际上与亚热带交汇的地理位置和气候环境及与保存较为完好的植被有关。哀牢山在动物地理区划上属于东洋界西南区的西南山地亚区。气候和森林类型复杂，为动物物种的栖息和繁衍提供了良好的场所。动物区系成分以东洋界（尤其是西南区）成分为主，南北成分的混杂现象明显，种类多样，以两栖爬行动物最为突出。

12.2.2　两栖爬行动物多样性的价值分析及评价

保护区124种两栖爬行动物（包括53种两栖类和71种爬行类）中，国家Ⅰ级重点保护动物3种，即鼋 *Pelochelys cantorii*、巨蜥 *Varanus salvator* 和蟒蛇 *Python molurus bivittatus*；国家Ⅱ级重点保护动物4种，即红瘰疣螈 *Tylototriton verrucosus*、虎纹蛙 *Rana tigrina*、山瑞鳖 *Palea steindachneri*、大壁虎 *Gekko gecko*。列入云南省重点保护动物种类的有眼镜蛇和眼镜王蛇2种；列入CITES附录Ⅰ的物种有平胸龟 *Platysternon megacephalum*、滑鼠蛇 *Ptyas mucosus*、眼镜蛇 *Naja kaouthia*，列入CITES附录Ⅱ的物种有眼镜王蛇 *Ophiophagus hannah*、鼋 *Pelochelys cantorii*、巨蜥 *Varanus salvator* 和蟒蛇 *Python molurus bivittatus*。

中国特有种类34种，占保护区两栖爬行动物种数的27.4%，如红瘰疣螈、蓝尾蝾螈云南亚种 *Cynops cyanurus yunnanensis*、微蹼铃蟾 *Bombina microdeladigitora*、景东角蟾 *Megophrys jingdongensis*、无量山角蟾 *Megophrys wuliangensis*、腺角蟾 *M. glandulosa*、大花角蟾 *M. giganticus*、高山掌突蟾 *Leptolalax alpinus*、腹斑掌突蟾 *L. ventripunctatus*、景东齿蟾 *Oreolalax jingdongensis*、棘疣齿蟾 *O. granulosus*、哀牢髭蟾 *Vibrissaphora ailaonica*、无棘溪蟾 *Torrentophryne aspinia*、哀牢蟾蜍 *Bufo ailaoanu*、花棘蛙 *Paa maculosa*、棘肛蛙 *P. unculuanus*、双团棘胸蛙 *P. yunnanensis*、景东湍蛙 *Amolops jingdongensis*、绿点湍蛙 *A. viridimaculatus*、华西蟾蜍 *Bufo andrewsi*、华西雨蛙 *Hyla annectans*、云南臭蛙 *Rana andersonii*、昭觉林蛙 *R. chaochiaoensis*、滇蛙 *R. pleuraden*、陇川小树蛙 *Philautus longchuanensis*、白颊小树蛙 *P. palpebralis*、云南小狭口蛙 *Calluella yunnanensis*、蚌西树蜥 *Calotes kakhienensis*、云南龙蜥 *Japalura yunnanensis*、云南钝头蛇 *Pareas yunnanensis*、云南两头蛇 *Calamaria yunnanensis*、白链蛇 *Dinodon septentrionalis*、云南华游蛇 *Sinonatrix yunnanensis*、云南竹叶青 *Trimeresurus yunnanensi* 等。

云南特有种类有31种，占保护区两栖爬行动物种数的25.0%，如红瘰疣螈、蓝尾蝾螈云南亚种、微蹼铃蟾、景东角蟾、无量山角蟾、腺角蟾、大花角蟾、高山掌突蟾、腹斑掌突蟾、景东齿蟾、棘疣齿蟾、哀牢髭蟾、哀牢蟾蜍、无棘溪蟾、花棘蛙、棘肛蛙、景东湍蛙、绿点湍蛙、华西蟾蜍、云南臭蛙、滇蛙、双团棘胸蛙、陇川小树蛙、白颊小树蛙、云南小狭口蛙、蚌西树蜥、云南龙蜥、云南钝头蛇

Pareas yunnanensis、云南两头蛇*Calamaria yunnanensis*、云南华游蛇*Sinonatrix yunnanensis*、云南竹叶青*Trimeresorus yunnanensis*等。

有一些物种对该保护区较为重要，如蓝尾蝾螈、费氏短腿蟾*Brachytarsophrys feae*、大花角蟾、白颌大角蟾*Megophrys lateralis*、哀牢髭蟾、沙巴拟髭蟾*Leptobrachium chapaense*、无棘溪蟾、大绿蛙*Rana livida*、花棘蛙、棘肛蛙、双团棘胸蛙、绿点湍蛙、景东湍蛙、背条跳树蛙*Chirixalus doriae*、丽棘蜥、云南钝头蛇、横纹钝头蛇*Pareas macularius*、白链蛇*Dinodon septentrionale*、云南华游蛇、黑线乌梢蛇*Zaocys nigromarginatus*、圆斑小头蛇*Oligodon lacroixi*、山烙铁头*Ovophis monticola*等，为稀有种。

另外，元江地区的两栖爬行动物种类在区系组成上比较复杂，并具有与周围地区相同的一些物种成分，在物种组成上是比较重要的交叉分布的地区。与云南西南部之共有成分：红瘰疣螈、蓝尾蝾螈、云南臭蛙、棘肛蛙、红蹼树蛙*Rhacophorus rhodopus*、陇川小树蛙*Philautus longchuanensis*、背条跳树蛙、尖尾两头蛇、钝尾两头蛇、山烙铁头、云南竹叶青；与云南东南部及华南之共有成分：南草蜥*Takydromus sexlineatus*、圆斑小头蛇；与越南北部之共有成分：沙巴拟髭蟾*Leptobrachium chapaense*、细鳞树蜥*Calotes microlepis*、巨蜥、过树蛇*Dendrelaphis pictus*；热带北缘物种：滇南臭蛙*Rana tiannanensis*、蚌西树蜥、闪鳞蛇、缅甸钝头蛇*Pareas hamptoni*、三索锦蛇*Elaphe radiata*、纯绿翠青蛇*Cyclophiops doriae*、横纹翠青蛇*C. multicinctus*、沙巴后棱蛇*Opisthotropis jacobi*、绿瘦蛇*Ahaetulla prasina*、繁花林蛇*Boiga multomaculata*；西南地区及东南亚广泛分布之物种：白颌大角蟾、小角蟾、景东角蟾、黑眶蟾蜍*Bufo melanostictus*、华西雨蛙*Hyla annectans*、沼蛙*Rana guentheri*、大头蛙*R. kuhlii*、泽蛙*R. limnocharis*、大绿蛙*R. livida*、锯腿小树蛙*Philautus cavirostris*、斑腿泛树蛙*Polypedates megacephus*、无声囊泛树蛙*P. mutu*、杜氏泛树蛙*P. dugritei*、背条跳树蛙、粗皮姬蛙*Microhyla heymonsi*、小弧斑姬蛙*M. butleri*、饰纹姬蛙*M. ornata*、花姬蛙*M. pulchra*、花狭口蛙*Kaloula pulchra*、多疣狭口蛙*K. verrucosa*、平胸龟*Platysternon megacephalum*、鼋*Pelochelys cantorii*、山瑞鳖*Palea steindachneri*、丽棘蜥*Acanthosaura lepidogaster*、云南龙蜥、棕背树蜥*Calotes emma*、大壁虎*Gekko gecko*、原尾蜥虎*Hemidactylus garnotii*、云南半叶趾虎*Hemiphyllodactylus yunnanensis*、蜓蜥*Lygosoma indicum*、多线南蜥*Mabuya multifasciata*、脆蛇蜥*Ophisaurus gracilis*、钩盲蛇*Ramphotyphlops braminus*、蟒蛇、白链蛇、紫灰锦蛇*Elaphe porphoracea*、黑眉锦蛇*Elaphe taeniura*、黑背白环蛇*Lycodon ruhstrati*、无颞鳞游蛇*Amphiesma atemporale*、八线游蛇*Amphiesma octolineatum*、红脖游蛇*Rhabdophis suminiata*、华游蛇*Sinonatrix percarinata*、渔游蛇*Xenochrophis piscator*、斜鳞蛇*Pseudoxenodon macrops*、灰鼠蛇*Ptyas korros*、滑鼠蛇*P. mucosus*、黑线乌梢蛇、金环蛇*Bungarus fasciatus*、银环蛇*B. multicinctus*、眼镜蛇*Naja kaothia*、眼镜王蛇、白头蝰*Azemiops feae*、白唇竹叶青*Trimeresurus albolabris*。

12.2.3　两栖爬行动物重要值分析

元江自然保护区的两栖爬行动物具有如下特点，并充分反映了该保护区的保护价值。

a. 物种多。

b. 重点保护物种多。

c. 地理上位于南北两个国家级保护区之间，具有南北物种迁移通道和走廊带的作用。

d. 具有特殊而典型的热带干热河谷，是国内甚至国际上所特有的景观类型。

e. 综合效应：南北走向的地形，山脉和河谷都成为南北纵向通道，加上垂直气候带分化明显，地貌复杂，生境类型多样，成为该区两栖爬行动物多样性丰富的基础。

部分保护价值的指标计算如下：Ⅰ级保护种类（3种）占保护区两栖爬行动物种数的2.4%，Ⅱ级保护种类（4种）占保护区两栖爬行动物种数的3.2%，中国特有种类（34种）占保护区两栖爬行动物种数的27.4%，云南特有种类（31种）占保护区两栖爬行动物种数的25.0%；CITES附录Ⅱ的物种（4种）占保护区两栖爬行动物种数的3.2%；云南省保护物种（2种）占保护区两栖爬行动物种数的1.6%。

12.3 元江地区两栖爬行类的生态适应

12.3.1 两栖爬行动物对海拔和气候的适应

元江地区地势复杂多样，随着海拔的不同，气候也不相同，所分布的物种也有变化。低海拔热带地区（海拔700m以下）气候炎热，两栖类主要有黑眶蟾蜍、泽蛙、沼蛙、大头蛙、棘胸蛙、姬蛙类等；爬行类主要有多线南蜥、云南半叶趾虎、南草蜥、三索锦蛇、纯绿翠青蛇等。中海拔地区（700～1400m）气候较热，两栖类主要有白颌大角蟾、华西雨蛙、大绿蛙、红蹼树蛙、陇川小树蛙；爬行类有平胸龟、棕背树蜥、丽棘蜥、细鳞树蜥、南草蜥、过树蛇、纯绿翠青蛇、斜鳞蛇、白头蝰、金环蛇、银环蛇、眼镜蛇、竹叶青等。亚高山地区（海拔1400～1800m）为亚热带和温带气候，主要有红瘰疣螈、蓝尾蝾螈、微蹼铃蟾、景东角蟾、掌突蟾、锯腿小树蛙、云南钝头蛇、山烙铁头等。海拔1800m以上地区气候较冷湿，两栖类主要有哀牢髭蟾、沙巴拟髭蟾、棘肛蛙、昭觉林蛙、白颊小树蛙、红吸盘小树蛙；爬行类有山滑蜥、山烙铁头、菜花烙铁头、云南竹叶青等。

12.3.2 两栖爬行动物的生存空间

元江地区由于具有长期的地质演化历史，加上从未受过冰期的侵蚀，保存的物种非常丰富，并在长期演化中形成了广阔的辐射空间，从水域到陆地、从地下到地面、从地面到树上、从草本植物到高大乔木，都是物种栖息的场所。水生为主的种类有蓝尾蝾螈、水蛙类、平胸龟、巨蜥、华游蛇类等；地下穴居为主的种类有沙巴拟髭蟾、脆蛇蜥等；常栖息于树洞的种类有微蹼铃蟾、树蛙等；地面种类较多，如蟾蜍类、游蛇类、毒蛇类。树栖种类可分为几种类型：常栖息于水边草本植物上的背条跳树蛙、白颊小树蛙、斑腿泛树蛙；栖息于离水面较远的草叶上的掌突蟾；栖息于离水面较远的低矮树上的锯腿小树蛙、杜氏泛树蛙；栖息于水边高大乔木上的红蹼树蛙。相应地，爬行动物常在水边地面上活动的有蜓蜥、南蜥、石龙子，在水边草上活动的有南草蜥，常在水边活动的树栖爬行动物有竹叶青；栖息于低矮木本植物上的有细鳞蜥、丽棘蜥，常栖息于高大乔木上的有棕背树蜥。

12.4 元江地区两栖爬行类物种多样性的形成机制

元江地区高度多样化的两栖动物物种的形成是自然界长期演变的结果，它与该地区特殊的自然地理环境背景相关。

12.4.1 地质古老

元江地区地处前寒武纪的古越北地块，陆地发育的地质年代很古老，并伴随着云南古老的地体一起演变。云南地体在24亿年前的元古代即开始形成地台，5亿年前在地台的基础上形成了冈瓦纳古陆的一部分——康滇古陆，从此成了古代动植物长期生息繁衍的场所。在以后的地质年代里，康滇古陆经历了各个造山运动、冰川时期，地形和气候均发生了剧烈的变化，但生长在古陆上的生物种类却一直连绵不断，成为世界生物起源和进化发展的中心之一，同时周围地区的物种也在自然扩散和迁徙过程中，一定程度地加入了本区系的行列。到第四纪冰期结束，许多古老的动植物在因云南特殊地形被保护下来的基础上，又有了新的发展，在高原干湿交替的气候变化和垂直分带的作用下，谷地炎热、山地寒冷，使物种更加丰富了。也鉴于云南古老的地块和特殊的地势，加上当前在云南所处的地理位置和特点，元江成为云南动物物种在地质历史演化上的一个缩影。因此，与该地区森林植被一样，两栖爬行动物物种也是从古老的地质时期延续和演化过来的，并在漫长的演化过程中不断分化、繁衍和发展，种类越来越多、丰富而复杂。再加上这里没有经受第四纪冰期的侵袭，使得很多古老的种类得以避难和保存，并演化出许多新的种类。这些古老的区系与几经演变和更替的种类共同组成了该地区当前丰富多样的两栖爬行动物区系。

12.4.2　地理位置、地势和物种扩散

元江地区特殊的地理位置也是当前物种丰富、多样化的原因，悠久的地质历史固然提供了物种长期演化的坚实的基地，然而，在云南省于晚始新世至渐新世形成现今地质构造的基本轮廓和第四纪形成地貌的基本轮廓过程中，地理位置的特殊性使得在迁徙、扩散和演化过程中积聚了来自各方位的物种，使得该地区的物种多而复杂。尤其是第三纪以来，由气候的变迁，冰期和间冰期的交替，使得物种普遍南迁和局部北移，几次反复，加上喜马拉雅山和横断山的影响而造成的物种东西向的扩散与迁徙，元江自然地成了这些动物扩散和迁徙的通道，而且由于辖区内地势复杂，气候多样，具有各种植被类型，各种小生境众多，能容纳各种类型的物种，加上随后的演化和发展，物种最终多样而复杂。

云南的四邻如缅甸、越南、老挝等邻国与我国的西藏、四川、贵州和广西，也是动植物种类十分丰富的地区，由于它们与云南山水相连、气候相似，动植物种类互相迁移分布，也促成了云南动植物种类的繁多。尤其云南众多南北走向的山川河流，使南方与北方的植物以此通道而迁徙，交汇于云南。云南特殊的地理位置和地形地貌，横断山脉与河流的南北走向，沟通了古非洲和印度的热带动植物区系与欧亚大陆的泛北极动物区系，丰富了东亚动植物的多样性；而喜马拉雅动植物区系与东亚动植物区系也汇合于云南，增加了云南动植物成分的复杂性。元江得益于这种优越的环境，加上其现代在云南所处的地理位置和特点及在地质历史上的稳定发展，其物种的保存和演化代表了云南动植物区系历史演变的缩影，新旧物种齐汇，种类多样复杂，具有重要的保护价值。

12.4.3　生态系统完整，生境类型多样

元江地区有一个比较完整的生态系统，从下到上具有各类森林植被类型，有利于调节地区气候、水土保持和水源涵养，这对野生动物的生存和繁衍发挥了重要的作用，加上区内地势复杂多样、小生境众多，使得各种类型的野生动物都能在区内找到适于生存的环境，并进行长期的适应性演化，形成特殊复杂多样的动物区系。

12.4.4　第四纪冰期影响

新生代喜马拉雅造山运动以后，在云南的北面形成了青藏高原，高原的屏障作用加上地处亚热带季风区的原因，使云南长期享有西南和东南暖湿气团控制的季风气候，因此，在北半球被第四纪冰川侵袭并长期覆盖的时期，云南南部的大部分地区躲过了第四纪北半球的大陆冰川，成为古老植物的避难所，而且还演化出许多新的植物种类，并由古老的植物区系和现代传播的植物种类组成了各种植物群落，又为古老动物种类的保存和现代动物种类的分布提供了栖息的场所与繁衍的基地。

因此，古老的地质地貌提供了物种演化的坚实基础，地理位置和地势的优越性使该区成为众多物种扩散、迁移的通道与集散地，生态系统的完整性和生境类型的多样化使得各种类型物种得以容纳、生存及演化，第四纪冰期的缺乏使各种不同地质年代演化或产生的物种得以保存并混为一体，最终形成复杂多样的动物区系。

12.5　珍稀两栖爬行类及其保护

元江地区由于得天独厚的自然地理环境及其演化背景，孕育了多样的两栖爬行动物区系，成为云南以

至国内少有的两栖爬行动物物种集中分布地和从事物种多样性研究的基地，但人类的发展和活动已在一定程度上破坏了这一特殊的动物区系，表现最明显的是各种物种数量的减少和分布范围的越来越狭窄，因此急需合理统筹规划。该地区具有较多的珍稀两栖爬行动物如红瘰疣螈、龟鳖类、巨蜥、眼镜蛇、眼镜王蛇等，需要给予大力保护，另外，棘蛙类、脆蛇蜥常被猎捕食用或药用，需给予关注和保护，同时要尽力杜绝毁林开荒对各种物种生存的威胁。

12.6　结论与建议

12.6.1　结论

元江自然保护区两栖爬行动物物种丰富，已记录两栖动物 53 种、爬行动物 71 种。其中包含国家 I 级和 II 级重点保护物种、云南省重点保护物种、有重要经济和科研价值的物种，还有国内和省内的特有物种。本区还是很多两栖爬行动物物种的模式产地。因此，该自然保护区不论从物种组成还是从生态功能上都具有很大的保护价值和意义，各方面应给予足够的重视和支持。

12.6.2　对保护区建设和管理的建议

元江自然保护区具有非常丰富的两栖爬行动物物种，有些两栖类物种具有很大的优势度，而一些物种则较少，有些物种受到了不同程度的利用（捕食和贩卖），有些则在经受着生境被破坏（如旅游区、旅游设施、电站、经济开发区的建设）和使用农药的危害。

1. 保护区功能分区管理

由于自然保护区的面积很大，绝对高差也很大，包含的植被类型或生境类型相对很多，物种组成在不同的方位或地点的差异很明显突出，因此，应给予全方位的保护，不仅应注意核心区自然环境和生境的完整，也应注意一些区段或生境的保护。并重视该保护区的走廊带的作用，不仅应该将元江干热河谷连成一片，而且可以考虑将山顶的几个片（东峨、南溪、新田、望乡台、章巴）连起来形成一条山顶走廊。

2. 保护区巡护制度建立和实施

可以适当增加保护区的管理人员，但主要是提高保护区管理人员的业务素质与管理才能和水平。

3. 生境和食物管理

建议不要人为地、随意地去改变自然生境的状况，使其保持自然维持、调节和发展，尽量保持生态环境的稳定度和生态系统的稳定度。电站和公路等的规划与建设应尽可能地不影响保护区的自然功能，对放牧、伐薪等也应该进行严格管理和控制。

4. 干扰控制管理

在开发森林小产品的过程中，应有有效的监督和管理措施，严防对保护区其他资源的有意破坏和无意损害，如偷猎和电鱼等。

5. 农药使用管理

田间农药的使用造成了对其中生存的物种的严重伤害，尤其是田间蛙类（包括蝌蚪和其成体），甚至鼠药的使用也会间接地影响到以鼠类为主要食物的蛇类。建议有条件的地方尽量使用农家肥。

12.7　元江自然保护区两栖爬行类名录

元江自然保护区两栖爬行类名录见附表3。

附表3　元江自然保护区两栖爬行类名录

中文名	拉丁名	俗名	海拔/m	分布					区系成分	生境*	保护级别	资料来源
				普漂	章巴	望乡台	东峨南溪	曼旦前山				
两栖纲 AMPHIBIA												
有尾目 Caudata　蝾螈科 Salamandridae												
蓝尾蝾螈云南亚种	*Cynops cyanurus yunnanensis*	娃娃鱼	1600～2400		+	+	+		SW	2		实见
红瘰疣螈	*Tylototriton verrucosus*	娃娃鱼	1600～2300		+	+	+		SW	5	II	实见
无尾目 Anura　铃蟾科 Bombinidae												
微蹼铃蟾	*Bombina microdeladigitora*		1800～2400		+	+	+	+	SW	4		实见
角蟾科 Megophryidae												
沙巴泥髭蟾	*Leptobrachium chapaensis*		1200～2100		+	+	+		SW	3		实见
哀牢髭蟾	*Vibrissaphora ailaonica*	胡子蛙	1800～2400		+	+	+		SW	2		实见
棘疣齿蟾	*Oreolalax granulosus*		1700～2400		+	+	+		SW	3		实见
景东齿蟾	*Oreolalax jingdongensis*		1800～2400		+	+	+		SW	3		实见
高山掌突蟾	*Leptolalax alpinus*		2100～2400		+	+	+		SW	4		实见
掌突蟾	*Leptolalax pelodytoides*		1000～1500					+	SW	3		实见
腹斑掌突蟾	*Leptolalax ventripunctatus*		700～1200	+				+	SW	3		访问
费氏短腿蟾	*Brachytarsophrys feae*	老嗷	1600～2100		+	+	+	+	SW	4		实见
大花角蟾	*Megophrys giganticus*		2000～2400		+	+	+		SW	3		实见
腺角蟾	*Megophrys glandulosa*		1600～2200		+	+	+		SW	3		实见
景东角蟾	*Megophrys jingdongensis*		1300～2100		+	+	+	+	SW	5		实见
白颌大角蟾	*Megophrys lateralis*		800～1800		+	+	+	+	SW	4		实见
小角蟾	*Megophrys minor*		1000～2200		+	+	+	+	SW	5		实见
无量山角蟾	*Megophrys wuliangensis*		2000～2200		+				SW	5		实见
蟾蜍科 Bufonidae												
哀牢蟾蜍	*Bufo ailaoanus*		2000～2300		+	+	+		SW	2		实见
华西蟾蜍	*Bufo andrewsi*	癞蛤蟆	1600～2100		+	+	+	+	SW	3		实见
隐耳蟾蜍	*Bufo cryptotympanicus*	癞蛤蟆	2000～2400		+	+	+		SW	3		实见
黑眶蟾蜍	*Bufo melanostictus*	癞蛤蟆	700～1800	+				+	S；M	4		实见
无棘溪蟾	*Torrentophryne aspinia*	花石蚌	2100～2300		+				SW	3		实见
雨蛙科 Hylidae												
华西雨蛙	*Hyla annectans*		1000～2200	+	+	+	+	+	SW	5		实见
蛙科 Ranidae												
花棘蛙	*Paa maculosa*	滑石蚌	2100～2400		+	+	+		SW	2		实见
棘胸蛙	*Paa spinosa*		1800～2100	+				+	S/M	5		实见
棘肛蛙	*Paa unculuanus*	老喔叭	2100～2400		+	+	+		SW	2		实见
双团棘胸蛙	*Paa yunnanensis*	石蚌	1600～2400		+	+	+	+	SW	4		实见
云南臭蛙	*Rana andersonii*	臭青鸡	1600～2300		+	+	+	+	SW	4		实见

中文名	拉丁名	俗名	海拔/m	分布					区系成分	生境*	保护级别	资料来源
				普漂	章巴	望乡台	东峨南溪	曼旦前山				
昭觉林蛙	*Rana chaochiaoensis*		1800~2300		+	+	+	+	SW	4		实见
沼蛙	*R. guentheri*		700	+				+	S/M	5		实见
大头蛙	*R. kuhlii*		700~1200	+				+	SW	5		实见
泽蛙	*Rana limnocharis*		700~1100	+			+	+	W	5		实见
大绿蛙	*Rana livida*		700~1200	+			+	+	S	3		实见
滇蛙	*Rana pleuraden*		1600~2100		+	+	+	+	SW	5		实见
虎纹蛙	*R. tigrina*		500~1300	+					S	5	II	实见
景东湍蛙	*Amolops jingdongensis*		2000~2300		+	+	+	+	SW	4		实见
绿点湍蛙	*Amolops viridimaculatus*		2300		+	+	+		SW	2		实见
树蛙科 Rhacophoridae												
背条跳树蛙	*Chirixalus doriae*		2100			+	+		SW	3		实见
陇川小树蛙	*Philautus longchuanensis*		1000~1500	+	+	+	+	+	SW	3		实见
白颊小树蛙	*P. palpebralis*		1800~2000		+	+	+		SW	5		实见
锯腿小树蛙	*Philautus cavirostris*		1400~1600	+				+	SWS	1		实见
杜氏泛树蛙	*Polypedates dugritei*		2000~2400		+	+	+		SW	4		实见
斑腿泛树蛙	*Polypedates megacephus*		700~1800	+	+	+	+	+	W	5		实见
无声囊泛树蛙	*Polypedates mutus*		700~1800	+				+	W	3		实见
红蹼树蛙	*Rhacophorus rhodopus*		1500~2100	+	+			+	SW	3		实见
黑点树蛙	*Rhacophorus nigropunctatus*		1780~1920		+	+	+		SW	3		访问
姬蛙科 Microhylidae												
粗皮姬蛙	*Microhyla butleri*		1000~1500	+			+	+	SW	3		实见
小弧斑姬蛙	*Microhyla heymonsi*		700~1200	+				+	W	4		实见
饰纹姬蛙	*Microhyla ornata*		700~1200	+				+	W	4		实见
花姬蛙	*Microhyla pulchra*		700~1200	+					S	5		访问
多疣狭口蛙	*Kaloula verrucosa*	气鼓瓜	1600~2200		+	+	+	+	SW	4		实见
花狭口蛙	*Kaloula pulchra*		700~1000	+					S	5		实见
云南小狭口蛙	*Calluella yunnanensis*		1600~2100			+	+	+	SW	4		实见
爬行纲 REPTILIA												
龟鳖目 Testudines 平胸龟科 Platysternidae												
平胸龟	*Platysternon megacephalum*	龟	1000~1600	+				+	S	1	C2	访问
鳖科 Trionychidae												
山瑞鳖	*Palea steindachneri*		700~1200	+				+	SW	5	II	访问
鼋	*Pelochelys cantorii*		700~1000	+				+	SW	5	I	访问
蜥蜴目 Lacertilia 鬣蜥科 Agamidae												
丽棘蜥	*Acanthosaura lepidogaster*	四脚蛇	1000~1500	+				+	SW	2		实见
棕背树蜥	*Calotes emma*	马鬃蛇	700~1300	+				+	S	4		实见
蚌西树蜥	*Calotes kakhienensis*	四脚蛇	1300~2000		+	+	+		SW	1		实见
细鳞树蜥	*Calotes micrplepis*	四脚蛇	1200	+				+	SW	1		实见
云南龙蜥	*Japalura yunnanensis*	四脚蛇	1800~2200		+	+	+		SW	3		实见

续表

中文名	拉丁名	俗名	海拔/m	分布					区系成分	生境*	保护级别	资料来源
				普漂	章巴	望乡台	东峨南溪	曼旦前山				
壁虎科 Gekkonidae												
原尾蜥虎	*Hemidactylus bowringii*	壁黑	700~1500	+				+	S	4		实见
锯尾蜥虎	*Hemidactylus garnotii*	壁黑	700~1100	+				+	SW	2		访问
大壁虎	*Gekko gecko*		700~1000	+					SW		II	访问
云南半叶趾虎	*Hemiphyllodactylus yunnanensis*	瓦蛇	1200~2000		+		+	+	SW	3		实见
石龙子科 Scincidae												
蜓蜥	*Lygosoma indicum*	山白鱼	1200~2100	+	+	+	+	+	W	5		实见
多线南蜥	*Mabuya multifasciata*	山白鱼	700~1200	+					SW	3		实见
山滑蜥	*Scicella monticola*	山白鱼	1600~2300		+	+	+		SW	3		实见
蜥蜴科 Lacertidae												
南草蜥	*Takydromus sexlineatus*		700~1200	+				+	S	1		访问
蛇蜥科 Anguidae												
细脆蛇蜥	*Ophisaurus gracilis*	脆蛇	1000~2000		+	+	+	+	S	1		访问
脆蛇蜥	*Ophisaurus harti*	脆蛇	1000~2000		+	+			S	2		实见
巨蜥科 Varanidae												
巨蜥	*Varanus salvator*		700~1000	+				+	SW	1	I	访问
蛇目 Serpentes 闪鳞蛇科 Xenopeltidae												
闪鳞蛇	*Xenopeltis unicolor*		700~1200	+				+	SW	1		实见
盲蛇科 Typhlopidae												
大盲蛇	*Typholops diardi*		1000~1500	+	+	+		+	SW	2		实见
钩盲蛇	*Ramphotyphlops braminus*		1000~1200	+				+	SW	1		资料
蟒蛇科 Boidae												
蟒蛇	*Python molurus bivittatus*		700~1500	+				+	S	1	I	访问
游蛇科 Colubridae												
缅甸钝头蛇	*Pareas hamptoni*		1200~1600	+				+	SW	1		实见
云南钝头蛇	*Pareas yunnanensis*		1600~2200		+	+	+		SW	3		实见
棱鳞钝头蛇	*Pareas macularius*		700~1200	+					SW	2		实见
尖尾两头蛇	*Calamaria pavimentata*		1500~2200		+	+			SW	2		资料
云南两头蛇	*Calamaria yunnanensis*		1600~2100		+			+	SW	2		实见
过树蛇	*Dendrelaphis pictus*		700~1200	+			+		S	2		实见
白链蛇	*Dinodon septentrionalis*		1200~2200	+	+	+	+	+	S	2		实见
方花锦蛇	*Elaphe bella*		1800~2100		+	+	+		SW	3		实见
王锦蛇	*Elaphe carinata*	麻蛇	1200~2200		+	+	+		W	3		实见
紫灰锦蛇	*Elaphe porphyracea*	秤杆蛇	1600~2100		+	+	+		SW	3		实见
三索锦蛇	*Elaphe radiata*		700~1600	+				+	S	2	+	访问
绿锦蛇	*Elaphe prasina*		700~1500	+	+		+		S	3		实见
灰腹绿锦蛇	*Elaphe frenata*		1000~1800	+				+	W	2		资料
黑眉锦蛇	*Elaphe taeniura*	松花蛇	800~2300	+	+	+	+	+	W	4		实见
纯绿翠青蛇	*Entechinus doriae*		700~1200	+				+	SW	4		实见

续表

中文名	拉丁名	俗名	海拔/m	分布					区系成分	生境*	保护级别	资料来源
				普漂	章巴	望乡台	东峨南溪	曼旦前山				
横纹翠青蛇	*Entechinus multicinctus*		700～1500	+	+	+	+		SW	3		实见
沙巴后棱蛇	*Opisthotropis jacobi*		1200～1800						SW			实见
白环蛇	*Lycodon aulicus*		1500～2100		+		+		SW	2		实见
双全白环蛇	*Lycodon fasciatus*		1500～2200		+		+		SW	2		实见
无颞鳞游蛇	*Amphisma atemporalis*		1600～2200		+			+	SW	3		实见
腹斑腹链蛇	*Amphisma modesta*		1500～2000		+	+	+	+	SW	3		实见
八线腹链蛇	*Amphisma octolineata*		1600～2300		+	+	+	+	SW	3		实见
草游蛇	*Amphisma stolata*		1000	+		+			SW	2		资料
颈槽游蛇	*Rhabdophis nuchalis*		1500～2100		+	+	+	+	SW	3		实见
缅甸颈槽蛇	*Rhabdophis leonardi*		1600～2200	+	+			+	SW	3		实见
红脖颈槽蛇	*Rhabdophis subminiata*	红脖蛇	700～2000	+	+	+	+	+	W	3		实见
云南华游蛇	*Sinonatrix yunnanensis*	水蛇	1000～1600	+	+	+	+	+	SW	3		实见
华游蛇	*Sinonatrix percarinata*	水蛇	1200～1600	+	+	+	+	+	S	3		实见
渔游蛇	*Xenochrophis piscator*		1000～1500	+	+	+	+	+	S	3		访问
圆斑小头蛇	*Oligodon lacroixi*		1800～2000		+		+		SW	1		实见
颈斑蛇	*Plagiopholis blakewayi*		1800～2100		+	+	+		SW	1		实见
斜鳞蛇	*Pseudoxenodon macrops sinensis*		1000～2300		+	+	+	+	W	4		实见
滑鼠蛇	*P. mucosus*		700～1600	+					S	5	C2	访问
黑领剑蛇	*Sibynophis collaris*		1500～2000	+				+	SW	2		实见
黑线乌梢蛇	*Zaocys nigromarginatus*	青竹标	1000～2100	+	+	+	+	+	W	3		实见
繁花林蛇	*Boiga multomaculata*		1500～2100		+	+			SW	1		访问
绿瘦蛇	*Dryophis prasina*		800～1500	+				+	SW	1		实见
铅色水蛇	*Enhydris plumbea*		800～1600					+	S	2		实见
眼镜蛇科 Elapidae												
金环蛇	*Bungarus fasciatus*		700～1000	+					S	4		访问
银环蛇指名亚种	*Bungarus multicinctus*		700～1200					+	S	3		实见
银环蛇云南亚种	*B. m. wanghaotingii*		700	+					SW	4		实见
眼镜蛇	*Naja kaouthia*	蚂蚁堆蛇	800～1800	+	+	+	+	+	W	3	CIIS	实见
眼镜王蛇	*Ophiophagus hannah*	蚂蚁堆蛇	1500～2100	+	+	+	+	+	W	2	C2S	实见
丽纹蛇	*Calliophis macclellandi*		1600～2000					+	SW	1		访问
蝰蛇科 Viperidae												
白头蝰	*Azemiops feae*		1200～2000					+	S	2		实见
山烙铁头	*Ovophis monticola*		1800～2300		+	+	+	+	S	3		实见
菜花烙铁头	*Protobuthrops jerdonii*	棒头蛇	2000～2300		+	+	+		SW	2		实见
白唇竹叶青	*Trimeresurus albolabris*		800～1200	+					SW	1		实见
云南竹叶青	*Trimeresurus yunnanensis*	绵羊蛇	1500～2300		+	+	+	+	SW	4		实见

　*生境：1.林分；2.灌丛；3.草地；4.农田；5.水域。

　保护级别：Ⅱ-国家Ⅱ级重点保护；C2-CITES 附录Ⅱ；S-云南省重点保护。

　区系分析：SW-西南区；S-华南区；W-西南区、华南区、华中区共有；下同。分布："+"表示该区域有此种分布。

第13章 鱼 类

13.1 研 究 背 景

13.1.1 研究概况

元江-红河水系是云南地区六大水系之一，分布着大量的具有热带、亚热带特色的淡水鱼类。云南省内外高校和科研院所的鱼类学家，包括台湾省的一些鱼类学家，自20世纪50年代以来做过大量的鱼类分类或区系组成等方面的研究工作。有的工作是专门对采自元江的鱼类进行分类描述的，如对采自个旧芭蕉箐的个旧盲条鳅 *Noemacheilus gejiuensis* Chu et Chen、建水羊街的裸腹盲鲃 *Typhlobarbus nudiventris* Chu et Chen、禄丰的宽头高原鳅 *Triplophysa laticeps* Zhou et Cui 和栉鰕鯱鱼属 *Rhinogobius* 的新种描述等（褚新洛和陈银瑞，1979，1982；Zhou and Cui，1997；Chen et al.，1999）；有的是对鱼类的某一类群的分类研究，如对平鳍鳅类、纹胸鮡属和褶鮡属等的系统分类，涉及了分布于元江的种类（陈宜瑜，1978，1980；郑慈英等，1982；褚新洛，1982；李树深，1984），这类工作特别多，不胜枚举。有的研究了元江-红河水系的鱼类多样性，以南溪河、绿汁江和李仙江3条一级支流内的鱼类为研究对象，利用 β 多样性指数探讨不同支流中鱼类物种多样性的差异程度及分化原因（周伟等，1999），或者探讨鱼类身体的形态结构与栖息环境的关系等（周伟和刘应聪，1999）。有的研究了元江-红河水道开发对鱼类资源的影响和保护对策（陈自明和陈银瑞，2006），或者在讨论云南鱼类多样性面临的危机时涉及了元江-红河的鱼类（陈银瑞等，1998；周伟，2000）。

1984年，由红河州环境保护局牵头组织的云南南部红河地区生物资源科学考察，较系统和专一地调查了红河地区的鱼类资源，但此次调查范围仅局限于红河州，未包括元江县及其以上的元江干流和支流。全国动物志（鲤形目或鲤科部分）或区域性鱼类志是记录元江鱼类较为全面的一类书籍（伍献文等，1964，1977；褚新洛和陈银瑞，1989，1990；陈宜瑜等，1998；乐佩琦等，2000）。据不完全统计，元江流域的鱼类有6目16科65属90种，约占云南淡水鱼类种类的25%，鱼类资源的丰富程度在云南省内略逊于澜沧江-湄公河和南盘江（褚新洛和陈银瑞，1989，1990），鱼类种质资源十分丰富。

虽然过去不少工作涉及了元江-红河水系的鱼类，但截至目前没有专门对元江县境内全部保护区范围的元江干流及支流水域开展过详细的鱼类资源调查。在元江-红河流域内分布的淡水鱼类是否也分布在元江地区尚不得而知。为了解元江自然保护区的鱼类组成及元江地区的鱼类资源状况，以便加强和提高对野生鱼类资源的合理保护与有效管理，达到鱼类资源持续利用的目的，科考队受当地政府委托开展了本次调查工作。

13.1.2 区域概况

元江县位于云南省中南部，距昆明230km，全县总面积2858km²。元江县城居于县境中央，县境内最高点为西南面的阿波列山，海拔2580m，最低点为元江主干与小河底河汇合处，海拔327m。年均气温为21~23.8℃，终年无霜。元江东部的山地属六绍山系云岭南支脉，为东南季风背风面，降雨量900~1400mm。元江西部属哀牢山余脉，受东南季风影响，降雨相对东部丰富，降雨量900~2400mm，该区域内的河流多属山区降雨补给型河流，径流量年间变化不大（杜自亮，2005）。

元江（红河上游）从西北向东南贯穿元江县境，境内元江主干长度约76km，另有元江一、二级支流清水河、依萨河、南溪河、磨房河、甘庄河、西拉河和小河底河等大小河流24条。元江水系的主干及支流流经或发源于元江自然保护区，是生态系统中不可或缺的部分。

13.1.3 调查方法

调查时间2006年5～6月。调查区域在元江省级自然保护区的范围基础上有所增加，包括章巴、望乡台、白石岩、南溪、曼旦前山、脊背山、黑摸底山等区域。考虑到淡水鱼类可能会有短距离的游动行为，还将元江县境外元江江段上游的新平县、下游的红河县的部分水域列为调查区域。调查点沿元江主干及其各大支流布设，并进一步在西拉河、新安寨、因远、咪哩、大水平、澧江、甘庄和龙潭等设置了固定的调查点，调查工作涉及水域均归属于元江-红河水系。

标本采集以在各调查点请渔民采集为主，辅以在市集、鱼店和饭馆等收购的方式。所有标本用95%乙醇液固定，制成浸制标本，标本保存于西南林学院动物学标本室。

为弥补采集时间短，所采标本可能无法代表该地区鱼类组成的缺陷，采用另外两种方法补充、完善调查区域内的鱼类名录。一种是通过社区访谈，了解该保护区各种鱼类的形态特征及生活习性等，将访谈结果与近年采自元江的鱼类实物标本作对照，以提高本次鱼类区系调查的真实性和可靠性；另一种是参考项目调查组成员于2005年5月和2005年11月在元江-红河流域的鱼类资源调查收集标本的鉴定结果，并同时参考和收录可靠的文献记录种类，形成元江自然保护区鱼类名录。

鱼类标本鉴定主要参照《中国动物志 硬骨鱼纲》和《云南鱼类志》（上、下册）（褚新洛和陈银瑞，1989，1990；陈宜瑜等，1998；褚新洛等，1999；乐佩琦等，2000），条鳅鱼类鉴定主要参照《中国条鳅志》（朱松泉，1989）。分类系统遵循《云南鱼类志》（上、下册）（褚新洛和陈银瑞，1989，1990）。

13.2 鱼类区系及特点

13.2.1 区系组成

依据鱼类实物标本鉴定结果、访谈材料和文献资料记载，本保护区共有鱼类34种，隶属于4目9科13亚科30属（附表4）。其中鲤形目Cyprinformes鲤科Cyprindae 18属20种；鳅科Cobitidae 2属2种；平鳍鳅科Homalopteridae 2属2种。鲇形目Siluriformes鮡科Sisoridae 3属4种；鲿科Bagridae 1属2种；鲇科Siluridae和胡子鲇科Clariidae各1属1种。合鳃鱼目Synbranchiformes合鳃鱼科Synbranchidae 1属1种。鲈形目Perciformes刺鳅科Mastacembelidae 1属1种。该地区鱼类组成以鲤形目的种数最多，共有24种，占本区总种数的70.6%；其次是鲇形目，共有8种，占总种数的23.5%，其余2目只有2种。鲤形目中又以鲤科种类为最多，占总种数的58.8%，鲇形目鮡科次之，占总种数的11.8%。

13.2.2 资源现状

据本次调查所形成的鱼类名录及在野外实地考察、鱼类标本采集和市场调查情况，元江地区鱼类资源现状主要体现在以下几点。

1. 土著成分高

在访谈过程中了解到有罗非鱼、鲢、青鱼和草鱼等养殖种类引入元江地区，但在野外采集过程中并未发现上述引入种类，仅采集到少量麦穗鱼Pseudorasbora parva，该地区内分布的鱼类仍以土著种类为主。

2. 河流主干种类和数量多

马口鱼Opsariichthys bidens、花䱻Hemibarbus maculates、细尾铲颌鱼Varicorhinus lepturus、白甲鱼Varicorhinus simus、南方白甲鱼Varicorhinus gerlachi、鲫Carassius auratus auratus、斑鳠Mystus guttatus、越鳠Mystus pluriradiatus、红河纹胸鮡Glyptothorax fukiensis honghensis、间棘纹胸鮡Glyptothorax interspinalum和巨魾Bagarius yarrelli等在市场上出售的鱼类多采自元江主干，这些鱼体形中等或者个体虽小，但捕获量较多。

因元江主干水域较宽广，水域环境相对稳定，鱼类种群生存繁衍的条件要好一些，资源相对丰富。

3．支流种类多但数量少

元江的支流中能采集到名录中列出的较多的种类，野鲮亚科Labeoninae和鳅科的种类多是当地主要的经济鱼种，其中墨头鱼属Garra和鳅属Pareuchiloglanis的种类最为常见。本次调查在元江支流中仅采集到少量墨头鱼属和鳅属的种类，个体虽相对较大，但数量较少，难以形成产量。更多和更常见的是马口鱼、鲅类、平鳍鲅类等小型鱼类。在支流中分布的种类虽多，但难以形成高的产量，这可能与支流饵料贫乏、水流年间变化大、不利于种群的增长和发展有关。

4．小型种类和数量多

从采访得知，鲅科和平鳍鲅科的鱼类虽是当地主要的食用鱼类，但因体形小，出售时获利较少，市场上未见大量出售。在标本采集过程中，鲅科和平鳍鲅科种类的数量显著多于其他鱼类，资源开发的潜力较大。

13.2.3　多样性特点

1．分类阶元组成丰富

元江地区的鱼类集中在9个科，即鲤科、鲅科、平鳍鲅科、鲇科、胡子鲇科、鳝科、鳅科、合鳃鱼科和刺鲅科。种类组成以鲤形目和鲇形目的种类为主体，2目共有鱼类32种，占总种数的94.1%。而鲤科鱼类中又以鲃亚科Barbinae和野鲮亚科的种类居多，分别为5种和6种，占总种数的14.7%和17.6%。

云南原产鱼类区系由9个目组成，包括27个科138个属（褚新洛和陈银瑞，1990）。元江地区鱼类为4目9科30属，目级阶元和科级阶元的组成特点与云南省鱼类区系特点相近，各分类阶元组成相对丰富，但一属一种的现象明显，属内物种分化不突出。

2．种的分布地域性强

调查所获鱼类在元江县内的分布并不均匀。例如，大孔鳅Pareuchiloglanis macrotrema仅分布于清水河上游支流，花鲭Hemibarbus maculates仅采自元江主干，纹尾盆唇鱼Placocheilus caudofasciatus和缺须墨头鱼Garra imberba仅在元江一级支流的中游可以采到，斑鳠Mystus guttatus和越鳠M. pluriradiatus仅在元江主干下游采到，鱼类分布具有较明显的地域特点。

3．底栖性鱼类较多

底栖性鱼类多以一些特殊的方式适应底栖生活，如口下位，下颌具角质，便于刮食或铲食水底石面上的食物；或在口部形成口吸盘，抑或在胸部形成发达的吸着器，利于底栖生活；或体形扁平，可抵抗流水冲击。元江地区分布的野鲮亚科、鲅科、平鳍鲅科和鳅科等鱼类均属于底栖鱼类，共计14种，占该区总种数的41.2%，所占比重较大。

4．特有和经济鱼类丰富

特有鱼类指仅分布于元江-红河水系，在其他水系没有分布的鱼类。本次调查结果中，发现特有种5种，分别为云南小鳔鮈Microphysogobio yunnanensis、纹尾盆唇鱼Placocheilus caudofasciatus、红河纹胸鳅Glyptothorax fukiensis honghensis、间棘纹胸鳅G. interspinalum和大孔鳅，占总种数的14.7%。据资料，元江-红河水系的特有种共11种（陈自明和陈银瑞，2006），元江地区虽位于元江-红河水系的上游，但特有种数目却占整个元江-红河水系特有种的45.5%，特有鱼类丰富。

参考《云南鱼类志》记述和当地实际的渔获量，元江地区经济鱼类共有马口鱼、花鲭、白甲鱼、南方白甲鱼、鲫、横纹南鲅Schistura fasciatus、横斑原缨口鲅Vanmanenia striata、斑鳠、越鳠、红河纹胸鳅、间棘纹胸鳅、鲇Silurus asotus、胡子鲇Clarias batrachus、巨魾和黄鳝Monopterus albus等15种，占总种数的

44.1%。其中马口鱼和鳅科鱼类具有一定的观赏价值，可适当开发利用。

5．珍稀保护鱼类少

珍稀保护动物系指被《中华人民共和国野生动物保护法》（1988年）列入《国家重点保护野生动物名录》中，或被云南省列入《云南省珍稀保护动物名录》中，或被列入《中国濒危动物红皮书》中的野生动物。

根据本次实地标本采集、调查访问及以往的资料记载，元江地区内仅有暗色唇鲮 *Semilabeo obscurus* 被《中国濒危动物红皮书》列为稀有种类，该种于1989年还被列入云南省省级保护动物。

此外，据当地居民介绍，在元江县城的江段内，仅在每年4～8月可采集到大刺鳅 *Mastacembelus armatus*。虽然尚无相关研究报道能证实该种鱼类具洄游习性，但不排除该物种有短距离的洄游行为。当地居民还介绍，能采集到斑鳠和越鳠的时间也有较明显的时间间歇，只是时间间歇的规律性不如大刺鳅明显，由此推测它们可能也有短距离的洄游行为。但对此需要做年周期性的定点观察和标本收集。

13.3 保护与科学价值

13.3.1 区系地理特征典型

据已有的云南鱼类区系研究结果，鲤形目和鲇形目的种类是云南鱼类区系组成的主体。鲤形目中以鲤科的种类最多，鲤科以下各亚科中以鲃亚科的种类为多，野鲮亚科次之。鲇形目中以鮡科的种类为多（褚新洛和陈银瑞，1990）。元江地区的鱼类也以鲤形目和鲇形目的种类为主体，同样鲤科鱼类中又以鲃亚科和野鲮亚科的种类居多，鲇形目中以鮡科的种类居多，所以区系特点与云南省鱼类区系的特点一致。

根据中国淡水鱼类分布区划的研究结果，元江地区属于华南区的怒澜亚区（李思忠，1981）。据鱼类名录，元江地区的鱼类广布种有5种，分别是鲫 *Carassius auratus auratus*、马口鱼、花鳅、泥鳅 *Misgurnus anguillicaudatus* 和黄鳝 *Monopterus albus*，占总种数的14.7%；华南区鱼类共25种，占总种数的71.4%；华西区鱼类1种，为光唇裂腹鱼 *Schizothorax lissolabiatus*；华西区、华东区和华南区共有鱼类2种，分别是白甲鱼和鲇；华东区和华南区共有鱼类1种，为胡子鲇（附表4）。元江自然保护区鱼类组成以华南区鱼类最多，共25种。在鲤科鱼类20种中，以华南区的代表类群野鲮亚科和鲃亚科的鱼类较多，而鮈亚科、鳑鲏亚科和鲌亚科的种类很少，华西区的代表种类裂腹鱼亚科 Schizothoracinae 的鱼类仅1种。因此，整个保护区鱼类区系组成表现为华南区鱼类区系特征。

13.3.2 资源的脆弱性明显

云南鱼类多样性丰富，列居全国之冠，地形复杂和环境多样是促使鱼类物种分化的主要原因（褚新洛和陈银瑞，1989；周伟，2000）。鱼类不同于哺乳类和鸟类，不同的水系固然是天然的地理隔离，同一水系不同江段的生境差异也是鱼类无法逾越的屏障（周伟和刘应聪，1999）。

生境和物种资源被破坏，受影响最大的应是元江流域分布的5种特有鱼类，对其他广布种类的影响亦不容忽视。鱼类的生物学特性和云南的地理特征决定了该地区鱼类资源的脆弱性，即使是在同一水系的上、下游分布的鱼类种群，亦难在上、下游间相互交流。例如，大孔鮡分布于元江地区，在越南红河水系的支流中亦有记录，但至今未在元江-红河主干中捕获该种，估计与不适应元江主干的生境有关。本次调查仅在清水河上游采集到大孔鮡，假如该物种在元江地区灭绝，在自然状态下该物种底栖，贴附石面，游动能力极差，元江-红河下游分布的种群个体要游至元江地区的可能性近乎为零。

元江自然保护区为典型的干热河谷气候，河流两岸的植被覆盖率较低，植被涵养水源的能力相对较差，植被若持续被破坏，保护区内的河流必然出现断流或季节性干涸，将直接导致鱼类死亡。因此，保护区鱼类的生境比较脆弱，如不加强保护区内植被和鱼类生境的保护，鱼类资源及其生存环境将受到致命的破坏。而且现今鱼类生态学研究的深度远落后于其他动物类群，云南土著鱼类养殖、繁育的研究尚未广泛开展。目前通过人工途径恢复土著鱼类种群的可能性较低，鱼类资源一旦被破坏，种群极难恢复。

13.3.3　分类阶元代表性强

元江地区的河流均属于元江-红河水系，分布于其中的鱼类种类仅为元江-红河水系全部种类的一部分，将元江自然保护区范围内的鱼类资源与元江-红河水系的整个鱼类资源作比较（表13-1），可反映出该保护区的鱼类区系在元江-红河水系鱼类区系中的地位。

表13-1　保护区与元江-红河水系各分类阶元数目比较

	目	科	属	种
元江省级自然保护区	4	9	28	34
元江-红河水系	6	16	65	90
保护区占整个水系的比例/%	67.0	56.0	43.1	37.8

从表13-1可以看出，分类阶元越高，元江地区与元江-红河水系之间共有的数目越多，反之，分类阶元越低，则共有的数目越少。即使是在种级阶元上，元江地区鱼类物种数亦占元江-红河水系内物种总数的37.8%。此表深刻地反映了元江地区鱼类所拥有的各分类阶元的代表性非常强。

13.3.4　保护工作空白区域

元江-红河水系上游位于哀牢山国家级自然保护区之中，下游进入屏边大围山国家级自然保护区的保护范围，而目前元江县内元江的主干区域及大部分支流仍未被列入任何保护区的保护范围之中。所以，将元江地区的大部分水域纳入保护区范围，可加强对鱼类种质资源的保护，使元江上、中和下游的鱼类种质资源得到有效的保护。

13.3.5　鱼类地理区划的分界线

科学家认为，在云南植物区系分区和种群划分中存在着以属的分布区边界作为划分云南东西两部分的"田中线"（tanaka line），该线为一条斜线，其地理位置大约在28°N、98°E和18°45′N或19°N、108°E之间，正好与元江-红河水系的自然地理位置大致吻合，其走向也正好和元江-红河水系相一致（李锡文和李捷，1992；朱华和阎丽春，2003）。

鱼类区系研究发现，南盘江、北盘江的鱼类组成与澜沧江、怒江、伊洛瓦底江的鱼类组成呈现明显差异（褚新洛和陈银瑞，1990）。不仅南盘江和澜沧江的鱼类区系存在差异，位于元江-红河水系右岸的支流李仙江与元江主干的鱼类组成也不相同，华鳊属 *Sinibrama*、白鱼属 *Anabarilius*、拟鳘属 *Pseudohemiculter*、鳘属 *Hemiculter*、红鲌属 *Erythrocultr*、鲴属 *Xenocypris*、银鮈属 *Squalidus*、棒花鱼属 *Abbottina*、蛇鮈属 *Saurogobio*、鳑鲏属 *Rhoaeus*、金线鲃属 *Sinocyclocheilus*、唇鱼属 *Semilabeo*、盘鮈属 *Discogobio*、长臀鮠属 *Cranoglanis* 和黄颡鱼属 *Pelteobagrus* 等在元江及其东部水系有广布的类群，在李仙江及李仙江以西均无分布（褚新洛等，1999；周伟等，1999）。甚至白鱼属和盘鮈属的种类在元江主干左岸有分布，而在右岸则全然无分布。基于鱼类分布的特点，作者认为以元江主干河流的走势为基线，元江-红河水系应是云南淡水鱼类地理区划的一条分界线。所以，在元江地区扩建保护区，建立高级别的保护区，不仅对于保护鱼类种质资源具有积极意义，而且在研究鱼类的起源、分布、扩散，江河的形成、分化及历史变迁等科学问题上均有不可低估的意义。

13.4　珍稀和经济鱼类各论

保护区内的特有、稀有和经济鱼类共15种，现将各种分述如下。

（1）马口鱼 Opsariichthys bidens Günther

背鳍条 2，7；臀鳍条 3，8～10，通常为 9；胸鳍条 1，14；腹鳍条 1，8～9。鳃耙 8～10。下咽齿 3 行或 2 行，或一边 3 行，一边 2 行。侧线鳞 41～45；背鳍前鳞 16～19；围尾柄鳞 15～18。

体长而侧扁，腹部圆。头较大，头长通常大于体高。吻钝。口次上位，口裂向下倾斜，下颌前端有一凸起，两侧有一凹陷，恰与上颌相吻合。无须。眼位于头侧上方。

背鳍起点约与腹鳍起点相对或稍前，离吻端的距离稍远于到尾鳍基部的距离。胸鳍末端稍尖，向后不达腹鳍起点。腹鳍较钝，末端也不及肛门。臀鳍条长，性成熟个体最长鳍条向后延伸可达尾鳍基部。尾鳍叉形，末端尖，下叶稍长。

体被圆鳞，中等大小，体侧鳞比腹鳞大。侧线完全，在胸鳍上方显著下弯，沿体侧下部向后延伸，入尾柄后回升到体侧中部。鳃耙稀疏。

生活时背部灰黑色，腹部银白色。颊部及偶鳍和尾鳍下叶橙黄色，背鳍的鳍膜带有黑色斑点，体侧具有 10～14 道浅蓝色垂直斑条。生殖季节的雄鱼尤为鲜艳。雌体横斑不显著，仅在尾部体侧具有一条不明显的纵行黑纹。

生活在江河湖泊及山溪水中，以流水水体中多见，肉食性，为常见种，具有一定的经济价值。

在云南省分布于南盘江、元江和澜沧江水系。

（2）云南小鳔鮈 Microphysogobio yunnanensis Yao et Yang

背鳍条 3，7；臀鳍条 3，6；胸鳍 1，13～14；腹鳍条 1，7。鳃耙 13～15。下咽齿 1 行，5～5。侧线鳞 38～40；背鳍前鳞 10～11；围尾柄鳞 12。

体细长，近似圆筒形。吻突出，其长约等于眼后头长。口下位，呈马蹄形。唇发达，上唇具乳突，下唇中叶为一梨形凸起，比较光滑。两侧叶发达，也具有乳突，与上唇在口角处相连。上下颌的前面部分具角质缘。口角须 1 对，其长小于眼径。鼻孔离眼较离吻端为近，前方凹陷。眼侧上位，眼间隔窄，其宽约等于眼径。鳃膜连于鳃峡。

背鳍外缘平直，最末不分枝鳍条为软条，起点位于腹鳍起点的前上方。臀鳍短，其起点位于腹鳍起点至尾鳍基之间的中点。胸鳍长，外缘钝，末端离腹鳍基很近。尾鳍叉形，叶端尖。

侧线平直。鳞中等大，腹鳍基部具一发达的腋鳞，胸部裸露。鳃耙短小。下咽齿纤细，顶端钩状。腹膜灰白色。

体呈棕褐色，背部深，腹部浅，背部正中横跨 5～6 个黑色斑块，体侧沿侧线有 8～9 个长方形黑斑。背鳍、颌尾鳍上有许多黑色斑点，其他各鳍灰白色。生殖期雄鱼胸鳍不分枝鳍条变粗，头部有许多细小珠星。

为底栖小型鱼类。

仅分布于云南省元江水系，为元江特有种。

（3）暗色唇鲮 Semilabeo obscurus Lin

背鳍条 3，8；臀鳍条 3，5；胸鳍条 1，14～16；腹鳍条 1，8。鳃耙 26～32。下咽齿 3 行，2·3·4～4·3·2。侧线鳞 45～48；围尾柄鳞 20～22。

体较细长，稍侧扁。背缘自头后隆起，至背鳍点最高，往后较平直。头楔形。口下位，横裂。吻须约等于眼径，口角须极短小。吻圆钝，向前突出，吻侧面有直行横沟。吻皮上有排列整齐的角质小乳突，形成一横向宽带，两侧边通过一深褶与下唇相连。眼侧上位，距鳃盖后缘较距吻端为近，眼间隔宽。

背鳍不具硬刺，外缘深凹，末根不分枝鳍条最长。臀鳍不达尾鳍基。胸鳍末端圆钝，后伸不达腹鳍，相距 4～5 个鳞片。腹鳍后伸超过肛门，将达臀鳍。尾鳍深叉。侧线平直。鳞中等大，前胸部鳞显著变小，往后逐渐变大。鳃耙短密，呈片状。

生活时体灰黑色，腹部乳白色，体侧鳞间纵纹不明显或不存在。各鳍灰黑色。

喜栖于山区江河支流，生活于岩洞水底，摄取岩石上青苔、藻类、植物碎屑、泥土中腐殖质。肉味鲜美，为产地食用鱼。体形中小型，一般 0.5kg，最大能长到 1.5kg。但该种产量逐年锐减，亟须加强保护。

在云南省分布于南盘江和元江。

（4）纹尾盆唇鱼 Placocheilus caudofasciatus（Pllegrin et Chevey）

背鳍条 4，8；臀鳍条 3，5；胸鳍条 1，14；腹鳍条 1，8。鳃耙 16～18。下咽齿 2 行，3·5～5·3。侧

线鳞37～40；背鳍前鳞11～14；围尾柄鳞14。

体近圆筒形，尾柄略侧扁，腹面扁平。头宽圆，吻部前端圆钝。吻端及鼻孔前有较大的粒状珠星。吻侧有吻沟。吻皮边缘分裂成流苏状，其上布满小乳突，在口角处和下唇相连。上唇消失。下唇形成一个圆形的吸盘，中央为一肉质垫，略呈圆形。眼小，侧上位。须2对，均短小；口角须较吻须为长，等于或稍大于眼径之半。

背鳍无硬刺，位于腹鳍起点的前上方，外缘微凹。胸鳍发达，以第5根分枝鳍条为最长，但向后伸不达腹鳍起点。腹鳍起点与背鳍第三根分枝鳍条相对，距尾鳍基较距吻端为近，末端后伸超过肛门。臀鳍起点距尾鳍基较距腹鳍起点为近，后伸不达尾鳍基。尾鳍叉形，分叉不深，上下叶末端稍圆钝。

鳞片中等大，腹鳍以前的胸腹部除中线处外，均覆明显的鳞片。腹鳍基部腋鳞发达。侧线完全平直。鳃耙短小。

体侧上半部灰黑色，腹面灰白色，胸、腹、臀鳍灰白色，背鳍中央有一道黑纹，尾鳍中部具弓形弯曲的黑纹。

喜栖息于河流中有岩洞的地方。个体不大，但体肥肉厚，故在产地称之为油鱼。为偶见种。

仅分布于云南省元江及其支流。为元江特有种。

（5）缺须墨头鱼 *Garra imberba* Garman

背鳍条3，8；臀鳍条3，5；胸鳍条1，15；腹鳍条1，8。鳃耙22～24。下咽齿2行，3·5～5·3。侧线鳞46～47；围尾柄鳞14。脊椎骨42～46。

体近圆筒形，尾部侧扁，腹部平扁。吻钝圆。吻皮边缘布满微细乳突并分裂成流苏。下唇宽阔，形成一圆形吸盘，后缘薄而游离，中央隆起，为一轮廓不清的肉质垫，缺乏马蹄形隆起皮褶，前缘变厚，呈横向凸起，前缘与下颌之间及后缘与肉质垫之间均有一浅沟相隔，肉质垫上的马蹄形隐约可见。无须。眼小。侧线平直，鳃耙细密而长。

背鳍起点为腹鳍起点的前上方；胸鳍、腹鳍均小；尾鳍深分叉。背部及体侧灰黑色，腹部淡黄色。奇鳍灰色；偶鳍背面灰色，腹面淡黄色；尾鳍无条纹，灰色。

喜栖息于清水小河的岩石间隙，刮食水底砾石表面的泥浆、硅藻、丝状藻及摇蚊幼虫。个体较小，为稀有种类。

云南省分布于澜沧江、怒江及元江水系。

（6）鲫 *Carassius auratus auratus*（Linnaeus）

背鳍3，16～19；臀鳍条3，5；胸鳍条1，14～17；腹鳍条1，8。鳃耙37～50。下咽齿1行，4～4。侧线鳞26～29；背鳍前鳞11～13；围尾柄鳞16。

体侧扁，腹部圆，无棱。尾柄宽短。头稍小，头长小于体高。吻短，圆钝，其长约与眼径相等。眼侧上位，眼间隔宽，与下颌骨长度约相等。口小，端位，马蹄形，下颌稍上斜。下唇较上唇为厚，唇后沟连续，或仅有一凹痕，或中断。无须。鳃盖膜连于峡部。无须。下咽齿1行，4～4，侧扁，呈铲形。鳃耙60以上。

臀鳍起点至腹鳍起点较至尾鳍基为远。背鳍、臀鳍末根不分枝鳍条均为后缘具细齿的硬刺。鳃耙较细密。侧线平直，位于体侧中央。

生活时体背部灰黑色，体侧银灰色或带黄绿色，腹部白色，各鳍均为灰色。

分布较广，适应能力较强，在各种生境均能存活，食性颇杂，以硅藻、丝状藻、水草碎片和腐殖质为食，也食甲壳动物。产卵期随生长地区不同而有差别，可以延至8月，天然繁殖场多在浅水湖湾或河湾水草地带进行，产黏性卵。个体中等，一般可达0.5kg，肉质细嫩，是较为普遍的食用鱼之一。

云南省各地均有分布。

（7）鲇 *Silurus asotus* Linnaeus

背鳍条3～5：臀鳍条68～85；胸鳍条I，8～16；腹鳍条i，9～12。鳃耙10～14。

体延长，前部略呈短圆筒形，背鳍以后渐侧扁。头宽钝，向前纵扁。吻钝圆。眼小，位于头的前半部，为皮膜覆盖。口大，次上位，口裂呈弧形且浅，伸达眼前缘垂直下方。下颌突出于上颌。上、下颌具绒毛状细齿，犁骨齿带连续。须2～3对，无吻须。

背鳍短，无硬刺。臀鳍基很长，后端与尾鳍相连。胸鳍具1硬刺。胸鳍圆形；胸鳍刺前缘有明显锯齿。尾鳍微凹，上、下叶等长。侧线平直，外观呈灰白色稀疏点线。鳃耙稀而短。

体色随栖息环境不同而有所变化，一般生活时体呈棕绿色，具不规则的灰黑色斑块，腹面白色，各鳍色浅。

常生活于水草丛生、水流较缓的泥底层。以小鱼、虾及其他水生无脊椎动物为食。白天隐栖于水草丛中，夜间活动觅食。常见个体一至数千克，为产地经济鱼。

在云南省主要分布于南盘江、西洋江和元江水系。

（8）胡子鲇 *Clarias fuscus*（Lacépède）

背鳍条51～67；臀鳍条40～58；胸鳍条I，6～9；腹鳍条i，5。鳃耙20～21。

体延长，背鳍起点向前渐平扁，向后渐侧扁。头纵扁，吻圆钝。背鳍、臀鳍均很长。背鳍无硬刺，胸鳍有1硬刺。腹鳍条5。无脂鳍。须4对，均发达。眼小，眼缘游离，腹视不可见。口大，次下位，弧形。鳃腔内有树枝状辅助呼吸器官。上、下颌及犁骨有绒毛状齿带。鳃孔大。鳃盖膜不与鳃峡相连。侧线平直，不甚明显。鳃耙细长而密。

活体一般呈褐黄色，腹部灰白色。体侧有一些不规则的白色小斑点。

适应性较强，常栖息于水草丛生的江间、池塘、沟渠、沼泽和稻田的洞穴内或暗处。离水后不易死亡。幼鱼摄食浮游动物，成鱼捕食小鱼、虾和其他水生无脊椎动物，也有的食有机碎屑。雄鱼有守巢护卵习性。为产地常见种，有一定产量，且云南省红河州有稻田养殖胡子鲇的传统习惯。

在云南省分布于伊洛瓦底江、怒江、澜沧江、南盘江和元江等水系。

（9）斑鳠 *Mystus guttatus*（Lacépède）

背鳍条I，6～7；臀鳍条ii，10～13；胸鳍条I，9～11；腹鳍条i，5。鳃耙19～23。

体延长，前端较纵扁，后部侧扁。腹部圆。头宽。吻钝。口大，下位，呈弧形。上颌稍突出于下颌，上、下颌具绒毛状齿，形成弧形齿带，腭骨齿呈半圆形齿带。眼中等大，侧上位，腹视不可见。须4对。背鳍短，具1根硬刺，硬刺后缘有弱锯齿。脂鳍很长，后缘略圆而游离胸鳍侧下位，具1根硬刺，硬刺前缘具细锯齿。尾鳍分叉，上叶不呈丝状。鳔2室。侧线平直，不显著。鳃耙细长。体光滑无鳞。肛门与生殖孔靠近，紧靠腹鳍后端，距臀鳍起点较距腹鳍基后端为远。

活体背部呈灰褐色，腹部灰白色，体侧有大小不等、零星的圆形褐色斑点。背鳍、脂鳍和尾鳍有褐色小点并具黑边，胸鳍、腹鳍及臀鳍色浅，很少有斑点。

为肉食性底层鱼类。以小型水生动物如水生昆虫、小鱼、小虾为食，春季产卵。个体大者可达5～10kg，为江河种的名贵经济鱼类之一。在产区常见，有一定的经济价值。

在云南省主要分布于元江和西洋江。

（10）越鳠 *Mystus pluriradiatus*（Vaillant）

背鳍条I，7；臀鳍条i，8～10；胸鳍条I，9～10；腹鳍条i，5。鳃耙13～17。

体延长，前部粗圆，后部侧扁。头较宽，向前渐纵扁，头背光滑。口大，口裂略呈弧形。唇发达，于口角处形成唇褶。上颌突出于下颌。上、下颌具绒毛状齿带，腭骨具半圆形绒毛状齿带。眼大，椭圆，侧上位，眼上缘接近头缘。前后鼻孔相隔较远，前鼻孔呈短管状，后鼻孔圆形。须4对。鳃孔大。鳃盖膜不与鳃峡相连。背鳍第1鳍条的基部为弱硬刺。胸鳍硬刺前缘光滑或粗糙，后缘具强锯齿，后伸不达腹鳍。后端不达臀鳍。尾鳍深分叉，上叶长于下叶。侧线平直，不显著。鳃耙细长。

活体褐黑色，腹部灰白色，各鳍色浅，须白色。

生活于河流水系较缓之处，为产地常见经济鱼。

在云南省仅分布于元江水系。

（11）红河纹胸鮡 *Glyptothorax fukiensis honghensis* Li

背鳍条II，6；臀鳍条iii～iv，8～9；胸鳍条I，8～9；腹鳍条i，5。鳃耙9～11。脊椎骨34～35。

体粗短，背缘隆起，腹缘略圆凸。头部扁平，头后躯体侧扁。头较大，纵扁。眼小，背侧位，位于头的中部或略后。口下位，横裂；下颌前缘近横直；上颌齿带小，新月形，口闭合时齿带前部显露。须4对，鼻须后伸达到或略过眼前缘；颌须伸过胸鳍基后端；外侧颏须达胸鳍起点；内侧颏须达胸吸着器前部。

背鳍高略小于其下体高；背鳍刺粗壮，后缘具微锯齿。脂鳍较大，后端游离。臀鳍起点与脂鳍起点相对或稍后，鳍条后伸达脂鳍后缘垂直下方。胸鳍长略小于头长，后缘具8～12枚锯齿。腹鳍起点位于背鳍基后端垂直下方或略后，距吻端等于距尾鳍基，鳍条后伸达臀鳍起点。尾鳍长约等于头长，末端尖，中央最短鳍条约为最长鳍条的1/2，上、下叶等长。偶鳍不分枝鳍条腹面无羽状皱褶。皮肤表面具致密的硬质颗粒。侧线完全。胸吸着器不甚发达，后部有小片状区，中部不具无纹区。

体黄色，在背鳍下方、脂鳍下方及尾鳍基各有一横向深色大斑或宽带。各鳍黄色，基部及中部有深灰色斑块。

居底质为砂砾的支流或小河。

仅分布于云南省元江水系。为元江特有种。

（12）间棘纹胸鮡 *Glyptothorax interspinalum* Mai

背鳍条II，6；臀鳍条iii～iii，9～11；胸鳍条I，8～10；腹鳍条i，5。鳃耙6～9。脊椎骨37。

体细长，背缘拱形，腹缘略圆凸。头部略扁平，头后躯体向尾端逐渐侧扁。吻略扁尖。眼小，背侧位，位于头的后半部。口下位，较小，横裂。须4对。

背鳍刺较细，后缘光滑或略粗糙。背鳍基骨较小，马鞍形，包被皮肤，表面不明亮；背鳍起点至上枕骨棘基部的距离小于吻长；背中线两侧无深绿色纵带。侧线完全，沿侧线有一列整齐的纵嵴。

体橙黄色，腹面淡黄色。背中线明亮，其两侧浅棕色，侧线呈明亮细线。各鳍黄色，基部深灰色，中部有一黑灰色斑块，尾鳍中部隐约有一深色横带。

仅分布于云南省元江水系。为元江特有种。

（13）大孔鮡 *Pareuchiloglanis macrotrema*（Norman）

背鳍条i，5；臀鳍条i，4；胸鳍条i，15；腹鳍条i，5。

背缘微隆起，腹面平直。背鳍以前逐渐纵扁，脂鳍起点以后逐渐侧扁。头较大，前端楔形。吻端圆。眼小，背位。口大，下位，横裂，闭合时前颌齿带部分显露。须4对。

各鳍无硬刺，胸鳍和腹鳍的第一鳍条的腹面有羽状皱褶。臀鳍起点至尾鳍基的距离一般小于至腹鳍后端的距离。无胸吸着器。

侧线平直，不太明显。背部和两侧灰黄色，腹部乳白色，头后鳃孔上方、背鳍起点左右各有两块黄斑。背鳍基后有一黄色马鞍形斑块。

生活于水流湍急的山区溪河，海拔1200～1800m，伏居于巨石间隙。在产地有一定的经济价值。

仅分布于云南省元江上游。为元江特有种。

（14）巨鮭 *Bagarius yarrelli*（Sykes）

背鳍条i，6；臀鳍条ii，9；胸鳍条i，11；腹鳍条i，5。鳃耙8～11。

体延长，头和前躯特别粗大，头部纵扁；口大，呈弧形。须4对。鳃盖条12。鳃盖膜游离，不与鳃峡相连。胸部无吸着器。前颌齿带宽，两侧端向后延伸；下颌齿带较狭。

背鳍具1骨质硬刺，后缘光滑，末端柔软，延长成丝，起点距吻端大于距脂鳍起点。胸鳍具硬刺，硬刺后缘带弱齿，刺端为延长的软条，后伸可及腹鳍基后端。腹鳍起点位于背鳍基后端垂直下方之后，距胸鳍基后端等于或大于距臀鳍起点。鳃耙8～11。尾鳍深分叉，上、下叶末端延长成丝。侧线平直，肛门距臀鳍起点较距腹鳍基后端为近。

活体全身灰黄色，在背鳍基后方、脂鳍基下方及尾鳍基前上方各有一灰黑色鞍状斑，两侧向下延伸超过侧线。颌须背面、偶鳍背面、尾鳍及有时躯体背部和两侧均散有黑色斑点。背鳍和臀鳍中部各有一黑带。

栖息于主河道，常伏卧流水滩觅食。食物以小鱼为主。性迟钝而贪食。个体很大，可超过50kg。肉呈黄色，俗称面瓜鱼。是产地主要食用鱼，较常见。

在云南省主要分布于怒江、澜沧江和元江诸水系。

（15）黄鳝 *Monopterus albus*（Zuiew）

体细长，蛇形。前、后鼻孔分离。口次下位。上、下颌及腭骨均具圆形细齿。唇发达。无须。鳃不发达，鳃孔呈"V"形。左右鳃孔在头的腹面合并，鳃盖膜愈合处有隔膜连于峡部。背鳍、臀鳍退化，无胸鳍与腹鳍。尾鳍小，末端尖。体无鳞，富黏液。侧线明显。

生活时体灰褐色、微黄色乃至黄褐色，腹部灰白色，遍布黑色小斑。体色随环境变化较大。

适应性强，分布广泛，在稻田、沟渠中较为常见。多在夜间觅食，摄食蚯蚓、昆虫幼虫、蝌蚪、小蛙、小鱼和小虾等。鳃不发达，以口腔及喉腔的表皮辅助呼吸，能直接呼吸空气，故离水后不易死亡。4～8月产卵，产卵前，亲鱼吐泡为巢，将卵产在其中，亲鱼有护巢的习性。在个体发育中有性逆转现象，从幼鱼至性成熟时，生殖腺均为卵巢，产卵后，转化为精巢，成为雄鱼。产量多，肉味鲜美，为群众所喜爱。

广泛分布于云南省各地。

13.5　元江自然保护区鱼类名录

元江自然保护区鱼类名录见附表4。

附表4　元江自然保护区鱼类名录

种名	分布	区系
Ⅰ.鲤形目 CYPRINFORMES		
1. 鲤科 Cyprindae		
鿕亚科 Danioninae		
（1）马口鱼 *Opsariichthys bidens*	除台湾岛外全国各江河	D
鲌亚科 Culterinae		
（2）翘嘴红鲌 *Erythroculter ilishaeformis*	黑龙江至元江各水系，台湾和海南岛	C
鮈亚科 Gobioninae		
（3）花鿳 *Hemibarbus maculatus*	自长江以南至黑龙江	D
（4）云南小鳔鮈 *Microphysogobio yunnanensis*	元江水系	C
鳅鮀亚科 Gobiobotinae		
（5）元江长须鳅鮀 *Gobiobotia longibarba yuanjiangensis*	元江、李仙江、澜沧江	C
鱎鲏亚科 Acheilognathinae		
（6）刺鳍鱎鲏 *Rhodeus spinalis*	珠江、海南岛、元江等水系	C
鲃亚科 Barbinae		
（7）倒刺鲃 *Spinibarbus denticulatus*	长江及其以南诸水系	C
（8）云南四须鲃 *Barbodes huangchuchieni*	澜沧江、元江、珠江水系、海南及台湾	C
（9）细尾铲颌鱼 *Varicorhinus lepturus*	元江、闽江、九龙江、韩江、海南岛	C
（10）白甲鱼 *Varicorhinus simus*	长江、珠江、元江、金沙江	ABC
（11）南方白甲鱼 *Varicorhinus gerlachi*	澜沧江、元江、珠江、海南	C
野鲮亚科 Labeoninae		
（12）暗色唇鲮 *Semilabeo obscurus*	珠江、元江、南盘江	C
（13）云南野鲮 *Labeo yunnanensis*	澜沧江、伊洛瓦底江、元江	C
（14）鲮 *Cirrhinus molitorella*	珠江、元江、澜沧江、西洋江、闽江、海南岛	C
（15）纹唇鱼 *Osteochilus salsburyi*	珠江、海南岛、闽江、元江、九龙江	C
（16）纹尾盆唇鱼 *Placocheilus caudofasciatus*	元江水系	C
（17）缺须墨头鱼 *Garra imberba*	怒江、澜沧江、元江	C
裂腹鱼亚科 Schizothoracinae		
（18）光唇裂腹鱼 *Schizothorax lissolabiatus*	怒江、澜沧江、元江、南盘江	A
鲤亚科 Cyprininae		
（19）华南鲤 *Cyprinus carpio rubrofuscus*	珠江、元江、海南岛	C

续表

种名	分布	区系
（20）鲫 *Carassius auratus auratus*	除青藏高原外全国各水系	D
2. 鳅科 Cobitidae		
条鳅亚科 Nemacheilinae		
（21）横纹南鳅 *Schistura fasciolatus*	长江及其以南诸水系	C
花鳅亚科 Cobitinae		
（22）泥鳅 *Misgurnus anguillicaudatus*	全国各水系	D
3. 平鳍鳅科 Homalopteridae		
腹吸鳅亚科 Gastromyzoninae		
（23）横斑原缨口鳅 *Vanmanenia striata*	元江	C
平鳍鳅亚科 Homalopterinae		
（24）广西华平鳅 *Sinohomaloptera kwangsiensis*	珠江、海南昌江、元江	C
Ⅱ. 鲇形目 SILURIFORMES		
4. 鲇科 Siluridae		
（25）鲇 *Silurus asotus*	除青藏高原和新疆外的各水系	ABC
5. 胡子鲇科 Clariidae		
（26）胡子鲇 *Clarias batrachus*	长江以南地区	BC
6. 鲿科 Bagridae		
（27）斑鳠 *Mystus guttatus*	珠江、元江、九龙江、韩江、钱塘江	C
（28）越鳠 *Mystus pluriradiatus*	元江、海南岛内陆水系	C
7. 鮡科 Sisoridae		
（29）红河纹胸鮡 *Glyptothorax fukiensis honghensis*	元江水系	C
（30）间棘纹胸鮡 *Glyptothorax interspinalum*	元江水系	C
（31）巨鮡 *Bagarius yarrelli*	怒江、澜沧江、元江	C
（32）大孔鮡 *Pareuchiloglanis macrotrema*	元江上游	C
Ⅲ. 合鳃鱼目 SYNBRANCHIFORMES		
8. 合鳃鱼科 Synbranchidae		
（33）黄鳝 *Monopterus albus*	全国各地	D
Ⅳ. 鲈形目 PERCIFORMES		
9. 刺鳅科 Mastacembelidae		
（34）大刺鳅 *Mastacembelus armatus*	珠江、台湾、海南岛、怒江、澜沧江、元江	C

注：A. 华西区；B. 华东区；C. 华南区；D. 广布种。

第14章 昆 虫

14.1 概 述

昆虫是现今陆生动物中最为繁盛的类群，与人类的关系密切而复杂。昆虫多样性保护在生态保护中占有重要地位。1978～1981年，云南省林业厅组织了云南森林昆虫普查，其中记载了元江的部分昆虫种类。元江自然保护区成立后，却未进行过昆虫调查。2006年5月和7月，受元江县政府委托，项目组分两次对元江自然保护区的昆虫多样性进行了调查。

14.2 调 查 方 法

主要采用线路调查法和灯诱法进行昆虫标本采集。线路调查法通过扫网、捕捉等机会性采集方式采集昆虫，晚上采用450W自镇流荧光高压汞灯进行定点灯诱采集昆虫。本次调查涉及元江自然保护区的6个片区，即章巴片、南溪片、望乡台片、曼旦前山片、普漂片和新田片区，调查海拔600～2400m。具体采集地有曼旦、曼旦前山、南溪、普漂、章巴、咪哩乡和望乡台；在曼旦、南溪和平水库、普漂、章巴、望乡台进行了灯诱采集昆虫。昆虫采集的生境主要包括稀树灌木草丛、森林、水域、农地等。

14.3 昆虫区系组成

14.3.1 种类组成

调查采集昆虫标本18目5193件。其中鉴定标本2591件，占49.89%；未鉴定标本2602件，占50.11%（昆虫采集及鉴定类群统计见表14-1）。在已鉴定的2591件昆虫标本中，共有13目93科（亚科）413种（亚种）（详见元江自然保护区昆虫名录及部分昆虫区系表）。

表14-1 元江自然保护区昆虫标本采集与鉴定类群统计

昆虫类群	采集标本总数（件）	鉴定标本			未鉴定标本（件）
		鉴定科、亚科数	鉴定种、亚种数	鉴定标本数量（件）	
蜻蜓目 Odonata	31	1	3	17	14
蜚蠊目 Blattaria	59	0	0	0	59
螳螂目 Mantodea	18	2	3	5	13
等翅目 Isoptera	10	0	0	0	10
襀翅目 Plecoptera	2	0	0	0	2
竹节虫目 Phasmida	7	0	0	0	7
直翅目 Orthoptera	550	8	34	295	255
革翅目 Dermaptera	19	1	1	1	18
同翅目 Homoptera	210	6	10	12	198
半翅目 Hemiptera	585	11	93	391	194

昆虫类群	采集标本总数（件）	鉴定标本			未鉴定标本（件）
		鉴定科、亚科数	鉴定种、亚种数	鉴定标本数量（件）	
鞘翅目 Coleoptera	2585	34	168	1461	1124
广翅目 Megaloptera	1	0	0	0	1
脉翅目 Neuroptera	7	3	3	6	1
长翅目 Mecoptera	13	2	2	6	7
毛翅目 Trichoptera	20	1	1	1	19
鳞翅目 Lepidoptera	561	17	65	146	415
双翅目 Diptera	178	1	1	1	177
膜翅目 Hymenoptera	337	5	29	249	88
合计：18目	5193	92	413	2591	2602

本次调查采集的昆虫鉴定后已确定的92科是如下几个。

蜻蜓目（1科）：蜻科 Libellulidae。

螳螂目（2科）：螳科 Mantidae、花螳科 Hymenopodidae。

直翅目（8科）：斑腿蝗科 Catantopidae、斑翅蝗科 Oedipodidae、网翅蝗科 Arcypteridae、剑角蝗科 Acrididae、锥头蝗科 Pyrgomorphidae、蝼蛄科 Gryllotalpidae、蟋蟀科 Gryllidae、螽斯科 Tettigoniidae。

革翅目（1科）：扁螋科 Apachyidae。

同翅目（6科）：菱蜡蝉科 Cixiidae、瓢蜡蝉科 Issidae、棘蝉科 Machaeratide、叶蝉科 Cicadoidae、蝉科 Cicadidae、角蝉科 Membracidae。

半翅目（11科）：盲蝽科 Miridae、荔蝽科 Tessatomidae、同蝽科 Acanthosomatidae、缘蝽科 Coreidae、红蝽科 Pyrrhocoridae、异蝽科 Urostylidae、划蝽科 Corixidae、蝽科 Pentatomidae、长蝽科 Lygaeidae、猎蝽科 Reduviidae、姬蝽科 Nabidae。

鞘翅目（34科、亚科）：步甲科 Carabidae、虎甲科 Cicindelidae、龙虱科 Dytiscidae、豉虫科 Gyrinidae、水龟科 Hydrophilidae、隐翅虫科 Staphilinidae、葬甲科 Silphidae、黑蜣科 Passalidae、萤科 Lampyridae、花萤科 Cantharidae、红萤科 Lycidae、郭公虫科 Cleridae、拟步甲科 Tenebrionidae、长蠹科 Bostrychidae、叩甲科 Elateridae、拟叩甲科 Languriidae、芫菁科 Meloidae、金龟子科 Scarabaeidae、鳃金龟科 Melolonthidae、丽金龟科 Rutelidae、花金龟科 Cetoniidae、锹甲科 Lucanidae、天牛科 Cerambycidae、茎甲亚科 Sagrimae、负泥虫科 Criocerinae、叶甲亚科 Chrysomelinae、萤叶甲亚科 Galerueinae、锯角叶甲亚科 Clytrimae、隐头叶甲亚科 Cryptocephalinae、肖叶甲科 Eumolpidae、铁甲科 Hispidae、龟甲亚科 Cassidimae、卷象科 Attelabidae、象虫科 Curculionidae。

脉翅目（3科）：蝶角蛉科 Ascalaphidae、蚁蛉科 Myrmeleonidae、草蛉科 Chrysopidea。

长翅目（2科）：蝎蛉科 Panorpidae、螳蛉科 Mantispidae。

毛翅目（1科）：石蛾科 Phryganeidae。

鳞翅目（17科）：天蛾科 Sphingidae、灯蛾科 Arctiidae、尺蛾科 Geometridae、夜蛾科 Noctuidae、拟灯蛾科 Hypsidae、舟蛾科 Notodontidae、带蛾科 Eupterotidae、箩纹蛾科 Brahmaeidae、大蚕蛾科 Saturniidae、斑蛾科 Zygaenidae、凤蝶科 Papilionidae、粉蝶科 Pieridae、斑蝶科 Danaidea、眼蝶科 Satyridae、蛱蝶科 Nymphalidae、蚬蝶科 Riodinidae、灰蝶科 Lycaenidae。

双翅目（1科）：食蚜蝇科 Syrphidae。

膜翅目（5科）：蚁科 Formicidae、胡蜂科 Vespidae、马蜂科 Polistidae、条蜂科 Anthophoridae、蜜蜂科 Apidae。

14.3.2　昆虫区系特点

1. 区系成分

一个地域的生物群落总是通过各种渠道与周围地区的生物群落发生关系，彼此间互相交流、互相渗透。某些类群具有很强的扩散能力，占据较广的生活空间；而某些类群的扩散能力却很弱，只能分布在十分狭窄的地区，所以一个地域生物区系的来源是复杂的。

对保护区直翅目蝗总科、半翅目、鳞翅目蝶类和膜翅目蚁科的23科132种（亚种）昆虫在世界动物地理区的归属进行了分析。结果表明，保护区昆虫以东洋种为主，有117种，占种数的88.6%；东洋区与古北区共有13种，占总数的9.8%；广布种及其他成分4种，占3.0%。此外，云南特有种也很丰富，蝗总科4种、蝽类2种、蝶类5种、鞘翅目1种、蚁科1种，共计13种，占总数的9.8%。

直翅目有5科28种，其中东洋区种类有5科22种，占78.6%，东洋区与其他区的共有种类有2科5种，占17.9%，广布种及其他成分有1科3种，占10.7%；半翅目昆虫10科64种，东洋区种类有10科60种，占93.8%，东洋区与古北区的共有种类有3科4种，占6.3%；鳞翅目7科22种，东洋区种类有7科18种，占81.8%，东洋区与其他区的共有种类有2科4种，占18.2%；蚁科18种，东洋区种类有17种，占94.4%，东洋区与古北区的共有种类有1种，占5.6%。

2. 区系特点

元江自然保护区因其气候类型多样和植被类型丰富决定了该保护区的昆虫特点。首先，保护区昆虫以东洋种为主。保护区物种绝大多数为东洋种，属典型的东洋区系，但同时也有古北区、澳洲区及非洲区的成分。其次，珍稀特有种丰富。保护区有中国珍稀昆虫3种。列入《中国珍稀昆虫图鉴》的昆虫中革翅目共2科3种，保护区有1科1种；在用作区系分析的直翅目蝗总科、半翅目、鳞翅目蝶类和膜翅目蚁科的23科132种（亚种）昆虫中，有云南特有种13种，占9.8%。最后，元江自然保护区昆虫垂直分布明显。随着海拔的变化，各种自然条件有很大的差异。这些条件强烈地影响着昆虫的分布。元江自然保护区气候类型多样，植被类型垂直带谱明显，随海拔上升植被类型从干热河谷稀树灌木草丛到中山湿性常绿阔叶林。因此，保护区昆虫垂直分布的现象非常明显。例如，蝽类在海拔较低的干热河谷稀树灌木草丛生境中，分布的种类个体大或色彩艳丽，如方肩荔蝽 *Tessaratoma quadrata* Distant、红背安缘蝽 *Anoplocnemis phasiana* Fabricius、合欢同缘蝽 *Homoeocerus*（A.）*walkeri* Kirby、菲缘蝽 *Physomerus grossipes*（Fabricius）等；而海拔较高的中山湿性常绿阔叶林中分布的种类颜色暗淡或个体较小，如异色巨蝽 *Eusthenes cupreus*（Westwood）、黑须棘缘蝽 *Cletus punctulatus* Westwood 等。

14.4　珍稀、特有昆虫种类

在已鉴定的昆虫名录中，没有属于《国家保护的有益的或者有重要经济、科学研究价值的陆生野生动物名录》中的昆虫。属于《云南省有益的和有重要经济、科学研究价值的陆生野生动物名录》中的昆虫有凤蝶科 Papilionidae 的2种，即窄斑翠凤蝶 *Papilio arcturus* Westwood 和红绶绿凤蝶云南亚种 *Pathysa nomius svihoei*（Moore），蛱蝶科 Nymphalidae 的2种，为蛇眼蛱蝶 *Junonia lemonias*（Linnaeus）和金斑蛱蝶 *Hypolimnas missipus*（Linnaeus）。

列入《中国珍稀昆虫图鉴》（陈树椿，1999）中的珍稀昆虫有3种，即革翅目扁蝮科 Apachyidae 的黄扁蝮 *Apachyus feae* Bormans 和鳞翅目灯蛾科 Avrctiidae 的毛玫灯蛾 *Amerila omissa*（Rothschild）及斑蛾科 Zygaenidae 的云南旭锦斑蛾 *Campylotes desgodinsi yunnanensis* Joicey；其中云南旭锦斑蛾为中国所特有，毛玫灯蛾原记载分布仅在中国云南。

云南特有昆虫13种，其中直翅目4种，即条纹暗蝗 *Dnopherula taeniatus*（Bolivar）、细尾梭蝗 *Tristria pulvinata* Un.、长翅束颈蝗 *Sphingonotus longipennis* Saussure、佛蝗属一种 *Phlaeoba* sp.；半翅目2种，为翅

同蝽一种 *Anaxandra* sp.、亮翅异背长蝽 *Cavelerius excavatus*（Distant）；鳞翅目5种，即红绶绿凤蝶云南亚种 *Pathysa nomius svihoei*（Moore）、无标黄粉蝶云南亚种 *Eurema brigitta yunnana*（Mell）、宽边黄粉蝶云南亚种 *Eurema hecabe contubernalis*（Moore）、方裙褐蚬蝶大理亚种 *Abisara freda daliensis* Sugiyama、云南旭锦斑蛾 *Campylotes desgodinsi yunnanensis* Joicey；鞘翅目1种，为水稻铁甲云南亚种 *Dicladispa armigera yunnanica* Chen et Sun；膜翅目1种，为安宁弓背蚁 *Camponotus anningensis* Wu et Wang。

14.5　不同生境的代表昆虫

昆虫在漫长的演化过程中，形成了许多独特的适应性特征，并分化出众多的适应不同生态环境的类群，成为影响地球生态的重要生物因素。根据元江自然保护区的特点并结合昆虫分布特点，将昆虫生境分为稀树灌木草丛、常绿阔叶林、林缘灌草丛、水域和农耕区5种类型。

14.5.1　稀树灌木草丛

干热河谷稀树灌木草丛是元江自然保护区最具特色的植被类型，在生物多样性的保护和研究上具有重要的科研价值。该生境的代表昆虫有直翅目的红褐斑腿蝗 *Catantops pinguis*（Stål）、隆叉小车蝗 *Oedaleus abruptus*（Thunberg）、中华蚱蜢 *Actrida cinerea* Thunberg、柳枝负蝗 *Atractomorpha psittacina*（De Haan）、北京油葫芦 *Teleogryllus miratus* Burmeister 等，半翅目的壮斑腿盲蝽 *Atomoscelis onustus*（Fieber）、长角纹唇盲蝽 *Charagochilus longicornis*（Reuter）、瘤缘蝽 *Acanthocoris scaber*（Linnaeus）、禾棘缘蝽 *Cletus graminis* Hsiao et Cheng、窄蝽 *Mecidia indica* Dallao 等，鳞翅目的毛玫灯蛾 *Amerila omissa*（Rothschild）、剑心银斑舟蛾 *Tarsolepis sommeri*（Hübner）、红绶绿凤蝶云南亚种 *Pathysa nomius svihoei*（Moore）、波纹黛眼蝶西部亚种 *Lethe rohria permagnis* Fruhstorfer、迁粉蝶无纹型 *Catopsilia pomona* f. *crocale*（Fabricius）等，膜翅目的巴瑞弓背蚁 *Camponotus parius* Emery、黄猄蚁 *Oecophylla smaragdina*（Fabricius）、桔背熊蜂 *Bombus atrocinctus* Smith 等，鞘翅目中的异色瓢虫 *Harmonia axyridis*（Pallas）、六斑月瓢虫 *Menochilus sexmaeulatus*（Fab.）及金龟子的一些种类。

14.5.2　常绿阔叶林

生活于常绿阔叶林中的昆虫种类繁多。代表种类有珍稀昆虫黄扁螋 *Apachyus feae* Bormans，直翅目的东方凸额蝗 *Traulia orientalis* Ramme，半翅目的锈赭缘蝽 *Ochrochira ferruginea* Hsiao、斑翅大眼长蝽 *Geocoris flaviceps fenestellus* Breddin、红褐蓢长蝽 *Pylorgus obscurus* Scudder、曲胫侏缘蝽 *Mictis tenebrosa* Fabricius、闽匙同蝽 *Elasmucha fujianensis* Liu 及姬蝽科 Nabidae 的一些种类，鞘翅目的条逮步甲 *Drypta lineola virgata* Chaudoir、二色树栖虎甲 *Collyris bicolor* Horm、桤木叶甲 *Limaeidea placida*（Chen）等，鳞翅目的钩翅大蚕蛾 *Antheraea assamensis* Westwood、月目大蚕蛾 *Caligula zuleika* Hope、黄目大蚕蛾 *Caligula anna* Moore、栎鹰翅天蛾 *Oxyambulyx liturata*（Butler）等，膜翅目的爪哇厚结猛蚁 *Pachycondyla javana*（Mayr）等。

14.5.3　林缘灌草丛

直翅目昆虫是林缘灌草丛的主要昆虫类群，如大斑外斑腿蝗 *Xenocatantops humilis*（Serville）、长角直斑腿蝗 *Stenocatantops splendens*（Thunberg）、细尾梭蝗 *Tristria pulvinata*（Uvatov）、鱼形梭蝗 *T. pisciforme*（Serv.）、斜翅蝗 *Eucoptacra praemorsa*（Stál）、长翅十字蝗 *Epistaurus aberrans* Brunner-Wattenwyl、云斑车蝗 *Gastrimargus marmoratus*（Thunberg）、双斑蟋 *Gryllus bimaculatus* Degeer 等，此外还有半翅目的禾棘缘蝽 *Cletus graminis* Hsiao et Cheng、红背安缘蝽 *Anoplocnemis phasiana* Fabricius、条蜂缘蝽 *Riptortus linearis* Fabricius、小红缘蝽 *Serinetha augur* Fabricius 等。

14.5.4 水域

元江自然保护区是重要的水源保护地,区内各大小水库是元江县重要的灌溉和饮用水来源。其水生昆虫主要有大水龟 *Hydrous acuminatus* Mostchulsky、双合条龙虱 *Hydaticus vittatus* Fabr.、黄缘小龙虱 *H. rhantoides* Sharp、灰龙虱 *Eretes stictius* Linnaeus、东方豉虫 *Dineutus orientalis* Modeer、麦氏豉虫 *D. mellyi* Regimbart 等。在所鉴定的标本中,鞘翅目水龟科、龙虱科和豉虫科的3科6种均是依赖水环境的典型水生昆虫。此外,蜻蜓目、襀翅目、广翅目和脉翅目等昆虫中大部分种类为水生或半水生性昆虫。

14.5.5 农耕区

保护区周边的农地和果园主要分布喜在人为干扰环境中生活的种与农作物害虫。常见的有鞘翅目中的金龟子、蔗根土天牛 *Dorysthenes granulosus*(Thomson)、七星瓢虫 *Coccimella septempunctata*(Fab.)、异色瓢虫 *Harmonia axyridis*(Pallas)等,直翅目中的印度黄脊蝗 *Patanga succincta*(Johan)、东亚飞蝗 *Locusta migratoria manilensis*(Meyen)、西藏飞蝗 *L. migratoria tibetensis* Chen、东方蝼蛄 *Gryllotalpa orientalis* Burmeister 等,半翅目中的苜蓿盲蝽 *Adelphocoris lineolatus*(Goeze)、方肩荔蝽 *Tessaratoma quadrata* Distant、中稻缘蝽 *Leptocorisa chinensis* Dallas、大稻缘蝽 *L. acuta* Thunberg 等,以及蝶类中的宽边黄粉蝶云南亚种 *Eurema hecabe contubernalis*(Moore)、菜粉蝶 *Pieris rappae*(Linnaeus)、黎明豆粉蝶 *Colias heos*(Herbst)、迁粉蝶 *Catopsilia pomona*(Fabricius)等。

14.6 珍稀昆虫记述

(1)黄扁螋 *Apachyus feae* Bormans

属革翅目 Dermaptera 扁螋科 Apachyidae。

体长:雄40mm,雌29~39mm,尾铗4~8mm。腹部浅栗红色,稍带黑色,足栗色,后翅稻黄色。头部暗栗色,口器苍白色;触角40节,1~3节呈褐黄色,其余各节呈暗栗色。前胸背板前部窄而圆,暗栗色,两边呈强弧凸形,前、后缘变窄,且呈截形,背面中央沟明显,两边增厚。小盾片暗栗色,呈等腰三角形,末端尖。鞘翅宽阔,侧边稍突出,后端倾斜,平滑,暗栗色;后翅宽阔,稻黄色或褐黄色。腹部呈浅的栗红色,基部较接近浅褐色,具皱纹,每节中部有1对光滑的斑点;雄虫的末腹背板宽大,长大于宽,具中央浅凹,表面粗糙,密布小瘤突。雄虫的尾突五角形,末端尖;雌虫的尾突呈盾形。尾铗分枝深红色,末端较暗,具小坑,分枝规则弯曲为弓形。足呈浅红的褐黄色。本种在革翅目中体形最大,很扁平,尾突形状稀奇,属于稀有种。

分布:海南、云南、西藏;越南、缅甸、印度、不丹。

采集地:元江(章巴)。

(2)毛玫灯蛾 *Amerila omissa*(Rothschild)

属鳞翅目 Lepidoptera 灯蛾科 Avrctiidae。

翅展54~72mm,头、胸褐灰色,下唇须红色具黑点,触角黑色,基节红色具黑点,额与头顶具黑点,颈板、肩角、翅基片具黑点;前、中、后胸各具成对的黑点,颈板边缘红色。足红色,具暗褐色或灰褐色条带,前足基节具黑点,腹部乳白色,第1~2节淡红色,具灰黄毛,末2节红色,侧面具2列黑点。前翅灰褐色,基部有2黑点,横脉纹为暗褐巴,中室末端、R_5 脉基部下方至 M_1 脉中部及 M_2、M_3、Cu_1、Cu_2 脉端部处为半透明区,此处翅脉仍为暗褐色,翅顶处暗褐色。后翅半透明白色,后缘反面具1簇黄色长毛,臀角延长突出。雌蛾腹部全为红色。本种为稀有种,外形较特殊。

分布:云南、印度。

采集地:元江(曼旦前山)。

(3)云南旭锦斑蛾 *Campylotes desgodinsi yunnanensis* Joicey

属鳞翅目 Lepidoptera 斑蛾科 Zygaenidae。

翅展 65～68mm。触角、头、胸及腹部黑色。雄蛾触角双栉齿状，肩板蓝黑色无斑纹；腹部两侧有
1 排黄色斑纹，腹部腹面黄色，各节后缘有黑色横条纹。足基节及腿节黄色，其他黑色。前翅蓝黑色，亚
基线黑色，细弱；翅前缘基部红色，前缘及中室内各有 2 条红色纵条纹；中室下至后缘有 3 条黄色纵条
纹，前 2 条条纹后端红色；由前缘经过中室端至后缘有 1 条黑色弯曲横线，横线以外由顶角至臀角有 18 枚
大小、形状不同的黄色斑纹；翅脉蓝黑色。后翅红色，翅脉及外缘黑色，沿外缘有 1 排黄色斑纹。云南
特有。

分布：云南。

采集地：元江（望乡台）。

14.7　资源昆虫

昆虫不仅是世界上种类最多的动物类群，也是地球上蕴藏量最大的生物资源。我国昆虫种类繁多，资
源丰富。已知昆虫种类 20 多万种，有许多种类是可以利用的可贵资源。随着生物科学技术的发展和人类对
所有生物资源的重新认识，昆虫这一生物资源也受到了人们的广泛关注和发掘。保护区记录的 413 种昆虫
中，就有很多属于可开发利用或具有经济价值的昆虫。

14.7.1　工业用昆虫

同翅目 Homoptera 胶蚧科 Lacciferidae 的紫胶虫 *Kerria yunnanensis* Ou et Hong 分泌产生的天然树脂
胶——紫胶是我国传统的重要工业原料。保护区所属县域元江是云南的紫胶产地之一。

14.7.2　食用、药用和饲料昆虫

昆虫营养十分丰富，不少为食用珍品。元江自然保护区具有丰富的食用昆虫资源，保护区及其周
边地区的人们目前依然保留着采食昆虫的习惯。保护区内数量较多且分布较广的可食用昆虫主要有直翅
目的稻蝗 *Oxya* spp.、蚱蜢 *Acrida* spp. 和蟋蟀科 Gryllidae，同翅目的蝉科 Cicadidae，鞘翅目的鳃金龟科
Melolonthidae、龙虱科 Dytiscidae、天牛科 Cerambycidae 和水龟甲科 Hydrophilidae 的幼虫，半翅目的曲胫
㑩缘蝽 *Mictis tenebrosa* Fabricius，鳞翅目粉蝶 *Pieris* spp. 的蛹和天蛾科 Sphingidae 的幼虫，膜翅目胡蜂科
Vespidae、蜜蜂科 Apidae，以及生活于林间的部分蚁科 Formicidae 种类。

可作为中药用药的昆虫有 300 多种，有的全虫入药，有的以卵块和蜕壳入药，也有的以巢入药。元江自
然保护区内可以药用的主要有蜚蠊目 Blattaria、螳螂目 Mantodea 的卵鞘及全虫，鞘翅目的龙虱科 Dytiscidae、
神农蜣螂 *Catharsius molossus* Linnaeus，直翅目的东方蝼蛄 *Gryllotalpa orientalis* Burmeister、蝉科 Cicadidae
及蝉蜕，膜翅目的黄猄蚁 *Oecophylla smaragdina*（Fabricius）、大胡蜂 *Vespa magnifica* Smith、灰胸木蜂
Xylocopa phalothorax Lepeletier、排蜂 *Megapis dorsata* Fab. 等。

另外，保护区内的蛾类 Heteroneura 及蝗总科 Acridoidea、金龟总科 Scarabaeoidae、叶甲科 Chrysomelidae 和
水生昆虫类群也是很好的饲料资源。

14.7.3　鉴赏昆虫

鉴赏昆虫即观赏及娱乐资源昆虫，即能以其鲜艳、美丽的色彩花纹，优美的舞姿，奇特的体态或行为，
鸣声动听，好斗成性或发出闪烁荧光，而成为人们欣赏、娱乐对象的昆虫的统称。这些昆虫有的成为商品，
成为人们追逐和收藏的对象，进而形成了一种文化。

鳞翅目昆虫是非常有价值的鉴赏昆虫资源。保护区内的鳞翅目鉴赏昆虫主要有蝶类和蛾类的一些种
类。其中蝶类主要是凤蝶和蛱蝶，如窄斑翠凤蝶 *Papilio arcturus* Westwood、红绶绿凤蝶云南亚种 *Pathysa
nomius svihoei*（Moore）、蛇眼蛱蝶 *Junonia lemonias*（Linnaeus）和金斑蛱蝶 *Hypolimnas missipus*（Linnaeus）

等；蛾类有青球箩纹蛾 *Brahmophthalma hearseyi*（White）、茜草白腰天蛾 *Deilephila hypothous*（Cramer）、鬼脸天蛾 *Acherontia lachesis*（Fabricius）、灰星尺蛾 *Arichanna jaguarinaria* Oberthür、云南旭锦斑蛾 *Campylotes desgodinsi yunnanensis* Joicey 及大蚕蛾科 Saturniidae 的一些种类和灯蛾科 Arctiidae 中色泽艳丽的种类。

除鳞翅目外，保护区内其他可以作鉴赏昆虫的还有竹节虫目 Phasmida、螳螂目 Mantodea、蜻蜓目 Odonata，直翅目的蟋蟀科 Gryllidae、螽斯科 Tettigoniidae，如蟋蟀科的北京油葫芦 *Teleogryllus miratus* Burmeister，同翅目的角蝉科 Membracidae，鞘翅目的秸斑簇天牛 *Aristotia approximator* Thomson 及金龟科 Scarabaeidae、丽金龟科 Rutelidae、叶甲科、锹甲科 Lucanidae 与蜣螂类具有浓烈的金属光泽和奇异形状及斑纹的种类。

14.7.4　天敌及授粉昆虫

蜂类是最好的授粉昆虫，其种群数量占授粉昆虫的85%以上。保护区分布的授粉昆虫主要有排蜂 *Apis dorsata* Fab.、黑可熊蜂 *Micrapis andrenifomis* Smith、颊熊蜂 *Bombus genalis* Friese、桔背熊蜂 *Bombus atrocinctus* Smith 等，以及蝶类、甲虫、蝇和蚂蚁的一些种类。

天敌昆虫是自然界制约害虫的重要力量，从生物资源角度来讲，天敌昆虫也是人类控制害虫为害时可以利用的生物资源。保护区常见的天敌昆虫有蜻蜓目、螳螂目、广翅目、脉翅目的昆虫种类，猎蝽科 Reduviidae、虎甲科 Cicindelidae、步甲科 Carabidae、瓢甲科 Coccimellidae 中的捕食性种类及胡蜂 *Vespa* spp.、横纹齿猛蚁 *Odontoponera transversa*（Smith）、爪哇厚结猛蚁 *Pachycondyla javana*（Mayr）、黄猄蚁 *Oecophylla smaragdina*（Fabricius）等。

14.8　主　要　害　虫

害虫是生态系统的组成成分之一，也是影响生态系统稳定的因子。保护区及周边地区的害虫主要有鳞翅目的云南松毛虫 *Dendrolimus houi* Lajonquière、丽江带蛾 *Palirisa cervina mosoensis* Mell、栎鹰翅天蛾 *Oxyambulyx liturata*（Butler）等，鞘翅目的蔗根土天牛 *Dorysthenes granulosus*（Thomson）、华脊鳃金龟 *Holotrichia sinensis* Hope、云翅彩丽金龟 *Mimela nubeculata* Lin、腹毛异丽金龟 *Anomala amychodes* Ohaus、桤木叶甲 *Limaeidea placida*（Chen）、果核芒果象 *Acryptorrhynchus olivieri*（Faust）、蓝绿象 *Hypomeces squamosus* Fabr.、芒果双棘长蠹 *Sinoxylon mangiferae* Chujo 等，直翅目有黑翅竹蝗 *Ceracns fasciata fasciata*（Br.-W.），半翅目方肩荔蝽 *Tessaratoma quadrata* Distant、大竹缘蝽 *Notobitus excellens* Distant 等。此外，还发现一云南新分布种——西藏飞蝗 *Locosta migratoria tibetensis* Chen，值得关注。

14.9　建　　议

14.9.1　建议保护的昆虫种类

昆虫保护特别是对珍稀昆虫的保护是保护自然资源、维护生态环境和保护生物多样性的重要组成部分。因此保护区要对区内的珍稀昆虫进行重点保护。同时要对蝶类和一些有重要经济价值的资源昆虫进行保护，杜绝乱捕滥采的商业性采集。

14.9.2　害虫防治

保护区内虽没有害虫暴发成灾，但害虫值得特别加以关注。保护区应重视害虫的预防工作，加强害虫的监测预报，使害虫的数量保持在生态系统相对平衡的水平。

14.9.3　保护区管理

1．加强宣传及专项培训

加强昆虫知识与昆虫资源保护的社会宣传活动，增强保护区周边社区公众的保护意识。对管理员进行昆虫知识及昆虫标本采集、制作、识别及保护的专项培训，增强他们的管理技能。

2．继续加强昆虫资源的调查，建立保护区昆虫标本库

有效的管理与保护是建立在资源清楚之上的。要彻底了解和掌握保护区昆虫资源，需要保护区管理部门自己继续做细致深入的工作，与专家建立长期的合作关系，不断充实保护区昆虫方面的本底资料。同时建立昆虫标本室，使标本长久保存并作为长期的研究材料，这对了解生物多样性动态也极有价值。

3．重视昆虫资源的监测与保护

大量昆虫种类对原生森林环境有较强的依赖性，人为干扰和生态环境恶化是威胁保护区昆虫多样性的主要原因。所以要对珍稀保护昆虫和蝶类等资源昆虫的主要活动地带及分布环境进行重点监测与保护，逐步建立和完善昆虫资源管理体系。

14.10　元江自然保护区昆虫名录

元江自然保护区昆虫名录见附表5。

附表5　元江自然保护区昆虫名录

中文名	种拉丁名	地点	海拔/m
蜻蜓目 Odonata：蜻科 Libellulidae			
红蜻	*Crocothemis servileia* Drury	普漂	628
灰蜻一种	*Orthetrum* sp.	章巴、望乡台	1860～1878
黄蜻	*Pantala flavescens* Fabricius	曼旦、普漂、望乡台	628～1860
螳螂目 Mantodea：螳科 Mantldae			
广腹螳螂	*Hierodula patellifera* Serville	普漂	628
薄翅螳螂	*Mantisreligiosa* L.	曼旦	757
螳螂目 Mantodea：花螳科 Hymenopodidae			
眼斑螳一种	*Creobroter* sp.	咪哩	1800
直翅目 Orthoptera：斑腿蝗科 Catantopidae			
花胫绿纹蝗	*Aiolopus tamulus*（Fabr.）	曼旦前山	757
西姆拉斑腿蝗	*Catantops simlae* Dirsh	普漂、曼旦、南溪	628～2160
长翅十字蝗	*Epistaurus aberrans* Brunner-Wattenwyl	曼旦	757
斜翅蝗	*Eucoptacra praemorsa*（Stál）	曼旦	757
直翅目 Orthoptera：斑翅蝗科 Oedipodidae			
非洲车蝗	*Gastrimargus africanus*（Saussure）	南溪	2160
云斑车蝗	*Gastrimargus marmoratus*（Thunberg）	曼旦前山	757
黄股车蝗	*Gastrimargus parvulus* Sjöstedt	普漂	628
大异巨蝗	*Heteropternis robusta* B.-Bienko	南溪、望乡台	1600～2160
东亚飞蝗	*Locusta migratoria manilensis*（Meyen）	普漂、南溪	628～2160
西藏飞蝗	*Locusta migratoria tibetensis* Chen	章巴	1878

续表

中文名	种拉丁名	地点	海拔/m
隆叉小车蝗	*Oedaleus abruptus*（Thunberg）	曼旦前山	757
印度黄脊蝗	*Patanga succincta*（Johan）	普漂、南溪、曼旦	628～2160
赤胫伪稻蝗	*Pseudoxya diminuta*（Walker）	曼旦、望乡台、咪哩	757～1860
红翅踵蝗	*Pternoscirta sauteri*（Karny）	曼旦前山	757
长翅板胸蝗	*Spathosternum prasinifernum prasinifernum*（Walker）	曼旦前山、曼旦	757
长翅束颈蝗	*Sphingonotus longipennis* Saussure	曼旦前山	757
长角直斑腿蝗	*Stenocatantops splendens*（Thunberg）	曼旦、曼旦前山	757
东方凸额蝗	*Traulia orientalis* Ramme	望乡台、咪哩	1800～1860
疣蝗	*Trilophidia annulata*（Thunberg）	曼旦、望乡台、咪哩、章巴、普漂	628～1878
细尾梭蝗	*Tristria pulvinata* Un.	曼旦	757
大斑外斑腿蝗	*Xenocatantops humilis*（Serville）	曼旦前山、咪哩	757～1800
直翅目 Orthoptera：网翅蝗科 Arcypteridae			
黑翅竹蝗	*Ceracns fasciata fasciata*（Br.-W.）	曼旦前山、曼旦	757
条纹暗蝗	*Dnopherula taeniatus*（Bolivar）	曼旦前山	757
直翅目 Orthoptera：剑角蝗科 Acrididae			
中华蚱蜢	*Actrida cinerea* Thunberg	普漂、曼旦前山	628～757
中华佛蝗	*Phlaeoba sinensis* I. Bol.	章巴、曼旦前山	757～2160
佛蝗属一种	*Phlaeoba* sp.	南溪	2160
暗色佛蝗	*Phlaeoba tenebrosa* Walker	南溪、望乡台、曼旦	757～2160
直翅目 Orthoptera：锥头蝗科 Pyrgomorphidae			
柳枝负蝗	*Atractomorpha psittacina*（De Haan）	曼旦、普漂、章巴	628～1878
直翅目 Orthoptera：蝼蛄科 Gryllotalpidae			
东方蝼蛄	*Gryllotalpa orientalis* Burmeister	望乡台、曼旦前山	757～1860
直翅目 Orthoptera：蟋蟀科 Gryllidae			
双斑蟋	*Gryllus bimaculatus* Degeer	曼旦前山、普漂	628～757
北京油葫芦	*Teleogryllus miratus* Burmeister	咪哩、望乡台、曼旦、章巴、普漂	628～1878
斗蟋	*Velarifictorus micado* Saussure	望乡台、曼旦、南溪	757～2160
直翅目 Orthoptera：螽斯科 Tettigoniidae			
鼻优草螽	*Euconocephalus thunbergi* Stal	望乡台、南溪	1860～2160
镰尾露螽	*Phaneropter falcate* Poda	曼旦前山	757
革翅目 Dermaptera：扁螋科 Apachyidae			
黄扁螋	*Apachyus feae* Bormans	章巴	1878
同翅目 Homoptera：菱蜡蝉科 Cixiidae			
褐脉脊菱蜡蝉	*Oliarus insetosus* Jacobi	咪哩	1800
同翅目 Homoptera：瓢蜡蝉科 Issidae			
脊额瓢蜡蝉一种	*Gergithoides* sp.	咪哩	1800
席瓢蜡蝉一种	*Siraloka* sp.	望乡台	1860
同翅目 Homoptera：棘蝉科 Machaeratidae			
周氏棘蝉	*Machaerota choui* Lu	望乡台	1860

续表

中文名	种拉丁名	地点	海拔/m
同翅目 Homoptera：叶蝉科 Cicadoidae			
红缘片头叶蝉	*Petalocephala rufomarginata* Kuoh	章巴	1878
血边片头叶蝉	*Petalocephala sanguineomarge* Kuoh	章巴、南溪	1878~2160
同翅目 Homoptera：蝉科 Cicadidae			
蝉	*Cryptotympana aguila* Walker	曼旦	757
宁蝉一种	*Terpnosia* sp.	曼旦前山	757
同翅目 Homoptera：角蝉科 Membracidae			
印度圆角蝉	*Gargara indica* Bierman	望乡台	1860
三刺角蝉一种	*Tricentrus* sp.	望乡台	1860
半翅目 Hemiptera：盲蝽科 Miridae			
苜蓿盲蝽	*Adelphocoris lineolatus*（Goeze）	望乡台、南溪	2020
污苜蓿盲蝽	*Adelphocoris luridus* Reuter	曼旦前山	600
东亚异丽盲蝽	*Apolygopsis nigritulus*（Linnavuori）	望乡台、曼旦前山	600~2020
云南异丽盲蝽	*Apolygopsis yunnananus*（Zheng et Wang）	望乡台	2020
绿后丽盲蝽	*Apolygus lucorum*（Meyer-Dur）	望乡台、南溪	2020
点缘拟猥盲蝽	*Argenis incisuratus*（Walker）	咪哩	1800
壮斑腿盲蝽	*Atomoscelis onustus*（Fieber）	曼旦前山	770
狭领纹唇盲蝽	*Charagochilus angusticollis*（Linnavuori）	咪哩	1800
长角纹唇盲蝽	*Charagochilus longicornis*（Reuter）	曼旦前山	600
蓬盲蝽	*Chlamydatus pulicarius*（Fallen）	望乡台	2020
黑蓬盲蝽	*Chlamydatus pullus*（Reuter）	望乡台	2020
黑肩绿盔盲蝽	*Cyrtorhinus lividipennis* Reuter	望乡台	2100~2200
大长盲蝽	*Dolichomiris antennatis*（Distant）	南溪	2020
小欧盲蝽	*Europiella artemisiae*（Becker）	咪哩、南溪	2000
邻异草盲蝽	*Heterolygus duplicatus*（Reuter）	曼旦前山	600
原丽盲蝽	*Lygocoris pabulinus*（Linneaus）	曼旦前山	600
中红丽盲蝽	*Lygocoris rugomedialis* Lu et Zheng	咪哩	1800
棱额草盲蝽	*Lygus discrepans* Reuter	咪哩	1800
邻棱额草盲蝽	*Lygus paradiscrepans* Zheng et Yu	望乡台	2020
广昧盲蝽	*Mecomma ambulans*（Fallen）	望乡台、南溪	2000~2020
色斑透盲蝽	*Moissonia punctata*（Fieber）	望乡台	2020
凯氏新丽盲蝽	*Neolygus keltoni*（Lu et Zheng）	望乡台、曼旦前山	600~2020
银灰斜唇盲蝽	*Plagiognathus chrysanthemi* Wolff	望乡台	2020
黑斜唇盲蝽	*Plagiognathus yomogi* Miyamoto	咪哩	1800
山地狭盲蝽	*Stenodema alpestris* Reuter	南溪	2020
云南毛眼盲蝽	*Termatophylum yunnanum* Ren	望乡台	2020
半翅目 Hemiptera：荔蝽科 Tessatomidae			
长硕蝽	*Eurostus ochraceus* Montandon	咪哩	1800
异色巨蝽	*Eusthenes cupreus*（Westwood）	咪哩	1800
方肩荔蝽	*Tessaratoma quadrata* Distant	曼旦	757

续表

中文名	种拉丁名	地点	海拔/m
半翅目 Hemiptera：同蝽科 Acanthosomatidae			
大翘同蝽	*Anaxandra giganteum*（Matsumura）	咪哩	1800
光角翘同蝽	*Anaxandra laevicornis*（Dallas）	南溪	2160
翘同蝽一种	*Anaxandra* sp.	咪哩	1800
钝肩直同蝽	*Elasmostethus nubilus*（Reuter）	望乡台	2020
喜匙同蝽	*Elasmucha albicincta* Distant	望乡台	2020
匙同蝽	*Elasmucha ferrugate*（Feber）	望乡台、咪哩	1800～1860
闽匙同蝽	*Elasmucha fujianensis* Liu	望乡台	2020
小克匙同蝽	*Elasmucha minor* Hsiao et Liu	望乡台	1860
壮尾板同蝽	*Lindbergicoris robustus*（Liu）Zheng et Wang	望乡台、咪哩	2200
半翅目 Hemiptera：缘蝽科 Coreidae			
瘤缘蝽	*Acanthocoris scaber*（Linnaeus）	曼旦前山、咪哩	770～1800
红背安缘蝽	*Anoplocnemis phasiana* Fabricius	曼旦	757
大棒缘蝽	*Clavigralla tuberosa* Hsiao	南溪	2160
禾棘缘蝽	*Cletus graminis* Hsiao et Cheng	普漂、南溪、曼旦	628～2160
黑须棘缘蝽	*Cletus punctulatus* Westwood	南溪、章巴、望乡台	1860～2160
平肩棘缘蝽	*Cletus tenuis* Kiritshenko	普漂	628
扁缘蝽	*Daclera levana* Distant	曼旦前山	600
狄达缘蝽	*Dalader distanti* Blöte	咪哩	1800
哈奇缘蝽	*Derepteryx harchwickii* White	南溪老窝山前	2400
合欢同缘蝽	*Homoeocerus walkeri* Kirby	曼旦前山、曼旦	600～757
显脉同缘蝽	*Homoeocerus cletoformis* Hsiao	咪哩	1800
大稻缘蝽	*Leptocorisa acuta* Thunberg	南溪	2160
中稻缘蝽	*Leptocorisa chinensis* Dallas	南溪	2160
锐肩佚缘蝽	*Mictis gallina* Dallas	曼旦前山	770
曲胫佚缘蝽	*Mictis tenebrosa* Fabricius	曼旦前山	770
大竹缘蝽	*Notobitus excellens* Distant	咪哩	1800
锈赭缘蝽	*Ochrochira ferruginea* Hsiao	章巴、南溪	1878～2160
菲缘蝽	*Physomerus grossipes*（Fabricius）	曼旦	757
钝肩普缘蝽	*Plinachtuo bicoloripes* Scott	南溪	2160
条蜂缘蝽	*Riptortus linearis* Fabricius	咪哩、曼旦	757～1800
点蜂缘蝽	*Riptortus Pedestris* Fabricius	咪哩、望乡台	1800～1860
小蜂缘蝽	*Riptortus parvus* Hsiao	曼旦	757
大红缘蝽	*Serinetha abdominalis*（Fabricius）	章巴	1878
小红缘蝽	*Serinetha augur* Fabricius	曼旦	757
棱须鼻缘蝽	*Sinotagus nasutus* Kiritshenko	咪哩	1800
半翅目 Hemiptera：红蝽科 Pyrrhocoridae			
细斑棉红蝽	*Dysdercus evanescens* Distant	南溪、章巴、普漂	628～2160
联斑棉红蝽	*Dysdercus poecilus*（Herrich-Schaeffer）	曼旦	757
突背斑红蝽	*Physopelta gutta*（Burmeister）	南溪、章巴、普漂、望乡台、曼旦	628～2160

中文名	种拉丁名	地点	海拔/m
四斑红蝽	*Physopelta quadriguttata* Bergroth	望乡台	1860
半翅目 Hemiptera：异蝽科 Urostylidae			
黑痣壮异蝽	*Urochela quadripunctata* Dallas	南溪子河水库	2000～2100
盲异蝽一种	*Urolabida* sp.	章巴	1878
半翅目 Hemiptera：划蝽科 Corixidae			
曲纹烁划蝽	*Sigara septemlineata*（Paiva）	望乡台	2020
半翅目 Hemiptera：蝽科 Pentatomidae			
窄蝽	*Mecidia indica* Dallao	普漂	628
半翅目 Hemiptera：长蝽科 Lygaeidae			
亮翅异背长蝽	*Cavelerius excavatus*（Distant）	咪哩	1800
川甘长足长蝽	*Dieucheo kansnensis* Lindberg	望乡台	1860
黄褐大眼长蝽	*Geocoris dubreuili* Montandon	咪哩大兴村	1800
斑翅大眼长蝽	*Geocoris flaviceps fenestellus* Breddin	咪哩、望乡台、南溪	2020
南亚大眼长蝽	*Geocoris ochropterus*（Fieber）	咪哩	1800
大眼长蝽	*Geocoris pallidipennis*（Costa）	望乡台、南溪、咪哩	2000～2160
红长蝽一种	*Lygaeus* sp.	普漂	628
方红长蝽	*Lygatus quadratomaculutuo* Kirby	普漂、曼旦	628～757
黑斑尖长蝽	*Oxycarenus lugubris*（Motschulsky）	望乡台、咪哩	1800～2020
红褐蒴长蝽	*Pylorgus obscurus* Scudder	望乡台、南溪	2010～2100
褐斑地长蝽	*Rhyparochromus*（*Elasmolomus*）*sordidus*（Fabricius）	普漂、曼旦	628～757
半翅目 Hemiptera：猎蝽科 Reduviidae			
连斑荆猎蝽	*Acanthaspis picta* Hsiao	咪哩	1800
斑缘土猎蝽	*Coranus fuscipennis* Reuter	咪哩	1800
红缘土猎蝽	*Coranus margiatus* Hsiao	望乡台	2020
隐带二节蚊猎蝽	*Empicoris culicis* Hsiao	望乡台	2020
轮刺猎蝽	*Scipinia horrida* Stal	曼旦前山	770
双环猛猎蝽	*Sphedanolestes annulipes* Distant	咪哩	1800
革红脂猎蝽	*Velinus annulatus* Distant	咪哩	1800
半翅目 Hemiptera：姬蝽科 Nabidae			
丽棒姬蝽	*Arbela pulchella* Hsiao	望乡台	2200
穆索里希姬蝽	*Himscerus*（*Aptus*）*mussooriensis*（Distant）	南溪	2160
瘤足希姬蝽	*Himscerus*（*Aptus*）*nodipes*（Hsiao）	望乡台	2020
波姬蝽	*Nabis*（*Milu*）*potanini* Bianchi	望乡台	2020
鞘翅目 Coleoptera：步甲科 Carabidae			
圆胸宽带步甲	*Craspedophorus mandarimus* Schaum	曼旦	757
条逮步甲	*Drypta lineola virgata* Chaudoir	望乡台	1860
爪哇屁步甲	*Pheropsophus javanus*（Dejean）	曼旦	757
鞘翅目 Coleoptera：虎甲科 Cicindelidae			
锦纹虎甲	*Cicindela cancellata* Dejean	曼旦	757

续表

中文名	种拉丁名	地点	海拔/m
日本虎甲指名亚种	*Cicindela japana japana* Motschulsky	章巴	1878
断纹虎甲斜斑亚种	*Cicindela striolata dorsalineolata* Chevrolat	南溪	2160
断纹虎甲	*Cicindela striolata* Illiger	曼旦	757
膨边虎甲	*Cicindela sumatrensis* Herbst	普漂	628
二色树栖虎甲	*Collyris bicolor* Horm	望乡台	1860
光背树栖虎甲	*Collyris bomelli* Guerin	曼旦	757
鞘翅目 Coleoptera：龙虱科 Dytiscidae			
灰龙虱	*Eretes stictius* Linnaeus	曼旦	757
黄缘小龙虱	*Hydaticus rhantoides* Sharp	普漂	628
双合条龙虱	*Hydaticus vittatus* Fabr.	望乡台	1860
鞘翅目 Coleoptera：豉虫科 Gyrinidae			
麦氏豉虫	*Dineutus mellyi* Regimbart	普漂	628
东方豉虫	*Dineutus orientalis* Modeer	章巴	1878
鞘翅目 Coleoptera：水龟科 Hydrophilidae			
大水龟	*Hydrous acuminatus* Mostchulsky	咪哩	1800
鞘翅目 Coleoptera：隐翅虫科 Staphilinidae			
黑足毒隐翅虫	*Paederus tamulus* Frichsori	望乡台	1860
鞘翅目 Coleoptera：葬甲科 Silphidae			
尼负葬甲	*Necrophorus nepalensis* Hope	望乡台	1860
鞘翅目 Coleoptera：黑蜣科 Passalidae			
凯畸黑蜣	*Aeeraius cantori* Percheron	望乡台	1860
鞘翅目 Coleoptera：萤科 Lampyridae			
中华黄萤	*Luciola chinensis* Linnaeus	曼旦	757
凹背锯角萤	*Pyrocoelia anylissima*	望乡台	1860
鞘翅目 Coleoptera：花萤科 Cantharidae			
方胸黄褐花萤	*Athemus suturellus* Motschulsky	望乡台	1860
黑斑黄背花萤	*Themus imperialis*（Gorh.）	章巴	1878
鞘翅目 Coleoptera：红萤科 Lycidae			
凹背毛红萤	*Platycis otome* Kono	章巴	1878
鞘翅目 Coleoptera：郭公虫科 Cleridae			
三色郭公虫	*Thanasimus lewisi* Jacobson	曼旦	757
鞘翅目 Coleoptera：拟步甲科 Tenebrionidae			
尖角土潜	*Gonocephalum birmanicus* Kasz	章巴、咪哩	1800~1878
鞘翅目 Coleoptera：长蠹科 Bostrychidae			
竹蠹	*Dinoderus minutus*（Fabr.）	曼旦	757
二突异翅长蠹	*Heterobostrychus hamatipennis*（Lesne）	普漂、曼旦、南溪	628~2160
芒果双棘长蠹	*Sinoxylon mangiferae* Chujo	普漂	628
黄足长棒长蠹	*Xylothrips flavipes* Illoger	南溪	2160
鞘翅目 Coleoptera：叩甲科 Elateridae			
皱翅叩甲	*Elater rubiginosus*（Candeze）	望乡台	1860

中文名	种拉丁名	地点	海拔/m
黑足球胸叩甲	*Hemiops nigripes* Castelnau	望乡台	1860
曲突梳爪叩甲	*Melanotus legatus* Candeze	曼旦	757
蔗梳爪叩甲	*Melanotus regalis* Candeze	曼旦、南溪	757～2160
鞘翅目 Coleoptera：拟叩甲科 Languriidae			
瓜茄瓢虫	*Afissa admirabilis*（Crotch）	望乡台	1860
五味子瓢虫	*Afissa subacuta* Dieke	咪哩	1800
环管崎齿瓢虫	*Afissula kambaitana*（Bielawski）	望乡台	1860
黄斑瓢虫	*Ballia dianae* Mulsant	章巴	1878
华裸瓢虫	*Calvia chinensis*（Mulsant）	望乡台	1860
裸瓢虫一种	*Calvia* sp.	章巴	1878
七星瓢虫	*Coccimella septempunctata*（Fab.）	望乡台	1860
曼陀罗瓢虫	*Epilachna vigintioclomaculata coalescens* Mader	望乡台	1860
直叶食植瓢虫	*Epilachna folifera* Pangetuao	望乡台	1860
眼斑食植瓢虫	*Epilachna ocellatae maculata*（Mader）	望乡台	1860
白条菌瓢虫	*Halyzia hauseri* Mader	望乡台	1860
草黄菌瓢虫	*Halyzia straminea*（Hope）	南溪	2160
梵文菌瓢虫	*Halyzia sanscrita* Mulsant	南溪	2160
异色瓢虫	*Harmonia axyridis*（Pallas）	曼旦	757
纤丽瓢虫	*Harmonia sedecimnotata*（Fab.）	望乡台	1860
茄二十八星瓢虫	*Henosepilachna vigintioctomaculata*（Fab.）	咪哩	1800
陕西素瓢虫	*Illeis shensienlei* Timberlake	咪哩	1800
黄斑盘瓢虫	*Lemnia saucia* Mulsant	望乡台	1860
六斑月瓢虫	*Menochilus sexmaeulatus*（Fab.）	曼旦	757
黑缘巧瓢虫	*Oenopia kirbyi* Mulsant	望乡台	1860
黄宝瓢虫	*Pania luteopustulata*（Mulsant）	望乡台	1860
大突肩瓢虫	*Synonycha grandis*（Thunberg）	曼旦前山、望乡台	757～1860
斑点红胸拟叩甲	*Tetralanguria fryi* Fowler	咪哩	1800
稻红瓢虫	*Verania discolor*（Fab.）	普漂	628
鞘翅目 Coleoptera：芫菁科 Meloidae			
红头豆芫菁	*Epicauta ruficeps* Illiger	咪哩	1800
鞘翅目 Coleoptera：金龟子科 Scarabaeidae			
神龙蜣螂	*Catharsius molossus* Linnaeus	望乡台	1860
细角蜣螂	*Copris acutidens* Motschulsky	望乡台	1860
侧裸蜣螂属一种	*Gymnopleurus* sp.	章巴	1878
鞘翅目 Coleoptera：鳃金龟科 Melolonthidae			
尖歪鳃金龟	*Cyphochilus apicalis* Waterhouse	望乡台	1860
股狭肋鳃金龟	*Holotrichia femoralis* Chang	望乡台	1860
海南狭肋鳃金龟	*Holotrichia hainanensis* Chang	曼旦	757
宽齿爪鳃金龟	*Holotrichia lata* Brenske	章巴	1878
毛脊鳃金龟	*Holotrichia pilosella* Moser	曼旦	757

续表

中文名	种拉丁名	地点	海拔/m
粗狭肋鳃金龟	*Holotrichia scrobiculata* Branske	望乡台	1860
拟暗黑鳃金龟	*Holotrichia simillima* Moser	南溪、章巴	1878～2160
华脊鳃金龟	*Holotrichia sinensis* Hope	南溪、章巴	1878～2160
小阔胫玛绢金龟	*Maladera ovatula* Fairmaire	曼旦、章巴	757～1878
斑缘鳃金龟	*Melolontha japonica* Burmeistea	望乡台	1860
大头霉鳃金龟	*Microtrichia cephalotes* Burmeister	望乡台	1860
戴云鳃金龟	*Polyphylla davidis* Fairmaire	章巴	1878
鞘翅目 Coleoptera：丽金龟科 Rutelidae			
腹毛异丽金龟	*Anomala amychodes* Ohaus	望乡台	1860
古黑异丽金龟	*Anomala antiqua*（Gyllenhal）	曼旦	757
阳齿异丽金龟	*Anomala dentifera* Lin	曼旦	757
碎斑异丽金龟	*Anomala myriopila* Lin	南溪、望乡台	1860～2160
斜沟异丽金龟	*Anomala obliquisulcata* Lin	章巴	1878
被臀异丽金龟	*Anomala pilicauta* Lin	曼旦	757
红脚异丽金龟	*Anomala rubripes* Lin	曼旦	757
华南异丽金龟	*Anomala simica* Arrow	望乡台	1860
云翅彩丽金龟	*Mimela nubeculata* Lin	曼旦	757
浅草彩丽金龟	*Mimela seminigra* Ohaus	曼旦	757
棉花弧丽金龟	*Popillia mutans* Newman	曼旦	757
鞘翅目 Coleoptera：花金龟科 Cetoniidae			
绿罗花金龟	*Rhomborrhima unicolor* Motschulsky	咪哩	1800
鞘翅目 Coleoptera：锹甲科 Lucanidae			
沟纹眼锹甲	*Aegus laevicollis* Saunders	望乡台	1860
黑新锹甲	*Neolucanus chempioni* Parry	望乡台	1860
缝斑新锹甲	*Neolucanus farryi* Luethner	望乡台	1860
塔前锹甲	*Prosopocoilus tarsalis* Ritsema	咪哩	1800
鞘翅目 Coleoptera：天牛科 Cerambycidae			
灰绿锦天牛	*Acalolepta griseipennis*（Thomson）	望乡台	1860
肖丽星天牛	*Anoplophora farelegans* Chiang	章巴	1878
秸斑簇天牛	*Aristotia approximator*（Thomson）	曼旦	757
胶木长绿天牛	*Chloridolum accensum* Newman	章巴	1878
榄绿虎天牛	*Chlorophorus eleodes*（Fairmaire）	章巴	1878
黄毛绿天牛	*Chlorophorus signaticollis*（Castelnau et Gory）	望乡台	1860
台湾瘦天牛	*Distenia formosana* Mitono	望乡台	1860
蔗根土天牛	*Dorysthenes granulosus*（Thomson）	曼旦、普漂	628～757
樟红天牛	*Eupromus ruber*（Dalman）	曼旦	757
黑尾筒天牛	*Oberea reducte signata* Pic	咪哩	1800
阿里跗虎天牛	*Perissus arisanus* Seki et Suematsu	望乡台	1860
黄尾跗虎天牛	*Perissus demonacoides*（Gressitt）	望乡台	1860
江苏跗虎天牛	*Perissus kiangsuensis* Gressitt	望乡台	1860

续表

中文名	种拉丁名	地点	海拔/m
黑跗虎天牛	*Perissus mimicus* Gressitt	望乡台	1860
二色皱胸天牛	*Plocaederus bicolor* Gressitt	曼旦	757
锯天牛	*Prionus insularis* Motschulsky	南溪	2160
管纹虎天牛	*Rhaphuma horsfieldi*（White）	望乡台	1860
短角幽天牛	*Spondylis buprestoides*（Linnaeus）	曼旦	757
黄斑锥背天牛	*Thranius signatcls* Schwarzer	望乡台	1860
双斑糙天牛	*Trachystolodes tonkinensis* Breuning	曼旦	757
鞘翅目 Coleoptera：茎甲亚科 Sagrimae			
紫茎甲	*Sagra femorata furpurea* Lochtenstein	咪哩	1800
鞘翅目 Coleoptera：负泥虫科 Criocerinae			
黑胫负泥虫	*Lema pectoralis unicolor* Clark	曼旦	757
褐负泥虫	*Lema rufotestacea* Clark	曼旦	757
鞘翅目 Coleoptera：叶甲亚科 Chrysomelinae			
桤木叶甲	*Linaeidea placida*（Chen）	望乡台	1860
浙江畸叶甲	*Linaeidea adamsi adamsi*（Baly）	南溪	2160
长阳长跗叶甲	*Monolepta leechi* Jacoby	望乡台	1860
黄斑长跗叶甲	*Monolepta lunata* Gressitt et Kimoto	望乡台	1860
四斑长跗叶甲	*Monolepta signata* Olivier	曼旦	757
红头长跗叶甲	*Monolepta wilcoxi* Gressitt et Kimoto	南溪	2160
鞘翅目 Coleoptera：萤叶甲亚科 Galerueinae			
园尾萤叶甲	*Arthrotidea ruficollis* Chen	望乡台	1860
越南小萤叶甲	*Calomicrus coomani* Gressitt et Kimoto	望乡台	1860
贵州克萤叶甲	*Cneorane cribratissima* Fairmaire	望乡台	1860
拟茅萤叶甲	*Doryidomorpha sousyrisi* Laboissiere	望乡台	1860
褐拟守瓜	*Gallerucida fulva* Laboissiere	南溪	2160
甘肃拟守瓜	*Gallerucida gansuica* Chen	望乡台	1860
西藏拟守瓜	*Gallerucida rufometallica* Gressitt et Kimoto	望乡台	1860
云南凹头萤叶甲	*Macrima aurantiaca*（Laboissiere）	望乡台	1860
多点光翅萤叶甲	*Merista fratermalis*（Baly）	咪哩	1800
粗点迷萤叶甲	*Mimastra malvi* Gressitt et Kiraoto	望乡台	1860
蓝尾迷萤叶甲	*Mimastra unicitarsis* Laboissiere	望乡台	1860
湖北长跗叶甲	*Monolepta hupehensis* Gressitt et Kimoto	曼旦	757
五指山长跗叶甲	*Monolepta lauta* Gerssitt et Kimoto	曼旦	757
黑腹长跗叶甲	*Monolepta mordelloides* Chen	望乡台	1860
茉莉长跗叶甲	*Monolepta pallidula*（Baly）	望乡台	1860
陕西长跗叶甲	*Monolepta subrubra* Chen	望乡台	1860
黄胸长跗叶甲	*Monolepta xanthodera* Chen	咪哩	1800
金秀长跗叶甲	*Monolepta yoasanica* Chen	望乡台	1860
二点瓢萤叶甲	*Oides bipunctate* Fab.	章巴	1878
黄褐沟胸萤叶甲	*Paridea testacea* Gressitt et Kimoto	望乡台	1860

续表

中文名	种拉丁名	地点	海拔/m
鞘翅目 Coleoptera：锯角叶甲亚科 Clytrimae			
光额叶甲属一种	*Aetheomorpha* sp.	曼旦	757
云南光额叶甲	*Aetheomorpha yunnanca* Pic	望乡台	1860
双斑盾叶甲	*Aspidolopha bisignata* Pic	曼旦	757
黄盾叶甲	*Aspidolopha melanophthalma* Lacordaire	咪哩	1800
光背锯角叶甲	*Clytra laeviuscula* Ratzeburg	曼旦	757
鞘翅目 Coleoptera：隐头叶甲亚科 Cryptocephalinae			
七四斑隐头叶甲	*Cryptocephalus tetradecaspilotus* Baly	曼旦	757
鞘翅目 Coleoptera：肖叶甲科 Eumolpidae			
园角胸叶甲	*Basilepta ruficolle*（Jacoby）	望乡台	1860
甘薯叶甲	*Colasposoma clauricum* Mauneheim	曼旦	757
葡萄沟顶叶甲	*Scelodonta lewisii* Baly	望乡台	1860
鞘翅目 Coleoptera：铁甲科 Hispidae			
水稻铁甲华东亚种	*Dicladispa armigera similis*（Uhmann）	望乡台	1860
水稻铁甲云南亚种	*Dicladispa armigera yunnanica* Chen et Sun	望乡台	1860
大屿并爪铁甲	*Sinispa tayana*（Gressitt）	曼旦	757
鞘翅目 Coleoptera：龟甲亚科 Cassidimae			
尾斑梳龟甲	*Aspidomorpha chandrika* Maulik	曼旦	757
金梳龟甲	*Aspidomorpha sanctaecrueis*（Fab.）	曼旦	757
一色龟甲	*Cassida klapperichi* Spaeth	咪哩	1800
多脊瘤龟甲	*Nocosacantha trituberculata* Gressitt	望乡台	1860
鞘翅目 Coleoptera：卷象科 Attelabidae			
漆卷象	*Apoderus geniculatus* Jekel	望乡台	1860
小黄卷象	*Apoderus rubidus* Motschulsky	望乡台	1860
园斑象	*Paraplapoderus semiamulatus* Jekel	望乡台	1860
鞘翅目 Coleoptera：象虫科 Curculionidae			
果核芒果象	*Acryptorrhynchus olivieri*（Faust）	咪哩	1800
卵园园胶象	*Blosyrus herrthus* Herbse	望乡台	1860
蓝绿象	*Hypomeces squamosus* Fabr.	曼旦、普漂、望乡台	628～1860
金边翠象	*Lepropus lateralis* Fab.	咪哩	1800
斜纹筒喙象	*Lixus obliquivittis* Voss	咪哩	1800
甜菜筒喙象	*Lixus subtilis* Boheman	咪哩	1800
金绿尖筒象	*Myllocerus scitus* Voss	望乡台	1860
中国多露象	*Polydrosus chinensis* Kono et Morimoto	曼旦	757
大肚象	*Xanthochelus faunus*（Olivier）	曼旦	757
脉翅目 Neuroptera：蝶角蛉科 Ascalaphidae			
日本蝶角蛉	*Protidricerus japonivus* Maclachlan	望乡台	1860
脉翅目 Neuroptera：蚁蛉科 Myrmeleonidae			
大蚁蛉	*Hagenomyia micans* Maclachlan	望乡台、咪哩乡	1800～1860

中文名	种拉丁名	地点	海拔/m
脉翅目 Neuroptera：草蛉科 Chrysopidae			
中华草蛉	*Chrysopa sinica* Tjeder	望乡台	1860
长翅目 Mecoptera：蝎蛉科 Panorpidae			
蝎蛉一种	*Panorpa* sp.	望乡台	1860
长翅目 Mecoptera：螳蛉科 Mantispidae			
螳蛉一种	*Panorpa* sp.	曼旦	757
毛翅目 Trichoptera：石蛾科 Phryganeidae			
艳色褐纹石蛾	*Neutronia regina* Maclachlan	章巴	1878
鳞翅目 Lepidoptera：天蛾科 Sphingidae			
鬼脸天蛾	*Acherontia lachesis*（Fabricius）	望乡台、曼旦	757～1860
葡萄缺翅天蛾	*Acocmeryx naga*（Moore）	南溪、章巴、望乡台	1860～2160
缺翅天蛾	*Acosmeryx castanea* Rothschild et Jordan	曼旦	757
白薯天蛾	*Agrius convolvuli*（Linnaeus）	章巴	1878
葡萄天蛾	*Ampelophaga rubiginosa* Bremer et Grey	章巴、普漂	628～1878
条背天蛾	*Cechenena lineosa*（Walker）	望乡台	1860
茜草白腰天蛾	*Deilephila hypothous*（Cramer）	望乡台	1860
银纹天蛾	*Nephele didyma*（Fabricius）	曼旦前山、望乡台	757～1860
栎鹰翅天蛾	*Oxyambulyx liturata*（Butler）	咪哩乡	1800
腐翅天蛾	*Oxyambulyx ochracea*（Butler）	章巴	1878
构月天蛾	*Parum couigata*（Walker）	曼旦	757
青背斜纹天蛾	*Theretra nessus*（Drury）	曼旦前山	757
芋双线天蛾	*Theretra oldenlandiae*（Fabricius）	望乡台	1860
赭斜纹天蛾	*Theretra pallicosta*（Walker）	章巴	1878
鳞翅目 Lepidoptera：灯蛾科 Arctiidae			
毛玫灯蛾	*Amerila omissa*（Rothschild）	曼旦前山	757
红缘灯蛾	*Amsacta lactinea*（Cramer）	章巴	1878
纹散灯蛾	*Argina argus* Kollar	章巴、普漂	628～1878
仿首丽灯蛾	*Callimorpha equitalis*（Kollor）	章巴	1878
黑条灰灯蛾	*Creatonotos gangis*（Linnaeus）	普漂	628
八点灰灯蛾	*Creatonotos transiens*（Walker）	曼旦	757
艳叶灯蛾	*Maenas salaminia*（Fabricius）	望乡台	1860
乳白斑灯蛾	*Pericallia galactina*（Hoeve）	曼旦前山、望乡台	757～1860
闪光枚灯蛾	*Rhodogastria astreus*（Drury）	曼旦前山、望乡台	757～1860
洁雪灯蛾	*Spilosoma pura* Leech	望乡台	1860
鳞翅目 Lepidoptera：尺蛾科 Geometridae			
琴纹尺蛾	*Abraxaphantes perampla* Swinhoe	章巴	1878
灰星尺蛾	*Arichanna jaguarinaria* Oberthür	望乡台	1860
直脉青尺蛾	*Hipparchus valida* Felder	章巴	1878
鳞翅目 Lepidoptera：夜蛾科 Noctuidae			
枯安钮叶蛾	*Anua coronata* Fabricius	望乡台、曼旦	757～1860

续表

中文名	种拉丁名	地点	海拔/m
毛翅夜蛾	*Dermaleipa juno*（Dalman）	望乡台	1860
苹梢鹰夜蛾	*Hypocala subsatura* Guenée	望乡台	1860
肖毛翅夜蛾	*Lagoptera dotata*（Fabricius）	望乡台	1860
佩夜蛾	*Oxyodes scrobiculata* Fabricius	望乡台	1860
铃斑翅夜蛾	*Serrodes campana* Guenée	望乡台	1860
鳞翅目 Lepidoptera：拟灯蛾科 Hypsidae			
铅闪拟灯蛾	*Neochera dominia* Cramer	望乡台	1860
鳞翅目 Lepidoptera：舟蛾科 Notodontidae			
黑蕊尾舟天蛾	*Dudusa sphingiformis* Moore	望乡台	1860
剑心银斑舟蛾	*Tarsolepis sommeri*（Hübner）	普漂	628
鳞翅目 Lepidoptera：带蛾科 Eupterotidae			
丽江带蛾	*Palirisa cervina mosoensis* Mell	望乡台	1860
鳞翅目 Lepidoptera：箩纹蛾科 Brahmaeidae			
青球箩纹蛾	*Brahmophthalma hearseyi*（White）	曼旦前山	757
鳞翅目 Lepidoptera：大蚕蛾科 Saturniidae			
钩翅大蚕蛾	*Antheraea assamensis* Westwood	望乡台	1860
黄目大蚕蛾	*Caligula anna* Moore	望乡台	1860
月目大蚕蛾	*Caligula zuleika* Hope	望乡台	1860
鳞翅目 Lepidoptera：斑蛾科 Zygaenidae			
云南旭锦斑蛾	*Campylotes desgodinsi yunnanensis* Joicey	望乡台	1860
窄斑翠凤蝶	*Papilio arcturus* Westwood	望乡台	1860
红绶绿凤蝶云南亚种	*Pathysa nomius svihoei*（Moore）	曼旦前山	757
鳞翅目 Lepidoptera：粉蝶科 Pieridae			
迁粉蝶	*Catopsilia pomona*（Fabricius）	曼旦前山	757
迁粉蝶无纹型	*Catopsilia pomona* f. *crocale*（Fabricius）	曼旦前山	757
黎明豆粉蝶	*Colias heos*（Herbst）	南溪	2160
艳妇粉蝶指名亚种	*Delias belladonna belladonna*（Fabricius）	望乡台、章巴	1860～1878
无标黄粉蝶云南亚种	*Eurema brigitta yunnana*（Mell）	曼旦	757
宽边黄粉蝶云南亚种	*Eurema hecabe contubernalis*（Moore）	望乡台	1860
黑纹粉蝶	*Pieris melete* Menetries	南溪、望乡台	1860～2160
菜粉蝶	*Pieris rappae*（Linnaeus）	南溪	2160
鳞翅目 Lepidoptera：斑蝶科 Danaidae			
金斑蝶指名亚种	*Danraus chrysippus chrysippus*（Linnaeus）	普漂	628
绢斑蝶指名亚种	*Parantica melanea melanea*（Cramer）	咪哩、望乡台	1800～1860
大绢斑蝶指名亚种	*Parantica sita sita*（Kollar）	望乡台	1860
鳞翅目 Lepidoptera：眼蝶科 Satyridae			
大艳眼蝶指名亚种	*Callerebia suroia suroia* Tytler	望乡台	1860
波纹黛眼蝶西部亚种	*Lethe rohria permagnis* Fruhstorfer	曼旦、曼旦前山	757
魔女矍眼蝶	*Ypthima medusa* Leeth	章巴、南溪	1878～2160
卓矍眼蝶	*Ypthima zodia* Butler	章巴	1878

中文名	种拉丁名	地点	海拔/m
鳞翅目 Lepidoptera：蛱蝶科 Nymphalidae			
金斑蛱蝶	*Hypolimnas missipus*（Linnaeus）	望乡台	1860
蛇眼蛱蝶	*Junonia lemonias*（Linnaeus）	曼旦前山	757
鳞翅目 Lepidoptera：蚬蝶科 Riodinidae			
方裙褐蚬蝶大理亚种	*Abisara freda daliensis* Sugiyama	南溪	2160
红秃尾蚬蝶	*Dodona adonira* Hewitson	望乡台	1860
鳞翅目 Lepidoptera：灰蝶科 Lycaenidae			
吉灰蝶	*Zizeeria karsanda*（Moore）	曼旦	757
双翅目 Diptera：食蚜蝇科 Syrphidae			
黑股食蚜蝇	*Syrphus vitripennis* Meigen	望乡台	1860
膜翅目 Hymenoptera：蚁科 Formicidae			
黄斑弓背蚁	*Camponotus albosparsus* Forel.	望乡台、章巴、普漂	628～1878
安宁弓背蚁	*Camponotus anningensis* Wu et Wang	望乡台	1860
丝毛弓背蚁	*Camponotus holosericeus* Emery	望乡台、咪哩	1800～1860
毛钳弓背蚁	*Camponotus lasiselene* Wang et Wu	曼旦前山	757
平和弓背蚁	*Camponotus mitis*（Smith）	望乡台、普漂	628～1860
巴瑞弓背蚁	*Camponotus parius* Emery	曼旦前山、普漂	628～757
弓背蚁一种	*Camponotus* sp.	曼旦	757
金毛弓背蚁	*Camponotus tonkinus* Santschi	望乡台	1860
邻臭蚁	*Dolichoderus offinis* Emery	曼旦	757
东方行军蚁	*Dorylus orientalis* Westwood	南溪	2160
掘穴蚁	*Formica cunicularia* Latreiue	望乡台	1860
丝光蚁	*Formica fusca* Linmaeus	望乡台、章巴	1860～1878
奇异毛蚁	*Lasius alienus*（Foerster）	望乡台	1860
横纹齿猛蚁	*Odontoponera transversa*（Smith）	曼旦前山、曼旦	757
黄猄蚁	*Oecophylla smaragdina*（Fabricius）	曼旦	757
爪哇厚结猛蚁	*Pachycondyla javana*（Mayr）	望乡台	1860
康斯坦大头蚁	*Pheidole constanciae* Forel.	曼旦	757
哈氏多刺蚁	*Polyrhachis halidayi* Emery	望乡台、章巴	1860～1878
膜翅目 Hymenoptera：胡蜂科 Vespidae			
平唇原胡蜂	*Provespa barthelemyi*（Buysson）	南溪、章巴、咪哩	1800～2160
黑盾胡蜂	*Vespa bicolor bicolor* Fabricius	南溪	2160
大胡蜂	*Vespa magnifica* Smith	南溪	2160
膜翅目 Hymenoptera：马蜂科 Polistidae			
亚非马蜂	*Polistes hebraeus* Fab.	曼旦	757
果子蜂	*Polistes olivaceus*（De geer）	南溪、咪哩	1800～2160
膜翅目 Hymenoptera：条蜂科 Anthophoridae			
金翅木蜂	*Xylocopa auripennis* Lepeletier	曼旦	757
灰胸木蜂	*Xylocopa phalothorax* Lepeletier	曼旦	757

中文名	种拉丁名	地点	海拔/m
膜翅目 Hymenoptera：蜜蜂科 Apidae			
桔背熊蜂	*Bombus atrocinctus* Smith	望乡台	1860
颊熊蜂	*Bombus genalis* Friese	望乡台	1860
排蜂	*Megapis dorsata* Fab.	望乡台	1860
黑可熊蜂	*Micrapis andrenifomis* Smith	南溪、望乡台	1860～2160

第15章　生物多样性综合评价

生物多样性是地球上的生物经过几十亿年发展进化的结果，它包括数以百万计的动物、植物、微生物和它们所拥有的遗传基因，以及它们与环境形成的复杂的生态系统。它们是人类社会赖以生存和发展的物质基础。然而，由于全球人口的增长和人类活动引起的生物资源不合理利用及环境变化，生物多样性正以前所未有的速度遭受破坏，许多物种已经或正在逐渐从地球上消失。这一问题已引起国际社会的广泛关注，生物多样性的研究和保护已成为当前国际社会与各国政府普遍关注的热点问题。

中国是世界上生物多样性特别丰富的12个国家之一，居世界第八位，北半球第一位。而中国庞大的人口和经济快速发展对资源需求与环境的影响，使中国又是生物多样性受到最严重威胁的国家之一。由于生态系统的大面积破坏和退化，中国的许多物种已变成濒危种（endangered species）和受威胁种（threatened species）。高等植物中濒危种高达4000～5000种，占中国高等植物总种数的15%～20%（陈灵芝，1993）。《中国21世纪议程》把生物多样性保护与持续利用列入优先项目行动计划，中国政府和科学界都从不同侧面对生物多样性的保护与持续利用做出了积极的努力并取得了显著成效，但现状仍不容乐观，甚至十分严峻，保护研究工作任务紧迫而艰巨。

元江自然保护区地处哀牢山东坡及红河（元江）河谷，生物地理区位独特而且十分重要。

哀牢山山脉在云南具有重要的意义。首先，它是云南重要的地理分界线。在点苍山-哀牢山一线以东，地貌以丘陵状高原为主，地势起伏较为和缓，高原盆地较多，而高山深谷较少；以西的西南部分是分割得较为破碎的山原地貌，红河、哀牢山、阿墨江、把边江与其下游的李仙江、邦东大雪山、澜沧江、大雪山、邦马山、南汀河、怒江、高黎贡山、龙川江、大盈江等种多山脉和河流相间排列南下，并向东南逐渐展开形成"帚形山系"。其次，哀牢山山脉是云南南部气候因子的分界线，哀牢山以东地区受来自南中国海的东南季风影响较大，同时无量山和哀牢山对西南季风的阻隔，造成降水量的截留，因此除哀牢山最南段区域降水量较大，年降水量1200～1800mm，其余区域都在1200mm以下；平均月极端高温仅有红河-元江谷地的干旱河谷较高，为25℃，其他区域多在23℃以下，大范围区域多年平均月极端高温在21℃以下。而哀牢山以西地区受印度洋孟加拉湾的西南季风影响较大，降水多在1200～2000mm，个别区域降水量接近3000mm。最后，哀牢山山脉是云南省的植被分界线，哀牢山以东，各主要植被类型与我国东部地区群落结构相似而优势种为同属的地理替代种；哀牢山以西，则主要相似于阿萨姆-上缅甸地区较低海拔的类型。

红河在地理位置上处于云贵高原向中南半岛过渡的地带，在流域上是红河水系与珠江水系的分水区域；在气候区上位于我国东南亚热带季风和东亚季风同时受西部季风共同影响的地区，由于地处深切峡谷，既不同于东部季风区，也不是典型的西部季风区，而具有红河独特的气候类型，造成了本区生物多样性的特殊性；在世界生物地理上属于著名的古北界与东洋界和我国西南区与华中地区的交汇过渡地带，表现了复杂的区系组成与多样化的分布类型。因此，红河在我国西南地区处于关键的地理位置和十分独特的生物多样性地位，是我国西南山地生物地理区域具有特别重要意义的地区。

15.1　保护区古老的地质历史保存了我国特有的珍稀植被和物种

红河流域中段的元江地区地处前寒武纪的古越北地块，陆地发育的地质年代很古老，并伴随着云南古老的地体一起演变。云南范围在24亿年前的元古代即开始形成地台，5亿年前在地台基础上形成了岗瓦纳古陆的一部分——康滇古陆，从此成了动植物长期生息繁衍的场所。在以后的地质年代里，康滇古陆经历了各个造山运动、冰川时期，地形地貌和气候均发生了剧烈的变化，但生长在古陆上的生物种类却一直连绵不断，同时周围地区的物种也在扩散和迁徙，一定程度地加入了本区系的行列。到第四纪冰期结束，许多古老的动植物在因云南特殊地形被保护下来的基础上，又有了新的发展，在高原干湿交替的气候季节变化和垂直分带的作用下，谷地炎热、山地寒冷，使物种更加丰富了。元江自然保护区所在区域森林植被多样，动植物种和植被特别是我国特有的河谷型稀树灌木草丛萨王纳植被也是从古老的地史时期延续与演化过来的，并在漫长的演化过程中不断分化、繁衍和发展形成珍贵稀有的植被。这里没有经受第四纪冰川的侵袭，使得很多古老的种类得以避难和保存，并演化出许多新的种类。这些古老的区系与几经演变和更替的种类共同组成了该地区当前丰富多样的动植物区系。

15.2　保护区地理位置、地形地势十分有利于物种扩散

红河中游地区特殊的地理位置也是当前物种丰富、多样化的原因，悠久的地质历史固然提供了物种长期演化的坚实的基地，然而，在云南省于晚始新世至渐新世形成现今地质构造的基本轮廓和第四纪形成地貌的基本轮廓过程中，地理位置的特殊性使得物种在迁徙、扩散和演化过程中积聚了来自各方位的物种，使得该地区的物种多而复杂。尤其是第三纪以来，由气候的变迁，冰期和间冰期的交替，使得物种普遍南迁和局部北移，几次反复，加上喜马拉雅山和横断山的影响而造成的物种东西向的扩散与迁徙，元江自然地成了这些动物扩散和迁徙的通道，而且由于辖区内地势复杂、气候多样，具有各种植被类型，各种小生境众多，能容纳各种类型的物种，加上随后的演化和发展，物种也多样而复杂。

云南的四邻如缅甸、越南、老挝等邻国与我国的西藏、四川、贵州和广西，也是动植物种类十分丰富的地区，它们与云南山水相连、气候相似，动植物种类互相迁移分布，也促成了云南动植物种类的繁多。云南众多南北走向的山川河流，使南方与北方的植物以此通道而迁徙，交汇于云南。云南特殊的地理位置和地形地貌，横断山脉与河流的南北走向，沟通了古非洲和印度的热带动植物区系与欧亚大陆的泛北极动植物区系，丰富了东亚动植物的多样性；而喜马拉雅动植物区系与东亚动植物区系也汇合于云南，增加了云南动植物成分的复杂性。元江得益于这种优越的环境，加上其现代在云南所处的地理位置和特点及在地质历史上的稳定发展，其物种的保存和演化代表了云南动植物区系历史演变的缩影，新旧物种齐汇，种类多样复杂，具有重要的保护价值。

15.2.1　保护区生物地理区系处于东亚十分重要的过渡地位

保护区有水青树科、猕猴桃科和十齿花科3个东亚特有科，占全部东亚特有科的17.65%，表明保护区为东亚植物区的一部分。而哀牢山脉源于东喜马拉雅纵向岭谷区的横断山系，在地质历史的发生演变中与东喜马拉雅有着紧密的联系，并表现在生物地理区系以喜马拉雅-横断山脉类型为主，是东亚植物区系中的中国-喜马拉雅森林植物亚区的最东南的延伸部分，使这里成为典型喜马拉雅-横断山脉分布型的南限和东限。

保护区内热带亚洲成分也占有很突出的地位，在属水平上，热带亚洲分布及其变型有166属，占总属数的19.37%。在种水平上，该类型有888种，占总种数的41.21%。但保护区内缺乏典型的热带性科，说明保护区处于古热带植物区向东亚植物区过渡的交汇地带。

15.2.2　保护区是红河流域动物重要的生物走廊带

保护区地理位置特殊，位于红河中游，连接着中南半岛与滇中高原，又夹于哀牢山脉与滇东高原之间，是红河流域重要的生物走廊带的关键地带；是中国动物地理区划中西南区和华南区的分野地带，又是东、西、南、北动物交汇区，边缘分布的动物多、动物栖息的适生生境少而破碎，加上边缘分布动物的脆弱性，而人为干扰又较严重。保护区的建立对保护这一地区丰富的哺乳动物物种多样性、分布类型多样性和众多的地区特有动物，保护众多的珍稀、濒危动物，保护这一地区众多的边缘分布哺乳动物及保护我国红河流域重要的生物走廊带的汇通、连贯性和延续性有非常重要的价值与意义。

15.3　边缘性与过渡性导致了丰富的动植物种类和区系地理成分的多样性

红河处于南北与东西自然区域特色迥然不同的结合过渡地带，东南亚热带与喜马拉雅–横断山系的过渡区域，并处于华南区与西南区的分野地带。因此，元江自然保护区及其临近地区在中国生物地理区域上是一个十分独特的地区，表现出保护区的动植物种类组成丰富，区系成分构成相当复杂。

15.3.1　维管植物种类组成丰富、区系组成复杂、特有现象突出

元江自然保护区维管植物丰富，已记录2379种，隶属于205科955属。

15.3.2　种子植物区系组成复杂的过渡性质

保护区分布野生种子植物164科857属2155种。其植物区系的地理成分复杂、联系广泛。其164科可划分为11种分布区类型，857属可划分为14个分布类型和19个变型，2155种可划分为15种类型（含变型），其中667个中国特有种可划分为3个亚型和10个变型。保护区与热带区系的联系以泛热带成分和热带亚洲成分为主，与温带的联系以东亚成分为主，在云南与滇南、滇西南及滇东南关系密切，在全国南方与西南地区关系密切，在东亚地区与中国–喜马拉雅地区最接近，在区系组成复杂表现出明显的过渡性质。

15.3.3　动物种类丰富，是云南动物较丰富的保护区之一

保护区已记录到哺乳动物97种，占中国哺乳动物的15.98%，占云南哺乳动物的31.70%，是云南乃至全国自然保护区系统中哺乳动物多样性较为丰富的保护区；保护区鸟类十分的丰富，共记录了258种，占全省鸟类总数的43.95%；保护区共记载了53种两栖动物和71种爬行动物，分别占全省总种数的32.5%和31.76%，在云南的保护区中属于两栖爬行动物较丰富的保护区之一。其中有些物种是云南的新发现种，分布十分狭窄，具有很高的保护价值；保护区共记载了鱼类34种，隶属于4目9科30属，表明了本区鱼类不仅种类丰富，而且属和科的组成也较多样化；保护区脊椎动物总种数达到513种。此外保护区内昆虫种类也十分的丰富，记载了昆虫13目93科302属413种，是云南省除南部几个热带保护区之外，种类多、资源昆虫丰富、类群多样化突出的保护区。保护区动植物在种级水平上表现出丰富的物种多样性。

15.4　珍稀动植物分布集中，稀有性突出

15.4.1　保护区珍稀濒危保护植物的种类极为丰富

保护区珍稀濒危保护植物的种类十分的丰富，分布国家重点保护植物13种，包括国家Ⅰ级重点保护植物2种，国家Ⅱ级重点保护植物11种；分布云南省重点保护植物13种，包括云南省Ⅱ级重点保护植物3种，云南省Ⅲ级重点保护植物10种；分布IUCN受威胁植物10种，其中极危1种、濒危4种、渐危5种；分布CITES附录植物81种，其中，附录Ⅰ2种，附录Ⅱ79种；分布极小种群植物1种（旱地油杉）；分布国家珍贵树种5种；分布云南省珍贵树种4种。

15.4.2　保护区珍稀保护动物种类丰富

元江自然保护区分布重点保护野生哺乳动物28种，约占国家重点保护野生哺乳动物总种数（151种）的18.54%。国家Ⅰ级重点保护野生哺乳动物有西黑冠长臂猿、灰叶猴、蜂猴、倭蜂猴等9种；国家Ⅱ级重点保护野生哺乳动物有黑熊、水獭、金猫、中华鬣羚等16种，占国家重点保护野生哺乳动物总种数的

10.60%。保护区的国家重点保护及CITES附录Ⅰ和附录Ⅱ物种数与云南保护哺乳动物最丰富的国家级自然保护区比较，也是最多的保护区之一。保护区分布国家重点保护鸟类25种，包括1种国家Ⅰ级重点保护鸟类——绿孔雀，24种国家Ⅱ级重点保护鸟类，如冠斑犀鸟等；22种被列入CITES附录Ⅱ。保护区分布7种国家重点保护两栖爬行动物，包括3种Ⅰ级重点保护两栖爬行动物——鼋、巨蜥和蟒蛇，4种国家Ⅱ级重点保护两栖爬行动物；保护区还分布2种云南省重点保护动物——眼镜蛇和眼镜王蛇；列入CITES附录Ⅰ的物种有平胸龟、滑鼠蛇、眼镜蛇，列入CITES附录Ⅱ的有眼镜王蛇、鼋、巨蜥和蟒蛇。

15.5　生物地理区域上的独特性导致本区生物类群丰富的特有性

保护区处于滇中高原与滇南热带区域十分特殊的自然地理的交错过渡区域，气候条件既不同于滇中高原，也不同于滇南低热地区或云南的其他地区，加之地形条件复杂，生境多样化，分化了不少稀有或特有类群。

15.5.1　极为丰富的特有植物

元江自然保护区植物区系的特有现象显著。保护区有东亚特有科3科，占全部东亚特有科的17.65%；中国特有属7属，占整个中国特有属的2.88%；中国特有种667种，占保护区总种数的30.95%；

云南特有种193种，占保护区中国特有种的28.94%；本区狭域特有种24种，其中10种是具有重要经济和药用价值的种类，如元江苏铁、云南火焰兰、狭叶柏那参、元江风车子、元江山柑等；另有14种是本次考察发现的新物种（或新变种），如瘤果三宝木 Trigonostemon tubreculatum、元江海漆 Excoecaria yuanjiangensis、元江绞股蓝 Gynostemma yuanjiangensis 等，有7种仅见于本保护区。此外，近年来在保护区内又发现并建立了大戟科特有新属——希陶木属 Tsaiodendron 和特有新种希陶木 Tsaiodendron dioicum。可见元江自然保护区是云南省内狭域特有植物最多的自然保护区之一，显示出本区域的独特性和在中国植物区系中的重要性。

15.5.2　特有动物种类同样丰富

红河地区处于横断山区最东部的边缘，东喜马拉雅-横断山区特有和横断山区特有类群较为丰富，哺乳动物除红河特有的亚种：哀牢山绒鼠指名亚种、滇绒鼠指名亚种和最近发表的赤腹松鼠哀牢山新亚种 Callosciurus erythraeus zhaotongensis Li et Wang，2006外，中国特有或地区特有种在保护区也相当丰富。南中国和喜马拉雅-横断山区的特有种有32种，占全区总种数的34.41%，这些特有类群是本保护区重要的保护对象，也是衡量保护区的重要价值的指标。本保护区特有属、种多且比例较高，超过云南南部的许多国家级自然保护区如西双版纳自然保护区、黄连山自然保护区、分水岭自然保护区、文山自然保护区等云南许多重要的国家级和省级保护区，在云南的自然保护区系统中属于特有属、种多且比例最高的保护区之一，是元江自然保护区的另一个重要特征。

同时，保护区特有鱼类也十分丰富。元江-红河水系的特有种共11种，元江地区虽位于元江-红河水系的上游，但特有种数目却占整个元江-红河水系特有种的45.5%，显示了该保护区对保护红河中游水生生物的重要性。

如此高比例、多种属的生物特有性，在动植物区系起源的研究和生物地理区划中有着重要意义与不可替代的地位。

15.6　自然属性典型而特殊，有极高的保护价值

15.6.1　森林生态系统类型丰富，珍稀树种群落分布集中

元江自然保护区植被类型丰富，在350~2580m海拔，自下而上依次出现8个植被型12个植被亚型31

个群系39个群丛。其中包括了豆腐果林、野茶林、红花木莲林、水青树林等十分珍稀的保护树种群落，以及地中海残余的珍稀植被——硬叶常绿阔叶林的锥连栎林和滇榄仁林等。以漆树科旱生植物豆腐果为特征的半常绿季雨林，是元江自然保护区干热河谷的特有植被类型；硬叶常绿阔叶林是古地中海的残余植被类型。元江自然保护区的河谷型硬叶常绿阔叶林是我国分布纬度和海拔最低的硬叶常绿阔叶林类型，它之所以在保护区被保存下来，与哀牢山隆升与红河断裂形成的特殊的河谷类型有关，保存了这种古地中海的残余植被。该植被对研究我国西南纵向岭谷区的地质历史变迁，以及古现代植物地理学、植被地理学的研究具有重要意义。

15.6.2　保护区典型的河谷型萨王纳植被类型有极为重要的保护价值

元江自然保护区位于红河中上游的元江段，河西为著名哀牢山脉的东坡，分布着中山湿性常绿阔叶林，是云南省亚热带山地最具代表性的森林植被，也是哀牢山最主要的森林植被类型；同时哀牢山东坡的中山湿性常绿阔叶林邻近元江干热河谷，分布着典型的河谷型萨王纳植被类型，保护区正好处于山地湿润地带向干热河谷过渡的两种截然不同的生境条件的分界地带，生态系统多样性和物种多样性都十分丰富，并因干热河谷型的特有类群、巨大高差的中山深切割河谷地貌，发育了壮观而奇特的山地河谷型景观类型，是我国自然保护区中生物多样性地位十分重要的地区。该区对研究河谷型萨王纳植被和中山湿性常绿阔叶林的起源、演替、自然更新有重要的生物地理学与群落生态学意义，并对干热河谷群落植被的生态恢复、保护和科学管理提供科学依据与实践指导意义。同时对哀牢山山脉物种的地理阻隔效应的分析，对阐明我国西南地区纵向岭谷区南段生态学和物种的演化有重要意义。

15.6.3　我国的亚热带山地中山湿性常绿阔叶林的典型代表类型

元江自然保护区哀牢山东坡分布的中山湿性常绿阔叶林是红河流域在东南亚热带季风气候下形成的典型的地带性植被，是保护区最主要的森林植被类型，保存完好，是我国南部亚热带生物地理区中山湿性常绿阔叶林的原始群落的典型代表类型，其群落种类组成丰富多样，区系成分复杂，群落结构完整，特征典型，也是目前云南和华南地区保存最好的亚热带山地中山湿性常绿阔叶林的典型性代表类型，对于研究亚热带中山湿性常绿阔叶林结构组成和生态功能有重要的科学价值。

15.6.4　保护区是研究我国亚热带山地中山湿性常绿阔叶林的理想地

哀牢山东坡的中山湿性常绿阔叶林位于我国西南纵向岭谷区的主要山脉，地处云南省最重要的地理分界线：哀牢山-元江（红河）大断裂带、哀牢山的东坡坡面、元江河谷的西侧。元江自然保护区有效保护了此类中山湿性常绿阔叶林。哀牢山东坡的此类中山湿性常绿阔叶林由于邻近典型的元江干热河谷，属于山地湿润地带向干热河谷过渡的两种截然不同的生境条件的分界地带，是中山湿性常绿阔叶林的一种特殊的边缘类型，以该类型为研究对象可以对干热河谷中山湿性常绿阔叶林的起源、演替、自然更新起重要的生物地理学和群落生态学意义，并对该群落的生态恢复保护和科学管理提供科学依据与实践指导意义。

15.7　边缘性与深切割山地导致生态的脆弱性

元江自然保护区处于红河区腹地，属云贵高原的核心地带，并有高大山脉分布，同时地处红河中游与珠江中游的交汇处，有众多大小支流形成的深切河谷，山高坡陡，地质构造复杂，全区地貌明显受北北东向的皱褶和断裂带的控制，地形十分破碎，生态稳定性极差。该区在生物地理分区上处于华南区向西南区过渡的位置，是东南亚热带成分向北延伸分布的北限区域，也是华中区红河流域区系成分向西分布的边缘，同时还是西南区喜马拉雅-横断山脉成分沿哀牢山向南扩散分布的南限边沿。因此，生物地理的边缘效应突出，不同区系成分的物种在此区的出现均属边缘类群，该区已不是它们的最适分布区域，目前保护区不同区系成分和分布型的物种均保存在保护区，虽然物种丰富而多样，但是其边缘性决定了其每种的种群数量都很少，分布范围狭窄，仅存在于一些十分狭窄的生境中，对干预十分敏感，一旦破坏极难恢复，甚至导致物种的消失。另外，因保护区外围为中山深切割山地，生态稳定性差，并且在长期自然和人为因素的影响下，周边环境大多已被开发，生态环境极其脆弱，使保护区物种失去了向四周扩散的机会，保护区成了这些物种生存的孤岛。这种多样性物种汇集在孤岛上，有不少种类分化为狭域特有种，如元江苏铁等，在长期失去扩散和迁徙的条件下变得十分敏感与脆弱，因此，边缘效应与孤岛效应的叠加，增加了保护区的脆弱性，加大了保护的必要性和紧迫性。保护了这一地区就等于保护了来自不同区域和不同区系成分的生物类群，以及不同产地物种种群的遗传资源。

15.8　交汇过渡区域在表现出多样性的同时具有高度的敏感性

保护区处于自然地理和生物地理区系的交汇过渡区域，在植物地理区划上是东南亚热带植物区系向滇中高原东亚亚热带常绿阔叶林区域和喜马拉雅植物区系过渡并与古热带植物区系的交汇地带，在东西向上正好处在"田中线"的西侧边缘，是东亚东西向两大森林植物区系（中国-喜马拉雅和中国-日本）的交错过渡地区；在动物地理区划上是亚热带华中区和喜马拉雅-横断山脉的西南区交汇过渡地带，使这里成了许多不同区系成分的生物类群的中间过渡区域，同时也是东西南北不同区域或分布型的一些物种向外缘扩散或分布的边缘。边缘地带对于许多生物类群特别是森林动物而言，相对它们分布的中心区域，已经不是栖息繁衍的最佳环境，它们抵御外界干扰和环境变化的能力较弱，一旦保护区遭受干扰和破坏，这些边缘物种的敏感性很强，它们退缩或消失的速度较其他物种快。

15.9　保存了生物地理区系起源的古老性

生物区系的古老性与特有性同保护区特殊的地质基础密切相关，保护区自第三纪以来，古地理环境相对稳定，特别是中新世新构造运动对这里没有产生巨大冲击，也没有受特提斯海消退、洋盆闭合后气候变干的直接影响，更没有受第四纪更新世冰川所波及，因而植物区系没有发生较大的动荡，一些起源于古热带和东亚亚热带古老的植物区系成分得以在这里长期保存繁衍下来；另一些在中生代三叠纪印支运动后由滨太平洋地区成陆的石灰岩山地古老植物得以长期特化发展。到新生代第四纪随青藏高原的抬升，加剧了印度洋孟加拉湾西南季风、太平洋北部湾东南热带季风和东亚亚热带季风环流形势，使元江地区深受三大季风暖湿气流的泽惠，虽纬度相对云南其他地区偏高，热量条件有所下降，但四季湿度都很大，而不同于云南绝大部分地区干湿季分明的气候特征。这种终年高湿多雾、夏暖冬凉的气候使得元江地区目前仍保存着相当多的自中生代石炭纪的桫椤到新生代第三纪残遗的苏铁、水青树和十齿花等许多孑遗古老植物科属，保护区古老、特有的另一特点还表现在数量较多的单型科、少型科、少型属、单种属上，更加充分地显示了元江自然保护区生物地理区系起源的古老性。

15.10　保护区生物多样性的科学价值与社会经济价值极为突出

15.10.1　科学价值极高而不可替代

1. 元江自然保护区处于自然地理和生物地理区系的交汇过渡区域，有较高的科学研究价值

元江南北向正好处在古北界与印马界的过渡带上；东西向上正好处在著名的"田中线"的东侧边缘，是东亚东西向两大森林植物区系（中国-喜马拉雅和中国-日本）的交错过渡地区。在中国植物地理区划上是亚热带北部中山湿性常绿阔叶林区域和东亚亚热带植物区系的交汇地带，在动物地理区划上是亚热带华南区和喜马拉雅-横断山脉的西南区交汇过渡地带。生物地理的这种边缘性和过渡性使保护区汇集了丰富的生物类群及复杂的区系成分与分布类型，以及丰富的第三纪残遗的古老植物科属和许多孑遗植物种类、数

量较多的古老成分，也有不少的单型科、少型科、少型属、单种属的珍稀特有植物，保护好这个联系着中南半岛与喜马拉雅山脉的红河流域和重要地理分界线的哀牢山脉东坡原始森林植被的特殊地理环境及其丰富的生物物种和珍稀特有物种，是研究云南高原与东南亚和东喜马拉雅两大自然地理区域的生物地理起源、演化的关键所在，在生物地理与地质历史变迁的协同进化理论研究中具有不可替代的研究价值，并对生物多样性保育与可持续利用有着重要的理论价值和实践指导意义。

2. 保护区高比例、多种属的生物特有性，在动植物区系起源的研究和生物地理区划中有着重要意义与不可替代的地位

保护区特有类群相当丰富，特别是种级特有的数量多、比例高：中国特有种667种，占保护区总种数的30.95%；云南特有种193种，占保护区中国特有种的28.94%；本区狭域特有种24种，占保护区中国特有种的3.6%，其中有10种是具有重要经济和药用价值的种类。因具如此多的保护区特有种，该保护区是云南省特有种最多的自然保护区之一。如此多的特有成分，充分显示了本区在生物地理上的特殊性与重要性，对研究植物区系的起源和演化具十分重要的学术价值。

3. 保护区古老物种分布集中，是研究红河植物区系起源和演化的重要地区

红河流域目前仍保存着相当多的自中生代石炭纪的桫椤到新生代第三纪残遗的苏铁、水青树和十齿花等许多孑遗古老植物科属，而且这些古老类群在保护区单位面积的个体分布数量远高于它们在保护区以外的其他分布地点。元江自然保护区古老、特有的另一特点还表现在数量较多的单型科、少型科、少型属、单种属上，更加充分地显示了元江自然保护区生物地理区系起源的古老性与科学研究价值。

4. 保护区丰富特殊的动物多样性具有较高的研究与保护的价值

保护区为哺乳动物种类丰富，并特有属种多且以华南区哺乳动物为主体而又具有西南山地哺乳动物特色的森林哺乳动物保护区。保护区是喜马拉雅-横断山区分布型与东南亚热带亚热带分布型哺乳动物分布的边缘地带，由于边缘效应产生的物种脆弱性和对生境的敏感性很高，对研究动物与环境的关系有很高的价值。同时这一地区是我国南部动物地理环境区划中华南区和西南区的分野地带，又是红河流域南北哺乳动物的汇集地带之一，多数边缘分布的种类数量极少，极易灭绝，这在物种保护研究中是十分难得的区域。

保护区物种丰富、特有和动物地理区划上的过渡性使得该区在研究云南中西部地区的动物区系地理中具有特殊的科学价值与保护地位。

保护区内尚有许多方面的调查研究还未涉及。保护区处于红河中游的地位，对于研究红河流域与中南半岛北部的生物多样性保护和生物走廊带的连贯性及延续性，红河中下游跨境生态安全，以及流域内经济社会可持续发展等方面与保护区的关系，有很多问题值得进一步深入研究，足见元江自然保护区在科学研究和保护地位方面的重要价值。

15.10.2　社会经济价值十分显著

1. 保护区对红河流域发挥着不可替代的生态功能

元江自然保护区所在的哀牢山东坡森林茂密，元江东岸则以石灰岩和变质岩为主，石灰岩分布面积较大，保护区周边的山地中下部和元江河谷两岸的河漫滩与台地、阶地则多已开发为农田、村庄。保护区翁郁的森林植被和河谷两侧的稀树灌木草丛萨王纳植被对于维护红河流域居民的生产生活与生态安全发挥着不可替代的生态服务功能，它不仅保护丰富的生物多样性，同时调节当地的气候、净化空气、涵养水源，维护整个元江地区的生态平衡与生态安全，为红河流域各族人民提供了经济社会可持续发展必不可少的资源基础与环境条件。在保护区以外的生态环境破坏严重的形势下，保护区发挥的生态服务功能远远高于其他地区。

2．保护区是红河流域重要的生态屏障

元江自然保护区处于红河中游，下游是重要的国际河流，元江的主要支流大清河、南溪河、小河底河等均流经保护区或其边缘。保护区的森林植被与生态系统的结构的完整性和生态服务功能对红河中下游的水文气象及生态安全发挥着重要的生态屏障功能和作用，哀牢山所处的地理位置在全省生态功能区划分时将哀牢山-元江列为红河流域重要的生态屏障区，而能够发挥主要生态服务功能的生态系统主要分布在保护区内，保护区是构建红河流域中游生态屏障的重要组成部分。因此，保护区不仅在保护我国唯一的热带稀树灌木草丛河谷型萨王纳植被和典型的亚热带常绿阔叶林生态系统及其珍稀濒危特有物种方面有着重要意义，同时在维护红河流域的生态安全和促进区域经济社会可持续发展中也同样具有不可替代的功能与地位，特别是在下游及跨境生态安全方面有着重要的战略意义。

3．保护区丰富的资源植物是周边社区及地方经济发展的重要基础

元江自然保护区保存了哀牢山与红河流域80%的天然森林生物资源。保护区资源植物种类繁多、类别齐全，区内记录维管植物2379种，其中元江保护区是云南自然保护区中种类最丰富的保护区之一，各种资源植物共1128种，分属于16种不同的资源植物类型，种类多、类别全，如药用资源植物、油脂资源植物、有毒资源植物、鞣料资源植物、蜜源资源植物、淀粉资源植物、木材资源植物、纤维资源植物、观赏资源植物等，有超过70%都是现在可以利用的资源植物。《生物多样性公约》明确指出，资源有效保护的途径包括对保护对象的可持续利用。在保护区分布着丰富的经济植物资源，在保护的前提下积极开展引种栽培，是周边社区生存发展的重要基础，有必要在保护的前提下实现科学合理的利用。

4．保护区优美的自然景观是发展生态旅游并实现社区参与共管的极好资源和结合点

保护区旅游资源较为丰富，类型多样化，主要的景观类型有著名的哀牢山山地原始森林景观、元江河谷水域景观、我国特有的河谷型稀树灌木草丛萨王纳植被景观和少数民族人文景观，但目前还没有规划和开发，在保护好的前提下，可以在实验区适度规划发展生态旅游，并强调社区参与，是今后保护区与社区参与共建共管模式中，以资源非消耗性利用的方式发展社区经济的主要途径之一，对促进社区与保护区和谐共赢具有十分积极的意义，并对拉动地方经济发展有着巨大的潜力。

5．保护区丰富的生物多样性是保持民族传统文化的重要条件

在云南多民族的山地，民族文化的多元化源于当地环境与生物的多样性，哀牢山-元江区多样化的民族传统文化与保护区丰富的生物多样性有着密不可分的联系，彼此间相互依存而不可分割，在当地居民生活生产的传统文化得以保持和保护区生物多样性与生物资源的存在有着紧密联系，要保护我们优秀的传统文化必须保护好生物多样性，同样在保护生物多样性的同时也必须保护好优秀的传统文化和可持续利用、管理生物资源的传统知识，保护好生物多样性是保护民族传统文化的重要条件，保护好优秀的传统文化是有效保护生物多样性的重要途径，保护好生物多样性与文化多元性具有同样重要的意义。

参 考 文 献

云南省林业厅，中德合作项目云南省FCCDP办公室，云南省林业调查规划院．2003．莱阳河自然保护区［M］．昆明：云南科技出版社：1-371.

陈树椿．1999．中国珍稀昆虫图鉴［M］．北京：中国林业出版社：1-332.

陈宜瑜．1978．中国平鳍鳅科鱼类系统分类的研究Ⅰ．平鳍鳅亚科鱼类的分类［J］．水生生物学集刊，6（3）：331-348.

陈宜瑜．1980．中国平鳍鳅科鱼类系统分类的研究Ⅱ．腹吸鳅亚科鱼类的分类［J］．水生生物学集刊，7（1）：95-120.

陈宜瑜，等．1998．中国动物志　硬骨鱼纲　鲤形目（中卷）［M］．北京：科学出版社：1-531.

陈银瑞，杨君兴，李再云．1998．云南鱼类多样性和面临的危机［J］．生物多样性，6（4）：272-277.

陈自明，陈银瑞．2006．元江-红河水道开发对鱼类的影响和保护对策［J］．信阳师范学院学报（自然科学版），19（1）：51-56，76.

褚新洛．1982．褶鮡属鱼类的系统发育及二新种的记述［J］．动物分类学报，7（4）：428-437.

褚新洛，陈银瑞．1979．地下河中盲鱼一新种——个旧盲条鳅［J］．动物学报，25（3）：285-287.

褚新洛，陈银瑞．1982．鲤科盲鱼一新属新种及其系统关系的探讨［J］．动物学报，28（4）：383-388.

褚新洛，陈银瑞．1989．云南鱼类志（上册）［M］．北京：科学出版社：1-377.

褚新洛，陈银瑞．1990．云南鱼类志（下册）［M］．北京：科学出版社：1-313.

褚新洛，郑葆珊，戴定远．1999．中国动物志　硬骨鱼纲　鲇形目［M］．北京：科学出版社：1-230.

东北林学院．1981．土壤学（下册）［M］．北京：农业出版社：1-148.

杜自亮．2005．元江干热河谷山地植被类型调查与恢复措施［J］．云南环境科学，24（增刊）：71-73.

国家药典编写委员会．2015．中华人民共和国药典［M］．北京：中国医药科技出版社：11-295.

蒋学龙．2000．景东无量山哺乳动物及区系地理学研究［D］．中国科学院昆明动物研究所博士学位论文．

蒋学龙，王应祥，靖美东．2002．永德大雪山自然保护区综合考察报告［M］．《永德大雪山自然保护区综合考察报告》（云南省林业厅、云南省林业规划设计院、永德大雪山自然保护区管理局编）：186-274.

金振洲．2002．滇川干热河谷与干暖河谷植物区系特征［M］．昆明：云南科技出版社：1-255.

李树深．1984．中国纹胸鮡属（*Glyptothorax* Blyth）鱼类的分类研究［J］．云南大学学报，（2）：75-89.

李思忠．1981．中国淡水鱼类的分布区划［M］．北京：科学出版社：1-292.

李锡文，李捷．1992．从滇产东亚属的分布论述"田中线"的真实性和意义［J］．云南植物研究，14（1）：1-12.

马世来，王应祥．1988．中国现代灵长类的分布、现状及保护［J］．兽类学报，8（4）：250-260.

彭华．1997．无量山种子植物区系的特有现象［J］．云南植物研究，19（1）：1-14.

彭燕章，杨德华，匡邦郁．1987．云南鸟类名录［M］．昆明：云南科技出版社：1-478.

屈文政，等．2006．第十四章　兽类［C］//杨宇明，杜凡．云南铜壁关自然保护区科学考察研究．昆明：云南科技出版社：219-236.

王应祥，2003．中国哺乳动物种和亚种分类名录与分布大全［M］．北京：中国林业出版社：1-394.

王应祥，冯庆，蒋学龙，等．1999．绿春黄连山自然保护区哺乳类［C］//中国科学院昆明植物研究所．云南绿春黄连山自然保护区综合科学考察报告．昆明：中国科学院昆明植物研究所：225-252.

王应祥，林苏，胡箭．2001．哺乳动物考察报告［C］//云南省林业调查规划院，西双版纳州林业局．西双版纳扩建自然保护区科学考察报告集．

王应祥，刘思惠，蒋学龙，等．2002a．第十一章　兽类［C］//西南林业大学等．云南文山自然保护区总和科学考察报告．

王应祥，岩昆，潘清华．2007．中国哺乳动物彩色图鉴［M］．北京：中国林业出版社：1-420.

王西之，胡锦矗．1999．四川兽类原色图鉴［M］．北京：中国林业出版社：1-278.

吴征镒，路安民，汤彦承，等．2003．中国被子植物科属综论［M］．北京：科学出版社：1-1209.

伍献文，等．1964．中国鲤科鱼类志　上卷［M］．上海：上海科学技术出版社．1-228.

伍献文，等．1977．中国鲤科鱼类志　下卷［M］．上海：上海人民出版社：229-598.

杨岚，杨晓君. 2005. 云南鸟类志下卷：雀形目［M］. 昆明：云南科技出版社：1-1056.

乐佩琦，等. 2000. 中国动物志 硬骨鱼纲 鲤形目（下卷）［M］. 北京：科学出版社：14-203.

张荣祖. 1978. 试论中国陆栖脊椎动物地理特征——以哺乳动物为主［J］. 地理学报，33（2）：85-101.

张荣祖. 1979. 中国自然地理 动物地理［M］. 北京：科学出版社：1-121.

张荣祖，赵肯堂. 1978. 关于《中国动物地理区划》的修改［J］. 动物学报，24（2）：196-202.

赵体恭，吴德林，邓向福. 1988. 哀牢山自然保护区兽类［C］//徐永椿，等. 哀牢山自然保护区综合考察报告集. 昆明：云南民族出版社：194-205.

郑慈英，陈银瑞，黄顺友. 1982. 云南省的平鳍鳅科鱼类［J］. 动物学研究，3（4）：393-402.

郑作新，张荣祖. 1959. 中国动物地理区划与中国昆虫地理区划（初稿）［M］. 北京：科学出版社：1-66.

中国森林编辑委员会. 2000. 中国森林［M］. 北京：中国林业出版社：1164-1838.

周伟. 2000. 云南湿地生态系统鱼类物种濒危机制初探［J］. 生物多样性，8（2）：163-168.

周伟，刘菊华，叶新明. 1999. 云南元江水系三条支流鱼类 β 多样性比较［J］. 动物学研究，20（2）：111-117.

周伟，刘应聪. 1999. 云南绿汁江鱼类的形态特征及其适应意义［J］. 四川动物，18（1）：8-11.

朱华. 1990. 元江干热河谷肉质多刺灌丛的研究［J］. 云南植物研究，12（3）：301-310.

朱华，阎丽春. 2003. 再论"田中线"和"滇西—滇东南生态地理（生物地理）对角线"真实性和意义［J］. 地球科学进展，18（6）：870-876.

朱松泉. 1989. 中国条鳅志［M］. 南京：江苏科学技术出版社：1-150.

Chen I S, Yang J X, Chen Y R. 1999. A new goby of the genus *Rhinogobius* (Teleostei: Gobiidae) from the Honghe Basin, Yunnun Province, China [J]. Acta Zoologica Taiwanica, 10 (1): 43-48.

Mackinnon J, Meng S, Cheung C, et al. 1996. A bioliversity Review of China [M]. Hong Kong: WWF Intermational: 403.

Osgood W H. 1932. Mammals of the Kelley-Roosevelts and Delacour Asiatic expeditions [J]. Field Mus Nat Hist Zool Ser, 18 (10): 193-339.

Wang Y X, Ma S L, Li C Y. 1993. The taxonomy, distribution and status of forest musk deer in China [C]. *In*: Ohtaishi N, Helin S. Deer of China. Amsterdam: Elsevier Science Publishers B. V.

Zhou W, Cui G H. 1997. Fishes of the Genus *Triplophysa* (Cypriniformes: Balitoridae) in the Yuanjiang River (upper Red River) Basin of Yunnan, China, with description of a new species [J]. Ichthyological Exploration of Freshwaters, 8 (2): 177-183.

附录 云南元江自然保护区维管植物名录

　　本名录记录元江自然保护区的野生植物与重要栽培林木（名录中文名前面带"*"者为栽培植物）。名录主要根据2006年5月和10月进行元江自然保护区科学考察阶段采集的5000多号标本及野外记录，以及后来多次进行的补充调查所采集的标本和野外记录编制而成。迄今整理出保护区野生种维管植物205科955属2379种。其中蕨类植物41科98属224种（含种下等级，下同）；种子植物164科857属2155种。种子植物中，裸子植物3科4属8种；被子植物161科853属2147种。被子植物中，双子叶植物141科688属1795种，单子叶植物20科165属352种。名录中每种的后面带有调查中采集的标本号或所在样地号。名录中没有采集号的种类，多数是野外调查时记录到，但是未采集标本的，部分是根据以往文献记载于元江自然保护区的。名录中蕨类植物按照秦仁昌1978年系统排列，裸子植物按郑万钧《中国植物志》系统排列，被子植物按《云南植物志》（哈钦松）系统排列。科名之前的数字为该科在各自分类系统中的科号。

I 蕨 类 植 物

P2. 石杉科 Huperziaceae

蛇足石杉 Huperzia serrata（Thunb. Ex Murray）Trev.
　　保护区南溪老林等地；海拔1240～2404m；林下、灌丛或路旁；全国除西北地区部分省份、华北地区外均有分布；亚洲其他国家、俄罗斯、太平洋地区、大洋洲、中美洲。

P3. 石松科 Lycopodiaceae

扁枝石松 Diphasiastrum complanatum（L.）Holub.
　　保护区南溪老林等地；海拔1880～2340m；林下、灌丛或山坡草地；东北、华中、华南及西南大部分省份；广布于全球温带及亚热带。

藤石松 Lycopodiastrum casuarinoides（Spring）Holub ex Dixit
　　保护区南溪老林等地；海拔1995～2482m；林缘、灌丛；华东、华南、华中及西南大部分省份；亚洲亚热带地区。

石松 Lycopodium japonicum Thunb. ex Murray
　　保护区南溪老林等地；海拔1845～2410m；林下、灌丛、草坡、路边或岩石上；全国除东北、华北以外的其他省份；日本、印度、缅甸、不丹、尼泊尔、越南、老挝、柬埔寨及其他南亚国家。

垂穗石松 Palhinhaea cernua（L.）Vasc. et Franco
　　保护区河谷地带；海拔690～987m；林下、林缘及灌丛荫处或岩石上；浙江、江西、福建、台湾、湖南、广东、香港、广西、海南、四川、重庆、贵州、云南；亚洲其他热带及亚热带地区、大洋洲、中南美洲。

P4. 卷柏科 Selaginellaceae

块茎卷柏 Selaginella chryocaulis（Hook. et Grev.）Spring
　　保护区南溪老林等地；海拔1135～1984m；林下或草丛中；云南、贵州、四川和西藏。

缘毛卷柏Selaginella ciliaris Spring

保护区南溪老林等地；海拔1405～2490m；山坡、草地；广东、广西、海南、香港、台湾、云南；印度、斯里兰卡、越南、泰国、菲律宾、印度尼西亚、巴布亚新几内亚、澳大利亚。

蔓出卷柏Selaginella davidii Franch.

保护区南溪老林等地；海拔1117～2038m；灌丛或干旱山坡；云南、安徽、北京、重庆、福建、甘肃、河北、河南、湖南、江苏、江西、陕西、宁夏、山东、山西和浙江。

异穗卷柏Selaginella heterostachys Baker

保护区河谷地带；海拔580～934m；林下岩石上；云南、安徽、重庆、福建、甘肃、广东、广西、贵州、河南、香港、湖南、江西、四川、台湾和浙江。

印度卷柏Selaginella indica（Milde）R. M. Tryon

保护区南溪老林等地；海拔1179～1852m；干热河谷山坡或山顶岩石上；云南、西藏、四川；印度、尼泊尔、不丹。

兖州卷柏Selaginella involvens（Sw.）Spring

保护区南溪老林等地；海拔1143～1960m；岩石或林中附生树干上；云南、湖南、香港、安徽、重庆、福建、甘肃、广东、广西、贵州、海南、河南、湖北、江西、陕西、四川、台湾、西藏、浙江及东喜马拉雅；朝鲜半岛、日本、印度、斯里兰卡、越南、老挝、柬埔寨、缅甸、泰国、马来西亚。

澜沧卷柏Selaginella gebareriana Hand.-Mazz.

保护区河谷地带；海拔640～972m；石灰岩林下；云南、重庆、甘肃、贵州和四川。

江南卷柏Selaginella moellendorffii Hieron.

保护区南溪老林等地；海拔1119～2032m；岩石缝中；云南、安徽、重庆、福建、甘肃、广东、广西、贵州、海南、湖北、河南、江苏、江西、陕西、四川、香港、浙江；越南、柬埔寨、菲律宾。

P6.　木贼科 Equisetaceae

笔管草Equisetum debile Roxb. ex Vauch.

保护区南溪老林等地；海拔1145～1954m；沟边草地；云南、陕西、甘肃、山东、上海、安徽、浙江、江西、福建、台湾、河南、湖北、湖南、广东、香港、广西、海南、四川、重庆、贵州、西藏；日本、印度、尼泊尔、中南半岛、菲律宾、马来西亚、印度尼西亚、巴布亚新几内亚、新赫布里底群岛、新喀里多尼亚、斐济等。

披散问荆Equisetum diffusum D.

保护区南溪老林等地；海拔1121～2026m；林下、沟边、路旁；云南、甘肃、上海、湖南、广西、四川、重庆、贵州、西藏；日本、印度、不丹、缅甸、越南。

P8.　阴地蕨科 Botrychiaceae

绒毛假阴地蕨Botrypus lanuginosus（Wall. ex Hook. et Grev.）Holub

保护区南溪老林等地；海拔1139～1972m；常绿阔叶林下；云南、贵州南部、广西西北部、台湾及喜马拉雅；缅甸、越南、泰国、苏门答腊岛。

薄叶阴地蕨Sceptridium daucifolium（Wall. ex Hook. et Grev.）Lyon

保护区南溪老林等地；海拔1129～2002m；林下或林缘；云南、贵州、广西、广东及喜马拉雅；缅甸、越南、斯里兰卡、苏门答腊岛。

阴地蕨Sceptridium ternatum（Thunb.）Lyon

保护区南溪老林等地；海拔1215～1920m；林下或灌丛；浙江、江苏、安徽、江西、福建、湖南、湖北、贵州、四川、台湾、云南及喜马拉雅；日本、朝鲜、越南。

P13.　紫萁科 Osmundaceae

紫萁 Osmunda japonica Thunb.

　　保护区南溪老林等地；海拔 1530～2240m；林下或溪边酸性土上；北起山东，南达两广，东自海边，西迄云南贵州、四川西部、向北至秦岭南坡；也广泛分布于日本、朝鲜、印度北部。

P14.　瘤足蕨科 Plagiogyriaceae

滇西瘤足蕨 Plagiogyria communis Ching

　　保护区南溪老林等地；海拔 1113～2050m；林下；云南、四川；缅甸、印度。

粉背瘤足蕨 Plagiogyria media Ching

　　保护区南溪老林等地；海拔 1227～1980m；林下；云南、四川；印度北部、上缅甸的怒江及恩梅开江分水岭。

P15.　里白科 Gleicheniaceae

芒萁 Dicranopteris pedata（Houtt.）Nakaike

　　保护区南溪老林等地；海拔 1285～2458m；酸性土荒坡或林缘；江苏、浙江、江西、安徽、湖北、湖南、贵州、四川、福建、台湾、广东、香港、广西、云南；日本、印度、越南。

大里白 Diplopterygium gigantium（Wall ex Hook）Nakaike

　　保护区南溪老林等地；海拔 1195～1820m；林缘草坡上；云南；缅甸、印度、尼泊尔。

云南里白 Diplopterygium yunnanensis（Ching）Ching

　　保护区南溪老林等地；海拔 1189～1822m；林缘、路旁；特产于云南。

P17.　海金沙科 Lygodiaceae

海金沙 Lygodium japonicum（Thunb.）Sw.

　　保护区南溪老林等地；海拔 1290～2464m；林下或林缘；江苏、浙江、安徽、福建、台湾、广东、香港、广西、湖南、贵州、四川、云南、陕西；日本、斯里兰卡、印度尼西亚、菲律宾、印度、热带大洋洲。

云南海金沙 Lygodium yunnanense Ching

　　保护区南溪老林等地；海拔 1131～1996m；杂木灌丛中；云南、贵州、广西；泰国、缅甸北部。

P18.　膜蕨科 Hymenophyllaceae

翅柄假脉蕨 Crepidomanes latealatum（v. d. B.）Copel.

　　保护区南溪老林等地；海拔 1400～2500m；附生林中树上；广东、广西、四川、贵州、云南；印度、越南、泰国、马来西亚、印度尼西亚、日本。

华东膜蕨 Hymenophyllum barbatum（v. d. B.）Bak.

　　保护区南溪老林等地；海拔 1495～2310m；附生于林下阴暗岩石上或树干上；安徽、浙江、江西、湖南、福建、台湾、广东；日本、朝鲜、老挝、越南及印度。

波纹蕗蕨 Mecodium crispatum（Wall. ex Hook. et Grev.）Copel.

　　保护区南溪老林等地；海拔 1380～2540m；附生于林下潮湿的岩石或树干上；广西、云南；印度、斯里兰卡、马来西亚、尼泊尔、菲律宾。

长叶蕗蕨Mecodium longissimum Ching et Chiu

保护区南溪老林等地；海拔1505～2290m；附生于林下阴湿的岩石上或树干上；特产于云南。

小果蕗蕨Mecodium microsorum（v. d. B.）Ching

保护区南溪老林等地；海拔1500～2300m；附生林下潮湿的岩石上或树干上；安徽、广东、四川、贵州、云南；越南、缅甸、日本。

扁苞蕗蕨Mecodium paniculiflorum（Presl）Copel.

保护区南溪老林等地；海拔1163～1900m；山地森林中树干上或岩石上；云南、四川西南部；菲律宾及加里曼丹岛，北达于日本。

多花蕗蕨Mecodium polyanthos（Sw.）Copel.

保护区南溪老林等地；海拔1135～2278m；附生树上或岩石上；四川、云南；菲律宾、印度尼西亚。

瓶蕨Trichomanes auriculatum Bl.

保护区南溪老林等地；海拔1221～1950m；附生林下或溪边树上或岩石上；浙江、台湾、江西、广东、海南、广西、四川、重庆、贵州、云南；印度、日本、越南、老挝、菲律宾、马来西亚、印度尼西亚、文莱至几内亚。

P20. 桫椤科 Cyatheaceae

桫椤Alsophila spinulosa（Wall ex Hook）R. M. Tryon

保护区山地；海拔1430～2329m；山地溪旁或疏林中；福建、台湾、广东、海南、香港、广西、云南、重庆、四川；日本、越南、柬埔寨、泰国北部、缅甸、孟加拉国、不丹、尼泊尔和印度。

P21. 稀子蕨科 Monachosoraceae

稀子蕨Monachosorum henryi Christ

保护区南溪老林等地；海拔2320～2460m；湿润阔叶林下；台湾、广东、广西、贵州、云南；日本及越南。

P22. 碗蕨科 Dennstaedtiaceae

碗蕨Dennstaedtia scabra（Wall.）Moore

保护区南溪老林等地；海拔1090～2224m；林下或溪边；台湾、广西、贵州、云南、四川、湖南、江西、浙江；日本、朝鲜、越南、老挝、印度、菲律宾、马来西亚、斯里兰卡广泛分布。

长托鳞盖蕨Microlepia firma Mett. ex Kuhn

保护区南溪老林等地；海拔1197～1830m；林下；云南；缅甸、印度。

虎克鳞盖蕨Microlepia hookeriana（Wall. ex Hook.）Presl

保护区南溪老林等地；海拔1130～2272m；溪边林中或阴湿地；台湾、福建、广东、海南、广西、云南；印度尼西亚、马来西亚、越南、印度及尼泊尔。

边缘鳞盖蕨Microlepia marginata（Houtt.）C. Chr.

保护区南溪老林等地；海拔1300～2476m；林下或溪边；江苏、安徽、江西、浙江、台湾、福建、广东、海南、广西、湖南、湖北、贵州、四川、云南；日本、斯里兰卡、越南、印度及尼泊尔。

阔叶鳞盖蕨Microlepia platyphylla（Don）J. Sm.

保护区河谷地带；海拔600～948m；林下；云南、广西、贵州；印度、尼泊尔、缅甸、越南、菲律宾及斯里兰卡。

粗毛鳞盖蕨Microlepia strigosa（Thunb.）Presl

保护区南溪老林等地；海拔1219～1940m；石灰岩；浙江、台湾、福建、四川、云南；日本以及菲律宾等东南亚地区。

P23. 鳞始蕨科 Lindsaeaceae

鳞始蕨 Lindsaea odorata Roxb.

　　保护区南溪老林等地；海拔1077～2158m；林下；台湾、江西、湖南、广东、广西、贵州、四川、重庆、云南；日本、越南、印度、缅甸和亚洲热带、亚热带各地、马达加斯加及大洋洲。

乌蕨 Sphenomeris chinensis（L.）Maxon

　　保护区南溪老林等地；海拔1211～1900m；林下或灌丛中阴湿地；浙江、福建、台湾、安徽、江西、广东、海南、香港、广西、湖南、湖北、四川、贵州、云南；日本、菲律宾、波利尼西亚、马达加斯加。

P25. 姬蕨科 Hypolepidaceae

姬蕨 Hypolepis punctata（Thunb.）Mett.

　　保护区河谷地带；海拔390～930m；林下；福建、台湾、广东、贵州、云南、四川、江西、浙江、安徽；日本、印度、菲律宾、马来西亚、澳大利亚、新西兰、夏威夷群岛及热带美洲。

P26. 蕨科 Pteridiaceae

蕨 Pteridium aquilinum（L.）Kukh **var. latiusculum**（Desv.）Underw ex Heller

　　保护区各地；海拔350～2500m；山地阳坡及林缘；产于全国各地；广泛分布于世界其他热带及温带地区。

毛轴蕨 Pteridium revolutum（Bl.）Nakai

　　保护区南溪老林等地；海拔1073～2170m；阳坡或林缘；台湾、江西、广东、广西、湖南、湖北、陕西、甘肃、四川、贵州、云南、西藏；广泛分布于亚洲热带和亚热带地区。

P27. 凤尾蕨科 Pteridaceae

栗蕨 Histiopteris incisa（Thunb.）J. Sm.

　　保护区南溪老林等地；海拔1100～2236m；林下；台湾、广东、海南、广西、云南；其他泛热带地区，向南达马达加斯加、日本。

紫轴凤尾蕨 Pteris aspericaulis Wall. ex Hieron.

　　保护区南溪老林等地；海拔1155～2302m；林下；四川、云南、西藏；印度、尼泊尔、不丹。

狭眼凤尾蕨 Pteris biaurita L.

　　保护区河谷地带；海拔540～906m；林下或山坡；台湾、湖南、广东、广西、云南；中南半岛、印度、斯里兰卡、马来西亚、印度尼西亚、菲律宾、大洋洲、马达加斯加、牙买加、巴西等热带地区。

多羽尾蕨 Pteris decrescens Christ

　　保护区河谷地带；海拔450～843m；常绿疏林下；广东、广西、贵州、云南；越南、柬埔寨。

剑叶凤尾蕨 Pteris ensiformis Burm.

　　保护区河谷地带；海拔700～990m；林下或溪边；浙江、江西、台湾、福建、广东、广西、贵州、四川、重庆、云南；日本、越南、老挝、柬埔寨、缅甸、印度、斯里兰卡、马来西亚、波利尼西亚、斐济群岛及澳大利亚。

阔叶凤尾蕨 Pteris esquirolii Christ

　　保护区南溪老林等地；海拔1151～1936m；林下石缝中；云南、四川、贵州、广西、广东、福建；越南北部。

溪边凤尾蕨 Pteris excelsa Gaud.

　　保护区南溪老林等地；海拔1075～2164m；溪边疏林下或灌丛中；台湾、江西、湖北、湖南、广东、广西、贵州、四川、云南、西藏；日本、菲律宾、夏威夷群岛、斐济群岛、马来西亚、老挝、越南、印度北部、尼泊尔。

傅氏凤尾蕨 Pteris fauriei Hieron.

保护区南溪老林等地；海拔1780～2360m；林下沟边；台湾、浙江、福建、江西、湖南、广东、广西、云南；越南北部及日本。

三角眼凤尾蕨 Pteris linearis Poir

保护区河谷地带；海拔620～962m；林缘灌丛中；云南、四川、贵州、广西、广东、海南、台湾；越南、柬埔寨、缅甸、印度、尼泊尔、马达加斯加。

三轴凤尾蕨 Pteris longipes Don

保护区南溪老林等地；海拔1067～2188m；林下；台湾、广西、云南及喜马拉雅山南部地区；广泛分布于中南半岛、斯里兰卡、菲律宾及印度尼西亚。

凤尾蕨 Pteris nervosa Thunb.

保护区南溪老林等地；海拔1330～2512m；石灰岩或灌丛中；河南、陕西、湖北、江西、福建、浙江、湖南、广东、广西、贵州、四川、重庆、云南、西藏；日本、菲律宾、越南、老挝、柬埔寨、印度、尼泊尔、斯里兰卡、斐济群岛、夏威夷群岛。

有刺凤尾蕨 Pteris setulosa-costulata Hayata

保护区南溪老林等地；海拔1089～2122m；林下；台湾、云南、四川；日本和菲律宾。

蜈蚣蕨 Pteris vittata L.

保护区常见；海拔510～1693m；钙质土或石灰岩上；我国热带亚热带地区，以秦岭南坡为我国分布的北界，北起陕西、甘肃东南部及河南西南部，东自浙江经福建、江西、安徽、湖北、湖南，西达四川、贵州、云南及西藏，南到广西及台湾；在旧大陆其他热带及亚热带地区。

西南凤尾蕨 Pteris wallichiana Agardh

保护区南溪老林等地；海拔1870～2560m；林下；台湾、广东、海南、广西、贵州、四川、云南、西藏；日本、菲律宾、中南半岛、印度、不丹、尼泊尔、马来西亚、印度尼西亚。

P30.　中国蕨科 Sinopteridaceae

白边粉背蕨 Aleuritopteris albo-marginata（Clarke）Ching

保护区南溪老林等地；海拔1520～2260m；山坡岩石上；云南、贵州、西藏；尼泊尔、印度北部、中南半岛。

裸叶粉背蕨 Aleuritopteris duclouxii（Christ）Ching

保护区南溪老林等地；海拔1515～2270m；山坡石缝中；云南、四川、贵州、湖南、陕西。

粉背蕨 Aleuritopteris pseudofarinosa Ching et S. K. Wu

保护区河谷地带；海拔610～955m；林缘或岩石上；云南、贵州、广东、广西、福建、江西、湖南。

棕毛粉背蕨 Aleuritopteris rufa（Don）Ching

保护区南溪老林等地；海拔1127～2008m；干旱的石灰岩隙；云南、贵州、广东；尼泊尔、不丹、印度北部、泰国、缅甸北部、菲律宾。

戟叶黑心蕨 Doryopteris ludens（Wall. ex Hook.）J. Sm.

保护区河谷地带；海拔410～815m；林下石灰岩；云南；印度、缅甸、越南、老挝、柬埔寨、马来西亚及菲律宾。

黑足金粉蕨 Onychium contiguum Hope

保护区南溪老林等地；海拔1185～2338m；山谷、沟边或林下；四川、贵州、云南、西藏、甘肃、台湾；尼泊尔、印度、不丹、越南、老挝、柬埔寨、缅甸、泰国。

栗柄金粉蕨 Onychium lucidum（Don）Spreng

保护区南溪老林等地；海拔1575～2150m；林下、路旁、沟边、旷地；华东、华中、东南及西南，向北达陕西（秦岭）、河南、河北；日本、菲律宾、印度尼西亚及波利尼西亚。

旱蕨 Pellaea nitidula（Wall. ex Hook.）Bak.

保护区河谷地带；海拔490～871m；干旱河谷林下岩石上；河南、甘肃、湖南、江西、浙江、福建、台湾、广东、广西、贵州、四川、云南、西藏；尼泊尔、印度（锡金）、不丹、越南及日本。

毛旱蕨 Pellaea trichophylla（Bak.）Ching

保护区河谷地带；海拔660～978m；干旱河谷或林下石缝；云南西部、四川西部及西藏东部。

P31. 铁线蕨科 Adiantaceae

铁线蕨 Adiantum capillus-veneris L.

保护区南溪老林等地；海拔1525～2250m；流水旁石灰岩上或石灰岩洞底和滴水岩上，为钙质土的指示植物；我国广泛分布于台湾、福建、广东、广西、湖南、湖北、江西、贵州、云南、四川、重庆、甘肃、陕西、山西、河南、河北、北京；也广泛分布于非洲、美洲、欧洲、大洋洲及亚洲其他温暖地区。

鞭叶铁线蕨 Adiantum caudatum L.

保护区河谷地带；海拔510～885m；林下或山谷石上及石缝中；台湾、福建、广东、海南、广西、贵州、云南；也广布于亚洲其他热带及亚热带地区。

普通铁线蕨 Adiantum edgewarthii Hook.

保护区南溪老林等地；海拔1490～2320m；林下阴湿地方或岩石上；北京、河北、台湾、海南、山东、河南、甘肃、四川、云南、西藏；越南、缅甸北部、印度西北部、尼泊尔、日本、菲律宾。

假鞭叶铁线蕨 Adiantum malesianum Ghatak.

保护区南溪老林等地；海拔1109～2062m；山坡灌丛岩石上或石缝中；蒙自、禄劝、易门、普洱、河口；广东、海南、广西、湖南、贵州、四川；缅甸、越南、泰国、印度、马来西亚、斯里兰卡、印度尼西亚、菲律宾及南太平洋岛屿。

半月形铁线蕨 Adiantum philippense L.

保护区河谷地带；海拔570～927m；群生于较阴湿处或林下酸性土上；临沧、大姚、漾濞、禄劝、河口、大理、思茅、麻栗坡、富宁、新平、景东、西双版纳；台湾、广东、海南、广西、贵州、四川；广布于亚洲其他热带及亚热带的越南、缅甸、泰国、马来西亚、印度、印度尼西亚、菲律宾，并达热带非洲及大洋洲。

P33. 裸子蕨科 Hemionitidaceae

普通凤丫蕨 Coniogramme intermedia Hieron.

保护区南溪老林等地；海拔1485～2330m；湿润林下或沟边；东北、华北、西北、西南；朝鲜、日本及印度。

直角凤丫蕨 Coniogramme procera（Wall. ex Hook.）Fée

保护区南溪老林等地；海拔1187～1828m；沟边林下；云南、西藏及台湾；缅甸、印度锡金、尼泊尔、不丹及越南。

金毛裸蕨 Paragymnopteris vestita（Wall. ex Presl.）K. H. Shing

保护区南溪老林等地；海拔1350～2536m；灌丛石上；河北、北京、山西、四川、云南、西藏及台湾；印度、尼泊尔。

P34. 车前蕨科 Antrophyaceae

长柄车前蕨 Antrophyum obovatum Bak.

保护区南溪老林等地；海拔1275～2446m；常绿阔叶林中、岩石上或树干基部；江西、福建、台湾、湖南、广东、广西、四川、贵州、云南、西藏；日本、越南、泰国、缅甸、印度、不丹、尼泊尔。

P35. 书带蕨科 Vittariaceae

带状书带蕨 Vittaria doniana Mett. et Hieron.

保护区南溪老林等地；海拔1390～2520m；附生于林中树干上或岩石上；广西、贵州、云南、西藏；缅甸、不丹、印度等地。

书带蕨 Vittaria flexuosa Fée

保护区南溪老林等地；海拔1595～2110m；附生于林中树干上或岩石上；江苏、安徽、浙江、江西、福建、台湾、湖北、湖南、广东、广西、海南、四川、贵州、云南、西藏；越南、老挝、柬埔寨、泰国、缅甸、印度、不丹、尼泊尔、日本、朝鲜半岛。

P36. 蹄盖蕨科 Athyriaceae

禾秆亮毛蕨 Acystopteris tenuisecta（Bl.）Tagawa

保护区南溪老林等地；海拔1070～2200m；林下或沟边阴湿处；台湾、广西、四川、云南、西藏；日本、越南、缅甸、印度、马来西亚、新加坡、印度尼西亚、菲律宾等亚洲热带地区及新西兰。

毛柄短肠蕨 Allantodia dilatata（Bl.）Ching

保护区南溪老林等地；海拔1600～2100m；我国南方常见的大型蕨类植物，生于热带、亚热带山地阴湿阔叶林下；分布广泛，西起云南，北达四川、重庆，向东经贵州南部、广西、海南、广东、香港、福建、浙江达台湾；尼泊尔、印度、缅甸、泰国、老挝、越南、日本、印度尼西亚、马来西亚、菲律宾、波利尼西亚及热带大洋洲。

褐色短肠蕨 Allantodia himalayensis Ching

保护区南溪老林等地；海拔1385～2530m；山箐常绿阔叶林下；广西、四川、贵州、云南、西藏及东喜马拉雅；印度东北部大吉岭。

篦齿短肠蕨 Allantodia hirsuteps（Bedd.）Ching

保护区南溪老林等地；海拔1185～1834m；山地常绿阔叶林下；云南、西藏；越南、缅甸、不丹、尼泊尔、印度。

柄鳞短肠蕨 Allantodia kawakamii（Hayata）Ching

保护区南溪老林等地；海拔1097～2098m；山地常绿阔叶林下阴湿沟边；台湾、云南；日本。

假密果短肠蕨 Allantodia multicaudata（Wall. ex Clarke）W. M. Chu

保护区南溪老林等地；海拔1540～2220m；热带、亚热带山地阴湿常绿阔叶林下；特产于云南。

密果短肠蕨 Allantodia spectabilis（Wall. ex Mett.）Ching

保护区南溪老林等地；海拔1193～1810m；林下溪边；云南；不丹、尼泊尔、印度。

深绿短肠蕨 Allantodia viridissima（Christ）Ching

保护区河谷地带；海拔1130～1899m；林下溪边；台湾、广东、海南、广西、四川、贵州、云南、西藏及喜马拉雅山区；越南、菲律宾、缅甸、尼泊尔、印度东北部至西北部。

毛轴假蹄盖蕨 Athyriopsis petersenii（Kunze）Ching

保护区南溪老林等地；海拔1335～2518m；常绿阔叶林中的溪边；河南、陕西、甘肃、江苏、安徽、浙江、江西、福建、台湾、湖南、香港、广西、四川、重庆、贵州、云南、西藏；日本、韩国、东南亚、南亚、大洋洲。

宿蹄盖蕨 Athyrium anisopterum Christ

保护区南溪老林等地；海拔1260～2428m；林下岩石缝中或溪边湿地；江西、台湾、湖南、广东、广西、四川、贵州、云南、西藏；越南、泰国、缅甸、不丹、尼泊尔、印度、斯里兰卡、马来西亚、菲律宾、印度尼西亚。

芽孢蹄盖蕨 Athyrium clarkei Bedd.

　　保护区南溪老林等地；海拔1365～2554m；山谷林下阴湿处或水边；贵州、云南；缅甸、尼泊尔和印度。

疏叶蹄盖蕨 Athyrium dissitifolium（Bak.）C. Chr.

　　保护区南溪老林等地；海拔1310～2488m；林下或路旁草丛中；湖南、广西、四川、贵州、云南；越南、泰国、缅甸。

二回疏叶蹄盖蕨 Athyrium dissitifolium（Bak.）C. Chr. **var. funebre**（Christ）Ching et Z. R. Wang

　　保护区南溪老林等地；海拔1565～2170m；林下或林缘；特产于云南。

轴果蹄盖蕨 Athyrium epirachis（Christ）Ching

　　保护区南溪老林等地；海拔1455～2390m；林下；福建、台湾、湖北、湖南、广东、广西、四川、重庆、贵州、云南；日本。

蒙自蹄盖蕨 Athyrium mengtzeense Hieron.

　　保护区南溪老林等地；海拔1087～2128m；山地森林下林缘或河边灌丛；台湾、四川、云南。

红苞蹄盖蕨 Athyrium nakanoi Makino

　　保护区南溪老林等地；海拔1091～2116m；林下及灌丛、岩石上或山谷溪边；台湾、云南、西藏；日本、不丹、尼泊尔、印度。

华东蹄盖蕨 Athyrium niponicum（Mett.）Hance

　　保护区南溪老林等地；海拔1250～2416m；林下、溪边、阴湿山坡、灌丛或草坡上；辽宁、北京、河北、山西、江苏、安徽、台湾、浙江、江西、河南、广东、广西、四川、重庆、贵州、云南；日本、朝鲜半岛、越南、缅甸、尼泊尔。

软刺蹄盖蕨 Athyrium strigillosum（Wall. ex Lowe）Moore ex Salon

　　保护区南溪老林等地；海拔1265～2434m；林下阴湿处或溪边；江西、台湾、湖南、广东、广西、四川、贵州、云南、西藏；印度、日本、缅甸、尼泊尔。

黑叶角蕨 Cornopteris opaca（Don）Tagawa

　　保护区南溪老林等地；海拔1460～2380m；林下；福建、台湾、广西、云南；日本、越南、泰国、印度尼西亚。

介蕨 Dryoathyrium boryanum（Willd.）Ching

　　保护区南溪老林等地；海拔1200～2356m；林下溪边阴湿处；陕西、浙江、福建、台湾、湖南、海南、广西、四川、贵州、云南、西藏；越南、缅甸、尼泊尔、印度、斯里兰卡、马来西亚、菲律宾、印度尼西亚和非洲。

拟鳞毛蕨 Kuniwatsukia cuspidate（Bedd.）Pic. Serm.

　　保护区河谷地带；海拔470～857m；常绿阔叶林下或灌丛阴湿处；广西、贵州、云南、西藏及喜马拉雅；尼泊尔、不丹、印度、缅甸、泰国、斯里兰卡。

昆明蛾眉蕨 Lunathyrium dolosum（Christ）Ching

　　保护区南溪老林等地；海拔1140～2284m；山沟次生阔叶林下阴湿处；四川、云南。

P37.　肿足蕨科 Hypodematiaceae

肿足蕨 Hypodematium crenatum（Forsk.）Kuhn

　　保护区河谷地带；海拔590～941m；干旱的石灰岩岩缝；云南、甘肃、河南、安徽、台湾、广东、广西、四川、贵州；广泛分布于亚洲亚热带和非洲。

P38.　金星蕨科 Thelypteridaceae

耳羽钩毛蕨 Cyclogramma aruiculata（J. Sm.）Ching

　　保护区南溪老林等地；海拔1095～2104m；常绿阔叶林下沟边；台湾、云南；尼泊尔、缅甸、不丹、印度、印度尼西亚（爪哇）。

干旱毛蕨 Cyclosorus aridus（Don）Tagawa

保护区河谷地带；海拔560～920m；沟边林下或河边湿地；台湾、浙江、福建、安徽、广东、江西、广西、四川、云南、西藏；尼泊尔、印度、越南、菲律宾、印度尼西亚、马来西亚、澳大利亚及南太平洋岛屿。

齿牙毛蕨 Cyclosorus dentatus（Forssk.）Ching

保护区河谷地带；海拔440～836m；山谷林下或路旁水池边；福建、台湾、广东、海南、云南、江西、广西；印度、缅甸、越南、泰国、印度尼西亚、阿拉伯、热带非洲、大西洋沿岸岛屿及热带美洲。

华南毛蕨 Cyclosorus parasiticus（L.）Farwell.

保护区河谷地带；海拔680～984m；山谷林下或溪边；浙江、福建、台湾、广东、海南、湖南、江西、重庆、广西、云南；日本、韩国、尼泊尔、缅甸、印度、斯里兰卡、越南、泰国、印度尼西亚、菲律宾。

方秆蕨 Glaphylopteridopsis erubescens（Wall. ex Hook.）Ching

保护区南溪老林等地；海拔1081～2146m；林下；台湾、四川、贵州、云南；也产于越南、缅甸、不丹、尼泊尔、印度、菲律宾和日本南部。

长根金星蕨 Parathelypteris beddomei（Bak.）Ching

保护区南溪老林等地；海拔1223～1960m；山地草甸、溪边或湿地；浙江、台湾、云南；日本南部、印度、马来西亚、菲律宾和印度尼西亚。

延羽卵果蕨 Phegopteris decursive-pinnata（van Hall）Fée

保护区南溪老林等地；海拔1585～2130m；林下；我国亚热带地区，北达河南南部及陕西秦岭，东至台湾平原地区，向西达四川、贵州和云南东北部及东部；日本、韩国南部和越南北部。

红色新月蕨 Pronephrium lakhimpurense（Rosenst.）Holtt.

保护区河谷地带；海拔420～822m；山谷或沟边；福建、江西、广东、广西、四川、重庆、云南；印度北部、越南和泰国北部。

披针新月蕨 Pronephrium penangianum（Hook.）Holtt.

保护区南溪老林等地；海拔1340～2524m；林下或阴湿处水沟边；河南、湖北、江西、浙江、广东、广西、湖南、四川、贵州、云南；印度、尼泊尔。

西南假毛蕨 Pseudocyclosorus esquirolii（Christ）Ching

保护区南溪老林等地；海拔1125～2266m；山谷溪边或沟箐边；台湾、福建、广西、湖南、四川、重庆、云南、贵州及东喜马拉雅；缅甸。

假毛蕨 Pseudocyclosorus tylodes（Kze.）Holtt.

保护区南溪老林等地；海拔1360～2548m；溪边林下或岩石上；海南、广东、广西、四川、贵州、云南、西藏东南部；也广泛分布于印度、斯里兰卡和中南半岛。

紫柄蕨 Pseudophegopteris pyrrhorachis（Kunze）Ching

保护区南溪老林等地；海拔1580～2140m；溪边林下；长江以南各省份，东至台湾、西南达云南、西北到甘肃南部、向北到河南；不丹、尼泊尔、印度、缅甸、越南、斯里兰卡。

云贵紫柄蕨 Pseudophegopteris yunkweiensis（Ching）Ching

保护区南溪老林等地；海拔1111～2056m；常绿阔叶林林缘；西畴、麻栗坡、马关、蒙自、绿春、元阳；贵州、广西、广东；越南北部。

P39. 铁角蕨科 Aspleniaceae

大盖铁角蕨 Asplenium bullatum Wall. ex Mett.

保护区南溪老林等地；海拔1450～2400m；林下溪边；福建、台湾、四川、贵州、云南；印度北部、缅甸及越南。

剑叶铁角蕨Asplenium ensiforme Wall. ex Hook. et Grev.

保护区南溪老林等地；海拔1590～2120m；密林下岩石上或附生树干上；台湾、江西、湖南、广东、广西、四川、贵州、云南、西藏；印度北部、尼泊尔、不丹、斯里兰卡、缅甸、泰国、越南、日本南部。

切边铁角蕨Asplenium excisum Presl

保护区南溪老林等地；海拔1110～2248m；密林下阴湿处或溪边岩石上或附生树干上；台湾、广东、海南、广西、贵州、云南、西藏；印度北部、缅甸、泰国、越南、马来西亚及菲律宾。

胎生铁角蕨Asplenium indicum Wall. ex Sledge

保护区南溪老林等地；海拔1410～2480m；潮湿岩石上或附生树干上；甘肃、浙江、江西、福建、台湾、湖南、广东、广西、四川、贵州、云南、西藏；尼泊尔、印度、缅甸、泰国、越南、菲律宾及日本南部。

撕裂铁角蕨Asplenium laciniatum D. Don.

保护区南溪老林等地；海拔1101～2086m；溪边潮湿岩石上；台湾北部、云南西部、西藏东南部；也产于尼泊尔、不丹、缅甸北部及印度北部。

倒挂铁角蕨Asplenium normale Don

保护区南溪老林等地；海拔1280～2452m；密林下或溪边石上；江苏、浙江、江西、福建、台湾、湖南、广东、广西、四川、贵州、云南、西藏；也广泛分布于尼泊尔、印度、斯里兰卡、缅甸、越南、马来西亚、菲律宾、日本、澳大利亚、马达加斯加及夏威夷等太平洋岛屿。

长叶铁角蕨Asplenium prolongatum Hook.

保护区南溪老林等地；海拔1415～2470m；附生树干上或潮湿的岩石上；甘肃、浙江、江西、福建、台湾、湖北、湖南、广东、广西、四川、贵州、云南；印度、斯里兰卡、中南半岛、日本、韩国南部、斐济群岛。

细裂铁角蕨Asplenium tenuiforium D. Don

保护区南溪老林等地；海拔1071～2176m；潮湿岩石上或附生树上；台湾、海南、广西、贵州、四川、云南、西藏；印度、斯里兰卡、不丹、尼泊尔、缅甸、越南、马来西亚、印度尼西亚、菲律宾。

半边铁角蕨Asplenium unilaterale Lam.

保护区南溪老林等地；海拔1270～2440m；林下或溪边石上；江西、台湾、湖北、湖南、广东、海南、广西、四川、贵州、云南；也广布于日本、菲律宾、印度尼西亚、马来西亚、越南、缅甸、印度、斯里兰卡及马达加斯加等地。

变异铁角蕨Asplenium varians Wall. ex Hook. et Grev.

保护区南溪老林等地；海拔1210～2368m；次生阔叶林下、潮湿岩石上或岩壁上或附生树干上；陕西、四川、云南、西藏；尼泊尔、不丹、印度、斯里兰卡、中南半岛、夏威夷群岛和非洲南部。

水鳖蕨Sinephropteris delavayi（Franch.）Mickel

保护区南溪老林等地；海拔1425～2450m；林下阴湿岩石上或岩洞脚下；甘肃、四川、贵州、云南、广西；缅甸北部及印度北部锡金。

P42. 乌毛蕨科 Blechnaceae

东方乌毛蕨Blechnum orientale L.

保护区河谷地带；海拔460～850m；阴湿的水沟边及坑穴边缘、山坡灌丛中或疏林下；广东、广西、海南、台湾、福建、西藏、四川、重庆、云南、贵州、湖南、江西、浙江；印度、斯里兰卡、东南亚、日本至波利尼西亚。

顶芽狗脊蕨Woodwardia unigemmata（Makino）Nakai

保护区河谷地带；海拔400～808m；疏林下或路边灌丛中；陕西、甘肃、四川、西藏、云南、贵州、湖南、江西、福建、广东、广西及台湾；日本、菲律宾、越南北部、缅甸、不丹、尼泊尔及印度北部。

P44. 球盖蕨科 Peranemaceae

鱼鳞蕨 Acrophorus stipellatus（Wall.）Moore

　　保护区南溪老林等地；海拔1107～2068m；林下溪边；西藏、云南、四川、贵州、广西、广东、湖南、江西、福建、台湾；也广泛分布于印度、不丹、尼泊尔、越南、菲律宾及日本。

红腺蕨 Diacalpe aspidioides Bl.

　　保护区南溪老林等地；海拔1141～1966m；密林下溪边；云南、海南、台湾；也广泛分布于尼泊尔、不丹、印度、斯里兰卡、越南、泰国、缅甸、马来西亚、菲律宾。

离轴红腺蕨 Diacalpe christensenae Ching

　　保护区南溪老林等地；海拔1545～2210m；林下溪边；特产于云南。

东亚柄盖蕨 Peranema cyatheoides D. Don **var. luzonicum**（Cop.）Ching et S. H. Wu

　　保护区南溪老林等地；海拔1155～1924m；常绿阔叶林林下；云南、四川、湖北、广西、台湾；菲律宾。

P45. 鳞毛蕨科 Dryopteridaceae

细裂复叶耳蕨 Arachniodes coniifolia（Moore）Ching

　　保护区南溪老林等地；海拔1375～2550m；山谷林下或山坡灌丛中；贵州、四川、湖南、湖北、江西、甘肃；印度、尼泊尔、不丹。

高大复叶耳蕨 Arachniodes gigantea W. M. Chu ex Ching

　　保护区南溪老林等地；海拔1201～1850m；常绿阔叶林下；云南；尼泊尔、越南。

异羽复叶耳蕨 Arachniodes simplicior（Makino）Ohwi

　　保护区南溪老林等地；海拔1230～2392m；林下；陕西、甘肃、安徽、浙江、江苏、河南、江西、福建、湖北、湖南、广东、广西、四川、贵州、云南；日本。

华西复叶耳蕨 Arachniodes simulans（Ching）Ching

　　保护区南溪老林等地；海拔1430～2440m；山谷林下；甘肃、江西、湖北、湖南、四川、贵州、云南；越南、不丹。

清秀复叶耳蕨 Arachniodes spectabilis（Ching）Ching

　　保护区南溪老林等地；海拔1115～2044m；山谷林下；云南；泰国。

刺齿贯众 Cyrtomium caryotideum（Wall. ex Hook. et Grev.）Presl

　　保护区南溪老林等地；海拔1225～2386m；林下；陕西、甘肃、江西、台湾、湖北、湖南、广东、四川、贵州、云南、西藏；日本、菲律宾、越南、尼泊尔、不丹、印度、巴基斯坦。

贯众 Cyrtomium fortunei J. Sm.

　　保护区南溪老林等地；海拔1345～2530m；空旷石灰岩缝或林下；河北、山西、陕西、山东、江苏、安徽、浙江、江西、福建、台湾、河南、湖北、湖南、广东、广西、四川、贵州、云南；日本、朝鲜、越南、泰国。

尖羽贯众 Cyrtomium hookerianum（Presl）C. Chr.

　　保护区南溪老林等地；海拔1165～2314m；常绿阔叶林林下；四川、西藏、广西、贵州、湖南、台湾；越南、印度、不丹、尼泊尔、日本。

大叶贯众 Cyrtomium macrophyllum（Makino）Tagawa

　　保护区南溪老林等地；海拔1255～2422m；林下；江西、台湾、陕西、甘肃、湖北、湖南、四川、贵州、云南、西藏；日本、不丹、尼泊尔、印度、巴基斯坦。

暗鳞鳞毛蕨 Dryopteris atrata（Wall. ex Kunze）Ching

　　保护区南溪老林等地；海拔1207～1880m；常绿阔叶林下；长江以南各省份，东到台湾、北到甘肃、西南达西藏；印度、斯里兰卡、不丹、尼泊尔、中南半岛。

假边果鳞毛蕨 Dryopteris caroli-hopei Frasher-Jenkins

保护区南溪老林等地；海拔1183～1840m；常绿阔叶林下；云南、西藏；印度、尼泊尔、不丹、缅甸。

二型鳞毛蕨 Dryopteris cochleata（Buch.-Ham. ex D. Don）C. Chr.

保护区河谷地带；海拔500～878m；常绿阔叶林下；四川、贵州、云南；不丹、印度锡金、尼泊尔、孟加拉国、泰国、菲律宾、印度尼西亚（爪哇）。

金冠鳞毛蕨 Dryopteris chrysocoma（Christ）C. Chr.

保护区南溪老林等地；海拔1170～2320m；灌丛中或常绿阔叶林缘；四川、贵州、云南、西藏；印度、不丹、尼泊尔、缅甸。

联合鳞毛蕨 Dryopteris conjugata Ching

保护区南溪老林等地；海拔1203～1860m；常绿阔叶林下；云南；印度西北部、尼泊尔。

桫椤鳞毛蕨 Dryopteris cycadina（Franch. et Sav.）C. Chr.

保护区南溪老林等地；海拔1217～1930m；次生阔叶林下；浙江、江西、福建、台湾、湖南、湖北、广西、四川、贵州、云南；日本。

硬果鳞毛蕨 Dryopteris fructuosa C. Chr.

保护区南溪老林等地；海拔1205～2362m；林下或林缘；陕西、台湾、湖北、四川、云南、西藏；印度、尼泊尔、不丹、缅甸。

粗齿鳞毛蕨 Dryopteris juxtaposita Christ

保护区南溪老林等地；海拔1420～2460m；山谷、河边；甘肃、四川、贵州、云南、西藏；印度、不丹、尼泊尔、缅甸。

黑鳞鳞毛蕨 Dryopteris lepidopoda Hayata

保护区南溪老林等地；海拔1083～2140m；常绿阔叶林中；台湾、四川、云南、西藏；印度、不丹、尼泊尔。

边果鳞毛蕨 Dryopteris marginata（C. B. Clarke）Christ

保护区南溪老林等地；海拔1075～2206m；沟边林下；台湾、广西、四川、贵州、云南；印度、尼泊尔、缅甸、泰国、越南。

凸背鳞毛蕨 Dryotpteris pseudovaria（Christ）C. Chr.

保护区南溪老林等地；海拔1147～1948m；林下；云南、陕西、台湾、湖北、西藏、四川。

红褐鳞毛蕨 Dryopteris rubrobrunnea W. M. Chu

保护区南溪老林等地；海拔1555～2190m；常绿阔叶林下；特产于云南。

无盖鳞毛蕨 Dryopteris scottii（Bedd.）Ching ex C. Chr.

保护区南溪老林等地；海拔1295～2470m；林下；江苏、安徽、浙江、江西、福建、台湾、广东、广西、海南、四川、贵州、云南；印度、不丹、泰国、缅甸、越南、日本。

稀羽鳞毛蕨 Dryopteris sparsa（Buch.-Ham. ex D. Don）O. Ktze

保护区南溪老林等地；海拔1235～2398m；林下溪边；陕西、安徽、浙江、江西、福建、台湾、广东、海南、香港、广西、四川、贵州、云南、西藏；印度、不丹、尼泊尔、缅甸、泰国、越南、印度尼西亚、日本。

狭鳞鳞毛蕨 Dryopteris stenolepis（Bak.）C. Chr.

保护区南溪老林等地；海拔1435～2430m；溪边林下；甘肃、广西、四川、云南、西藏；印度、不丹。

大羽鳞毛蕨 Dryopteris wallichiana（Spreng.）Hylander

保护区南溪老林等地；海拔1215～2374m；林下；陕西、江西、福建、台湾、四川、贵州、云南、西藏；马来西亚、尼泊尔、缅甸、印度、日本。

四回毛枝蕨 Leptorumohra quadripinnata（Hayata）H. Ito

保护区南溪老林等地；海拔1080～2212m；山谷林下；台湾、广西、四川、贵州、云南；日本。

棕鳞肉刺蕨 Nothoperanema diacalpioides Ching

保护区南溪老林等地；海拔1550～2200m；林下水边阴湿处；特产于云南。

有盖肉刺蕨Nothoperanema handersonii（Bedd.）Ching

保护区南溪老林等地；海拔1069～2182m；林下或灌丛中；台湾、贵州、云南；日本、尼泊尔、印度、泰国、缅甸。

肉刺蕨Nothoperanema squamisetum（Hook.）Ching

保护区南溪老林等地；海拔1093～2110m；林下；台湾、云南、西藏；印度、非洲东部（马达加斯加）等。

长羽芽孢耳蕨Polystichum attenuatum Tagawa et K. Iwatsuki

保护区南溪老林等地；海拔1191～1816m；林下；云南；泰国、缅甸、印度。

毛发耳蕨Polystichum crinigerum（C. Chr.）Ching

保护区南溪老林等地；海拔1510～2280m；林下或林缘；特产于云南。

失盖耳蕨Polystichum grandifrons C. Chr.

保护区南溪老林等地；海拔1085～2218m；林下；台湾、广西、贵州、云南；日本。

鸡足山耳蕨Polystichum jizhushanense Ching

保护区南溪老林等地；海拔1105～2074m；常绿阔叶林下；西藏、四川、贵州；尼泊尔。

长鳞耳蕨Polystichum longipaleatum Christ

保护区南溪老林等地；海拔1315～2494m；林下或灌丛中；湖南、广西、四川、贵州、云南、西藏；印度、尼泊尔、不丹。

长羽耳蕨Polystichum longipinnulum Nair

保护区南溪老林等地；海拔1199～1840m；林下湿地；云南；尼泊尔、缅甸、泰国、越南。

黑鳞耳蕨Polystichum makinoi（Tagawa）Tagawa

保护区南溪老林等地；海拔1940～2480m；林下湿地、岩石上；河北、陕西、甘肃、江苏、安徽、浙江、江西、福建、河南、湖北、湖南、广西、四川、贵州、云南、西藏；尼泊尔、不丹、日本。

软骨耳蕨Polystichum nepalense（Spreng.）C. Chr.

保护区南溪老林等地；海拔1085～2134m；林下；台湾、四川、云南、西藏；印度、不丹、尼泊尔、缅甸、菲律宾。

裸果耳蕨Polystichum nudisorum Ching

保护区南溪老林等地；海拔1181～1846m；林下或林缘；云南、西藏；缅甸。

假半育耳蕨Polystichum oreodoxa Ching ex H. S. Kung et L. B. Zhang

保护区南溪老林等地；海拔1535～2230m；林下阴湿处；特产于云南。

半育耳蕨Polystichum semifertile（Clarke）Ching

保护区南溪老林等地；海拔1150～2296m；山坡、河谷、沟箐的阔叶林下湿地；四川、云南、西藏；印度、尼泊尔、缅甸、泰国、越南。

P46. 三叉蕨科Aspidiaceae

毛叶轴脉蕨Ctenitopsis devexa（Kunze）Ching et C. H. Wang

保护区南溪老林等地；海拔1105～2242m；潮湿石缝中；台湾、广东、海南、广西、四川、重庆、贵州、云南；日本、越南、泰国、斯里兰卡、马来西亚、菲律宾、印度尼西亚及波利尼西亚。

顶囊轴鳞蕨Dryopsis apiciflora（Wall. ex Mett.）Holttum et Edwards

保护区南溪老林等地；海拔1079～2152m；山地密林下边；台湾、四川、广西、云南、西藏；缅甸、印度北部、不丹及尼泊尔。

大齿三叉蕨Tectaria dubia（Bedd.）Ching

保护区河谷地带；海拔650～975m；山谷密林下溪边潮湿处；云南；印度东北部及越南。

P47. 实蕨科 Bolbitidaceae

多羽实蕨 Bolbitis angustipinna（Hayata）H. Ito.

保护区河谷地带；海拔550～913m；沟谷密林下石上；台湾、云南；印度、不丹、尼泊尔、缅甸、泰国、斯里兰卡。

长叶实蕨 Bolbitis heteroclita（Presl）Ching

保护区河谷地带；海拔520～892m；林中树干基部或岩石上；台湾、福建、海南、广西、四川、重庆、贵州、云南；日本、印度、尼泊尔、孟加拉国、越南、泰国、缅甸、马来西亚、菲律宾、印度尼西亚、美拉尼西亚。

中华刺蕨 Egenolfia sinensis（Bak.）Maxon

保护区南溪老林等地；海拔1137～1978m；附生树干基部或岩石上；云南、贵州；印度、孟加拉国、越南、柬埔寨、缅甸、泰国、印度尼西亚。

P49. 舌蕨科 Elaphoglossaceae

舌蕨 Elaphoglossum conforme（Sw.）Schott.

保护区南溪老林等地；海拔1095～2230m；次生阔叶林中、附生树干上或岩石上；台湾、广西、贵州、四川、云南、西藏；印度。

P50. 条蕨科 Oleandraceae

高山条蕨 Oleandra wallichii（Hook.）Presl

保护区南溪老林等地；海拔1065～2194m；附生树上或石上；台湾、广西、四川、云南、西藏；印度、尼泊尔、缅甸、泰国、越南。

P51. 肾蕨科 Nephrolepidaceae

肾蕨 Nephrolepis auriculata（Linn.）Trimen

保护区南溪老林等地；海拔1465～2370m；溪边林下或附生树上；福建、台湾、广东、海南、广西、贵州、云南、浙江、湖南、西藏；全世界热带及亚热带地区。

P52. 骨碎补科 Davalliaceae

缩枝小膜盖蕨 Ariostegia hookeri（Moore ex Bedd.）Ching

保护区南溪老林等地；海拔1145～2290m；林中树上或岩石上；四川、云南、西藏；印度、不丹、尼泊尔。

鳞轴小膜盖蕨 Ariostegia perdurans（Christ）Copel.

保护区南溪老林等地；海拔1190～2344m；林中树上或岩石上；四川、贵州、西藏、广西、浙江、江西、福建、台湾、云南。

长片小膜盖蕨 Ariostegia pseudocystopteris（Kze.）Copel.

保护区南溪老林等地；海拔1160～2308m；附生岩石上或树上；四川、云南、西藏；不丹、尼泊尔、印度、缅甸和泰国。

半圆盖阴石蕨 Humata platylepis（Bak.）Ching

保护区南溪老林等地；海拔1445～2410m；附生树上或岩石上；福建、台湾、香港、广西、贵州、云南、四川、江西、浙江。

大膜盖蕨 Leucostegia immersa（Wall. ex Hook.）Presl

保护区南溪老林等地；海拔1866～2400m；林下或灌丛中；台湾、广西、云南、西藏；越南、泰国、印度、尼泊尔、菲律宾、马来西亚及波利尼西亚。

P53. 雨蕨科 Gymnogrammitidaceae

雨蕨 Gymnogrammitis dareiformis（Hook.）Ching ex Tard.-Blot. et C. Chr.

保护区南溪老林等地；海拔1225～1970m；常附生树干上；海南、广东、广西、湖南、贵州、云南、西藏；印度北部、尼泊尔、不丹、缅甸、泰国、老挝、柬埔寨及越南。

P56. 水龙骨科 Polypodiaceae

节肢蕨 Arthromeris lehmannii（Mett.）Ching

保护区南溪老林等地；海拔1165～1894m；附生树干上或石上；云南、西藏、四川、广西、广东、海南、湖北、江西、浙江、台湾；不丹、尼泊尔、印度、缅甸、泰国、菲律宾。

多羽节肢蕨 Arthromeris mairei（Brause）Ching

保护区南溪老林等地；海拔1171～1876m；山坡林下；云南、西藏、四川、贵州、广西、湖北、江西、陕西；缅甸和印度北部。

单行节肢蕨 Arthromeris wallichiana（Spreng）Ching

保护区南溪老林等地；海拔1175～1864m；附生于树干上或石上；云南、西藏、四川、贵州；尼泊尔、不丹、印度北部、缅甸和越南北部。

滇线蕨 Colysis pentaphylla（Baker）Ching

保护区南溪老林等地；海拔1395～2510m；林下；广东、海南、广西、云南、贵州、西藏；老挝、缅甸、泰国。

骨牌蕨 Lepidogrammitis rostrata（Bedd.）Ching

保护区南溪老林等地；海拔1213～1910m；附生林中树干上或岩石上；浙江、湖南、广东、海南、广西、四川、贵州、云南；越南、老挝、缅甸、泰国、印度、不丹、尼泊尔。

滇鳞果星蕨 Lepidomicrosorium hymenodes（Kunze）L. Shi et X. C. Zhang

保护区南溪老林等地；海拔1370～2560m；常绿阔叶林中树干上；贵州、四川、西藏、广西、湖南；越南、缅甸、不丹、尼泊尔、印度。

二色瓦韦 Lepisorus bicolor（Takeda）Ching

保护区南溪老林等地；海拔1175～2326m；林下沟边、岩石缝或林中树干上；四川、贵州、云南、西藏；尼泊尔、印度。

江生瓦韦 Lepisorus confluens W. M. Chu

保护区南溪老林等地；海拔1103～2080m；林中树干上；特产于云南。

扭瓦韦 Lepisorus contortus（Christ）Ching

保护区南溪老林等地；海拔1475～2350m；附生树干上或岩石上；福建、江西、浙江、湖北、河南、陕西、甘肃、四川、重庆、云南；印度。

带叶瓦韦 Lepisorus loriformis（Wall. ex Mett.）Ching

保护区南溪老林等地；海拔1325～2506m；附生林中树干上或岩石上；湖北、陕西、甘肃、四川、云南、西藏；缅甸、尼泊尔、印度。

大瓦韦 Lepisorus macrosphaerus（Bak.）Ching

保护区南溪老林等地；海拔1195～2350m；附生树干上或岩石上；四川、贵州、西藏、甘肃、云南；尼泊尔、印度。

棕鳞瓦韦 Lepisorus scolopendrium（Ham. ex D. Don.）Mehra et Bir.

保护区南溪老林等地；海拔1355～2542m；附生林中树干上或岩石上；海南、四川、西藏、云南、贵州、台湾；缅甸、泰国、尼泊尔、印度。

篦齿蕨 Metapolypodium manmeiense（Christ）Ching

保护区南溪老林等地；海拔1133～1990m；附生树干上或石上；云南、贵州、四川；印度、泰国、缅甸、老挝、越南、柬埔寨。

江南星蕨 Microsorum fortunei（T. Moore）Ching

保护区南溪老林等地；海拔1205～1870m；林下溪边岩石上或树干上；长江流域及以南各省份，北达陕西；马来西亚、不丹、缅甸、泰国、越南。

膜叶星蕨 Microsorum membranaceum（D. Don）Ching

保护区南溪老林等地；海拔1115～2254m；附生于岩石或树干；台湾、广东、广西、海南、四川、云南、西藏；印度锡金、缅甸、老挝、泰国、越南、马来西亚、菲律宾。

盾蕨 Neolepisorus ovatus（Bedd.）Ching

保护区南溪老林等地；海拔1440～2420m；林下岩石上或树干上；福建、浙江、江苏、安徽、江西、湖南、湖北、河南、广东、广西、贵州、四川、云南；越南、老挝、缅甸、泰国、印度、不丹、尼泊尔。

光亮瘤蕨 Phymatosorus cuspidatus（D. Don.）Pic. Serm.

保护区河谷地带；海拔630～969m；林缘石灰岩上；云南、西藏、四川、广西、广东、海南；越南、老挝、缅甸、泰国、印度、不丹、尼泊尔。

耿马假瘤蕨 Phymatopteris connexa（Ching）Pic. Serm.

保护区南溪老林等地；海拔1560～2180m；附生树干上；特产于云南。

紫柄假瘤蕨 Phymatopteris crenatopinnata（C. B. Clarke）Pic. Serm.

保护区南溪老林等地；海拔1173～1870m；林下或树干上；云南、西藏、四川、贵州、广西、湖南；越南、缅甸、印度东北部。

黑鳞假瘤蕨 Phymatopteris ebenipes（Hook.）Pic. Serm.

保护区南溪老林等地；海拔1177～1858m；附生树干上或石上；云南、西藏、四川、湖南；泰国、不丹、印度、尼泊尔。

大果假瘤蕨 Phymatopteris griffithiana（Hook.）Pic. Serm.

保护区南溪老林等地；海拔1167～1888m；附生树上或石上；云南、西藏、四川、贵州、安徽、湖南；越南、泰国、缅甸、印度、尼泊尔、不丹。

尖裂假瘤蕨 Phymatopteris oxyloba（Wall. ex Kunze）Pic. Serm.

保护区南溪老林等地；海拔1149～1942m；附生树干基部和林缘石上；云南、四川、广西、广东；越南、缅甸、泰国、印度、尼泊尔。

喙叶假瘤蕨 Phymatopteris rhynchophylla（Hook.）Pic. Serm.

保护区南溪老林等地；海拔1153～1930m；附生树干上或岩石上；云南、四川、贵州、广西、广东、湖南、湖北、江西、福建、台湾；越南、老挝、柬埔寨、印度尼西亚、缅甸、泰国、印度、不丹、尼泊尔、菲律宾。

尾尖假瘤蕨 Phymatopteris stewartii（Bedd.）Pic. Serm.

保护区南溪老林等地；海拔1159～1912m；附生树干上或石上；云南、四川、西藏；缅甸、尼泊尔、印度。

三出假瘤蕨 Phymatopteris trisecta（Baker）Pic. Serm.

保护区南溪老林等地；海拔1161～1906m；林下或树干上；云南、四川；缅甸、泰国。

蒙自拟水龙骨 Polypodiastrum mengtzeense（Christ）Ching

保护区南溪老林等地；海拔1123～2020m；附生树干上或石上；云南、广西、广东、台湾；越南、老挝、泰国、菲律宾、印度、尼泊尔、日本。

友水龙骨 Polypodiodes amoena（Wall. ex Mett.）Ching

保护区南溪老林等地；海拔1169～1882m；附生于石上或大树干上；云南、西藏、四川、贵州、广西、广东、湖南、湖北、江西、浙江、安徽、台湾、山西；越南、老挝、泰国、缅甸、印度、尼泊尔、不丹。

栗柄水龙骨 Polypodiodes microhizoma（C. B. Clarker ex Baker）Ching

保护区南溪老林等地；海拔1157～1918m；林下岩石上或树干上；云南、四川、西藏、台湾；泰国、印度、不丹、尼泊尔及克什米尔地区。

西南石韦 Pyrrosia gralla（Gies）Ching

保护区南溪老林等地；海拔1180～2332m；附生林中树干上或岩石上；四川、贵州、云南、西藏、湖北、台湾。

石韦 Pyrrosia lingua（Thunb.）Farwell

保护区河谷地带；海拔670～981m；附生树干上或岩石上；长江以南各省份，北至甘肃、西到西藏、东到台湾；印度、越南、朝鲜、日本。

斑点毛鳞蕨 Tricholepidium maculosum（Christ）Ching

保护区南溪老林等地；海拔1125～2014m；附生林中树干上；云南、广西；越南。

P57.　槲蕨科 Drynariaceae

川滇槲蕨 Drynaria delavayi Christ

保护区南溪老林等地；海拔1220～2380m；石上或草坡；陕西、甘肃、青海、四川、云南、西藏；印度、尼泊尔、不丹、缅甸。

石莲姜槲蕨 Drynaria propinqua（Wall. ex Mett.）J. Sm. ex Bedd.

保护区河谷地带；海拔480～864m；附生树干上；广西、四川、贵州、云南、西藏；越南、泰国、缅甸、老挝、印度、尼泊尔、不丹。

P59.　禾叶蕨科 Grammitidaceae

锡金锯蕨 Micropolypodium sikkimensis（Hieron.）X. C. Zhang

保护区南溪老林等地；海拔1320～2500m；林中树干基部或岩石上；湖南、广西、贵州、云南、四川、西藏；越南、印度、不丹、尼泊尔。

P60.　剑蕨科 Loxogrammaceae

中华剑蕨 Loxogramme chinensis Ching

保护区南溪老林等地；海拔1209～1890m；林下石上或树干上；浙江、安徽、江西、福建、台湾、广东、广西、四川、贵州、云南、西藏；尼泊尔、不丹、印度、缅甸、越南、泰国。

褐柄剑蕨 Loxogramme duclouxii Christ

保护区南溪老林等地；海拔1099～2092m；附生林中树干上或岩石上；台湾、浙江、安徽、河南、江西、湖北、湖南、广西、四川、贵州、云南、甘肃、陕西；日本、韩国、印度、越南。

II　裸 子 植 物

G1.　苏铁科 Cycasaceae

元江苏铁 Cycas parvulus S. L. Yang

灌木；西拉河、莫朗、清水河；海拔755～1300m；山谷阔叶林或山地灌丛；元江流域的元江县、红河县、石屏县及建水县等地。云南特有。Y3611、Y3677、Y4133、Y4169、Y4264、Y5220、样3、样4、样6、样41。

云南苏铁 Cycas siamensis Miq.

灌木；观赏植物；根、茎、叶、花、种子均可入药；清水河；海拔840～1130m；常生于季雨林林下；广西、广东有栽培；芒市、勐海、镇康、思茅、澜沧、景洪、勐腊、河口；广西、广东；缅甸、泰国、越南。Y4048、Y4308。

G4．松科 Pinaceae

云南油杉 Keteleeria evelyniana Mast.

乔木；用材；章巴、望乡台、莫朗；海拔1680～2100m；混交林；云南北部、中部至南部；贵州西部及西南部、四川西南部安宁河至西部大渡河流域。中国特有。Y0791、Y1138、Y4933、样11。

旱地油杉 Keteleeria xerophila Hsueh et S. H. Huo

乔木；材质坚实，木材可用；莫朗；海拔1450m；红河上游河谷地带或干燥阳坡；新平水塘。云南特有。Y4455。

***华山松 Pinus armandi** Franch.

乔木；用材；曼来；海拔2000m；各地造林；云南广布；山西南部、河南西南部、陕西秦岭以南、甘肃南部、四川、湖北西部、贵州中部及西北部、西藏雅鲁藏布江。中国特有。野外记录。

思茅松 Pinus kesiya Royle ex Gord. var. **lanbianensis**（A. Chev.）Gaussen

乔木；西拉河；海拔1070m；阳坡；云南南部、西南部；越南中部、北部及老挝等。Y3756、样44。

云南松 Pinus yunnanensis Franch.

乔木；用材；章巴；海拔1920m；混交林；云南各地；西藏东南部，四川泸定、天全以南，贵州毕节以西，广西凌云、天峨、南丹、上思等地。中国特有。Y0769、样11。

G11．买麻藤科 Gentaceae

买麻藤 Gnetum montanum Markgr.

大藤本；西拉河、清水河、新田；海拔1010～1630m；低中山密林；双柏、泸西、耿马、思茅、勐海、景洪、勐腊、金平、屏边、马关、麻栗坡、西畴、富宁；广西、广东、海南；印度、缅甸、泰国、老挝、越南。Y5001、Y4007、Y4442、样47。

III　被子植物

1．木兰科 Magnoliaceae

山玉兰 Magnolia delavayi Franch.

常绿乔木；观赏；莫朗；海拔1700～1800m；石灰岩山地阔叶林；贡山、福贡、泸水、维西、丽江、洱源、宾川、云龙、漾濞、施甸、腾冲、龙陵、镇康、永德、景东、牟定、双柏、武定、宜良、禄劝、富民、安宁、宜良、石林、峨山、易门、元江、师宗、罗平、蒙自、石屏、建水、绿春、屏边、砚山、麻栗坡等地；四川、贵州、西藏。中国特有。Y4492。

木莲 Manglietia fordiana Oliv.

乔木；造林、药用；章巴、望乡台；海拔2045～2380m；常绿阔叶林；广南、富宁、西畴、麻栗坡、马关、金平、景东；安徽、浙江、福建、海南、广东、香港、广西、贵州。中国特有。Y0876、Y0932、Y1244、Y1378、样12。

滇桂木莲 Manglietia forrestii W. W. Smith ex Dandy

乔木；优质用材树种；望乡台；海拔2000～2040m；常绿阔叶林；滇西及滇南；广西。中国特有。Y1308、Y1608。

红花木莲 Manglietia insignis（Wall.）Bl.

乔木；用材、观赏；曼来、望乡台、甘岔；海拔2100～2300m；常绿阔叶林；景东、红河、文山；湖南、广西、四川、贵州、西藏；尼泊尔、印度、缅甸。Y0193、Y1130、Y1170、Y4737、Y4861。

锈毛木莲 Manglietia rufibarbata Dandy

乔木；章巴；海拔2300～2350m；密林；腾冲、贡山、广南、金平、西畴及麻栗坡；越南。Y0898、Y0752、样12。

木莲一种 Manglietia sp.

乔木；望乡台；海拔2045m；半湿润常绿阔叶林；元江。Y1400、样21。

多花含笑 Michelia floribunda Finet et Gapnep.

乔木；用材、观赏；章巴、望乡台、曼来、莫朗；海拔1500～2300m；常绿阔叶林；云南各地；四川西南部及中部、湖北西部、贵州；越南、泰国、老挝、缅甸。Y1067、Y1360、Y0177、Y0290、Y1158、样16、Y1068。

金叶含笑 Michelia foveolata Merr. ex Dandy

乔木；优质用材树种；望乡台水库；海拔2000～2040m；阴湿林；金平、屏边、西畴、麻栗坡、富宁、马关；贵州、湖北、湖南、江西、福建、广东、海南、广西；越南。Y1312、Y1314、Y1450、Y1452。

黄心夜合 Michelia martinii（Lévl.）Lévl.

乔木；花可提芳香油；望乡台；海拔2045m；常绿阔叶林；广南、麻栗坡、蒙自、屏边；广东、广西、河南南部、湖北西部、四川中部、贵州。中国特有。Y1406、样21。

绒叶含笑 Michelia velutina DC.

乔木；优质用材树种；章巴；海拔2300m；山坡、河边和次生阔叶林；滇西北；西藏；印度、尼泊尔、不丹。Y0774。

云南含笑 Michelia yunnanensis Franch. ex Finet et Gagn.

灌木；花可提浸膏、叶磨粉作香面、观赏；莫朗；海拔2070m；林下及灌丛；贡山、丽江、大理、双柏、禄劝、寻甸、富民、安宁、宜良、易门、江川、华宁、峨山、元江、石屏、蒙自、金平、屏边、广南、富宁、思茅、西双版纳、耿马、镇康、永德、龙陵；四川、贵州、西藏。中国特有。Y5147、样65。

2a.　八角科 Illiciacaeae

小花八角 Illicium micranthum Dunn

灌木；药用、杀虫农药；章巴；海拔2150～2200m；常绿阔叶林；镇雄、会泽、双柏、新平、元江、广南、马关、西畴、麻栗坡、蒙自、绿春、金平、景东、镇沅、思茅、澜沧、孟连、景洪、勐海、耿马、双江；四川、贵州、广东、广西、湖北、湖南。中国特有。Y0847、Y0873、Y0997、Y0993、Y1048、样14、Y0848。

3.　五味子科 Schisandraceae

黑老虎 Kadsura coccinea（Lem.）A. C. Smith

木质藤本；根药用、果熟后可食；新田；海拔1400m；中山灌丛林缘；屏边、河口、金平、蒙自、文山、思茅、景东；江西、湖南、广东、湖南、广西、四川、贵州；越南。Y4462。

异形南五味子 Kadsura heteroclita（Roxb.）Craib

木质藤本；药用；莫朗、新田；海拔1875～1950m；常绿阔叶林；屏边、文山、蒙自、思茅、勐海、勐腊；湖北、广东、海南、广西、贵州；孟加拉国、越南、老挝、缅甸、泰国、印度、斯里兰卡、苏门答腊岛。Y5102、样67。

南五味子 Kadsura longipedunculata Finer et Gagn.

木质藤本；药用、芳香油；章巴、曼来、望乡台、新田；海拔2100～2344m；山坡林缘；云南；江苏、安徽、浙江、江西、福建、湖北、湖南、广东、广西、四川。中国特有。Y0963、Y2097、Y2061、Y0139、Y1174、样15、Y0964。

云南铁箍散 Schisandra henryi C. B. Clarke var. yunnanensis A. C. Smith

木质藤本；药用；章巴；海拔2000m；沟谷、山坡林；滇南至滇东南；西藏东南部。中国特有。Y0454、样5。

小花五味子 Schisandra micrantha A. C. Smith

木质藤本；曼来、观音山、望乡台、新田、莫朗；海拔1620～2344m；山谷、沟边、林间；云南中部、东南部；广西、贵州。中国特有。Y0252、Y05、Y13、Y14、Y1604、样4。

复瓣黄龙藤 Schisandra plena A. C. Smith

木质藤本；莫朗；海拔1990m；密林；滇南、滇西南；印度东北部。Y4631、样66。

合蕊五味子 Schisandra proinqua（Wall.）Baill.

木质藤本；药用；章巴、曼来；海拔2200～2400m；林缘；滇中、滇西、滇南；西藏；尼泊尔、不丹。野外记录。

6b. 水青树科 Tetracentraceae

水青树 Tetracentron sinense Oliv.

落叶大乔木；用材、观赏；章巴、望乡台；海拔2100～2285m；沟谷林及溪边次生阔叶林；滇西北、滇西南、滇东南、滇东北；陕西、甘肃、湖南、湖北、四川、贵州；尼泊尔、不丹、缅甸北部、越南。Y2021、Y0766、Y1126、样16。

8. 番荔枝科 Annonaceae

鹰爪 Artabotrys hexapetalus（L. f.）Bhandari

藤本；鲁业冲；海拔611m；季雨林；滇东南；广东、广西、江西、福建、台湾、浙江；印度、斯里兰卡、泰国、越南、柬埔寨、马来西亚、印度尼西亚、菲律宾。野外记录。

独山瓜馥木 Fissistigma cavaleriei（Lévl.）Rehd.

木质藤本；清水河；海拔980m；季风常绿阔叶林；西畴、富宁、广南；贵州和广西。中国特有。Y4080。

瓜馥木 Fissistigma oldhamii Merr.

藤本；茎皮纤维编绳、花提取做香料、种子含油、根药用、果味甜；普漂；海拔800m；山谷水旁、灌木中或湿润的疏林；屏边、马关、富宁；广西、湖南、广东、福建、台湾、江西、浙江；越南。Y3180。

小萼瓜馥木 Fissistigma polyanthoides（A. DC.）Merr.

木质藤本；莫朗；海拔1480m；季风常绿阔叶林、山地雨林；景洪、勐腊、勐海；贵州；越南、老挝。Y5179、样69。

黑风藤 Fissistigma polyanthum（Hook. f. et Thoms）Merr.

木质藤本；根茎入药；新田；海拔1695～1790m；山地雨林、季风常绿阔叶林；勐腊、景洪、金平、河口、马关、麻栗坡、西畴、富宁；广东、广西、西藏；越南、缅甸、印度。Y5241、Y5199、Y4813、样61。

凹叶瓜馥木 Fissistigma retusum（Lévl.）Rehd.

藤本；马底河、莫朗；海拔1350～1650m；山地密林；勐海、景洪、元江、富宁、广南、砚山、西畴、麻栗坡、马关、屏边、临沧、芒市；西藏、贵州、广西、海南。中国特有。野外记录。

老人皮 Polyalthia cerasoides（Roxb.）Benth. et Hook. f. ex Bedd.

小乔木；用材树种；曼旦、普漂、清水河；海拔490～670m；山谷、河旁或疏林；景洪、河口、金平、蒙自、元江；广东；越南、老挝、泰国、柬埔寨、缅甸、印度。Y0005、Y0055、Y0535、Y0551、Y4397、Y3064、Y3294、样1。

云桂暗罗 Polyalthia petelotii Merr.

乔木；清水河；海拔1100m；低山沟谷密林；河口、屏边、马关、麻栗坡、西畴、广南等滇东南地区；广西；越南。Y4019、Y4099。

11. 樟科 Lauraceae

毛叶油丹 Alseodaphne andersonii（King ex Hook. f.）Kosterm.

乔木；用材树种；新田；海拔1695～1790m；山地雨林；滇东南、滇南；西藏；印度、缅甸、泰国、老挝、越南。Y4897、样61。

李榄琼楠 Beilschmiedia linocieroides H. W. Li

乔木；用材树种；新田；海拔1695m；沟谷密林；滇南。云南特有。样64。

少花琼楠 Beilschmiedia pauciflora H. W. Li

乔木；用材；省Ⅲ；望乡台；海拔2100m；常绿阔叶林；南部。野外记录。

尾叶樟 Cinnamomum caudiferum Kosterm.

乔木；用材树种；章巴；海拔2100～2285m；山谷林中或路旁阳处；滇东南；贵州。中国特有。Y0900、Y2081、Y2035、Y1083、Y0770、样13。

聚花桂 Cinnamomum contractum H. W. Li

乔木；用材树种；甘岔；海拔2125m；常绿阔叶林；滇西北；西藏。中国特有。样70。

云南樟 Cinnamomum glanduliferum（Wall.）Nees

乔木；用材树种；板桥、曼来、章巴；海拔2000～2400m；山地常绿阔叶林；滇中至滇北；西藏、四川、贵州；印度、尼泊尔、缅甸、马来西亚。Y0476、Y0318、Y0534、Y0665、样5。

斑果厚壳桂 Cryptocarya maculata H. W. Li

乔木；马底河；海拔1902m；密林；滇东南部。云南特有。Y0588。

香面叶 Lindera caudata（Nees）Hook. f.

灌木；工业油料；章巴、板桥、望乡台、新田、莫朗；海拔1695～2100m；阳坡疏林、灌丛林缘；滇南；广西；印度、缅甸、泰国、老挝、越南。Y0835、Y0443、Y0514、Y1198、样14。

香叶树 Lindera communis Hemsl.

乔木；工业油料；曼来、爬洛村、莫朗；海拔1700～2400m；常绿阔叶林中；滇中、滇南；陕西、甘肃、湖北、湖南、江西、浙江、福建、台湾、广东、广西、贵州、四川；中南半岛。Y0360、Y0594、Y0754、Y5244。

蜂房叶山胡椒 Lindera foveolata H. W. Li

乔木；新田；海拔1680m；季风常绿阔叶林；滇东南。云南特有。样62。

团香果 Lindera latifolia Hook. f.

乔木；用材树种；章巴、新田、莫朗；海拔1695～1990m；常绿阔叶林或林缘；滇西、滇西北、滇东南；西藏；印度、孟加拉国、越南。Y0854。

山柿子果 Lindera longipedunculata Allen.

乔木；种子可点灯照明；章巴；海拔2045m；松林或常绿阔叶林；滇西、滇西北；西藏东南（墨脱）。中国特有。Y1328、样21。

毛黑壳楠 Lindera megaphylla Hemsl. **f. trichoclada**（Rehd.）Cheng

乔木；用材树种；甘岔；海拔2125m；常绿阔叶林；滇北至滇东南；甘肃、陕西、四川、贵州、湖北、湖南、安徽、江西、福建、台湾、广东、广西。中国特有。Y4749、样70。

滇粤山胡椒 Lindera metcalfiana Allen

乔木；曼来；海拔2050m；常绿阔叶林或林缘；滇东南；福建、广东、广西。中国特有。Y0339。

网叶山胡椒 Lindera metcalfiana Allen **var. dictyophylla**（Allen）H. P. Tsui

乔木；工业油料；新田、莫朗、甘岔；海拔1680～2125m；河边荒坡、草地灌丛；滇东南、滇南、滇西南；广西；越南。Y4987、样61。

绒毛山胡椒 Lindera nacusua（D. Don）Merr.

乔木；工业油料；平坝子；海拔2000～2050m；谷地或常绿阔叶林；除滇中以外全省分布；广东、广西、福建、江西、四川、西藏；尼泊尔、印度、缅甸、越南。Y0311、Y0345。

三股筋香 Lindera thomsonii Allen

乔木；工业油料；板桥；海拔2000m；中山疏林；滇西至滇东南；广西、贵州；印度、缅甸、越南。Y0480、Y0337、样5。

长尾钓樟 Lindera thomsonii Allen **var. vernayana**（Allen）H. P. Tsui

乔木；工业油料；章巴、曼来；海拔2200～2400m；常绿阔叶林；滇中至滇西；缅甸北部。Y1018、Y0945、Y0314、样13。

金平木姜子 Litsea chinpingensis Yang et P. H. Huang

常绿乔木；工业油料；章巴、望乡台、曼来；海拔2100～2380m；季风常绿阔叶林；屏边、金平、景东、景洪、勐海、贡山。云南特有。Y0911、Y1022、Y0924、Y1324、Y0156、Y0246、Y0633、样12。

山鸡椒 Litsea Cubeba（Lour.）Pers.

落叶小乔木；工业油料、药用；马底河、新田；海拔1650～1750m；山坡灌丛或林缘；全省各地；长江以南各省份，西南至西藏；东南亚及南亚各国。野外记录。

清香木姜子 Litsea euosma W. W. Smith

落叶小乔木；马底河、新田；海拔1600～1700m；常绿阔叶林；滇南、滇西南、滇东南；四川、贵州、湖南、江西、广东、台湾；中南半岛。野外记录。

滇南木姜子 Litsea garrettii Gamble

常绿乔木；甘岔、莫朗；海拔1700～1800m；密林或疏林；云南南部；广西；印度、越南。野外记录。

潺槁木姜子 Litsea gltuinosa（Lour.）C. B. Rob.

乔木；清水河；海拔850m；山地森林缘、疏林或灌丛；勐腊、景宏、勐海、思茅、双江、镇康、云县、凤庆、芒市、龙陵、贡山；广西、广东、福建；越南、菲律宾、印度。Y4347。

有梗木姜子 Litsea lancifolia（Roxb. ex Nees）Benth. et Hook. F. ex F.-Vill

常绿灌木；马底河、新田；海拔1600～1800m；常绿阔叶林；云南南部、东南部；印度。野外记录。

毛叶木姜子 Litsea mollis Hemsl.

落叶小乔木；工业油料、药用；平坝子；海拔2000m；山坡灌丛或林缘；云南东南部及东北部；四川、贵州、湖南、广西、广东。中国特有。Y0646。

假柿木姜子 Litsea monopetala（Roxb.）Pers.

常绿乔木；曼旦；海拔1100～1200m；疏林；南部、东南部；广西、广东、贵州；东南亚、印度。野外记录。

红叶木姜子 Litsea rubescens Lec.

落叶小乔木；马底河、莫朗；海拔1500～2000m；山地阔叶林或林缘；云南南部；四川、贵州、西藏、陕西、湖北、湖南；越南。野外记录。

黄心树 Machilus bombycina King ex Hook. f.

乔木；用材树种；西拉河；海拔1100m；山地雨林、季风常绿阔叶林；滇南；印度、尼泊尔、越南。Y3910、样47。

长梗润楠 Machilus longipedicellata Lec.

乔木；用材树种；望乡台；海拔2045～2160m；常绿阔叶林；滇中至滇西北；四川。中国特有。Y1166、Y1382、样19。

润楠 Machilus pingii Cheng ex Yang

乔木；木材做家具；新田、章巴、曼来；海拔1630～2285m；常绿阔叶林；滇东南；四川。中国特有。Y5013、Y0941、Y2005、Y0423、Y5029、样64、样15。

粗壮润楠 Machilus robusta W. W. Smith

乔木；用材树种；曼来；海拔1902m；常绿阔叶林或林缘；滇南；贵州、广西、广东；缅甸。Y0487。

红梗润楠 Machilus rufipes H. W. Li

乔木；鲁业冲；海拔832m；季雨林；云南东南部、南部；西藏东南部。野外记录。

瑞丽润楠 Machilus shweliensis W. W. Sm.

乔木；用材树种；章巴、望乡台、曼来；海拔2045～2344m；山坡灌丛或疏林；滇西。云南特有。Y1037、Y0937、Y1027、Y1386、Y0087、样15、Y1038。

细毛润楠 Machilus tenuipila H. W. Li

乔木；用材树种；章巴、新田；海拔1695～2200m；山地疏林或灌丛；勐海。云南特有。Y0904、Y0908、样13。

绿叶润楠 Machilus viridis Hand.-Mazz.

乔木；章巴；海拔2300m；常绿阔叶林和灌丛；滇西北；四川西南、西藏东南。中国特有。Y0886、Y0878、样12。

滇润楠 Machilus yunnanensis Lecomte

乔木；用材树种；西拉河；海拔1100m；中山湿润密林；滇中、滇西北、滇西；四川。中国特有。Y3898、样47。

滇新樟 Neocinnamomum caudatum（Nees）Meer.

乔木；用材树种；西拉河、望乡台；海拔1100～1685m；季雨林；滇中至滇南；广西；印度、尼泊尔、缅甸、越南。Y3913、Y6008、样47。

新木姜子 Neolitsea aurata Koidz

小乔木；药用；章巴、曼来、甘岔；海拔2125～2380m；常绿阔叶林；云南东北部；台湾、福建、江苏、江西、湖南、湖北、广东、广西、四川、贵州；日本。Y0901、Y1008、Y0981、Y0125、样12。

短梗新木姜子 Neolitsea brevipes H. W. Li

小乔木；曼来；海拔2344m；灌丛或常绿阔叶林；滇东南；福建、湖南、四川、广东、广西；印度、尼泊尔。Y0176、样4。

簇叶新木姜子 Neolitsea confertifolia（Hemsl.）Merr.

小乔木；工业油料、用材树种；章巴；海拔2285m；灌丛及密林；河南、陕西、湖北、湖南、江西、广西、广东、四川、贵州。中国特有。Y2089、样16。

多果新木姜子 Neolitsea polycarpa Liou Ho

乔木；工业油料；章巴；海拔2300m；常绿阔叶林；云南东南部；越南。Y0874、样12。

四川新木姜子 Neolitsea sutchuanensis Yang

小乔木；曼来；海拔2344m；山坡密林；云南东北部及西北部；四川、贵州。中国特有。Y0164、Y0178、Y0091、样4、Y0165。

长毛楠 Phoebe forrestii W. W. Smith

乔木；用材树种；曼来；海拔2344m；常绿阔叶林；滇中、滇中南、滇西；西藏。中国特有。Y0079、样4。

白楠 Phoebe neurantha（Hemsl.）Gamble

乔木；优质用材树种；望乡台、甘岔；海拔2000～2125m；常绿阔叶林；滇中南部至中部；江西、湖南、广西、贵州、甘肃、四川。中国特有。Y1602、Y4767。

普文楠 Phoebe puwenensis Cheng

乔木；用材树种；曼旦；海拔1000～1100m；山地雨林；滇南、滇东南、滇西南。云南特有。Y5074。

13.　莲叶桐科 Hernandiaceae

心叶青藤 Illigera cordata Dunn

藤本；药用；清水河、西拉河；海拔650～1000m；疏林或灌丛；云南东南部、南部、中部及北部；四川、贵州及广西。中国特有。Y3589、Y4116、样40。

多毛心叶青藤 Illigera cordata Dunn **var. mollissima**（W. W. Sm.）Kubitzki

藤本；根药用；曼旦；海拔760m；林缘灌丛；丽江、永德、元谋、开远。中国特有。Y0030。

15. 毛茛科 Ranunculaceae

草玉梅 Anemone rivularis DC.

草本；根茎叶入药；甘岔；海拔2250m；山坡草地；滇西北、滇西、滇西南、滇中；西藏、青海、四川、贵州、广西西部、湖南、湖北西部、甘肃西南部、陕西、河北；东南亚。Y5090。

野棉花 Anemone vitifolia Buch.-Ham. ex DC.

草本；药用；平坝子；海拔2000m；林缘灌丛；昆明、楚雄、大理、德钦、贡山、泸水、西畴、屏边；四川、西藏；缅甸、不丹、尼泊尔、印度。Y0638。

小木通 Clematis armandii Franch.

本质藤本；西拉河；海拔780m；路边、灌丛；昭通、昆明老四区（五华、盘龙、西山、官渡）、马关、丽江、双柏、易门、石林、镇康；华东、四川、甘肃、陕西；日本。Y3740。

钝齿铁线莲 Clematis delavayi DC. **var. argentilucida**（Lévl. et Van.）W. T. Wang

本质藤本；茎药用；望乡台；海拔1950m；山坡灌丛；文山；四川、甘肃、陕西、河南南部、湖北、贵州、湖南、广西、广东北部、江西、浙江、江苏和安徽南部。中国特有。Y1098。

滑叶藤 Clematis fasciculiflora Franch.

本质藤本；药用；莫朗；海拔1480～1620m；林缘；滇西、滇西南、滇中、滇东南、滇南、滇西北；四川南部、贵州西部、广西西部；缅甸北部、越南北部。样68。

扬子铁线莲 Clematis ganpiniana（Levl et Van.）Tamura

本质藤本；绿化；莫朗；海拔1620m；丘陵、林中、林边、灌丛；昆明、大理、兰坪、德钦、屏边；四川、陕西、湖北、贵州、广西北部、广东西部、湖南、江西、浙江、安徽。中国特有。样68。

小蓑衣藤 Clematis gonriana Roxb. ex. DC.

木质藤本；根茎可入药；新田；海拔1650m；山林边或疏林；昆明、蒙自、思茅、盈江；四川、湖北、贵州、广东、广西；菲律宾、缅甸、印度、不丹、尼泊尔。Y4553、样63。

粗齿铁线莲 Clematis grandidentata（Rehd. et Wils.）W. T. Wang

本质藤本；药用；西拉河；海拔1000m；林下；绥江、永善、宜良、丽江；四川、贵州、湖南、浙江、安徽、湖北、甘肃、陕西南部、河南西部、山西南部、河北西部。中国特有。样42。

单叶铁线莲 Clematis henryi Oliver

本质藤本；药用；西拉河、甘岔；海拔1100～2125m；林下；镇雄、宜良、漾濞、维西、香格里拉、文山、蒙自、墨江、思茅；四川、湖北、贵州、广西、广东北部、湖南、江西、浙江、江苏南部、安徽南部；缅甸北部、越南北部。Y4491、Y4460、样47。

多花铁线莲 Clematis jingdungensis W. T. Wang

木质藤本；望乡台、西拉河、莫朗；海拔1100～2160m；灌丛；思茅、景东、凤庆、腾冲、瑞丽。云南特有。Y1188、Y3382、样19。

滇川铁线莲 Clematis kocKiana Schneid.

本质藤本；望乡台；海拔2100m；山坡、沟边、林缘；嵩明、禄劝、武定、宾川、大理、泸水、丽江、香格里拉、贡山、德钦、景东；西藏东部、四川西南部、广西西部。中国特有。Y1136。

锈毛铁线莲 Clematis leschenaultiana DC.

本质藤本；叶供药用；新田；海拔1695m；灌丛林缘；广南、河口、蒙自、景洪；四川、贵州、湖南、广西、广东、福建、台湾；越南、菲律宾、印度尼西亚。样63。

勐腊铁线莲 Clematis menglaensis MC. Chang

本质藤本；西拉河；海拔700m；山坡灌丛；勐腊、屏边。云南特有。Y3887。

裂叶铁线莲 Clematis parviloba Gardn. et Champ.

藤本；西拉河、莫朗、清水河；海拔980～1100m；灌丛林缘；昆明、楚雄、宾川、漾濞、丽江、泸水、福贡、维西、香格里拉、贡山、景东、砚山、西畴、麻栗坡、蒙自、双江；四川、贵州、广西、广东、香港、江西、浙江、台湾；日本。Y3937、Y4032、Y4216、Y4376、样47。

细木通 Clematis subumbellata Kurz

本质藤本；根药用；曼旦；海拔772m；林缘；元江、普洱、勐腊、景洪、思茅、景东、芒市；缅甸、泰国、老挝、越南。Y0020。

厚萼铁线莲 Clematis wissmanniana Hand.-Mazz.

本质藤本；西拉河、清水河；海拔1070～1145m；山坡灌丛；元江、蒙自。云南特有。Y3945、样44。

元江铁线莲 Clematis yuanjiangensis W. T. Wang

藤本；曼旦、西拉河；海拔850～1100m；林缘灌丛；元江；元江特有。Y3420、Y3746。

云南铁线莲 Clematis yunnanensis Franch.

本质藤本；西拉河；海拔1100m；山坡林下；开远、武定、禄劝、宾川；四川西南部。中国特有。Y3930、样47。

云南翠雀花 Delphinium yunnanense Franch.

草本；章巴；海拔2300m；草地；元江、砚山、景东、江川、双柏、昆明、鹤庆、洱源、巧家、峨山；贵州西部、四川西南部。中国特有。野外记录。

茴茴蒜 Ranunculus chinensis Bunge

草本；普漂；海拔700m；沟边、湿地；云南广布；西藏、四川、湖南、浙江、安徽、华北、东北、西北各省份；不丹、印度、巴基斯坦、哈萨克斯坦、俄罗斯西伯利亚、蒙古、朝鲜、日本。Y3053。

石龙芮 Ranunculus sceleratus L.

草本；小竹箐；海拔2140m；沟边；安宁、嵩明、大理、永胜、维西；海南以外的其他省份；北温带地区广布。野外记录。

扬子毛茛 Ranunculus sieboldii Miq.

草本；望乡台水库；海拔2000m；沟边或林边草地；盐津、镇雄、昆明、富宁、西畴、麻栗坡；广西、贵州、四川、甘肃、陕西、湖北、湖南、江西、福建、台湾、浙江、江苏、安徽；日本。Y1474。

钩柱毛茛 Ranunculus silerifolius Lévl.

草本；望乡台；海拔1950～2100m；沼泽、溪边；滇东北、滇中、滇西、滇东南、滇南、滇西南；广西、广东、湖南、四川、贵州、湖北、江西、福建、台湾、浙江；不丹、印度、朝鲜、日本。Y1100、Y1101、Y1105、Y1148。

盾叶唐松草 Thalictrum ichangense Lecoy. ex Oliv.

草本；西拉河、清水河；海拔1100～1160m；山地森林下或石崖上；屏边、岘山；广西、贵州、四川、陕西南部、湖北浙江；越南北部。Y3900、Y4083、样47。

偏翅唐松草 Thalictrum delavayi Franch.

草本；药用；章巴梁子；海拔2040m；林缘；镇康、景东、洱源、剑川、兰坪、鹤庆、香格里拉、德钦、贡山、楚雄、禄劝、嵩明、屏边；贵州西部、四川西部、西藏东南部。野外记录。

爪哇唐松草 Thalictrum javanicum Bl.

草本；药用；南溪；海拔1880m；草本；镇康、泸水、剑川、维西、德钦、香格里拉、丽江、永善、巧家、屏边；西藏南部、四川、甘肃南部、湖北西部、贵州、江西、浙江西部、台湾、广西、广东北部；不丹、尼泊尔、印度、斯里兰卡、印度尼西亚。野外记录。

17. 金鱼藻科 Ceratophyllaceae

金鱼藻 Ceratophyllum demersum L.

沉水草本；章巴、曼来；海拔2000～2100m；沟边、湿地、水生；遍布全省；遍布我国南北各地广布；

全球寒带以外淡水湖、塘、池、沟。野外记录。

细叶金鱼藻 Ceratophyllum submersum L.

沉水草本；马底河、莫朗；海拔1300m；淡水水域；遍布全省；福建、台湾；欧洲、亚洲、非洲北部。野外记录。

19．小檗科 Berberidaceae

大叶小檗 Berberis ferdinandi-coburgii Schneid. **var. ferdinandi-coburgii**

灌木；根可代黄连药用；莫朗；海拔1990m；山坡及路边灌丛；曲靖、楚雄、砚山、广南、麻栗坡、蒙自、屏边、思茅。云南特有。Y5227、样66。

春小檗 Berberis ferdinandi-coburgii Schneid. **var. vernalis** Schneid.

灌木；药用；曼来、章巴；海拔2200～2400m；路边灌丛；昆明、蒙自、屏边、砚山、广南、麻栗坡。云南特有。Y0300、Y0392、Y0756。

东川小檗 Berberis mairei Ahrendt

灌木；甘岔；海拔2150m；半湿润常绿阔叶林；东川。云南特有。Y4500。

密叶十大功劳 Mahonia conferta Takeda

灌木；药用；老窝底山；海拔2300m；山坡阴处；金平、龙陵、新平、元阳。云南特有。Y0197。

滇南十大功劳 Mahonia hancockiana Takeda

灌木；平坝子；海拔2000m；山坡次生阔叶林；蒙自、麻栗坡。云南特有。Y0321。

长小叶十大功劳 Mahonia lomariifolia Takeda

灌木；甘岔；海拔2100m；山坡灌丛；富民、宜良、保山、禄劝、会泽、宾川、剑川、维西、香格里拉、德钦；贵州、四川。中国特有。Y4849。

猫儿屎 Decaisnea fargesii Franch.

灌木；曼来；海拔1950～2200m；林缘疏林；云南全省；广西、贵州、四川、陕西、湖北、湖南、江西、安徽、浙江及喜马拉雅山地。Y0353。

五叶瓜藤 Holboellia fargesii Reaub.

木质藤本；药用；章巴、望乡台；海拔2045～2200m；常绿阔叶林；滇中、滇东北、滇西北；安徽、湖北、福建、广东、四川、贵州、陕西。中国特有。Y1031、Y1412、样15。

五风藤 Holboellia latifolia Wall.

木质藤本；果可食、药用；章巴；海拔2285m；中山沟谷密林；云南大部分地区；贵州、四川、西藏；印度、不丹、尼泊尔。Y2051、样16。

羊腰子 Holboellia reticulata C. Y. Wu

木质藤本；望乡台；海拔2160m；林缘灌丛；滇东南；贵州。中国特有。Y1200、样19。

三叶野木瓜 Stauntonia brunoiana Wall.

木质藤本；章巴；海拔2150m；低山沟谷密林；滇南；印度、缅甸、越南。Y0879、样14。

羊爪藤 Stauntonia dodouxii Gagn

藤本；可食用；章巴；海拔2200m；林缘；云南东北；四川西南。中国特有。Y0778。

假斑点野木瓜 Stauntonia pseudomaculata C. Wu et S. H. Huang

木质藤本；章巴；海拔2285m；湿润季风常绿阔叶林；滇东南。云南特有。Y2027。

22．大血藤科 Sargentodoxaceae

大血藤 Sargentodoxa cuneata（Oliv.）Rehd. et Wils.

木质藤本；根、茎、叶煎水为杀虫剂，藤皮供编制家具、绳索等，花芳香、果美丽，供观赏；马底河、莫朗；海拔1450～1650m；湿润常绿阔叶林；滇东南、中南；陕西、河南及长江以南各省份；中南半岛北部。野外记录。

23. 防己科 Menispermaceae

木防己 Cocculus orbiculatus（L.）DC.

　　木质藤本；根供药用，治疗风湿骨痛，含多种生物碱；马底河、清水河；海拔950～1902m；山地雨林；云南大部分地区；我国大部分省份；亚洲东部、南部及夏威夷岛。Y0626、Y3955、Y4231。

毛木防己 Cocculus orbiculatus（L.）DC. **var. mollis**（Wall. ex Hook. f. et Thoms.）Hara

　　藤本；磨刀河；海拔2000m；常绿阔叶林；云南南部；广西西北部和贵州西南部；尼泊尔和印度东北部。野外记录。

云南轮环藤 Cyclea meeboldii Diels

　　藤本；编织藤家具；曼来、清水河；海拔940～2344m；林缘；滇西南、滇南；印度东北部。Y0123、Y0634、Y4146、Y4241、样4、Y0124。

铁藤 Cyclea polypetala Dunn

　　藤本；阿木山；海拔2100m；常绿阔叶林；云南西南部至东南部；广西南部、广东海南岛。野外记录。

四川轮环藤 Cyclea sutchuenensis Gagnep.

　　藤本；乌布鲁山；海拔2160m；灌丛；滇东北至东南；四川（城口）、贵州、湖南、广东和广西。野外记录。

白线薯 Stephania brachyandra Diels

　　藤本；药用；马底河、望乡台；海拔1902m；沟谷；滇东南；缅甸。Y0417。

景东千金藤 Stephania chingtungensis H. S. Lo

　　藤本；马底河、新田；海拔1650～1750m；中山灌丛林缘；滇西南和滇南。云南特有。Y5298。

雅丽千金藤 Stephania elegans Hook. f. et Thoms.

　　藤本；新田；海拔1695m；中山灌丛林缘；滇西南；尼泊尔、印度。样63。

河谷地不容 Stephania intermedia H. S. Lo

　　藤本；块根含较多左旋荷包牡丹碱和少量颅痛定；西拉河、莫朗、曼旦、清水河；海拔950～1400m；干热河谷、多石山坡；个旧。云南特有。Y3817、Y3429、Y4166、Y4398、样42。

西南千金藤 Stephania subpeltata H. S. Lo

　　藤本；药用；甘岔；海拔2125m；中山灌丛林缘；漾濞、维西、嵩明、文山；广西、四川。中国特有。Y4839。

波叶青牛胆 Tinospora crispa（L.）Miera ex Hook. f. et Thoms.

　　藤本；茎藤有清热解毒之功效；清水河；海拔630m；中山疏林；西双版纳；印度、中南半岛至马来群岛。Y4326。

中华青牛胆 Tinospora sinensis（Lour.）Merr.

　　藤本；路边；海拔735m；山地雨林、季风常绿阔叶林；滇南、滇东南；广东、广西；斯里兰卡、印度、中南半岛。Y0016。

24. 马兜铃科 Aristolochiaceae

昆明马兜铃 Aristolochia kunmingenensis C. Y. Cheng et J. S. Ma

　　藤本；章巴；海拔2150m；灌林；丽江、鹤庆、维西、剑川、洱源、宾川；西藏、云南；印度东北部、不丹、尼泊尔。Y0895。

滇南马兜铃 Aristolochia petelotii C. C. Schnidt

　　藤本；莫朗；海拔1875m；石灰岩次生常绿阔叶林；马关、金平、元阳、屏边、思茅；广西；越南北部。样67。

28. 胡椒科 Piperaceae

石蝉草 Peperomia dindygulensis Miq.

肉质草本；望乡台、章巴；海拔2045～2285m；岩石、树上附生；西畴、蒙自、广南、河口、绿春、思茅、孟连、凤庆、沧源、勐腊、峨山、元江；台湾及东南至西南各省份；印度及马来西亚。Y1364、Y1060、Y2041、样21。

蒙自草胡椒 Peperomia heyneana Miq.

肉质草本；全草散瘀、止血，用于胃出血等；新田、清水河；海拔1000～1690m；石灰岩灌丛、季雨林；勐腊、景洪、孟连、镇康、思茅、景东、临沧、金平；广西、云南；尼泊尔、不丹、印度锡金。Y4038、Y4140、样64。

豆瓣绿 Peperomia tetraphyllum（Forst. f.）Hook. f. et Arn

草本；章巴、莫朗；海拔1990～2320m；湿润岩石、树干；蒙自、屏边、麻栗坡、西畴、丘北、师宗、嵩明、安宁、富民、江川、呈贡、易门、石林、峨山、景东、凤庆、泸水、芒市、龙陵、勐海；台湾、福建、广东、广西、贵州、四川、甘肃南部、西藏南部；南美洲、大洋洲、非洲、亚洲。Y1016、Y1058、Y0655、样13。

苎叶蒟 Piper boehmeriaefolium（Miq.）C. DC.

灌木；鲁业冲；海拔734～784m；季雨林；金平、屏边、镇康、勐腊、思茅、砚山、河口；广西；印度东部、缅甸、泰国、越南北部、马来西亚。野外记录。

黄花胡椒 Piper flaviflorum C. DC.

木质藤本；全株可作酒药；清水河；海拔1000m；低中山密林；思茅、西双版纳、沧源、景东、凤庆、龙陵、陇川、盈江、耿马、双柏。云南特有。Y4100。

粗梗胡椒 Piper macropodum C. DC.

藤本；新田；海拔1695m；沟谷密林湿润处；思茅、西双版纳、富宁、金平、屏边、沧源、景东、凤庆、龙陵、陇川、盈江、梁河、腾冲。云南特有。样63。

屏边胡椒 Piper pingbienense Y. C. Tseng

藤本；清水河、莫朗；海拔1160～1400m；附生于林中树上；西畴、马关、屏边。云南特有。Y4113。

樟叶胡椒 Piper polysyphorum C. DC.

直立草本；莫朗、清水河；海拔1100～1300m；季雨林；河口、思茅、西双版纳、沧源、耿马、凤庆；贵州。中国特有。Y4543、Y3895。

毛叶胡椒 Piper puberulilimbum C. DC.

藤本；药用；新田；海拔1695～1790m；河谷疏密林湿润处；贡山、凤庆、沧源、勐腊、孟连、景洪、思茅、峨山。云南特有。样61。

长柄胡椒 Piper sylvaticum Roxb.

藤本；西拉河；海拔1100m；林中湿润处；西双版纳、绿春、元阳；印度、不丹、孟加拉国、缅甸。样47。

三色胡椒 Piper tricolor Y. C. Tseng

附生藤本；普漂、曼旦；海拔610m；灌丛林缘；云南南部。云南特有。野外记录。

南藤 Piper Wallichii（Miq.）Hand.-Mazz.

藤本；茎、叶入药；西拉河；海拔900～1900m；生于山谷林中阴处或湿润处，攀援于树上或岩石上；西畴、双柏、景东、元江、沧源、梁河、泸水、福贡、贡山、德钦；四川、甘肃、贵州、广西、湖南、湖北；尼泊尔、孟加拉国、印度尼西亚。野外记录。

29. 三白草科 Saururaceae

蕺菜 Houttuynia cordata Thunb.

匍匐草本；食用根茎；平坝子、曼旦；海拔450～2000m；沟边、田野旷地；全省各地；我国中部以南，北达陕西、甘肃，西至西藏、东达台湾、南至沿海各省份；亚洲东部及东南部广泛分布。Y0359、Y3519。

30. 金粟兰科 Chloranthacaeae

鱼子兰 Chloranthus elatior Link

草本；可供园林绿化；马底河、莫朗；海拔1500～1800m；低中山湿润密林；滇中及滇南；四川、广西、我国西部及喜马拉雅南坡；中南半岛、马来西亚、印度尼西亚。野外记录。

四块瓦 Chloranthus holostegius (Hand.-Mazz.) P'ei et Shan

草本；药用；清水河、西拉河；海拔850～1145m；石灰岩灌丛；滇南、滇中；广西、贵州。中国特有。Y3963、Y3561、Y3828、样45。

海南草珊瑚 Sarcandra hainanensis (P'ei) Swamy et Bailey

灌木；药用；马底河、莫朗；海拔1550～1600m；林荫下；云南南部；广西、广东南部。中国特有。野外记录。

33. 紫堇科 Fimariaceae

细果紫堇 Corydalis leptocarpa Hook. f. et Thoms.

铺散草木；马底河、莫朗；海拔1800～2300m；中山山坡、沟谷草丛中或路边石缝；滇东南、滇南、滇西南至滇西北；泰国北部、缅甸北部、印度阿萨姆和曼尼普尔、不丹、尼泊尔东部。野外记录。

金钩如意草 Corydalis taliensis Franch.

草本；可作花卉；望乡台；海拔2040m；中山疏林、灌丛林缘；云南大部分地区，东北至昭通，东南至绿春，西南至耿马、沧源、澜沧，西北至腾冲、福贡一线。云南特有。Y1300。

紫金龙 Dactylicapnos scandens (D. Don) Hutch.

藤本；根药用；章巴；海拔2200m；林下、山坡或水沟边、低凹草地、沟谷；除滇东北和西双版纳外全省均有分布；广西西部和西藏东南部；不丹、尼泊尔、印度阿萨姆至锡金、缅甸中部、中南半岛东部。野外记录。

扭果紫金龙 Dactylicapnos torulosa (Hook. f. et Thoms.) Hutch.

藤本；全株药用；马底河、莫朗；海拔1450～1700m；灌丛林缘；除滇东北和西双版纳地区外全省均有分布；四川西南部和西藏东南部；印度。野外记录。

36. 山柑科 Capparaceae

野香橼花 Capparis bodinieri Lévl.

灌木；全株入药；甘岔、莫朗；海拔1700～2000m；季雨林-季风常绿阔叶林；云南全省大部；四川、贵州；不丹、印度、缅甸。野外记录。

广州山柑 Capparis cantoniensis Lour

藤本；根、藤入药；西拉河；海拔600～820m；灌丛林缘；云南南部及东南部；贵州南部、广西、广东及福建；印度东北部经中南半岛至印度尼西亚及菲律宾南部都有。Y3587、Y5319。

多花山柑 Capparis multiflora Hook. f. et Thoms.

灌木；西拉河；海拔600m；沟谷林；蒙自、金平、屏边；不丹、印度东北部、缅甸。Y3596。

青皮刺 Capparis sepiaria L.

灌木；曼旦、普漂；海拔400m；旷野道旁；云南南部；广西南部沿海、广东；自印度经热带东南亚直到澳大利亚。Y0104、Y0670。

小绿刺 Capparis urophylla F. Chun

灌木；甘岔、莫朗；海拔1750～1950m；山谷疏林或石山灌丛；镇康、墨江、普洱、思茅、景洪、勐海、勐腊、金平、富宁；广西；老挝北部。Y4443。

元江山柑 Capparis wui B. S. Sun

藤本；清水河、普漂；海拔1010m；干热河谷灌丛；元江；元江特有。Y4346。

黄花草 Cleome viscosa L.

草本；种子药用；曼旦、老虎箐、施垤新村；海拔380～750m；干燥荒地、路旁及田野；元江、富宁；广西、广东、福建、浙江、台湾、江西、湖南、安徽；全世界热带与亚热带地区。Y3321、Y4623、Y5341。

树头菜 Crateva unilocularis Buch.-Ham.

乔木；嫩叶食用，果实含生物碱，果皮供染料，叶可健胃；曼旦；海拔600m；湿润河边、道旁常有栽培；滇西、滇西南、滇南、滇东南；广西、广东；尼泊尔、印度、缅甸、老挝、越南、柬埔寨。Y3323。

斑果藤 Stixis sauveolens（Roxb.）Pierre

木质藤本；嫩叶可代茶叶，果可食；清水河；海拔800～1100m；灌丛林缘；滇南、滇东南；广东；印度、孟加拉国、缅甸、泰国、老挝、越南、柬埔寨。野外记录。

39. 十字花科 Crucifera

荠 Capsella bursa-pastoris（L.）Medic.

草本；食用、药用；马底河、新田；海拔1650～1900m；田野旷地、路边；云南全省；我国各地均产；全世界温带地区。野外记录。

碎米荠 Cardamine hirsuta L.

草本；西拉河；海拔900～1700m；路边、田野旷地；除滇西北高山外几遍全省各地；我国各省份；全球温带地区。野外记录。

抱茎葶苈 Draba amplexicaulis Franch.

草本；老窝底山；海拔2400m；山坡草地、向阳灌丛；洱源、鹤庆、丽江、香格里拉、德钦；四川、西藏。中国特有。Y0434、Y0435。

南葶菜 Rorippa dubia（Pers.）Hara

草本；全株入药；清水河；海拔1000m；山坡、河边、田野旷地；滇东南及勐腊、孟连、石林、建水、景东、凤庆、丽江；自华南至甘肃、河北及山东；日本、菲律宾、印度尼西亚、印度、美国。Y4428。

葶菜 Rorippa indica（L.）Hiern

草本；全草药用；西拉河；海拔850～1900m；路旁、田野旷地、山坡、宅旁；景东及滇东南、滇中、滇西、滇西北；山东、河南、江苏、浙江、福建、台湾、湖南、江西、广东、四川、陕西、甘肃；日本、朝鲜、菲律宾、印度尼西亚、印度。野外记录。

40. 堇菜科 Violaceae

心叶堇菜 Viola concordifolia C. J. Wang

草本；板桥、平坝子；海拔2000m；中山灌丛林缘、林下；蒙自、维西、香格里拉；江苏、安徽、浙江、江西、湖南、四川、贵州。中国特有。Y0490、Y0475、Y0528、样5。

紫花堇菜 Viola grypoceras A. Gray

草本；新田；海拔1695m；林下或草地；大姚、彝良、镇雄、广南；华北、华中、华东、华南至西南各省份；日本、朝鲜半岛。Y4997、样63。

如意草 Viola hamiltoniana D. Don

草本；全草入药；新田；海拔1695m；林缘、灌丛、湿地；昆明、屏边、凤庆、思茅；广东、台湾；印度、缅甸、越南、印度尼西亚。样63。

光叶堇菜 Viola hossei W. Beck.

草本；新田；海拔1665～1695m；林下、林缘、溪畔、河边；勐海、思茅、澜沧、镇康、屏边、金平、文山；江西、湖南、广西、海南、四川、贵州；缅甸、泰国、越南、马来西亚。样62。

匍匐堇菜 Viola pilosa Bl.

　　草本；新田；海拔1680m；山地森林下、草坡或路边；文山、红河、西双版纳、泸水；江西、四川、西藏；印度、缅甸、泰国、印度尼西亚、马来西亚。样62。

圆叶小堇菜 Viola rockiana W. Beck.

　　草本；板桥水库、章巴、曼来；海拔2000～2380m；草坡、林下；丽江；甘肃、青海、四川、西藏。中国特有。Y0492、Y0988、Y0999、Y0168、Y0270、样5。

锡金堇菜 Viola sikkimensis W. Beck.

　　草本；新田；海拔1680m；林下、林缘、溪沟边；文山、昆明、凤庆；西藏；缅甸、尼泊尔、印度。样62。

毛堇菜 Viola thomsonii Oudem.

　　草本；曼来、望乡台；海拔2344m；中山湿性常绿阔叶林；滇西北。云南特有。Y0272、Y0456、Y1092、样4。

堇菜 Viola verecunda A. Gray

　　草本；药用；曼来；海拔2344m；针阔混交林、疏林；文山；我国广布；朝鲜、日本、蒙古、俄罗斯。Y0141、样4。

云南堇菜 Viola yunnanensis W. Beck. et H. de Boiss

　　草本；新田；海拔1695m；山地森林、林缘草地、溪谷及路边、岩石缝较湿润处；勐海、景洪、蒙自、屏边、金平、文山；重庆、海南。中国特有。Y4474、样64。

42．远志科 Polygalacaeae

荷包山桂花（黄花远志）Polygala arillata Buch.-Ham. ex D. Don

　　灌木；根茎入药；新田、莫朗、曼来、望乡台；海拔1600～2344m；石山林下；云南各地；陕西南部、安徽、江西、福建、湖北、广西、四川、贵州、云南和西藏东南部；尼泊尔、印度、缅甸、越南。Y5167、Y5185、Y4661、Y4917、Y4869、Y4909、Y5266、Y0242、Y0618、Y1156、Y1176、样62。

尾叶远志 Polygala caudata Rehd et Wils

　　灌木；新田；海拔1695m；山地雨林；云南东南及东北部；湖北、广东、广西、四川、贵州。中国特有。样64。

瓜子金 Polygala japonica Houtt.

　　草本；全草入药；老窝底山；海拔2350m；低中山荒坡、草坡；滇中、滇东南、滇南；西北、华北、华中、华东、西南；印度、菲律宾、日本。Y0245。

排钱金不换 Polygala subopposita S. K. Chen

　　草本；曼旦；海拔1200～1300m；河边草丛；云南南部、东北、西北；贵州。中国特有。Y5169、Y3411、样37。

45．景天科 Crassulaceae

落地生根 Bryophyllum pinnatum（L. f.）Oken（1841）

　　肉质草本；药用；曼旦、普漂；海拔400～710m；林缘、山坡、路边；西双版纳、镇康、景东、墨江、富宁、河口；广东、广西、福建、台湾；原产非洲。Y0086、Y0579。

多茎景天 Sedum multicaule Well ex Lindl.

　　草本；药用；清水河；海拔1000m；山地灌丛、草地石缝中、房屋瓦上；滇西北、滇西、滇中、滇东南；陕西、甘肃、四川、贵州、西藏；印度、巴基斯坦、尼泊尔、不丹。Y4340。

47. 虎耳草科 Saxifragaceae

溪畔落新妇 Astilbe rivularis Buch.-Ham. ex D. Don

　　草本；根入药，可活血散瘀、祛风除湿止痛，治跌打损伤、风湿痛及慢性胃炎；甘岔、莫朗；海拔1750～2100m；林下、林缘、路边、草地或河边；除西双版纳外全省均有；陕西、河南西部、四川和西藏；泰国北部、印度北部、不丹、尼泊尔和克什米尔地区。野外记录。

牙生虎耳草 Saxifraga gemmipara Franch.

　　草本；章巴、曼来；海拔2025～2344m；林缘、林下、灌丛、山坡草地或潮湿石隙；兰坪、香格里拉、丽江、鹤庆、漾濞、洱源、临沧、景东、嵩明、禄丰、双柏、元江、富民、大姚、蒙自、东川、巧家；四川西南部。中国特有。野外记录。

黄水枝 Tiarella polyphylla D. Don

　　草本；全草药用，可清热解毒、消肿止痛；章巴；海拔2300～2400m；常绿阔叶林；除西双版纳外全省均有；陕西南部、甘肃（陇南）、江西、台湾、湖北、湖南、广东、广西、四川、贵州和西藏；日本、中南半岛北部、不丹、印度锡金、尼泊尔。野外记录。

53. 石竹科 Caryophyllaceae

无心菜 Arenaria serpyllifolia L.

　　草本；全草入药；马底河、新田；海拔2450～2500m；林缘、草坡；除西双版纳外全省各地都有；我国自东北经黄河和长江流域到华南、西南都有分布；欧洲、亚洲也有广泛分布。野外记录。

短瓣花 Brachystemma calycinum D. Don

　　藤本；莫朗、清水河；海拔1000～1030m；低中山灌丛林缘；昆明、大理、芒市、景东、沧源、勐腊、屏边、麻栗坡、西畴；广西、四川；尼泊尔、不丹、印度、缅甸、泰国。Y4183、样59。

狗筋蔓 Cucubalus baccifer L.

　　草质藤本；全株药用；甘岔、莫朗；海拔1700～1900m；中山灌丛林缘、路边、荒坡；全省各地均有；我国东北、西北、西南和台湾及喜马拉雅地区；欧洲、亚洲中部、西伯利亚及印度。野外记录。

荷莲豆 Drymaria diandra Bl.

　　草本；全草入药，能消肿解毒；乌布鲁山；海拔1940m；沟边；滇东南、滇西南、滇西北河谷地区；南方各省份；热带亚洲、美洲、非洲。野外记录。

鹅肠菜 Myosoton aquaticum（L.）Moench

　　草本；全草药用；莫朗；海拔1100m；田间、路旁、草地、山坡、林缘、林下；滇中、滇南；世界各地。Y4943。

繁缕 Stellaria media（L.）Cyrillus

　　草本；老虎箐；海拔810m；田野旷地；全省各地均有；全国各省份均有分布；世界性杂草。Y4470。

密柔毛云南繁缕 Stellaria pilosa Franch. **f. villosa** C. Y. Wu ex P. Ke

　　草本；望乡台；海拔2010m；路边、荒坡；滇中、滇西北、滇东北；四川、西藏。中国特有。Y1242、样20。

雀舌草 Stellaria uliginosa Murr.

　　草本；老窝底山；海拔2400m；路边、草坡；景东、勐腊、麻栗坡、绿春、绥江、昆明、维西；我国大多数省份；北温带地区。Y0342。

星毛繁缕 Stellaria vestita Kurz

　　草本；曼来、新田、莫朗；海拔1680～2400m；路边、田野旷地；景东、勐腊、麻栗坡、绿春、绥江、昆明、维西；我国大多数省份；北温带地区。Y0344、Y0396。

54. 粟米草科 Molluginaceae

星粟草 Glinus lotoides L.

草本；普漂、曼旦；海拔450～550m；荒地、干燥山坡；勐腊、元江；海南、台湾；热带非洲、亚洲经马来西亚至澳大利亚北部，南欧及美洲。野外记录。

星毛粟米草 Mollugo lotoides（L.）Kuntze

草本；药用；曼旦；海拔740m；水沟；云南新记录；台湾、海南；世界亚热带及热带地区。Y0086。

56. 马齿苋科 Portulacaceae

马齿苋 Portulaca oleracea L.

肉质草本；食用；普漂、曼旦、西拉河；海拔490～700m；村边草地；勐腊、景洪、勐海、蒙自、河口、泸水、西畴；全国各地；世界热带、亚热带地区。Y0557、Y3063、Y3557、Y3854、样8。

四裂马齿苋 Portulaca quadrifida L.

草本；普漂、曼旦；海拔400～500m；江边草地；元阳、元江；台湾、海南；亚洲热带地区。野外记录。

土人参 Talinum portulacifolium（Forssk.）Aschers.

肉质草本；药用全草；普漂、曼旦；海拔600～1800m；路边、旷地；星散分布于全省；西南各省份，北至秦岭及长江以南，台湾；原产中南美洲。野外记录。

57. 蓼科 Polygonaceaaae

疏穗野荞麦 Fagopyrum caudatum（Samuelesson）A. J. Li

草本；普漂、小河底、倮保箐；海拔446～850m；稀树灌丛；贡山、福贡、鹤庆、洱源、富民、安宁、石屏、文山、屏边；四川、甘肃。中国特有。Y3026、Y4613、Y4611、Y3125、样32。

金荞麦 Fagopyrum dibotrys（D. Don）Hara

草本；块根药用；章巴；海拔1840m；路边、沟边、林缘、荒坡；分布几乎遍及全省；陕西、华东、华中、华南、西南；印度、尼泊尔、克什米尔地区、越南、泰国。Y0846。

木藤蓼 Fallopia aubertii Holub

藤本；清水河；海拔950m；石灰岩山谷、灌丛、林下；普洱、富民、宾川、维西、德钦；内蒙古、山西、河南、陕西、甘肃、宁夏、青海、湖北、四川、贵州和西藏。中国特有。Y4174。

卷茎蓼 Fallopia convolvulus（L.）A. Love

藤本；鲁业冲；海拔833m；季雨林；德钦；东北、华北、西北、山东、江苏北部、安徽、湖北西部、四川、西藏及喜马拉雅；日本、朝鲜、蒙古、巴基斯坦、阿富汗、伊朗、高加索、俄罗斯（西伯利亚）、欧洲、非洲北部、美洲北部。野外记录。

齿叶蓼 Fallopia denticulata A. J. Li

草本；西拉河；海拔650m；灌丛；耿马。云南特有。Y3702、Y3861。

朱砂七 Fallopia multiflorua（Thunb.）Harald **var. ciliinerve**（Nakai）A. J. Li

草本；块根药用；曼旦；海拔1050～1350m；中山灌丛林缘；兰坪、大理、禄劝、富民、澄江、元江、砚山、蒙自、西畴、屏边；陕西、甘肃、华东、华中、华南、四川、贵州；日本。野外记录。

阿萨姆蓼 Polygonum assamicum Meisn.

草本；西拉河；海拔650m；山谷、水边；河口、马关；贵州、广西、四川；印度北部、缅甸。Y3873。

绒毛火炭母 Polygonum campanulatum Hook. f. **var. fulvidum** Hook. f.

草本；根、茎、叶入药；甘岔；海拔2125m；草坡、林下、山谷、林缘、溪边；泸水、大理、禄劝、富民、澄江及滇西北、滇东北；四川、贵州、西藏；尼泊尔、印度锡金。Y4739。

头花蓼 Polygonum capitatum Buch.-Ham. ex D. Don

草本；全草入药；曼旦；海拔 1050～1300m；路边、草坡；云南广布；江西、湖南、湖北、四川、贵州、广东、广西、西藏；印度、尼泊尔、不丹、缅甸、越南。野外记录。

火炭母 Polygonum chinense L.

草本；根状茎入药；望乡台、章巴、新田、清水河；海拔 950～2100m；低中山灌丛林缘；云南广布；陕西、甘肃及华东、华中、华南、西南；日本、菲律宾、马来西亚、印度。Y1572、Y0697、Y0701、Y0838、Y1186、Y4021、Y3991、Y4171、Y4249、样 22。

宽叶火炭母 Polygonum chinense L. var. ovalifolium Meisn.

草本；曼旦；海拔 1000～1400m；草坡、林下、山谷、林缘、溪边；大理、元江、麻栗坡、屏边、景东、勐腊、勐海、思茅、绿春、盈江、龙陵、景东、泸西、蒙自、金平、马关、西畴；西藏及喜马拉雅地区；印度。野外记录。

硬毛火炭母 Polygonum chinensw L. var. hispidum Hook. f.

草本；新田；海拔 1695m；疏林灌丛；贡山、福贡、泸水、漾濞、楚雄、罗平、峨山、泸西、绿春、蒙自、西畴、马关、屏边、景东、勐腊、孟连、龙陵、盈江、瑞丽、芒市、双江、沧源；湖南、四川、贵州、广西；印度。样 63。

窄叶火炭母 Polygonum chinense L. var. paradoxum（Lévl.）A. J. Li

草本；望乡台、章巴、板桥、曼来；海拔 1900～2344m；路边、草坡；寻甸、嵩明、德钦、贡山、福贡、鹤庆、漾濞、宾川、大姚、武定、昆明、峨山、元阳、绿春、马关、屏边、景东、腾冲、瑞丽、芒市、耿马；四川、贵州。中国特有。Y1136、Y1001、Y0474、Y0461、Y0146、样 18。

水蓼 Polygonum hydropiper L.

草本；全草入药；曼旦；海拔 450m；沟边、湿地；云南广布；我国南北各省份；朝鲜、日本、印度尼西亚、印度、欧洲、北美。Y3281。

蚕茧草 Polygonum japonicum Meisn.

草本；药用；施垤新村；海拔 800～1800m；草地、沟边、水边等；盐津、贡山、鹤庆、漾濞、禄劝、安宁、元江、砚山、蒙自、景东、勐海、勐腊；山东、河南、陕西、江苏、浙江、安徽、湖南、四川、湖北、贵州、福建、广西、台湾、广东、西藏；朝鲜、日本。野外记录。

酸膜叶蓼 Polygonum lapathifolium L.

草本；新田、莫朗；海拔 1695～1990m；草地、灌丛、河边；滇中、滇西北、滇南、滇西南；全国广布；朝鲜、日本、蒙古、菲律宾、印度、巴基斯坦、欧洲。样 63。

长鬃蓼 Polygonum longisetum De Bruyn

草本；曼旦；海拔 450m；草坡、山谷、水边、沼泽；盐津、罗平、师宗、贡山、福贡、兰坪、泸水、漾濞、宾川、盈江、广南、蒙自、屏边、景东、孟连、景洪、勐腊、芒市；内蒙古、宁夏、青海、新疆、西藏除外的其他各省份；日本、朝鲜、菲律宾、马来西亚、印度尼西亚、缅甸、印度。Y3333。

长鬃蓼 Polygonum longisetum De Bruyn

草本；西拉河；海拔 950m；草坡、山谷、水边、溪边、沼泽；云南广布；除内蒙古、宁夏、青海、新疆和西藏外其他省份均有分布；日本、朝鲜、菲律宾、马来西亚、印度尼西亚、缅甸、印度。Y3601。

绢毛蓼 Polygonum molle D. Don

草本；曼来；海拔 1800～2200m；沟边、灌丛林缘；香格里拉、贡山、福贡、泸水、兰坪、大理、玉溪、富宁、砚山、蒙自、绿春、屏边、西畴、景东、勐海、腾冲、盈江、凤庆、耿马、双江；广西、贵州、西藏；印度、尼泊尔。野外记录。

倒毛蓼 Polygonum molle D. Don var. rude（Meisn.）A. J. Li

草本；新田；海拔 1640m；中山灌丛林缘；德钦、贡山、福贡、泸水、漾濞、澄江、元江、泸西、富宁、砚山、蒙自、西畴、屏边、景东、勐海、腾冲、龙陵、临沧；广西、贵州、西藏；印度、尼泊尔、不丹。Y5033。

何首乌 Polygonum multiflorum Thunb.

藤本；倮倮箐、老虎箐；海拔570～837m；灌丛；元江、大理、西畴、屏边、楚雄、绿春、蒙自、临沧、西畴、富民、双江、景洪、芒市；华中、华东、四川、云南；日本。Y5132、Y5134。

红蓼 Polygonum orientale L.

草本；药用；平坝子、望乡台、甘岔；海拔2000～2200m；山谷、草坡、沟边、水边；滇西北、滇西、蒙自、屏边、景东、景洪、勐海；全国各地均有；朝鲜、日本、俄罗斯、菲律宾、印度及欧洲、大洋洲。Y0333、Y1470、Y0412。

草血竭 Polygonum paleaceum Wall. ex Hook. f.

草本；曼来；海拔1900～2200m；草坡；几遍全省；四川、贵州；印度、泰国。野外记录。

松林蓼 Polygonum pinetorum Hemsl.

草本；新田、莫朗；海拔1695～1990m；林缘；贡山、峨山、巧家；陕西、甘肃、湖北、四川。中国特有。Y5021、样64。

丛枝蓼 Polygonum posumbu Buch.-Ham. ex D. Don

草本；望乡台；海拔2100～2160m；低中山灌丛林缘、荒坡；云南广布；吉林、辽宁、华东、华中、西南及陕西、甘肃；朝鲜、日本、印度尼西亚及印度。Y1186、Y1150、样19。

伏毛蓼 Polygonum pubescens Bl.

草本；西拉河；海拔650m；河边、沼泽；元江、昆明、绿春、蒙自、西畴、富民、双江、景洪、芒市；辽宁、陕西、甘肃、华东、华中、华南、西南；日本、朝鲜、印度尼西亚、缅甸、印度。Y3638。

赤胫散 Polygonum runcinatum Buch.-Ham. ex D. Don **var. sinense** Hemsl.

草本；全草入药；新田、曼旦；海拔1410～1680m；沟边、草坡；云南广布；河南、陕西、甘肃、浙江、安徽、湖北、湖南、广西、四川、贵州、西藏。中国特有。Y3447、样62。

平卧蓼 Polygonum strindbergii J. Schust.

草本；曼来；海拔2300m；水边、沼泽、路边湿处等；德钦、漾濞、富民、嵩明、峨山、双柏、元江、广南、建水、蒙自、景东、凤庆；西藏。中国特有。Y0234、Y0258、Y0129、Y0099、Y0105、样4。

戟叶蓼 Polygonum thunbergii Sieb. et Zucc.

草本；马底河、章巴、新田、清水河；海拔1200～1902m；草坡、林缘、山谷林下；彝良、楚雄、新平、元江、绿春、麻栗坡、金平、腾冲；华北、华东、华南、华中、东北、陕西、甘肃、四川、贵州；朝鲜、日本、俄罗斯、缅甸、越南、泰国、马来西亚。Y0582、Y0717、Y4372。

荫地蓼 Polygonum umbrosum Samuelsson

草本；章巴；海拔2000m；山谷、林下、水边、潮湿处；德钦、福贡、泸水。云南特有。Y0675。

虎杖 Reynoutria japonica Houtt.

草本；曼来；海拔2400m；路边、灌丛；永善、威信、峨山、西畴、金平；华东、华南、华中、西南；朝鲜、日本。Y0412。

戟叶酸模 Rumex hastatus D. Don

草本；甘岔；海拔2125m；路边、灌丛、荒坡；昭通、寻甸、德钦、香格里拉、维西、剑川、永胜、宾川、永平、弥渡、南涧、永仁、禄劝、大姚、武定、富民、易门、澄江、江川、景东；四川、西藏；印度、尼泊尔、不丹、巴基斯坦、阿富汗。Y5140。

尼泊尔酸模 Rumex nepalensis Spreng.

草本；根、叶入药；曼来；海拔2300m；路边、荒坡；云南广布；陕西、甘肃、青海、湖南、湖北、江西、四川、广西、贵州、西藏；伊朗、阿富汗、巴基斯坦、尼泊尔、缅甸、越南、印度尼西亚。Y0237。

59. 商陆科 Phytolaccaceae

商陆 Phytolacca acinosa Roxb.

草本；药用、野生蔬菜（大麻菜）；章巴；海拔2100m；山谷缓坡、山箐湿润处；云南各地；东北、西北、华南、西南；日本、印度。Y0802。

61. 藜科 Chenopodiaceae

千针苋 Acroglochin persicarioides（Poir.）Moq.

　　草本；药用全草，食用嫩茎；马底河、莫朗；海拔1350～1800m；田野、路边；云南全省各地；甘肃、陕西、河南、湖北、湖南、贵州、四川、西藏；印度、克什米尔地区、巴基斯坦。野外记录。

藜 Chenopodium album L.

　　草本；药用全草，食用嫩枝叶；曼旦；海拔1150～1900m；田野、路边；分布几乎遍及云南全省；我国各省份；世界各大洲。野外记录。

土荆芥 Chenopodium ambrosioides L.

　　草本；药用全草；清水河；海拔950m；河滩、路边；石林、元江、墨江、福贡；广西、广东、福建、台湾、江苏、浙江、山东、江西、湖南、四川、贵州、西藏；原产热带美洲，现作为杂草广布于世界热带至温带地区。Y4164。

地肤 Kochia scoparia（L.）Schrad.

　　草本；胞果为中药"地肤子"，入药，可清湿热、利尿；小竹箐；海拔1230m；路边；澄江、蒙自、大理；我国各地。野外记录。

63. 苋科 Amaranthaceae

土牛膝 Achyranthes aspera L.

　　草本；全草入药；清水河、老虎箐；海拔700～1000m；中山疏林、灌丛林缘；云南广布；湖南、江西、福建、台湾、广东、广西、四川、贵州；印度、不丹、越南、泰国、菲律宾、马来西亚。Y3985、Y5317。

钝叶土牛膝 Achyranthes asper L. **var. indica** L.

　　草本；普漂、西拉河；海拔470～740m；次生林；元江、元阳、富宁、鹤庆、大关、镇雄、宾川；台湾、广东、四川；印度、斯里兰卡。Y3140、Y3248、Y3735。

牛膝 Achyranthes bidentata Blume

　　草本；药用；新田、曼旦、普漂；海拔500～1695m；灌草丛；贡山、福贡、泸水、腾冲及全省其他地区；除东北、新疆外全国广布；热带亚洲、非洲。Y4781、Y4444、Y0037、Y0569、Y0561、Y0515、样63。

白花苋 Aerva sanguinolenta（L.）Blume

　　草本；根和花入药；曼旦、普漂；海拔450～600m；路边、荒坡、疏林；麻栗坡、富宁、西畴、景洪、勐腊、屏边、景东、禄劝、芒市、沧源、耿马、巧家、峨山；四川、贵州、广东、海南；越南、印度、菲律宾、马来西亚。Y3209、Y3016、样35。

刺花莲子草 Alternanthera pungens Kunch

　　草本；曼旦；海拔600m；干旱草地；大理、德钦、丽江、香格里拉；四川、福建、海南；南美洲、大洋洲。Y3552。

莲子草 Alternanthera sessilis（L.）R. Br.

　　草本；西拉河；海拔610m；沟边、湿地；宜良、景洪、勐腊、勐海、澜沧、孟连、元阳、绿春、凤庆、景东、马关、麻栗坡；长江以南各省份；印度、缅甸、越南、马来西亚、菲律宾。Y3581。

凹头苋 Amaranthus lividus L.

　　草本；茎叶作饲料，全草入药；曼旦；海拔450m；路边、村寨边；昆明、元江、大理、贡山、河口；全国除内蒙古、宁夏、西藏外都有；日本、欧洲、非洲、南美洲。Y3319。

皱果苋 Amaranthus viridis L.

　　草本；嫩茎叶作野菜、饲料，全草入药；曼旦、清水河；海拔450～810m；低中山坡灌丛林缘；元江、沧源、耿马、绿春、元阳、河口、富宁、勐腊；华北、东北、陕西、华东、华南；原产热带非洲，广泛见于全球温带、亚热带和热带地区。Y3339、Y4537、Y3478、Y4280、样35。

青葙Celosia argentea L.

　　草本；入药；西拉河；海拔650m；田野旷地；几遍全省；全国各地；朝鲜、日本、俄罗斯、印度、越南、缅甸、泰国、菲律宾、马来西亚、热带非洲。Y3627。

浆果苋Deeringia amaranthoides（Lamk.）Merr.

　　灌木；莫朗、清水河；海拔1150～1480m；疏林、次生林；云南广布；四川、贵州、广东、广西、台湾及喜马拉雅山区；印度、中南半岛、印度尼西亚、马来西亚及大洋洲。Y4097、样69。

65. 亚麻科 Linaceae

石海椒Reinwardtia indica Dumort.

　　草本；嫩枝、茎叶入药；莫朗、普漂；海拔700～1030m；中山灌丛林缘、沟边；宜良、双柏、师宗、丽江、鹤庆、景东、西畴、麻栗坡、孟连、西双版纳、镇康；湖北、福建、广东、广西、四川、贵州；印度、巴基斯坦、尼泊尔、不丹、缅甸、泰国、越南、印度尼西亚。Y3147、样59。

66. 蒺藜科 Zygophyllaceae

大花蒺藜Tribulus cistoides L.

　　草本；普漂；海拔380m；干热河谷；元江和元阳；四川、海南；世界热带地区。Y3109。

蒺藜Tribulus terrester L.

　　草本；作饲料、果实入药；曼旦；海拔1050～1200m；山坡荒地及沙地；巧家、德钦、宾川、洱源、永胜、元谋、元江、景东、芒市及开远；全国各地；全球温带地区。野外记录。

67. 牻牛儿苗科 Geraniaceae

腺毛老鹳草Geranium christensenianum Hand.-Mazz.

　　草本；望乡台；海拔2000m；林下、林缘、灌丛；大姚、玉溪。云南特有。Y1476。

五叶草Geranium nepalense Sweet

　　草本；全草入药；甘岔、莫朗；海拔1700～1900m；中山灌丛林缘、路边；遍及全省；西南、西北、华中、华东等地；阿富汗、尼泊尔、不丹、印度、斯里兰卡、缅甸、越南及日本。野外记录。

伞花老鹳草Geranium umbelliforme Franch.

　　草本；曼来、望乡台；海拔2100～2344m；石灰岩灌丛；鹤庆；四川西南。中国特有。Y0157、Y1266、样4。

69. 酢浆草科 Oxalidaceae

感应草Biophytum sensitivum（L.）DC.

　　草本；全草入药；西拉河、普漂、玉台寺沿途；海拔480～800m；次生林缘、草地、园地里；河口、屏边、富宁、元阳、勐腊、盐津；台湾、广东、广西、湖北、贵州；亚、美、非三大洲的热带地区均有。Y3624、Y3034、Y5217、样41、样31。

酢浆草Oxalis corniculata L.

　　草本；可作花卉、全草入药；曼来、西拉河、莫朗；海拔930～2344m；林缘、草地、荒坡；几遍全省；我国各省份；世界亚热带北缘及热带地区。Y0254、Y3664、Y4626、样4。

山酢浆草Oxalis griffithii Edgew. et Hook. f.

　　草本；药用；马底河、新田；海拔1650～2200m；林下；全省大部分地区；长江以南各省份及喜马拉雅地区；日本。野外记录。

71. 凤仙花科 Balsaminaceae

大叶凤仙花Impatiens apalophylla Hook. f.

　　草本；可作花卉、全草入药；曼旦；海拔1300m；阴湿林下；云南南部；广西、贵州。中国特有。野外记录。

滇南凤仙花Impatiens austroyunnanensis S. H. Huang

　　草本；新田、莫朗；海拔1700～1850m；密林下或溪边；文山和金平；泰国。Y5003、Y5137。

大苞凤仙花Impatiens balansae Hook. f.

　　草本；可作花卉；马底河、莫朗；海拔1500m；阴湿林下；云南南部；越南。野外记录。

蒙自凤仙花Impatiens mengtzeana Hook. f.

　　草本；甘岔；海拔2125m；山涧溪边、密林下潮湿草地；蒙自、金平、屏边、绿春、河口、元阳、临沧、思茅、西双版纳、景东、曲靖、漾濞、陇川、贡山等地。云南特有。样70。

总状凤仙花Impatiens racemosa DC.

　　草本；莫朗；海拔1700～1800m；常绿阔叶林下、阴湿处、溪沟边、路旁；屏边、金平、绿春；西藏南部；印度东北部、尼泊尔及克什米尔地区等。Y5020。

堇菜凤仙花Impatiens violaeflora Hook. f.

　　草本；新田；海拔1791m；常绿阔叶林下或溪边；耿马、西双版纳、凤庆、镇康、盈江、陇川；缅甸东北部。样61。

72. 千屈菜科 Lythraceae

水苋菜Ammannia baceifera L.

　　草本；甘岔、莫朗；海拔1700～1900m；水田湿地；西双版纳、元江、蒙自、绿春、富宁、凤庆、禄劝；广东至秦岭；东非、东北非至伊朗、阿富汗、意大利北部、俄罗斯。野外记录。

绒毛紫薇Lagerstroemia tomentosa Presl

　　乔木；普漂老寨；海拔490m；沟边、路旁、疏林；普洱至西双版纳等地；缅甸、泰国、老挝、越南。Y0726。

圆叶节节菜Rotala rotundifolia（Roxb.）Koehne

　　草本；章巴；海拔1860m；湿地、沼泽地；云南东部至西部、南部各地；江南各省份；斯里兰卡、印度、泰国、老挝、缅甸、越南、日本。Y0723。

虾子花Woodfordia fruticosa（L.）Kurz

　　灌木；提栲胶；曼旦、普漂；海拔400～630m；干热灌丛；河口、蒙自、建水、绿春、元江、西双版纳、普洱、易门、双柏、云县、凤庆等地；贵州、广东、广西；热带非洲、印度、巴基斯坦、缅甸、老挝、越南至印度尼西亚。Y0100、Y0668。

74. 海桑科 Sonneratiaceae

八宝树Duabanga grandiflora（Roxb. ex DC.）Walp.

　　乔木；速生用材；清水河；海拔1000m；疏林；沧源、澜沧、勐海、景洪、石屏、金平、河口、马关等地；广西；印度、缅甸、泰国、越南、柬埔寨、马来西亚。Y4427。

77.　柳叶菜科 Onagraceae

南方露珠草 Circaea mollis Sieb. et Zucc.

草本；曼来；海拔 2000～2300m；常绿阔叶林下；腾冲、临沧、元江、楚雄、富民、嵩明、禄劝、大关、绿春、屏边、西畴、砚山；辽宁、河北、湖北、湖南、江西、江苏、浙江、福建、广东、广西、贵州、四川；西伯利亚、朝鲜、日本、越南、老挝、柬埔寨、缅甸、印度。野外记录。

柳叶菜 Epilobium hirsutum L.

草本；曼旦；海拔 1250～2300m；旷野；除南部热区外云南全省都有；东北、河北、山西、陕西、甘肃、新疆、河南、江西、广东、广西、贵州、四川；欧洲、亚洲，东至西伯利亚、朝鲜、日本，西至小亚细亚，南至印度、北非。野外记录。

草龙 Ludwigia octovalvis（Jacq.）Raven

草本；曼旦、西拉河、施垤新村；海拔 450～650m；沼泽湿地；滇西、滇南、滇东南；广东、广西、江西、台湾；世界热带地区，在北纬 30° 与南纬 30° 之间都有出现。Y3313、Y3858、Y5059。

78.　小儿仙草科 Halorrhagaceae

穗状狐尾藻 Myriophyllum spicatum L.

草本；章巴、曼来；海拔 2000～2200m；水生、路边、灌丛；全省各地；我国各地；欧亚大陆、非洲、北美洲。野外记录。

81.　瑞香科 Thymelaeaceae

尖瓣瑞香 Daphne acutiloba Rehd.

灌木；树皮造纸、种子榨油；曼来、莫朗；海拔 1700～2344m；山地灌丛；滇南及滇东南；湖北西部、四川。中国特有。Y0130、Y4867、Y5275、样4。

白瑞香 Daphne papyracea Wall. ex Steud.

灌木；章巴；海拔 2300m；中山灌丛林缘、疏林、密林；全省各地；四川、湖南、广东、广西、贵州；克什米尔地区、尼泊尔、不丹、印度。野外记录。

长梗瑞香 Daphne pedunculata H. F. Zhou ex C. Y. Chang

灌木；造纸；普漂；海拔 700m；疏林；滇南。云南特有。Y3097。

黄细心 Boerhavia diffusa L.

草本；根药用，有小毒；普漂、曼旦、施垤新村、西拉河；海拔 400～1000m；干热灌丛或河谷沙地；丽江、鹤庆、大姚、禄劝、凤庆、元江、勐腊、河口、元阳、巧家；全世界热带地区。Y3010、Y3237、Y3669、Y4154、Y4324、Y5355、Y0507、Y0505、Y0664、样33。

84.　山龙眼科 Proteaceae

母猪果 Helicia nilagirica Bedd.

乔木；种皮、叶、茎含单宁；马底河、曼旦、新田、莫朗；海拔 1410～1900m；山坡阳处或疏林；滇南及滇西南；印度。Y0574、Y3428、Y4571、Y5267、Y5270。

林地山龙眼 Helicia silvicola W. W. Sm.

乔木；种皮、叶、茎含单宁；甘岔；海拔 2125m；季风常绿阔叶林；思茅、金平。云南特有。Y4821、样70。

87. 马桑科 Coriariaceae

马桑 Coriaria nepalensis Wall.

　　灌木；观赏、药用；西拉河；海拔630m；路边灌丛；云南各地；西藏、四川、贵州、湖北、陕西、甘肃；印度、尼泊尔、缅甸、克什米尔地区。Y3844。

88. 海桐花科 Pittosporaceae

杨翠木 Pittosporum kerrii Craib

　　乔木；根及树皮入药；普漂；海拔800~1300m；季风常绿阔叶林；景东、蒙自、石屏、峨山、新平；泰国、缅甸。Y3062、Y3510、Y3753、Y4141、Y4366、Y4412、样31。

狭叶柄果海桐 Pittosporum podocarpum Gagn. **var. angustatum** Gowda

　　灌木；药用；曼来；海拔1800~2100m；密林、山谷；滇东北、滇中南；贵州、广西、湖北、甘肃；缅甸、印度。野外记录。

93. 大风子科 Flacourtiaceae

挪挪果 Flacourtia ramontchi L'Herit.

　　常绿乔木；材用，果食用；西拉河；海拔650m；灌丛或常绿阔叶林；孟连、澜沧、景洪、勐腊、勐海、金平、河口、新平、西畴、富宁；热带亚洲和热带非洲。Y3625。

山桐子 Idesia polycarpa Maxim

　　落叶乔木；木材作包装材料，种子含油，可制肥皂；章巴；海拔2140m；向阳山坡丛林；龙陵、贡山、腾冲、禄劝、蒙自、文山；秦岭、淮河以南各省份；日本。Y1051。

毛枝柞木 Xylosma congestum（Lour.）Merr. **var. pubescens**（Rehd. et Wils.）Chun.

　　常绿乔木；西拉河；海拔820m；石山灌丛；通海、新平、广南、富宁、砚山；陕西、贵州、广西、广东、湖北、江西。中国特有。Y3794。

长叶柞木 Xylosma longifolium Clos

　　常绿乔木；材用，树皮可提栲胶；清水河；海拔1000m；常绿阔叶林；宜良、易门、云县、新平、镇沅、景东、景谷、盈江、沧源、孟连、思茅、勐腊、麻栗坡；广西、广东；印度至中南半岛。Y4227。

101. 西番莲科 Passifloraceae

三开瓢 Adenia parviflora（Bl.）Cusset

　　藤本；药用；西拉河；海拔670m；低中山密林、疏林、灌丛林缘；西双版纳、凤庆、景东、龙陵；亚洲东南部及不丹、印度。Y3877。

月叶西番莲 Passiflora altebilobata Hemsl.

　　藤本；莫朗；海拔1480m；疏林；思茅至西双版纳。云南特有。Y4559、样69。

西番莲 Passiflora caerulea L.

　　藤本；鲁业冲；海拔627m；季雨林；滇中、大理、西双版纳；原产南美热带亚热带地区。野外记录。

龙珠果 Passiflora foetida L.

　　藤本；药用；西拉河、老虎箐；海拔750~770m；草坡路边；河口、富宁；广西、广东、台湾；原产安的列斯群岛。Y3605、Y5272。

圆叶西番莲 Passiflora henryi Hemsl.

　　藤本；药用；普漂、曼旦、西拉河、施垤新村、玉台寺；海拔400~850m；灌丛；通海、石屏、建水、开远、元江、绿春、屏边。云南特有。Y0497、Y0064、Y3155、Y3179、Y3567、Y3786、Y5092、Y5274、Y5367、样6。

镰叶西番莲 Passiflora wilsonii Hemsl.

藤本；全草入药；新田；海拔1690m；中山灌丛林缘；滇西南、滇南及滇东南；缅甸、泰国、越南。Y4995、Y5025、样64。

103．葫芦科 Cucurbitaceae

刺儿瓜 Bolbostemma biglandulosum（Hemls.）Franquet

藤本；清水河；海拔830m；林缘；蒙自。云南特有。Y4363。

长梗绞股蓝 Gynostemma longipes C. Y. Wu ex C. Y. Wu et S. K. Chen

藤本；新田；海拔1680～1695m；沟边丛林；嵩明、宜良、贡山、大关；四川、贵州、广西、陕西。中国特有。样62。

绞股蓝 Gynostemma pentaphyllum（Thunb.）Makino

藤本；全草药用；莫朗；海拔1450m；山谷阔叶林缘、山坡疏林、灌丛或路边草丛；全省各地；陕西南部和长江流域及其以南广大地区；印度、尼泊尔、孟加拉国、斯里兰卡、缅甸、老挝、越南、马来西亚、印度尼西亚、新几内亚岛、朝鲜、日本。Y4982。

元江绞股蓝 Gynostemma yuanjiangensis sp. nov.

藤本；普漂、莫朗；海拔800m；低中山疏林；元江特有。Y3098、Y3130。

曲莲 Hemsleya amabilis Diels

藤本；药用；望乡台；海拔2313m；山坡次生阔叶林下或灌丛；嵩明、宾川、洱源、鹤庆；四川。中国特有。Y1146、样18。

文山雪胆 Hemsleya wenshanensis A. M. Lu ex C. Y. Wu et C. L. Chen

草质藤本；曼来；海拔1800～2000m；山谷疏林下；文山、景东、勐海、元江。云南特有。野外记录。

木鳖子 Momordica cochinchinensis（Lour.）Spreng.

藤本；药用；曼旦；海拔950～1200m；季雨林；滇中、滇南至滇东南；西藏、四川、贵州、广西、广东、海南、湖南、江西、江苏、安徽、福建、台湾；中南半岛、印度。野外记录。

爪哇帽儿瓜 Mukia javanica（Miq.）C. Jeffrey

藤本；保保箐、清水河、西拉河；海拔750～950m；低中山灌丛林缘、季雨林；蒙自、景洪、勐海、勐腊等地；广东、广西、台湾；越南、印度和印度尼西亚（爪哇）。Y4506、Y3609、Y4196。

帽儿瓜 Mukia maderaspatana（L.）M. J. Roem.

藤本；老虎箐；海拔700～770m；低山灌丛林缘；西双版纳；贵州、广东、广西、台湾；亚洲、非洲和澳大利亚。Y4508、Y4484。

长梗裂瓜 Schizopepon longipes Gagn.

藤本；章巴；海拔2280m；沟边次生阔叶林中或山坡阔叶林缘；泸水；四川（康定）。中国特有。Y2013、样17。

茅瓜 Solena amplexicaulis（Lam.）Gandhi

藤本；块根入药；西拉河、老虎箐、保保箐、莫朗；海拔750～1480m；低中山灌丛林缘；泸水、鹤庆、腾冲、凤庆、景东、景洪、勐海、勐腊、双江、河口、屏边、富宁、师宗、江川、昆明等地；台湾、福建、江西、广东、广西、贵州、四川、西藏；越南、印度、印度尼西亚。Y3751、Y4504、Y4502、样44。

大苞赤瓟 Thladiantha cordifolia（Bl.）Cogn.

藤本；观赏；莫朗、章巴；海拔1700～2200m；林缘、疏林或灌丛；云南西北部至东南部以南地区；西藏、广西、广东；印度、印度尼西亚、越南、老挝。Y5014、Y0613。

大萼赤瓟 Thladiantha grandisepala A. M. Lu et Z. Y. Zhang

藤本；药用；章巴；海拔2200m；林缘或疏林；福贡、保山、陇川、双江、景东、凤庆。云南特有。

Y0613。

异叶赤瓟Thladiantha hookeri C. B. Clarke

藤本；药用；曼来；海拔2000～2200m；中山灌丛、林缘；全省各地；四川、贵州、西藏；印度、中南半岛。野外记录。

丽江赤瓟Thladiantha lijiangensis A. M. Lu et Z. Y. Zhang

藤本；望乡台水库边；海拔2040m；山谷林缘或沟边灌丛；德钦、维西、丽江、香格里拉、鹤庆；四川木里。中国特有。Y1272。

云南赤瓟Thladiantha pustulata（Lévl.）C. Jeffrey ex A. M. Lu et Z. Y. Zhang

藤本；莫朗；海拔1480m；灌丛或疏林；东川、嵩明、禄劝、马龙等地；贵州。中国特有。样69。

沧源赤瓟Thladiantha sessilifolia Hand.-Mazz. **var. longipes** A. M. Lu et Z. Y. Zhang

藤本；块根入药；清水河；海拔1145m；林缘；沧源、孟连、腾冲、绿春等地。云南特有。Y3946、样45。

瓜叶栝楼Trichosanthes cucumerina L.

藤本；药用；马底河、莫朗；海拔1350～1450m；中山灌丛林缘；镇康、元江、景洪、勐腊等地；广西；斯里兰卡、巴基斯坦、印度、尼泊尔、孟加拉国、中南半岛、马来西亚、澳大利亚。野外记录。

糙点栝楼Trichosanthes dunniana Lévl.

藤本；药用；清水河；海拔820m；山谷密林或山坡疏林或灌丛；福贡、腾冲、漾濞、宾川、永仁、宜良、凤庆、龙陵、墨江、景东、广南等地；四川、贵州、广西。中国特有。Y4319。

全缘栝楼Trichosanthes ovigera Bl.（1826）

藤本；根入药，可祛瘀、消炎解毒；章巴、老虎箐；海拔960～1840m；山坡疏林及灌丛；昆明、双柏、鹤庆、镇康、景东、景洪、勐海、屏边、西畴等；贵州、广西、广东及东喜马拉雅至我国南部；越南、泰国、印度尼西亚（爪哇和苏门答腊岛）及日本。Y0850、Y4478、Y0849。

马㼎儿Zehneria japonica（Thunb.）S. K. Chen

藤本；药用；莫朗；海拔1480m；沟谷林中及灌丛；罗平、西畴、勐腊、勐海等地；四川、贵州、广东、广西、湖北、湖南、江西、安徽、江苏、浙江、福建等地；日本、朝鲜、印度尼西亚、菲律宾。样69。

钮子瓜Zehneria maysorensis（Wight et Arn.）Arn.

藤本；清水河、倮倮箐、莫朗、清水河、施垤新村；海拔700～1200m；林缘灌丛；福贡、泸水、腾冲、沧源、西双版纳、鹤庆、漾濞、楚雄、昆明；四川、贵州、广西、广东、江西；越南、老挝、缅甸、菲律宾、印度尼西亚、日本。Y4392、Y4510、Y4512、Y4189、Y4220、Y4325、Y4350、Y5091。

104. 秋海棠科 Begoniaceae

景洪秋海棠Begonia discreta Craib

草本；西拉河；海拔650m；灌丛；景洪；泰国。Y3680。

中华秋海棠Begonia grandis Dry. **var. sinensis**（A. DC.）Irmsch.

草本；莫朗；海拔1620m；林下阴湿处；滇中；河北、山东、河南、山西、甘肃、陕西、四川、贵州、广西、湖北、湖南、江苏、浙江、福建。中国特有。Y4519。

小秋海棠Begonia parvula Lévl. et Vant.

草本；清水河；海拔840m；林下阴湿处、石灰岩石壁上；楚雄、红河；贵州、广西。中国特有。Y4430。

朱药秋海棠Begonia purpureofolia S. H. Huang et Shui

草本；新田；海拔1140～1790m；林下阴湿处；屏边、金平。云南特有。Y4989、Y4108、样61。

107．仙人掌科 Cactaceae

单刺仙人掌 Opuntia monacantha（Willd.）Haw.

　　肉质灌木；浆果可食，茎为民间草药；普漂、曼旦；海拔 350～650m；干热河谷；云南南部及西部；广西、福建和台湾沿海地区；原产巴西、巴拉圭、乌拉圭及阿根廷，在热带地区及岛屿常逸生。野外记录。

108．山茶科 Theaceae

大花杨桐 Adinandra japonica（Thunb.）Ming **var. wallichiana**（DC.）Ming

　　乔木；章巴阿波列山；海拔 1900～2160m；常绿阔叶林或混交林；贡山、福贡、泸水、盈江、龙陵、凤庆、景东；西藏东南部；印度东北部和缅甸北部。Y0607、Y0619、Y1168、Y1182。

茶梨 Anneslea fragrans Wall.

　　乔木；章巴、观音山、新田、莫朗；海拔 1400～2100m；季风常绿阔叶林；滇东南、滇南至滇西南；贵州、广西、广东、江西南部；中南半岛。Y0787、Y0795、Y0796、Y12、Y3410、Y4517、样 11。

长尾毛蕊茶 Camellia caudata Wall.

　　灌木；马底河；海拔 1902m；常绿阔叶林；屏边、金平、绿春；广西、广东、福建、台湾、西藏；印度北部、缅甸北部、泰国和越南北部。Y0578。

厚轴茶 Camellia crassicolumna H. T. Chang

　　小乔木；望乡台、莫朗；海拔 1875～2313m；常绿阔叶林；元阳、金平、屏边、马关、麻栗坡、西畴、广南。云南特有。Y1148、样 18。

粗梗连蕊茶 Camellia crassipes Sealy

　　灌木；曼来；海拔 1900～2100m；林下或灌丛；盐津、楚雄、景东、元江、峨山、金平。云南特有。野外记录。

云南连蕊茶 Camellia forrestii（Diels.）Cohen Stuart

　　灌木；章巴、曼来；海拔 2000～2400m；常绿阔叶林或灌丛；除滇西北和滇东北外全省广泛分布；缅甸、越南北部。Y0892、Y0916、Y0289、Y0403、Y0508、Y0312、Y0334、Y0424、Y1036、样 12。

蒙自山茶 Camellia henryana Coh. Stuart

　　灌木；马底河、新田；海拔 1650～1750m；常绿阔叶林、林缘灌丛；景东、元江、元阳、屏边、蒙自、砚山、麻栗坡、广南；贵州。中国特有。野外记录。

毛蕊蒙自山茶 Camellia henryana Coh. Stuart **var. pilocarpa** Ming

　　灌木；甘岔、莫朗；海拔 1700～1900m；山坡或沟谷常绿阔叶林；贡山、福贡、双江、景东、思茅、勐海、元江、河口。云南特有。野外记录。

落瓣油茶 Camellia kissi Wall.

　　小乔木；可供园林绿化；曼来、望乡台；海拔 2100～2400m；山坡、沟谷林或灌丛；芒市、梁河、龙陵、腾冲、凤庆、景东、漾濞、福贡、勐海、勐腊、马关、砚山；广西、广东、海南及热带东喜马拉雅；中南半岛。Y0233、Y1216。

油茶 Camellia oleifera Abel

　　灌木；油料；曼旦；海拔 1300～1500m；次生阔叶林；盈江、芒市、福贡、景洪、勐腊、元江、元阳、屏边、马关、西畴、砚山、广南、师宗、富源、大关、盐津、永善、绥江；长江以南各省份均产；中南半岛。野外记录。

西南山茶 Camellia pitardii Cohen Stuart

　　灌木；望乡台、曼来；海拔 2000～2400m；常绿阔叶林下或林缘灌丛；元江、绿春、金平、蒙自、开远、广南、富源、镇雄、彝良、大关、永善、绥江；四川、湖南、广西、贵州。中国特有。Y1222、Y0516、Y0316、样 20。

白花滇山茶 Camellia reticulata Lindl. **f. albescens**（H. T. Chang）Ming

小乔木；曼来；海拔1900～2100m；常绿阔叶林或混交林；禄劝、嵩明、易门、元江。云南特有。野外记录。

滇山茶 Camellia reticulata Lindl. **f. reticulata**

小乔木；观赏植物，花入药，种子食用；曼来；海拔2000～2200m；常绿阔叶林；盈江、瑞丽、龙陵、腾冲、永平、永德、凤庆、漾濞、祥云、剑川、华坪、鹤庆、大姚、武定、禄劝、东川、寻甸、嵩明、富民、易门、双柏、峨山、元江；四川、贵州。中国特有。野外记录。

普洱茶 Camellia sinensis（L.）O. Kuntze **var. assamica**（Masters）Kitamura

小乔木；曼来；海拔1800～2340m；常绿阔叶林；河口、金平、元阳、绿春、元江、思茅、勐腊、景洪、勐海、澜沧、耿马、双江、景东、凤庆、龙陵、芒市；贵州、广西、广东、海南；越南、老挝、泰国、缅甸。野外记录。

茶 Camellia sinensis（L.）O. Kuntze **var. sinensis**

小乔木；作饮料，药用；甘岔、莫朗；海拔1750～2100m；常绿阔叶林下或灌丛；云南全省；长江以南各省份；日本、中南半岛北部、印度。野外记录。

五室连蕊茶 Camellia stuartiana Sealy

灌木；甘岔；海拔2125m；常绿阔叶林；元江、河口。云南特有。样70。

大理茶 Camellia taliensis（W. W. Sm.）Melchior

灌木；野生花卉；章巴；海拔2200～2400m；林下或沟谷林；瑞丽、芒市、龙陵、梁河、昌宁、镇康、永德、凤庆、景东、大理、元江；缅甸北部。野外记录。

倒卵叶红淡比 Cleyera obovata H. T. Chang

乔木；章巴；海拔2200m；山地或山顶密林；云南；广西；越南。Y1045、Y0797、Y0815、样15。

云南凹脉柃 Eurya cavinervis Vesque

小乔木；曼来、观音山；海拔2000～2100m；常绿阔叶林；景东、凤庆、漾濞、宾川、鹤庆、泸水、福贡、维西、贡山；西藏东南；缅甸、印度东北部、不丹、尼泊尔。Y0409、Y0349、Y15、样5。

华南毛柃 Eurya ciliata Merr.

小乔木；望乡台水库边；海拔1944～2010m；山坡或沟谷林下；蒙自、屏边、河口；贵州、广西、广东、海南；越南北部。Y1234、Y1508、样20。

岗柃 Eurya groffii Merr.

小乔木；望乡台、马底河、新田、章巴；海拔1680～1902m；常绿阔叶林或林缘灌丛；云南广布；福建、广东、海南、广西、贵州、四川、西藏；越南、缅甸北部。Y1586、Y0433、Y0566、样12。

丽江柃 Eurya handel-mazzettii H. T. Chang

小乔木；板桥；海拔2000m；常绿阔叶混交林或林缘灌丛；贡山、香格里拉、维西、福贡、鹤庆、剑川、漾濞、永平、保山、梁河、景东、双柏、易门、大姚、武定、禄劝、东川、寻甸、曲靖、嵩明、富民；四川西南部、西藏、广西。中国特有。Y0477、样5。

披针叶毛柃 Eurya henryi Hensl.

灌木；曼来；海拔1800～2000m；常绿阔叶林下或林缘灌木；元江、绿春、元阳、金平、屏边、蒙自、文山。云南特有。野外记录。

偏心叶柃 Eurya inaequalis P. S. Hsu

灌木；甘岔、莫朗；海拔1750～1950m；常绿阔叶林下或林缘灌丛；文山、屏边、河口、元江、贡山。云南特有。野外记录。

金叶细枝柃 Eurya loquaiana Dunn **var. aureopunctata** H. T. Chang

小乔木；望乡台、章巴；海拔2000～2285m；常绿阔叶林；元江、新平、砚山、麻栗坡、丘北；贵州、四川、广西、广东、湖南、江西、福建、浙江。中国特有。Y1041、Y0807、Y0957、Y1061、Y1174、Y1256、Y1322、Y1428、Y0518、Y0520、Y0451、Y1055、Y1172、样15。

细齿叶柃 Eurya nitida Korthals

小乔木；观音山；海拔2100m；林下或石山灌丛；盐津、彝良、嵩明、宜良、峨山、易门、双柏、景东、临沧、永平、麻栗坡、西畴；四川、贵州、广西、广东、海南、湖南、江西、福建、浙江、湖北；中南半岛、印度、马来西亚、斯里兰卡、印度尼西亚、菲律宾。Y0015。

斜基叶柃 Eurya obliquifolia Hemsl.

灌木；章巴、曼来、甘岔；海拔2200～2400m；常绿阔叶林；凤庆、双江、景东、新平、元江、屏边、蒙自、马关。云南特有。Y0951、Y0182、Y0083、Y0223、样15。

矩圆叶柃 Eurya oblonga Yang

灌木；章巴、曼来；海拔2313～2344m；林下或林缘灌丛；绥江、盐津、大关、广南、马关、屏边；四川、贵州、广西。中国特有。Y0894、Y1138、Y0158、Y0093、Y0191、样12。

肖樱叶柃 Eurya pseudocerasifera Kobuski

灌木；莫朗；海拔2070m；中山灌丛林缘、疏林；元阳、绿春、景东、凤庆、双江、耿马、镇康、芒市、龙陵、梁河、腾冲、泸水、隆阳、漾濞、福贡、贡山；西藏。中国特有。Y4496、样65。

火棘叶柃 Eurya pyracanthifolia P. S. Hsu

灌木；甘岔；海拔2100m；常绿阔叶林；马龙、双江、龙陵、盈江、腾冲、泸水。云南特有。Y4683。

半齿柃 Eurya semiserrulata H. T. Chang

小乔木；平坝子水库；海拔2000m；林下或林缘灌丛；彝良、镇雄、大关、永善、绥江；四川、贵州、广西和广东北部、江西南部。中国特有。Y0444。

毛果柃 Eurya trichocarpa Korthals

灌木；莫朗；海拔2070m；季风常绿阔叶林、中山湿性常绿阔叶林；西畴、麻栗坡、屏边、元阳、景东、盈江、贡山；西藏、广西；越南。样65。

云南柃 Eurya yunnanensis P. S. Hsu

灌木；甘岔；海拔2200m；中山湿润林；景东、龙陵、腾冲。云南特有。Y5307。

云南山枇花 Gordonia chrysandra Cowan

灌木；可供园林绿化；新田、莫朗、清水河；海拔1200～1650m；季风常绿阔叶林；腾冲、龙陵、漾濞、宾川、南涧、凤庆、云县、景东、双江、沧源、澜沧、勐海、景洪、江城、墨江、元江、石屏、新平、峨山、昆明、西畴、广南；缅甸。Y4952、Y4954、Y5084。

银木荷 Schima argentea Pritz

乔木；莫朗、曼来、章巴、望乡台；海拔1620～2200m；常绿阔叶林、针阔混交林；除东南部外全省都有；四川西部；缅甸北部。Y5149、Y4888、Y0467、Y0255、Y0809、Y0813、Y0953、Y1236、样65。

贡山木荷 Schima sericans（Hand.-Mazz.）Ming

乔木；章巴；海拔2200～2285m；常绿阔叶林或混交林；腾冲、福贡、贡山；西藏东南部。中国特有。Y0914、Y1071、Y1089、Y1065、样13。

红木荷 Schima Wallichii（DC.）Korthals

乔木；用材；曼旦、新田、莫朗、章巴；海拔1410～2200m；次生林、季风常绿阔叶林；滇东南、滇南至滇西南；贵州南部、广西西部及喜马拉雅山区；缅甸、泰国、老挝、越南。Y3475、Y3463、Y5183、Y4890、Y5369、Y0837、Y0795、Y0814、样38。

翅柄紫茎 Stewartia pteropetiolata Cheng

乔木；用材树种；曼来、章巴；海拔1900～2400m；常绿阔叶林；腾冲、梁河、龙陵、凤庆、双江、澜沧、景东、思茅、元江、新平、双柏、峨山。云南特有。Y0203、Y0647、Y0204。

厚皮香 Ternstroemia gymnanthera（Wigth et Arn.）Sprague

乔木；章巴、望乡台、曼来、莫朗、甘岔；海拔1990～2344m；常绿阔叶林、松林或林缘灌丛；广布云南全省；长江以南各省份均有；日本、朝鲜半岛、中南半岛、印度、马来西亚。Y0906、Y1250、Y0113、Y0293、Y0301、Y0810、Y4745、样13。

尖萼厚皮香 Ternstroemia luteoflora L. K. Ling

　　乔木；章巴；海拔2150～2200m；常绿阔叶林；麻栗坡、西畴、富宁；贵州、广西、广东、湖南、湖北、江西、福建。中国特有。Y0833、Y0947、样14。

108b. 肋果茶科 Sladeniaceae

肋果茶 Sladenia celastrifolia Kurz

　　乔木；有毒；清水河；海拔900～980m；沟谷常绿阔叶林下；滇南、滇西南、滇西、滇西北；贵州；缅甸、泰国。Y4063、Y4224。

112. 猕猴桃科 Actinidiaceae

山羊桃 Actinidia callosa Lindia

　　木质藤本；食用果；章巴、望乡台；海拔1860～2100m；林中及沟箐；昆明至大理一线以南各地；贵州、四川；尼泊尔、印度、越南、印度尼西亚。Y0687、Y1162。

蒙自猕猴桃 Actinidia henryi Dunn

　　木质藤本；野生水果；章巴、曼来；海拔2000～2200m；林内；滇南。云南特有。野外记录。

红茎猕猴桃 Actinidia rubricaulis Dunn

　　木质藤本；野生水果；曼来、章巴；海拔2100～2400m；常绿阔叶林及石山灌丛；腾冲、屏边、绿春、蒙自、西畴、麻栗坡、富宁；贵州、四川、广西西北部、湖南南部、湖北西部。中国特有。Y0213、Y0587、Y0214。

113. 水东哥科 Saurauiaceae

山地水东哥 Saurauia napaulensis DC. var. **montana** C. F. Liang et Y. S. Wang

　　灌木；新田；海拔1791m；山地沟谷疏林中或灌丛；耿马、马关、西畴、麻栗坡；广西、贵州。中国特有。Y5127、样61。

尼泊尔水东哥 Saurauia napaulensis DC.

　　乔木；饲料、食用、药用；新田；海拔1630m；常绿阔叶林、路边、林缘；云南全省广布；广西西部；印度、尼泊尔、缅甸、老挝、泰国、越南、马来西亚。Y4823。

多脉水东哥 Saurauia polyneura C. F. Liang et Y. S. Wang

　　小乔木；望乡台；海拔2040m；沟谷边或江边阔叶林；贡山、福贡、泸水；西藏。中国特有。Y1302。

118. 桃金娘科 Myrtaceae

乌墨 Syzygium cumini（L.）Skeels

　　乔木；鲁业冲；海拔635～734m；季雨林；新平、澜沧、屏边、思茅、景洪、沧源、景东、泸水、富宁；广东、广西、海南、福建、台湾及喜马拉雅山区；中南半岛、印度、印度尼西亚、澳大利亚。野外记录。

思茅蒲桃 Syzygium szemaoense Merr. et Perry

　　乔木；普漂、西拉河、施垤新村；海拔600～1000m；季雨林；勐海、景洪、景东、思茅、双江、镇康、屏边、西畴、富宁；广西。中国特有。Y3071、Y3172、Y3752、Y5297。

四角蒲桃 Syzygium tetragonum Wall.

　　乔木；根药用，治风湿、跌打损伤；乌布鲁水库；海拔1580m；常绿阔叶林；麻栗坡、屏边、绿春、思茅、景东、景洪、勐海、凤庆、镇康、耿马、龙陵、腾冲、盈江；广东、海南、广西；不丹、印度。野外记录。

120. 野牡丹科 Melastomataceae

越南异形木 Allomorohia baviensis Guillaum

灌木；新田；海拔 1791m；林下，常成群生长；景洪、绿春、屏边；越南北部。Y4855、样 61。

药囊花 Cyphotheca montana Diels

灌木；曼来；海拔 2200～2344m；山坡、沟箐密林下、竹林下的路旁、坡边或小溪边；凤庆、景东、新平、建水、元阳、金平、屏边。云南特有。Y0636、Y0173、样 4。

多花野牡丹 Melastoma polyanthum Blume

灌木；果食用，全草药用；曼旦、新田；海拔 1300～1695m；干燥荒坡、林缘灌草丛；梁河、景东至西双版纳；云南、贵州至台湾各省；中南半岛至澳大利亚。Y4471、Y4448、样 37。

宽叶金锦香 Osbeckia chinensis L. **var. angustifolia**（D. Don）C. Y. Wu

草本；全草药用；马底河、莫朗；海拔 1500～1700m；水沟边、田边旷地；除滇东北外云南各地均产；尼泊尔、印度、越南。野外记录。

假朝天罐 Osbeckia crinita Benth. ex Wall.

灌木；药用；章巴、望乡台、曼旦、曼来、甘岔；海拔 1410～1900m；山坡草地、田埂或矮灌丛阳处；滇中以南地区；四川、贵州；印度、缅甸。Y0765、Y1588、Y0407、Y3465、Y4769、样 11。

尖子木 Oxyspora panicutata（D. Don）DC.

灌木；全株药用；马底河；海拔 1900m；林缘灌丛；福贡、腾冲、景东、双江、双柏、思茅、勐海、景洪、西畴、富宁；四川、贵州、西藏；尼泊尔、缅甸、越南。Y0373。

刺柄偏瓣花 Plagiopetalum blinii（Levl.）C. Y. Wu

灌木；马底河、莫朗；海拔 1450～1650m；疏林、林缘或灌丛；滇东南和元江；贵州、广西。中国特有。野外记录。

小肉穗草 Sarcopyramis bodinieri Lévl. et van

小草本；新田、莫朗；海拔 1680～1840m；山谷密林、阴湿处或石缝间；滇东南；四川、贵州、广西。中国特有。Y4883、样 62。

楮头红 Sarcopyramis nepalensis Wall.

草本；全草入药；新田；海拔 1680～1790m；密林下阴湿的地方或溪边；云南西北至滇东南以南地区；我国西南至台湾；尼泊尔经缅甸至马来西亚。Y5265、样 61。

柳叶地胆 Sonerila epilobioides Stapf et King ex King

草本；曼旦；海拔 1200～1350m；山地雨林；滇南及滇东南；贵州；越南、老挝、马来半岛。野外记录。

地胆 Sonerila picta Korth

草本；望乡台；海拔 1944m；山谷密林或疏林；滇东南及西双版纳。云南特有。Y1570。

八蕊花 Sporoxeia sciadophila W. W. smith

灌木；新田、望乡台、章巴；海拔 1695～2285m；石灰岩常绿阔叶林；片马；缅甸。野外记录。

121. 使君子科 Combretaceae

长毛风车子 Combretum pilosum Roxb.

木质藤本；西拉河；海拔 750～800m；季雨林；滇南、滇西南；海南；印度、尼泊尔、缅甸、泰国、老挝、柬埔寨、越南。野外记录。

元江风车子 Combretum yuankiangense C. C. Huaug et S. C. Huang

藤本；清水河、西拉河；海拔 680～1020m；山谷疏林；元江；元江特有。Y4404、Y3874、Y4370。

云南风车子 Combretum yunnanense Exell

木质藤本；西拉河；海拔 650m；低中山密林中、灌丛林缘；滇南及滇西南的澜沧、双江、瑞丽；马来半岛、印度尼西亚、加里曼丹岛、缅甸。Y3604。

滇榄仁 Terminalia franchetii Gagn.

乔木；用材；曼旦、施垤新村、清水河、普漂；海拔650～1140m；岩石灌丛；金沙江河谷各地、四川西南部。中国特有。Y0046、Y5107、Y4001、Y3073、Y4095、Y4364。

薄叶滇榄仁 Terminalia franchetii Gagn. **var. membranifolia** Chao

乔木；用材；马底河、莫朗；海拔1350～1500m；干热河谷；云南中部至东南部的峨山、石屏、元江、蒙自、砚山；广西。中国特有。野外记录。

千果榄仁 Terminalia myriocarpa Huerch et M.-A.

高大乔木；优质用材树种；观音山、清水河；海拔1020～2100m；山地雨林；滇西南、滇南、滇东南；广西、西藏；印度、缅甸、马来西亚、泰国、老挝、越南。Y03、Y4382。

123. 金丝桃科 Hypericaceae

尖萼金丝桃 Hypericum acmosepalum N. Robson

灌木；曼来；海拔2344m；山坡路旁、灌丛、林间空地；广南、马关、河口、屏边、绿春、江川、元江、昆明、镇雄、洱源、丽江；广西、四川、贵州。中国特有。Y0192、Y0206、Y0226、样4。

黄花香 Hypericum beanii N. Robson

灌木；莫朗；海拔1600～1930m；季风常绿阔叶林；石林、蒙自；贵州。中国特有。野外记录。

西南金丝桃 Hypericum henryi Lévl et van **ssp. henryi**

灌木；老窝底山头；海拔2400m；山坡山谷的疏林或灌丛；禄劝、禄丰、大理；贵州。中国特有。Y0340、Y0386、Y5034。

地耳草 Hypericum japonicum Thunb. ex Murray

草本；全草入药，能清热解毒、止血消肿，治肝炎、跌打损伤及疮毒；章巴、曼来；海拔2100～2200m；田边、沟边、草地及撂荒地上；云南南北各地；辽宁、山东、江苏、安徽、浙江、江西、福建、台湾、湖北、湖南、广东、广西、四川、贵州；日本、朝鲜、尼泊尔、印度、斯里兰卡、缅甸至印度尼西亚、澳大利亚、新西兰及美国夏威夷。野外记录。

纤枝金丝桃 Hypericum lagarocladum N. Pobson

灌木；曼来；海拔1950～2150m；半湿润常绿阔叶林；滇中、宜良、大理；湖南西部、四川西部、贵州南部。中国特有。Y5032。

遍地金 Hypericum wightianum Wall. ex Wight et Arn.

草本；全草入药，用于毒蛇咬伤、黄水疮、小儿白口疮、鼻炎及乳腺炎；曼来；海拔1900～2000m；田地或路旁草丛；云南各地；贵州、四川及广西西部；印度、巴基斯坦、斯里兰卡、缅甸、泰国。野外记录。

128. 椴树科 Tiliaceae

心叶蚬木（心叶柄翅果）Burretiodendron esquirolii Rehd.

落叶乔木；材用；俣俣箐、曼旦；海拔450～750m；疏林；弥勒、元江、石屏、金平、屏边等地；贵州、广西。中国特有。Y3225、Y3356、Y3550、样60。

元江蚬木（元江柄翅果）Burretiodendron kydiifolium Hsu et Zhuge

落叶乔木；材用；曼旦、施垤新村；海拔450～750m；干热河谷疏林；元江、红河等地。云南特有。Y3221、Y5323。

一担柴 Colona floribunda（Wall. ex Kurz）Craib.

乔木；茎皮纤维代麻用；西拉河；海拔700m；次生林；新平、元江以南地区；印度北部至中南半岛。Y3821。

狭叶一担柴 Colona thorelii（Gagn.）Burret

乔木；莫朗；海拔1031m；干热灌丛；勐腊、屏边等地；越南、老挝。Y4929。

甜麻 Corchorus aestuans L.

草本；茎皮纤维代麻用，药用；西拉河；海拔600～650m；山地旷野；全省各地；长江以南各省份；热带与亚热带地区。Y3571、Y3845。

苘麻叶扁担杆 Grewia abutilifolia Vent. ex Juss.

灌木；茎皮纤维代麻用；清水河、曼旦、玉台寺；海拔520～1200m；次生林；滇中至滇南、滇西绝大部分地区；贵州、广西、广东、海南及台湾；印度、中南半岛至印度尼西亚（爪哇）。Y3973、Y3505、Y4586、样45。

短柄扁担杆 Grewia brachypoda C. Y. Wu

灌木；普漂；海拔500m；路边、疏林；昭通、永仁、元谋、禄劝、龙陵、芒市、瑞丽等地；四川。中国特有。Y0555、Y0556。

朴叶扁担杆 Grewia celtidifolia Juss.

小乔木；药用；曼旦、西拉河；海拔600～930m；低中山疏林、次生林；滇西南至滇东南，北达弥勒、双柏、龙陵一线；贵州、广西、广东、台湾等省份；印度尼西亚及中南半岛。Y0094、Y3666、Y3357、Y3603、Y3603、Y0095。

尖齿扁担杆 Grewia cuspidato-serrata Burret

灌木；马底河、莫朗；海拔1350～1450m；疏林；蒙自、建水、石屏、元江等地。云南特有。野外记录。

光叶扁担杆 Grewia glabra Bl.

灌木；施垤新村；海拔850～1100m；疏林；云南中南部；广西；南亚次大陆、中南半岛和印度尼西亚。野外记录。

小刺蒴麻 Triumfetta annua L.

草本；茎皮纤维制绳索及麻袋；倮倮箐、清水河；海拔750～980m；路边、沟边、田野旷地；昆明以南全省大部分地区；长江以南大部分省份；热带亚洲至非洲。Y4144、样60。

长钩刺蒴麻 Triumfetta pilosa Roth.

亚灌木；茎皮纤维代麻用；清水河；海拔950m；疏林灌丛及旷野；云南中部至南部；四川、西藏、贵州、广西、广东、福建、台湾；热带亚洲至非洲。Y4206。

刺蒴麻 Triumfetta rhomboidea Jacq.

亚灌木；药用，茎皮作麻类代用品；普漂、曼旦、西拉河、清水河；海拔470～1145m；旷野、林缘；云南全省大部分地区；广西、广东、海南、福建、台湾等省份；热带地区。Y3135、Y3240、Y3289、样34。

毛刺蒴麻 Triumfetta tomentosa Boj.

亚灌木；叶入药，茎皮作麻类代用品；曼旦、西拉河、清水河；海拔930～1200m；疏林灌丛及旷野；滇中至滇南；贵州、广西、广东、福建、台湾等省份；马来西亚、中南半岛、南亚次大陆及非洲。Y3520、Y4555、Y3668、Y3769、Y4041、样37。

128a.　杜英科 Elaeocarpaceae

滇藏杜英 Elaeocarpus braceanus Watt. ex C. B. Clarke

乔木；果实可食、优质用材；马底河、莫朗；海拔1450～1650m；山地雨林、季风常绿阔叶林；盈江、腾冲、龙陵、芒市、昌宁、凤庆、瑞丽、永德、双江、景谷、沧源、普洱、元江、绿春、西双版纳；西藏；印度、缅甸、泰国。野外记录。

多瓣杜英 Elaeocarpus decandrus Merr.

乔木；章巴；海拔2200m；常绿阔叶林；河口、西畴；老挝。Y0939、样15。

多沟杜英 Elaeocarpus lacunosus Wall. ex Kurz

乔木；曼来；海拔2344m；季风常绿阔叶林、中山湿性常绿阔叶林；贡山、福贡、泸水、凤庆、腾冲、龙陵；缅甸、泰国。Y0151。

滇越杜英 Elaeocarpus poilanei Gagn.

乔木；章巴；海拔2200m；常绿阔叶林；景宏、屏边；广西、广东、海南；越南。Y0918、样13。

滇印杜英 Elaeocarpus varunua Buch.-Ham.

乔木；用材；望乡台；海拔2045m；湿润常绿阔叶林；独龙江、沧源、景洪、勐腊、蒙自、金平、屏边、河口、西畴；广东、广西、西藏；尼泊尔、印度、中南半岛、印度尼西亚马鲁古等地。Y1386、样21。

130. 梧桐科 Sterculiaceae

刺果藤 Byttneria grandifolia DC.

藤本；茎皮纤维可制绳索，根、茎皮药用；普漂、曼旦；海拔600～1000m；低山沟谷至林缘灌草丛；云南中部和南部；广西、广东；越南、泰国、印度。野外记录。

火绳树 Eriolaena spectabilis（DC.）Planchon ex Mast.

落叶乔木；紫胶虫的主要寄主，树皮的纤维可编绳；江东转运站；海拔700m；季雨林、次生林；滇南和滇东南；贵州、广西；印度、尼泊尔。Y0071、Y3675。

云南梧桐 Firmiana major（W. W. Smith）Hand.-Mazz.

乔木；用材；马底河、新田；海拔1650m；山地或坡地；云南中部、中南部和西部；四川西昌。中国特有。野外记录。

细齿山芝麻 Helicteres glabriuscula Wall.

灌木；茎皮纤维可制绳索，根药用；曼旦、西拉河；海拔1200m；草坡上、灌丛；滇南、滇西南；广西、贵州；缅甸。Y3397、Y3553、Y3875。

火索麻 Helicteres isora L.

灌木；茎皮纤维可制麻袋、编绳索和造纸，根可入药；普漂、曼旦；海拔400～500m；荒坡和村边的丘陵地和灌丛；滇南；广东、海南东南部；印度、斯里兰卡、泰国、老挝、柬埔寨、越南、马来西亚、印度尼西亚、大洋洲北部。Y3152、Y3259。

黏毛山芝麻 Helicteres viscida Blume

灌木；茎皮可织布或编绳；西拉河；海拔750～850m；丘陵或山坡灌丛；云南南部；广东、海南；缅甸、老挝、越南、马来西亚、印度尼西亚。野外记录。

梅蓝 Melhania hamiltoniana Wall.

灌木；五区转运站江边；海拔400m；石山草坡灌丛；元江；印度；国内仅见于元江。Y4915。

云南翅子树 Pterospermum yunnanense Hsue

乔木；施垤新村；海拔650m；石灰岩山坡上；云南西双版纳。云南特有。Y4459。

泰梭罗 Reevesia pubescens Mast. var. **siamensis**（Craib）Anthony

乔木；新田；海拔1680m；山谷密林；云南中南部凤庆和南部的西双版纳；泰国。样62。

两广梭罗 Reevesia thysoidea Lindl.

乔木；曼旦；海拔1100～1450m；山坡上或山谷溪旁；滇南；广东、海南、广西；越南、柬埔寨。野外记录。

蒙自苹婆 Sterculia henryi Hemsl.

小乔木；纤维原料、药用、食用、园林绿化和观赏；施垤新村；海拔600m；山地雨林、季雨林、季风常绿阔叶林、农地、田野；景洪、屏边、麻栗坡、富宁、蒙自；越南。Y5082。

假苹婆 Sterculia lanceolata Cav.

乔木；茎皮纤维可作织麻袋的原料，亦可造纸，种子可榨油，可供园林绿化和观赏；西拉河、清水河；海拔650～1030m；山谷溪旁；滇东南、滇南至滇西南；广东、广西、贵州、四川南部；中南半岛。Y3747、Y5236。

苹婆 Sterculia nobilis Smith

乔木；种子可食，作行道树；普漂、曼旦；海拔600m；排水良好的肥沃土壤；云南南部；广东、广西南部、福建东南部、台湾；栽培于印度、越南及印度尼西亚。野外记录。

家麻树 Sterculia pexa Pierre

落叶乔木；树皮纤维可制绳索及作各种麻类代用品，亦可造纸，种子煮熟可食，木材坚硬可制家具；普漂、清水河；海拔650m；季雨林；河口、蒙自、景东、西双版纳；广西；中南半岛。Y3020、Y4336、Y4137、Y4417。

蛇婆子 Waltheria indica L.

灌木；茎皮纤维可制绳索；普漂、曼旦；海拔400～2000m；伴人植物，常见田边旷地、路边、林缘灌草丛；滇南；台湾、福建、广东、广西；广泛分布在全世界的热带地区。野外记录。

131. 木棉科 Bombacaceae

木棉 Bombax malabaricum DC.

落叶乔木；用材、观赏；清水河；海拔1205m；疏林、季雨林；泸水、腾冲、西盟、墨江、元阳、金平、河口、文山、元江、新平、东川；四川、贵州、广东、广西、江西、福建、台湾；印度、斯里兰卡、中南半岛、马来西亚、印度尼西亚、菲律宾、澳大利亚北部。Y4354。

132. 锦葵科 Malvaceae

长毛黄葵 Abelmoschus crinitus Wall.

草本；花卉；西拉河；海拔880m；向阳草坡；文山、红河、西双版纳、临沧等；贵州、广西、海南；越南、老挝、缅甸、尼泊尔、印度。Y3810。

黄蜀葵 Abelmoschus manihot（L.）Medicus

草本；供观赏，根用于造纸糊料，种子、根、花入药；曼旦、西拉河、清水河、莫朗；海拔450～1080m；山谷、草丛间；云南各地；河北、山东、陕西、河南、湖北、湖南、四川、贵州、广西、广东、福建；印度。Y3526、Y3726、Y4149、Y4184。

小花磨盘草 Abutilon indicum（L.）Sweet **var. forrestii**（S. Y. Hu）Feng

草本；普漂、曼旦、施垤新村；海拔490～650m；干燥山坡或灌丛；云南金沙江河谷的鹤庆、元谋、禄劝等；四川南部的会东、雷波等县。中国特有。Y0067、Y0549、Y0009、Y0061、Y3238、Y3351、Y3367。

磨盘草 Abutilon indicum（L.）Sweet

亚灌木；本种皮层纤维是麻类的代用品，供织麻布、搓绳索用，全草药用；小河底、普漂、曼旦；海拔446～700m；山坡、旷野、路旁等处；文山、红河、西双版纳、临沧、德宏；台湾、福建、广东、广西、贵州；越南、老挝、柬埔寨、泰国、斯里兰卡、缅甸、印度、印度尼西亚。Y4617、Y3011、Y3105、Y3308、样58。

美丽芙蓉 Hibiscus indicus（Burm. f.）Hochr.

落叶灌木；茎皮纤维强韧，可剥取作绳索，园林观赏；西拉河；海拔650m；山谷、路边灌丛；昆明、玉溪、思茅、红河、楚雄、大理、保山、临沧、文山、西双版纳；四川、广西、广东；印度尼西亚、柬埔寨、印度、越南、老挝。Y3564、Y3704。

云南芙蓉 Hibiscus yunnanensis S. Y. Hu

亚灌木；曼旦、西拉河；海拔600～1300m；干热山坡阳处；元江；元江特有。Y0078、Y3375、Y3839。

中华野葵 Malva verticillata L. **var. chinensis**（Miller）S. Y. Hu

灌木；马底河、莫朗；海拔1500～2100m；草坡、路旁、山谷；昆明、曲靖、楚雄、玉溪、丽江、迪庆、大理等；全国各地；朝鲜。野外记录。

野葵 Malva verticillata L.

　　二年生草本；嫩茎叶食用，全草药用；甘岔、莫朗；海拔1700～2000m；路边、田边旷地；昆明、楚雄、大理、丽江、保山、曲靖、玉溪、思茅、临沧；全国各地；印度、缅甸、朝鲜、欧洲、东非。野外记录。

赛葵 Malvastrum coromandelianun（L.）

　　亚灌木；药用；曼旦；海拔650m；山坡、路旁、疏林；云南南部；福建、台湾、广东、广西；美洲。Y0041、样2。

黄花稔 Sida acuta Burm. f.

　　亚灌木；茎皮纤维可制绳索，全草药用，可抗菌消炎；普漂、西拉河；海拔400～600m；山坡灌丛或路旁、荒坡；玉溪、文山、西双版纳、临沧、德宏等；广东、广西、福建、台湾；印度、越南、老挝。Y0688、Y3128、Y3197、Y3859。

长梗黄花稔 sida cordata（Burm f.）Borss

　　亚灌木；曼旦、普漂、西拉河；海拔400～700m；山谷丛林、路旁草丛间；会泽、建水；台湾、福建、广东、广西；东南亚热带地区。Y3055、Y3263、Y3315、Y3336、Y3488、Y3810、样35。

心叶黄花稔 Sida cordifolia L.

　　亚灌木；茎皮纤维可制绳索，全草药用；曼旦、施垤新村；海拔450～795m；山坡草丛或路旁灌丛间；峨山、元江、富宁、景东、鹤庆；台湾、福建、广东、广西、四川；亚洲、非洲热带和亚热带地区。Y0009、Y0061、Y3238、Y3351、Y3367、Y0067、样1。

黏毛黄花稔 Sida mysorensis Wight et Arn

　　亚灌木；普漂、新田、转运站；海拔420～795m；林缘、草坡或路旁草丛间；文山、蒙自、景洪；台湾、广东和广西；印度、越南、老挝、柬埔寨、印度尼西亚、菲律宾。Y3078、Y3131、Y5216、样34。

白背黄花稔 Sida rhombifolia L.

　　亚灌木；茎皮纤维可制绳索，全草药用；曼来、新田、清水河、西拉河；海拔450～2000m；山路、草地、村旁灌丛；河口、元江、景洪、勐海、芒市等；台湾、福建、广东、广西、四川、湖北；越南、老挝、柬埔寨、印度、菲律宾。Y0654、Y4150、Y4179、Y3338。

拔毒散 Sida szechuensis Matsuda

　　亚灌木；茎皮纤维可制绳索，全草药用；曼旦；海拔450～1750m；山坡、路旁灌丛或疏林下；昆明、玉溪、楚雄、大理、丽江、保山、临沧、思茅、红河、文山、曲靖等；四川、贵州、广西。中国特有。Y3215、Y3862、Y4411、Y5129、样35。

中华地桃花 Urena lobata L. var. **chinensis**（Osberk）S. Y. Hu

　　亚灌木；莫朗；海拔1680m；山坡、荒地、沟旁灌丛；文山、红河、思茅、西双版纳、临沧、大理、丽江、保山等；广东、福建、安徽、江西、湖南及四川。中国特有。样62。

地桃花 Urena lobata L.

　　灌木；茎皮纤维坚韧，供制绳索，也供纺织，根入药；曼旦；海拔450～500m；旷野、路边；文山、红河、玉溪、楚雄、思茅、德宏、临沧、怒江、丽江等；四川、贵州、广东、广西、湖南、湖北、江西、安徽、江苏、浙江、福建、台湾；越南、柬埔寨、老挝、泰国、缅甸、印度、日本。Y3522、Y3258。

云南地桃花 Urena lobata L. var. **yunnanensis** S. Y. Hu

　　亚灌木；曼来；海拔2010m；山坡、荒地、沟旁灌丛；昆明、大理、玉溪、文山、红河、楚雄、临沧、思茅、西双版纳、德宏；四川、贵州、广西。中国特有。Y0650。

波叶梵天花 Urena rependa Roxb.

　　草本；茎皮纤维可制绳索；曼旦、清水河、西拉河；海拔600～950m；山坡灌丛；文山、玉溪、思茅、西双版纳、临沧等；贵州、广西；越南、老挝、柬埔寨、印度。Y4134、Y3199、Y4157、样37。

133. 金虎尾科 Malpighiaceae

滇越盾翅藤 Aspidopterys henryi Hutch. var. tonkinensis J. Arenes
藤本；曼旦；海拔1200～1450m；疏林；云南南部；越南北部。野外记录。

风车藤 Hiptage benghalensis（L.）Kurz
木质藤本；曼旦；海拔1300～1450m；中山灌丛林缘；镇康、保山、双江、景谷、元江、墨江、孟连、西双版纳、河口、文山；福建、台湾、广东、广西、海南、贵州；印度、孟加拉国、尼泊尔、中南半岛、马来西亚、菲律宾、印度尼西亚。野外记录。

越南风车藤 Hiptage benghalensis（L.）Kurz var. tonkinensis（Dop）S. K. Chen
藤本；曼旦；海拔500m；沟谷疏林中、沟边、田边的灌丛；耿马、西双版纳、文山；越南北方、老挝。Y3362。

小花风车藤 Hiptage minor Dunn
木质藤本；普漂；海拔490m；山地雨林、灌丛林缘；西畴、富宁、蒙自、滇西南怒江河谷；贵州。中国特有。Y0519。

135. 古柯科 Erythoxylaceae

东方古柯 Erythroxylum sinensis C. Y. Wu
灌木；章巴；海拔2100～2380m；常绿阔叶林；贡山、思茅、金平、屏边、西畴、麻栗坡、马关、广南、富宁、勐腊、景洪；浙江、福建、江西、湖南、广东、广西、贵州；印度、缅甸东北部。Y0903、Y0605、样12。

136. 大戟科 Euphorbiaceae

毛叶铁苋菜 Acalypha mairei（Lévl.）Schneid.
灌木；清水河；海拔950～980m；石灰岩灌丛；永善、福贡、泸水、禄劝、双柏、富民、元江、会泽；广西、四川；泰国。Y3994、Y4096、Y4098。

丽江铁苋菜 Acalypha schneideriana Pax et Hoff.
灌木；甘岔、莫朗；海拔1700～1800m；河谷坡地或沟谷林缘灌丛；昭通、元江、普洱、西双版纳、鹤庆、丽江；四川西南部。中国特有。野外记录。

元江铁苋菜一种 Acalypha sp.
灌木；观音山；海拔1900m；季风常绿阔叶林；元江特有。Y07。

山麻杆 Alchornea davidii Franch.
落叶灌木；茎皮纤维可造纸、叶可作饲料；清水河；海拔1010m；沟谷、溪畔的山坡灌丛；永善、富宁、普洱、勐海、江川、元江；贵州、广西、江西、湖南、湖北、河南、福建、江苏。中国特有。Y4348。

椴叶山麻杆 Alchornea tiliifolia（Benth.）Muell. Arg.
灌木；鲁业冲；海拔734～822m；季雨林；马关、河口、金平、屏边、景洪、勐海、沧源；贵州、广西、广东；印度、孟加拉国、缅甸、越南、马来西亚。野外记录。

红背山麻杆 Alchornea trewioides（Benth.）Muell. Arg.
灌木；鲁业冲；海拔778m；季雨林；麻栗坡；广西、广东、海南、湖南、江西、福建；泰国北部、越南北部、日本。野外记录。

石栗 Aleurites moluccana（L.）Willd.
常绿乔木；种子可提工业用油；西拉河；海拔800～1000m；山坡树林或平原；富宁、河口、西畴、麻栗坡、景洪、勐腊、勐海、元江；广东、广西、海南、福建、台湾；亚洲热带和亚热带地区。野外记录。

黄毛五月茶 Antidesma fordii Hemsl.

小乔木；曼旦、西拉河；海拔600～1100m；山地密林；双江、澜沧、景洪、金平、河口；广西、广东、海南、福建；越南和老挝。Y3391、Y3261、Y3674、Y3805、Y3807、样35。

日本五月茶 Antidesma japonicum Sieb. et Zucc.

乔木；老虎箐；海拔960m；山地疏林中或山谷；盈江、沧源、景洪、元江、金平、屏边、砚山、富宁；日本、越南、泰国、马来西亚。Y4461。

小叶五月茶 Antidesma venosum E. Mey ex Tul.

灌木；西拉河；海拔750～1050m；山坡或谷地疏林；盐津、彝良、巧家、罗平、双江、西畴、富宁、河口、金平、元阳、蒙自、元江、景洪、勐腊；四川、贵州、广西、广东、海南；越南、老挝、泰国和非洲东部。野外记录。

银柴 Aporusa dioica（Roxb.）Muell. Arg.

乔木；曼旦；海拔1300～1410m；疏林、林缘或坡灌丛；富宁、金平、绿春、景东、沧源；广东、广西、海南；印度、缅甸、越南、马来西亚。Y3477、样37。

云南斑籽 Baliospermum calycinum Muell. Arg. var. effusum（Pax. et Hoffm.）Chakrab et N. P. Balakr.

灌木；清水河；海拔990～1100m；山地疏林；思茅、沧源、孟连；泰国。Y3998、Y4094。

秋枫 Bischofia javanica BL.

半常绿大乔木；药用，种子可食，叶作绿肥，木材作建筑材料；施垤新村、西拉河、望乡台、普漂；海拔500～1620m；湿润沟谷林；云南广布；四川、贵州、广西、广东、海南、湖南、湖北、江西、福建、台湾、安徽、江苏、浙江、陕西、河南；印度、缅甸、泰国、老挝、柬埔寨、越南、马来西亚、印度尼西亚、菲律宾、日本、澳大利亚和波利尼西亚。Y0581、Y4518、Y3706、Y5295、Y6010。

黑面神 Breynia fruticosa（L.）Hook. f.

灌木；种子含油，根、叶药用；马底河、曼来、西拉河、清水河、普漂；海拔650～1902m；山坡、平地旷野灌丛或林缘；孟连、金平、勐腊；浙江、福建、广东、海南、广西、四川、贵州等省份；越南。Y0616、Y0695、Y3949、Y3150、Y3176、Y3431、Y3860。

广西黑面神 Breynia hyposauropa Croiz.

灌木；曼旦、新田、莫朗；海拔600～1990m；山坡灌丛；双江、西双版纳；广西西部。中国特有。样35。

喙果黑面神 Breynia rostrata Merr.

灌木；根、叶可药用；马底河、莫朗；海拔1300～1450m；山地密林或灌丛；富宁、河口、屏边、绿春、元阳、勐腊、沧源、双柏、元江、峨山；广西、广东、海南和福建；越南。野外记录。

托叶土蜜树 Bridelia stipularis（L.）BL.

木质藤本；药用；普漂；海拔680～700m；山地疏林下或溪边灌丛；富宁、金平、文山、河口、绿春、元阳、景洪、勐海、镇康、瑞丽、盈江、梁河、景东、龙陵、双江、沧源、新平、元江；海南、广西、广东、台湾；亚洲东南部和南部各国。Y3166、Y3173。

土蜜树 Bridelia tomentosa Bl.

灌木；普漂、西拉河、曼旦、清水河；海拔400～1145m；山地雨林；景洪、麻栗坡、富宁、广南、景东、漾濞、腾冲、昆明；福建、台湾、广东、海南、广西；亚洲东南部经印度尼西亚、马来西亚至澳大利亚。Y0678、Y4161、Y4538、Y3076、Y3153、Y3348、Y3732、Y4030、Y4335、Y4416、Y4665、Y0679。

小叶土蜜树 Bridelia tomentosa Bl. var. microphylla var. nov.

乔木；曼旦；海拔600～1300m；低中山疏林；元江；元江特有。Y3538、样37。

二室棒柄花 Cleidion spiciflorum（Burm. f.）Merr.

乔木；施垤新村、清水河；海拔650～950m；沟谷季雨林；勐腊、景洪、沧源、盈江、永德；西藏；南亚和东南亚各国、澳大利亚和巴布亚新几内亚。Y4514、Y3996、Y4296。

宽叶巴豆 Croton euryphyllus W. W. Smith

灌木；西拉河、清水河；海拔780～960m；疏林或灌丛；丽江、香格里拉、洱源、元谋；四川西南部、贵州、广西。中国特有。Y3815、Y4418。

滇巴豆 Croton yunnanensis W. W. Smith

　　灌木；普漂；海拔800m；灌丛；丽江、香格里拉、洱源、元谋；四川西南部。中国特有。Y3014。

猩猩草 Euphorbia cyathophora Murr.

　　草本；普漂、施垤新村；海拔500～600m；山坡逸生；原产中南美洲。Y0730、Y5357。

飞扬草 Euphorbia hirta L.

　　草本；入药；普漂、西拉河、施垤新村、曼旦、清水河；海拔320～900m；路旁、草丛、灌丛及山坡；云南全省各地；长江以南；世界热带和亚热带地区。Y3111、Y3296、Y4175、样33。

地锦 Euphorbia humifusa Willd. ex Schlecht. Enum.

　　草本；普漂；海拔450～900m；旷野荒地、路旁、田间、山坡；云南全省分布；除海南外分布于全国；欧亚大陆温带地区。野外记录。

通奶草 Euphorbia hypericifolia L.

　　草本；全草入药；曼旦；海拔1050～1450m；旷野、荒地、路旁、灌丛及田间；云南全省；我国长江以南地区；世界热带和亚热带地区。野外记录。

匍匐大戟 Euphorbia prostrata Ait.

　　草本；曼旦；海拔400m；路旁、屋边、荒坡、灌丛；河口、元阳、蒙自、景洪；广东、海南、湖北、福建、台湾、江苏；原产美洲热带、亚热带地区。Y3304。

霸王鞭 Euphorbia royleana Boiss.

　　肉质灌木；全株及乳汁入药；普漂、曼旦；海拔360～700m；低中山疏林；逸生；云南全省；广西西部和四川南部及喜马拉雅地区；印度北部、巴基斯坦。野外记录。

千根草 Euphorbia thymiforia L.

　　草本；入药；清水河；海拔1020m；路旁、草丛及稀疏灌丛；云南东南部、南部、西北部；长江以南各省份；世界热带和亚热带地区。Y4435。

大果大戟 Euphorbia Wallichii Hook. f. H. Brit.

　　草本；望乡台；海拔1944～2000m；草地、山坡、林缘；云南中部和西北；四川、西藏及喜马拉雅山区。Y1550、Y1600、样22。

红背桂花 Excoecaria cochinchinensis Lour.

　　常绿灌木；西拉河；海拔750～950m；山坡灌丛；景洪、勐腊、勐海、瑞丽、元江；广西、广东、海南、台湾；缅甸、泰国、马来西亚、老挝和越南。野外记录。

元江海漆 Excoecaria yuanjiangensis F. Du et Y. M. Lv

　　小乔木；西拉河；海拔680～740m；低中山疏林；元江；元江特有。Y3838、Y3842。

聚花白饭树 Flueggea leucopyra Wilbl.

　　灌木；普漂、西拉河；海拔700～750m；山坡灌丛；禄劝、德钦、香格里拉、丽江、永仁、双柏；四川；印度和斯里兰卡。Y3196、Y3608。

叶底珠 Flueggea suffruginea Grah. ex Benth.

　　灌木；茎皮纤维坚韧，可作纺织原料，全株药用；新田、西拉河、清水河、老虎箐；海拔700～1695m；山坡灌丛中及山沟路边；云南全省各地；除西北外全国各省份均有分布；蒙古、俄罗斯、日本、朝鲜。Y3819、Y3730、Y4295、Y4480、Y4627、样63。

白饭树 Flueggea virosa（Roxb. ex Willd.）Voigt

　　灌木；全株药用；曼旦；海拔950～1450m；山地灌丛；富宁、麻栗坡、河口、景洪、勐腊、勐海、易门、元江、镇康；华东、华南及西南各省份；非洲、大洋洲和亚洲的东部及东南部。野外记录。

革叶算盘子 Glochidion daltonii（Muell. Arg.）Kurz

　　灌木；曼旦；海拔950～1100m；山地疏林或灌丛；文山、金平、屏边、勐腊、景东、瑞丽、永仁、漾濞、凤庆、云县、镇康、元江、新平、峨山、建水；四川、贵州、广东、广西、湖南、湖北、江西、安徽、江苏、浙江和山东；印度、缅甸、泰国和越南。野外记录。

四裂算盘子 Glochidion ellipticum Wight

乔木；鲁业冲；海拔857m；季雨林；河口、麻栗坡、思茅、景洪、勐腊、勐海、景东、沧源、耿马、盈江、双江；贵州、广西、台湾；印度、缅甸、泰国、越南。野外记录。

毛果算盘子 Glochidion eriocarpum Champ. ex Benth.

灌木；入药；西拉河、清水河；海拔680～1200m；灌丛或林缘；师宗、砚山、西畴、富宁、河口、金平、屏边、绿春、元阳、思茅、勐海、沧源、耿马、西盟、孟连、澜沧、景东、瑞丽、芒市、梁河、泸水、双柏；贵州、广西、广东、海南、湖南、福建、台湾、江苏；越南。Y3761、Y3942、Y4064、Y4385、样44。

长柱算盘子 Glochidion khasicum（Muell. Arg.）Hook. f.

灌木；老虎箐、莫朗；海拔700～1400m；疏林中或山坡灌丛；广西；印度和泰国。Y4509、Y4984。

艾胶算盘子 Glochidion lanceolarium（Roxb.）Voigt

灌木；曼旦、清水河、莫朗；海拔1300～1875m；山地疏林或溪旁灌丛；景洪、勐腊、腾冲；福建、广东、海南、广西；印度、泰国、老挝、柬埔寨和越南。Y4476、Y3934、样37。

宽果算盘子 Glochidion oblatum Hook. f.

灌木；章巴；海拔1840m；山地、灌丛或荒地；建水、蒙自、屏边、河口、马关、勐海；印度、泰国。Y0705。

算盘子 Glochidion puberum（L.）Hutch.

灌木；种子榨油；章巴；海拔1840m；路边、灌丛；盐津、永善、镇雄、彝良、大关、绥江、威信、峨山、元江；陕西、甘肃、江苏、安徽、浙江、江西、福建、台湾、河南、湖北、湖南、广东、海南、广西、贵州、四川、西藏。中国特有。Y0739。

里白算盘子 Glochidion triandrum（Blanco）C. B. Rob.

小乔木；马底河、曼来、莫朗、清水河；海拔950～2000m；中山疏林、次生林；师宗、砚山、绿春、景东、沧源、孟连、福贡、腾冲、峨山；福建、台湾、湖南、广东、广西、四川、贵州；印度、尼泊尔、柬埔寨、日本、菲律宾等。Y0385、Y0485、Y0620、Y4287。

水柳 Homonoia riparia Lour.

灌木；曼旦、西拉河；海拔450～650m；河边砂石地；师宗、富宁、金平、河口、绿春、元阳、景东、景洪、勐腊、泸水、思茅、澜沧、腾冲、沧源、孟连、蒙自、禄劝；四川、贵州、广西、海南、台湾；印度、缅甸、泰国、老挝、越南、马来西亚、印度尼西亚、菲律宾。Y3286、Y3739。

尾叶雀舌木 Leptopus esquirolii（Levl.）P. T. Li

灌木；鲁业冲；海拔822m；季雨林；富宁、砚山、广南、西畴、麻栗坡、漾濞、宾川、永胜、大姚、嵩明；四川、贵州、广西。野外记录。

中平树 Macaranga denticulata（Bl.）Muell. Arg.

乔木；南溪；海拔1520m；疏林；马关、麻栗坡、西畴、金平、河口、屏边、绿春、元阳、景洪、勐腊、勐海、景东、瑞丽、陇川、沧源、思茅、盈江、孟连；贵州、广西、海南、西藏（墨脱）；尼泊尔、印度、缅甸、老挝、泰国、越南、马来西亚、印度尼西亚。野外记录。

草鞋木 Macaranga henryi（Pax et Hoffm.）Rehd.

乔木；马底河、莫朗；海拔1450～1650m；常绿阔叶林；富宁、砚山、马关、西畴、麻栗坡、屏边、孟连、元江；贵州、广西；越南北部。野外记录。

印度血桐 Macaranga indica Wight

乔木；莫朗、新田；海拔1480～1650m；沟谷、常绿阔叶林或次生林；富宁、西畴、麻栗坡、屏边、河口、景东、景洪、勐腊、勐海、福贡、双江、沧源；广西、西藏；印度、斯里兰卡、马来西亚、泰国。Y4488、Y4575、样69。

尾叶血桐 Macaranga Kurzii（Kuntze）Pax et Hoffm.

灌木；西拉河；海拔750～1450m；疏林或灌丛；富宁、西畴、马关、麻栗坡、金平、屏边、绿春、蒙自、石屏、耿马、孟连、沧源、景洪、勐腊、勐海、思茅、双江、元江；广西；泰国、缅甸、老挝、越南。

野外记录。

毛桐Mallotus barbatus（Wall.）Muell. Arg.

小乔木；清水河；海拔550～1100m；干热河谷、灌丛；富宁、马关、麻栗坡、西畴、金平、河口、绿春、屏边、师宗、罗平、元阳、勐腊、勐海、景洪；四川、贵州、湖南、广东、广西；亚洲东部和南部。Y4368、Y4207。

褐毛野桐Mallotus metcalfianus Croiz.

小乔木；曼旦、清水河；海拔450～990m；疏林；金平、河口、屏边；广西；越南和缅甸。Y3226、Y4228。

崖豆藤野桐Mallotus millietii Lévl.

藤本；西拉河；海拔850m；疏林下或灌丛；富宁、西畴、砚山、蒙自、思茅、富源、孟连、勐腊；贵州、广西、广东、湖南。中国特有。Y3685。

尼泊尔野桐Mallotus nepalensis Muell. Arg.

乔木；榨油、药用、纤维用；望乡台、曼来；海拔1944～2450m；常绿阔叶林、针阔混交林或灌丛；元江、安宁、马关、西畴、麻栗坡、蒙自、屏边、金平、绿春、元阳、峨山、勐海、耿马、腾冲、贡山、福贡、维西；贵州、四川及喜马拉雅南坡。Y1502、Y0596、样22。

白楸Mallotus paniculatus（Lam.）Muell. Arg.

乔木；种子可提制工业用油；甘岔；海拔2125m；林缘或灌丛；富宁、麻栗坡、西畴、金平、屏边、景洪、勐腊、勐海、耿马、沧源、西盟；贵州、广东、广西、海南、福建、台湾；亚洲东部各国。Y4773、样70。

粗糠柴Mallotus philippensis（Lam.）Muell. Arg.

乔木；家具用材，种子可提制工业用油，果实的颗粒状腺体可作染料；倮倮箐、西拉河、清水河；海拔740～980m；山地森林中或林缘；云南广布；贵州、广西、广东、海南、江西、湖南、湖北、安徽、福建、江苏、浙江、台湾；亚洲南部和东南部、大洋洲热带地区。Y3637、Y4118、Y4408、样60。

石岩枫Mallotus repandus（Wall.）Muell. Arg.

藤本；西拉河、铁索桥、施垤新村；海拔390～850m；石灰岩灌丛林缘；师宗、峨山、勐腊、勐海、金平、蒙自、福贡；广西、广东、海南、台湾；亚洲东南部和南部各国。Y3717、Y4934、Y5089、Y5223。

四果野桐Mallotus tetracoccus（Roxb.）Kurz

乔木；新田、莫朗；海拔1695～1875m；林缘疏林；金平、河口、思茅、景洪、勐腊、沧源、耿马、龙陵；西藏；斯里兰卡、印度、马来西亚和越南。样63。

云南野桐Mallotus yunnanensis Pax et Hoffm.

灌木；施垤新村；海拔850～1100m；疏林；云南南部；贵州南部和广西。中国特有。野外记录。

山靛Mercurialis leiocarpa Sieb. et Zucc.

草本；章巴；海拔2285m；中山湿性常绿阔叶林下；镇雄、麻栗坡、富宁、广南、景东、漾濞、腾冲、昆明；台湾、浙江、江西、湖南、广东、广西、贵州、湖北、四川；日本、朝鲜、泰国、印度、不丹、尼泊尔。Y2093、样26。

云南叶轮木Ostodes paniculata（L.）Poit **var. katharinae**（Pax）Chakrab. et N. P. Balakr.

乔木；磨刀河、乌布鲁山；海拔1550～1950m；常绿阔叶林；金平、景洪、勐腊、景东、芒市、泸水、漾濞、腾冲、澜沧、思茅、镇康、双江、龙陵、双柏；西藏东南部；泰国北部。野外记录。

滇藏叶下珠Phyllanthus Clarkei Hook. f.

灌木；西拉河；海拔800～1200m；山地疏林中或河边沙地灌丛；砚山、蒙自、普洱、景洪、勐腊、勐海、德宏、元江、昆明；西藏、贵州和广西；印度、巴基斯坦、缅甸、泰国和越南。野外记录。

越南叶下珠Phyllanthus cochinchinensis（Lour.）Spreng.

灌木；普漂、西拉河、新田、老虎箐、施垤新村；海拔500～1695m；旷野、山坡、灌丛、山谷、疏林或林缘；景东、镇康、凤庆、耿马、大理、丽江、禄劝；印度、越南、柬埔寨、老挝。Y0744、Y4603、Y5099。

余甘子 Phyllanthus emblica L.

　　乔木；果实可食，树根和叶药用；普漂、曼旦；海拔 700m；干热山地疏林、灌丛、荒地；云南广布；贵州、广西、广东、海南、江西、福建、台湾；印度、斯里兰卡、中南半岛、印度尼西亚、马来西亚、菲律宾。Y3060、Y0060。

云贵叶下珠 Phyllanthus franchetianus Lévl.

　　灌木；普漂；海拔 550～700m；山坡灌丛或疏林下；永善、盐津、大关、元江、耿马、元阳；四川。中国特有。Y3013、Y3158。

珠子草 Phyllanthus niruri L.

　　草本；入药；曼旦；海拔 400～450m；草坡；富宁；广西、广东、海南和台湾；印度、中南半岛、马来西亚、菲律宾至热带美洲。Y3303、Y3344。

水油甘 Phyllanthus parvifolius Buch.-Ham. ex D. Don

　　灌木；曼旦；海拔 1200～1450m；林下；云南；广东、海南及喜马拉雅山区；印度。野外记录。

无毛小果叶下珠 Phyllanthus reticulatus Poir. **var. glaber** Muell. Arg.

　　灌木；西拉河；海拔 750～950m；山地疏林；绿春、马关、富宁、河口、元阳、元江、景洪、勐海、盈江；贵州、广西、广东、海南、台湾；印度、斯里兰卡和印度尼西亚。野外记录。

小果叶下珠 Phyllanthus reticulatus Poir.

　　灌木；根、叶药用；曼旦；海拔 450m；山地森林下或灌丛；富宁、河口、麻栗坡、金平、屏边、绿春、景洪、勐腊、耿马、沧源、元江；四川、贵州、广西、江西、广东、海南、湖南、福建、台湾；热带西非至印度、斯里兰卡、中南半岛、印度尼西亚、菲律宾、马来西亚、澳大利亚。Y3216。

叶下珠 Phyllanthus urinaria L.

　　草本；药用；俫俫箐、普漂、曼旦、清水河；海拔 450～780m；湿润山坡草地、路旁或林缘；绿春、思茅、景东、芒市、泸水、贡山；西南、华南、华中、华东、河北、山西、陕西；印度、斯里兰卡、中南半岛、日本、马来西亚、印度尼西亚至南美洲。Y3104、Y3106、Y3480、Y4270、样60。

云泰珠子草 Phyllanthus sootepensis Craib

　　草本；普漂；海拔 400m；山地、灌丛或荒地；云南南部；泰国。Y0684。

黄珠子草 Phyllanthus virgatus Forst. f.

　　草本；全株入药；普漂、施垤新村、曼旦、老虎箐；海拔 400～695m；荒坡草地、沟边草丛或路边灌丛；巧家、蒙自、砚山、富宁、金平、景洪、勐海、鹤庆、永仁、元江；我国西南、华南、华中、华东、河北、山西、陕西；印度、东南亚到澳大利亚。Y3092、Y3302、Y3305、Y3554、Y4625、样34。

浆果乌桕 Sapium baccatum Roxb.

　　乔木；鲁业冲；海拔 725～857m；季雨林；西畴、金平、绿春、勐腊、沧源、耿马、思茅；印度、缅甸、老挝、柬埔寨、马来西亚、印度尼西亚。野外记录。

山乌桕 Sapium discolor（Champ. ex Benth.）Muell. Arg.

　　乔木；鲁业冲；海拔 778m；季雨林；富宁、文山、麻栗坡、西畴、文山、河口、屏边、金平、绿春、景洪、勐腊、勐海、沧源、思茅；四川、贵州、广西、广东、湖南、江西、安徽、福建、浙江、台湾；印度、缅甸、老挝、越南、马来西亚、印度尼西亚。野外记录。

异序乌桕 Sapium insigne（Royle）Benth. ex. Hook. f.

　　落叶乔木；曼旦、普漂；海拔 500～800m；低中山疏林；屏边、金平、勐腊；四川、海南；印度、不丹、缅甸、柬埔寨。Y0122、Y3044、Y3307。

*乌桕 Sapium sebiferum（L.）Roxb.

　　乔木；绿化、入药、提油、作染料；西拉河；海拔 750～850m；疏林；绥江、巧家、镇雄、永善、彝良、华坪、泸水、福贡、广南、石屏、蒙自、元阳、盈江、云县、元谋、武定、鹤庆、洱源、禄劝、通海、易门、新平、元江、普洱；黄河以南各省份，北达陕西甘肃；日本、越南、印度。野外记录。

宿乌桕 Sauropus fimbricalyx Boerl.

　　乔木；普漂、曼旦；海拔 400m；密林或灌丛；云南南部；海南、广西西南部；越南、菲律宾至印度尼西亚。Y0672、Y1002。

苍叶守宫木 Sauropus garrettii Craib

　　灌木；曼旦；海拔1050～1450m；山地常绿阔叶林或山谷阴湿灌丛；砚山、麻栗坡、金平、屏边、景洪、元江；四川、贵州、广西、广东、海南、湖南、湖北等省份；缅甸、泰国、新加坡和马来西亚等。野外记录。

长梗守宫木 Sauropus macranthus Hassk.

　　灌木；曼旦；海拔1050～1200m；山地阔叶林下或山谷灌丛；西畴、麻栗坡、思茅、景洪、勐腊、勐海、金平、元江；广东和海南；印度东北部，经过亚洲东南部、马来西亚至澳大利亚东部。野外记录。

方枝守宫木 Sauropus quadrangularis（Willd.）Muell. Arg.

　　灌木；普漂；海拔600～700m；山地疏林或山谷灌丛；河口和屏边；广西；印度、泰国、越南、柬埔寨。Y3018、Y3009、Y3168。

宿萼木 Strophioblachia fimbricalyx Boerl.

　　灌木；普漂；海拔430～550m；密林或灌丛；元阳、河口、屏边、建水、元江、景洪；海南、广西南部；越南、柬埔寨、泰国、菲律宾至印度尼西亚。野外记录。

瘤果三宝木 Trigonostemon tuberculatum F. Du et J. He

　　灌木；普漂、小河底、铁索桥；海拔400～800m；干热河谷的灌丛；元江特有。Y0676、Y3050、Y4932、Y4998、Y0677。

希陶木 Tsaiodendron dioicum Y. H. Tan，Z. Zhou et B. J. Gu

　　灌木；普漂、小河底；海拔350～700m；干热河谷灌丛；元江特有。

136a. 虎皮楠科 Daphniphyllaceae

纸叶虎皮楠 Daphniphyllum chartaceum Rosenth.

　　乔木；望乡台；海拔2040m；常绿阔叶林；西畴、屏边、金平、龙陵、腾冲、贡山；西藏；越南、缅甸、印度、不丹、尼泊尔、孟加拉国。Y1282。

长序虎皮楠 Daphniphyllum longeracemosum Rosenth.

　　乔木；甘岔；海拔2200m；常绿阔叶林；绿春、元阳、蒙自、屏边、马关、麻栗坡、西畴；广西；越南北部。Y4785。

大叶虎皮楠 Daphniphyllum majus Müll. Arg.

　　乔木；章巴；海拔1950m；常绿阔叶林；滇南、滇东南；缅甸、泰国、越南北部。Y1042。

显脉虎皮楠 Daphniphyllum paxianum Rosenth.

　　乔木；西拉河；海拔750～1100m；季风常绿阔叶林、山地雨林；腾冲、芒市、龙陵、镇康、思茅、元江、金平、屏边、河口、麻栗坡、西畴、广南、富宁；四川、广西、海南。中国特有。野外记录。

139a. 鼠刺科 Iteaceae

大叶鼠刺 Itea macrophylla Wall. ex Roxb.

　　小乔木；纤维可制绳、麻袋；望乡台；海拔1944～2045m；阴坡密林、季风常绿阔叶林中至阳坡、疏林；滇西南、滇南及滇东南；广西、海南；菲律宾、印度尼西亚、越南、缅甸、不丹、印度。Y1334、Y1598、样21。

142. 绣球花科 Hydrangeaceae

马桑溲疏 Deutzia aspera Rehd.

　　灌木；元江；海拔2300m；山坡灌丛及疏林；双柏、石屏、元江、景东、漾濞、麻栗坡；西藏东南部。

中国特有。野外记录。

大萼溲疏 Deutzia calycosa Rehd.

　　灌木；老窝山底；海拔 2300～2400m；中山湿性常绿阔叶林；巍山、宾川、洱源、维西、鹤庆、丽江；四川西南部。中国特有。Y0217。

常山 Dichroa febrifuga Lour.

　　灌木；根入药，治痢疾、骨折、跌打损伤，可催吐；章巴、望乡台、曼来、莫朗；海拔 1700～2300m；常绿阔叶林；云南广布；陕西、甘肃、江苏、安徽、浙江、江西、福建、台湾、湖北、广东、广西、四川、贵州；印度、越南、缅甸、马来西亚、菲律宾、日本。Y2069、Y1196、Y1560、Y0630、Y1110、Y0699、Y1430、Y5155、样 16。

冠盖绣球 Hydrangea anomada D. Don

　　藤本；叶入药，有清热、抗疟作用；章巴；海拔 1950m；疏林；砚山、龙陵、漾濞、丽江、维西、贡山、镇雄、彝良、绥江；甘肃、陕西、安徽、浙江、江西、福建、台湾、河南、湖南、湖北、广东、广西、贵州、四川；印度、尼泊尔、不丹、缅甸。Y0617。

143. 蔷薇科 Rosaceae

龙牙草 Agrimonia pilosa Ldb.

　　草本；莫朗；海拔 1200m；草地灌丛林缘及疏林；香格里拉、德钦、维西、丽江、洱源、昆明、漾濞、孟连；欧洲中部以东地区和亚洲大部分地区。Y5204。

钟花樱桃 Cerasus campanulata（Maxim.）Yu et Li

　　落叶乔木；早春开花，颜色鲜艳，可栽培供观赏用；西拉河；海拔 1100m；沟箐疏林；双柏；广西、江西、台湾、福建、浙江；日本、越南。样 47。

高盆樱桃 Cerasus cerasoides（D. Don）Sok.

　　落叶乔木；果可食，可作郁李仁代用品；甘岔、莫朗；海拔 1700～2100m；沟谷密林；云南各地；西藏南部；克什米尔地区、尼泊尔、印度锡金、不丹、缅甸北部。Y4889。

西南樱桃 Cerasus duclouxii（Koehne）Yu et Ku

　　落叶乔木；望乡台、曼来；海拔 2045～2344m；中山疏林、密林；维西、德钦、宁蒗、东川、彝良、绥江；四川。中国特有。Y0975、Y0174、样 15。

散毛樱桃 Cerasus patentipila（Hand.-Mazz.）Yu et Li

　　落叶乔木；莫朗；海拔 1480m；山坡林；维西。云南特有。样 69。

毛樱桃 Cerasus tomentosa（Thunb.）Wall.

　　落叶乔木；可食，可酿酒，可制肥皂及润滑油，种仁入药，有润肺利水之效；新田；海拔 1680m；山坡林中、林缘、灌丛；香格里拉、德钦、维西、宁蒗、永胜；黑龙江、吉林、辽宁、内蒙古、河北、山西、陕西、青海、宁夏、甘肃、四川、西藏、山东。中国特有。样 62。

云南山楂 Crataegus scabrifolia（Franch.）Rehd.

　　落叶乔木；用材、食用、药用；曼来；海拔 2000～2300m；阳坡疏林、风景林；滇中、滇东北、滇西、滇西南；贵州、四川、广西。中国特有。Y0187、样 5。

牛筋条 Dichotomanthes tristaniaecarpa Kurz

　　小乔木；章巴、曼来；海拔 2000～2400m；常绿栎林林缘；云南广布；四川。中国特有。野外记录。

云南移衣 Docynia delavayi（Franch.）Schneid.

　　常绿乔木；作柿果催熟剂，并可入药；甘岔、莫朗；海拔 1700～1900m；次生阔叶林；丽江、鹤庆、大理、洱源、石屏、双柏、易门、嵩明、禄丰、峨山、元江、景东、凤庆、盈江、屏边、蒙自、金平、广南、砚山、河口、勐海；四川、贵州。中国特有。野外记录。

移依 Docynia indica（Wall.）Dcne.

　　乔木；曼来；海拔 2000m；林下、路边、灌丛；滇东北；四川；印度、巴基斯坦、尼泊尔、不丹、缅甸、泰国、越南。Y0391、样5。

栎叶枇杷 Eriobotrya prinoides Rehd. et Wils.

常绿乔木；用材；曼旦、普漂、西拉河、施垤新村；海拔600～800m；河旁或湿润密林；云南东南部；四川西部。中国特有。Y0052、Y0076、Y0102、Y3029、Y3354、Y3616、Y5202。

齿叶枇杷 Eriobotrya serrata Vidal

常绿乔木；章巴、望乡台、曼来、曼旦、清水河；海拔1300～2380m；山坡林；富宁、屏边、河口、思茅、勐海、景洪、勐腊、双柏、沧源；广西；老挝。Y0913、Y0944、Y1000、Y1004、Y1006、Y1012、Y0902、Y0965、Y1039、Y2025、Y1081、Y1099、Y1446、Y1402、Y1054、Y0152、Y0922、Y1034、样12。

西南草莓 Fragaria moupinensis（Franch.）Card.

匍匐草本；曼来、望乡台；海拔2040～2400m；草本；德钦、维西、香格里拉、宁蒗、兰坪、会泽；陕西、甘肃、四川、西藏。中国特有。Y0479、Y0404、Y1296、样5。

坚核桂樱 Laurocerasus jenkinsii（Hook. f.）Yu et Lu

乔木；章巴；海拔2100m；季风常绿阔叶林、中山湿性常绿阔叶林；腾冲、盈江、陇川、瑞丽、勐海；印度东北部、孟加拉国、缅甸北部。Y0609。

腺叶桂樱 Laurocerasus phaeosticta（Hance）Schneid.

乔木；望乡台、章巴、甘岔；海拔2045～2320m；次生阔叶林；腾冲、盈江、耿马、新平、双柏、峨山、景东、勐海、砚山、绿春、西畴、麻栗坡、富宁、金平、马关；湖南、江西、浙江、福建、台湾、广东、广西、贵州；印度、缅甸北部、孟加拉国、泰国北部、越南北部。Y1432、Y1028、Y2047、Y1202、Y1344、Y1398、Y1388、样21、样13。

尖叶桂樱 Laurocerasus undulata（D. Don）Roem.

乔木；章巴、望乡台；海拔2150～2380m；季风常绿阔叶林、中山湿性常绿阔叶林；贡山、福贡、勐海、勐腊、绿春、金平、屏边、双柏、广南、麻栗坡、西畴；湖南、江西、广东、广西、四川、贵州、西藏；印度、孟加拉国、尼泊尔、缅甸、泰国、老挝、越南、印度尼西亚。Y2033、Y0905、Y0884、Y0867、Y0821、Y2003、Y2045、Y1087、Y1424、Y0111、Y1097、Y1059、Y1046、样16、样12。

云南绣线梅 Neillia serratisepala Li

灌木；望乡台、曼来、章巴；海拔1840～2400m；季风常绿阔叶林；维西、贡山、福贡、芒市、砚山、马关、麻栗坡、屏边。云南特有。Y1544、Y1530、Y0376、Y0830、样22。

绣线梅 Neillia thyrsiflora D. Don

灌木；马底河、新田；海拔1650～2000m；山地丛林；云南东南部、西北部、西南部、南部；印度、缅甸、尼泊尔、不丹、印度尼西亚。野外记录。

华西小石积 Osteomeles schwerinae Schneid.

灌木；施垤新村、倮倮箐；海拔650～1950m；灌丛或干燥处；除西双版纳外全省各地；四川、贵州、甘肃。中国特有。Y5331、Y4629、样50。

短梗稠李 Padus brachypoda（Batal.）Schneid.

乔木；章巴、曼来；海拔2200～2380m；山坡灌丛、山谷、山沟林；贡山、鹤庆、宁蒗、大姚、景东、大关；陕西、甘肃、湖北、四川、贵州。中国特有。Y0938、Y1013、Y0089、样12。

稠李 Padus buergeriana（Miq.）Yu et Ku

落叶乔木；章巴；海拔2350m；石山疏林或沟边次生阔叶林；香格里拉、德钦、鹤庆、贡山、华坪、昆明、西畴、富宁、屏边、漾濞；四川、贵州、广西、湖南、湖北、江西、安徽、浙江、江苏、河南、陕西、甘肃；朝鲜、日本。野外记录。

灰叶稠李 Padus grayana（Maxim.）Schneid.

落叶小乔木；甘岔；海拔2145m；山谷次生阔叶林；大关；四川、贵州、广西、江西、湖南、福建、浙江、湖北；日本。Y4458、样70。

椤木石楠 Photinia davidsoniae Rehd. et Wils.

乔木；章巴、曼来；海拔2000～2380m；常绿阔叶林；滇西南、滇西、滇南；西北、华东、西南；越南、缅甸、泰国。Y0925、Y0291、Y0464、Y0437、样12。

全缘石楠 Photinia integrifolia Lindl.

乔木；章巴；海拔2400m；常绿阔叶林；滇西；西藏、广西；印度、不丹、尼泊尔、缅甸、越南、泰国。Y0597。

石楠 Photinia serratifolia（Desf.）Kaikm.

乔木；莫朗；海拔1200m；常绿阔叶林、石灰岩灌丛；云南广布；四川、贵州、广西、广东、湖南、湖北、江西、福建、安徽、浙江、江苏、陕西、河南、甘肃、台湾；印度南部、日本、印度尼西亚。Y5200。

三叶委陵菜 Potentilla freyniana Bornm.

草本；根或全草入药；曼来；海拔2344m；草坡；香格里拉、漾濞；黑龙江、吉林、辽宁、河北、山西、陕西、甘肃、湖北、湖南、浙江、江西、福建、四川、贵州；俄罗斯、日本和朝鲜。Y0262、样4。

西南萎陵菜 Potentilla fulgens Walol. ex Hook

草本；根入药，治消化不良、痢疾、吐血、便血等症；新田；海拔1700m；山坡草地、林缘、灌丛；除西双版纳、滇东南外全省各地均有分布；湖北、四川、贵州、广西；印度、尼泊尔。Y5365。

柔毛委陵菜 Potentilla griffithii Hook.

草本；大竹箐；海拔2080m；灌丛；洱源、宾川、大姚、腾冲、昆明、师宗；四川、贵州、西藏。野外记录。

蛇含委陵菜 Potentilla kleiniana Wight

草本；全草供药用，可清热、解毒、止咳、化痰；大竹箐；海拔2120m；沟边；贡山、德钦、丽江、泸水、福贡、澜沧、沧源、勐海、双江、砚山、师宗、景东、昆明、西畴；南北各地；朝鲜、日本、印度、马来西亚、印度尼西亚。野外记录。

朝天委陵菜 Potentilla supina L.

草本；大竹箐；海拔1500m；林缘；昆明、宾川；除新疆、广西、福建外全国均有分布；北半球温带、部分亚热带地区。野外记录。

川梨 Pyrus pashia Buch.-Ham. ex D. Don

乔木；食用、药用；曼来、新田；海拔1700~2344m；林缘疏林；滇中、滇中南、滇东南、滇西、滇西南、滇西北；广西、四川、贵州、江西；印度、尼泊尔、缅甸、不丹、老挝、越南、泰国。Y0259、Y0465、Y5261、样5。

厚叶石斑木 Raphiolepis umbellata（Thunb）Makino

乔木；章巴、曼来；海拔2000~2100m；常绿阔叶林；元江；浙江、台湾；日本。野外记录。

光叶蔷薇 Rosa wichuraiana Crép.

藤本；观赏；老窝底山；海拔2400m；路边；云南新记录；浙江、广东、广西、福建、台湾；日本、朝鲜。Y0328。

桔红悬钩子 Rubus aurantiacus Focke

灌木；老窝底山；海拔2400m；山谷、溪旁或山坡疏林中及灌丛；云南中部至西北部；四川西部、西藏东南部。中国特有。Y0368。

齿萼悬钩子 Rubus calycinus Wall. Ex D. Don

匍匐草本；曼来、甘岔；海拔2000~2125m；次生阔叶林下、林缘、山坡；云南均有分布；四川、西藏；缅甸北部、不丹、尼泊尔、印度（北部、锡金）、印度尼西亚。Y0494、样5。

小柱悬钩子 Rubus columellaris Tutcher

藤本；望乡台；海拔2100m；山坡、山谷次生阔叶林内较阴处；富宁、蒙自、屏边、金平；江西、湖南、广东、广西、福建、四川、贵州。中国特有。Y1140。

山莓 Rubus corchorifolius L. f.

灌木；新田、曼来、章巴；海拔1680~2344m；山坡路边疏林、荒野灌丛；泸西、易门、文山、蒙自、屏边、金平、凤庆、镇康、龙陵及龙川江流域；除东北、甘肃、青海、新疆和西藏外其他省份均有；越南、缅甸、朝鲜、日本。Y0148、Y0471、Y0427、Y0693、Y0167、Y0621、Y0326、样62。

毛叶插田泡Rubus coreanus Miq. var. tomentosus Card.

灌木；保保菁；海拔600m；山坡或沟谷边灌丛；大姚；四川、贵州、湖南、湖北、安徽、陕西、河南、甘肃。中国特有。Y4481。

栽秧泡Rubus ellipticus Smith var. obcordatus Focks

灌木；老虎菁；海拔770m；山谷疏林、山坡路边、河边灌丛；丽江、凤庆、蒙自、西畴、芒市、景洪；四川、广西；印度、泰国、越南、老挝。Y4927。

灰毛泡Rubus irenaeus Fock

灌木；莫朗、甘岔；海拔1875～2125m；山坡疏密林下草地；云南西北部；四川、贵州、广西、广东、湖南、湖北、江西、江苏、浙江、福建。中国特有。Y4763、样67。

高粱泡Rubus lambertianu Ser.

藤本；新田；海拔1650～1791m；山坡或山谷林缘灌丛；地点不详；广西、广东、湖南、湖北、江西、福建、安徽、浙江、江苏、台湾、河南；日本。Y5243、样61。

疏松悬钩子Rubus laxus Focke

藤本；新田；海拔1650m；次生阔叶林内或林缘；贡山独龙江流域、高黎贡山及镇沅、屏边、金平、普洱、景洪。云南特有。样63。

硬叶绿春悬钩子Rubus lüchunensis Yu et Lu var. coriaceus Yu et Lu

藤本；曼来；海拔2400m；路边湿润处或阳处灌丛；云南南部。云南特有。Y0388。

大乌泡Rubus multibracteatus Lévl. et Vant.

灌木；果可食，全株或根入药；望乡台、曼来、章巴；海拔1840～2009m；山坡及沟谷阴处灌丛内或林缘路边；巍山、凤庆、景东、华宁、砚山、西畴、马关、个旧、蒙自、屏边、金平、绿春、洱源、墨江、思茅、景洪、勐海、澜沧、保山、双江；广东、广西、贵州；泰国、越南、老挝、柬埔寨。Y1240、Y1556、Y0462、Y0713、Y0556、样20。

太平莓Rubus pacificus Hance

灌木；可清热活血；新田；海拔1695m；山坡灌丛和路边草坡；云南新记录；湖北、安徽、江西、浙江、广东。中国特有。样63。

圆锥悬钩子Rubus paniculatus Smith

藤本；章巴、望乡台；海拔2045～2380m；次生阔叶林或沟谷溪旁；福贡、鹤庆、洱源、宾川、易门、澄江、个旧、蒙自、屏边、金平、镇康、凤庆；西藏；不丹、尼泊尔、印度、克什米尔地区。Y0986、Y1438、样12、Y0979。

乌泡子Rubus parkeri Hance

藤本；清水河；海拔1100m；山地疏密林下或溪旁及山谷岩石阴湿处；腾冲；四川、贵州、湖北、江苏、陕西。中国特有。Y3888、样47。

掌叶悬钩子Rubus pentagonus Wall. ex Focke

藤本；曼来；海拔2344～2400m；草坡；云南全省均有分布；四川、西藏；印度、尼泊尔、不丹、缅甸、越南。Y0141、Y0358、样4。

多腺悬钩子Rubus phoeniicolasius Maxim

灌木；莫朗；海拔1620m；山坡；云南新记录；青海、甘肃、陕西、河南、山东、江苏、湖南、湖北、贵州；朝鲜、日本。Y5193、样68。

红毛悬钩子Rubus pinfaensis Lévl. et Vant.

藤本；曼来；海拔2344m；次生林；维西、丽江、昆明、广南、西畴、麻栗坡、绿春、屏边；华中、西南及台湾。中国特有。Y0230、样4、Y0231。

五叶悬钩子Rubus quinquefoliolatus Yü et Lu

藤本；章巴；海拔2100m；山坡疏林；云南均有分布；贵州。中国特有。Y0770。

掌裂棕红悬钩子Rubus rufus Focke var. palmatifidus Card

藤本；望乡台、曼来；海拔2160～2400m；山沟密林下或水沟旁；永善、贡山、维西、鹤庆、洱源、宾川、漾濞、禄劝、凤庆、镇康、龙川；四川、贵州、西藏；越南、缅甸、不丹、尼泊尔、印度。Y1162、Y0299、Y0338、Y0380、样19。

紫红悬钩子Rubus subinopertus Yü et Lu

　　灌木；曼来；海拔2000m；山坡、灌丛、林下；维西、永善；四川西部。中国特有。Y0446。

红腺悬钩子Rubus sumatranus Miq.

　　藤本；鲁业冲；海拔863m；季雨林；贡山、景东、西畴、麻栗坡、屏边、河口、金平、思茅、西双版纳、西藏、四川、贵州、广西、广东、湖南、湖北、江西、安徽、浙江、福建、台湾；印度、尼泊尔、越南、泰国、老挝、柬埔寨、印度尼西亚、朝鲜、日本。野外记录。

荚蒾叶悬钩子Rubus viburnifolius Focke

　　藤本；望乡台、曼来、章巴、观音山；海拔2000～2344m；路边、荒坡；云南南部。云南特有。Y1346、Y0202、Y0598、Y0661、Y08、样21。

疣果花楸Sorbus corymbifera（Miq.）Hiep et Yakov.

　　乔木；章巴梁子；海拔2260m；常绿阔叶林；盈江、腾冲、蒙自、屏边、西畴；贵州、广西、广东、海南；印度东部、缅甸北部、泰国北部、老挝、柬埔寨、越南、印度尼西亚（苏门答腊岛）。野外记录。

鼠李叶花楸Sorbus rhamnoides（Dcne.）Rehd.

　　落叶乔木；莫朗山；海拔1700～2070m；潮湿密林或针阔叶混交林及林缘；贡山、丽江、云龙、宾川、凤庆、镇康、嵩明、西畴、麻栗坡；贵州东北部；印度。Y5277、Y5302。

中华绣线菊Spiraea chinensis Maxim.

　　灌木；花卉；章巴梁子；海拔2300m；林缘；全省各地；内蒙古、河北、河南、陕西、甘肃、湖北、湖南、安徽、江西、江苏、浙江、贵州、四川、福建、广东、广西。野外记录。

粉花绣线菊渐尖叶变种Spiraea japonica L. f. **var. acuminate** Franch.

　　灌木；马底河；海拔1900m；山坡、旷地、疏林、河沟；云南广布；河南、陕西、甘肃、湖北、湖南、江西、浙江、安徽、贵州、四川、广西。中国特有。Y0383。

红果树Stranvaesia davidiana Dcne.

　　乔木；曼旦；海拔950～1100m；林下；维西、香格里拉、德钦、兰坪、鹤庆、景东、镇雄、大关、元江、马关；广西、福建、贵州、湖南、湖北、江西、陕西、山西、甘肃、浙江；马来西亚、越南。野外记录。

146. 云实科Caesalpiniaceae

顶果树Acrocarpus fraxinifolius Wight ex Arn.

　　乔木；鲁业冲；海拔734～791m；季雨林；河口、西双版纳、景东；广西西部；印度、斯里兰卡、缅甸、泰国、老挝至印度尼西亚。野外记录。

鞍叶羊蹄甲Bauhinia brachycarpa Wall.

　　灌木；茎皮含纤维35%～40%，根、叶、嫩枝均可入药；普漂、老虎箐、西拉河、施垤新村；海拔400～710m；石灰岩山地灌丛；全省大部分地区；四川、甘肃、湖北、贵州、广西；泰国、缅甸东北部、印度北部。Y3004、Y4609、Y3703、Y3814、Y0503、Y0565、样33。

多花羊蹄甲Bauhinia chalcophylla L. Chen

　　木质藤本；西拉河；海拔850～950m；沟旁、疏林；永善、元江、墨江、孟连。云南特有。野外记录。

龙须藤Bauhinia championii（Benth.）Benth.

　　藤本；固氮植物；西拉河、普漂；海拔650～750m；石灰岩灌丛或溪边；巧家、洱源、元江、新平、西畴、元阳、个旧；贵州、广西、广东、福建、台湾、湖南、湖北、江西、浙江等省份；印度、越南、印度尼西亚。Y3635、Y3640。

石山羊蹄甲Bauhinia comosa Craib

　　藤本；绿化树种；施垤新村、普漂、曼旦、西拉河、莫朗、清水河；海拔500～1145m；石灰岩山坡灌丛草地或疏林；永胜、元谋、元江、开远、蒙自、建水；四川西南部。中国特有。Y3079、Y3187、Y3314、Y3679、Y3695、Y3864、Y3947、Y5007、Y3748、Y4294、样51。

锈荚藤 Bauhinia erythropoda Hayata

藤本；鲁业冲；海拔757～822m；季雨林；思茅、景洪、金平、河口、麻栗坡、富宁；海南、广西；菲律宾。野外记录。

元江羊蹄甲 Bauhinia esquirolii Gagn.

木质藤本；施垤新村、小河底、普漂；海拔400～795m；山坡阳处疏林；元江、新平、宾川、洱源；贵州。中国特有。Y5327、Y0680、样50。

海南羊蹄甲 Bauhinia hainanensis Merr. et Chun ex. L. Chen

藤本；西拉河；海拔700m；沟谷密林水边；元江；海南。中国特有。野外记录。

褐毛羊蹄甲 Bauhinia ornata Kurz var. kerrii（Gagnep.）K. et S. S. Larsen

藤本；普漂、曼旦；海拔500～860m；灌丛、次生阔叶林；西双版纳、元江、金平、麻栗坡、富宁；广东、广西；泰国北部、越南、老挝。野外记录。

总状花羊蹄甲 Bauhinia racemosa Lam.

落叶乔木，高15m；良好薪材，树皮可编绳索；西拉河、施垤新村、曼旦、观音山；海拔400～1100m；稀树灌丛或河边；元江；国内仅见于元江；印度东北部、缅甸、泰国、柬埔寨至越南南部、马来西亚等地。Y3575、Y5044、Y0073、Y0088、Y06、样47。

囊托羊蹄甲 Bauhinia touranensis Gagn.

木质藤本；固氮植物；西拉河；海拔680m；石山灌丛或沟边疏林或密林；蒙自、金平、河口、绿春、麻栗坡、富宁、西双版纳、沧源、凤庆、耿马、六库、福贡等地；贵州、广西西南部；越南、老挝、缅甸。Y3869。

白花羊蹄甲 Bauhinia variegata L.

落叶乔木；固氮植物；清水河；海拔1000m；疏林或林缘；云南南部、东南及西南部；广东、广西、福建、台湾等省份；印度、孟加拉国、不丹及中南半岛至印度尼西亚。Y4273、Y4944。

绿花羊蹄甲 Bauhinia viridescens Desv.

灌木；鲁业冲；海拔784m；季雨林；西双版纳；中南半岛和帝汶岛。野外记录。

云南羊蹄甲 Bauhinia yunnanensis Franch.

藤本；绿化树种；施垤新村、西拉河；海拔650～750m；山坡灌丛、路旁；丽江、鹤庆、香格里拉、宾川、大姚、禄劝、元江、文山等地；四川西南部及贵州；缅甸及泰国北部。Y3642、Y3724、Y3835、Y3841、样52。

云实 Caesalpinia decapetala（Roth.）Alst.

藤本；固氮植物，茎、根、果入药；施垤新村；海拔800～1000m；低中山灌丛林缘；全省分布；我国长江流域各省份至陕西、甘肃；印度、斯里兰卡、尼泊尔、不丹、缅甸、泰国、越南、老挝、马来西亚、日本、朝鲜。野外记录。

喙荚云实 Caesalpinia minax Hance

藤本；种子入药；西拉河；海拔700～1000m；山坡、灌丛、草地或林缘；元江、西双版纳、景东、蒙自、屏边；四川、广西、广东、福建、台湾；印度、缅甸、泰国、越南、老挝。野外记录。

短叶决明 Cassia leschenaultiana DC.

亚灌木；清水河；海拔1160m；山坡草地、灌丛、路旁；安宁、元谋、大理、蒙自、勐腊、凤庆、镇康等地；四川、贵州、西藏、广东、广西、福建、台湾、江西、安徽、江苏、浙江等省份；印度、尼泊尔、不丹、孟加拉国、缅甸、越南、老挝、柬埔寨至马来西亚、印度尼西亚。Y4056。

水皂角 Cassia mimosoides L.

灌木；固氮植物，全草入药；普漂、曼旦；海拔600～1350m；路边、荒坡；全省大部；我国西南、南部至东南部各省份；原产热带美洲，现遍及热带国家，可分布至温带地区如日本至尼泊尔。野外记录。

茳芒决明 Cassia sophera L.

亚灌木；入药；清水河、傈僳箐、莫朗、玉台寺；海拔600～1100m；荒坡或路旁；巧家、鹤庆、易门、文山、蒙自、开远、石屏、元江、景东、西双版纳、双江、芒市、瑞丽；我国西南部及东南部、中部各省份均有；原产热带亚洲，现已广布全球热带、亚热带地区。Y4402、Y4582、Y4622、Y4930。

决明 Cassia tora L.

灌木；曼旦、西拉河；海拔480～730m；路边、河边；云南大部分地区；长江以南各省份均有分布，华北也有；原产美洲热带地区，现分布于热带、亚热带地区。Y3377、Y3738。

大翅老虎刺 Pterolobium macropterum Kurz.

藤本；普漂；海拔700～800m；山坡灌丛、路旁或林缘；富宁、西畴、建水、元江、双柏等地；海南；缅甸、泰国、老挝、越南、马来西亚和印度尼西亚。Y3042、Y3781。

老虎刺 Pterolobium punctatum Hemsl.

藤本；固氮植物；清水河；海拔870～950m；山坡灌丛、路旁沟边或林缘、石灰山地尤为常见；石林、维西、六库、腾冲、景东、元江、蒙自、罗平、西畴等地；四川、贵州、广东、广西、湖南、湖北、江西、福建等省份；老挝。Y3790、Y4143、Y4252。

酸豆 Tamarindus indica L.

常绿乔木；木材供建筑用或做家具及农具，果可生食或作饮料，嫩叶可食；干热河谷；海拔400～900m；栽培或逸生；永仁、峨山、禄劝、元谋、鹤庆、元江、开远、建水、个旧、绿春、元阳、河口、双江、镇康、芒市、西双版纳等地；广东、广西、福建、台湾有栽培；原产于热带非洲，现广植于热带地区。Y4842。

147. 含羞草科 Mimosaceae

围涎树 Abarema clypearia（Jack）Kosterm.

乔木；木材可供雕刻，叶药用；新田；海拔1680～1695m；常绿阔叶林、疏林、河边处；除滇中部分地区外的广大热带、亚热带山地；贵州、广西、广东、海南、湖南、浙江、福建、台湾；热带亚洲。样62。

金合欢 Acacia farnesiana（L.）Willd.

灌木；用材、药用；普漂；海拔380m；干热山坡；红河、保山、玉溪、文山、金沙江流域、西双版纳等；四川、广西、广东、海南、台湾；世界热带地区。Y3136、样34。

钝叶金合欢 Acacia megaladena Desv.

藤本；固氮植物；清水河、老虎箐；海拔680～970m；山地雨林；盈江、陇川、瑞丽、龙陵、凤庆、双江、耿马、沧源、景谷、思茅、孟连、西双版纳、元江、绿春、开远、新平、河口；广西；亚洲热带地区。Y4071、Y5258。

蛇藤（羽叶金合欢）Acacia pennata（L.）Willd.

木质藤本；药用；西拉河、莫朗；海拔600～1030m；山地雨林、农地、田野、林缘、路边；除滇东北、滇西北外云南广布；浙江、湖南、广西、广东、海南、福建；印度、缅甸、越南、泰国等。Y3671、Y3848。

蒙自合欢 Albizia bracteata Dunn

落叶乔木；清水河；海拔950m；季风常绿阔叶林；滇中至滇南、滇西南、滇西、滇东南；四川、贵州、广西。中国特有。Y4259。

楹树 Albizia chinensis（Osbeck）Merr.

落叶乔木；用材、食用等；普漂、曼旦、普漂；海拔800～1840m；稀树灌丛、山地雨林、路边、林缘；滇西、滇南、滇东；四川、贵州、广西、广东、海南及喜马拉雅；中南半岛。Y3117、Y0021、Y0707。

合欢 Albizia julibrissin Durazz.

落叶乔木；药用；施垤新村、马底河；海拔695～1902m；林下；云南东北部；华东、华南、西南及辽宁、河北、河南、陕西；日本、印度、伊朗。Y0363、样50。

山合欢 Albizia kalkora（Roxb.）Prain

落叶乔木；农具、家具用材，花、根、茎皮供药用，蜜源植物；马底河；海拔1900m；常绿阔叶林；

凤庆、双江、昆明、开远、绿春、金平、屏边、麻栗坡、绥江；陕西、山东、河南、安徽、江苏、湖北、湖南、四川、江西、贵州、广西、广东、福建；越南、印度、缅甸、日本。Y0628、Y0570。

阔荚合欢 Albizia lebbeck（L.）Benth.

落叶乔木；绿化和观赏树种，建筑和工具用材；普漂、曼旦；海拔400～700m；低中山疏林；元江等地；广西、广东、福建、台湾；原产热带非洲，现广布于两半球热带、亚热带地区。野外记录。

毛叶合欢 Albizia mollis（Wall.）Boiv.

乔木；用材，绿化树种；曼旦；海拔1050～1150m；河谷山坡阳处、疏林；云南西北部、西部、中部、东部、东南部亚热带山地和河谷；四川、贵州、西藏东南部及喜马拉雅；缅甸一带。野外记录。

香合欢 Albizia odoratissima（L. f.）Benth.

落叶乔木；用材、紫胶虫寄主植物；普漂、曼旦、西拉河、清水河；海拔600～1695m；疏林、灌丛；滇西南、滇南、滇东南、滇中；四川、广西、广东、海南、湖南及喜马拉雅；中南半岛。Y3086、Y3169、Y3280、Y4352、样31。

银合欢 Leucaena leucocephala（Lam.）De Wit

乔木；观赏树种；曼旦片区；海拔686m；荒地或疏林；逸生；滇西、滇西南、滇南、滇中、滇东南；四川、广西、广东、福建、台湾；日本、南美洲。Y0036、Y0035。

含羞草 Mimosa pudica L.

灌木；可供观赏，全草入药；清水河；海拔760～950m；村寨边、路边和草地；云南、台湾、福建、广东、广西等地；原产热带美洲，现在广布于世界热带地区。Y4434、Y4253。

148. 蝶形花科 Papilionaceae

相思子 Abrus precatorius L.

藤本；种子作装饰，根、藤及种子入药；曼旦、西拉河；海拔450～660m；山地疏林、稀疏草坡；瑞丽、景东、思茅、西双版纳、元谋、元江、元阳；广西、广东、台湾；世界热带地区。Y3318、Y3502、Y3827。

美丽相思子 Abrus pulchellus Wall.

藤本；叶、根药用，花、果有毒；施垤新村、普漂；海拔650～700m；河谷岸边灌丛或平原疏林；耿马、西双版纳、元江、元阳；广西；印度、斯里兰卡、马来西亚、几内亚。Y5329、Y3193、Y4789、Y5048、Y5061、Y5333、样50。

合萌 Aeschynomene indica L.

草本；入药，可作绿肥；曼旦；海拔450～850m；草坡或林下；盐津、兰坪、漾濞、元谋、元江、河口、景东、勐海、勐腊、澜沧、镇康、云县、梁河；全国林区，草原均有分布；非洲、大洋洲及亚洲热带、亚热带地区。Y3277、Y3282。

猪腰豆 Afgekia filipes（Dunn）Geesink

大型木质藤本；清水河；海拔1040m；疏林或次生阔叶林；镇康、双江、西双版纳、思茅、景东、墨江、屏边、文山；广西；越南、老挝、泰国、缅甸。Y3984。

云南链荚豆 Alysicarpus monilifer（L.）DC.

草本；施垤新村；海拔695m；路边草地、河边沙滩及石砾堆上；巧家、元江、鹤庆、永胜；四川；印度及中南半岛。样50。

皱缩链荚豆 Alysicarpus rugosus（Willd.）DC.

草本；曼旦、清水河；海拔800～920m；荒坡草地、沟边灌丛及河谷丛林下；元江、蒙自、元阳、景东、西双版纳、临沧；热带大洋洲、印度、缅甸、马来西亚。Y3279、Y3884、Y5226。

链荚豆 Alysicarpus vaginalis（L.）DC.

草本；绿肥植物，全草入药；普漂、曼旦；海拔400～600m；空旷草坡及河边沙地；元江、蒙自、元阳、勐腊等地；福建、广东、海南、广西及台湾；东半球热带地区。野外记录。

虫豆 Cajanus crassus（Prain ex King）van der Maesen

藤本；普漂、西拉河、曼旦；海拔550～1000m；疏林中的树木上；景东、金平、河口、景洪、西双版纳、盈江；广西、海南；缅甸、老挝、越南、尼泊尔、印度、泰国、马来西亚、菲律宾、印度尼西亚。Y3006、Y3661、Y3207、Y3382、Y3665、样33。

长叶虫豆 Cajanus mollis（Benth.）van der Maesen

藤本；普漂、曼旦；海拔600～900m；密林中树上或灌丛；元江、镇康、西双版纳；印度、巴基斯坦至不丹。野外记录。

白虫豆 Cajanus niveus（Benth.）van der Maesen

灌木；施垤新村；海拔720m；石山阳坡；元江河谷；缅甸。Y4659。

白蔓草虫豆 Cajanus scarabaeoides（L.）Thouars **var. argyrophllus**（Y. T. Wei et S. Lee）Y. T. Wei et S. Lee

藤本；普漂、曼旦；海拔400～760m；旷野、路旁或山坡草丛；元江；广西、四川。中国特有。Y0505、Y0660、Y0058、样6。

蔓草虫豆 Cajanus scarabaeoides（L.）Thouars

藤本；叶入药；西拉河；海拔1070m；旷野、路旁或山坡草丛；巧家、永胜、蒙自、禄劝、景东、屏边、石屏、金平、景洪、勐腊、河口；四川、贵州、广西、广东、海南、台湾；日本、越南、泰国、缅甸、不丹、尼泊尔、马来西亚、大洋洲及非洲。Y3763、样44。

灰毛崖豆藤 Callerya cinerea（Benth.）Schot

藤本；曼旦；海拔1100～1200m；山坡次生常绿阔叶林；几乎遍布云南全省；西南、华南、华中至华东及东南；尼泊尔、不丹、孟加拉国、印度、缅甸、泰国、老挝、越南。野外记录。

峨嵋崖豆藤 Callerya nitida（Benth.）Geesink **var. minor** Z. Wei

藤本；甘岔；海拔2125m；山坡灌丛及次生林；景东、屏边；贵州、四川、广西、广东、海南、福建、江西、浙江、台湾。中国特有。Y4655。

网脉崖豆藤 Callerya reticulata（Benth.）Schot

藤本；园艺观赏树种；西拉河；海拔750m；山地灌丛及沟谷；富宁等地；贵州、四川、广西、广东、海南、湖南、湖北、江西、江苏、安徽、浙江、福建、台湾；越南。Y3619、样41。

三叶崖豆藤 Callerya unijuga（Ggagnep.）H. Sun

藤本；清水河；海拔1150m；山坡次生阔叶林；西双版纳；越南。Y4078。

银叶杭子梢 Campylotropis argentea Schindl.

灌木；莫朗、曼旦、清水河；海拔1200～1300m；干燥草山坡、灌丛或云南松林下；蒙自、开远、石屏、元江。云南特有。Y4541、Y3515、Y3976、Y4039。

细花杭子梢 Campylotropis capillipes（Franch.）Schindl.

灌木；普漂、曼旦；海拔450～800m；灌丛、路边、林缘；鹤庆、洱源、宾川、丽江、鲁甸、禄劝、峨山、双柏、双江、景东、石屏、元江、蒙自、砚山、麻栗坡、元阳、绿春、勐海、临沧及澜沧等地；四川西南部及广西；缅甸、泰国。野外记录。

西南杭子梢 Campylotropis delavayi（Franch.）Schindl.

灌木；普漂；海拔490～700m；山坡灌丛、向阳草地等处；丽江、宾川、鹤庆、禄劝；四川西南部。中国特有。Y0722、Y3074。

异叶杭子梢 Campylotropis diversifolia（Hemsl.）Schindl.

灌木；马底河、莫朗；海拔1450～1650m；山坡灌丛及疏林；砚山、蒙自、弥勒、石屏及元江。云南特有。野外记录。

元江杭子梢 Campylotropis henryi Schindl.

灌木；西拉河、莫朗、曼旦、西拉河；海拔600～1620m；河边、湿润山坡灌丛或林缘；元江、石屏、建水、开远、双柏、保山、福贡；广西及贵州；老挝、泰国。Y3540、Y3568、Y3736、样41。

大红袍 Campylotropis hirtella（Franch.）Schindl.

草本；根药用；西拉河；海拔1000m；灌丛或云南松林下；德钦、维西、福贡、丽江、贡山、香格里拉、鹤庆、宾川、剑川、洱源、楚雄、漾濞、禄劝、巧家、嵩明、安宁、宜良、开远、元江、弥勒、蒙自、文山；四川、贵州及西藏；印度。Y3780。

阔叶杭子梢Campylotropis latifolia（Dunn）Schindl.

亚灌木；西拉河；海拔900～1200m；山地草坡、路边及灌丛；石屏、开远、弥勒、元江及元阳等地。云南特有。野外记录。

绒毛杭子梢Campylotropis pinetorum（Kurz）Schindl. ssp. velutina（Dunn）Ohashi

灌木；根入药，固氮植物；马底河；海拔1900m；灌丛、林缘、疏林；沧源、凤庆、昌宁、龙陵、芒市、景东、石林、西双版纳、西畴、富宁、广南；贵州、广西；越南、泰国。Y0552、Y0626。

小雀花Campylotropis polyantha（Franch.）Schindl.

灌木；根入药；莫朗；海拔1650m；向阳的灌丛、沟边、林边、山坡草地上；云南中部及以北地区；甘肃南部、四川、贵州、西藏东部。中国特有。Y5103。

三棱枝杭子梢Campylotropis trigonoclada（Franch.）Schindl.

亚灌木；根、枝入药；曼旦；海拔950～1550m；草坡、灌丛及林缘、疏林内；蒙自、弥勒、石屏、元江、景东、富宁、西畴、砚山、大理、武定、洱源、鹤庆、澄江、宾川、漾濞、临沧、江川、安宁及文山；四川、贵州、广西。中国特有。野外记录。

刀豆Canavalis gladiata（Jacq.）DC.

藤本；嫩荚和种子可食用，可作绿肥；清水河；海拔700～1000m；低中山疏林；逸生；云南各地有栽培；我国长江以南各省份有栽培；热带、亚热带地区。Y4114、Y4293、Y4328。

台湾蝙蝠草Christia campanulata Thoth.

灌木；施垤新村；海拔600m；山坡荒地或灌丛；富宁、麻栗坡、思茅及勐腊；福建、广西、贵州、台湾；缅甸和越南。Y4620。

三叶蝶豆Clitoria mariana L.

藤本；莫朗；海拔1700～2070m；山坡灌丛；福贡、泸水、鹤庆、永平、绿春、双江、屏边、景东、勐海、思茅、盈江、临沧；缅甸、老挝、越南、印度及北美洲。Y4936、Y4938、样65。

圆叶舞草Codariocalyx gyroides（Roxb. ex Link.）Hassk.

灌木；清水河；海拔950m；林缘、疏林；罗平、屏边、河口、金平、马关、西畴、思茅、西双版纳、景东、双江、镇康、凤庆、沧源、泸水；贵州、广西、广东、海南；印度、尼泊尔、缅甸、斯里兰卡、泰国、越南、柬埔寨、老挝、马来西亚和巴布亚新几内亚。Y4237。

舞草Codariocalyx motorius（Houtt.）Ohashi

亚灌木；药用；西拉河、莫朗；海拔800～1000m；湿润草地、河谷及山地灌丛、疏林或沟谷密林；盐津、师宗、昆明、石屏、绿春、河口、思茅、景东、西双版纳、鹤庆、香格里拉、泸水、镇康、澜沧、芒市、双江；福建、江西、广东、广西、四川、贵州、台湾；印度、不丹、尼泊尔、斯里兰卡、泰国、缅甸、老挝、印度尼西亚、马来西亚。Y3598、Y3772、Y4919。

元江舞草Codariocalyx yuanjiangensis sp. nov.

草本；清水河；海拔960m；中山疏林；元江；元江特有。Y4128。

巴豆藤Craspedolobium schochii Harms

木质藤本；固氮植物；马底河、莫朗、西拉河；海拔750～2070m；季风常绿阔叶林、路边；云南各地均有分布；贵州、四川。中国特有。Y0371、Y0399、Y5215、Y3607、Y4659。

针状猪屎豆Crotalaria acicularis Buch.-Ham. ex Benth.

草本；莫朗沿途；海拔1200m；河谷沙滩、路边、草坡及灌丛；景东、元阳、西双版纳、梁河、凤庆、云县；海南；缅甸、越南、老挝、泰国、印度、孟加拉国、尼泊尔。Y5004。

翅托叶猪屎豆Crotalaria alata Buch.-Ham. ex D. Don

亚灌木；入药；西拉河、曼旦；海拔600～1100m；沟谷、路边、荒坡草地；元江、屏边、元阳、西双版纳、梁河、盈江；广西、四川、广东、海南、福建；缅甸、老挝、尼泊尔、印度尼西亚、孟加拉国和印度。Y3524、Y3645、Y3694、样39。

响铃豆 Crotalaria albida Heyne ex Roth

　　草本；入药；曼旦；海拔930～1050m；干燥荒坡草地及灌丛；云南大部分地区；四川、贵州、广西、广东、福建、台湾、浙江、安徽、江西、湖南；缅甸、老挝、泰国、印度、斯里兰卡、孟加拉国、巴基斯坦、尼泊尔、马来群岛。Y3407、Y3423。

大猪屎豆 Crotalaria assamica Benth.

　　亚灌木；莫朗；海拔1650m；旷野、灌丛；大理、禄劝、元江、峨山、个旧、河口、屏边、绿春、元阳、麻栗坡、西畴、广南、砚山、富宁、景东、西双版纳、梁河、陇川、盈江、龙陵、腾冲、双江、凤庆；台湾、广东、海南、广西、贵州；印度、越南、老挝、泰国、菲律宾。Y4696。

长萼猪屎豆 Crotalaria calycina Schrank

　　草本；西拉河；海拔620～1050m；灌丛、路边荒地、草坡和灌丛；元江、蒙自、金平、元阳、富宁、景东、元谋、思茅、孟连、西双版纳、临沧；西藏、广西、广东、海南、福建、台湾；越南、老挝、印度、孟加拉国、巴基斯坦、尼泊尔、印度尼西亚、菲律宾及热带非洲和澳大利亚。Y3579、Y3742、样43。

假地蓝 Crotalaria ferruginea Grah. ex Benth.

　　草本；全草入药；莫朗；海拔1450m；林缘、荒坡草地及灌丛；云南大部分地区；西藏、四川、贵州、广西、广东、福建、江苏、浙江、台湾、安徽、江西、湖南、湖北；缅甸、泰国、印度、斯里兰卡、孟加拉国、尼泊尔、马来群岛。Y5002。

菽麻 Crotalaria juncea L.

　　草本；马底河、莫朗；海拔1500～1700m；路边、灌丛；昆明、元江、蒙自、西双版纳；广西、四川、广东、福建、台湾、江苏、浙江、山东、陕西；缅甸、越南、老挝、柬埔寨、泰国、印度、斯里兰卡、孟加拉国、巴基斯坦、马来群岛、澳大利亚和非洲。野外记录。

线叶猪屎豆 Crotalaria linifolia L. f.

　　草本；曼旦；海拔850～1150m；溪边、路边及灌丛；罗平、大理、双柏、蒙自、元江、屏边、砚山、麻栗坡、西畴、景东、普洱、西双版纳、双江；四川、贵州、广西、广东、海南、台湾、湖南；缅甸、越南、老挝、柬埔寨、泰国、印度、斯里兰卡、孟加拉国、马来群岛和澳大利亚。Y3405、Y3408、Y3545。

头花猪屎豆 Crotalaria mairei Lévl.

　　草本；入药；西拉河、清水河、莫朗；海拔930～1145m；湿润或干燥路边草坡；大理、双柏、普洱、景东、西畴、龙陵、临沧；广西、四川、贵州；印度、尼泊尔、不丹。Y4698、样40。

假苜蓿 Crotalaria medicaginea Lamk.

　　草本；施垤新村、曼旦、普漂、新田；海拔600～800m；湿润的河边沙滩和干燥开旷的草坡及疏林下；巧家、永胜、鹤庆、元谋、禄劝、澄江、元江、江川、蒙自、景东、西双版纳；四川、广东、台湾；缅甸、泰国、越南、老挝、马来群岛、印度、孟加拉国、巴基斯坦、尼泊尔、阿富汗和澳大利亚。Y3204、Y4485、Y5321、样51。

猪屎豆 Crotalaria pallida Ait. var. **obovata**（G. Don）Polhill

　　草本；入药；普漂、曼旦、清水河；海拔380～980m；河边及干燥开旷的荒坡草地；元江、蒙自、河口、金平、普洱、西双版纳、芒市、盈江、瑞丽、保山；广西、四川、广东、福建、台湾、浙江、山东、湖南；越南、柬埔寨、尼泊尔及非洲中部、南部和马达加斯加。Y3103、Y3265、Y4054、Y4247。

俯伏猪屎豆 Crotalaria prostrata Rottl. ex Willd.

　　草本；西拉河；海拔650m；湿润的荒坡地；双柏、蒙自、河口、金平；印度、斯里兰卡、孟加拉国、尼泊尔。Y3593。

四棱猪屎豆 Crotalaria tetragona Roxb. ex Andr.

　　草本；新田、西拉河、清水河；海拔700～1695m；河边、路旁、草坡及灌丛；元江、新平、金平、元阳、富宁、景东、西双版纳、盈江、芒市、镇康；广西、四川和广东；缅甸、老挝、尼泊尔、印度、孟加拉国、印度尼西亚。Y3734、Y4198、样64。

缅甸黄檀 Dalbergia burmanica Prain

乔木；清水河；海拔980m；山地或阔叶林；麻栗坡、屏边、思茅；缅甸。Y4388。

含羞草叶黄檀 Dalbergia mimosoides Franch.

木质藤本；蜜源植物；平坝子水库；海拔2000m；灌丛；罗平、兰坪、德钦、维西、贡山、福贡、泸水、剑川、鹤庆、洱源、宾川、漾濞、永平、嵩明、富民、禄劝、双柏、江川、峨山、华宁、广南、屏边、蒙自、思茅、景东、双江、腾冲；陕西、湖北、四川、西藏、浙江、江西、福建；印度。Y0315。

钝叶黄檀 Dalbergia obtusifolia（Baker）Prain

乔木；紫胶虫寄主植物；清水河、西拉河；海拔650～1145m；林中、河边和荒地；元江、思茅、景洪、云县、墨江、西盟、孟连、耿马。云南特有。Y3652、样45。

斜叶黄檀 Dalbergia pinnata（Lour.）Prain

乔木；全株药用；普漂、曼旦；海拔400～750m；干热河谷；泸水、腾冲、峨山、元江、金平、富宁、思茅、景东、景洪、勐海、云县、孟连、耿马；西藏、广西、海南；缅甸、菲律宾、马来西亚、印度尼西亚。野外记录。

多体蕊黄檀 Dalbergia polyadelpha Prain

乔木；曼旦；海拔1200～1350m；林中或灌丛；峨山、元江、富宁、屏边、绿春、思茅、景东、勐海、澜沧、镇康、双江；广西和贵州；越南。野外记录。

黄檀一种 Dalbergia sp.

灌木；曼旦、新田；海拔750～1300m；低中山疏林；元江；元江特有。Y3458、Y4605、样37。

滇黔黄檀 Dalbergia yunnanensis Franch.

大型木质藤本；望乡台；海拔2010m；山谷林中及林缘；镇雄、师宗、永胜、漾濞、洱源、鹤庆、宾川、禄劝、石林、元谋、双柏、易门、大姚、砚山、西畴、麻栗坡、蒙自、金平、勐海、双江、龙陵、腾冲、梁河；广西、四川、贵州。中国特有。Y0387。

假木豆 Dendrolobium triangulare（Retz.）Schindl.

灌木；根入药；曼旦、老虎箐；海拔450～800m；林缘、路边及荒坡草地；师宗、罗平、石屏、元江、建水、孟连、景洪；印度、斯里兰卡、缅甸、泰国、越南、老挝、柬埔寨、马来西亚及非洲。Y3212、Y4584。

毛果鱼藤 Derris eriocarpa How

木质藤本；清水河；海拔1000m；山地疏林；沧源、景东、西双版纳、元阳、屏边、河口、西畴、富宁；广西。中国特有。Y4297。

粗茎鱼藤 Derris scabricaulis（Franch.）Gognep.

藤本；清水河；海拔680m；山坡灌木林；贡山、泸水、龙陵、镇康、景洪、永平、漾濞、峨山、易门；西藏东南部。中国特有。Y4371。

凹叶山蚂蝗 Desmodium concinnum DC.

灌木；马底河、莫朗；海拔1450～1900m；山坡草地、灌丛；师宗、峨山、石屏、元江、西畴、绿春、屏边、新平、贡山、瑞丽、腾冲、陇川、梁河、凤庆、景东及西双版纳等；广西；印度、尼泊尔、不丹、缅甸。野外记录。

二岐山蚂蝗 Desmodium dichotomum（Willd.）DC.

草本；普漂、曼旦；海拔500～700m；草坡灌丛；元江、蒙自及元阳等地；印度、缅甸、马来西亚。野外记录。

圆锥山蚂蝗 Desmodium elegans DC.

灌木；清水河；海拔950m；松林下、山坡、路旁或水沟边；剑川、洱源、鹤庆、丽江、香格里拉、腾冲、凤庆、镇康、砚山；陕西、甘肃、四川、贵州、西藏；阿富汗、印度、尼泊尔、不丹。Y4233。

大叶山蚂蝗 Desmodium gangeticum（L.）DC.

亚灌木；曼旦、西拉河、施垤新村；海拔600～1000m；荒地草丛、山坡灌丛、路边、竹丛及次生林；禄劝、师宗、蒙自、富宁、金平、元阳、绿春、河口、澜沧、景东、景谷、西双版纳、泸水及盈江；贵州、广西、广东、海南、台湾；斯里兰卡、印度、缅甸、泰国、越南、马来西亚、热带非洲、大洋洲。Y4477、Y3236、样35。

蔬果山蚂蝗 Desmodium griffithianum Benth.

草本；望乡台、西拉河、新田；海拔950～2009m；干燥草地、荒地或松栎林下；禄劝、东川、嵩明、安宁、宜良、大理、姚安、景东、元江、绿春、西畴、屏边、镇康、腾冲；四川、贵州；印度、缅甸、泰国、老挝、越南。Y1260、Y3777、Y4695、样20。

假地豆 Desmodium heterocarpon（L.）DC.

亚灌木；西拉河；海拔1070m；山地草坡、水旁、灌丛或林缘；彝良、师宗、元江、富宁、屏边、砚山、西畴、金平、元阳、峨山、鹤庆、贡山、梁河、保山、凤庆、盈江、镇康、芒市、景东、思茅、西双版纳、孟连；长江以南各省份，东至台湾；印度、斯里兰卡、缅甸、泰国、越南、柬埔寨、老挝、马来西亚、日本、太平洋群岛及大洋洲。野外记录。

大叶拿身草 Desmodium laxiflorum DC.

亚灌木；西拉河；海拔1100m；山坡路边、灌丛、次生林缘及疏密林；绿春、马关、双江及西双版纳；湖北、湖南、广东、广西、四川、贵州、台湾；印度、缅甸、泰国、越南、马来西亚、菲律宾。Y3906、样47。

饿蚂蝗 Desmodium multiflorum DC.

灌木；花及枝供药用；莫朗；海拔1300m；山坡、路边、草地、灌丛或林缘；师宗、嵩明、江川、宜良、安宁、禄劝、武定、元江、蒙自、砚山、屏边、西畴、景东、西双版纳、孟连、峨山、洱源、漾濞、鹤庆、楚雄、德钦、贡山、福贡、腾冲、双江、耿马、凤庆、龙陵、沧源、镇康、昌宁；浙江、福建、江西、湖北、广东、广西、四川、贵州、西藏、台湾；印度、不丹、尼泊尔、缅甸、泰国。Y4836。

单叶拿身草 Desmodium praestans Forrest

灌木；鲁业冲；海拔757m；季雨林；丽江、香格里拉；四川。野外记录。

肾叶山蚂蝗 Desmodium renifelium（L.）Schindl.

亚灌木；清水河；海拔1000m；阴湿路边、山坡灌丛、湿润疏林；双江、西双版纳；海南、台湾；印度、缅甸、泰国、越南、老挝、马来西亚、大洋洲。Y4004、Y3870、Y4378、样42。

赤山蚂蝗 Desmodium rubrum（Lour.）DC.

亚灌木；可作固堤植物；普漂、莫朗、曼旦；海拔370～2070m；荒地；云南新记录；广东湛江及海南、广西。中国特有。Y4563、Y3401、Y3107、Y3320、Y3413、Y3353、样34。

长波叶山蚂蝗 Desmodium sequax Wall.

灌木；章巴、曼旦；海拔660～1840m；山地草坡或林缘；巧家、盐津、彝良、大关、师宗、宜良、江川、双柏、峨山、蒙自、石屏、绿春、马关、元阳、西畴、河口、屏边；湖北、湖南、广东、广西、四川、贵州、西藏、台湾等省份；印度、尼泊尔、缅甸、印度尼西亚（爪哇）、巴布亚新几内亚。Y0011、Y0063、Y0858、Y0820、样1。

广东金钱草 Desmodium styracifolium（Osbeck）Merr.

草本；药用；普漂；海拔750m；山坡草地、灌丛及疏林；西双版纳地区；广东、海南、广西南部和西南部；印度、斯里兰卡、缅甸、泰国、越南、马来西亚。Y3114。

三点金 Desmodium trflorum（L.）DC.

草本；药用；施垤新村、曼旦、清水河；海拔650～1300m；旷野草地、路旁或河边灌丛及林；巧家、蒙自、元阳、景东、西双版纳；浙江、福建、江西、广东、海南、广西、台湾；印度、斯里兰卡、尼泊尔、缅甸、越南、马来西亚、太平洋群岛、大洋洲、美洲热带地区。Y3531、Y4322、样50。

单叶拿身草 Desmodium zonatum Miq.

亚灌木；西拉河、清水河；海拔850～1000m；山坡荒地、林缘；孟连、西双版纳；海南、广西西南部、贵州和台湾；印度、斯里兰卡、缅甸、泰国、越南、马来西亚、印度尼西亚、菲律宾。Y3572、Y4188。

滇南镰扁豆 Dolichos junghuhnianus Benth.

缠绕草本；普漂、曼旦；海拔500～800m；低中山疏林；国内仅见于元江；泰国、印度尼西亚。野外记录。

山黑豆 Dumasia truncata Sieb. et Zucc.

缠绕草本；甘岔、莫朗；海拔1750～1900m；山地路旁潮湿地；兰坪、富民、西畴、元江；浙江、安徽、湖北；日本。野外记录。

云南山黑豆 Dumasia yunnanensis Y. T. Wei et S. Lee

藤本；新田；海拔1750m；山坡路旁、沟边灌丛；滇中；四川。中国特有。Y5379。

鹦哥花 Erythrina arborescens Roxb.

乔木；曼旦；海拔1200～1450m；山沟中或草坡上；罗平、维西、贡山、泸水、丽江、洱源、弥渡、禄劝、富民、楚雄、景东、蒙自、元江、河口、盈江、镇康、凤庆、云县；西藏、四川、贵州及海南；缅甸、尼泊尔、印度。野外记录。

锈毛千斤拔 Flemingia ferruginea Grah. ex Wall.

灌木；根入药；马底河、莫朗；海拔1400～1500m；沟谷林；峨山、元江、景洪、云县。云南特有。野外记录。

绒毛千斤拔 Flemingia grahamiana Wight et Arn.

灌木；曼旦；海拔1000～1100m；云南松林、草坡灌丛；丽江、鹤庆、宾川、泸西、双柏、砚山、景洪、勐海、勐腊；四川西南部；缅甸、老挝、越南、印度。野外记录。

宽叶千斤拔 Flemingia latifoia Benth.

灌木；曼旦；海拔1410m；干热河谷灌丛；泸水、漾濞、华坪、昆明、腾冲；广西、四川；越南、老挝、缅甸、印度。Y3430、Y3483、Y3426、样38。

大叶千斤拔 Flemingia macrophylla（Willd.）Prain

灌木；清水河；海拔800m；林缘或沟边；全省各地均有分布；四川、广西、贵州、广东、福建、海南、江西、台湾；缅甸、老挝、越南、柬埔寨、印度、孟加拉国、马来西亚、印度尼西亚。Y4331。

千斤拔 Flemingia Philippinensis Merr. et Rolfe

亚灌木；普漂、曼旦；海拔650～900m；干热河谷、灌丛；蒙自、富宁、砚山、元江、景东、景洪、镇康、芒市；四川、广西、贵州、广东、海南、福建、江西、湖南、湖北、台湾；菲律宾。野外记录。

小叶干花豆 Fordia microphylla Dunn ex Z. Wei

灌木；清水河；海拔1150m；山谷岩石、坡地或灌丛、疏林；盈江、瑞丽、梁河、龙陵、镇康、双江、景东、西双版纳、绿春、建水、蒙自、砚山、西畴；广西、贵州。中国特有。Y3974。

台湾乳豆 Galactia formosana Matsumura

藤本；普漂、西拉河；海拔600～890m；疏林或密林；通海、元江、景洪；四川、广东、海南、广东。中国特有。Y5041、Y3102、Y3174、Y3788、Y4846、样33。

尖叶长柄山蚂蝗 Hylodesmum oxyphyllum（DC.）X. F. Gao

草本；全株药用；甘岔、莫朗；海拔1750～2150m；山坡路旁、沟旁、林缘或阔叶林；全省各地均有分布；秦岭淮河以南各省份；印度、尼泊尔、缅甸、朝鲜和日本。野外记录。

深紫木蓝 Indigofera atropurpurea Buch.-Ham. ex Hornem.

灌木；新田；海拔1700m；山坡路旁、灌丛、山谷疏林中、路旁草坡和溪沟边；泸水、腾冲、沧源、景东、西双版纳、华宁、弥勒、蒙自、金平、屏边、河口、砚山、麻栗坡；西藏、贵州、四川、广西、广东、湖南、湖北、江西、福建；越南、缅甸、尼泊尔、印度及克什米尔地区。Y4810。

椭圆叶木蓝 Indigofera cassoides Rottc. ex DC.

灌木；曼旦、西拉河、施垤新村；海拔820～1050m；山坡、灌丛、草地、疏林；西双版纳、普洱、元江、建水、双柏、师宗；广西；巴基斯坦、印度、缅甸、越南、泰国。Y5291、样36。

黔南木蓝 Indigofera esquirolii Lévl.

灌木；莫朗；海拔1480～1680m；山坡疏林或灌丛；双柏、元江、勐海、师宗；贵州和广西。中国特有。样68。

单叶木蓝 Indigofera linifolia（L. f.）Retz.

草本；施垤新村、铁索桥；海拔390～650m；河谷沙岸、田埂、路旁及草坡；鹤庆、永胜、元谋、禄劝；四川、台湾；澳大利亚、越南、缅甸、泰国、印度、克什米尔地区、巴基斯坦、阿富汗、埃塞俄比亚、苏丹。Y4489、Y4926。

九叶木蓝 Indigofera linnaei Ali

　　草本；普漂、曼旦；海拔450～850m；海边干燥的沙土地；元江等地；海南；澳大利亚、印度尼西亚、越南、泰国、缅甸、尼泊尔、印度、斯里兰卡、巴基斯坦及热带非洲西部。Y3144、Y3329、Y3202、Y3409、样33。

湄公木蓝 Indigofera mekongensis Jess

　　灌木；章巴；海拔2330m；中山湿性常绿阔叶林；德钦和元江。云南特有。野外记录。

黑叶木蓝 Indigofera nigrescens Kurz ex King et Prain

　　灌木；普漂、曼旦；海拔500～950m；山坡灌丛、次生阔叶林、疏林、田野、河滩等处；广泛分布于云南热带、亚热带山地；西藏、贵州、四川、陕西、广西、广东、湖南、湖北、江西、浙江、福建、台湾；印度、缅甸、泰国、老挝、越南、菲律宾及印度尼西亚。野外记录。

腺毛木蓝 Indigofera scabrida Dunn

　　灌木；曼旦、清水河；海拔1180～1200m；山坡、灌丛、林缘及林下；蒙自、洱源、鹤庆、丽江、维西；四川；缅甸。Y3416、Y3513、Y4070。

穗序木蓝 Indigofera spicata Forsk.

　　草本；西拉河；海拔860～1000m；空旷地、路边潮湿向阳处；云南热带、亚热带地区广布；广东、台湾；印度、越南、泰国、菲律宾及印度尼西亚。野外记录。

远志木蓝 Indigofera squalida Prain

　　灌木；西拉河；海拔1070m；旷野、山脚、路旁向阳草地；金沙江河谷及南部、东南部热带、亚热带山地；贵州、广西、广东；越南、老挝、柬埔寨、缅甸、泰国。Y3749。

茸毛木蓝 Indigofera stachyodes Lindl.

　　灌木；药用；曼旦、莫朗；海拔759～2070m；石山灌丛；福贡、泸水、腾冲、双江、凤庆、景东、永平、维西、漾濞、宾川、禄劝、元江、峨山、师宗、砚山、广南、大关；西藏、贵州；泰国、缅甸、印度东北部、不丹、尼泊尔。Y0120。

木蓝 Indigofera tinctoria L.

　　灌木；入药；西拉河；海拔800m；山坡草地；云南新记录；全国各省份有栽培，产于安徽、海南、广西、贵州、云南；亚洲、非洲热带地区。Y3787。

灰色木蓝 Indigofera wightii Grah. ex W. et A.

　　灌木；曼旦；海拔1000～1350m；向阳的山坡灌丛、草坡、路旁及岩石缝；鹤庆、宾川、丽江、香格里拉、楚雄、安宁、元江、建水等地；四川西南部。中国特有。野外记录。

截叶铁扫帚 Lespedeza cuneata（Dum.-Cours.）G. Don

　　亚灌木；西拉河；海拔660～900m；山坡路边；云南各地均有分布；陕西、甘肃、山东、台湾、河南、四川、西藏；朝鲜、日本、印度、巴基斯坦、阿富汗及澳大利亚。Y3595、Y3626、Y3853。

美丽胡枝子 Lespedeza formosa（Vog.）Koehne

　　灌木；马底河、莫朗；海拔1450～1700m；山坡、路旁及林缘灌丛；德钦、香格里拉、维西、兰坪、福贡、贡山、腾冲、大理、丽江、元江、石屏、蒙自、砚山、弥勒、开远、武定、禄劝、彝良；河北、陕西、甘肃、山东、江苏、安徽、浙江、江西、福建、河南、湖北、湖南、广东、四川、贵州等省份；朝鲜、日本和印度。野外记录。

香花崖豆藤 Millettia dielsiana Harms

　　灌木；固氮植物；曼来、望乡台；海拔2000～2400m；山坡次生阔叶林、灌丛、溪沟和路旁；遍布全省；陕西、甘肃、安徽、浙江、江西、福建、湖北、湖南、广东、海南、广西、四川、贵州；越南、老挝。Y1142、Y0308、Y0620、Y1458、样18。

滇缅崖豆藤 Millettia dorwardi Coll et Hemsl.

　　大型藤本；章巴、望乡台、曼来；海拔2040～2380m；山坡次生阔叶林；云南各地均有分布；贵州；

缅甸。Y0970、Y1019、Y1418、Y0275、Y0441、样12。

小叶鸡血藤 Millettia microphylla sp. nov.

小乔木；普漂、小河底；海拔446～800m；低中山疏林；元江；元江特有。Y4964、Y4615、Y3185、样32。

厚果鸡血藤 Millettia pachycarpa Benth.

大型木质藤本；种子和根做杀虫剂，茎皮纤维可利用；西拉河、清水河、老虎箐、莫朗、望乡台；海拔700～1545m；常绿阔叶林或灌丛；除滇西北高山以外的云南各地；西藏、贵州、四川、广西、广东、湖南、江西、浙江、福建、台湾；缅甸、泰国、越南、老挝、孟加拉国、印度、尼泊尔、不丹。Y3929、Y3632、Y4235、Y4923、Y6000、样47。

薄叶崖豆 Millettia pubinervis Kurz

小乔木；普漂；海拔400～490m；次生阔叶林；云南南部；泰国、缅甸。Y0541、Y4962、Y0706。

华南小叶鸡血藤 Millettia pulchra（Benth.）Kurz var. chinensis Dunn

小乔木；曼旦；海拔600m；山坡灌丛；镇康、景东、建水、富宁、师宗、富宁；广西。中国特有。样35。

印度鸡血藤 Millettia pulchra（Benth.）Kurz

小乔木；西拉河；海拔1000m；山地旷野或次生阔叶林缘；瑞丽、陇川、思茅、富宁；海南、广西、贵州；印度、缅甸、老挝。Y3800、样42。

绒叶印度鸡血藤 Millettia pulchra（Benth.）Kurz var. tomentosa Prain

小乔木；曼旦；海拔1200～1500m；山坡灌丛；云南南部；广西；印度和缅甸。野外记录。

鸡血藤一种 Millettia sp.

木质藤本；清水河；海拔780m；低中山疏林；元江特有。Y4375。

绒毛崖豆 Millettia velutina Dunn

乔木；普漂；海拔500m；次生阔叶林；景洪、沧源、双江、蒙自、砚山、通海、江川、禄劝、元谋、鹤庆；湖南、广东、广西、贵州。中国特有。Y0559。

白花油麻藤 Mucuna birdwoodiana Tutch.

藤本；西拉河；海拔950～1100m；山地阳处、路旁、溪边，常攀援在乔木、灌木上；富宁、镇康、元江；四川、广西、贵州、广东、福建、江西。中国特有。野外记录。

黄毛黧豆 Mucuna bracteata DC.

木质藤本；阿木山；海拔1650m；季风常绿阔叶林；蒙自、景东、河口、景洪、瑞丽、芒市；海南；缅甸、越南、老挝、泰国。Y6265。

大果油麻藤 Mucuna macrocarpa Wall.

木质藤本；新田；海拔1680～1695m；潮湿山沟底部、路边阳处灌丛；福贡、屏边、广南、景东、景洪、勐海、凤庆；广西、贵州、广东、海南、台湾；缅甸、越南、泰国、尼泊尔、印度、日本。样62。

常春油麻藤 Mucuna sempervirens Hemsl.

木质藤本；药用；曼来、西拉河；海拔650～2100m；森林、灌丛、溪谷、河边；云南各地均有分布；四川、贵州、湖北、江西、浙江、福建；日本。Y0530、Y3648。

黧豆一种 Mucuna sp.

木质藤本；新田；海拔1650m；季风常绿阔叶林；元江。样63。

毛排钱树 Phyllodium elegans（Lour.）Desv.

灌木；清水河；海拔980m；平原、丘陵荒地、山坡草地、疏林或灌丛；泸水；福建、广东、广西、海南；越南、老挝、柬埔寨、泰国及印度尼西亚。Y4239。

排钱树 Phyllodium pulchellum（L.）Desv.

灌木；清水河；海拔1160m；丘陵、荒地、山坡路边、草坡、灌丛及疏林；广南、屏边、绿春、马关、景东、思茅、孟连、勐腊、景洪、耿马、梁河、陇川、芒市、瑞丽、腾冲；福建、江西、广东、海南、广西、台湾；印度、斯里兰卡、缅甸、泰国、越南、老挝、柬埔寨、马来西亚及澳大利亚北部。Y3977。

黄雀儿 Priotropis cytisoides（Roxb. ex DC.）Wight et Arn.

亚灌木；西拉河、清水河；海拔650～680m；山坡路旁；思茅；印度、尼泊尔。Y3885、Y4379。

密花葛 Pueraria alopecuroides Craib

藤本；西拉河；海拔750～850m；山谷阳处、水旁、灌丛；元江、蒙自、景洪；泰国、缅甸。野外记录。

黄毛萼葛 Pueraria calycina Franch.

藤本；普漂、西拉河；海拔650～700m；山地灌丛；鹤庆、永胜。云南特有。Y3171、Y3865。

食用葛 Pueraria edulis Pampan.

藤本；甘岔、莫朗；海拔1750～2050m；林缘；维西、香格里拉、洱源、剑川、泸水、福贡、兰坪、峨山、元江、昆明；广西和四川。中国特有。野外记录。

葛 Pueraria lobata（Willd.）Ohwi

藤本；西拉河、施垤新村；海拔540～1050m；林缘、村边；云南各地均有分布；我国除新疆、青海和西藏外各省份均有分布；东南亚至澳大利亚。Y3727、Y3811、Y3816、Y5339、样43。

粉葛 Pueraria lobata（Willd.）Ohwi var. **thomsonii**（Benth）

粗壮藤本；块根含淀粉，供食用；曼来、新田、曼旦；海拔450～2400m；山里灌丛或疏林中或栽培；云南；四川、西藏、江西、广西、广东、海南；老挝、泰国、缅甸、不丹、印度、菲律宾。Y0408、Y3227。

苦葛 Pueraria peduncularis（Grah. ex Benth.）Benth.

缠绕草本；清水河；海拔750m；次生阔叶林；维西、香格里拉、兰坪、鹤庆、漾濞、通海、大姚、双柏、武定、嵩明、元江、江川、禄劝、峨山、砚山、麻栗坡、西畴、绿春、景东、墨江、西盟、西双版纳、芒市、腾冲；四川、贵州、广西、西藏；缅甸、尼泊尔、克什米尔地区及印度。Y4309。

三裂叶野葛 Pueraria phaseoloides（Roxb.）Benth.

藤本；清水河；海拔970m；山地灌丛；勐腊、临沧；广西、广东、海南、浙江；印度、中南半岛。Y4126。

须弥葛 Pueraria wallichii DC.

藤本；甘岔、莫朗；海拔1750～1900m；山坡灌丛；会泽、德钦、维西、贡山、漾濞、鹤庆、玉溪、大姚、元江、绿春、景东、西双版纳、凤庆、梁河；四川、西藏；缅甸、尼泊尔、不丹、印度、泰国。野外记录。

紫脉花鹿藿 Rhynchosia himalensis Benth. ex Baker var. **craibiana**（Rehd.）Peter-Stibal

藤本；西拉河；海拔800～1200m；河谷灌丛、山坡阳处灌丛及云南松林下；巧家、会泽、德钦、维西、香格里拉、洱源、鹤庆、兰坪、通海、元江、江川、华宁、蒙自、广南、云县；四川、西藏。中国特有。野外记录。

小鹿藿 Rhynchosia minima（L.）DC.

草本；小河底；海拔446m；干热河谷、江边灌丛或山坡上；盐津、彝良、永胜、鹤庆、宾川、元江、宜良、绿春、富宁、蒙自；四川、湖北、台湾；缅甸、越南、印度、马来西亚及东非热带地区。Y4621。

淡红鹿藿 Rhynchosia rufescens（Willd.）DC.

藤本；西拉河；海拔700～1050m；河谷、灌丛、草坡；大理、金平、元阳、元江、河口、景洪、龙陵；广西；印度、斯里兰卡、柬埔寨、马来西亚、印度尼西亚。Y3594、样43。

鹿藿 Rhynchosia volubilis Lour.

藤本；西拉河、俣俣箐、清水河；海拔750～930m；山坡路旁草丛；盐津、彝良、富宁；江南各省；越南、朝鲜、日本。Y4327、样40。

刺田菁 Sesbania bispinosa（Jacq.）W. F. Wight

草本；曼旦；海拔450m；山坡路旁湿润处；景东、华坪、元谋、华宁、思茅、蒙自、河口、富宁；四川、广西、广东；伊朗、巴基斯坦、印度、斯里兰卡、中南半岛。Y3287、Y5232。

元江田菁 Sesbania sesban Baker var. **bicolor**（Wight et Arn.）F. W. Andrew

草本；普漂、曼旦；海拔500～550m；山坡路边、水沟旁；西双版纳、景东、新平、元江、元阳等地；

印度、塞内加尔及苏丹。野外记录。

宿苞豆 Shuteria involucrata（Wall.）Wight et Ann.

藤本；曼旦、新田；海拔1410～1790m；干热河谷、山坡灌丛或常绿阔叶林下；丽江、大理、峨山、昆明、双柏、师宗、石屏、蒙自、绿春、景东、西畴、砚山、思茅、元江、勐海、澜沧、芒市；广西；越南、柬埔寨、泰国、印度、尼泊尔、印度尼西亚。Y4703、样38。

光宿苞豆 Shuteria involucrata（Wall.）Wight et Arn. **var. glabrata**（Wight et Arn.）Ohashi

藤本；根入药；章巴、普漂、马底河、曼来；海拔490～2100m；山坡疏林、草地或路旁；贡山、昆明、蒙自、西双版纳、腾冲；广西、海南；印度、斯里兰卡、尼泊尔、不丹、缅甸、泰国、越南、菲律宾、印度尼西亚。Y0767、Y0523、Y0533、Y0544、Y0648、样11。

坡油甘 Smithia sensitiva Ait.

草本；西拉河；海拔600m；田边或低湿处；峨山、蒙自、景东、罗平、孟连、思茅、西双版纳、云县、元江、腾冲、凤庆、双江、澜沧、梁河、元阳、芒市；广东、广西、贵州、四川、海南、福建、台湾；热带亚洲。Y3634。

白花槐 Sophora albescens（Rehd.）C. Y. Ma

灌木；曼旦、莫朗、清水河；海拔950～1800m；河谷次生阔叶林中和岩石边；彝良、新平、元江、景洪；四川西南部。中国特有。Y3514、Y4494、Y3992、样37。

白刺花 Sophora davidii（Franch.）Skeels

灌木；曼来；海拔1900～2000m；半湿润常绿阔叶林；除西双版纳外云南全省均有分布；广西、贵州、四川、西藏、江苏、浙江、湖南、湖北、河南、陕西、甘肃及华北。中国特有。野外记录。

槐 Sophora japonica L.

乔木；行道树树种，叶、根、花和荚果入药，木材为建筑用材；曼旦；海拔1100～1800m；灌丛；云南全省广布；原产我国，现广泛栽培于南北各省份；越南、日本、朝鲜有野生，欧洲、美洲均有引种。野外记录。

元江槐 Sophora tonkinensis Gagn. **var. yuanjiangensis** var. nov.

小乔木；西拉河；海拔750m；低中山疏林；元江特有。Y3824。

灰毛槐树 Sophora velutina Lindl.

灌木；全株煎水灌服，治牛、马瘟病；曼来；海拔1800m；向阳的疏林中或灌草丛中；鹤庆、永仁、大理、宜良、禄劝、宾川、双江、嵩明、大姚、武定、元江、思茅；四川；缅甸、孟加拉和印度。Y0175。

黄花槐 Sophora xanthantha C. Y. Ma

灌木；施垤新村；海拔800～1000m；草坡山地；永胜和元江。云南特有。野外记录。

云南槐 Sophora yunnanensis C. Y. Ma

小乔木；曼旦；海拔1250～1700m；山谷灌木林；元江和石屏。云南特有。野外记录。

显脉密花豆 Spatholobus roxburghii Benth. **var. denudatus** Baker

藤本；新田；海拔1791m；灌丛和疏林；绿春、景洪、勐腊、勐海、芒市；缅甸至印度。样61。

密花豆 Spatholobus suberectus Dunn

藤本；新田；海拔1695m；常绿阔叶林中或山地疏林、密林沟谷、灌丛；贡山、通海、元江、双柏、金平、富宁、屏边、西畴、麻栗坡、思茅、景东、勐腊、保山、云县、凤庆、芒市、盈江；广西、广东、福建。中国特有。Y4805、样63。

蔓茎葫芦茶 Tadehagi pseudotriquetrum（DC.）Yang et Huang

亚灌木；马底河、莫朗；海拔1350～1650m；路边灌丛及林下；砚山、元江、景东、梁河及镇康等地；江西南部、湖南、广东北部、广西、四川、贵州和台湾；印度、尼泊尔、菲律宾。野外记录。

灰毛豆 Tephrosia purpurea（L.）Pers

亚灌木；普漂、曼旦、施垤新村；海拔400～900m；旷野及干旱山坡灌丛、河滩；耿马、元江、永胜、鹤庆、元谋、元阳；广西、广东、福建、台湾；全世界热带地区。Y4561、Y5205、Y3134、Y3126、Y3151、Y3301、样34。

野番豆 Uraria Clarkei（Clarke）Gagn.

　　草本；西拉河；海拔600～800m；干燥山坡、灌草丛；罗平、弥勒、蒙自、石屏、砚山、富宁、西畴、广南、河口、西双版纳、景东、思茅、凤庆、耿马、鹤庆、泸水；广西；印度、越南。Y3582、样41。

狸尾豆 Uraria lagopodioides（L.）Desv. ex DC.

　　草本；西拉河、清水河；海拔800～930m；山坡荒地及灌丛；蒙自、个旧、富宁、元阳、金平、河口、西畴、景东、保山、洱源、西双版纳、孟连、镇康、耿马及沧源；福建、江西、湖南、广东、海南、广西、贵州、台湾；印度、缅甸、越南、马来西亚、菲律宾、澳大利亚。Y3662、Y4130、样39。

美花狸尾豆 Uraria picta（Jacq.）Desv. ex DC.

　　草本；根供药用；曼旦、施垤新村；海拔600～650m；草坡及路边；鹤庆、巧家、洱源、禄劝、元江、屏边、元阳及西双版纳；广西、广东、四川、贵州、台湾；印度、越南、泰国、马来西亚、菲律宾、非洲。Y3350、Y4958。

中华狸尾豆 Uraria sinensis（Hemsl.）Franch.

　　草本；清水河；海拔950m；河谷、山地草坡、灌丛、疏林下；会泽、禄劝、师宗、罗平、嵩明、砚山、江川、元谋、鹤庆、香格里拉、德钦、维西、泸水和腾冲；湖北、四川、贵州、陕西、甘肃。中国特有。Y4131。

野豇豆 Vigna vexillata（L.）Rich.

　　藤本；清水河；海拔950～1180m；旷野、灌丛或疏林；云南各地；华东、华南至西南各省份；全球热带、亚热带地区广布。Y4085、Y4147、Y4185。

丁葵草 Zornia gibbosa Spanog.

　　草本；曼旦；海拔900m；田边、村边稍干旱的旷野草地上；鹤庆、武定、禄劝、蒙自；长江以南各省；缅甸、尼泊尔、印度、斯里兰卡、日本。Y3543。

151. 金缕梅科 Hamameliaceae

马蹄荷 Exbucklandia populnea（R. Br.）R. W. Brown

　　乔木；用材；望乡台、章巴；海拔1800～2000m；常绿阔叶林；滇西北、滇西、滇西南、滇东南；贵州、广西；缅甸、印度东北部、尼泊尔、不丹、泰国、越南、马来西亚至印度尼西亚。野外记录。

154. 黄杨科 Buxaceae

阔柱黄杨 Buxus latistyla Gagn

　　灌木；西拉河；海拔650m；石岩上；富宁；广西；越南、老挝。Y3846。

大叶清香桂 Sarcococca vagans Stapf

　　灌木；鲁业冲；海拔665m；季雨林；滇南至西南部；海南；缅甸、越南北部。野外记录。

156. 杨柳科 Salicaceae

异蕊柳 Salix heteromera Hand.-Mazz.

　　落叶乔木；曼来；海拔2000m；河边和栽培于路旁；昆明、丽江、大理。云南特有。Y0600。

159. 杨梅科 Myricaceae

毛杨梅 Myrica esculenta Buch.-Ham.

　　常绿乔木；树皮有消炎、收敛、止血之功，可治胃溃疡、胃痛、血崩、痢疾等；章巴、曼来、新田、莫朗；海拔1920～2000m；次生阔叶林内或干燥的山坡上；滇东南及滇西南；四川、贵州、广西、广东亦有；中南半岛、马来西亚、印度、尼泊尔、不丹等。Y0785、Y0297、样11。

161. 桦木科 Betulaceae

旱冬瓜 Alnus nepalensis D. Don

落叶乔木；供制家具、器皿；树皮含单宁6.82%～13.68%，入药可消炎、止血，治痢疾、腹泻、水肿、肺炎、漆疮等，根寄生固氮细菌，可改良土壤；望乡台、章巴、新田、莫朗；海拔1680～1990m；湿润坡地，有时呈纯林；云南全省各地；西藏东南部、四川西南部、贵州；尼泊尔、不丹、印度。Y1594、Y0755、Y1276、样22。

西南桦 Betula alnoides Buch.-Ham. ex D. Don

落叶乔木；木材纹理直，结构细密，重量、硬度适中，为制板和家具的良材，树皮可提取栲胶；章巴、莫朗；海拔1200～2150m；山坡次生阔叶林；泸水、南涧、龙陵、瑞丽、盈江、凤庆、沧源、镇康、双江、景东、思茅、景洪、勐海、勐腊、石屏、金平、广南、西畴、屏边、富宁等地；海南、广西（田林）；越南、尼泊尔。Y0831、Y4935、Y0971、样14。

光皮桦 Betula luminifera H. Winkl.

落叶乔木；优质用材树种；曼来；海拔2000～2200m；中山湿润密林；香格里拉、维西、彝良、盐津、大关、镇雄、绥江、威信、禄劝、腾冲、龙陵、景东、元江、宁洱、建水、德宏、西双版纳、文山等地；贵州、四川、陕西、甘肃、湖南、湖北、江西、浙江、广东、广西、安徽等省份。中国特有。野外记录。

163. 壳斗科 Fagaceae

杯状栲 Castanopsis calathiformis（Skan）Rehd. et Wils.

乔木；树皮制栲胶，干种可食用，木材为建筑、家具用材；在滇南可选作造林树种；新田；海拔1680m；次生阔叶林；滇西南、滇南及滇东南；越南、缅甸、泰国。Y4793、Y4643、样61。

小叶栲 Castanopsis carlesii Hayata **var. spinulosa** Cheng et C. S. Chao

乔木；种子味甜可食；木材为建筑、家具用材；章巴、莫朗；海拔2070～2150m；森林；西双版纳、滇东南；贵州、广西、广东、福建等省份。中国特有。Y0839、样14。

瓦山栲 Castanopsis ceratacantha Rehd. et Wils.

乔木；曼来；海拔2300～2400m；中山湿性常绿阔叶林；勐海、思茅、澜沧、蒙自、麻栗坡、富宁等地；贵州、四川、广西等省份。中国特有。Y0205。

高山栲 Castanopsis delavayi Fr.

乔木；木材黄褐色，结构较细密，坚实耐久，为建筑、枕木、车辆、薪碳等用材；果可食，干种仁含淀粉86.86%、单糖1.38%、双糖3.25%、鞣质0.26%、脂肪0.22%、纤维素1.94%，树皮含单宁10.23%；曼来、新田、莫朗；海拔1680～2200m；季风常绿阔叶林；云南省大部分地区；我国贵州、四川、广西等省份；越南、缅甸、泰国。Y2088、Y5222。

短刺栲 Castanopsis echidnocarpa A. DC.

乔木；优质用材，树皮含单宁14.76%，种仁供食用或酿酒；曼来；海拔2000m；山坡或疏林；瑞丽、龙陵、腾冲、福贡、勐海、景洪、勐腊、思茅、金平；西藏东南部；越南、缅甸、泰国、尼泊尔、孟加拉国、印度。Y1040。

刺栲 Castanopsis hystrix A. DC.

乔木；木材适作交通、坑木、建筑等用材；干种可食用或酿酒；甘岔、新田、章巴、望乡台、曼来；海拔1750～2200m；湿润山谷疏林或密林；滇西龙陵、腾冲，滇南西双版纳、滇东南富宁等地；福建、湖南、广东、广西、贵州、西藏；越南、缅甸、印度、不丹、尼泊尔、老挝。Y1043、Y0799、Y0803、Y1326、Y1352、Y1390、Y1440、Y0478、Y0429、Y0253、Y0397、Y4819、Y5286。

印度栲 Castanopsis indica（Roxb.）A. DC.

乔木；食用、用材、制烤胶；西拉河；海拔900～1100m；常绿阔叶林；滇西南、滇南及滇东南；广西、广东、福建、西藏；越南、老挝、印度。野外记录。

东南栲 Castanopsis jucunda Hance

乔木；木材是造船、枕木用材；曼来；海拔2400m；中山湿性常绿阔叶林；富宁；贵州、广西、广东、湖南、福建、江西、浙江、安徽等。中国特有。Y0304。

鹿角栲 Castanopsis lamontii Hance

乔木；果实可食，树皮含单宁13.26%，纯度55.57%；章巴；海拔2200m；疏林；屏边、马关、西畴等地；贵州、广西、广东、湖南、福建、江西等省份。中国特有。Y0949、样15。

矩叶栲 Castanopsis oblonga Hsuet Jen.

乔木；木材；章巴、曼来；海拔2300～2400m；森林；元江；越南；国内仅见于元江。Y0880、Y0330、样12。

元江栲 Castanopsis orthacantha Franch.

乔木；木材坚硬，适做家具、农具，树皮含单宁8.82%，纯度63.64%，种仁含淀粉66.76%、单糖2.6%、双糖3.09%、单宁0.1%、蛋白质2.86%、脂肪0.45%；章巴、曼来、观音山、望乡台、莫朗、甘岔；海拔1900～2200m；阳坡松栎林中或阴坡阔叶林；云南大部分地区，滇中地区最为普通，滇西、滇东南也有；贵州西部、四川西南部。中国特有。Y1011、Y0411、Y0395、Y0267、Y09、Y10、Y1090、样15。

疏齿栲 Castanopsis remotidenticulata Hu

乔木；木材；章巴、曼来；海拔2285～2400m；森林；新平、元江、绿春、金平、马关。云南特有。Y2017、Y0440、样16。

腾冲栲 Castanopsis waltii（King）A. Gamus

乔木；优质用材，种仁供食用或酿酒；曼来；海拔2300～2400m；中山湿性常绿阔叶林；龙陵、腾冲、勐海、思茅、元江、景东；印度。Y0219。

窄叶青冈 Cyclobalanopsis angustinii（Skan）Schott.

乔木；用材；章巴、曼来、新田；海拔1680～1920m；阳坡混交林；滇西、滇中、滇东南；贵州、广西。中国特有。Y0789、Y0635、Y0295、样11。

岭南青冈 Cyclobalanopsis championii（Benth.）Oerst

乔木；曼旦；海拔1410m；山地森林；富宁；福建、台湾、广东、广西。中国特有。Y3438、样38。

黄毛青冈 Cyclobalanopsis delavayi（Franch.）Schott.

乔木；木材；莫朗；海拔2070m；松栎混交林、山坡疏林；云南大部分地区都有分布；贵州、四川、广西。中国特有。样65。

青冈 Cyclobalanopsis glauca（Thunb.）Oersted

乔木；用材；章巴、望乡台；海拔2045～2285m；山谷阔叶林；滇西北、滇中以至滇东南；长江流域以南各省份。中国特有。Y0827、Y0961、Y1075、Y1392、样14。

滇青冈 Cyclobalanopsis glaucoides Schott.

乔木；用材；莫朗；海拔2070m；山地森林；云南大部分地区；贵州、四川。中国特有。样65。

毛叶青冈 Cyclobalanopsis kerrii（Craib）Hu

乔木；清水河；海拔1000～1160m；山地疏林；滇西南、滇南、滇东南；广西和广东、海南；泰国、越南。Y4081、Y4138、Y4751。

小叶青冈 Cyclobalanopsis myrsinaefolia（Bl.）Oersted

乔木；用材；章巴；海拔2200m；沟边次生阔叶林；滇西北至滇南思茅等地；长江流域以南；越南、老挝、日本。Y0784。

窄叶石栎 Lithocarpus confinis Huang et Chang ex Hsu et Jen.

乔木；用材；新田、甘岔；海拔1695～2125m；季风常绿阔叶林；楚雄、大理、禄劝、寻甸、屏边、麻栗坡、西畴、富宁、广南；贵州西部。中国特有。Y4456、样61。

滇石栎 Lithocarpus dealbatus（Hook. f. et Thoms）Rehd.

乔木；优质用材；望乡台、曼来；海拔2313～2400m；山地湿润森林；从滇西北丽江、香格里拉经滇中至滇东南西畴、麻栗坡等地；贵州、四川；老挝。Y1144、Y0332、样18。

壶斗石栎 Lithocarpus echinophorus（Hick. et A. Camus）A. Camus

乔木；望乡台；海拔2045m；山坡干燥疏林；元江；越南；国内仅见于元江。Y1396、样21。

粗穗石栎 Lithocarpus elegans（Bl.）Saepadmo

乔木；木材为建筑、家具、车船、枕木用材；莫朗、新田；海拔1030～1700m；山地疏林及密林；云南南部，从泸水、腾冲经景东、临沧、思茅、西双版纳至屏边；西藏、四川、贵州、广东、湖南、湖北；印度、马来西亚、中南半岛。样59。

华南石栎 Lithocarpus fenestratus（Roxb.）Rehd.

乔木；种子含淀粉；曼来、甘岔、新田；海拔1695～2140m；湿润沟谷森林；腾冲、思茅、西双版纳；广西、广东、湖南、福建；越南、老挝。Y0558。

短柄石栎 Lithocarpus fenestratus（Roxb.）Rehd. **var. brachycarpus** A. Camus

乔木；用材；望乡台；海拔2045m；常绿阔叶林；河口、屏边、金平、麻栗坡、西畴等地；越南等地。Y1394、样21。

硬斗石栎 Lithocarpus hancei（Benth.）Rehd.

乔木；木材坚硬、富弹性，为农业用材，种子可酿酒，也可食用；章巴、曼来、甘岔；海拔2000～2380m；次生阔叶林；贡山、腾冲、耿马、景东、元江、金平、西畴、富宁、广南；贵州、四川、广西、广东、江西、浙江。中国特有。Y1050、Y0936、Y0888、Y2029、Y2059、Y2019、Y2001、Y1095、Y2077、Y1085、Y1079、Y1069、Y0081、Y0615、Y0748、Y0768、Y0910、Y4783、Y0853、样12、Y1051。

东南石栎 Lithocarpus harlandii Rehd

乔木；曼旦、莫朗；海拔1400m；混交林；西畴、麻栗坡、屏边；海南、广东北部。中国特有。Y3472、Y4899、Y5234、样38。

鳞叶石栎 Lithocarpus kontumensis A. Camus

乔木；章巴；海拔2150m；湿润森林；屏边、麻栗坡、西畴；云南新记载；原产越南。Y0825、Y0883、样14。

白穗石栎 Lithocarpus leucostachyus A. Camus

乔木；曼来、章巴、新田；海拔1680～2200m；密林或疏林；鹤庆、丽江、香格里拉、贡山、禄劝、嵩明、镇雄。云南特有。Y0179、Y0591、Y0639、Y4593、Y0180。

光叶石栎 Lithocarpus mairei（Schott.）Rehd.

乔木；章巴、马底河、莫朗、曼旦、新田；海拔1200～2380m；向阳山坡；昆明、玉溪、祥云至大理一带。云南特有。Y0759、Y0783、Y0775、Y0940、Y0614、Y0637、Y3474、Y3444、Y5237、Y1554、样11。

大叶石栎 Lithocarpus megalophyllus Rehd. et Wils

乔木；清水河；海拔750～850m；常绿阔叶林；金平、麻栗坡、西畴；贵州、四川、广西；越南。Y4255。

多穗石栎 Lithocarpus polystachyus（Wall.）Rehd.

乔木；曼来、新田、莫朗；海拔1695～2400m；季风常绿阔叶林；云南中部和西部；我国长江流域以南各省份；印度、泰国。Y0320、Y0532、Y0608、Y5235。

截头石栎 Lithocarpus truncatus（King）Rehd. et Wils

乔木；章巴、望乡台、新田、莫朗；海拔1690～2125m；山地森林；双江、凤庆、西双版纳、思茅、镇沅、景东、屏边、金平、麻栗坡等地；我国广东、广西等省份；越南、老挝、泰国、印度。Y0773、Y0779、Y1248、Y1232、Y0828、Y0109、样11。

多变石栎 Lithocarpus variolosus（Fr.）Chun

乔木；曼来；海拔2100m；山坡、山顶或松栎林；龙陵、镇康、凤庆、云龙、景东、大理、华坪、宁滇；四川。中国特有。Y0618。

木果石栎 Lithocarpus xylocarpus（Kurz）Markg

　　乔木；望乡台、甘岔；海拔2045～2100m；常绿阔叶林；凤庆、镇康、景东、金平；西藏东南部；印度、缅甸东北部、老挝北部。Y1374、Y5288、样21。

麻栎 Quercus acutissima Carr.

　　乔木；用材；马底河、莫朗；海拔1450～1950m；阳坡疏林；除高寒山区外全省都有分布；广西、广东，西至贵州、四川、陕西，北至辽宁，东至山东、福建；朝鲜、日本。野外记录。

槲栎 Quercus aliena Bl.

　　落叶乔木；章巴；海拔1860m；向阳山坡或松林；嵩明、景东、寻甸、西畴；西南、华南，北至辽宁、河北，东至台湾；朝鲜、日本。Y0681。

锐齿槲栎 Quercus aliena Bl. var. acuteserrata Max.

　　落叶乔木；用材；新田；海拔1690m；干燥山坡或次生阔叶林；几乎全省都有；我国黄河流域以南各省；朝鲜、日本。Y4791。

铁橡栎 Quercus cocciferoides Hand.-Mazz.

　　常绿乔木；用材；曼旦；海拔760m；山坡阳处或次生阔叶林；滇西北、滇中、滇南、滇东南；四川。中国特有。Y0040。

云南柞栎 Quercus dentata Thunb. var. oxyloba Franch.

　　落叶乔木；莫朗、新田；海拔1700～1875m；松栎林中或阔叶林；滇中。云南特有。Y5269、样67。

锥连栎 Quercus franchetii Skan

　　常绿乔木；用材；曼旦；海拔760～1460m；常绿阔叶林；宾川、丽江、香格里拉；四川；泰国。Y0022。

栓皮栎 Quercus variabilis Blume

　　落叶乔木；木材为环孔材，心材红褐色、质较坚重，耐腐，为坑木、桩柱、车船、桥梁、枕木、地板、家具等用材；壳斗含单宁23.7%；可做软木，在工业上有多种用途；种子含淀粉51.8%，供酿酒或作饲料；马底河、新田；海拔1690～2100m；阳坡松栎林；云南全省有分布；我国广西、广东北部以北，西至四川、甘肃东南部，北至辽宁，东至台湾；朝鲜、日本。Y0624、Y4472。

165. 榆科 Umaceae

糙叶树 Aphananthe aspera（Thunb.）Planch.

　　落叶乔木；树皮纤维可供做绳，木材坚硬可制家具及农具，叶可作饲料，干叶可用于摩擦铜、铁器；清水河；海拔950m；山谷、溪边林缘；富宁、双江、耿马、沧源；四川、贵州、广西、广东、福建、台湾、江西、浙江、江苏、安徽、山东、山西；越南、朝鲜、日本。Y4211。

柔毛糙叶树 Aphananthe aspera（Thunb.）Planch. **var. pubescens** C. J. Chen

　　落叶乔木；西拉河；海拔700～1100m；季雨林；镇康、孟连、双江、勐海、景洪、屏边、个旧、河口及蒙自；广西、江西、浙江、台湾。中国特有。Y4301、样47。

宽叶紫弹树 Celtis biondii Pamp.

　　落叶乔木；西拉河；海拔750m；路旁及林缘；文山、思茅、红河、大理、昆明、丽江、玉溪、临沧等；四川、贵州、广西；日本、朝鲜。中国特有。Y3646。

朴树 Celtis sinensis Pers.

　　落叶乔木；普漂、曼旦；海拔600～750m；疏林；镇雄；四川、贵州、广西、广东、湖南、湖北、江西、福建、安徽、浙江、江苏。中国特有。Y3028、样32。

西川朴 Celtis vandervoetiana Schneid.

　　落叶乔木；清水河；海拔950m；阴湿处；砚山、金平及景东；四川、贵州、广东、广西、江西、湖南、福建、浙江。中国特有。Y4176。

白颜树 Gironniera subaequalis Planch.

乔木；新田；海拔1650m；山谷、溪边阔叶林；景洪、勐海、勐腊、金平、江城、河口；广西、广东、海南；缅甸、越南、印度、斯里兰卡、印度尼西亚、马来西亚。样63。

羽脉山黄麻 Trema levigata Hand.-Mazz.

落叶小乔木；茎皮纤维可做人造棉和造纸原料，树皮用于治疗水肿或接骨；施垤新村、曼旦、清水河、转运站；海拔400～1010m；林缘；香格里拉、兰坪、鹤庆、禄劝、江川、永仁、元谋、双柏、蒙自、屏边、云县、凤庆、双江、龙陵等地；四川、贵州、广西及湖北。中国特有。Y4637、Y3556、Y4163、Y4390、Y5219、Y5303。

银叶山黄麻 Trema nitida C. J. Chen

落叶乔木；清水河、马底河；海拔950～1902m；常绿阔叶林及灌木林中；师宗、峨山、砚山、西畴、麻栗坡、马关、金平、屏边、双江；四川、贵州、广西。中国特有。Y4269、Y0580、Y0612。

异色山黄麻 Trema orientalis（L.）Bl.

乔木；阿波列山；海拔1940m；林缘；福贡、绿春、元阳、麻栗坡、思茅、景东、勐腊、勐海、凤庆、芒市；贵州、广西、广东、海南、台湾；印度、孟加拉国、斯里兰卡、菲律宾、日本、中南半岛、马来西亚、澳大利亚。野外记录。

常绿榆 Ulmus lanceaefolia Roxb. ex Wall.

常绿乔木；木材坚硬，花纹美观，可做家具、装饰；清水河；海拔960m；山坡溪边阔叶林；云南南部至西部；老挝、缅甸、印度、不丹也有。Y4410。

越南榆 Ulmus tonkinensis Gagn.

常绿乔木；清水河；海拔1100m；石灰岩山地阔叶林；广南、麻栗坡、西畴；广西、广东、海南；越南。Y3899。

榉树 Zelkova serrata Makino

落叶乔木；莫朗；海拔1450m；河谷、溪边疏林；大姚、砚山；大连、陕西、甘肃、山东、江苏、安徽、浙江、江西、福建、台湾、河南、湖北、湖南、广东；日本。Y4523、Y4380。

167. 桑科 Moraceae

短绢毛桂木 Artocarpus petelotii Gagn.

乔木；新田；海拔1695m；季风常绿阔叶林；金平、河口、马关、麻栗坡、西畴、砚山、丘北；越南。样64。

二色波罗蜜 Artocarpus styracifolius Pierre

乔木；黑摸底山；海拔880～1300m；屏边、河口、西畴、麻栗坡；广东、海南、广西；中南半岛北部。野外记录。

藤构 Broussonetia kaempferi Sieb. **var. australis** Suzuki

藤本；纤维原料；西拉河；海拔850～950m；农地、田野、路边、林缘；云南全省各地；浙江、安徽、湖北、湖南、江西、福建、广东、海南、广西、贵州、四川、台湾等地；越南。野外记录。

楮 Broussonetia kazinoki Sieb.

灌木；茎皮纤维造纸，根、叶入药；普漂、曼旦；海拔500～2000m；阳坡次生林、路边疏林；云南全省各地常见；华中、华南；日本。野外记录。

构树 Broussonetia papyrifera（L.）L. Hert. ex Vent.

乔木；饲料、纤维原料；曼旦；海拔400m；路边、农地、田野、低中山灌丛、林缘；云南全省各地；长江和珠江流域各省份；越南、印度、日本。Y3297。

构棘 Cudrania cochinchinensis（Lour.）Kudo et Masam.

蔓生灌木；药用、作染料；曼旦；海拔760m；次生林、沟谷、林缘；滇西南、滇东南；西南、华南；东南亚各国。Y0116、Y0054。

毛柘藤 Cudrania pubescens Tréc.

　　灌木；鲁业冲；海拔611～734m；季雨林；思茅、西双版纳；印度尼西亚。野外记录。

柘树 Cudrania tricuspidata（Carr.）Bur. ex Lavallée

　　小乔木；韧皮纤维造纸，果可食，根皮入药；清水河、西拉河；海拔1100～1145m；灌丛或宅旁、山坡；滇中；我国中南、华东、西南，北至河北南部；日本、朝鲜。Y3954、Y4619、样45。

大果榕 Ficus auriculata Lour.

　　乔木；果可食用；马底河、施垤新村、老虎箐、普漂；海拔400～1902m；农地、田野、路边、林缘、季雨林；禄劝、双柏、建水、华坪、漾濞、泸水、瑞丽、福贡、贡山、沧源、凤庆、镇康、西双版纳、绿春、金平、屏边、河口、西畴；喜马拉雅；印度、泰国、马来西亚。Y0572、Y4546、Y5075、Y0702、Y3119。

沙坝榕 Ficus chapaensis Gagn.

　　灌木；章巴、莫朗；海拔1400～1840m；中山灌丛、林缘、沟边；富民、易门、峨山、漾濞、龙陵、腾冲、贡山、景东、思茅、勐海、元江、绿春、河口、金平、屏边、马关、麻栗坡、广南、砚山、丘北、镇雄；四川；缅甸、越南。Y0737、Y4527。

雅榕 Ficus concinna（Miq.）Miq.

　　乔木；鲁业冲；海拔673m；季雨林；玉溪、双柏、弥渡、临沧、漾濞、龙陵、景东、西双版纳、思茅、蒙自、丘北、师宗、屏边、麻栗坡；贵州、广东、广西、浙江；印度、中南半岛至马来西亚、北加里曼丹、菲律宾。野外记录。

长叶冠毛榕 Ficus gasparriniana Miq. **var. esquirolii**（Lévl. et Vant.）Corner

　　灌木；莫朗；海拔1480m；沟边或山坡灌丛；大理、泸水、福贡、河口、麻栗坡、富宁、临沧、西双版纳；四川、贵州、湖南、江西、广东。中国特有。样69。

绿叶冠毛榕 Ficus gasparriniana Miq. **var. viridescens**（Lévl. et Vant.）Corner

　　灌木；新田；海拔1695m；河边、林缘；云南大部；长江以南；东南亚。Y4925、样64。

曲枝榕 Ficus geniculata Kurz

　　乔木；普漂；海拔500m；低中山疏林；弥渡、大姚、巧家；印度、缅甸、泰国、老挝、越南。Y0573。

尖叶榕 Ficus henryi Warb. ex Diels

　　灌木；果可食用；清水河；海拔1100m；沟谷疏林或溪沟潮湿处；贡山、景东、屏边、西畴、广南、富宁；西藏东南部、甘肃南部、四川西南部、贵州、广西、湖北、湖南、广西；越南。Y4042。

异叶天仙果 Ficus heteromorpha Hemsl.

　　灌木；茎皮纤维可造纸，果可食；新田、莫朗；海拔1480～1695m；中山疏林、密林；滇东南和滇东；我国长江流域中下游及华南地区，北达河南、陕西、甘肃。中国特有。样64。

粗叶榕 Ficus hirta Vahl

　　灌木；新田；海拔1630～1695m；山坡林缘；盈江、西双版纳、绿春；贵州、广西、广东、海南、福建、江西；尼泊尔、不丹、印度、缅甸、泰国、越南、马来西亚、印度尼西亚。Y4580、Y5023、Y4585、样62。

对叶榕 Ficus hispida L. f.

　　灌木；铁索桥、老虎箐；海拔390～470m；山谷潮湿地带；盈江、瑞丽、泸水、龙陵、镇康、凤庆、西双版纳、峨山、元阳、绿春、建水、蒙自、河口、金平、马关、麻栗坡、西畴、富宁；广东、海南、广西、贵州；不丹、印度、泰国、越南、马来西亚至澳大利亚。Y4728、Y5245。

大青树 Ficus hookeriana Corner.

　　大乔木；普漂；海拔400～800m；石灰岩山地或寺庙栽培；昆明、大理、凤庆、思茅、西双版纳、金平、麻栗坡、富宁；广西、贵州；印度。Y0702、Y3119。

瘦柄榕 Ficus ischnopoda Miq.

　　灌木；西拉河；海拔600m；河边灌丛林缘；富民、嵩明、漾濞、泸水、福贡、贡山、澜沧、双江、景东、西双版纳、绿春、河口、金平、屏边、西畴、马关、麻栗坡、富宁；贵州；印度、孟加拉国、越南、马来半岛。Y3631。

菱叶冠毛榕 Ficus laceratifolia Corner.

灌木；曼来、西拉河；海拔790～2000m；山脚山坡灌丛；泸水、福贡、普洱、景洪、马关、富宁、砚山、广南、彝良、镇雄、峨山；贵州、四川、广西、湖北、福建；不丹、印度东北部。Y0466、Y3741。

疣枝榕 Ficus maclellandi King

乔木；紫胶虫寄主树；曼旦；海拔1100～1200m；溪边或阔叶林；泸水、普洱、景东、西双版纳、元江、麻栗坡；印度、缅甸、泰国、越南、马来西亚。野外记录。

榕树 Ficus microcarpa L. f.

乔木；树皮提栲胶，是行道树及园林树种；普漂、西拉河、清水河；海拔600～800m；次生林；富民、禄劝、峨山、石屏、建水、元江、思茅、澜沧、西双版纳、元阳、河口、麻栗坡、富宁、砚山；浙江、江西、广东及其沿海岛屿、海南、福建、台湾、广西、贵州等地；南亚、东南亚。Y3120、Y3566、Y3712、Y4314。

苹果榕 Ficus oligodon Miq.

乔木；果可食用，为紫胶虫寄主树；新田；海拔1695m；山谷、沟边；漾濞、禄山、贡山、澜沧、景东、思茅、西双版纳、元阳、绿春、屏边、金平、西畴、麻栗坡、蒙自、禄劝等地；贵州、广西、广东、海南、西藏等；不丹、印度、泰国、越南、马来西亚。Y4795、样63。

直脉榕 Ficus orthoneura Lévl. et Vant.

乔木；施垤新村；海拔600m；石灰岩山地；西双版纳、孟连、普洱、元江、河口、金平、西畴、麻栗坡、富宁、华宁、易门；广西、贵州；越南、泰国、缅甸。Y4454。

豆果榕 Ficus pisocarpa Bl.

乔木；曼旦、普漂；海拔450～800m；石灰岩山地；金平、西双版纳、普洱、元江、文山、墨江、蒙自；马来西亚、印度尼西亚。Y0078、Y3033、Y3293。

聚果榕 Ficus racemosa L.

乔木；果食用；普漂、铁索桥、施垤新村、曼旦；海拔400～600m；山地雨林；河口、屏边、金平、元阳、绿春、福贡、思茅、西双版纳、孟连等地；贵州、广西；越南、印度、马来西亚全区和大洋洲。Y0571、Y3503、Y5083。

珍珠榕 Ficus sarmentosa Buch.-Ham. ex J. E. S. var. henryi（King ex Oliv.）Corner

附生藤本；章巴、曼来；海拔2285～2344m；常绿阔叶林下及岩石缝；大理、香格里拉、贡山、福贡、维西、漾濞、砚山、昆明、西畴、蒙自、沾益、禄劝、双柏、麻栗坡、屏边、峨山、楚雄、建水；广泛分布于南方各省。中国特有。Y2039、Y0103、样16。

薄叶匍茎榕 Ficus sarmentosa Buch.-Ham. ex J. E. S. var. lacrymans（Lévl.）Corner

藤本；曼旦；海拔1100～1300m；常绿阔叶林中或岩石上；景东、普洱、西双版纳、西畴、麻栗坡、富宁、砚山、蒙自、元江、盐津、绥江、彝良、镇雄；广东、海南、广西、福建、湖南、湖北、江西、四川、甘肃等地；越南。野外记录。

鸡嗉子榕 Ficus semicordata Buch.-Ham. ex J. E. Sm.

乔木；曼旦、西拉河；海拔760～880m；阳坡疏林、次生林；保山、怒江、德宏、思茅、西双版纳、红河等地；西藏、广西、贵州；马来西亚、越南、泰国、缅甸、不丹、尼泊尔、印度。Y3206、Y3586、Y0082。

劲直榕 Ficus stricta Miq.

乔木；普漂、曼旦、西拉河、施垤新村；海拔450～680m；低山平坝、疏林；金平、西双版纳、孟连、思茅、凤庆、云县、双江、镇康、龙陵、盈江；安达曼岛、马来西亚、越南、菲律宾、印度尼西亚。Y0746、Y3285、Y3823、Y5037。

棒果榕 Ficus subincisa J. E. Sm.

灌木；果可食用；清水河、西拉河、莫朗、老虎箐；海拔680～1100m；灌丛林缘；德宏、怒江、临沧、思茅、红河、文山、西双版纳；不丹、印度、缅甸、泰国、越南。Y4449、Y3705、Y3883、Y4573、Y4985。

地果 Ficus tikoua Bur.

匍匐灌木；药用、水果树种；西拉河；海拔620m；山坡或岩石缝；昆明、楚雄、鹤庆、丽江、砚山、景东、威信等地；西藏、四川、贵州、广西、湖南、湖北、陕西；印度、老挝、越南。Y3592。

斜叶榕 Ficus tinctoria Forst. f. **ssp. gibbosa**（Bl.）Corner

附生或乔木；鲁业冲；海拔665m；季雨林；禄劝、巧家、福贡、楚雄、思茅、西双版纳、金平、文山、罗平；广东、海南、广西、贵州、福建、台湾；越南、缅甸、印度、马来西亚、印度尼西亚、加里曼丹岛、菲律宾。野外记录。

岩木瓜 Ficus tsiangii Merr. ex Corner

灌木；曼旦；海拔1200～1450m；山谷、沟边、湿润地带；峨山、思茅、景东、蒙自、元江、屏边、绿春、麻栗坡、西畴、富宁、砚山、盐津；四川、贵州、广西、湖北。中国特有。野外记录。

突脉榕 Ficus vasculosa Wall.

乔木；风景树；清水河；海拔1000～1145m；季雨林；河口、金平、西双版纳；广东、广西、海南、贵州；东南亚。Y3960、Y4429、样45。

黄葛树 Ficus virens Ait. **var. sublanceotata**（Miq.）Corner.

乔木；普漂；海拔490～800m；石山灌丛；盐津、彝良、巧家、会泽、元谋、宾川、洱源、鹤庆、漾濞、巍山、思茅、景东、凤庆、泸水、勐海、景洪、屏边、河口；四川、广西、陕西、湖北、贵州。中国特有。Y0716、Y3058。

花叶鸡桑 Morus australis Poir. **var. inusitata**（Lévl.）C. Y. Wu

灌木；西拉河；海拔650m；山坡、林缘灌丛；嵩明、易门、双柏、墨江、景东、师宗、镇雄、洱源、丽江、维西、德钦等地；广西、贵州、四川、陕西、湖北、湖南、浙江、江西。中国特有。Y3597。

岩桑 Morus mongolica（Bur.）Schneid.

乔木；普漂；海拔750m；常绿阔叶林；昆明、大姚、洱源、宁蒗、古城、玉龙、维西、香格里拉、德钦、泸水、福贡、临沧、文山；东北、华北、西北、华东、西南。中国特有。野外记录。

云南桑 Morus mongolica（Bur.）Schneid. **var. yunnanensis**（Koidz.）C. Y. Wu et Cao

乔木；西拉河、清水河、普漂、施垤新村；海拔670～1140m；常绿阔叶林下；云南西北；四川、西藏。中国特有。Y4395、Y3188、Y3691、Y3745、Y4123、Y5119、样47。

光叶桑 Morus macroura Miq.

乔木；鲁业冲；海拔734～778m；季雨林；瑞丽、西双版纳、双江、思茅、临沧、景东、河口、金平、屏边、富宁；广西；印度、尼泊尔、缅甸、泰国、越南、老挝、柬埔寨、马来西亚、印度尼西亚。野外记录。

刺桑 Streblus illcifolius（Vidal）Corner.

灌木；西拉河；海拔720～800m；河谷季雨林；蒙自、蛮耗、金平、元阳、耿马；广东、海南；孟加拉国、缅甸、越南、泰国、马来西亚、菲律宾、印度尼西亚、东帝汶。Y3573、Y3825、样41。

169. 荨麻科 Urticaceae

茎花苎麻 Boehmeria clidemioides Miq.

草本；曼来；海拔2344m；林下沟边灌丛；滇中南、滇东南及滇西北；西藏、广东、海南、贵州、四川；印度、印度尼西亚。Y0278、Y0137、样4。

序叶苎麻 Boehmeria clidemioides Miq. **var. diffusa**（Wedd.）Hand.-Mazz.

灌木；全草或根入药；清水河、西拉河；海拔650～1145m；灌丛、林下、路旁、沟边、草丛；全省各地；贵州、广西和广东的北部、福建、浙江、安徽南部、江西、四川、甘肃与陕西的南部、湖南、湖北西部；越南、老挝、缅甸、印度、尼泊尔。Y3941、Y4601、Y4263、样45。

光枝苎麻 Boehmeria glomerulifera Miq. var. leioclada W. T. Wang

灌木；清水河；海拔1145m；沟谷密林或灌丛；景洪、勐海、耿马、沧源。云南特有。Y4437、样45。

腋球苎麻 Boehmeria glomerulifera Miq.

亚灌木；纤维植物；马底河、莫朗；海拔1030～1900m；阴坡、灌丛、林缘；滇西、滇南及滇东南；印度锡金、斯里兰卡、缅甸、泰国、老挝、越南、印度尼西亚。Y0355、Y5142。

水苎麻 Boehmeria macrophylla Hornem.

灌木；马底河、章巴、望乡台；海拔1840～2100m；常绿阔叶林；滇西北、滇西、滇西南及滇东南；广东、海南、西藏东南部；越南、缅甸、印度、尼泊尔。Y0405、Y0840、Y1166。

苎麻 Boehmeria nivea（L.）Gaud.

亚灌木；曼旦；海拔450m；田边、村边及山坡上；云南各地；秦岭以南亚热带地区；中南半岛。Y3288。

长叶苎麻 Boehmeria penduliflora Wedd.

灌木；西拉河；海拔600m；沟边、林缘、路边、灌丛；巧家、兰坪、维西、弥勒、凤庆、漾濞、师宗、元江、景东、西畴、景洪、勐腊、龙陵、腾冲、开远、绿春、屏边、西畴、麻栗坡、富宁；西藏东南、四川西南、广西、贵州南部；越南、老挝、缅甸、不丹、尼泊尔、印度北部。Y3588。

疏毛水苎麻 Boehmeria pilosiuscula（Bl.）Hassk

灌木；西拉河；海拔1100m；林下林缘、路边；双江、沧源、景洪、勐腊、绿春；海南、台湾；印度、印度尼西亚。Y5148。

岐序苎麻 Boehmeria polyctachya Willd

灌木；清水河、莫朗；海拔1100～1480m；沟谷密林下或林缘；芒市、龙陵、耿马、澜沧、景东、景洪、屏边、绿春、金平、马关；尼泊尔、不丹、印度（北部、锡金）。Y3927、样47。

束序苎麻 Boehmeria siamensis Craib.

灌木；清水河；海拔1000m；山坡疏林下、灌丛、路旁；双柏、师宗、景东、墨江、泸水、凤庆、耿马、沧源、思茅、景洪、金平、西畴；广西、贵州南部；越南、老挝、泰国。Y4136。

元江苎麻 Boehmeria yuanjiangensis sp. nov.

灌木；施垤新村；海拔840～950m；低中山疏林；元江特有。Y4343、Y3122。

帚序苎麻 Boehmeria zoll ingeriana Wedd.

灌木；西拉河；海拔500～1100m；河滩、灌丛或山坡疏林中、林缘等处；景洪、勐腊、易门、孟连、金平、绿春；印度北部、泰国、越南、印度尼西亚。Y3904、Y5053、样47。

长叶水麻 Debregeasia longifolia（Burm. f.）Wedd.

灌木；可酿酒、作饲料，根、叶入药，可清热解毒；西拉河；海拔600m；河谷、溪边、林缘、潮湿地；除滇东北外的全省各地；广西、贵州、四川、湖北西部；印度、尼泊尔、不丹、斯里兰卡、印度尼西亚。Y4212、Y4607。

水麻 Debregeasia orientalis C. J. Chen

灌木；纤维原料、药用、食用；平坝子；海拔2100m；沟边；云南各地；贵州、四川、甘肃南部、陕西南部、湖北、湖南、广西、台湾；日本。Y0341。

全缘楼梯草 Elatostema integrifolium（D. Don）Wedd.

灌木；西拉河；海拔1100m；沟谷林下溪边或岩石；绿春、金平、河口、景东、景洪、勐海、漾濞、临沧；海南、台湾；尼泊尔、缅甸。Y4040。

楼梯草 Elatostema involucratum Franch. et Sav.

草本；鲁业冲；海拔635m；季雨林；滇东北、滇中、滇西南；广西、广东、湖南、江西、福建、浙江、江苏、安徽、湖北、四川、陕西、河南；日本。野外记录。

多序楼梯草 Elatostema macintyrei Dunn

灌木；西拉河；海拔1100m；湿润密林；富民、江川、师宗、景东、泸水、耿马、沧源、景洪、勐腊、绿春、金平、富宁；西藏东南、贵州、广西、广东；尼泊尔、不丹、泰国。Y5150、样47。

微鳞楼梯草 Elatostema minutifurfuraceum W. T. Wang

　　草本；章巴、望乡台；海拔 2045～2285m；林中阴湿处；滇东南。云南特有。Y2053、Y1416、样 16。

小叶楼梯草 Elatostema parvum（Bl.）Miq.

　　灌木；新田、甘岔；海拔 1680～2125m；山谷林下、沟边、岩石；贡山、镇雄、砚山、景洪、勐腊、澜沧、勐海、陇川；贵州、广西、广东、海南、台湾；尼泊尔、印度北部、印度尼西亚。Y4440、样 62。

显脉楼梯草 Elatostema rupestre Hand.-Mazz.

　　草本；章巴；海拔 2285m；常绿阔叶林；滇东南；越南。Y2085。

细尾楼梯草 Elatostema tenuicaudatum W. T. Wang

　　草本；章巴；海拔 2150m；林下阴湿处；滇中南、滇东南及滇西北；贵州南部、广西西部；越南北部。Y0841。

蝎子草 Girardinia diversifolia（Link）Friis

　　草本；甘岔、莫朗；海拔 1700～2000m；林下、灌丛中及林缘湿润处；剑川、香格里拉、贡山、漾濞、昆明、罗平、景东、勐腊、勐海、澜沧、砚山、屏边；四川、贵州及喜马拉雅地区；印度、斯里兰卡、印度尼西亚（爪哇）和北非。Y4386。

糯米团 Gonostegia hirta（Bl.）Miq.

　　草本；根或全草入药；望乡台、新田；海拔 1680～2100m；山地雨林、农地、田野、河滩；几遍全省；西南、华南至秦岭；亚洲及澳大利亚。Y1206、Y5158。

狭叶糯米团 Gonostegia pentandra（Roxb.）Miq. **var. hypericifolia**（Bl.）Masamune

　　草本；普漂、曼旦；海拔 450～500m；草地或路旁阳处；滇中南及滇西南；广西、广东、海南及台湾；印度、马来西亚至澳大利亚。野外记录。

水丝麻 Maoutia puya（Hook.）Wedd.

　　灌木；西拉河；海拔 750m；低中山疏林；滇西、滇中南、滇南、滇东南；西藏东南、四川西南、贵州南部、广西西南；尼泊尔、印度东北部、缅甸、越南。Y3672、Y5238、Y4265。

紫麻 Oreocnide frutescens（Thunb.）Miq. **ssp. frutescens**

　　灌木；曼来；海拔 1900～2100m；山坡林下或灌丛中阴湿处或沟箐湿润地上；绥江、贡山、禄劝、富民、师宗、建水、屏边、金平、河口、砚山、广南、富宁；甘肃东南部、四川、贵州、湖北、湖南、安徽南部、浙江、江西、福建、台湾、广东、海南、广西；日本。Y3737。

倒卵叶紫麻 Oreocnide obovata（C. H. Wright）Merr

　　灌木；新田；海拔 1791m；山谷或沟边阔叶林下、林缘、灌丛或荒地上；蒙自、屏边、河口、砚山、西畴、麻栗坡、富宁；广东、广西、湖南；越南。Y4450、样 61。

全缘赤车 Pellionia heyneana（Wall.）Wedd.

　　灌木；清水河；海拔 990m；河谷林下、沟边、灌丛；景洪、勐腊、金平、河口、马关；柬埔寨、斯里兰卡、印度。Y4015。

圆瓣冷水花 Pilea angulata（Bl.）Bl.

　　灌木；清水河；海拔 1000m；常绿阔叶林下阴湿或水沟边；富民、楚雄、石林、景东、巍山、福贡、临沧、梁河；陕西、四川、贵州、广东、广西、西藏东西部；印度、斯里兰卡、越南。Y4069、Y4072、Y4093、Y4170、Y4182。

耳基冷水花 Pilea auricularis C. J. Chen

　　灌木；新田、甘岔；海拔 1690～2125m；沟谷林下、溪边；贡山、福贡、龙陵、景东；西藏（墨脱）。中国特有。Y5152、Y4759、样 63。

五萼冷水花 Pilea boniana Gagn.

　　草本；清水河；海拔 980m；常绿阔叶林下阴湿处或岩石上；屏边、砚山、西畴、麻栗坡、广南、富宁；贵州西南、广西西部；越南。Y4045。

多苞冷水花 Pilea bracteosa Wedd.

　　肉质草本；章巴；海拔 2150m；林下阴湿处；滇西北、滇西南、滇西、滇中南至滇南；西藏、四川南部；尼泊尔、不丹、印度、缅甸。Y0889、样14。

瘤果冷水花 Pilea dolichocarpa C. J. Chen

　　草本；望乡台；海拔1100～2160m；石灰山常绿阔叶林下阴湿处；滇东南。云南特有。Y1206、Y1134、Y4029、样19。

点乳冷水花 Pilea glaberrima（Bl.）Bl.

　　肉质草本；望乡台、章巴；海拔2160～2300m；林下阴湿处；滇西北、滇南、滇西南；贵州及华南、喜马拉雅；越南、印度尼西亚。Y1208、Y0645、样19。

六棱冷水花 Pilea hexagona C. J. Chen

　　草本；清水河；海拔1140m；山地雨林；河口；越南北部。Y4129。

近全缘叶冷水花 Pilea howelliana Hand.-Mazz. **var. longipedunculata**（Chien et C. J. Chen）H. W. Li

　　草本；曼来；海拔1900～2100m；沟谷林下岩石上或阴湿草丛；元江、景东、漾濞、巍山、大理、凤庆、福贡、泸水、沧源。云南特有。野外记录。

大叶冷水花 Pilea martinii（Lévl.）Hand.-Mazz.

　　肉质草本；章巴；海拔900～1840m；中山密林下；滇东北、滇西北、滇中、滇西、滇西南、滇中南及滇东南；陕西、四川、西藏、贵州、湖北、湖南、广西、江西；尼泊尔、不丹、缅甸。Y0834、Y4061。

小叶冷水花 Pilea microphylla（L.）Licbm

　　灌木；清水河；海拔980m；墙头石缝；勐腊、文山；台湾、福建、浙江、广东、广西、海南；原产热带美洲，后传入亚洲、非洲热带地区。Y4422。

锥序冷水花 Pilea paniculigera C. J. Chen

　　草本；马底河、莫朗；海拔1450～1550m；石灰山密林下沟边；西畴、麻栗坡。云南特有。Y5160。

石筋草 Pilea plataniflora C. H. Wright

　　肉质草本；全草药用；望乡台；海拔1000～1950m；石山灌丛；全省分布；西南、华南；越南。Y1094、Y3222、Y3850、Y4142、Y4339、Y5343。

拟冷水花 Pilea pseudonotata C. J. Chen

　　灌木；清水河；海拔980m；林中阴处岩石上或水沟边阴湿处；贡山、漾濞、勐腊、绿春、金平；贵州西南部、西藏东南；越南北部。Y4101。

镰叶冷水花 Pilea semisessilis Hand.-Mazz.

　　灌木；新田；海拔1791m；山谷常绿阔叶林下阴湿处；大关、盐津、贡山、泸水、蒙自、墨脱；四川、湖南、广西、江西、西藏东南部。中国特有。Y5162、样61。

粗齿冷水花 Pilea sinofasciata C. J. Chen

　　灌木；西拉河；海拔1100m；山谷林下阴湿处；永善、镇雄、永胜、维西、贡山、香格里拉、洱源、鹤庆、凤庆、禄劝、安宁、富民、嵩明、寻甸、玉溪、景东、景洪、泸水、耿马、腾冲、砚山；河南、陕西南部、四川、贵州、湖北、湖南、广东、广西、浙江、安徽、江西。中国特有。Y4035。

雪毡雾水葛 Pouzolzia niveotomentosa W. T. Wang

　　草本；西拉河；海拔650m；河谷、灌丛或次生林缘；盐津、大关、元阳；四川南部。中国特有。Y3829。

红雾水葛 Pouzolzia sanguinea（Bl.）Wedd.

　　灌木；可代麻使用，制绳索、麻布、麻袋；西拉河；海拔670m；林缘或灌丛；全省各地；西藏南部至东南部、四川南部和西南部、贵州西部与南部、广西、广东、海南；越南、老挝、马来西亚、印度尼西亚、泰国、缅甸、印度（北部、锡金）、尼泊尔。Y3868。

长柄雾水葛 Pouzolzia sp.

　　灌木；施垤新村；海拔600m；低中山疏林；元江特有。Y5211。

雾水葛 Pouzolzia zeylancia（L.）Benn. et Br.

　　灌木；根和叶入药，可消肿、散毒、排脓；小河底；海拔446m；草地、田边、低山灌丛中或疏林；绥江、彝良、盐津、巧家、景东、景洪、勐腊、勐海、元阳、屏边、金平、砚山；广西、广东、海南、福建、江西、安徽南部、湖北、湖南、四川；亚洲热带地区。Y5144、样58。

藤麻 Procris crenata C. B. Robins

肉质草本；新田；海拔1400m；常绿阔叶林下或溪边岩石上；维西、泸水、贡山、临沧、梁河、腾冲、孟连、景东、勐腊、勐海、蒙自、绿春、元阳、屏边、金平、河口、西畴、马关、麻栗坡；西藏东南、四川西南、贵州西南部、广西、广东、海南、福建、台湾；不丹、印度、斯里兰卡、越南。Y4074。

171. 冬青科 Aquifoliaceae

锈毛冬青 Ilex ferruginea Hand.-Mazz.

乔木；曼来；海拔2200m；山坡密林；麻栗坡、屏边、西畴及云南东北部；贵州南部。中国特有。Y0181、Y0286。

薄叶冬青 Ilex fragilis Hook. f.

乔木；曼来；海拔2200m；山谷疏林、灌丛；禄劝、大姚、景东；西藏；不丹、印度。Y0286。

红河冬青 Ilex manneiensis S. Y. Hu

乔木；章巴；海拔2400m；常绿阔叶林或疏林；马关、蒙自、景东。云南特有。Y0760。

毛梗细果冬青 Ilex micrococca Maxim. **f. pilosa** S. Y. Hu

乔木；章巴、平坝子；海拔2050～2285m；常绿阔叶林；金平、屏边、西畴、麻栗坡、马关、砚山、富宁、西双版纳；四川、贵州、广西、广东、湖北；越南。Y0283、Y0351、样15、样16。

多脉冬青 Ilex polyneura（Hand.-Mazz.）S. Y. Hu

乔木；望乡台、曼来、莫朗；海拔1620～2070m；半湿润常绿阔叶林；西畴、西双版纳、绿春、元江、景东、思茅、嵩明、富民、禄劝、峨山、双柏、新平、镇康、耿马、沧源、芒市、龙陵、腾冲、维西、贡山、福贡、漾濞、寻甸、会泽；四川、贵州。中国特有。Y1596、Y0273、Y5285、Y4653、样22、样9、样10。

冬青一种 Ilex sp.

乔木；曼来；海拔2344m；中山湿性常绿阔叶林。Y0264、Y0282、Y0180、样4。

川冬青 Ilex szechwanensis Loes.

乔木；观赏；马底河、新田；海拔1650～2100m；常绿阔叶林；滇东南、滇南、滇西南；四川、贵州、广东、广西、湖南、湖北。中国特有。野外记录。

灰叶冬青 Ilex tephrophylla S. Y. Hu

常绿乔木；章巴；海拔2200m；常绿阔叶林；思茅、勐海、西畴、富宁。云南特有。Y0805、样15。

细脉冬青 Ilex venosa C. Y. Wu

乔木；章巴、望乡台；海拔2100～2300m；山坡丛林；新平。云南特有。Y0890、Y1128、样12。

173. 卫矛科 Celastraceae

苦皮藤 Celastrus angulatus Maxim.

木质藤本；工业油料；章巴；海拔2150m；中山灌丛林缘；云南省大部分地区；甘肃、陕西、河南、安徽、江苏、江西、湖北、湖南、四川、贵州、广西、广东。中国特有。Y0875、样14。

哥兰叶 Celastrus gemmatus Loes.

木质藤本；工业油料；马底河；海拔2050m；中山灌丛林缘；全省大部分地区；河南、陕西、甘肃、安徽、浙江、江西、湖北、湖南、贵州、四川、台湾、福建、广东、广西；印度。Y0357。

粉背南蛇藤 Celastrus hypoleucus Warb. ex Loes.

藤本；章巴、曼来；海拔2100～2344m；灌丛、林缘；大关；河南、陕西、甘肃、湖北、湖南、贵州、四川。中国特有。Y0798、Y0115、样4。

独籽藤 Celastrus monospermus Roxb.

藤本；工业油料；新田；海拔1695m；低中山沟谷密林；屏边、文山、泸西、元江、澜沧、思茅、景洪、勐腊、勐海、临沧等地；福建、贵州、广东、广西；印度、缅甸、越南。样 63。

少果南蛇藤 Celastrus rosthornianus Loes.

藤本；根入药，茎皮作人造棉原料；甘岔；海拔 2125m；次生阔叶林或路旁；镇雄、易门、昆明、西畴、麻栗坡、蒙自、贡山、景东、景洪、勐腊、勐海等地；陕西、湖南、湖北、浙江、福建、四川、贵州、广西、广东；越南。Y4673、样 70。

长序南蛇藤 Celastrus vaniotii（Lévl.）Rehd.

藤本；平坝子；海拔 1900～2100m；季风常绿阔叶林；大关、富宁；湖北、湖南、贵州、四川、广西。中国特有。Y0642。

绿独子藤 Celastrus virens（Wang et Tang）C. Y. Cheng et T. C. Koo

木质藤本；章巴；海拔 2320m；中山湿性常绿阔叶林；西双版纳。云南特有。Y0926。

南川卫矛 Euonymus bockii Loes.

附生灌木；望乡台；海拔 2045m；山中沟谷较阴湿处；云南东北部；四川、贵州。中国特有。Y1436。

裂果卫矛 Euonymus dielsianus Loes. ex Diels

小乔木；章巴；海拔 2200m；山坡、溪边、疏林、沟谷；昭通、红河、文山；四川、贵州、湖南、江西、广东、广西、湖北。中国特有。Y0607。

棘刺卫矛 Euonymus echinatus Wall. ex Roxb.

灌木；西拉河；海拔 650m；灌丛和林缘；红河、丽江、楚雄、大理、昆明、曲靖、怒江和迪庆等；我国西南、华南、华中各省；尼泊尔、印度锡金、泰国、缅甸。Y3610。

扶芳藤 Euonymus fortunei（Turcz.）Hand.-Mazz.

藤本；章巴、望乡台；海拔 1700～2285m；山坡丛林；云南各地；江苏、浙江、安徽、江西、湖北、湖南、四川、陕西等省份。中国特有。Y2099、Y1204、Y5062、样 16。

常春卫矛 Euonymus hederaceus Champ. ex Benth.

附生灌木；章巴；海拔 2380m；山地丛林、沟谷；云南各地；西藏、广东、广西、福建、海南。中国特有。Y0974、样 12。

疏花卫矛 Euonymus laxiflorus Champ. ex Benth.

灌木；皮部药用，作土杜仲；西拉河；海拔 750m；山地密林；文山、红河、思茅、大理、保山等地；我国华南、华中、西南、华东地区；缅甸、越南、印度、柬埔寨。Y3686。

蒙自卫矛 Euonymus mengtseanus（Loes.）Sprague

附生灌木；章巴、曼来；海拔 2244～2285m；山地森林下；蒙自、屏边。云南特有。Y2037、Y0145、样 16。

茶色卫矛 Euonymus theacolus C. Y. Wu

常绿灌木；章巴；海拔 2285m；灌丛；云南新记录；贵州。中国特有。Y1091、样 16。

游藤卫矛 Euonymus vagans Wall. ex Roxb.

藤本；章巴；海拔 2200～2380m；沟谷林下；滇西、滇西南、滇南、滇东南；西藏、四川、广西、广东、湖北、陕西、河南；尼泊尔、印度东北部。Y0984、Y0964、Y0991、样 12。

大果沟瓣 Glyptopetalum reticulinerve C. Y. Wu ex G. S. Fan

乔木；清水河；海拔 820m；常绿阔叶林；河口。云南特有。Y4284。

贵州美登木 Maytenus esquirolii（Lévl.）C. Y. Cheng

灌木；元江；海拔 1400m；石灰山常绿阔叶林；蒙自、广南、元江、元阳、易门；贵州（罗甸）。中国特有。野外记录。

细梗美登木 Maytenus graciliramula S. J. Pei et Y. H. Li

灌木；普漂；海拔 500～700m；林缘或灌丛；广南、元江、景洪、临沧等地。云南特有。Y3113、Y0728。

厚叶美登木 Maytenus orbiculatus C. Y. Wu ex S. J. Pei et Y. H. Li

灌木；施垤新村、西拉河、铁索桥；海拔 390～850m；石灰岩山地；石屏、新平。云南特有。Y3636、Y5058、样 50。

阿达子Maytenus royleana（M. Laws.）Gufod

　　灌木；普漂、西拉河；海拔650～700m；常绿阔叶林；会泽、元江、寻甸、禄劝等地；四川及喜马拉雅山西部；阿富汗。Y3189、Y3075、Y3643。

六蕊假卫矛Microtropis hexandra Merr. et Freem.

　　灌木；章巴；海拔2285m；山谷；云南东南部。云南特有。Y2079。

三花假卫矛Microtropis triflora Merr. et Freem.

　　灌木；章巴；海拔2200～2320m；林中或林缘；镇雄；贵州、四川、湖北。中国特有。Y0987、Y2065、Y0928、样15。

山海棠Tripterygium hypoglaucum（Lévl.）Hutch.

　　藤本；药用；平坝子、章巴、新田；海拔1750～2200m；中山灌丛林缘；全省大部分地区；安徽、四川、浙江、湖南、广西、贵州。中国特有。Y0536、Y0800、Y4381。

173a．十齿花科 Dipentodontaceae

十齿花Dipentodon sinicus Dunn

　　乔木；章巴、望乡台；海拔2100～2300m；沟边、疏林；贡山、福贡、泸水、龙陵、腾冲、金平、屏边、蒙自、元江、彝良；西藏、贵州、广西西部；印度东北部、缅甸。Y0882、Y1212、Y1220、样12。

178．翅子藤科 Hippocrateaceae

皮孔翅子藤Loeseneriella lenticellata C. Y. Wu ex S. Y. Pao

　　藤本；西拉河；海拔1100m；季雨林；景东、西双版纳；广西。中国特有。野外记录。

翅子藤Loeseneriella merrilliana A. C. Smith

　　藤本；西拉河；海拔420～760m；低中山灌丛、林缘、季雨林；临沧、富宁；广西南部、广东、海南。中国特有。Y3262、Y3360、Y3731。

云南翅子藤Loeseneriella yunnanensis（Hu）A. C. Smith

　　藤本；普漂；海拔400～500m；低山沟谷密林；滇南及滇东南。云南特有。Y0704、Y0742。

二籽扁蒴藤Pristimera arborea（Roxb.）A. C. Smith

　　藤本；普漂、曼旦；海拔600～1000m；低山沟谷密林、灌丛、林缘；滇南及滇西南；广西；印度、不丹、缅甸。野外记录。

毛扁蒴藤Pristimera setulosa A. C. Smith

　　藤本；曼旦；海拔1050～1350m；山地雨林；滇南；广西西南部。中国特有。野外记录。

粉叶五层龙Salacia glaucifolia C. Y. Wu ex S. Y. Pao

　　藤本；普漂片；海拔490m；低中山疏林；屏边；云南特有；尼泊尔、印度。Y0710。

179．茶茱萸科 Icacinaceae

定心藤Mappianthus iodoides Hand.-Mazz.

　　藤本；云南省Ⅱ级重点保护植物；马底河、新田；海拔1700～1750m；季风常绿阔叶林；滇南及滇东南；福建、广东、广西、湖南、贵州；越南。野外记录。

183．山柚子科 Opiliaceae

长蕊甜菜树Melientha longistaminea W. Z. Li

　　乔木；食用；西拉河、脊背山；海拔900～1110m；沟谷林；石屏、绿春、江城、墨江、元江、双柏。

云南特有。Y3299、Y4283、Y4719。

185．桑寄生科 Lornthaceae

五蕊寄生 Dendrophthoe pentandra（L.）Miq.

　　寄生灌木；曼旦、施垤新村；海拔650～880m；低中山疏林、次生林；镇康、耿马、双江、西双版纳、双柏、易门、宜良、石屏、澄江、河口、屏边；广西、广东；亚洲东南部，自孟加拉、马来西亚、印度尼西亚、菲律宾、泰国、老挝、柬埔寨至越南。Y3242、Y4542。

景洪寄生 Helixanthera coccinea（Jack）Danser

　　寄生灌木；马底河；海拔1900m；季雨林；景洪；缅甸、越南。Y0381、Y0644。

油茶寄生 Helixanthera sampsoni（Hance）Danser

　　灌木；清水河；海拔1030m；常绿阔叶林或疏林；西畴、富宁、马关、河口、西双版纳；广东、广西、福建；越南。Y4011。

离瓣寄生一种 Helixanthera sp.

　　寄生灌木；普漂；海拔800m；低中山疏林；元江。Y3050。

椆寄生 Loranthus delavayi Van Tiegh.

　　寄生灌木；施垤新村；海拔800～1100m；低中山疏林、次生林；云南各地；我国西南、华南、东南各省；缅甸、越南。野外记录。

柳树寄生 Taxillus delavayi（Van Tiegh.）Danser

　　寄生灌木；全株入药；老窝底山；海拔2300～2400m；中山疏林、次生林；除滇南、滇西南外云南各地均有；西藏、四川、贵州、广西；越南、缅甸北部。Y0241。

木兰寄生 Taxillus limprichtii H. S. Kiu

　　灌木；曼来；海拔2400m；寄生于山地阔叶林中树上；马关、麻栗坡、西畴；福建、江西、湖南、四川、广东、广西、贵州。中国特有。Y0390。

桑寄生一种 Taxillus sp.

　　寄生灌木；施垤新村；海拔650m；低中山疏林；元江。Y5123。

金沙江寄生 Taxillus thibetensis（Lecomte）Danser

　　灌木；西拉河、清水河、莫朗；海拔830～1800m；寄生于山地阔叶林中；德钦、香格里拉、剑川、维西、安宁；西藏、四川。中国特有。Y3721、Y4013、Y5290。

麻栎寄生 Viscum articulatum Burm. f.

　　寄生灌木；曼旦、西拉河；海拔860～880m；山坡疏林；滇中、滇西、滇西南、滇东南；广西、广东；亚洲东南部、澳大利亚。Y3208、Y3808。

186．檀香科 Santalaceae

多脉寄生藤 Dendrotrophe polyneura（Hu）D. D. Tao

　　寄生灌木；西拉河；海拔950～1100m；山地雨林；普洱、绿春、勐海、勐腊、澜沧、屏边、西畴、龙陵；越南北部。野外记录。

沙针 Osyris wightiana Wall.

　　灌木；全草药用；曼旦、清水河、莫朗；海拔776～1600m；中山灌丛林缘、疏林；云南各地；西藏、四川及贵州、广西；印度、不丹、中南半岛、斯里兰卡。Y0062。

油葫芦 Pyrularia edulis（Wall.）A. DC.

　　小乔木；果可食用，食用油料树种；望乡台、新田、甘岔；海拔1695～2313m；阳坡至阴坡密林；元江、楚雄、漾濞、凤庆、保山、盈江、梁河、瑞丽、沧源、双江、西双版纳、绿春、金平、文山；四川、湖北、广东、广西及福建；尼泊尔、缅甸、印度。Y1140、样18。

190. 鼠李科 Rhamnaceae

短果勾儿茶 Berchemia brachycarpa C. Y. Wu ex Y. L. Chen

　　木质藤本；章巴；海拔2200m；林缘；临沧、金平、屏边、龙陵；越南、泰国、缅甸、印度、马来西亚、印度尼西亚。Y0790。

光枝钩儿茶 Berchemia polyphylla Wall. ex Laws. **var. leioclada** Hand.-Mazz.

　　藤本；根和叶入药，有理气活血之效，叶可代茶；甘岔、莫朗；海拔1700～2000m；灌丛或林缘；蒙自、河口、砚山、富宁、麻栗坡、马关、元江、保山；四川、贵州、广西、广东、湖南、湖北、陕西、福建；越南。野外记录。

多叶钩儿茶 Berchemia polyphylla Wall. ex Laws.

　　藤本；全株入药，可消炎，可治淋巴结结核；甘岔、莫朗；海拔1700～2000m；山地灌丛或林缘；罗平、富宁、西畴、河口、元江；四川、贵州、甘肃、广西、陕西；印度、缅甸。野外记录。

苞叶木 Chaydaia tonkinensis Pitard

　　常绿灌木；清水河；海拔1050m；疏林；富宁、西畴、砚山、马关、麻栗坡、屏边、河口、曲靖、新平、元江、景谷、勐腊、景洪；广西、贵州、海南；越南、泰国。Y4303。

毛蛇藤 Colubrina pubescena Kurz

　　灌木；曼旦、西拉河、施垤新村；海拔600～810m；路边灌丛；开远、元江；印度、越南、老挝、柬埔寨。Y3555、Y3716、Y3720、Y5313。

铜钱树 Paliurus hemsleyanus Rehd.

　　小乔木；树皮含鞣质，可提取栲胶；曼旦；海拔660m；干热河谷；昭通、西畴；甘肃、陕西、河南、江西、江苏、湖南、湖北、贵州、广东、广西。中国特有。Y0116。

短柄铜钱树 Paliurus orientalis（Franch.）Hemsl.

　　小乔木；曼旦；海拔1200～1650m；干热河谷；泸水、丽江、永仁、鹤庆、禄劝、大姚、蒙自、元江；四川、贵州、广西、广东、湖南、湖北、江西、江苏、浙江、福建、安徽、西藏南部、陕西、甘肃、河南。中国特有。野外记录。

刺鼠李 Rhamnus dumetorum Schneid

　　灌木；西拉河；海拔800m；山坡灌丛或林下；贡山、宁蒗、永胜；西藏、四川、贵州、湖北、江西、浙江、安徽、甘肃、陕西。中国特有。Y3617。

毛叶鼠李 Rhamnus henryi Schneid.

　　乔木；普漂；海拔700m；次生阔叶林下或灌丛；贡山、福贡、文山、屏边、蒙自、河口、思茅、孟连、景东；西藏、四川、广西。中国特有。Y3051。

异叶鼠李 Rhamnus heterophylla Oliv.

　　灌木；可做黄色染料，嫩叶可代茶；普漂；海拔700m；林缘或阔叶林；保山；四川、贵州、湖北、陕西、甘肃。中国特有。Y3065。

钩齿鼠李 Rhamnus lamprophylla Schneid

　　灌木；曼旦；海拔1300m；山地灌丛或林下；富宁、广南、西畴、砚山、麻栗坡；四川、贵州、广西、湖南、湖北、江西、福建、浙江、安徽。中国特有。Y3518。

帚枝鼠李 Rhamnus virgata Roxb

　　灌木；曼旦；海拔1300m；山坡灌丛或林下；威信、会泽、丽江、香格里拉、兰坪、鹤庆、嵩明、富民、双柏、峨山、弥勒、蒙自、元江、思茅、双江；西藏、四川、贵州；印度、尼泊尔。Y3508。

疏花雀梅藤 Sageretia laxiflora Hand.-Mazz.

　　藤本；西拉河、莫朗；海拔720～1100m；山地森林缘或灌丛；富宁、广南、西畴、漾濞；贵州、广西、江西。中国特有。Y3743、Y5208。

毛果翼核果 Ventilago calyculata Tulasne

藤本；清水河；海拔960m；疏林；金平、屏边、景谷、勐腊、耿马、泸水；广西、贵州；印度、尼泊尔、不丹、越南、泰国。Y4277。

毛枝翼核果 Ventilago calyculata Tulasne **var. trichoclada** Y. L. Chen et P. K. Chou

藤本；西拉河；海拔750～1100m；林缘；富宁、勐腊、金平、屏边、景谷、景洪、勐海、耿马、泸水；广西、贵州；越南、泰国。Y3893、Y3264、样47。

海南翼核果 Ventilago inaequilateralis Merr. et Chen

藤本；西拉河；海拔680m；疏林；勐腊、景洪；广东、广西、海南、贵州。中国特有。Y3876。

翼核果 Ventilago leiocarpa Benth.

藤本；可补中益气、舒筋活络；清水河；海拔1000m；疏林或灌木林；屏边、文山、勐海、勐腊、景洪；广西、广东、湖南、福建、台湾；印度、缅甸、越南。Y4414。

印度翼核果 Ventilago maderaspatana Gaertn

藤本；清水河；海拔1100m；疏林；勐腊、景洪、沧源；印度、缅甸、斯里兰卡、印度尼西亚。Y4105。

褐果枣 Ziziphus fungii Merr.

藤本；西拉河；海拔700m；林缘或疏林；河口、屏边、个旧、蒙自、元江、江城、景东、思茅、勐腊、耿马、沧源；海南。中国特有。Y3644。

滇刺枣 Ziziphus mauritiana Lam.

乔木；果可食，树皮供药用，可消炎生肌，适宜于家具和雕刻之用；清水河；海拔650m；山坡、丘陵、灌丛或阔叶林；巧家、元谋、禄丰、河口、元江、江城、思茅、景谷、景洪、勐海、双江、盈江、龙陵；四川、广西、广东、福建、台湾；斯里兰卡、印度、阿富汗、越南、缅甸、马来西亚、印度尼西亚、澳大利亚、非洲。Y4393。

皱枣 Ziziphus rugosa Lam.

乔木；曼旦、西拉河；海拔750～1050m；山坡、丘陵、灌丛中；双柏、河口、金平、蒙自、元江、思茅、孟连、景洪、勐海、双江、盈江；斯里兰卡、印度、老挝、越南、缅甸。Y3203、Y3379、Y3633。

小叶枣 Ziziphus sp.

小乔木；西拉河；海拔750m；低中山疏林；元江。Y3826。

191. 胡颓子科 Eleagnaceae

景东羊奶子 Elaeagnus jingdonensis C. Y. Chang

灌木；甘岔、莫朗；海拔1700～1800m；疏林或荒坡灌丛；元江、双柏、景东；江西、湖北、湖南、四川、云南、贵州。中国特有。野外记录。

鸡柏紫藤 Elaeagnus Loureirii Champ.

藤本；曼来、莫朗、甘岔；海拔1990～2400m；灌丛林缘、荒坡；广南、蒙自、麻栗坡、西畴、思茅、墨江、景东、元江、新平、双柏、龙陵、云县、凤庆；江西、广东、广西。中国特有。Y0481、Y0227、Y5299、样5。

少花胡颓子 Elaeagnus sp. nov.

灌木；南溪；海拔2000m；半湿润常绿阔叶林；元江。Y0281。

胡颓子一种 Elaeagnus sp.

灌木；曼来；海拔2000m；半湿润常绿阔叶林。Y0281、样5。

193. 葡萄科 Vitaceae

三裂蛇葡萄 Ampelopsis delavayana Planch. ex Franch.

木质藤本；根、茎、叶可入药；清水河；海拔950m；山谷林中、山坡灌丛或阔叶林；全省各地广布；

福建、广东、广西、海南、四川、贵州。中国特有。Y4194。

膝曲乌蔹莓 Cayratia geniculata Gagn.

　　本质藤本；清水河；海拔1000m；山谷热带林；麻栗坡、屏边、勐腊；广西、广东、海南、西藏；菲律宾、越南、马来西亚。Y4187。

乌蔹莓 Cayratia japonica（Thunb.）Gagn.

　　藤本；全草入药；西拉河、清水河；海拔700~1000m；季雨林；金平、麻栗坡、马关、贡山、绿春、元阳、孟连、耿马、沧源；陕西、河南、山东、安徽、江苏、浙江、湖北、湖南、福建、台湾、广东、广西、海南、四川、贵州；日本、菲律宾、越南、缅甸、印度、印度尼西亚、澳大利亚。Y3689、Y4424。

鸟足乌蔹莓 Cayratia pedata（Lamk.）Juss. ex Gagn.

　　藤本；老虎箐；海拔530m；山坡亚热带林中、灌木或崖石缝；漾濞、西畴、麻栗坡、峨山、景东、临沧；广西；越南、泰国、马来西亚和印度。Y5305。

贴生白粉藤 Cissus adnata Roxb

　　木质藤本；湿地冲；海拔795m；热带林中、林缘、灌丛；勐腊、勐海、景洪；老挝、柬埔寨、泰国、印度。样51。

苦郎藤 Cissus assanica（Lans）Craib

　　木质藤本；西拉河；海拔930m；山谷、溪边、林中、林缘；西畴、屏边、河口；台湾、广东、广西、贵州、四川、西藏、湖南；越南、泰国、印度北部。样40。

鸡心藤 Cissus kerrii Craib

　　藤本；普漂；海拔380m；地边；景洪；福建、台湾、广东、广西、海南；越南、泰国、澳大利亚。Y4991。

大叶白粉藤 Cissus repanda Vahl

　　木质藤本；曼旦；海拔660~800m；林缘或灌丛；蒙自、金平、屏边、河口；四川；老挝、泰国、印度。Y0010、Y3267。

白粉藤 Cissus repens Lamk.

　　藤本；清水河；海拔800m；灌丛林缘；西畴、屏边、河口、景东、景洪、孟连、勐腊、绿春、临沧；台湾、广东、香港、广西、贵州；越南、菲律宾、马来西亚、澳大利亚。Y4351。

白粉藤一种 Cissus sp.

　　藤本；马底河、新田；海拔1650~1750m；季风常绿阔叶林；元江。Y5136。

文山青紫葛 Cissus wenshanensis C. L. Li

　　本质藤本；清水河；海拔1145m；林缘；文山；四川；尼泊尔、印度、缅甸、越南、泰国和马来西亚。Y3959。

密花火筒树 Leea compactiflora Kurz

　　灌木；西拉河、新田；海拔800~1630m；季风常绿阔叶林；绿春、河口、金平、思茅、景洪、勐海、勐腊、陇川、瑞丽、沧源、双江；西藏；越南、老挝、缅甸、孟加拉国、印度、不丹。Y3785、Y5063。

火筒树 Leea indica（Burm. f.）Merr.

　　灌木；清水河；海拔800~950m；低中山沟谷密林；麻栗坡、马关、屏边、河口、景洪、勐海；广东、广西、海南、贵州；南亚到大洋洲北部。Y4244、Y4178。

小芸木 Micromelum integerrimum（Buch.-Ham.）Wight et Arn. ex M. Roem.

　　乔木；鲁业冲；海拔734m；季雨林；滇西、滇西南、滇南、滇东南；广东、广西、贵州；印度、尼泊尔、泰国、柬埔寨、老挝、越南。野外记录。

三叶地锦 Parthenocissus semicordata（Wall.）Planch.

　　藤本；西拉河；海拔1000m；中山灌丛林缘、疏林、密林；大关、镇雄、禄劝、峨山、嵩明、贡山、香格里拉、维西、丽江、鹤庆、泸水、麻栗坡、屏边、腾冲、镇康；甘肃、陕西、湖北、四川、贵州、西藏；缅甸、泰国、印度。Y3803、样42。

西畴岩爬藤 Tetrastigma sichouense C. L. Li

　　木质大藤本；马底河；海拔1902m；山谷林中或灌丛；富宁、西畴、屏边、景东；贵州；越南。Y0413。

多花崖爬藤 Tetrastigma campylocarpum（Kurz）Planch.

　　藤本；清水河；海拔950～1050m；河谷、溪边；金平、墨江、景东、普洱、景洪、勐腊、耿马；泰国。Y4281、Y4415。

茎花崖爬藤 Tetrastigma cauliflorum Merr.

　　藤本；清水河、西拉河；海拔830～1145m；山谷林；屏边、河口；广东、广西、海南；老挝、越南。Y3932、Y3813、样45。

角花崖爬藤 Tetrastigma ceratopetalum C. Y. Wu

　　大藤本；可供绿化；西拉河；海拔670m；灌丛或混交林；漾濞、富宁、麻栗坡、西畴、屏边；广西、贵州。中国特有。Y3879。

七小叶崖爬藤 Tetrastigma delavayi Gagn.

　　木质藤本；曼来；海拔2000～2300m；中山密林；贡山、漾濞、芒市、沧源、景东、思茅、景洪、双江、元江、建水、屏边、金平、西畴；广西、贵州；缅甸、越南。野外记录。

细齿崖爬藤 Tetrastigma napaulense（DC.）C. L. Li

　　藤本；可供绿化；新田、莫朗；海拔1680～1875m；山谷林中或山坡灌丛；滇西、滇东南及景东、景洪、勐腊；广西、四川、贵州、西藏；尼泊尔、不丹、印度、缅甸、越南。样62。

毛枝崖爬藤 Tetrastigma obovatum（Laws.）Gagn.

　　木质藤本；西拉河；海拔850～1200m；山谷、山坡、林中、林缘、灌丛；金平、元江、景东、景洪、勐海、勐腊、盈江；越南、老挝、泰国、印度。野外记录。

崖爬藤 Tetrastigma obtectum（Wall.）Planch.

　　藤本；全草入药，可祛风湿；曼来、新田、甘岔；海拔1695～2125m；山坡岩石或林下石壁上；富民、西畴、建水、绿春、贡山、香格里拉、景东、腾冲；甘肃、湖南、福建、台湾、广西、四川、贵州。中国特有。Y0496、Y4741、样5。

扁担藤 Tetrastigma planicaule（Hook.）Gagn.

　　藤本；藤茎药用；新田；海拔1695m；低中山沟谷密林；富宁、麻栗坡、西畴、马关、屏边、金平、景洪、勐腊；福建、广东、广西、贵州、西藏；老挝、越南、印度、斯里兰卡。样63。

喜马拉雅崖爬藤 Tetrastigma rumicispermum（Laws.）Planch.

　　藤本；新田；海拔1791m；中山湿润林；香格里拉、鹤庆、宾川、思茅、勐腊；西藏；越南、老挝、泰国、印度、尼泊尔、不丹。样61。

西畴崖爬藤 Tetrastigma sichouense C. L. Li

　　藤本；马底河、甘岔；海拔900～1900m；山沟谷密林、潮湿林；富宁、麻栗坡、西畴、马关、屏边、金平、景洪、勐腊。云南特有。Y0361、Y0586、Y4771。

大果西畴崖爬藤 Tetrastigma sichouense C. L. Li **var. megalocarpum** C. L. Li

　　藤本；可供绿化；西拉河；海拔1100m；山谷林中、山坡崖石、灌丛；富宁、西畴、屏边、绿春；西藏、贵州。中国特有。Y4493、样47。

云南崖爬藤 Tetrastigma yunnanense Gagn.

　　藤本；望乡台、平坝子；海拔1944～2000m；溪边林；西畴、龙陵、沧源、贡山、香格里拉、丽江、洱源、宾川、鹤庆；西藏。中国特有。Y1564、Y0335、样22。

狭叶崖爬藤 Tetrastigma serrulatum（Roxb.）Planch.

　　藤本；章巴、曼来、望乡台；海拔2045～2344m；山谷林中、山坡灌丛岩石缝；云南各地；湖南、广东、广西、四川、贵州。中国特有。Y0881、Y0160、Y0210、Y0496、样14。

桦叶葡萄 Vitis betulifolia Diels et Gilg

　　藤本；清水河；海拔950m；林缘；嵩明、鹤庆、维西、丽江、砚山、西畴、金平。云南特有。Y5035。

葛葡萄 Vitis flexuosa Thunb.

　　藤本；药用；西拉河；海拔800m；灌丛或林缘；绥江、师宗、大姚、漾濞、鹤庆、贡山、丽江、双柏、文山；甘肃、陕西、河南、山东、安徽、江苏、浙江、江西、福建、湖南、湖北、广西、广东、四川、贵州；日本。Y3789。

毛葡萄 Vitis heyneana Roem. et Schult.

木质藤本；果可生食；平坝子、莫朗、清水河；海拔950～2000m；灌丛或林缘；绥江、师宗、大姚、漾濞、鹤庆、贡山、丽江、双柏、文山；尼泊尔、不丹、印度。Y0325、Y5019、Y4257、Y0326。

网脉葡萄 Vitis wilsonae Veitch

木质藤本；新田；海拔1695m；林缘；绥江、镇雄；四川、贵州、湖南、湖北、浙江、福建、江苏、安徽、河南、甘肃、陕西。中国特有。样64。

194. 芸香科 Rutaceae

山油柑 Acronychia pedunculata（L.）Miq.

乔木；果、叶、根入药；章巴；海拔2320m；灌丛、山谷林地；西双版纳、思茅、双江、耿马、沧源、孟连、盈江、梁河及马关、河口；福建、广东、广西、海南、台湾；印度、缅甸、越南、老挝、泰国、柬埔寨、苏门答腊岛、马来西亚及菲律宾。Y1024。

松风草 Boenninghausenia albiflora（Hook.）Reichenb. ex Meisn.

草本；药用；章巴；海拔1825m；山坡林下、林缘；贡山、泸水、腾冲、镇康、景东、香格里拉、德钦、洱源、屏边、西畴、麻栗坡、广南、武定、元江、嵩明、镇雄；西藏、四川、贵州、广东、广西、湖南、湖北、台湾；印度北部、印度尼西亚、日本、泰国、菲律宾、克什米尔地区、尼泊尔、不丹、马来西亚。Y0711。

石椒草 Boenninghausenia sessilicarpa Lévl.

草本；药用；西拉河；海拔800～1000m；石灰岩灌丛及山沟林缘；滇西北、滇中、滇东北及红河等地。云南特有。野外记录。

毛黑果黄皮 Clausena dunniana Lévl. var. robusta（Takaka）Huang

灌木；清水河、莫朗；海拔1020～1700m；石灰岩灌丛；蒙自、砚山、广南、勐海、临沧、威信；广西、湖南、湖北、四川、贵州。中国特有。Y3990、Y4886。

小黄皮 Clausena emarginata Huang

灌木；全株入药；西拉河；海拔800m；石灰岩灌丛；勐腊、金平、富宁、元江、保山、临沧；广西。中国特有。Y3782。

小叶臭黄皮 Clausena excavata Burm. f.

灌木；根、叶入药；普漂、清水河、施垤新村；海拔400～1145m；河谷林缘灌丛；普洱、临沧、西双版纳、江城、绿春、瑞丽、盈江、文山、屏边、镇雄、双柏、峨山；海南、广东、广西、福建、台湾；越南、老挝、柬埔寨、缅甸、印度。Y0690、Y5045、Y3181、Y4278。

香花黄皮 Clausena odorata Huang

灌木；普漂；海拔400m；密林；墨江。云南特有。Y0545。

三桠苦 Euodia lepta（Spreng.）Merr.

灌木；药用；新田；海拔1695m；常绿阔叶林；滇西、滇西南、滇南、滇东南；广东、广西、海南、福建、台湾；马来西亚、印度、缅甸、泰国、越南、菲律宾、老挝、柬埔寨。Y4801、样64。

毛牛科树 Euodia trichotoma（Lour.）Pieere var. pubescens Huang

落叶小乔木；曼来；海拔1800～2000m；溪边、沟谷次生阔叶林；元江、楚雄、景东、富宁、屏边；广西。中国特有。野外记录。

短梗山小桔 Glycosmia parvifora（Sims）Kurz var. abbreviala Huang et D. D. Tao

灌木；曼旦；海拔1000～1200m；溪边灌丛；元江附近。云南特有。野外记录。

广西九里香 Murraya kwangsiensis Huang

灌木；曼旦、普漂；海拔450～650m；石灰岩山地灌丛；文山；广西。中国特有。Y0031、Y0549、

Y0734、样2。

乔木茵芋 Skimmia arborescens Anders.

乔木；曼旦、曼来、章巴、望乡台、甘岔；海拔2100～2380m；中山湿性常绿阔叶林；全省各地；广东、广西、贵州、西藏；尼泊尔至不丹、印度、泰国、缅甸、越南。Y2073、Y0097、Y0780、Y0934、Y1188、Y4657、Y4743、样2。

飞龙掌血 Toddalia asiatica（L.）Lam.

藤本；根、茎药用；章巴；海拔1000～2000m；林下阴湿处；从滇中高原、金沙江河谷、滇西北峡谷、澜沧江、红河中流到滇东北、大小凉山；我国最西北见于陕西、青海，西藏、四川、贵州及华中、东南沿海、东喜马拉雅均有；亚洲东南部及岛屿、非洲东部。Y0653。

毛刺花椒 Zanthoxylum acanthopodium DC. var. timber Hook. f.

灌木；药用；甘岔、章巴；海拔1840～2125m；岩石山坡、路边、采石场；滇西北、滇西南、滇西、滇中南、滇南、滇中；西藏、四川西南部；印度（北部、锡金）、尼泊尔、不丹、马来西亚。Y4669、Y0824。

竹叶椒 Zanthoxylum armatum DC.

灌木；药用；西拉河、清水河；海拔680～1085m；石灰岩灌丛；云南广布；西藏、贵州、广东、广西、湖南、江西、浙江、江苏、甘肃、陕西、河南；克什米尔地区、印度（北部、锡金）、尼泊尔、不丹、缅甸、日本、菲律宾、巴基斯坦、越南、泰国等地。Y3784、Y4020、Y4383。

勒党 Zanthoxylum avicennae DC.

乔木；材用，种子可制油漆；章巴；海拔2100m；山坡、疏林；金平、勐腊；台湾、福建、广西、广东、海南；越南、泰国、马来西亚。Y0772。

刺壳椒 Zanthoxylum echinocarpum Hemsl.

灌木；章巴；海拔2200m；山坡林边；麻栗坡、富宁；湖北、四川、湖南、广东、广西、贵州。中国特有。Y1017、样15。

多叶花椒 Zanthoxylum multijugum Franch.

藤本；马底河、莫朗；海拔1500～1600m；中山灌丛林缘、荒坡；元江、澄江、江川、禄劝、宜良、西畴、石屏、开远、蒙自、新平、宾川、鹤庆、巍山、漾濞、昭通、龙陵；贵州。中国特有。野外记录。

尖叶花椒 Zanthoxylum oxyphyllum Edgew.

灌木；望乡台、甘岔；海拔2100～2125m；石灰岩山地；嵩明、大理、兰坪、景东、镇康、龙陵、腾冲、景东、泸水；贵州、西藏、四川及喜马拉雅；印度、缅甸。Y1180。

元江花椒 Zanthoxylum yuanjiangense Huang

藤本；普漂、曼旦；海拔450～600m；干热河谷；元江、金平、元阳、绿春。云南特有。野外记录。

196. 橄榄科 Burseraceae

橄榄 Canarium album（Lour.）Rauesch.

乔木；药用根；西拉河；海拔750～1150m；山地雨林；滇南、滇东南；广东、广西、台湾、福建；越南。野外记录。

白头树 Garuga forrestii W. W. Smith

落叶乔木；保保箐、普漂、清水河、小河底；海拔700～1025m；季雨林、季风常绿阔叶林；金沙江、怒江、澜沧江、红河河谷。中国特有。Y3041、Y4439、Y4983、样60。

197. 楝科 Meliaceae

碧绿米仔兰 Aglaia perviridis Hiern

乔木；西拉河；海拔800～1200m；山地雨林；滇南及滇东南；印度。野外记录。

云南崖摩 Amoora yunnanensis（H. L. Li）C. Y. Wu

　　乔木；曼旦；海拔950～1050m；山地雨林；滇西南、滇南和滇东南；广西。中国特有。野外记录。

麻楝 Chukrasia tabularis A. Juss.

　　乔木；用材；清水河；海拔1020m；季雨林、疏林、次生林；滇南、滇东南；西藏、广西、广东；印度、斯里兰卡、中南半岛、加里曼丹岛。Y4360、Y4451。

毛麻楝 Chukrasia tabularis A. Juss. **var. velutina**（Wall.）King

　　乔木；曼旦；海拔900m；低山沟谷密林；云南南部；广东、广西、贵州；印度、斯里兰卡。Y3300。

浆果楝 Cipadessa baccifera（Roth）Miq.

　　灌木；鲁业冲；海拔647m；季雨林；泸西、龙陵、耿马、思茅、西双版纳；印度、斯里兰卡、泰国、越南至印度尼西亚、东帝汶、菲律宾。野外记录。

灰毛浆果楝 Cipadessa cinerascens（Pellegr.）Hand.-Mazz.

　　灌木；曼旦、普漂；海拔400～760m；低中山灌丛林缘、疏林；除滇西北外全省大部均有分布；四川、贵州、广西；越南。Y0017、Y0033、Y0027、Y3069、Y3234、样1。

川楝 Melia toosendan Sieb. et Zucc.

　　落叶乔木；药用、用材；西拉河；海拔800m；低中山疏林、次生林；几遍全省；四川、贵州、广西、湖南、湖北、河南、甘肃；日本、越南、老挝、泰国。Y3615。

矮坨坨 Munronnia henryi Harms

　　矮亚灌木；全株入药；曼旦；海拔450～670m；石山林下；滇中、滇西、滇西南、滇中南、滇南至滇东南；贵州；越南。Y0012、Y0084、Y3259、样1。

毛红椿 Toona ciliata Roem. **var. pubescens**（Franch.）Hand.-Mazz.

　　落叶乔木；用材；清水河；海拔900m；林内或溪旁、沟谷；滇中、滇西、滇西北；四川、贵州、广东、江西；印度、中南半岛、马来西亚、印度尼西亚。Y4243。

红椿 Toona ciliata Roem.

　　乔木；国Ⅱ；鲁业冲；海拔602～757m；季雨林；滇西南、滇南、滇东南；广西、广东及喜马拉雅山脉西北坡；印度东部、孟加拉国经缅甸、泰国、我国华南至新几内亚岛、大洋洲东部。野外记录。

紫椿 Toona microcarpa（C. DC.）Harms

　　乔木；鲁业冲；海拔602～778m；季雨林；鹤庆、贡山、景东、泸水、耿马、景洪；印度、孟加拉国及中南半岛。野外记录。

老虎楝 Trichilia connaroides（W. et A.）Bentvelzen

　　乔木；新田沟箐；海拔1640m；季风常绿阔叶林；滇中、滇西、滇南、滇东南；缅甸、越南。Y4569。

198. 无患子科 Sapindaceae

倒地铃 Cardiospermum halicacabum L.

　　藤本；全草入药；普漂、曼旦、清水河；海拔500～670m；中山灌丛林缘；云南热带、亚热带地区；四川、贵州、广西、广东、福建、台湾、海南、湖北、江苏；全球热带和亚热带地区。Y3175、Y3235、Y4409。

金丝苦楝 Cardiospermum halicacabum L. **var. microcarpum**（Kunth）Bl.

　　藤本；全草入药；西拉河；海拔750～950m；山坡草地和疏林下干燥处；富宁、金平、蒙自、弥勒、峨山、元江、景东、勐腊、景洪、勐海、双江、腾冲、会泽；广西、广东、福建；全球热带和亚热带地区。野外记录。

茶条木 Delavaya yunnanensis Franch.

　　乔木；绿化；新田、西拉河；海拔750～1695m；山坡、沟谷、密林；金沙江、江西、南盘江；广西西南。中国特有。Y3683、样63。

钝叶龙眼 Dimocarpus longan Lour. **var. obtusus**（Pierre）Leenh.

乔木；果可食；普漂、曼旦；海拔 660m；低山丘陵地区的疏林；元江；越南北部、泰国；国内仅见于元江。野外记录。

坡柳 Dodonaea ciscosa（L.）Jacq

灌木；用材；俅俅箐、莫朗、玉台寺；海拔 500～1100m；山坡、河谷沙地、干燥的稀疏灌木草地；逸生；金沙江及其支流河谷地区、景东、巍山；四川西南部、广西、广东；全球热带地区。Y4487、Y4913、Y5094。

有毛滇赤才 Lepisanthes senegalensis（Poir.）Leenh. **var. nov.**

灌木；西拉河、施垤新村；海拔 600～1000m；山谷溪边密林；元江特有。Y3795、Y5051、样 42。

干果木 Xerospermum bonii（Lecomte）Radlk

乔木；西拉河；海拔 750～1100m；向阳疏林；西双版纳、元江、金平；越南西北部。Y3628、Y4374、Y5046、样 41。

200. 槭树科 Aceraceae

阔叶槭 Acer amplum Rehd.

落叶大乔木；章巴、曼来；海拔 2100～2200m；中山疏林、密林；元江；湖北西部、四川、云南、贵州、湖南、广东西北部、江西、安徽、浙江。中国特有。野外记录。

三角槭 Acer buergerianum Miq.

落叶乔木；章巴、望乡台；海拔 2000m；次生阔叶林；滇中一带；华中、华南。中国特有。Y1032、Y1496。

青榨槭 Acer davidii Franch.

乔木；马底河、莫朗；海拔 1450～1750m；路边、灌丛；全省大部分地区；黄河长江流域各省。中国特有。野外记录。

扇叶槭 Acer flabellatum Rehd. ex Veitch

落叶乔木；章巴、望乡台、曼来；海拔 1800～2380m；山谷荫处林；彝良、文山、新平、镇雄；江西、湖北、四川、贵州、广西北部。中国特有。Y0983、Y1172、Y0980、Y0185、样 15、样 2、样 12。

七裂槭 Acer heptalobun Diels

落叶乔木；甘岔、章巴；海拔 2120～2380m；杂树林；云南西北部、澜沧江、怒江上游；西藏东南。中国特有。Y4595、Y0917、样 12。

密果槭 Acer kuomeii Fang et Fang f.

落叶乔木；章巴、望乡台；海拔 2310m；密林；西畴、麻栗坡；广西西部。中国特有。Y0896、Y1134、样 12。

大翅色木槭 Acer mono Maxim. **var. macropterum** Fang

落叶乔木；章巴；海拔 2150m；次生阔叶林；丽江、香格里拉、维西；甘肃南部、四川、湖北、西藏。中国特有。Y0891。

201. 清风藤科 Sabiaceae

南亚泡花树 Meliosma arnottiana Walp.

乔木；新田；海拔 1695～1790m；季风常绿阔叶林；贡山、漾濞、双柏、宜良及滇西南、滇东南；贵州、广西；斯里兰卡、印度、尼泊尔、越南。Y5027、样 61。

绿樟 Meliosma squamulata Hance

乔木；望乡台；海拔 2040m；山坡灌丛或密林；文山、金平；贵州、广西、广东、福建、台湾；日本。Y1284。

云南泡花树 Meliosma yunnanensis Franch.

乔木；望乡台、曼来；海拔1944～2400m；常绿阔叶林；贡山、泸水、维西、香格里拉、德钦、丽江、洱源、元江、武定、双柏、禄劝、嵩明、富民、永平；西藏东南部、四川、贵州；尼泊尔、不丹、印度（北部、锡金）、缅甸北部。Y1536、Y0225、样22。

长叶清风藤 Sabia dielsii Lévl.

木质藤本；新田；海拔1791m；路边；贡山、福贡、泸水、临沧、勐海、金平、屏边、富宁、广南、景东、元江、双柏、峨山、镇雄；西藏、四川、贵州、广西。中国特有。样61。

簇花清风藤 Sabia fasciculata Lecomte

藤本；新田；海拔1695m；山谷林中、林缘及灌丛；景东、思茅、景洪、马关、西畴、麻栗坡、广南、富宁、屏边、河口、元阳、绿春；广西、广东、福建南部；缅甸、越南北部。样63。

小花清风藤 Sabia parviflora Wall.

藤本；望乡台、清水河；海拔980～1009m；山谷林中或山坡灌丛；贡山、福贡、泸水、保山、思茅、勐海、孟连、文山、屏边、绿春、河口、凤庆、瑞丽、漾濞、维西、丽江、大理、洱源、嵩明、禄劝、大关、彝良、澜沧；贵州、广西；印度、缅甸、泰国、越南、印度尼西亚。Y1226、Y4119、样20。

台湾清风藤 Sabia swinhoei Hemsl.

藤本；章巴；海拔2380m；丛林；西畴、广南、富宁；江南各省份。中国特有。Y0942、样12。

云南清风藤 Sabia yunnanensis Franch.

落叶藤本；药用；曼来；海拔2344m；山谷；贡山、香格里拉、维西、德钦、丽江、鹤庆、漾濞、洱源、嵩明、师宗、富明、禄劝、大关、彝良；四川西部。中国特有。Y0150、Y0195、样4。

204. 省沽油科 Stapyleaceae

云南瘿椒树 Tapiscia yunnanensis W. C. Cheng et C. D. Chu

乔木；章巴；海拔2150m；中山疏林；澜沧、景东、屏边、富宁、麻栗坡、西畴。云南特有。Y0817、Y1057、样14。

越南山香圆 Turpinia cochinchinensis（Lour.）Merr.

落叶乔木；新田；海拔1630m；湿润密荫处；泸水、福贡、芒市、腾冲、双江、凤庆、龙陵、瑞丽、镇康、沧源、景东、勐海、易门；广东、广西南部、四川、贵州；印度、缅甸、越南。Y4581。

205. 漆树科 Anacardiaceae

豆腐果 Buchanania latifolia Roxb.

乔木；种子可磨豆腐，故得名"豆腐果"；曼旦；海拔500～760m；季雨林；元阳、元江；海南；越南、老挝、泰国、缅甸、马来西亚至印度。Y0032、Y0070、Y3359。

南酸枣 Choerospondias axillaris（Roxb.）Burtt et Hill

落叶大乔木；造林树种，树皮和叶可提栲胶，果可食和酿酒，韧皮纤维可作绳索，树皮和果入药；莫朗；海拔1500m；山坡沟谷林；滇东南至滇西南；贵州、广西、广东、福建、江西、湖南、湖北、浙江；印度东北部、中南半岛和日本。Y4921。

厚皮树 Lannea coromandelica（Houtt.）Merr.

落叶乔木；曼旦；海拔600～760m；季雨林；建水、峨山、元江、普洱、思茅、景洪、澜沧、凤庆；广西、广东；中南半岛、印度、印度尼西亚。Y0006、Y0007。

杧果 Mangifera indica L.

常绿乔木；食用；西拉河；海拔750m；疏林、路边；云南东南部至西南部热带、亚热带各地区；广西、广东、福建、台湾；中南半岛、印度、马来西亚。Y4499、样60。

藤漆 Pegia nitida Colebr.

藤本；西拉河；海拔1100m；沟谷林；富宁、河口、屏边、蒙自、金平、双柏、勐腊、景洪、景东、耿马、芒市、龙陵、泸水；贵州；尼泊尔、印度阿萨姆至锡金、缅甸、泰国。Y3880、样47。

黄连木 Pistacia chinensis Bunge

落叶乔木；观赏；曼旦；海拔1300m；山坡林；云南全省；长江以南各省及华北、西北；菲律宾。Y3529、样37。

清香木 Pistacia weinmannifolia J. Poisson ex Franch.

乔木；药用、提芳香油；曼旦、老虎箐；海拔650～900m；石灰岩地区及干热河谷；贡山、泸水、保山、洱源、兰坪、鹤庆、永胜、维西、宁蒗、香格里拉；西藏、四川西南部、贵州西南部、广西西南部；缅甸北部。Y0118、Y3266。

盐肤木 Rhus chinensis Mill.

落叶小乔木或灌木；五味子蚜虫的主要寄主植物，在幼枝和叶上形成五味子；可工业用，树皮作染料，幼枝及叶可作土农药，果可食，种子可榨油；曼旦、清水河、西拉河；海拔950～1050m；向阳山坡、沟谷、溪边的疏林、灌丛和荒地；云南全省；我国除东北、内蒙古和西北外其他各省份均有；印度、中南半岛、印度尼西亚、朝鲜、日本。Y3419、Y3653、Y4271。

滨盐肤木 Rhus chinensis Mill. var. roxburghii（DC.）Rehd.

落叶小乔木或灌木；望乡台、曼来、莫朗；海拔1680～2000m；山沟、沟谷疏林和灌丛；河口、屏边、金平、新平、景洪、双江、芒市、盈江、腾冲、泸水、福贡、贡山、德钦、维西、丽江、宾川；四川、贵州、广西、广东、江西。中国特有。Y1592、Y1568、Y0622、样22。

网脉肉托果 Semecarpus reticulata Leete.

乔木；曼旦；海拔1400m；山坡、平地和山谷疏林与密林；勐腊、景东；越南、老挝、泰国北部。Y3368。

三叶漆 Terminthia paniculata（Wall. ex G. Don）C. Y. Wu et T. L. Ming

灌木；曼旦、普漂、清水河；海拔760～1050m；向阳干燥的山坡草地、稀树草地、灌丛或疏林；石屏、元江、新平及滇西南；不丹、缅甸、印度。Y0024、Y3043、Y3201、Y3374。

大花漆 Toxicodendron grandiflorum C. Y. Wu et T. L. Ming

落叶小乔木；曼旦、西拉河；海拔790～1350m；草坡、灌丛和岩石上；砚山、石屏、通海、峨山、禄劝、大关、武定、永仁、宾川、龙陵、宁蒗；四川西南部（木里、盐边）。中国特有。Y3417、Y3779。

野漆 Toxicodendron succedaneum（L.）O. Kuntze

落叶乔木；曼旦；海拔1100～2000m；季风常绿阔叶林；云南全省；华北至江南各省均产；越南、泰国、缅甸、印度、蒙古、朝鲜、日本。野外记录。

206. 牛栓藤科 Connaraceae

长尾红叶藤 Rourea minor（Gaerth.）Leenh. ssp. caudata（Planch.）Y. M. Shui, stat. nov.

藤本；西拉河；海拔800～1050m；山地疏林中或较干燥处；盈江、景东、勐海、绿春、贡山、盈江、景洪、孟连、元江、勐腊；广东、广西；印度。野外记录。

207. 胡桃科 Juglandaceae

槭果黄杞 Engelhardtia aceriflora（Reinw.）Bl.

落叶乔木；提制烤胶；莫朗；海拔1480m；山谷林中、林缘及河边；贡山、福贡、丽江、腾冲、陇川、梁河、龙陵、景东、屏边、西畴、麻栗坡；广西；印度、缅甸、越南、印度尼西亚。Y5171、样69。

毛叶黄杞 Engelhardtia colebrookeana Lindl. ex Wall.

乔木；马底河、望乡台、曼旦；海拔1050～2000m；阳坡疏林中、干旱河谷也常见；滇西、滇西南、滇南、滇东南；贵州、广西、广东、海南；缅甸、印度、尼泊尔、越南。Y0393、Y1490、Y3370。

齿叶黄杞 Engelhardtia serrata Bl.

落叶乔木；制家具，建筑用材，可提制烤胶；曼旦；海拔1410m；林缘、疏林；耿马、永德、沧源、景洪、勐腊；缅甸、老挝、泰国、柬埔寨、印度和印度尼西亚。Y3454、样38。

云南黄杞 Engelhardtia spicata Leschen. ex Blume

落叶乔木；用材、纤维原料；马底河、望乡台、莫朗；海拔1900～2000m；山坡次生阔叶林；滇西、滇西南、滇东南；西藏、四川、广西、陕西；印度、泰国、越南、菲律宾、印度尼西亚。Y0590、Y1488、Y5173。

越南枫杨 Ptercarya tonkinensis（Franch.）Dode

落叶乔木；制家具、农具和药用；莫朗；海拔1620m；沟谷、疏林、林缘、溪旁、岸边；砚山、西畴、广南、富宁、马关、金平、河口、普洱、西双版纳；广西；越南北部。Y5201、样68。

209. 山茱萸科 Cornaceae

绿花桃叶珊瑚 Aucuba chlorascens F. T. Wang

灌木；章巴、曼来；海拔2285～2344m；湿润常绿阔叶林；富宁、广南、西畴、屏边、新平、龙陵、镇康、福贡。云南特有。Y2067、Y0107、Y0143、样16。

长圆叶梾木 Cornus oblonga Wall.

灌木；含单宁，入药；曼旦；海拔1100～1300m；次生阔叶林；广布全省；西南、华南及喜马拉雅山区。野外记录。

头状四照花 Dendrobenthamia capitata Hutch.

乔木；皮、叶、花、果药用；曼来；海拔1800～2000m；疏林或灌丛；广布云南；湖北、江西、广西、贵州、四川、西藏；印度、尼泊尔、巴基斯坦。野外记录。

黑毛四照花 Dendrobenthamia melanotricha（Pojark.）Fang

乔木；果可食；种子可榨油；花入药；章巴；海拔2200m；路边、山沟阔叶林；元阳、绿春、西畴、麻栗坡、广南、威信、盐津、绥江；广西、贵州、四川。中国特有。Y0609。

青荚叶 Helwingia japonica（Thunb.）F. G. Dietr.

灌木；药用；平坝子水库；海拔2000m；次生阔叶林；云南各地；陕西、安徽、浙江、江西、湖北、湖南、广西、贵州、四川、西藏；日本。Y0436。

山茱萸 Macrocapium chinense（Wanger.）Hutch.

乔木；望乡台；海拔1944m；山谷山坡疏林；大姚、禄劝、富民、镇雄、大关、兰坪、维西、德钦、贡山；河南、湖北、陕西、甘肃、贵州、四川、广东。中国特有。样22。

210. 八角枫科 Alangiaceae

高山八角枫 Alangium alpinum（C. B. Clarke）W. W. Smith et Cave

落叶乔木；新田；海拔1680m；林中或丛林；贡山、福贡、腾冲；西藏；不丹、印度尼西亚、缅甸。Y5111、样62。

髯毛八角枫 Alangium barbatum（R. Br.）Baill

落叶乔木；新田；海拔1680m；疏林或小乔木林；马关、蒙自、河口、西双版纳；广西、广东；不丹、印度、缅甸、越南、老挝、泰国。样62。

稀花八角枫 Alangium chinense（Lour.）Harms **ssp. pauciflorum** Fang

乔木；望乡台、章巴；海拔1840～2500m；山坡丛林；维西；河南、陕西、甘肃、湖北、湖南、贵州、四川。中国特有。Y1358、Y1590、Y0826、Y0836、Y1464、样21。

八角枫 Alangium chinensis（Lour.）Harms

乔木；用材、药用；章巴、望乡台、曼来；海拔2045～2150m；山地或疏林；盐津、师宗、维西、德钦、贡山、泸水、富宁、西畴、麻栗坡、河口、屏边、绿春、蒙自、盈江、瑞丽、景洪、景东、孟连、元江；河南、陕西、甘肃、浙江、安徽、福建、台湾、江西、湖北、四川、贵州、广东、广西；东南亚及非洲东部。Y0819、Y1384、Y0457、Y0331、样14。

瓜木 Alangium platanifolium（Sieb. et Zucc.）Harms

落叶乔木；树皮含鞣质，纤维可制人造棉；根、叶药用，治风湿和跌打损伤，又可做农药；莫朗、新田；海拔1480～1990m；向阳山坡或疏林；元江、大关；四川、贵州、江西、湖北、浙江、河南、河北、陕西、甘肃、山西、山东、吉林、辽宁、台湾；朝鲜、日本。Y5111、样66。

云南八角枫 Alangium yunnanense C. Y. Wu ex Fang et al.

落叶乔木；新田、莫朗；海拔1680～1990m；丛林；龙陵、双柏。云南特有。样62。

211.　蓝果树科 Nyssaceae

喜树 Camptotheca acuminata Decne。

落叶乔木；药用、材用、绿化；国家Ⅱ级重点保护野生植物；湿地冲；海拔700～900m；我国南方零星分布；各地造林用或作行道树。

212.　五加科 Araliaceae

白簕 Acanthopanax trifoliatus（L.）Merr.

藤本；根、根皮、茎及叶入药；清水河、莫朗；海拔950～1500m；林缘或灌丛；云南各地；西藏、四川、贵州、广西、广东、湖南、湖北、浙江、江西、福建、台湾及喜马拉雅山脉东部地区；日本、越南、菲律宾。Y4209、Y4901。

景东楤木 Aralia gintungensis C. Y. Wu

有刺灌木；章巴；海拔2400m；中山灌丛林缘、荒坡；滇西南。云南特有。Y0292。

粗毛楤木 Aralia searelliana Dunn

有刺乔木；望乡台；海拔2000m；中山灌丛林缘、次生林；滇东南、滇南。云南特有。Y1620。

云南楤木 Aralia thomsonii Seem.

灌木；曼来、望乡台；海拔2100～2400m；阳坡疏林、灌丛；滇南、滇西南；印度。Y0201、Y1208。

狭叶柏那参 Brassaiopsis angustifolia Feng

灌木；甘岔、莫朗；海拔1700～2125m；沟箐山坡；元江；元江特有。Y4675、Y5377、样70。

狭翅柏那参 Brassaiopsis dumicola W. W. Sm.

灌木；望乡台；海拔2100m；山地雨林；滇西南。云南特有。Y1164、Y1132、样19。

盘叶柏那参 Brassaiopsis fatsioides Harms

小乔木；清水河；海拔1000m；沟谷阔叶林或混交林；滇西北、滇西南、滇南、滇东南及昭通等；四川、贵州。中国特有。Y3987。

掌裂柏那参 Brassaiopsis hainla（Ham.）Seem.

乔木；鲁业冲；海拔734～778m；季雨林；云南西部、西南部、南部；不丹、尼泊尔、印度。野外记录。

三叶柏那参 Brassaiopsis tripteris（Lévl.）Rehd

灌木；新田；海拔1695m；密林；云南东南部；四川、贵州和广西。中国特有。Y4797、样63。

齿叶幌伞枫 Heteropanax fragrans（Roxb.）Seem. **var. dentata** var. nov.

乔木；西拉河；海拔1000m；山地雨林；元江；元江特有。Y3801。

云南幌伞枫 Heteropanax yunnanensis Hoo ex Hoo et Tseng

乔木；老虎箐；海拔860m；林中、草地或荒坡上；云南西南部。云南特有。Y5300。

单叶常春木 Merrilliopanax listeri（King）Li

灌木；望乡台；海拔2200m；沟谷、山坡混交林；云南西部至西北部；印度东南部。Y1047、样15。

异叶梁王茶 Nothopanax davidii（Fr.）Harms ex Diels

　　灌木；根、茎入药；新田；海拔1695m；常绿阔叶林；滇东北、滇东南、滇西、滇西北及滇中；四川、贵州、湖北及陕西。中国特有。样63。

短序鹅掌柴 Schefflera bodinieri（Lévl.）Rehd.

　　乔木；章巴、望乡台、曼来、南溪；海拔1695～2400m；山谷林；滇东南；四川、贵州、广西。中国特有。Y0855、Y1035、Y2015、Y1420、Y0310、Y0449、样14、Y0856。

穗序鹅掌柴 Schefflera delavayi（Fr.）Harms

　　乔木；根皮入药；马底河、莫朗；海拔1400～1900m；季风常绿阔叶林、中山湿性常绿阔叶林；滇中、滇西、滇西南、滇东南、滇南及滇东北；四川、贵州、湖南、湖北、江西、福建、广东、广西。中国特有。野外记录。

异叶鹅掌柴 Schefflera diversifoliolata Li

　　灌木；章巴；海拔1860m；山谷林；云南东南部。云南特有。Y0685。

文山鹅掌柴 Schefflera fengii Tseng et Hoo

　　乔木；望乡台；海拔1950～2000m；丛林；云南东南部、南部。云南特有。Y1078、Y1618。

球序鹅掌柴 Schefflera glomerulata Li

　　附生乔木；曼旦；海拔1200～1500m；丛林；滇东南部、滇南部；贵州、广西、广东。中国特有。野外记录。

红河鹅掌柴 Schefflera hoi（Dunn）Viguier

　　乔木；章巴；海拔2100～2285m；沟谷密林；滇东南、滇西北；西藏、四川；越南。Y0912、Y1077、Y1196、样13。

白背鹅掌柴 Schefflera hypoleuca（Kurz）Harms

　　乔木；望乡台、章巴；海拔2045～2380m；密林下；滇东南、滇南；印度、缅甸。Y1330、Y0950、Y0872、样21。

拟白背叶鹅掌柴 Schefflera hypoleucoides Harms

　　乔木；曼来；海拔2000～2300m；沟谷密林；云南东南部。云南特有。Y0284、Y0327。

大叶鹅掌柴 Schefflera macrophylla（Dunn）Viguier

　　乔木；章巴、马底河；海拔1850～2150m；森林；云南东南部、南部、西南部。云南特有。Y0843、Y0546、样14。

鹅掌柴 Schefflera octophylla（Lour.）Harms

　　乔木；鲁业冲；海拔665～857m；季雨林；云南南部、东南部；浙江、福建、台湾、广东、广西；中南半岛、日本。野外记录。

密脉鹅掌柴 Schefflera venulosa（Wight et Arn.）Harms

　　灌木；普漂、西拉河；海拔800～850m；丛林；滇东南、滇中、滇南、滇西南及滇西北的怒江州；贵州、广西；印度、巴基斯坦、越南。Y3067、Y3570、Y3715。

213. 伞形科 Umbelliferae

川滇柴胡 Bupleurum candollei Wall.

　　草本；全草入药，可消炎解毒、祛风止痒，治疮毒疖子；章巴；海拔2200～2450m；草地或疏林；德钦、贡山、福贡、香格里拉、兰坪、洱源、鹤庆、巍山、镇康、元江；四川西部、西藏南部；克什米尔地区、巴基斯坦、印度西北部、尼泊尔、不丹至缅甸北部。野外记录。

积雪草 Centella asiatica（L.）Urban

　　匍匐草本；全草入药，可清热解毒、消肿化瘀，能治跌打损伤、疔痈肿毒，并有利尿等作用；马底河、新田；海拔1650～1850m；草地；全省各地；长江流域以南地区；印度、巴基斯坦、越南、老挝、泰国、马来西亚、日本、澳大利亚及南美、南非。野外记录。

刺芫荽 Eryngium foetidum L.

草本；食用嫩枝叶、药用；清水河；海拔850m；路旁、地边；孟连、澜沧、勐海、景洪、绿春、文山、蒙自、金平、河口等地；广东、海南、广西、贵州；南美、中美、大安的列斯群岛以至亚洲（尼泊尔）的热带地区。Y4159。

二管独活 Heracleum bivittatum de Boiss.

草本；鲁业冲；海拔833m；季雨林；贡山、福贡、大理、富民、广南、盈江、镇康、景东、勐海、绿春、金平、屏边、麻栗坡、西畴；四川西南部、贵州、广西、西藏；越南。野外记录。

中华天胡荽 Hydrocotyle burmanica Kurz **ssp. chinensis**（Dunn ex Shan et S. L. Liou）Pu

匍匐草本；药用；曼来、莫朗；海拔1840～2344m；湿草地；漾濞、巍山、景东、楚雄、禄劝、孟连、蒙自；四川、湖南。中国特有。Y0224、Y5030、样4。

杏叶茴芹 Pimpinella candolleana Wight et Arn.

草本；药用；莫朗；海拔1500m；灌丛林缘、草坡；德钦、香格里拉、永胜、鹤庆、永平、维西、福贡、泸水、兰坪、贡山、腾冲、临沧、勐海、元江、东川、禄劝、安宁等地；贵州、四川、广西；印度半岛。Y5026。

巍山茴芹 Pimpinella weishanensis Shan et Pu

草本；莫朗；海拔1400m；林缘或灌丛；贡山、福贡、德钦、维西、腾冲、镇康、大理、巍山和凤庆等地；四川、西藏。中国特有。Y5161。

云南茴芹 Pimpinella yunnanensis（Franch.）Wolff

草本；药用；莫朗；海拔1300m；草地、沟边灌丛或山谷林下；德钦、香格里拉、维西、丽江、洱源、福贡、巍山、大理、勐海、宜良；四川。中国特有。Y5028。

楔叶囊瓣芹 Pternopetalum cuneifolim（Wolff）Hand.-Mazz.

草本；药用；曼来、马底河；海拔1900～2344m；中山灌丛林缘、草坡；彝良、东川、景东、凤庆、镇康等地。云南特有。Y0268、Y0606、样4。

软雀花 Sanicula elata Buch.-Ham. ex D. Don

草本；甘岔、莫朗；海拔1750～1950m；林下或河沟边；云南广布；广西、四川、西藏（察隅）；越南、尼泊尔、不丹、缅甸、印度、马来西亚、印度尼西亚、菲律宾、斯里兰卡、埃塞俄比亚、坦桑尼亚、刚果及非洲东南部。野外记录。

竹叶西风芹 Seseli mairei Wolff

草本；药用；望乡台；海拔2160m；草坡；全省各地；四川、贵州。中国特有。Y1220。

松叶西风芹 Seseli yunnanense Franch.

草本；药用；西拉河、曼旦；海拔1050～1350m；路边、荒坡；丽江、鹤庆、剑川、洱源、峨山、元江等地；四川、贵州。中国特有。Y3484、样43。

215. 杜鹃花科 Ericaceae

柳叶金叶子 Craibiodendron henryi W. W. Sm.

灌木；毒性大；莫朗山；海拔2070m；山坡林缘；贡山、思茅、景东、维西、丽江、漾濞、蒙自；印度、缅甸东北部、泰国北部。样65。

假木荷 Craibiodendron stellatum（Pierre）W. W. Sm.

乔木；曼旦、莫朗；海拔1300～1400m；林下；滇西至滇南；广东、广西、贵州；越南、柬埔寨、泰国、缅甸北部。Y3512、Y3479、Y3495、样37。

金叶子 Craibiodendron yunnanense W. W. Sm.

灌木；章巴；海拔1840～2300m；中山灌丛林缘、次生林；除滇东北外全省均有分布；广西；缅甸。Y0969、Y0585、Y0643、Y0745、Y0794、样15、Y0967。

吊钟花 Enkianthus quinqueflorus Lour.

灌木；观赏；莫朗、新田；海拔1480～1840m；灌丛；石屏、富宁、河口、屏边；江西、福建、湖北、湖南、广东、广西、四川、贵州；越南。样68。

地檀香 Gaultheria forrestii Diels

灌木；香料植物；曼来、章巴；海拔2050～2400m；中山灌丛林缘；全省各地；四川。中国特有。Y0329、Y0384、Y0758。

刚毛地檀香 Gaultheria forrestii Diels **var. setigera** C. Y. Wu

灌木；香料植物；章巴、望乡台；海拔1840m；林中或灌丛；景东、临沧、元江、双柏、麻栗坡。云南特有。Y0868、Y1178。

红粉白珠 Gaultheria hookeri C. B. Clarke f.

常绿灌木；莫朗、新田；海拔1200～1750m；沟边或岩坡上；彝良、德钦、贡山、维西；四川西部、西藏（墨脱）；缅甸北部、印度阿萨姆至锡金。Y4931、Y5259。

滇白珠 Gaultheria leucocarpa Bl. **var. crenulata**（Kurz）T. Z. Hsu

灌木；香料植物；章巴；海拔1840m；中山灌丛林缘；除西双版纳外全省均有分布；长江流域以南。中国特有。Y0812。

米饭花 Lyonia ovalifolia（Wall.）Drude

灌木；莫朗；海拔1620～2070m；中山疏林、荒坡；广布全省；台湾、广西、四川、贵州、西藏；尼泊尔、印度锡金、不丹。Y5079、样65。

球花毛叶米饭花 Lyonia villosa（Wall.）Hand.-Mazz. **var. sphaerantha** Hand.-Mazz.

落叶灌木；望乡台、曼来、马底河、章巴；海拔1850～2100m；疏林；大理、宁蒗、德钦、腾冲；西藏；缅甸。Y1580、Y1528、Y1588、Y0468、Y0365、Y0279、Y0749、Y0796、Y1152、样22。

毛叶米饭花 Lyonia villosa（Wall.）Hand.-Mazz.

落叶灌木；望乡台、章巴、曼来；海拔2045～2400m；次生林林缘；贡山、腾冲、景东、维西、香格里拉、德钦、丽江、洱源、马关、镇康、元江等地；西藏、四川；印度东北部、尼泊尔、不丹。Y0629、Y0239、样21。

美丽马醉木 Pieris formosa（Wall.）D. Don

灌木；有小毒；章巴；海拔1900～2150m；灌丛林缘；除滇南外全省均有；浙江、江西、湖北、湖南、广东、广西、四川、贵州；越南、缅甸、尼泊尔、不丹、印度。Y0829、Y0788、样14。

大白花杜鹃 Rhododendron decorum Franch.

小乔木；马底河；海拔1900m；松林、灌丛；保山、鹤庆及滇中、滇东南；四川西南部、贵州西部、西藏东南部。中国特有。Y0610。

马缨花 Rhododendron delavayi Franch.

灌木；可作花卉；莫朗；海拔1700～2070m；中山疏林；广布全省；广西；越南、泰国、缅甸、印度。样65。

大喇叭杜鹃 Rhododendron excellens Hemsl. et Wilson

灌木；章巴、曼来；海拔2000～2300m；灌丛；绿春、元江、蒙自、金平、屏边、西畴、马关、麻栗坡、广南；贵州贞丰。中国特有。野外记录。

露珠杜鹃 Rhododendron irroratum Franch.

灌木；可作花卉；曼来；海拔2000～2350m；中山灌丛林缘；嵩明、寻甸、富民、宜良、武定、禄劝、大姚、宾川、漾濞、鹤庆、剑川、丽江、永平、巍山、凤庆、镇康、景东、元江、易门等；四川、贵州。中国特有。野外记录。

百合花杜鹃 Rhododendron liliiflorum Lévl.

灌木；章巴；海拔2350～2400m；山坡、疏林；麻栗坡；湖南、广西、贵州。中国特有。Y0595、Y0599。

滇隐脉杜鹃 Rhododendron maddenii Hook. f. **ssp. crassum**（Franch.）Cullen

灌木；新田；海拔1700m；灌丛、山坡次生阔叶林；麻栗坡、马关、屏边、绿春、景东、凤庆、大理、腾冲、泸水、福贡、贡山、德钦；西藏察隅；越南北部、缅甸东北部、印度东北部。Y4871。

亮毛杜鹃 Rhododendron microphyton Franch.

灌木；可作花卉；望乡台、曼来、章巴、莫朗、甘岔；海拔2000～2160m；常绿阔叶林；贡山、福贡、泸水、腾冲、龙陵、沧源、大理、景东、大姚、易门、双柏、禄劝、富民、寻甸、峨山、通海、新平、元江、屏边、砚山、西畴、麻栗坡、富宁、广南；广西、四川；泰国。Y1176、Y0447、Y0470、Y0265、Y0263、Y0249、Y0589、Y5191、Y4438、Y4881、样19。

丝线吊芙蓉 Rhododendron moulmainense Hook. f.

灌木；可作花卉；望乡台、莫朗；海拔1500～2040m；季风常绿阔叶林；泸水、腾冲、龙陵、大理、凤庆、景东、沧源、思茅、勐海、新平、金平、屏边、马关、西畴、麻栗坡、富宁、广南；广西、贵州、湖南、广东、海南、福建；越南、马来半岛。Y1292、Y5159。

云上杜鹃 Rhododendron pachypodum Balf. f. et W. W. Sm.

灌木；曼来；海拔1900～2200m；山坡灌丛；保山、漾濞、云龙、巍山、弥勒、凤庆、景东、双江、双柏、新平、元江、思茅、富民、江川、蒙自、金平、屏边、砚山、西畴、麻栗坡、广南。云南特有。野外记录。

银灰杜鹃 Rhododendron sidereum Balf. f.

灌木；可作花卉；章巴、望乡台；海拔1920～2045m；灌丛林缘、草坡；腾冲、泸水、云龙、福贡、贡山；缅甸。Y0781、Y1336、样11。

锈叶杜鹃 Rhododendron siderophyllum Franch.

常绿灌木；章巴、新田；海拔1750～2000m；山坡灌丛、次生阔叶林或松林；大理、武定、禄劝、巧家、镇雄、易门、新平、元江、绿春、砚山、广南、马龙、寻甸；四川西南部、贵州。中国特有。Y0671、Y0669、Y0673、Y4831。

216. 越桔科 Vacciniaceae

白花树萝卜 Agapetes manni Hemsl.

附生灌木；甘岔；海拔2200m；常绿阔叶林下或岩石上；大理、丽江、腾冲、凤庆、耿马、景东、蒙自、新平、屏边、西双版纳；缅甸、印度。Y4747。

红花树萝卜 Agapetes pubiflora Airy-Shaw

附生灌木；甘岔；海拔2200m；常绿阔叶林下或灌丛上；云南西北部；西藏东南部；缅甸东北部。Y4725。

红苞树萝卜 Agapetes rubrobracteata R. C. Fang et S. H. Huang

附生灌木；曼来；海拔1900～2100m；密林中树上或灌丛；元江、屏边、金平、西畴、麻栗坡、景东；广西、贵州；越南北部。野外记录。

苍山越桔 Vaccinium delavayi Franch.

灌木；章巴；海拔2400m；山顶灌丛附生岩石上；滇西北、滇中及会泽、麻栗坡；西藏、四川；缅甸。Y0593。

云南越桔 Vaccinium duclouxii（Lévl.）Hand.-Mazz. **var. hirticaule** C. Y. Wu

灌木；曼来、章巴；海拔2000～2400m；常绿阔叶林、松栎林；禄劝、易门、蒙自、广南、马关。云南特有。Y0425、Y0920、Y0998、Y0865、Y943、Y0811、Y0277、Y0247、Y0389、Y0159、Y0354、样5。

樟叶越桔 Vaccinium dunalianum Wight

常绿灌木；全株药用；食用果；章巴；海拔1840～2380m；灌丛、阔叶林；贡山、腾冲、巍山、临沧、景东、易门、江川、富民、寻甸、元江、金平、屏边、麻栗坡、西畴、砚山；西藏、广西；不丹、印度、缅甸、越南。Y0946、Y0818、样12。

大樟叶越桔 Vaccinium dunalianum Wight **var. megaphyllum** Sleumer

灌木；章巴、曼来；海拔2200～2400m；湿润常绿阔叶林中、石山混交林内或沟谷；元江、石平、绿春、金平、屏边、马关、麻栗坡；缅甸东北、越南北部。野外记录。

隐距越桔 Vaccinium exaristatum Kurz

　　灌木；食用果；西拉河；海拔800～1100m；季风常绿阔叶林；瑞丽、龙陵、景东、双柏、镇康、澜沧、孟连、思茅、勐海、景洪、勐腊、元江、绿春、屏边、富宁；广西、贵州；缅甸、泰国、老挝、越南。野外记录。

黄背越桔 Vaccinium iteophyllum Hance

　　灌木；清水河；海拔1170m；混交林、林缘；西畴、马关、富宁；长江以南。中国特有。Y4086。

饱饭花 Vaccinium laetum Diels

　　灌木；果实、枝药用；曼旦、莫朗；海拔1410～1990m；山坡次生阔叶林；威信、盐津、永善、大关、彝良；四川、贵州。中国特有。Y3452、Y3469、样38。

江南越桔 Vaccinium mandarinorum Diels

　　灌木；食用果；莫朗；海拔1700～2070m；中山灌丛林缘、次生林；维西、泸水、腾冲、丽江；江苏、浙江、福建、安徽、江西、湖北、湖南、四川、贵州。中国特有。Y5139、Y5251、样65。

毛萼越桔 Vaccinium pubicalyx Franch.

　　灌木；曼来；海拔2000m；山坡灌丛或次生阔叶林内；香格里拉、丽江、洱源、宾川、腾冲、临沧、禄劝、嵩明、富民、永仁、师宗、寻甸、会泽、巧家、盐津、屏边等地；四川；缅甸。Y0421、样5。

荚米叶越桔 Vaccinium sikkimense C. B. Clarke

　　灌木；章巴；海拔2400m；混交林下或灌丛；贡山、德钦、景东；四川西部、西藏东南部；缅甸东北至印度锡金。Y0601。

218. 水晶兰科 Monotropaceae

水晶兰 Monotropa uniflora L.

　　腐生草本；莫朗、新田；海拔1700～1810m；中山湿润林下；嵩明、禄劝、楚雄、景东、勐海、西畴、广南、丽江、香格里拉、德钦；山西、陕西、甘肃、青海、浙江、安徽、台湾、湖北、江西、四川、贵州、西藏；俄罗斯、日本、印度、东南亚、北美。Y4884、Y5361。

221. 柿树科 Ebenaceae

君迁子 Diospyros lotus L.

　　乔木；曼来；海拔2000m；山坡、山谷或路边；云南大部分地区；辽宁、河北、山东、山西、西南各省份。中国特有。Y0337、Y0644。

多毛君迁子 Diospyros lotus L. var. mollissima C. Y. Wu ex Wu et Li

　　乔木；作食品、药用、材用；新田、莫朗；海拔1650～2070m；山坡、路边、溪边；永善、禄劝；四川、陕西、甘肃南部。中国特有。样63。

毛叶柿 Diospyros mollifolia Rehd. et Wilson

　　小乔木；普漂、曼旦、保保箐；海拔500～900m；中山疏林、次生林；滇中、滇东南、滇东北、滇西北；四川；亚洲西部、欧洲南部。Y0736、Y3274、Y4483。

罗浮柿 Diospyros morrisiana Hance

　　灌木；药用、做柿漆；莫朗、普漂；海拔1875～1990m；密林、山坡次生林；马关、西畴、富宁、金平、屏边；浙江、台湾、广东、广西、贵州；中南半岛。样66。

点叶柿 Diospyros punctilimba C. Y. Wu ex Wu et Li

　　乔木；普漂、曼旦；海拔400～550m；路边；元江、元阳。云南特有。Y5268。

单籽柿 Diospyros unisemina C. Y. Wu ex Wu et Li

　　乔木；普漂；海拔700m；密林或山坡次生林；西畴、麻栗坡。云南特有。Y3149。

云南柿 Diospyros yunnanensis Rehd. et Wils.

乔木；西拉河；海拔800m；山坡灌丛、疏林；思茅及西双版纳。云南特有。野外记录。

222.　山榄科 Sapotaceae

肉实树 Sarcosperma arboreum Hook. f.

乔木；清水河；海拔1000m；季风常绿阔叶林、路边；滇东南、滇西南、滇西北、滇中；贵州、广西；印度、缅甸、泰国。Y4090。

223.　紫金牛科 Myrsinaceae

石狮子 Ardisia arborescens Wall.

小乔木；全株入药；莫朗；海拔1480m；石灰山疏、密林中或山坡疏林、灌丛；西双版纳、金平、元江、临沧；贵州、广西；缅甸、越南、泰国。Y5098。

伞形紫金牛 Ardisia corymbifera Mez

灌木；观赏；新田；海拔1695~1790m；疏密林下；滇东南至滇西南及景东等地；广西；越南。样61。

朱砂根 Ardisia crenata Sims

灌木；全株入药，果可食用，茎、叶药用；章巴、曼来、望乡台、甘岔、莫朗；海拔2070~2380m；疏、密林下、阴湿的灌丛；滇西北、滇西南、滇东南及玉溪；我国东从台湾至西藏东南部，北从湖北至广东都有；日本、印度尼西亚、中南半岛、印度。Y0919、Y0132、Y0445、Y0786、Y1146、Y1486、Y4691、样12。

红凉伞 Ardisia crenata Sims var. **bicolor** C. Y. Wu et C. Chen

灌木；莫朗；海拔1700~1990m；季风常绿阔叶林；滇西北、滇西南、滇东南及玉溪；东从台湾至西藏东南，北从湖北至广东；日本、印度尼西亚、中南半岛、印度。Y4887、Y4490、Y5133、Y5443、样66。

酸苔菜 Ardisia solanacea Roxb.

小乔木；西拉河、清水河；海拔800~1000m；疏密林中、林缘、灌丛；滇南、滇西南、滇东南等地；广西；斯里兰卡至新加坡。Y3711、Y4190、样42。

星毛紫金牛 Ardisia stellata Walker

灌木；西拉河；海拔750~1000m；林下或水边荫处；元江、金平。云南特有。野外记录。

扭子果 Ardisia virens Kurz

灌木；西拉河、莫朗、清水河；海拔950~1480m；低中山疏林、密林；滇东南、滇西南；广东、台湾；印度、印度尼西亚。Y3918、Y4110、Y4217、Y4711、样47。

长叶酸藤子 Embelia longifolia（Bench）Hemsl.

藤本；果可食、药用；新田；海拔1200~1300m；疏林；滇西、滇西南、滇东南；江西、福建、广东、广西、四川、贵州。中国特有。Y4564。

艳花酸藤子 Embelia pulchella Mez

藤本；新田；海拔1630m；山地雨林；滇东南、滇西南；广西；印度、缅甸、泰国、越南。Y4577。

厚叶白花酸藤子 Embelia ribes Burm. f. var. **pachyphylla** Chun

藤本；望乡台；海拔2000m；疏密林下或灌丛；滇东南至滇西南；广东、广西。中国特有。Y1616。

网脉酸藤子 Embelia rudis Hand.-Mazz.

藤本；药用；章巴；海拔1840m；低中山灌丛、林缘；滇东南、龙陵；西南至华东。中国特有。Y0844。

大叶酸藤子 Embelia subcoriacea（C. B. Clarke）Mez

藤本；果可生食，并有驱蛔虫功效；章巴；海拔1840~2150m；中山灌丛林缘、疏林；滇西北、滇西南、西双版纳、滇东南；贵州、广西；印度、泰国、越南、老挝、柬埔寨。Y0931、Y0743、Y0602、样14。

平叶酸藤子 Embelia undulata（Wall.）Mez

　　藤本；果可食；莫朗；海拔1480～1800m；密林中潮湿处、山坡路边、林缘灌丛；景东、凤庆、勐海等地；印度、尼泊尔。Y5195、Y5096、Y5141、样68。

银叶杜茎山 Maesa argentea（Wall.）A. DC.

　　灌木；果可食用；曼来；海拔2344m；疏密林中、沟谷、山坡、水边；滇西北、滇西南及滇中；四川；印度、尼泊尔。Y0153。

纹果杜茎山 Maesa atriata（Thunb.）Moritzi ex Zoll. **var. opaca** Pitard

　　灌木；望乡台；海拔1700～2160m；密林、山坡和湿润的地方；屏边、西畴、麻栗坡及广南；越南中部。Y1192、Y1354、Y1154、Y1190、Y4885、样19。

杜茎山 Maesa japonica（Thunb.）Moritzi ex Zoll.

　　灌木；果可食，全株药用；望乡台；海拔1950m；石灰岩次生阔叶林；文山；我国东南至西南各省均有；日本、越南。Y1114。

薄叶杜茎山 Maesa macilentoides C. Chen

　　灌木；新田；海拔1680～1790m；山谷疏密林中阳处或坡地灌丛；勐海、景洪。云南特有。Y4651、Y5197、Y4464、Y4993、Y5009、Y4589、样61。

腺脉杜茎山 Maesa membranacea A. DC.

　　灌木；西拉河；海拔650m；密林下、坡地、沟边、湿地；勐腊、元江、金平、麻栗坡；华南；越南、柬埔寨。Y3851。

金珠柳 Maesa montana A. DC.

　　灌木；西拉河、莫朗、清水河、新田；海拔940～1480m；低中山疏林、季风常绿阔叶林；彝良、会泽、永胜、贡山、福贡、西双版纳、滇西南、建水、滇东南；台湾及西南各省；印度、缅甸、老挝、泰国、越南。Y3908、Y3972、Y4587、样47。

鲫鱼胆 Maesa perlarius（Lour.）Merr.

　　灌木；甘岔；海拔2125m；荒坡；西双版纳、屏边、文山各地；华南地区；越南。Y4687、样70。

圆叶杜茎山 Maesa subrotunda C. Y. Wu et C. Chen

　　灌木；清水河；海拔950m；河岸灌丛；景洪、金平、河口。云南特有。Y4104。

针齿铁仔 Myrsine semiserrata Wall.

　　灌木；可提制栲胶；章巴、望乡台；海拔2045～2320m；疏密林、山坡、路边、石灰山上、沟边；滇东南、滇西南、滇西北、滇西；湖北、湖南、广西、广东、四川、贵州、西藏等；印度、缅甸。Y0952、Y1026、Y0959、Y1338、Y1414、Y1442、样13。

光叶铁子 Myrsine stolonifera（Koidz.）Walker

　　灌木；新田；海拔1680m；密林中潮湿的地方；滇东南等地；台湾、福建、浙江、广东、广西、贵州；日本。样62。

密花树 Rapanea neriifolia（Sieb. et Zucc.）Mez

　　小乔木；药用、用材；章巴、曼旦；海拔1410～2320m；次生林；滇西北至丽江、中部至易门、东南至富宁；西南、华东；日本、缅甸、越南。Y1024、Y0764、Y3462、样13。

224. 野茉莉科 Stryracaceae

赤杨叶 Alniphyllum fortunei（Hemsl.）Makino

　　落叶乔木；章巴、望乡台；海拔1840～2000m；常绿阔叶林；滇东南、滇南；贵州、广西、广东、福建、台湾、江西、浙江、湖北；印度、越南和缅甸。Y0747、Y1614。

绒毛赤杨叶 Alniphyllum fortunei（Hemsl.）Perkins **var. hainanensis**（Hayata）C. Y. Wu

　　落叶乔木；望乡台；海拔2045m；常绿阔叶林；云南东南部和南部；贵州、广西、广东、福建、台湾、江西、浙江、湖北；越南北部。Y1426、Y1332、Y1380、样21。

贵州木瓜红 Rehderodendron kweichowenese Hu

落叶乔木；曼来；海拔2000m；半湿润常绿阔叶林；西畴、麻栗坡、马关、屏边、蒙自；贵州、广西；越南北部。Y0624。

大花野茉莉 Styrax grandiflora Griff.

落叶乔木；章巴、曼来、望乡台；海拔1840～2400m；疏林；滇东南至滇西南；贵州、广东、广西、西藏；缅甸。Y1073、Y0017、Y0229、Y0303、Y0832、Y1160、Y1456、样16。

大蕊野茉莉 Styrax macrantha Perkins

落叶乔木；蜜源植物；曼来；海拔2000m；常绿阔叶林；文山、元阳、玉溪、双柏、景东、双江、耿马。云南特有。Y0482、样5。

白花树 Styrax tonkinensis（Pierre）Craib ex Hartwichk

落叶乔木；蜜源植物；新田；海拔1695m；疏林；云南东南至西南；贵州、广西、广东、湖南；越南北部。Y4774、样63。

225. 山矾科 Symplocaceae

腺柄山矾 Symplocos adenopus Hance

乔木；章巴、新田；海拔1750～2285m；常绿阔叶林；屏边、金平、西畴、广南、富宁；福建、广东、广西、湖南、贵州。中国特有。Y2107、Y2011、Y4851、样16。

薄叶山矾 Symplocos anomala Brand.

乔木；种子可榨油，可做润滑剂，木材可做农具或小型家具；章巴、曼来；海拔2200m；山坡、山谷林缘和次生阔叶林；滇西、滇西南、滇南、滇东南；西藏、四川、贵州、广西、广东、湖南、湖北、江西、江苏、浙江、福建、台湾；缅甸、印度、泰国、越南、马来西亚、印度尼西亚、日本。Y1015、Y0955、Y0801、Y0211、样15。

华山矾 Symplocos chinensis（Lour.）Druce

落叶灌木；根药用，可治疟疾、急性肾炎；叶捣烂，外敷治疮疡、跌打；叶研成末，治烧伤及外伤出血；取叶鲜汁，冲酒内服治蛇咬伤；种子油可制肥皂；西拉河；海拔800～900m；山坡次生阔叶林；云南全省各地；安徽、浙江、福建、台湾、江西、广东、广西、湖南、贵州、四川。中国特有。野外记录。

越南山矾 Symplocos cochinchinensis（Lour.）S. Moore

乔木；蜜源植物；曼旦、清水河；海拔850～1100m；湿润密林或疏林；富宁、西畴、麻栗坡、金平、屏边、西双版纳；西藏、广西、广东、福建、台湾；中南半岛、印度尼西亚、印度。Y3241、Y3378、Y4124。

南岭山矾 Symplocos confusa Brand.

乔木；新田；海拔1680～1695m；常绿阔叶林；贡山、金平、思茅等地；湖南、江西、浙江、福建、台湾、广东、广西、贵州；越南。样62。

坚木山矾 Symplocos dryophila C. B. Clarke

常绿乔木；章巴、曼来；海拔2000～2200m；常绿阔叶林；云南全省各地；西藏和四川南部；缅甸、越南、泰国、尼泊尔、印度。野外记录。

羊舌树 Symplocos glauca（Thunb.）Koidz.

乔木；马底河、莫朗；海拔1450～1650m；常绿阔叶林；滇南；浙江、福建、台湾、广东、广西；日本。野外记录。

大叶山矾 Symplocos grandis Hand.-Mazz.

乔木；曼旦；海拔1200～1300m；次生阔叶林；滇南及滇西地区；广西。中国特有。野外记录。

黄牛奶树 Symplocos laurina（Retz）Wall.

乔木；木材做板料及木尺；种子油作润滑油制成肥皂；树皮药用，治感冒；曼来；海拔1960～2200m；林边石山及密林；云南全省各地；四川、贵州、湖南、西藏；越南、印度、斯里兰卡。野外记录。

白檀 Symplocos paniculata（Thunb.）Miq.

　　落叶乔木；药用；曼来、新田、莫朗；海拔1200～1990m；密林、疏林及灌丛；云南各地；除新疆和内蒙古外全国各地均有分布；朝鲜、日本、印度。Y0261、Y0689、Y4701、Y4937、样5。

宿苞山矾 Symplocos persistens C. C. Huang et Y. F. Wu

　　乔木；章巴、望乡台；海拔2040～2200m；常绿阔叶林；景东、元阳、屏边、金平。云南特有。Y0935、Y1023、Y1316、样15。

珠仔树 Symplocos racemosa Roxb.

　　乔木；树皮可代金鸡纳，叶入药；曼旦；海拔630～700m；季风常绿阔叶林；云南；四川、广西、海南；缅甸、泰国、越南、印度。Y0028、Y0090。

多花山矾 Symplocos ramosissima Wall. ex G. Don

　　乔木；曼来；海拔2300～2400m；常绿阔叶林；云南各地；西藏、四川、贵州、湖北、湖南、广东、广西；尼泊尔、不丹、印度锡金。Y0228、Y0189、Y0215、样4。

四川山矾 Symplocos setchuensis Brand.

　　乔木；甘岔；海拔2125m；常绿阔叶林或林缘；滇东南；台湾、福建、浙江、江苏、安徽、江西、湖南、广西、贵州、四川。中国特有。Y4857、样70。

山矾 Symplocos sumuntia Buch.-Hom

　　乔木；根、叶药用，叶可作媒染剂；曼来、章巴、莫朗；海拔1900～2380m；常绿阔叶林；滇东南、滇东北等地；从四川至江苏以南各省份都有分布；尼泊尔、印度、不丹。Y0278、Y0923、Y0976、Y0218、Y0162、Y0085、Y0782、样4。

滇灰木 Symplocos yunnanensis Brand.

　　乔木；甘岔、莫朗；海拔1750～2100m；次生阔叶林；滇南、滇东南、滇西南；越南。野外记录。

228. 马钱科 Loganiaceae

七里香 Buddleja asiatica Lour.

　　灌木；清水河；海拔950m；山坡草地、路边；云南各地广布；湖北、湖南、广东、广西、福建、四川、贵州、西藏；巴基斯坦、印度、不丹、缅甸、泰国、老挝、越南、马来西亚、印度尼西亚至菲律宾。Y4167。

柱穗醉鱼草 Buddleja cylindrostachya Kranzl.

　　灌木；平坝子、新田；海拔1750～2050m；干旱山坡灌丛；滇中、滇南、滇西南。云南特有。Y0343、Y5067。

长穗醉鱼草 Buddleja macrostachya Benth.

　　灌木；望乡台、甘岔；海拔1950～2000m；灌丛林缘；云南广布；印度、缅甸、泰国、越南。Y1080、Y4841。

多花醉鱼草 Buddleja myriantha Diels

　　灌木；马底河、新田；海拔1650～1850m；中山灌丛林缘、荒坡；云南广布。云南特有。野外记录。

密蒙花 Buddleja officinalis Maxim.

　　灌木；蜜源植物；马底河、莫朗；海拔1500～1900m；山坡、荒地、灌丛；云南各地；陕西、甘肃、湖北、湖南、广东、广西、四川、贵州；不丹、缅甸、越南。野外记录。

云南醉鱼草 Buddleja yunnanensis Gagn.

　　灌木；普漂；海拔840m；路边荒坡；景东、思茅、西双版纳。云南特有。Y3121。

229. 木犀科 Oleaceae

白蜡树 Fraxinus chinensis Roxb.

　　乔木；鲁业冲；海拔743m；季雨林；江川、西畴、广南、永善、镇雄；东北、黄河流域、长江流域、福建、广东、广西；越南、朝鲜。野外记录。

锈毛白蜡树 Fraxinus ferruginea Lingelsh.

乔木；树皮入药；清水河；海拔970～1100m；山谷密林；思茅、勐腊、蒙自；贵州、西藏。中国特有。Y4073、样47。

白枪杆 Fraxinus malalophylla Hemsl.

落叶乔木；根皮、树皮或须根入药，可消炎、利尿、通便、消食、健胃、除寒止痛；木材可制农具、家具及器物柄；曼旦、西拉河；海拔700～900m；石灰岩山地次生阔叶林；蒙自、元江、新平、西畴、广南、师宗、罗平、泸西；广西。中国特有。Y0068、Y3247、Y3602。

红素馨 Jasminum beesianum Forrest

木质藤本；普漂；海拔400m；山坡次生阔叶林及路边灌丛；嵩明、沾益、师宗、腾冲、洱源、丽江、香格里拉、维西；贵州、四川、西藏。中国特有。Y0692。

双子素馨 Jasminum dispermum Wall.

藤本；普漂；海拔490m；山地灌丛、山谷林缘及路边；景东、普洱、凤庆、漾濞、泸水、福贡、元阳、绿春、龙陵、镇康、梁河、盈江；印度、不丹。Y0714。

丛林素馨 Jasminum duclouxii（Lévl.）Rehd.

藤本；章巴、望乡台、曼来、新田、莫朗、甘岔；海拔1695～2380m；山坡或河谷常绿阔叶林及石灰岩灌丛；玉溪、绿春、元阳、蒙自、金平、屏边、马关、西畴、孟连、凤庆、腾冲、龙陵、泸水、巍山、景东；广西。中国特有。Y0966、Y0853、Y0977、Y2071、Y1342、Y1444、Y1514、Y0109、Y0295、Y0452、Y0522、Y0356、样12。

北清香藤 Jasminum lanceolarium Roxb.

藤本；茎入药；普漂、西拉河、施垤新村；海拔650～850m；中山灌丛林缘；富宁、西畴、金平、屏边、元阳、绿春、勐腊、思茅、双江、芒市、景东、贡山等地；安徽、台湾、福建、江西、湖北、湖南、广西、广东、贵州、四川；越南、印度、缅甸。Y3112、Y3676、Y5337。

野迎春 Jasminum mesnyi Hance

藤本；全株入药，可清热消炎，治支气管炎、腮腺炎、牙痛等；鲜叶捣烂，投入厕所或池塘内，可灭蚊蝇幼虫；普漂；海拔400～700m；林缘、灌丛；滇中、滇东南及西北部；贵州。中国特有。Y0696、Y3077。

小萼素馨 Jasminum micmoalyx Hance

藤本；曼旦；海拔768m；山坡灌丛；勐腊；广东、广西；越南。Y0110。

青藤仔 Jasminum nervosum Lour.

藤本；全株入药；西拉河；海拔1100m；低中山密林下、灌丛林缘；富宁、建水、元阳、绿春、金平、河口、勐腊、勐海、澜沧、沧源、耿马、镇康、龙陵、景东、双柏等；海南、广西、贵州；越南、缅甸、不丹、印度。Y3384、样47。

银花素馨 Jasminum nintooides Rehd.

藤本；普漂；海拔490m；密林、石山灌丛或石缝；蒙自、文山。云南特有。野外记录。

大理素馨 Jasminum seguinii Lévl.

木质藤本；绿化；清水河、施垤新村、普漂、曼旦、老虎箐；海拔450～1145m；山坡灌丛、石灰岩山坡；云南大部；广西、广东、贵州、四川。中国特有。Y3951、Y4453、Y3085、Y3214、Y3388、Y4155、Y4221、Y4262、Y4358、Y4399、Y4501、Y4845、Y5349、样45。

光素馨 Jasminum subhumile W. W. Smith var. glabricymosum（W. W. Smith）P. Y. Bai

藤本；根、茎皮、叶入药；马底河、莫朗；海拔1450～1650m；山坡次生阔叶林或路边灌丛；西畴、砚山、屏边、元江、易门、石林、凤庆、大理、泸水、丽江、香格里拉、德钦、福贡。云南特有。野外记录。

滇素馨 Jasminum subhumile W. W. Smith

藤本；马底河、新田；海拔1650～2000m；林下、灌丛；屏边、蒙自、建水、元江、江城、龙陵、凤庆、镇康、丽江、鹤庆。云南特有。野外记录。

元江素馨 Jasminum yuanjiangense P. Y Bai

藤本；普漂；海拔450～750m；河谷灌丛；元江、元阳。云南特有。Y0583、Y0698、Y3017。

紫药女贞 Ligustrum delavayanum Hariot

灌木；马底河、莫朗；海拔1500～1700m；季风常绿阔叶林；滇中、滇东北、滇西、滇西南；四川西部。中国特有。野外记录。

粗壮女贞 Ligustrum robustum（Roxb.）Bl.

灌木；清水河；海拔980m；混交林内；西双版纳及滇东南；四川、广西；印度、缅甸。Y4049。

小蜡 Ligustrum sinense Lour.

灌木；果实可酿酒，种子榨油供制皂，茎皮纤维可制人造棉；药用，抗感染、止咳；曼来；海拔2300～2400m；山地疏林或路旁、沟边；云南省大部分地区都有；长江以南各省份；越南。Y0207。

薄叶李榄一种 Linociera sp.

乔木；清水河；海拔800m；低中山疏林；元江特有。Y4349。

异株木犀榄 Olea dioica Roxb.

乔木；曼旦；海拔1100～1500m；沟谷密林或疏林；滇东南及滇南；广东、广西；印度、缅甸、越南。野外记录。

尖叶木犀榄 Olea ferrugenea Royle

乔木；木材坚硬，可作农具柄和作嫁接油橄榄的砧木；曼旦；海拔600m；林内或山坡灌丛；蒙自、元江、兰坪；四川西部；印度尼西亚（爪哇）。Y0038。

腺叶木犀榄 Olea glandulifera Wall.

乔木；望乡台；海拔2160m；沟边林内或山坡次生林；景东、凤庆、镇康、勐腊；印度南部山坡、尼泊尔、巴基斯坦、克什米尔地区。Y1210、样19。

红花木犀榄 Olea rosea Craib

乔木；望乡台、章巴；海拔2200～2500m；沟谷密林及山坡疏林；思茅、景洪、勐腊；中南半岛。Y0929、Y0611、样15。

木犀榄一种 Olea sp.

灌木；清水河；海拔1350m；季风常绿阔叶林；元江。野外记录。

云南木犀榄 Olea yunnanensis Hand.-Mazz.

乔木；种子可榨油，供食用或工业用油；曼来、西拉河、莫朗；海拔1100～2000m；山坡疏林；滇中、滇西、滇西南及东南部；四川。中国特有。Y0287、Y3902、Y3578、样5。

230. 夹竹桃科 Apocynaceae

广西香花藤 Aganosma kwangsiensis Tsiang

藤本；药用；清水河；海拔950m；山地疏林；勐海、西畴、富宁；广西。中国特有。Y4400。

鳝藤 Anodendron affine（Hook. et Arn.）Druce

藤本；鲁业冲；海拔791m；季雨林；滇东南、南部。野外记录。

假虎刺 Carissa spinarum L.

灌木；曼旦、普漂、施垕新村、西拉河；海拔450～800m；山坡灌丛；峨山、建水、开远、蒙自、元江；贵州、四川；印度、斯里兰卡、缅甸。Y0025、Y3038、Y3228、Y3544、Y3830。

海南鹿角藤 Chonemorpha splendens Chun et Tsiang

藤本；普漂、曼旦；海拔580m；山地疏林或山谷；元江等地；广东。中国特有。野外记录。

毛叶藤仲 Chonemorpha valvata Chatt.

木质大藤本；药用；西拉河；海拔850m；山地森林林缘；滇西南；缅甸、泰国。Y3684。

单瓣狗牙花 Ervatamia divaricata（L.）Burk.

灌木；鲁业冲；海拔635m；季雨林；西双版纳；广西、广东、台湾；印度。野外记录。

景东山橙Melodinus khasianus Hook. f.

木质藤本；果实成熟时可食；章巴；海拔2150m；湿润山谷森林；澄江、大理、景东、镇康、耿马；贵州；印度。Y0885、样14。

雷打果Melodinus yunnanensis Tsiang et P. T. Li

藤本；甘岔、莫朗；海拔1750～1900m；山地潮湿密林；建水、屏边、蒙自、元江。云南特有。野外记录。

帘子藤Pottsia laxiflora（Bl.）O. Ktze.

藤本；根、茎、乳汁可药用；新田、清水河；海拔1010～1695m；山地雨林、季风常绿阔叶林；西双版纳、西畴、麻栗坡、河口；贵州、广西、广东、湖南、福建、江西；印度、越南、马来西亚、印度尼西亚。Y5017、Y4008、样64。

*黄花夹竹桃Thevetia peruviana（Pers.）K. Schum.

乔木；药用；玉台寺；海拔550m；路边；元谋、开远、蒙自、元江、勐海、德宏、西双版纳；广东、广西、福建、台湾。中国特有。Y4865。

云南倒吊笔Wrightia coccinea（Roxb.）Sims

乔木；清水河；海拔1010m；山地密林或次生阔叶林；西双版纳；印度、缅甸、巴基斯坦。Y4362。

231. 萝藦科 Asclepiadaceae

乳突果Adelostemma gracillimum Hook. f.

藤本；施垒新村、清水河；海拔795～1000m；低中山疏林；德钦、镇沅、蒙自、普洱、临沧；贵州、广西；缅甸。Y4075、Y4181、Y4202、Y4307、样51。

牛角瓜Calotropis gigantea（L.）Dry. ex. Ait. f.

灌木；茎、叶的乳汁有毒，含牛角瓜苷等多种强心苷和牛角瓜碱，供药用，治皮肤癣、痢疾、风湿等；茎皮可治癫癣及梅毒；乳汁可提炼树胶原料，还可制鞣料及黄色染料；茎皮纤维坚韧，可制人造棉、造纸、制绳索、织麻布和麻袋等；种毛可作丝绒原料及填充物；保护区河谷；海拔400～760m；旷野；元江、巧家、建水、南华、马关、西双版纳；四川、广西、广东；印度、斯里兰卡、缅甸、越南、马来西亚。Y0114、Y3290。

长叶吊灯花Ceropegia dolichophylla Schltr.

藤本；曼旦；海拔1410m；山地密林；大理、德钦、师宗等地；四川、贵州、广西。中国特有。Y3449、样38。

柳叶吊灯花Ceropegia salicifolia H. Huber

藤本；普漂、清水河、施垒新村、莫朗；海拔600～1800m；中山灌丛林缘、季风常绿阔叶林；思茅等地。云南特有。Y3081、Y4156、Y5252、Y5254。

白薇Cryptolepis atratum Bunge

草本；马底河、莫朗；海拔1300～1450m；路边、灌丛；全省各地；东北、华东、华北、中南、西南、陕西；朝鲜、日本。野外记录。

牛皮消Cynanchum auriculatum Royle ex Wight

藤本；曼旦、西拉河；海拔600～1070m；路边、灌丛；全国大部；印度。Y3768、Y3783、样35。

古钩藤Cryptolepis buchananii Roem. et Schult.

木质藤本；根含有强心苷，具有强心作用；根、果实民间常用于祛风、止鼻血、消水肿及治乳癌；叶外用治疮毒；茎皮纤维坚韧，常制作绳索；种毛作填充物；曼旦、普漂、清水河；海拔600～760m；山林疏地；云南广布；贵州、广西、广东；印度、缅甸、斯里兰卡、越南。Y0080、Y3326、Y3177、Y3548、Y3866、Y4313、Y5240。

白叶藤Cryptolepis sinensis（Lour.）Merr

木质藤本；西拉河、清水河；海拔710～1145m；丘陵、山地、灌丛；澄江、江城、景宏、普洱、石屏、永胜、宁蒗；贵州、广西、广东、台湾；印度、越南、马来西亚。Y3837、样41。

山白前 Cynanchum fordii Hemsl.

　　缠绕藤本；曼旦；海拔1200～1450m；山地森林下；丽江；四川。中国特有。Y4928。

丽江牛皮消 Cynanchum likiangense W. T. Wang ex Tsiang et P. T. Li

　　草本；清水河；海拔810m；林中沙地；丽江。云南特有。Y4298。

徐长卿 Cynanchum paniculatum（Bunge）Kitegawa

　　藤本；药用；小河底；海拔446m；山坡草丛；云南东北部；辽宁、内蒙古、山西、河北、河南、陕西、甘肃、四川、湖北、广东、广西、贵州、山东、安徽、江苏、浙江、江西、湖南；日本、朝鲜。Y5040。

苦绳 Dregea sinensis Hemsl.

　　藤本；茎皮纤维坚韧，可编织绳索和制人造棉；种毛可作填充物；曼旦；海拔650m；山地疏林或灌丛；嵩明、华宁、澄江；湖北、广西、贵州、四川、甘肃、陕西。中国特有。Y0045、样2。

南山藤 Dregea volubilis（L. f.）Benth. ex. Hook. f.

　　木质大藤本；茎皮纤维坚韧，可编织绳索和制人造棉，种毛可做填充物；根可药用，作催吐药；茎可利尿、止肚痛、除郁湿；全株可治胃热和胃痛；果皮上的白粉可作兽医药；曼来、普漂、曼旦、施垤新村；海拔490～2344m；山地森林中，常攀援于大树上；勐海、耿马、双江、景洪；印度、越南、马来西亚、印度尼西亚、泰国、菲律宾。Y0216、Y0274、Y0724、样4。

丽子藤 Dregea yunnanensis（Tsiang）Tsiang et P. T. L.

　　藤本；普漂；海拔400～490m；山地森林缘；德钦、丽江；四川、甘肃。中国特有。Y0511、Y0529、样6。

匙羹藤 Gymnena sylvestre（Retz.）Schult.

　　木质藤本；全株可入药，治风湿痹痛、脉管炎、毒蛇咬伤等；外用治痔疮、消肿；植株有小毒，孕妇慎用；普漂；海拔500m；山地灌丛；景洪、勐腊、金平；台湾、福建、浙江、广东、广西；印度、越南、印度尼西亚、澳大利亚和热带非洲。Y0547、Y0718、Y0720、Y0732、样8。

醉魂藤 Heterostemma alatum Wight

　　藤本；根入药；莫朗；海拔1480～1875m；山地雨林、季风常绿阔叶林；屏边、景洪、思茅、勐腊、普洱、勐海、富宁、巍山、金平等地；四川、贵州、广东、广西；印度、尼泊尔。Y4940、样67。

护耳草 Hoya fungii Merr.

　　附生攀缘灌木；西拉河、清水河、施垤新村；海拔600～1100m；山地森林中、附生树上；西双版纳等地。云南特有。Y3707、Y4044。

云南牛奶菜 Marsdenia balansae Cost.

　　藤本；鲁业冲；海拔746～757m；季雨林；澜沧、瑞丽、嵩明、景东、西畴、双江、景洪、马关；贵州、广西；越南。野外记录。

红肉牛奶菜 Marsdenia carnea Woods.

　　藤本；莫朗；海拔1875m；山坡向阳处；文山、景东、嵩明；四川。中国特有。样67。

大白药 Marsdenia griffithii Hook. f.

　　木质木藤；药用；曼旦；海拔1200～1450m；山地森林；思茅等地；印度。Y4924。

海枫屯 Marsdenia officinalis Tsiang et P. T. Li

　　藤本；清水河；海拔950m；山地森林；嵩明；浙江、湖北、四川。中国特有。Y5240。

假蓝叶藤 Marsdenia pseudotinctoria Tsiang

　　木质藤本；普漂、施垤新村；海拔650～800m；山地森林；西双版纳；广西。中国特有。Y5087、样31。

牛奶菜一种 Marsdenia sp.

　　木质藤本；莫朗、普漂；海拔800～2070m；低中山疏林；元江。Y5042、Y3110、样65。

蓝叶藤 Marsdenia tinctoria R. Br.

　　藤本；西拉河；海拔1100m；山地阔叶林；勐腊、景洪、屏边、澜沧等地；西藏、贵州、四川、广东、广西、湖南、台湾等省份；斯里兰卡、印度、缅甸、越南、菲律宾、印度尼西亚等国。Y3896、样47。

绒毛蓝叶藤 Marsdenia tinctoria R. Br. var. tomentosa Mas.

藤本；作染料；普漂、施垤新村、小河底；海拔446～750m；山地密林；元江、澄江、嵩明；台湾、广西、四川。中国特有。Y3015、样32。

翅果藤 Myriopteron extensum（Wight）K. Schum

木质藤本；根可药用，可消炎、润肺、止咳；全株可治肺结核；普漂、施垤新村、曼旦、清水河、西拉河、老虎箐；海拔400～850m；山地疏灌丛；思茅、景东、巍山、勐海、景洪、凤庆、河口、临沧、金平、元江、芒市；贵州、广西；印度、缅甸、泰国、越南、老挝、印度尼西亚和马来西亚。Y0700、Y3002、Y5335、Y3342、Y3654、Y4139、Y4254。

青蛇藤 Periploca capophylla（Wight）Falc.

藤本；甘岔、莫朗；海拔1700～2000m；中山灌丛林缘；漾濞、永善、屏边、泸西、双柏、澄江、贡山、丽江、绥江、罗平、临沧、巍山、砚山、景东、麻栗坡、西畴、元江、禄劝；西藏、四川、贵州、广西、湖北；尼泊尔、印度。野外记录。

九节 Psychotria asiatica L.

灌木；鲁业冲；海拔680～805m；季雨林；富宁、河口；贵州、广西、广东、香港、海南、湖南、福建、浙江、台湾；越南、老挝、柬埔寨、印度、马来西亚、日本。野外记录。

鲫鱼藤 Secamone lanceolata Bl.

藤本；曼旦；海拔1410m；山地密林中、攀缘树上；富宁、开远；广西、广东；马来西亚、印度尼西亚、越南、柬埔寨。Y3457、样38。

吊山桃 Secamone sinica Hand.-Mazz.

藤本；药用；西拉河、普漂；海拔1100m；山地、溪旁、密林阴处、攀援树上；富宁、蒙自；贵州、广西、广东。中国特有。Y3931、样47。

锈毛弓果藤 Toxocarpus fuscus Tsiang

藤本；药用；西拉河、老虎箐；海拔650～1000m；山地疏林；蒙自、屏边；广东、广西。中国特有。Y3690、Y4457、样42。

西藏弓果藤 Toxocarpus himalensis Falc. ex Hook. f.

藤本；西拉河；海拔950～1050m；山地雨林；蒙自、思茅、云龙、景东、元江、西双版纳；西藏、贵州、广西；印度。野外记录。

小叶娃儿藤 Tylophora tenuis Bl.

藤本；倮倮箐；海拔750m；季风常绿阔叶林；普洱、腾冲等地；陕西、广西、广东、湖南、台湾；印度、斯里兰卡、越南、马来西亚、印度尼西亚等地。Y4942、样60。

232. 茜草科 Rubiaceae

毛叶茜树 Aidia pycnantha（Drake）Tirveng.

小乔木；清水河；海拔1000m；旷野、丘陵、山坡、山谷溪边林中或灌丛；麻栗坡、富宁、屏边、河口、金平；广西、广东、香港、福建；越南。Y4425。

丰花草 Borreria stricta（L. f.）G. Mey.

草本；西拉河；海拔700～1400m；旷野、荒地；师宗、永胜、鹤庆、巍山、元谋、元江、砚山、景东、思茅、澜沧、勐腊、景洪、勐海、镇康；四川、贵州、广西、广东、香港、海南、湖南、江西、福建、浙江、安徽、台湾；越南、老挝、柬埔寨、泰国、印度、斯里兰卡、马来西亚、菲律宾等亚洲热带地区和热带非洲。野外记录。

滇短萼齿木 Brachytome hirtellata Hu var. glabrescens W. C. Chen

灌木；新田；海拔1615m；山谷溪边林；贡山、砚山、马关、麻栗坡、西畴、蒙自、屏边、河口、金平、元阳、绿春、孟连、景洪、勐海；西藏；越南。Y5122。

猪肚木 Canthium horridum Bl.

灌木；果食用、根药用；莫朗；海拔1200m；山地雨林；元江、马关、西畴、富宁、屏边、河口、金平、元阳、建水、思茅、澜沧、孟连、勐腊、景洪、勐海；贵州、广西、广东、香港、海南；越南、缅甸、印度、马来西亚、新加坡、印度尼西亚、菲律宾。Y4956。

弯管花 Chassalia curviflora（Wall.）Thwaites

灌木；西拉河；海拔850～1100m；沟箐季雨林；云南广布；西藏、广西、广东、海南；越南、老挝、柬埔寨、泰国、缅甸、不丹、孟加拉国、印度、斯里兰卡、马来西亚、印度尼西亚。野外记录。

长叶弯管花 Chassalia curviflora（Wall.）Thwaites **var. longifolia** Hook. f.

灌木；西拉河；海拔850～1100m；沟箐季雨林；广东、海南、广西和云南、西藏（墨脱、察隅、芒康）；中南半岛、印度（东北部和安达曼群岛）、不丹、斯里兰卡、孟加拉国、马来西亚、加里曼丹岛等地。野外记录。

西南虎刺 Damnacanthus tsaii Hu

具刺灌木；章巴；海拔1990～2200m；山谷林下、林缘、路旁和石山；玉溪、砚山、麻栗坡、广南、澜沧、孟连、耿马；四川。中国特有。Y0804。

拉拉藤（变种）Galium aparine L. **var. echinospermum**（Wallr.）Cuf.

草本；全草药用，可清热解毒、消肿止痛、利尿、散瘀；曼来；海拔2400m；山谷林下、山坡、草地；镇雄、师宗、东川、德钦、维西、香格里拉、贡山、福贡、兰坪、鹤庆、江川、景东、镇康；除海南及南海诸岛外全国均有；尼泊尔、巴基斯坦、印度、朝鲜、日本、俄罗斯及欧洲、非洲、美洲北部。Y0362。

猪殃殃（变种）Galium aparine L. **var. tenerum**（Gren. et Godr.）Rchb.

草本；全草药用，可清热解毒、消肿止痛、利尿、散瘀；曼来；海拔2344m；灌丛；丽江、维西、香格里拉、福贡、鹤庆、镇康；除海南及南海诸岛外全国均有；巴基斯坦、朝鲜、日本。Y0198、样4。

契叶葎 Galium asperifolium Wall. ex Roxb.

草本；曼来；海拔1900～2200m；草坡；曲靖、澄江、德钦、维西、贡山、大理、楚雄、元江、峨山、华宁、通海、马关、蒙自、屏边、河口、腾冲；四川、西藏、贵州；泰国、尼泊尔、孟加拉国、巴基斯坦、印度、阿富汗。野外记录。

线梗拉拉藤 Galium comari Lévl. et Van.

草本；曼来；海拔2344m；草地；彝良、鹤庆；四川、贵州、湖南、湖北、江西、福建、浙江、陕西、甘肃。中国特有。Y0198、样4。

小红参 Galium elegans Wall. ex Roxb.

草本；曼来；海拔2344m；山谷溪边林中、草坡或岩石上；云南广布；四川、西藏、贵州、湖南、浙江、安徽、台湾、甘肃；泰国、缅甸、不丹、尼泊尔、孟加拉国、巴基斯坦、印度、印度尼西亚。Y0166、Y0194、样4。

丽江拉拉藤 Galium forrestii Diels

草本；章巴；海拔2380m；山坡草地；丽江；四川（雅江）。中国特有。Y0990、样12。

心叶木 Haldina cordifolia（Roxb.）C. E. Ridsd

落叶乔木；曼旦、普漂、西拉河；海拔760～1100m；河谷季雨林；巧家、双柏、元江、蒙自、河口、金平、个旧、元阳、绿春、景洪；越南、泰国、尼泊尔、印度、斯里兰卡。Y0050、Y3068、Y3600。

耳草 Hedyotis auricularia L.

草本；药用；曼旦；海拔600m；灌丛、山坡草地；泸水、马关、屏边、河口、金平、景东、孟连、勐腊、景洪、勐海、沧源、芒市；华南、西南；越南至菲律宾、非洲热带。Y3349、样35。

败酱耳草 Hedyotis capituligera Hance

草本；曼旦、西拉河、曼旦、清水河；海拔670～1410m；草坡；巍山、景洪；贵州、广东。中国特有。Y3476、Y3422、Y4403、样38。

牛白藤 Hedyotis hedyotidea（DC.）Merr.

藤本；根茎药用；新田、莫朗、新田、马底河、曼旦；海拔1410～2070m；低中山沟谷、林缘；镇雄、师宗、罗平、易门、马关、麻栗坡、西畴、富宁、蒙自、屏边、河口、金平、元阳、绿春、景东、思茅、景洪；贵州、广西、广东、香港、福建、台湾；越南、柬埔寨。Y5112、Y0367、Y3439、Y3440、Y3473、样62。

东亚耳草 Hedyotis Lineata Roxb.

草本；章巴；海拔1825m；次生阔叶林下；思茅、孟连、勐腊、景洪、勐海；缅甸、孟加拉国、印度、尼泊尔。Y0709。

松叶耳草 Hedyotis pinifolia Wall. ex G. Don

草本；全草入药；曼旦；海拔450～1100m；路边、草坡；宾川、思茅、保山；广西、广东、香港、海南、福建；越南、泰国、柬埔寨、尼泊尔、印度、马来西亚、印度尼西亚。Y3273、Y3403、Y3404。

攀茎耳草 Hedyotis scandens Roxb.

藤本；根入药；新田、莫朗；海拔1480～1790m；山坡、山谷、路边、溪边、荒地或常绿阔叶林中、灌丛或草地；云南广布；越南、柬埔寨、缅甸、孟加拉国、不丹、尼泊尔、印度。Y5276、样61。

纤花耳草 Hedyotis tenelliflora Bl.

草本；西拉河、曼旦；海拔700～1050m；季雨林；盐津、福贡、元江、马关、西畴、屏边、元阳、绿春、景东、思茅、澜沧、孟连、勐腊、景洪、勐海、沧源、保山、瑞丽；四川、贵州、广西、广东、香港、海南、湖南、江西、浙江、福建、台湾；越南、老挝、泰国、印度、马来西亚、菲律宾、日本。Y4699、Y3421、Y3606、样43。

海南龙船花 Ixora hainanensis Merr.

灌木；曼旦；海拔1050～1450m；山谷溪边林；元江；广东、海南。中国特有。野外记录。

白花龙船花 Ixora henryi Lévl.

灌木；马底河、莫朗；海拔1450～1750m；山地雨林；贡山、大理、元江、马关、麻栗坡、西畴、富宁、泸西、蒙自、屏边、河口、金平、元阳、景东、普洱、思茅、孟连、勐腊、景洪、勐海、凤庆、双江、沧源、耿马、镇康、龙陵、盈江、梁河、芒市、陇川；贵州、广西、广东、海南；越南、泰国。野外记录。

滇丁香 Luculia pinciana Hook.

灌木；根、花、果入药；章巴；海拔2200m；林缘；云南广布；西藏、贵州、广西；越南、缅甸、尼泊尔、印度。野外记录。

南岭鸡眼藤 Morinda nanlingensis Y. Z. Ruan

藤本；马底河、莫朗；海拔1480m；山谷溪林边；云南南部；广西、广东、湖南、福建。中国特有。野外记录。

短梗木巴戟 Morinda persicaefolia Buch.-Ham.

灌木；曼旦；海拔1050～1100m；山地雨林；滇南；印度至东南亚。野外记录。

展枝玉叶金花 Mussaenda divaricata Hutch.

藤本；可供园林绿化；清水河；海拔750～1020m；中山灌丛林缘；元江、马关、西畴、广南、蒙自、屏边、景东；四川、贵州、广西、湖北。中国特有。Y4312、Y4356。

楠藤 Mussaenda erosa Champ.

藤本；茎、叶可入药；马底河、新田；海拔1650～1800m；中山灌丛林缘；贡山、福贡、元江、马关、麻栗坡、西畴、泸西、蒙自、屏边、河口、金平、元阳、绿春、勐腊、沧源、盈江、梁河、芒市、瑞丽；四川、贵州、广西、广东、香港、海南、福建、台湾；越南、日本。野外记录。

南玉叶金花 Mussaenda henryi Hutch.

藤本；曼来、章巴；海拔1900m；山坡灌丛；红河；贵州、广西。中国特有。Y0369。

红毛玉叶金花 Mussaenda hossei Craib.

藤本；可供园林绿化；老虎箐、新田；海拔750～1700m；低中山灌丛林缘；景东、思茅、勐腊、景洪、勐海；越南、老挝、泰国、缅甸。Y4482、Y5263。

多毛玉叶金花 Mussaenda mollissima C. Y. Wu

灌木；马底河、莫朗；海拔1450～1500m；林缘、灌丛；大理、新平、元江、富宁、屏边、河口、石屏、绿春、景东、孟连、西畴、勐腊、景洪、勐海、双江；广西。中国特有。野外记录。

玉叶金花 Mussaenda pubescens Ait. f.

木质藤本；茎、叶及根可药用；叶晒干可作茶叶的代用品；甘岔、莫朗；海拔1700～2000m；林缘灌丛；绥江、大关、师宗、新平、元江、峨山、文山、金平、绿春、思茅、勐腊、景洪、勐海、盈江、芒市、瑞丽；贵州、广西、广东、香港、海南、江西、福建、浙江、台湾。中国特有。野外记录。

单裂玉叶金花 Mussaenda simpliciloba Hand-Mazz.

藤本；曼来；海拔1800～1950m；河边及山谷灌丛或阔叶林；罗平、永胜、华坪、福贡、泸水、漾濞、大姚、禄劝、沅江、峨山、景东；四川、贵州。中国特有。野外记录。

纤梗腺萼木 Mycetia gracilis Craib.

灌木；西拉河；海拔750～1100m；山地雨林；元江、绿春、屏边、思茅、孟连、勐腊、景洪；泰国。野外记录。

长叶腺萼木 Mycetia longifolia（Wall.）Kuntze

灌木；莫朗；海拔1400m；季风常绿阔叶林；景东、景谷、沧源、梁河；西藏；老挝、泰国、缅甸、尼泊尔、孟加拉国、印度、马来西亚。Y4521。

密脉木 Myrioneuron fabri Hemsl.

灌木；西拉河、清水河；海拔1100m；常绿阔叶林；昭通、新平、元江、麻栗坡、西畴、富宁、蒙自、屏边、河口、金平、绿春、景东、澜沧、孟连、勐腊、勐海、凤庆、沧源、龙陵、盈江、梁河；四川、贵州、广西、湖南、湖北。中国特有。Y3897、Y3952、Y4025、样47。

薄叶新耳草 Neanotis hirsuta（L. f.）W. H. Lewis

草本；曼旦；海拔1050～1450m；灌草丛；云南广布；四川、西藏、贵州、广西、广东、湖南、湖北、江西、福建、浙江、江苏、台湾；越南、泰国、缅甸、不丹、尼泊尔、印度、马来西亚、印度尼西亚、日本。野外记录。

西南新耳草 Neanotis wightiana（Wall. ex Wight et Arn）W. H. Lewis

草本；曼来；海拔2344m；草坡、灌丛或林缘；彝良、贡山、福贡、麻栗坡、屏边、金平、绿春、景东、孟连、景洪、勐海、凤庆、镇康；西藏、贵州、广西；越南、缅甸、尼泊尔、印度、马来西亚。Y0280、样4。

独龙蛇根草 Ophiorrhiza dulongensis Lo

草本；章巴；海拔2300m；常绿阔叶林下及溪边；贡山、泸水、临沧；西藏（墨脱）。中国特有。Y0649。

葡地蛇根草 Ophiorrhiza vugosa Wall.

匍匐草本；望乡台；海拔2045m；常绿阔叶林下、山坡、路边；贡山；西藏（樟木）；越南、不丹、尼泊尔、印度、斯里兰卡、马来西亚。Y1408、Y1348、样21。

无脉鸡爪簕 Oxyceros evenosa（Hutchins.）Yamazaki

有刺灌木；马底河、莫朗；海拔1450～1600m；山谷林；元江、蒙自、勐海。云南特有。野外记录。

琼滇鸡爪簕 Oxyceros griffithii（Hook. f.）W. C. Chen

有刺灌木；甘岔、莫朗；海拔1750～1950m；林中或灌丛；泸水、漾濞、新平、元江、峨山、砚山、麻栗坡、西畴、富宁、河口、石屏、绿春、景东、墨江、江城、普洱、思茅、澜沧、孟连、勐腊、景洪、勐海、双江、沧源、腾冲、盈江、芒市、陇川、瑞丽；贵州、广西、海南；越南、泰国、印度。野外记录。

毛鸡矢藤 Paederia scandens（Lour.）Merr. var. tomentosa（Bl.）Hand.-Mazz.

藤本；药用；普漂、老虎箐；海拔530～800m；低山林缘；云南广布；四川、贵州、广西、广东、香港、海南、湖南、湖北、河南、江西、福建、台湾、浙江、江苏、安徽、山东、陕西、山西、甘肃等省份；越南、老挝、柬埔寨、泰国、缅甸、尼泊尔、印度、马来西亚、印度尼西亚、菲律宾、朝鲜、日本。Y3047、Y3186、Y5116、Y5118、样31。

鸡矢藤 Paederia scandens（Lour.）Merr var. scandens

藤本；茎、叶、根可作药用，治小儿疳积、支气管炎；曼来、莫朗；海拔1875～2000m；林缘灌丛；云南大部；四川、贵州、广西、广东、香港、海南、湖北、湖南、河南、江西、福建、台湾、浙江、江苏、安徽、山东、山西、陕西、甘肃；越南、老挝、柬埔寨、泰国、缅甸、尼泊尔、印度、马来西亚、印度尼西亚、菲律宾、朝鲜、日本。Y0622、Y0553、样2。

云南鸡矢藤 Paederia yunnanensis（Lévl.）Rehd.

灌木；根药用；西拉河、俫俫箐、曼旦、清水河、施垤新村；海拔450～1145m；低山灌丛林缘；昭通、寻甸、嵩明、丽江、福贡、鹤庆、巍山、楚雄、砚山、蒙自、景东、临沧；四川、贵州、广西。中国特有。Y3325、Y3577、Y3584、Y3713、Y3725、Y3966、Y4230、Y4667、Y5114、样40。

香港大沙叶 Pavetta hongkongensis Bremek.

灌木；全株入药；新田；海拔1695m；山地森林中或灌丛；元江、马关、西畴、澜沧、普洱、勐腊、景洪、沧源；广西、广东、香港、海南。中国特有。样63。

糙叶大沙叶 Pavetta scabrifolia Bremek.

灌木；曼旦；海拔1200～1450m；山谷溪边林；元江、马关、富宁、屏边、河口、金平、元阳、景东、澜沧、勐腊、景洪、勐海、沧源、陇川。云南特有。野外记录。

绒毛大沙叶 Pavetta tomentosa Roxb. ex Smith

灌木；莫朗；海拔1480m；林下；勐海；印度、越南。样69。

驳骨九节 Psychotria prainii Lévl.

灌木；全株入药；西拉河、清水河；海拔770～1100m；山地雨林；师宗、罗平、新平、元江、马关、麻栗坡、西畴、富宁、广南、金平、绿春、思茅、勐腊、景洪；贵州、广西、广东；泰国。Y3925、Y4288、Y4088、Y4219、Y4635、样47。

九节一种 Psychotria sp.

灌木；新田；海拔1695m；季风常绿阔叶林；元江。样64。

黄脉九节 Psychotria straminea Hutch.

灌木；曼旦；海拔1100～1500m；季雨林；新平、元江、麻栗坡、西畴、富宁、蒙自、屏边、河口、金平、元阳、绿春、澜沧、勐腊、景洪、勐海、双江、沧源、瑞丽；广西、广东、海南；越南。野外记录。

假九节 Psychotria tutcheri Dunn

灌木；清水河；海拔1120m；季风常绿阔叶林；麻栗坡、泸西、腾冲、河口、龙陵；广东、广西、香港、福建、海南；越南。Y4065。

云南九节 Psychotria yunnanensis Hutch.

灌木；西拉河；海拔950～1100m；山地雨林；云南广布；西藏、广西；越南。Y5006。

金剑草 Rubia alata Wall.

藤本；根、茎入药；曼来；海拔2400m；灌丛和旷野；绥江、镇雄、彝良、大关、富源、嵩明、澄江、罗平、永胜、德钦、福贡、兰坪、剑川、宾川、富民、永仁、大姚、姚安、易门、宜良、峨山、西畴、富宁；四川、贵州、广西、广东、湖南、湖北、河南、江西、福建、浙江、台湾、安徽、陕西、甘肃。中国特有。Y0364。

东南茜草 Rubia argyi（Lévl. et Vant）Hara ex Ferguson

藤本；莫朗；海拔1200m；林缘、灌丛；云南中部；四川、广西、广东、湖南、湖北、河南、江西、福建、浙江、江苏、安徽、台湾、陕西；朝鲜、日本。Y5101。

钩毛茜草 Rubia oncotricha Hand.-Mazz.

藤本；西拉河；海拔700m；山谷林缘；彝良、会泽、澄江、石林、东川、丽江、德钦、维西、香格里拉、大理、富民、江川、丘北、砚山、麻栗坡、富宁、广南、开远、蒙自、屏边、景谷、龙陵；四川、西藏、贵州、广西。中国特有。Y3621。

柄花茜草 Rubia podantha Diels

藤本；俫俫箐、莫朗；海拔650～1100m；疏林及草地；云南广布；广西西部、四川南部。中国特有。Y4981、Y5120。

金线草 Rubiamembranacea Diels

藤本；新田；海拔1695m；山谷溪边林中或灌丛；永善、盐津、威信、镇雄、嵩明、宜良、丽江、德钦、维西、香格里拉、贡山、泸水、鹤庆、洱源、漾濞、大姚、禄劝、麻栗坡、西畴、弥勒、绿春、景东；四川、西藏、湖南、湖北。中国特有。样64。

假桂乌口树 Tarenna attenuata（Voigt）Hutch.

灌木；普漂；海拔400～500m；山谷溪边林中或灌丛；元江、蒙自、金平、元阳、绿春、勐腊、景洪、勐海、临沧；广西、广东、香港、海南、福建；越南、柬埔寨、印度。Y0553、Y0660。

白皮乌口树 Tarenna depauperata Hutch.

灌木；普漂、施垤新村、铁索桥；海拔390～800m；季雨林；滇东南至滇南；广东、广西至华东；越南。Y3118、Y5110、样31。

岭罗麦 Tarennoidea Wallichii（Hook. f.）Tirveng. et C. Sastre

乔木；清水河；海拔1145m；山地雨林、季风常绿阔叶林；云南广布；贵州、广西、广东、海南；越南、泰国、柬埔寨、缅甸、不丹、尼泊尔、孟加拉国、印度、马来西亚、印度尼西亚、菲律宾。Y3948、样45。

钩藤 Uncaria rhynchophylla（Miq.）Miq. ex Havil.

藤本；鲁业冲；海拔673m；季雨林；富宁、河口；四川、贵州、广西、广东、湖南、湖北、江西、福建、浙江；日本。野外记录。

白钩藤 Uncaria sessillifructus Roxb.

藤本；曼旦；海拔1000～1200m；低中山灌丛林缘；元江、麻栗坡、西畴、富宁、广南、河口、金平、绿春、思茅、景东、勐腊、景洪、勐海、沧源、耿马、龙陵、瑞丽；广西、广东；越南、老挝、缅甸、不丹、尼泊尔、孟加拉国、印度。野外记录。

垂枝水锦树 Wendlandia pendula（Wall.）DC.

灌木；施垤新村；海拔850～1350m；山谷溪边林中或灌丛；元江、石屏、思茅、孟连、勐腊、景洪、勐海、耿马、镇康；缅甸、不丹、尼泊尔、印度。Y4960。

粗叶水锦树 Wendlandia scabra Kurz

灌木；曼旦；海拔1000～1200m；疏林、次生林；云南广布；贵州、广西；越南、泰国、缅甸、孟加拉国、印度。野外记录。

毛冠水锦树 Wendlandia tinctoria（Roxb.）DC. **ssp. affinis** How ex W. C. Chen

灌木；马底河、莫朗；海拔1350～1500m；山地雨林；师宗、新平、元江、广南、屏边、景东、思茅、勐腊、景洪、勐海、耿马、盈江；广西。中国特有。野外记录。

粗毛水锦树 Wendlandia tinctoria（Roxb.）DC. **ssp. barbata** Cowan

灌木；蜜源、曼旦；海拔1200～1450m；山坡疏林；景洪、勐腊、思茅、景东、龙陵、墨江、元江、屏边；广西；越南。野外记录。

厚毛水锦树 Wendlandia tinctoria（Roxb.）DC. **ssp. callitricha**（Cowan）W. C. Chen

灌木；甘岔、莫朗；海拔1700～1900m；山坡或山谷溪边林中或灌丛；元江、澄江、石林、贡山、双柏、新平、峨山、富宁、弥勒、屏边、河口、金平、思茅、勐腊、凤庆、沧源、耿马、龙陵、芒市、陇川、瑞丽；广西；缅甸。野外记录。

麻栗水锦树 Wendlandia tinctoria（Roxb.）DC. **ssp. handelii** Cowan

灌木；马底河、莫朗；海拔1350～1450m；山地疏林；元江、弥勒、蒙自、屏边、河口、金平、景东、景谷；贵州、广西。中国特有。野外记录。

红皮水锦树 Wendlandia tinctoria（Roxb.）DC. **ssp. intermedia**（How）W. C. Chen

灌木；曼旦、西拉河；海拔820～1300m；季风常绿阔叶林；屏边、金平、石屏、景东、普洱、思茅、勐腊、景洪、凤庆、龙陵。云南特有。Y3412、Y3765、样37。

水锦树 Wendlandia uvariifolia Hance **ssp. uvariifolia**

灌木；根、叶入药；莫朗；海拔1480m；山地雨林、次生季风常绿阔叶林、路边、河边荒坡、灌丛；砚山、马关、麻栗坡、西畴、富宁、蒙自、屏边、河口、思茅、勐腊；贵州、广西、广东、海南、台湾；越南。Y5177、样69。

233. 忍冬科 Caprifoliaceae

风吹萧 Leycesteria formosa Wall.

灌木；望乡台、甘岔；海拔2000～2125m；中山灌丛；除南部以外的全省各地；贵州西部和西南部、西藏南部与东南部；印度、尼泊尔、缅甸。Y1120、Y1144、Y4727、Y4775。

菰腺忍冬 Lonicera hypoglauca Miq.

木质藤本；各地作"金银花"收购入药；平坝子水库；海拔2000m；灌丛或疏林；西畴、砚山、双江、景东、双柏、思茅、西双版纳；浙江、安徽、江西、福建、台湾、湖南、湖北、广东、广西、贵州、四川；日本。Y0305。

杯鄂忍冬 Lonicera inconspicua Batal.

落叶亚灌木；曼来；海拔2000m；山坡林下；滇北、大姚、盐丰、永胜、鹤庆、大理、维西、香格里拉、德钦；甘肃南部、四川西部、西藏东南部。中国特有。Y0472、样5。

忍冬 Lonicera japonica Thunb.

木质藤本；药用；西拉河；海拔1100m；疏林、灌丛；河口、丽江、景洪、勐腊；南部各省。中国特有。Y3909、样47。

女贞叶忍冬 Lonicera ligustrina Wall.

灌木；新田；海拔1695m；季风常绿阔叶林；永善、镇雄、彝良；四川、湖北西部、陕西南部、湖南、贵州、广西；尼泊尔、印度、孟加拉国。样63。

蕊帽忍冬 Lonicera pileata Oliv.

灌木；甘岔；海拔2125m；常绿阔叶林下；麻栗坡；广西、贵州、广东、四川。中国特有。Y4829、样70。

血满草 Sambucus adnaia Wall.

草本；治跌打损伤，可活血散瘀，亦可除风湿、利尿；曼来、望乡台、清水河；海拔980～2344m；林下、沟边或山坡草丛；滇西、滇西北、滇中至东北部；贵州、四川、陕西、甘肃、青藏及西藏东南部；印度、尼泊尔。Y0135、Y0823、Y4016、Y4215、样4。

接骨草 Sambucus chinensis Lindl.

草本；全草入药，治跌打损伤；望乡台、莫朗；海拔1600～2000m；林下、沟边或山坡草丛；云南各地；江苏、浙江、安徽、江西、湖北、湖南、福建、台湾、广东、广西、贵州、四川、甘肃、青海；印度东北部、泰国、老挝、柬埔寨、越南、日本。Y1086、Y1610、Y4636。

接骨木属一种 Sambucus sp.

灌木；望乡台；海拔2160m；半湿润常绿阔叶林；元江。Y1168、样19。

蓝黑果荚蒾 Viburnum atrocyaneum C. B. Clarke

常绿灌木；种子含油量为24.7%，油属于不干性油，可供制皂及点灯；曼来、莫朗；海拔1990～2400m；山坡疏林、密林或灌丛；滇西北、滇中至镇康、滇东北、蒙自至滇东南；西藏东南部、四川东部和西南部、贵州中部至西南部、广西北部；印度北部、不丹、缅甸和泰国东北部。Y0378、Y5229。

肉叶荚蒾 Viburnum carnosulum（W. W. Smith）P. S. Hsu

灌木；曼来；海拔2400m；常绿阔叶林；瑞丽、龙陵、腾冲、凤庆、永平、隆阳区、景东。云南特有。Y0422。

水红木 Viburnum cylindricum Buch.-Ham. ex D. Don

灌木；药用，种子含油、树皮制栲胶、叶作饲料；莫朗、新田；海拔1690～1990m；疏林灌丛；除滇南热区外全省各地均有分布；中南至西南各省份、西藏、甘肃；巴基斯坦、印度、尼泊尔、不丹、缅甸、泰国、越南、印度尼西亚。Y4746、样66。

珍珠荚蒾 Viburnum foetidum Wall. var. **ceanothoides**（C. H. Wright）Hand.-Mazz.

灌木；药用；铁索桥；海拔390m；中山疏林、季风常绿阔叶林；滇中至滇西及滇南；四川、贵州。中国特有。Y4630。

长圆荚蒾 Viburnum oblongum P. S. Hsu

灌木；甘岔；海拔2025m；山谷、林缘、灌丛；镇康、福贡、泸水、维西、贡山。云南特有。Y4733。

腾冲荚蒾 Viburnum tengyuehense（W. W. Smith）P. S. Hsu

灌木；曼来；海拔2000m；山坡阳处路旁及林内；南华、漾濞、福贡、屏边、腾冲、瑞丽、新平；西藏。中国特有。Y0484、样5。

235. 败酱科 Valerianaceae

败酱 Patrinia scabiosaefolia Fisch ex Trev.

草本；根入药，可清热解毒、消肿，并可提芳香油；曼来；海拔2400m；林缘、灌丛、路边；嵩明、宜良、罗平、大理、德钦、蒙自、屏边、砚山、西畴、元江；除宁夏、青海、新疆外全国各地有分布；俄罗斯、蒙古、朝鲜、日本。Y0430。

秀苞败酱 Patrinia speciosa Hand.-Mazz.

草本；曼来；海拔2344m；林缘草地；贡山、德钦、香格里拉、怒江流域；西藏东南部。中国特有。Y0222、样4。

柔垂缬草 Valeriana flaccidissama Maxim.

柔弱草本；曼来；海拔2344～2400m；林缘、路边、阴湿水沟边；大理、香格里拉、维西、镇雄、镇康、西双版纳；台湾、陕西、湖北、四川；日本。Y0127、Y0324、Y0432、样4。

岩参 Valeriana hardwickii Wall.

草本；药用；新田；海拔1640m；草坡；贡山、腾冲、大理、景东、香格里拉、丽江、福贡、镇康、凤庆、禄劝、巧家、会泽、通海；广西、广东、江西、湖南、湖北、四川、贵州、西藏；不丹、尼泊尔、印度、缅甸、巴基斯坦、印度尼西亚。Y5031。

马蹄香 Valeriana jatamansi Jones

草本；根含芳香油；可入药，具有行气止痛、消炎止泻、祛风除湿功效；望乡台；海拔2100m；山坡、路旁草丛；鹤庆、富民、嵩明、元谋、大姚、师宗、大理、永胜、维西、贡山、漾濞、巧家、广南、富宁、镇康、凤庆、蒙自、盈江、马龙、景东、耿马、思茅；河南、陕西、湖北、四川、贵州、西藏及喜马拉雅山区；印度、巴基斯坦。Y1122。

238. 菊科 Compositae

刺苞果 Acanthospermum australe（L.）O. Kuntze

草本；曼旦；海拔800m；路边、荒地或河边、沙地；逸生；勐腊、景洪、勐海、孟连、元江、景东、芒市、漾濞、祥云；我国西部为逸生；原产南美洲。Y3205。

下田菊 Adenostemma lavenia（L.）O. Kuntze

草本；全草入药；新田、甘岔；海拔1640～2125m；林缘、灌丛、沟边、路边；全省大部分地区；我国华中、华南、华东、西南；斯里兰卡、印度、澳大利亚、菲律宾、中南半岛、日本、朝鲜。Y4697、Y5190、Y5192、样62。

紫茎泽兰 Ageratina adenophora（Spreng.）R. M. King et H. Robinson

草本；保护区内常见；海拔950～2000m；各种生境；全省大部分地区；广西、贵州；原产墨西哥，现美洲、太平洋岛屿、菲律宾、中南半岛、印度尼西亚、澳大利亚等地广泛生长。野外记录。

藿香蓟 Ageratum conyzoides L.

草本；全草药用；保保箐；海拔750m；林下、林缘、灌丛、山坡草地河边、路旁或田边荒地；全省除滇东北外大部分地区；江西、福建、广东、广西、陕西、甘肃、四川、贵州、西藏；原产中南美洲，越南、老挝、柬埔寨、印度尼西亚、印度及非洲。样60。

绿春兔儿风 Ainsliaea angustifolia Hook. f. et Thoms. ex C. B. Clark **var. luchunensis** H. Chuang

　　草本；马底河、莫朗；海拔1450～1650m；林下或山坡；元江、绿春、麻栗坡、广南。云南特有。野外记录。

心叶兔儿风 Ainsliaea bonatii Beauv.

　　草本；根入药；曼旦、莫朗；海拔1410～1800m；林下、林缘或山坡草丛；武定、禄劝、富民、寻甸、巧家、砚山；贵州。中国特有。Y3441、Y5174。

秀丽兔儿风 Ainsliaea elegans Hemsl.

　　草本；莫朗；海拔1620m；林下或灌丛的石缝；蒙自、屏边、砚山、西畴、麻栗坡、广南；贵州南部。中国特有。Y4723、样68。

异叶兔儿风 Ainsliaea foliosa Hand.-Mazz.

　　草本；莫朗；海拔1990m；林下；德钦、香格里拉、丽江、巧家；四川西部、西藏东南部。中国特有。样66。

长穗兔儿风 AinsLiaea henryi Diels

　　草本；曼来、莫朗；海拔1990～2400m；林下；滇东北；江西、福建、台湾、湖北、湖南、广东、海南、广西、四川、贵州。中国特有。Y0199。

异花兔儿风 Ainsliaea heterantha Hand.-Mazz.

　　草本；章巴、望乡台、曼来、莫朗；海拔1944～2320m；林下、草坡、路边、沟旁；香格里拉、丽江、宾川、大姚、武定、禄劝、富民、巧家、镇康、凤庆、峨山、新平、元江、石屏；西藏南部。中国特有。Y0962、Y0956、Y0859、Y1366、Y1552、Y0560、Y0956、样12。

宽叶兔儿风 Ainsliaea latifolia（D. Don）Sch.-Bip.

　　草本；马底河、新田；海拔1650～2000m；林下、林缘、灌丛；德钦、维西、宁蒗、永胜、剑川、宾川、漾濞、云县、武定、禄劝、寻甸、易门、江川、泸西、砚山、西畴、麻栗坡；湖北、湖南、广西、陕西、甘肃、四川、贵州、西藏；印度、不丹、尼泊尔、越南、泰国。Y5182。

宽穗兔儿风 Ainsliaea latifolia（D. Don）Sch.-Bip. **var. platyphylla**（Franch.）C. Y. Wu

　　草本；甘岔；海拔2400m；林下或山坡；德钦、鹤庆、兰坪、洱源。Y4787、样70。

大头兔儿风 Ainsliaea macrocephala（Mattf.）Y. C. Tseng

　　草本；望乡台、莫朗；海拔1990～2313m；林下、林缘、灌丛或山坡草地；香格里拉、丽江；四川西南部。中国特有。Y1150、Y5375、样18。

叶下花 Ainsliaea pertyoides Franch.

　　草本；根药用；莫朗；海拔1620m；林下灌丛或山谷溪边；丽江、永平、洱源、武定、富民、嵩明、寻甸、泸西、砚山、广南、景东、思茅；四川西部和贵州；印度。样68。

云南兔儿风 Ainsliaea yunnanensis Franch.

　　草本；马底河、新田；海拔1650～2000m；林下、灌丛和山坡草地；香格里拉、丽江、鹤庆、剑川、洱源、云龙、保山、景东、姚安、武定、禄劝、富民、嵩明、寻甸、宜良、澄江、江川、峨山、元江、石屏、蒙自、砚山；四川西南部、贵州西部。中国特有。Y5170。

银衣香青 Anaphalis contortiformis Hand.-Mazz.

　　亚灌木；曼来、莫朗；海拔1400～2400m；栎林下；宜良、通海、峨山、新平、元江、屏边、凤庆、大理。云南特有。Y0394、Y4551。

皱缘纤枝香青 Anaphalis gracilis Hand.-Mazz. **var. ulophylla** Hand.-Mazz.

　　亚灌木；新田；海拔1690m；灌丛中或山坡草地；德钦；四川西部。中国特有。Y5373。

尼泊尔香青 Anaphalis hepalensis（Spreng.）Hand.-Mazz.

　　草本；全草药用，可清凉解毒、止咳平喘，治感冒、咳嗽、气管炎、风湿脚痛、高血压；曼来；海拔2400m；林下、灌丛草地；德钦、贡山、香格里拉、维西、福贡、兰坪、鹤庆、洱源、漾濞、大姚、禄劝、东川、会泽、巧家和镇康等地；陕西南部、甘肃南部和西南部、四川西部、西藏南部；印度（北部、锡金）、不丹、尼泊尔。Y0374。

黄褐珠光香青 Anaphalis margaritacea（L.）Benth. et Hook. f. **var. cinnamonea**（DC.）Herd.

　　草本；曼来；海拔1900～2100m；林下、灌丛、山坡草地、竹丛下或石隙；全省大部分地区；江西、河南、湖北、湖南、广东、广西、陕西、甘肃、四川、贵州和西藏；缅甸、印度、不丹、尼泊尔。野外记录。

珠光香青 Anaphalis margaritacea（L.）Benth. et Hook. f. **var. margartacea**

　　草本；全草药用；莫朗；海拔2070m；林下、林缘灌丛；全省大部分地区；江西、台湾、河南、湖北、湖南、广西、陕西、甘肃、青海、四川、贵州和西藏；不丹、尼泊尔、印度（北部、锡金）、中南半岛、俄罗斯、日本及北美。样65。

山黄菊 Anisopappus chinensis（L.）Hook. et Arn.

　　草本；花药用；马底河、莫朗；海拔1450～1800m；林下、林缘、灌丛；砚山、屏边、蒙自、元江、思茅、景洪、勐腊、孟连、澜沧、临沧、景东、腾冲、梁河、陇川；福建、广东、海南、广西；中南半岛。野外记录。

滇南艾 Artemisia austro-yunnanensis Ling et Y. R. Ling

　　草本；曼来；海拔2400m；草地、山坡、路旁、林缘；元江、澜沧、思茅、勐海、勐腊；缅甸（北部）、泰国（北部）及越南北部。Y0346。

牡蒿 Artemisia japonica Thunb.

　　草本；全草入药；莫朗、曼旦；海拔1300～2070m；林缘、疏林、灌丛、路旁等；全省各地；除新疆、青海及内蒙古等干旱地区外遍及全国；亚洲东部至南部各国都有。Y3376、样65。

白苞蒿 Artemisia lactiflora Wall. ex DC

　　草本；莫朗；海拔1200m；林下、林缘、灌丛、山谷等地；福贡、东川、昭通、楚雄、石林、曲靖；秦岭以南、四川、贵州以东各省；越南、老挝、柬埔寨、新加坡、印度、印度尼西亚。Y5172。

猪毛蒿 Artemisia scoparia Waldst. et Kit.

　　草本；基生叶和幼苗入药；普漂、曼旦；海拔600～2000m；荒地、路旁、山坡、林缘等地；全省分布；遍及全国；亚欧大陆温带、亚热带地区广布种。野外记录。

黄毛蒿 Artemisia velutina Pamp.

　　草本；曼来；海拔2400m；林缘、河岸边、路旁；德钦、香格里拉、丽江；秦岭以南、西藏以东大部分省份都有。中国特有。Y0420。

云南蒿 Artemisia yunnanensis J. F. Jeffrey ex Diels

　　草本；曼来；海拔2000m；山坡、山谷；德钦、贡山、兰坪、鹤庆、芒市；四川西部、青海南部。中国特有。Y0406。

耳叶紫菀 Aster auriculatus Franch.

　　草本；全草药用，以根为佳，可消炎、解毒，治蛇咬伤；章巴；海拔1840m；林下、灌丛下草坡或岩石隙；贡山、福贡、维西、兰坪、洱源、漾濞、景东、凤庆、澜沧、蒙自、屏边、马关、镇雄；四川南部和贵州西部。中国特有。Y0870。

密毛紫菀 Aster vestitus Franch.

　　草本；全草药用；曼来；海拔1800～2200m；林下、山坡、草地或水沟边；香格里拉、维西、丽江、宾川、漾濞、盈江、景东、元江、罗平；四川西南部和西藏南部；缅甸北部、不丹、印度锡金。野外记录。

婆婆针 Bidens bipinnata L.

　　草本；全草药用；西拉河；海拔850m；林下、灌丛、草地或村边、路旁、荒地；嵩明、富民、元谋、峨山、景东、勐海、勐腊、芒市、瑞丽、腾冲、兰坪、维西、德钦；我国东北、华北、华中、华南、西南和陕西、甘肃；亚洲、美洲、欧洲及非洲东部。Y3714。

铁筅帚 Bidens biternata（Lour.）Merr. et Sherff

　　草本；全草药用；清水河；海拔1145m；山坡、灌丛中或路边；蒙自、屏边、绿春、元江、景洪、勐海、勐腊；华北、华东、华南、华中和西南；朝鲜、日本、东南亚、大洋洲、非洲。Y3975、样45。

白花鬼针草 Bidens pilosa L. **var. radiata** Sch.-Bip.

　　草本；全草药用；曼旦；海拔1100～2200m；路边、田边、草地、灌丛；云南各地；我国热带、亚热带地区；亚洲与美洲的热带和亚热带地区。野外记录。

狼把草 Bidens tripartita L.

草本；全草药用；甘岔、莫朗；海拔1750～1900m；沟谷密林下、山坡草地、水沟或湿地；德钦、维西、香格里拉、永胜、大关、西畴、屏边、砚山、绿春、富民、寻甸和元江、景东；我国东北、华北、华东、华中、西南和西北；亚洲、欧洲、非洲北部、大洋洲东南部。野外记录。

馥芳艾纳香 Blumea aromatica DC.

草本；全草药用；西拉河；海拔1100m；林下、林缘灌丛中山坡或荒地；广南、富宁、西畴、砚山、蒙自、文山、易门、石林、景东、镇康、勐海；福建、台湾、广东、广西、四川、贵州；印度、不丹、尼泊尔和中南半岛。Y3921、样47。

艾纳香 Blumea balsamifera（L.）DC.

草本；全株为提取冰片的原料；倮倮箐、施垤新村；海拔560～750m；林缘、灌丛或路边；富宁、河口、金平、个旧、绿春、新平、双柏、思茅、西双版纳、沧源、景东、保山；福建、台湾、广东、海南、广西、贵州；印度、巴基斯坦、中南半岛、马来西亚、菲律宾和印度尼西亚。Y5353、Y4689、样60。

节节红 Blumea fistulosa（Roxb.）Kurz.

草本；全草药用；清水河；海拔1145m；林下、林缘、灌丛、山坡草地或路边；富宁、砚山、麻栗坡、河口、蒙自、个旧、墨江、景东、普洱、勐腊、勐海、澜沧、双江、龙陵；广东、广西、贵州；中南半岛、印度、不丹、尼泊尔。Y3956、样45。

台北艾纳香 Blumea formosana Kitam.

草本；曼旦；海拔1200～1300m；林下、灌丛草坡、山坡或荒地；砚山、西畴、麻栗坡、元阳、元江；浙江、江西、福建、台湾、湖南、广东、广西。中国特有。野外记录。

毛毡草 Blumea hieracifolia（D. Don）DC.

草本；全草药用；普漂、曼旦；海拔500～1500m；灌丛、草坡；蒙自、元江、双柏、大理；福建、台湾、广东、海南、广西和贵州；中南半岛、菲律宾、印度尼西亚、巴布亚新几内亚和印度、巴基斯坦。野外记录。

东风草 Blumea megacephala（Randeria）Chang et Tseng

藤本；全草药用；马底河、新田；海拔1650～1800m；林下、林缘、灌丛；弥勒、砚山、西畴、马关、麻栗坡、屏边、河口、元江、景东、芒市；江西、福建、台湾、湖南、广东、海南、广西、四川和贵州；越南北部。野外记录。

拟艾纳香 Blumeopsis flava（DC.）Gagn.

草本；西拉河；海拔880m；林缘、灌丛、草地、荒地或路旁；石林、师宗、砚山、墨江、普洱、西双版纳、澜沧、沧源、瑞丽、陇川、盈江；广东南部、海南、广西西部和贵州西南部；中南半岛、印度。Y5224。

凋缨菊 Camchaya loloana Kerr.

草本；莫朗；海拔1480m；林下、灌丛、草坡；景东、思茅、景洪、勐腊、绿春；越南、泰国。样69。

天名精 Carpesium abrotanoides L.

草本；全草药用；马底河、莫朗；海拔1450～1800m；林下、林缘、灌丛、山坡草地或路边；全省大部分地区；我国除东北部和西北部外大部分地区都有分布；朝鲜、日本、越南、缅甸、印度锡金、伊朗和高加索。野外记录。

绵毛天名精 Carpesium nepalense Less. **var. lannatum**（Hook. f. et Thoms. ex C. B. Clarke）Kitam.

草本；全草药用；马底河、莫朗；海拔1450～2100m；林下、林缘、灌丛、山坡、草地和路边、溪边；维西、丽江、鹤庆、腾冲、景东、临沧、勐海、河口、元江、元阳、屏边、禄劝、大关、镇雄；湖北、湖南、广西、四川、贵州；印度。野外记录。

香泽兰 Chromolaena odoratal（L.）R. M. King et H. Robinson

草本；全草药用；施垤新村；海拔680m；低中山疏林；滇西南；海南；美洲。Y5113。

牛口刺 Cirsium shansiense Petrak.

草本；根药用；莫朗；海拔1100m；灌丛、山坡草地或荒地；贡山、香格里拉、宁蒗、维西、福贡、丽江、鹤庆、洱源、腾冲、景东、临沧、勐海、元江、江川、峨山、易门、武定、禄劝、师宗、寻甸、镇雄；华北、华中、华南、西南和陕西、甘肃、青海；印度和中南半岛。Y5166。

革叶藤菊 Cissampelopsis corifolia C. Jeffrey et Y. L. chen

藤本；新田；海拔1640m；攀缘于林中乔木；贡山、福州、泸水、西畴、蒙自、麻栗坡、马关、绿春、屏边、金平、景东、双江；西藏；尼泊尔、印度锡金、缅甸。Y4999。

腺毛藤菊 Cissampelopsis glandulosa C. Jeffrey et Y. L. Chen

藤本；望乡台；海拔2160～2285m；攀援于乔木上；龙陵。云南特有。Y0971、Y2063、Y1180、样15。

岩穴藤菊 Cissampelopsis spelaeicola（Vant.）C. Jeffrey et Y. L. Chen

藤本；望乡台、新田；海拔1680～2200m；攀援于林中乔木；广南、砚山、西畴、蒙自、麻栗坡、屏边；四川、贵州、广西。中国特有。Y1009、样15。

小白酒草 Conyza canadensis（L.）Crong

草本；全草药用；曼旦；海拔1300m；林下、灌丛、草坡和荒地；鹤庆、丽江、香格里拉、兰坪、福贡、维西、贡山、德钦、双江、屏边；我国各省；原产北美洲，现世界各地广泛分布。Y4863、Y3393、样37。

白酒草 Conyza japonica（Thunb.）Less

草本；全草入药；西拉河、曼旦；海拔780～1100m；山坡草地和灌草丛；安宁、澄江、大姚、巍山、丽江、腾冲、临沧、思茅、景洪、蒙自、西畴、广南；浙江、江西、福建、台湾、湖南、广东、广西、甘肃、四川、贵州和西藏；印度、缅甸、泰国、马来西亚和日本。Y5287、Y3530、样40。

苏门白酒草 Conyza sumatrensis（Retz.）Walker

草本；全草药用；西拉河；海拔850～1500m；林下、灌丛、草地或荒地；全省大部分地区；江西、福建、台湾、广东、广西、海南和贵州；原产于南美洲，现热带和亚热带地区广泛分布。野外记录。

野茼蒿 Crassocephalum crepidioides（Benth.）S. Moore

草本；幼时食用；保护区内常见；海拔500～2300m；山坡、水边、沟谷林缘、山顶石缝；全省大部分地区；西藏、四川、贵州、湖北、湖南、江西、福建、广西、广东；热带亚洲和非洲。野外记录。

假革命菜 Crassocephalum sp. nov.

草本；曼旦；海拔700～1600m；低中山疏林、次生林；滇南热区、滇西南；元江待定。野外记录。

果山还阳参 Crepis bodinieri Lévl.

草本；马底河、新田；海拔1650～1950m；林下、灌丛；元江、思茅；四川和西藏。中国特有。野外记录。

芜菁还阳参 Crepis napifera（Franch.）Babc.

草本；全草药用；新田；海拔1680～1810m；灌丛、山坡草地、路旁；滇西北、滇西、滇中至滇东南；四川、贵州。中国特有。Y5186、Y5257。

还阳参 Crepis rigescens Diels

草本；全草药用；曼旦；海拔1300m；灌丛、山坡或路边；贡山、香格里拉、宁蒗、维西、永仁、大理、嵩明；四川西南部。中国特有。Y3516、样37。

小鱼眼草 Dichrocephala benthamii C. B. Clarke

草本；全草药用；曼旦；海拔1200～2000m；灌丛、草坡、路边、草地、田边和荒地；全省广泛分布；湖北、甘肃、广西、四川、贵州和西藏；印度。野外记录。

鱼眼草 Dichrocephala integrifolia（L. f.）Kuntze

草本；全草药用；西拉河；海拔800～2000m；林缘、灌丛、草坡、路边或荒地；全省广泛分布；浙江、福建、台湾、湖北、湖南、广西、广东、陕西、四川、贵州和西藏；亚洲与非洲的热带和亚热带地区。野外记录。

鳢肠 Eclipta prostrata（L.）L.

草本；全草药用；普漂、曼旦、清水河、施垤新村；海拔400～800m；疏林缘灌丛、山坡草地、水边、路旁、田边或荒地；全省大部分地区；全国各省；热带和亚热带地区。Y3080、Y3331、Y4272、Y5196。

地胆草 Elephantopus scaber L.

　　草本；全草药用；清水河；海拔760m；林下、林缘、灌丛；西双版纳、孟连、思茅、耿马、镇康、芒市、盈江、腾冲、景东、元江、绿春、蒙自、屏边、砚山、西畴、广南；浙江、江西、福建、台湾、湖南、广东、广西、贵州；亚洲、美洲、非洲的热带地区广泛分布。Y4377。

小一点红 Emilia prenanthoidea DC.

　　草本；全草药用；曼旦、新田；海拔900～1750m；灌草丛；昭通、罗平、石林、香格里拉、洱源、漾濞、武定、华宁、峨山、江川、砚山、蒙自、屏边、绿春、景东、思茅、勐腊、隆阳区、腾冲、沧源；贵州、浙江、广东、广西、福建；印度至中南半岛。Y3254、Y3424、Y4547。

梁子菜 Erechtites hieracifolia（L.）Rafin

　　草本；保保箐；海拔750m；山坡林下；峨山、新平、墨江；四川、贵州、福建、台湾；墨西哥。Y4469、样60。

短葶飞蓬 Erigeron breviscapus（Vant.）Hand.-Mazz.

　　草本；全草药用；甘岔、莫朗；海拔1700～2000m；林缘灌丛、草坡或路旁；全省除西南部外广泛分布；湖南、广西、四川、贵州和西藏。中国特有。野外记录。

多须公 Eupatorium chinense L.

　　草本；根、叶入药；新田；海拔1680～1810m；林缘、山坡、路边、溪旁；富宁、西畴、砚山、屏边、蒙自、绿春、元江、大理、福贡；安徽、浙江、江西、福建、广东、海南、广西、湖北、四川、贵州。中国特有。Y4641、Y5176。

白头婆 Eupatorium japonicum Thunb.

　　草本；全草药用；新田；海拔1750m；林下、灌丛、山坡草地或路边、溪旁；云南大部分地区；我国东北、华北、华东、华南、华中及西南；朝鲜、日本。Y5188。

三裂白头婆 Eupatorium japonicum Thunb. var. tripartitum Makino

　　草本；甘岔、莫朗；海拔1750～2200m；林下、林缘、灌丛中和草坡；全省除滇东南外广泛分布；四川。中国特有。野外记录。

辣子草 Galinsoga parviflora Cav.

　　草本；全草药用；曼旦；海拔1050～1900m；林下、山坡草地、路边、沟边、田边和荒地；全省大部分地区；归化；南美洲。野外记录。

火石花 Gerbera delavayi Franch.

　　草本；马底河、新田；海拔1650～1750m；山坡草地、疏林下；思茅、元江、墨江、砚山、澄江、寻甸、禄劝、武定、景东、洱源及丽江；四川南部；越南北部。野外记录。

鼠麹草 Gnaphalium affine D. Don

　　草本；全草药用，可清热消炎、祛风寒、舒肺、止咳、调经，干花和全株可提芳香油，花序和嫩叶可作糯粑食用；曼来；海拔2400m；山坡、荒地、路边、田边；全省大部分地区；西北、西南、华北、华中、华东、华南；印度、中南半岛、印度尼西亚、菲律宾及朝鲜、日本。Y0416、Y0426。

秋鼠麹草 Gnaphalium hypoleucum DC.

　　草本；全草药用；清水河；海拔950m；林下、山坡草地、路边、村旁或空旷地等；除西双版纳地区外全省广泛分布；我国华东、华南、华中、西南及西北；日本、朝鲜、菲律宾、印度尼西亚、中南半岛和印度。Y4052。

匙叶鼠麹草 Gnaphalium pensylvanicum Willd.

　　草本；曼旦、望乡台；海拔650～2010m；林下、林缘、山坡、耕地；景东、景洪、勐腊、绿春；浙江、江西、福建、台湾、湖南、广东、广西、四川、贵州；热带亚洲、美洲南部、澳大利亚和非洲南部。Y0777、Y1246、样1。

白菊木 Gochnatia decora（kurz.）A. L. Cabrera

　　落叶小乔木；曼旦、莫朗、施垤新村；海拔720～1875m；林下、林缘、灌丛中或路边；勐腊、勐海、思茅、镇康、芒市、景东、双柏、漾濞；越南、泰国、缅甸。Y0098、Y5180、Y3383、Y5228。

红凤菜 Gynura bicolor（Roxb. ex Willd.）DC.

草本；马底河、莫朗；海拔1500～1700m；溪边、路边或林下；福贡、元江、富宁、西畴、屏边、麻栗坡、金平、勐腊、芒市、耿马；贵州、广西、广东、台湾；印度、尼泊尔、不丹、缅甸、日本。野外记录。

白子菜 Gynura divaricata（L.）DC.

草本；马底河、莫朗；海拔1450～1850m；山坡草地、荒地或路边；元江、文山、绿春、景东；广东、海南、香港；越南北部。Y4522、Y5194。

菊三七 Gynura japonica（Thunb.）Juel

草本；清水河；海拔820m；山谷、山坡草地、林缘；福贡、维西、泸水、香格里拉、丽江、洱源、漾濞、禄劝、东川、寻甸、罗平、峨山、华宁、楚雄、江川、西畴、蒙自、麻栗坡；四川、贵州、湖北、湖南、陕西、安徽、浙江、江西、福建、广西、台湾；尼泊尔、泰国、日本。Y4246。

狗头七 Gynura pseudochina（L.）DC.

草本；施垤新村；海拔850～1200m；山坡、林缘或路边；丽江、洱源、大姚、禄劝、富民、安宁、江川、开远、富宁、建水、西畴、蒙自、屏边、金平、元江、景洪、勐海；贵州、广西、海南、广东；印度、斯里兰卡、缅甸、泰国。野外记录。

泥胡菜 Hemistepta lyrata（Bunge）Bunge

草本；全株药用；西拉河；海拔750～2000m；林下、林缘、灌丛、草地、地边、路旁、田中或荒地；全省大部分地区；我国除新疆、西藏外各地广泛分布；朝鲜、日本、中南半岛、南亚和澳大利亚。野外记录。

羊耳菊 Inula cappa（Buch.-Ham. ex D. Don）DC.

亚灌木；全草或根药用；清水河、莫朗、曼旦；海拔1145～1620m；林缘、灌丛、草地、荒地或路边；滇东北大部分；浙江、江西、福建、湖南、广东、海南、广西、四川、贵州；越南、泰国、缅甸、印度、马来西亚。Y3536、Y5168、样45。

显脉旋覆花 Inula nervisa Wall. ex DC.

草本；根茎和根药用；曼旦；海拔1200～1650m；灌丛、山坡、草地、荒地和路边；贡山、香格里拉、丽江、姚安、凤庆、富民、元江、峨山、石屏、绿春、蒙自、屏边、砚山、西畴、景东、腾冲；广西西部、四川西部、贵州西部和西藏；越南、缅甸、泰国、印度、不丹、尼泊尔。野外记录。

滇南羊耳菊 Inula wissmanniana Hand.-Mazz.

亚灌木；根药用，可健脾消食、补中益气，治小儿疳积；章巴；海拔2380m；松林下、山坡或路边；元江、屏边、蒙自、建水。云南特有。Y0763、Y0761、样11。

细叶小苦荬 Ixeridium gracile（DC.）Shih

草本；全草药用；曼旦；海拔1200～1700m；林下、灌丛、草地、荒地；全省除西双版纳外广泛分布；浙江、江西、福建、湖北、湖南、广东、广西、陕西、甘肃、四川、贵州和西藏；缅甸、印度西北部、不丹、尼泊尔。野外记录。

戟叶苦荬菜 Ixeridium sagittaroides（C. B. Clarke）Shih

草本；莫朗；海拔1300m；山坡或荒地；腾冲、景东、双江、思茅、红河；缅甸、印度、不丹、尼泊尔。Y5157。

苦荬菜 Ixeris polycephala Cass.

草本；全草药用，可清热解毒、去腐化脓、止血生肌、利湿；曼来；海拔2400m；湿地；大理、景东、嵩明、麻栗坡；江苏、安徽、浙江、江西、福建、台湾、湖南、广东、广西、陕西、四川、贵州及喜马拉雅地区；中南半岛和日本。Y0366。

六棱菊 Laggera alata（D. Don）Sch.-Bip. ex Oliv.

草本；全草药用，有消炎镇痛、活血解毒、祛风利湿、拔毒散瘀的功效，叶和花含芳香油；曼旦、西拉河；海拔650～930m；林下、林缘灌丛下、草坡；全省大部分地区；我国东部、东南部至西南部；印度、斯里兰卡、中南半岛、印度尼西亚、菲律宾和非洲东部。Y0106。

臭灵丹 Laggera pterodonta（DC.）Benth.

草本；全草药用，具消炎功效，治咽喉炎、扁桃腺炎、中耳炎等；用鲜叶捣烂后外敷，治无名肿毒、蛇咬伤、烧伤、烫伤、水痘溃烂；叶可提取芳香油；曼旦；海拔600～650m；山坡草地、荒地、村边、路旁和田头地脚；全省大部分地区；湖北、广西、四川、贵州、西藏；印度、中南半岛及非洲。Y0066、Y3560。

无茎栓果菊 Launaea acaulis（Roxb.）Babc. ex Kerr.

草本；全草药用；西拉河；海拔950～1200m；山坡、草地、荒地、路边、水沟边；腾冲、耿马、元江、蒙自、屏边；海南、广西、四川、贵州；泰国、缅甸、印度、不丹、巴基斯坦。野外记录。

大丁草 Leibnitzia anadria（l.）Turcz

草本；全草药用；莫朗、清水河；海拔1170～1200m；灌草丛；彝良、镇雄、广南、禄劝、大理、丽江、维西、德钦；黑龙江、吉林、辽宁、内蒙古、河北、山西、陕西、甘肃、青海、山东、江苏、安徽、上海、浙江、江西、福建、台湾、河南、湖北、湖南、广东、广西、贵州、重庆、四川；俄罗斯远东地区、日本。Y4911、Y4082。

松毛火绒草 Leontopodium andersonii C. B. Clarke

草本；全草药用，可舒筋活络、润肺理气；曼来；海拔2400m；林下、林缘、灌丛、山坡草地或村旁、路旁；滇西北、滇中、滇东北至滇东南；四川、贵州；缅甸、老挝。Y0428。

长茎星苞火绒草 Leontopodium jacotianum Beaur. **var. minum**（Beaur.）Hand.-Mazz.

草本；章巴；海拔2150m；湿润草地或溪边；贡山、维西、福贡、丽江、大理；四川西部、甘肃南部；印度、中南半岛及非洲。Y0851、样14。

华火绒草 Leontopodium sinense Hemsl.

草本；全草药用；曼旦；海拔1300m；林下、灌丛或山坡草地；德钦、香格里拉、维西、宁蒗、兰坪、祥云、富民、会泽、蒙自；四川西部、西藏东南部和贵州。中国特有。Y3511。

圆舌黏冠草 Myriactis nepalensis Less.

草本；根部药用；甘岔、莫朗；海拔1750～2200m；林下、林缘、灌丛、山坡草地或水沟边、路边、荒地；全省大部分地区；江西、广东、广西、湖北、湖南、四川、贵州和西藏；越南、印度、尼泊尔。野外记录。

黏冠草 Myriactis Wallichii Less.

草本；甘岔、莫朗；海拔1750～2000m；林下、灌丛、山坡草地、路边、溪旁；全省除西双版纳外广泛分布；四川、贵州、西藏；印度、斯里兰卡和尼泊尔。野外记录。

戟状蟹甲草 Parasenecio hasfiformis Y. L. Chen

草本；望乡台、曼来、莫朗、甘岔；海拔1990～2344m；山谷溪边；香格里拉、丽江；四川、西藏、贵州、湖南、浙江、安徽、台湾、甘肃；泰国、缅甸、不丹、尼泊尔、孟加拉国、巴基斯坦、印度、印度尼西亚。Y2049、Y0101、Y1276、Y1468、Y4875、样16。

银胶菊 Parthenium hysterophonls L.

草本；全草药用；清水河；海拔740m；灌丛草坡、路边沟边或田埂边；师宗、石林、石屏、开远、蒙自、元阳、金平、河口、文山；广州、广西、贵州；外来种；原产热带美洲。Y4268。

白背莶谷草 Pentanema indicum（L.）Ling **var. hypoleucum**（Hand.-Mazz.）Ling

草本；全草药用；甘岔、莫朗；海拔1700～1900m；山坡草地、荒地或松林下、灌丛；勐腊、景洪、元江、元阳、建水、开远、蒙自、西畴、富宁、石林、景东、双江、永胜；广西西部和南部、贵州南部。中国特有。野外记录。

秋分草 Rhynchospermum verticillatum Reinw.

草本；全草药用；西拉河；海拔850～1200m；林下、灌丛、山坡草地或路边、水沟边；全省大部分地区；江西、福建、台湾、湖北、湖南、广东、广西、陕西、甘肃、四川、贵州和西藏；印度、不丹、越南、缅甸、印度尼西亚、马来西亚和日本。野外记录。

三角叶凤毛菊 Saussurea deltoidea（DL.）Sch.-Bip.

草本；望乡台、曼来；海拔2000～2400m；林下、灌丛、山坡草地、沟边；德钦、贡山、维西、福贡、漾濞、楚雄、景东、澜沧、西盟、禄劝、大关、镇雄、富民、嵩明、蒙自、砚山、西畴、广南、罗平；我国华东、华中、华南、西南及陕西；尼泊尔、缅甸、泰国、老挝。Y1230、Y0231、Y1214、样20。

叶头风毛菊 Saussurea peguensis C. D. Clarke

　　草本；马底河、莫朗；海拔1350～1450m；山坡草地、林中、灌丛；蒙自、元江、砚山；贵州；缅甸、泰国。野外记录。

黑苞千里光 Senecio nigrocinctus Franch.

　　草本；西拉河；海拔880m；草地、山坡、林缘；会泽、巧家、福贡、漾濞、富民、凤庆；西藏。中国特有。Y3670。

裸茎千里光 Senecio nudicaulis Buch.-Ham. ex D. Don

　　草本；望乡台、曼来；海拔1944～2000m；林下或草坡；维西、宁蒗、大理、富民、嵩明、元江、广南、蒙自、双江；四川、贵州；巴基斯坦、印度、尼泊尔、不丹。Y1554、Y0317、Y0640、样22。

钝叶千里光 Senecio obtusatus Wall. ex DC.

　　草本；望乡台；海拔2100m；草地；漾濞、嵩明、蒙自、腾冲；四川、贵州；印度、缅甸。Y1202。

千里光 Senecio scandens Buch.-Ham. ex DC.

　　草本；全草及根药用，可祛风除湿、清热明目；曼来；海拔2000m；林缘、灌丛、岩石边、溪边；云南广布；西藏、四川、贵州、陕西、湖北、湖南、安徽、浙江、江西、福建、广东、广西、台湾；印度、尼泊尔、不丹、缅甸、泰国、菲律宾、日本。Y0632。

毛梗豨莶 Siegesbeckia glabrescens Makino

　　草本；全草药用；马底河、新田；海拔1600～1900m；疏林、灌丛、草坡、荒地或路边；富民、大理、洱源、景东、瑞丽、元江、绿春；安徽、浙江、江西、福建、湖北、湖南、广东、广西和四川；朝鲜、日本。野外记录。

豨莶 Siegesbeckia orientalis L.

　　草本；全草药用；马底河、新田；海拔1650～2000m；林下、灌丛、草地、路边、溪边或荒地；思茅、景洪、勐海、勐腊、孟连、石屏、河口、元江、罗平、巧家和兰坪；江苏、安徽、浙江、江西、福建、台湾、广东、海南、广西、陕西、甘肃、四川、贵州和西藏；欧洲、朝鲜、日本、东南亚及北美。野外记录。

白背蒲儿根 Sinosenecio latouchei（J. F. Jeffry）B. Nord.

　　近葶状草本；望乡台；海拔2040m；沟边潮湿处或山谷湿处；云南全省；安徽、江西、福建。中国特有。Y1278、Y1304。

蒲儿根 Sinosenecio oldhamianius（Maxim.）B. Nord.

　　草本；望乡台；海拔2160m；田边、溪边、草坡、林缘；绥江、盐津、彝良、巧家、镇雄、师宗、贡山、福贡、维西、兰坪、云龙、剑川、漾濞、宜良、广南、富宁、砚山、屏边、个旧、蒙自、麻栗坡、景东、景洪、勐腊、腾冲、芒市、镇康；我国长江以南的省份；缅甸、泰国、越南。Y1212。

南苦苣菜 Sonchus linganus Shih

　　草本；清水河；海拔670m；林下、林缘、灌丛、荒地、路边、河旁；德钦、贡山、景东、勐海、勐腊、绿春、罗平、镇雄；浙江、江西、湖北、湖南、广东、四川和贵州。中国特有。Y4145、Y4413。

全叶苦苣菜 Sonchus transcapicus Nevski

　　草本；清水河；海拔1000m；河谷田边、草坡；元阳；河北、山西、内蒙古、黑龙江、吉林、辽宁、河南、陕西、甘肃、青海、新疆、四川、西藏；印度北部、中亚至地中海东部。Y4226、Y5039、Y5095、Y5345。

短裂苦苣菜 Sonchus wliginosus M. B.

　　草本；清水河；海拔1000m；灌丛、荒地、田边、沟边、路旁；德钦、贡山、维西、丽江、大理、芒市、景东、宜良、安宁、峨山、元阳、西畴、广南；我国东北、华北、华东、西北和西南；俄罗斯、阿富汗、巴基斯坦、尼泊尔。Y4426。

美形金纽扣 Spilanthes callimorpha A. H. Moore

　　草本；全草药用；曼旦；海拔450m；林下灌丛、山坡草地或溪边、路旁；西畴、麻栗坡、屏边、河口、思茅、勐腊、景洪、勐海、孟连、芒市、临沧、景东、楚雄。云南特有。Y5230。

金腰箭 Synedrella nodiflora（L.）Gaertn.

  草本；全草药用；曼旦、清水河；海拔450～670m；山谷灌丛、路边、草地、旷野、耕地；芒市、耿马、勐海、景洪、勐腊、绿春、河口、景东；我国南部；原产于美洲，现广布于世界热带和亚热带地区。Y3500、Y4334。

密花合耳菊 Synotis cappa（Buch.-Ham. ex D. Don）C. Jeffery et Y. L. Chen

  亚灌木；章巴、曼旦、新田、莫朗；海拔1410～1990m；林下、灌丛及草坡；盐津、贡山、泸水、香格里拉、宾川、富民、嵩明、武定、元江、砚山、蒙自、麻栗坡、元阳、绿春、屏边、景东、腾冲、凤庆；西藏、四川、贵州、广西；尼泊尔、印度、不丹、缅甸、泰国。Y0307、Y3470。

紫毛合耳菊 Synotis ionodasys（Hand.-Mazz.）C. Jeffrey et Y. L. Chen

  草本；新田；海拔1695m；林下、溪边；元江、砚山、蒙自。云南特有。样63。

锯叶合耳菊 Synotis nagensium（C. B. Clarke）C. Jeffery et Y. L. Chen

  草本；根药用，有清热发散、定喘、驱虫之功效；曼来、新田、莫朗；海拔1620～2344m；林下、灌丛及山坡草地；昭通、贡山、泸水、维西、漾濞、富民、玉溪、弥勒、西畴、屏边、勐腊、普洱、腾冲；西藏、四川、贵州、湖北、湖南；印度、缅甸。Y0138、Y0163、Y5189、Y6150、样4。

紫背合耳菊 Synotis pseudo-alata（Chang）C. Jeffrey et Y. L. chen

  草本；甘岔；海拔2125m；山顶多石山坡；腾冲；缅甸。样70。

腺毛合耳菊 Synotis saluenensis（Diels）C. Jeffrey et Y. L. Chen

  亚灌木；甘岔、莫朗；海拔1700～2125m；林下、林缘和灌丛边；贡山、福贡、丽江、宜良、富民、元江、泸西、砚山、西畴、蒙自、屏边、金平、景东、腾冲、凤庆、龙陵、沧源；缅甸、越南。Y4817、Y5178、样70。

羽芒菊 Tridax procumbens L.

  草本；曼旦、普漂、施垤新村、小河底；海拔446～1030m；旷野、荒坡、路边；元江、元阳、景洪；福建、台湾、海南及南海诸岛屿；印度、中南半岛、印度尼西亚及热带美洲。Y0059、Y0531、Y0018、Y3007、Y4333、样2。

树斑鸠菊 Vernonia arborea Buch.-Ham.

  乔木；莫朗山；海拔2070m；林内或山谷；屏边、西畴；广西西南部；越南、老挝、泰国、马来西亚、印度尼西亚、斯里兰卡、印度、尼泊尔。样65。

糙叶斑鸠菊 Vernonia aspera Buch.-Ham.

  草本；药用；曼旦、西拉河；海拔1050～1410m；山坡草丛、路边或田边；芒市、腾冲、思茅、普洱、墨江；海南、贵州；印度、缅甸、泰国、越南、老挝。Y3385、样37。

叉枝斑鸠菊 Vernonia divergens（DC.）Edgew

  草本；曼旦、清水河、保保箐；海拔400～1110m；疏林下、路边、溪旁；西双版纳、金平、河口；越南、老挝、泰国、缅甸、印度。Y3220、Y3231、Y3251、Y3251、Y4266、Y4441、Y5206、样35。

斑鸠菊 Vernonia esculenta Hemsl.

  灌木；据记载茎髓可食、叶可治火烫伤；莫朗、新田；海拔1500～1750m；林下、林缘、灌丛中或山坡路旁；全省除东北部外广泛分布；广西西部、四川西部和西南部、贵州西南部。中国特有。Y4545、Y5065。

柳叶斑鸠菊 Vernonia saligna（Wall.）DC.

  草本；全草药用；西拉河；海拔1000m；疏林、灌丛、草地和溪旁；西双版纳、思茅、澜沧、沧源、芒市、瑞丽、陇川、盈江、龙陵、凤庆、漾濞、景东、元江、石屏、砚山、蒙自、绿春、金平、屏边、弥勒、师宗；广东、广西、贵州；越南、缅甸、泰国、孟加拉国、印度、尼泊尔。样42。

折抱斑鸠菊 Vernonia spirei Gandog.

  草本；根药用；马底河、莫朗；海拔1450～1700m；林下、灌丛、草坡、溪边和路边；凤庆、景东、双江、勐海、思茅、元江、石屏、砚山、西畴、广南、罗平；广西和贵州西南部；老挝。野外记录。

大叶斑鸠菊 Vernonia veolkameriifolia（Wall.）DC.

灌木；用芽煮水解毒；新田；海拔1791m；山谷林下灌丛中或山坡河沟边；勐腊、勐海、思茅、澜沧、耿马、芒市、龙陵、盈江、凤庆、景东、双柏、屏边、峨山、元江、绿春、金平、砚山、漾濞、泸水；广西、贵州、西藏；越南、老挝、泰国、缅甸、印度、不丹、尼泊尔。样61。

苍耳 Xanthium sibiricum Patrin ex Widder

草本；果入药；普漂、曼旦；海拔650～2000m；林下、灌丛、山坡草地、荒地、田边、溪边或路边；云南大部分地区；我国东北、华北、华南、西南及西北；俄罗斯、印度、伊朗、朝鲜、日本。野外记录。

灰毛黄鹌菜 Youngia cineripappa（Babc.）Babc. et Stebb.

草本；望乡台；海拔2040m；林缘、灌丛、山坡草地或路边；盈江、凤庆、思茅、勐腊、绿春、元阳、金平、屏边、蒙自；广西、四川、贵州。中国特有。Y1274。

卵裂黄鹌菜 Youngia pseudosenecio（Vant.）Shih

草本；望乡台、施垤新村；海拔600～2100m；林下、山坡田地、田埂、路边、荒地；漾濞、峨山、新平、广南、富宁、西畴、屏边、河口、绿春、耿马、勐腊；我国华东、华中、华南、西南和陕西、甘肃。中国特有。Y1164、Y4276、Y5081。

239. 龙胆科 Gentianaceae

华南龙胆 Gentiana loureirii（D. Don）Griseb.

草本；望乡台、曼来；海拔1944～2400m；林下；景东、思茅、西双版纳、双江、陇川、大理、兰坪、鹤庆、永仁、贡山、福贡、泸水、沧源、镇康；华南、华东；越南。Y1532、Y0348、Y0410、Y1260、样22。

草甸龙胆 Gentiana praticola Franch.

草本；曼来；海拔2300～2400m；山坡草地、林下；呈贡、思茅、蒙自、镇雄；四川、贵州。中国特有。Y0235、Y0236。

滇龙胆草 Gentiana rigescens Franch. ex Hemsl.

草本；药用，可作花卉；望乡台、莫朗、甘岔、新田；海拔1700～2010m；山坡草地、林下、灌丛；滇中、滇西；四川、贵州、湖南、广西。中国特有。Y1258、Y5225、Y5126、Y5128、Y5130、Y5163、样20。

椭圆叶花锚 Halenia elliptica D. Don

草本；全草入药，味苦性寒，具清热利湿、平肝利胆之功效；甘岔；海拔2100m；山坡林下草地及灌木；丽江、元江、大理、双柏、香格里拉、玉溪、昭通、东川、维西、屏边、鹤庆；西藏、四川、贵州、青海、新疆、陕西、甘肃、山西、内蒙古、辽宁、湖北、湖南；尼泊尔、不丹、印度、俄罗斯。Y4735。

狭叶獐芽菜 Swertia angustifolia Buch.-Ham. ex D. Don

草本；药用；曼来、保保箐；海拔800～2400m；山坡草地、次生阔叶林下或路边灌丛；富民、大理、凤庆、新平、元江、景洪、砚山；贵州、湖南、湖北、江西、广西、广东、福建；克什米尔地区、印度、尼泊尔、不丹、缅甸、越南。Y0402、Y4535。

美丽獐牙菜 Swertia angustifolia Buch.-Ham. ex D. Don **var. pulchella**（D. Don）Burk.

草本；药用；章巴；海拔2200～2400m；路边、草坡；凤庆、盈江、双柏、元江、景东、蒙自、屏边、砚山；贵州、四川、湖北、湖南、广东、广西、福建；克什米尔地区、印度、尼泊尔、不丹。野外记录。

大籽獐芽菜 Swertia macrosperma C. B. Clarke

草本；章巴、曼来；海拔2000～2200m；山坡草地、水边、路边灌丛林下；泸水、大理、丽江、福贡、腾冲、景东、元江、永善、大关、宜良；西藏、四川、贵州、湖北、台湾、广西；尼泊尔、不丹、印度、缅甸。野外记录。

双蝴蝶 Tripterospermum chinense H. Smith

草本；甘岔、新田；海拔1620～2100m；山坡林下；芒市、腾冲；安徽、福建、江苏、浙江、江西、广西。中国特有。Y4731、Y5124。

峨眉双蝴蝶 Tripterospermum cordatum（Marq.）H. Smith

　　草本；药用；望乡台、曼来；海拔1944～2344m；林下或灌丛；西畴、富宁、马关、麻栗坡、广南、元阳、河口、屏边、腾冲、龙陵、景东、孟连、景洪；四川、陕西、湖北、贵州、湖南。中国特有。Y1526、Y1518、Y1510、Y0170、Y1178、Y0438、Y0458、Y0564、样22。

毛萼双蝴蝶 Tripterospermum hirticalyx C. Y. Wu ex C. J. Wu

　　草本；新田；海拔1791m；林缘灌丛；文山、金平、河口、绿春；四川、贵州、湖北。中国特有。样61。

240.　报春花科 Primulaceae

过路黄 Lysimachia christinae Hance

　　草本；全株入药；曼来、章巴、望乡台；海拔1825～2344m；路边、沟边、湿地；蒙自、马关、威信、永善、绥江、嵩明、安宁、富民、峨山、禄劝、景东、大理、丽江、泸水、福贡、维西；陕西、江苏、安徽、浙江、江西、福建、河南、湖北、湖南、广东、广西、四川、贵州。中国特有。Y0248、Y0147、Y0220、Y0715、Y1218、Y1472、样4。

矮桃 Lysimachia clethrocdes Duky

　　草本；药用；甘岔、莫朗；海拔1750～1850m；林中、灌丛、水沟；滇东南、滇南、滇中；广布除西北以外的中国；俄罗斯、朝鲜、日本、老挝。野外记录。

延叶珍珠菜 Lysimachia decurrens Forst. f.

　　草本；枝叶入药；曼旦；海拔1050～1450m；山地雨林、季风常绿阔叶林；富宁、河口、元江、西双版纳、景东；江西、福建、台湾、湖南、广东、海南、广西、贵州；中南半岛各国，北达日本，遍及印度、菲律宾、印度尼西亚及澳大利亚。野外记录。

泰国过路黄 Lysimachia siamensis Bonati

　　草本；普漂、曼旦；海拔450～550m；山坡路边和草丛；云南南部；泰国、缅甸、越南。野外记录。

心叶报春 Primula partschiana Pax

　　草本；章巴；海拔2300m；林中岩石上；金平。云南特有。Y0603。

白花丹 Plumbago zeylanica L.

　　亚灌木；药用；曼旦；海拔950～1500m；低山平坝、村寨边；滇东南、滇南、滇中南、滇西、滇西南；广西、广东、福建、台湾；越南、老挝、柬埔寨及印度。野外记录。

242.　车前草科 Plantagiaceae

疏花车前 Plantago asiatica L. **ssp. erosa**（Wall.）Z. Y. Li

　　草本；药用；章巴、新田、莫朗、曼来；海拔1450～2300m；村寨边、路边、草地、沟边湿地；云南各地；陕西、青海、福建、湖北、湖南、广东、广西、四川、贵州、西藏；斯里兰卡、尼泊尔、孟加拉国、印度。野外记录。

243.　桔梗科 Campanulaceae

大花金钱豹 Campanumoea javanica Bl.

　　藤本；新田、莫朗；海拔1400～1680m；低中山灌丛林缘；贡山、福贡、维西、漾濞、楚雄、寻甸、镇康、耿马、景东、盈江、瑞丽、西畴、砚山、丘北、屏边、蒙自、石屏、思茅、西双版纳等地；贵州、广东、海南、广西；中南半岛至印度尼西亚。Y5289、样62。

鸡蛋参 Codonopsis convlvulacea Kurz

　　藤本；根药用；莫朗山；海拔1700～1800m；中山灌丛林缘、草坡；禄丰、砚山、屏边、蒙自、元江、凤庆、镇康、龙陵等地；西藏、四川、贵州；缅甸。Y5153。

红毛蓝钟花 Cyananthus hookerr C. B. Clarke **var. inflatus** Franch.

　　草本；曼来；海拔1900~2000m；草地、沟边湿处；楚雄、禄劝、会泽、巧家、富民、景东、元江、丽江、香格里拉、福贡；西藏东南部、四川西南部；尼泊尔、不丹、印度。野外记录。

蓝花参 Wahlenbergia marginata（Thunb.）A. DC.

　　草本；根药用；曼来、章巴、清水河、莫朗；海拔1860~2000m；草坡；全省各地；长江流域以南各省份至陕西；朝鲜、日本、越南、老挝。Y0691、Y4158、Y4628、Y4087、样5。

244. 半边莲科 Lobeliaceae

江南大将军 Lobelia davidii Franch.

　　草本；药用；望乡台、甘岔；海拔1950~2000m；路边；泸水及滇中、滇东南、滇东北；我国西部至亚热带地区：四川、贵州、广西、广东、湖南、江西、福建。中国特有。Y1084。

微毛野烟 Lobelia seguinii Lévl. et Van. **var. doniana**（Skottsb.）E. Wimm.

　　草本；曼旦、莫朗；海拔1030~1300m；山坡草地、疏林下或溪沟、河边；云南西北部、西南部、中部、南部及东南部；印度、尼泊尔。Y3486。

肉半边莲 Lobelia succulenta Blume

　　草本；全草入药；曼来；海拔2344m；低中山灌丛林缘；滇南；台湾、广东、广西、贵州；印度、尼泊尔、越南、老挝、马来半岛、菲律宾、印度尼西亚至斐济群岛。Y0276、样4。

249. 紫草科 Boraginaceae

二叉破布木 Cordia furcans Johnst

　　乔木；西拉河、清水河；海拔750~1000m；林下或灌丛；滇南大部；广东、广西；印度、中南半岛。Y3728、Y4342。

倒提壶 Cynoglossum amabile Stapf et Drumm.

　　草本；章巴；海拔1840m；草坡；滇东、滇中和滇西北；四川、贵州、甘肃、西藏；不丹。Y0757。

锚刺倒提壶 Cynoglossum glpchidiatum Wall.

　　草本；曼来、望乡台；海拔1850~1950m；草地；丽江、香格里拉、德钦、贡山；四川西部、西藏东部、青海；尼泊尔。

小花倒提壶 Cynoglossum lanceolatum Forsk. **ssp. eulanceolatum** Brand.

　　草本；根药用；西拉河、清水河；海拔840~930m；河边、路边；滇西北、滇西、滇中和滇南；广西、广东、福建、台湾、浙江、湖南、湖北、四川、贵州、陕西、甘肃；亚洲南部和非洲。Y3655、Y4279、Y4321、样40。

滇厚朴 Ehretia corylifolia C. H. Wright

　　乔木；施垤新村、普漂；海拔695~800m；疏林、林缘、路边；滇西北、滇中、滇西；四川、贵州。中国特有。Y3192、样50。

露蕊滇紫草 Onosma exsertum Hemsl.

　　草本；莫朗；海拔1200m；草坡、灌丛和松栎林下；香格里拉、大理、楚雄、蒙自；四川、贵州。中国特有。Y4486。

毛束草 Trichodesma calycosum Coll. et Hemsl.

　　灌木；鲁业冲；海拔627m；季雨林；西双版纳、澜沧、景东、双柏、泸水、屏边；贵州；从缅甸北部到泰国北部、老挝北部、越南北部、印度锡金。野外记录。

毛脉附地菜 Trigonotis microcarpa（Wall.）Benth. ex C. B. Clarke

　　草本；章巴、曼来；海拔2000~2200m；林下、灌丛、草坡或路边；滇西、滇中和滇南；西藏；尼泊尔、印度锡金。野外记录。

250. 茄科 Solanaceae

小米辣 Capsicum frutescens L.

亚灌木；味极辣，鲜食可当蔬菜；曼旦、西拉河、清水河、施垤新村；海拔450～740m；荒坡沟边及屋边路旁；逸生；滇东南、滇西南、滇南；海南；原产南美洲。Y3213、Y3355、Y3881、Y4248、Y5068。

洋金花 Datura metel L.

灌木；花药用；普漂；海拔500m；村寨边、田野旷地；逸生；滇东南、滇西南、滇南；福建、广东、广西、贵州；热带及亚热带地区。Y0567、Y0568。

曼陀罗 Datura stramonium L.

草本；叶、花、种子药用；马底河、莫朗；海拔1450～2000m；路边、荒坡；逸生；云南各地；我国各省份；世界各大洲。野外记录。

红丝线 Lycianthes biflora（Lour.）Bitt.

草本；新田；海拔980～1800m；荒野荫地、林下、路旁、水边及山谷；滇西、滇南及滇东南；四川、广西、广东、江西、福建、台湾；印度、马来西亚、印度尼西亚（爪哇）、日本。Y4168、Y5151。

小酸浆 Physalis minima L.

草本；全株入药；施垤新村；海拔650m；荒山、草地及水库边；滇东南及滇中地区；广东、广西、四川；东半球热带及亚热带地区。Y4649、Y5115、Y5351。

野茄 Solanum coagulans Forsk.

亚灌木；普漂；海拔470m；灌丛中或缓坡地带；西双版纳、河口、耿马；广西、广东、台湾；阿拉伯地区至印度西北部、越南、新加坡。Y3137、样34。

刺天茄 Solanum indicum L.

灌木；药用；曼旦、普漂、清水河；海拔450～1030m；路边、灌丛、荒地；全省大部分地区；四川、贵州、广东、广西、福建、台湾；热带亚洲。Y0075、Y2059、Y4214。

喀西茄 Solanum khasiaanum C. B. Clarke

亚灌木；果、叶、根药用；曼旦；海拔600m；路边、灌丛、荒地、草坡、疏林；云南除东北及西北外广布；广西；印度喀西山地地区。Y3324、样35。

龙葵 Solanum nigrum L.

草本；全草入药；清水河；海拔700m；田边、荒地及木桩附近；云南广为分布；全国广布；欧洲、亚洲、美洲的温带至热带地区。Y4232、Y4330。

水茄 Solanum torvum Swartz

有刺灌木；根入药、果实可明目；铁索桥、曼旦；海拔390～715m；热带地方的路旁、荒地、灌丛、沟谷、村庄附近等潮湿处；滇东南、滇西南、滇南；广西、广东、台湾；热带印度，东经缅甸、泰国，南至菲律宾、马来西亚、热带美洲。Y3253、Y0001。

假烟叶树 Solanum verbascifolium L.

灌木；根皮入药；曼旦；海拔450m；荒山荒地及沟边林缘；云南全省；西藏（察隅）、四川、贵州、广西、广东、海南、福建、台湾；热带亚洲、澳大利亚、美洲。Y3306。

251. 旋花科 Convolvulaceae

心萼薯 Aniseia biflora（L.）Choisy

藤本；广西民间用茎叶治小儿疳积，种子治跌打、蛇咬伤；西拉河；海拔650m；山谷路旁、山坡次生灌丛。常见于较干燥处；双江、澜沧、勐腊、景洪、元江、绿春、元阳、蒙自、富宁；湖南、江西、福建、贵州、广西、广东及其沿海岛屿、台湾；越南。Y3836。

头花银背藤 Argyreia capitata（Vah.）Arn. ex Choisy

藤本；普漂、莫朗；海拔400～1600m；低中山灌丛林缘、路边疏林；滇南；广东、广西、贵州；印度、老挝、越南、柬埔寨、马来半岛及印度尼西亚。Y0449、Y0509、Y0662、Y5273、样6。

黄伞白鹤藤 Argyreia fulvo-cymosa C. Y. Wu

藤本；西拉河；海拔800～950m；草坡或林下；云南南部；广西西南部。中国特有。Y3620、Y3723、Y4229。

灰毛聚花白鹤藤 Argyreia osyrensis（Roth）Choisy **var. cinerea** Hand.-Mazz.

藤本；根、叶可药用；普漂；海拔700～1050m；疏林及灌丛；滇南普遍分布；广西西南部。中国特有。Y3036。

叶苞银背藤 Argyreia roxburghii（Wall.）Arn. ex Choisy **var. ampla**（Wall.）C. B. Clarke

藤本；西拉河、清水河、曼旦；海拔820～1300m；疏林、灌丛；滇南、滇西南；尼泊尔、印度。Y4292、样47。

黄毛银背藤 Argyreia velutina C. Y. Wu

灌木；曼旦；海拔760m；灌丛；云南南部。云南特有。Y0004、Y0048。

苞叶藤 Blinkworthia convolvuloides Drain

藤本；根可治小儿腹胀；西拉河、曼旦、施垤新村、清水河；海拔450～1070m；干热河谷稀乔木林及灌丛草地；云南南部；广西西部；缅甸。Y3766、Y3433、Y3327、Y3992、Y4112、Y5125、样39。

天茄子 Calonyction muricatum（L.）G. Don

粗壮缠绕藤本；清水河；海拔720～1200m；灌丛；滇南；湖北、湖南、河南等地栽培；墨西哥，南美洲的哥伦比亚、巴西，大安的列斯群岛、小安的列斯群岛、热带非洲、印度、缅甸、越南至日本。Y4306。

打碗花 Calystegia hederacea Wall.

藤本；根药用；曼来；海拔2000～2200m；中山灌丛林缘；云南大部分地区；我国从北向南大部分省份均有；东非的埃塞俄比亚、亚洲南部、东部以至马来西亚。野外记录。

马蹄金 Dichondra repens Forst

匍匐草本；全草药用；马底河、莫朗；海拔1450～1650m；路边、田野旷地；云南全省；我国长江以南各省；热带亚热带地区。野外记录。

土丁桂 Evolvulus alsinoides（L.）L.

草本；全草供药用；曼旦、普漂；海拔400～630m；谷沟、山坡、草地；滇东南；长江以南；非洲及亚洲的热带至亚热带地区。Y0077、Y0493、Y0517、Y0495、样1。

银丝草 Evolvulus alsinoides（L.）L. **var. decumbens**（R. Ber.）Oststr.

草本；全草供药用；施垤新村、转运站、普漂；海拔675m；山坡草地；云南金沙江、红河河谷；越南、马来西亚、菲律宾、大洋洲及太平洋诸岛。Y3141、样52。

毛果薯 Ipomoea eriocarpa R. Br.

藤本；曼旦；海拔1000～1100m；中山灌丛林缘；丽江、鹤庆、宾川、元谋、禄劝、元江、蒙自；四川；热带非洲、热带亚洲至大洋洲。野外记录。

小心叶薯 Ipomoea obscura（L.）Ker-Gawl.

藤本；章巴、普漂、曼旦、清水河；海拔450～2300m；低中山坡灌丛林缘；芒市、元江、元阳；广东、海南、台湾；热带非洲、马斯克林群岛、热带非洲经马来西亚至大洋洲。Y0694、Y3005、Y3334、Y4401。

虎掌藤 Ipomoea pes-tigridis L.

缠绕草本或有时平卧；曼旦；海拔450m；河谷灌丛或路旁；元阳；广东、广西南部、台湾；热带亚洲、非洲及中南太平洋的波利尼西亚。Y3218。

小牵牛 Jacquemontia paniculata（Burm. f.）Hall. f.

缠绕草本；普漂、小河底、曼旦；海拔446～600m；灌丛草坡或路旁；红河河谷；广东、海南、广西、台湾；热带东非洲、马达加斯加至东南亚、中南半岛、热带大洋洲。Y4539、Y3542、样33。

鱼黄草 Merremia hederacea（Burm. f.）Hall. f.

藤本；普漂、铁索桥、曼旦、施垗新村；海拔390～650m；低山灌丛林缘；勐腊、元江、河口、富宁；台湾、广东、广西、江西；热带非洲、热带亚洲自印度、斯里兰卡、缅甸、泰国、越南，经整个马来西亚、加罗林群岛至大洋洲的昆士兰，也见于太平洋中部的圣诞岛。Y0521、Y3340、Y4503、Y5097、样8。

山土瓜 Merremia hungaiensis（Lingelsh. et Borza）R. C. Fang

藤本；块根可食，药用；甘岔、莫朗；海拔1700～2000m；中山灌丛林缘；云南大部分地区；贵州、四川。中国特有。野外记录。

牵牛 Pharbitis nil（L.）Choisy

缠绕草本；观赏、种子为常用中药；清水河；海拔980m；村边路边、田边或山坡路旁；云南全省大部分地区均有，栽培或野生；我国除西北和东北的一些省份外大部分省份均有；原产热带美洲，现广植于全世界热带和亚热带地区。Y4177。

蒙自飞蛾藤 Porana dinetoides Schneid.

藤本；西拉河；海拔770m；草坡或灌丛；云南东南部及西北部。云南特有。Y3754。

搭棚藤 Porana discifera Schneid.

藤本；普漂；海拔700m；山坡灌丛、路边及疏林；滇中及滇南。云南特有。Y3088。

三列飞蛾藤 Porana duclouxii Gagn. et Courch

藤本；清水河；海拔1150m；石灰岩灌丛；滇东南、滇中、滇西；四川、湖北。中国特有。Y4037。

小萼飞蛾藤 Porana mairei Gagn. et Courch.

藤本；根可药用，治咳嗽；新田；海拔1630m；疏林、沟箐边；滇北、滇中、滇东南；四川。中国特有。Y4579。

疏毛飞蛾藤 Porana sinensis Hemsl. **var. delavayi**（Gagn. et Courch）Rehd

藤本；莫朗；海拔1990m；石灰岩灌丛或林缘；云南西部、南部及东南部；贵州、四川、湖北、陕西。中国特有。样66。

美飞蛾藤 Porana spectabilis Kurz

木质藤本；莫朗；海拔1030m；沟谷或山坡；滇南、滇东南；海南；印度、越南、老挝、马来半岛。样59。

251a.　菟丝子科 Cuscutaceae

金灯藤 Cuscuta japonica Choisy

寄生缠绕草质藤本；药用；西拉河；海拔650m；寄生于草本或灌木上；云南大部分地区；我国南北各省均产；越南、朝鲜、日本、俄罗斯。Y3673。

大花菟丝子 Cuscuta reflexa Lam.

寄生藤本；药用；曼旦；海拔1000～1750m；路边；云南各地；西藏；阿富汗、巴基斯坦、印度北部、泰国、斯里兰卡至马来西亚。野外记录。

252.　玄参科 Scrophulariaceae

毛麝香 Adenosma glutinosum（L.）Druce

草本；全草药用，可祛风止疼、散瘀消肿、解毒止痒；西拉河；海拔750～1000m；山谷疏林中、林缘、路边、干燥阳坡；漾濞、景洪、勐腊、思茅、勐海、屏边、富宁、麻栗坡、河口、元江；江西南部、福建、广东、广西；柬埔寨、老挝、越南。野外记录。

黑朔 Alectra avensis（Benth.）Merr.

草本；曼旦；海拔1100～1700m；山坡、草地及疏林；罗平、砚山、马关、麻栗坡、蒙自、屏边、元江、绿春、勐海、勐腊、孟连、武定、景东、保山、贡山；台湾、广东、广西；不丹、缅甸、印度、印度尼西亚（爪哇）及菲律宾。野外记录。

鞭打绣球 Hemiphragma heterophyum Wall.

匍匐草本；药用；曼来；海拔2344m；草地灌丛、林缘、裸露岩石、沼泽、草地、湿润山坡；云南各地；西藏、四川、贵州、湖北、甘肃、台湾；尼泊尔、不丹、印度东北部、菲律宾。Y0244、Y0212、样4。

中华石龙尾 Limnophila chinensis（Osb.）Merr.

草本；曼旦；海拔950～1200m；旷野、林边及溪旁；景洪、勐海、勐腊、思茅、砚山、麻栗坡、绿春、景东、澜沧、元江；广东、广西、海南；越南、柬埔寨、老挝、印度尼西亚、马来西亚、泰国、印度、斯里兰卡及澳大利亚。野外记录。

钟萼草 Lindenbergia philippensis（Cham. et Schlechtendal）Benth.

草本；叶外用治骨髓炎；马底河、莫朗；海拔1450～1700m；山坡、岩缝、墙角边；元江、澄江、巧家、芒市、屏边、元阳、金平、蒙自、大理、泸水、景东、勐腊及金沙江河谷；贵州、广西、广东、湖南、湖北；印度、菲律宾、柬埔寨、老挝、缅甸、泰国、越南。野外记录。

母草 Lindernia crustacea（L.）F. Muell.

草本；曼旦；海拔450m；农地、田野、低中山灌丛、林缘、沟边、湿地；彝良、富宁、屏边、河口、绿春、景洪、勐腊、大姚、大理；浙江、江苏、安徽、江西、福建、台湾、海南、广西、西藏、四川、贵州、湖南、湖北、河南等省份；热带和亚热带地区。Y3499。

红骨母草 Lindernia mollis（Benth）Wettst

匍匐草本；莫朗、新田；海拔1550～1750m；灌丛疏林及荒芜田野、水流边；屏边、蒙自、元阳、景宏、勐海；广东、广西、福建、江西；印度、印度尼西亚。Y5256、Y5371。

坚挺马先蒿 Pedicularis rigida Franch. ex Maxim.

草本；章巴、曼来；海拔2000～2100m；松林下、草坡、灌丛；东川、鹤庆、永胜、维西、砚山、马关、元江、宾川、宜良、思茅；四川。中国特有。野外记录。

地黄叶马先蒿 Pedicularis veroniufolia Franch.

草本；莫朗、新田；海拔1100～1300m；草地及林下；东川、文山、蒙自、元江、江川、峨山、洱源、鹤庆、永胜、嵩明；四川西北及西南。中国特有。Y4905、Y5359。

杜氏翅茎草 Pterygiella duclouxii Franch.

草本；西拉河、曼旦；海拔1050～1100m；山坡灌丛及混交林下；东川、安宁、宜良、石林、富民、砚山、屏边、蒙自、元阳、江川、峨山、景东、姚安、洱源、兰坪、鹤庆、剑川、香格里拉；四川、广西。中国特有。Y3366、样43。

野甘草 Scoparia dulcis L.

草本；曼旦；海拔450m；路边、灌丛林缘；金平、河口、景洪、勐海、勐腊、孟连、沧源、耿马、芒市、大理；广东、广西、福建；原产热带美洲，现广布全球。Y3284。

阴行草 Siphonostegia chinensis Benth.

草本；曼旦；海拔1100m；中山灌丛、林缘、草坡；砚山、安宁、石林、峨山、澄江、洱源、兰坪、鹤庆、香格里拉、福贡、德钦；在我国分布甚广，东北、华北、华中、华南、西南等省份均有；日本、朝鲜、俄罗斯。Y3406。

短冠草 Sopubia trifida Buch-Ham ex D. Don

草本；马底河、莫朗；海拔1450～1900m；荒地、草坡及次生阔叶林下；西畴、丘北、砚山、蒙自、屏边、元江、勐腊、孟连、双江、景东、漾濞、鹤庆；江西、湖南、广东、广西、贵州、四川；印度、不丹、尼泊尔、老挝、巴基斯坦、印度尼西亚、菲律宾、非洲。野外记录。

大独脚金 Striga masuria（Ham. ex. Benth.）Benth.

草本；马底河、莫朗；海拔1500～1600m；山坡草地、次生阔叶林；富宁、河口、元阳、元江、洱源、永仁、丽江、鹤庆、香格里拉；四川、贵州、台湾、福建、广西、广东、湖南；印度、缅甸、菲律宾。野外记录。

黄花蝴蝶草Torenia flava Buch-Ham ex Benth.

　　草本；倮倮箐、清水河；海拔750～1000m；草地林缘；富宁、景宏、勐腊、孟连、沧源；广东、广西、海南、台湾；印度、缅甸、越南、老挝、柬埔寨、马来西亚、印度尼西亚。Y4843、Y4006、Y4256、Y4304、Y4329、Y5210、样60。

水苦荬Veronica undulata Wall.

　　草本；曼来；海拔1900～2100m；湿地；大关、会泽、安宁、澄江、江川、石屏、元江、双柏、景东、漾濞、鹤庆、永胜、香格里拉、德钦；全国；朝鲜、日本、尼泊尔、印度、巴基斯坦。野外记录。

黄花狸藻Utricularia aurea Lour.

　　草本；甘岔、莫朗；海拔1700～1900m；沟边、湿地；滇南、滇西、滇中；东北、内蒙古、四川、湖南、江西、江苏、浙江、广西、广东、福建、台湾；印度、日本，经马来西亚至澳大利亚。野外记录。

挖耳草Utricularia bifida L.

　　草本；甘岔、莫朗；海拔1700～1900m；沟边、湿地；滇西、滇西北、滇南、滇东南；江苏、安徽、浙江、福建、广东、广西；印度、缅甸、柬埔寨、泰国、越南、日本、朝鲜、马来西亚、印度尼西亚、澳大利亚。野外记录。

256.　苦苣苔科Gesneriaceae

上树蜈蚣Aeschynanthus buxifolius Hemsl. ex Dunn

　　附生灌木；广西用全草入药，治蛇虫咬伤；章巴；海拔2300m；密林上或岩石上；河口、金平、屏边、蒙自、马关、麻栗坡；广西。中国特有。Y1052、Y0776、Y0806。

猫耳朵Boea hygrometriea（Bunge）R. Br.

　　草本；曼旦、普漂；海拔400～980m；干热河谷中灌丛草坡的石岩上；元江、澄江、江川、元阳；广西北部、广东、福建、浙江、江西、湖南、贵州、四川、湖北、甘肃、陕西、河南、山东、山西、河北及北京。中国特有。Y0014、Y0489、Y0525、Y0682、Y3369、样1。

薄叶唇柱苣苔Chirita anachoreta Hance

　　草本；莫朗；海拔1600m；低中山林下、沟边、水边；临沧、思茅、景洪、洱源、屏边、砚山；台湾、广西、广东；缅甸、泰国、老挝、越南。Y4722。

小心叶石花Corallodiscus cordatulus（Craib）B. L. Burtt

　　草本；普漂；海拔490m；阴处石崖；禄劝、元谋、贡山；四川、贵州、湖南、湖北、甘肃、陕西、山西。中国特有。野外记录。

矮生长蒴苣苔Didymocarpus nanopbyton C. Y. Wu ex H. W. Li

　　草本；马底河、新田；海拔1650～1750m；山谷潮湿石上；元江；元江特有。野外记录。

云南长蒴苣苔Didymocarpus yunnanensis（Franch.）W. W. Sm.

　　草本；清水河；海拔1160m；低中山林下、沟边、湿地；楚雄、景东、宾川、漾濞、龙陵、腾冲；四川。中国特有。Y4076。

细萼吊石苣苔Lysionotus petelotii Pelleor

　　附生灌木；甘岔；海拔2125m；树上；滇东南；越南北部。Y4671、样70。

齿叶吊石苣苔Lysionotus serratus D. Don

　　附生灌木；清水河、莫朗；海拔1120～1840m；山地雨林、季风常绿阔叶林；几乎遍及全省，但滇东北至寻甸、滇东南至富宁没有；西藏、广西、贵州；尼泊尔、不丹、印度、缅甸、泰国、越南。Y4067、Y4709。

黄马铃苣苔Oreocharis aurea Dunn

　　草本；望乡台；海拔2160m；林中树干或岩石上；孟连、绿春、文山、金平、屏边；越南北部。Y1218。

网叶马铃苣苔Oreocharis rhytidophylla C. Y. Wu ex H. W. Li

　　草本；曼来；海拔1900～2100m；潮湿岩石；滇中南。云南特有。野外记录。

淡褐色蛛毛苣苔 Paraboea yunnanensis W. W. Smith

　　草本；普漂、清水河；海拔700～1300m；石灰石常绿阔叶林下或灌丛；勐腊、景洪、金平、河口、马关、麻栗坡、西畴、富宁、巧家、广南、元阳；广西、贵州；越南。Y3124、Y4103、Y4387。

秋海棠叶石蝴蝶 Petrocosmea begoniifolia C. Y. Wu ex H. W. Li

　　草本；甘岔、莫朗；海拔1750～2000m；河谷悬崖峭壁；滇中南。云南特有。野外记录。

石蝴蝶 Petrocosmea duclouxii Craib

　　草本；普漂；海拔750m；岩隙石缝；富民、禄劝、景东；四川西南部。中国特有。Y3023、样32。

大叶石蝴蝶 Petrocosmea grandifolia W. T. Wang

　　草本；倮倮箐；海拔750m；岩隙；滇西。云南特有。样60。

莲座石蝴蝶 Petrocosmea rosettifolia C. Y. Wu ex H. W. Li

　　草本；马底河、莫朗；海拔1450～1650m；林下岩石上；滇中南。云南特有。野外记录。

丝毛石蝴蝶 Petrocosmea sericea C. Y. Wu et H. W. Li

　　草本；清水河；海拔1000～1145m；低中山林下、沟边；屏边、西畴、麻栗坡。云南特有。Y4162、Y4419、样45。

尖舌苣苔 Rhynchoglossum obliquum Bl.

　　草本；根入药；清水河、莫朗；海拔1020～1300m；低中山坡阴湿林下；贡山、屏边；贵州；印度、中南半岛、印度尼西亚。Y4000、Y4680。

线柱苣苔 Rhynchotechum obovatum（Griff.）B. L. Burtt

　　草本；全草入药；马底河、莫朗；海拔1450～1650m；林下；滇南各地；西藏、贵州、广西、广东；印度、缅甸、泰国、老挝、越南。野外记录。

毛线柱苣苔 Rhynchotechum vestitum（Griff.）Hook. f. et Thoms. ex C. B. Clarke

　　草本；甘岔、莫朗；海拔1750～2000m；谷地林内或沟边；滇西、滇中南、滇南及滇东南等地；不丹、印度。野外记录。

唇萼苣苔 Trisepalum barmanium（Craib.）B. L. Burtt

　　草本；普漂；海拔400m；山地阳处石上；思茅、普洱、勐腊、麻栗坡、凤庆；四川西南部；缅甸。Y0674。

257. 紫葳科 Bignoniaceae

西南猫尾树 Dolichandrone stipulata（Wall.）Benth. et Hook. f.

　　乔木；曼旦；海拔450m；密林；蒙自、思茅、西双版纳、景东、双江、马关、金平；越南、老挝、柬埔寨、泰国、缅甸。Y3239。

火烧花 Mayodendron igneum（Kurz）Kurz

　　落叶乔木；观赏、用材；清水河、莫朗；海拔980～1030m；干热河谷；思茅、西双版纳、景东、屏边、富宁、元江、双柏；广西、广东、台湾；越南、老挝、缅甸。Y4047。

羽叶照夜白 Nyctocalos pinnata van Steenis

　　藤本；曼旦、清水河、施垤新村；海拔400～700m；河边密林中、湿润地区；马鞍山、河口、元江。云南特有。Y3229、Y3833、Y4310。

千张纸 Oroxylum indicum（L.）Vent.

　　落叶乔木；种子入药，木材色浅，为黄白色，可作火柴杆；清水河；海拔600～850m；阳坡疏林；西双版纳、凤庆、新平、河口、西畴等地和金沙江、澜沧江流域的干热河谷地区；广西、贵州、四川、广东、福建、台湾；越南、泰国、缅甸、老挝、印度、马来西亚、斯里兰卡。Y4302、Y4311。

泡桐 Paulownia fortunei（Seem.）Hemsl.

　　落叶乔木；树皮入药，用材，叶、花可供药用；章巴；海拔2100m；疏林；滇东南；河南、山东至江南各省及台湾；越南、老挝。Y0808。

小花泡桐 Paulownia tomentosa（Thunb.）Steud **var. lanata**（Dode）Schneid

落叶乔木；用材，树皮、叶、花均入药，树皮止血；章巴；海拔1820m；山坡阳处、疏林；镇雄、屏边、景东、峨山、新平、砚山、西畴、麻栗坡；广东、四川东部、贵州、湖北、浙江。中国特有。Y0727、Y0728。

炮仗花 Pyrostegia venuata（Ker）Miers

藤本；普漂；海拔800m；低中山疏林；西双版纳至新平，栽培；广州；原产南美洲巴西。野外记录。

菜豆树 Radermachera sinica（Hance）Hemsl.

藤本；鲁业冲；海拔801m；季雨林；云南；广东、广西、台湾。野外记录。

羽叶楸 Stereospermum tetragonum（Wall.）DC.

落叶乔木；西拉河、清水河、甘岔；海拔930～2000m；干热河谷、疏林；滇西南至滇南、滇东南；广西、贵州；越南、柬埔寨、泰国、缅甸、马来西亚、印度尼西亚（爪哇）、斯里兰卡。Y4192、Y4305、Y5284、样40。

259. 爵床科 Acanthaceae

尖药花 Aechmanthera tomentosa Nees

草本；清水河；海拔1150m；在山坡草地或疏林边；蒙自、西畴、屏边、元江、思茅、盈江、芒市、耿马；贵州、广西；印度北部、尼泊尔。Y3979。

板蓝 Baphicacanthus cusia（Nees）Bremek.

草本；根、叶入药，叶含蓝靛染料；章巴；海拔1840m；林下、灌丛下、山坡、草地；鹤庆、泸水、耿马、西双版纳、普洱、金平、河口；山东、河南以南、西南至云南、东南至台湾；日本、朝鲜。Y0842。

假杜鹃 Barleria cristata L.

灌木；花卉；曼旦、施垤新村；海拔600～760m；次生阔叶林；泸水、永胜、宾川、大姚、元江、禄劝、会泽；四川、贵州、广西、广东；中南半岛至印度。Y0056、Y3546、Y0057。

紫萼假杜鹃 Barleria purpureosepala H. P. Tsui

亚灌木；普漂；海拔700m；密林；勐腊。云南特有。Y3057。

杜根藤 Calophanoides quadrifaria（Nees）Riall.

草本；西拉河；海拔1000m；山地雨林；景东、勐腊、芒市、双江；湖北、四川、广西、广东、海南；印度东北部、缅甸、泰国、越南、印度尼西亚。Y3767。

钟花草 Codonacanthus pauciflorus（Nees）Nees

草本；章巴、曼来；海拔2100～2300m；密林下潮湿的山谷；镇康；广布于广东、广西、海南、台湾、香港、福建等地；印度、越南。Y5064。

鳔冠花 Cystacanthus paniculatus T. Anders.

灌木；普漂；海拔600m；灌丛；德宏、澜沧、勐海、马关、元江；缅甸。Y3182。

小驳骨 Gendarssa vulgaris Nees

草本；全草入药，味辛，性温，治风邪、理跌打，调酒服；西拉河；海拔650m；村旁或路边灌丛中；西双版纳、河口、麻栗坡；我国福建、台湾、广东、海南、香港、广西等；印度、斯里兰卡、中南半岛。Y3856。

蒙自金足草 Goldfussia austinii（C. B. Clarke ex W. W. Smith）Bremek.

草本；普漂、曼旦；海拔600～800m；林下；弥勒、蒙自、元江、砚山、寻甸；四川。中国特有。野外记录。

聚花金足草 Goldfussia glomerata Nees

草本；西拉河、莫朗、清水河；海拔950～1030m；林下；景东、耿马、双江、新平、思茅、勐腊；印度（喀西山区）、缅甸。Y4208、样47。

圆苞金足草 Goldfussia pentstemonoides Nees

草本；新田；海拔1680m；山坡阔叶林下；西双版纳、芒市、景东、绿春、丘北、福贡、维西；贵州、四川、西藏、湖北、湖南、浙江、广东、广西、台湾、香港及喜马拉雅；中南半岛。Y5070、Y5072。

溪畔黄球花 Hemigraphis fluviatilis C. B. Clarke ex W. W. Sm.

草本；西拉河；海拔750～850m；季风常绿阔叶林林缘；云南南部；贵州。中国特有。野外记录。

水蓑衣 Hygrophila salicifolia（Vahl）Nees

草本；全草入药，健胃消食、清热消肿；新田；海拔1680m；溪沟边或洼地等潮湿处；勐腊；广东、广西、海南、台湾、香港、福建、江西、浙江、安徽、湖南、湖北、四川；亚洲东南部至东部。Y5054、Y5056。

叉序草 Isoglossa colling（T. Anders.）B. Hansen

草本；小河底；海拔446m；山坡阔叶林下或溪边阴湿地；景东、勐腊、腾冲；西藏（墨脱）、广东、广西、湖南、江西；不丹、印度（锡金）。样58。

节翅地皮消 Pararuellia alata H. P. Tsui

草本；曼旦、清水河；海拔1100～1150m；江边疏林下沙地；双江；湖北、四川。中国特有。Y3392、Y4026。

地皮消 Pararuellia delavayana（Baill）E. Hossain

草本；治刀伤；清水河；海拔1100m；山地草坡疏林下；香格里拉、漾濞、宾川、鹤庆；贵州西部、四川南部。中国特有。野外记录。

九头狮子草 Peristrophe japonica（Thunb.）Bremek.

草本；药用，能解表发汗；曼旦、西拉河、施垤新村；海拔620m；路边、草地或林下；红河、文山；广布于河南、安徽、江苏、浙江、江西、福建、湖南、湖北、广东、广西、四川、贵州；日本。Y3371、Y3585、Y4467。

云南山壳骨 Pseuderanthemum graciliflorum（Nees）Ridley

亚灌木；清水河；海拔730～1100m；林下或灌丛；金平、屏边、河口、富宁、景洪、勐海、勐腊、镇康、耿马；贵州（罗甸）、广西（扶绥）；印度和越南。Y3901、Y4367。

翅柄马蓝 Pteracanthus alatus（Wall. ex Nees）Bremek

草本；莫朗；海拔1600m；山坡林下；麻栗坡、富宁、西畴、金平、景洪；西藏、湖北、湖南、广西、贵州、四川、江西；尼泊尔、印度（锡金）、不丹。Y4917。

曲序马蓝 Pteracanthus calycinus（Nees）Bremek.

草本；元江；海拔1350～1650m；山地雨林；蒙自、屏边、金平、绿春、贡山；西藏及喜马拉雅。野外记录。

云南马蓝 Pteracanthus yunnanensis（Diels）C. Y. Wu et C. C. Hu

灌木；新田；海拔1680m；河边或山谷；贡山、丽江、剑川、腾冲、景东。云南特有。Y4802。

异色红毛蓝 Pyrrothrix heterochroa（Hand.-Mazz）C. Y. Wu et C. C. Hu

亚灌木；施垤新村；海拔850～1000m；山坡；元江；元江特有。野外记录。

爵床 Rostellularia procumbens（L.）Nees

草本；全草入药，治腰背痛、创伤等；曼旦；海拔500m；山坡林间草丛；大理、凤庆、西畴、屏边、蒙自、楚雄、景东、勐腊、勐海、砚山、罗平；我国秦岭以南，东至江苏、台湾，南至广东，西南至云南及西藏（吉隆）广泛分布；亚洲南部至澳大利亚。Y3549。

孩儿草 Rungia pectinata（L.）

草本；全草入药；曼旦、西拉河、保保箐、普漂；海拔650～1000m；草地；蒙自、墨江、景洪、勐腊、腾冲、镇康、芒市；广东、广西、海南；印度、斯里兰卡、中南半岛。Y0051、Y4463、Y3146、Y3159、Y4421。

楔叶叉柱花 Staurogyne longiauneata H. S. Lo

草本；清水河；海拔980～1080m；低中山疏林；蒙自、河口。云南特有。Y4300。

长黄毛山牵牛 Thunbergia adenophora W. W. Smith

藤本；新田；海拔1680m；灌丛或林下；金平、元江、景东、勐腊、景洪、临沧等地；缅甸。Y4736。

红花山牵牛 Thunbergia coccinea Wall.

　　藤本；莫朗、清水河、新田；海拔950~1695m；林下、河边；丽江及滇西南、滇南；西藏；印度至中南半岛。Y3983、样59。

滇南山牵牛 Thunbergia fragrans Roxb. ssp. lanceolata H. P. Tsui

　　藤本；莫朗、西拉河、曼旦、清水河；海拔720~1400m；灌丛或竹林；云南南部。云南特有。Y3831、Y4557、Y3489、Y4106、Y4152、Y2018、样59。

山牵牛 Thunbergia grandiflora（Rottl. ex Willd.）Roxb.

　　藤本；可供园林绿化；清水河、施坯新村；海拔650~950m；低中山沟谷灌丛林缘；金平、河口、西双版纳；广西、广东、海南、福建；印度及中南半岛。Y4200、Y4332。

263. 马鞭草科 Verbenaceae

木紫珠 Callicarpa arborea Roxb.

　　乔木；叶入药；莫朗、清水河；海拔980~1000m；低中山灌丛林缘、次生林；滇西南、滇南、滇东南；广西；尼泊尔、印度、孟加拉国、越南、柬埔寨、马来半岛至印度尼西亚。Y4043、Y5106。

紫珠 Callicarpa bodinieri Lévl.

　　灌木；全株入药；普漂、曼旦；海拔650~1200m；低中山灌丛林缘、次生林；滇西至滇西南、滇南及西畴、富民、镇雄；陕西、河南至长江以南各省广布；越南。野外记录。

杜虹花 Callicarpa formosana Rolfe

　　灌木；清水河、老虎箐；海拔680~820m；灌丛；广南、富宁；华东；菲律宾。Y4258、Y4389、Y5108。

大叶紫珠 Callicarpa macriphylla Vahl

　　灌木；根、叶入药；曼旦、老虎箐；海拔450~900m；路边、灌丛林缘；滇西南、滇南至滇东南；贵州、广西、广东；马斯克林群岛、留尼汪岛、印度、中南半岛、马来西亚至印度尼西亚。Y0039、Y3244、Y3260、Y5311、样2。

狭叶红紫珠 Callicarpa rubella Lindl. f. angustata Pei

　　灌木；药用；新田、莫朗；海拔1680~1790m；中山灌丛林缘；滇东南、滇南、滇西南、滇西、滇西北；四川、广西、贵州、广东；越南。Y4468、样62。

锥花莸 Caryopteris paniculata C. B. Clarke

　　灌木；根入药；莫朗；海拔1200m；常绿阔叶林、混交林、沟箐疏林林下；滇东南、滇中南、滇西南、滇南；广西、贵州；印度、尼泊尔、不丹、缅甸、泰国。Y4939。

臭牡丹 Clerodendrum bungei Steud.

　　灌木；根、叶、花或全株入药；望乡台、曼来；海拔1950~2140m；中山荒坡、路边；维西、香格里拉、丽江、腾冲、大理、宜良、屏边、麻栗坡、砚山、盐津；华北、陕西至江南各省；越南。Y1106、Y0540、Y1107Y1109。

长柄臭牡丹 Clerodendrum peii Moldenke

　　灌木；新田、莫朗；海拔1695~1875m；沟边、山坡疏林；元江、金平、屏边。云南特有。Y5104、样64。

臭茉莉 Clerodendrum philippinum Schau var. simplex C. Y. Wu et R. C. Fang

　　灌木；根、叶、花入药；清水河；海拔670m；路边、灌丛林缘；滇西的瑞丽、泸水，滇西南的耿马、孟连，南部的西双版纳、建水，滇东南的金平、河口、西畴、马关、麻栗坡；广西、广东、贵州。中国特有。Y4407。

马缨丹 Lantana camara L.

　　灌木；药用；铁索桥；海拔390m；村边、路边；逸生；德宏、保山、西双版纳；广东、广西、福建、台湾；原产美洲热带地区，现热带地区均有分布。Y5271。

过江屯 Phyla nodiflora（L.）Greene

匍匐草本；全草入药；西拉河；海拔850～1200m；灌丛林缘；除滇西北外全省大部分地区都有；台湾、广东、广西、湖北、贵州、四川；原产美洲，现广布于新旧世界的热带至暖温带地区。野外记录。

石山豆腐柴 Premna crassa Hand.-Mazz.

灌木；小河底；海拔446m；石灰岩灌丛；滇东南；广西、贵州；越南北部。Y4835。

黄毛豆腐柴 Premna fulva Craib

灌木；西拉河；海拔780m；季雨林；思茅、西双版纳、河口、富宁；贵州、广西；泰国、老挝、越南。Y3718。

千解草 Pygmaeopremna herbcea（Rocb.）Moldenke

亚灌木；曼旦；海拔1200m；中山灌丛林缘；瑞丽、芒市、耿马、双江、昌宁、凤庆、景谷、元江、富宁、丽江；海南及我国亚热带地区、喜马拉雅山脉；印度、不丹、缅甸、泰国、老挝、越南、柬埔寨、菲律宾、印度尼西亚。Y3415。

马鞭草 Verbena officinalis L.

草本；药用；曼旦；海拔1100～1900m；路边、荒坡；广布云南全省；我国黄河以南各省均产；全球的温带至热带地区。野外记录。

灰布荆 Vitex canescens Kurz

乔木；曼旦、铁索桥；海拔390～450m；灌丛林缘；滇东南；广西、广东、贵州；印度、缅甸、泰国、老挝、越南、马来西亚。Y3224、Y5100。

疏序黄荆 Vitex negundo L. **f. laxipaniculata** P'ei

灌木；药用；曼旦、普漂；海拔400～663m；河边、密林、山坡、灌丛；滇中、滇南、滇西北、滇东北。云南特有。Y0013、Y0015、Y0053、Y0537、Y3003、Y3309、样1。

三叶蔓荆 Vitex trifolia L.

灌木；曼旦；海拔1000～1200m；路边、村寨边；滇东南、滇西南；广东、广西、福建、台湾；马斯林克林群岛、印度经中南半岛、马来西亚至波利尼西亚等旧大陆热带地区。野外记录。

黄毛荆 Vitex vestita Wall.

灌木；普漂；海拔750m；中山灌丛林缘；滇西南、滇东南至滇南；印度、中南半岛、马来西亚、印度尼西亚。Y3024、样32。

毛楔翅藤 Sphenodesme mollis Craib

藤本；西拉河；海拔650m；山地灌丛或沟边；元江、新平、石屏；泰国、越南。Y3656。

楔翅藤 Sphenodesme pentandra Jack **var. wallichinana**（Schauer）Munir

木质藤本；西拉河；海拔760m；低山灌丛林缘、季雨林；德宏；海南；印度、孟加拉国、越南、老挝、柬埔寨、马来半岛。Y3750。

264. 唇形科 Labiatae

藿香 Agastanche rugosa（Fisch. et Meyer）O. Ktze.

草本；全草入药；普漂、曼旦；海拔400～2100m；各地有栽培，也有野生；云南各地；全国各地；俄罗斯、朝鲜、日本、北美洲。野外记录。

紫背金盘 Ajuga nipponensis Makino

草本；西拉河；海拔750～1500m；路边、草坡；云南大部；我国东北、南部及西南各省、西北至秦岭南坡均有；日本、朝鲜。野外记录。

泽泻 Alisma plantago-aquatica L. **ssp. orientale**（Sam.）Sam.

水生草本；马底河、新田；海拔1650～1950m；沼泽地、水田；全省大部分地区；我国南北各省份；欧亚大陆北温带地区。野外记录。

无色风轮菜Clinopodium discolor（Diels）C. Y. Wu et Hsuan ex H. W. Li

草本；章巴；海拔1820m；草坡；滇西北；西藏。中国特有。Y0721。

细风轮菜Clinopodium gracile（Benth.）Matsum.

草本；全草入药；曼来；海拔1850～2200m；路边、沟边、空旷草地、林缘、灌丛；云南南部、东南部；我国长江以南各省至陕西西南部均有；印度、缅甸、老挝、泰国、越南、马来西亚、印度尼西亚、日本。野外记录。

寸金草Clinopodium megalanthum（Diels）C. Y. Wu et Hsuan ex H. W. Li

草本；全草入药；马底河、莫朗；海拔1450～2100m；路边、草坡；腾冲、景东、维西、香格里拉、丽江、鹤庆、漾濞、洱源、祥云、蒙自、大姚、富明、安宁；四川南部、贵州北部、湖北西南部。中国特有。野外记录。

灯笼草Clinopodium polycephalum（Vaniot）C. Y. Wu et Hsuan

草本；曼来；海拔1800～2100m；路边、荒坡；云南各地；我国华北、陕西、甘肃及江南各省、西藏；日本。野外记录。

匍匐风轮菜Clinopodium repens（D. Don）Wall.

草本；曼来；海拔2000～2344m；草坡、荒坡；云南各地；陕西、甘肃及长江以南、南岭以北各省；尼泊尔、不丹、印度、斯里兰卡、缅甸、越南、印度尼西亚、菲律宾、日本。Y0155、Y0469、Y0372、样4。

羽萼Colebrookia oppositifolia Smith

灌木；普漂；海拔800m；干热灌丛；云南南部及亚热带喜马拉雅山区；印度、缅甸、泰国。Y3030、样31。

火把花Colquhounia coccinea Wall. **var. mollis**（Schlecht.）Prain

藤本；曼旦、普漂；海拔800m；低中山疏林；云南西部至中部偏南地区；西藏东南部；印度（北部、锡金）、尼泊尔、不丹、缅甸北部、泰国北部。野外记录。

藤状火把花Colquhounia seguinii Vaniot.

灌木；马底河、莫朗；海拔1500～1900m；灌丛；云南北部、西部、中部及东部；四川、贵州、广西西部、湖北西部；缅甸北部。Y0584、Y4715。

簇序Craniotome furcata（Link.）O. Kuntze

草本；普漂；海拔800m；林下或灌丛；云南大部分地区；四川西部；印度（北部、锡金）、尼泊尔、不丹、缅甸、老挝、越南北部。Y4891。

四方蒿Elsholtzia blanda Benth.

草本；花序及叶入药；莫朗、新田；海拔1480～1650m；路边草地、沟边和林中空旷处；滇西南至滇东南；贵州东南部、广西西部；尼泊尔、不丹、印度东北部、缅甸、泰国、老挝、越南至印度尼西亚（苏门答腊岛）。Y5109、样69。

香薷Elsholtzia ciliata（Thunb.）Hyland.

草本；全草入药；嫩叶可喂猪；老窝底山；海拔2400m；灌丛疏林；云南各地；除新疆、青海外全国均有；西伯利亚、朝鲜、日本、印度、中南半岛、欧洲、北美。Y0398。

窄叶野草香Elsholtzia cypriani（Pavol.）C. Y. Wu et S. Chow ex Hsii **var. angustifolia** C. Y. Wu et S. C. Huan

草本；普漂；海拔700～800m；路边草地及山谷；云南各地；四川、广西。中国特有。Y3039、Y3087。

野苏子Elsholtzia flava（Benth.）Benth.

草本；全草入药；望乡台；海拔2100m；路边、荒坡；除滇东北外云南全省均有分布；湖北、四川、贵州、浙江；尼泊尔、印度。Y1128。

鸡骨柴Elsholtzia fruticosa（D. Don）Rehd.

灌木；根、叶入药；甘岔；海拔2025m；山坡灌丛；云南全省；甘肃南部、湖北西部、四川、西藏、贵州、广西；克什米尔地区、印度、尼泊尔、不丹。Y4799。

野拔子Elsholtzia rugulosa Hemal.

草本；蜜源；望乡台、曼来、莫朗、曼旦、新田；海拔1360～2070m；路边、荒坡；云南全省；四川、贵州、广西。中国特有。Y1224、Y1238、Y0347、Y3509、Y5363、样20。

穗状香薷 Elsholtzia stachyodes（Link）C. Y. Wu

草本；蜜源植物；曼来、普漂；海拔750～2400m；路边、荒坡；滇西北经澜沧元江流域地区而至滇西南及滇南等地；我国长江流域以南各地及喜马拉雅山脉；克什米尔地区经孟加拉国而至缅甸。Y0400。

广防风 Epimeredi indica（L.）Rothm.

草本；全草入药；西拉河、清水河、倮倮箐、曼旦；海拔400～1145m；热带及亚热带地区路边、林缘或荒地；云南全省；我国西南部；印度、东南亚。Y3658、Y3943、Y5209、Y3232、样39。

宽管花 Eurysolen gracilis Pain

草本；曼旦；海拔1050～1200m；疏林、溪边、灌丛；滇南，西起芒市，东至麻栗坡、砚山；缅甸、印度及马来西亚。野外记录。

木锥花 Gomphostemma arbusculum C. Y. Wu

灌木；莫朗；海拔1300m；沟谷灌丛或溪边次生阔叶林；滇东南、滇南及滇西南。云南特有。Y4565。

光泽锥花 Gomphostemma lucidum Wall.

高大草本；西拉河；海拔750～1000m；季雨林；滇东南及滇南；广东、广西；印度、缅甸、泰国、老挝、越南。野外记录。

小齿锥花 Gomphostemma microdon Dunn

草本；鲁业冲；海拔801m；季雨林；云南南部。野外记录。

宝盖草 Lamium amplexicaule L.

草本；全草入药；曼来；海拔2000～2200m；草坡；全省各地；我国华北、西北、西藏以及江南各省；欧洲、亚洲广泛分布。野外记录。

益母草 Leonarus heterpphyllus Sweet

草本；茎、叶入药；甘岔、莫朗；海拔1700～2000m；村边、灌丛；云南各地；全国各地；俄罗斯、亚洲、非洲。野外记录。

绣球防风 Leucas ciliata Benth.

草本；全株入药；甘岔、新田；海拔1700～2100m；溪边、灌丛、草坡；云南大部分地区；四川西南部、贵州西南部、广西西部；尼泊尔、不丹、印度阿萨姆至锡金、缅甸、老挝、越南北部。Y4729、Y5105。

线叶白绒草 Leucas lavandulifolia Smith

草本；普漂；海拔500m；路边、草坡；滇西南、滇西；广东；马达加斯加、印度经泰国、马来西亚、印度尼西亚、菲律宾、巴布亚新几内亚都有。Y0563。

疏毛银针七 Leucas mollissima Wall. **var. chinensis** Benth.

草本；全草入药；西拉河、曼旦、清水河；海拔700～1300m；草坡、灌丛河谷和路旁；景东、盐津、东川、文山；四川、贵州、广西、广东、福建、台湾、湖南、湖北。中国特有。Y3583、Y3389、Y3517、Y3537、Y4338。

银针七 Leucas mollissima Wall.

草本；全草入药；普漂；海拔700m；灌丛、路旁、草坡及溪边湿地；云南各地；贵州西部、广西西部；尼泊尔、印度、斯里兰卡、缅甸、泰国、越南至马来西亚、菲律宾、小巽他群岛至摩鹿加群岛、新几内亚岛。Y3045。

米团花 Leucsceptrum canum Smith

灌木；蜜源植物；马底河；海拔1902m；村边路旁；滇中至滇南；四川、西藏；印度、缅甸、不丹。Y0483。

蜜蜂花 Melissa axillaris（Benth.）Bakh. f.

草本；全草入药；曼旦；海拔950～1200m；低中山灌丛林缘；云南大部分地区；陕西、湖北、湖南、广东、广西、四川、贵州、台湾；尼泊尔、不丹、印度、印度尼西亚。野外记录。

薄荷 Mentha haplocalyx Briq.

草本；食用、药用；曼来；海拔1800～2100m；沟边、湿地、村寨边；云南大部分地区；我国南北各地均有；俄罗斯远东部分、西伯利亚、朝鲜、日本。野外记录。

毛冠唇花 Microtoena mollis Levl.

　　草本；鲁业冲；海拔801m；季雨林；滇东南；贵州南部、广西西北部。野外记录。

滇南冠唇花 Microtoena patchouli（C. B. Clarke）C. Y. Wu et Hsuan ex Hsuan

　　草本；全草入药；甘岔、莫朗；海拔1700～1800m；路边、疏林；滇西南、滇南及滇中；印度、孟加拉国、缅甸。野外记录。

拟荆芥 Nepeta cataria L.

　　草本；普漂；海拔500m；河边、灌丛中或草坡；滇西北等地；新疆、甘肃、陕西、河南、山西、山东、湖北、贵州、四川及喜马拉雅山区；自中南欧经阿富汗，向东直到日本均有分布，在欧洲及非洲南部为野生。Y0575、样9。

疏柔毛罗勒 Ocimum basilicum L. **var. pilosum**（Willd.）Benth.

　　草本；提取芳香油；曼旦；海拔400m；云南东南、南部至西南；我国华北至江南各省均有；非洲至亚洲温暖地带。Y3298。

滇香薷 Origanum vulgare L.

　　草本；马底河、莫朗；海拔1300～1700m；路边、草坡、荒坡；云南全省；我国自江苏、河南、陕西、甘肃、新疆以南各省均产；欧洲、亚洲、非洲北部。野外记录。

假野芝麻 Paralamium gracile Dunn

　　高大草本；马底河、莫朗；海拔1450～1650m；中山灌丛林缘、草坡、河边；滇东南至滇西南；越南、缅甸。野外记录。

假糙苏 Paraphlomis javanica（Bl.）Prain

　　草本；普漂、曼旦；海拔650～950m；低山灌丛林缘、荒坡；滇西南、滇中南、滇南及滇东南；台湾、海南、广西；印度、孟加拉国、缅甸、泰国、老挝、越南、马来西亚、印度尼西亚、菲律宾。野外记录。

水珍珠菜 Pogostemon auricularia（L.）Hassk.

　　草本；全草入药；曼旦；海拔1100～1200m；沟边、湿地、积水、沼泽地；滇南；江西、福建、台湾、广东、广西；印度、斯里兰卡、孟加拉国、缅甸、泰国、老挝、柬埔寨、越南、马来西亚、印度尼西亚、巴布亚新几内亚、菲律宾。野外记录。

膜叶刺蕊草 Pogostemon esquirolii（Lévl.）C. Y. Wu et Y. C. Huang

　　草本；马底河、莫朗；海拔1450～1700m；路边、山谷、溪旁；云南南部至东南部；广西、贵州、广东。中国特有。野外记录。

小刺蕊草 Pogostemon menthoides Bl.

　　高大草本；观音山；海拔2100m；中山灌丛林缘、山地雨林；滇南；印度、缅甸、泰国、越南、印度尼西亚、菲律宾。样16。

腺花香茶菜 Rabdosia adenantha（Diels）Hara

　　草本；全草入药；曼来；海拔1900～2100m；松林、松栎林或林缘草地；云南大部分地区有分布；四川、贵州。中国特有。野外记录。

紫毛香茶菜 Rabdosia enanderiana（Hand.-Mazz.）Hara

　　灌木；普漂、曼旦；海拔450～550m；干热河谷山坡、灌丛；巍山、元江、开远、石屏、金平、个旧；四川北部。中国特有。野外记录。

淡黄香茶菜 Rabdosia flavida（Hand.-Mazz.）Hara

　　草本；蜜源；新田；海拔1750m；次生阔叶林或林缘潮湿处；滇中至滇西、滇东南；贵州。中国特有。Y4618。

线纹香茶菜 Rabdosia lophanthoides（Hamilt. ex D. Don）Hara

　　草本；全草入药；新田；海拔1680m；沼泽地上或林下潮湿处；云南全省；西藏、四川、贵州、广西、广东、福建、江西、湖南、湖北、浙江；克什米尔地区、印度、不丹。Y4807、样62。

香茶菜属一种 Rabdosia sp.

　　草本；曼旦；海拔660m；山地森林缘或路边；元江。Y0008、样1。

牛尾草Rabdosia ternifolia（D. Don）Hara

亚灌木；全草入药；曼旦；海拔1000m；空旷山坡或疏林下；滇西南、滇东南、滇南；贵州、广东、广西；克什米尔地区、尼泊尔、不丹、印度、孟加拉国、缅甸、泰国、老挝、越南北部。Y3372。

剪刀草Sagittaria trifolia L. var. **angustifolia**（Sieb.）Kitagawa

草本；全草作猪牛饲料，全草药用；甘岔、莫朗；海拔1750～1900m；水田、积水、沼泽地；滇西、滇南、滇中、滇东南；全国大部分省份；亚洲北纬40°以南的广大地区，西起阿拉伯、伊朗，东至日本，南至印度、马来西亚。野外记录。

荔枝草Salvia plebeia R. Br.

草本；全草入药；西拉河；海拔700～1850m；低中山灌丛林缘、草坡；云南大部分地区；华北及吉林、辽宁、陕西至江南各省；阿富汗、印度、缅甸、泰国、越南、马来西亚至大洋洲，东达朝鲜、日本。野外记录。

半枝莲Scutellaria barbata D. Don

草本；全草入药；马底河、新田；海拔1650～1750m；中山灌丛林缘；云南大部分地区；我国江南各省及河北、山东、陕西；尼泊尔、印度、缅甸、老挝、泰国、越南、日本、朝鲜。野外记录。

退色黄芩Scutellaria discolor Wall. ex Benth.

草本；全草入药；马底河、新田；海拔1650～1750m；中山灌丛林缘、草坡；滇西、滇西南、滇南至滇东南；贵州、广西；印度、尼泊尔、中南半岛、印度尼西亚。野外记录。

地盆草Scutellaria discolor Wall. ex Benth. var. **hirta** Hand.-Mazz.

草本；治筋结；曼旦、清水河；海拔1150～1410m；林缘、灌丛或石灰岩草地；宾川、大姚、富民、金沙江支流河谷；四川西南部。中国特有。Y3446、Y4012、样38。

屏边黄芩Scutellaria pinbienensis C. Y. Wu et H. W. Li

草本；西拉河、施垤新村、普漂、曼旦、清水河；海拔695～1402m；灌丛；滇东南。云南特有。Y3160、Y3396、Y3809、Y4240、样43。

瑞丽黄芩Scutellaria shweliensis W. W. Smith

亚灌木；普漂；海拔700m；疏林、高草坡；滇西南。云南特有。Y3178。

铁铀草Teucrium quadrifarium Buch-Ham.

草本；全草入药；玉台寺、倮保箐；海拔500～780m；草坡、灌丛、疏林、河边、路旁；瑞丽、梁河、腾冲、景东、凤庆、云县、漾濞、澜沧、双江、元江、屏边、西畴、马关；福建南部、湖南南部、广东、广西、贵州南部；泰国、缅甸北部、印度、尼泊尔至克什米尔地区及印度尼西亚。Y4588。

血见愁Teucrium viscidum Bl.

草本；全草入药；曼旦；海拔1000～1350m；路边、灌丛林缘；滇东南、滇南、滇西南；我国江南各省均有生长；日本、朝鲜、缅甸、印度、菲律宾至印度尼西亚。野外记录。

276. 眼子菜科Potamogetonaceae

菹草Potamogeton crispus L.

沉水草本；全草是鱼类的饵料，或喂猪、鸭鹅；甘岔、莫朗；海拔1750～2000m；湖泊、池塘、龙潭和溪流沟渠；全省大部分地区；我国南北各省；除南美洲以外的世界各地。野外记录。

丝草Potamogeton pusillus L.

沉水草本；马底河、莫朗；海拔1450～2000m；浅水湖沼、沟渠、河流和水田；全省大部分地区；我国南北各省份；除波利尼西亚和澳大利亚外全世界广布。野外记录。

草茨藻Najas graminea Delile

沉水草本；马底河、新田；海拔1600～1900m；湖泽、水田、沟渠；滇中及其以南；华东至广东；印度、中南半岛、菲律宾。野外记录。

280. 鸭跖草科Commelinaceae

穿鞘花Amischotolype hispida（Less. et A. Rich.）Hong

草本；章巴；海拔1900m；半湿润常绿阔叶林；西双版纳、思茅、景东、福贡、马关、砚山、河口和屏边；贵州、广西、福建、广东和台湾；越南和印度尼西亚。Y0592、Y0593。

饭包草Commelina benghalensis L.

草本；全草入药；曼旦、西拉河、清水河、老虎箐；海拔450～1000m；水沟边；勐海、勐腊、蒙自、元阳、鹤庆、丽江、福贡、贡山等地；河北、陕西、贵州、广西、广东、海南；亚洲和非洲热带地区。Y4452、Y3219、Y3852、Y4267、Y5260、样35。

鸭跖草Commelina communis L.

草本；鲁业冲；海拔778m；季雨林；盐津、大关；四川、甘肃以东的南北各省；越南、朝鲜、日本、俄罗斯远东及北美。野外记录。

竹节草Commelina diffusa Burm. f.

草本；茎、根药用；普漂；海拔600～750m；水沟边；西双版纳、澜沧、景东、凤庆、大理、丽江、泸水、河口、马关、屏边、绿春、蒙自、建水、元江、楚雄等地；贵州、广西、广东、海南；热带和亚热带地区。Y3127、Y3108、Y3154、Y3167、样32。

大苞鸭跖草Commelina paludosa Bl.

草本；西拉河、新田、莫朗、清水河、老虎箐；海拔780～1990m；水沟边；西双版纳、元江、景东、凤庆、洱源、丽江、贡山、泸水、福贡、富宁、西畴、河口、屏边、绿春、楚雄、腾冲、龙陵等地；四川、贵州、广西、广东、江西、湖南、福建、台湾；尼泊尔、印度、孟加拉国、中南半岛、马来西亚至印度尼西亚。Y3914、Y4028、Y3997、Y4018、Y4125、Y4282、Y4827、Y4833、Y5071、Y5248、样47。

鸭跖草一种Commelina sp.

草本；章巴；海拔1840m；季风常绿阔叶林；元江。Y0719。

露水草Cyanotis arachnoidea C B. Clarke

草本；药用；小河底、倮保箐、普漂、曼旦、清水河、新田、施垤新村；海拔420～1630m；疏林；勐海、孟连、景洪、景东、凤庆、砚山、蒙自、屏边、安宁等地；广西、广东、福建、台湾；印度、斯里兰卡、中南半岛。Y4859、Y4877、Y3101、Y3364、Y3493、Y3494、Y3986、Y4173、Y4663、Y4753、Y5121、Y5347、样58。

四孔草Cyanotis cristata（L.）D. Don

草本；清水河、倮保箐；海拔750～950m；灌丛林缘；勐腊、富宁、砚山、蒙自、元阳、临沧、泸水、福贡等地；贵州、广东；印度至马来西亚。Y4323、Y4406。

毛果网籽草Dictyospermum scaberrimum（Bl.）J. K. Morton

草本；普漂、清水河；海拔490～1110m；潮湿山坡、沟谷和林；勐腊、景洪、普洱、绿春、景东、临沧、楚雄和福贡；贵州、广东和台湾；斯里兰卡、印度、尼泊尔、孟加拉、越南和印度尼西亚。Y0535、Y4024、Y4033、Y4286、Y4436、样8。

紫背鹿衔草Murdannia divergens（C. B. Clarke）Bruckn.

草本；药用；曼旦；海拔1410m；疏林；除滇东外几乎遍及全省；四川、贵州；印度、缅甸、老挝、越南。Y3451、样38。

大果水竹叶Murdannia macrocarpa Hong

草本；清水河、曼旦；海拔980～1200m；林中或潮湿草地；景洪、镇康；广东。中国特有。Y3425、Y4003、Y4066、Y4089、样45。

细叶篙草Murdannia simplex（Vahl）Brenan

草本；曼旦；海拔900～1200m；低中山疏林；勐海、景洪、思茅、普洱、富宁、蒙自等地；四川、贵州、广东、海南、广西；非洲东部、印度至印度尼西亚。Y3255、Y3387、Y3507。

水竹叶 Murdannia triquetra（Wall.）Bruckn.

　　草本；鲁业冲；海拔860m；季雨林；勐海、凤庆；四川、贵州、湖南、湖北、广东、海南至江苏、浙江；印度。野外记录。

长柄杜若 Pollia secundiflora（Bl.）Bakh. f.

　　草本；清水河；海拔1000m；阴湿林下；麻栗坡、河口、屏边、金平、勐腊等地；贵州、广东和台湾；斯里兰卡、印度、中南半岛、菲律宾、印度尼西亚。Y3993。

竹叶吉祥草 Spatholivion Longifolium（Vog.）Koehne

　　缠绕草本；莫朗；海拔1300m；山坡草地、溪旁及山谷林下；云南广布，东南、中南、西南、西北、中部至东北；四川、贵州、广西、广东、湖南、湖北、江西、福建、浙江；越南北部。Y4903。

竹叶子 Streptolirion volubile Edgew. **ssp. volubile**

　　缠绕草本；望乡台、清水河、莫朗；海拔780～2160m；低中山疏林；勐腊、勐海、孟连、普洱、元江、峨山、临沧、漾濞、鹤庆、泸水、贡山、福贡、麻栗坡、江川、安宁、寻甸和会泽；我国西南、中南及甘肃、陕西、山西、河北和辽宁；不丹、老挝、越南、朝鲜和日本。Y1170、Y1158、Y4148、Y4391、Y5246、样19。

287. 芭蕉科 Musaceae

象腿蕉 Ensete glaucum（Roxb.）Cheesm.

　　高大草本；饲料植物；西拉河；海拔800～1000m；灌丛林缘；滇南及滇西；尼泊尔、印度、缅甸。野外记录。

野芭蕉 Musa wilsonii Tutch.

　　高大草本；饲料植物；西拉河；海拔900～1900m；灌丛林缘；云南各地；南岭山脉以南各省份；越南、老挝。野外记录。

290. 姜科 Zingiberaceae

云南草蔻 Alpinia blepharocalyx K. Schum.

　　草本；药用；曼旦；海拔1200～1300m；林中阴湿处或林缘、山坡；云南东南部、西南部至西部；西藏东南部、广西西部；越南北部。野外记录。

华山姜 Alpinia chinensis（Retz）Rosc.

　　草本；药用；曼旦；海拔950～1200m；山地雨林；滇东南至滇西南；我国东南至西南部各省份；越南、老挝。野外记录。

无斑山姜 Alpinia emaculata S. Q. Tong

　　草本；清水河；海拔1000～1100m；林下潮湿处；勐腊、金平。云南特有。Y4031、Y4050。

红豆蔻 Alpinia galanga（L.）Swartz

　　草本；药用；曼旦；海拔1100～1200m；阴湿林下；滇东南至滇西南；广西、广东、台湾；亚热带地区。野外记录。

山姜 Alpinia japonica（Thunb.）Miq.

　　草本；药用；西拉河、清水河；海拔980～1100m；山地雨林、灌丛；富宁、西畴；广东、广西、四川、湖北、湖南、浙江、江西等省份；越南、日本。Y4121、Y4014、样47。

宽唇姜 Alpinia platychilus K. Schum.

　　草本；药用；曼旦；海拔1100～1200m；阴湿林下、灌丛林缘；滇南至滇西南。云南特有。野外记录。

长果砂仁 Amomum dealbatum Roxb.

　　草本；西拉河；海拔900～1000m；季风常绿阔叶林；滇南；西藏；尼泊尔、印度（锡金）、孟加拉国。野外记录。

九翅砂仁Amomum maximum Roxb.

　　草本；药用；西拉河；海拔750～850m；河边荒坡、季雨林下；滇南；广东、广西、西藏；南亚至东南亚。野外记录。

紫红砂仁Amomum purpureorubrum S. Q. Tong et Y. M. Xia

　　草本；药用；西拉河、鲁尼冲、南巴冲；海拔1010～1100m；阴湿处；勐海、新平。Y3919、Y4051。野外记录。

砂仁Amomum villosum Lour

　　草本；药用；西拉河、清水河；海拔1010～1100m；阴湿处；西双版纳；广东、广西；越南。Y3919、Y4051、样47。

莴笋花Costus lacerus Gagn.

　　草本；药用；西拉河；海拔700～950m；灌丛林缘；滇东南至滇西南；印度。野外记录。

闭鞘姜Costus speciosus（Koen.）Smith

　　草本；药用；西拉河、清水河；海拔800～830m；灌丛林缘；滇东南至滇西南；广东、广西、江西、湖南；热带亚洲。Y3889、Y4373。

光叶闭鞘姜Costus tonkinensis Gagn.

　　草本；药有；西拉河；海拔750～950m；江边；滇东南至滇西南；广东、广西；越南。野外记录。

郁金Curcuma aromatica Salisb.

　　草本；药用；马底河、莫朗；海拔1500m；季风常绿阔叶林；滇东南、滇南、滇西南；我国东南部至西南部各省份均有；东南亚各地。野外记录。

姜黄Curcuma longa L.

　　草本；药用；西拉河；海拔750～900m；路边、草坡；滇东南、滇南至滇西；台湾、福建、广东、广西、四川、西藏；东亚及东南亚广泛栽培。野外记录。

莪术Curcuma zedoaria（Christm.）Rosc.

　　草本；根茎具香味，入药；曼旦；海拔1050～1200m；林下或河边，有时栽培逸生；云南东南部至南部；台湾、福建、江西、广东、广西、四川；印度东北部至马来西亚。野外记录。

舞花姜Globba racemosa Smith

　　草本；马底河、莫朗；海拔1370m；林下；滇南东南至滇西南、滇西、滇东北、滇西北；西藏、四川、贵州、广西、广东、湖南、江西、福建；印度东北部、尼泊尔、缅甸、老挝。野外记录。

双翅舞花姜Globba schomburgkii Hook.

　　草本；药用；西拉河；海拔750～1100m；山地雨林；滇南；中南半岛。野外记录。

红姜花Hedychium coccineum Buch.-Ham.

　　草本；药用；曼来；海拔2000～2100m；中山疏林、密林下；滇东南至滇西南；西藏、广西；印度、斯里兰卡、老挝。野外记录。

姜花Hedychium coronarium J. Koenig

　　草本；可供园林绿化；曼旦、新田、莫朗；海拔1300～2070m；低中山疏林、灌丛林缘；滇东南至滇西；四川、广东、广西、台湾；印度、老挝、马来西亚至澳大利亚。样37。

黄姜花Hedychium flavum Roxb.

　　草本；药用、香料；清水河；海拔1100m；次生林；贡山、泸水、洱源、勐腊、屏边、麻栗坡；西藏、四川、广西、贵州、浙江；印度东北部。Y4117。

小花姜花Hedychium sino-aureum Stapf

　　草本；新田、曼旦；海拔1620～1680m；林下；贡山、福贡、泸水、腾冲、德钦、丽江、大理、沧源、陇川等；西藏；印度（锡金）、尼泊尔。样62。

草果药Hedychium spicatum Buch.-Ham. ex Smith

　　草本；药用；莫朗；海拔1990m；半湿润常绿阔叶林；广布种，滇中至滇西北；四川、贵州、西藏；尼泊尔、印度。Y5086。

毛姜花 Hedychium villosum Wall.

　　草本；药用；莫朗；海拔1500m；石山；麻栗坡、西畴、绿春、西双版纳、贡山；广东、广西；尼泊尔、缅甸、越南。Y4862。

滇高良姜 Rhynchanthus beesianus W. W. Sm.

　　草本；药用；新田；海拔1790m；山地雨林；西双版纳、沧源、龙陵、陇川、腾冲、景东、大理、丽江有栽培；缅甸。样61。

梭穗姜 Zingiber laoticum Gagn.

　　草本；曼旦；海拔950～1050m；林下路边；南部；老挝。野外记录。

紫色姜 Zingiber purpureum Rose

　　草本；药用；新田；海拔1680m；季风常绿阔叶林；云南南部与东南部；印度、斯里兰卡、柬埔寨。样62。

柱根姜 Zingiber teres S. Q. Tong ex Y. M. Xin

　　草本；新田；海拔1695m；山坡、沟箐潮湿处；滇南部。云南特有。Y4811、样63。

红球姜 Zingiber zerumbet（L.）Smith

　　草本；入药、作调料，嫩茎作蔬菜；望乡台、新田；海拔1680～1944m；林下阴湿处；河口和富宁；广东和广西；亚洲热带地区广布。Y1522、Y4473、样22。

293. 百合科 Liliaceae

芦荟 Aloe vera（L.）Burm. f. **var. chinensis**（Haw）Berg.

　　肉质草本；叶的浸泡液旧时用以润发。根、花及叶入药；普漂、曼旦；海拔400～500m；干热河谷灌丛及路旁；逸生；元江、元阳；江南各省份都有栽培；印度。野外记录。

蜘蛛抱蛋 Aspidistra elatior Bl.

　　草本；清水河、莫朗；海拔1100～1800m；季风常绿阔叶林沟箐；罗平、临沧、思茅；四川至贵州；日本。Y4057、Y40213、Y5279、Y4355。

大叶吊兰 Chlorophytum malayense Ridley

　　草本；西拉河；海拔1000m；沟谷雨林、河谷灌丛、石灰岩上、季雨林；沧源、勐海、景洪、勐腊、绿春、金平；老挝、越南、泰国、马来西亚。Y3798、样42。

西南吊兰 Chlorophytum nepalense（Lindl.）Baker

　　草本；清水河、莫朗；海拔1145～1875m；云南松林、草坡、江边灌丛、山坡石缝；滇西北；西藏、四川、贵州；尼泊尔、印度。Y3936、Y4191、Y5154、样45。

山菅兰 Dianella ensifolia（L.）DC.

　　草本；药用；曼旦、清水河、新田、莫朗；海拔1145～1800m；林下及草地；滇西、滇南、滇东南；广东、广西、福建、贵州、江西、台湾、浙江；尼泊尔、印度、斯里兰卡、马斯克林群岛、马达加斯加、中南半岛诸国、苏门答腊岛至澳大利亚。Y3445、Y3944、Y4525、Y5281、Y5283、样38。

长叶竹根七 Diporopsis longifolia Craib

　　草本；药用；清水河；海拔800m；林下、灌丛、林缘；滇南至滇东南；广西；越南、老挝、泰国。Y4357。

竹根七 Disporopsis fuscopicta Hance

　　草本；药用；清水河；海拔950m；林下；滇东南；四川东南部、贵州、广东、广西、湖南、福建、江西。中国特有。Y4005。

万寿竹 Disporum cantoniense（Lour.）Merr.

　　草本；根状茎入药；章巴、曼来、望乡台、新田、莫朗、甘岔；海拔1400～2285m；常绿阔叶林、松林、灌丛；全省大部分地区；西藏、四川、贵州、陕西、广西、广东、海南、湖南、湖北、安徽、福建和台湾；不丹、尼泊尔、印度（北部、锡金）、越南北部。Y0899、Y2083、Y0136、Y1222、Y2102、Y2200、

Y4895、Y4681、Y5088、样14。

横脉万寿竹 Disporum trabeculatum Gagn.

草本；章巴；海拔2100m；常绿阔叶林；景东、绿春、屏边、金平、河口、西畴、马关、麻栗坡和富宁；贵州；越南。Y0623。

单花宝铎草 Disporum uniflorum Baker

草本；根茎入药；章巴；海拔2285～2380m；次生阔叶林中或沟边；贡山、福贡、景东、楚雄、嵩明和文山；四川、贵州、广西、广东、福建、台湾、浙江、江苏、安徽、江西、河南、山东、河北、陕西；朝鲜和日本。Y0978、Y2055、样12。

百合 Lilium brownii F. E. Brown. ex Miellei

草本；清心安神，也可作饮料；西拉河；海拔650～800m；草坡、常绿阔叶林；泸水、福贡、凤庆、景东、江川、镇雄、大关、屏边、马关、西畴、富宁、砚山；青海、甘肃、陕西、河南、四川、贵州、广西、广东、湖北、江西、安徽、浙江、福建。中国特有。Y3701、Y3812。

阔叶山麦冬 Liriope platypnylla Wang et Tang

草本；块根含8种甾体皂苷，入药有补肺养胃、滋阴生津功能；马底河、新田；海拔1680m；季风常绿阔叶林；元江、墨江、江城。云南特有。野外记录。

尖叶沿阶草 Ophiopogon aciformis Wang et Tang ex Y. P. Yang et H. Li

草本；曼旦；海拔1410m；林下或灌丛；景东、沧源、孟连、景洪、勐腊、江城。云南特有。Y3436、样38。

沿阶草 Ophiopogon bodinieri Lévl.

草本；块根药用；章巴、曼来、曼旦、莫朗；海拔1410～2320m；常绿阔叶林；贡山、福贡、德钦、香格里拉、维西、丽江、漾濞、景东、镇康、凤庆、姚安、禄劝、大关、巧家、镇雄、东川、会泽、宜良、江川和石屏；贵州、四川、湖北、河南、陕西（秦岭以南）、甘肃（南部）、西藏和台湾。中国特有。Y0948、Y1007、Y0450、Y3390、Y3574、Y3928、Y3481、Y3256、样13。

长茎沿阶草 Ophiopogon chingii Wang et Tang

草本；捣烂外敷治脓疮；曼旦；海拔1410m；密林或灌丛；西畴、麻栗坡、景东；四川、贵州、广西、广东、海南。中国特有。Y3461、样38。

间型沿阶草 Ophiopogon intermedius D. Don

草本；块根入药；曼旦、莫朗；海拔1410～1800m；中山密林、灌丛林缘；贡山、福贡、泸水、香格里拉、维西、永胜、丽江、鹤庆、漾濞、景东、大姚、安宁、嵩明、禄劝、寻甸、东川、巧家、个旧、砚山；我国秦岭以南各省份；不丹、尼泊尔、印度、孟加拉国、泰国、斯里兰卡。Y5135、Y3467。

麦冬 Ophiopogon japonicus（L. f.）Ker-Gawl.

草本；具养阴润肺、清心除烦、益胃生津之功效；章巴；海拔2300～2400m；松林和灌丛；德钦、香格里拉、永胜、漾濞、元江；秦岭以南各省份；日本、印度、越南。野外记录。

大叶沿阶草 Ophiopogon latifolius Rodrig.

草本；西拉河、清水河；海拔750～1100m；山沟阴湿处；屏边、河口、麻栗坡；越南。Y3894、Y3709、Y4361、Y3849、样47。

卷瓣沿阶草 Ophiopogon revolutus Wang et Dai

草本；普漂；海拔800m；林下阴湿处；孟连、景洪、勐腊、勐海。云南特有。Y3191。

沿阶草一种 Ophiopogon sp.

草本；曼旦；海拔1410m；常绿阔叶林；元江。Y3481、样38。

多花沿阶草 Ophiopogon tonkinensis Rodrig.

草本；清水河、章巴；海拔750～2380m；密林下或空旷山坡；云南东南部；广西；越南北方。Y4236、Y0909、Y1005、Y2105、Y1062。

卷叶黄精 Polygonatum cirrhifolium（Wall.）Royle

草本；曼旦、新田；海拔1410～1650m；常绿阔叶林、针阔混交林、灌丛；耿马、腾冲、安宁、禄劝、大理、泸水、大姚、洱源、福贡、兰坪、剑川、鹤庆、维西、宁蒗、香格里拉、贡山、德钦、东川、彝良、镇康；西藏、四川、甘肃、青海、宁夏、陕西；尼泊尔、印度北部。Y3466、样38。

垂叶黄精 Polygonatum curvistylum Hua

草本；章巴；海拔2250～2344m；林下或草地；泸水、剑川、丽江、香格里拉、德钦；西藏、四川。中国特有。Y5198。

滇黄精 Polygonatum kingianum Coll. et Hemsl.

草本；根茎入药；曼来、章巴、清水河、新田、莫朗；海拔1145～1350m；常绿阔叶林、林缘、山坡阴湿处；勐腊、景洪、思茅、绿春、金平、麻栗坡、蒙自、文山、西畴、双江、凤庆、景东、双柏、师宗、嵩明、漾濞、云龙、福贡、香格里拉和盐津；四川和贵州；越南和缅甸。Y0243、Y0822、Y3965。

点花黄精 Polygonatum punctatum Royle

草本；全草入药；曼来、望乡台；海拔2313～2344m；常绿阔叶林下、岩石上或附生于树上；绿春、金平、石屏、西畴、镇康、景东、新平、贡山、泸水、彝良和大关；西藏、四川、贵州、广西和广东；尼泊尔、不丹、印度和越南。Y0127、Y1194、样4。

轮叶黄精 Polygonatum verticillatum（L.）All.

草本；根状茎入药；曼来、西拉河；海拔1100～2400m；山坡常绿栎林、竹林及林缘灌丛、草甸、山坡草丛；福贡、宁蒗、维西、香格里拉、德钦；西藏、四川、青海、甘肃、陕西、山西；欧洲、西南亚洲的尼泊尔和不丹。Y0382、Y3886、Y0383。

吉祥草 Reineckia carnea（Andr.）Kunth

草本；入药可祛风湿、消炎止血；曼来；海拔1900～2100m；密林灌丛草地；福贡、泸水、丽江、龙陵、富宁；除热带地区外的秦岭以南各省份。中国特有。Y5280。

长柱开口箭 Tupistra grandistigma Wang et Liang

草本；曼旦、施垤新村；海拔695～900m；石灰岩灌丛、沟谷季雨林；镇康、景洪、勐腊、马关、金平、屏边；越南。Y3292、Y3708、Y3380。

长梗开口箭 Tupistra longipedunculata Wang et Tang

草本；西拉河；海拔1100m；沟谷林下；澜沧、耿马、沧源、西双版纳。云南特有。Y3890、Y3667、样47。

弯蕊开口箭 Tupistra watti（C. B. Clarke）Hook. f.

草本；药用；曼来、甘岔；海拔2150～2344m；林下、溪边和山谷；贡山、沧源、西盟、景东、蒙自、绿春、屏边、金平、广南、富宁、西畴和麻栗坡；广东、广西、四川和贵州；不丹、印度和越南。Y0121、Y5156。

294. 假叶树科 Ruscaceae

羊齿天门冬 Asparagus filicinus Buch.-Ham. ex D. Don

草本；根入药；望乡台、莫朗；海拔1875～2160m；云南松林、栎林、灌丛或草坡；盐津、巧家、宣威、嵩明、大姚、大理、宁蒗、维西、鹤庆、德钦、香格里拉和贡山；西藏、四川、青海、甘肃、山西、河南、湖北、贵州、湖南和浙江；缅甸、印度和不丹。Y1190、Y4951、Y4950、样19。

短梗天门冬 Asparagus lycopodineus Wall. ex Bak.

草本；块根入药；莫朗；海拔1990m；石灰岩山、疏林、灌丛或草坡；大理、芒市、凤庆、澜沧、江川、嵩明、石屏、西畴、麻栗坡、砚山、丘北、广南；陕西、甘肃、湖南、湖北、四川、贵州、广西；缅甸和印度。样66。

天门冬 Asparagus mairei Lévl.

草本；块根入药；甘岔；海拔2125m；山坡林下或苦荞地边；嵩明；四川。中国特有。Y4837、样70。

密齿天门冬 Asparagus meioclados Lévl.

草本；块根入药；西拉河、曼旦；海拔900～1000m；山谷、溪旁或山坡灌丛；永胜、鹤庆、巍山、腾冲、景东、隆阳区、通海、华坪、嵩明、寻甸、富源、东川、昭通、蒙自、文山等地；四川、贵州。中国特有。Y3249、样42。

滇南天门冬 Asparagus subscandens Wang et S. C. Chen
　　　　藤本；曼来、曼旦、西拉河；海拔1070～2400m；常绿阔叶林、季雨林或林缘灌草丛；瑞丽、西双版纳、孟连、沧源、思茅、龙陵、元江、峨山和屏边。云南特有。Y0294、Y3414、Y3759。

295.　延龄草科 Trilliaceae

七叶一枝花 Paris polyphylla Smith **var. chinensis**（Franch.）Hara
　　　　草本；药用；莫朗；海拔1500m；山谷常绿阔叶林、竹林、灌丛；景东、镇康、元阳、金平、屏边、麻栗坡、广南；江苏、浙江、安徽、江西、贵州；越南北部。Y4707。

多叶重楼 Paris polyphylla Smith **var. polyphylla**
　　　　草本；药用；新田；海拔1680～1695m；针阔混交林、竹林、草坡；滇西南、滇南至滇东南部；西藏南部、四川、广东、台湾、湖南、湖北西部；不丹、尼泊尔、印度西北部和东北部、越南北部。样62。

狭叶重楼 Paris polyphylla Smith **var. stenophylla** Franch.
　　　　草本；药用；章巴、曼来；海拔2000～2200m；常绿阔叶林；全省大部分地区有分布；西藏、四川、贵州、湖北、湖南、江西、安徽、甘肃、陕西、山西、江苏、浙江、福建、台湾、广西；缅甸、尼泊尔、印度（锡金）、不丹、克什米尔地区。野外记录。

滇重楼 Paris polyphylla Smith **var. yunnanensis**（Franch.）Hand.-Mazz.
　　　　草本；根茎入药；章巴；海拔2285m；常绿阔叶林、云南松林、灌丛或草坡；全省分布；四川和贵州；缅甸。Y2091、Y2009、样16。

南重楼 Paris vietnamensis（Takht.）H. Li
　　　　草本；药用；莫朗；海拔1875m；季雨林、季风常绿阔叶林；盈江、瑞丽、双江、沧源、景东、西双版纳、绿春、蒙自、屏边、金平、西畴、麻栗坡、马关；贵州、广西；越南。样67。

296.　雨久花科 Pontederiaceae

雨久花 Monochoria vaginalis（Burm. f.）C. Presl **var. korsakowii**（Regel et Mck.）C. B. Clarke ex Cherfils
　　　　草本；全株入药；普漂、曼旦；海拔400～2100m；沟边、坑塘；全省各地；除西藏、青海外南北各省份都有；尼泊尔、不丹、印度、中南半岛至日本、马来西亚，为东南亚、东亚热带和亚热带地区常见的水田杂草。野外记录。

鸭舌草 Monochoria vaginalis（Burm. f.）C. Presl
　　　　草本；全株入药；甘岔、莫朗；海拔1700～1900m；沟边、湿地；全省各地；除西藏、青海外南北各省份都有；尼泊尔、不丹、印度、中南半岛至日本、马来西亚，为东南亚、东亚热带和亚热带地区常见的水田杂草。野外记录。

297.　菝葜科 Smilacaceae

华肖菝葜 Heterosmilax chinensis Wang
　　　　藤本；曼旦、莫朗、章巴；海拔1410～2150m；常绿阔叶林；盐津、大关；四川、广东、广西。中国特有。Y3485、Y3460、Y0863、Y0887、Y0751、样38。

多蕊肖菝葜 Heterosmilax polyandra Gagn.
　　　　藤本；果可食；望乡台；海拔1944m；中山灌丛林缘；云南南部；老挝、缅甸。Y1506、样22。

尖叶菝葜 Smilax arisanensis Hayata
　　　　藤本；根入药；章巴、望乡台、曼来、新田；海拔1650～2200m；山坡、林下、灌丛或江边；彝良、大关、绥江、罗平、大理、景东；江西、浙江、福建、台湾、广东、广西、四川和贵州；越南。Y1049、Y1033、Y1434、Y1370、Y1584、Y0401、Y0431、样15。

西南菝葜 Smilax bockii Warb.

藤本；根茎入药；章巴、望乡台；海拔2200～2285m；常绿阔叶林缘、林下；针阔混交林；永善、绥江、东川、大姚、漾濞、丽江、福贡、屏边、景东、镇康和凤庆；甘肃、贵州、湖南、四川、西藏；缅甸。Y1029、Y2095、Y1132、样15。

菝葜 Smilax china L.

藤本；根状茎提取淀粉和栲胶；新田、莫朗；海拔1680～2070m；路边、荒坡；云南南部；山东、江苏、浙江、福建、台湾、江西、安徽、河南、湖北、四川、贵州、湖南、广西、广东；缅甸、越南、泰国、菲律宾。Y5213、样62。

合蕊菝葜 Smilax cyclophylla Warb.

灌木；曼来；海拔2400m；山坡次生阔叶林；大理、维西和禄劝；四川至西南部。中国特有。Y0298。

密刺菝葜 Smilax densibarbata Wang et Tang

藤本；章巴；海拔1840m；林下；麻栗坡和西畴。云南特有。Y0860、Y0862。

长托菝葜 Smilax ferox Wall. ex Kunth

藤本；普漂、西拉河、清水河、倮倮箐、曼旦、老虎箐、曼来；海拔770～2000m；中山灌丛；云南广布；四川、湖北、广东、广西、贵州；尼泊尔、不丹、印度、缅甸、越南。Y3037、Y4315、Y3072、Y3381、Y4077、Y4172、Y4260、Y0526、样31。

土茯苓 Smilax glabra Roxb.

藤本；粗厚根茎入药；曼旦；海拔1050～1450m；路旁、林内、林缘；云南省大部分地区均有；甘肃南部和长江流域以南各省份，直到台湾、海南；越南、泰国和印度。野外记录。

马甲菝葜 Smilax lanceifolia Roxb.

藤本；新田、莫朗；海拔1650～1990m；低中山灌丛林缘；滇东南至滇西；贵州、四川、湖北、广西；不丹、印度、缅甸、老挝、越南、泰国。样61。

粗糙菝葜 Smilax lebrunii Lévl.

藤本；曼来；海拔2400m；林内、山坡灌丛；漾濞、西畴、景东、凤庆和龙陵；甘肃、四川、贵州、湖南和广西。中国特有。Y0322、Y0323。

马钱叶菝葜 Smilax lunglingensis Wang et Tang

藤本；根入药；望乡台；海拔2045～2100m；林下灌丛、河谷、山坡阴湿地；昆明至龙陵一带。云南特有。Y1372、Y1152、样21。

防己叶菝葜 Smilax menispermoidea A. DC.

藤本；普漂；海拔700～800m；中山疏林、密林下；云南西部；甘肃、陕西、四川、湖北、贵州、西藏；印度。Y3032、Y3089、Y3093、样31。

小叶菝葜 Smilax microphylla C. H. Wright

藤本；根入药；曼来、望乡台；海拔2000m；林下灌丛；大姚、彝良、大理、丽江和蒙自；甘肃、陕西、四川、湖南和湖北。中国特有。Y0510、Y1156、样5。

抱茎菝葜 Smilax ocreata A. DC.

藤本；新田；海拔1695m；中山灌丛林缘；云南南部；广东、海南、广西、四川、贵州；越南、缅甸、尼泊尔、不丹、印度。样63。

穿鞘菝葜 Smilax perfoliata Lour.

藤本；莫朗、曼来；海拔1875～2020m；密林、疏林、河边；云南南部；老挝、泰国、缅甸、印度。Y0442、样67。

劲直菝葜 Smilax rigida Wall. ex Kunth

灌木；地下部分可以入药；章巴、曼来；海拔2000～2380m；林下；贡山和福贡；西藏；尼泊尔和印度（锡金）。Y0512、样12。

牛尾菜 Smilax riparia A. DC.

　　藤本；鲁业冲；海拔791m；季雨林；蒙自、砚山；全国大部分地区；朝鲜、日本、菲律宾。野外记录。

鞘柄菝葜 Smilax stans Maxim.

　　藤本；块茎入药；莫朗；海拔1990m；林下及灌丛；德钦、贡山、福贡、丽江；河北、山西、陕西、甘肃、四川、湖北、河南、安徽、浙江、台湾；日本。样66。

302．天南星科 Araceae

石菖蒲 Acorus tatarinowii Schott.

　　草本；药用；马底河、新田；海拔1650～1800m；低中山林下溪流；云南各地；江南各省；自印度分布至泰国。野外记录。

老虎芋 Alocasia cucullata（Lour.）Schott.

　　草本；全株入药；普漂、曼旦；海拔660～1800m；中山林下、灌丛林缘；芒市、元江、通海、峨山、昭通；四川、贵州、广西、海南、福建、台湾；孟加拉国、斯里兰卡、缅甸、泰国。野外记录。

海芋 Alocasia macrorrhiza（L.）Schott.

　　草本；普漂、曼旦；海拔600～1000m；低山沟谷密林；滇中以南、滇西至滇东南；四川、贵州、湖南、江西、广西、广东及沿海岛屿、福建、台湾；孟加拉国、印度、老挝、柬埔寨、越南、泰国至菲律宾。野外记录。

一把伞南星 Arisaema erubescens（Wall.）Schott.

　　草本；药用；章巴、新田、莫朗；海拔1680～2280m；林下、灌丛、草坡和荒地；云南各地；印度、尼泊尔、缅甸和泰国。Y2007、Y2103、Y4853、样11。

河谷半夏 Arisaema prazeri Hook. f.

　　草本；块茎也作半夏，入药；清水河；海拔800m；干热河谷石堆灌丛；思茅、元阳、个旧；缅甸。Y4242。

雪里见 Arisaema rhizomatum C. E. C. Fischer

　　草本；根茎入药；莫朗；海拔1875m；常绿阔叶林；贡山、凤庆、彝良、镇雄、大关、富宁、西畴、麻栗坡、金平；西藏、四川、贵州、广西、湖南。中国特有。样67。

岩生南星 Arisaema saxatile Buchet

　　草本；章巴；海拔1840m；河谷草坡或灌丛；云南西北部、中部至东北部；四川西南部。中国特有。Y0729。

山珠半夏 Arisaema yunnanense Buchet

　　草本；块茎入药，云南收购作半夏用；曼旦、普漂、西拉河、莫朗；海拔450～1990m；常绿阔叶林、松林或草坡灌丛；云南各地；贵州、四川。中国特有。Y3443、Y3198、Y3217、Y3565、Y3599、样38。

野芋 Colocasia antiquorum Schott.

　　草本；鲁业冲；海拔767～801m；季雨林；各地。野外记录。

大野芋 Colocasia gigantea（Blume）Hook. f.

　　草本；根茎入药；普漂、曼旦；海拔650～700m；季雨林；滇南和滇东南；广西、广东、福建、江西；中南半岛。野外记录。

刺芋 Lasia spinosa（L.）Thwait.

　　草本；幼叶可食、根茎入药；曼旦；海拔450m；田边、沟边、沟箐、阴湿草丛、竹丛；元江、新平、西双版纳、华宁、永德、梁河；广东、广西、台湾；印度（锡金）、孟加拉国、中南半岛、印度尼西亚。Y3291。

石柑 Pothos chinensis（Raf.）Merr.

　　藤本；全株入药；西拉河；海拔900～1200m；低中山沟谷密林；除滇中、滇北外大部分地区都有；四川、湖北、贵州、广西、台湾、广东及其沿海岛屿也有；越南、老挝、泰国。野外记录。

爬树龙 Rhaphidophora decursiva（Roxb.）Schott.

附生藤本；茎入药；清水河、莫朗、施垅新村；海拔550～1300m；沟谷雨林或常绿阔叶林中攀援于大树上；滇西北、滇西南、滇南至滇东南；西藏、贵州、广西、广东、福建、台湾；孟加拉国、印度东北部（喀西山地）锡金、斯里兰卡、缅甸、老挝、越南、印度尼西亚（爪哇）。Y4059、Y4466、Y5117。

莱州崖角藤 Rhaphidophora laichauensis Gagn.

附生藤本；马底河、莫朗；海拔1350～1500m；山地雨林；滇西南、滇南、滇东南；海南；越南。野外记录。

大叶南苏 Rhaphidophora peepla（Roxb.）Schott.

附生藤本；入药；望乡台；海拔2000m；沟谷常绿阔叶林内岩石上或树上附生；贡山、漾濞、通海、江川、元江和元阳；印度、缅甸、老挝、泰国、柬埔寨和加里曼丹岛。Y1454。

山半夏 Typhonium trilobatum（L.）Schott.

草本；块茎入药；西拉河；海拔700m；低山灌丛林缘；滇西及滇南；广西、广东；孟加拉国、印度、斯里兰卡、老挝、越南、柬埔寨、马来半岛、爪哇岛、加里曼丹岛。野外记录。

芜萍 Lemna arrhiza（L.）Hockel ex Wimmer

水生草本；食用；章巴、曼来、望乡台、普漂、西拉河；海拔400～2000m；水田、水塘、湖湾、水沟；全省各地；南北各省份；旧大陆热带和亚热带地区，除了马来西亚。野外记录。

浮萍 Lemna minor L.

水生草本；作饲料、入药；章巴、曼来、望乡台、普漂、西拉河；海拔400～2000m；水田、水塘、湖湾、水沟；全省各地；全国，除了台湾；全球。野外记录。

稀脉浮萍 Lemna perpusilla Torr.

水生草本；章巴、曼来、望乡台、普漂、西拉河；海拔400～2000m；水田、水塘、湖湾、水沟；全省各地；四川、广西、上海、福建、台湾；旧大陆热带和亚热带地区。野外记录。

紫萍 Spirodela poyrrhiza（L）Schlerd

水生草本；全株入药；章巴、曼来、望乡台、普漂、西拉河；海拔400～2000m；水田、水塘、湖湾、水沟；全省各地；全国各地；全球。野外记录。

307. 鸢尾科 Itidaceae

鸢尾 Iris tectorum Maxim.

草本；莫朗；海拔1700～1800m；草地、林缘；丽江、维西；山西；日本。Y4624。

310. 百部科 Stemonaceae

大百部 Stemona tuberosa Lour.

缠绕草本；根供药用；普漂、清水河；海拔700～950m；林内灌丛草坡；云南西部、中部、南部、东南部；西南、江南各省份；印度、中南半岛、马来西亚、菲律宾。Y3083、Y4210。

311. 薯蓣科 Discoreaceae

参薯（四棱薯蓣）Dioscorea alata L.

藤本；清水河、西拉河、曼旦、施垅新村；海拔600～1100m；灌丛、农地、田野；云南大部分地区；广东、广西、福建、湖南、湖北、江西、贵州、四川；东南亚各地、热带地区广泛栽培。Y3950、Y3693、Y3871、Y4222、Y5047、样45。

异叶薯蓣 Dioscorea biformifolia Pei et Ting

藤本；西拉河、清水河；海拔1100m；低中山坡灌丛林缘；滇西北、滇中至滇东、滇东南（石屏）。云南特有。Y4225、样47。

黄独（大叶薯蓣）Dioscorea bulbifera L.

藤本；根状茎入药；西拉河、老虎箐；海拔680～770m；中山灌丛林缘；云南大部分地区；陕西、西南、华南、华中、华东（至台湾）各省份及喜马拉雅西北部；日本、印度、尼泊尔、孟加拉国、缅甸、老挝、越南、泰国、印度尼西亚、菲律宾、大洋洲、非洲。Y3688、Y3729、Y5325。

山葛薯 Dioscorea chingii Prain et Burkill

藤本；望乡台；海拔1944～2000m；灌丛、石灰岩山林缘；景洪；广西；越南北部。Y1520、Y1548、Y1462、样22。

叉蕊薯蓣 Dioscorea collettii Hook. f.

藤本；根状茎入药；曼旦；海拔1000～1300m；低中山灌丛林缘；云南大部分地区；贵州、四川、陕西、广西、湖南、湖北、江西、安徽、浙江、河南、台湾、福建；印度、缅甸。野外记录。

吕宋薯蓣 Dioscorea cumingii Prain et Burkii

藤本；清水河、莫朗；海拔1030～1400m；石灰岩山；富宁；贵州；菲律宾。Y4017、Y5262、Y5264。

多毛叶薯蓣 Dioscorea decipiens Hook. f.

藤本；西拉河、曼旦、清水河、保保箐；海拔720～1300m；灌丛、林缘；滇西北、滇西、滇西南、滇南至滇东南；缅甸、老挝、泰国。Y3663、Y3501、Y3678、Y4218、Y4677、样40。

光叶薯蓣 Dioscorea glabra Roxb.

藤本；西拉河、新田、莫朗、施垤新村、普漂、清水河、老虎箐；海拔600～1876m；中山灌丛林缘；滇西、滇南至滇东南；贵州、广西、广东、湖南、江西、福建；印度、中南半岛、印度尼西亚。Y3916、Y4597、Y3123、Y3967、Y4250、Y5294、样47。

黏山药 Dioscorea hemsleyi Prain et Burkill

藤本；块茎可食；曼旦、清水河、西拉河、莫朗、新田、施垤新村；海拔620～1875m；中山灌丛、林缘；云南大部分地区；四川、贵州、广西；越南。Y3464、Y3953、Y5255、Y3940、Y3981、Y3744、Y3964、Y4092、Y4127、Y5085、样38。

白薯莨 Dioscorea hispida Dennst.

藤本；鲁业冲；海拔834m；季雨林；云南西部、南部至东南部；广东、广西、福建、台湾；印度西部至东北部、尼泊尔、不丹、缅甸、泰国、老挝、越南、印度尼西亚至菲律宾、巴布亚新几内亚。野外记录。

高山薯蓣 Dioscorea kamoonensis Kunth

藤本；章巴、曼来；海拔2200～2400m；中山灌丛林缘；云南大部分地区；四川、贵州、陕西、广西、湖北；印度、尼泊尔、缅甸、老挝、泰国、越南。野外记录。

黑珠芽薯蓣 Dioscorea melanophyma Prain et Burkill

藤本；清水河、莫朗、新田、西拉河；海拔850～1695m；中山灌丛林缘；腾冲、景东、思茅、丽江、姚安、宾川、双柏、江川、富民、蒙自、屏边、文山；喜马拉雅西部；克什米尔地区、印度北部的昌巴至尼泊尔、不丹、印度（喀西山地）。Y5292、Y4549、Y4384、Y3682、样45。

光亮薯蓣 Dioscorea nitens Prain et Burkill

藤本；曼旦；海拔1000～1200m；低中山灌丛林缘；云南大部分地区；西藏。中国特有。野外记录。

褐苞薯蓣 Dioscorea persimilis Prain et Burkill

藤本；马底河、新田；海拔1650～1800m；中山灌丛、林缘；滇西、滇中、滇南至滇东南；贵州、广东、广西；越南、老挝。Y5296。

毛胶薯蓣（大叶薯蓣）Dioscorea subcalva Prain et Burkill

藤本；普漂、莫朗；海拔550～1400m；低中山灌丛林缘；永胜、鹤庆、保山、宾川、洱源、元江、双柏、宜良、嵩明、个旧、蒙自、文山；四川、贵州、广西、湖南。中国特有。Y3115、Y3066、Y3170、Y5250。

云南黏山药 Dioscorea yunnanensis Prain et Burkill

藤本；药用；西拉河；海拔910m；沟谷、林缘、灌丛；云南西北部、西部、南部至东南部；西藏东部、四川西南部、贵州。中国特有。Y3814。

314. 棕榈科 Palmae

省藤 Calamuc platyacanthoides Merr.

藤本；茎入药，可以编织；望乡台；海拔2000m；密林；云南新记录；广东和广西；越南。Y1482。

318. 仙茅科 Hypoxidaceae

大叶仙茅 Curculigo capitulata（Lour.）O. Ktze.

草本；根入药；曼来、莫朗、清水河；海拔990～2400m；常绿阔叶林下、栎林、季雨林、灌丛或草坡；贡山、泸水、腾冲、孟连、澜沧、沧源、双江、凤庆、景东、楚雄、西双版纳、绿春、元阳、金平、河口、西畴、富宁；广西、广东、海南、贵州、四川（峨眉山）、西藏、福建和台湾；印度、尼泊尔、孟加拉国、斯里兰卡、越南、老挝、马来半岛和印度尼西亚（爪哇）。Y0296、Y0309、Y4115。

绒叶仙茅 Curculigo crassifolia（Bak.）Hook. f.

草本；根茎入药；果可食。2000；曼来；海拔2000m；林下或草地；大理、镇沅、景东、龙陵、金平、屏边、元阳和文山；尼泊尔、印度东北部。Y0307。

仙茅 Curculigo orchioides Gaertn.

草本；根茎入药；曼旦、西拉河、施垤新村、新田、老虎箐；海拔700～1790m；林中、草地或荒坡上；福贡、芒市、孟连、西双版纳、绿春、屏边、河口、广南、绥江等地；贵州、四川、广西、广东、湖南、江西、浙江、台湾、福建；东南亚各国至日本。Y3770、Y3252、Y5301、样37。

中华仙茅 Curculigo sinensis S. C. Chen

草本；果可食；新田、老虎箐；海拔960～1695m；草地灌丛、次生林；贡山、福贡、泸水、金平、绿春、文山；广西。中国特有。Y4809、Y4948、样62。

小金梅草 Hypoxis aurea Lour.

草本；根茎入药；莫朗；海拔1450m；草坡、荒坡；全省各地；四川、西藏、贵州、广西、广东、湖南、湖北、台湾、福建、江西、浙江、安徽、江苏；东南亚及日本。Y4946。

323. 水玉簪科 Byrmanniaceae

三品一枝花 Burmannia coelestis D. Don

小草本；莫朗；海拔2065m；沼泽地；临沧、景洪、景东、勐腊；贵州、广东、海南、福建、浙江、江西；尼泊尔、印度、老挝、柬埔寨、越南、马来西亚至菲律宾、印度尼西亚、澳大利亚。Y5231、样65。

326. 兰科 Orchidceae

多花脆兰 Acampe rigida（Buch.-Ham. ex J. E. Smith）P. F. Hunt

草本；红石崖、寒及冲；海拔940～1060m；湿润林下；泸水、丽江、思茅、景东、勐腊、景洪、勐海、罗平、屏边；贵州、广西、广东、海南、香港及热带喜马拉雅；印度、斯里兰卡、缅甸、泰国、老挝、越南、柬埔寨、马来西亚及热带非洲。野外记录。

一柱齿唇兰 Anoectochilus tortus King et Pantl.

地生兰；甘岔、莫朗；海拔1700～1900m；山坡或沟谷密林下及岩石上；云南南部至西南部；西藏（墨脱）、广西；不丹、泰国。野外记录。

筒瓣兰 Anthogonium gracile Lindl.

地生草本；新田；海拔1750m；山坡草丛中或灌丛；贡山、腾冲、大理、镇康、凤庆、景东、普洱、思茅、大姚、双柏、嵩明、宜良、江川、峨山、勐海、勐腊、绿春、蒙自、屏边、马关、广南、富宁；西藏、贵州、广西及喜马拉雅地区；缅甸、老挝、泰国、越南等。Y4516。

竹叶兰 Arundina graminifolia（D. Don）Hochr.

　　附生兰；全草药用，清热解毒；望乡台；海拔1450m；附生树上；贡山、福贡、腾冲、梁河、洱源、凤庆、镇康、双江、澜沧、景东、孟连、景洪、勐腊、禄劝、玉溪、绿春、屏边、河口、蒙自、西畴、麻栗坡、马关、富宁；西藏（墨脱）、贵州、四川、广西、广东、海南、湖南、江西、台湾、福建、浙江；尼泊尔、不丹、印度、斯里兰卡、缅甸、越南、老挝、柬埔寨、泰国、马来西亚、印度尼西亚、日本、塔希提岛。野外记录。

小白及 Bletilla formosana（Hayata）Schltr.

　　地生草本；假鳞茎入药；普漂、曼旦、西拉河；海拔820～1500m；次生阔叶林、松林、灌丛、草丛或岩石缝；贡山、福贡、泸水、兰坪、景东、维西、德钦、香格里拉、鹤庆、永胜、剑川、大姚、洱源、宾川、弥渡、玉溪、禄劝、嵩明、宜良、易门、金平、砚山、西畴、富宁、罗平、威信；西藏（察隅）、贵州、四川、台湾、江西、甘肃、陕西；日本。Y3272、Y3025、Y3657、样40。

黄花白及 Bletilla ochracea Schltr.

　　地生草本；假鳞茎入药；西拉河、施垤新村；海拔600～1000m；石灰岩灌丛、草坡或沟边；香格里拉、鹤庆、景东、禄劝、安宁、绥江、西畴、屏边。云南特有。Y3804、Y4755、样42。

赤唇石豆兰 Bulbophyllum affine Lindl.

　　附生兰；南巴冲；海拔980m；附生树上；沧源、勐腊、勐海、玉溪；台湾、广东、海南、广西；尼泊尔、不丹、印度东北部、日本至中南半岛地区。野外记录。

梳帽卷瓣兰 Bulbophyllum andersonii（Hook. f.）J. J. Smith

　　附生兰；大竹箐；海拔1680m；附生树上；镇康、勐海、蒙自、屏边、砚山、西畴、麻栗坡、富宁；广西、四川中南部、贵州南部至西南部；印度东北部、缅甸、越南。野外记录。

贡山卷瓣兰 Bulbophyllum gongshanense Z. H. Tsi

　　附生草本；章巴；海拔2150m；附生于山地森林中树干上；贡山。云南特有。Y0933、样14。

密花石豆兰 Bulbophyllum odoratissimum（J. E. Smith）Lindl.

　　附生兰；小竹箐；海拔2300m；附生树上；贡山、福贡、腾冲、瑞丽、孟连、临沧、澜沧、景东、景洪、勐腊、勐海、屏边、马关、砚山、西畴；福建、广东、香港、广西、四川南部、西藏东南部；尼泊尔、不丹、印度东北部、缅甸、泰国、老挝、越南。野外记录。

麦穗石豆兰 Bulbophyllum orientale Seiden f.

　　附生草本；章巴、曼来；海拔2000m；常绿阔叶林中树干上；元江、沧源、勐海；泰国。野外记录。

伞花卷瓣兰 Bulbophyllum umbellatum Lindl.

　　附生兰；乌布鲁山；海拔2570m；附生树上；贡山、盈江、陇川、凤庆、思茅、景东、勐海；台湾、四川西南部、西藏东南部；尼泊尔、不丹、印度北部至东北部、缅甸、泰国、越南。野外记录。

泽泻虾脊兰 Calanthe alismaefolia Lindl.

　　地生草本；全草入药，用于跌打损伤、腰痛；甘岔；海拔2200m；常绿阔叶林下；贡山、福贡、泸水、沧源、景东、思茅、西双版纳、屏边、河口、西畴；西藏（墨脱）、四川、湖北、台湾；印度东北部、越南、日本分布。Y4988。

棒距虾脊兰 Calanthe clavata Lindl. ex Wall.

　　草本；乌布鲁水库；海拔2200m；湿润林下；勐腊、勐海、西畴、麻栗坡；西藏（墨脱）、广西、广东、海南、福建；印度东北部、缅甸、越南、泰国。野外记录。

叉唇虾脊兰 Calanthe hancockii Rolfe

　　草本；阿木山；海拔2290m；湿润林下；贡山、泸水、维西、香格里拉、景东、景洪、双柏、蒙自、屏边、广南、富宁；四川、广西。野外记录。

叉枝牛角兰 Ceratostylis himalaica Hook. f.

　　附生兰；磨刀河；海拔2260m；附生树上；镇康、景洪、屏边；西藏东南部（墨脱）；尼泊尔、不丹、印度、缅甸、老挝、越南。野外记录。

屏边叉柱兰 Cheirostylis pingbianensis K. Y. Lang

地生或附生草本；莫朗；海拔1700～2070m；常绿阔叶林下阴湿处；屏边。云南特有。Y4730、样65。

金唇兰 Chrysoglossum ornatum Bl.

附生兰；南四冲；海拔1000m；附生树上；泸水、临沧、景东、勐海、勐腊、台湾；尼泊尔、印度（锡金）、不丹、柬埔寨、泰国、越南、马来西亚、印度尼西亚、菲律宾及太平洋一些岛屿。野外记录。

长帽隔距兰 Cleisostoma longiopeculatum Z. H. Tsi

附生草本；西拉河；海拔760～850m；次生阔叶林树干上；元江；元江特有。野外记录。

勐海隔距兰 Cleisostoma menghaiense Z. H. Tsi

附生草本；西拉河；海拔755m；林中树干上；勐腊、勐海、景洪、河口。云南特有。Y3630、样41。

隔距兰 Cleisostoma sagittiforme Garay

附生兰；鲁业冲；海拔682m；季雨林；勐腊、景洪、勐海；印度东北部、泰国。野外记录。

长柄贝母兰 Coelogyne longipes Lindl.

附生兰；阿波列山；海拔1860m；附生树上；贡山、瑞丽、丽江、镇康、景东、勐海、金平、屏边、西畴、富宁；西藏（墨脱）；尼泊尔、不丹、印度东北部、缅甸、老挝、泰国。野外记录。

白花贝母兰 Coelogyne leucantha W. W. Smith

附生草本；全草入药；章巴；海拔2100m；附生在林中树干和岩石上；腾冲、临沧、丽江、景东、蒙自、金平、屏边和西畴；缅甸。Y1210、Y1066、样18。

禾叶贝母兰 Coelogyne viscosa Rchb. f.

附生兰；章巴梁子；海拔2350m；附生树上；腾冲、瑞丽、双江、镇沅、西双版纳；印度东北部、缅甸、老挝、泰国、越南、马来西亚。野外记录。

硬叶兰 Cymbidium bicolor Lindl. ssp. obtusum Du Puy et Cribb

附生兰；普漂、葫芦塘；海拔880～1020m；附生树上；镇康、景东、勐海、勐腊、景洪、绿春、金平、河口；贵州、广西、广东、海南；尼泊尔、不丹、印度、缅甸、越南、老挝、柬埔寨、泰国。野外记录。

冬凤兰 Cymbidium dayanum Rchb. f.

附生兰；西拉河；海拔800m；附生于疏林中树上或岩壁上；勐海、勐腊；广西、广东、海南、台湾、福建；印度、缅甸、越南、老挝、柬埔寨、泰国、马来西亚、印度尼西亚、菲律宾、日本。Y3696。

长叶兰 Cymbidium erythraeum Lindl.

附生兰；曼旦；海拔1200～1400m；沟边阔叶林树上、石上；贡山、宾川、临沧、墨江、峨山、江川、元江、富民、西畴、蒙自西南、屏边；西藏、贵州、四川；尼泊尔、不丹、印度（锡金）、缅甸。野外记录。

虎头兰 Cymbidium hookerianum Rchb. f.

附生草本；种子、假鳞茎入药；莫朗、望乡台；海拔1860～2020m；附生于常绿阔叶林中树上、石上；贡山、福贡、腾冲、龙陵、丽江、沧源、双江、景东、勐海、蒙自、河口、金平、屏边等地；西藏东南部（察隅）、贵州西南部、四川西南部、广西西南部；尼泊尔、不丹、印度东北部。Y4674。

兔耳兰 Cymbidium lancifolium Hook.

草本；寒及冲；海拔920m；湿润林下；贡山、福贡、泸水、腾冲、龙陵、临沧、思茅、元阳、屏边、西畴、砚山；西藏东南部、贵州、四川、广西、广东、海南、台湾、湖南、浙江、福建；尼泊尔、印度东北部、中南半岛、印度尼西亚、巴布亚新几内亚、日本。野外记录。

束花石斛 Dendrobium chrysanthum Lindl.

附生兰；茎入药，功能同石斛 *D. nobile* Lindl.；弯水沟；海拔890m；附生树上；贡山、福贡、临沧、景东、镇康、澜沧、景洪、勐海、勐腊、绿春、石屏、蒙自、屏边、砚山、西畴、麻栗坡；西藏、贵州、广西；印度、尼泊尔、不丹、印度东北部、缅甸、泰国、老挝、越南。野外记录。

矮石斛 Dendrobium bellatulum Rolfe

附生草本；莫朗、新田；海拔1450～2070m；附生于山地疏林中树干上；澜沧、景东、凤庆、勐海、思茅、蒙自、屏边；印度东北部、缅甸、泰国、老挝、越南。Y4704、样65。

美花石斛 Dendrobium loddigesii Rolfe

附生草本；茎入药；西拉河、清水河；海拔650～1100m；附生于林中树干上或岩石上；勐腊、思茅、广南、富宁、金平；贵州、广西、广东、海南；老挝、越南。Y3843、Y4010。

细茎石斛 Dendrobium moniliforme（L.）Sw.

附生草本；茎入药；章巴；海拔2285m；山地阔叶林中树干、山谷岩壁上；贡山、福贡、泸水、景东、耿马、丽江、漾濞、元阳、金平、屏边和文山；西藏、甘肃、陕西、四川、贵州、广西、广东、河南、湖南、浙江、安徽、江西和福建；印度、朝鲜半岛和日本。Y1070。

梳唇石斛 Dendrobium strongylanthum Rchb. f.

附生兰；南溪；海拔1890～2070m；附生树上；腾冲、盈江、陇川、景东、思茅、勐海、景洪、双江、新平、绿春；海南；缅甸、泰国。野外记录。

黑毛石斛 Dendrobium williamsonii Day et Rchb. f.

附生草本；曼来；海拔1950～2100m；山地森林中树干上；云南西部和东南部；广西、海南；印度东北部、缅甸、越南。野外记录。

虎舌兰 Epipogium roseum（D. Don）Lindl.

腐生兰；大竹箐；海拔2380m；阴暗林下；贡山、澜沧、勐腊、金平、屏边、西畴、富宁；西藏、广东、海南、台湾；印度、尼泊尔、斯里兰卡、泰国、老挝、越南、马来西亚、印度尼西亚、菲律宾、日本及大洋洲、热带非洲。野外记录。

足茎毛兰 Eria coronaria（Lindl.）Rchb. f.

附生兰；小竹箐；海拔1950m；附生树上；贡山、福贡、景东、镇康、勐海、砚山、西畴、屏边、麻栗坡；海南、广西、广东、西藏；尼泊尔、不丹、印度东北部、越南、泰国。野外记录。

指叶毛兰 Eria pannea Lindl.

附生兰；全草入药，具活血散瘀、解毒消肿功效；弯水沟；海拔860m；附生树上；福贡、丽江、楚雄、思茅、镇康、景洪、勐海、勐腊、双江、金平、文山；海南、广西、贵州、西藏；不丹、印度、缅甸、越南、老挝、柬埔寨、泰国、马来西亚、印度尼西亚。野外记录。

鹅白毛兰 Eria stricta Lindl.

附生兰；乌布鲁山；海拔2320m；附生树上；龙陵、芒市、瑞丽、镇康、绿春、西畴、麻栗坡；西藏东南部；尼泊尔、印度东北部、缅甸、越南。野外记录。

地宝兰 Geodorum densiflorum（Lam.）Schltr.

地生草本；普漂、曼旦；海拔450～550m；河边灌丛；鹤庆、元江、元阳；贵州、四川、广西、海南、香港、台湾；斯里兰卡、印度、缅甸、越南、老挝、柬埔寨、泰国、马来西亚及日本。野外记录。

长苞斑叶兰 Goodyera prainii Hook. f.

地生草本；莫朗；海拔1700～1800m；附生于常绿阔叶林中树干上；泸水；湖南、福建；印度东北部。Y5038。

小斑叶兰 Goodyera repens（L.）R. Br.

草本；全草药用，治肺结核、咳嗽、支气管炎、淋巴结核；乌布鲁水库；海拔2210m；湿润林下；贡山、福贡、维西、德钦、香格里拉、丽江；西藏、四川、湖南、湖北、河南、台湾、安徽、新疆、青海、甘肃、陕西、山西、河北、内蒙古、辽宁、吉林、黑龙江；缅甸、印度东北部、不丹、尼泊尔、克什米尔地区、朝鲜半岛、俄罗斯西伯利亚、日本及欧洲、北美洲。野外记录。

绒叶斑叶兰 Goodyera velutina Maxim.

草本；阿木山；海拔2490m；湿润林下；彝良、思茅；四川、广西、海南、广东、湖北、湖南、浙江、台湾；朝鲜半岛南部及日本。野外记录。

薄叶玉凤花 Habenaria austrosinensis T. Tang et F. T. Wang

地生草本；清水河；海拔1010m；沟谷雨林下阴湿处；思茅、景洪；泰国。Y3989。

长距玉凤花 Habenaria davidii Franch.

地生草本；块茎入药，用于病后虚弱、肾炎、白带、跌打损伤、疝气、淋巴结核；倮倮箐；海拔

750m；山坡林下、有刺灌丛、草坡或溪旁草地；贡山、兰坪、维西、香格里拉、凤庆、洱源、江川、罗平；西藏、贵州、四川、湖南、湖北。中国特有。Y5073、样60。

鹅毛玉凤花 Habenaria dentata（Sw.）Schltr.

地生草本；块根入药；清水河、西拉河、莫朗；海拔800～1200m；沟边密林中、山坡灌丛、草坡或沼泽地；贡山、福贡、腾冲、沧源、陇川、香格里拉、景东、勐腊、勐海、丽江、鹤庆、洱源、双柏、峨山、蒙自、屏边、砚山、富宁；西藏、贵州、四川、广西、广东、湖南、湖北、台湾、福建、江西、浙江、安徽；尼泊尔、印度、缅甸、老挝、泰国、柬埔寨、越南。Y3699、Y4672、样45。

齿片玉凤花 Habenaria finetiana Schltr.

地生草本；曼旦；海拔1200m；山坡松林下、灌丛中或草坡；维西、香格里拉、丽江、鹤庆、剑川、临沧、洱源、大姚、安宁；四川西部。中国特有。Y3418、Y3490。

宽药隔玉凤花 Habenaria limprichtii Schltr.

地生草本；块根入药，有滋阴补肾的功能；曼旦；海拔1300m；林下、灌丛、草坡、荒地、草坝或溪旁草地上；兰坪、香格里拉、鹤庆、漾濞、勐腊、楚雄、玉溪、嵩明、昭通；四川、湖北西部。中国特有。Y3497。

南方玉凤花 Habenaria malintana（Blanco）Merr.

地生草本；清水河、曼旦；海拔1110～1250m；常绿阔叶林、栎林下；腾冲、勐腊、景洪、漾濞；四川（峨山）、广西、海南、浙江；印度、缅甸、泰国、越南、菲律宾、马来西亚。Y4203、Y3491、Y4199。

玉凤花（二唇）一种 Habenaria sp.

地生草本；清水河、西拉河；海拔830～1145m；低中山疏林；元江。Y5253、Y3911、Y4102、Y4197、Y4359、样45。

见血青 Liparis nervosa（Thunb. ex A. Murray）Lindl.

地生草本；全草入药，用于吐血、咯血、肠风下血、血崩、手术出血、小儿惊风治疗；莫朗；海拔1400～1990m；林下、溪谷旁草丛中或岩石上；贡山、腾冲、凤庆、景东、峨山、勐腊、景洪、师宗、西畴、蒙自、砚山、屏边、麻栗坡；西藏（墨脱）、贵州、四川、广西、广东、湖南、江西、浙江、福建、台湾；全世界热带和亚热带地区。Y5016、样66。

香花羊耳蒜 Liparis odorata（Willd.）Lindl.

地生草本；全草入药；施垤新村；海拔750～900m；疏林下、山坡草丛；鹤庆、永胜、腾冲、大姚、安宁、景洪、屏边；西藏（古隆）、四川、贵州、广西、广东、海南、湖南、湖北、江西、台湾；尼泊尔、印度、缅甸、老挝、越南、泰国、日本。Y4757。

密花羊耳蒜一种 Liparis sp.

地生草本；清水河；海拔1150m；山地雨林；元江。Y4107。

长茎羊耳蒜 Liparis viridiflora（Bl.）Lindl.

附生草本；假鳞茎入药；清水河、莫朗；海拔1100～1400m；附生于山谷临中的树上或石上；维西、泸水、腾冲、芒市、镇康、景东、勐海、景洪、勐腊、玉溪、绿春、麻栗坡、西畴；台湾、广东、海南、广西、四川西南部、云南和西藏东南部；尼泊尔、不丹、印度、缅甸、孟加拉国、越南、老挝、柬埔寨、泰国、马来西亚、印度尼西亚、菲律宾和太平洋岛屿。Y4036。

血叶兰 Ludisia discolor（Ker-Gawl.）A. Rich.（1825）

地生兰；全草入药；曼旦；海拔1100～1300m；常绿阔叶林下；云南南部和东南部；广东、广西、海南、香港；缅甸、越南、泰国、马来西亚、印度尼西亚。野外记录。

长叶钗子股 Luisia zollingeri Rchb. f（1863）

附生草本；西拉河；海拔850～950m；沟谷林中树干上；勐腊、元江；越南、泰国、马来西亚、印度（安达曼群岛）、印度尼西亚。野外记录。

沼兰 Malaxis monophyllos（L.）Sw.

地生草本；望乡台；海拔2000m；林下、灌丛或草坡上；贡山、德钦、香格里拉、维西、丽江、洱源、龙陵、镇康；西藏、四川、河南、台湾、甘肃、陕西、山西、河北、内蒙古、辽宁和黑龙江；日本、朝鲜半岛、俄罗斯、西伯利亚及欧洲和北美。Y1460。

毛叶芋兰Nervilia plicata（Andr.）Schltr.

地生草本；块根入药；西拉河；海拔750～1050m；石灰岩山林或沟谷阴湿处；勐海、勐腊、元江；四川、广西、香港、广东、福建、甘肃（文县）；印度、孟加拉国、缅甸、越南、老挝、泰国、马来西亚、印度尼西亚、菲律宾、巴布亚新几内亚、澳大利亚。野外记录。

剑叶鸢尾兰Oberonia ensiformis（J. E. Smith）Lindl.

附生兰；干塘梁子；海拔900m；附生树上；剑川、镇康、思茅、普洱、勐腊、勐海、景洪、金平；广西北部（环江）；尼泊尔、印度、缅甸、老挝、泰国、越南。野外记录。

棒叶鸢尾兰Oberonia myosurus（Forst. f.）Lindl.

附生草本；全草入药；清水河；海拔1100m；附生于林中树干上；思茅、勐海、勐腊、建水、砚山；贵州（惠水、兴义）、广西（凌云）；尼泊尔、印度、泰国、缅甸。Y4055。

狭叶耳唇兰Otochilus fuscus Lindl.

附生兰；磨刀河；海拔1880m；附生树上；贡山、泸水、腾冲、龙陵、芒市、镇康、耿马、景东、思茅、景洪、勐腊；尼泊尔、不丹、印度东北部、缅甸、越南、柬埔寨、泰国。野外记录。

尾丝钻柱兰Pelatantheria bicuspidata（Rolfe ex Downie）T. Tang et F. T. Wang

附生草本；清水河；海拔1145～1160m；附生于山地疏林中大树干上或林下岩石上；景洪、勐腊、石屏；贵州；泰国。Y3957、Y3988、样45。

钻柱兰Pelatantheria riivesii（Guillaum.）T. Tang et F. T. Wang

附生草本；西拉河；海拔650m；附生于常绿阔叶林中树干上或林下岩石上；勐腊、勐海、墨江、景东、景洪；广西；老挝、越南。Y3847。

巨瓣兜兰Paphiopedilum bellatulum（Rchb. f.）Stein

半附生；C-Ⅰ；施垤新村；海拔1010～1100m；石灰岩灌丛；滇东南至西南部；广西西部；缅甸和泰国。野外记录。

大花阔蕊兰Peristylus constrictus（Lindl.）Lindl.

草本；阿波列山；海拔2290m；湿润林下；腾冲、瑞丽、镇康、凤庆、思茅、景洪、洱源、宾川、嵩明；尼泊尔、不丹、印度、缅甸、泰国、柬埔寨、越南。野外记录。

阔蕊兰Peristylus goodyeroides（D. Don）Lindl.

草本；块茎入药，可解毒消肿；章巴梁子；海拔2410m；湿润林下；香格里拉、景东、漾濞、宾川、大姚、勐腊、勐海、景洪、江城、蒙自、麻栗坡、富宁；贵州、四川、广西、广东、湖南、台湾、江西、浙江；尼泊尔、不丹、印度东北部、缅甸、老挝、泰国、柬埔寨、越南、马来西亚、菲律宾、印度尼西亚、巴布亚新几内亚。野外记录。

云南火焰兰Renanthera imschootiana Rolf

附生草本；普漂、曼旦；海拔500m；河谷林中树干上；元江；越南；国内仅见于元江。野外记录。

缘毛鸟足兰Satyrium ciliatum Lindl.

地生草本；块茎入药，可供观赏；章巴、曼来；海拔2000～2200m；山坡草坡；贡山、福贡、兰坪、临沧、景东、维西、香格里拉、宁蒗、鹤庆、大姚、宾川、洱源、双柏、元江、峨山、江川、嵩明、富民、禄劝、昭通、会泽、砚山、麻栗坡；西藏南部和东南部、四川、贵州、湖南；尼泊尔、不丹、印度。野外记录。

绶草Spiranthes sinensis（Pers.）Ames（1908）

地生草本；全草入药；章巴、曼来；海拔2000～2200m；山坡、田边、草地、灌丛、沼泽、路边或沟边草丛；云南大部分地区；全国各省份；俄罗斯西伯利亚、蒙古、朝鲜半岛、日本、阿富汗、克什米尔地区至不丹、印度、缅甸、泰国、马来西亚、菲律宾、澳大利亚。野外记录。

阔叶带唇兰Tainia latifolia（Lindl.）Rchb. f.

草本；南溪；海拔1870m；湿润林下；泸水、思茅、勐腊、勐海、景洪；海南（白沙）；不丹、印度东北部、缅甸、泰国、老挝、越南。野外记录。

垂头万代兰 Vanda alpina Lindl.

附生草本；倮倮箐；海拔750m；低中山疏林；思茅；热带喜马拉雅地区。样60。

白柱万代兰 Vanda brunnea Rchb. f.

附生兰；脊背山；海拔960m；附生树上；泸水、腾冲、澜沧、镇康、墨江、思茅、勐腊、景洪、勐海、石屏、富宁；缅甸、泰国。野外记录。

矮美万代兰 Vanda pumila Hook. f.

附生草本；属内杂交育种的重要亲本植物；西拉河；海拔700m；附生于林中树干上；沧源、镇康、思茅、墨江、勐海、景洪、勐腊、蒙自、金平；广西、海南及喜马拉雅西北部；尼泊尔、不丹、印度东北部、缅甸、老挝、越南、泰国。Y3639。

小蓝万代兰 Vanda coerulescens Griff.

附生草本；曼旦、西拉河；海拔650～680m；疏林中的树干上；澜沧、镇康、思茅、勐海、勐腊、景洪、墨江、元江和元阳；印度、缅甸和泰国。Y0003、Y4684、样2。

白肋线柱兰 Zeuxine goodyeroides Lindl.

地生草本；莫朗；海拔1700～1800m；石灰岩山山谷或山洼地密林下；云南东南部；广西西部；尼泊尔、不丹、印度东北部。Y4734。

327. 灯心草科 Juncaceae

灯心草 Juncus effusus L.

草本；茎秆可作编织原料，也可入药；曼来；海拔1800～2000m；沼泽地；景东、元江、屏边、广南、西畴、麻栗坡、临沧、盈江、剑川、维西、香格里拉；吉林、辽宁、山西、陕西、湖北、湖南、江西、广西、广东、四川、贵州、西藏；全世界温暖地区。野外记录。

野灯心草 Juncus setchuensis Buchen

草本；入药；曼来；海拔2000m；山谷溪边、林中湿处或天边水塘边；云南广布；甘肃、陕西、湖北、湖南、四川和西藏；欧洲和非洲。Y0448。

331. 莎草科 Cyperaceae

球柱草 Bulbostylis barbata（Rottb.）Kunth

草本；普漂；海拔490m；河滩沙地上或田边湿地；金沙江流域和云南西南部；海南、广东、广西、湖北、江西、福建、浙江、台湾、安徽、山东、河南、河北、辽宁也有；印度、尼泊尔、中南半岛、菲律宾、马来西亚、印度尼西亚、澳大利亚北部、朝鲜、日本及非洲北部。样8。

浆果薹草 Carex baccans Nees

草本；莫朗、西拉河、新田、清水河；海拔1100～1695m；山谷、林下、灌丛、河边及村旁；贡山、福贡、巍山、漾濞、宾川、禄劝、武定、江川、砚山、麻栗坡、屏边、景东、普洱、西双版纳、保山、瑞丽；福建、台湾、广东、广西、海南、四川、贵州；马来西亚、越南、尼泊尔、印度。Y3521、Y4369、Y3912、样37。

尾穗薹草 Carex caudispicata Wang et Tang ex P. C. Li

草本；清水河、新田、莫朗；海拔1145～1990m；山坡草地、松林下、次生阔叶林下或沟边石缝；砚山。云南特有。Y3938、样45。

连续薹草 Carex continua C. B Clarke

草本；曼旦；海拔1000～1100m；山坡灌丛；景洪；菲律宾、泰国、越南、老挝、缅甸、印度。野外记录。

十字薹草 Carex cruciata Wahlenb.

草本；清水河、西拉河；海拔800～1145m；林边或沟边草地、路旁、火烧迹地；师宗、罗平、维西、贡山、福贡、漾濞、巍山、禄劝、易门、西畴、屏边、金平、河口、景东、景洪、勐腊、凤庆、保山；浙江、江西、福建、台湾、湖北、湖南、广东、广西、海南、四川、贵州、西藏及喜马拉雅山地区；印度、马达加斯加、印度尼西亚、中南半岛、日本南部。Y3762、Y3939、Y3576、样44。

蕨状薹草 Carex filicina Nees.

草本；望乡台、章巴、新田、莫朗；海拔1650～1990m；林间、林边湿润草地；大关、镇雄、寻甸、华坪、宁蒗、维西、贡山、福贡、洱源、禄劝、西畴、麻栗坡、蒙自、屏边、景东；浙江、江西、福建、台湾、湖北、湖南、广东、广西、海南、四川、贵州、西藏；印度、尼泊尔、斯里兰卡、缅甸、越南、马来西亚、印度尼西亚和菲律宾。Y1574、Y0741、样22。

糙毛囊薹草 Carex hirtiutriculata L. K. Dai

草本；望乡台；海拔2045m；山坡林下；景东和无量山。云南特有。Y1318、样21。

印度型薹草 Carex indicaeformis Wang et Tang ex P. C. Li

草本；章巴、望乡台；海拔2000～2380m；密林下或山坡阴处；云南全省分布；广西、海南、贵州。中国特有。Y0992、Y1030、样12。

套鞘薹草 Carex maubertiana Boott

草本；西拉河；海拔1100m；山坡林下或路边阴湿处；昆明；四川、湖北、浙江、福建；越南、尼泊尔、印度（南部、锡金）。Y3920、样47。

长茎薹草 Carex setigera D. Don

草本；曼来；海拔2000m；山坡草地、林下溪边；大理；西藏；印度、尼泊尔、不丹。Y0498、样5、Y0499。

草黄薹草 Carex stramentitia Boott ex Boeck.

草本；曼旦；海拔850～1410m；中山灌丛林缘、草坡；滇南；广西、贵州；印度东北部、尼泊尔、缅甸、泰国、越南。Y3468、Y3532、样38。

近蕨薹草 Carex subfilicinoides Kükenth.

草本；章巴；海拔2150m；林下和溪边；大关、维西；湖北和四川西部。中国特有。Y0861、样14。

翅鳞莎 Courtoisia cyperoides Nees

草本；甘岔、莫朗；海拔1700～2200m；山坡草地上或沟边；滇中和滇南；印度。野外记录。

阿穆尔莎草 Cyperus amuricus Maxim.

草本；章巴；海拔2200～2400m；路边、田间；滇东北、滇西北、滇南、滇西南；四川、陕西、山西、河北、辽宁、吉林、安徽、浙江、福建、台湾；俄罗斯远东地区。野外记录。

多脉莎草 Cyperus diffusus Vahl

草本；造纸；倮倮箐、清水河；海拔750～900m；山坡草丛中或河边湿处；富宁、屏边、景洪等南部地区；广东、广西、台湾；印度、印度尼西亚、马来西亚。Y4132、Y4234Y4365、样60。

具芒碎米莎草 Cyperus microiria Steud.

草本；普漂、曼旦；海拔620～1880m；路边、沟边；云南各地；全国各地；朝鲜、日本。野外记录。

垂穗莎草 Cyperus nutans Vahl

草本；施垤新村、清水河；海拔500～780m；山谷湿处；瑞丽、镇康、勐海、勐腊、金平、蒙自、西畴；广西、广东、海南、台湾；越南、印度、马来西亚、印度尼西亚及非洲。Y4353。

香附子 Cyperus rotunolus L.

草本；药用；章巴、曼来、望乡台、普漂、西拉河；海拔620～2344m；山坡荒地、草地、水边潮湿处；勐海、勐腊、河口、蒙自、大理、凤庆、鹤庆；除东北外全国广布；全世界热带、温带至亚热带地区。Y0877、Y0131、Y1118、Y3046、Y3559、Y3649、样14。

扁鞘飘拂草 Fimbristylis complanala（Retz.）Link

草本；普漂；海拔380～800m；山谷潮湿处、溪边、草地和路边；贡山、镇雄、香格里拉、丽江、洱海、巍山、屏边、镇康；西藏、四川、贵州、湖北、江苏、台湾；印度、中南半岛、马来西亚、朝鲜和日本。Y3138、Y3148、Y3157、Y3163。

线叶两歧飘拂草Fimbristylis dichotoma（L.）Vahl f. annua（All.）Ohwi

　　草本；曼旦；海拔1050～1200m；田中或潜水；云南中部、东南部和南部；贵州、湖南、江西、河北、山东、辽宁。中国特有。野外记录。

两歧飘拂草Fimbristylis dichotoma（L.）Vahl f. dichotoma

　　草本；曼来、章巴、望乡台、曼旦、西拉河；海拔400～2380m；溪边、山谷疏林缘湿润处及草坡；福贡、宁蒗、永胜、漾濞、蒙自、屏边、河口、思茅、西双版纳、昌宁；四川、贵州、广西、广东、福建、台湾、浙江、江西、江苏、山东、河北、山西、辽宁、吉林、黑龙江；印度、中南半岛及大洋洲、非洲。Y0240、Y0958、Y2109、Y1229、Y1244、Y0172、Y3498、Y3775、样4。

独穗飘拂草Fimbristylis ovata（Burn. f.）Kern

　　草本；曼旦、施垤新村；海拔650～900m；荒地或草坡；丽江、鹤庆、元谋、蒙自、富民；四川、海南、广东、广西、湖南、福建、台湾；印度、菲律宾、日本、朝鲜及亚洲全部温暖地区、非洲、大洋洲。Y3275、样1。

西南飘拂草Fimbristytis thomsonii Bocklr

　　草本；曼旦；海拔450m；山顶或林下草地；金平、蒙自、勐海；广西、海南、广东、台湾；印度、缅甸、老挝、越南。Y3394。

毛芙兰草Fuirena ciliaris（L.）Roxb.

　　草本；普漂、曼旦；海拔450～1900m；田野旷地、草坡；滇南；广西、广东、海南、台湾、江苏及喜马拉雅东部地区；斯里兰卡、越南、泰国、马来西亚、朝鲜、日本及热带非洲和大洋洲。野外记录。

芙兰草Fuirena umbellata Rottb.

　　草本；西拉河；海拔750～850m；积水、沼泽地；滇南；广东、广西、海南、台湾；越南、印度、印度尼西亚。野外记录。

短叶水蜈蚣Kyllinga brevifolia Rottb.

　　草本；药用；清水河；海拔950～980m；山坡荒地、路旁田边草丛中、溪边；勐海、勐腊、景洪、金平、屏边、蒙自、西畴、河口、镇康、澜沧、凤庆、景东、洱源、剑川、丽江、福贡、宾川、大关、镇雄、盐津；西南、华南、华中、华东各省份；印度、缅甸、越南、马来西亚、印度尼西亚、菲律宾、日本、澳大利亚及非洲和美洲的热带与亚热带地区。Y4034、Y4251。

单穗水蜈蚣Kyllinga nemoralis（J. R. et G. Forst.）Dandy ex Hutch. et Dalziel

　　草本；清水河；海拔780m；山坡林下、沟边、田边湿润地；勐海、金平、河口、马关和澜沧江中下游地区；广西、广东、海南及喜马拉雅山区；印度、缅甸、泰国、越南、马来西亚、印度尼西亚、菲律宾、日本、澳大利亚及美洲热带地区。Y4274。

华湖瓜草Lipocarpha chinensis（Osbeck）Kern

　　草本；马底河、新田；海拔1650～1950m；积水、沼泽地；除镇雄、大关、香格里拉、德钦等西北和东北部地区未见标本外其他各地均产；福建、台湾、广东、海南及喜马拉雅山区；印度、越南、缅甸、泰国、斯里兰卡、新加坡。野外记录。

莎草砖子苗Mariscus cyperinus Vahl

　　草本；甘岔、莫朗；海拔1700～1900m；山谷中、缓坡潮湿处或草地上；除东北部和西北部未见其他地区均有所见；四川、广东、海南、浙江；印度、缅甸、越南、印度尼西亚、菲律宾、日本、澳大利亚。野外记录。

球穗扁莎Pycreus flavidus（Retz.）T. Koyama

　　草本；普漂；海拔700m；田边、沟边潮湿处或溪边湿的沙土上；勐海、勐腊、景洪、思茅、镇康、景东、峨山、屏边、西畴、金平、寻甸、嵩明、楚雄、兰坪、鹤庆、福贡、维西、宁蒗、香格里拉、德钦；我国南北大部分地区；越南、印度、朝鲜、日本、澳大利亚及地中海地区、非洲南部、中亚地区。Y3099、Y3143。

刺子莞（小头花）Rhynchospora rubra（Lour.）Makino

　　草本；西拉河；海拔900～1450m；路边；云南东南部和南部；长江以南及台湾；亚洲、非洲、大洋洲。野外记录。

黑鳞珍珠茅 Scleria hookeriana Boeck.

　　草本；西拉河；海拔1070m；山坡、山顶草地；屏边、双江；四川、贵州、广西、广东、湖南、湖北、福建、江西、浙江及喜马拉雅山地区；越南。Y4834、样44。

332. 禾本科 Gramineae

华北剪股颖 Agrostis clavata Trin.

　　草本；鲁业冲；海拔610～2000m；灌草丛；东北、华北、华中、西南及台湾；北半球等温带地区。野外记录。

剪股颖 Agrostis matsumurae Hack. ex Honda

　　草本；甘岔、莫朗；海拔1700～2100m；山坡草地、路旁、林缘、溪边及湿润的生境；云南全省；东北、华北、华中、西南及台湾；北半球等温带地区。野外记录。

小花剪股颖 Agrostis micrantha Steud.

　　草本；老窝底山；海拔2400m；灌丛、疏林、山坡草地；香格里拉、泸水、兰坪、永胜、洱源、漾濞、鹤庆；四川、甘肃、陕西；印度、尼泊尔和缅甸。Y0414、Y0415。

多花剪股颖 Agrostis myriantha Hook. f.

　　草本；望乡台；海拔1950m；道旁、山坡草地、林下、河边湿地、沼泽；全省分布；西藏、四川、甘肃、陕西、湖南、贵州、江西、广西；尼泊尔和印度。Y1112、Y1113。

看麦娘 Alopecurus aequalis Sobol

　　草本；甘岔、莫朗；海拔1700～2300m；田野、湿地、草甸；全省广布；北半球温带地区。野外记录。

华须芒草 Andropogon chinensis (Nees) Merr

　　草本；西拉河、曼旦；海拔1070～1100m；干热河谷或向阳山地草坡；南涧、永仁、元谋、易门、沧源；四川西南部、广东、海南；中南半岛。Y3771、Y3400、样44。

水蔗草 Apluda mutica L.

　　草本；普漂；海拔700m；山坡草地、灌丛、道旁田野、河谷岸边；云南全省；我国西南、华南及台湾；亚洲热带与亚热带地区、澳大利亚及新喀里多尼亚。Y3195。

三芒草 Aristida adscensionis L.

　　草本；普漂；海拔470m；山坡灌丛、道旁或田野间；东川、永胜、华坪、元谋、易门、石屏；四川、河南、山东及华北、西北、东北地区；全球热带及温带。Y3133、样34。

茅叶荩草 Arthraxon prionodes (Steud.) Dandy

　　草本；为粗饲料；普漂、施垤新村；海拔695～800m；田野、灌丛；全省各地均有；西南、华南、华中、华东、华北；东非与沙特阿拉伯西南部、巴基斯坦、印度、尼泊尔、缅甸、印度尼西亚及中南半岛各国。Y3035、Y3052、Y4186、样31。

无芒荩草 Arthraxon submuticus (Nees ex Steud.) Hochst

　　草本；章巴；海拔2150m；沼泽、河岸边；临沧；印度、尼泊尔。Y0845、Y0869、样14。

孟加拉野古草 Arundinella bengalensis (Spreng.) Druce

　　草本；曼来；海拔1850～2000m；河岸、沟边、灌丛、山坡草地或疏林；云南全省；西藏、四川、贵州、广东、广西、海南；南亚及东南亚各国。野外记录。

西南野古草 Arundinella hookeri Munro ex Keng

　　草本；曼来；海拔2400m；山坡草地疏林；云南全省；西藏、四川西部及西南部、贵州西部；尼泊尔、不丹、印度、缅甸。Y0418。

石芒草 Arundinella nepalensis Trin.

　　草本；牧草；西拉河；海拔700～1070m；山坡草地；贡山、泸水、蒙自、镇康、腾冲、芒市、盈江、瑞丽；福建、湖南、湖北、广东、广西、贵州、海南、西藏；旧大陆热带及亚热带地区。Y3755、Y3618、样44。

毛边野古草 Arundinella pilomarginata B. S. Sun

　　草本；曼旦；海拔1200~1300m；山地雨林；元江；元江特有。野外记录。

刺芒野古草 Arundinella setose Trin

　　草本；牧草；曼旦、西拉河；海拔1070~1410m；山坡草地、灌丛、松栎林下常见；云南全省；西南、华南、华中及华东；亚洲热带及亚热带地区。Y3453、Y3773、Y3386、Y3492、样37。

芦竹 Arundo donax L.

　　草本；造纸、护堤；曼旦；海拔1000~1500m；河边、路旁；云南全省；江苏、浙江、湖南及华南、西南；印度、马来西亚及地中海、美洲。野外记录。

白羊草 Bothriochloa ischaemum（L.）Keng

　　草本；西拉河；海拔650m；中山山坡、路边；全省大部；全国大部；南欧、北非与印度。Y3623、Y5282。

孔颖草 Bothriochloa pertusa（L.）A. Camus

　　草本；普漂、施垤新村；海拔400~650m；干热河谷、阳坡草地、路旁及乱石间；东川、永胜、元谋、易门、建水、元阳；四川、贵州、广东；阿拉伯、印度及东南亚。Y3132、Y4945、Y3094、样34。

多枝臂形草 Brachiaria ramose（L.）Stapf

　　草本；曼旦、施垤新村、小河底、普漂、西拉河；海拔446~795m；河岸沙滩或耕地；新平、元江、石屏、元阳；海南；热带亚洲，也门至塞内加尔，向南至马拉维、津巴布韦及南非。Y3345、Y3183、Y3312、Y3651、样35。

四生臂形草 Brachiaria subquadripara（Trin.）Hitchc.

　　草本；西拉河；海拔750m；丘陵、草地、田野、河岸沙滩、疏林缘；蒙自、河口、景洪、镇康、龙陵、瑞丽；贵州、广东、广西、湖南、江西、福建、台湾；旧大陆热带地区。Y3697。

草地短柄草 Brachypodium pratense Keng ex Keng f

　　草本；甘岔、莫朗；海拔1700~1800m；山坡草地；全省各地常见；四川西部。中国特有。野外记录。

硬秆子草 Capillipedium assimile（Stend.）A. Camus

　　草本；曼来；海拔2344m；山地草坡、旷野林中、灌丛、道旁、河岸；全省广布；西南、华南、华中、华东及喜马拉雅山区；印度、中南半岛和日本。Y0256、样4、Y0257。

细柄草 Capillipedium parviflorum（R. Br.）Stapf

　　草本；抽穗开花之前，秆叶柔嫩，可作家畜饲料；西拉河、施垤新村；海拔600~1070m；山坡草地、灌丛、沟边河谷、田野道旁；全省广布；广布于西南及长江流域以南各省份；旧大陆热带至暖温带地区。Y3184、Y3758。

滇川方竹 Chimonobambusa ningnanica Hsueh et L. Z. Gao

　　灌木；望乡台、甘岔、莫朗、新田；海拔1700~2125m；常绿阔叶林下；盈江、芒市、昌宁、腾冲、凤庆、勐海、绿春、元阳、屏边、个旧、广南、新平、丘北、威信；四川西南部。中国特有。Y1124、Y4544。

异序虎尾草 Chloris anomala B. S. Sun et Z. H. Hu

　　草本；普漂；海拔600m；干热河谷的河岸沙滩、道旁、荒野；泸水、福贡、易门、麻栗坡、建水、石屏、绿春、蒙自、景洪、龙陵、芒市、镇康、耿马、双江、永德、西盟。云南特有。样35。

竹节草 Chrysopogon aciculatus（Retz.）Trin.

　　草本；药用；施垤新村；海拔800~1100m；低中山灌丛林缘；罗平、泸水、元江、广南、富宁、麻栗坡、河口、元阳、金平、景洪、勐海、镇康、双江、瑞丽；广东、广西、海南、台湾；热带亚洲至大洋洲。野外记录。

薏苡 Coix lachryma-jobi L.

　　草本；果可作食品、酿酒、入药，可作工艺品，秆、叶作造纸原料；施垤新村、西拉河；海拔500~750m；河岸沟边或阴湿山谷；全省温暖地带有野生或栽培；世界温暖地区。Y3591、Y3629。

垂序香茅 Cymbopogon pendulus（Nees ex Steud）Wats

草本；茎、叶以作简易建筑材料；普漂；海拔700m；疏林及河谷次生灌丛；元阳、云县、耿马、镇康；印度东北部、尼泊尔、越南西北部。Y3061。

狗牙根 Cynodon dactylon（L.）Pers.

匍匐草本；入药，可清热；曼旦、普漂；海拔490～650m；路旁荒野、田间、河滩、草地；全省海拔2300m以下常见；黄河以南各省份；全球热带及温带地区。Y0047、Y0543、Y0575、样2。

弓果黍 Cyrtococcum patens（L.）A. Camus

草本；牧草；曼旦、西拉河、清水河、倮倮箐、新田；海拔600～1145m；灌丛、路旁田野林缘或疏林下；罗平、元江、麻栗坡、金平、屏边、思茅、勐腊、景洪、镇康；广东、广西、江西、福建、台湾；印度及东南亚。Y3328、Y3332、Y3905、样35。

鸭茅 Dactylis glomerata L.

草本；优质牧草；曼来；海拔1800～2100m；山坡草地；全省广布；欧亚温带地区。野外记录。

龙爪茅 Dactyloctenium aegyptium（L.）Willd.

草本；秆叶可供饲料，饲料可食，固沙保土；施垤新村、西拉河、曼旦；海拔400～700m；路边草丛河滩草地；元谋、新平、景洪、富宁、石屏、元阳、河口、耿马；我国长江以南各省份；旧大陆热带至温带地区。Y3692、Y3361、样52。

* 龙竹 Dendrocalamus giganteus Munro

乔木；鲁业冲；海拔647～2030m；村边、路边；热带亚洲云南东南至西南部；台湾；亚洲热带和亚热带地区。沿途009、沿途042、沿途156。

野龙竹 Dendrocalanus semiscandens Hsueh et D. Z. Li

乔木状竹；笋供食用，枝干蔑用；老虎箐；海拔980m；低山沟谷疏林；滇南至滇西南。云南特有。Y4497。

粒状马唐 Digitaria abludens（Roem. et Schult.）Veldk.

草本；曼旦；海拔1300m；旷野田间；大理、富宁、镇康；海南；热带亚洲自巴基斯坦、印度、中南半岛到东南亚均有。Y3527、样37。

升马唐 Digitaria ciliaris（Retz.）Koel.

草本；曼旦；海拔400～450m；沟边湿地；我国南北各省份；全球热带及亚热带地区。Y3346、Y3335。

短颖马唐 Digitaria microbachne（Presl）Henr.

草本；牧草；曼旦；海拔650m；路旁田野、荒坡草地、灌丛；罗平、元谋、易门、峨山、广南、马关、建水、绿春、元阳、河口、屏边、思茅、景洪、双江、镇康、芒市、瑞丽；广东、广西、福建、台湾；热带亚洲。Y0049。

刚毛马唐 Digitaria setigera Roth ex Room

草本；西拉河；海拔1070m；河岸边、田野荒地；泸水、六库、永平、易门、双柏、元江、富宁、临沧；海南、台湾；亚热带地区自斯里兰卡、印度及东南亚至澳大利亚均有，已传入新热带。Y3764、样44。

三数马唐 Digitaria ternata（A. Rich.）Stapf

草本；清水河；海拔1140m；山坡林缘、旷野；东川、华坪、永胜、宾川、石林、罗平、宜良、元谋、易门、石屏、建水、景洪、耿马、双江、镇康；四川、贵州、广西；旧大陆热带及亚热带地区。Y4060。

光头稗 Echinochloa colonum（L.）Link

草本；西拉河；海拔850～1250m；路边、荒坡；全省大部；我国西南、华南及华东；全世界温暖地区。野外记录。

稗 Echinochloa crusgalii（L.）Beauv.

草本；马底河、新田；海拔1650～1900m；田野旷地；全省大部；我国大部分省份；全球温暖地带。野外记录。

水田稗 Echinochloa oryoides（Ard.）Fritsch

草本；有害杂草；普漂、曼旦；海拔450～2000m；稻田；云南水稻区；全国水稻产区；全球。野外记录。

牛筋草 Eleusine indica（L.）Gaertn.

草本；饲料；普漂、曼旦；海拔600～2200m；道旁、荒地；全省分布；西藏、四川、贵州、广西、广东、福建、江西、湖南、浙江、江苏、安徽、湖北、河南、山东、山西、陕西、辽宁、吉林；印度尼西亚、日本及欧洲、非洲、大洋洲。野外记录。

肠须草 Enteropogon dolichostachyus（Lag.）Keng

草本；普漂、曼旦；海拔450～550m；干热河谷、河岸沙滩、旷野草地；新平、元江、河口、景谷、镇康、耿马、龙陵；台湾及海南；巴基斯坦、印度、东南亚至澳大利亚。野外记录。

乱草 Eragrostis japonica（Thunb.）Trin.

草本；饲料；西拉河；海拔750～1050m；路旁、河边沙滩；元谋、元江、富宁、金平、蒙自、个旧、景洪、耿马、腾冲；四川、贵州、广西、广东、湖南、湖北、安徽、江西、浙江、江苏、台湾；印度经东南亚至日本及朝鲜。野外记录。

黑穗画眉草 Eragrostis nigra Nees ex Steud.

草本；饲料；马底河、莫朗；海拔1450～1800m；山坡草地；全省各地；贵州、甘肃、四川、广西、江西、河南、陕西等省份；印度及东南亚。野外记录。

鲫鱼草 Eragrostis tenella（L.）Beauv. ex Roem. et Schult.

草本；曼旦；海拔400m；路边、灌丛林缘、荒坡；永胜、元谋、双柏、峨山、河口、石屏、元阳、景洪、龙陵等地；广西、广东、福建、台湾、湖北等省份；东半球热带地区，并引入美洲。Y3365。

牛虱草 Eragrostis unioloides（Retz.）Nees ex Steud.

草本；曼旦；海拔450m；山坡草地、河滩、溪边；西畴、金平、河口、孟连、景洪、镇康、双江、沧源、云县、耿马、腾冲、盈江、瑞丽等地；华南各地及江西、福建、台湾；东南亚各国、尼泊尔、印度及非洲。Y3283。

蔗茅 Erianthus rufipilus（Steud.）Griseb.

草本；曼旦；海拔1050～1200m；疏林灌丛；贵州、四川、西藏、湖北；巴基斯坦、印度、尼泊尔、缅甸。野外记录。

金茅 Eulalia speciosa（Debearx）O. Ktze.

草本；造纸；曼来；海拔2000m；山谷、山坡、灌丛、草地、疏林下；罗平、永胜、香格里拉、剑川、永平、石屏、镇康、沧源、保山；西南、华南、华中、华北及陕西；印度、朝鲜。Y0652。

拟金茅 Eulaliopsis binata（Retz.）C. E. Hubb.

草本；牧草、优质造纸原料，也供绳索及编织；西拉河；海拔850m；干燥山坡草地、疏林或灌丛；昭通、嵩明、陆良、东川、永胜、华坪、香格里拉、剑川、晋宁、澄江、砚山、开远、建水；四川、贵州、广西、湖南、湖北、陕西、台湾等省份；巴基斯坦、印度东北部、阿富汗、缅甸及菲律宾。Y3563。

秀叶箭竹 Fargesia yuanjiangensis Hsueh et Yi

灌木；章巴；海拔2400m；中山湿性常绿阔叶林；元江、安宁。云南特有。野外记录。

球穗草 Hackelochloa granularis（L.）O. Ktze.

草本；牧草、药用、造纸；西拉河；海拔820～1070m；路旁、沟边、田野、荒地、耕地中常见；双柏、易门、元江、西畴、富宁、河口、景洪、勐腊；四川、贵州、广东、广西、海南、福建、台湾；全球热带地区。Y3660、Y3776、样39。

洱源异燕麦 Helictotrichon delavayi（Hack.）Herr.

草本；曼来；海拔2400m；山坡草地、灌丛草甸；永胜、香格里拉、德钦、维西、洱源、剑川；四川、陕西。中国特有。Y0209。

黄茅 Heteropogon contortus（L.）Beauv. ex Roem. et Schult.

草本；牧草；民间全草入药；普漂、西拉河；海拔700～1070m；干热河谷及干燥的山坡；全省大部分地区；河南、陕西、甘肃、浙江、江西、福建、台湾、湖北、湖南、广东、广西、四川、贵州、西藏等省份；全球温带地区。Y3001、Y3774、样33。

短梗苞茅 Hyparrhenia diplandra（Hack.）Stapf

草本；马底河、莫朗；海拔 1450~1650m；山坡草地及灌丛；南部；广东、广西；热带非洲及中南半岛、印度尼西亚。野外记录。

白茅 Imperata cylindrica（L.）Raeuschel. **var. major**（Nees）C. E. Hubb.

草本；普漂、曼旦；海拔 380~2200m；田野旷地；几乎遍及全国；旧世界热带及亚热带地区，常延伸到温带地区。野外记录。

白花柳叶箬 Isachne albens Trin.

草本；牧草；普漂；海拔 700m；山坡草地及疏林；贡山、蒙自；四川、贵州、福建、台湾、广东、广西；尼泊尔、印度东北部经我国南部至中南半岛、菲律宾、印度尼西亚，向东可达巴布亚新几内亚及东南亚、非洲。Y3070。

田间鸭嘴草 Ischaemum rugosum Salisb.

草本；全株可供牧草；普漂、清水河；海拔 700~1140m；沟边、河边、田地、荒地；永胜、泸水、兰坪、元谋、丘北、广南、富宁、金平、景洪、耿马、沧源、盈江、瑞丽；贵州、四川、广东、广西、海南、湖南、台湾；尼泊尔、印度、中南半岛各国、菲律宾、印度尼西亚。Y3082、Y4062。

虮子草 Leptochloa panicea（Retz.）Ohwi

草本；曼旦；海拔 450m；田野湿地；元谋、镇康、景洪、河口、富宁；陕西、河南、江苏、安徽、浙江、福建、台湾、湖北、湖南、四川、广西及海南；亚非热带与亚热带地区常见。Y3317。

淡竹叶 Lophatherum gracile Brongn.

草本；叶和根药用，根苗和米作曲；望乡台；海拔 1944~2000m；疏林、灌丛；河口、景洪和沧源；长江以南各省份；斯里兰卡、印度、日本、澳大利亚及东南亚。Y1578、Y1280、样 22。

五节芒 Miscanthus floridulus（Labill.）Warb. ex Schum. et Laut.

高大草本；牧草、造纸；保护区内常见；海拔 500~1700m；低中山灌丛林缘、荒坡；盐津、罗平、马关、广南、富宁、建水、河口、蒙自、开远、江城、西双版纳；西南、华南、华中及安徽、台湾、山西、陕西；日本、菲律宾、印度尼西亚及南太平洋诸岛。野外记录。

类芦 Neyraudia reynaudiana（Kunth）Keng ex Hitchc

草本；章巴、普漂、施垤新村、西拉河；海拔 550~1920m；沟边；全省各地；我国西南与长江以南各省份；尼泊尔、印度、缅甸、泰国、马来西亚。Y0771、Y3084、Y3145、Y3687、样 11。

竹叶草 Oplismenus compositus（L.）Beauv.

草本；望乡台、曼来、曼旦、普漂、西拉河、清水河、倮倮箐；海拔 550~2160m；灌丛、疏林阴湿处；全省大部分地区；西南、华南及台湾；东非、南亚、东南亚至大洋洲、墨西哥、委内瑞拉、厄瓜多尔。Y1198、Y0486、Y3337、Y3031、Y3164、Y3210、样 19。

疏穗求米草 Oplismenus patens Honda

草本；望乡台、西拉河、新田、莫朗、甘岔；海拔 1100~2045m；山坡灌丛或疏林下；宜良、大姚、河口、马关、景洪；广东、海南及台湾；日本。Y1356、Y1504、样 21。

心叶稷 Panicum notatum Retz.

草本；牧草；西拉河；海拔 800~1200m；河边荒坡；罗平、宜良、元江、广南、麻栗坡、富宁、元阳、金平、河口、澜沧、思茅、景谷、景东、景洪、勐海、镇康、腾冲、芒市、盈江；西藏、广东、广西、海南、台湾、福建；菲律宾、印度尼西亚。野外记录。

细柄黍 Panicum psilopodium Trin.

草本；牧草；曼来；海拔 2344m；路边旷地；全省大部；印度、斯里兰卡、菲律宾。Y0232、Y0238、Y0188、样 4。

类雀稗 Paspalidium flavidium（Rétz.）A. Camus

草本；普漂；海拔 470m；河岸沙滩、沼泽湿地；六库、新平、元江、元谋、元阳、河口、景洪、镇康、永德、双江、耿马、沧源、芒市、畹町；广东、海南；热带亚洲。Y3139。

两耳草 Paspalum conjugatum Berg.

草本；秆叶柔嫩，可作牲畜饲料，固沙保土；曼旦；海拔450m；潮湿环境；西畴、马关、麻栗坡、河口、金平、屏边、蒙自、思茅、孟连、景洪、耿马、镇康、芒市、盈江；广东、广西、海南、台湾；全球热带地区。Y3496。

圆果雀稗 Paspalum orbiculare Forst. f.

草本；普漂、西拉河；海拔700～1070m；田野湿润处；云南全省；长江以南各省份；旧大陆热带及亚热带地区。Y3760、Y3048、样44。

绉稃雀稗 Paspalum scrobiculatum L.

草本；小河底；海拔446m；湿地；富宁、砚山、金平、蒙自、绿春、屏边、思茅、江城、景洪、勐腊、沧源、镇康、耿马；旧大陆热带地区。样58。

麦穗茅根 Perotis hordeiformis Nees

草本；曼旦；海拔480～800m；干热河谷沙地；新平、盈江；广东、海南；巴基斯坦、印度、斯里兰卡至东南亚。Y3246、Y3310、样35。

金发草 Pogonatherum paniceum（Lam.）Hack.

草本；牧草、造纸、观赏；普漂、曼来；海拔800～2000m；林缘或林下；漾濞、玉溪、富宁、建水、屏边、河口、临沧、龙陵、芒市；湖北、湖南、广东、广西、贵州、台湾、四川；阿富汗、巴基斯坦、斯里兰卡、印度、尼泊尔、东南亚各国向南到澳大利亚。Y3129、Y0455、样5。

棒头草 Polypogon fugax Nees ex Steud.

草本；马底河、新田；海拔1650～1900m；沟边湿地；全省各地；全国除东北和内蒙古外大部分地区；俄罗斯、朝鲜、日本、印度、缅甸、尼泊尔。野外记录。

鹅观草 Roegneria tsukushiensis（Honda）B. S. Sun

草本；牲畜及鹅的饲料；马底河、新田；海拔1650～1750m；荒坡、灌丛；全省各地常见；除青藏高原外几遍全国；朝鲜、日本。野外记录。

筒轴茅 Rottboellia cochinchinensis（Lour.）Clayt.

草本；嫩时可作饲料；西拉河；海拔600～1000m；河岸沙滩、荒地、山坡草地；云南广布；四川、贵州、广东、广西、海南、福建、台湾；非洲、亚洲及大洋洲。Y3791、Y3614、Y3647、样42。

斑茅 Saccharum arundinaceum Retz.

草本；曼旦；海拔1200～1500m；阳坡、灌丛林缘；滇西至滇南；我国长江流域以南各省份；尼泊尔、印度、斯里兰卡及中南半岛、印度尼西亚。野外记录。

囊颖草 Sacciolepis indica（L.）A. Chase

草本；普漂；海拔700m；沟边湿地；罗平、永胜、泸水、剑川、宜良、易门、广南、丘北、石屏、绿春、建水、元阳、河口、金平、双江、永德、镇康；西南、华南、华中、华东；印度至日本及大洋洲。Y3090。

沟颖草 Sehima nervosum（Pottl.）Stapf

草本；良好饲料；曼旦；海拔850m；阳坡草地、干热河谷灌丛；宜良、易门、峨山、开远、建水、蒙自、元阳；广东及海南；向南直达澳大利亚东部。Y3278、Y5278。

莠狗尾草 Setaria geniculata（Poir.）Beauv.

草本；可作牧草、全草入药；曼旦、西拉河、清水河；海拔1070～1300m；山坡、道旁、灌丛或疏林；元阳、建水、景洪、双江、沧源、耿马、腾冲、瑞丽；广东、广西、湖南、江西、福建、台湾；全球热带及亚热带地区。Y3435、Y3778、Y0037。

棕叶狗尾草 Setaria palmifolia（Koen.）Stapf

草本；入药；章巴、西拉河、新田、清水河；海拔1100～1480m；路旁林缘；贡山、建水、石屏、河口、景洪、镇康、永德、耿马、沧源、盈江、瑞丽；长江以南各省份；非洲、大洋洲、美洲和亚洲的热带与亚热带地区。Y0731、Y3907、Y4205。

皱叶狗尾草 Setaria plicata（Lam.）T. Cooke

草本；清水河、新田、莫朗、普漂、曼旦、西拉河；海拔500～1990m；田野、沟边、道旁、灌丛、林缘；云南全省；江苏、浙江、安徽、江西、福建、台湾、湖北、湖南、广东、广西、贵州；印度、尼泊尔、斯里兰卡、马来群岛、日本、缅甸北部。Y3161、Y3200、Y3533、Y3802、Y4195、样45。

金色狗尾草 Setaria pumila（Poir.）Roem. et Schult.

草本；普漂、西拉河；海拔650～800m；河岸、沟边路旁、田野、撂荒地、果园及灌丛中常见；全省海拔3200m以下常见；全国大部；旧大陆热带、亚热带至暖温带地区。Y3040、Y3855、样31。

光高粱 Sorghum nitidum（Vahl）Pers.

草本；秆叶作牧草，颖果含淀粉可酿酒；西拉河、曼旦；海拔1010～1070m；林缘；东川、永胜、香格里拉、元谋、建水、石屏、耿马、镇康、保山；巴基斯坦、印度、日本、马来西亚、印度尼西亚及澳大利亚。Y3398、样44。

云南大油芒 Spodiopogon duclouxii A. Camus

草本；施垫新村；海拔600m；河谷灌丛间或向阳山坡；香格里拉、宜良、丘北、建水。云南特有。野外记录。

鼠尾粟 Sporobolus fertilis（Steud.）Clayt.

草本；牧草；清水河；海拔1160m；山坡草地；全省各地；华东、华中、西南及陕西、甘肃；印度、斯里兰卡、尼泊尔、缅甸、泰国、马来西亚、日本。Y4068。

长叶鼠尾粟 Sporobolus Wallichii Munro ex Trim

草本；西拉河；海拔900～1100m；灌草丛；瑞丽、龙陵、镇康、景洪、元江；斯里兰卡、印度、缅甸。野外记录。

毛节菅 Themeda barbinodis B. S. Sun et S. Wang

草本；曼旦；海拔1150m；水沟边土坡上、山地草丛；临沧、腾冲。云南特有。Y3437。

东亚黄背草 Themeda japonica（Willd.）Tanaka

草本；清水河；海拔1030～1120m；山坡灌丛；永胜、香格里拉、大理、建水、瑞丽、梁河；我国大部分地区；日本、朝鲜。Y3970、Y5005。

棕叶芦 Thysanolaena maxima（Roxb.）O. Ktze.

草本；作篱笆、燃料或建盖茅屋，叶包粽子，干花序制扫帚及刷子，秆叶造纸；西拉河、莫朗；海拔1030～1070m；山坡、山谷、溪边、灌丛及林缘；文山、红河、西双版纳、临沧、德宏等；贵州、广西、广东、海南、台湾；印度至东南亚。Y3757、样44。

锋芒草 Tragus roxburghii Panigrahi

草本；普漂、曼旦；海拔400～550m；干热河谷；永胜、鹤庆、元谋、元江、石屏、河口；东非与巴基斯坦、印度及东南亚。野外记录。

尾稃草 Urochloa reptans（L.）Stapf

草本；曼旦；海拔450～900m；河岸、沙滩、荒地或耕地；双柏、新平、元江、河口、镇康；四川、贵州、广西、湖南、台湾；原产亚热带，现引入全球热带地区。Y3316、样36。

附记 元江自然保护区综合科学考察团机构及专题组人员名单

一、考察团组成单位

项目主持单位：元江县人民政府

业务主持单位：西南林业大学

参加单位：国家高原湿地研究中心

西南林业大学生物多样性与自然保护中心

玉溪市林业局

元江县林业局

中国科学院昆明植物研究所

中国科学院昆明动物研究所

云南大学生态学与地植物学研究所

云南师范大学旅游与地理科学学院

云南林业职业技术学院

云南省林业调查规划院

国家林业局昆明勘察设计院

云南省社会科学院

二、考察团组成人员

领导小组组长：陈宝昆（原西南林业大学党委书记、教授）

副组长：杨宇明（原西南林业大学副院长、教授、国家高原湿地研究中心主任）

陈家福（原元江县人民政府副县长）

成员：吴建勇（原元江县林业局局长）

李和华（原元江县林业局局长）

方云峰（原元江县林业局副局长）

倪海浪（原元江县林业局副局长）

白宏伟（原元江省级自然保护区管理局局长）

李寿琪（原元江省级自然保护区管理局局长）

沈茂斌（原西南林业大学党办、院办主任、副教授）

和世钧（原西南林业大学生物多样性与自然保护中心常务副主任、教授）

田　昆（原国家高原湿地研究中心常务副主任、西南林业大学教授）

杜　凡（原西南林业大学生物多样性与自然保护中心副主任、教授）

叶　文（原西南林业大学生物多样性与自然保护中心副主任、教授）

考察团团长：陈宝昆

副团长：杨宇明

李和华

　　　　沈茂斌
　　　　和世钧
考察团办公室主任：沈茂斌　白宏伟
　　副主任：和世钧　杜　凡　程小放　李和华　吴建勇
　　成　员：万海龙　王　娟　王四海　李茂彪　倪海浪　李寿琪　王　超　马况顺　李永昌

三、综合科学考察各专题组成员

1. 综合评述：杨宇明　杜　凡　和世钧　程小放　李茂彪　卢　辉
2. 保护区概况：杨宇明　杜　凡　和世钧　程小放　杜乔红　赖亚振
3. 地质地貌：陈永森　王霞斐　田　昆
4. 水文气候：王霞斐　陈永森　白永刚
5. 土壤：贝荣塔　田　昆　陆　梅　罗云云　李发文
6. 蕨类植物：陆树刚　王　奕　王瀚墨　段玉青
7. 植物区系：王　娟　杜　凡　李海涛　黄　莹　岩香甩　苗云光
8. 植被：杜　凡　王　娟　李帅锋　陈娟娟　孙玺文　杜　磊　许应辉
9. 珍稀濒危保护植物：杜　凡　王　娟　王雪丽　王建军
10. 资源植物：王　娟　杜　凡　叶　莲　农昌武　卢振龙　李振学　白　波
11. 哺乳类：王应祥　冯　庆　蒋学龙　周昭敏　林　苏　刀志刚
12. 鸟类：文贤继　白永文
13. 两栖爬行类：饶定齐
14. 鱼类：周　伟　张　庆　付　蕾　李　旭　李凤莲
15. 昆虫：欧晓红　陈　杰　赵永霜　刘　彪　秦瑞豪　郭长翠　柳　青
16. 生物多样性评价：杨宇明　王建皓　和世钧
17. 社会经济：王映平　范　慧　杨艳芬
18. 民族历史文化：孙　瑞　杨玉华
19. 生态旅游：王四海　何建勇
20. 社会林业：周　远　张宇翔　李云东　郑年华　周金强
21. 建设与管理：和世钧　程小放　刘德隅
22. 植物名录：杜　凡　王　娟　李海涛　陈娟娟　王雪丽　李帅锋　叶　莲　黄　莹　孙玺文
23. 摄影、摄像：杨宇明　周雪松　孙茂盛　和世钧
24. 制图：周汝良　叶江霞　刘智军
25. 统校稿：杜　凡　杨宇明　和世钧　王建皓　李茂彪
26. 审稿定稿：杜　凡　杨宇明

附　　图

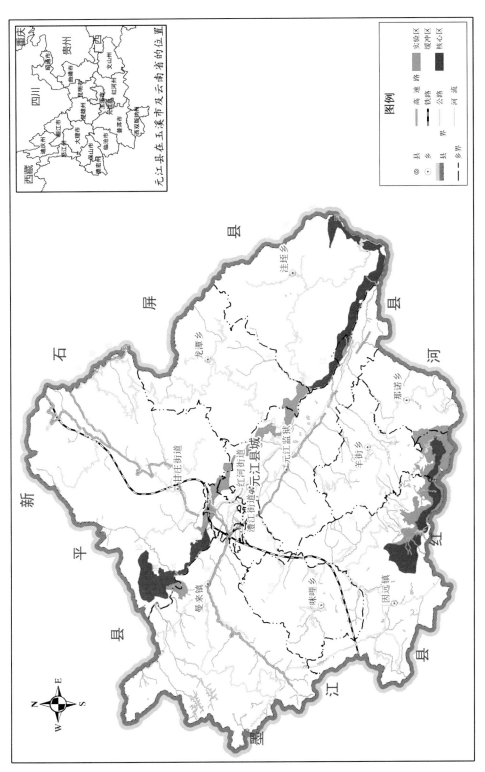

云南元江国家级自然保护区位置和功能区划图

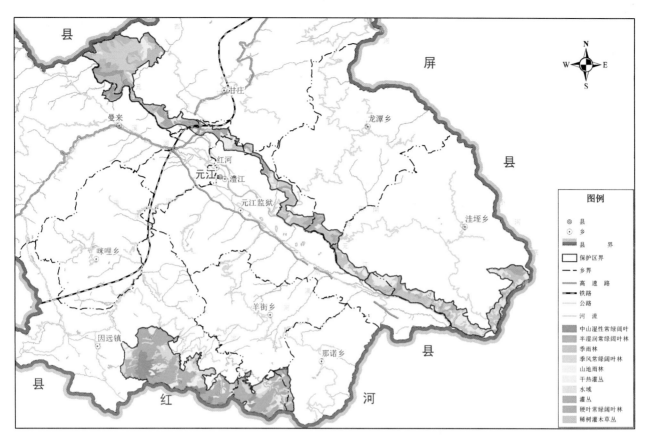

云南元江国家级自然保护区植被（分布）图

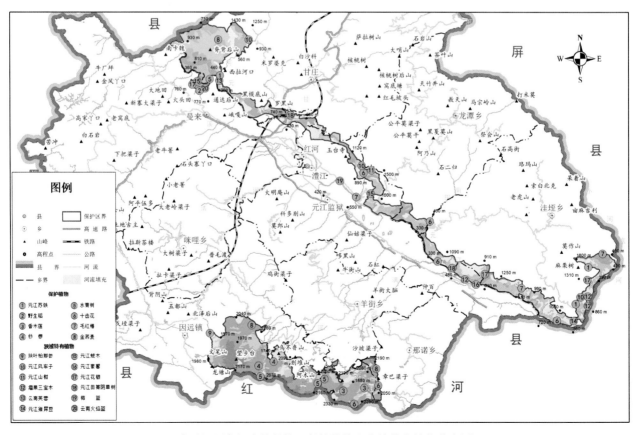

云南元江国家级自然保护区保护植物和狭域特有植物分布图

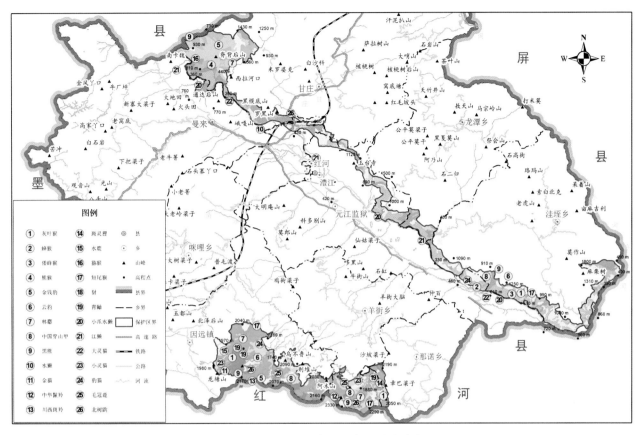

云南元江国家级自然保护区保护兽类分布图

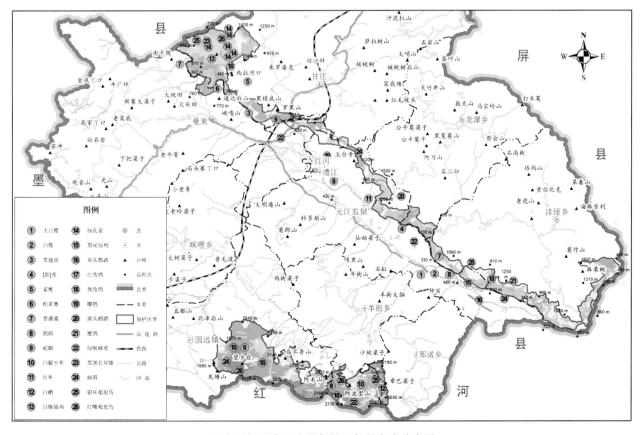

云南元江国家级自然保护区保护鸟类分布图

中山湿性常绿阔叶林 中山湿性常绿阔叶林

干热河谷稀树灌木草丛（夏季） 干热河谷稀树灌木草丛（冬季）

河谷季雨林（雨季） 干热河谷稀树灌木草丛

元江干热河谷"萨王纳"植被 元江干热河谷"萨王纳"植被

国家Ⅱ级保护动物——中华斑羚

国家Ⅱ级保护动物——猕猴

国家Ⅱ级保护动物——豹猫

国家Ⅱ级保护动物——黑熊

国家Ⅱ级保护动物——黄喉貂

赤麂

国家Ⅰ级保护动物——圆鼻巨蜥

国家Ⅱ级保护动物——红瘰疣螈

国家Ⅰ级保护动物——绿孔雀

国家Ⅰ级保护动物——黑颈长尾雉

国家Ⅱ级保护动物——白鹇

国家Ⅱ级保护动物——白腹锦鸡

国家Ⅱ级保护动物——原鸡

国家Ⅱ级保护动物——栗喉蜂虎

元江鲤

玉带凤蝶

国家Ⅱ级保护植物——桫椤

国家Ⅰ级保护植物——元江苏铁

国家Ⅱ级保护植物——云南火焰兰

国家Ⅰ级保护植物——巨瓣兜兰

季雨林中附生兰——小蓝万代兰

干热河谷稀树灌木草丛的特征种——豆腐果

干热生境下的稀有种——地宝兰

狭域特有种——元江素馨

狭域特有种——元江蚬木

狭域特有濒危物种——梅蓝

狭域特有种——希陶木

珍贵难求的野生芦荟

狭域特有濒危物种——云南芙蓉

狭域特有濒危物种——瘤果三宝木

干热河谷稀树灌木草丛的优势种——虾子花

野生古树——喜树